半导体物理学

上册

The Physics of Semiconductors

[德]马吕斯·格伦德曼 —— 著
姬 扬 —— 译

中国科学技术大学出版社

安徽省版权局著作权合同登记号：12222057 号

图书在版编目(CIP)数据

半导体物理学. 上册/(德)马吕斯·格伦德曼(Marius Grundmann)著;姬扬译. —合肥:中国科学技术大学出版社,2022.7
(半导体芯片国际前沿)
"十四五"安徽省重点出版物出版规划项目
书名原文:The Physics of Semiconductors
ISBN 978-7-312-05239-2

Ⅰ. 半… Ⅱ. ① 马… ② 姬… Ⅲ. 半导体物理学 Ⅳ. O47

中国版本图书馆 CIP 数据核字(2021)第 121069 号

半导体物理学(上册)
BANDAOTI WULIXUE(SHANGCE)

出版 中国科学技术大学出版社
安徽省合肥市金寨路 96 号,230026
http://press. ustc. edu. cn
https://zgkxjsdxcbs. tmall. com
印刷 安徽国文彩印有限公司
发行 中国科学技术大学出版社
开本 787 mm×1092 mm 1/16
印张 34.5
插页 10
字数 741 千
版次 2022 年 7 月第 1 版
印次 2022 年 7 月第 1 次印刷
定价 168.00 元

内容简介

本书介绍了半导体物理和半导体器件,包括固体物理、半导体物理、各种半导体器件的概念及其在电子学和光子学中的现代应用.全书包括三部分内容:半导体物理学的基础知识(第1～10章)、专题(第11～20章)与半导体的应用和器件(第21～24章).

第1章介绍半导体物理学的历史沿革,按照时间顺序给出历史上半导体相关的重要时刻和事件.第2～10章讲述半导体物理学的基础知识,包括:化学键、晶体、缺陷、力学性质、能带结构、电子的缺陷态、输运性质、光学性质、复合过程.

第11～20章是专题,包括:表面、异质结构、二维半导体、纳米结构、外场、极性半导体、磁性半导体、有机半导体、介电结构、透明导电的氧化物半导体.

第21～24章是半导体的应用和器件,包括:二极管、电光转换器件、光电转换器件、晶体管.

本书内容丰富(除了24章正文以外,还有11个附录),图文并茂(大约有1000张图片和表格),参考资料丰富(大约有2200篇参考文献),经过多年教学实践的检验,是一本优秀的教科书.本书可以在没有或者只有很少固体物理学和量子力学知识的基础上学习,适合研究生和高年级本科生学习,也可以作为半导体科研人员的参考书.

译者的话

20 世纪初发展的量子力学和相对论改变了我们对世界的认识，而 20 世纪中期开始迅猛发展的半导体科技是我们改造世界的利器，半导体电路在日常生活中司空见惯，半导体改变了我们工作、交流、娱乐和思考的方式.半导体物理学是半导体科技的基础，是量子理论在固体材料中的应用，半导体科技的未来发展也离不开量子理论和半导体物理学的进步.可是大家对半导体的了解还不太多，现在的一些教材也不太能够跟上时代的步伐.

这是我翻译的第三本关于半导体的书.

第一本是 M. I. 迪阿科诺夫编著的《半导体中的自旋物理学》，2010 年由科学出版社出版.这本书介绍了半导体自旋物理学的前沿进展，适合半导体科学专门领域的研究生和研究人员使用.

第二本是约翰·奥顿著的《半导体的故事》，2014 年由中国科学技术大学出版社出版.这是关于半导体科学技术发展的高级科普图书，重点描述了许多半导体器件的诞生和发展过程，注重科学概念、技术细节和历史沿革，面向的是对半导体科学技术感兴趣的读者.

现在这本《半导体物理学》介于前两者之间，第 1 章“简介”大致对应于《半导体的故事》，第 17 章“磁性半导体”大致对应于《半导体中的自旋物理学》，基础知识部分当然也与前两本书有一些交集. 总的来说，它的广度远远超出，而深度略有不及，符合它自己的定位：既不是偏重于历史发展的科普，也不是偏重于前沿进展的综述，而是着重于半导体物理学基础和应用（包括纳米物理学及其应用）的通论.

本书介绍了半导体物理和半导体器件，包括固体物理、半导体物理、各种半导体器件的概念及其在电子学和光子学中的现代应用. 全书内容分为三大部分：半导体物理学的基础知识（第 1～10 章）、专题（第 11～20 章）与半导体的应用和器件（第 21～24 章）.

本书的原著于 2006 年出版，在 2010 年、2016 年和 2021 年都做了增补和修订，现在已经是第 4 版了，可以说是紧跟时代的步伐. 本书内容丰富（除了 24 章正文以外，还有 11 个附录），图文并茂（大约有 1000 张图片和表格），参考资料丰富（大约有 2200 篇参考文献），经过多年教学实践的检验，是一本优秀的教科书，适合研究生和高年级本科生使用，也可以作为半导体科研人员的参考书. 本书唯一的遗憾是没有习题，但是专业学习是为了将来解决科研和生产过程中的具体问题，而不是为了做题和考试，所以也是可以理解的吧.

1998 年，为了帮助研究生了解新型半导体器件的工作原理，应中国科学院研究生院的邀请，半导体研究所开设了一门课程——半导体量子器件物理，由余金中、王良臣和李国华老师共同讲授，他们各自选择、整理、编写并讲授相对独立又互相联系的教学内容. 自 2005 年起，这门课程分为两门课程，即“半导体量子光电子器件物理”和“半导体量子电子器件物理”.“半导体量子光电子器件物理”偏重于介绍与光学有关（主要是激光器、发光二极管和光电探测器件等）的半导体量子电子器件的工作原理、结构与特性，由余金中老师讲授.“半导体量子电子器件物理”主要介绍与电学有关的半导体量子电子器件的工作原理、结构与特性，由王良臣老师和李国华老师讲授.

“半导体量子电子器件物理”这门课程又分为两部分：第一部分介绍的是目前已经比较成熟的半导体量子器件，包括高电子迁移率晶体管（HEMT）和异质结双极晶体管（HBT），同时结合器件的制作介绍了制备半导体器件的典型工艺流程，由王良臣老师讲授. 2009 年，王良臣老师退休了，杨富华老师开始讲授这部分内容.

第二部分介绍的是仍然处在原型器件研究阶段的量子电子器件如共振隧穿器件、量子干涉器件、单电子器件等，由李国华老师讲授．2007 年，李国华老师退休了，2008 年的课程由孙宝权老师讲授．孙老师因故不能长期承担教学任务，自 2009 年起，我负责讲授这部分内容．我根据李国华老师的讲义，重新编写了教学提纲和授课内容，并添加了一些前沿进展介绍，主要是半导体自旋电子学方面的进展（当时我正在翻译《半导体中的自旋物理学》）．2013 年，我又重新修订了教学提纲和授课内容，在课程中增加了一些历史知识（当时我正在翻译《半导体的故事》）．但是我希望进一步改进授课的内容．

大概是 2017 年，我在书店碰到了世界图书出版公司的影印版《半导体物理学》（第 2 版）（整本书只有出版公司和书名是中文），买回来认真读了一遍，觉得很不错，考虑把它融入到我的课程里．后来又见到了本书的第 3 版（这是在中国科学院工作的一个好处），发现新版增补了很多内容．2018 年，我翻译了本书的目录，对全书的框架有了更明确的认识；2019 年，我翻译了本书所有图片的说明文字，对全书有了更深刻的认识；2020 年遇到了新冠疫情，所有授课通过网络进行，意外地解除了我每次上课都要在路上花费四五个小时的奔波之苦，我利用这个机会翻译了全书的其他部分．然后我开始着手出版事宜，中国科学技术大学出版社表示感兴趣．肖向兵编辑的感觉很敏锐，他从斯普林格（Springer）公司那里了解到本书将要出第 4 版，就安排先按照第 3 版的译文排版，等第 4 版出来以后再增补新的修订内容．2021 年新版出来以后，我也拿到了出版社排版好的中译本清样，对照着把修改和增补的内容添加进去，同时也相当于做了一次校对．现在，本书终于要和读者见面了．

由于本人的精力和能力所限，翻译难免有疏漏之处，请读者谅解．如果您发现有翻译不当之处，请多加指正．来信请寄 jiyang@semi.ac.cn.

2014 年，我为《半导体的故事》撰写了“译者的话”，其中介绍了一些与半导体物理和器件有关的中文书籍（包括外文教材的中译本），现在转录在这里，希望能够对读者有些帮助：“固体物理学方面主要是黄昆的《固体物理学》和基泰尔的《固体物理导论》，内容更深的是冯端和金国钧的《凝聚态物理学》．我国第一本半导体教科书是黄昆和谢希德的《半导体物理学》（科学出版社，1958 年）．国内采用最多的教材可能是刘恩科的《半导体物理学》（主要面向工科特别是电子科学和技术类的学生）和叶良修的《半导体物理学》(主要面向理科特别是物理系的学生).国际上的标准教材当然是施敏(S. M. Sze)的《半导体器件物理》《半导体器件物理和工艺》以及《现代半导体器件物理》,国内都已经有了译本.近年还翻译引进了一些国外教材,例如《半导体材料物理基础》《芯片制造:半导体工艺制程实用教程》和《半导体物理与器件》.科学出版社从2005年起开始出版'半导体科学与技术丛书',现在已经有20多本,从各个方面介绍半导体科技的前沿发展."

感谢格伦德曼教授耐心回答我在翻译中遇到的问题.感谢半导体超晶格国家重点实验室和中国科学院半导体研究所对我工作的长期支持,感谢中国科学院大学材料科学与光电技术学院以及物理学院对我教学工作的支持.感谢很多老师、朋友、同事和学生们对我的支持和帮助.

感谢全家人特别是妻女多年来的鼓励、支持和帮助.

姬　扬

中国科学院半导体研究所

中国科学院大学材料科学与光电技术学院

2022年4月6日

前言

半导体电路在日常生活中司空见惯.半导体器件使得基于光纤的光学通信、光学存储和高频放大变得经济合理,最近革新了照相、照明和显示技术.现在,利用光伏器件转化的太阳能是能源供给的很大一部分.伴随着这些重大的技术发展,半导体改变了我们工作、交流、娱乐和思考的方式.半导体材料和器件的技术进步是连续演化的,在世界范围里影响着人力和资本.对于学生来说,半导体是激动人心的研究领域,有着伟大的传统,提供了丰富多彩的基础和应用主题[1]以及光明的未来.

本书向研究生介绍半导体物理和半导体器件,把他们带到可以选择专业、在指导下开展实验研究的程度.本书基于莱比锡大学的理学研究生的物理教学计划(两个学期的半导体物理学课程).本书可以在没有或者只有很少固体物理学和量子力学知识的基础上学习,因此也适合本科生学习.对于感兴趣的读者,本书添加了一些额外的主题,能够在更专门的后续课程里讲述.材料的选择在固体物理、半导体物理、各种半导体器件的概念及其在电子学和光子学中的现代应用之间达到平衡.

第一学期讲述半导体物理学的基础知识(第1部分,包括第1～10章)和一些专题(第2部分,包括第11～20章).除了固体物理学的重要方面,例如晶体结构、晶格振动和能带结构,本书还讨论了半导体的细节,例如,技术上很重要的材料及其性质,以及电子缺陷、复合、表面、异质结构和纳米结构;介绍了具有电极化和磁化的半导体.重点放在无机半导体,但是第18章简单介绍了有机半导体.介电结构(第19章)作为镜子、腔和微腔,是许多半导体器件的重要部分.其他各章简要介绍了二维材料(第13章)和透明导电氧化物(TCO)(第20章).半导体的应用和器件(第3部分,第21～24章)在第二学期讲授.在广泛而又详细地讨论了各种二极管的类型以后,讲述它们在电路中的应用,包括光电探测器、太阳能电池、发光二极管和激光器.最后讨论双极性晶体管和场效应晶体管,包括薄膜晶体管.

第4版做了很多修订和增补:扩展了许多主题,做了更深入的处理,例如,卤化物铅钙钛矿、偶极子散射、各向异性的介电函数、谷极化、丹伯尔(Dember)场、新的CMOS图像传感器;增加了一章介绍二维半导体,还增加了一个附录介绍紧束缚理论;拓扑性质的概念也出现在本书里,旨在描述双原子线性链模型的机械振动,这些放在与能带结构和光子介电结构有关的章节中;改正了一些笔误和印刷错误;参考文献比第3版增加了300多条,大部分都有doi(digital object identifier,数字对象标识符)码.参考文献的选择依据是:① 包括重要的历史文献和具有里程碑意义的文章;② 指向综述文章和专题著作,以便拓展阅读;③ 方便查阅当代文献和最新进展.图1用柱状图逐年展示了参考文献的数目.可以看到,半导体物理和技术大致分4个阶段.在1947年实现第一个晶体管以前,只有为数不多的出版物值得关注.然后是理解半导体、发展基于体材料半导体(主要是Ge、Si和GaAs)的半导体技术和器件的突飞猛进的阶段.在20世纪70年代末期,随着半导体量子阱和异质结构的出现,一个崭新的时代开始了,随后出现了纳米结构(纳米管、纳米线和量子点)和新材料(有机半导体、氮化物或石墨烯).还有一个峰是新兴的主题,例如,2D材料、拓扑绝缘体或者新的非晶半导体.

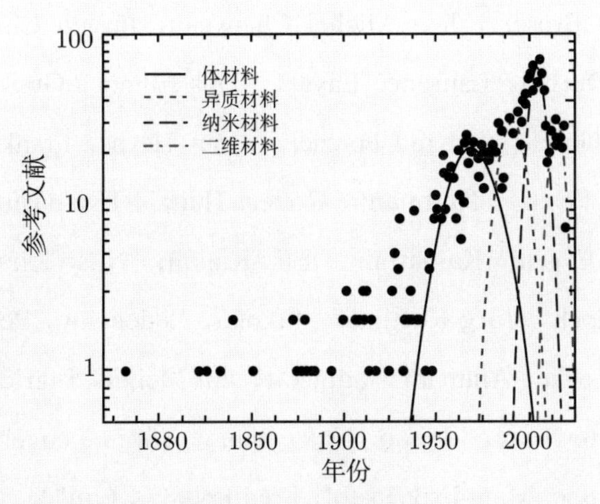

图1　本书参考文献的柱状图，以及对重大进展的简单拟合

接下来，我按照字母顺序感谢为本书做出贡献的同事们(如果没有给出所属机构，就是来自莱比锡大学)：Gabriele Benndorf，Klaus Bente，Rolf Böttcher，Matthias Brandt，Christian Czekalla，Christof Peter Dietrich，Pablo Esquinazi，Heiko Frenzel，Volker Gottschalch，Helena Hilmer，Axel Hoffmann（柏林工业大学），Alois Krost†（马格德堡大学），Evgeny Krüger，Michael Lorenz，Stefan Müller，Thomas Nobis，Rainer Pickenhain，Hans-Joachim Queisser（斯图加特马克斯·普朗克固体研究所），Bernd Rauschenbach，Bernd Rheinländer，Heidemarie Schmidt，Mathias Schmidt，Rüdiger Schmidt-Grund，Matthias Schubert，Jan Sellmann，Oliver Stier（柏林工业大学），Chris Sturm，Florian Tendille（CNRS-CRHEA），Gerald Wagner，Eicke Weber（加利福尼亚大学伯克利分校），Holger von Wenckstern，Michael Ziese 和 Gregor Zimmermann. 他们给予评论、阅读校样、提供实验数据和图表等材料，为本书增色不少. 我的这门课的学生和本书以前版本的读者给出了许多有用的评论，在此同样表示感谢.

我还要感谢其他许多同事，特别是(按照字母顺序) Gerhard Abstreiter，Zhores Alferov†，Martin Allen，Levon Asryan，Günther Bauer，Manfred Bayer，Friedhelm Bechstedt，Dieter Bimberg，Otto Breitenstein，Len Brillson，Fernando

Briones, Immanuel Broser†, Jean-Michel Chauveau, Jürgen Christen, Philippe De Mierry, Steve Durbin, Laurence Eaves, Klaus Ellmer, Guy Feuillet, Elvira Fortunato, Ulrich Gösele†, Alfred Forchel, Manus Hayne, Frank Heinrichsdorff, Fritz Henneberger†, Detlev Heitmann, Robert Heitz†, Evamarie Hey-Hawkins, Detlef Hommel, Evgeni Kaidashev, Eli Kapon, Nils Kirstaedter, Claus Klingshirn, Fred Koch†, Jörg Kotthaus, Nikolai, Ledentsov, Peter Littlewood, Dave Look, Axel Lorke, Anupam Madhukar, Jan Meijer, Ingrid Mertig, Bruno Meyer†, David Mowbray, Hisao Nakashima, Jörg Neugebauer, Michael Oestreich, Louis Piper, Mats-Erik Pistol, Fred Pollak†, Emil V. Prodan, Volker Riede†, Bernd Rosenow, Hiroyuki Sakaki, Lars Samuelson, Darrell Schlom, Vitali Shchukin, Maurice Skolnick, Robert Suris, Volker Türck, Konrad Unger†, Victor Ustinov, Borge Vinter, Leonid Vorob'jev, Richard Warburton, Alexander Weber, Peter Werner, Wolf Widdra, Ulrike Woggon, Roland Zimmermann, Arthur Zrenner, Alex Zunger 和 Jesús Zúñiga-Pérez. 他们与我紧密合作,友好讨论,并提出问题来激励我. 当我继续研究半导体物理学的时候,这份名单变得越来越长,带给我独有的荣幸和喜悦. 令人伤心的是,每当新版本付梓的时候,标有 † 符号的人数增加得太快了.

马吕斯・格伦德曼

于莱比锡

缩写

0D　零维(zero-dimensional)

1D　一维(one-dimensional)

2D　二维(two-dimensional)

2DEG　二维电子气(two-dimensional electron gas)

3D　三维(three-dimensional)

AAAS　美国科学促进会(American Association for the Advancement of Science)

AB　反键(位置)(antibonding (position))

ac　交流(alternating current)

ACS　美国化学学会(American Chemical Society)

ADF　环形暗场(STEM方法)(annular dark field (STEM method))

ADP　声学形变势(散射)(acoustic deformation potential (scattering))

AFM　原子力显微术(atomic force microscopy)

AHE　反常霍尔效应(anomalous Hall effect)

AIP　美国物理联合会(American Institute of Physics)

AM　空气质量(air mass)

APD　反相畴(antiphase domain),雪崩光电二极管(avalanche photodiode)

APS　美国物理学会(American Physical Society)

AR　增透(antireflection)

ARPES　角分辨光电子发射谱(angle-resolved photoemission spectroscopy)

ASE　放大的自发辐射(amplified spontaneous emission)

AVS　美国真空学会(科学和技术学会)(American Vacuum Society (The Science & Technology Society))

bc　体心(body-centered)

BC　键中心(位置)(bond center (position))

bcc　体心立方(body-centered cubic)

BD　蓝光光盘(blu-ray™ disc)

BEC　玻色-爱因斯坦凝聚(Bose-Einstein condensation)

BGR　带隙重整化(band gap renormalization)

BIA　体反演不对称性(bulk inversion asymmetry)

BJT　双极型结式晶体管(bipolar junction transistor)

BZ　布里渊区(Brillouin zone)

CAS　热吸收谱(calorimetric absorption spectroscopy)

CCD　电荷耦合器件(charge coupled device)

CD　光盘(compact disc)

CEO　边解理生长(cleaved-edge overgrowth)

CIE　国际照明委员会(Commission Internationale de l'Éclairage)

CIGS　$Cu(In,Ga)Se_2$ 材料($Cu(In,Ga)Se_2$ material)

CIS　$CuInSe_2$ 材料($CuInSe_2$ material)

CL　阴极荧光(cathodoluminescence)

CMOS　互补性金属-氧化物-半导体(complementary metal-oxide-semiconductor)

CMY 青-品红-黄(颜色系统)(cyan-magenta-yellow (color system))

CNL 电荷中性能级(charge neutrality level)

CNT 碳纳米管(carbon nanotube)

COD 灾难性的光学缺陷(catastrophical optical damage)

CPU 中央处理器(central processing unit)

CRT 阴极射线管(cathode ray tube)

CSL 重合位点阵(coincident site lattice)

CVD 化学气相沉积(chemical vapor deposition)

cw 连续波(continuous wave)

CZ 丘克拉斯基(生长)(Czochralski (growth))

DAP 施主-受主对(donor-acceptor pair)

DBR 分布式布拉格反射镜(distributed Bragg reflector)

dc 直流(direct current)

DF 介电函数(dielectric function)

DFB 分布式反馈(distributed feedback)

DH(S) 双异质结构(double heterostructure)

DLTS 深能级瞬态谱(deep level transient spectroscopy)

DMS 稀磁半导体(diluted magnetic semiconductor)

DOS 态密度(density of states)

DPSS 二极管泵浦的固体(激光器)(diode-pumped solid-state (laser))

DRAM 动态随机存储器(dynamic random access memory)

DVD 数字多功能光盘(digital versatile disc)

EA 电子亲和势(electron affinity)

EBL 电子阻挡层(electron blocking layer)

EEPROM 电可擦可编程只读存储器(electrically erasable programmable read-only memory)

EHL 电子-空穴液体(electron-hole liquid)

EIL　电子注入层(electron injection layer)

EL　电致荧光(electroluminescence)

ELA　准分子激光退火(excimer laser annealing)

ELO　外延横向生长(epitaxial lateral overgrowth)

EMA　有效质量近似(effective mass approximation)

EML　发射层(emission layer)

EPR　电子顺磁共振(electron paramagnetic resonance)

EPROM　可擦除可编程只读存储器(erasable programmable read-only memory)

ESF　插入型层错(extrinsic stacking fault)

ESR　电子自旋共振(electron spin resonance)

ETL　电子传输层(electron transport layer)

EXAFS　扩展 X 射线吸收精细结构(extended X-ray absorption fine structure)

F_4-TCNQ　2,3,5,6-四氟-7,7′,8,8′-四氰醌-二甲烷(2,3,5,6-tetrafluoro-7,7,8,8-tetracyano-quinodimethane)

FA　甲脒(formamidinium), $HC(NH_2)_2$

fc　面心(face-centered)

fcc　面心立方(face-centered cubic)

FeRAM　铁电随机存储器(ferroelectric random access memory)

FET　场效应晶体管(field-effect transistor)

FIB　聚焦离子束(focused ion beam)

FIR　远红外(far infrared)

FKO　弗兰兹-凯尔迪什振荡(Franz-Keldysh oscillation)

FLG　少层石墨烯(few layer graphene)

FPA　焦平面阵列(focal plane array)

FQHE　分数量子霍尔效应(fractional quantum Hall effect)

FWHM　半高宽度(full width at half-maximum)

FZ　浮区(生长)(float-zone (growth))

Gb　千兆比特(gigabit)

GIZO　GaInZnO

GLAD　倾斜沉积(glancing-angle deposition)

GRINSCH　梯度折射率分别限制的异质结构(graded-index separate confinement heterostructure)

GSMBE　气体源分子束外延(gas-source molecular beam epitaxy)

GST　$Ge_2Sb_2Te_5$

HBL　空穴阻挡层(hole blocking layer)

HBT　异质结构双极型晶体管(heterobipolar transistor)

hcp　六方密堆(hexagonally close packed)

HCSEL　水平腔面发射激光器(horizontal cavity surface-emitting laser)

HEMT　高电子迁移率晶体管(high electron mobility transistor)

HIGFET　异质结绝缘栅极场效应晶体管(heterojunction insulating gate FET)

hh　重空穴(heavy hole)

HIL　空穴注入层(hole injection layer)

HJFET　异质结场效应晶体管(heterojunction FET)

HOMO　最高占据分子轨道(highest occupied molecular orbital)

HOPG　高度有序的热解石墨(highly ordered pyrolitic graphite)

HR　高反射(high reflection)

HRTEM　高分辨率透射电子显微术(high-resolution transmission electron microscopy)

HTL　空穴传输层(hole transport layer)

HWHM　半高半宽度(half-width at half-maximum)

IBM　国际商用机器公司(International Business Machines Corporation)

IC　集成电路(integrated circuit)

IDB　反转畴边界(inversion domain boundary)

IE　电离能(ionization energy)

IEEE 电气和电子工程师协会(Institute of Electrical and Electronics Engineers)

IF 中频频率(intermediate frequency)

IOP (英国)物理学会(Institute of Physics)

IPAP 东京纯物理和应用物理学会(Institute of Pure and Applied Physics,Tokyo)

IQHE 整数量子霍尔效应(integral quantum Hall effect)

IR 红外(infrared)

ISF 抽出型层错(intrinsic stacking fault)

ITO 铟锡氧化物(indium tin oxide)

JDOS 联合态密度(joint density of states)

JFET 结式场效应晶体管(junction field-effect transistor)

KKR 克拉默斯-克罗尼格关系(Kramers-Kronig relation)

KOH 氢氧化钾(potassium hydroxide)

KTP $KTiOPO_4$ 材料($KTiOPO_4$ material)

LA 纵向声学(声子)(longitudinal acoustic (phonon))

LCD 液晶显示器(liquid crystal display)

LDA 局域密度近似(local density approximation)

LEC 液体封装的丘克拉斯基(生长)(liquid encapsulated Czochralski (growth))

LED 发光二极管(light-emitting diode)

lh 轻空穴(light hole)

LO 纵向光学(声子),本地振荡器(longitudinal optical (phonon), local oscillator)

LPCVD 低压化学气体沉积(low-pressure chemical vapor deposition)

LPE 液相外延(liquid phase epitaxy)

LPP 纵向声子等离子体(模式)(longitudinal phonon plasmon (mode))

LST 利戴恩-萨克斯-泰勒(关系)(Lyddane-Sachs-Teller (relation))

LT 低温(low temperature)

LUMO 最低未占据分子轨道(lowest unoccupied molecular orbital)

LVM 局域振动模式(local vibrational mode)

MA　甲胺(methylammonium)

MBE　分子束外延(molecular beam epitaxy)

MEMS　微机电系统(micro-electro-mechanical system)

MESFET　金属-半导体场效应晶体管(metal-semiconductor field-effect transistor)

MHEMT　变形生长的高电子迁移率晶体管(metamorphic HEMT)

MIGS　能带中间的(表面)态 (midgap (surface) states)

MILC　金属诱导的横向晶化(metal-induced lateral crystallization)

MIOS　金属-绝缘体-氧化物-半导体(metal-insulator-oxide-semiconductor)

MIR　中红外(mid-infrared)

MIS　金属-绝缘体-半导体(metal-insulator-semiconductor)

MIT　麻省理工学院(Massachusetts Institute of Technology)

ML　单层(monolayer)

MLC　多能级单元(multi-level cell)

MMIC　毫米波集成电路(millimeter-wave integrated circuit)

MO　主振子(master oscillator)

MOCVD　金属有机物化学气相沉积(metal-organic chemical vapor deposition)

MODFET　调制掺杂的场效应晶体管(modulation-doped FET)

MOMBE　金属有机物分子束外延(metal-organic molecular beam epitaxy)

MOPA　主振荡器功率放大器(master oscillator power amplifier)

MOS　金属-氧化物-半导体(metal-oxide-semiconductor)

MOSFET　金属-氧化物-半导体场效应晶体管(metal-oxide-semiconductor field-effect transistor)

MOVPE　金属有机物气相外延(metal-organic vapor-phase epitaxy)

MQW　多量子阱(multiple quantum well)

MRAM　磁随机存储器(magnetic random access memory)

MRS　材料研究学会(Materials Research Society)

MS　金属-半导体(二极管)(metal-semiconductor (diode))

MSA　迁移率谱分析(mobility spectral analysis)

MSM　金属-半导体-金属(二极管)(metal-semiconductor-metal (diode))

MTJ　磁隧穿结(magneto-tunneling junction)

MWNT　多壁(碳)纳米管(multi-walled (carbon) nanotube)

NDR　负微分电阻(negative differential resistance)

NEP　噪声等效功率(noise equivalent power)

NIR　近红外(near infrared)

NMOS　N型沟道金属-氧化物-半导体(晶体管)(N-channel metal-oxide-semiconductor (transistor))

NTSC　(美国)国家电视标准颜色(national television standard colors)

OLED　有机发光二极管(organic light-emitting diode)

OMC　有机分子晶体(organic molecular crystals)

ONO　氧化物/氮化物/氧化物(oxide/nitride/oxide)

OPSL　光学泵浦的半导体激光器(optically pumped semiconductor laser)

PA　功率放大器(power amplifier)

PBG　光子带隙(photonic band gap)

pc　简单立方(primitive cubic)

PCM　相变存储器(phase change memory)

PFM　压电响应力显微术(piezoresponse force microscopy)

PHEMT　赝晶高电子迁移率晶体管(pseudomorphic HEMT)

PL　光致荧光(photoluminescence)

PLD　脉冲激光沉积(pulsed laser deposition)

PLE　荧光激发(谱)(photoluminescence excitation (spectroscopy))

PMC　可编程金属化单元(programmable metallization cell)

PMMA　聚甲基丙烯酸甲酯(poly-methyl methacrylate)

PMOS　P型沟道金属-氧化物-半导体(晶体管)(P-channel metal-oxide-semiconductor (transistor))

PPC　持续光电导(persistent photoconductivity)

PPLN　周期性极化铌酸锂(perodically poled lithium niobate)

PV　光伏(器件)(photovoltaic(s))

PWM　脉冲宽度调制(pulse width modulation)

PZT　$PbTi_xZr_{1-x}O_3$ 材料($PbTi_xZr_{1-x}O_3$ material)

QCL　量子级联激光器(quantum cascade laser)

QCSE　量子限制斯塔克效应(quantum confined Stark effect)

QD　量子点(quantum dot)

QHE　量子霍尔效应(quantum Hall effect)

QW　量子阱(quantum well)

QWIP　量子阱子带间光电探测器(quantum-well intersubband photodetector)

QWR　量子线(quantum wire)

RAM　随机存储器(random access memory)

RAS　反射各向异性谱(reflection anisotropy spectroscopy)

RF　射频频率(radio frequency)

RFID　射频标识(radio frequency identification)

RGB　红-绿-蓝(颜色系统)(red-green-blue (color system))

RHEED　反射式高能电子衍射(reflection high-energy electron diffraction)

RIE　反应离子刻蚀(reactive ion etching)

RKKY　鲁德曼-基泰尔-糟谷-吉田(相互作用)(Ruderman-Kittel-Kasuya-Yoshida (interaction))

rms　方均根(root mean square)

ROM　只读存储器(read-only memory)

RRAM　电阻随机存储器(resistance random access memory)

RSC　(英国)皇家化学会(The Royal Society of Chemistry)

SAGB　小角晶界(small-angle grain boundary)

SAM　分离的吸收和放大(结构)(separate absorption and amplification (structure)) sc　简单立方(simple cubic)

SCH　分离受限的异质结构(separate confinement heterostructure)

SCLC　空间电荷限制电流(space-charge limited current)

SdH　舒布尼科夫-德哈斯(振荡)(Shubnikov-de Haas (oscillation))

SEL　面发射激光器(surface-emitting laser)

SEM　扫描电子显微术(scanning electron microscopy)

SET　单电子晶体管(single-electron transistor),单电子隧穿(single-electron tunneling)

SGDBR　取样光栅分布式布拉格反射镜(sampled grating distributed Bragg reflector)

SHG　二次谐波生成(second-harmonic generation)

si　半绝缘(semi-insulating)

SIA　半导体产业协会(Semiconductor Industry Association)

SIA　结构反转对称性(structural inversion asymmetry)

SIMS　二次离子质谱(secondary ion mass spectrometry)

SL　超晶格(superlattice)

SLC　单能级单元(single-level cell)

SLG　单层石墨烯(single layer graphene)

SNR　信噪比(signal-to-noise ratio)

s-o　自旋轨道(spin-orbit)(或劈裂(split-off))

SOA　半导体光学放大器(semiconductor optical amplifier)

SOFC　固体氧化物燃料电池(solid-oxide fuel cells)

SPD　谱功率分布(spectral power distribution)

SPICE　通用模拟电路仿真器(simulation program with integrated circuit emphasis)

SPIE　摄影仪器工程师协会(society of photographic instrumentation engineers)

SPP　表面等离激元极化激元(surface plasmon polariton)

SPS　短周期超晶格(short-period superlattice)

sRGB　标准红绿蓝(颜色系统)(standard RGB)

SRH　肖克利-里德-霍尔(动理学)(Shockley-Read-Hall (kinetics))

SSH　苏-施里弗-黑格(模型)(Su-Schrieffer-Heeger (model))

SSR　边模式抑制比(side-mode suppression ratio)

STEM　扫描透射电子显微术(scanning transmission electron microscopy)

STEM-ADF　带有环形暗场成像的扫描透射电子显微镜(scanning transmission electron microscopy with annular dark field imaging)

STM　扫描电子显微术(scanning tunneling microscopy)

SWNT　单壁(碳)纳米管(single-walled (carbon) nanotube)

TA　横向声学(声子)(transverse acoustic (phonon))

TAS　热导纳谱(thermal admittance spectroscopy)

TCO　透明导电氧化物(transparent conductive oxide)

TE　横向电(极化强度)(transverse electric (polarization))

TED　转移电子器件(transferred electron device)

TEGFET　二维电子气场效应晶体管(two-dimensional electron gas FET)

TEM　透射电子显微术(transmission electron microscopy)

TES　两电子卫星峰(two-electron satellite)

TF　热电子场发射(thermionic field emission)

TFET　透明场效应晶体管(transparent FET),隧穿式场效应晶体管(tunneling FET)

TFT　薄膜晶体管(thin-film transistor)

TM　横向磁(极化强度)(transverse magnetic (polarization))

TMAH　四甲基氢氧化铵(tetramethyl-ammonium-hydroxide)

TMR　隧穿磁电阻(tunnel-magnetoresistance)

TO　横向光学(声子)(transverse optical (phonon))

TOD　开启延迟(时间)(turn-on delay (time))

TPA　双光子吸收(two-photon absorption)

TSO　透明半导体氧化物(transparent semiconducting oxide)

UHV　超高真空(ultrahigh vacuum)

UV　紫外光(ultraviolet)

VCA　虚晶近似(virtual crystal approximation)

VCO　电压控制的振荡器(voltage-controlled oscillator)

VCSEL　垂直腔面发射激光器(vertical-cavity surface-emitting laser)

VFF　价力场(valence force field)

VGF　垂直梯度冻结(生长)(vertical gradient freeze (growth))

VIS　可见光(visible)

VLSI　超大规模集成(very large scale integration)

WGM　回音壁模式(whispering gallery mode)

WKB　温策尔-克拉默-布里渊(近似或方法)(Wentzel-Kramer-Brillouin (approximation or method))

WS　维格纳-塞兹元胞(Wigner-Seitz (cell))

X　激子(exciton)

XPS　X射线光电子谱(X-ray photoelectron spectroscopy)

XSTM　截面扫描隧道显微镜(cross-sectional STM)

XX　双激子(biexciton)

YSZ　钇稳定的氧化锆(yttria-stabilized zirconia (ZrO_2))

ZnPc　酞菁锌(zinc-phthalocyanine)

符号

α　马德隆常数(Madelung constant),无序参数(disorder parameter),线宽增强因子(linewidth enhancement factor)

$\alpha(\omega)$　吸收系数(absorption coefficient)

α_m　镜损(mirror loss)

α_n　电子电离系数(electron ionization coefficient)

α_p　空穴电离系数(hole ionization coefficient)

α_T　基区传输因子(base transport factor)

β　用作 $e/(k_B T)$ 的缩写,自发辐射系数(spontaneous emission coefficient),双光子吸收系数(two-photon absorption coefficient)

γ　展宽因子(broadening parameter),格林艾森参数(Grüneisen parameter),发射效率(emitter efficiency)

Γ　展宽因子(broadening parameter)

γ_1, γ_2, γ_3　卢廷格参数(Luttinger parameters)

δ_{ij}　克罗内克符号(Kronecker symbol)

Δ_0　自旋轨道分裂(spin-orbit splitting)

$\epsilon(\omega)$　介电函数(dielectric function)

ϵ_0　真空介电常数(permittivity of vacuum)

ϵ_i　绝缘体介电常数(dielectric constant of insulator)

ϵ_r　相对介电常数(relative dielectric function)

ϵ_s　半导体介电函数($=\epsilon_r\epsilon_0$) (dielectric function of semiconductor)

ϵ_S　增益压缩系数(gain compression coefficient)

ϵ_{ij}　应变张量的分量(components of strain tensor)

η　量子效率(quantum efficiency)

η_d　微分量子效率(differential quantum efficiency)

η_{ext}　外量子效率(external quantum efficiency)

η_{int}　内量子效率(internal quantum efficiency)

η_w　插墙效率(wall-plug efficiency)

θ　角度(angle)

Θ_D　德拜温度(Debye temperature)

Θ_B　典型的声子能量参数(typical phonon energy parameter)

κ　折射率的虚部(imaginary part of index of refraction),热导率(heat conductivity)

λ　波长(wavelength)

λ_p　等离子体波长(plasma wavelength)

μ　迁移率(mobility)

μ_0　真空磁化率(magnetic susceptibility of vacuum)

μ_h　空穴迁移率(hole mobility)

μ_H　霍尔迁移率(Hall mobility)

μ_n　电子迁移率(electron mobility)

ν　频率(frequency)

Π　佩尔捷系数(Peltier coefficient)

π_{ij}　压电电阻率张量的分量(components of piezoresistivity tensor)

ρ　质量密度(mass density),电荷密度(charge density),电阻率(resistivity)

ρ_{ij}　电阻率张量的分量(components of resistivity tensor)

ρ_P　极化电荷密度(单位体积)(polarization charge density (per volume))

σ　标准差(standard deviation),电导率(conductivity),应力(stress),有效质量比(effective mass ratio)

Σn　晶界的类型(grain boundary type)

σ_{ij}　应力张量的分量(components of stress tensor),电导率张量的分量(conductivity tensor)

σ_n　电子捕获截面(electron capture cross section)

σ_p　空穴捕获截面(hole capture cross section)

σ_P　(单位面积)极化电荷密度(polarization charge density (per area))

τ　寿命(lifetime),时间常数(time constant)

τ_n　电子(少数载流子)寿命(electron (minority carrier) lifetime)

τ_{nr}　非辐射寿命(non-radiative lifetime)

τ_p　空穴(少数载流子)寿命(hole (minority carrier) lifetime)

τ_r　辐射寿命(radiative lifetime)

ϕ　相位(phase)

Φ_0　光子通量(photon flux)

χ　电子亲和势(electron affinity),电极化率(electric susceptibility)

χ_{ex}　光提取效率(light extraction efficiency)

χ_{sc}　(半导体的)电子亲和势(electron affinity (of semiconductor))

$\chi(\boldsymbol{r})$　包络波函数(envelope wavefunction)

ψ　角度(angle)

$\Psi(\boldsymbol{r})$　波函数(wavefunction)

ω　角频率(angular frequency)

ω_{LO}　纵向光学声子频率(longitudinal optical phonon frequency)

ω_p　等离子体频率(plasma frequency)

ω_{TO}　横向光学声子频率(transverse optical phonon frequency)

Ω　相互作用参数(interaction parameter)

a　静水压形变势(hydrostatic deformation potential),晶格常数(lattice constant)

$\boldsymbol{a}$　加速度(accelaration)

A　原子质量(atomic mass)(^{12}C 的 $A=12$)

A　面积(area),能带-杂质复合系数(band-impurity recombination coefficient)

$\boldsymbol{A}$, A　矢势(vector potential)

A^*　理查德森常数(Richardson constant)

a_0　(立方)晶格常数((cubic) lattice constant)

b　弯曲参数(bowing parameter),形变势(deformation potential)

b 伯格矢量(Burger's vector)

$\mathbf{B}$ 双分子复合系数(bimolecular recombination coefficient),带宽(bandwidth)

$\mathbf{B}$, B 磁感应场(magnetic induction field)

c 真空中的光速(velocity of light in vacuum),(沿着 c 轴的)晶格常数(lattice constant (along c-axis))

C 电容(capacitance),弹性常数(spring constant),俄歇复合系数(Auger recombination coefficient)

C_n, C_p 俄歇复合系数(Auger recombination coefficient)

C_{ij}, C_{ijkl} 弹性常数(elastic constants)

d 距离(distance),剪切形变势(shear deformation potential)

d_i 绝缘体的厚度(insulator thickness)

D 态密度(density of states),扩散系数(diffusion coefficient)

$\mathbf{D}$, D 电子扩散场(electric displacement field)

D^* 探测率(detectivity)

$D_e(E)$ 电子态密度(electron density of states)

$D_h(E)$ 空穴态密度(hole density of states)

D_n 电子扩散系数(electron diffusion coefficient)

D_p 空穴扩散系数(hole diffusion coefficient)

e 基本电荷(elementary charge)

e_i 应变分量(沃伊特记号)(strain components (Voigt notation))

E 能量(energy)

$\mathbf{E}$, E 电场(electric field)

E_A 受主能级的能量(energy of acceptor level)

E_A^b 受主的电离能(acceptor ionization energy)

E_C 导带边的能量(energy of conduction-band edge)

E_{xc} 交换相互作用能(exchange interaction energy)

E_D 施主能级的能量(energy of donor level),(石墨烯里的)狄拉克能量(Dirac energy (in graphene))

E_D^b 施主的电离能(donor ionization energy)

E_F 费米能量(Fermi energy)

E_g 带隙(band gap)

E_i 本征费米能级(intrinsic Fermi level)

E_m 最大电场(maximum electric field)

E_P 能量参数(energy parameter)

E_V 价带边的能量(energy of valence-band edge)

E_{vac} 真空能级的能量(energy of vacuum level)

E_X 激子能(exciton energy)

E_X^b 激子束缚能(exciton binding energy)

E_{XX} 双激子的能量(biexciton energy)

f 振子强度(oscillator strength)

F 自由能(free energy)

$\boldsymbol{F}$, F 力(force)

$F(M)$ 额外噪声因子(excess noise factor)

F_B 肖特基势垒高度(Schottky barrier height)

f_e 电子的费米-狄拉克分布函数(Fermi-Dirac distribution function for electrons)

f_i 离子性(ionicity)

f_h 空穴的费米-狄拉克分布函数(Fermi-Dirac distribution function for holes)($=1-f_e$)

F_n 电子的准费米能量(electron quasi-Fermi energy)

F_p 空穴的准费米能量(hole quasi-Fermi energy)

F_P 珀塞尔因子(Purcell factor)

g 简并度(degeneracy),g 因子(g-factor),增益(gain)

G 自由焓(free enthalpy),生成速率(generation rate)

$\boldsymbol{G}$, G 倒格子矢量(reciprocal lattice vector)

g_m 跨导(transconductance)

G_{th} 热生成速率(thermal generation rate)

h 普朗克常量(Planck constant)

H 焓(enthalpy),哈密顿量(Hamiltonian)

$\boldsymbol{H}$, H 磁场(magnetic field)

$\hbar$ $h/(2\pi)$

i 虚数(imaginary number)

I 电流(current),光强(light intensity)

I_D　漏电流(drain current)

I_s　饱和电流(saturation current)

I_{sc}　短路电流(short circuit current)

I_{thr}　阈值电流(threshold current)

$\boldsymbol{j}, j$　电流密度(current density)

j　轨道动量(orbital momentum)

j_s　饱和电流密度(saturation current density)

j_{thr}　阈值电流密度(threshold current density)

k　波数(wavenumber)

$\boldsymbol{k}$　波矢(wavevector)

k, k_B　玻尔兹曼常量(Boltzmann constant)

k_F　费米波矢(Fermi wavevector)

l　轨道角动量(angular orbital momentum)

L　线元的长度(length of line element)

$\boldsymbol{L}$　(位错的)线矢量(line vector (of dislocation))

L_D　扩散长度(diffusion length)

L_z　量子阱的厚度(quantum-well thickness)

m　质量(mass)

m_0　自由电子质量(free electron mass)

m^*　有效质量(effective mass)

m_{ij}^*　有效质量张量(effective mass tensor)

m_c　回旋质量(cyclotron mass)

M　质量(mass),倍增因子(multiplication factor)

$\boldsymbol{M}, M$　磁化(magnetization)

m_e　有效电子质量(effective electron mass)

m_h　有效空穴质量(effective hole mass)

m_j　磁量子数(magnetic quantum number)

m_l　纵向质量(longitudinal mass)

m_r　约化质量(reduced mass)

m_t　横向质量(transverse mass)

n （导带里的）电子浓度（electron concentration (in conduction band)），理想因子（ideality factor）

$\boldsymbol{n}$ 法向矢量（normal vector）

$N(E)$ 态的数目（number of states）

n^* 复折射率（$=n_r+i\kappa$）（complex index of refraction）

N_A 受主的浓度（acceptor concentration）

N_c 临界掺杂浓度（critical doping concentration）

N_C 导带边的态密度（conduction-band edge density of states）

N_D 施主的浓度（donor concentration）

n_i 本征的电子浓度（intrinsic electron concentration）

n_{if} 镜像力效应导致的理想因子（ideality factor due to image force effect）

n_r 折射率（实部）（index of refraction (real part)）

n_s 面电子密度（sheet electron concentration）

N_t 陷阱的浓度（trap concentration）

n_{tr} 透明电子浓度（transparency electron concentration）

n_{thr} 阈值电子浓度（threshold electron concentration）

N_V 价带边的态密度（valence-band edge density of states）

p 压强（pressure），自由空穴浓度（free hole density）

$\boldsymbol{p}$，p 动量（momentum）

P 功率（power）

$\boldsymbol{P}$，P 电极化（electric polarization）

p_{cv} 动量矩阵元（momentum matrix element）

p_i 本征的空穴浓度（intrinsic hole concentration）

q 电荷（charge）

$\boldsymbol{q}$，q 热流（heat flow）

Q 电荷（charge），品质因子（quality factor），杂质束缚的激子局域化能量（impurity-bound exciton localization energy）

r 半径（radius）

$\boldsymbol{r}$ 空间坐标（spatial coordinate）

R 电阻（resistance），半径（radius），复合率（recombination rate）

R_λ 响应率（responsivity）

$\boldsymbol{R}$　直接格子的矢量(vector of direct lattice)

r_{H}　霍尔因子(Hall factor)

R_{H}　霍尔系数(Hall coefficient)

s　自旋(spin)

S　熵(entropy),塞贝克系数(Seebeck coefficient),总自旋(total spin),表面指数(surface index),表面复合速度(surface recombination velocity)

S_{ij}, S_{ijkl}　刚度系数(stiffness coefficients)

t　时间(time)

t_{ox}　(栅极)氧化物的厚度((gate) oxide thickness)

T　温度(temperature)

u　位移(displacement),元胞内参数(cell-internal parameter)

U　能量(energy)

u_{nk}　布洛赫函数(Bloch function)

$\boldsymbol{v}$, v　速度(velocity)

V　体积(volume),电压(voltage),电势(potential)

$V(\lambda)$　(标准化的)人眼灵敏度((standardized) sensitivity of human eye)

V_{a}　元胞的体积(unit-cell volume)

V_{A}　厄利电压(Early voltage)

V_{bi}　内建电压(built-in voltage)

v_{g}　群速度(group velocity)

V_{G}　栅极电压(gate voltage)

V_{oc}　开路电压(open circuit voltage)

V_{P}　关断电压(pinch-off voltage)

v_{s}　声速(velocity of sound),漂移饱和速度(drift-saturation velocity)

V_{SD}　源-漏电压(source-drain voltage)

v_{th}　热速度(thermal velocity)

w　耗尽层的宽度(depletion-layer width),宽度(width)

w_{B}　基区的宽度(双极型晶体管)(base width (bipolar transistor))

W_{m}　(金属的)功函数((metal) work function)

X　电负性(electronegativity)

Y　杨氏模量(Young's modulus),CIE 亮度参数(CIE brightness parameter)

Z　配分求和(partition sum),原子序数(atomic order number)

物理常量

常量	符号	数值(采用国际单位制)	单位
真空中的光速	c_0	2.99792458×10^{8} (精确值)	m/s
真空磁导率	μ_0	$4\pi \times 10^{-7}$	N/A^2
真空电容率(真空介电常数)	$\epsilon_0 = (\mu_0 c_0^2)^{-1}$	$8.854187817 \times 10^{-12}$	F/m
基本电荷	e	$1.602176634 \times 10^{-19}$ (精确值)	C
电子质量	m_e	$9.1093837 \times 10^{-31}$	kg
普朗克常量	h	$6.62607015 \times 10^{-34}$ (精确值)	J·s
	$\hbar = h/(2\pi)$	$1.05457182 \times 10^{-34}$	J·s
	$\hbar$	$6.58211957 \times 10^{-16}$	eV·s
玻尔兹曼常量	k_B	1.380649×10^{-23} (精确值)	J/K
		8.6173333×10^{-5}	meV/K
克利青常量	$R_K = h/e^2$	25812.8075	Ω
里德伯常量		13.605693123	eV
玻尔半径	a_B	$5.29177211 \times 10^{-11}$	m
阿伏伽德罗常量	N_A	$6.02214076 \times 10^{23}$ (精确值)	1/mol

目录

第1部分　基础知识

第2章

第3章

第4章

第 1 章

简介

真正的科学活动就是探索大自然的奥秘, 无论其结果如何.

——毕晓普 (J. M. Bishop)[2]

摘要

按照时间顺序给出半导体历史上重要的时刻和事件, 从早期岁月 (伏特、塞贝克和法拉第) 到最新的成就, 例如蓝光和白光二极管; 提到了很多著名的科学家和不那么有名的科学家; 还给出了与半导体有关的诺贝尔奖及获奖人的名单.

半导体物理学和技术的历史发展开始于 19 世纪下半叶. 关于半导体物理和化学的早期历史, 可以参阅文献 [3-5]; 关于晶体生长的发展过程, 可参阅文献 [6]; 关于半导体产业的历史, 可参阅文献 [7-8]. 文献 [9] 汇集了半导体器件方面的 141 篇开创性文章. 1947 年实现的晶体管商业化推动了电子和光电子产业的快速发展. 基于半导体器件的产品已经司空见惯, 例如, 计算机 (CPU 和存储器)、光学存储介质 (用于 CD 和 DVD

的激光器)、通信基础设施 (用于光纤技术的激光器和光探测器, 用于无线通信的高频电子学器件)、显示器 (薄膜晶体管和 LED)、投影机 (激光二极管) 和通用照明 (LED). 因此, 半导体和半导体物理学的基础研究以及由此产生的器件对现代文明和文化的发展做出了巨大贡献.

1.1 大事年表

本节给出半导体物理和技术方面的重要节点.

1782 年

伏特 (A. Volta)——造词 “semicoibente” (半绝缘的), 随后翻译为英语 “semiconducting” (半导电的)[10].

1821 年

塞贝克 (T. J. Seebeck)——在 PbS, FeS_2, $CuFeS_2$ 和金属里发现了热电势 (温度差导致的电学现象)[11,12].

1833 年

法拉第 (M. Faraday)——发现了 Ag_2S(硫化银) 电导率的温度依赖性 (负的 dR/dT)[13].

1834 年

佩尔捷 (J. Peltier)——发现了佩尔捷效应 (电流导致了冷却)[18].

1839 年

贝克勒尔 (A. E. Becquerel) ①——光电效应 (在卤化铜或卤化银的电解质溶液里, 当太阳光照射电极的时候, 可以产生光电流) [14-17].

1873 年

史密斯 (W. Smith)——发现了硒 (Se) 的光电导性 [19,20]. 关于硒的光电导性的早期工作, 参阅文献 [21,22].

1874 年

布劳恩 (F. Braun) ②——在金属-硫化物半导体接触里 (例如 $CuFeS_2$ 和 PbS) 发

① 这是埃德蒙特 · 贝克勒尔 (Edmond Becquerel); 他的儿子亨利 · 贝克勒尔 (Henri Becquerel) 因为发现放射性而获得了诺贝尔物理学奖.

② 布劳恩在莱比锡发现金属-半导体接触的时候, 是莱比锡托马斯学校的教师 [23]. 后来, 他在法国斯特拉斯堡当教授, 做了关于真空管的著名工作.

现了整流效应 [24]. 金属-半导体接触里的电流是非线性的 (与金属里的电流相比, 图 1.1), 偏离了欧姆定律. 布劳恩的结构类似于 MSM 二极管.

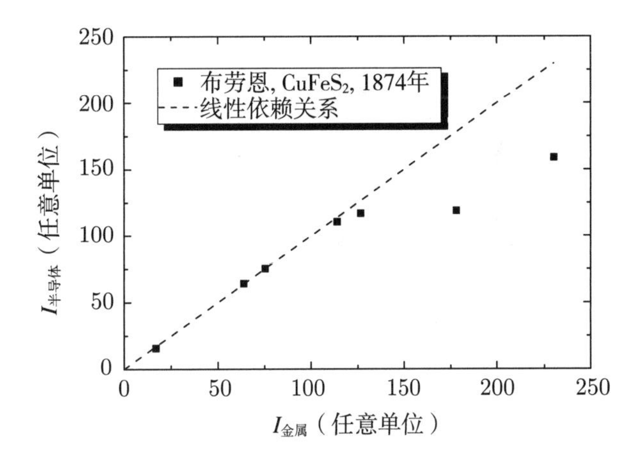

图1.1　1874年，银-$CuFeS_2$-银结构里的电流与金属里的电流. 数据点对应不同的外加电压. 实验数据取自文献[24]

1876 年

亚当斯 (W. G. Adams) 和戴伊 (R. E. Day)——发现了硒的光伏效应 [25].

西门子 (W. Siemens)——光电导体硒的大响应 [26], 把两根细铂丝贴在一片云母的表面, 然后覆盖一层熔化的硒薄膜. 黑暗中的电阻和用阳光照的电阻比值 [26] 大于 10, 文献 [27] 给出的测量值是 14.8.

1879 年

霍尔 (E. H. Hall)——测量了玻璃上的金薄膜的横向电势差 [28,29]. 他的导师罗兰 (H. A. Rowland) 继续做实验 [30]. 关于发现霍尔效应的详细记录, 参阅文献 [31, 32].

1883 年

弗里茨 (Ch. Fritts)——第一个太阳能电池, 基于金 / 硒整流器 [27]. 效率小于 1%.

1901 年

玻色 (J. C. Bose)——基于方铅矿 (PbS) 的用于检测电磁波的点接触探测器 [33]. 那时候还没有引入"半导体"这个术语, 玻色谈论道: "某类物质……随着外加电动势的增大, 对电流表现出逐渐减小的电阻."

1906 年

皮卡德 (G. W. Pickard)——基于硅的点接触（"猫须"）二极管的整流器 [34-36]. 整流效应被错误地认为是一种热效应, 然而, "热结" (图 1.2 中的 TJ) 的图演化为二极管的电路符号 (比较图 21.63(a)).

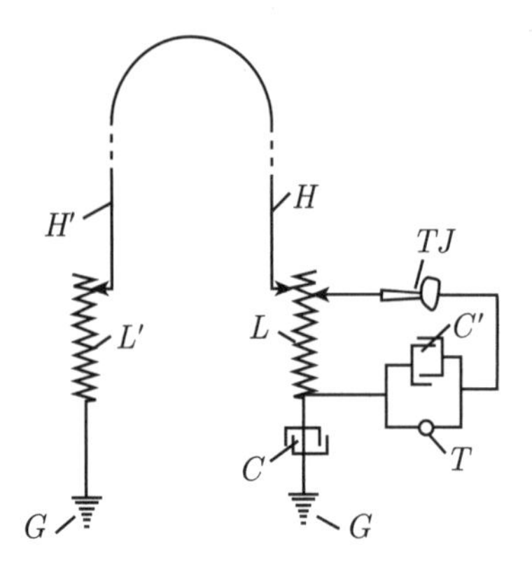

图1.2　带有点接触二极管(TJ)的射频接收器的电路图. 改编自文献[34]

1907 年

朗德 (H. J. Round)——研究 SiC 发出的黄光和绿光, 发现了电致荧光 [37].

拜德克 (K. Bädeker)——使用气相输运方法, 用金属薄膜制备了金属 (例如 Cd 和 Cu) 氧化物和硫化物以及 CuI [38].① CuI 据报道是透明的 (约 200 nm 厚的薄膜), 特征电阻率为 $\rho = 4.5 \times 10^{-2}\ \Omega \cdot \mathrm{cm}$, 是第一个透明导体.② 还报道了 CdO (厚度为 100~200 nm 的薄膜) 的导电性很好, $\rho = 1.2 \times 10^{-3}\ \Omega \cdot \mathrm{cm}$, 颜色是橘黄色的, 这是第一个报道的透明导电氧化物 (TCO).

1909 年

拜德克——发现了掺杂. 把 CuI 浸入不同浓度的碘溶液里 (例如氯仿), 可控地改变 CuI 的电导率 [41].

1910 年

艾克勒斯 (W. H. Eccles)——在方铅矿 (PbS) 接触里的负微分电阻, 制作了晶体振荡器 [45].③

1911 年

外斯 (J. Weiss)[46] 以及柯尼斯伯格 (J. Königsberger) 和外斯 [47] 首次引入了 "Halbleiter" (半导体) 这个词. 柯尼斯伯格更喜欢 "Variabler Leiter" (可变导体) 这个词.

1912 年

劳厄 (M. von Laue)——晶体的 X 射线衍射, 包括 ZnS(图 1.3)[48,49].

---

① 这个工作是在莱比锡大学物理研究所作为特许任教资格 (Habilitation) 进行的. 随后拜德克成为耶拿的教授, 死于第一次世界大战. 关于他对半导体物理学的科学贡献, 参阅文献 [39, 40].

② CuI 实际上是 p 型透明导体; 那时候, 还没有把霍尔效应的正号 [41,42] 解释为空穴导电.

③ 关于艾克勒斯对无线电技术的贡献的历史评价, 参阅文献 [43,44].

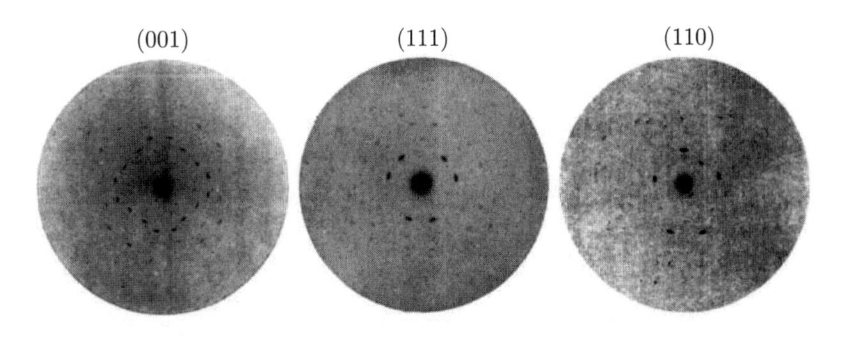

图1.3 “正常的”(立方) ZnS沿着三个晶体主轴方向的劳厄像，直接显示了它们的四重、三重和二重对称性. 改编自文献[48]

1925 年

李林菲尔德 (J. E. Lilienfeld)① ——提出了金属-半导体场效应晶体管 (MESFET)[53], 建议用硫化铜薄膜的沟道和氧化铝的栅极 (图 1.4).② 他还获得了耗尽型 MOSFET 的专利 [55], 提议用硫化铜、氧化铜或者氧化铅的沟道, 以及利用 nppn 和 pnnp 晶体管进行电流放大的专利 [56]. 因为缺少李林菲尔德关于晶体管的其他出版物, 现在仍然不清楚他只是对这些想法申请了专利, 还是也制作了可以工作的器件, 而支持后者的证据持续增加 [51,54,57].

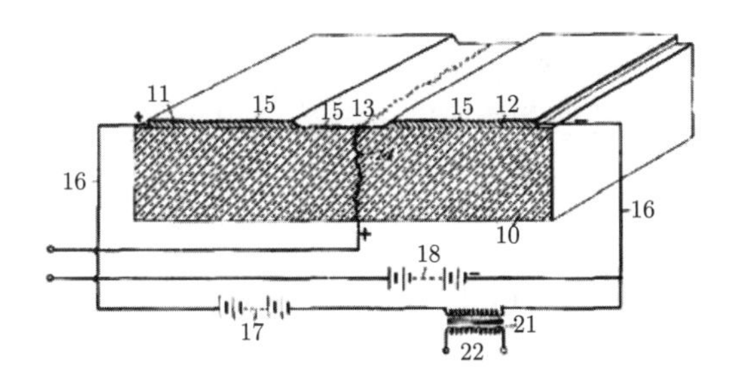

图1.4 1926年，场效应晶体管的示意图. 取自文献[53]

1927 年

施立德 (A. Schleede)、巴机什 (H. Buggisch)——合成了纯的化学配比的 PbS, 研究了 S 过量和杂质的影响 [58].

施立德、寇纳 (E. Körner)——ZnS 荧光的激发 [59,60].

① 1905 年在柏林威廉大学获得博士学位以后, 李林菲尔德加入了莱比锡大学物理系, 研究气体的液化, 并与齐柏林勋爵一起研究氢气飞艇.1910 年, 他成为莱比锡大学的教授, 主要研究 X 射线和真空管 [50]. 他在 1926 年让同事们大吃一惊, 离开并加入了一家美国工业实验室 [51,52].

② 文献 [51] 说这个器件像 npn 晶体管一样工作, 而文献 [54] 却说它是 JFET.

1928 年

布洛赫 (F. Bloch)——晶格里的电子的量子力学, “布洛赫函数” [61].

罗瑟夫 (O. V. Losev)——描述了发光二极管① (SiC)[65]; 在正偏压和接近击穿的时候, 观察到发光 (图 1.5(a)). 也报道了 LED 光输出的电流调制 (图 1.5(b))[65].

1929 年

派尔斯 (R. Peierls)——利用未占据电子态, 解释正电荷的 (奇异的) 霍尔效应 [66,67].

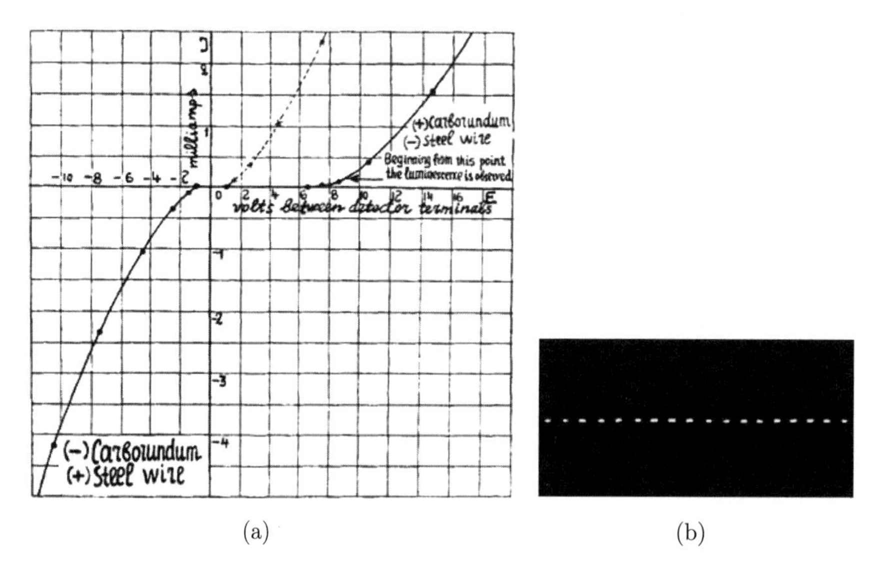

(a) (b)

图1.5 (a) SiC/钢丝的发光二极管的I-V 特性. 虚线是负电压时(第三象限)的翻转曲线. (b) 电流调制(500 Hz)的LED，记录在移动的照相底片上. 改编自文献[65]

1930 年

派尔斯——第一次计算能带结构和带隙② (图 1.6)[69].

1931 年

海森堡 (W. Heisenberg)——空穴 (“Löcher”) 态的理论 [70].

克罗尼格 (R. de L. Kronig) 和彭尼 (W. G. Penney)——固体里周期势的性质 [71].

威尔逊 (A. H. Wilson)③ ——建立了能带理论 [74,75].

① 关于罗瑟夫在发光二极管和振荡器的发明中的历史作用, 参阅文献 [62-64].

② 在苏黎世联邦理工学院 (ETH) 的建议下, 派尔斯做了这项工作. 在 1928 年, 斯特拉特 (M. J. O. Strutt) 就处理了带有正弦势的薛定谔方程的数学问题 [68].

③ 威尔逊是剑桥的理论物理学家, 他在莱比锡和海森堡度过了学术休假 (sabbatical), 把崭新的量子力学应用于电导的研究, 先是在金属里, 然后是半导体里. 返回剑桥以后, 威尔逊呼吁大家要关注锗, 但就像他很久以后所说的那样, 回应是“一片沉寂、气氛非常尴尬” (the silence was deafening). 人们跟他说, 关注半导体这样混乱的东西, 很可能会损害他的物理学家的职业生涯. 他不理睬这些警告, 在 1939 年推出了名著《半导体和金属》[72], 用电子能带解释了半导体的性质, 包括备受怀疑的本征半导电性质. 他的学术生涯确实受到了损害, 尽管他的学术成果非常出色, 却不能在剑桥得到晋升 (年复一年, 他一直是助理教授)[73]. 看看泡利的评论 (第 205 页).

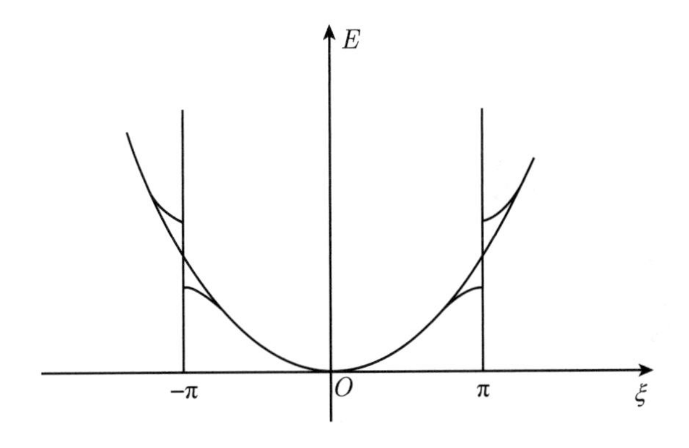

图1.6　派尔斯第一次计算的能带结构($\xi=ka$). 改编自文献[69]

1933 年

瓦格纳 (C. Wagner)——过剩 ("Elektronenüberschuss-Leitung", n 型) 和缺失 ("Elektronen-Defektleitung", p 型) 的导电 [76-79].ZnO 里的阴离子缺失引起了导电行为 [80].

1934 年

齐纳 (C. Zener)——齐纳隧穿 [81].

1936 年

弗伦凯尔 (J. Frenkel)——描述了激子 [82].

1938 年

达维多夫 (B. Davydov)——从理论上预言了 pn 结 [83] 和 Cu_2O[84] 的整流行为.

肖特基 (W. Schottky)——金属-半导体接触的边界层的理论 [85], 锗是肖特基接触和场效应晶体管的基础.

莫特 (N. F. Mott)——金属-半导体整流器的理论 [86,87].

希尔舍 (R. Hilsch) 和波尔 (R. W. Pohl)——三电极的晶体 (KBr)[88].

1940 年

欧尔 (R. S. Ohl)——硅基光电效应 (太阳能电池, 图 1.7)[89], 利用有向固化法制备的多晶硅片里形成的 pn 结, 因为 p 杂质和 n 杂质 (例如硼或磷, 参见图 4.6(b)) 的分布系数不同 (斯卡夫 (J. Scaff) 和托伊雷尔 (H. Theurer))[90,91].

1941 年

欧尔——点接触的硅整流器 [92,93](图 1.8), 在皮卡德 (1906 年) 工作的基础上, 利用了冶金精炼的、故意掺杂的硅 (斯卡夫和托伊雷尔)[90].

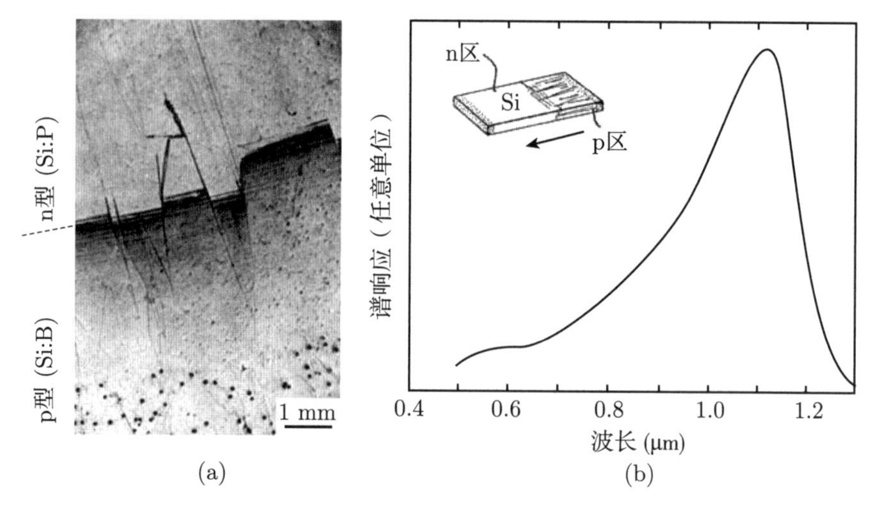

图1.7 (a) 有向固化的硅的光学照片. 下面部分包含的主要是硼，上面部分包含的主要是磷. 起初的生长是多孔的，后来是柱状的. 改编自文献[90]. (b) 1940年，硅pn结光元件的谱响应. 插图中示意地画出了硅片在有向固化的过程中形成了内建的pn结，如图(a)所示. 箭头给出了固化的方向(比较图4.6). 改编自文献[89]

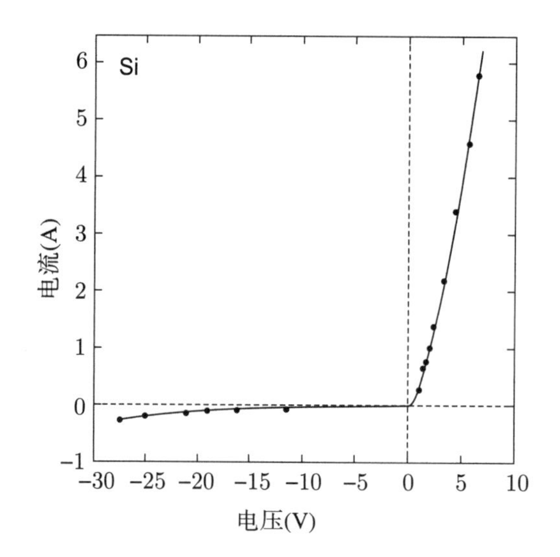

图1.8 1941年，硅整流器的特性. 改编自文献[92]

1942 年

克鲁修斯 (K. Clusius)、霍尔兹 (E. Holz) 和威尔克 (H. Welker) ——锗的整流 [94].

1945 年

威尔克——JFET 和 MESFET 的专利 [95].

1947 年

肖克利 (W. Shockley)、巴丁 (J. Bardeen) 和布拉顿 (W. Brattain)——在贝尔实验室 (AT&T Bell Laboratories)(美国新泽西州霍姆德尔) 致力于改进助听器, 制作了第一个晶体管 [96].① 严格地说, 这个结构是点接触晶体管. 把金箔贴在塑料 (绝缘的) 三角形上, 用刮胡刀片切了 50 μm 宽的一条缝, 用弹簧压在 n 型锗上 (图 1.9(a))[97]. 由于表面态, 锗的表面区是 p 型的, 是一个反型层. 两个金接触形成了发射极和集电极, 锗的大面积的背接触是基极 [98]. 首次观测到了放大 [99]. 后来的模型使用两个靠得很近的点接触, 由尖端被切为楔形的金属线制成 (图 1.9(b)) [98].② 关于半导体晶体管的历史和发展的更多细节, 参阅文献 [100](写于晶体管发明 50 周年的时候).

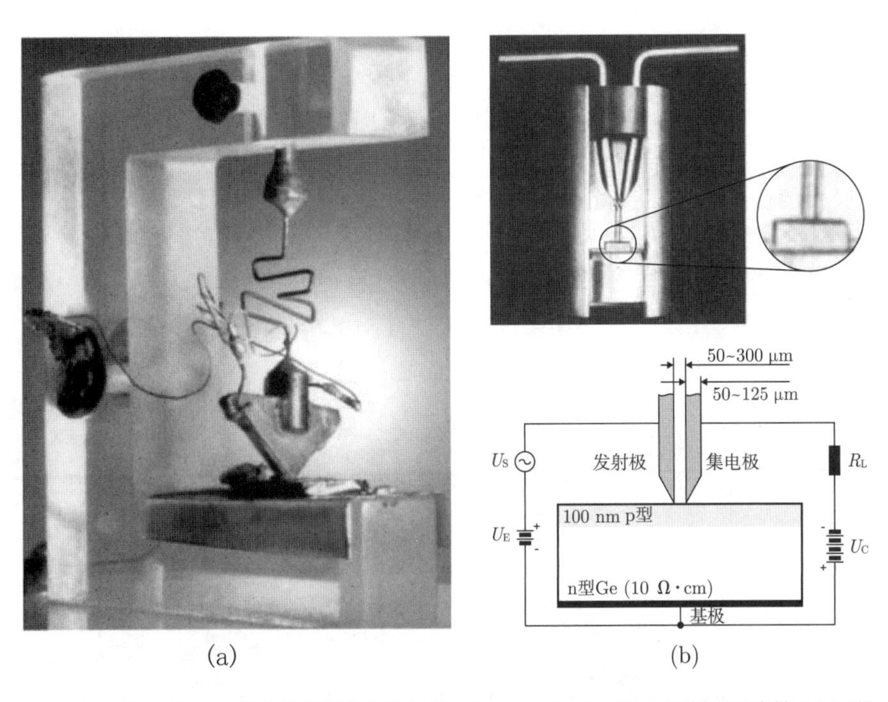

图1.9 (a) 1947年，第一个晶体管(楔子的边长为32 mm). (b) 1948年点接触晶体管 (“A型”，基于n型Ge体材料，$n=5\times10^{14}/cm^3$)的剖面模型和共基极电路图. 因为表面态，Ge的表面区(厚度约是100 nm)是p型的，是一个反型层. 两根导线由磷青铜制成. 改编自文献[98]

① 接着, 在美国司法部反垄断局的压力下, AT&T 把晶体管的专利使用费定为 25000 美元. 这个行动导致了德州仪器、索尼和仙童等公司的崛起.

② 图 1.9(b) 的构型表示共基极电路. 在现代的双极型晶体管里, 这种情况的电流放大接近于 1(见 24.2.2 小节). 在 1948 年的锗晶体管里, 反向偏压的集电极受到发射极电流的影响, 使得恒压 U_C 的电流放大率 $\partial I_C/\partial I_E$ 达到了 2~3. 因为集电极电压远大于发射极电压, 报道的功率增益约是 125[98].

1948 年

肖克利——发明了双极型 (结式) 晶体管 [101].

1952 年

威尔克——制备了Ⅲ-Ⅴ化合物半导体① [104-107].

肖克利——描述了今天版本的 (J)FET[108].

1953 年

达西 (G. C. Dacey) 和罗斯 (I. M. Ross)——首次实现了 JFET[109].

查宾 (D. M. Chapin)、富勒 (C. S. Fuller) 和皮尔逊 (G. L. Pearson)——在贝尔实验室发明了硅太阳能电池 [110]. 单个 2 cm^2 的光电池, 由硅和 Si: As(具有超薄层的 Si: B) 制成, 效率大约是 6% , 产生 5 mW 的电功率.② 以前基于硒的太阳能电池的效率很低 (<0.5 %).

1958 年

基尔比 (J. S. Kilby)——在德州仪器公司 (Texas Instruments) 制作了第一个集成电路. 在 11×1.7 mm^2 的锗片上, 一个晶体管、三个电阻和一个电容构成了一个简单的 1.3 MHz 的 RC 振荡器 (图 1.10(a)).1959 年, 基尔比申请了缩微化电子电路的美国专利 [111]. 实际上同时, 仙童半导体公司 (Fairchild Semiconductors, 英特尔公司的前身) 的诺伊斯 (R. N. Noyce) 发明了使用平面技术的硅上的集成电路 [112]. 关于集成电路的发明, 有一个详细的 (非常) 有批判性的描述, 参阅文献 [113].

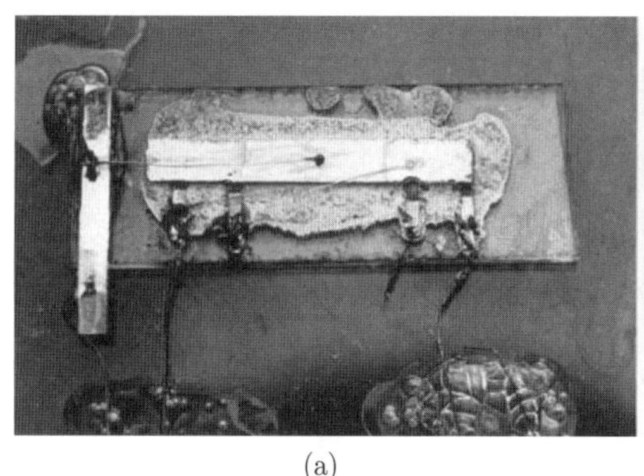

(a)

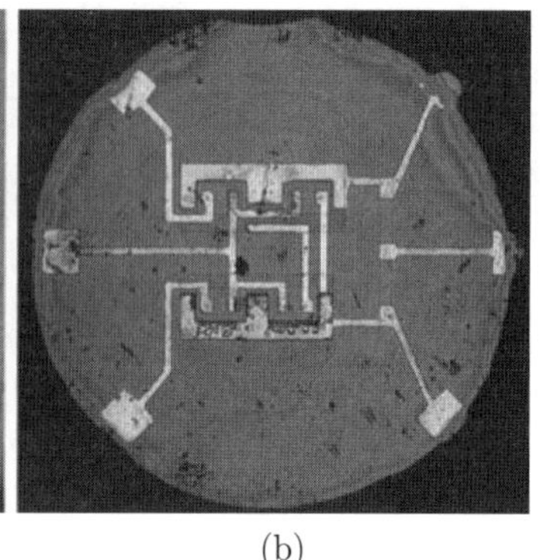

(b)

图1.10 (a) 1958年，第一个集成电路(锗，11×1.7 mm^2). (b) 1959年，第一个平面集成电路(硅，直径为1.5 mm)

图 1.10(b) 是一个触发器 (flip-flop), 有 4 个晶体管和 5 个电阻. 起初, 集成电路的

① Ⅲ-Ⅴ半导体的早期概念见文献 [102, 103].

② 功率为 1 W 的太阳能电池在 1956 年是 300 美元 (在 2004 年是 3 美元). 起初, “太阳能电池” 只用于玩具, 人们持续为其寻找应用. 在 20 世纪 50 年代末期的 “太空竞赛” 里, 齐格勒 (H. Ziegler) 提议在卫星上使用.

发明① 受到怀疑, 因为人们担心晶体管和其他元件 (例如电阻和电容) 的成品率和质量.

1959 年

赫尔尼 (J. Hoerni)② 和诺伊斯——首次实现了平面晶体管 (在硅里)(图 1.11)[115-119].

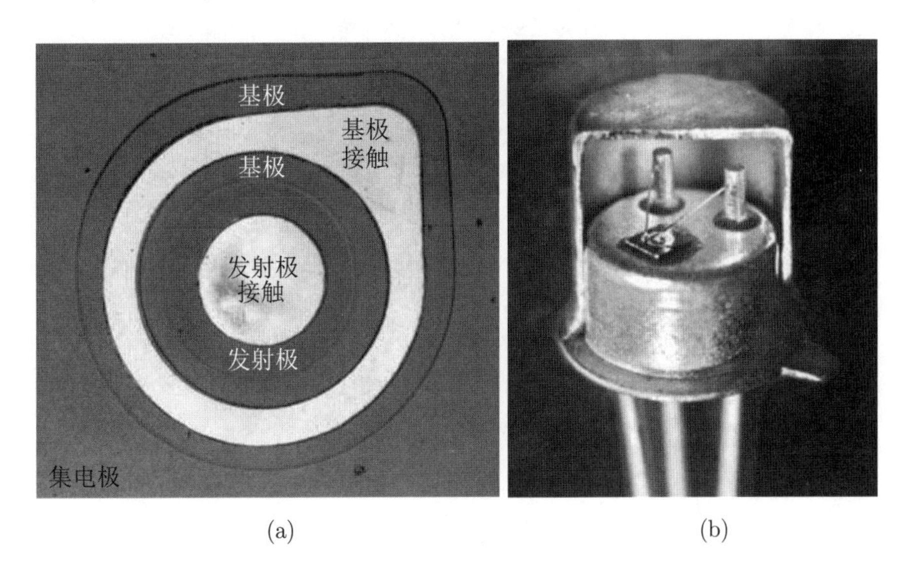

图1.11 (a) 1959年，平面pnp硅晶体管(2N 1613[120])的光学照片. 接触是铝表面(还没有焊接). (b) 这个晶体管的外壳切开了

1960 年

姜大元 (D. Kahng) 和阿塔拉 (M. M. Atalla)——首次实现了金属氧化物半导体场效应晶体管 (MOSFET)[121,122].

1962 年

GE 发明的第一只 GaAs 基的半导体激光器, 在 77 K 温度下工作 [123,124](图 1.12).IBM[125] 和 MIT[126] 也做到了.

第一只可见光的激光二极管 [127].③

1963 年

阿尔弗罗夫 (Zh. I. Alferov)[130,131] 和克罗默 (H. Kroemer)[132,133]——提出了双异质结激光器 (DH 激光器).

耿 (J. B. Gunn)——发现了耿氏效应, 在足够大的外加电场下, 在 GaAs 和 InP 中

① 仙童半导体和德州仪器为这两个专利打了十几年的官司. 最终, 美国海关和专利上诉法院 (US Court of Customs and Patent Appeals) 支持诺伊斯关于互联技术 (interconnection techniques) 的权利要求, 但是承认基尔比和德州仪器制作了第一个能够工作的集成电路.

② 瑞士出生的赫尔尼还捐赠了 12000 美元, 用于建造巴基斯坦喀喇昆仑山地区的第一所学校, 他一直在巴基斯坦和阿富汗建造学校, 参阅文献 [114].

③ 关于激光二极管的发明和进一步发展, 参阅文献 [128, 129].

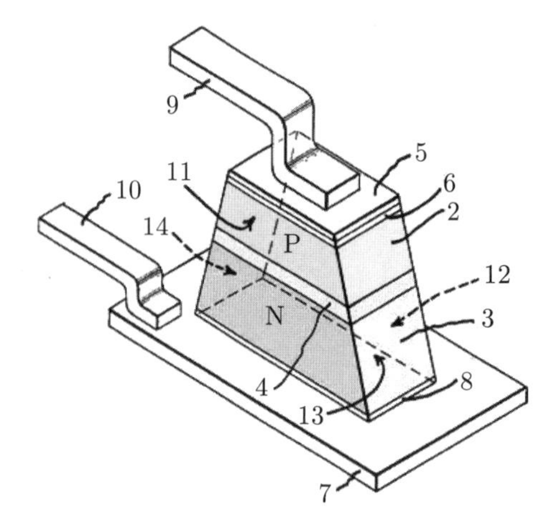

图1.12　GaAs基的激光二极管的示意图. 有源层(4)用红色标出. 改编自文献[124]

出现自发的微波振荡 (因为负微分电阻)[134].

1966 年

米德 (C. A. Mead)——提出金属半导体场效应晶体管 (MESFET, “肖特基势垒栅场效应晶体管” (Schottky barrier gate FET))[135].

1967 年

阿尔弗罗夫——首次报道工作在 77 K 温度下的基于 GaAsP 的双异质结激光器 [136,137].

胡珀 (W. W. Hooper) 和莱勒尔 (W. I. Lehrer)——首次实现金属半导体场效应晶体管 (MESFET)[138].

1968 年

室温工作的 GaAs/AlGaAs 双异质结激光器, 由阿尔弗罗夫 [139] 和林泉 (I. Hayashi)[140] 分别独立开发.

黄绿光 (550 nm) 的 GaP: N LED, 效率为 0.3%[141].

1969 年

SiC 蓝光 LED, 效率为 0.005%[142].

1970 年

博伊尔 (W. S. Boyle) 和史密斯 (G. E. Smith)——发明电荷耦合器件 (CCD)[143,144].

1971 年

卡察里诺夫 (R. F. Kazarinov) 和苏利斯 (R. A. Suris)——提出了量子级联激光器 [145].

1975 年

彭格利 (R. S. Pengelly) 和特纳 (J. A. Turner)——第一个整体微波集成电路 (MMIC, 图 1.13)[146].

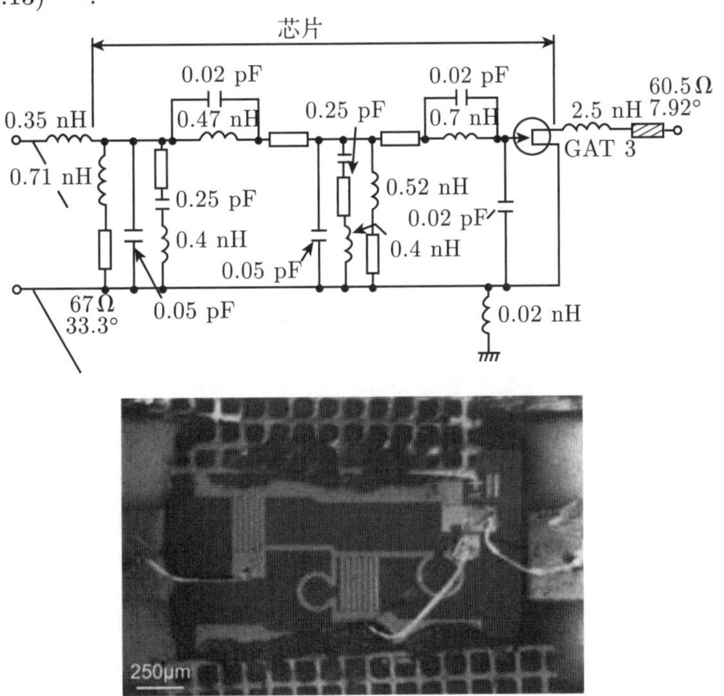

图1.13 第一个整体微波集成电路的等效电路和光学照片， 在7.0~11.7 GHz的范围内具有增益 (4.5 ± 0.9) dB. 改编自文献[146]

1992 年

中村修二 (S. Nakamura)——生长了高质量的Ⅲ族氮化物薄膜 [147], 蓝光氮化物异质结构 LED, 效率超过 10%(1995 年) [148](图 1.14(a)). 后来, 把蓝光 LED 和黄色荧光粉组合起来, 制成了白光 LED(图 1.14 (b)(c)).

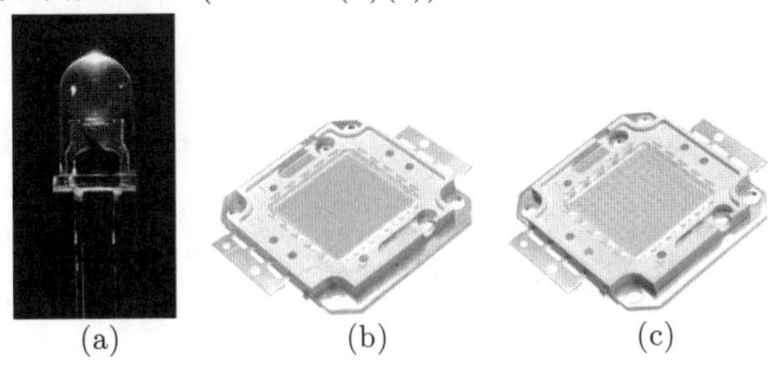

图1.14 (a) 蓝光LED (标准外壳). 50 W，4000 lm. (b) 暖白色的和(c) 冷白色的LED (45 × 45 mm^2)

1994 年

法斯特 (J. Faist) 和卡帕索 (F. Capasso)——量子级联激光器 [149].

基尔施泰特 (N. Kirstaedter)、列坚佐夫 (N. N. Ledentsov)、阿尔弗罗夫和宾贝格 (D. Bimberg)——量子点激光器 [150].

2004 年

细野秀雄 (H. Hosono) 和神谷利夫 (T. Kamiya)——用非晶氧化物半导体制成的薄膜晶体管 (TFT)[151].

1.2 诺贝尔奖得主

一些物理学家因半导体物理学领域里的发现和发明 (图 1.15) 而获得了诺贝尔奖①.

1909 年

布劳恩 (Karl Ferdinand Braun)

"表彰他为发展无线电报做出的贡献".

1914 年

劳厄 (Max von Laue)

"表彰他发现了晶体的 X 射线衍射".

1915 年

布拉格爵士 (Sir William Henry Bragg)

布拉格 (William Lawrence Bragg)

"表彰他们在利用 X 射线分析晶体结构方面的贡献".

1946 年

布里奇曼 (Percy Williams Bridgman)

"表彰他发明了产生超高压强的设备, 以及他在高压物理学领域里的发现".

1956 年

肖克利 (William Bradford Shockley)

巴丁 (John Bardeen)

布拉顿 (Walter Houser Brattain)

① www.nobel.se.

1909
布劳恩
(1850~1918)

1914
劳厄
(1879~1960)

1915
布拉格爵士
(1862~1942)

1915
布拉格
(1890~1971)

1946
布里奇曼
(1882~1961)

1956
肖克利
(1910~1989)

1956
巴丁
(1908~1991)

1956
布拉顿
(1902~1987)

1973
江崎玲于奈
(1925~)

1985
克利青
(1943~)

1998
劳克林
(1930~)

1998
施特默
(1949~)

1998
崔琦
(1939~)

2000
阿尔弗罗夫
(1938~)

2000
克罗默
(1928~)

2000
基尔比
(1923~2005)

图1.15　对半导体物理学非常重要的诺贝尔物理学奖获得者和获奖年份

2009
博伊尔
(1924~2011)

2009
史密斯
(1930~)

2010
盖姆
(1958~)

2010
诺沃肖洛夫
(1974~)

2014
赤崎勇
(1929~)

2014
天野浩
(1960~)

2014
中村修二
(1954~)

图1.15　对半导体物理学非常重要的诺贝尔物理学奖获得者和获奖年份(续)

"表彰他们对半导体的研究, 以及发现了晶体管效应".

1973 年

江崎玲于奈 (Leo Esaki)

"表彰他发现了半导体中的隧穿现象".

1985 年

克利青 (Klaus von Klitzing)

"表彰他发现了量子霍尔效应".

1998 年

劳克林 (Robert B. Laughlin)

施特默 (Horst L. Störmer)

崔琦 (Daniel C. Tsui)

"表彰他们发现了具有分数电荷激发的新型量子霍尔效应".

2000 年

阿尔弗罗夫 (Zhores I. Alferov)

克罗默 (Herbert Kroemer)

“表彰他们开发了用于高速和光电子学的半导体异质结构”.

基尔比 (Jack St. Clair Kilby)

“表彰他发明了集成电路”.

2009 年

博伊尔 (Willard S. Boyle)

史密斯 (George E. Smith)

“表彰他们发明了半导体成像电路——CCD 探测器”.

2010 年

盖姆 (Andre Geim)

诺沃肖洛夫 (Konstantin Novoselov)

“表彰他们在二维材料石墨烯方面的突破性实验”.

2014 年

赤崎勇 (Isamu Akasaki)

天野浩 (Hiroshi Amano)

中村修二 (Shuji Nakamura)

“表彰他们发明了高效率的蓝光 LED, 从而带来了明亮而节能的白光光源”.

1.3 一般信息

图 1.16 给出了元素周期表.

表 1.1 总结了各种半导体的物理性质. 关于半导体的数据, 参阅文献 [152-166].

元素周期表

Periodic Table of the Elements

原子序数 — 1；元素符号 — H；元素中文名称 — 氢；元素英文名称 — hydrogen；惯用原子量 — 1.008；标准原子量 — [1.0078, 1.0082]

1	2	3	4	5	6	7	8	9	10	11	12	13	14	15	16	17	18
1 H 氢 hydrogen 1.008 [1.0078, 1.0082]																	2 He 氦 helium 4.0026
3 Li 锂 lithium 6.94 [6.938, 6.997]	4 Be 铍 beryllium 9.0122											5 B 硼 boron 10.81 [10.806, 10.821]	6 C 碳 carbon 12.011 [12.009, 12.012]	7 N 氮 nitrogen 14.007 [14.006, 14.008]	8 O 氧 oxygen 15.999 [15.999, 16.000]	9 F 氟 fluorine 18.998	10 Ne 氖 neon 20.180
11 Na 钠 sodium 22.990	12 Mg 镁 magnesium 24.305 [24.304, 24.307]											13 Al 铝 aluminium 26.982	14 Si 硅 silicon 28.085 [28.084, 28.086]	15 P 磷 phosphorus 30.974	16 S 硫 sulfur 32.06 [32.059, 32.076]	17 Cl 氯 chlorine 35.45 [35.446, 35.457]	18 Ar 氩 argon 39.95 [39.792, 39.963]
19 K 钾 potassium 39.098	20 Ca 钙 calcium 40.078(4)	21 Sc 钪 scandium 44.956	22 Ti 钛 titanium 47.867	23 V 钒 vanadium 50.942	24 Cr 铬 chromium 51.996	25 Mn 锰 manganese 54.938	26 Fe 铁 iron 55.845(2)	27 Co 钴 cobalt 58.933	28 Ni 镍 nickel 58.693	29 Cu 铜 copper 63.546(3)	30 Zn 锌 zinc 65.38(2)	31 Ga 镓 gallium 69.723	32 Ge 锗 germanium 72.630(8)	33 As 砷 arsenic 74.922	34 Se 硒 selenium 78.971(8)	35 Br 溴 bromine 79.904 [79.901, 79.907]	36 Kr 氪 krypton 83.798(2)
37 Rb 铷 rubidium 85.468	38 Sr 锶 strontium 87.62	39 Y 钇 yttrium 88.906	40 Zr 锆 zirconium 91.224(2)	41 Nb 铌 niobium 92.906	42 Mo 钼 molybdenum 95.95	43 Tc 锝 technetium	44 Ru 钌 ruthenium 101.07(2)	45 Rh 铑 rhodium 102.91	46 Pd 钯 palladium 106.42	47 Ag 银 silver 107.87	48 Cd 镉 cadmium 112.41	49 In 铟 indium 114.82	50 Sn 锡 tin 118.71	51 Sb 锑 antimony 121.76	52 Te 碲 tellurium 127.60(3)	53 I 碘 iodine 126.90	54 Xe 氙 xenon 131.29
55 Cs 铯 caesium 132.91	56 Ba 钡 barium 137.33	57~71 镧系 lanthanoids	72 Hf 铪 hafnium 178.49(2)	73 Ta 钽 tantalum 180.95	74 W 钨 tungsten 183.84	75 Re 铼 rhenium 186.21	76 Os 锇 osmium 190.23(3)	77 Ir 铱 iridium 192.22	78 Pt 铂 platinum 195.08	79 Au 金 gold 196.97	80 Hg 汞 mercury 200.59	81 Tl 铊 thallium 204.38 [204.38, 204.39]	82 Pb 铅 lead 207.2	83 Bi 铋 bismuth 208.98	84 Po 钋 polonium	85 At 砹 astatine	86 Rn 氡 radon
87 Fr 钫 francium	88 Ra 镭 radium	89~103 锕系 actinoids	104 Rf 𬬻 rutherfordium	105 Db 𬭊 dubnium	106 Sg 𬭳 seaborgium	107 Bh 𬭛 bohrium	108 Hs 𬭶 hassium	109 Mt 鿏 meitnerium	110 Ds 𫟼 darmstadtium	111 Rg 𬬭 roentgenium	112 Cn 鿔 copernicium	113 Nh 鿭 nihonium	114 Fl 𫓧 flerovium	115 Mc 镆 moscovium	116 Lv 𫟷 livermorium	117 Ts 鿬 tennessine	118 Og 鿫 oganesson

57 La 镧 lanthanum 138.91	58 Ce 铈 cerium 140.12	59 Pr 镨 praseodymium 140.91	60 Nd 钕 neodymium 144.24	61 Pm 钷 promethium	62 Sm 钐 samarium 150.36(2)	63 Eu 铕 europium 151.96	64 Gd 钆 gadolinium 157.25(3)	65 Tb 铽 terbium 158.93	66 Dy 镝 dysprosium 162.50	67 Ho 钬 holmium 164.93	68 Er 铒 erbium 167.26	69 Tm 铥 thulium 168.93	70 Yb 镱 ytterbium 173.05	71 Lu 镥 lutetium 174.97
89 Ac 锕 actinium	90 Th 钍 thorium 232.04	91 Pa 镤 protactinium 231.04	92 U 铀 uranium 238.03	93 Np 镎 neptunium	94 Pu 钚 plutonium	95 Am 镅 americium	96 Cm 锔 curium	97 Bk 锫 berkelium	98 Cf 锎 californium	99 Es 锿 einsteinium	100 Fm 镄 fermium	101 Md 钔 mendelevium	102 No 锘 nobelium	103 Lr 铹 lawrencium

图1.16　元素周期表. 取自文献[167]

表1.1 各种半导体在室温下的物理性质. “S” 表示晶体结构（d：金刚石结构，w：纤锌矿结构，zb: 闪锌矿结构，ch：黄铜矿结构，rs：岩盐矿结构）

	S	a_0 (nm)	E_g (eV)	m_e^*	m_h^*	ϵ_0	n_r	μ_e（$cm^2 \cdot V^{-1} \cdot s^{-1}$）	μ_h（$cm^2 \cdot V^{-1} \cdot s^{-1}$）
C	d	0.3567	5.45 (Γ)			5.5	2.42	2200	1600
Si	d	0.5431	1.124 (X)	0.98 (m_l) 0.19 (m_t)	0.16 (m_{lh}) 0.5 (m_{hh})	11.7	3.44	1350	480
Ge	d	0.5658	0.67 (L)	1.58 (m_l) 0.08 (m_t)	0.04 (m_{lh}) 0.3 (m_{hh})	16.3	4.00	3900	1900
α-Sn	d	0.64892	0.08 (Γ)	0.02				2000	1000
3C-SiC	zb	0.436	2.4			9.7	2.7	1000	50
4H-SiC	w	0.3073 (a) 1.005 (c)	3.26			9.6	2.7		120
6H-SiC	w	0.30806 (a) 1.5117 (c)	3.101			10.2	2.7	1140	850
AlN	w	0.3111 (a) 0.4978 (c)	6.2			8.5	3.32		
AlP	zb	0.54625	2.43 (X)	0.13		9.8	3.0	80	
AlAs	zb	0.56605	2.16 (X)	0.5	0.49 (m_{lh}) 1.06 (m_{hh})	12		1000	80
AlSb	zb	0.61335	1.52 (X)	0.11	0.39	11	3.4	200	300
GaN	w	0.3189 (a) 0.5185 (c)	3.4 (Γ)	0.2	0.8	12	2.4	1500	
GaP	zb	0.54506	2.26 (Γ)	0.13	0.67	10	3.37	300	150
GaAs	zb	0.56533	1.42 (Γ)	0.067	0.12 (m_{lh}) 0.5 (m_{hh})	12.5	3.4	8500	400
GaSb	zb	0.60954	0.72 (Γ)	0.045	0.39	15	3.9	5000	1000

（续表）

	S	a_0 (nm)	E_g (eV)	m_e^*	m_h^*	ϵ_0	n_r	μ_e（$cm^2 \cdot V^{-1} \cdot s^{-1}$）	μ_h（$cm^2 \cdot V^{-1} \cdot s^{-1}$）
InN	w	0.3533 (*a*)	0.69 (Γ)						
		0.5693 (*c*)							
InP	zb	0.58686	1.35 (Γ)	0.07	0.4	12.1	3.37	4000	600
InAs	zb	0.60584	0.36 (Γ)	0.028	0.33	12.5	3.42	22600	200
InSb	zb	0.64788	0.18 (Γ)	0.013	0.18	18	3.75	100000	1700
ZnO	w	0.325 (*a*)	3.4 (Γ)	0.24	0.59	6.5	2.2	220	
		0.5206 (*c*)							
ZnS	zb	0.54109	3.6 (Γ)	0.3		8.3	2.4	110	
ZnSe	zb	0.56686	2.58 (Γ)	0.17		8.1	2.89	600	
ZnTe	zb	0.61037	2.25 (Γ)	0.15		9.7	3.56		
CdO	rs	0.47	2.16						
CdS	w	0.416 (*a*)	2.42 (Γ)	0.2	0.7	8.9	2.5	250	
		0.6756 (*c*)							
CdSe	zb	0.650	1.73 (Γ)	0.13	0.4	10.6		650	
CdTe	zb	0.64816	1.50 (Γ)	0.11	0.35	10.9	2.75	1050	100
MgO	rs	0.421	7.3						
HgS	zb	0.5852	2.0 (Γ)					50	
HgSe	zb	0.6084	−0.15 (Γ)	0.045		25		18500	
HgTe	zb	0.64616	−0.15 (Γ)	0.029	0.3	20	3.7	22000	100
PbS	rs	0.5936	0.37 (*L*)	0.1	0.1	170	3.7	500	600
PbSe	rs	0.6147	0.26 (*L*)	0.07 (m_{lh})	0.06 (m_{lh})	250		1800	930
				0.039 (m_{hh})	0.03 (m_{hh})				

（续表）

	S	a_0 (nm)	E_g (eV)	m_e^*	m_h^*	ϵ_0	n_r	μ_e（$cm^2 \cdot V^{-1} \cdot s^{-1}$）	μ_h（$cm^2 \cdot V^{-1} \cdot s^{-1}$）
PbTe	rs	0.645	0.29 (L)	0.24 (m_{lh}) 0.02 (m_{hh})	0.3 (m_{lh}) 0.02 (m_{hh})	412		1400	1100
$ZnSiP_2$	ch	0.54 (a) 1.0441 (c)	2.96 (Γ)	0.07					
$ZnGeP_2$	ch	0.5465 (a) 1.0771 (c)	2.34 (Γ)		0.5				
$ZnSnP_2$	ch	0.5651 (a) 1.1302 (c)	1.66 (Γ)						
$CuInS_2$	ch	0.523 (a) 1.113 (c)	1.53 (Γ)						
$CuGaS_2$	ch	0.5347 (a) 1.0474 (c)	2.5 (Γ)						
$CuInSe_2$	ch	0.5784 (a) 1.162 (c)	1.0 (Γ)						
$CuGaSe_2$	ch	0.5614 (a) 1.103 (c)	1.7 (Γ)						

第1部分　基 础 知 识

第 2 章

键

质子决定原子的身份, 电子决定原子的个性.

——布莱森 (B. Bryson)[168]

摘要

一点点固体物理学……解释了共价键、离子键和混合键, 它们是原子构型和半导体晶体结构的基础.

2.1　简介

在构成半导体 (或其他任何固体) 的原子中, 带正电的原子核与原子壳层中的电子处于束缚态. 有几种机制可以导致这种结合. 首先, 我们讨论同极性的电子对 (即共价键), 然后是离子键和混合键. 我们只简单地提及金属键和范德华键. 关于半导体里的键, 经典著作是文献 [169, 170].

2.2 共价键

共价键由量子力学的力形成. 共价键的原型是氢分子由原子壳层的重叠而形成的键. 如果涉及几个电子对, 就会在不同的空间方向上形成有方向性的键, 最终构成固体.

2.2.1 电子对的键 (共价键)

相比于两个单个的 (距离很远的) 氢原子, H_2 分子中的两个氢原子的共价键降低了系统的总能量 (图 2.1). 对于费米子 (电子的自旋为 1/2), 两个 (不可区分的) 电子 A 和 B 的双粒子波函数必须是反对称的, 即 $\Psi(A,B) = -\Psi(B,A)$ (泡利原理). 每个电子具有实空间 ($\boldsymbol{r}$) 和自旋 (σ) 的自由度, 波函数为 $\Psi(A) = \Psi_{\boldsymbol{r}}(A)\Psi_\sigma(A)$. 分

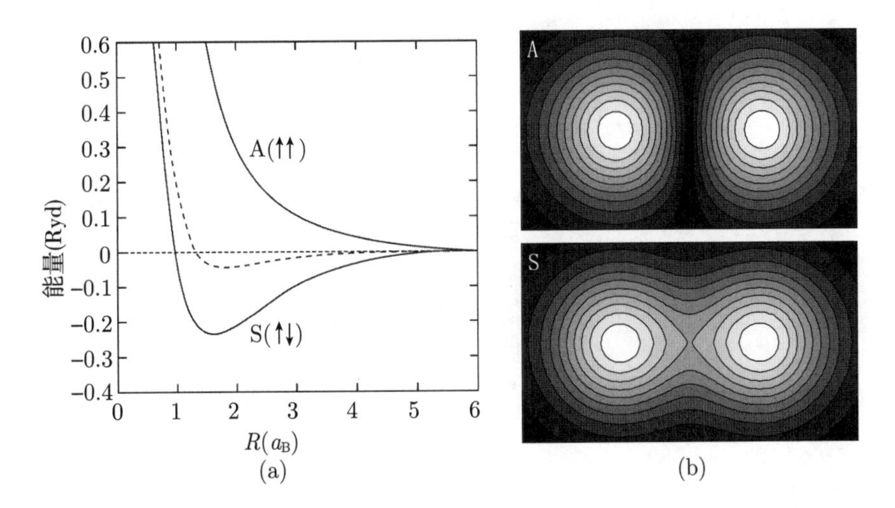

图2.1 氢分子的成键. (a) 虚线：经典计算(静电学)，"S"和"A"：考虑了泡利原理的量子力学计算 (S：对称轨道，反平行自旋；A：反对称轨道，平行自旋). 原子核(质子)距离的单位是玻尔半径a_B = 0.053 nm，能量的单位是里德伯常量 (13.6 eV). (b) S态和A态的概率分布($\Psi^*\Psi$)的等高线示意图

子的双粒子波函数是不可分的, 其形式为 $\Psi(A,B)=\Psi_{\boldsymbol{r}}(\boldsymbol{r}_A,\boldsymbol{r}_B)\Psi_{\sigma}(\sigma_A,\sigma_B)$. 束缚态的波函数具有对称的轨道和反平行的自旋, 即 $\Psi_{\boldsymbol{r}}(\boldsymbol{r}_A,\boldsymbol{r}_B)=\Psi_{\boldsymbol{r}}(\boldsymbol{r}_B,\boldsymbol{r}_A)$ 和 $\Psi_{\sigma}(\sigma_A,\sigma_B)=-\Psi_{\sigma}(\sigma_B,\sigma_A)$. 对于原子核 (质子) 的所有距离, 反键态具有平行自旋和非对称的轨道.

2.2.2 sp^3 键

化学元素周期表的Ⅳ族元素 (C, Si, Ge, ⋯) 的最外层有 4 个电子. 碳的电子构型为 $1\mathrm{s}^2 2\mathrm{s}^2 2\mathrm{p}^2$. 对于八重态构型 (octet configuration), 与其他 4 个原子成键是最优的 (图 2.2). 这由 sp^3 杂化的机制实现.① 首先, $n\mathrm{s}^2 n\mathrm{p}^2$ 构型的一个电子进入一个 p 轨道, 使得最外面的壳层具有 $\mathrm{s},\mathrm{p}_x,\mathrm{p}_y,\mathrm{p}_z$ 轨道各一个电子 (图 2.3(a)～(e)). 这一步需要的能量由随后形成的共价键补偿还有富余. 这四个轨道可以重构为四个其他的波函数 (sp^3 杂化波函数, 图 2.3(f)～(i)), 即

图2.2　“八重奏”是“原子人”最喜欢的扑克游戏(通过交换波函数，试图让一个键具有八重态构型). 文字框里的话是：“你有一个2p吗？”.经允许转载自文献[171]，©2002 Wiley-VCH

$$\Psi_1=(\mathrm{s}+\mathrm{p}_x+\mathrm{p}_y+\mathrm{p}_z)/2 \tag{2.1a}$$

$$\Psi_2=(\mathrm{s}+\mathrm{p}_x-\mathrm{p}_y-\mathrm{p}_z)/2 \tag{2.1b}$$

$$\Psi_3=(\mathrm{s}-\mathrm{p}_x+\mathrm{p}_y-\mathrm{p}_z)/2 \tag{2.1c}$$

$$\Psi_4=(\mathrm{s}-\mathrm{p}_x-\mathrm{p}_y+\mathrm{p}_z)/2 \tag{2.1d}$$

① 在飞秒化学里, 关于这种键是不是真的是这样, 仍然有争论. 但是, 这个图像具有超乎寻常的简单性.

这些轨道是有方向的, 沿着四面体的方向. 共价键的 (每个原子的) 结合能为: H-H, 4.5 eV; C-C, 3.6 eV; Si-Si, 1.8 eV; Ge-Ge, 1.6 eV. 对于中性原子来说, 这个能量与下一节讨论的离子键能量相仿.

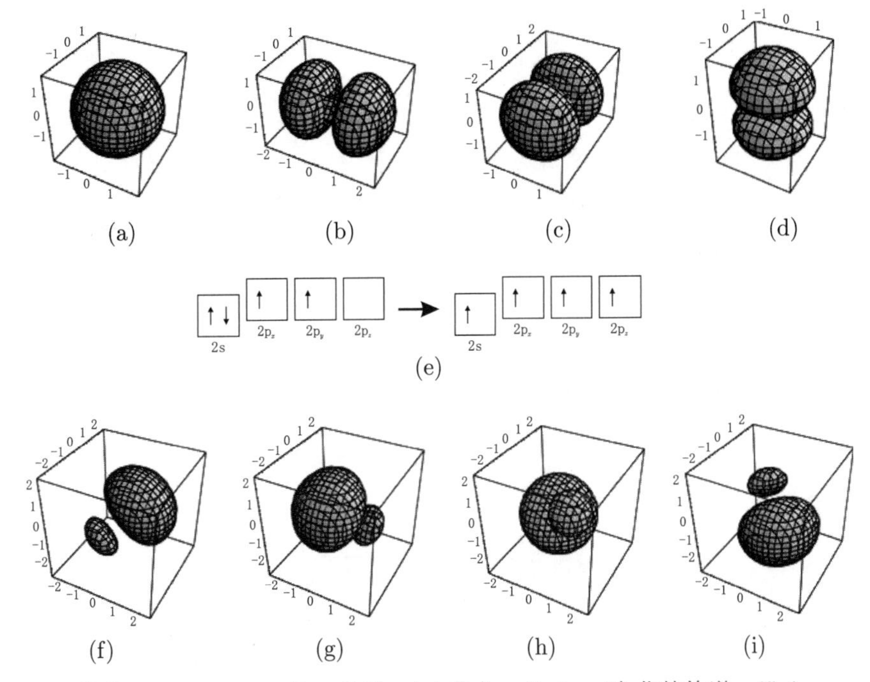

图2.3　(a) s 轨道, (b~d) p_x, p_y和p_z轨道, (e) 杂化, (f~i) sp^3杂化的轨道: (f) $(s+p_x+p_y+p_z)/2$, (g) $(s+p_x-p_y-p_z)/2$, (h) $(s-p_x+p_y-p_z)/2$, (i) $(s-p_x-p_y+p_z)/2$

图 2.4(a) 给出了几种不同的晶体结构① 或物相 (见第 3 章) 的晶体能量, 它们都由硅原子构成. 注意, 关于硅的更多晶体结构的晶体能量, 参阅文献 [175]. 总能量最低的晶格常数决定了每个晶体结构的晶格间距. 对于给定的外界条件, 热力学稳定的构型具有最低的总能量.

一种Ⅳ族原子和其他的Ⅳ族原子构成的共价键具有共价键的四面体构型, 类似于氢分子的键. 图 2.4(b) 给出了四面体成键的碳 (金刚石, 见 3.4.3 小节) 的 $n=2$ 壳层的能态随着原子核间距的变化关系. 首先, 由于原子波函数的重叠和耦合, 尖锐的分立能态变成了能带 (见第 6 章). 这些态的混合形成了满的低的价带 (束缚态) 和空的高的导带 (反键态). 这个原理适用于大多数半导体, 如图 2.5 所示. 成键和反键的 p 轨道如图 2.6 所示. 成键和反键的 sp^3 轨道如图 2.7(a)(b) 和图 2.13 所示. 注意, 晶体能量不仅依赖于原子核间距, 还依赖于它们的几何构型 (晶体结构).

① 六方金刚石是纤锌矿结构, 其中的基原子是两个相同的原子.

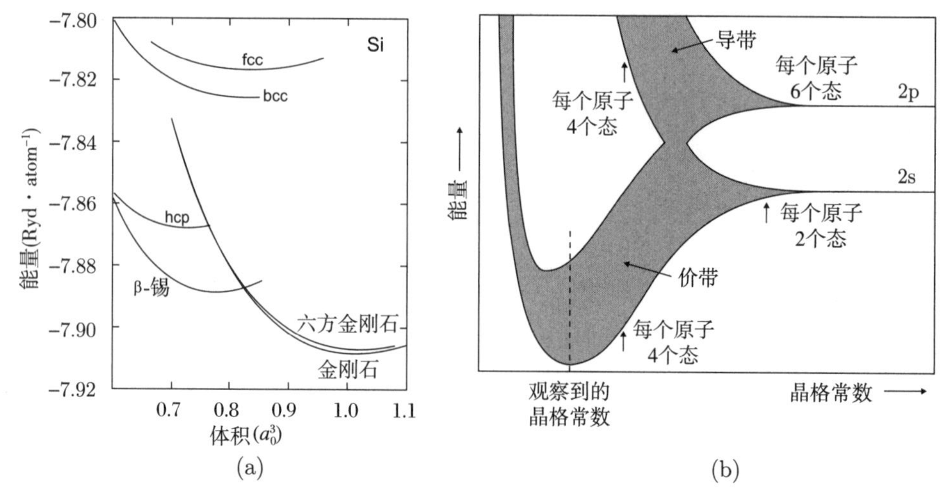

图2.4 (a) 不同晶体结构的硅里每个原子的能量. 改编自文献[172]. (b) (金刚石结构的)碳里的电子能级作为原子核间距的函数(示意图). 改编自文献[173,174]

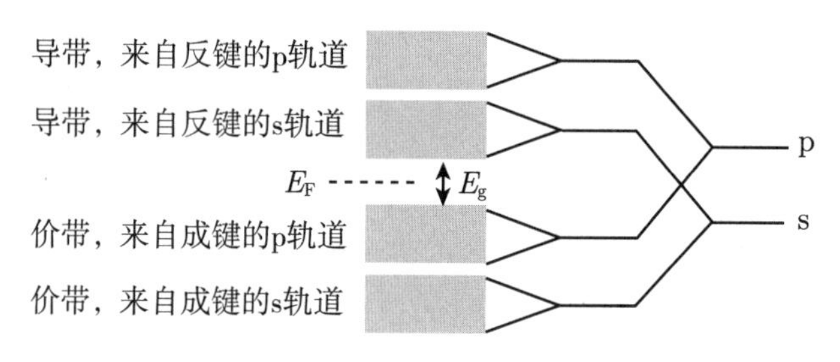

图2.5 价带和导带来自原子的s轨道和p轨道的示意图. 标出了带隙E_g和费米能级E_F的位置

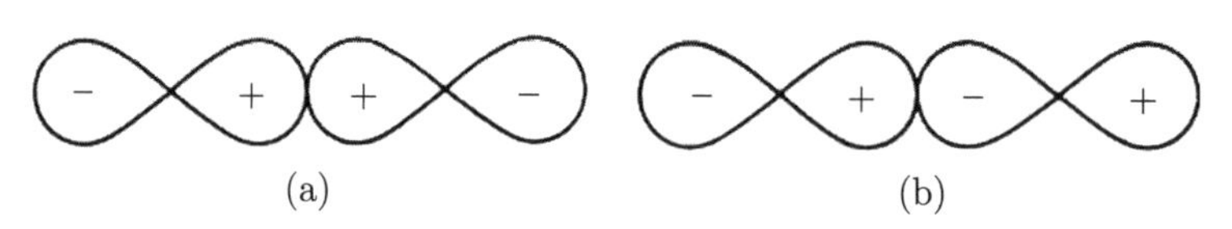

图2.6 (a) 成键p轨道，(b) 反键p轨道. 符号表示波函数的相位

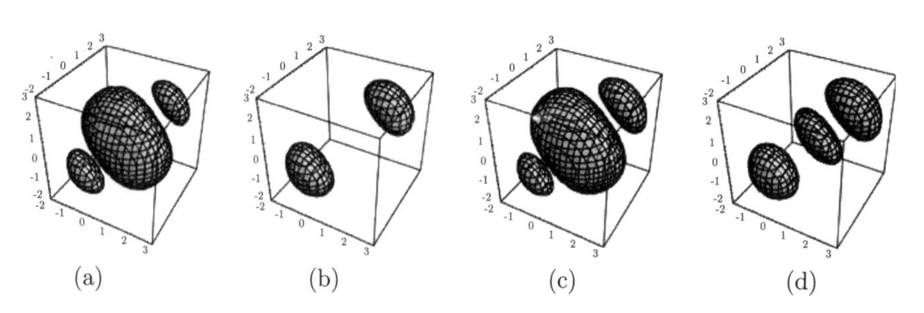

图2.7 sp^3轨道的示意图：(a,c) 成键，(b,d) 反键；(a,b) 对称，(c,d) 反对称

每个碳原子 (在第二个壳层里) 有 4 个电子和 4 个空态, 总计 8 个. 它们重新分布为每个原子在价带的 4 个态 (满的) 和在导带的 4 个态 (空的). 在价带顶和导带底之间是能隙, 以后称之为带隙 (见第 6 章).

2.2.3 sp^2 键

有机半导体 (见第 18 章) 由碳化合物构成. 在无机半导体中, 具有 sp^3 杂化的共价键 (或者混合键, 参见 2.4 节) 很重要, 而有机化合物基于 sp^2 杂化. 石墨里的这种成键机制比金刚石中的 sp^3 键更强. 原型有机分子是苯环 C_6H_6 ①, 如图 2.8 所示. 苯环是小的有机分子和聚合物的构造单元.

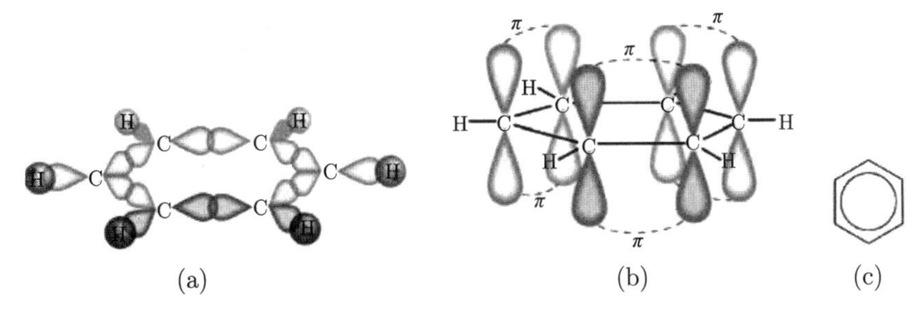

图2.8 苯分子里的(a) σ键和(b) π键, (c) 苯分子的示意符号

在苯分子中, 紧邻的碳原子通过 sp^2 轨道的 σ 成键态 (图 2.8(a)) 在环平面内结合成键. 波函数 (图 2.9) 由式 (2.2a)~ 式 (2.2c) 给出.

$$\Psi_1 = \left(\mathrm{s} + \sqrt{2}\mathrm{p}_x\right)/\sqrt{3} \tag{2.2a}$$

$$\Psi_2 = \left(\mathrm{s} - \sqrt{1/2}\mathrm{p}_x + \sqrt{3/2}\mathrm{p}_y\right)/\sqrt{3} \tag{2.2b}$$

$$\Psi_3 = \left(\mathrm{s} - \sqrt{1/2}\mathrm{p}_x - \sqrt{3/2}\mathrm{p}_y\right)/\sqrt{3} \tag{2.2c}$$

"剩下的" p_z 轨道不直接参与成键 (图 2.8(b)), 而是形成成键轨道 (π, 被填充的) 和反键轨道 (π^*, 空的), 见图 2.10. π 态和 π^* 态是离域的 (delocalized), 位于环的上方. 更彻底的看法考虑了环周围的交替"交错"自旋构型 [177]. 在最高占据分子轨道 (HOMO) 和最低未占据分子轨道 (LUMO) 之间, 是典型的能隙 (图 2.11). 反键 σ^* 轨道的能量高于 π^* 态.

① 据说, 化学家凯库勒 (Friedrich August Kekulé von Stadonitz) 梦见了跳舞的碳原子, 因而想到了环状结构 [176].

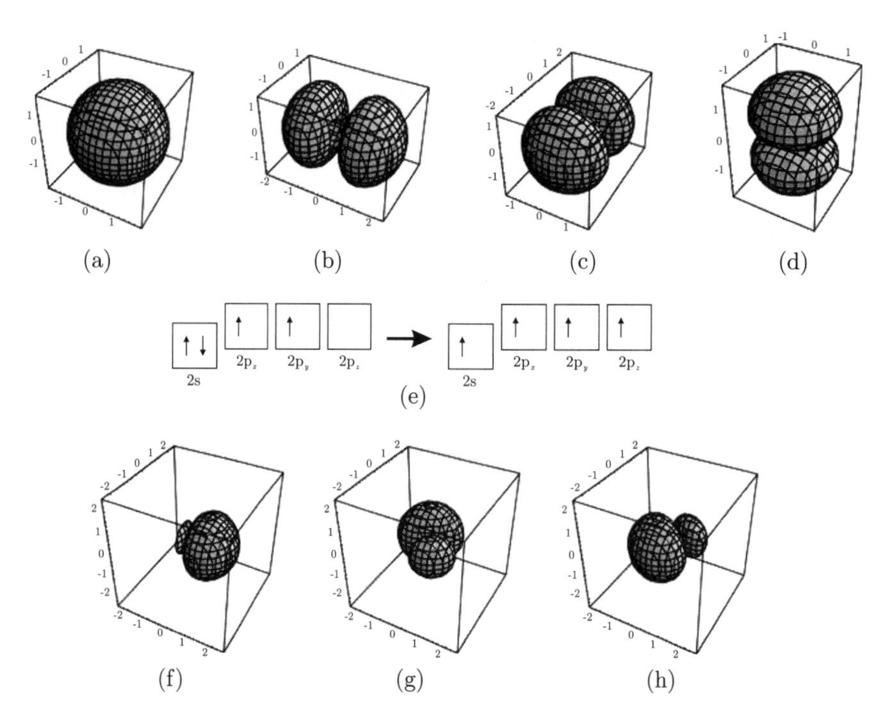

图2.9　(a) s 轨道，(b~d) p_x，p_y和p_z轨道，(e) 杂化，(f~h) sp^2杂化的轨道：(f) $(s+\sqrt{2}p_x)/\sqrt{3}$，(g) $(s-\sqrt{1/2}p_x+\sqrt{3/2}p_y)/\sqrt{3}$，(h) $(s-\sqrt{1/2}p_x-\sqrt{3/2}p_y)/\sqrt{3}$

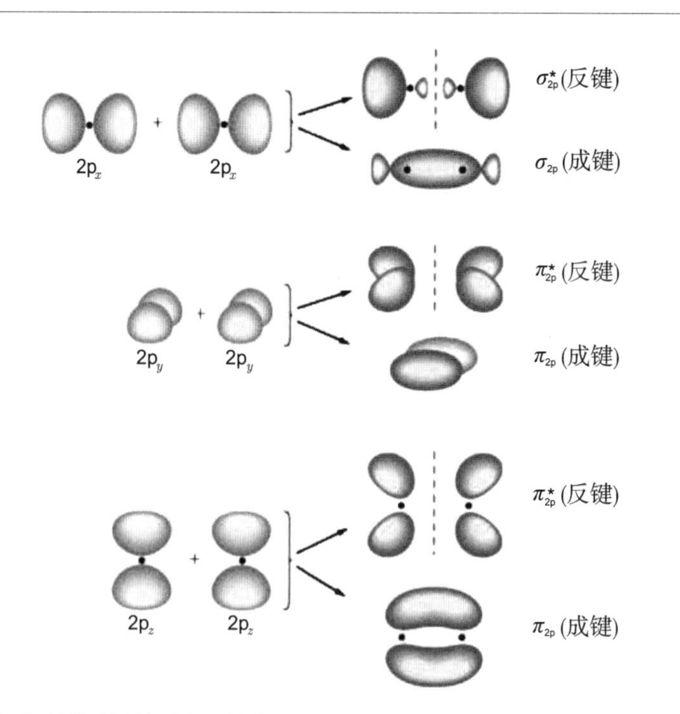

图2.10　各种π轨道的成键构型和反键构型

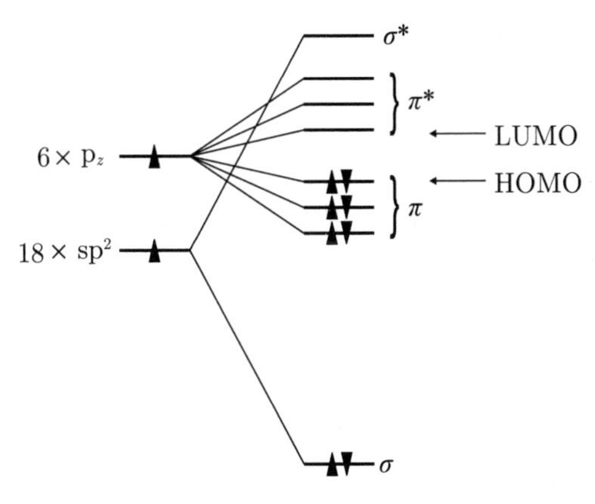

图2.11 苯分子的能级示意图

2.3 离子键

离子晶体由带正电荷和带负电荷的离子组成. 异极性键 (即离子键) 是离子间静电吸引的结果. 然而, 必须考虑次近邻可能的排斥特性.

对于 Ⅰ-Ⅶ化合物, 例如 LiF 或 NaCl, 单个带电离子的壳层是满的: $\mathrm{Li}:1\mathrm{s}^2 2\mathrm{s}^1 \to \mathrm{Li}^+:1\mathrm{s}^2, \mathrm{F}:1\mathrm{s}^2 2\mathrm{s}^2 2\mathrm{p}^5 \to \mathrm{F}^-:1\mathrm{s}^2 2\mathrm{s}^2 2\mathrm{p}^6$. 与气体中的离子相比, 晶体中的一个 Na-Cl 对的结合能 7.9 eV 主要来自静电能 (马德隆能量). 范德华力 (见 2.6 节) 只贡献了 1%~2%. Na 的电离能是 5.14 eV, Cl 的电子亲和能是 3.61 eV. 因此, 固体中 Na-Cl 对的能量就是 6.4 (=7.9−5.1+3.6) eV , 小于气体里的中性原子的能量.

间距为矢量 $\boldsymbol{r}_{ij}$ 的两个离子的相互作用是库仑势相互作用

$$U_{ij}^{\mathrm{C}} = \frac{q_i q_j}{4\pi\epsilon_0}\frac{1}{r_{ij}} = \pm\frac{e^2}{4\pi\epsilon_0}\frac{1}{r_{ij}} \tag{2.3}$$

和 (满) 壳层的重叠导致的排斥性贡献. 这种贡献通常用径向对称的原子实的势来近似:

$$U_{ij}^{\mathrm{core}} = \lambda \exp(-\lambda/\rho) \tag{2.4}$$

它只作用在次近邻上. λ 描述这个相互作用的强度, 而 ρ 是作用范围的参数.

离子间的距离用 $r_{ij} = p_{ij} R$ 描述, 其中 R 是次近邻的距离, p_{ij} 是适当的系数. 一个

离子与其所有近邻的静电相互作用就可以写为

$$U_{ij}^{\mathrm{C}}=-\alpha\frac{e^2}{4\pi\epsilon_0}\frac{1}{R} \tag{2.5}$$

其中 α 是马德隆常数. 对于吸引势 (就像在固体里), α 是正的. 它由下式给出 (对于第 i 个离子的计算结果):

$$\alpha=\sum_{ij}\frac{\pm 1}{p_{ij}} \tag{2.6}$$

对于一维链, $\alpha=2\ln 2$. 对于岩盐矿 (NaCl) 结构 (见 3.4.1 小节), $\alpha\approx 1.7476$; 对于 CsCl 结构 (见 3.4.2 节), $\alpha\approx 1.7627$; 对于闪锌矿结构 (见 3.4.4 小节), $\alpha\approx 1.6381$. 这说明离子化合物偏爱 NaCl 或 CsCl 结构. NaCl 的电荷分布如图 2.12 所示. 对于四面体结构和正交结构的马德隆常数的计算, 参阅文献 [179].

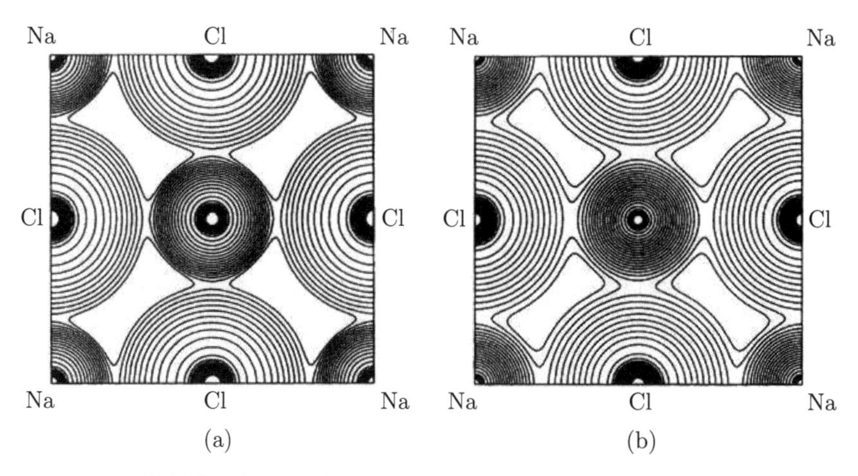

图2.12 NaCl (100)面的电荷分布：(a) 实验，(b) 理论. 间隙区的最低等高线对应于电荷密度7 e/nm^3，相邻等高线相差$\sqrt{2}$. 差别主要是因为X射线实验是在室温下做的. 改编自文献[178]

2.4 混合键

Ⅳ族晶体具有完美的共价键特性，Ⅰ-Ⅶ化合物几乎都是离子键. 对于Ⅲ-Ⅴ (例如 GaAs 和 InP) 和Ⅱ-Ⅵ化合物 (例如 CdS 和 ZnO), 键是混合的.

在 AB 化合物中, A 和 B 原子 (被屏蔽的) 的库仑势将记为 V_{A} 和 V_{B}. 坐标系的原点位于 A 和 B 原子的中心 (例如, 对于闪锌矿结构 (见 3.4.4 小节), 位于 (1/8, 1/8, 1/8)a). 这些价电子看到的势就是

$$V_{\text{晶体}} = \sum_{\alpha} V_{\mathrm{A}}(\boldsymbol{r}-\boldsymbol{r}_{\alpha}) + \sum_{\beta} V_{\mathrm{B}}(\boldsymbol{r}-\boldsymbol{r}_{\beta}) \tag{2.7}$$

其中的 α (β) 取遍所有的 A (B) 原子. 这个势可以分解为对称的 (V_{c}, 共价键性质的) 和非对称的 (V_{i}, 离子键性质的) 部分 (式 (2.8b)), 即 $V_{\text{晶体}} = V_{\mathrm{c}} + V_{\mathrm{i}}$:

$$V_{\mathrm{c}} = \frac{1}{2}\left\{\sum_{\alpha} V_{\mathrm{A}}(\boldsymbol{r}-\boldsymbol{r}_{\alpha}) + \sum_{\alpha} V_{\mathrm{B}}(\boldsymbol{r}-\boldsymbol{r}_{\alpha}) + \sum_{\beta} V_{\mathrm{B}}(\boldsymbol{r}-\boldsymbol{r}_{\beta}) + \sum_{\beta} V_{\mathrm{A}}(\boldsymbol{r}-\boldsymbol{r}_{\beta})\right\} \tag{2.8a}$$

$$V_{\mathrm{i}} = \frac{1}{2}\left\{\sum_{\alpha} V_{\mathrm{A}}(\boldsymbol{r}-\boldsymbol{r}_{\alpha}) - \sum_{\alpha} V_{\mathrm{B}}(\boldsymbol{r}-\boldsymbol{r}_{\alpha}) + \sum_{\beta} V_{\mathrm{B}}(\boldsymbol{r}-\boldsymbol{r}_{\beta}) - \sum_{\beta} V_{\mathrm{A}}(\boldsymbol{r}-\boldsymbol{r}_{\beta})\right\} \tag{2.8b}$$

对于同极性的键, $V_{\mathrm{i}} = 0$, 成键态和反键态的劈裂为 E_{h}, 它主要依赖于键长 l_{AB}(以及相关的原子波函数的重叠). 在部分的离子键里, 轨道不是沿着 A-B 对称的, 而是中心偏向于电负性更强的材料 (图 2.7(c)(d) 和图 2.13).

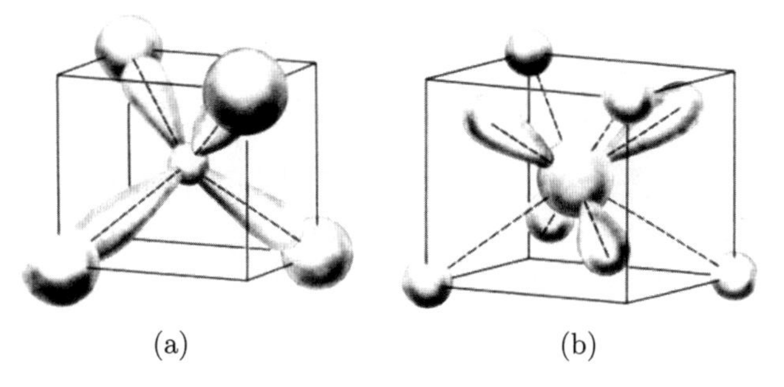

图2.13 sp³轨道的示意图：(a) 成键，(b) 反键. 取自文献[169]

(能量最高的) 成键态和 (能量最低的) 反键态之间的能带劈裂[①] E_{ba} 就是

$$E_{\mathrm{ba}} = E_{\mathrm{h}} + \mathrm{i}C \tag{2.9}$$

其中, C 描述势的离子性部分导致的能带劈裂, 只依赖于 $V_{\mathrm{A}} - V_{\mathrm{B}}$. C 正比于 A 和 B 原子的电负性 X 的差, $C(\mathrm{A,B}) = 5.75(\mathrm{X_A} - \mathrm{X_B})$. 因此, 一种材料就是 (E_{h}, C) 平面上的一个点 (图 2.14). 能带劈裂的绝对值是 $E_{\mathrm{ba}}^2 = E_{\mathrm{h}}^2 + C^2$.

① 不要把这个能量与能隙 ΔE_{cv} 混淆, 后者是能量最高的价带态和能量最低的导带态的能量间隔. 能量劈裂 E_{ba} 是价带中心和导带中心的能量间隔. 通常, 用 E_{g} 这项表示 ΔE_{cv}.

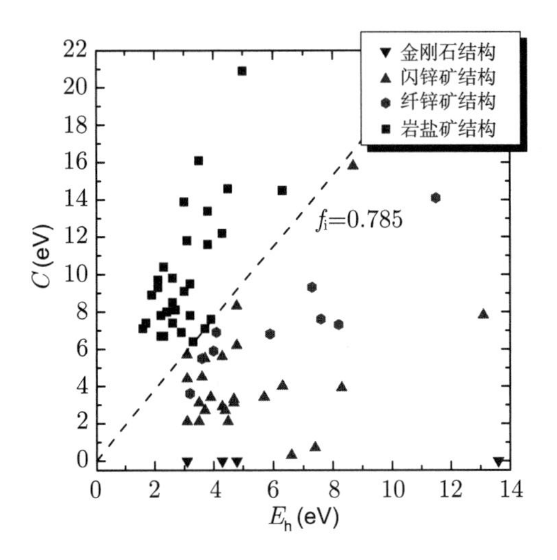

图2.14 各种A^NB^{8-N}化合物的E_h和C的值. 虚线 f_i=0.785分开了4重对称性结构和6重对称性结构. 绝大部分数据取自文献[180]

键的离子性 (ionicity) 用离子性 f_i 描述 (用菲利普斯命名), 其定义为 [181,182]

$$f_\mathrm{i}=\frac{C^2}{E_\mathrm{h}^2+C^2} \tag{2.10}$$

共价键的部分是 $1-f_\mathrm{i}$. 表 2.1 给出了许多二元化合物的离子性. 也可以把离子性解释为 (E_h,C) 图里的角度, $\tan\phi=C/E_\mathrm{h}$.(对于大约 70 种化合物,) 离子性的临界值 $f_\mathrm{i}=0.785$ 相当精确地把 4 重对称性 (金刚石、闪锌矿和纤锌矿) 和 6 重对称性 (岩盐矿) 结构的材料区分开 (在图 2.14 中, $f_\mathrm{i}=0.785$ 用虚线表示出来).

表2.1 各种二元化合物的离子性f_i (式(2.10))

C	0.0	AlAs	0.27	BeO	0.60	CuCl	0.75
Si	0.0	BeS	0.29	ZnTe	0.61	CuF	0.77
Ge	0.0	AlP	0.31	ZnO	0.62	AgI	0.77
Sn	0.0	GaAs	0.31	ZnS	0.62	MgS	0.79
BAs	0.002	InSb	0.32	ZnSe	0.63	MgSe	0.79
BP	0.006	GaP	0.33	HgTe	0.65	CdO	0.79
BeTe	0.17	InAs	0.36	HgSe	0.68	HgS	0.79
SiC	0.18	InP	0.42	CdS	0.69	MgO	0.84
AlSb	0.25	AlN	0.45	CuI	0.69	AgBr	0.85
BN	0.26	GaN	0.50	CdSe	0.70	LiF	0.92
GaSb	0.26	MgTe	0.55	CdTe	0.72	NaCl	0.94
BeSe	0.26	InN	0.58	CuBr	0.74	RbF	0.96

对于离子性化合物, 定义一个有效的离子电荷 e^*, 把负离子和正离子的位移 $\boldsymbol{u}$ 与它引起的极化 $\boldsymbol{P}=(e^*/(2a^3))\boldsymbol{u}$ 联系起来 [183]. 与离子性联系的是 s 参数, 描述电荷的变化对键长偏离其平衡值 b_0 的差别 b 的依赖关系 [184]:

$$e^*(b)=e^*(b_0)\left(\frac{b}{b_0}\right)^s\approx e_0^*(1+s\epsilon) \tag{2.11}$$

ϵ 是键长的应变, $b/b_0=1+\epsilon$. 在Ⅲ-Ⅴ和Ⅱ-Ⅵ化合物中, 可以合理地假定, 金属原子的 $e^*(b_0)$ 总是正的. 对于不同的化合物半导体, s 参数与离子性 f_i 的关系如图 2.15 所示.

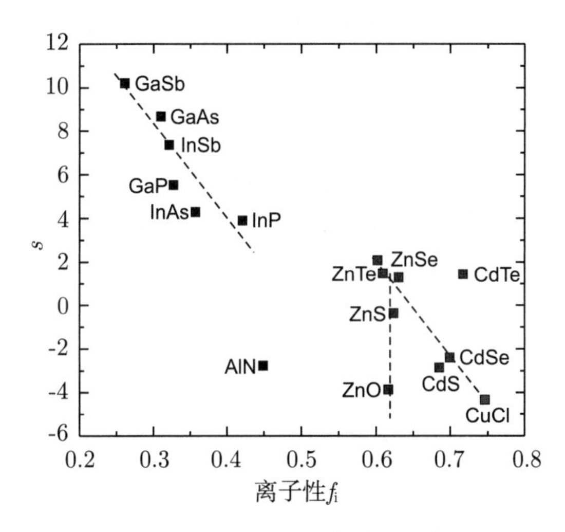

图2.15　在各种化合物半导体里，由式(2.11)定义的s参数作为离子性f_i(式(2.10))的函数. 虚线用于引导视线. 数据取自文献[185]，CuCl的数值取自文献[184]

2.5　金属键

在金属里, 带正电的原子实位于大致各向同性的电子海里. 原子的价电子变成金属的导带电子. 它们自由地移动, 在 $T=0$ K 时, 满态和空态之间没有能隙. 这种键来自固体的周期势里的导带电子, 它们的能量比自由原子的能量更低. 在讨论能带的时候 (第 6 章), 这一点就变得更清楚了. 在过渡金属里, 内壳层 (d 或 f) 的重叠也会对成键做贡献.

2.6 范德华键

范德华键是偶极性的键, 导致了惰性气体的晶体 (在低温下) 里的成键. Ne, Ar, Kr 和 Xe 以密堆 fcc 晶格 (见 3.3.2.1 小节) 的形式结晶. He^3 和 He^4 是例外. 因为零点能很大, 在零压强下, 它们在 $T=0$ K 时不会固化. 对于质量小的谐振子, 这种量子力学效应特别强.

当两个中性原子彼此靠近的时候 (原子核的距离 R), 出现了一种吸引性的偶极-偶极相互作用 $-AR^{-6}$(伦敦相互作用), 即范德华相互作用.(满的) 壳层的量子力学重叠导致了强的排斥势 $+BR^{-12}$. 合在一起, 结合能的最小值导致了勒纳德-琼斯势 V_{LJ}(见图 2.16):

$$V_{\mathrm{LJ}}(R)=-\frac{A}{R^6}+\frac{B}{R^{12}} \tag{2.12}$$

能量最小值 $E_{\min}=-A^2/(2B)$ 位于 $R=(2B/A)^{1/6}$.

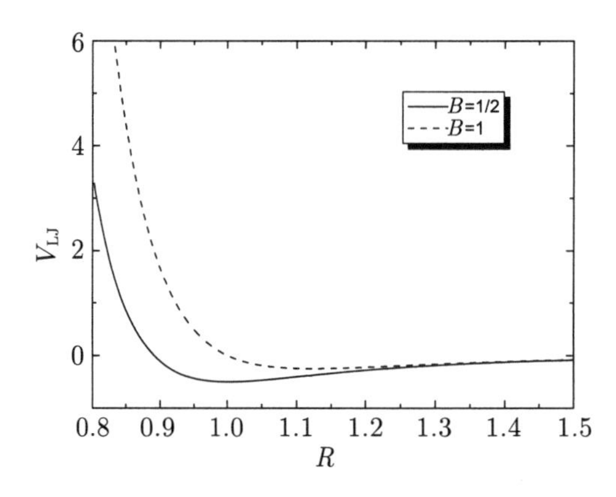

图2.16　A=1和两个B值的勒纳德-琼斯势(式(2.12))

吸引性的偶极-偶极相互作用的来源可以用一维 (1D) 模型理解如下: 两个原子的原子核带固定不变的正电荷, 距离为 R, 它们带负电的电子壳层是可以极化的, 即可以沿着 x 方向移动. 此外, 我们假定电子的运动是位于 0 和 R 处的 (两个完全相同的) 一维谐振子. 那么, 没有相互作用的系统 (R 非常大) 的哈密顿算符 H_0 就是

$$H_0=\frac{1}{2m}p_1^2+Cx_1^2+\frac{1}{2m}p_2^2+Cx_2^2 \tag{2.13}$$

下标 1 和 2 表示原子的两个电子. x_1 和 x_2 是电子的位移. 两个谐振子具有共振频率 $\omega_0=\sqrt{C/m}$, 零点能是 $\hbar\omega_0/2$.

考虑这四个电荷的库仑相互作用, 出现了额外的一项 H_1:

$$H_1=\frac{e^2}{R}+\frac{e^2}{R+x_1+x_2}-\frac{e^2}{R+x_1}-\frac{e^2}{R-x_2}\approx-\frac{2e^2}{R^3}x_1x_2 \tag{2.14}$$

对于小振幅 $x_i\ll R$, 这个近似成立. 为了分离变量, 变换到正则模式:

$$x_{\mathrm{s}}=\frac{x_1+x_2}{\sqrt{2}},\quad x_{\mathrm{a}}=\frac{x_1-x_2}{\sqrt{2}} \tag{2.15}$$

我们得到

$$\begin{aligned}H&=H_0+H_1\\&=\left[\frac{1}{2m}p_{\mathrm{s}}^2+\frac{1}{2}\left(C-\frac{2e^2}{R^3}\right)x_{\mathrm{s}}^2\right]+\left[\frac{1}{2m}p_{\mathrm{a}}^2+\frac{1}{2}\left(C-\frac{2e^2}{R^3}\right)x_{\mathrm{a}}^2\right]\end{aligned} \tag{2.16}$$

这是两个无耦合的谐振子的哈密顿量, 其正则频率为

$$\omega_{\pm}=\sqrt{\left(C\pm\frac{2e^2}{R^3}\right)/m}\approx\omega_0\left[1\pm\frac{1}{2}\frac{2e^2}{CR^3}-\frac{1}{8}\left(\frac{2e^2}{CR^3}\right)^2+\cdots\right] \tag{2.17}$$

因此, 耦合系统比非耦合系统具有更低的 (零点) 能量. 每个原子的能量差 (在最低阶的近似下) 正比于 R^{-6}:

$$\Delta U=\hbar\omega_0-\frac{1}{2}(\omega_+-\omega_-)\approx-\hbar\omega_0\frac{1}{8}\left(\frac{2e^2}{CR^3}\right)^2=-\frac{A}{R^6} \tag{2.18}$$

这种相互作用是真正的量子力学效应, 降低了耦合谐振子的零点能.

2.7 固体的哈密顿算符

固体的总能量 (包括动能项和势能项) 是

$$\begin{aligned}H=&\sum_i\frac{\boldsymbol{p}_i^2}{2m_i}+\sum_j\frac{\boldsymbol{P}_j^2}{2M_j}+\frac{1}{2}\sum_{j,j'}\frac{Z_jZ_{j'}e^2}{4\pi\epsilon_0\left|\boldsymbol{R}_j-\boldsymbol{R}_{j'}\right|}\\&+\frac{1}{2}\sum_{i,i'}\frac{e^2}{4\pi\epsilon_0\left|\boldsymbol{r}_i-\boldsymbol{r}_{i'}\right|}-\sum_{i,j}\frac{Z_je^2}{4\pi\epsilon_0\left|\boldsymbol{R}_j-\boldsymbol{r}_i\right|}\end{aligned} \tag{2.19}$$

其中, $\boldsymbol{r}_i$ 和 $\boldsymbol{R}_i$ 分别是电子和原子核的位置算符, $\boldsymbol{p}_i$ 和 $\boldsymbol{P}_i$ 分别是两者的动量算符. 第一项是电子的动能, 第二项是原子核的动能. 第三项是原子核的静电相互作用, 第四项是电子的静电相互作用. 在第三项和第四项里, 去除了对相同下标的求和. 第五项是电子和原子核的静电相互作用.

接下来讨论处理式 (2.19) 时的常用近似. 首先, 把原子核与紧紧束缚在原子核上的电子 (内壳层) 视为一个整体, 即离子实 (原子实). 其他电子是价电子.

第二个近似是玻恩-奥本海默近似 (绝热近似). 因为离子实比电子重得多 (因子 $\approx 10^3$), 它们的移动慢得多. 离子的振动频率通常是几十 meV 的范围 (声子, 见 5.2 节), 激发电子的能量通常是 1 eV. 因此, 电子总是"看得到"离子的运动位置, 而离子"看到"的是经过很多周期平均后的电子运动. 所以哈密顿量 (式 (2.19)) 就分为三部分:

$$H = H_{\mathrm{ions}}\left(\boldsymbol{R}_j\right) + H_{\mathrm{e}}\left(\boldsymbol{r}_i, \boldsymbol{R}_j\right) + H_{\mathrm{e\text{-}ion}}\left(\boldsymbol{r}_i, \delta\boldsymbol{R}_j\right) \tag{2.20}$$

第一项包括离子实及其势能, 还有经过时间平均后的电子贡献. 第二项是电子绕着离子实的平均位置 $\boldsymbol{R}_{j_0}$ 的运动. 第三项是电子-声子相互作用的哈密顿量, 它依赖于电子的位置和离子相对于其平均位置的偏移 $\Delta\boldsymbol{R}_j = \boldsymbol{R}_j - \boldsymbol{R}_{j_0}$. 电子-声子相互作用导致了电阻和超导电性等效应.

第3章

晶体

晶体科学并非肤浅地描述所有的晶体形式，而是通过描述这些形式，确定它们彼此之间或多或少的联系.

——罗美·德利尔 (J.-B. Romé de l' Isle), 1783[186]

摘要

一点点晶体学. 给出了一些概念: 正格子和倒格子, 点群和空间群, 晶胞、元胞和维格纳-塞兹元胞. 略微详细地讨论了一些对半导体重要的晶体结构 (金刚石、闪锌矿、纤锌矿、黄铜矿……). 还介绍了合金和有序.

3.1 简介

经济上最重要的半导体具有相对简单的原子构型, 对称性很高. 原子结构的对称性是对各种晶体结构进行分类的基础. 利用群论 [187], 可以得到关于晶体的物理性质的基本而重要的结论, 例如它们的弹性性质和电子性质. 从矿石的晶体形状及其解理行为来看, 显然存在对称性很高的面.

多晶半导体由有限大小的晶粒构成, 它们的结构完美, 但是取向各不相同. 晶粒的边界 (晶界) 是一种晶格缺陷 (见 4.4.3 小节). 非晶半导体在原子尺度上是无序的, 见 3.3.7 小节.

3.2 晶体结构

晶体由全同的构造单元经过 (准) 无数次的周期性重复而构成. 这种晶格 [188-190] 由三个基本的平移矢量 $\boldsymbol{a}_1$, $\boldsymbol{a}_2$ 和 $\boldsymbol{a}_3$ 生成. 这三个矢量不能位于同一个平面. 晶格 (格子, 图 3.1) 是所有点 $\boldsymbol{R}$ 的集合:

$$\boldsymbol{R} = n_1\boldsymbol{a}_1 + n_2\boldsymbol{a}_2 + n_3\boldsymbol{a}_3 \tag{3.1}$$

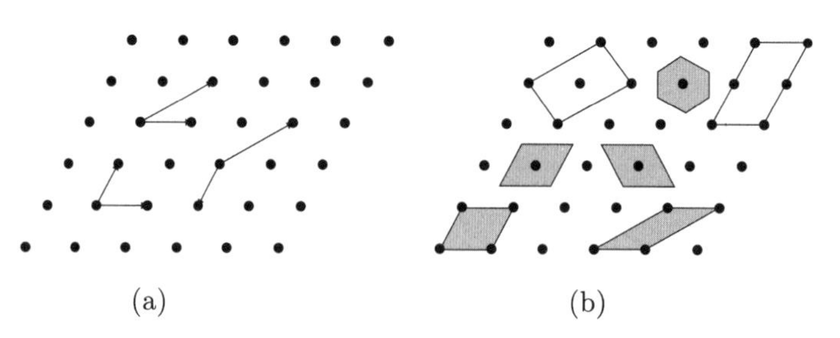

图3.1 (a) 二维格子. 可以用不同的平移矢量对生成. (b) 格子的晶胞. 元胞用阴影标出

晶体结构由晶格和附着在每个格点上的基元组成 (图 3.2). 在最简单的情况中, 例如 Cu, Fe 或 Al 这样的简单金属, 基元只是单个的原子 (单原子的基元). 在 C(金刚石), Si 或 Ge 的情况中, 基元是双原子的, 由两个全同的原子构成 (例如 Si-Si 或 Ge-Ge). 在化合物半导体的情况中, 例如 GaAs 或 InP, 双原子的基元由两个不同的原子构成, 例如 Ga-As 或 In-P. 还有更加复杂的结构, 例如 $NaCd_2$, 最小的立方元胞包含了 1192 个原子. 在蛋白质晶体里, 晶格的基元可以包含 10000 个原子.

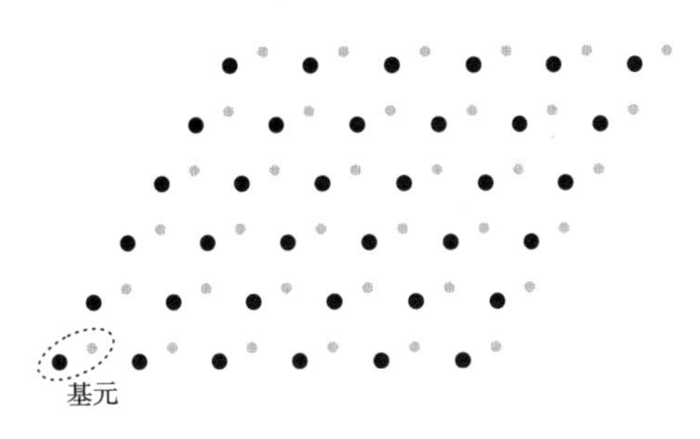

图3.2　晶体结构，由晶格和基元构成

总结: 晶体结构 = 晶格 × 基元.

3.3　格子

如 3.2 节所述, 格子由三个矢量 $\boldsymbol{a}_i$ 张成. 对于半导体的物理性质, 格子对称性是决定性的. 它由适当的对称操作的群来描述.

3.3.1　二维布拉伐格子

有 5 种不同的二维 (2D) 布拉伐格子 (图 3.3), 可以填充整个二维空间. 对于描述表面的对称性, 这些格子非常重要. 二维布拉伐格子是正方格子、六角格子、长方格子和中心长方格子.

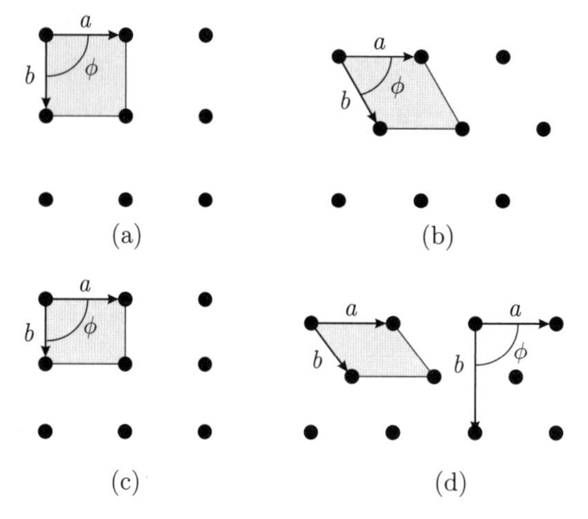

图3.3 标出元胞的二维布拉伐格子：(a) 正方格子($a=b, \phi=90°$)，(b) 六角格子($a=b, \phi=60°$)，(c) 长方格子($a \neq b, \phi=90°$)，(d) 中心长方格子($a \neq b, \phi=90°$，右侧给出了长方形晶胞(非元胞))

3.3.2 三维布拉伐格子

在三维里, 点群的操作产生 14 种三维布拉伐格子 (图 3.4), 分为 7 类 (7 个晶系): 三方 (trigonal)、单斜 (monoclinic)、正交 (rhombic)、四方 (tetragonal)、立方 (cubic), 菱方 (rhombohedral) 和六方 (hexagonal).[①] 分类根据的条件是张成格子的矢量的长度和夹角 (表 3.1). 一些类有几个成员. 立方晶体有简单立方 (sc) 格子、面心立方 (fcc) 格子和体心立方 (bcc) 格子.

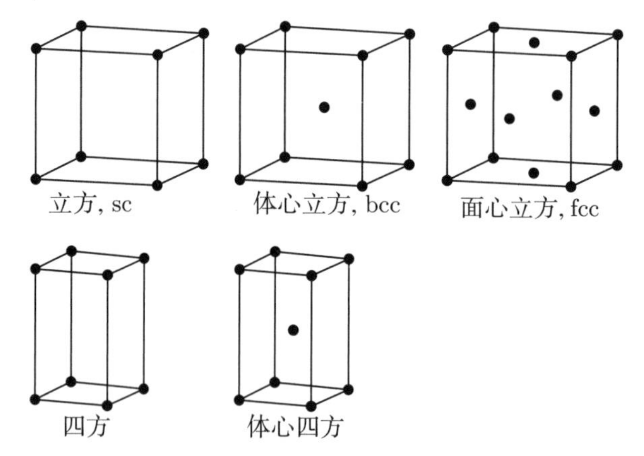

图3.4 14种三维布拉伐格子：立方(简单立方、体心立方和面心立方)、四方(简单和体心)、正交(简单、中心、体心和面心)、单斜(简单和中心)、三斜、菱方和六方

① 译注: 这里少了三斜 (triclinic), 多了菱方, 菱方是三方的特例. 角和方经常混用.

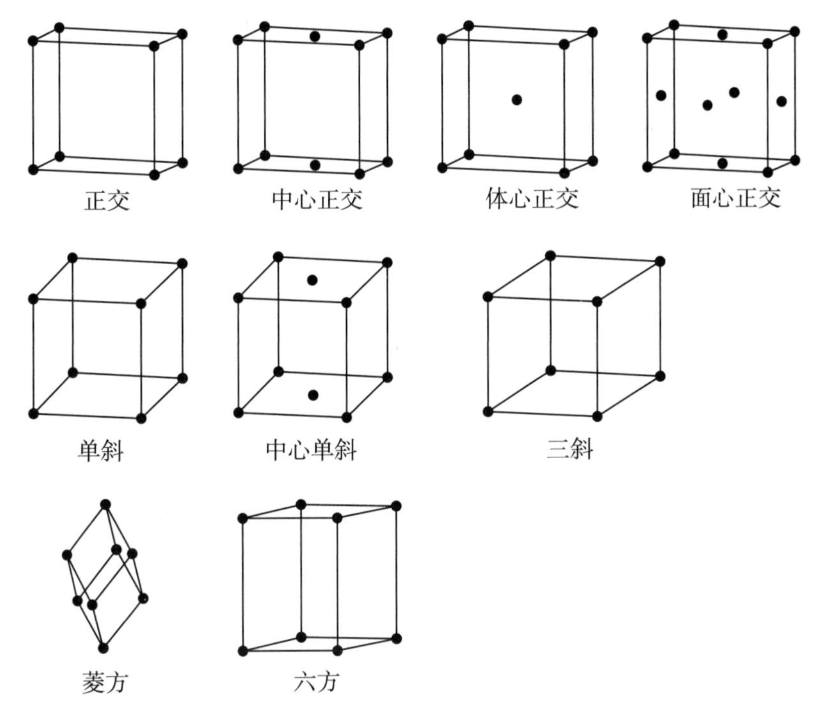

图3.4　14种三维布拉伐格子：立方(简单立方、体心立方和面心立方)、四方(简单和体心)、正交(简单、中心、体心和面心)、单斜(简单和中心)、三斜、菱方和六方(续)

表3.1　7种晶体分类的长度和角度的条件

晶系	#	晶格符号	一般元胞的条件
三斜	1		无
单斜	2	s, c	$\alpha=\gamma=90°$ 或 $\alpha=\beta=90°$
正交	4	s, c, bc, fc	$\alpha=\beta=\gamma=90°$
四方	2	s, bc	$a=b$, $\alpha=\beta=\gamma=90°$
立方	3	s, bc, fc	$a=b=c$, $\alpha=\beta=\gamma=90°$
三方	1		$a=b$, $\alpha=\beta=90°$, $\gamma=120°$
(菱方)	1		$a=b=c$, $\alpha=\beta=\gamma$
六方	1		$a=b$, $\alpha=\beta=90°$, $\gamma=120°$

注意：只列出了正面的条件. 菱方是三方的特例. 三方和六方的条件相同，但三方包含了一个单独的 C_3 轴或 S_6 轴，六方包含了一个单独的 C_6 轴或 S_6^5 轴.

接下来, 略微详细地介绍一些最重要的格子, 特别是与半导体有关的格子.

3.3.2.1 面心立方 (fcc) 格子和体心立方 (bcc) 格子

面心立方格子和体心立方格子的基本平移矢量分别如图 3.5 和图 3.6 所示. 很多金属结晶为这种格子, 例如铜 (fcc) 和钨 (bcc).

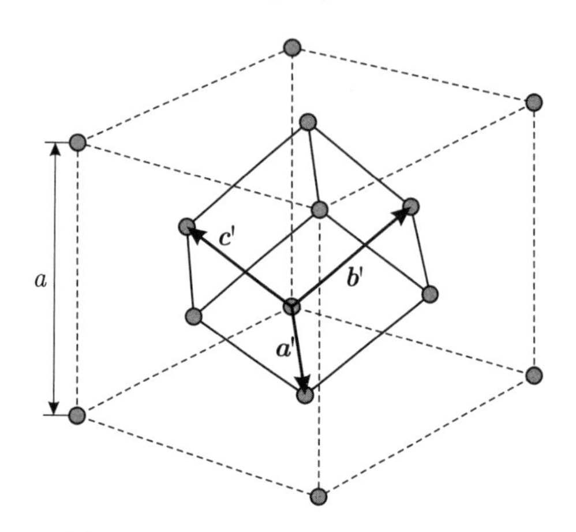

图3.5 面心立方格子(fcc)的基本平移矢量. 这些矢量连接了原点和面心. 元胞是这些矢量张成的菱面体. 基本平移矢量$\boldsymbol{a}'$, $\boldsymbol{b}'$ 和$\boldsymbol{c}'$ 由式(3.2)给出. 这些矢量之间的夹角是60°

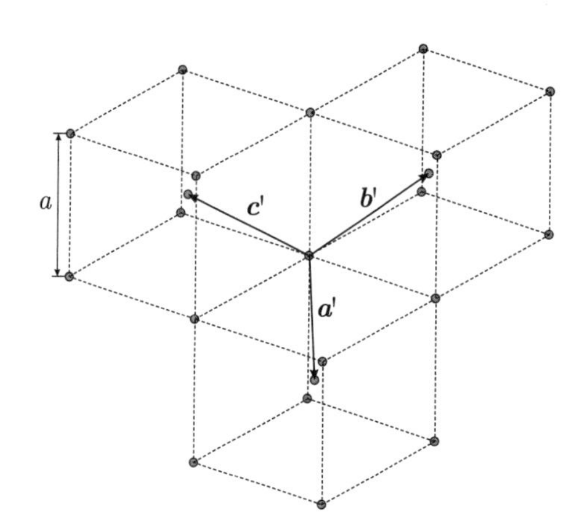

图3.6 体心立方格子(bcc)的基本平移矢量。这些矢量连接了原点和立方体中心. 基本平移矢量$\boldsymbol{a}'$, $\boldsymbol{b}'$ 和$\boldsymbol{c}'$ 由式(3.3)给出. 这些矢量之间的夹角约为70.5°

在 fcc 格子里, 通常的立方单元的六个面中每个面的中心都有一个格点. 张成元胞的矢量是

$$\boldsymbol{a}_1 = \frac{a}{2}(1,1,0), \quad \boldsymbol{a}_2 = \frac{a}{2}(0,1,1), \quad \boldsymbol{a}_3 = \frac{a}{2}(1,0,1) \tag{3.2}$$

在 bcc 格子里, 在三条体对角线的交叉处 $(\boldsymbol{a}_1+\boldsymbol{a}_2+\boldsymbol{a}_3)/2$, 有一个额外的格点. 张成元胞的矢量是

$$\boldsymbol{a}_1=\frac{a}{2}(1,1,-1),\quad \boldsymbol{a}_2=\frac{a}{2}(-1,1,1),\quad \boldsymbol{a}_3=\frac{a}{2}(1,-1,1) \tag{3.3}$$

3.3.2.2 六方密堆结构 (hcp)

二维六方布拉伐格子用球 (或者圆圈) 填充平面, 具有最大的填充因子. 用球填充空间, 有两种方式具有最大的填充因子. 一种是 fcc 格子, 另一种是六方密堆 (hcp) 结构① . 两种方式的填充因子都是 74%.

对于 hcp, 我们先取六角安置的球层 (A), 见图 3.7. 每个球有 6 个最近邻的球. 这可以是 fcc 格子中垂直于体对角线的一个平面. 放置下一个平面 B 的方式是每个新球与前一平面的三个球接触. 第三个平面有两种添加方式: 如果第三个平面里的球位于 A 层里的球的正上方, 则 A′ 层与 A 层完全相同, 但是从 A 层沿着堆积方向 (通常称为 c 轴) 平移了

$$c_{\mathrm{hcp}}=\sqrt{8/3}a\approx 1.633a \tag{3.4}$$

张成元胞的矢量是

$$\boldsymbol{a}_1=\frac{a}{2}(1,-\sqrt{3},0),\quad \boldsymbol{a}_2=\frac{a}{2}(1,\sqrt{3},0),\quad \boldsymbol{a}_3=c(0,0,1) \tag{3.5}$$

hcp 的堆积顺序是 ABABAB⋯, hcp 的坐标数是 12. 在 fcc 结构中, 第三层放置在当前没有填充的位置, 构成了一个新的层 C. 到了第四层, 才与 A 层完全相同, 并且平移了

$$c_{\mathrm{fcc}}=\sqrt{6}a\approx 2.45a \tag{3.6}$$

fcc 的堆积顺序是 ABCABCABC⋯.

fcc 格子的六角平面 (以后称为{111} 面) 中, 格点之间的距离是 $a=a_0/\sqrt{2}$, 其中 a_0 是立方格子的晶格常数. 因此, $c=\sqrt{3}a_0$, 正好就是体对角线的长度.

对于具有六方密堆格子的真实材料, 比值 c/a 偏离了式 (3.4) 给出的理想值. 氦非常接近于理想值, 而 Mg 是 1.623, Zn 是 1.861. 许多 hcp 金属在更高温度下发生相变, 变为 fcc 结构.

① hcp 结构不是布拉伐格子, 因为单个格点并不是完全等价的.

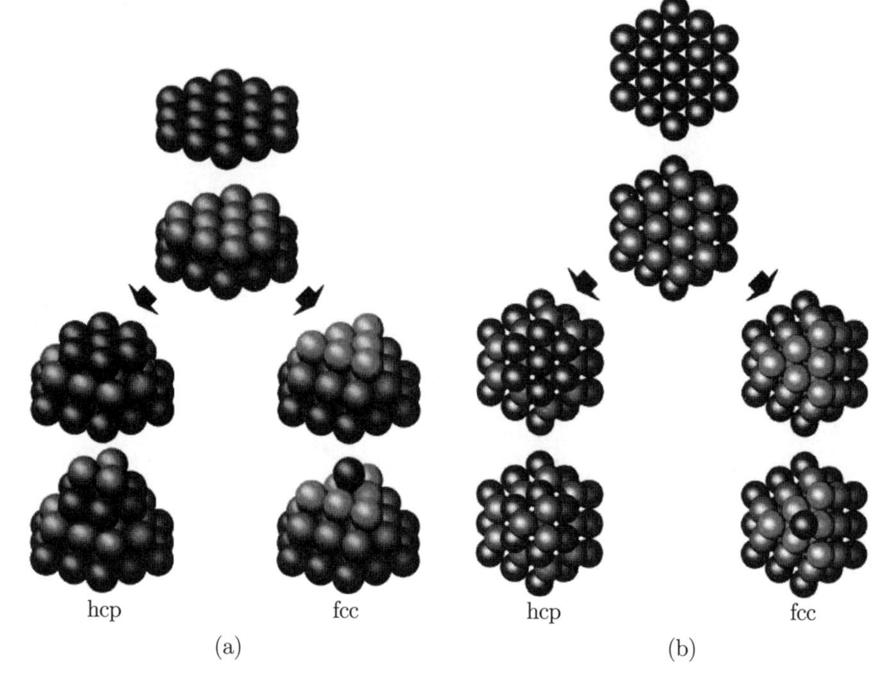

图3.7 (a) 六方密堆(hcp)和(b) 面心立方格子(fcc)的结构. hcp的堆积方式是(沿着c轴) ABABAB…, 而fcc (沿着体对角线)是ABCABCABC…

3.3.3 元胞

构成格子的矢量 $\boldsymbol{a}_i$ 的选择并不是唯一的 (图 3.1). 由矢量 $\boldsymbol{a}_1$, $\boldsymbol{a}_2$ 和 $\boldsymbol{a}_3$ 张成的平行六面体称为晶胞. 元胞是体积最小的晶胞 (图 3.1(b)). 在每个元胞里, 正好有一个格点. 坐标数是近邻格点的数目. 例如, 简单立方 (pc) 格子的坐标数是 6.

通常选择的元胞是维格纳-塞兹 (WS) 元胞, 它最好地反映了布拉伐格子的对称性. 围绕格点 $\boldsymbol{R}_0$ 的维格纳-塞兹元胞包含的点与此格点的距离小于它到其他格点的距离. 因为所有的点都对某个格点 $\boldsymbol{R}_i$ 满足这样的条件, 维格纳-塞兹元胞填满了整个空间. 维格纳-塞兹元胞的边界点到 $\boldsymbol{R}_0$ 的距离与它到其他某个格点的距离相等. 为了构造围绕 $\boldsymbol{R}_0$ 的维格纳-塞兹元胞, 连接 $\boldsymbol{R}_0$ 到近邻 $\boldsymbol{R}_j$, 过中点 $(\boldsymbol{R}_j+\boldsymbol{R}_0)/2$ 作垂面, 维格纳-塞兹元胞就是由这些平面构成的最小的多面体. 一种二维构造如图 3.8 所示.

3.3.4 点群

除了平移, 还有其他保持晶格不变的变换, 即晶格映射到自身. 这些变换是:

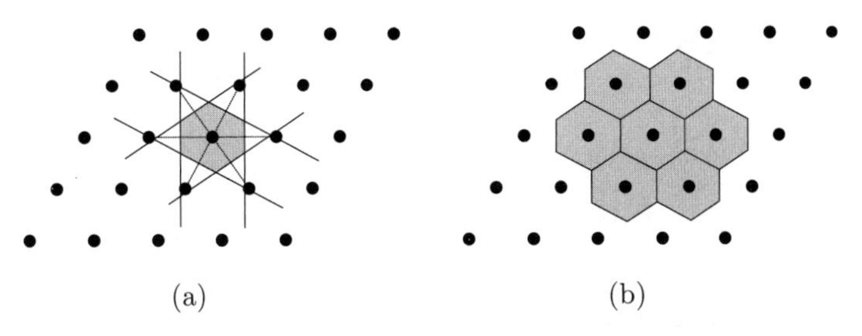

图3.8 (a) 二维维格纳-塞兹(WS)元胞的构造，(b) 用WS元胞填充空间

全同. 任何点群的不变元是全同, 即晶体不做任何变化. 在国际 (熊夫力) 表示法中, 记为 $1(E)$.

旋转. 绕着一个轴的旋转可以有旋转角 2π, $2\pi/2$, $2\pi/3$, $2\pi/4$, $2\pi/6$ 或其整数倍. 这些轴分别称为 $n=1,2,3,4$ 或 6 重轴[①], 记为 n(国际表示法) 或 C_n (熊夫力表示法). 具有 C_n 对称性的物体如图 3.9 所示.

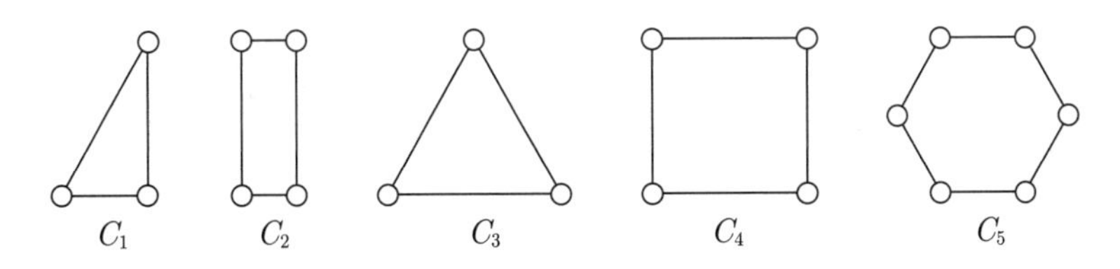

图3.9 具有垂直旋转轴C_n的二维物体. 注意，圆圈没有相对于纸面的σ_h对称性，即它们的顶面和底面是不一样的

镜像反射 (相对于通过某个格点的平面). 不同的镜像反射面如图 3.10 所示 (采用熊夫力表示法), σ_h: 镜像平面垂直于一个转动轴; σ_v: 镜像平面包含一个转动轴; σ_d: 镜像平面包含一个转动轴, 并且平分了两个 C_2 轴的夹角. 国际表示法的符号是 $\bar{2}$.

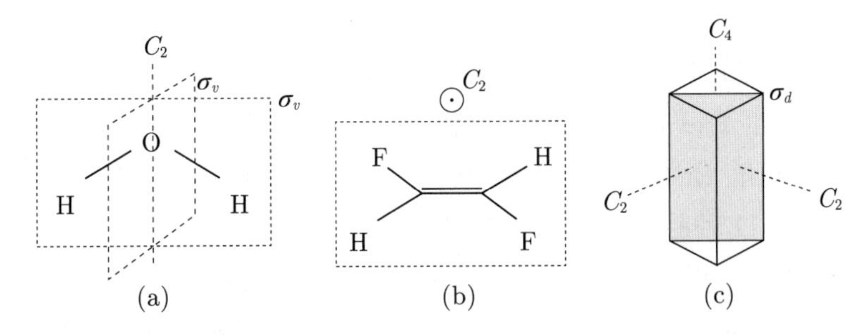

图3.10 镜面：(a) σ_v (在H_2O 分子中)，(b) σ_h (在F_2H_2分子中)，(c) σ_d

① 5 重对称在几何上是不可能的. 然而, 存在非周期 5 重对称准晶体 [191,192], 其中一些可能是半导体 [193,194].

反演 (inversion). 反演中心附近的所有点 $\boldsymbol{r}$ 变换为 $-\boldsymbol{r}$. 在国际 (熊夫力) 表示法中, 反演记为 $\bar{1}(i)$.

反射旋转 (improper rotation). 反射旋转 S_n 是转动 C_n 后再做反演操作 i, 在国际表示法中记为 $\bar{n}$. 有 $\bar{3}$, $\bar{4}$, $\bar{6}$ 和它们的幂. 只有组合的操作 $\bar{n}$ 是对称性操作, 而单独的操作 C_n 和 i 独自并不是对称性操作. 在熊夫力表示法中, 反射旋转的定义为 $S_n = \sigma_h C_n$, 其中 σ_h 是反射操作, 反射面垂直于 C_n 旋转的轴, 记为 S_n. 有 S_3, S_4 和 S_6, 以及 $\bar{3} = S_6^5$, $\bar{4} = S_4^3$ 和 $\bar{6} = S_3^5$. 对于相继的使用, S_n 给出已有的操作, 例如, $S_4^2 = C_2$, $S_4^4 = E$, $S_6^2 = C_3$, $S_6^3 = i$, $S_3^2 = C_3^2$, $S_3^3 = \sigma_h$, $S_3^4 = C_3$, $S_3^6 = E$. 注意, 从形式上说, S_1 是反演 i, S_2 是镜面反射 σ. 具有 S_n 对称性的物体如图 3.11 所示.

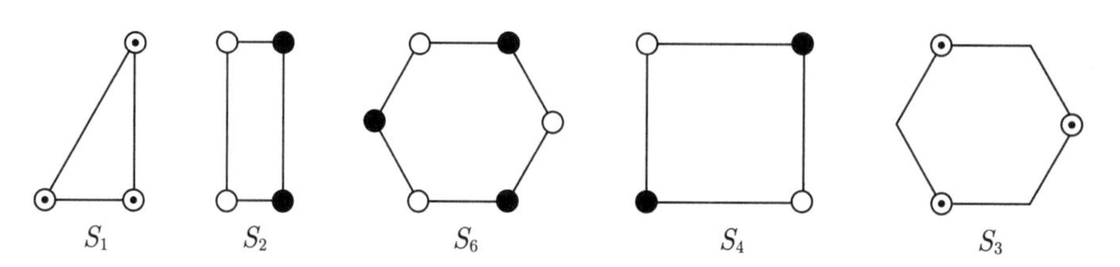

图3.11　具有垂直的反射旋转轴S_n的二维物体. 注意，黑圆圈和白圆圈没有相对于纸面的σ_h对称性，它们的顶面是白的，而底面是黑的. 中心有个点的圆圈具有σ_h对称性，它们的顶面和底面是相同的

这些对称操作构成了 32 个点群. 这些群 (以及它们的表示方式和群元) 如表 B.2 所示. 对称性最高的是立方对称性 $O_h = O \times i$. 四方群 T_d(甲烷分子) 是 O_h 的一个子群, 缺少反演操作.

一共有 10 个二维点群, 对于表面对称性很重要 (11.2 节, 表 B.1).

3.3.5　空间群

空间群由点群的群元和平移变换的组合构成. 沿着一根旋转轴的平移与绕着该轴的旋转组合, 产生了一个螺旋轴 n_m. 所谓的 4_1 螺旋轴如图 3.12(a) 所示. 第一个指标 n 给出了旋转角 $2\pi/n$, 第二个指标给出了平移 cm/n, 其中 c 是沿着该轴的周期数 (periodicity). 有 11 种晶体学允许的螺旋轴.[①]

相对于某个平面做反射, 然后沿着该平面里的一个转动轴做平移, 产生了滑移反射 (图 3.12(b)). 对于轴向滑移 (b 滑移), 平移与反射面平行. 对于对角滑移 (d 滑移), 涉及两个或三个方向的平移. 第三种滑移是金刚石滑移 (d 滑移). 有 230 种不同的空间群, 见

① $2_1, 3_1, 3_2, 4_1, 4_2, 4_3, 6_1, 6_2, 6_3, 6_4, 6_5$.

附录 B. 详细的处理, 参阅文献 [195].①

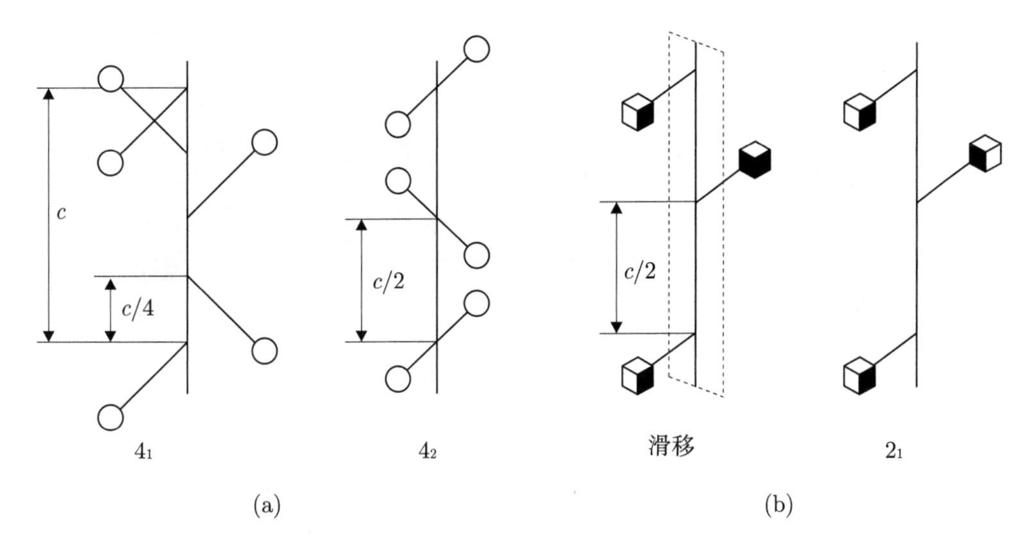

图3.12 (a) 4_1和4_2螺旋轴的示意图. (b) 轴向滑移反射的示意图. 镜面用虚线框表示. 立方体相对的面有相反的颜色. 为了比较，画出了2_1螺旋轴

一共有 17 个二维空间群, 对于表面对称性很重要 (11.2 节).

3.3.6 多晶半导体

多晶材料由随机相对取向的晶粒构成. 在两个晶粒之间, 存在 (大角度的) 晶界 (见 4.4.3 小节). 晶粒的尺寸及其分布是重要的参数. 通过工艺处理 (例如退火), 可以影响它. 多晶半导体用于廉价的大面积的应用, 例如太阳能电池 (多晶硅和 $CuInSe_2$) 或薄膜晶体管 (多晶硅，Poly-Si), 或者作为 MOS 二极管中的 n 型导电电极材料 (多晶硅), 如图 3.13 所示 (参见图 21.29). 多晶材料可以用退火工艺从非晶材料制得, 如 24.6.1 小节关于硅的讨论.

3.3.7 非晶半导体

非晶材料缺少正格子的长程序. 它在原子尺度上是无序的. 在历史上, 先研究的是非晶硒 (a-Se); 从 20 世纪 50 年代起, 研究非晶硫族化合物和非晶锗 (a-Ge)[197]; 从 20 世纪 60 年代后期开始, 研究非晶硅 (a-Si)[198]. 非晶氧化物的领域开始于 20 世纪 50 年代

① 应当特别考虑这个参考文献的附录 10 指出的隐患 (pitfalls).

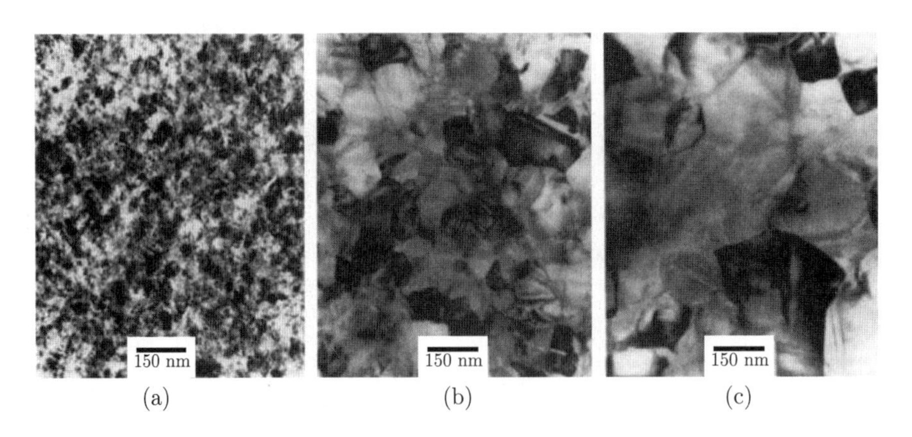

图3.13　多晶硅的透射电镜照片. (a) 低压化学气象沉积法(LPCVD) 在大约620 ℃制备的材料，晶粒尺寸大约是30 nm. (b) 经过通常的处理(在1150 ℃退火)，晶粒平均尺寸大约是100 nm. (c) 在HCl 里退火，HCl增加了点缺陷的注入(因而提高了形成更大晶粒的可能性)，晶粒平均尺寸大约是250 nm. 改编自文献[196]

中期的钒酸盐 [199], 现在非常活跃的是混合金属氧化物 [200](参见第 20 章).

局域的量子力学对近邻的键长提出了近乎严格的要求. 对键角的限制没那么严格. 共价键结合的原子安置在一个开放的网络中, 次近邻的距离基本不变, 直到第三近邻和第四近邻都有关联 (图 3.14(a)). 这种短程序导致了观察到的半导体性质, 例如光学吸收边和热激发的电导率. 一种非晶硅的连续随机网络的模型如图 3.14(b) 所示 (键角的扭曲小于 20%). 短程序区域的直径 d_{SR} 与无序参数 α 的关系是 [204]

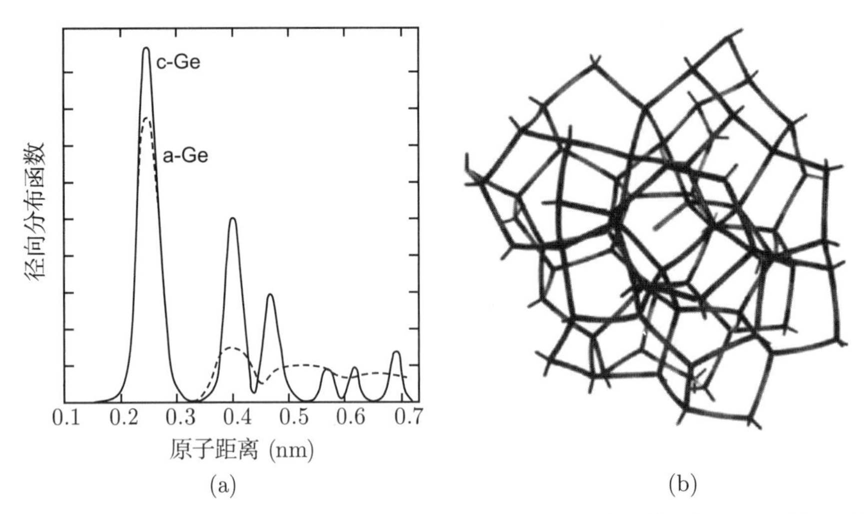

图3.14　(a) 晶体锗(c-Ge，实线)和非晶锗(a-Ge，虚线)的径向原子分布函数，由EXAFS(扩展X射线吸收精细结构[201])确定. 改编自文献[202]. (b) 非晶硅的连续随机网络模型，有个悬挂键位于图的中心.经允许转载自文献[203]

$$d_{\mathrm{SR}} = \frac{a}{2\alpha} \tag{3.7}$$

其中, a 是次近邻的距离. 对于金刚石结构, 它与晶格常数的关系是 $a = \sqrt{3}a_0/4$.

通常有许许多多的悬挂键. 键试图组成对, 但是, 如果局部存在奇数个残缺的键, 就会有一个无法饱和的悬挂键. 可以用氢原子来钝化. 因此, 非晶半导体的氢化 (hydrogenation) 就非常重要. 氢原子也可以打断一个过长的 (因而也就弱的) 键, 饱和一侧, 并留下一个悬挂键.

非晶材料可以经过退火而 (重新) 晶化为晶体, 通常是多晶. 对于非晶硅, 这在技术上是非常重要的 (见 24.6.1 小节).

3.4 重要的晶体结构

现在讨论对半导体物理学重要的晶体结构. 这些是岩盐 (PbS, MgO, ···)、金刚石 (C, Si, Ge)、闪锌矿 (GaAs, InP, ···) 和纤锌矿 (GaN, ZnO, ···) 结构.

3.4.1 岩盐结构

岩盐 (rs, NaCl, 空间群 225, Fm$\bar{3}$m) 结构是周期为 a 的 fcc 格子 (图 3.15(a)), 双原子基元, 其中 Cl 原子位于 (0,0,0), Na 原子位于 $(1/2,1/2,1/2)a$, 相距 $\sqrt{3}a/2$. (在常压条件下) 结晶为岩盐格子的材料有 KCl, KBr, PbS(方铅矿), PbSe, PbTe, AgBr, MgO, CdO, MnO. 在高压下, AlN, GaN 和 InN 发生相变, 从纤锌矿结构变为岩盐结构.

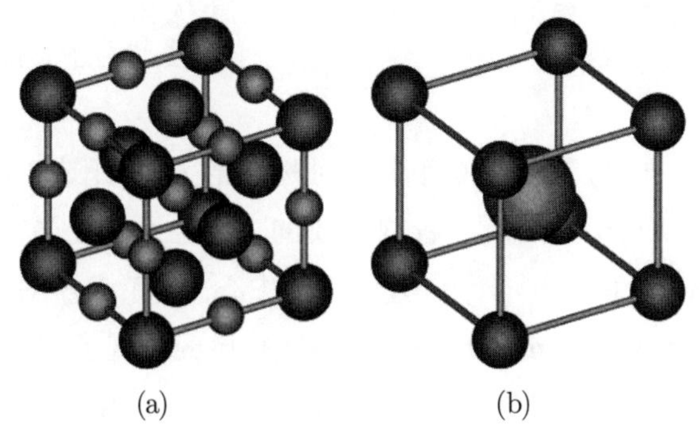

图3.15 (a) 岩盐(NaCl)结构, (b) CsCl结构

3.4.2 氯化铯结构

氯化铯 (CsCl) 结构 (空间群 221, $Pm\bar{3}m$) 是简单立方格子 (图 3.15(b)). 与岩盐结构类似, 基元由位于 (0,0,0) 和 $(1/2,1/2,1/2)a$ 的不同原子构成. 具有 CsCl 结构的典型晶体有 TlBr, TlI, CuZn (β-铜), AlNi.

3.4.3 金刚石结构

金刚石结构 (C, 空间群 227, $Fd\bar{3}m$) 具有 fcc 格子 (图 3.16(a)). 基元是两个全同的原子, 位于 (0,0,0) 和 $(1/4,1/4,1/4)a$. 每个原子具有四面体构型. 堆积密度只有大约 0.34. 沿 [111] 方向的 ABC 堆积如图 3.17(a) 所示. 结晶为金刚石晶格的材料是 C, Ge, Si 和 α-Sn. 硅作为最重要的半导体, 对其研究尤其深入 [205].

金刚石结构 (点群 O_h) 具有反演中心, 位于基元的两个原子之间, 即 $(1/8,1/8,1/8)a$ 处. 不同的Ⅳ族元素的波函数半径随着序数的增加而增大 (表 3.2), 晶格常数也相应地增大.

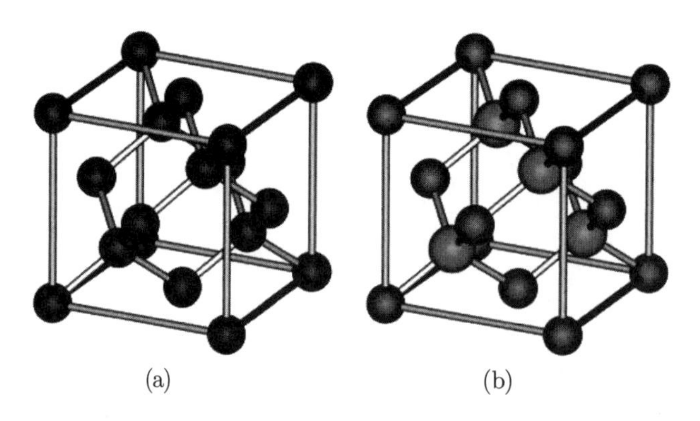

图3.16　(a) 金刚石结构和(b) 闪锌矿结构(红球: A原子, 绿球: B原子). 图中标出了四方键

沿着 ⟨111⟩ 方向的三个位置上, 具有四方对称性的元胞如图 3.18(a) 所示. 沿着 ⟨111⟩ 的原子安置如图 3.18(b) 所示. 沿着这条线的对称性至少是 C_{3v}. 在原子位置处, 对称性是 O_h. 键中心 (BC) 和六方 (H) 位置是反演中心, 具有 D_{3d} 对称性. 未被占据的 T 位置具有 T_d 对称性. 在压痕 (indentation) 实验中, 已经发现了硅的高压相 [206].

注意, α-Sn(灰锡) 现在不是很重要. 金刚石结构的 α-Sn 相在 13.2 °C 以下是稳定的. 添加 Ge, 阻止它在更高的温度下重新变化为金属锡 (例如, 对于质量百分比为 0.75 的 Ge, 是 60 °C). 文献 [207] 总结了灰锡的性质.

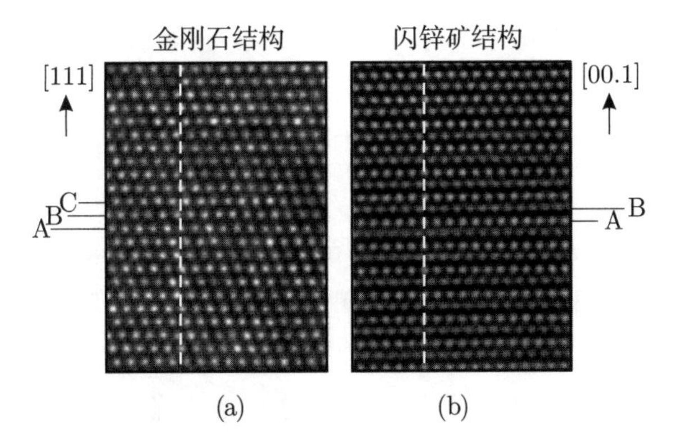

图3.17　高分辨率透射电镜(HRTEM)的像：(a) 金刚石结构(Si, {110}截面), (b) 闪锌矿结构(GaN, ⟨10.0⟩方位角). 标出了ABC堆积和AB堆积

表3.2　在金刚石结构中波函数的半径，r_s和r_p与s^1p^3有关，r_d与$s^1p^2d^1$和晶格常数a_0有关

	r_s (nm)	r_p (nm)	r_d (nm)	a_0 (nm)
C	0.121	0.121	0.851	0.3567
Si	0.175	0.213	0.489	0.5431
Ge	0.176	0.214	0.625	0.5646

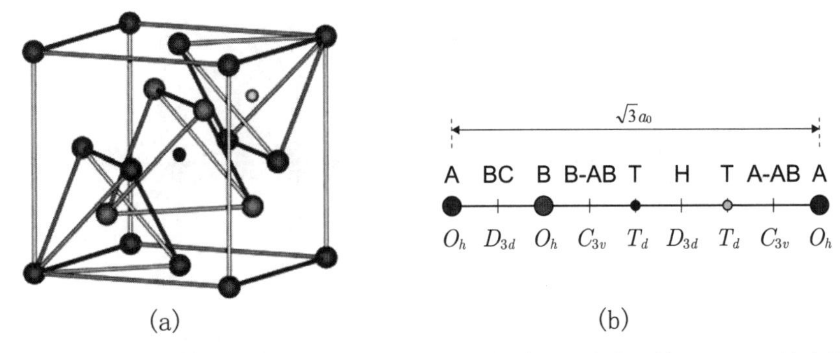

图3.18　(a) 标出了四方对称性的闪锌矿结构单元. 小的黄(蓝)球是四方构型的A (B)子晶格中没有被占据的位置，在(b)中用T表示. (b) 闪锌矿结构中沿着[111]的直线. A原子和B原子的位置用红圈和绿圈表示. 其他位置被称为键中心(BC)、相对于A原子和B原子的反键(AB, 即A-AB和B-AB)、六方(H)和四方位置(T, 蓝圈和黄圈)

3.4.4　闪锌矿结构

闪锌矿 (闪锌矿[①], ZnS, 空间群 216, F$\bar{4}$3m) 结构 (图 3.16(b)) 具有 fcc 格子和双原子基元. 金属 (A) 原子位于 (0,0,0), 非金属 (B) 原子位于 (1/4,1/4,1/4)a. 因此, 阴

① "zincblende" 在技术上意味着 ZnS 材料, 它有闪锌矿 (sphalerite) 结构的相, 也有纤锌矿 (wurtzite) 结构的相. 然而, 在文献中, "zincblende" 这个术语通常指闪锌矿结构, 本书都是这样用的.

离子和阳离子的子晶格相对彼此移动了 fcc 格子体对角线的 1/4. 这些原子按照四方体安置 (tetrahedrally coordinated), 一个 Zn 原子与 4 个 S 原子成键, 反之亦然. 然而, 不再有反演中心 (点群 T_d). 在闪锌矿结构中, 双原子平面沿着体对角线的堆积顺序是 aAbBcCaAbBcC⋯.

许多重要的化合物半导体, 例如 GaAs, InAs, AlAs, InP, GaP 及其合金 (见 3.7 节), 还有Ⅱ-Ⅵ化合物 ZnS, ZnSe, ZnTe, HgTe 和 CdTe, 结晶为闪锌矿结构.

在静水压 (各向同性的压力) 下, 4 重对称性的材料 (闪锌矿和纤锌矿) 通常会发生相变, 变为 6 重对称性的结构 [208]. 对于压力下的 GaAs, 参阅文献 [209].

3.4.5 纤锌矿结构

纤锌矿结构 (ZnS, 空间群 186, $P6_3mc$) 也称为六方 ZnS 结构 (因为 ZnS 有两种形态). 它具有六角格子和四原子元胞 (图 3.19). 通常, 它被认为具有 hcp 结构和双原子基元. c/a 值通常偏离于理想值 $\zeta_0 = \sqrt{8/3} \approx 1.633$ (式 (3.4)), 如表 3.3 所示. c 轴是 6_3 螺旋轴.

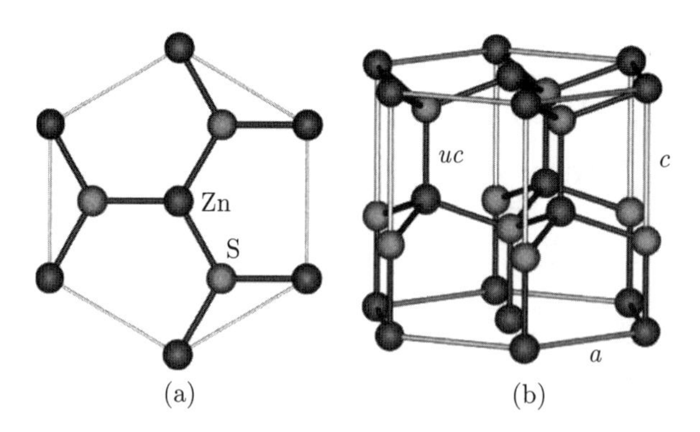

图3.19 标出了四方键的闪锌矿结构的(a)顶视图(沿着c轴)和(b)侧视图. 图中结构的上(下)表面是Zn原子面(00.1)(O原子面(00.$\bar{1}$))

表3.3 各种纤锌矿结构半导体的c/a值

材料	ξ (%)	材料	ξ(%)	材料	ξ (%)	材料	ξ (%)
AlN	−2.02	CdS	−0.61	CuBr	0.43	BeO	−0.61
GaN	−0.49	CdSe	−0.18	CuCl	0.55	ZnO	−1.9
InN	−1.35	CdTe	0.25	CuI	0.74	6H-SiC	0.49
ZnS	0.25	MgS	−0.80	AgI	0.12	BN	0.74
ZnSe	0.06	MgSe	−0.67	ZnTe	0.74	MgTe	−0.67

列出来的是 $\xi = (c/a - \zeta_0)/\zeta_0$. 数据基于文献[210].

Zn 原子位于 (0,0,0), S 原子位于 $(0,0,3/8)a$. 这对应于沿着 c 轴移动了 $(3/8)c$. 这个因子被称为元胞内参数 u. 对于理想的纤锌矿结构, 它的数值是 $u_0 = 3/8 = 0.375$. 对于真实的纤锌矿晶体, u 偏离于理想值, 例如, 对于Ⅲ族氮化物, $u > u_0$. 在纤锌矿结构中, ZnS 双原子面的堆积顺序是 aAbBaAbB···, 沿着 [00.1] 方向, 如图 3.17(b) 所示.

在闪锌矿结构和纤锌矿结构中, 原子的不同局域结构环境如图 3.20 所示.

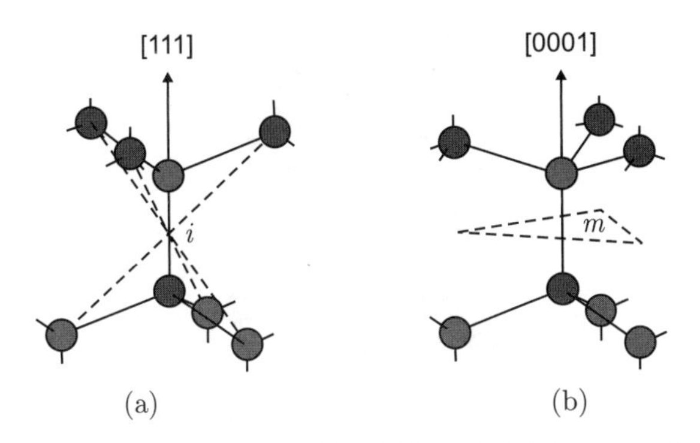

图3.20　比较(a)闪锌矿结构和(b)纤锌矿结构中的四方键(i: 反演中心, m: 对称面)

许多重要的宽带隙半导体结晶为纤锌矿结构, 例如 GaN, AlN, InN[211], ZnO[212], SiC[213], CdS 和 CdSe.

3.4.6　黄铜矿结构

黄铜矿 [214] (ABC_2, 以"假黄金 (fool's gold)" $CuFeS_2$ 命名, 空间群 122, $I\bar{4}2d$) 结构与 Ⅰ-Ⅲ-$Ⅵ_2$ (硫族化合物阴离子) 和 Ⅱ-Ⅳ-V_2 (磷族化合物阴离子) 半导体有关, 例如 $(Cu,Ag)(Al,Ga,In)(S,Se,Te)_2$ 和 $(Mg, Zn, Cd)(Si, Ge, Sn)(As, P, Sb)_2$.

闪锌矿和黄铜矿化合物的衍生关系如图 3.21 所示, 包括 $Ⅰ_2$-Ⅱ-Ⅳ-$Ⅵ_4$ 型的锌黄锡矿 (kesterite) 材料.

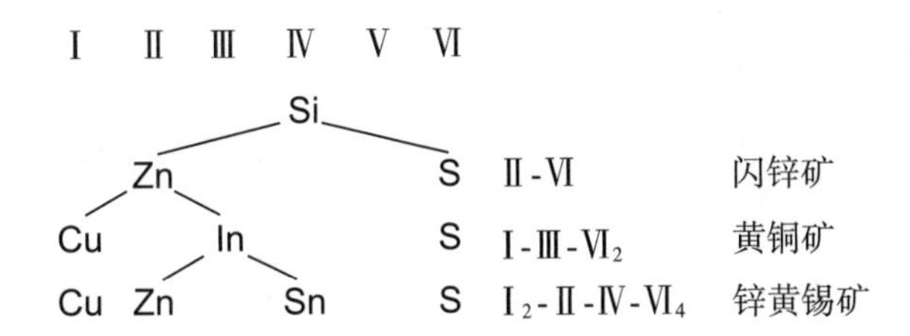

图3.21　Ⅱ-Ⅵ族的闪锌矿和相关的黄铜矿和锌黄锡矿化合物的示意图

一个非金属阴离子 (C) 与两个不同种类的阳离子 (A 和 B) 形成四方键, 如图 3.22 所示. 每个阴离子的局部环境是全同的, A 原子和 B 原子各有两个. 这是四方体 (四面体) 结构. 高宽比 $\eta = c/(2a)$ 偏离理想值 1, 通常 $\eta < 1$[215,216].

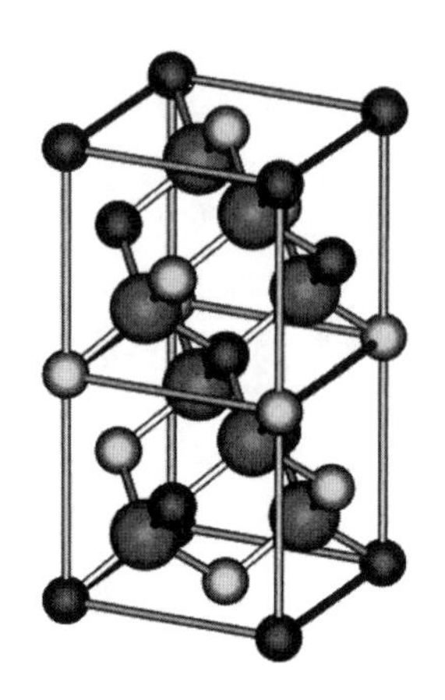

图3.22　黄铜矿结构, 红球和黄球表示金属阳离子, 较大的绿球表示非金属阴离子

如果 C 原子位于两个 A 原子和两个 B 原子构成的四面体的中心, A-C 键和 B-C 键的键长 R_{AC} 和 R_{BC} 都是相等的. 因为理想的 A-C 键和 B-C 键的键长 d_{AC} 和 d_{BC} 通常不相等, 这个结构有应变. 共用的原子 C 沿着 [100] 和 [101] 有位移, 使得它靠近 A 原子对 (如果 $d_{AC} < d_{BC}$), 远离 B 原子对. 这个位移参数是

$$u = \frac{1}{4} + \frac{R_{AC}^2 - R_{BC}^2}{a^2} \tag{3.8}$$

对于许多黄铜矿结构化合物, 这个参数与闪锌矿结构的理想值 $u_0 = 1/4$ 的偏离如表 3.4 所示. 在黄铜矿结构中,

表3.4　各种黄铜矿结构化合物的晶格非理想参数η和u（来自式(3.10)）及其实验观测的无序稳定性（+/–分别表示化合物有/没有有序-无序(D-O)相变）

	η	u	D-O		η	u	D-O
$CuGaSe_2$	0.983	0.264	+	$ZnSiAs_2$	0.97	0.271	–
$CuInSe_2$	1.004	0.237	+	$ZnGeAs_2$	0.983	0.264	+
$AgGaSe_2$	0.897	0.287	–	$CdSiAs_2$	0.92	0.294	–
$AgInSe_2$	0.96	0.261	+	$CdGeAs_2$	0.943	0.287	
$CuGaS_2$	0.98	0.264		$ZnSiP_2$	0.967	0.272	–
$CuInS_2$	1.008	0.236	+	$ZnGeP_2$	0.98	0.264	+
$AgGaS_2$	0.895	0.288	–	$CdSiP_2$	0.92	0.296	–
$AgInS_2$	0.955	0.262		$CdGeP_2$	0.939	0.288	–

数据基于文献[216].

$$R_{\mathrm{AC}} = a\sqrt{u^2 + \frac{1+\eta^2}{16}} \tag{3.9a}$$

$$R_{\mathrm{BC}} = a\sqrt{\left(u - \frac{1}{2}\right)^2 + \frac{1+\eta^2}{16}} \tag{3.9b}$$

让微观应变达到最小化, (在一阶近似下) 得到 [217]

$$u \cong \frac{1}{4} + \frac{3}{8}\frac{d_{\mathrm{AC}}^2 - d_{\mathrm{BC}}^2}{d_{\mathrm{AC}}^2 + d_{\mathrm{BC}}^2} \tag{3.10}$$

$u > u_{\mathrm{c}}$ (或者 $u < 1/2 - u_{\mathrm{c}} = 0.235$) 的化合物相对于阳离子无序是稳定的 [216], 其中, $u_{\mathrm{c}} = 0.265$ 是临界位移参数. 根据式 (3.10) 计算得到的 u 值与实验测量值的关系如图 3.23 所示.

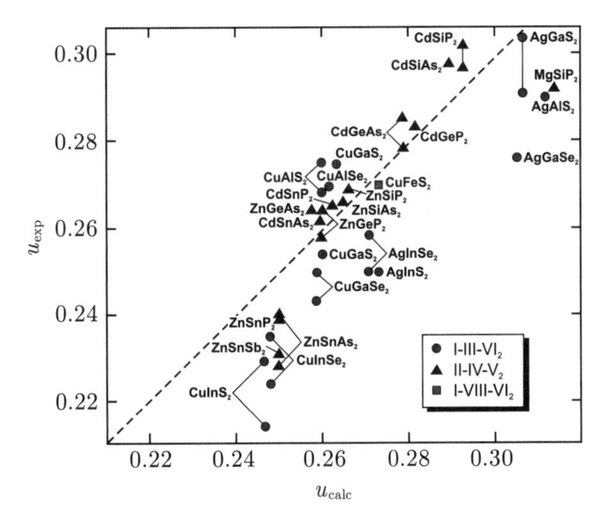

图3.23 各种黄铜矿结构化合物的位移参量的实验值u_{exp}与根据式(3.10) 得到的计算值u_{calc}. 虚线是u_{exp}=u_{calc}. 改编自文献[217]

3.4.7 尖晶矿结构

许多 $\mathrm{A^{II}B_2^{III}C_4^{IV}}$ 类型的三元化合物结晶为立方尖晶石结构 (尖晶石, $MgAl_2O_4$, 空间群 227, Fd3m). 典型的元素是: A: Mg, Cr, Mn, Fe, Co, Ni, Cu, Zn, Cd, Sn; B: Al, Ga, In, Ti, V, Cr, Mn, Fe, Co, Rh, Ni; C: O, S, Se, Te.

例如, $ZnGa_2O_4$(镓酸锌) 受到关注, 可作为 ZnO/GaAs 外延里的界面层 [218]、发光材料 [219] 以及铁磁半导体 [220]. (不想要的) 镓酸锌 (zinc gallate) 的出现与形成高掺杂的纤锌矿结构 ZnO:Ga 有竞争; 在 $ZnGa_2O_4$(正常的) 尖晶石结构里, Zn^{2+} 仍然占据着四面体的位置, 但是在掺杂的纤锌矿结构 ZnO:Ga 里, Ga^{3+} 占据了八面体的位置, 而不是四面体位置.(Sc, Al)MgO_4(SCAM) 作为衬底材料是可以买到的. 也存在 $A^{VI}B_2^{II}C_4^{VI}$ 化合物, 例如 GeB_2O_4(其中, B = Mg, Fe, Co, Ni).

阴离子 (C^{2-}) 位于 fcc 格子.A 原子填充了所有四面体位置的 1/8 , B 原子填充了所有八面体位置的一半 (图 3.24). 通常, 阳离子是带电的 A^{2+} 和 B^{3+}, 例如在 $ZnAl_2O_4$, $MgCr_2O_4$ 或 $ZnCo_2O_4$ 里. 也存在 A^{6+} 和 B^{1-}, 例如在 WNa_2O_4 里.

立方晶格常数标记为 a. 在真实的尖晶石里, 阴离子偏离了理想的 fcc 阵列, 用参数 u 来表示, 衡量阴离子沿着 [111] 方向的位移 [221]; 如果 A 位的阳离子位于 (0, 0, 0), 阴离子就位于 (u,u,u). 阳离子和阴离子的距离是 [222]

$$R_{AC} = a\sqrt{3(u-1/8)} \tag{3.11a}$$

$$R_{BC} = a\sqrt{3u^2-2u-3/8} \tag{3.11b}$$

理想值是 $u=1/4$, 例如, 对于 $MgAl_2O_4$, $u=0.2624$; 对于 $ZnGa_2O_4$, $u=0.2617$; 对于 $SiFe_2O_4$, $u=0.2409$[222].

在反向尖晶石结构里, 对于 $A^{II}B_2^{III}C_4^{VI}$ 化合物, 阳离子的分布类似于 $B(AB)C_4$, 阳离子 B 占据了四面体和八面体的位置, 例如在 $Mg^{2+}(Mg^{2+}Ti^{4+})O_4^{2-}$ 或 $Fe^{3+}(Ni^{2+}Fe^{3+})O_4^{2-}$ 里. 例子有磁铁矿 (Fe_3O_4, 这种材料的自旋极化很大) 或者 $MgFe_2O_4$. 也有这种结构的 $A^{VI}B_2^{II}C_4^{VI}$ 化合物, 例如 SnB_2O_4(其中, B = Mg, Mn, Co, Zn), TiB_2O_4(其中, B = Mg, Mn, Fe, Co, Zn) 和 VB_2O_4 (其中, B = Mg, Co, Zn).

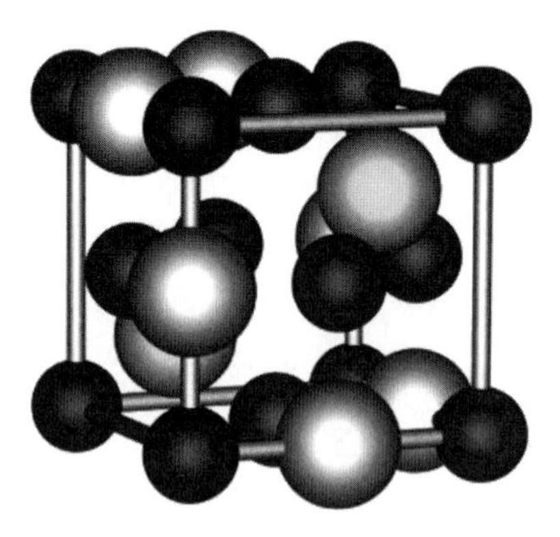

图3.24 尖晶石AB_2C_4的晶体结构, 黄球(A原子)和银球(B原子)是阳离子, 蓝球是阴离子(C原子)

3.4.8 萤石结构

以萤石矿 (CaF_2, 空间群 225, Fm3m) 命名的双离子化合物的这种结构出现在阳离子价是阴离子价两倍的时候, 例如 (立方)ZrO_2(氧化锆) 或 HfO_2. 这个晶格是 fcc 结构和三原子的基元. 阳离子 (例如 Zr^{4+}) 位于 (0,0,0), 阴离子 (例如 O^{2-}) 位于 $(1/4,1/4,1/4)a$(就像在闪锌矿结构里) 和 $(3/4,3/4,3/4)a$(图 3.25). 阴离子位于简单立方格子上, 晶格常数为 $a/2$. 氧化锆可以结晶为很多不同的相 [223], 最突出的是单斜相、四方相和立方相. 立方相可以用钇来稳定 [224,225] (YSZ, 钇稳定的氧化锆). 氧化铪有惊人的性质, HfO_2/Si 界面是稳定的, 可以制作高介电常数的晶体管栅极氧化物 (见 24.5.5 小节).

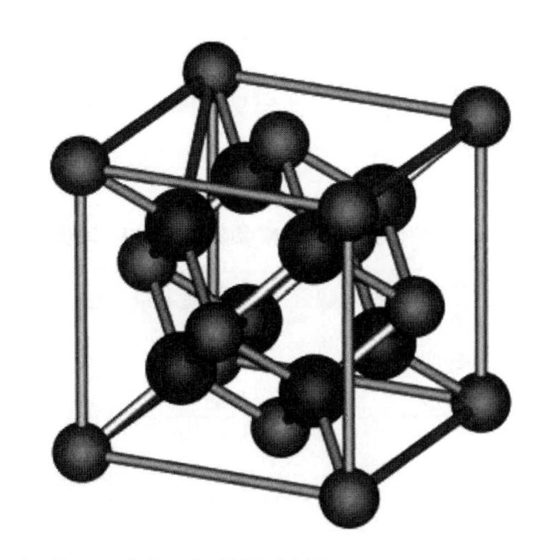

图3.25　萤石的晶体结构, 红球是阳离子, 蓝球是阴离子

3.4.9 铜铁矿结构

Ⅰ-Ⅲ-O_2 材料结晶为三方铜铁矿 ($CuFeO_2$, 空间群 166, $R\bar{3}m$) 结构 (图 3.26). 这种结构也称为硫钠铬矿 ($NaCrS_2$) 结构. 一些铜铁矿结构的化合物的晶格参数如表 3.5 所示. (Cu, Ag) (Al, Ga, In)O_2 材料是透明导电氧化物 (TCO). 注意, Pt 和 Pd 作为Ⅰ族元素, 因为 d^9 构型而产生类金属的化合物, 与 Cu 和 Ag 的 d^{10} 构型不同.

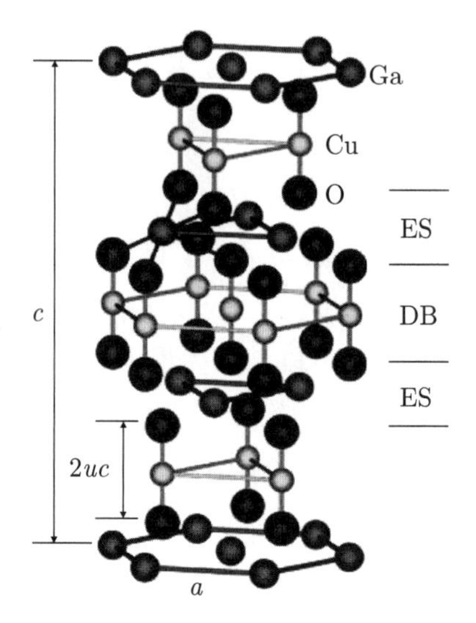

图3.26 铜铁矿结构$CuGaO_2$的六方单元. 氧原子以哑铃构型(DB)与Cu原子成键. 在共边层(ES), Ga原子是八面体构型GaO_6

表3.5 一些铜铁矿结构化合物的晶格参数a，c和u. 理论值用星号标出

	a (nm)	c (nm)	u (nm)
$CuAlO_2$	0.2858	1.6958	0.1099
$CuGaO_2$	0.2980	1.7100	0.1073*
$CuInO_2$	0.3292	1.7388	0.1056*

数据基于文献[226].

3.4.10 钙钛矿结构

钙钛矿结构 (钛酸钙, $CaTiO_3$, 空间群 62, Pnma)(图 3.27) 与铁电半导体有关 (见16.3 节). 它是立方结构, Ca (或 Ba, Sr) 离子 (电荷态 2+) 位于立方体的角上, O 离子(2−) 位于面心, Ti 离子 (4+) 位于体心. 晶格是简单立方, 基元是 Ca 位于 (0,0,0), O位于 (1/2,1/2,0), (1/2,0,1/2) 和 (0,1/2,1/2), Ti 位于 (1/2,1/2,1/2). 铁电极化通常来自带负电的离子和带正电的离子相对于彼此的位移. $LaAlO_3$ (铝酸镧) 是一种衬底材料(空间群 226, $Fm\bar{3}c$[227]). 钙钛矿结构对于高温超导电性也很重要.

另一类 ABX_3 钙钛矿是由卤素原子 (Cl, Br, I) 取代 X 位的氧 (处于 −1 的电荷态).B 位 (以前 Ti 的位置) 由铅 (Pb) 或其他 +2 价的元素替代. A 位 (以前 Ba 的位置) 是有机分子 (+1 价), 例如 CH_3NH_3(甲胺, MA)[228] 或 $HC(NH_2)_2$ (甲脒, formamidinium,FA). 在这种卤素钙钛矿的纯无机版本中, A 位填充的是 Cs[229]. 为了避免用 Pb, 已经研

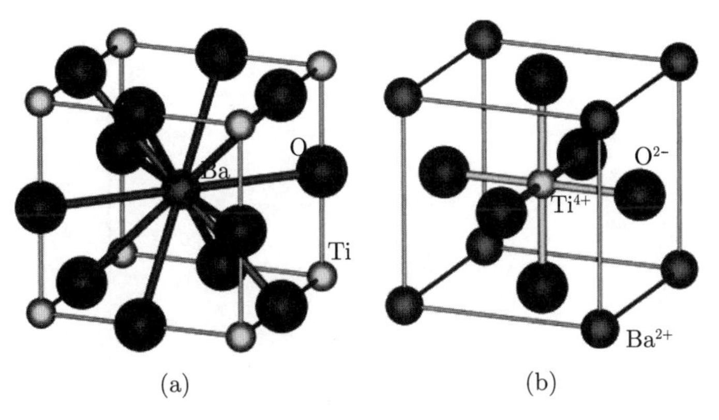

图3.27　钙钛矿结构($BaTiO_3$). (a) A单元具有12重构型(立方八面体)的Ba; (b) B单元具有八面体构型的Ti

究了 $CsSnX_3$. 除了立方相 (α-$CsPbI_3$), 还观察到其他相, 例如正交相 (δ-$CsPbBr_3$) 或四方相 [230]. 此外, PbX_6 八面体的角扭曲是常见的, 并取决于材料组分 (图 3.28).

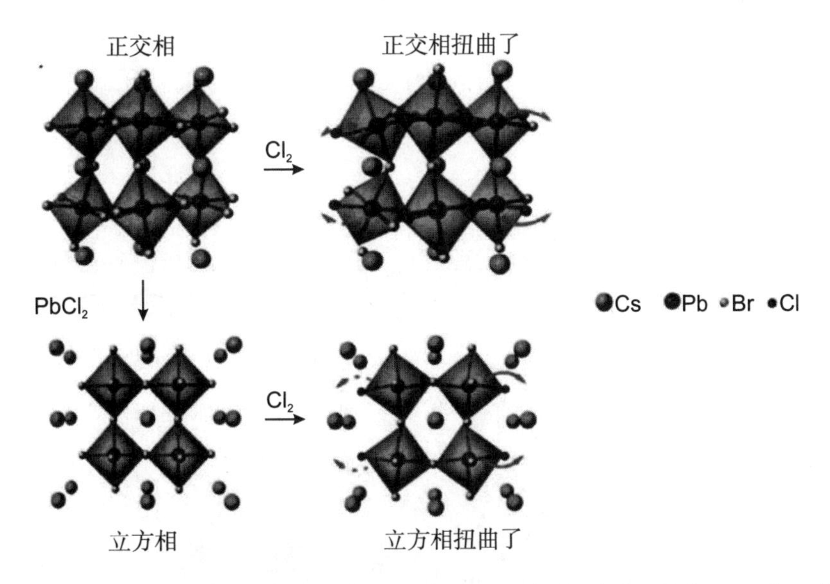

图3.28　正交相和立方相的$CsPbBr_3$钙钛矿的分子模型示意图, 分别具有和不具有$PbCl_2$和Cl_2的掺杂. 改编自文献[232]

相的稳定性取决于八面体因子 $\mu = R_B/R_X$ 和耐受因子 t,

$$t = \frac{R_A + R_X}{\sqrt{2}(R_B + R_X)} \tag{3.12}$$

其中, R_A, R_B 和 R_X 分别表示 A 位置和 B 位置的阳离子以及 X 位置的阴离子的半径. 已经根据 μ 和 t 计算了 138 种不同的卤化物钙钛矿 [231](图 3.29), 给出了稳定性判据.

稳定的立方相要求 $0.44 < \mu < 0.9$ 和 $0.8 \leqslant t \leqslant 1$[232].

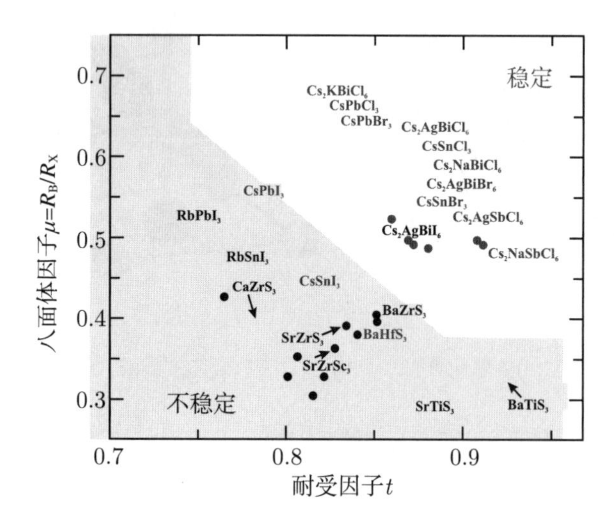

图3.29　根据八面体因子μ和耐受因子t,ABX_3卤化物钙钛矿的稳定性. 红点(黑点)是稳定的(不稳定的)化合物. 不稳定材料区用灰色显示.改编自文献[231]

3.4.11　砷化镍结构

砷化镍 (NiAs) 结构 (空间群 194, $P6_3/mmc$)(图 3.30) 与铁磁半导体有关, 例如 MnAs, 也可以在形成 Ni/GaAs 肖特基接触时出现 [233]. 其结构为六方密堆. 砷原子形成 hcp 结构, 三角棱锥式 (trigonal prismatically) 构型, 有 6 个最近邻的金属原子. 金属原子构成 hcp 平面, 填充了 As 晶格里所有的八面体空位. 对于立方密堆 (即 fcc) 结构, 这对应于岩盐晶体. 堆积是 ABACABAC⋯(A: Ni; B, C: As).

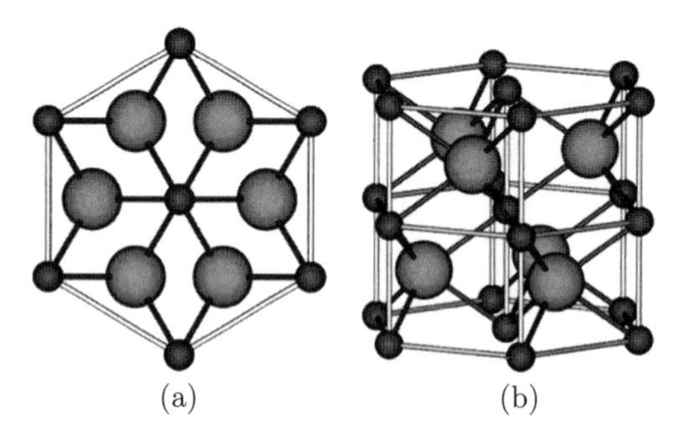

图3.30　NiAs结构. 金属原子: 深灰色; 硫族原子: 浅灰色

3.4.12 其他结构

还有许多其他晶体结构与半导体材料有关, 包括:

- 刚玉结构 (Al_2O_3 , 空间群 167, $R\bar{3}c$), 例如, 用于外延生长的蓝宝石衬底, 或者氧化镓 α-Ga_2O_3(Ga_2O_3 是一种多相材料 [234,235]);
- 方锰铁矿结构 (In_2O_3, δ-Ga_2O_3, 空间群 206, $Ia\bar{3}$)(见图 20.3);
- β-Ga_2O_3 单斜结构 (空间群 12, C2/m)[235];
- 石英 (SiO_2) 结构, α-石英 (空间群 154, $P3_221$) 和 β-石英 (空间群 180, $P6_222$).

由于篇幅所限, 在此无法更仔细地讨论这些结构和其他结构. 读者可以参考晶体学 (例如文献 [236-238]) 和空间群 (文献 [195,239]) 的教科书. 关于晶体结构的信息和图片, 一个很好的网上信息源是文献 [240].

3.5 多型性

在多型材料里, 可能有多种堆积顺序. 其中一种代表热力学基态, 但其余的能量相似. 一个例子是 GaN, 其 (平衡态) 纤锌矿和 (闪锌矿) 立方形态已被广泛研究. 但堆积顺序不只是 hcp 或 fcc, 还可能采取不同的序列, 例如 ACBCABAC 作为沿着堆积方向的最小元胞. 一个典型的例子是 SiC, 除了 hcp 和 fcc, 已知还有许多种 (>40) 其他的堆积序列. SiC 最大的元胞 [213] 包含 594 层. 一些较小的多型如图 3.31 所示. 图 3.32 给出了立方金刚石微晶和亚稳态的六方相和正交相 (在硅里).

对于三元合金 (见 3.7 节)$Zn_{1-x}Cd_xS$, 六方堆积的双原子层 (AB) 的数目 n_h 和立方堆积层 (ABC) 的数目 n_c 已经有了研究.CdS 具有纤锌矿结构, ZnS 主要是闪锌矿结构. 对于 $Zn_{1-x}Cd_xS$, 由式 (3.13) 定义的六方性指数 α 如图 3.33 所示.

$$\alpha = \frac{n_\mathrm{h}}{n_\mathrm{h} + n_\mathrm{c}} \tag{3.13}$$

一些半导体材料具有多种可以在各种 (非平衡) 条件下方便制备的晶相 (多形体). 由于它们的物理性质不同, 最终可用于不同的设备应用. 具有六方和立方相的氮化镓可

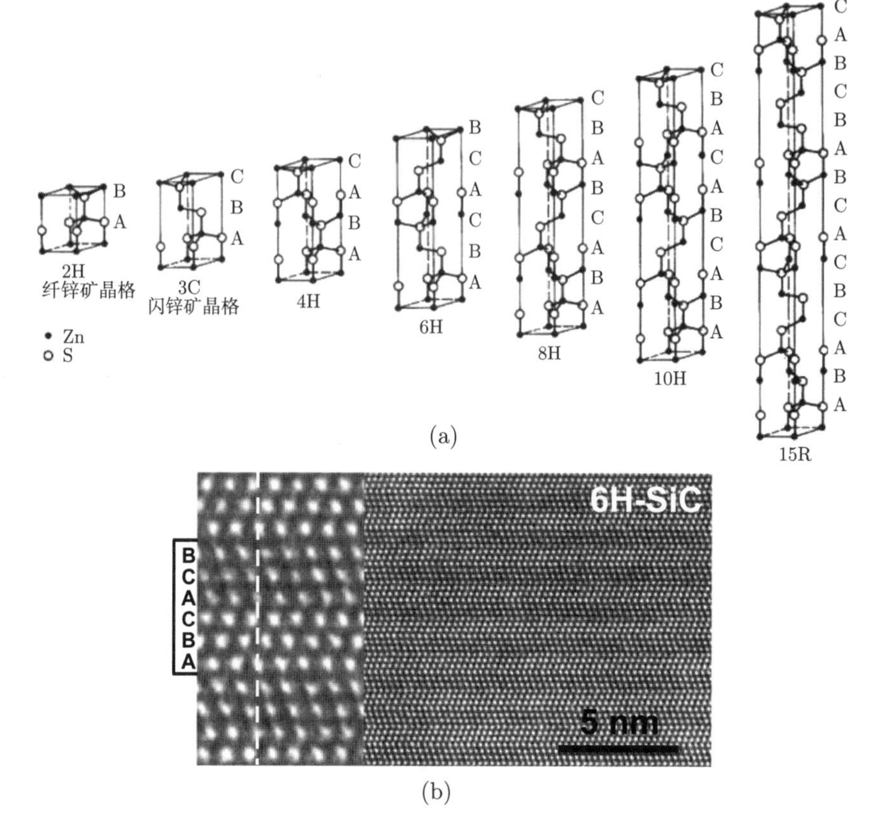

图3.31　(a) 闪锌矿晶格和纤锌矿晶格的多型(出现在SiC中)，字母A，B和C表示双原子层的三种可能位置(见图3.7). (b) 6H-SiC的高分辨率TEM图片. 在左侧的放大像中，给出了单元和堆叠顺序. 改编自文献[241]

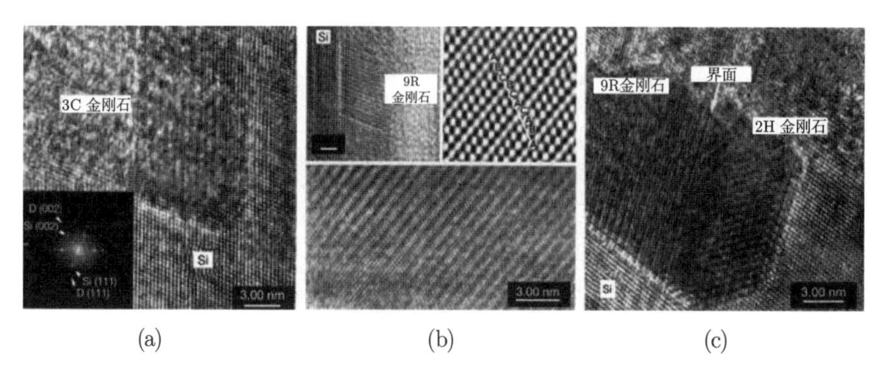

图3.32　在晶粒(硅的亚稳相)里发现的金刚石的多型. (a) ABC堆叠的立方型(3C)，插图给出了衍射图以及C晶格和Si晶格的对齐；(b) ABCBCACABA堆叠的菱方9R晶粒；(c) 9R相和六方2H相(AB堆叠)以及它们之间的界面. 经允许转载自文献[242]，©2001 Springer Nature

以算作这种材料. 多相半导体的一个突出例子是 Ga_2O_3, 在它的单斜平衡结构附近, 表现出各种其他相, 如菱形 (刚玉, α-Ga_2O_3) 和正交 (κ-Ga_2O_3) 相 [244].

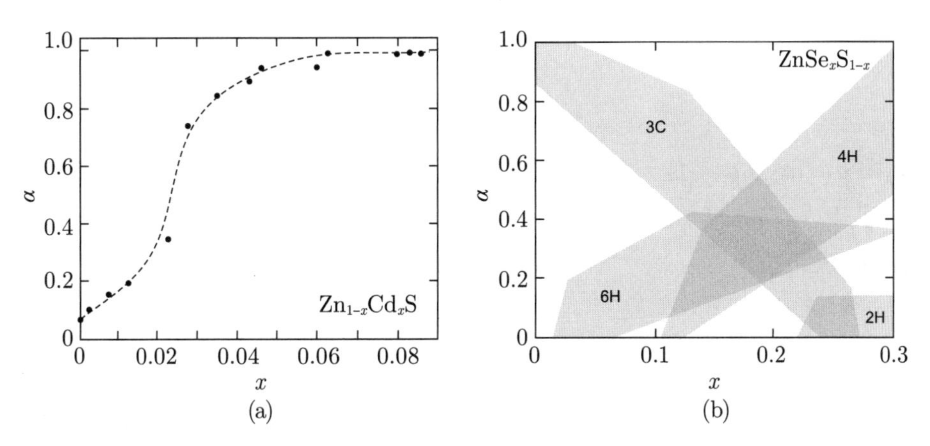

图3.33　(a) 各种三元组分的$Zn_{1-x}Cd_xS$ 的六方性指数α (式(3.13)). 虚线用于引导视线. (b) $ZnSe_xS_{1-x}$里的多型区. 改编自文献[243]

3.6　倒格子

倒格子对于周期性结构的描述和研究至关重要, 特别是 X 射线衍射 [245]、表面电子衍射、声子和能带结构. 它是晶格的准傅里叶变换. 晶格也称为正格子 (direct lattice), 以便和倒格子区分开.

3.6.1　倒格子矢量

当 $\mathcal{R}$ 描述正格子的矢量集时, 倒格子的矢量集 $\mathcal{G}$ 由下述条件给出①:

$$\exp(\mathrm{i}\boldsymbol{G}\cdot\boldsymbol{R})=1 \tag{3.14}$$

对于所有的 $\boldsymbol{R}\in\mathcal{R}$ 和 $\boldsymbol{G}\in\mathcal{G}$, 上式成立. 因此, 对于所有的矢量 $\boldsymbol{r}$ 和倒格子矢量 $\boldsymbol{G}$,

$$\exp(\mathrm{i}\boldsymbol{G}\cdot(\boldsymbol{r}+\boldsymbol{R}))=\exp(\mathrm{i}\boldsymbol{G}\cdot\boldsymbol{r}) \tag{3.15}$$

每个布拉伐格子有特定的倒格子. 倒格子也是一种布拉伐格子: 如果 $\boldsymbol{G}_1$ 和 $\boldsymbol{G}_2$ 是两个倒格子矢量, $\boldsymbol{G}_1+\boldsymbol{G}_2$ 显然也是. 对于正格子的基本平移矢量 $\boldsymbol{a}_1$, $\boldsymbol{a}_2$ 和 $\boldsymbol{a}_3$, 张成倒格子的矢量 $\boldsymbol{b}_1$, $\boldsymbol{b}_2$ 和 $\boldsymbol{b}_3$ 就是

$$\boldsymbol{b}_1=\frac{2\pi}{V_a}(\boldsymbol{a}_2\times\boldsymbol{a}_3) \tag{3.16a}$$

① 两个矢量的点乘 $\boldsymbol{a}\cdot\boldsymbol{b}$ 也记为 $\boldsymbol{ab}$.

$$\boldsymbol{b}_2=\frac{2\pi}{V_a}(\boldsymbol{a}_3\times\boldsymbol{a}_1) \tag{3.16b}$$

$$\boldsymbol{b}_3=\frac{2\pi}{V_a}(\boldsymbol{a}_1\times\boldsymbol{a}_2) \tag{3.16c}$$

其中, $V_a=\boldsymbol{a}_1\cdot(\boldsymbol{a}_2\times\boldsymbol{a}_3)$ 是矢量 $\boldsymbol{a}_i$ 张成的元胞的体积. 在倒空间里, 元胞的体积是 $V_a^*=(2\pi)^3/V_a$.

矢量 $\boldsymbol{b}_i$ 满足条件

$$\boldsymbol{a}_i\cdot\boldsymbol{b}_j=2\pi\delta_{ij} \tag{3.17}$$

因此, 它显然满足式 (3.14). 对于一个任意的倒格子矢量 $\boldsymbol{G}=k_1\boldsymbol{b}_1+k_2\boldsymbol{b}_2+k_3\boldsymbol{b}_3$ 和正空间的矢量 $\boldsymbol{R}=n_1\boldsymbol{a}_1+n_2\boldsymbol{a}_2+n_3\boldsymbol{a}_3$, 我们发现

$$\boldsymbol{G}\cdot\boldsymbol{R}=2\pi(n_1k_1+n_2k_2+n_3k_3) \tag{3.18}$$

括号里的数字是整数. 还要注意, 倒格子的倒格子又是正格子了.fcc 的倒格子是 bcc, 反之亦然.hcp 的倒格子是 hcp (相对于正格子转动了 30°).

为了以后的应用, 我们给出两个重要的定理. 一个 (性质充分好的) 以格子为周期的函数 $f(\boldsymbol{r})$(即 $f(\boldsymbol{r})=f(\boldsymbol{r}+\boldsymbol{R})$) 可以展开为倒格子矢量的傅里叶级数:

$$f(\boldsymbol{r})=\sum a_{\boldsymbol{G}}\exp(\mathrm{i}\boldsymbol{G}\cdot\boldsymbol{r}) \tag{3.19}$$

其中, $a_{\boldsymbol{G}}$ 是倒格子矢量 $\boldsymbol{G}$ 的傅里叶分量, $a_{\boldsymbol{G}}=\int_V f(\boldsymbol{r})\exp(-\mathrm{i}\boldsymbol{G}\cdot\boldsymbol{r})\mathrm{d}^3\boldsymbol{r}$. 如果 $f(\boldsymbol{r})$ 是格子周期性的, 式 (3.20) 给出的积分为零, 除非 $\boldsymbol{G}$ 是一个倒格子矢量.

$$\int_V f(\boldsymbol{r})\exp(-\mathrm{i}\boldsymbol{G}\cdot\boldsymbol{r})\mathrm{d}^3\boldsymbol{r}=\begin{cases}a_{\boldsymbol{G}}\\0, & \boldsymbol{G}\notin\mathcal{G}\end{cases} \tag{3.20}$$

3.6.2 米勒指数

米勒指数 [246] 由三个整数构成, 用来标记晶体里的方向和格子面 (lattice plane). 对于正空间里的矢量 $\boldsymbol{R}$, 米勒指数的分量 h, k 和 l 是该矢量在格子矢量 $\boldsymbol{a}_i$ 方向上的分量, 即 $h=\boldsymbol{a}_1\cdot\boldsymbol{R}/|\boldsymbol{a}_1|^2$①, 等等. 为了得到最小正整数的集合, 这些值必须除以适当的分数. 方向用中括号 (方括号) 表示为 $[hkl]$, 指的是 $h\boldsymbol{a}_1+k\boldsymbol{a}_2+l\boldsymbol{a}_3$ 的方向. 一套等价的晶格方向用尖括号表示为 $\langle hkl\rangle$. 对于负的指数, $[-100]$ 也可以用上横杠写为 $[\bar{1}00]$.

① 译注：原文有误, 没有除以 $|\boldsymbol{a}_1|^2$.

格子面是两个独立的格子矢量 $\boldsymbol{R}_1$ 和 $\boldsymbol{R}_2$ 张成的平面上的所有格点的集合. 格子面用小括号 (圆括号) 表示为 (hkl); 一套等价的格子面用大括号 (花括号) 表示为 $\{hkl\}$. 此平面的所有格点构成了一个二维布拉伐格子. 整个格子可以通过把这个格子平面沿着其法线 $\boldsymbol{n}=(\boldsymbol{R}_1\times\boldsymbol{R}_2)/|\boldsymbol{R}_1\times\boldsymbol{R}_2|$ 平移而生成. 这个平面属于倒格子矢量 $\boldsymbol{G_n}=2\pi\boldsymbol{n}/d$, 其中 d 是平面的间距.

倒格子矢量和平面集合之间的对应关系允许用一种简单的方式来描述平面的取向. 使用垂直于该平面的最短的倒格子矢量. 相对于倒格子基本平移矢量的坐标 $\boldsymbol{b}_i$ 构成了 3 个整数, 称为米勒指数, 即 $\boldsymbol{G_n}=h\boldsymbol{b}_1+k\boldsymbol{b}_2+l\boldsymbol{b}_3$.

用 $\boldsymbol{G_n}\cdot\boldsymbol{r}=A$ 描述的这个平面对于合适的 A 值满足条件. 这个平面与轴 $\boldsymbol{a}_i$ 相交于点 $x_1\boldsymbol{a}_1$, $x_2\boldsymbol{a}_2$ 和 $x_3\boldsymbol{a}_3$. 我们发现, $\boldsymbol{G_n}x_i\boldsymbol{a}_i=A$ 对于所有的 i 成立. 由式 (3.18) 得到 $\boldsymbol{G_n}\cdot\boldsymbol{a}_1=2\pi h$, $\boldsymbol{G_n}\cdot\boldsymbol{a}_2=2\pi k$ 和 $\boldsymbol{G_n}\cdot\boldsymbol{a}_3=2\pi l$, 其中 h, k 和 l 是整数. 这三个整数 (hkl) 就是米勒指数, 为正格子坐标轴上的截距的倒数. 图 3.34 给了一个例子.

在立方格子里, 立方元胞的面是{001}, 垂直于面 (体) 对角线的面是{110}({111}) (图 3.35(a)). 例如, 在简单立方格子里, (100), (010), (001), (−1 00), (0−1 0) 是与 (00−1) 等价的, 记为{100}.

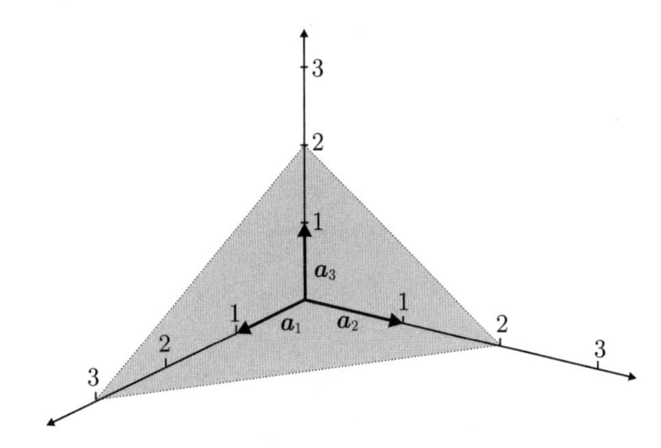

图3.34　平面与三个轴分别相交于3, 2 和2. 这些数的倒数是1/3, 1/2和1/2. 这些比值的最小整数构成了米勒指数(233)

在闪锌矿格子里, {111} 由包含 Zn 原子和 S 原子的双原子面构成. 它依赖于顶层是金属面还是非金属面. 这两种情况被分别记为 A 和 B. 我们遵循惯例, (111) 面是 (111)A, 金属层位于顶部 (如图 3.16(b) 所示). 对于符号的每次变化, 类型从 A 变为 B, 反之亦然, 例如 (111)A, $(1\bar{1}\bar{1})$B 和 $(\bar{1}\bar{1}\bar{1})$B. 在图 3.35(b) 中, 可以看到 (001) 面、(110) 面和 (111) 面的面内方向.

我们注意到, 对于正交格子, 平面 (向外) 的法线方向 (hkl) 与 $[hkl]$ 的方向相同. 注意: 在非矩形格子中, 情况并非如此! 这在单斜格子中很容易看出, 如图 3.36 所示.

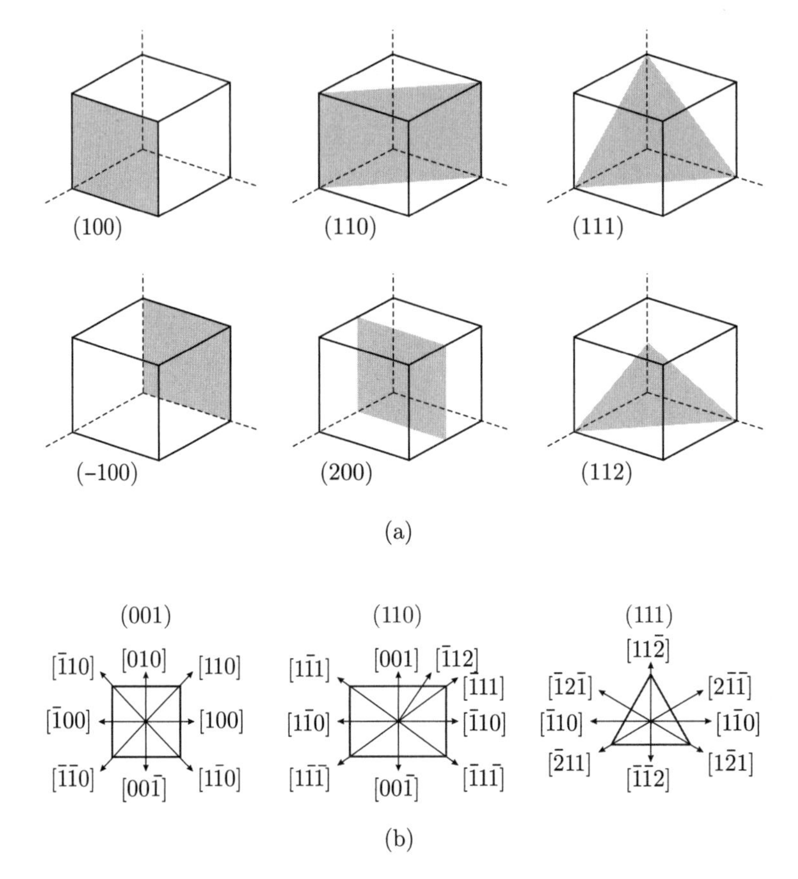

图3.35 (a) 简单立方(以及fcc和bcc)格子的重要平面的米勒指数. (b) 立方晶体的三个低指数面里的方向

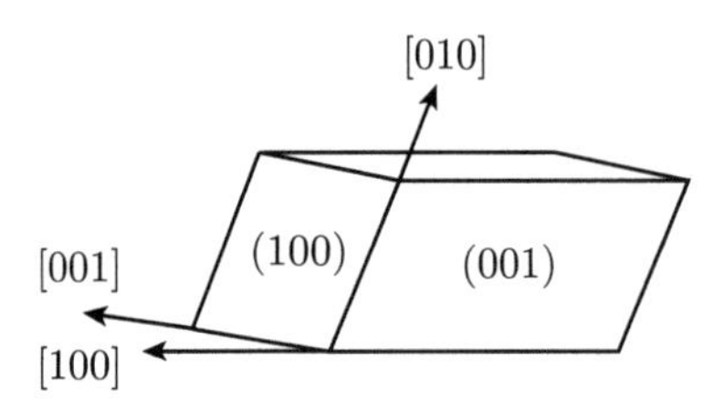

图3.36 单斜格子中晶格方向和面的示意图. [100]方向和(100)平面的法线不平行

在纤锌矿格子里, 米勒指数记为 $[hklm]$(图 3.37). 在 (0001) 面, 使用的三个指数 hkl 与三个矢量 $\boldsymbol{a}_1$, $\boldsymbol{a}_2$ 和 $\boldsymbol{a}_3$(见图 3.37(a)) 有关, 相对彼此旋转了 120°. 当然, 这 4 个指数不是独立的, $l=-(h+k)$. 因此, 第 3 个 (冗余的) 指数就可以记为一个点. c 轴 [0001] 就记为 [00.1]. 通常, 能够买到的纤锌矿结构 (和三方结构, 例如蓝宝石) 衬底的表面取向有 a([11.0]), r([01.2]), m([01.0]) 和 c([00.1])(图 3.37(b)).

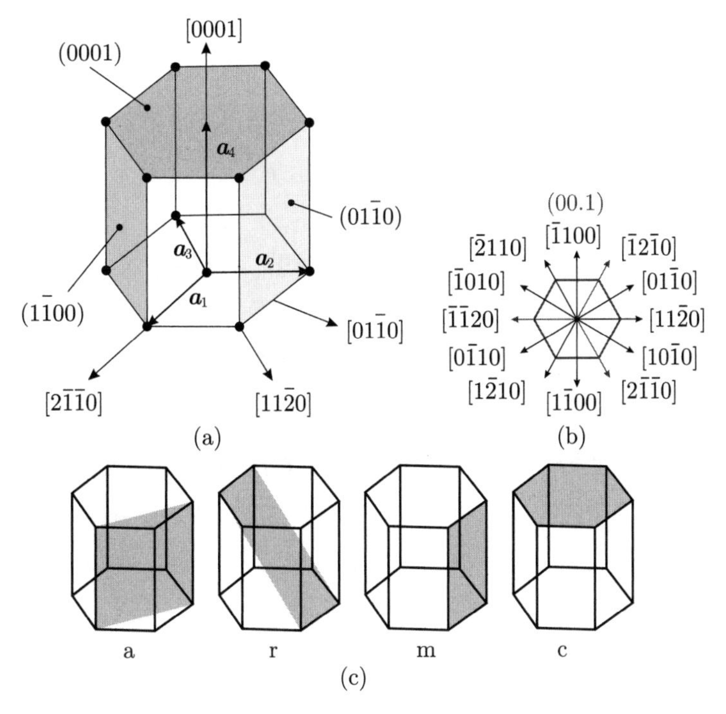

图3.37 (a,b) 纤锌矿(或hcp) 结构的米勒指数. (c) 纤锌矿结构中a面、r面、m面和c面的取向

对于立方晶体 (式 (3.21a))、四方晶体 (式 (3.21b)) 和六方晶体 (式 (3.21c)), 格子面的距离可以用米勒指数表示为

$$d_{hkl}^{\mathrm{c}} = \frac{a}{\sqrt{h^2+k^2+l^2}} \tag{3.21a}$$

$$d_{hkl}^{\mathrm{t}} = \frac{a}{\sqrt{h^2+k^2+l^2(a/c)^2}} \tag{3.21b}$$

$$d_{hkl}^{\mathrm{h}} = \frac{a}{\sqrt{4\left(h^2+hk+k^2\right)/3+l^2(a/c)^2}} \tag{3.21c}$$

在立方、四方和六方晶体里, $(hk.l)$ 面和 [00.1] 方向的夹角 θ 的有用公式是

$$\cos\theta^{\mathrm{c}} = \frac{l}{\sqrt{h^2+k^2+l^2}} \tag{3.22a}$$

$$\cos\theta^{\mathrm{t}} = \frac{l}{\sqrt{l^2+\dfrac{c^2}{a^2}\left(h^2+k^2\right)}} \tag{3.22b}$$

$$\cos\theta^{\mathrm{h}} = \frac{l}{\sqrt{l^2+\dfrac{4}{3}\dfrac{c^2}{a^2}\left(h^2+hk+k^2\right)}} \tag{3.22c}$$

3.6.3 布里渊区

倒空间里的维格纳-塞兹元胞称为 (第一) 布里渊区. 最重要的格子的布里渊区如图 3.38 所示. 布里渊区里的一些点用专门符号表示.Γ 点总是记 $\boldsymbol{k}=\boldsymbol{0}$(布里渊区中心). 布里渊区里的一些特定路径用专门的希腊符号表示.

在 fcc 格子 (Si, Ge, GaAs, $\cdots$) 的布里渊区里, X 点表示沿着区边界在 $\langle 001\rangle$ 方向的点 (到 Γ 点的距离为 $2\pi/a$), K 是 $\langle 110\rangle$ 方向 (距离为 $\sqrt{2}\pi/a$), L 是 $\langle 111\rangle$ 方向 (距离为 $\sqrt{3}\pi/a$), 见表 3.6. 从 Γ 到 X, K 和 L 的路径分别记为 Δ , Σ 和 Λ. 在 hcp 格子的布里渊区里, 高对称性的点和从 Γ 出发的方向由表 3.7 给出.

表3.6　在fcc格子的布里渊区里，高对称性的点和从Γ出发的方向

点	$\boldsymbol{k}(2\pi/a)$	方向	对称性的重数
Γ	(0,0,0)		1
X	(0, 1, 0)	Δ	6
K	$\frac{3}{4}(1,1,0)$	Σ	12
L	$\frac{1}{2}(1,1,1)$	Λ	8
W	(1, 1/2, 0)		24
U	(1, 1/4, 1/4)		24

表3.7　在hcp格子的布里渊区里，高对称性的点和从Γ出发的方向

点	$\boldsymbol{k}\,(2\pi)$	方向	对称性的重数
Γ	(0,0,0)		1
A	$\left(0,0,\frac{1}{2c}\right)$	Δ	2
L	$\left(0,\frac{1}{\sqrt{3}a},\frac{1}{2c}\right)$		12
M	$\left(0,\frac{1}{\sqrt{3}a},0\right)$	Σ	6
H	$\left(-\frac{1}{3a},\frac{1}{\sqrt{3}a},\frac{1}{2c}\right)$		12
K	$\left(-\frac{1}{3a},\frac{1}{\sqrt{3}a},0\right)$	T	6

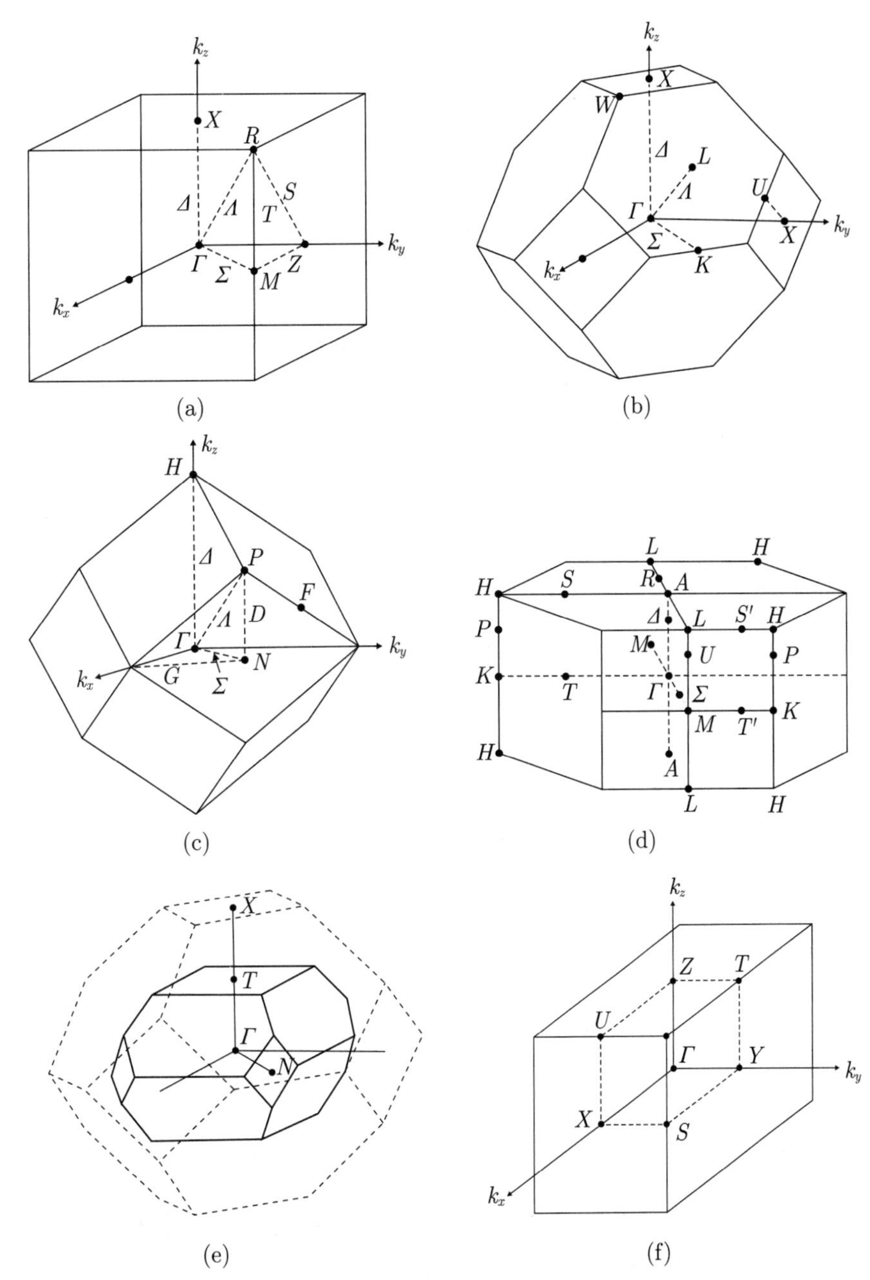

图3.38　布里渊区和特殊的$\boldsymbol{k}$点：(a) 简单立方(pc)格子，(b) fcc格子，(c) bcc格子，(d) hcp 格子. (e) 黄铜矿结构的布里渊区，虚线轮廓给出了fcc 布里渊区. (f) 正交格子的布里渊区，虚线给出了其中的一个象限

3.7 合金

当不同的半导体混合起来时, 可以出现不同的情况:

- 半导体不是互溶的, 有所谓的互溶性间隙. 它们倾向于形成晶体的团簇. 很可能形成缺陷.
- 它们形成有序的 (周期性的) 结构, 称为超晶格.
- 它们形成随机合金.

3.7.1 随机合金

在给定的晶格位置处发现一个原子的概率由这些原子的比率 (化学计量比) 决定, 不依赖于周围环境, 这种合金称为随机合金. 相对于随机数量比率的偏离称为成团 (团簇).

对于 Ge_xSi_{1-x} 合金, 这意味着在任何给定的晶格位置, 有 x 的概率是 Ge 原子, $1-x$ 的概率是 Si 原子. 一个 Si 原子具有 n 个近邻 Ge 原子的概率 p_n 就是

$$p_n = \begin{pmatrix} 4 \\ n \end{pmatrix} x^n (1-x)^{4-n} \tag{3.23}$$

作为合金组分比率的函数, 如图 3.39 所示.Si 原子的对称性见表 3.8. 如果它被 4 个相同的原子 (Ge 或 Si) 包围, 对称性就是 T_d. 如果有 1 个原子不同于其他 3 个近邻, 对称性就降低为 C_{3v}, 因为有一个键是独特的. 对于每种原子都有两个的情况, 对称性是最低的 (C_{2v}).

在二元化合物半导体构成的合金里, 例如 $Al_xGa_{1-x}As$, 金属原子 Al 和 Ga 的混合只发生在金属 (fcc) 子晶格. 每个 As 原子与 4 个金属原子成键. 有 n 个 Al 原子包围它的概率由式 (3.23) 给出.As 原子的局域对称性也由表 3.8 给出. 对于 $AlAs_xP_{1-x}$, 混合只发生在非金属 (阴离子) 子晶格. 如果合金包含三种原子种类, 就称为三元合金.$In_{0.05}Ga_{0.95}As$ 合金的 $(1\bar{1}0)$ 表面 (超高真空 (UHV) 解理) 如图 3.40 所示. 第一层里的 In 原子以更亮的圆点形式显示出来 [247]. 沿着 [001] 方向, 这些位置是无关联的; 沿着 [110] 方向, 有一种反关联, 对应于最近邻 In-In 对沿着 [110] 方向因为应变效应而产生的有效排斥对的相互作用能为 0.1 eV[248].

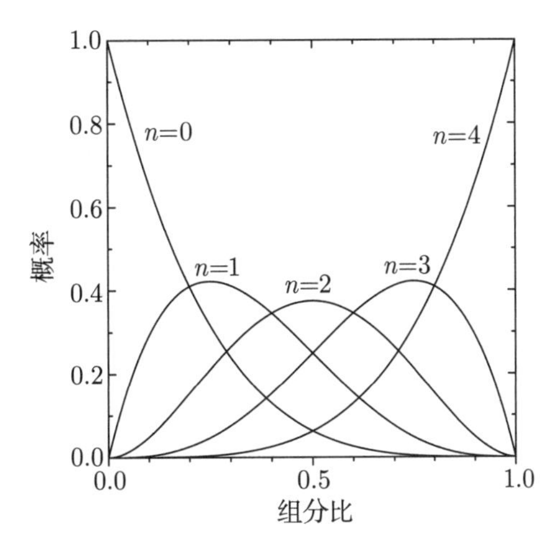

图3.39　在随机的Ge_xSi_{1-x}合金中，Si原子具有n个近邻Ge原子的概率

表3.8　在四面体构型的B_xA_{1-x}随机合金中，A原子被n个B原子包围的概率p_n(式(3.23))及其对称性

n	p_n	对称性
0	x^4	T_d
1	$4x^3(1-x)$	C_{3v}
2	$6x^2(1-x)^2$	C_{2v}
3	$4x(1-x)^3$	C_{3v}
4	$(1-x)^4$	T_d

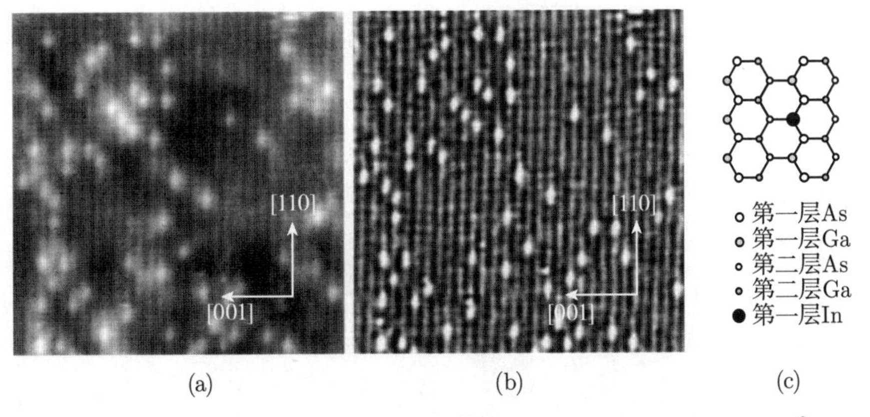

图3.40　(a) 在GaAs上MBE生长的$In_{0.05}Ga_{0.95}As$合金$(1\bar{1}0)$面的STM 空态像($17.5\times17.5\ nm^2$)，(b) 曲率增强的像. (c) 第一原子层和第二原子层的原子位置示意图. 改编自文献[248]

如果二元的底成分有不同的晶体结构, 合金表现出相变 (或者组分相变区域), 在特定浓度处从一个结构变为另一个结构. 一个例子是纤锌矿结构 ZnO 和岩盐结构 MgO. 直到 $x=0.5$, $Mg_xZn_{1-x}O$ 合金是纤锌矿结构; 对于 $x>0.6$, $Mg_xZn_{1-x}O$ 合金是岩盐结

构[249](见图 3.43).

如果合金包含 4 种原子, 就称为四元合金. 四元闪锌矿合金可以在一个子晶格里混合 3 种原子, 例如 $Al_xGa_yIn_{1-x-y}As$ 或 $GaAs_xP_ySb_{1-x-y}$, 或者在两个子晶格里各混合 2 种原子, 例如 $In_xGa_{1-x}As_yN_{1-y}$.

在合金的 (子) 晶格里随机安放不同的原子, 代表了对理想格子的微扰, 导致了额外的散射 (合金散射). 在团簇形成的情况下, 一个原子在它的子晶格里有一个相同原子的直接近邻的概率很重要. 给定一个 $A_xB_{1-x}C$ 合金, 发现单个 A 原子被 B 原子们包围着的概率 p_S 由式 (3.24a) 给出. 发现一个团簇, 其中两个近邻的 A 原子被 B 原子们包围的概率 p_{D^1} 由式 (3.24b) 给出.

$$p_S = (1-x)^{12} \tag{3.24a}$$

$$p_{D^1} = 12x(1-x)^{18} \tag{3.24b}$$

这些公式对 fcc 格子和 hcp 格子有效. 对于更大的团簇[250,251], fcc 结构和 hcp 结构的概率是不一样的.

3.7.2 相图

两种材料 A 和 B 的平均组分比为 x 的混合物 A_xB_{1-x} 可以是单相 (合金)、两相系统 (相分离) 或准稳态系统. 混合系统的摩尔自由焓 ΔG 近似为

$$\Delta G = \Omega x(1-x) + kT[x\ln x + (1-x)\ln(1-x)] \tag{3.25}$$

式 (3.25) 右边的第一项是混合的 (正常溶液) 焓, 相互作用参数 Ω 可以依赖于 x. 第二项是基于原子随机分布的理想构型熵. 对于不同的 kT/Ω 值, 这个函数如图 3.41(a) 所示. 在平衡相图 (见图 3.41(b)) 里, 这个系统位于一个相 (互溶) 的双节点曲线的上方. 在 (x,T) 图的双节点曲线 $T_b(x)$ 上, 富 A 的无序相和富 B 的无序相具有相同的化学势, 即 $\partial G/\partial x = 0$. 对于不依赖于 x 的 Ω, 温度 T_b 由式 (3.26a) 给出. 临界点位于互溶性间隙的最大温度 T_{mg} 和浓度 x_{mg}. 对于不依赖于 x 的 Ω, 它由 $T_{mg} = \Omega/2$ 和 $x_{mg} = 1/2$ 给出. 在亚稳分域 (旋节线) 边界以下的区域, 系统是不互溶的, 相立即分离 (通过亚稳相分解). 在旋节线 $T_{sp}(x)$ 上, 满足条件 $\partial^2G/\partial x^2 = 0$. 对于不依赖于 x 的 Ω, 温度 T_{sp} 由式 (3.26b) 给出. 介于双节线和旋节线之间的区域是亚稳态区, 系统对于浓度或温度的小起伏是稳定的, 但对于大的起伏是不稳定的.

$$kT_b(x) = \Omega\frac{2x-1}{\ln x - \ln(1-x)} \tag{3.26a}$$

$$kT_{\text{sp}}(x) = 2\Omega x(1-x) \tag{3.26b}$$

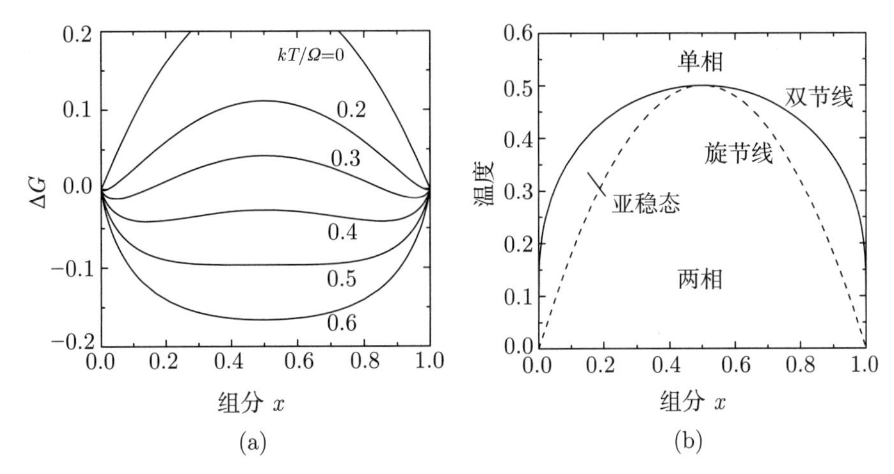

图3.41 (a) 对于Ω=常数和不同的kT/Ω，混合二元系统的自由焓ΔG(式(3.25))，单位是Ω. (b) 二元混合物的示意相图. 温度的单位是Ω/k，实线(虚线)表示双节线(旋节线)

计算得到的 GaAs-AlAs 和 GaAs-GaP 的相图 [252] 如图 3.42 所示. 箭头指出了临界点. 对于许多三元合金, 表 3.9 给出了这些参数和相互作用参数. 例如, 对于 $Al_xGa_{1-x}As$, 在典型的生长温度 (>700 K), 完全互溶是可能的, 但对于 $In_xGa_{1-x}N$, 在典型生长温度 1100 K, In 的溶解度只有 6%[253].

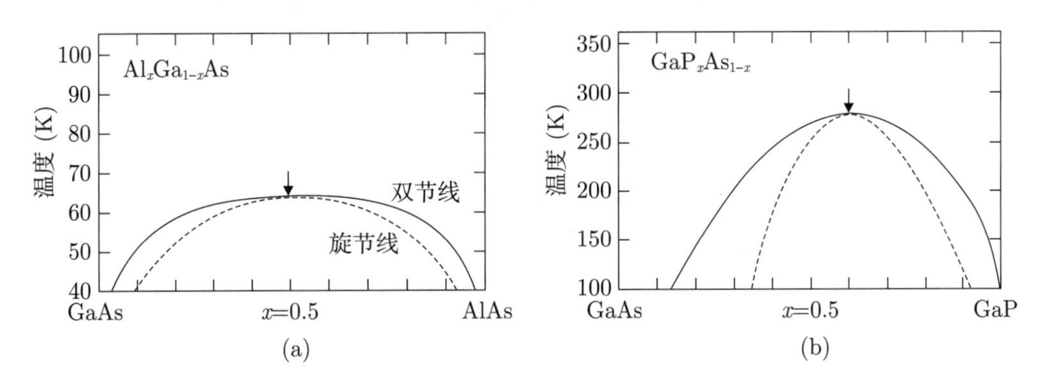

图3.42 计算得到的相图：(a) $Al_xGa_{1-x}As$；(b) GaP_xAs_{1-x}. 双节线(旋节线)用实线(虚线)表示. 改编自文献[252]

合金系统 (Al, Ga, In)(As, P, Sb) 总是结晶为闪锌矿结构, 而 (Al, Ga, In)N 总是结晶为纤锌矿结构. 如果三元合金的底端二元化合物有不同的晶体结构, 情况就变得更复杂了, 必须用实验 (并建模) 确定每种组分时的晶体相. 作为例子, 计算了 $Mg_xZn_{1-x}O$

的纤锌矿相、六方密堆相和岩盐矿相的能量[254], 如图 3.43 所示 (比较图 2.4 的硅). 从纤锌矿结构到岩盐矿结构的跃迁预计发生在 $x = 0.33$.

表3.9　对于不同的三元合金，计算得到的相互作用参数$\Omega(x)$（温度T=800 K，1 kcal/mol= 43.39 meV）、互溶隙温度T_{mg}和浓度x_{mg}

合金	T_{mg} (K)	x_{mg}	$\Omega(0)$ (kcal·mol^{-1})	$\Omega(0.5)$ (kcal·mol^{-1})	$\Omega(1)$ (kcal·mol^{-1})
$Al_xGa_{1-x}As$	64	0.51	0.30	0.30	0.30
GaP_xAs_{1-x}	277	0.603	0.53	0.86	1.07
$Ga_xIn_{1-x}P$	961	0.676	2.92	3.07	4.60
$GaSb_xAs_{1-x}$	1080	0.405	4.51	3.96	3.78
$Hg_xCd_{1-x}Te$	84	0.40	0.45	0.80	0.31
$Zn_xHg_{1-x}Te$	455	0.56	2.13	1.88	2.15
$Zn_xCd_{1-x}As$	605	0.623	2.24	2.29	2.87
$In_xGa_{1-x}N$	1505	0.50	6.32	5.98	5.63

(In, Ga)N的数据取自文献[253]，其他数据取自文献[252].

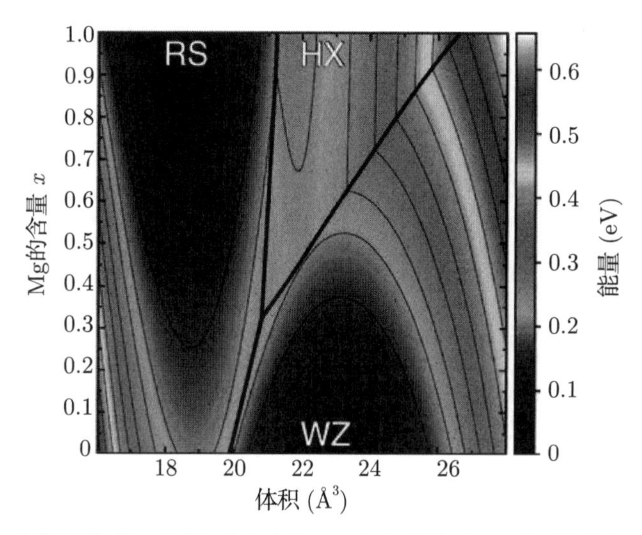

图3.43　对于$Mg_xZn_{1-x}O$的纤锌矿(WZ)相、六方密堆(HX)相和岩盐矿(RS)相，计算得到的能量和单位化学式体积的关系. 三种相之间用粗实线分开. 改编自文献[254]

3.7.3　虚晶近似

在虚晶近似 (VCA) 里, 无序的合金 AB_xC_{1-x} 被有序的二元化合物 AD 替换, 其中 D 是一个"赝原子", 其性质是 B 原子和 C 原子经过构型平均后的结果, 例如它们的质量或电荷. 这种平均是对三元组分取权重的结果, 质量是 $M_{\mathrm{D}} = xM_{\mathrm{B}} + (1-x)M_{\mathrm{C}}$. 例如, A-D 的力常数就取为 A-B 和 A-C 的力常数经加权平均后的结果.

3.7.4 晶格参数

在合金的虚晶近似里, 假设一种新的有效原子, 平均后的键长线性地依赖于组分比. 典型地, 维加德定律式 (3.27) 预言, 三元合金 $A_xB_{1-x}C$ 的晶格常数线性地依赖于二元合金 AC 和 BC 的晶格常数, 而且确实如此.

$$a_0\left(A_xB_{1-x}C\right)=a_0(BC)+x\left[a_0(AC)-a_0(BC)\right] \tag{3.27}$$

在现实中, AC 键和 BC 键的键长变化得很小 (图 3.44(a)), 合金中的原子相对于其平均位置有一点位移, 晶格在纳米尺度上有形变. 在 $In_xGa_{1-x}As$ 类型的晶格里, 阴离子的位移最大, 因为它们要调节位置以适应局域的阳离子环境. 在 $In_xGa_{1-x}As$ 里, 根据 As-Ga-As 和 As-In-As 构型, 观察到一种双模式分布 (图 3.44(b)). 阳离子-阳离子的次近邻距离与虚晶近似的结果相当接近.

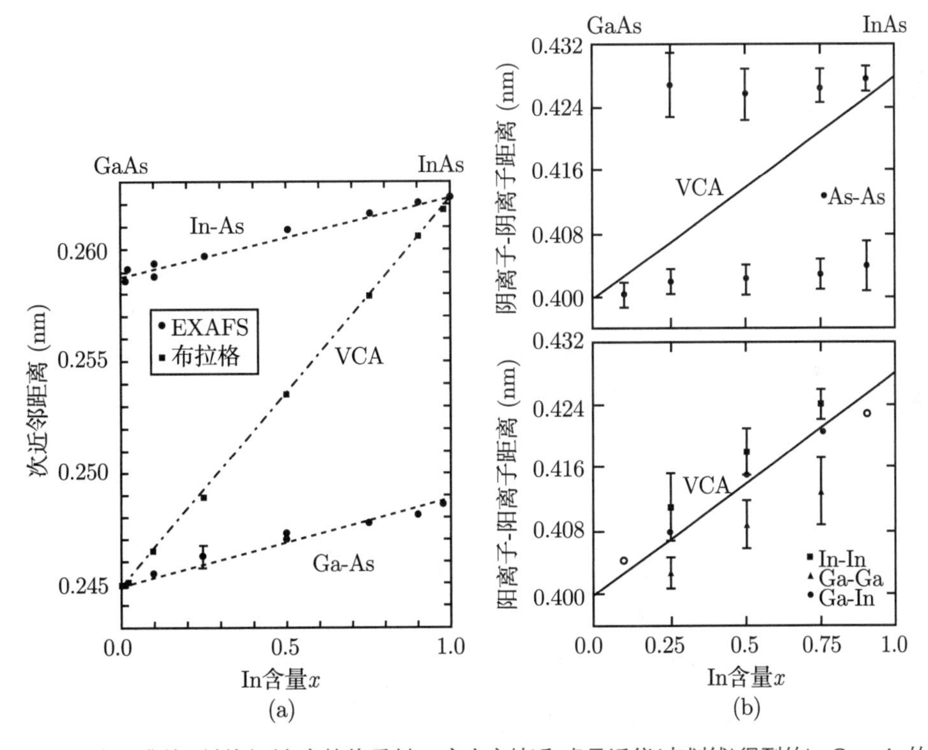

图3.44 (a) 由标准的X射线衍射(布拉格反射, 实心方块)和虚晶近似(点划线)得到的$In_xGa_{1-x}As$的最近邻距离($\sqrt{3}a_0/4$). 最近邻Ga-As 和In-As的距离由EXAFS(扩展X射线吸收精细结构, 实心方块)得到. 虚线用于引导视线. 数据取自文献[255]. (b) 由EXAFS得到的$In_xGa_{1-x}As$的次近邻距离. 上图: 阴离子-阴离子距离(As-As); 下图: 阳离子-阳离子距离(In-In, Ga-Ga和Ga-In). 两个图里的实线是虚晶近似($a_0/\sqrt{2}$). 数据取自文献[256]

虽然合金的平均晶格常数线性地依赖于组分比, 但是元胞内参数 u(对于纤锌矿, 见

3.4.5 小节) 表现出一种非线性行为, 如图 3.45 所示. 因此, 与 u 有关的物理性质 (例如自发极化) 就表现出弯弓效应.

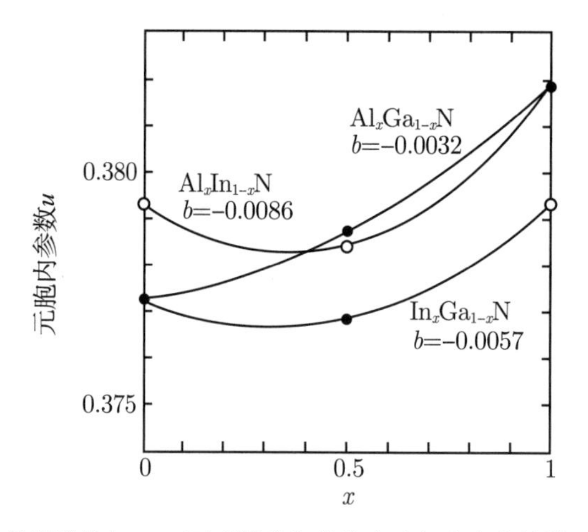

图3.45　元胞内参数u的理论值(T=0 K)随着Ⅲ族氮化物合金组分变化的情况. 实线是二次曲线(给出了弯弓因子b), 经过x=0, 0.5和1.0的点. 数据取自文献[257]

3.7.5　有序

一些合金倾向于形成超结构 [258]. 表面的生长动力学可以导致特定的吸附原子合作产生有序. 例如, 在 $In_{0.5}Ga_{0.5}P$ 中, In 和 Ga 原子在接连的 (111) 面 (CuPt 结构) 是有序的, 而不是随机混合的 (图 3.46). 这就影响了基本性质, 例如声子谱或带隙. 在 (111)

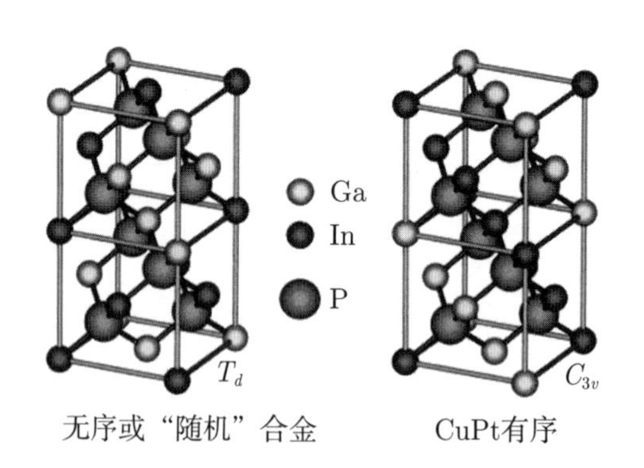

图3.46　CuPt有序的三元合金$In_{0.5}Ga_{0.5}P$; 晶格对称性从T_d降低到C_{3v}

面和 $(\bar{1}\bar{1}1)$ 面的 CuPt 有序称为 $CuPt_A$, 在 $(\bar{1}11)$ 面和 $(1\bar{1}1)$ 面有序称为 $CuPt_B$. 图 3.47(a) 给出了 $Cd_{0.68}Zn_{0.32}Te$ 外延的透射电镜像, 具有自发的 CuPt 有序结构 (沿着 $[1\bar{1}1]$ 和 $[\bar{1}11]$ 的双周期性) 和 CuAu-I 结构① (沿着 [001] 和 $[\bar{1}10]$ 的双周期性), 如图 3.48 所示.

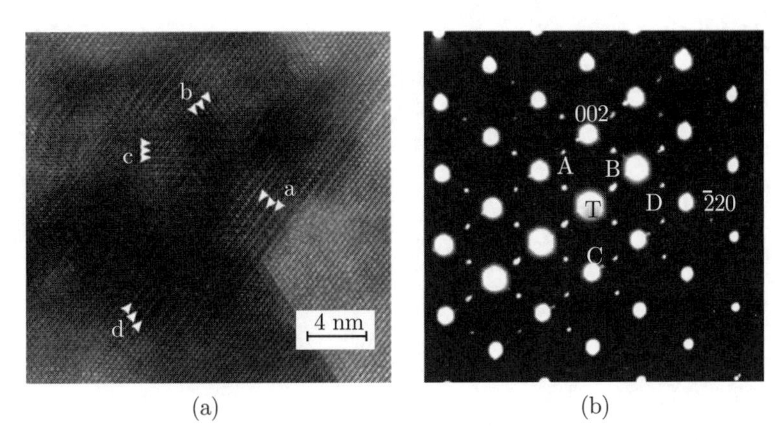

图3.47 (a) GaAs上的外延层$Cd_{0.68}Zn_{0.32}Te$沿着[110]区轴的截面TEM像, 可以看到, 有序畴在{111}和{001}晶面上具有双重态周期性. 两个不同的{111}变种标为a和b. [001]的双周期性可以在c区看到. (b) 沿着[110] 区轴的选定区域的衍射图案. 强峰是闪锌矿晶体的基本峰, 弱峰来自CuPt有序(标为A和B)和CuAu-I 有序(标为C和D). 后者是最弱的, 因为CuAu有序畴的体积比率很小. 改编自文献[259]

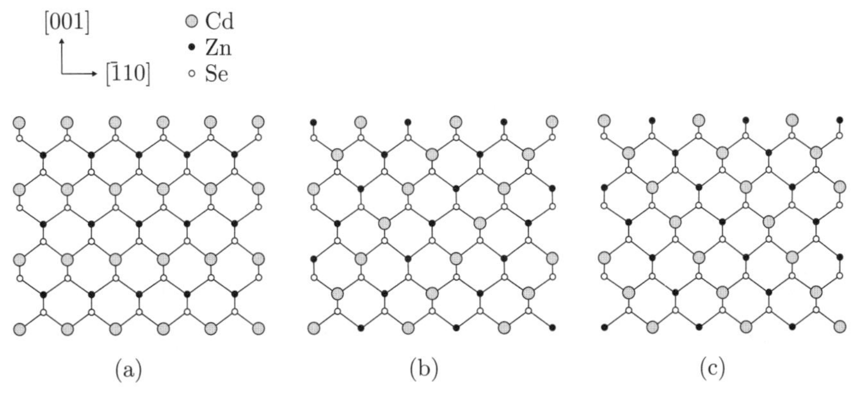

图3.48 闪锌矿结构$Cd_xZn_{1-x}Te$沿着[110]的示意图: (a) CuAu-I 型有序; (b,c) $CuPt_B$型有序的两种形式. 双周期性是沿着(a)[001]和$[\bar{1}10]$, (b)$[1\bar{1}1]$, (c)$[\bar{1}11]$. 改编自文献[259]

① CuAu-I 结构具有四方对称性. 也存在正交的 CuAu-II 结构.

第 4 章

结构缺陷

晶体就像人：缺点让它们变得有趣！

——汉弗莱斯 (C. J. Humphreys), 1979[260]

摘要

没有完美的晶体. 讨论了各种点缺陷以及它们的热力学、扩散和分布效应. 还介绍了位错和扩展的缺陷, 例如裂纹、堆错、晶界和反相畴.

4.1 简介

在理想的晶格里, 每个原子位于预先规定的位置. 与这个理想结构的偏离就称为缺陷. 下面讨论最常见的缺陷. 7.5 节和 7.7 节讨论缺陷的电学性质. 为了产生

(形成) 一个缺陷, 需要特定的自由焓 $G_{\mathrm{D}}^{\mathrm{f}}$. 在热力学平衡时, 总是存在 (点) 缺陷密度 $\propto \exp(-G_{\mathrm{D}}^{\mathrm{f}}/(kT))$(见 4.2.2 小节).

点缺陷 (4.2 节) 只是在一个格点上偏离于理想结构. 线缺陷 (4.3 节) 或面缺陷 (4.4 节) 的形成能分别正比于 $N^{1/3}$ 和 $N^{2/3}$, 其中 N 是晶体中的原子数. 因此, 预期在热力学平衡时, 这些缺陷不会出现. 然而, 通向热力学平衡的过程可能非常慢, 以至于这些缺陷是亚稳定的, 必须认为它们是准冻结的. 也可以存在亚稳定的点缺陷. 通过对晶体退火, 有可能重新建立起热力学平衡的浓度. 表面是体材料不可避免的二维缺陷, 在第 11 章讨论.

4.2 点缺陷

4.2.1 点缺陷的类型

最简单的点缺陷是空位 V, 在给定原子位置处缺失了的原子. 如果一个原子位于本不属于晶体结构的位置, 就形成了间隙缺陷 I(弗伦凯尔缺陷). 根据间隙的位置, 可以区分不同的类型. 与晶体的化学元素相同的间隙原子称为“自间隙”.

如果一个原子位置被不同序数 Z 的原子占据, 就出现一个杂质. 杂质也可以位于间隙位置. 如果价电子的数目和起初的 (或者正确的) 原子相同, 它就是一个同价的杂质, 较好地适应于成键模式. 如果价是不同的, 杂质给晶体的键添加了额外的电荷 (负的或正的), 被原子核里额外的、局域固定不变的电荷补偿. 这个机制将在掺杂的情况下详细地讨论 (第 7 章). 在 AB 化合物里, 如果一个 A 原子位于 B 原子的位置上, 这种缺陷称为反位缺陷 $\mathrm{A_B}$.

在 Si 掺杂的 GaAs 的 (110) 表面, Ga 空位、用 STM 观察到的位于 Ga 位和 As 位的硅杂质以及 $\mathrm{Si_{Ga}}$-空位的复合体如图 4.1 所示 [261,262]. GaAs 里的反位缺陷也可以用扫描隧道显微镜 (STM) 观测 [263,264].

点缺陷通常伴随有周围宿主原子的弛豫. 例如, 我们讨论 Si 里的空位 (图 4.2(a)). 缺失的原子导致晶格的弛豫, 近邻原子朝着空位有些移动 (图 4.2(b)). 在中性空位的周围, 近邻和次近邻的 Si 原子键长如图 4.2(c) 所示. 这种晶格弛豫依赖于点缺陷的电荷态 (杨-泰勒效应) , 7.7 节有更详细的讨论. 缺失一个电子的带正电的空位如图 4.2(d) 所示. 两个键中的一个变弱了, 因为它缺少一个电子. 因此, 它的扭曲与 V^0 不一样. (自)

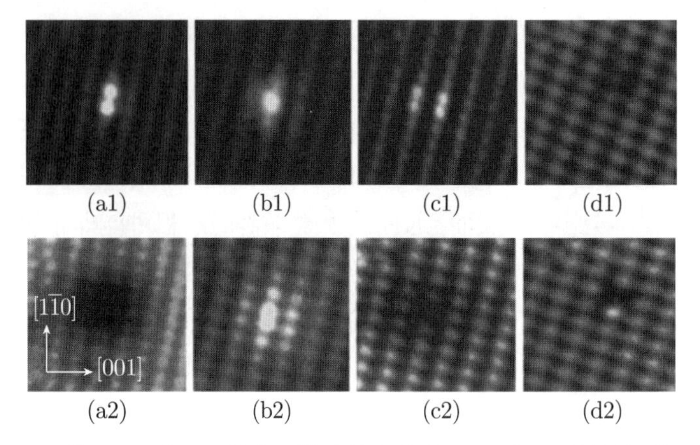

图4.1　Si掺杂的GaAs的 (110)表面上的典型缺陷的态密度(上面的图是被占据的，下面的图是空的). (a1, a2) Ga 空位；(b1, b2) Si_{Ga}施主；(c1, c2) Si_{As}受主；(d1, d2) $Si_{Ga}V_{Ga}$复合体. 改编自文献[261]

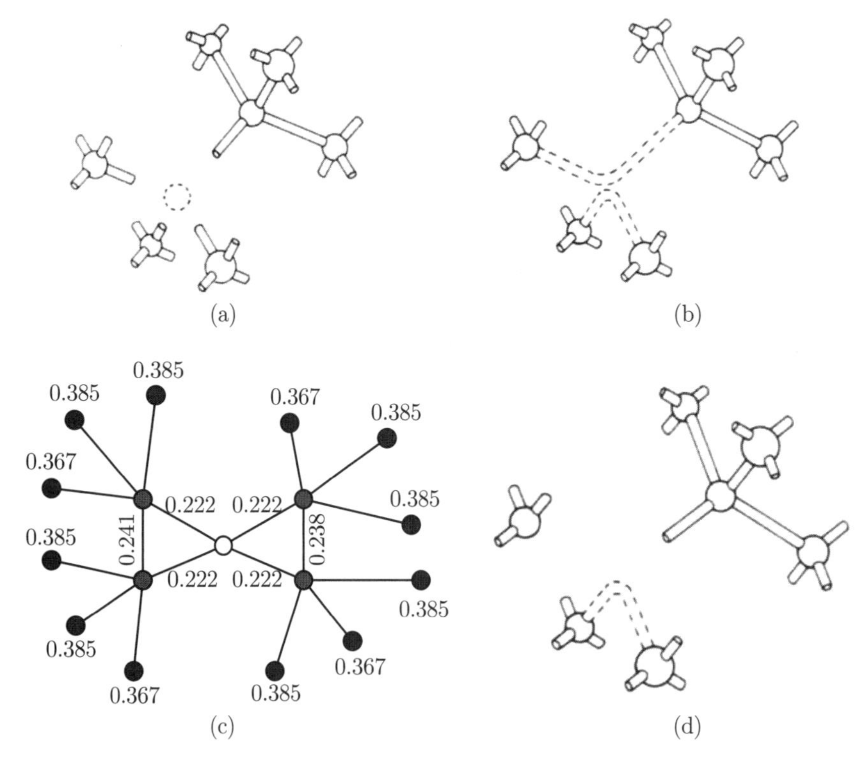

图4.2　(a) 带有空位的金刚石结构示意图，缺失了一个Si原子，而且没有弛豫. (b) Si中有一个中性的空位(V^0)、晶格弛豫并形成了两个新键. (c) 从头计算方法得到的示意图表明，在中性Si空位缺陷处(空心圆)附近有(向内的)弛豫. 给出了外层原子(红色圆)到空位的距离(单位是nm). 也给出了两个新键的键长和次近邻(蓝色圆)的距离. 体材料Si里的键长是0.2352 nm，次近邻距离是0.3840 nm. 改编自文献[266]. (d) 带有正电荷空位(V^+)的Si晶胞. (a,b,d)经允许转载自文献[267]

间隙缺陷也伴随着晶格弛豫, 对于四面体位置上的 Si 间隙原子, 如图 4.3 所示. 文献 [265] 总结和比较了硅和锗里的自间隙的各种不同的电荷态.

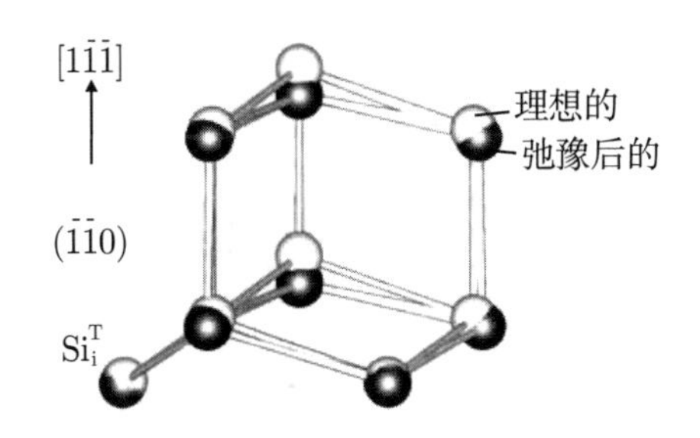

图4.3 硅的四面体间隙$\mathrm{Si_i^T}$及其近邻原子的位置(白球是理想情况，黑球是弛豫后的位置). 改编自文献[175]

4.2.2 热力学

对于给定的温度, 晶体 (就粒子交换来说, 它是封闭的系统) 的自由焓

$$G = H - TS \tag{4.1}$$

是最小值. H 是焓, S 是熵. 焓 $H = E + pV$ 是系统的热力学势, 唯一的外部参数是体积 V. 当系统的独立变量是熵 S 和压强 p 的时候, 使用焓. 当独立参数是 T 和 p 的时候, 使用自由焓. $G_0(H_0)$ 是完美晶体的自由能 (焓). H^{f} 是一个孤立缺陷的形成焓. 这可以是一个空位的焓, 把一个原子从 (后来的) 空位处移到表面, 也可以是一个间隙的焓, 把一个原子从表面移到间隙位. 在 n 个缺陷没有彼此相互作用的极限情况下 (它们的浓度足够低, 可以认为是独立的、无关的), 焓由下式给出:

$$H = H_0 + nH^{\mathrm{f}} \tag{4.2}$$

无序增大导致的熵增加可以分为两类：在可能位置上的构型无序, 记为 S^{d}; 局域的振动模式导致的形成熵 S^{f}. 自由能的总变化量 ΔG 是

$$\Delta G = G - G_0 = n\left(H^{\mathrm{f}} - TS^{\mathrm{f}}\right) - TS^{\mathrm{d}} = nG^{\mathrm{d}} - TS^{\mathrm{d}} \tag{4.3}$$

其中, $G^{\mathrm{f}} = H^{\mathrm{f}} - TS^{\mathrm{f}}$ 表示形成单个孤立缺陷的自由焓. 表 4.1 给出了几种缺陷的形成熵和焓的实验值. 奇怪的是, 虽然它们在半导体缺陷物理学中非常重要, 但是这些数值并不是众所周知的, 而且文献里还有争议.

把 ΔG 最小化, 即

$$\frac{\partial \Delta G}{\partial n} = G^{\mathrm{f}} - T\frac{\partial S^{\mathrm{d}}}{\partial n} = 0 \tag{4.4}$$

可以得到缺陷的浓度.

表4.1　形成焓(H^{f})和熵(S^{f})

材料	缺陷	H^{f} (eV)	S^{f} (k_{B})
Si	I	3.2	4.1
Si	V	2.8	~ 1
GaAs	V_{Ga}	3.2	9.6

Si的间隙（I）和空位（V）的数据取自文献[268, 269]；GaAs的Ga空位的数据取自文献[270].

无序导致的熵 S^{d} 是

$$S^{\mathrm{d}} = k_{\mathrm{B}} \ln W \tag{4.5}$$

其中, W 是排列数, 为在 N 个晶格点位上放置 n 个缺陷的可区分方式的数目,

$$W = \begin{pmatrix} N \\ n \end{pmatrix} = \frac{N!}{n!(N-n)!} \tag{4.6}$$

利用斯特林公式 $\ln x! \approx x(\ln x - 1)$(对于大 x), 我们得到

$$\frac{\partial S^{\mathrm{d}}}{\partial n} = k_{\mathrm{B}}\left(\frac{N}{n}\ln\frac{N}{N-n} + \ln\frac{N-n}{n}\right) \tag{4.7}$$

如果 $n \ll N$, $\partial N/\partial n = 0$, 式 (4.7) 的右侧就简化为 $k_{\mathrm{B}}\ln(N/n)$. 条件 (4.4) 就是 $G^{\mathrm{f}}+k_{\mathrm{B}}T\ln(n/N)$, 即

$$\frac{n}{N} = \exp\left(-\frac{G^{\mathrm{f}}}{kT}\right) \tag{4.8}$$

如果几个不同的缺陷 i 具有简并度 Z_i, 例如, 自旋自由度或几种不同的构型, 式 (4.8) 可以推广为

$$\frac{n_i}{Z_i N} = \exp\left(-\frac{G_i^{\mathrm{f}}}{kT}\right) \tag{4.9}$$

在硅里, 间隙的平衡浓度 C_I^{eq} 是 [271]

$$C_I^{\mathrm{eq}} = \left(1.0\times 10^{27}/\mathrm{cm}^3\right)\exp\left(-\frac{3.8\ \mathrm{eV}}{kT}\right) \tag{4.10}$$

在 1200 °C, 大约是 $10^{14}/\mathrm{cm}^3$. 文献 [272] 已经研究了空位浓度. 在 1200 °C 附近, 位于 $10^{14}\sim 10^{15}/\mathrm{cm}^3$ 的范围. 由于下述反应

$$0 \rightleftharpoons I + V \tag{4.11}$$

对于间隙和空位的浓度, 有一个质量作用定律 (mass action law):

$$C_I C_V = C_I^{\text{eq}} C_V^{\text{eq}} \tag{4.12}$$

4.2.3 扩散

在技术上, 点缺陷的扩散非常重要, 特别是对硅作为宿主材料. 通常, 杂质分布 (dopant profile) 应当在随后的技术工艺步骤中是稳定的, 在器件工作期间也是如此. 在注入工艺以后, 去除缺陷很重要. 根据 $I+V \to 0$, 间隙 I 和空位 V 扩散到同一个位置是缺陷复合 (所谓的体材料工艺 (bulk process)) 的先决条件. 注意, 过程 $0 \to I+V$ 被称为弗伦凯尔对 (Frenkel pair) 过程. ① 也研究了硅的自扩散, 例如, 利用放射标记的同位素 [271]. 硅里的点缺陷 (包括杂质) 的扩散总结在文献 [273,274] 中. 通常使用菲克定律 (Fick's law, 说明了流 J 如何依赖于浓度梯度), 对于间隙来说, 就是

$$J_I = -D_I \nabla C_I \tag{4.13}$$

D_I 是间隙扩散系数. 对于 Si 里的间隙, 结果是 [271]

$$D_I = 0.2 \exp\left(-\frac{1.2\ \text{eV}}{kT}\right) \text{cm}^2/\text{s} \tag{4.14}$$

中性空位的扩散系数是 [275]

$$D_V = 0.0012 \exp\left(-\frac{0.45\ \text{eV}}{kT}\right) \text{cm}^2/\text{s} \tag{4.15}$$

在硅里, 点缺陷和杂质的扩散系数依赖于温度, 如图 4.4 所示.

硅的自扩散系数可以通过同位素超晶格 (12.5 节)$^{28}\text{Si}_n/^{30}\text{Si}_n$ ($n=20$) 的退火来确定 [276]:

$$D_{\text{Si}}^{\text{SD}} = \left[2175.4 \exp\left(-\frac{4.95\ \text{eV}}{kT}\right) + 0.0023 \exp\left(-\frac{3.6\ \text{eV}}{kT}\right)\right] \text{cm}^2/\text{s} \tag{4.16}$$

第一项 (第二项) 来自间隙 (空位) 机制, 当温度高于 (低于)900 °C 时占主导地位. 指数中的焓, 例如, $H_V = 3.6^{+0.3}_{-0.1}$ eV[276] , 包括形成焓和迁移焓:

$$H_V = H_V^{\text{f}} + H_V^{\text{m}} \tag{4.17}$$

① 在更高的温度下, 硅原子偶尔能从晶格振动中获得足够的能量, 离开它的晶格点位, 从而产生一个间隙和一个空位.

利用表 4.1 给出的实验值 $H_V^{\rm f} = (2.8 \pm 0.3)$ eV[269], 可以得到迁移焓的数值为 $H_V^{\rm m} \approx$ 0.8 eV.

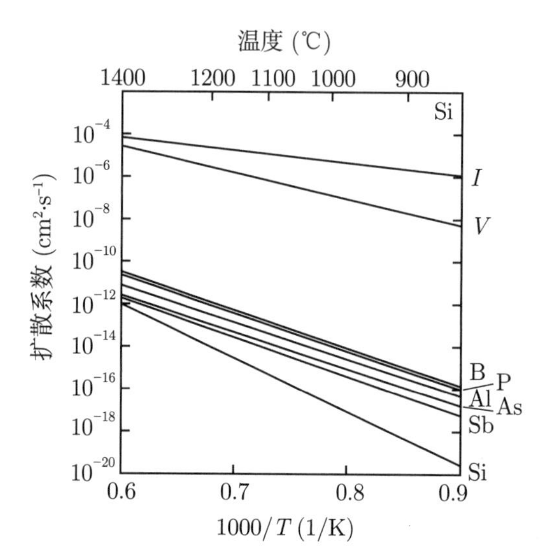

图4.4　在Si里，间隙I、空位V和各种杂质的扩散系数的温度依赖关系. 同时给出了自扩散系数，用Si标记. 数据基于文献[273]

作为例子, 这里讨论硅里的硼, 这个杂质扩散过程在微观上已经理解了. 图 4.5(a) 给出了硅里与硼有关的一个缺陷的最低能量构型, $\rm B_s$-$\rm Si_i^T$, 即 B 位于一个替代位置, 自间隙的 Si 位于具有最高对称性的 T 位[①] (见图 3.18). 因为作为硅里的受主的重要性, B 在 Si 里的构型和扩散激发了很大的兴趣 [277-279]. 扩散依赖于 B 的电荷态. 带正电的 B 的扩散被认为 [279] 是按照下述途径发生的：B 离开它的替代位置, 进入六方位置 (H, 图 4.5(b)), 激发能大约是 1 eV (图 4.5(d)). 然后它能够没有势垒地弛豫 (~ 0.1 eV) 到四面体的 T 位 (图 4.5(c)). 直接的迁移 $\rm B_s$-$\rm Si_i^{T+} \to B_i^{T+}$ 有着更大的激发能 1.12 eV, 因此不太可能. 硼原子就可以扩散通过晶体, 从 H 到 T 再到 H, 等等 (图 4.5(e)). 然而, 这种方式不能实现长程的扩散, 因为踢进机制 (kick-in) 会让硼回到它的稳定构型. 中性硼通过六方位置的对扩散 (pair diffusion) 机制 $\rm B_s$-$\rm Si_i^T \to B_i^H \to B_s$-$\rm Si_i^T$ 的激发能大约是 0.5 eV (图 4.5(d)), 而通过 $\rm B_i^T$ 的途径有更大的势垒 (0.9 eV). 对扩散机制的浓度依赖关系已经进行了讨论 [280].

① 正电荷态是稳定的, 中性电荷态是亚稳定的, 因为这个缺陷是一个负 U 中心 (见 7.7.5 小节).

类似地, 已经研究了铟 (In) 在硅里的扩散, 最小能量为 $In_s\text{-}Si_i^T \to In_i^T \to In_s\text{-}Si_i^T$ 的扩散途径, 利用了四面体位置, 激发能为 0.8 eV[281]. 关于磷 (P) 的扩散的微观模型, 也有报道 [282].

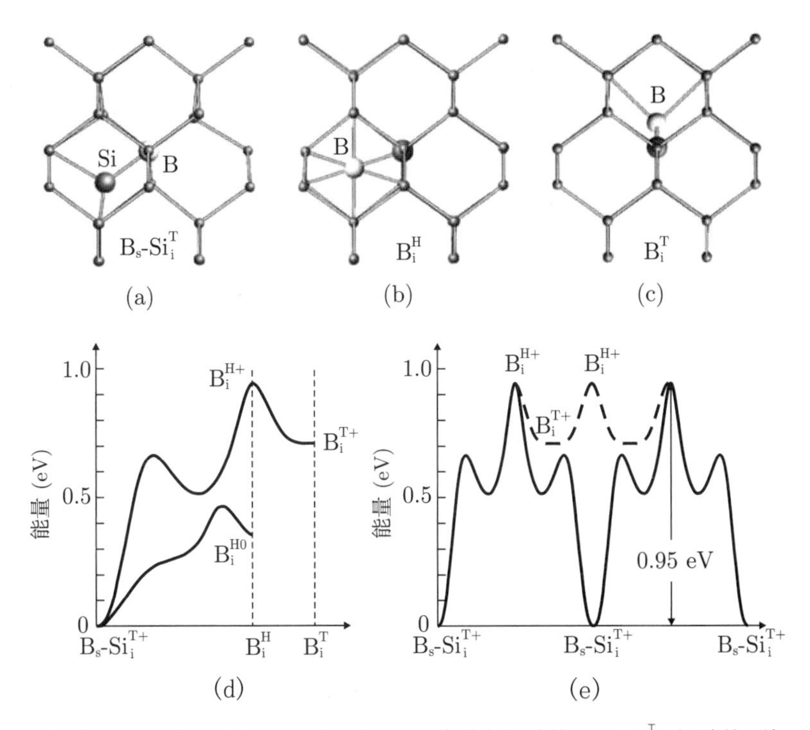

图4.5　Si里的硼原子(B)的构型: (a) 替代的B和处于T位的自间隙的Si($B_s\text{-}Si_i^T$). 间隙的B处于(b) H位(B_i^H)和(c) T位(B_i^T), 在每种情况里, Si原子都处于Si晶格位置上. 明亮的大球表示B原子, 深色的大球和小球表示Si原子. (d) 对于带正电荷的B-Si 态和中性的B-Si 态, 势垒最小的扩散路径的总能量和构型的关系. (e) 带正电荷的B-Si 态的两条扩散路径: 踢出(kick-out)(虚线)和对扩散(pair diffusion)(实线); 标出了激发能. 改编自文献[279]

4.2.4　杂质的分布

把杂质引入半导体 (或者其他材料, 例如玻璃), 称为掺杂. 名义上纯的 (名义上没有掺杂的) 材料里不可避免地带有的杂质称为非故意掺杂, 它导致残余的或者背景的杂质浓度. 有几种方法用来掺杂或者产生特定的杂质分布 (在深度上或者在平面内). 所有的掺杂分布决定了杂质随后的扩散 (4.2.3 小节).

有各种不同的掺杂方法. 一种直接的掺杂方法是在晶体生长或外延的时候掺杂. 对于半导体衬底, 目标是在横向和沿着棒 (衬底就是从这个棒上切割下来的) 的方向

(12.2.2 小节) 掺杂浓度均匀. 当晶体从熔化物中生长出来时, 包含着杂质浓度 c_0, 固体中的浓度是 (在"正常冻结"的情况下 [283-285])①

$$c(x)=\alpha_0 k(1-x)^{k-1} \tag{4.18}$$

其中, $c(x)$ 是晶体在冻结界面处的杂质浓度, x 是冻结的熔化物的分数比 (固体质量与总质量的比值, $0\leqslant x\leqslant 1$). k 是分布系数 (或分凝系数), 它是在液体-固体界面上进入晶体中的杂质的比率. 因为在固化过程中, 熔化物的体积减少了, 杂质浓度随着时间而增大. 对于小的分布系数, 式 (4.18) 可以近似为

$$c(x)\approx c_0\frac{k}{1-x} \tag{4.19}$$

Ge:In 的实验例子如图 4.6(a) 所示.

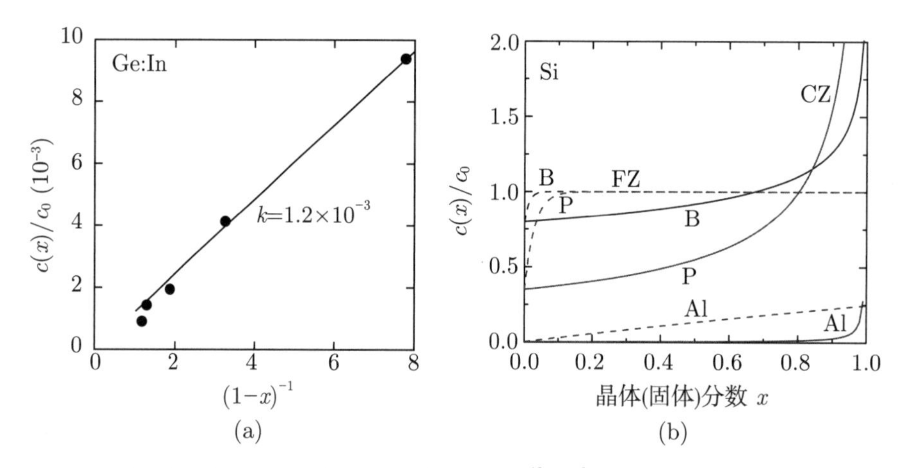

图4.6 (a) CZ生长的锗晶体里In的相对浓度. 绝对浓度在10^{16}/cm^{3}的量级. 实线是式(4.19)取$k=1.2\times10^{-3}$. 实验数据(圆点)取自文献[288]. (b) CZ生长(式(4.18)) (实线)和FZ生长(式(4.20))(虚线, z=0.01)的硅晶体里的杂质B(蓝色), P(红色)和Al(绿色)的分布(相对浓度$c(x)/c_0$). 分布系数取自表4.2. 注意B线和P线的交叉, 以及可能有关的从p型到n型的变化(参见图1.7)

在 Si, Ge 和 GaAs 中, 不同杂质的分布系数如表 4.2 所示. 文献 [286] 讨论了 SiGe 合金里平衡分布系数的变化. 对于"慢的"晶体生长, 得到的是平衡值 ($k_{\rm eq}$). 对于有限的生长速度, k 是生长速度的函数, 因而称为有效分布系数. 对于 $k<1$, 有 $k_{\rm eff}>k_{\rm eq}$. 对于快的生长速度, $k_{\rm eff}$ 接近于 1, 即在快速移动的界面处, 所有的杂质都进来了.

① 在任何时刻, 杂质的质量守恒可以写为 $c_{\rm m}(1-x)+\int_0^x c(x')\mathrm{d}x'=c_0$, 其中 $c_{\rm m}$ 是熔化物里 (剩余的) 浓度. 开始的时候, $c_{\rm m}(0)=c_0$. 在界面处, $c(x)=kc_{\rm m}(x)$. 将此代入质量守恒, 建立 $c'(x)$ 并求解得到的微分方程 $c'=c(1-k)/(1-x)$, 由 $c(0)=kc_0$, 就得到式 (4.18).

表4.2　Si，Ge和GaAs中的不同杂质的平衡分布系数（在熔点处）

杂质	Si	Ge	GaAs
C	0.07	>1.85	0.8
Si		5.5	0.1
Ge	0.33		0.03
N	7×10^{-4}		
O	≈1		0.3
B	0.8	12.2	
Al	2.8×10^{-3}	0.1	3
Ga	8×10^{-3}	0.087	
In	4×10^{-4}	1.2×10^{-3}	0.1
P	0.35	0.12	2
As	0.3	0.04	
Sb	0.023	3.3×10^{-3}	<0.02
S	10^{-5}	$> 5 \times 10^{-5}$	0.3
Fe	6.4×10^{-6}	3×10^{-5}	2×10^{-3}
Ni	$\approx 3 \times 10^{-5}$	2.3×10^{-6}	6×10^{-4}
Cu	8×10^{-4}	1.3×10^{-5}	2×10^{-3}
Ag	$\approx 1 \times 10^{-6}$	10^{-4}	0.1
Au	2.5×10^{-5}	1.5×10^{-5}	
Zn	2.5×10^{-5}	6×10^{-4}	0.1

Si的数据取自文献[285, 287]，Ge的数据取自文献 [164, 288–290]，GaAs的数据取自文献 [164].

式 (4.18) 适用于 CZ 生长 (把晶体从熔化物里拉出来). 在浮区 (FZ) 生长中 [291], 一个多晶棒变成了单晶棒, 射频 (RF) 加热的液体“浮区”沿着棒移动. 在这种情况下, 杂质分布是 ①

$$c(x) = c_0\left[1-(1-k)\exp\left(-\frac{kx}{z}\right)\right] \tag{4.20}$$

其中, x 是晶体质量和总质量 (晶体、液体和多晶棒) 的比值. z 是 (液体) 浮区的相对质量, 即液体质量和总质量的比值. 图 4.6(b) 比较了 CZ 晶体和 FZ 晶体的杂质分布. 显然, FZ 过程产生的分布要均匀得多. ②

使用外延法, 在生长过程中提供变化的杂质, 可以沿着生长方向得到任意的杂质分布. 利用固相或气相的扩散, 可以穿过材料的表面引入杂质. 在离子注入中 [292], 杂质原子被加速, 奔向半导体, 因为多重散射和能量损失事件, 沉积出特定的深度分布, 它依赖于加速电压 (随着电压的增大, 沉积的深度也增大, 图 4.7(a)) 和离子质量 (随着质量的增大, 沉积的深度减小, 图 4.7(b)). 通常用二次离子质谱仪 (SIMS) 研究深度的

① 当浮区移动通过晶体时, 杂质质量的变化 $m_{\mathrm{m}} = c_{\mathrm{m}} z$ 在液体里是 $m'_{\mathrm{m}} = c_0 - kc_{\mathrm{m}}$. 第一项来自多晶部分的熔化, 第二项来自晶体的固化. 求解这样得到的微分方程 $c'_{\mathrm{m}} = (c_0 - kc_{\mathrm{m}})/z$, 由 $c_{\mathrm{m}}(0) = c_0$, 并利用 $c(x) = kc_{\mathrm{m}}(x)$, 就得到式 (4.20).

② 注意, 在 Si:(B,P) 的定向凝固中, 由于硼和磷的分布系数不同, 形成了 pn 结. 文献 [89] 已经利用了这一点.

分布 [293,294]. 深度分布也依赖于基质材料, 它的阻止功率依赖于密度和原子质量. 硼在硅 ($A \approx 28$) 里的注入深度在 10 keV 时大约是 50 nm, 而在锗 ($A \approx 72.6$) 里就需要 20 keV[295]. 平均路程的长度① d_{m} 也依赖于晶向 (沟道效应, 图 4.8)[296]. 利用 SRIM 软件, 可以仿真离子和固体的相互作用 [297,298].

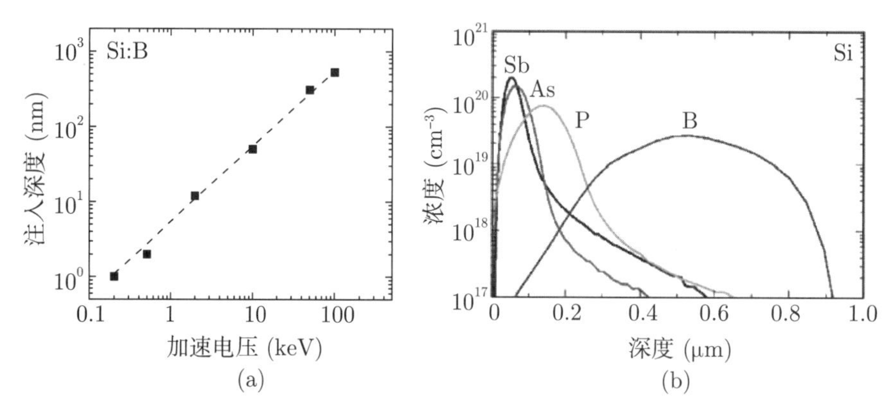

图4.7 (a) 对于不同的加速电压U，往Si里注入B的浓度峰值处的深度. 数据取自不同的文献，U<1 keV的数据取自文献[299]. 虚线是线性依赖关系. (b) 仿真得到的杂质浓度的深度分布. 把杂质B，P，As和Sb注入到晶体硅里，U=100 keV，注入量为10^{15}/cm^2. 改编自文献[300]

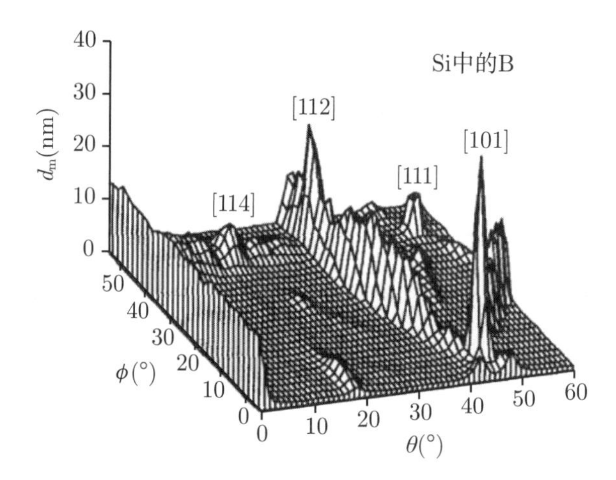

图4.8 对于5 keV 的B 注入到Si里，仿真得到的平均路程长度随注入方向(靠近[001]，方位角ϕ和极角θ)的变化情况. [001]沟道峰出现在图左侧的山脊(θ = 0，任意的 ϕ 值). 改编自文献[296]

① 平均路程的长度是沿着离子轨道积分的距离, 直到其方向与初始方向的偏离超过 4°.

4.2.5 大浓度效应

4.2.5.1 晶格常数

高掺杂浓度对晶格常数 a_0 有着可观察的影响. 对于硅, 原子密度① 是 $N_{Si} = 5 \times 10^{22}/cm^3$. 掺杂水平 $N = 10^{19}/cm^3$ 对应的杂质比率就是 0.02% . 可以认为, 这种晶体是非常稀的合金. 在给定方向上, 大约每 $(N_{Si}/N)^{1/3} \approx 17$ 个原子就有一个杂质.

高掺杂对晶格常数的影响是因为杂质的离子半径不同, 以及自由载流子占据的带边的流体静压 (hydrostatic) 形变势 [301]. 在线性方法里, 这个效应总结在系数 β 里.

$$\beta = \frac{1}{N}\frac{\Delta a_0}{a_0} \tag{4.21}$$

电荷载流子对 β 的影响对于 p 掺杂 (n 掺杂) 是负的 (正的). Si, Ge, GaAs 和 GaP 的实验数据总结在文献 [302,303] 中, 并进行了理论讨论. 这个效应的量级是 $\beta = \pm(1\sim10)\times10^{-24}$ cm^3. 例如, 在 Si:B 的情况中, 晶格常数的收缩主要是因为电荷载流子效应; 对于 Si:P, 这两个效应几乎抵消了. 在硅里掺硼, 晶格常数在不同方向的变化非常不一样 [304], 在 $10^{19}/cm^3$ 的掺杂水平, d_{333} 收缩了 0.4% , 而 {620} 晶格常数保持不变.

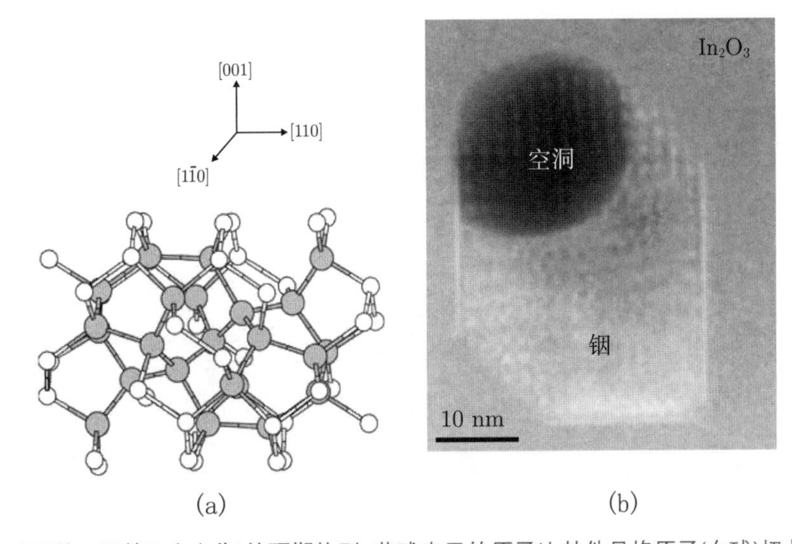

图4.9 (a) 硅里的V$_5$团簇(5个空位)的预期构型. 黄球表示的原子比其他晶格原子(白球)扭曲得更厉害. 改编自文献[307]. (b) 带有相邻空洞的铟颗粒嵌在In$_2$O$_3$里(STEM像显示出[001]方向上的Z 对比度(Z-contrast). 改编自文献[306]

① 每个立方元胞有 8 个原子, 边长为 $a_0 = 0.543$ nm.

4.2.5.2 聚集成团

点缺陷可以聚集成团, 几个点缺陷在相邻的格点位置上聚集. 一个例子如图 4.9(a) 所示, Si 里有 5 个近邻的空位, 即所谓的 V_5 团簇. 在文献 [305] 中, 硅的环状穴空位被预测为一种非常稳定的缺陷. 数目很多的聚集成团的空位缺陷等价于一个空洞 (void). 一个例子如图 4.9(b) 所示, TEM 测量表明, In_2O_3 晶体局部地“拆解”为铟颗粒和空洞 [306]. 杂质也可以聚集成团.

通常假设宿主材料具有随机分布的杂质 (对比 3.7.1 小节的随机合金). 引入几种杂质, 可以导致成对效应, 例如, 在硅里, Se 和 B, Ga, Al 或 In[308]. 高浓度的单种杂质导致团簇 (即两个或更多的近邻掺杂原子) 的存在变得更有可能. 对于 Si 里的 B, 这种效应已经进行了广泛的研究 [309], 几个硼原子和间隙形成热力学稳定的团簇, 例如 B_3I_2. 这个团簇由 B_2I 和 BI 形成, 激发势垒只有 0.2 eV[310], 如图 4.10 所示. 更小的团簇扩散到相同的位置, 会限制这种团簇的形成. 这些团簇释放的自由载流子 (这里是空穴) 的数目小于硼原子的数目, 因为它形成了深的受主 [309]. 这种自动补偿机制限制了掺杂能够提供的自由载流子的最大数目, 在技术上是不利的. 硼原子和硅的自间隙的反应通常导致硼在注入分布的峰值区域聚集成团, 需要仔细地优化退火过程 [311].

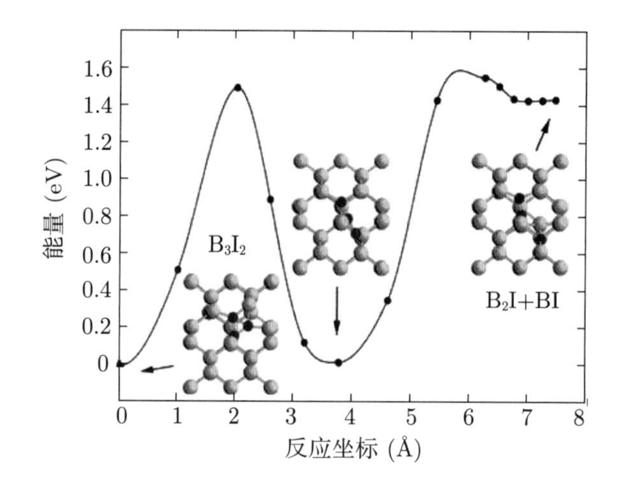

图4.10 B_3I_2团簇分裂为B_2I和BI的最小能量路径. 硅(硼)原子用黄(蓝)球表示. 改编自文献[310]

4.2.5.3 溶解度极限

稳态的杂质溶解度可以定义为允许晶体和其他相 (例如液相、扩展的缺陷或析出物) 达到热力学平衡的晶体中杂质原子的最大浓度. 析出物是晶体中出现的一小部分的第二相, 表现出很高浓度的“聚集的”杂质, 不能溶解在晶体里. 最先确定的是硅里的杂质溶解度 [312], 随后有大量的研究 [313], 因为对器件制备有实际意义. 表 4.3 给出了几种杂质在硅里的溶解度极限. 它与缺陷的电离能有关 (比较 7.4 节), 如图 4.11 所示.

表4.3　硅的一些浅能级杂质的最大溶解度N_s

杂质	N_s (10^{20} cm^{-3})
B	4
P	5
As	4
Sb	0.7
Al	0.13
Cu	1.4×10^{-2}
Au	1.2×10^{-3}
Fe	3×10^{-4}

B，P，As和 Sb的数据取自文献[313]，其他数据取自文献[316].

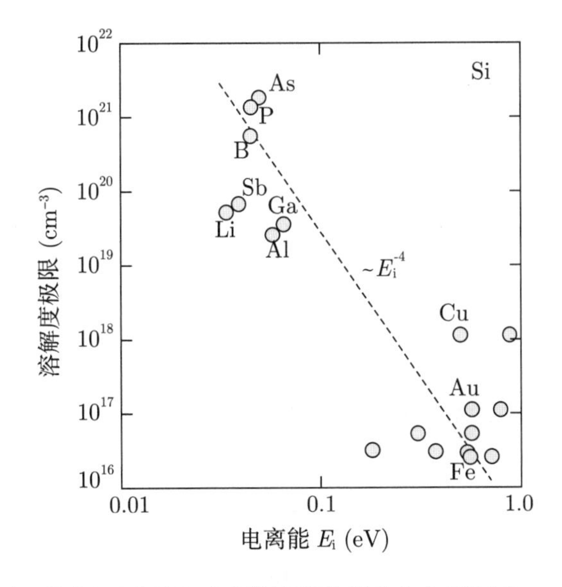

图4.11　各种杂质在硅里的溶解度极限与电离能的关系. 改编自文献[314]

几种杂质的溶解度的温度依赖关系如图 4.12(a) 所示. 溶解度还依赖于应变 [315]. 在硅和锗里, 摩尔溶解度 x_s 的最大值和分布系数 k 之间的简单实验关系是 $x_s = 0.1k$ (图 4.12(b)), 已经由文献 [316] 指出.

形成析出物的典型例子是 InP 里的 Fe, 用来补偿浅受主, 以便制备半绝缘材料 (7.7.8 小节). Fe 在 InP 里的溶解度相当低, 在生长温度, 大约是 $10^{17}/\text{cm}^3$[317]. 在 InP 里掺杂 $3\times10^{18}/\text{cm}^3$ 的 Fe, 析出物的高分辨率 TEM 像如图 4.13 所示. 这个析出物在 [111] 方向的晶格常数是 $d_{111} = 0.240$ nm, 与 InP 显著不同 ($d_{111}^{\text{InP}} = 0.339$ nm). [101] 和 [111] 方向的夹角是 50°, 而不是 InP 的 35°. 这与正交晶格的 FeP 一致 [318]. 在高 Fe

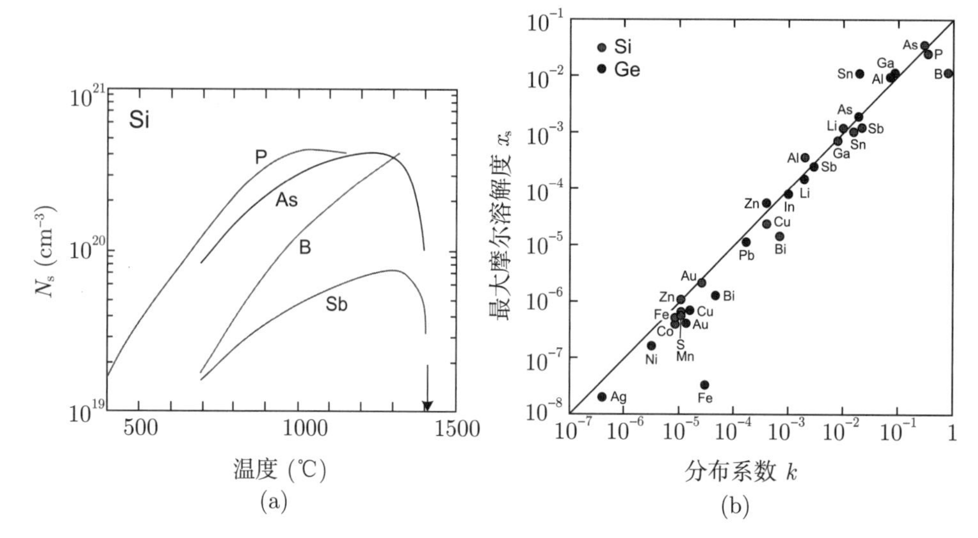

图4.12 (a) 硅的杂质(P, As, B 和Sb)的稳态溶解度. 实线是对应于各种实验数据的理论曲线. 箭头标出了硅的熔点(1410 ℃). 改编自文献[313]. (b) 晶体硅和锗里的各种杂质的最大摩尔溶解度x_s和分布系数k的关系. 实线对应于x_s=0.1k. 改编自文献[316]

掺杂的 InP 里, 通常会发现 FeP 和 FeP_2 析出物 [319].

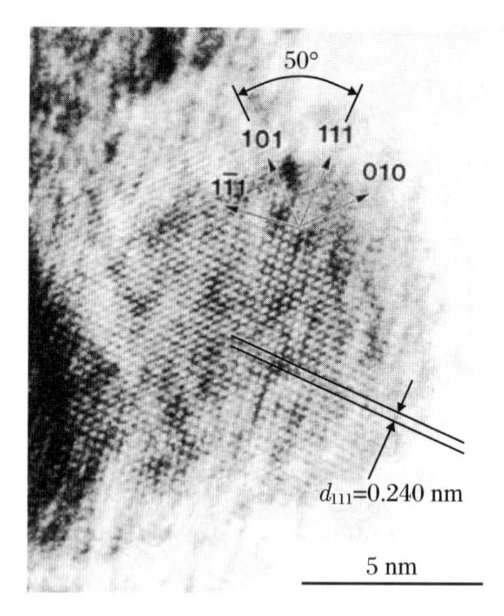

图4.13 铁掺杂的InP中析出的FeP的高分辨率TEM像. 改编自文献[318]

4.3 位错

位错是线缺陷, 晶格沿着它移动了一些. 沿着位错线的矢量称为线矢量 $\boldsymbol{L}$. 绕着位错核的封闭路径与理想晶体的情况不一样. 这个差别的矢量称为伯格矢量 $\boldsymbol{b}$. 伯格矢量是晶格矢量的位错, 称为全位错 (full dislocation). 伯格矢量不是晶格平移矢量的位错称为部分位错. 文献 [320] 描述了位错理论的历史.

因为位错的能量正比于 $\boldsymbol{b}^2$, 所以只有伯格矢量最短的位错是稳定的. $\boldsymbol{L}$ 和 $\boldsymbol{b}$ 张成的平面称为滑移面. 图 4.14 是一个位错附近的高分辨像, 给出了 (111) 反射的相位和振幅. 相位对应于原子纵列, 振幅对应于位错核的原子的位移 (参见图 4.14).

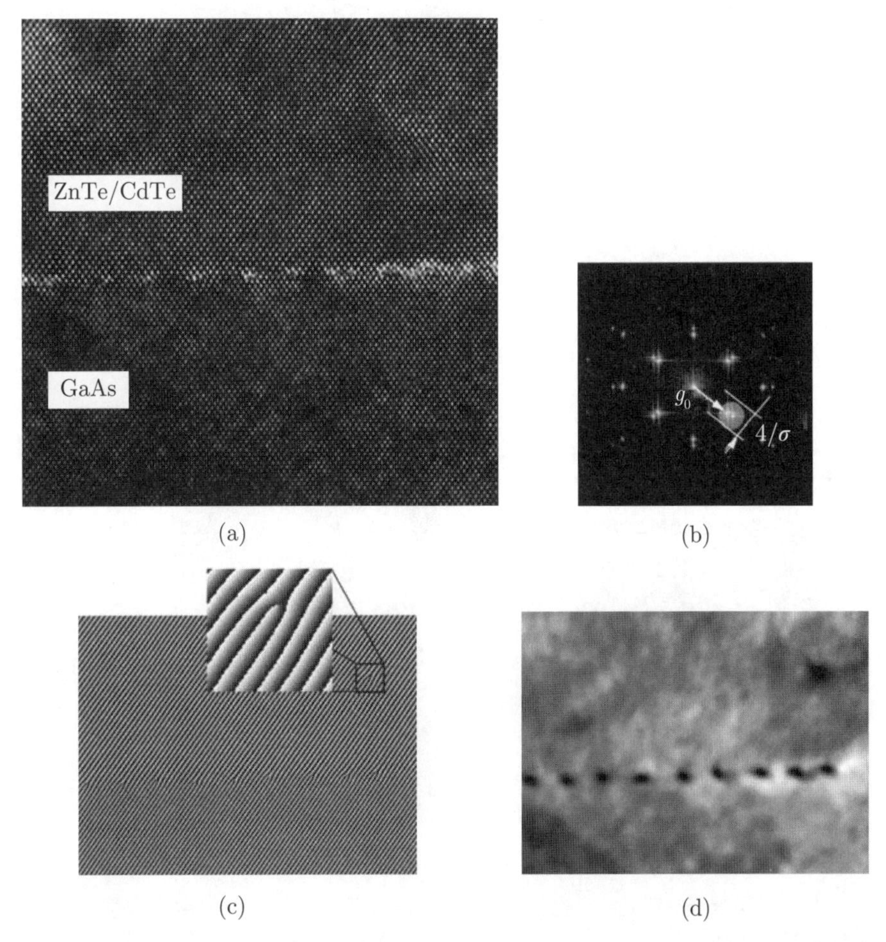

图4.14　(a) GaAs/CdTe/ZnTe界面的失配位错网络的〈110〉投影的高分辨率透射电子显微像(HRTEM). 衬底: GaAs (001), 偏离〈110〉2°, ZnTe缓冲层的厚度是两个单层. (b) 在(111)布拉格反射附近的圆形掩膜的傅里叶变换. (c, d) (b)掩膜结果的(c)相位的像和(d)振幅的像. 取自文献[321]

4.3.1 位错的类型

4.3.1.1 刃位错

对于刃位错 (图 4.15(a)), $\boldsymbol{b}$ 和 $\boldsymbol{L}$ 互相垂直. 额外插入了一个半平面, 由 $\boldsymbol{L}$ 和 $\boldsymbol{b}\times\boldsymbol{L}$ 张成.

4.3.1.2 螺旋位错

对于螺旋位错 (图 4.15(b)), $\boldsymbol{b}$ 和 $\boldsymbol{L}$ 是共线的, 固体沿着一个半平面切开, 直到位错线, 沿着 $\boldsymbol{L}$ 平移了 $\boldsymbol{b}$, 再重新接上.

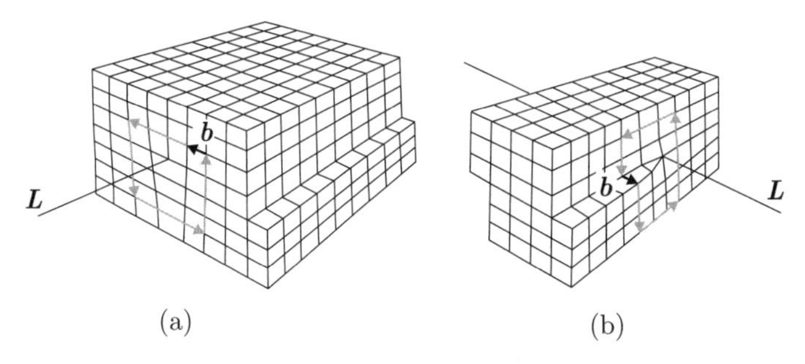

图4.15 (a) 刃位错和(b) 螺旋位错的模型. 标出了线矢量$\boldsymbol{L}$和伯格矢量$\boldsymbol{b}$

外延生长发生在螺旋位错和平面的交叉处附近, 通常是螺旋生长的方式, 反映了缺陷附近的晶面 (图 4.16).

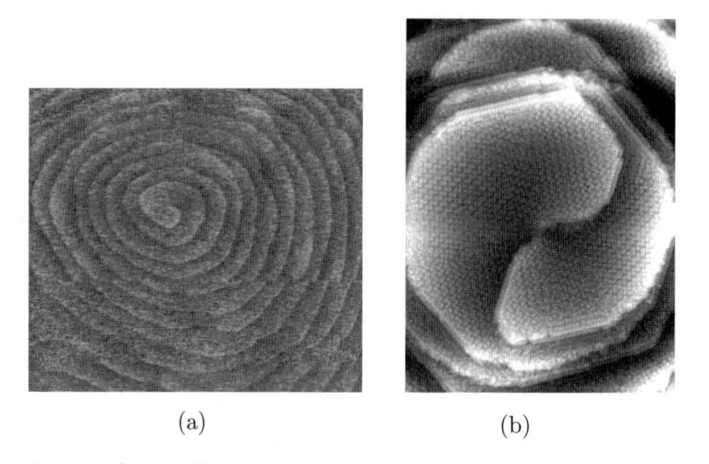

图4.16 (a) 在硅表面一个螺旋位错处的螺旋式生长的ATM像(宽度为4 μm). (b) GaN的N原子面上的螺旋位错的STM像(宽度为75 nm), 伯格矢量为[000−1]. 重构是c(6×12). 这些c(6×12)的行方向对应于⟨$\bar{1}$100⟩. 经允许转载自文献[322], © 1998 AVS

4.3.1.3 60° 位错

在闪锌矿结构的晶格里, 这是最重要的缺陷 (图 4.17), 线矢量沿着 $\langle 110\rangle$. 由伯格矢量 $(a/2)\langle 110\rangle$, 可以形成 3 种不同的类型：刃位错、螺旋位错和 60° 位错. 图 4.17(d) 给出了 60° 位错核附近的详细情况. 注意, 对于沿着 [110] 和 [−110] 的 $\boldsymbol{L}$, 60° 位错的原子结构是不一样的; 根据位错核是阳离子还是阴离子, 把它们记为 α 位错或 β 位错.

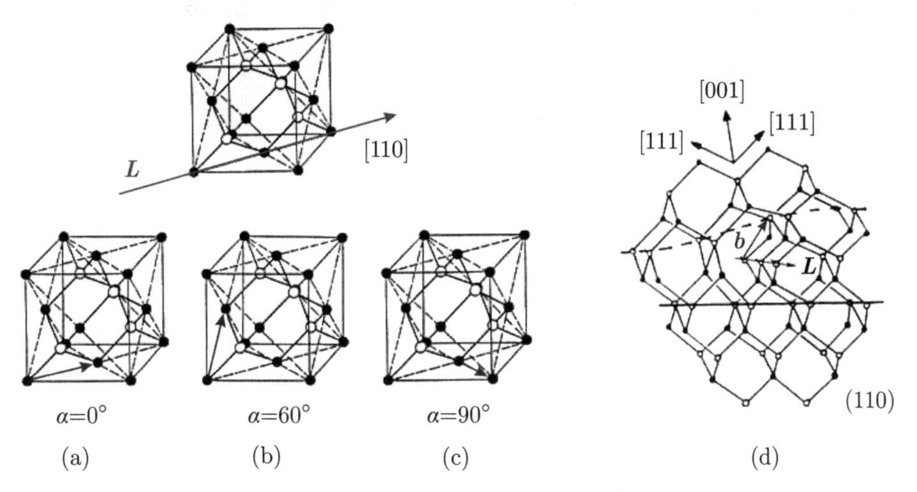

图4.17 闪锌矿结构中的位错. 线矢量沿着[110]. 伯格矢量$(a/2)\langle 110\rangle$可以产生(a) 刃位错、(b) 螺旋位错和(c) 60° 位错. (d) 60° 位错的原子结构

4.3.1.4 失配位错

当晶格常数不同的材料在彼此上面生长的时候, 应变可以通过形成失配位错而塑性地弛豫. 对于 InP (001) 上的 (In, Ga)As, 这种缺陷的典型网络如图 4.18(a) 所示. 另一个例子见图 4.18(b), 偏向 c 轴的半极化的 $(30\bar{3}1)$ 晶面上的 (Al,Ga)N/GaN 系统. 这导致了非矩形的位错方向, 对于三方和六方材料的异质结构里 a 面和 m 面的滑移位错, 这是很普遍的 [325](图 4.19).

4.3.1.5 部分位错

部分位错的伯格矢量不是晶格矢量, 必然以一个二维位错为边界, 通常是层错 (stacking fault, 4.4.2 小节). 在金刚石或闪锌矿结构的材料中, 典型的部分位错是肖克利部分位错 (简称肖克利部分, Shockley partial), 伯格矢量 $b=(a_0/6)\langle 112\rangle$. 另一种重要的部分位错是弗兰克部分位错, $b=(a_0/3)\langle 111\rangle$. 一个完美的位错可以分解为两个部分位错. 这在能量上是有利的. 作为例子, 考虑如下反应 (图 4.20(a)):

$$\frac{1}{2}[\bar{1}01] \to \frac{1}{6}[\bar{1}\bar{1}2] + \frac{1}{6}[\bar{2}11] \tag{4.22}$$

全位错的长度是 $a_0/\sqrt{2}$. 肖克利部分位错的长度是 $a_0/\sqrt{6}$. 因此, 全位错的能量

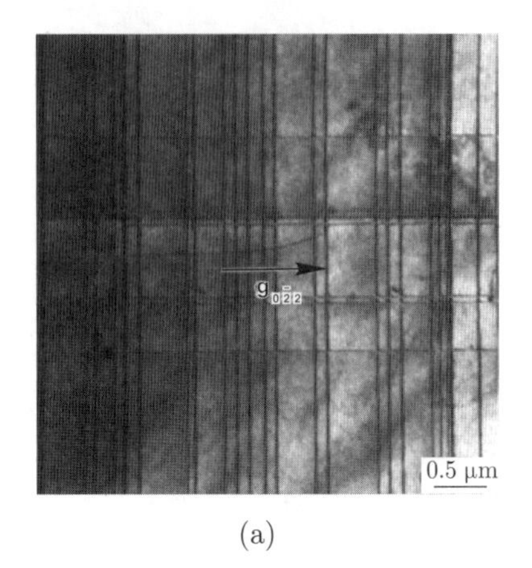

(a)

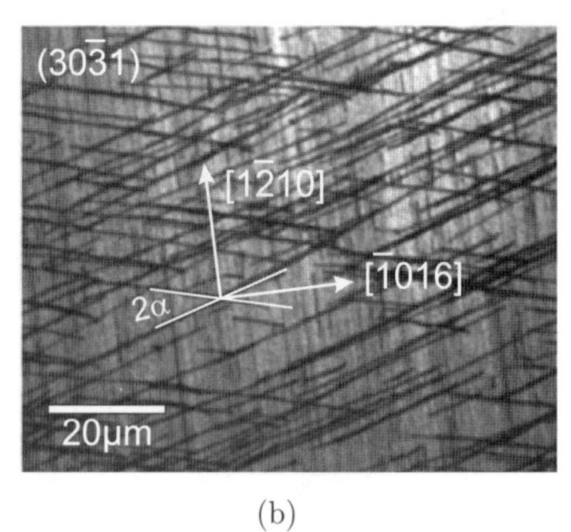

(b)

图4.18　(a) InP (001)衬底上的(In,Ga)As (晶格失配大约是0.1%)的〈110〉位错线网络的平面视图的TEM像. TEM 衍射矢量是$\boldsymbol{g}$ = [2$\bar{2}$0]. 改编自文献[323]. (b) 在(30$\bar{3}$1) GaN 异质结上的部分弛豫的$Al_{0.13}Ga_{0.87}N$的全色阴极发光图像，标出了平面内的方向. 改编自文献[324]，遵守开源协议Creative Commons Attribution (CC BY 3.0) unported licence

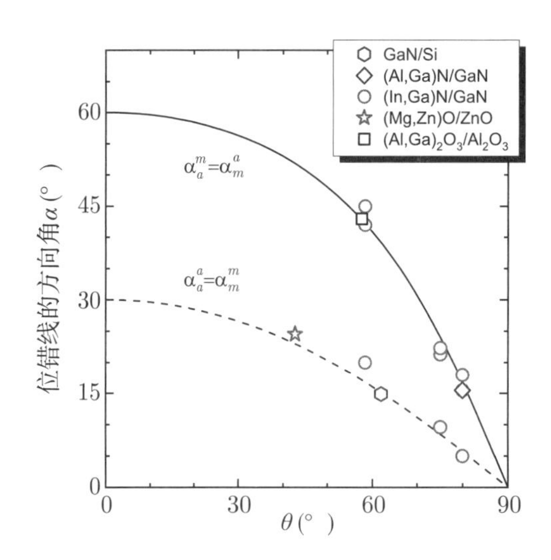

图4.19　位错线的方向角α (相对于c轴的投影方向)与界面倾角θ的关系：a面的柱面滑移系统，相对于m方位角，以及相反的情况(实线)；m面的柱面滑移系统，相对于m方位角，以及a/a的情况(虚线). 半极化面上的外延样品的实验数据：(Al, Ga)$_2$O$_3$Al$_2$O$_3$(方块)，(Al, Ga) N/GaN(菱形，对比图4.18(b))，(In, Ga)N/GaN(圆点)，GaN/Si (六角)和(Mg, Zn)OZnO(星形). 改编自文献[325，326]

$E = Gb^2$ 就是 $E_1 = Ga_0^2/2$，两个部分位错的能量之和更小，$E_2 = 2Ga_0^2/6 = Ga_0^2/3$. 图4.20(b) 给出了 Ge/Si 界面的 TEM 像，其中有一个肖克利部分位错.

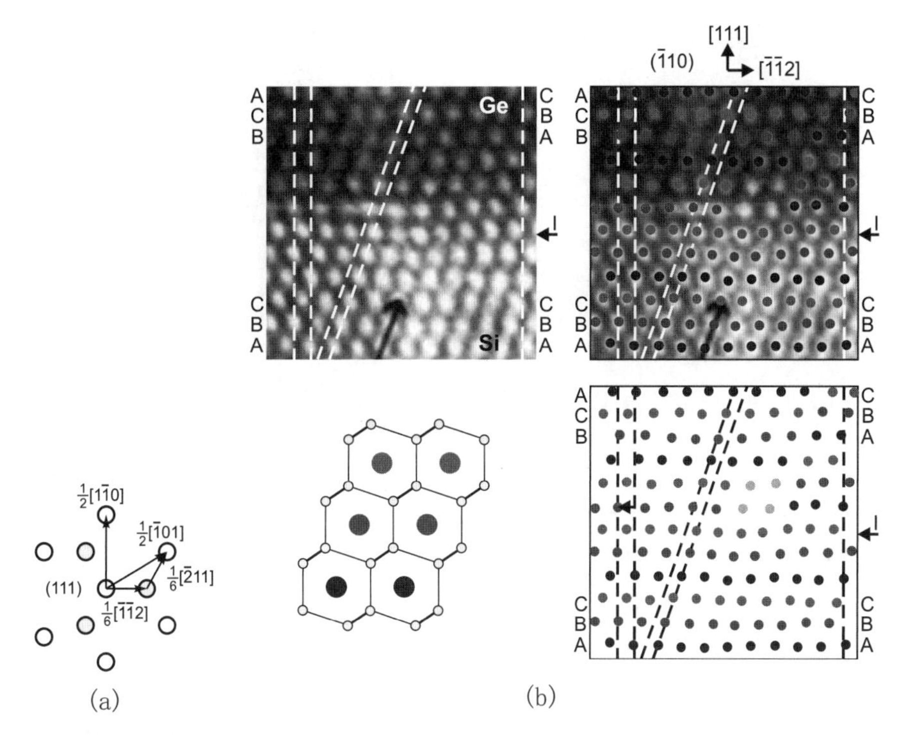

图4.20　(a) 用图像表示式(4.22)的位错反应. (b) Ge/Si 异质结界面的TEM像，带有一个$[\bar{2}11]/6$肖克利部分位错. 这个像叠加了空杆的位置(下半部分是示意图)，颜色表示不同的堆叠位置(A：蓝色，B：红色，C：绿色). 箭头“1”指出了界面的位置. 基于文献[327]

4.3.2　用腐蚀法看位错

利用腐蚀技术, 可以看到缺陷. 这是特别常用的寻找位错的方法. 许多腐蚀是各向异性的, 不同晶向的腐蚀速度不一样. 作为例子, 图 4.21 给出了硅球在熔融的 KOH 中腐蚀的结果, 以及锗球在 HNO_3/HF 溶液中腐蚀的结果. 剩下的物体展示了腐蚀速度低的那些晶面. 已经详细研究了不同腐蚀液的腐蚀速度, 特别是硅 (图 4.22).

在平面构型里, 腐蚀坑表明位错的存在, 对于不同取向的锗, 如图 4.23 所示. 各向异性的腐蚀制备了{111} 面. 位错核位于几个平面的交点处. 在图 4.24 中, 六角的腐蚀坑沿着 $[1\bar{1}0]$, 它们是熔融 KOH 作用的结果 [330,331]. 侧壁 (the sides of base) 沿着 [110], ⟨130⟩ 和 ⟨310⟩. 坑的深度和宽度随着腐蚀时间的增大而增大. 在 $(00\bar{1})$ 表面, 因为闪锌矿结构的极化 [111] 轴 [330], 坑的取向旋转了 90°. 这种腐蚀坑出现在伯格矢量为 $(a/2)[011]$(朝着 (001) 表面倾斜) 的位错处 [332]. 其他类型的腐蚀坑指出了具有其他伯格矢量的位错 [332,333]. 用湿法化学腐蚀各种半导体的配方, 参阅文献 [328, 334-337]. 其他腐蚀技术还有干法工艺, 例如等离子体刻蚀或者反应离子刻蚀 (RIE)[338-341].

(a)

(b)

图4.21 (a) 在100 ℃的KOH热溶液里腐蚀3 h以后，Si球的形状. (b) Ge球在HNO_3 : HF : CH_3COOH(质量百分比为35 : 30 : 35)里腐蚀后的形状. 八面体的形状表明了{111}面. 标尺是1 mm. 改编自文献[328]

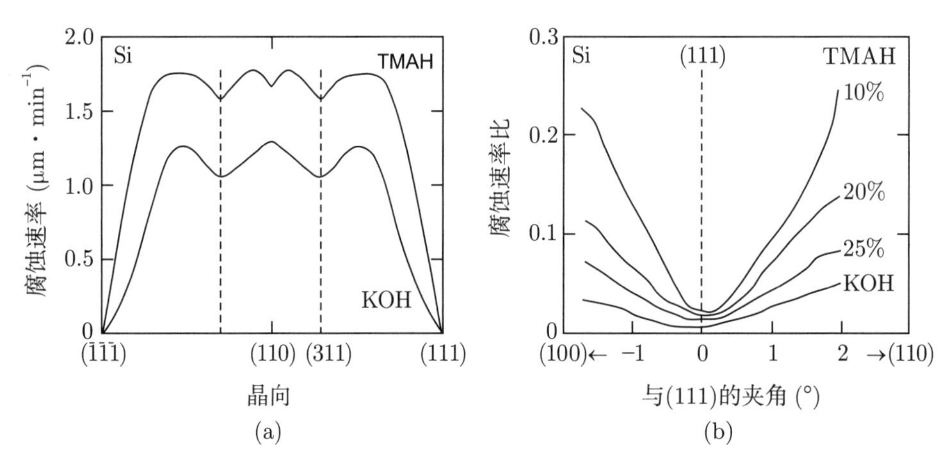

图4.22 (a) 硅的腐蚀速率与晶向的关系：86 ℃的四甲基氢氧化铵(TMAH)水溶液(25%)，70 ℃的KOH(40%). (b) 在(111)方向附近的各向异性的细节：三种浓度的TMAH溶液和40% 的KOH，温度都是86 ℃. 改编自文献[329]

4.3.3 杂质硬化

添加杂质可以降低位错的密度, 这个效应称为杂质硬化. 这是因为增加了“临界分切应力”(critical resolved shear stress) 而导致晶格硬化 [342]. 图 4.25 给出了 GaAs 和 InP 里的位错密度对载流子密度的依赖关系, 后者来自掺杂的 (有电学活性的) Ⅱ族或Ⅵ族原子 (受主或施主, 见 7.5 节). 当需要半绝缘衬底 (见 7.7.8 小节) 或低的光吸收率 (见 9.9.1 小节) 时, 高的载流子浓度是不利的. 因此, 掺杂同价的杂质, 例如, GaAs 中的 In, Ga 或 Sb, InP 中的 Sb, Ga 或 As, 已经做了研究并发现非常有效. 包含高浓度 ($> 10^{19}/cm^3$) 的这种杂质的材料必须看作一种低浓度的合金. 晶格常数会略微改变, 在后续的 (晶格失配的) 外延纯层的时候, 可能会出现问题.

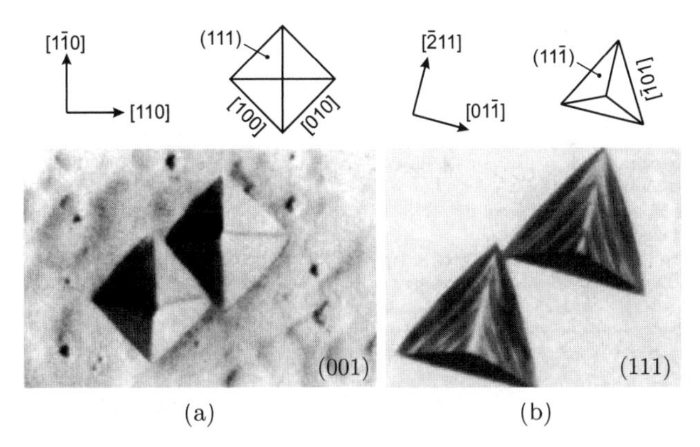

图4.23　锗表面的腐蚀坑：(a) (001)表面方向；(b) (111)表面方向. 在这两种情况下，腐蚀得到了{111} 面. 在(b)的腐蚀中，使用了添加$AgNO_3$的HNO_3/HF/CH_3COOH溶液. 三角形腐蚀坑的宽度大约是100 μm. 改编自文献[334]

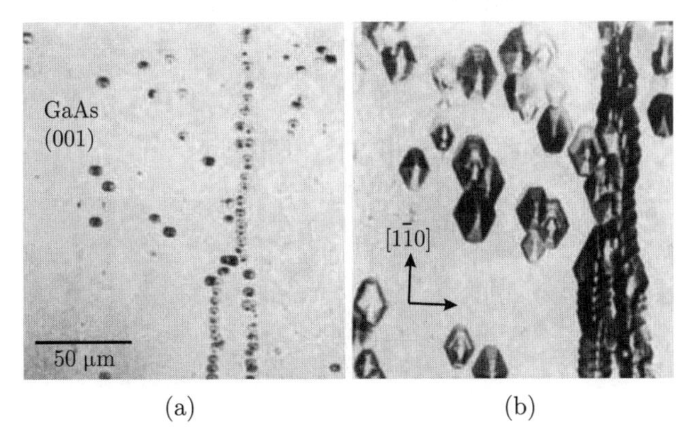

图4.24　GaAs (001)的腐蚀坑：在300 ℃的KOH热溶液里腐蚀(a) 3 min和(b) 10 min. 改编自文献[330]

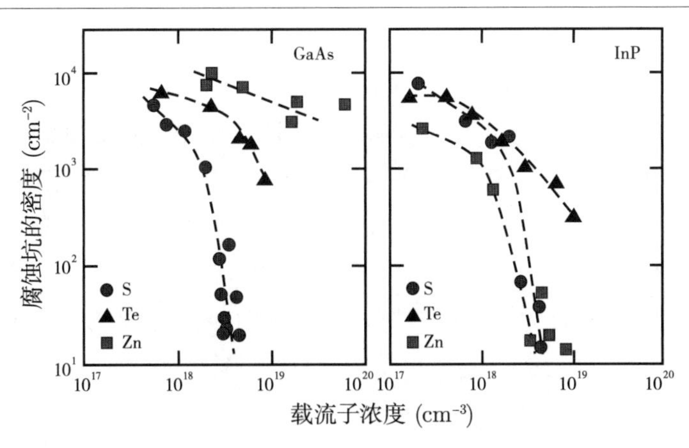

图4.25　不同的杂质密度(S，Te和Zn)下GaAs和InP的位错密度(用腐蚀坑揭示)与载流子浓度的依赖关系. 改编自文献[343]

4.4 扩展的缺陷

4.4.1 微裂纹

如果材料里的应力太大, 无法被位错容纳, 就可能形成裂纹 (crack) 以释放应变能.[①] 图 4.26 给出一个例子. 在这种情况下, 在碲铟汞 (mercury indium telluride) 大块晶体中, 在残存应力和材料冷却过程 (从大约 1000 K 的生长温度到室温) 中的热应力的共同作用下, 形成了微裂纹. 图 12.19 也给出了外延层里的微裂纹.

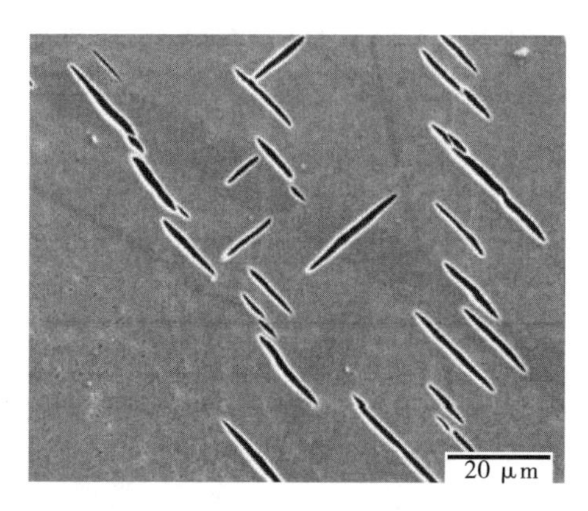

图4.26 碲铟汞晶体里的微裂纹. 改编自文献[344]

4.4.2 层错

在闪锌矿结构里, (111) 面的理想堆积是 ABCABC···, 它可以受到很多种扰动, 产生面缺陷. 如果丢失了一个面, 例如, 堆积是 ABCACABC, 就出现了本征的堆积错误 (层错). 如果出现了额外的平面, 这个缺陷就称为非本征的层错, 例如, ABCABACABC. 一种扩展的层错是双层 (twin lamella), 其中的堆积顺序反转了, 例如, ABCABCBACBABCABC. 如果两个区域有反转的堆积顺序, 它们就称为孪生层 (twins), 它们的共同边界就称为孪生边界, 例如, ···ABCABCABCBACBACBA··· (图 4.29). 不同种类的层错如图 4.27 所示. 图 4.28 给出了 Si 上的 GaAs 里的层错的截面像. 它们彼此阻挡, 随着厚度的增加而部分消失.

层错被两个部分位错限制 (4.3.1.5 小节), 后者由一个全位错分解而成. 在Ⅲ-Ⅴ化

① 注意, 弹性理论里假设了连续的形变. 材料里有应变的部分显然分裂为两个无应变的部分, 这是应变能最低的状态.

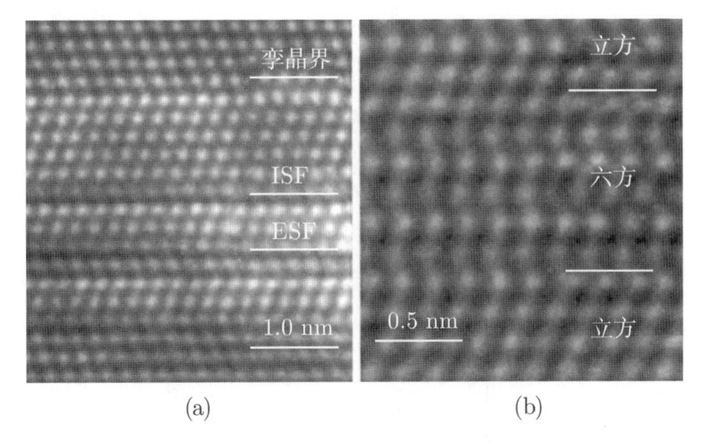

图4.27 HRTEM像：(a) 硅薄膜，带有本征的(ISF)和非本征的(ESF)层错和孪晶界. (b) 6个单层厚的六方(纤锌矿)CdTe层位于立方(闪锌矿)CdTe 里. 堆叠顺序是(从下到上)：ABCABABABABC···. 经允许转载自文献[345]

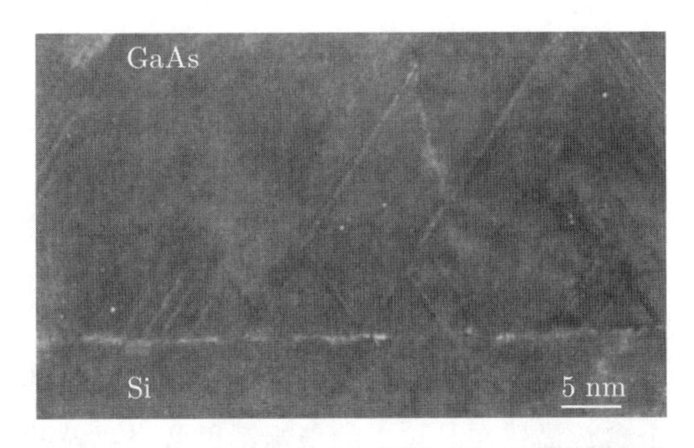

图4.28 在Si上异质生长的GaAs里的层错的截面的TEM像. 改编自文献[346]

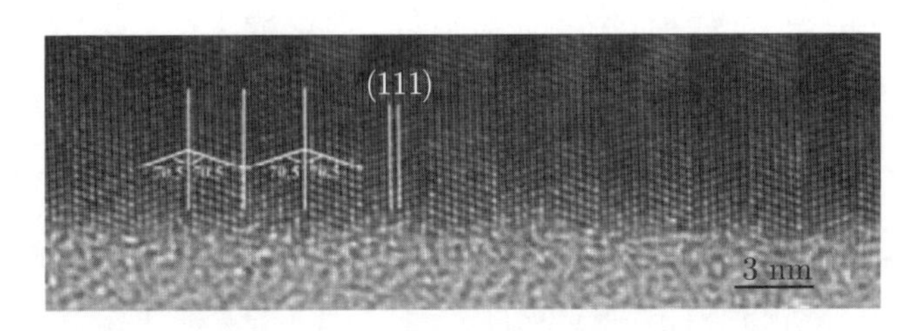

图4.29 ZnS纳米线(具有周期性的孪生层结构)的HRTEM像. 改编自文献[347]

合物里, 伯格矢量为 $(a/2)[110]$ 的全位错 (或完美位错) 按照式 (4.22) 分解为两个肖克利部分位错 [348]. 因为位错能正比于 $|\boldsymbol{b}|^2$, 所以这个分解在能量上是有利的 (见 4.3.1.5 小节).

纯硅里的层错能 [349] 是 $\gamma = 47\ \mathrm{mJ/m^2}$. 类似的数值有: Ge 是 $\gamma = 60\ \mathrm{mJ/m^2}$ [350], 未掺杂的 GaAs 是 $\gamma = 45\ \mathrm{mJ/m^2}$ [351]. 金刚石的数值大得多, $\gamma = 285\ \mathrm{mJ/m^2}$ [352]. 掺杂

通常减小了层错能. 各种Ⅲ-Ⅴ和Ⅱ-Ⅵ化合物的层错分类在文献 [185, 353, 354] 中讨论. 它与参数 s(式 (2.11)) 有关, 如图 4.30 所示.

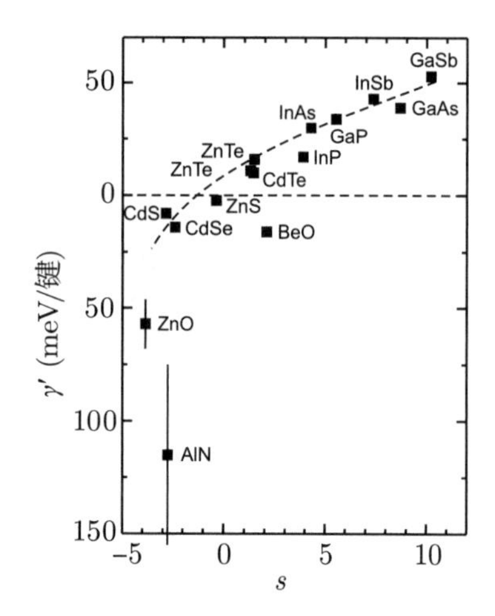

图4.30　各种化合物半导体的约化的层错能量(每个键的层错能量)γ' 作为参数s的函数. 虚线用于引导视线. 数据取自文献[185]

4.4.3　晶界

晶粒的边界称为晶界. 它们由 5 个参数确定: 3 个旋转角 (例如, 欧拉角) 描述晶粒Ⅱ相对于晶粒Ⅰ的取向, 2 个参数描述在晶粒Ⅰ的坐标系里两个晶粒的边界面.

这种缺陷可以对电学性质有很大影响. 它们可以收集点缺陷和杂质, 作为输运的势垒 (8.3.8 小节), 或者因为 (非辐射) 复合而成为载流子的漏. 关于它们的结构和性质的细节, 参阅文献 [355,356]. 两个晶粒相遇的时候, 可以有相对的倾斜或扭曲. 两个晶体相差角度小的情况如图 4.31(a) 所示. 位错在界面上形成周期性的图案, 称为小角晶界

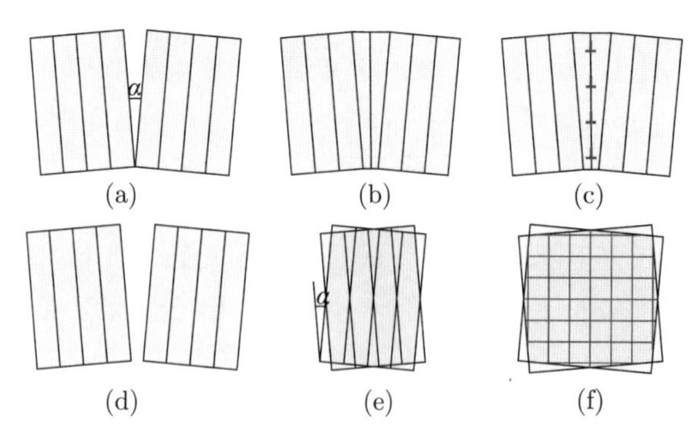

图4.31　(a,b,c) 纯倾斜的构型; (d,e,f) 纯扭曲的构型. (c) 在纯倾斜的边界上形成位错, (f) 在扭曲的边界上形成位错

(SAGB)(图 4.31(b)). 纯倾斜的小角晶界的实验结果如图 4.32 所示. 位错的间距反比于倾角 θ. 扭曲的小角晶界的图像如图 4.33 所示.

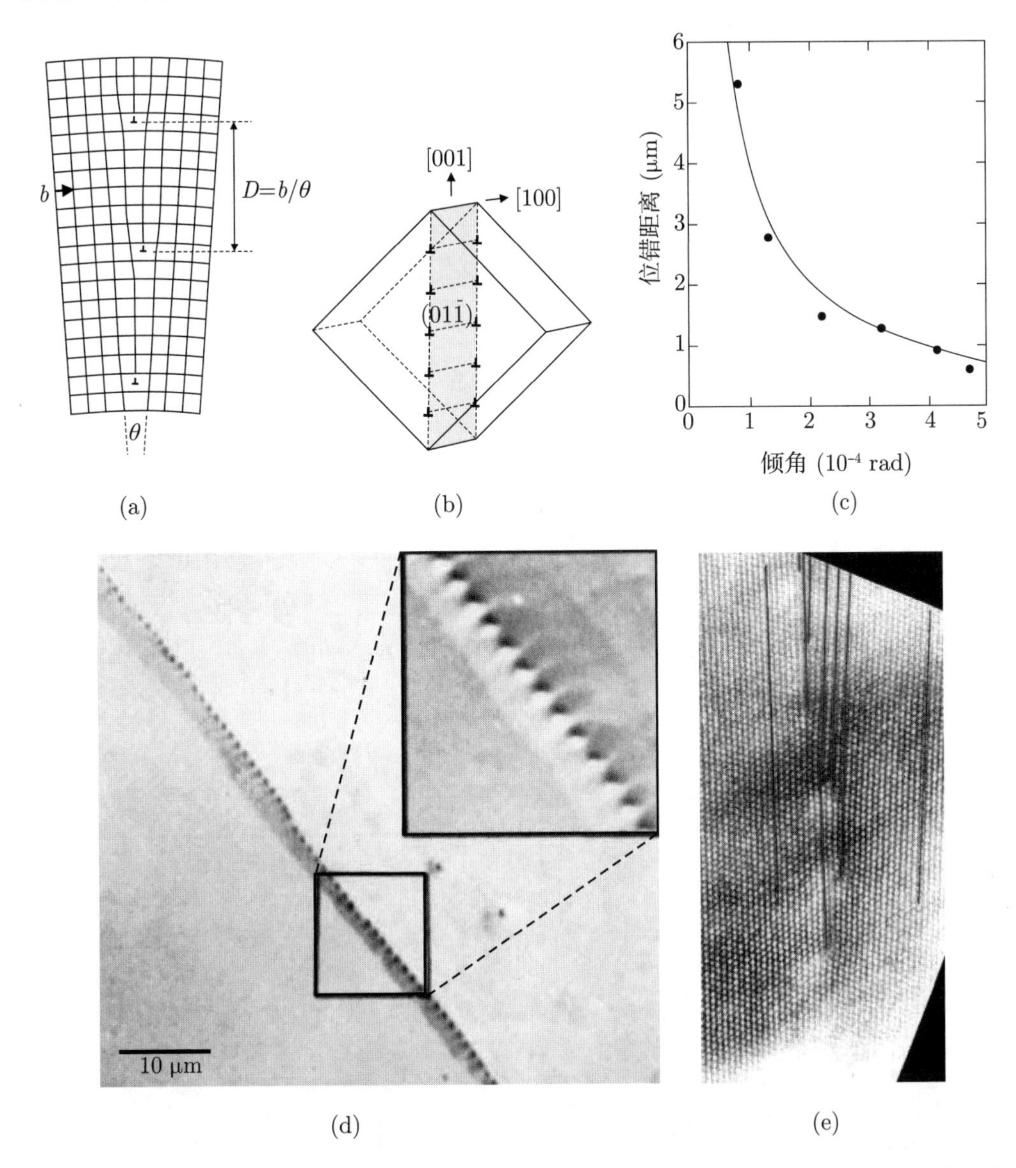

图4.32 (a) 小角度(纯倾斜)晶界的构型. (b) Ge{110}面的刃位错的模型. (c) 对于Ge里不同的小角晶界, 位错距离d和倾角θ的关系. 实线是d=4.0×10^{-8}/θ. (d) 具有小角度晶界的Ge样品腐蚀后(CP-4腐蚀)的光学像. 改编自文献[359]. (e) Si的小角晶界的HRTEM像, 突出显示了位错. 取自文献[360]

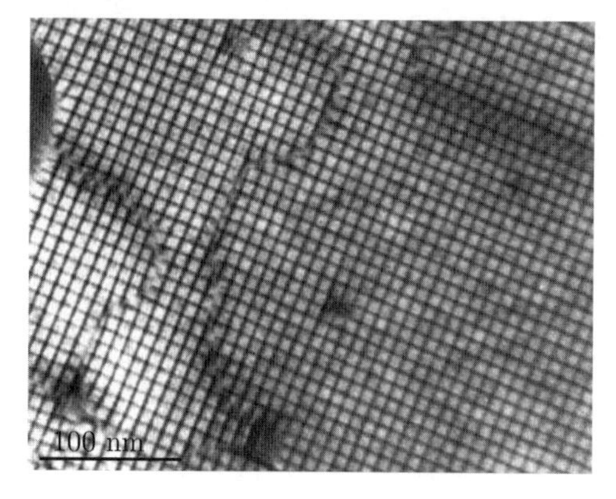

图4.33　纯扭曲边界的明场TEM像，将两个Si (001)表面相对扭曲后做晶片键合，得到纯扭曲位错的网络. 改编自文献[361]

角度特别大的边界具有 (对于特定的角度) 重合位晶格 (coincident site lattice, CSL). 一些这样的晶界具有低能量, 因而经常被看到. CSL 格点与晶格元胞的比值是奇数 n; 对应的晶界就记为 Σn. 小角晶界也称为 $\Sigma 1$. $\Sigma 3$ 晶界总是孪生晶界. (111) 晶界的一个例子如图 4.34(a) 所示. 硅里的 $\Sigma 3$ (孪生) 晶界带有{112} 晶界 [357,358], 如图 4.35 所示, 同时给出了晶界本身的原子位置. $\Sigma 5$ (001) 晶界如图 4.34(b) 所示; 特殊角是 $\theta = \arctan(3/4) \approx 36.87°$.

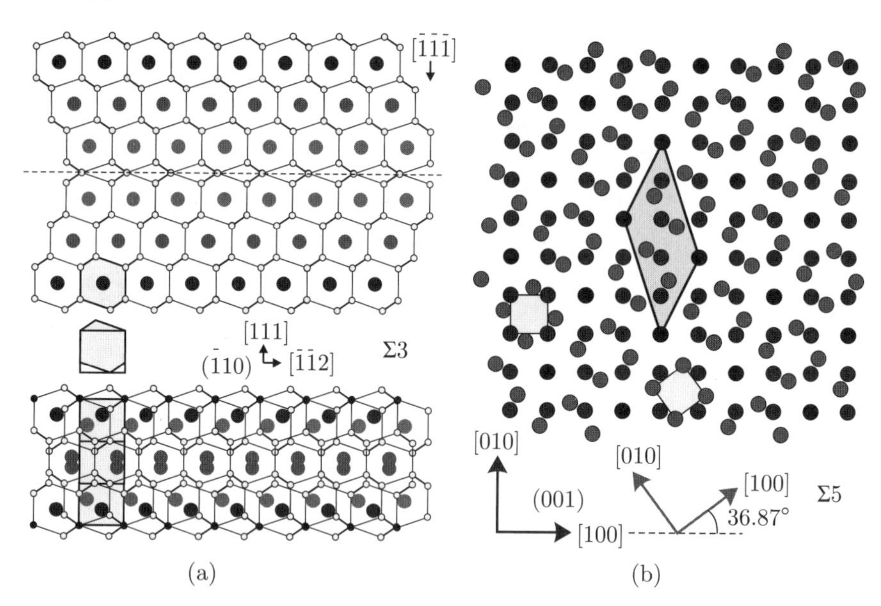

图4.34　(a) 金刚石或者闪锌矿结构里Σ3(111)孪晶界的示意图(参见图4.29). 在侧视图里，晶界用虚线标出. 六边形和正方形的灰盒子面积相等. 在图的下方，用黑色圆圈给出了重合位晶格的格点位置. CSL格子晶胞的体积是fcc格子晶胞的3倍. (b)（简单）立方晶体中Σ5(001)晶界的平面示意图. 蓝格子和红格子相对转动了36.86°，CSL的格点位置用黑色表示. CSL格子晶胞(深灰色)的体积是立方格子晶胞(浅灰色)的5倍

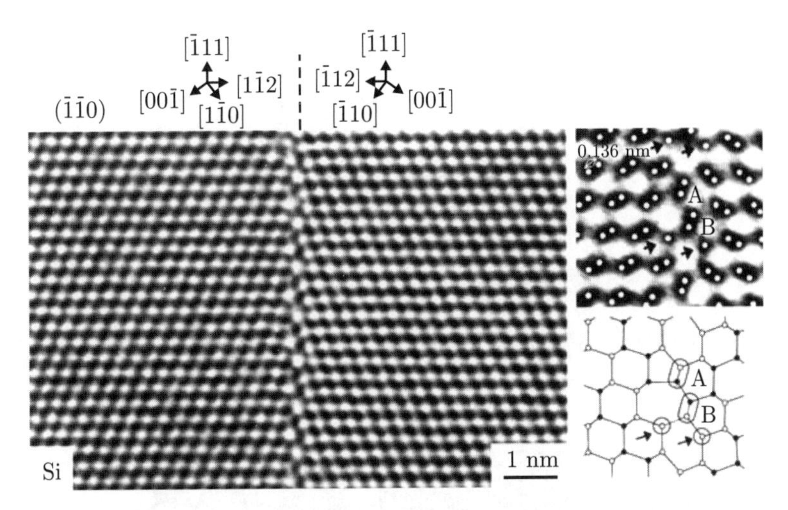

图4.35 Σ3{112}晶界的两个放大的TEM像，同时给出了原子位置示意图. 改编自文献[358]

真实的晶界可以是不平的, 包含杂质或者析出物, 甚至包含薄的非晶层.

4.4.4 反相畴和反转畴

当晶体的一部分相对于另一部分移动了反相的 (antiphase) 矢量 $\boldsymbol{p}$, 就出现了反相畴. 这不是形成了孪晶 (twin). 如果两个畴之间的极向改变了, 就称为反转畴.

在闪锌矿结构中, [110] 和 [$\bar{1}$10] 方向不是等价的. 一个是 Zn-S 格子, 另一个是 S-Zn 格子. 两种格子相差了 90° 的旋转, 或者一个反演操作 (这不是闪锌矿晶体的对称操作). 例如, 如果闪锌矿晶体以单原子层生长在 Si 表面上 (图 4.36, 比较图 11.6), 那么伴随区 (adjoint regions) 有不同的相, 它们称为反相畴 (APD). 反相矢量是 $(0,0,1)a_0/4$. 在边界处有一个二维缺陷: 反相畴. 反相畴的边界包含全同原子种类构成的键. 在 Si 上的 InP 层表面, 交错的反相畴边界如图 4.37 所示. 利用各向异性的腐蚀, 可以让反相畴显露出来.

在 Fe 掺杂的 ZnO 里, 反转畴如图 4.38(a) 所示. 在两个畴之间, c 轴的方向颠倒了. 人们发现, 铁喜欢位于反转畴的边界 (IDB) 里 (图 4.38(b)), 对它的形成过程有重要影响 [364,365].

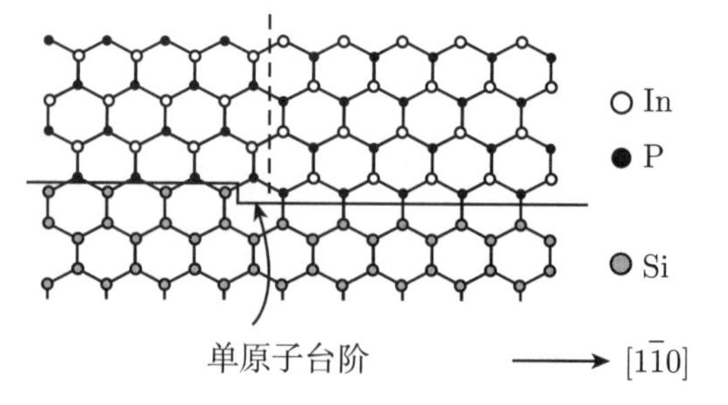

图4.36　Si (001) 表面的单原子台阶，以及随后在InP(闪锌矿结构)中形成的反相边界

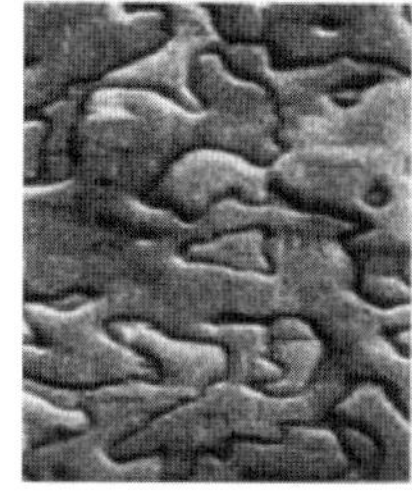

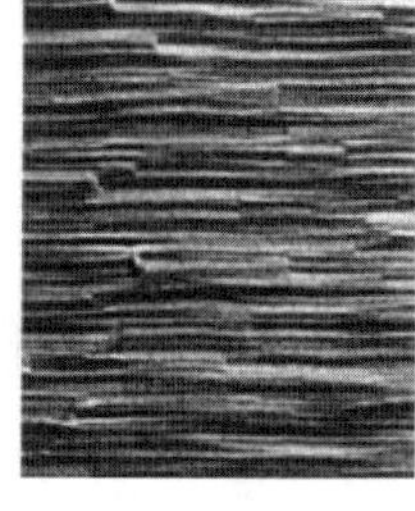

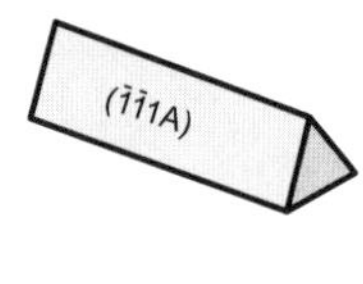

图4.37　在Si上生长的InP里的反相畴. HCl各向异性地腐蚀InP，得到(111)A面. 具有(不具有)反相畴的层的腐蚀图案是交叉形的(直线形的). 改编自文献[362]

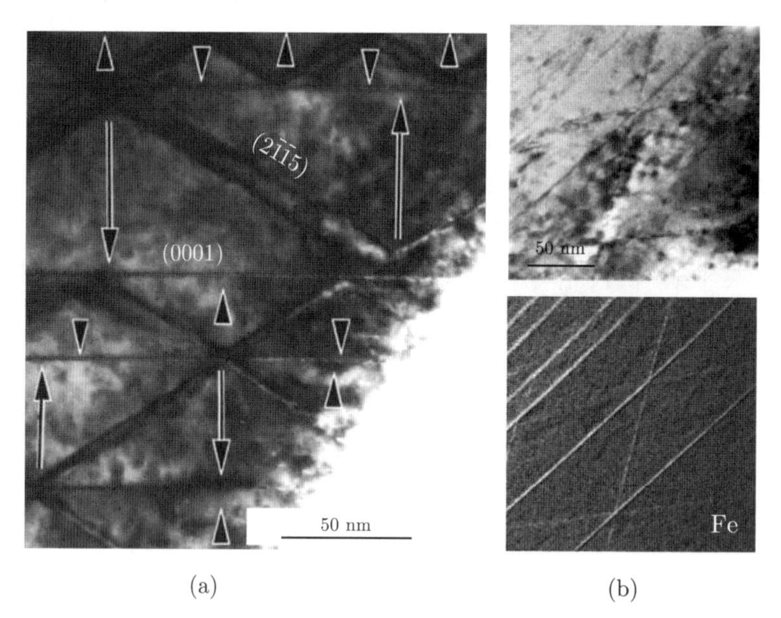

图4.38　ZnO:Fe里的反转畴的TEM像. (a) Fe掺杂的ZnO里的反转畴($ZnO:Fe_2O_3$=100:1). 箭头给出了相应畴的c轴方向. (b) 上方：明场TEM像；下方：由选择能量像得到的Fe分布. 改编自文献[363]

4.5 无序

无序是在微观尺度上偏离了理想结构的一般说法. 除了前面各章讨论过的各种结构缺陷, 无序还有其他的例子:

- 存在一个元素的各种同位素. 这引入了关于原子质量的无序, 主要影响声子的性质 (例如图 8.28).
- 合金中格点位置的占据 (3.7 节), 从随机合金、聚集成团到 (部分) 有序相.
- 原子在其平衡位置附近的 (不可避免的) 热运动和零点运动.

第 5 章

力学性质

如果你想发现宇宙的奥秘，就从能量、频率和振动来思考.

——特斯拉 (N. Tesla)

摘要

首先用一维模型处理晶格振动和声子，给出了几种半导体的真实的声子色散关系，包括合金和无序材料里的声子. 然后给出了线性弹性理论及其在半导体中的应用，关于外延的应变、衬底的弯曲和薄膜的卷曲. 最后讨论塑性弛豫效应，例如临界厚度和晶片断裂.

5.1 简介

构成固体的原子可以偏离它们的平均位置, 因为它们是弹性地束缚着的. 典型的原子相互作用如图 2.1 所示. 因此原子会振动, 固体就是弹性的. 这个势实际上是非对称的, 由于轨道的量子力学重叠, 距离越小越陡峭. 然而, 对于极小值附近的小振幅振动, 可以假设是简谐振子 (简谐近似). 超出了弹性区, 就会出现塑性形变, 例如产生缺陷 (比如位错). 最终, 晶体也可以断裂.

5.2 晶格振动

接下来讨论晶格振动的色散关系, 即波的频率 ν (或者能量 $h\nu = \hbar\omega$) 和波长 λ(或者 k 波矢 $k = 2\pi/\lambda$) 的关系. 将在一维模型中引入声学振动和光学振动. 晶格振动物理学的详细处理, 参阅文献 [366].

5.2.1 单原子线性链

晶格振动的基本物理可以从“线性链”的一维模型中看到. 机械振动也称为声子, 虽然在技术上说, 这个名词用于描述量子化的晶格振动 (来自量子力学的处理).

在单原子线性链中, 质量为 M 的原子位于周期 (晶格常数) 是 a 的一条线上 (x 轴), 位置是 $x_{n_0} = na$. 这是一维布拉伐格子. 这个系统的布里渊区是 $[-\pi/a, \pi/a]$.

原子与简谐势相互作用, 能量正比于位移 $u_n = x_n - x_{n_0}$ 的平方. 可以认为, 原子通过无质量的弹簧耦合起来 (图 5.1(a)). 系统的总机械能是

$$U = \frac{1}{2} C \sum_n (u_n - u_{n+1})^2 \tag{5.1}$$

这个模型假设质点通过没有质量的、理想的弹簧联系起来, 弹性常数为 C. 如果 $\phi(x)$ 是两个原子之间的相互作用能, C 就是 $C = \phi''(a)$. 再说一遍, 简谐近似只对小位移 ($u_n \ll a$) 成立. 原子的位移可以沿着链 (纵波) 或者垂直于链 (横波), 如图 5.2 所示. 注意, 对于这两种类型的波, 弹性常数 C 不一定相同.

如果式 (5.1) 里的和只有有限的项 ($n = 0, \cdots, N-1$), 就必须考虑边界条件. 通常

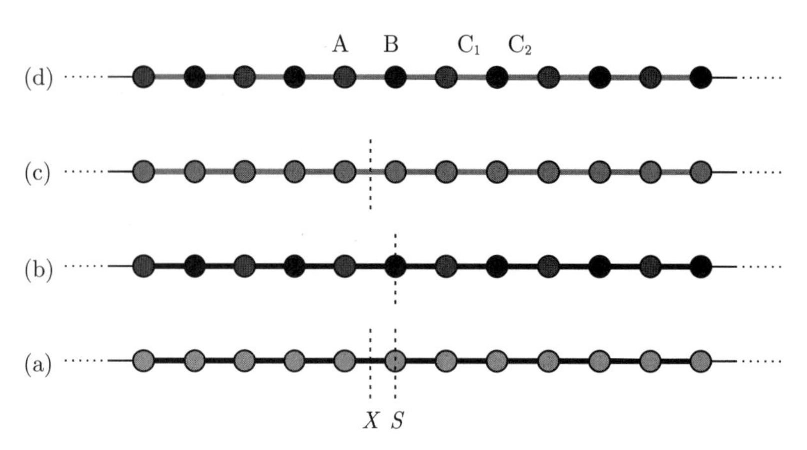

图5.1 线性链模型的示意图：(a) 质量和弹性常数都相同；(b) 质量不同, 弹性常数相同；(c) 质量相同, 弹性常数不同；(d) 质量和弹性常数都不同. 镜像操作$X(S)$交换了二聚物里的A-B原子(弹性常数)

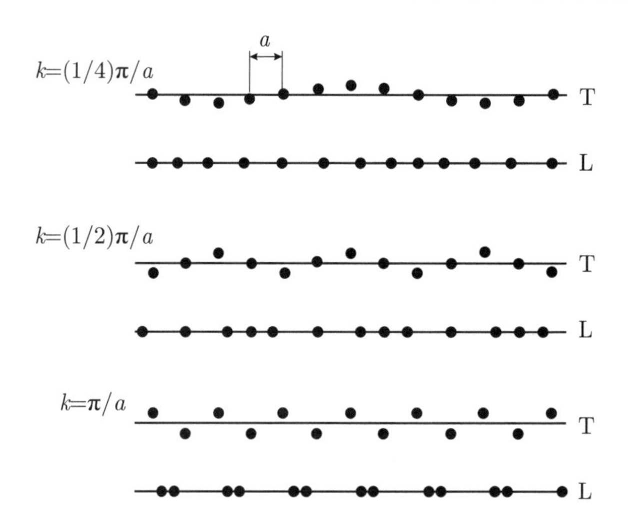

图5.2 在单原子线性链里，不同波矢的横波(T)和纵波(L)

有两种可能性：边界的原子是固定不动的, 即 $u_0 = u_{N-1} = 0$; 边界条件是周期性的 (玻恩-冯卡门), 即 $u_i = u_{N+i}$. 如果 $N \gg 1$, 边界条件就不会有很重要的影响, 可以选择数学上最容易的那些条件. 在固体物理学中, 通常采用周期性边界条件. 边界的现象, 例如在表面处, 就要单独处理了 (见 11.6.1 小节).

由式 (5.1) 得到的运动方程是

$$M\ddot{u}_n = F_n = -\frac{\partial U}{\partial u_n} = -C\left(2u_n - u_{n-1} - u_{n+1}\right) \tag{5.2}$$

求解得到在时间上的周期解 (简谐波): $u_n(x,t) = u_n \exp(-\mathrm{i}\omega t)$. 然后就可以对时间求导

数: $\ddot{u}_n = -\omega^2 u_n$, 由此得到

$$M\omega^2 u_n = C(2u_n - u_{n-1} - u_{n+1}) \tag{5.3}$$

如果这个解在空间上也是周期性的, 即它是 (一维的) 平面波, $u_n(x,t) = v_0 \exp(\mathrm{i}(kx - \omega t))$, 其中 $x = na$, 从周期性边界条件得到 $\exp(\mathrm{i}kNa) = 1$, 因此

$$k = \frac{2\pi}{a}\frac{n}{N} \quad (n \in \mathbb{N}) \tag{5.4}$$

重要的是, 当 k 改变了倒空间的波矢, 即 $k' = k + 2\pi n/a$ 时, 位移 u_n 不受影响. 这个性质意味着产生独立解的 k 只有 N 个值. 可以把这些值选择为 $k = -\pi/a, \cdots, \pi/a$, 所有的 k 位于格子的布里渊区 (图 5.3). 因为这些性质在布里渊区里是周期性的, 可以认为 k 值位于一个圆上, 如图 5.3 所示; 角度 $\phi = ka$ 从 0 变到 2π, 或者从 $-\pi$ 变到 $+\pi$, 悉听尊便.

在布里渊区里, 总共有 N 个 k 值, 每个格点有一个. 相邻 k 值的距离是

$$\frac{2\pi}{Na} = \frac{2\pi}{L} \tag{5.5}$$

L 是这个系统的空间长度.

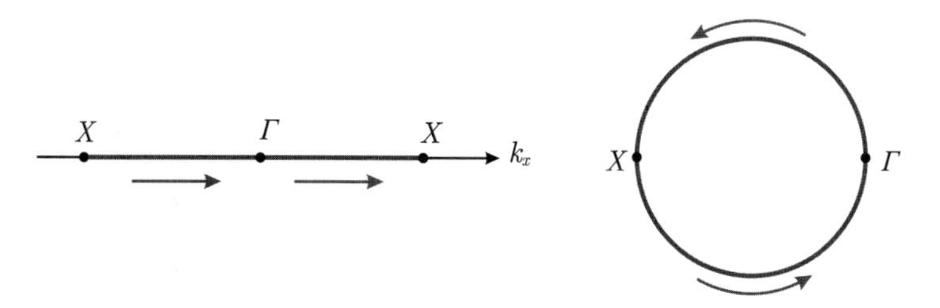

图5.3　一维格子的布里渊区, 从$-\pi/a$到$+\pi/a$, 映射到一个圆上, 角度从$-\pi$到0 (在Γ点)再到$+\pi$

在格点 n 和 $n+m$ 处的位移的相互联系是

$$\begin{aligned} u_{n+m} &= v_0 \exp(\mathrm{i}k(n+m)a) \\ &= v_0 \exp(\mathrm{i}kna)\exp(\mathrm{i}kma) = \exp(\mathrm{i}kma)u_n \end{aligned} \tag{5.6}$$

因此, 运动方程 (5.3) 就是

$$M\omega^2 u_n = C[2 - \exp(-\mathrm{i}ka) - \exp(\mathrm{i}ka)]u_n \tag{5.7}$$

利用恒等式 $\exp(\mathrm{i}ka) + \exp(-\mathrm{i}ka) = 2\cos(ka)$, 我们得到单原子线性链的色散关系 (图 5.4):

$$\omega^2(k) = \frac{4C}{M}\frac{1-\cos(ka)}{2} = \frac{4C}{M}\sin^2\frac{ka}{2} \tag{5.8}$$

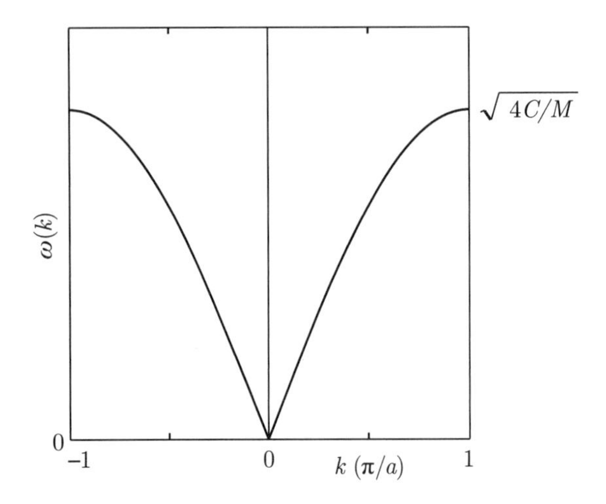

图5.4　单原子线性链的色散关系

它的解描述了晶格里传输的平面波, 相速度为 $c=\omega/k$, 群速度 $v_\text{g}=\text{d}\omega/\text{d}k$ 是

$$v_\text{g}=\pm\sqrt{\frac{4C}{M}}\frac{a}{2}\cos\frac{|k|a}{2} \tag{5.9}$$

在 Γ 点附近 ($k\ll\pi/a$), 色散关系对于 k 是线性的:

$$\omega(k)=a\sqrt{\frac{C}{M}}|k| \tag{5.10}$$

我们习惯于声波 (还有光波) 的这种线性关系. 相速度和群速度是相同的, 不依赖于 k. 因此这种解称为声波解. 介质的声速是 $v_\text{s}=a\sqrt{C/M}$.

非均匀介质的特点是: 当 k 靠近布里渊区的边界时, 波的行为改变了. 对于 $k=\pi/a$, 波长正好是 $\lambda=2\pi/k=2a$, 因而看到了介质的颗粒度 (granularity). 最大的声子频率 ω_m 是

$$\omega_\text{m}=\sqrt{\frac{4C}{M}} \tag{5.11}$$

在布里渊区的边界, 群速度是 0, 因此有一个驻波.

因为横波和纵波的力常数可以不一样, 所以它们的色散关系就可以不同. 当垂直于 $\boldsymbol{k}$ 的两个方向等价时, 色散关系的横波分支是两重简并的.

5.2.2　双原子线性链

现在考虑由两种不同原子构成的系统 (图 5.5). 这是带有双原子基元的半导体的模型, 例如闪锌矿结构. 注意, 金刚石结构也需要用这种方式建模, 虽然基元的两个原子是

相同的.

晶格是相同的, 晶格常数是 a. 在每条链上, 交替放置原子 1 和 2, 间距为 $a/2$. 两个原子的位移分别是 u_n^1 和 u_n^2, 都属于格点 n. 原子的质量是 M_1 和 M_2. 力常数是 C_1(对于同一个基里的 1-2 键) 和 C_2(对于不同基里的 2-1 键), 见图 5.1(d).

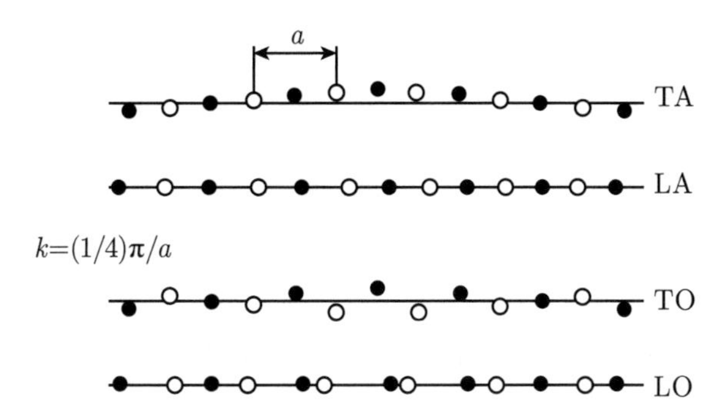

图5.5　双原子线性链的声学波和光学波

系统的总能量是

$$U=\frac{1}{2}C_1\sum_n\left(u_n^1-u_n^2\right)^2+\frac{1}{2}C_2\sum_n\left(u_n^2-u_{n+1}^1\right)^2 \tag{5.12}$$

运动方程是

$$M_1\ddot{u}_n^1=-C_1\left(u_n^1-u_n^2\right)-C_2\left(u_n^1-u_{n-1}^2\right) \tag{5.13a}$$

$$M_2\ddot{u}_n^2=-C_1\left(u_n^2-u_n^1\right)-C_2\left(u_n^2-u_{n+1}^1\right) \tag{5.13b}$$

利用平面波尝试解 $u_n^1(x,t)=v_1\exp(\mathrm{i}(kna-\omega t))$ 和 $u_n^2(x,t)=v_2\exp(\mathrm{i}(kna-\omega t))$, 以及周期性边界条件, 我们得到

$$0=-M_1\omega^2v_1+C_1\left(v_1-v_2\right)+C_2\left[v_1-v_2\exp(-\mathrm{i}ka)\right] \tag{5.14a}$$

$$0=-M_2\omega^2v_2+C_1\left(v_2-v_1\right)+C_2\left[v_2-v_1\exp(\mathrm{i}ka)\right] \tag{5.14b}$$

只有当行列式为零, 即

$$\begin{aligned}0&=\begin{vmatrix}M_1\omega^2-(C_1+C_2) & C_1+\mathrm{e}^{-\mathrm{i}ka}C_2\\ C_1+\mathrm{e}^{\mathrm{i}ka}C_2 & M_2\omega^2-(C_1+C_2)\end{vmatrix}\\&=M_1M_2\omega^4-(M_1+M_2)(C_1+C_2)\omega^2+2C_1C_2[1-\cos(ka)]\end{aligned} \tag{5.15}$$

时, v_1 和 v_2 的这些方程有非平凡解. 利用替换式 $C_+=(C_1+C_2)/2$ 和 $C_\times=\sqrt{C_1C_2}$,

即算术平均值和几何平均值, 以及相应的 M_+ 和 $M_\times$, 这个解是

$$\omega_\pm^2(k) = \frac{\omega_{\max}^2}{2}\left(1 \pm \sqrt{1-\gamma^2 \sin^2\frac{ka}{2}}\right) \tag{5.16}$$

其中,

$$0 < \gamma = \frac{C_\times M_\times}{C_+ M_+} \leqslant 1 \tag{5.17}$$

最大的声子频率 $\omega_{\max}$ 位于上支 (式 (5.16) 中的 “+”) 的布里渊区中心处 ($k=0$):

$$\omega_{\max} = \sqrt{\frac{4C_\times}{\gamma M_\times}} = 2\sqrt{\frac{C_+ M_+}{M_\times^2}} \tag{5.18}$$

色散关系如图 5.6 所示, (每个纵波和横波模式) 有两个分支. 下支 (式 (5.16) 中的 “−”) 与声学模式有关, 近邻原子具有相似的相位 (图 5.5). 对于声学模式, 在 Γ 点, $\omega=0$, 朝着布里渊区边界, 频率逐渐增大.

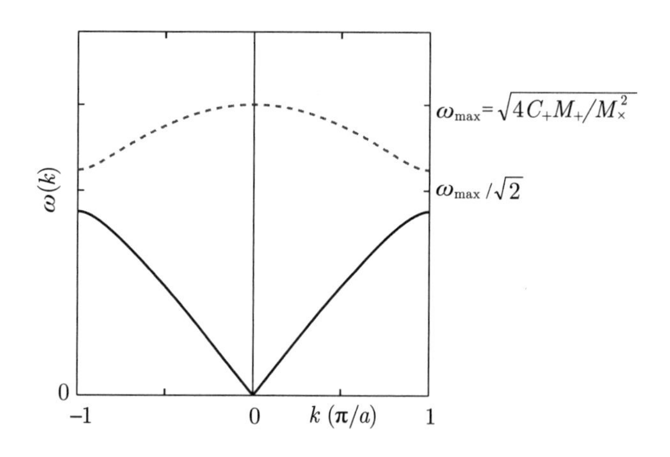

图5.6 具有声学支(实线)和光学支(虚线)的双原子线性链的色散关系

上支称为光学模式 (因为它和光的相互作用很强, 见 9.10 节), 相邻原子具有相反的相位. 在 Γ 点附近, 光学声子的色散关系是负曲率的抛物线:

$$\omega(k) \cong \omega_{\max}\left[1-\frac{1}{2}\left(\frac{\gamma}{4}\right)^2 (ka)^2\right] \tag{5.19}$$

因此, 有 4 种不同的振动, 记为 TA, LA, TO 和 LO. TA 和 TO 分支都是简并的.

在布里渊区边界 (X 点), 有一个频率间隙. 间隙的中心是

$$\overline{\omega_X} = \frac{\omega_{\max}}{\sqrt{2}}\sqrt{\frac{1+\gamma}{2}} \tag{5.20}$$

间隙的总宽度是

$$\Delta\omega_X = \omega_{\max}\sqrt{1-\gamma} \tag{5.21}$$

在 $k=\pi/a$ 处, 光学声子和声学声子的群速度都是 0; 在 $\varGamma$ 点处, 光学声子的群速度也是 0.

通常, 两种特殊情况有显式的解: (i) 原子具有相同的质量 ($M=M_1=M_2$) 和不同的力常数 [367]; (ii) 原子的质量不同, 但是力常数相同 ($C=C_1=C_2$)[368]. 对于 $C_1=C_2$ 和 $M_1=M_2$ 的情况, $\gamma=1$, 所以 $\Delta\omega_X=0$. 色散关系和单原子链完全相同, 只是 k 空间折叠了, 因为现在的实际晶格常数是 $a/2$.

5.2.3 模式图案和拓扑态

首先, 我们选择 $M_1=M_2$. 在这种情况下 (图 5.1(c)), $M_+=M_\times=M$, 色散关系是

$$\omega_\pm^2 = \frac{2C_+}{M}\left(1\pm\sqrt{1-\frac{C_\times^2}{C_+^2}\sin^2\frac{ka}{2}}\right) \tag{5.22}$$

下支 (声学支) 和上支 (光学支) 在布里渊区边界 $k=\pm\pi/a$ 处的频率是

$$\omega_\pm^2(X) = \frac{C_1+C_2\pm|C_1-C_2|}{M} \tag{5.23}$$

即 $\omega_-(X)=\sqrt{2\min(C_1,C_2)/M}$ 和 $\omega_+(X)=\sqrt{2\max(C_1,C_2)/M}$. 更软的弹簧决定了下支的顶部, 而更硬的弹簧决定了上支的底部.

下支和上支的本征态是 (上面的符号表示上支, 未包括时间和空间的周期性 $\exp[\mathrm{i}(kna-\omega t)]$)

$$\boldsymbol{v}_\pm(k) = \begin{pmatrix} v_{\pm,1}(k) \\ v_{\pm,2}(k) \end{pmatrix} = \begin{pmatrix} 1 \\ \mp\dfrac{C_1+C_2\exp(\mathrm{i}ka)}{\sqrt{C_1^2+C_2^2+2C_1C_2\cos ka}} \end{pmatrix} \tag{5.24}$$

在布里渊区中心, 下支有 $v_{-,2}(\varGamma)=+v_{-,1}(\varGamma)$, 而上支有 $v_{+,2}(\varGamma)=-v_{+,1}(\varGamma)$. 因此, 如前所述, 在长波长的时候, 在声学支 (光学支) 里, 基元里的两个原子同相 (反相) 振动.

在布里渊区的边界, $k=\pm\pi/a$ (而且是对于 $C_1\neq C_2$ 的情况),

$$v_{-,2}(X) = +v_{-,1}(X)\,\mathrm{sgn}\,(C_1-C_2) \tag{5.25}$$

$$v_{+,2}(X) = -v_{+,1}(X)\,\mathrm{sgn}\,(C_1-C_2) \tag{5.26}$$

现在, 基元里的两个原子的相对相位 (relative phase) 依赖于比值 $C_2/C_1 \gtrless 1$! 对于 $C_1>C_2$, 声学支的顶部有 $v_{-,2}(X)=v_{-,1}(X)$, 因此与 $\varGamma$ 点的情况相同, 保持了这个能

带的“声学”特性. 然而, 对于 $C_2 > C_1$, 有 $v_{-,2}(X) = -v_{-,1}(X)$, 因此是反相的, 类似于光学模式. 上支的情况也是如此 (is vice versa).

这种情况可以通过画出 v_2 和 v_1 的相对相位来看, 表示为

$$\delta\phi_{\pm}(k) = \arg\left(\frac{v_{\pm,2}(k)}{v_{\pm,1}(k)}\right) \tag{5.27}$$

对于 $C_2/C_1 \gtrless 1$ 这两种情况 (注意, 所有的情况都有 $|v_2| = 1$), 下支的情况如图 5.7 所示. 两种情况 $C_2/C_1 \gtrless 1$ 的色散关系以及相位 $\delta\phi_{\pm}$ 用彩色画出, 如图 5.8 所示.

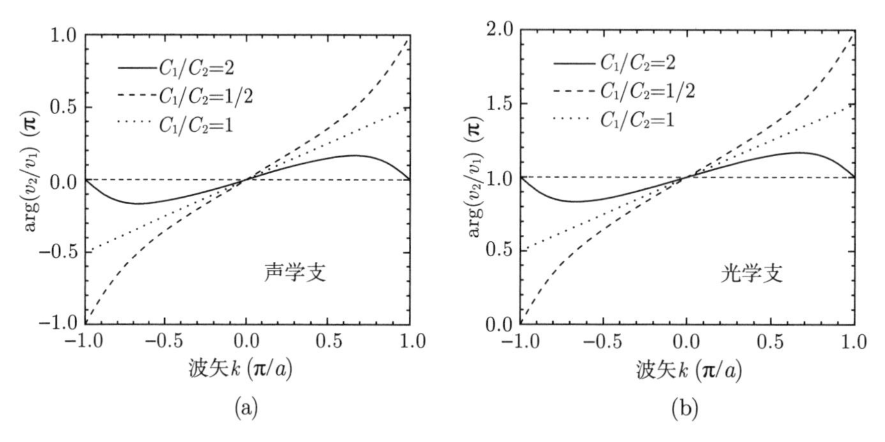

图5.7　A位和B位的相对相位，用式 (5.27)里的arg(v_2/v_1)表示：(a) 下支(声学支，$\delta\phi_-$)；(b) 上支(光学支，$\delta\phi_+$). 实线是C_1/C_2=2的情况；虚线是C_1/C_2=1/2的相反情况. 点状线是C_1=C_2的情况

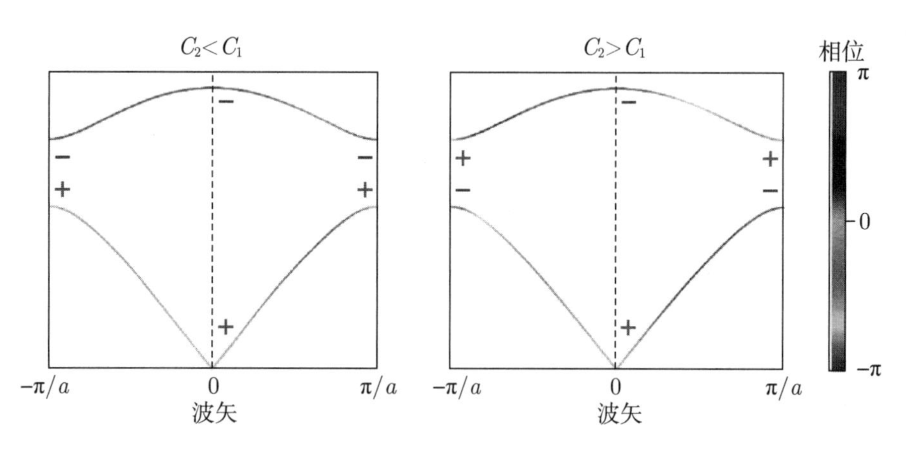

图5.8　用伪彩色显示了声子的色散关系和波函数的相位(B位和A位之间的相对相位). 左：C_1/C_2=2；右：C_1/C_2=1/2. 模式相对于A位和B位交换的奇偶对称性用“+”(同相)和“−”(反相)表示

对于所有 $C_2/C_1 > 1$ 的情况, 有 $v_{\pm,2}(\pi/a) - v_{\pm,2}(-\pi/a) = 0$. 对于所有 $C_2/C_1 < 1$ 的情况, 有 $v_{\pm,2}(\pi/a) - v_{\pm,2}(-\pi/a) = 2\pi$. 因此, 这个数是“拓扑不变量”，因为不

能通过系统的光滑变化而改变, 即 C_1/C_2 的缓慢的小的变化, 除非经过无带隙的态 ($C_1/C_2=1$). $C_1=C_2$, $\delta\phi_-=ka/2$ 和 $\delta\phi_+=\pi+ka/2$ 的情况如图 5.7 所示. 注意, 式 (5.27) 里的相位差和图 5.7 里的曲线不依赖于质量比.

通常, 模式 $\boldsymbol{v}$ 相对于改变 A 位和 B 位的对称操作 $\boldsymbol{X}$ 的对称性

$$\boldsymbol{X}\boldsymbol{v}=\boldsymbol{X}\begin{pmatrix} v_1 \\ v_2 \end{pmatrix}=\begin{pmatrix} v_2 \\ v_1 \end{pmatrix}=\exp(\mathrm{i}\delta\phi)\begin{pmatrix} v_1 \\ v_2 \end{pmatrix} \tag{5.28}$$

可以用相位 $\delta\phi$ 表示. $\boldsymbol{X}$ 是酉变换 (unitary transformation), 因为 $\boldsymbol{X}^{\mathrm{H}}\boldsymbol{X}=\mathbf{1}$. 对于定义良好的类似于宇称的对称性 (parity-like symmetry), 我们要求 $\boldsymbol{X}^2=\mathbf{1}$; 该相位因子是 $1(\delta=0$, 偶宇称, positive parity) 和 $-1(\delta=\pm\pi$, 奇宇称, negative parity). 在图 5.8(b) 里, 对于非平庸的相位, 宇称在布里渊区里改变了两次; 在平庸的情况中, 宇称不改变. 用后面讨论的电子能带的观点来看, 我们提醒读者, 电子的 s 态 (p 态) 具有偶 (奇) 宇称. 经过整个布里渊区得到的相位变化必定是 2π 的整数倍, 因为物理性质是布里渊区的周期函数. 为了得到合适的拓扑不变量, 需要计算的性质是贝里相位 (Berry phase)[369,370] γ_n, 对于分支 n, 有更一般的方法 (more general recipe):

$$\gamma_n=\mathrm{i}\int_{\mathcal{C}}\boldsymbol{v}_{\boldsymbol{n}}^*\cdot\left(\frac{\partial}{\partial k}\boldsymbol{v}_{\boldsymbol{n}}\right)\mathrm{d}k \tag{5.29}$$

其中 $\mathcal{C}$ 是参数空间里的一个封闭环路, 这里是对整个布里渊区的积分. 积分核 (integrand) 是“贝里联络”的一维等价物. ① 对于双原子的线性链, 由这个积分得到

$$\gamma_\pm=\begin{cases} 0 & (C_2<C_1) \\ -\pi & (C_2=C_1) \\ -2\pi & (C_2>C_1) \end{cases} \tag{5.30}$$

还应该考虑下面这种情况: $C_2>C_1$ 的情况意味着 A-B 在双聚体之间的弹性常数大于在双聚体之内的. 但是, 我们对基元的选择是自由的, 这种情况可以用 B-A 双聚体来不同地考虑, 那么, 对于完全相同的物理情况, 双聚体之间的弹性常数 (现在是 C_1) 就小于双聚体之内的 (C_2). 因此, 这两种情况不会有本质差别, 无法区分, 特别是当 A 位和 B 位等价时 (这里是 $M_1=M_2$). 然而, 当拓扑性质不同的两种介质有界面时, 根据体-边缘对应性 (bulk-boundary correspondence), 边缘态出现; 对于 DLCM 的情况, 在 5.2.10 小节讲述.

① 对于更高的维度, 封闭路径 (或表面) 上的积分可以用斯托克斯定理替换为贝里通量 (Berry flux) 在面积 (或体积) 上的积分. 它在“规范变换”下 (用 $\exp(\mathrm{i}\theta)\boldsymbol{v}_{\boldsymbol{n}}$ 替换 $\boldsymbol{v}_{\boldsymbol{n}}$) 也是不变量.

在 $C_1 = C_2$ 的情况下 (图 5.1(b)), $C_+ = C_\times = C$, 色散关系是

$$\omega_\pm^2 = \frac{2CM_+}{M_\times^2}\left(1 \pm \sqrt{1 - \frac{M_\times^2}{M_+^2}\sin^2\frac{ka}{2}}\right) \tag{5.31}$$

假设 $M_2 < M_1$, 声学支和光学支在布里渊区边界的频率分别为 $\omega_{X,1} = \sqrt{2C/M_1}$ 与 $v_2 = 0$ (更大质量的振荡) 和 $\omega_{X,2} = \sqrt{2C/M_2}$ 与 $v_1 = 0$(更小质量的振荡). 在 X 点的振动中, 只有一个原子振荡, 另一个原子不移动. 靠近 Γ 点, 原子与 $v_2 = v_1$ 的声学支相位相同. 对于光学支, Γ 点的频率是 $\omega = \sqrt{2C/M_\mathrm{r}}$ (采用约化质量 $M_\mathrm{r}^{-1} = M_1^{-1} + M_2^{-1} = 2M_+/M_\times^2$), 振幅比由质量比给出: $v_2/v_1 = -M_1/M_2$, 即原子的相位相反, 较重原子的振幅较小.

再次强调, 式 (5.27) 定义的 v_2 和 v_1 相对相位对于所有质量都是相同的 (图 5.7 里的虚线). 因此, 情况 $C_1 = C_2$ 对于所有质量在拓扑上与无带隙态相同, 并且由于不同的弹性常数或不同的质量, 带隙具有不同的性质.

最后再看看图 5.1, 考虑对称性分类. 单原子链有两个类似于反射的对称, 用垂直虚线表示; 它对于 A 原子和 B 原子的交换 $\boldsymbol{X}$ 和弹簧的交换 $\boldsymbol{S}$ 是对称的. 图 5.1(b) 和 (c) 的情况只保持了一个这样的对称性, 而一般的双原子链 (图 5.1(d)) 没有单独保留它们, 但仍然具有所谓的手性对称, 即 $\boldsymbol{XS}$ 组合. 根据拓扑系统 CAZ 分类的“周期系统”, 双原子线性链是 BDI 型的系统 [371], 拓扑不变变量由式 (5.30) 导出, 为以下形式的整数: $\gamma/(2\pi) \in \mathbb{Z}$.

5.2.4 三维晶体的晶格振动

对单原子基元的三维晶体做计算的时候, 有 $3N$ 个运动方程. 把它们变换到正则坐标, 表示色散关系的 3 个声学支 (1 个 LA 声子模式和 2 个 TA 声子模式). 在 p 个原子组成基元的晶体里, 也有 3 个声学支和 $3(p-1)$ 个光学支. 双原子基元 (就像在闪锌矿结构中) 有 3 个光学声子支 (1 个 LO 声子模式和 2 个 TO 声子模式). 模式的总数是 $3p$. 色散关系 $\omega(\boldsymbol{k})$ 现在要计算所有的方向 $\boldsymbol{k}$.

沿着布里渊区的特定方向, Si 和 GaAs 的声子色散分别如图 5.9 和图 5.10 所示 (参见图 3.38(b)). 详细的处理见文献 [372]. LO 和 TO 能量, 对于Ⅳ族半导体, 在 Γ 点是简并的; 而对于Ⅲ-Ⅴ族半导体, 因为键的离子性和与长波 LO 声子相联系的宏观电场, 不是简并的 (见 9.5 节). 比较 GaAs[373] 和 GaP[374], Ga 和 P 的原子质量相差很大 ($M_\times/M_+ \approx 0.92$), 使得声学支和光学支之间形成了清楚的能隙; 而对于 GaAs, $M_\times/M_+ \approx 0.9994$, 接近于 1, 没有形成能隙.

注意, 对于 $\langle 110\rangle$ 方向 (Σ) 的传播, TA 声子的简并解除了, 因为两个垂直方向 $\langle 001\rangle$ 和 $\langle 1\bar{1}0\rangle$ 是不等价的.

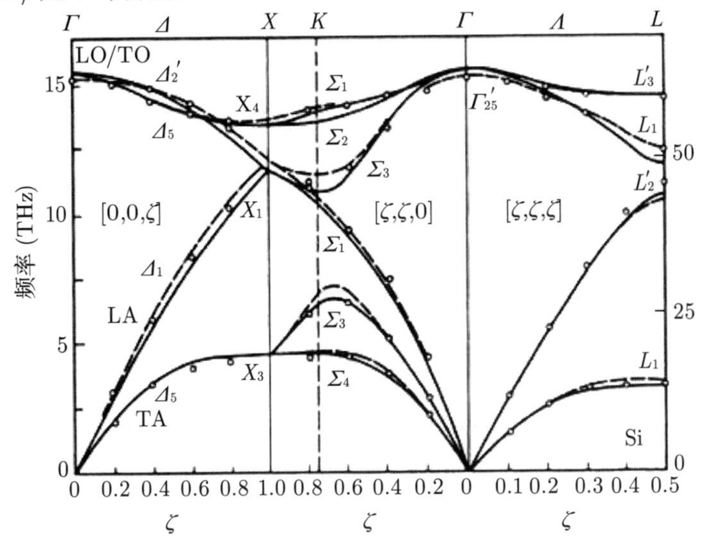

图5.9 Si的声子色散关系的实验数据和理论(实线：键电荷模型，虚线：价力场模型). 改编自文献[164]

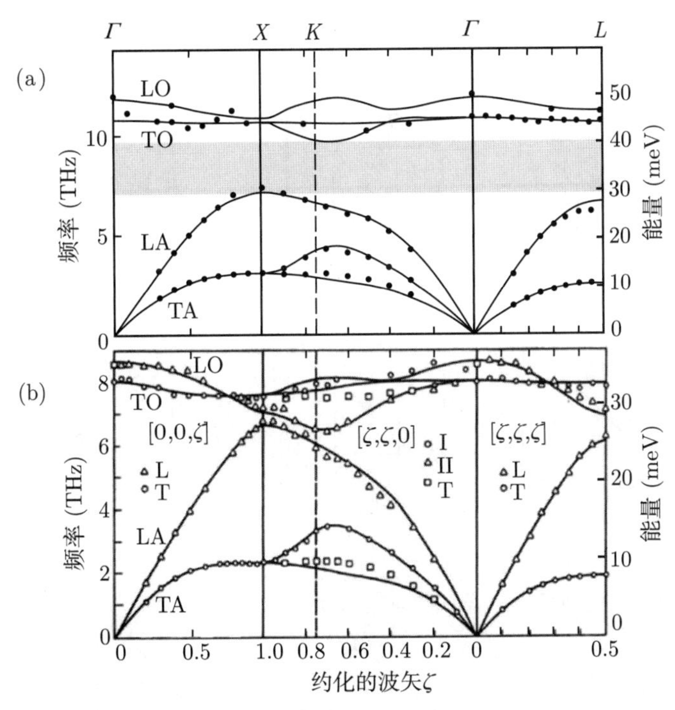

图5.10 GaP(a)和GaAs(b)的声子色散关系的实验数据和理论(实线：14个参数的壳层模型；符号：实验数据). L和T分别表示纵向模式和横向模式. Ⅰ和Ⅱ(沿着[$\zeta,\zeta,0$])模式的偏振位于($1\bar{1}0$)面. 图(a)里的灰色区域表示声学态和光学态之间的能隙. 图(a)改编自文献[375]，图(b)改编自文献[373]

在氮化硼里,两个组分如此相似,所以声学支和光学支没有能隙 (图 5.11). 同时也给出了 (对整个布里渊区做平均的) 态密度 (见下一章).

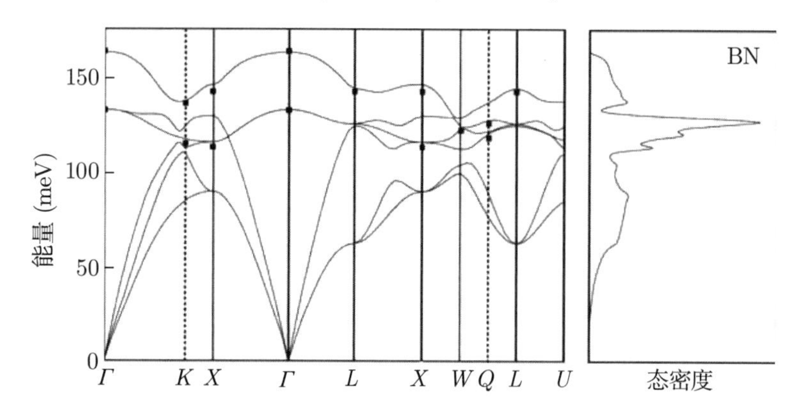

图5.11　BN的声子色散关系(左图)的实验数据(方块)和理论(实线:第一性原理赝势模型). 右图是态密度. 改编自文献[376]

对于闪锌矿晶体和纤锌矿晶体中的不同的声子模式,原子的位移如图 5.12 所示. 纤锌矿晶体的光学声子模式如图 5.13 所示. E 模式的位移垂直于 c 轴,是两重简并的,所以一共有 9 个模式 (元胞有 $p=4$ 个原子 (3.4.5 小节)). 根据群论 (见 6.2.5 小节的评论), (以分子符号) 标记了这些模式的对称性.

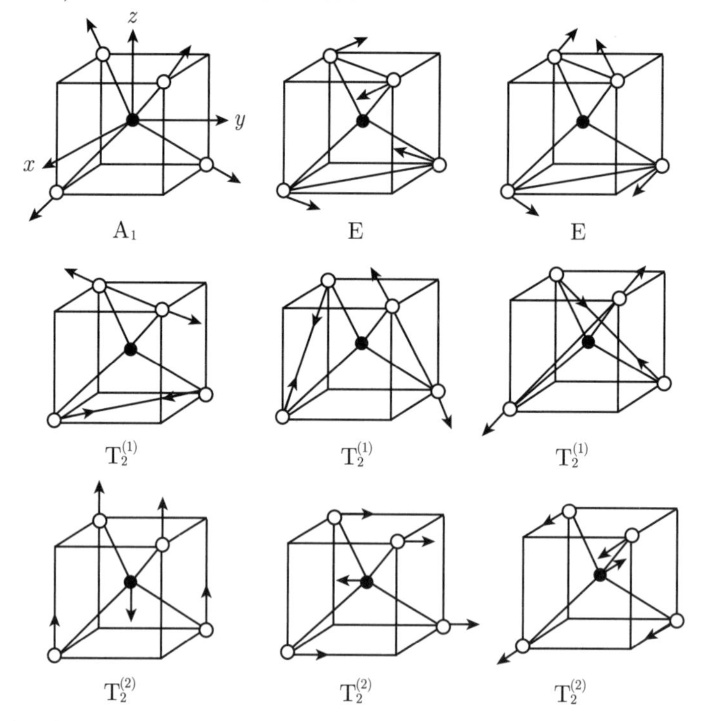

图5.12　闪锌矿晶体里不同声子模式的原子位移. 改编自文献[377]

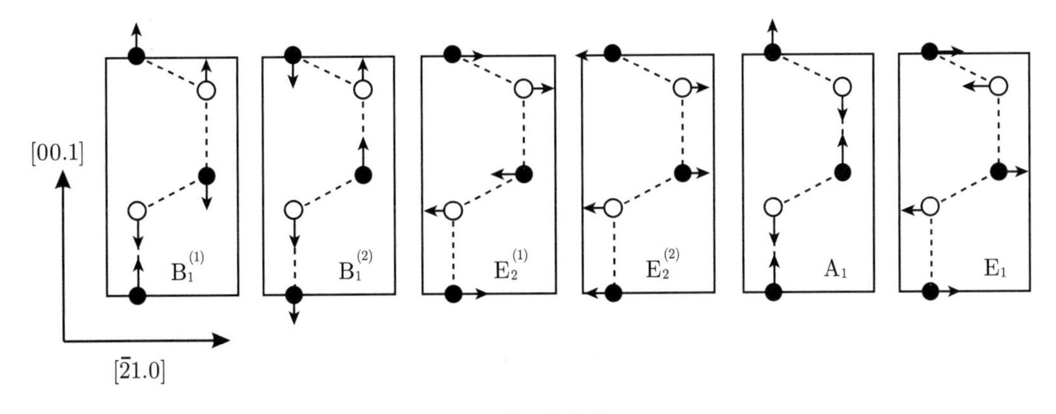

图5.13　纤锌矿晶体里不同声子模式的原子位移. 改编自文献[378]

声子频率对原子质量的依赖关系 ($\propto 1/\sqrt{M}$) 可以用同位素效应来证明, GaAs 的情况如图 5.14 所示. 声子频率对弹簧刚性的依赖关系如图 5.15 所示; 晶格常数越小, 弹簧的刚性越大.

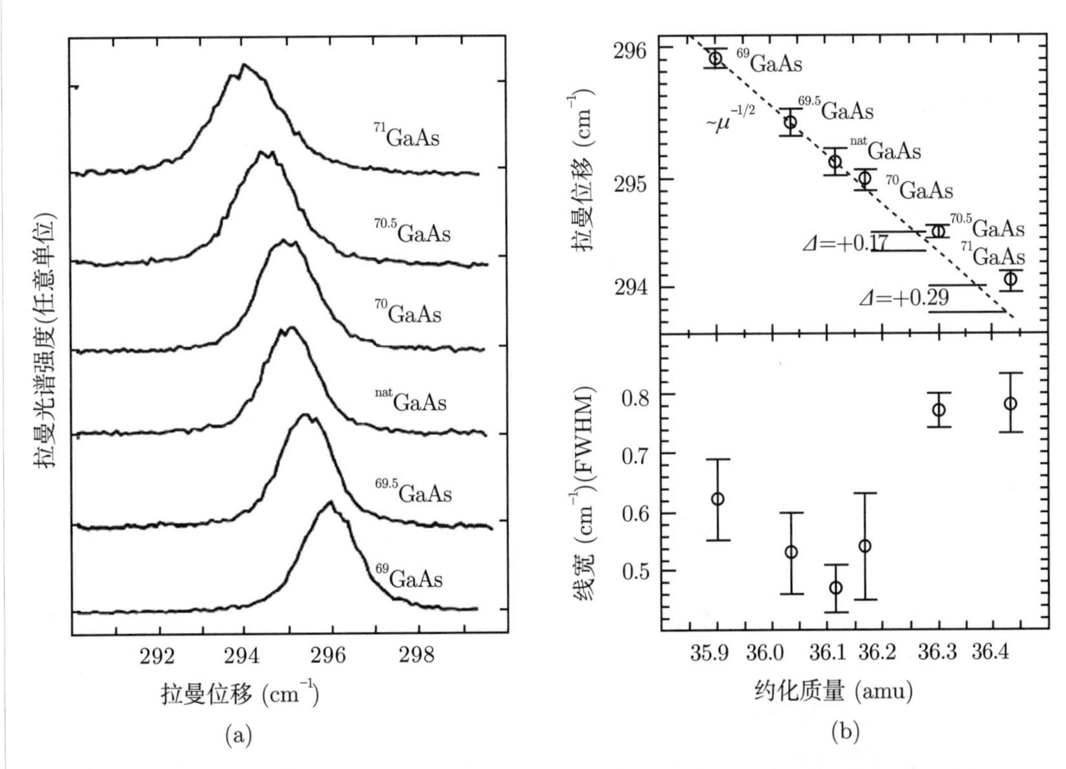

图5.14　(a) GaAs的拉曼谱(标出了不同的同位素). (b) 各种同位素的GaAs里的光学声子的能量(利用了图(a)的拉曼谱). 经允许转载自文献[379], ©1999 APS

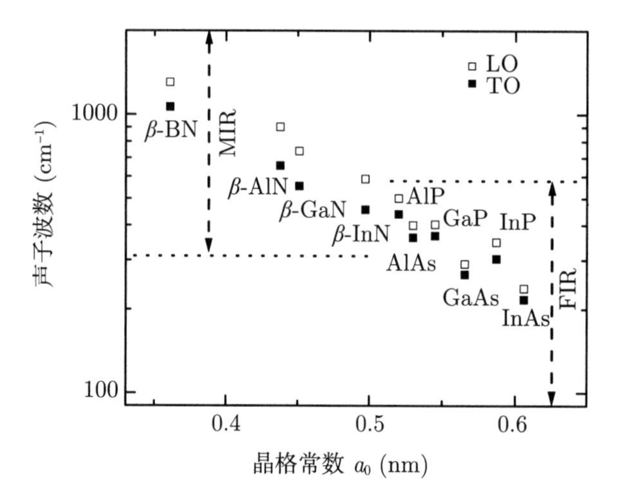

图5.15　几种Ⅲ-V化合物(具有不同的晶格常数a_0)的光学声子的频率(TO：实心方块，LO：空心方块). 1 meV对应于8.065 波数(cm^{-1}). 改编自文献[380]

5.2.5　态密度

态密度 (DOS) 说的是在给定的能量间隔里有多少个模式. 这些态均匀地分布在 $\boldsymbol{k}$ 空间, 但在能量尺度上并非如此 (参见 6.13 节).

在单原子线性链模型中, 对于声学声子的色散关系式 (5.8), 从 $E=0$ 到 $E=\hbar\omega=E'(k')$ 的态的数目 $N(E')$ 是

$$N\left(E'\right)=k'\frac{N}{\pi/a}=\frac{L}{\pi}k' \tag{5.32}$$

利用式 (5.8), 我们发现对于一种偏振 ($E_\mathrm{m}=\hbar\omega_\mathrm{m}$),

$$N(E)=\frac{2N}{\pi}\arcsin\frac{E}{E_\mathrm{m}} \tag{5.33}$$

态密度 $D(E)$ 是

$$D(E)=\frac{\mathrm{d}N(E)}{\mathrm{d}E}=\frac{2N}{\pi E_\mathrm{m}}\frac{1}{\sqrt{1-(E/E_\mathrm{m})^2}} \tag{5.34}$$

态密度经常用 (无关紧要的) 系统尺寸来归一化, 得到每个原子的态密度 (D/N), 或者是单位体积的态密度 (D/L^3)、单位面积的态密度 (D/L^2) 或单位长度的态密度 (D/L), 分别对应于三维、二维或一维系统.

在双原子线性链模型里, 光学声子对态密度给出了额外的贡献. 对于 $\gamma=0.9$ 的情况, 声子的态密度如图 5.16 所示, 为了比较, 还给出了 $\gamma=1$ 的情况 (没有能隙的声子色散). 对于小的波矢, 态密度是 $4N/(\pi E_\mathrm{m})$. ① 在能隙里, 态密度为零. 在带隙的边上, 态

① 与式 (5.34) 相比, 多出来的因子 2 来自折叠的布里渊区 (相比于单原子线性链模型).

密度增大了. 这两种色散关系的总的态密度是相同的.

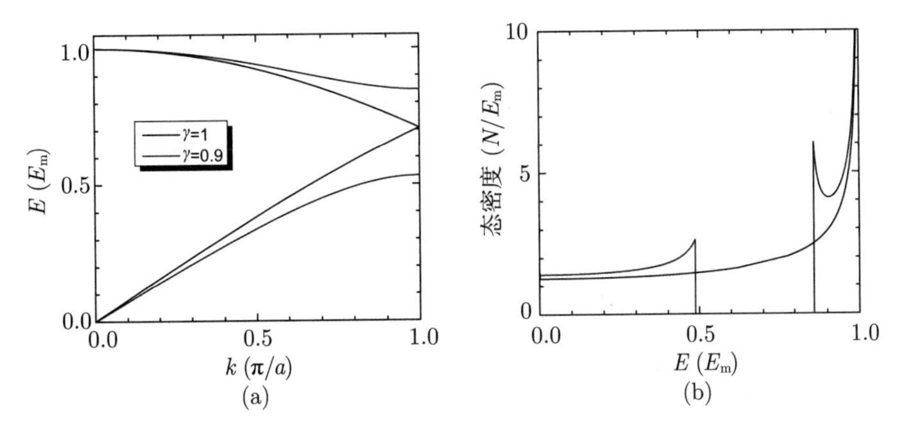

图5.16 (a) γ=1(黑线)和γ=0.9(蓝线)时双原子线性链模型的声子色散关系. (b) 对应的态密度(单位是N/E_m)

在三维固体里, 模的总数为 $3pN(N \gg 1$, p 为基元中的原子数). 式 (5.32) 修正为 (对于 3 个简并的偏振)

$$N(E') = \frac{4\pi}{3}\frac{3}{(2\pi/L)^3}k'^3 \tag{5.35}$$

上式考虑了 $\boldsymbol{k}$ 空间里半径为 k' 的球里的所有态. 假定线性的色散关系 $\omega = v_s k$, 得到

$$N(E) = \frac{V}{2\pi^2}\frac{E^3}{\hbar^3 v_s^3} \tag{5.36}$$

因此, 态密度近似地① 正比于 E^2:

$$D(E) = \frac{3V}{2\pi^2}\frac{E^2}{\hbar^3 v_s^3} \tag{5.37}$$

在图 5.11 里, BN 的声子态密度的实例与色散关系画在一起了.

5.2.6 声子

声子是晶格振动 (简正模式) 的量子化的准粒子. 一个声子的能量可以取简谐振子的分立值:

$$E_{ph} = \left(n + \frac{1}{2}\right)\hbar\omega \tag{5.38}$$

其中, n 表示态的量子数, 对应于振动里的能量量子 $\hbar\omega$ 的数目. 根据下面的讨论, 振动的振幅可以和 n 联系起来. 对于经典的振动, $u = u_0 \exp(\mathrm{i}(kx - \omega t))$, 对动能做空间和时

① 这个依赖关系是热容的德拜定律 (T^3 的温度依赖关系) 的基础, 只有波数充分小的态有热占据.

间的平均, 得到

$$E_{\text{kin}} = \frac{1}{2}\rho V\overline{\left(\frac{\partial u}{\partial t}\right)^2} = \frac{1}{8}\rho V\omega^2 u_0^2 \tag{5.39}$$

其中, ρ 是 (均匀) 固体的密度, V 是体积. 振动的能量分配给动能和势能各一半. 由 $2E_{\text{kin}} = E_{\text{ph}}$, 得到

$$u_0^2 = \left(n + \frac{1}{2}\right)\frac{4\hbar}{\rho V\omega} \tag{5.40}$$

振动模式被占据的声子的数目就与经典振幅的平方直接有关.

声子具有动量 $\hbar\boldsymbol{k}$, 称为晶体动量. 当声子产生、消灭或散射时, 晶体动量是守恒的, 除了相差一个任意的倒空间矢量 $\boldsymbol{G}$. $\boldsymbol{G}=\boldsymbol{0}$ 的散射称为正常过程, 否则 ($\boldsymbol{G}\neq\boldsymbol{0}$) 就是倒逆过程 (umklapp process).

5.2.7 局域振动模

晶体里的缺陷可以诱导出局域振动模 (LVM). 这个缺陷可以是质量缺陷, 即质量 M 被 M_{d} 替换, 也可以是近邻的力常数变为 C_{d}. 详细处理参阅文献 [381]. 文献 [382-384] 讨论了局域振动模.

先考虑一维单原子链的局域振动模. 如果把格点 $i=0$ 上的质量替换为 $M_{\text{d}} = M + \Delta M(\epsilon_{\text{M}} = \Delta M/M)$, 位移是 $u_i = AK^{|i|}$, 其中 A 是振幅,

$$K = -\frac{1+\epsilon_{\text{M}}}{1-\epsilon_{\text{M}}} \tag{5.41}$$

缺陷的声子频率 ω_{d} 是

$$\omega_{\text{d}} = \omega_{\text{m}}\sqrt{\frac{1}{1-\epsilon_{\text{M}}^2}} \tag{5.42}$$

当 $|\epsilon_{\text{M}}| < 1$ 时, 得到真实的频率. ω_{d} 比体模式的最高频率 $\omega_{\text{m}} = \sqrt{4C/M}$ (式 (5.11)) 还高. 当 $\epsilon_{\text{M}} < 0$ 时, 缺陷的质量小于宿主原子的质量, K 是负的, 而且 $|K| < 1$. 因此, 位移可以写为

$$u_i \propto (-|K|)^{|i|} = (-1)^{|i|}\exp(+|i|\log|K|) \tag{5.43}$$

指数上是负数, 因此振幅从缺陷那里指数地衰减, 确实形成了局域振动模. 对于小质量 $M_{\text{d}} \ll M$, 式 (5.42) 近似地给出 $\omega_{\text{d}} = \sqrt{2C/M_{\text{d}}}$. 这个近似是所谓的单振子模型. 因为局域模的展开通常只有几个晶格常数, 当杂质的浓度达到 $10^{18} \sim 10^{20}/\text{cm}^3$ 时, 局域模的图像仍然正确. 对于更高的浓度, 必须考虑合金模式的概念 (见 5.2.8 小节).

对于Ⅳ族半导体里的Ⅲ或Ⅴ族替代杂质的情况, 某种程度上可以忽略力常数的变化 (后面再处理). 对于硅 ($M=28$) 和锗 ($M=73$), 不同替代杂质的效应如图 5.17 所示.

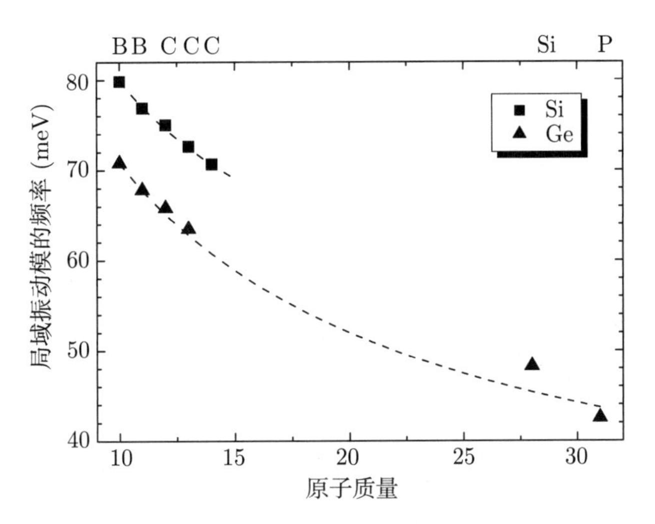

图5.17 Si和Ge的局域振动模的能量. T=300 K 的实验数据(Ge里的B：T=80 K)取自文献[381]以及那里的参考文献和文献[385] (Ge里的C). 虚线是根据式(5.42)的质量依赖关系，并约化到^{10}B局域振动模的实验频率值

现在考虑杂质左边和右边的力常数被替换为 $C_\mathrm{d} = C + \Delta C(\epsilon_\mathrm{C} = \Delta C/C)$. 位移仍然是 $u_i = AK^{|i|}$, 其中

$$K = -\frac{(1+\epsilon_\mathrm{M})(1+\epsilon_\mathrm{C})}{1-\epsilon_\mathrm{M}-2\epsilon_\mathrm{C}} \tag{5.44}$$

局域模振幅的指数式衰减出现在负的 K 值, $\epsilon_\mathrm{M}+2\epsilon_\mathrm{C}<0$(以及 $\epsilon_\mathrm{M}>-1$ 和 $\epsilon_\mathrm{C}>-1$) 保证了这一点. 缺陷的频率是

$$\omega_\mathrm{d} = \omega_\mathrm{m}\sqrt{\frac{(1+\epsilon_\mathrm{C})(2+\epsilon_\mathrm{C}(3+\epsilon_\mathrm{M}))}{2(1+\epsilon_\mathrm{M})(2\epsilon_\mathrm{C}+1-\epsilon_\mathrm{M})}} \tag{5.45}$$

注意, 当 $\epsilon_\mathrm{C}=0$ 时, 又得到了式 (5.41) 和式 (5.42).

对于给定的质量缺陷, 随着 ΔC 的频率变化是 (在线性区, $\epsilon_\mathrm{C} \ll 1$)

$$\frac{\partial\omega_\mathrm{d}(\epsilon_\mathrm{M},\epsilon_\mathrm{C})}{\partial\epsilon_\mathrm{C}} = \frac{1-4\epsilon_\mathrm{M}-\epsilon_\mathrm{M}^2}{4(1-\epsilon_\mathrm{M})\sqrt{1-\epsilon_\mathrm{M}^2}}\epsilon_\mathrm{C} \tag{5.46}$$

当 $\epsilon_\mathrm{M}\to-1$ 时, 线性系数发散. 当 ϵ_M 位于 -0.968 和 0 之间时, 线性系数在 2 和 1/4 之间变化. 因此, 更大的力常数 ($\epsilon_\mathrm{C}>0$) 增大了缺陷的局域模频率, 就像更硬的弹簧一样.

二元化合物的情况更加复杂. 这里假定力常数仍然是相同的, 只有替换原子的质量 M_d 与宿主不同. 宿主的原子质量是 M_1 和 M_2, $M_1<M_2$. 用更轻的原子替换重原子 ($M_\mathrm{d}<M_2$), 在光学支的上方产生了一个局域模. 此外, 在光学支和声学支的间隙里引入了一个能级. 这种局域振动模称为间隙模 (gap mode). 替换二元化合物里更轻的原子,

当 $M_{\mathrm{d}} < M_1$ 时, 在光学支的上方产生了一个局域模. 当 $M_{\mathrm{d}} > M_1$ 时, 诱导了一个间隙模. GaP 的情况如图 5.18 所示. 文献 [382] 综述了 GaAs 里的局域振动模.

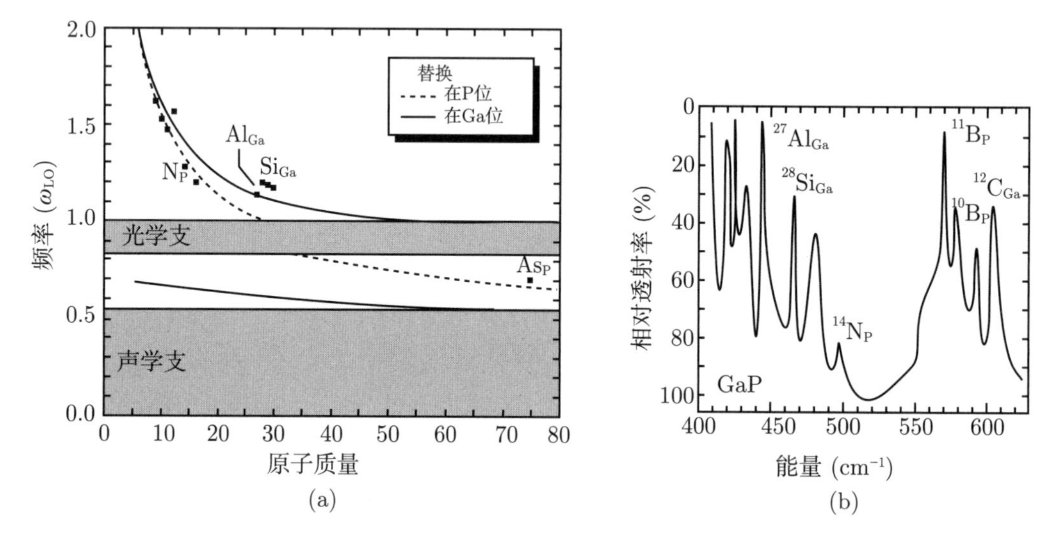

图5.18 (a) GaP线性链的数值仿真(M_1=31, M_2=70). 局域振动模的能量(虚线(实线): 在P(Ga)位替换)的单位是Γ处的光学声子频率($\hbar\omega_{\mathrm{m}}$ = 45.4 meV, 对比图5.10(a)). 灰色区域指出了声学声子带和光学声子带. 实心方块是实验数据(取自文献[381]), 并约化到$^{27}Al_{Ga}$局域振动模的理论曲线. (b) GaP结构(Zn掺杂补偿的衬底上的N掺杂层)相对于纯晶体的微分透射谱, T=77 K. 数据取自文献[386]

局域振动模的能量位置对周围原子的同位素质量很敏感. GaAs 里的 $^{12}C_{As}$ 局域模的高分辨率 (0.03/cm) 谱如图 5.19 所示, 同时给出了理论模拟. 不同的理论峰位由垂直条给出, 它们的高度表示振子强度. 5 个实验峰显而易见, 它们来自总共 9 个不同的跃迁. C 原子有 5 种不同的周围环境 (见表 3.8), 它的 4 个近邻是 ^{69}Ga 或 ^{71}Ga. 自然的同位素混合物是一种 “合金” $^{69}Ga_x{}^{71}Ga_{1-x}As$, 其中 $x = 0.605$. 具有 T_d 对称性的构型各贡献了一个峰, 为最低的 (^{71}Ga 周围) 和最高的 (^{69}Ga 周围) 能量跃迁. 具有 C_{3v} 和 C_{2v} 对称性的构型分别贡献了 2 个和 3 个非简并模式.

文献 [387] 讨论了杂质复合体的振动.

5.2.8 合金里的声子

在 $AB_{1-x}C_x$ 型的合金里, 声子频率依赖于三元合金的组分 [388]. 对于末端的二元材料 AB 和 AC, 显然存在 TO 和 LO 频率. 这种合金最简单的行为是单模式行为 (图 5.20(d)), 模式频率随着组分连续地 (近似线性地) 变化. 振子强度 (LO-TO 劈裂, 式 (9.86)) 仍然近似于常数. 在很多情况下, LO-TO 间隙关闭 (伴随着减小了的振子强度),

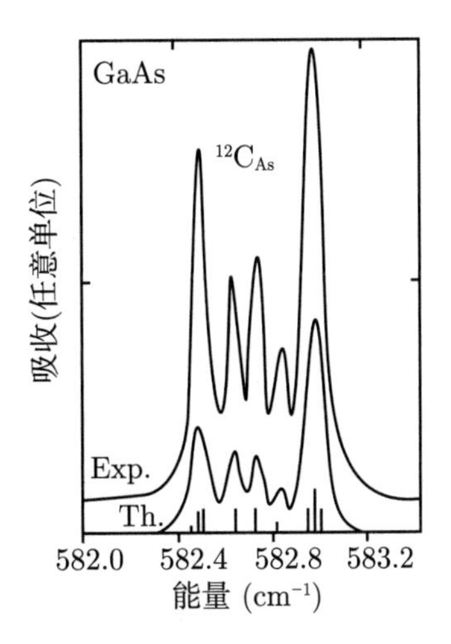

图5.19　在GaAs里，$^{12}C_{As}$局域振动模的红外谱的实验(Exp.，T=4.2 K，分辨率为0.03/cm)和理论(Th.，人为的洛伦兹展宽)结果. 垂直条给出了理论跃迁(涉及同位素^{69}Ga和^{71}Ga的不同构型)的位置和振子强度. 数据取自文献[382]

且对于二元末端材料, 出现了局域振动模和间隙模 (图 5.20(a)), 此时观测到双模式行为. 也可能出现混合模式的行为 (图 5.20(b)(c)).

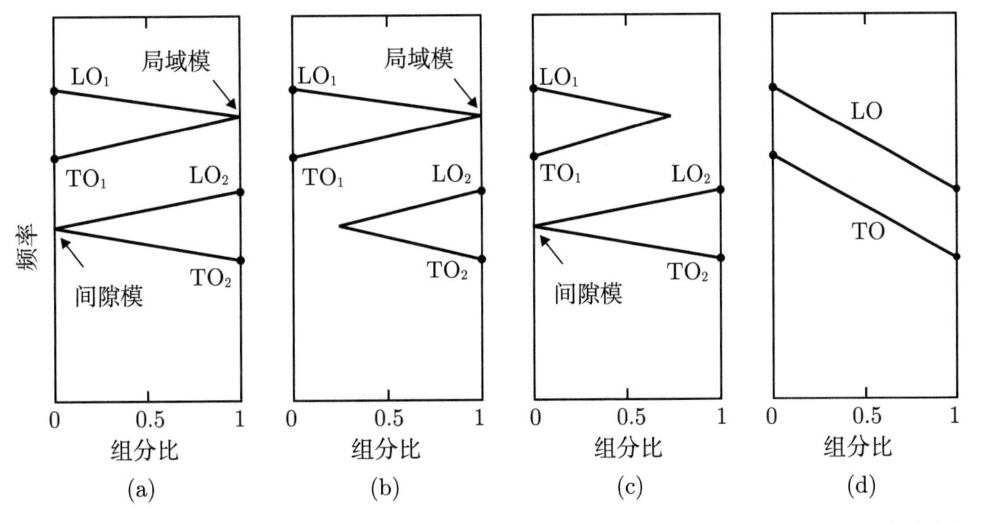

图5.20　合金里的声子模式的行为示意图. (a) 具有间隙模和局域模的双模式行为; (b,c) 混合模式行为, (b) 只有局域模, (c) 只有间隙模; (d) 单模式行为, 既没有局域模也没有间隙模

三种组分原子的质量是 M_{A}, M_{B} 和 M_{C}. 不失一般性, 假设 $M_{\mathrm{B}} < M_{\mathrm{C}}$. 根据 5.2.7 小节关于局域模和间隙模的讨论, 可以得到双模式行为的条件是

$$M_{\mathrm{B}} < M_{\mathrm{A}}, M_{\mathrm{C}} \tag{5.47}$$

这保证了原子 B 在化合物 AC 中的局域模, 以及原子 C 在化合物 AB 中的间隙模. 然而, 这不是充分条件, 例如, $Na_{1-x}K_xCl$ 满足式 (5.47) , 却表现出单模式行为. 根据修改后的 REI① 模型 (对于 $\boldsymbol{k} \approx \mathbf{0}$ 的模式), 已经得到

$$M_B < \mu_{AC} = \frac{M_A M_C}{M_A + M_C} < M_A, M_C \tag{5.48}$$

这是双模式行为的充分必要条件 (除非 A-B 和 A-C 的力常数显著不同)[389]. 详细讨论参阅文献 [390]. 式 (5.48) 比此前的式 (5.47) 的条件更强. 如果不满足式 (5.48), 这个化合物表现出单模式行为. 作为例子, 表 5.1 给出了 $CdS_{1-x}Se_x$ 和 $Cd_xZn_{1-x}S$ 的质量关系, 而声子能量的实验值如图 5.21 所示. 表 5.1 还给出了 $GaP_{1-x}As_x$ ($GaAs_{1-x}Sb_x$) 的质量, 它表现出双模式 (单模式) 行为.

表5.1　各种三元化合物组分的原子质量、约化质量μ_{AC}(式(5.48))、是否满足关系式(5.48) (+: 满足, −: 不满足)和实验得到的模式行为(2: 双模式, 1: 单模式)

合金	A	B	C	M_A	M_B	M_C	μ_{AC}	关系	模式
$GaP_{1-x}As_x$	Ga	P	As	69.7	31.0	74.9	36.1	+	2
$GaAs_{1-x}Sb_x$	Ga	As	Sb	69.7	74.9	121.8	44.3	−	1
$CdS_{1-x}Se_x$	Cd	S	Se	112.4	32.1	79.0	46.4	+	2
$Cd_xZn_{1-x}S$	S	Zn	Cd	32.1	65.4	112.4	25.0	−	1
$Mg_xZn_{1-x}O$	O	Mg	Zn	16.0	24.3	65.4	12.9	−	1
$Al_xGa_{1-x}N$	N	Al	Ga	14.0	27.0	69.7	11.7	−	2(!)

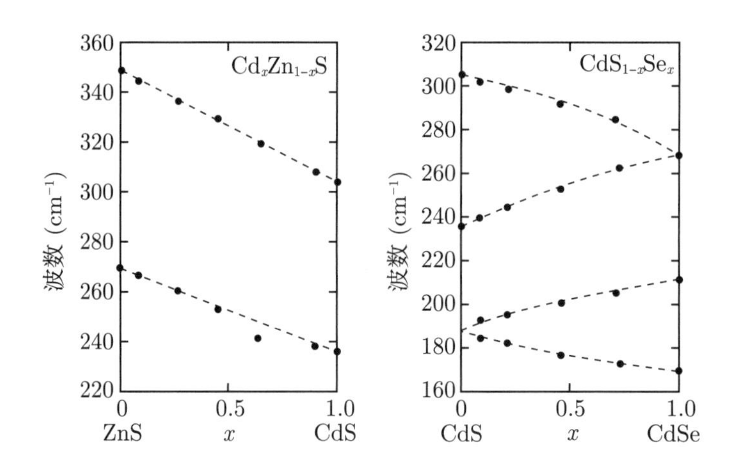

图5.21　$Cd_xZn_{1-x}S$ 和$CdS_{1-x}Se_x$的声子能量随着三元组分的变化关系. 实验数据(实心圆点)取自文献[389], 虚线用于引导视线

如果三元合金的二元底端组分具有不同的晶体结构, 则在这两者之间会出现转变, 这种转变会反映在声子结构上 (能量和模式对称性). 作为例子, $Mg_xZn_{1-x}O$ 的声子能

① 随机元的等位移 (random element isodisplacement).

量如图 5.22 所示 (比较图 3.43).

声子的振子强度 (其定义为式 (9.86)) 随着合金组分变化, (Al,Ga)N 的例子如图 5.23 所示 [392].①

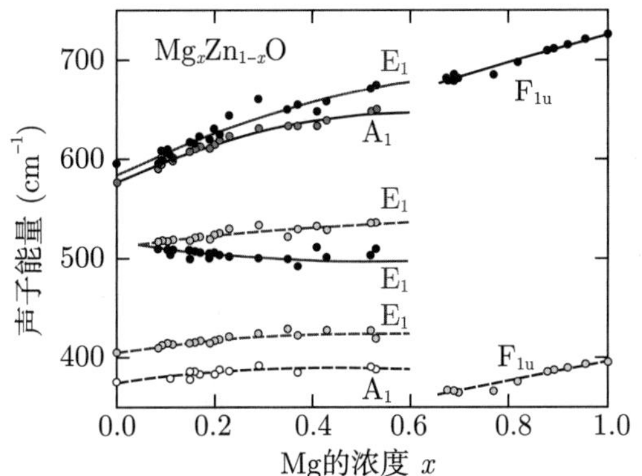

图5.22 纤锌矿结构(A_1对称性, 蓝线; E_1对称性, 红线)和岩盐矿结构(F_{1u}对称性, 黑线)的$Mg_xZn_{1-x}O$的LO(实线)和TO(虚线)声子能量. 实验数据用符号表示. 改编自文献[391]的数据

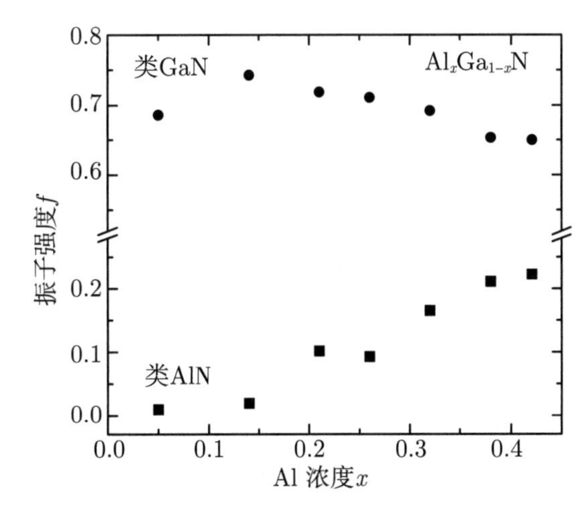

图5.23 合金声子的振子强度f(见式(9.86)), 样品是c-Al_2O_3衬底上的(Al, Ga)N薄膜. 基于文献[392]里的数据

5.2.9 无序

"小的" 无序的一个例子是单个缺陷导致的局域振动模. 在一维模型里, 考虑模型参数的随机涨落. 为此, 我们用数值方法建立了一维链, 它具有质量 $M_1 = M_2$ 和弹性常数 $C_1 \neq C_2$, 这里有 $C_2 = 2C_1$. 现在, 每个弹性常数随机地变化 $\pm\xi$ 的百分比. 对于

① 此处给出的振子强度是用文献 [392] 给出的数值除以 $\epsilon(\infty)$ 计算得到的.

$\xi = 10\%, 20\%, 40\%$ 和 60%, 画出了态密度. 如图 5.24 所示, 这些影响包括: 态密度上的峰变宽了, 能带边变宽了, 在带隙里出现了能带尾巴, 最终关闭了带隙. 这是典型的行为, 电子态也是如此 (比较图 6.53).

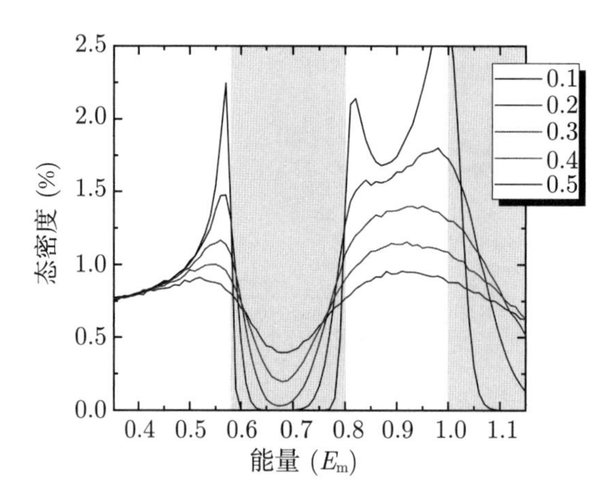

图5.24 双原子线性链模型($M_1=M_2$, $C_2=2C_1$, 2^7个双聚体, 对2^{12}个构型做平均)的态密度和能量(单位是由式 (5.18)得到最大声子能量$E_m=\hbar\omega_{max}$)的关系. 理想链的禁止能量范围用浅灰色表示. 态密度已归一化, 使其对所有能量的积分为1(能量箱(bins)的宽度为$0.01E_m$)

5.2.10 双原子线性链的拓扑边缘状态

这里讨论有 N 个基元 (即 A-B 二聚体) 的有限的双原子线性链. 在周期边界条件下, 最右边的 B 原子与最左边的 A 原子 "连接" , 但是现在我们选择 N 是有限的.

类型为 $\omega^2 u_n = (\partial U/\partial u_n)/M_n$(就像式 (5.13a) 或 (5.13b)) 的 $2N$ 个方程写为矩阵的形式, 本征问题 $\boldsymbol{M} - \omega^2 \mathbf{1} = \mathbf{0}$ 用数值求解 [393]. 此外, 我们还固定了两端, 强制位移 u_0^{A} 和 u_N^{B} 为零 (图 5.25). 设定 $M_1 = M_2$, 发现了两种完全不同的情况: (i) $C_1 > C_2$ 和 (ii) $C_1 < C_2$. 情况 (i) 类似于体材料的情况 (即周期边界条件), 其中存在 "干净的" (clean) 带隙; 对于 $C_1 = C_2$, 当然没有出现带隙. 在情况 (ii) 中, 在带隙里出现了两个态, 能量为 $\omega_{\mathrm{g}} = \omega_{\max}/\sqrt{2}$. 这个问题的特征值在图 5.26(a) 中显示为 C_2/C_1 的函数. 这两种带隙态的模式 (mode pattern) 如图 5.27(a) 所示 (对于 $C_2/C_1 = 1/2$). 所有其他的态都遵循从类体态的振动模式, 与振动弦的预期相同. 对于 $M_1 = M_2$, 带隙态是简并的, 否则分裂如图 5.27(c) 所示. 对于 $C_2 > C_1$ 的情况, 下带的最高模式和上带的最低模式的模式 (pattern) 如图 5.27(b) 所示; 显然和其他的一样, 没有局域态存在.

在其中一种情况下出现末端的态, 表明 $C_1 > C_2$ 和 $C_1 < C_2$ 的两个体材料的能

带在拓扑上是不一样的[①] (比较 5.2.3 小节). 一般的效应是所谓的"体-边界"(bulk-boundary) 对应关系, 其中边缘态出现在不同拓扑相之间的界面上 (其中一个相可以是固体外的拓扑平凡的真空). 这种边缘态被更精确地称为 (准) 一维系统的端态 (end-states).

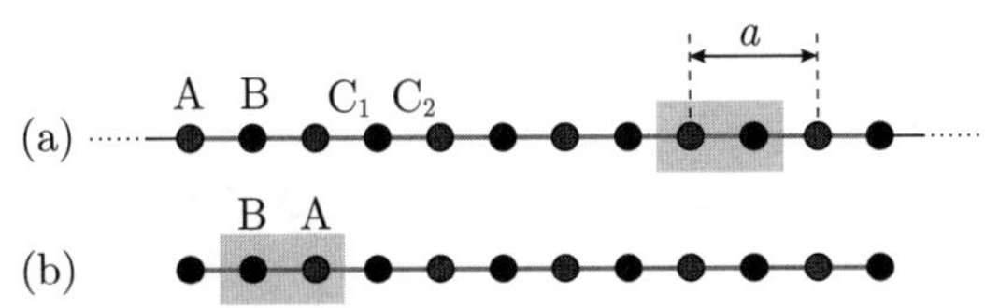

图5.25 (a) 双原子线性链模型(DLCM), 无限的链里有A-B二聚体(灰色显示的基元); A位(B位)为红色(蓝色); 连接弹簧的力常数分别为C_1(绿色)和C_2(橙色). (b) 具有有限个二聚体(N=6)的DLCM, 两端的位点固定(黑色). 可移动的位点现在由B-A二聚体(灰色的基元)组成

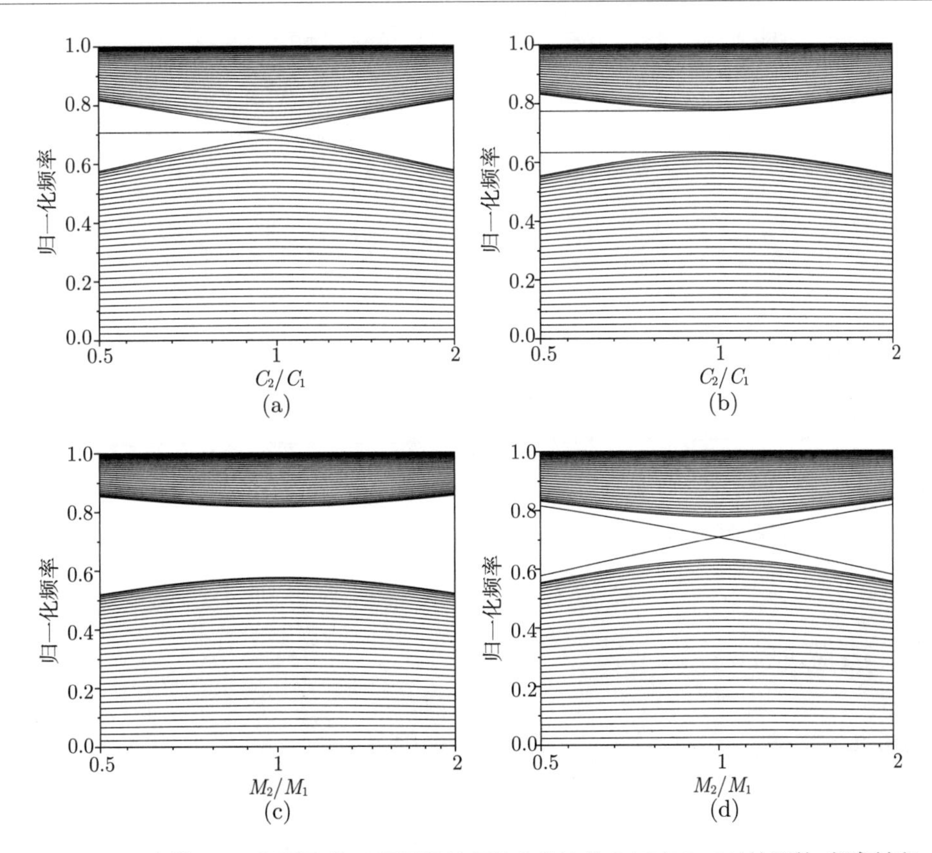

图5.26 (a) N=32个基元(64个原子)的双原子链特征值作为比值C_2/C_1(M_1=M_2)的函数. 频率被归一化(到式 (5.18)的 $\omega_{\max}$). 横坐标是对数的. (b) 与图(a)相同的计算, 但是M_1M_2=1.5(与M_2/M_1=1.5的情况看起来相同). (c) 与图(a)相同的计算, 但作为M_2/M_1的函数(取C_2/C_1=2). (d) 与图(c)相同的计算, 但是C_2/C_1=0.5

① 由于两个外部原子是固定的, 链的可移动部分由 B-A 二聚体 (图 5.25(b)) 构成, 因此 $C_2 < C_1$, 存在拓扑非平凡情况.

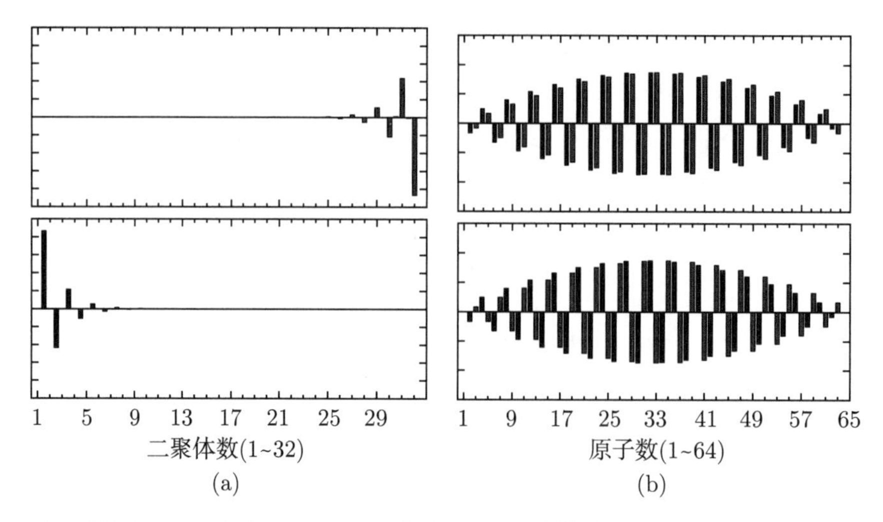

图5.27 双原子线性链(N=32个基元, $M_1=M_2$)的模式图案: (a) 在带隙里, C_2/C_1=1/2; (b) 最接近于带隙, C_2/C_1=2. A位(B位)的振幅显示为红色(蓝色)

5.3 弹性

如果半导体受到外力 (压强、温度) 或者在异质外延生长过程中遇到晶格不匹配, 半导体的弹性性质就是重要的.

5.3.1 热膨胀

晶格常数依赖于温度. (线性) 热膨胀系数的定义是

$$\alpha\left(T_0\right)=\left.\frac{\partial a_0(T)}{\partial T}\right|_{T=T_0} \tag{5.49}$$

它依赖于温度. 硅和锗的 α 的温度依赖关系如图 5.28 所示. 除了在低温下, α 近似正比于热容 (C_V). 负值是因为负的格林艾森 (Grüneisen) 参数 [394]. 文献 [366] 详细讨论了这些非简谐性的效应.

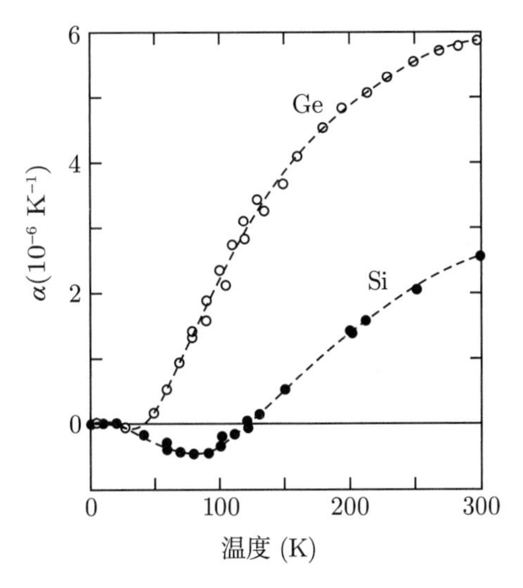

图5.28 硅(实心圆点)和锗(空心圆点)的线性热膨胀系数. 改编自文献[394], 基于不同来源的实验数据. 虚线用于引导视线

5.3.2 应力-应变关系

本小节回顾弹性的经典理论[395]. 固体当作连续介质 (分段地均匀) 处理, 因此, 位移是空间坐标的连续函数 $\boldsymbol{u}(\boldsymbol{r})$. 当 $\boldsymbol{u}$ 的空间变化率 $\nabla\boldsymbol{u}$ 很小时, 弹性能可以写为

$$U=\frac{1}{2}\int\frac{\partial u_l}{\partial x_k}C_{klmn}\frac{\partial u_n}{\partial x_m}\mathrm{d}^3\boldsymbol{r} \tag{5.50}$$

其中, $\boldsymbol{C}$ 是弹性系数的 (宏观) 张量. 这个张量可以有 21 个独立分量. 对于立方对称性的晶体, 独立常数的个数缩减为 3 个. 互换 $k\leftrightarrow l$ 和 $m\leftrightarrow n$ 没有影响, 只需要考虑 6 个指标 (xx,yy,zz,yz,xz,xy). 应变分量 ϵ_{ij} 是对称化的:

$$\epsilon_{ij}=\frac{1}{2}\left(\frac{\partial u_j}{\partial x_i}+\frac{\partial u_i}{\partial x_j}\right) \tag{5.51}$$

应变 ϵ_{xx} 沿着晶体的主轴, 如图 5.29 所示.

应力[①] σ_{kl} 由下式给出:

$$\sigma_{kl}=C_{klmn}\epsilon_{mn} \tag{5.52}$$

逆关系由刚度张量 $\boldsymbol{S}$ 给出:

$$\epsilon_{kl}=S_{klmn}\sigma_{mn} \tag{5.53}$$

应变分量 e_{ij} 或 e_i 通常采用的表示法为： $xx\to1$, $yy\to2$, $zz\to3$, $yz\to4$, $xz\to5$,

① 应力是单位面积上的力, 具有压强的量纲.

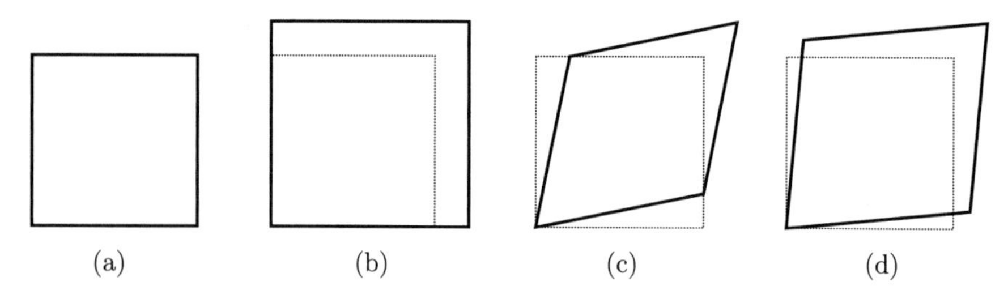

图5.29 方块(a)的形变. (b) 纯静水压形变(均匀形变)($\epsilon_{xx}=\epsilon_{yy}=0.2, \epsilon_{xy}=0$); (c) 纯剪切形变($\epsilon_{xx}=\epsilon_{yy}=0$, $\epsilon_{xy}=0.2$); (d) 混合形变($\epsilon_{xx}=\epsilon_{yy}=0.1$， $\epsilon_{xy}=0.1$)

$xy\to 6$(沃伊特符号):

$$e_{ij}=\epsilon_{ij}(2-\delta_{ij}) \tag{5.54}$$

那么 $\sigma_m=C_{mn}e_n$, 其中 C_{ij} 是弹性常数. x, y 和 z 方向是立方晶体的主轴, 即 $\langle 100\rangle$ 方向.

对于闪锌矿结构的材料, 应力-应变关系是①

$$\begin{pmatrix}\sigma_1\\ \sigma_2\\ \sigma_3\\ \sigma_4\\ \sigma_5\\ \sigma_6\end{pmatrix}=\begin{pmatrix}C_{11} & C_{12} & C_{12} & 0 & 0 & 0\\ C_{12} & C_{11} & C_{12} & 0 & 0 & 0\\ C_{12} & C_{12} & C_{11} & 0 & 0 & 0\\ 0 & 0 & 0 & C_{44} & 0 & 0\\ 0 & 0 & 0 & 0 & C_{44} & 0\\ 0 & 0 & 0 & 0 & 0 & C_{44}\end{pmatrix}\begin{pmatrix}e_1\\ e_2\\ e_3\\ e_4\\ e_5\\ e_6\end{pmatrix} \tag{5.55}$$

表 5.2 给出了一些半导体的数值. 逆关系由下述矩阵给出:

$$\begin{pmatrix}S_{11} & S_{12} & S_{12} & 0 & 0 & 0\\ S_{12} & S_{11} & S_{12} & 0 & 0 & 0\\ S_{12} & S_{12} & S_{11} & 0 & 0 & 0\\ 0 & 0 & 0 & S_{44} & 0 & 0\\ 0 & 0 & 0 & 0 & S_{44} & 0\\ 0 & 0 & 0 & 0 & 0 & S_{44}\end{pmatrix} \tag{5.56}$$

这种表示法里的刚度系数是

$$S_{11}=\frac{C_{11}+C_{12}}{(C_{11}-C_{12})(C_{11}+2C_{12})} \tag{5.57a}$$

① $C_{11}=C_{1111}$, $C_{12}=C_{1122}$, $C_{44}=C_{1212}=C_{1221}=C_{2121}=C_{2112}$.

$$S_{12} = \frac{C_{12}}{-C_{11}^2 - C_{11}C_{12} + 2C_{12}^2} \tag{5.57b}$$

$$S_{44} = \frac{1}{C_{44}} \tag{5.57c}$$

表5.2　一些立方结构半导体在室温下的弹性常数. I_{K}指的是基廷判据(式(5.59))

材料	C_{11}	C_{12}	C_{44}	I_{K}
C	1076.4	125.2	577.4	1.005
Si	165.8	63.9	79.6	1.004
Ge	128.5	48.3	66.8	1.08
BN	820	190	480	1.11
GaAs	119	53.4	59.6	1.12
InAs	83.3	45.3	39.6	1.22
AlAs	120.5	46.86	59.4	1.03
ZnS	104.6	65.3	46.3	1.33
MgO	297	156	95.3	0.80

需要强调的是, 在这种表示法里 (也叫作工程表示法), $e_1 = \epsilon_{xx}$, $e_4 = 2\epsilon_{yz}$. 还有其他的表示法 (物理表示法), 里面没有这个因子 2; 在这种情况下, 式 (5.55) 里的矩阵包含着矩阵元 $2C_{44}$. 引入

$$C_0 = 2C_{44} + C_{12} - C_{11} \tag{5.58}$$

注意, 对于各向同性的材料, 各向同性参数 $C_0 = 0$. 关系式

$$I_{\mathrm{K}} = \frac{2C_{44}(C_{11}+C_{12})}{(C_{11}-C_{12})(C_{11}+3C_{12})} = 1 \tag{5.59}$$

称为基廷 (Keating) 判据 [396,397], 来自价力场 (valence force field, VFF) 模型中对四面体键的弯曲和拉伸的考虑. 很多四面体键的半导体很严格地满足这个关系 (表 5.2), 特别是共价半导体. MgO 不满足基廷判据, 因为它具有 (六重对称性的 (six-fold coordinated)) 岩盐矿结构, 因而不是四面体键.

杨氏模量 Y 的定义为

$$\sigma_{\boldsymbol{nn}} = Y(\boldsymbol{n})\epsilon_{\boldsymbol{nn}} \tag{5.60}$$

它通常依赖于应变的法向方向 $\boldsymbol{n}$. 它等价于式 (5.57a) 中的 $1/S_{11}$.

对于各向同性的材料, 杨氏模量 Y 和泊松比 ν 与立方材料的常数有关系

$$Y = C_{11} - \frac{2C_{12}^2}{C_{11}+C_{12}} \tag{5.61a}$$

$$\nu = \frac{C_{12}}{C_{11}+C_{12}} \tag{5.61b}$$

对于各向同性的材料, 也使用拉梅常数 λ 和 μ. 它们由 $C_{11}=\lambda+2\mu$, $C_{12}=\lambda$ 和 $C_{44}=\mu$ 给出① (注意, 根据式 (5.58), C_0 是 0).

体积模量 B(反比于压缩率) 的定义为

$$\frac{1}{B}=-\frac{1}{V}\frac{\partial V}{\partial p} \tag{5.62}$$

对于闪锌矿结构的晶体, 它由下式给出:

$$B=\frac{C_{11}+2C_{12}}{3} \tag{5.63}$$

注意, 典型材料的 Y,ν 和 C_{ij} 都是正的. 具有负泊松比的材料称为负泊松比材料 [398-400]. 也可能存在负压缩性材料 [401].

弹性常数除了依赖于键长以外 (在声子频率上的表现, 见图 5.15), 还依赖于离子性 (ionicity). 几种闪锌矿结构半导体的弹性常数随着离子性 f_{i} 的变化情况如图 5.30 所示. 这些弹性常数的数值用 e^2/d^4 归一化, 其中 d 是最近邻距离的平均值.

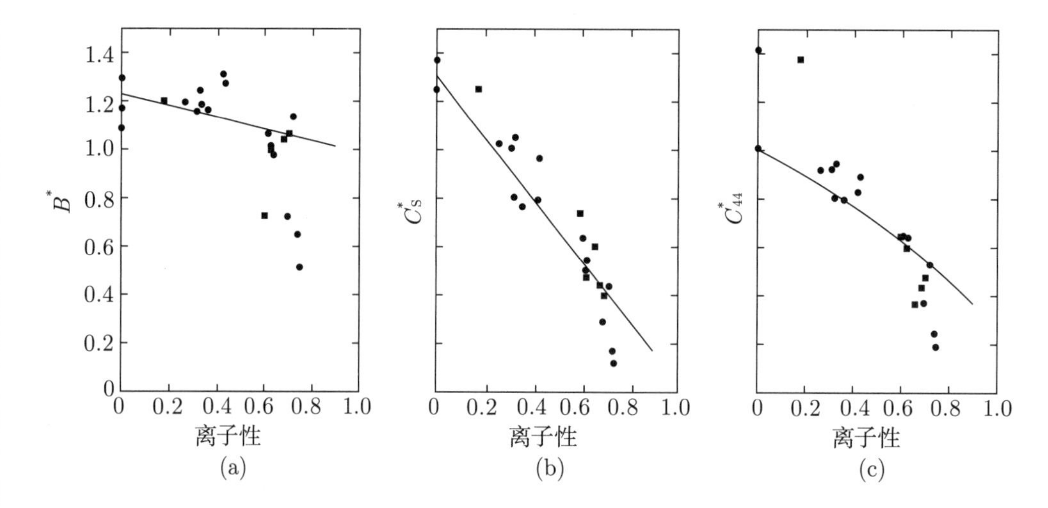

图5.30 金刚石或闪锌矿结构(圆点)和纤锌矿结构(方块)的半导体的弹性常数与离子性的依赖关系. 常数用$C_0=e^2/d^4$归一化, d是平均最近邻距离. (a) 体积模量, $B^*=(C_{11}+2C_{12})/(3C_0)$; (b, c) 剪切模量, $C^*_S=(C_{11}-C^*_{12})/C_0$, $C^*_{44}=C_{44}/C_0$. 实线是文献[402]里讨论的一个简单模型. 改编自文献[403]

① 对于各向同性的材料, $C_{ijkl}=\lambda\delta_{ij}\delta_{kl}+\mu(\delta_{ik}\delta_{jl}+\delta_{il}\delta_{jk})$.

对于纤锌矿结构的晶体, 应力-应变关系需要 5 个弹性常数:①

$$C_{ij}=\begin{pmatrix} C_{11} & C_{12} & C_{13} & 0 & 0 & 0 \\ C_{12} & C_{11} & C_{13} & 0 & 0 & 0 \\ C_{13} & C_{13} & C_{33} & 0 & 0 & 0 \\ 0 & 0 & 0 & C_{44} & 0 & 0 \\ 0 & 0 & 0 & 0 & C_{44} & 0 \\ 0 & 0 & 0 & 0 & 0 & \frac{1}{2}(C_{11}-C_{12}) \end{pmatrix} \tag{5.64}$$

纤锌矿材料的实验值如表 5.3 所示. 纤锌矿材料和闪锌矿材料的弹性张量的关系, 特别是沿着 $\langle 111\rangle$ 方向, 已在文献 [403,404] 中讨论.

纤锌矿结构晶体的体积模量是

$$B=\frac{(C_{11}+C_{12})C_{33}-2C_{13}^2}{C_{11}+C_{12}+2C_{33}-4C_{13}} \tag{5.65}$$

表5.3 一些纤锌矿半导体的弹性常数(单位是GPa)

材料	C_{11}	C_{12}	C_{13}	C_{33}	C_{44}	文献
GaN	391	143	108	399	103	[405]
AlN	410	149	99	389	125	[406]
ZnS	124	60.2	45.5	140	28.6	[407]
ZnO	206	118	118	211	44	[408]

5.3.3 双轴应变

在异质外延里 (见 12.2.6 小节), 出现了双轴应变的情况, 层状的材料在界面处被压缩 (或者张应变的情况, 被拉伸), 同时在垂直方向上被拉伸 (压缩)② . 这里假定衬底是无限厚的, 即界面仍然是平面. 5.3.5 小节讨论衬底的弯曲.

最简单的情况是在 (001) 表面的外延, $e_1=e_2=\epsilon_{/\!/}$. 分量 e_3 由条件 $\sigma_3=0$(在 z 方向上没有力) 得到. 所有的剪切应变是 0. 对于闪锌矿材料, 有

$$\epsilon_{\perp}^{100}=e_3=-\frac{C_{12}}{C_{11}}(e_1+e_2)=-\frac{2C_{12}}{C_{11}}\epsilon_{/\!/} \tag{5.66}$$

① $(C_{11}-C_{12})/2=C_{1212}, C_{44}=C_{1313}=C_{2323}$.

② 在大量文献和本书的以前版本中, 这种情况被称为“双轴应变”. 然而, 还有平面内和平面外的应变, 因此沿各个方向的应变不是零. 由于平面外应力为零 (环境压力为零), 这实际上是一种“双轴应力”的情况.

对于 GaAs 的各种不同的晶向, 比值 $\epsilon_\perp/\epsilon_{/\!/}$ 如图 5.31 所示; 对于其他的晶向, 公式就更为复杂 [409]:

$$\epsilon_\perp^{110} = -\frac{2C_{12}-C_0/2}{C_{11}+C_0/2}\epsilon_{/\!/} \tag{5.67}$$

$$\epsilon_\perp^{111} = -\frac{2C_{12}-2C_0/3}{C_{11}+2C_0/3}\epsilon_{/\!/} \tag{5.68}$$

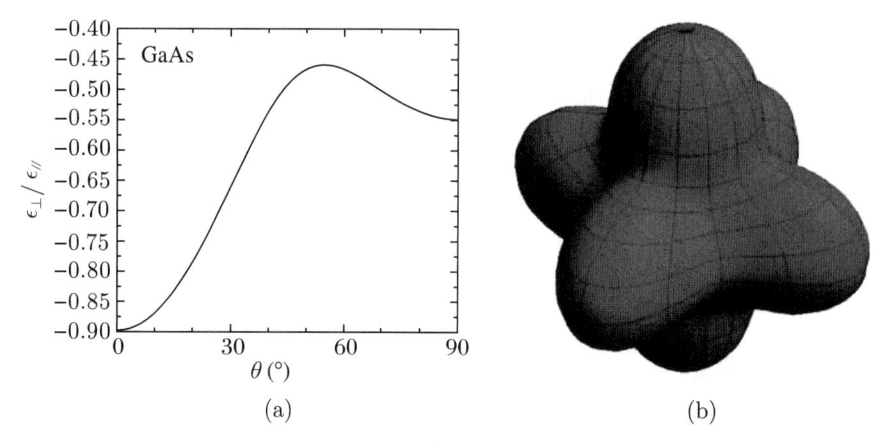

图5.31　在对称的双轴应变的GaAs里的比值$-\epsilon_\perp/\epsilon_{/\!/}$. (a) 角度$\theta$表示表面法向相对〈110〉的方位角($\theta=0$: [001], $\theta=90°$: [110], $\epsilon_\perp/\epsilon_{/\!/}$的最大值出现在[111]). (b) 三维视图

对于纤锌矿结构的晶体, 以及沿着 [00.1] 方向的赝晶生长 (pseudomorphic growth), 沿着 c 轴的应变是

$$\epsilon_\perp = -\frac{C_{13}}{C_{33}}(e_1+e_2) = -\frac{2C_{13}}{C_{33}}\epsilon_{\mathrm{a}} \tag{5.69}$$

其中, $\epsilon_\perp=\epsilon_{\mathrm{c}}=(c-c_0)/c_0$, $\epsilon_{\mathrm{a}}=(a-a_0)/a_0$. 在对称的双轴应变的 GaN 里, 相对于外延方向的不同取向的 c 轴, 比值 $\epsilon_\perp/\epsilon_{/\!/}$ 如图 5.32 所示. 对于纤锌矿结构衬底上生长的纤锌矿结构, 当 $\theta\neq 0$ 时, 在界面处的外延应变实际上是非对称的. 对于 $\theta=90°$, 如在 m 面衬底上的外延 (与图 3.37 比较)(c 轴位于面内), 平面内的应变是 $e_1=\epsilon_{\mathrm{a}}$ 和 $e_2=\epsilon_{\mathrm{c}}$. 对于 $\theta=90°$, 我们得到

$$\epsilon_\perp = -\frac{C_{12}\epsilon_{\mathrm{a}}+C_{13}\epsilon_{\mathrm{c}}}{C_{11}} \tag{5.70}$$

关于 (Al,Ga,In)N 系统的赝晶生长的情况, 已经对不同的界面取向做了讨论 [410](与图 16.14 比较). 对于 $\mathrm{Al_{0.17}Ga_{0.83}N/GaN}$ 和 $\mathrm{Mg_{0.3}Ga_{0.7}O/ZnO}$, 沿着外延方向的应变 $\epsilon_\perp$ 和沿着 c 轴方向的应变 ϵ_{c} 如图 5.33 所示. 氮化物和氧化物系统的不同行为 (例如 ϵ_{c} 的符号变化) 是因为如下事实: $\mathrm{Al}_x\mathrm{Ga}_{1-x}\mathrm{N/GaN}$($\mathrm{Mg}_x\mathrm{Ga}_{1-x}\mathrm{O/ZnO}$) 的 ϵ_{a} 是负的 (正的)[411], 二者都有 $\epsilon_{\mathrm{c}}<0$.

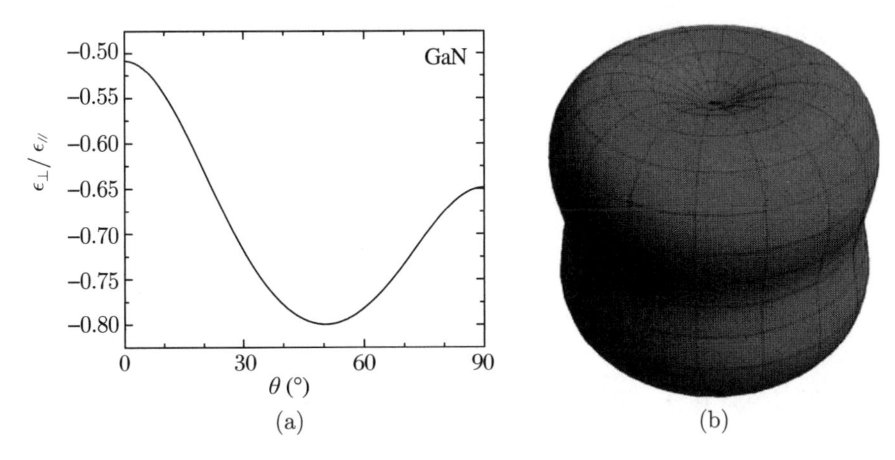

图5.32 在对称的双轴应变的GaN里的比值 $-\epsilon_\perp/\epsilon_{/\!/}$. (a) 角度$\theta$表示c轴与表面法向的夹角; (b) 三维视图, 表明了面内的各向同性

注意, 文献 [412-414] 已经很好地讨论了菱方/三方 (例如 Al_2O_3) 和单斜 (例如 β-Ga_2O_3) 薄膜的赝晶生长和双轴应力. 文献 [415] 提供了对所有晶体对称性和取向的一般处理方法.

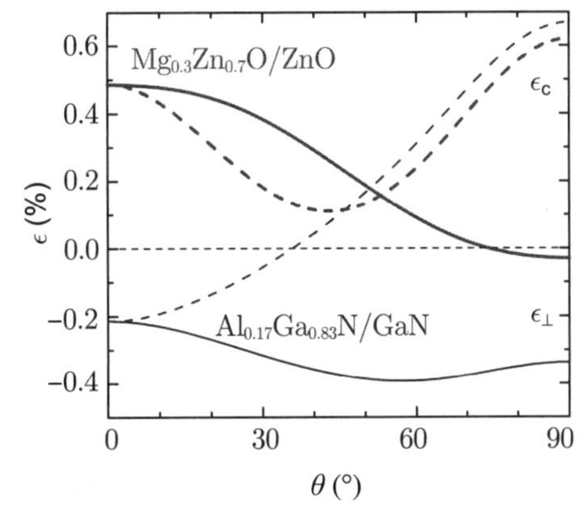

图5.33 在$Al_{0.17}Ga_{0.83}N$/GaN (蓝色) 和$Mg_{0.3}Ga_{0.7}O$/ZnO(红色)里, 应变 ϵ_c(虚线)和 $\epsilon_\perp$(实线)随着界面相对于[00.1]的倾角θ的变化关系

5.3.4 三维应变

在二维或三维物体里 (例如量子线和量子点, 参见第 14 章), 应变的分布更复杂.

对于应变包容 (strained inclusion) 的问题, 只有对各项同性的材料参数, 才可能有简单的解析解 [416].

由球的解可以拓展给出任意形状的包容的应变分布. 这种方法只适用于各向同性的材料, 包容和周围的介质具有相同的弹性性质. 这个解以包容的边界的表面积分的形式给出, 很容易处理. 几个不联通的包容可以用表面积分的序列来处理.

对于一个半径为 ρ_0 的球, 内部和外部的应变分布是 (在球坐标系中)

$$\epsilon_{\rho\rho}^{\text{in}} = \frac{2}{3}\epsilon_0 \frac{1-2\nu}{1-\nu} = \epsilon_{\theta\theta}^{\text{in}} = \epsilon_{\phi\phi}^{\text{in}} \tag{5.71}$$

$$\epsilon_{\rho\rho}^{\text{out}} = \frac{2}{3}\epsilon_0 \frac{1+\nu}{1-\nu} \left(\frac{\rho_0}{\rho}\right)^3 = -2\epsilon_{\theta\theta}^{\text{out}} = -2\epsilon_{\phi\phi}^{\text{out}} \tag{5.72}$$

其中, ρ 是半径, ν 是泊松比, ϵ_0 是包容和宿主的相对晶格失配度. 径向的位移是

$$u_\rho^{\text{in}} = \frac{2}{3}\epsilon_0 \frac{1-2\nu}{1-\nu}\rho \tag{5.73}$$

$$u_\rho^{\text{out}} = \frac{2}{3}\epsilon_0 \frac{1-2\nu}{1-\nu}\rho_0^3 \frac{1}{\rho^2} \tag{5.74}$$

把这个位移除以球的体积, 就得到单位体积包容的位移. 由这个位移可以得到单位体积的应力 σ_{ij}^0.

$$\sigma_{ii}^0 = \frac{1}{4\pi}\frac{Y\epsilon_0}{1-\nu}\frac{2x_i^2 - x_j - x_k}{\rho^5} \tag{5.75}$$

$$\sigma_{ij}^0 = \frac{3}{2}\frac{1}{4\pi}\frac{Y\epsilon_0}{1-\nu}\frac{x_i x_j}{\rho^5} \tag{5.76}$$

其中, i, j 和 k 是成对的不相等的下标. 由于应力的线性叠加, 体积为 V 的任意包容的应力分布 σ_{ij}^V 可以在 V 上做积分得到:

$$\sigma_{ij}^V = \int_V \sigma_{ij}^0(\boldsymbol{r} - \boldsymbol{r}_0)\,\mathrm{d}^3\boldsymbol{r} \tag{5.77}$$

应变可以由应力计算得到.

如果 V 里的 ϵ_0 是常数, 利用高斯定理, 可以把体积分变换为对 V 的表面 ∂V 的积分. 利用 "矢势" $\boldsymbol{A}_{ij}$, 可以满足 $\text{div}\boldsymbol{A}_{ij} = \sigma_{ij}$.

$$\boldsymbol{A}_{ii} = -\frac{1}{4\pi}\frac{Y\epsilon_0}{1-\nu}\frac{x_i\boldsymbol{e}_i}{\rho^3} \tag{5.78}$$

$$\boldsymbol{A}_{ij} = -\frac{1}{2}\frac{1}{4\pi}\frac{Y\epsilon_0}{1-\nu}\frac{x_i\boldsymbol{e}_j + x_j\boldsymbol{e}_i}{\rho^3} \tag{5.79}$$

对于 $i \neq j$ 的情况, 式 (5.79) 成立. $\boldsymbol{e}_i$ 是第 i 个方向的单位矢量. 然而, 在奇点 $\boldsymbol{r} = \boldsymbol{r}_0$ 处, 如果 $\boldsymbol{r}_0$ 在 V 里, 则需要特别注意, 因为 "δ-包容" 里的应力不是奇异的 (与 "δ-电荷" 的静电类比不一样). 因此, 我们得到

$$\sigma_{ij}^V(\boldsymbol{r}_0) = \oint_{\partial V} \boldsymbol{A}_{ij}\mathrm{d}\boldsymbol{S} + \delta_{ij}\frac{Y\epsilon_0}{1-\nu}\int_V \delta(\boldsymbol{r} - \boldsymbol{r}_0)\,\mathrm{d}^3\boldsymbol{r} \tag{5.80}$$

作为例子, 考虑一个位于 GaAs 宿主材料里的金字塔形的 InAs 量子点, 它位于二维 InAs 层的上面, 计算得到的截面里的应变分量如图 5.34 所示 [417](考虑了量子点和宿主材料的不同的弹性性质). 2D 层里的应变分量 ϵ_{zz} 是正的, 符合式 (5.66) 的预期. 然而, 在金字塔里, ϵ_{zz} 表现出复杂的依赖关系, 在塔尖处甚至取负值.

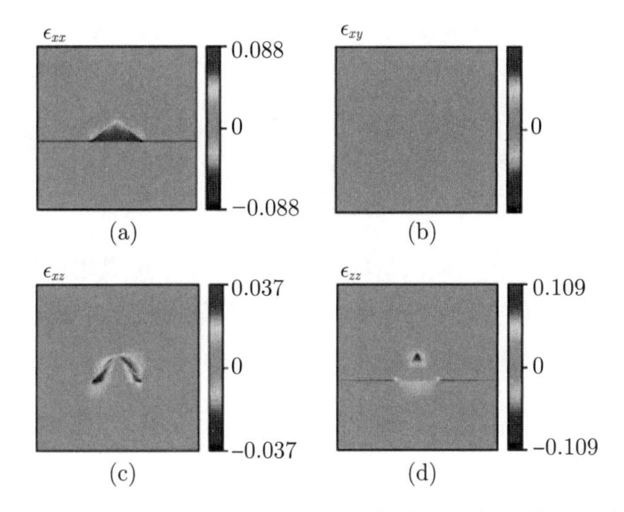

图5.34 嵌于GaAs里的InAs 金字塔(带有{101}面的量子点)的应变分量. 截面通过金字塔的中心. InAs 和GaAs的晶格失配约是−7%. 经允许转载自文献[417], ©1995 APS

5.3.5 衬底弯曲

赝晶生长在衬底表面上的晶格失配层受到双轴的应变. 对于有限的衬底厚度, 一部分应变会通过衬底弯曲来弛豫. 如果薄膜的晶格常数大于 (小于) 衬底的晶格常数, 那么这个薄膜受到压应变 (张应变), 相对于生长方向给出的向外的法线方向, 曲率是凸的 (凹的)(图 5.35(a)). 薄膜和衬底的热膨胀系数 $\alpha_{\rm th}^{\rm f}$ 和 $\alpha_{\rm th}^{\rm s}$ 不匹配也可以导致衬底弯曲. 如果薄膜 / 衬底系统在某个给定温度 (例如生长温度) 下是平的, $\alpha_{\rm th}^{\rm f}$ 小于 (大于) $\alpha_{\rm th}^{\rm s}$, 那么温度的降低 (例如在冷却的过程中) 就会导致压应变 (张应变).

在弯曲的结构中, 切方向的晶格常数增大, 从内表面 ($r=R=\kappa^{-1}$) 的 $a_{\rm i}^{\rm t}$ 变化到外表面 ($r=R+d$) 的 $a_{\rm u}^{\rm t}$. 因此, 切方向的晶格常数随着径向位置变化而改变:

$$a^{\rm t}(r)=a_{\rm i}^{\rm t}(1+r\kappa) \tag{5.81}$$

其中, d 是层的厚度 (图 5.35(b)). 因此, $a_{\rm u}=a_{\rm i}(1+d/R)$. 注意, 式 (5.81) 对于异质结构的所有层都成立, 无论是薄膜还是衬底.

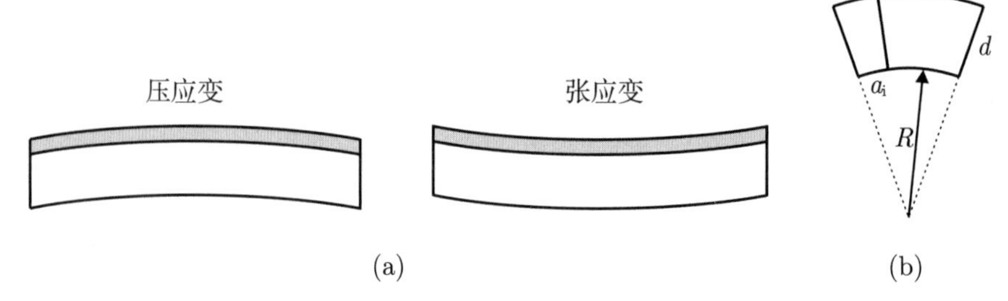

图5.35 (a) 薄膜/衬底系统的弯曲示意图：薄膜的压应变(左)和张应变(右). (b) 厚度为d的弯曲薄膜的形变示意图. 内表面和外表面的晶格常数分别是a_i和a_u

径向的晶格常数 a^r 依赖于局域材料的晶格常数 a_0, 可以由双轴应变条件 (例如式 (5.66)) 计算出来. 面内的应变是 $\epsilon_{/\!/}=(a^t-a_0)/a_0$(我们假设一个球形帽, $\epsilon_{/\!/}=\epsilon_{\theta\theta}=\epsilon_{\phi\phi}$). 对于各向异性的材料, 我们得到 $a^r=a_0(1+\epsilon_\perp)$, 其中 $\epsilon_\perp=-2\nu\epsilon_{/\!/}/(1-\nu)$. 局域的应变能密度 U 是

$$U=\frac{Y}{1-\nu}\epsilon_{/\!/}^2 \tag{5.82}$$

对于双层的系统, 晶格常数为 a_1 和 a_2, 杨氏模量为 Y_1 和 Y_2, 厚度为 d_1 和 d_2, 单位面积的总的应变能 U' 是 (假设两层具有相同的泊松常数 ν)

$$U'=\int_0^{d_1}U_1\mathrm{d}r+\int_{d_1}^{d_2}U_2\mathrm{d}r \tag{5.83}$$

总的应变能需要对 a_i 和 R 达到最小值, 以便得到平衡的曲率 κ. 我们得到

$$\begin{aligned}\kappa&=\frac{6a_1a_2(a_2-a_1)d_1d_2(d_1+d_2)Y_1Y_2}{a_2^3d_1^4Y_1^2+\alpha Y_1Y_2+a_1^3d_2^4Y_2^4}\\ \alpha&=a_1a_2d_1d_2\left[-a_2d_1(2d_1+3d_2)+a_1\left(6d_1^2+9d_1d_2+4d_2^2\right)\right]\end{aligned} \tag{5.84}$$

对于 $a_2=a_1(1+\epsilon)$, 把 κ 展开到 ϵ 的一阶, 就得到 $(\chi=Y_2/Y_1)$[418,419]

$$\kappa=\frac{6\chi d_1d_2(d_1+d_2)}{d_1^4+4\chi d_1^3d_2+6\chi d_1^2d_2^2+4\chi d_1d_2^3+\chi^2d_2^4}\epsilon \tag{5.85}$$

在衬底 (d_s) 上生长薄外延层 $(d_f\ll d_s)$, 曲率半径近似为 (Stoney 公式 [420])

$$\kappa=6\epsilon\frac{d_f}{d_s^2}\frac{Y_f}{Y_s} \tag{5.86}$$

反过来, 如果测量了曲率半径 [421](例如用光学方法), 就可以确定在外延过程中薄膜的应变, 如图 5.36 所示.

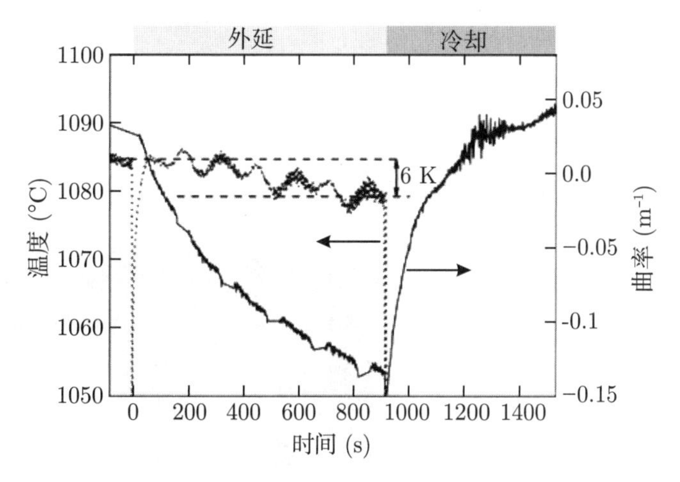

图5.36　GaN生长在AlN中间层上(低温下生长在GaN上)以及随后的冷却过程中Si晶片的中间的曲率. 在生长过程中, 曲率减小, 表明由压应变导致凸起; 在冷却过程中, 因为热诱导的张应变, 晶片变平、变凹. 取自文献[422]

5.3.6　卷曲

在某些情况下, 圆柱形卷曲的结构是重要的, 例如, 对于薄膜柔性电子器件、纳米管和纳米卷. 把薄膜从其衬底上剥离以便转移到其他地方的时候, 必须采用合适的应变控制, 避免薄膜的卷曲. 如果薄膜仍然附着在它的衬底上, 可以制作一个卷曲, 如图 5.37 所示. 这种结构首先在文献 [423] 中报道, 参阅综述文章 [424]. 文献 [425] 研究了这种卷的形状, 没有对它的形状做任何先验的假设.

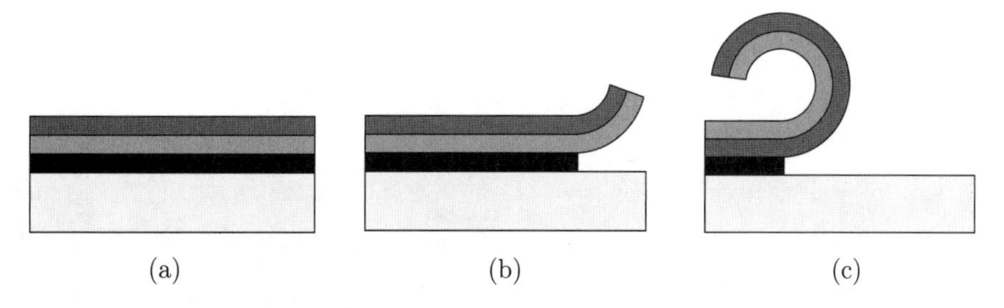

图5.37　纳米卷的形成示意图. (a) 有应变的异质结构(蓝色/绿色)仍然是平坦的, 因为衬底很厚; (b) 开始去掉牺牲层(黑色); (c) 薄膜形成纳米卷

如果弯曲应变只发生在切线方向上, 那么能量密度是

$$U=\frac{Y}{2\left(1-\nu^{2}\right)}\left(\epsilon_{\mathrm{t}}^{2}+\epsilon_{y}^{2}+2\nu\epsilon_{\mathrm{t}}\epsilon_{y}\right) \tag{5.87}$$

其中, ϵ_y 是没有弯曲的方向 (圆柱轴) 的应变, 如图 5.38(a) 所示. 由两层构成的应变异

质结构的曲率是 (其计算类似于式 (5.85), $\chi = Y_2/Y_1$[419])

$$\kappa = \frac{6(1+\nu)\chi d_1 d_2 (d_1+d_2)}{d_1^4 + 4\chi d_1^3 d_2 + 6\chi d_1^2 d_2^2 + 4\chi d_1 d_2^3 + \chi^2 d_2^4}\epsilon \tag{5.88}$$

它与式 (5.85) 的差别只是分子里的因子 $1+\nu$.

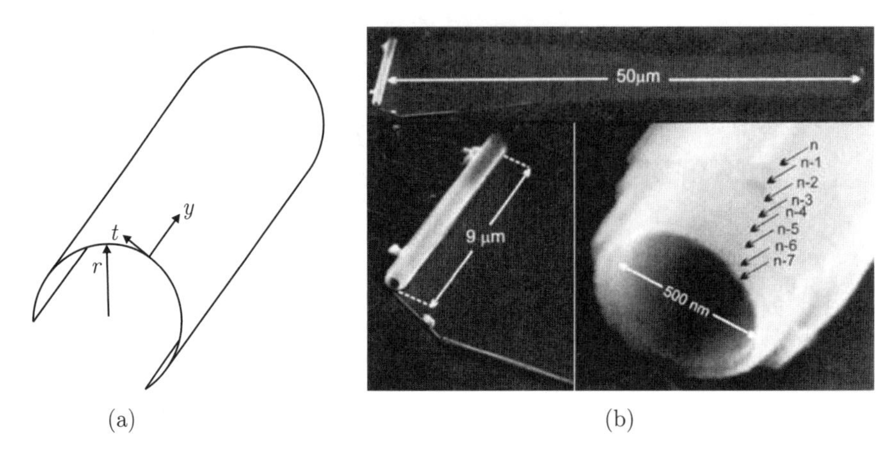

图5.38 (a) 圆柱形纳米卷的示意图, 径向为r, 切向为t, 圆柱的轴向为y. (b) 多壁InGaAs/GaAs纳米卷的SEM像, 卷起来的部分超过50 μm. 图(b)取自文献[426]

对于立方结构的材料和 (001) 表面, 卷的方向沿着 ⟨100⟩ , 能量是

$$U_{100} = \frac{C_{11}-C_{12}}{2C_{11}}\left[C_{11}\left(\epsilon_t^2+\epsilon_y^2+C_{12}(\epsilon_t+\epsilon_y)^2\right)\right] \tag{5.89}$$

当 (001) 取向的薄膜沿着 $\langle hk0\rangle$ 方向卷起时, 相对于 [100] 方向的角度为 ϕ(对于 ⟨110⟩, $\phi = 45°$), 应变能是 (C_0 由式 (5.58) 给出)

$$U_\phi = U_{100} + C_0\left(\frac{\epsilon_t-\epsilon_y}{2}\right)^2 \sin^2(2\phi) \tag{5.90}$$

SiGe 纳米卷的应变能和弯曲半径 ($=\kappa^{-1}$) 的关系如图 5.39 所示. 首先, 沿着圆柱轴的弛豫没有太大的作用. 沿着 ⟨100⟩ 卷曲, 应变能最小, 弯曲半径更小 (曲率更大). 因此薄膜倾向于沿着 ⟨100⟩ 卷曲. 这解释了在 $\phi \neq 0$ 的卷曲中观察到的"扭曲"(curl) 行为 [423,427](图 5.39(b)). 需要考虑表面应变的效应, 以便在定量上更好地符合 $\kappa(\epsilon, d)$ 的实验数据 [428].

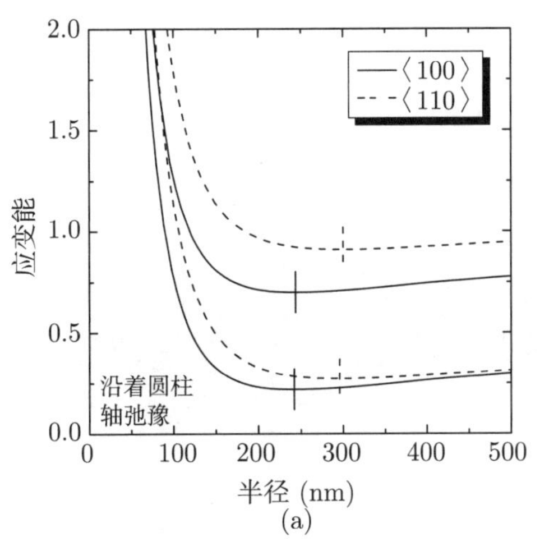

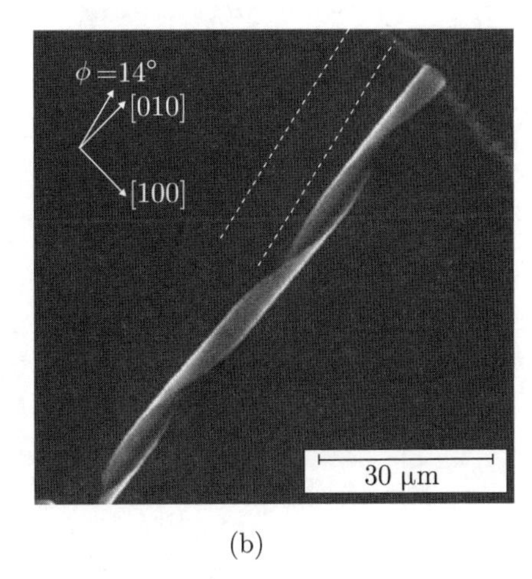

图5.39 (a) 纳米卷的应变能(单位是平坦的赝晶材料的应变能)，样品是4层的SiGe结构($Si_{0.3}Ge_{0.7}$，$Si_{0.6}Ge_{0.4}$和$Si_{0.8}Ge_{0.2}$，每个都是3 nm 厚，还有1 nm 的Si 盖层)，卷曲方向沿着⟨100⟩和⟨110⟩. 上方(下方)曲线没有(有)沿着圆柱轴的完全的应变弛豫. 垂直线指出了相应的能量极小值的位置[419]. (b) 弯曲的InGaAs/GaAs纳米卷的SEM像，弯曲与⟨100⟩的偏离是 ϕ=14°. 白色虚线指出了纳米卷从薄膜上剥离的条形区. 图(b)取自文献[429]

5.4 塑性

5.4.1 临界厚度

有应变的外延薄膜不含缺陷, 而且应变弹性地弛豫时 (例如, 通过四方体的形变), 称为赝晶. 然而, 当层的厚度增加时, 应变能积累, 在某一点处通过形成缺陷而发生塑性弛豫. 在很多情况下, 在界面处形成了失配位错的网格 (图 4.18 和图 5.40).

在 GaAs/CdTe 异质界面的失配位错附近, 根据 TEM 像 (图 4.14) 计算得到的应变如图 5.41 所示.

位错的平均距离 p 与失配度 $f=(a_1-a_2)/a_2$ 和伯格矢量的边分量 $b_\perp$ 有关 (对于 60° 位错, $b_\perp=a_0/\sqrt{8}$):

$$p=\frac{b_\perp}{f} \tag{5.91}$$

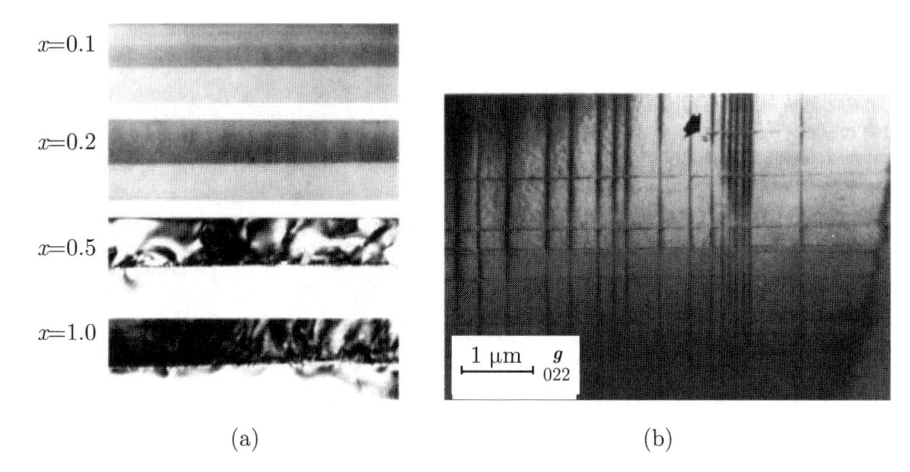

图5.40 (a) 一组截面TEM像，样品为Si(001)衬底上100 nm厚的Ge_xSi_{1-x}层，具有不同的三元组分x=0.1, 0.2,0.5,1.0. 生长温度是550 ℃. 从公度生长到非公度生长的变化是很明显的. 改编自文献[430]. (b) 平面像⟨022⟩TEM明场像，样品为Si(001)衬底上250 nm 厚的$Ge_{0.15}Si_{0.85}$层，在大约700 ℃退火. 箭头指出了一个位错环的位置. 经允许转载自文献[431]，©1989 AVS

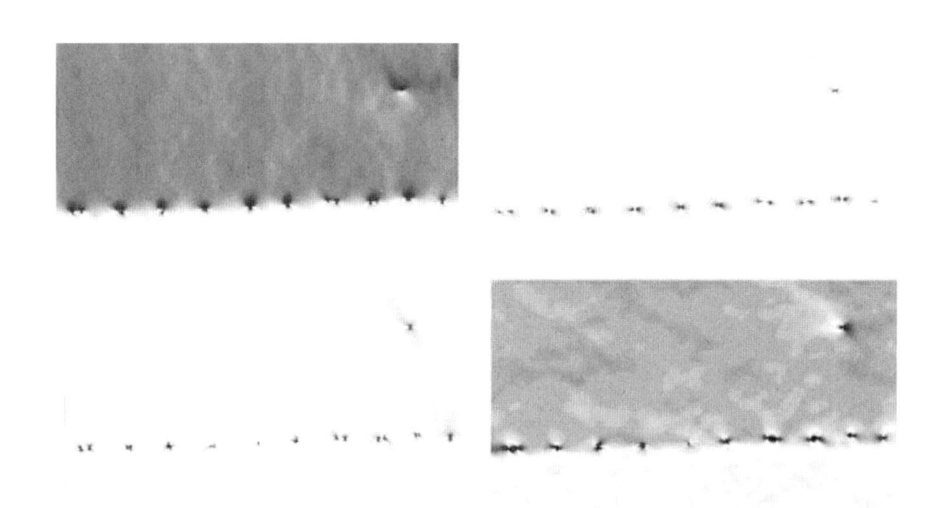

图5.41 图4.14所示的位错阵列的应变张量的分量$\begin{pmatrix} \epsilon_{xx} & \epsilon_{xz} \\ \epsilon_{zx} & \epsilon_{zz} \end{pmatrix}$(相对于GaAs的晶格常数)，红色：正值；蓝色：负值；白色：零. 取自文献[321]

关于失配位错的形成, 已经提出了两种机制 (图 5.42): 内在的穿透位错的伸长 [432,433] 和位错半环的成核与生长 [434]. 为了给这种系统建模, 考虑一种基于位错上的力的力学方法 [432], 或者一种基于形成缺陷所需要的最小应变能的能量方法 [434-437]. 已经证明, 这两种方法是等价的 [438](如果考虑位错的周期性阵列). 文献 [439] 指出, 为了解释实验数据, 必须考虑塑性流的有限速度. 温度影响观测到的临界厚度, 需要一个动理学模型. 引入位错的另一种方法是在一致应变岛的边缘处的塑性弛豫 (比较图 14.37).

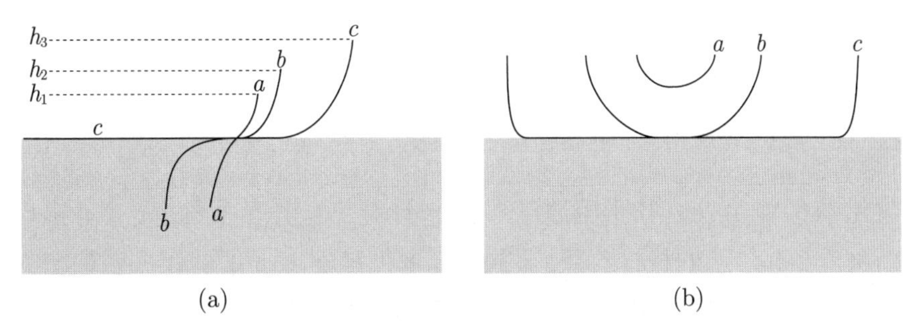

图5.42　失配位错的形成示意图：(a) 内在的穿透位错变长了；(b) 位错半环的成核与生长. 图(a)画了一个穿透位错. 起初(厚度为h_1)，界面是一致的(a). 对于更大的临界厚度h_2，界面对位错的力等于位错线的张力(b). 对于更大的厚度h_3，位错线在界面的平面内拉长(c). 在图(b)里，a表示亚临界的位错半环，b表示在失配应变下稳定的位错半环，c表示这个环在失配应变下生长为沿着界面的失配位错线

下面按照文献 [438] 的方法, 假设衬底和薄膜是各项同性的材料, 弹性常数是相同的. 界面是 (x,y) 平面, 生长方向是 z. 缺陷阵列的周期是 p, 伯格矢量是 $\boldsymbol{b}=(b_1,b_2,b_3)$, 它的能量 E_d 是

$$
\begin{aligned}
E_\mathrm{d} &= \frac{Y}{8\pi(1-\nu^2)}\beta^2 \\
\beta^2 &= \left[b_1^2+(1-\nu)b_2^2+b_3^2\right]\ln\frac{p[1-\exp(-4\pi h/p)]}{2\pi q} \\
&\quad +\left(b_1^2-b_3^2\right)\frac{4\pi h}{p}\frac{\exp(-4\pi h/p)}{1-\exp(-4\pi h/p)} \\
&\quad -\frac{1}{2}\left(b_1^2+b_3^2\right)\left(\frac{4\pi h}{p}\right)^2\frac{\exp(-4\pi h/p)}{[1-\exp(-4\pi h/p)]^2} \\
&\quad +b_3^2\frac{2\pi h}{p}\frac{\exp(-2\pi h/p)}{1-\exp(-2\pi h/p)}
\end{aligned}
\tag{5.92}
$$

其中, h 是薄膜厚度, q 是位错核的切除长度 (cutoff length), 取 $q=b$. 失配应变包括位错导致的弛豫, 该位错在 $\langle 110\rangle$ 界面两个垂直方向 $\boldsymbol{n}$ 和 $\hat{\boldsymbol{n}}$ 的伯格矢量是 $\boldsymbol{b}$ 和 $\hat{\boldsymbol{b}}$. 选择坐标系使得 $\boldsymbol{n}=(1,0,0)$ 和 $\hat{\boldsymbol{n}}=(0,1,0)$ (z 方向保持不变). 相对于这些轴, 伯格矢量是 $(\pm 1/2,1/2,1/\sqrt{2})a_0/\sqrt{2}$. 位错的形成导致失配应变 ϵ_{ij}^m 被约化为“弛豫的”失配应变 ϵ_{ij}^r,

$$
\epsilon_{ij}^\mathrm{r}=\epsilon_{ij}^\mathrm{m}+\frac{b_i n_j+b_j n_i}{2p}+\frac{\hat{b}_i\hat{n}_j+\hat{b}_j\hat{n}_i}{2p} \tag{5.93}
$$

相关的应力是 σ_{ij}. 由弛豫的失配导致的应变能 E_s 就是

$$
E_\mathrm{s}=\frac{1}{2}h\sigma_{ij}\epsilon_{ij}^\mathrm{r} \tag{5.94}
$$

$$
\lim_{p\to\infty}E_\mathrm{s}=2h\frac{Y(1+\nu)}{1-\nu}f^2 \tag{5.95}
$$

总的应变能 E 就是

$$pE = 2E_{\rm d} + 2E_{\rm c} + pE_{\rm s} \tag{5.96}$$

$$E_\infty = \lim_{p\to\infty} E \tag{5.97}$$

其中, 位错核的能量 $E_{\rm c}$ 需要用原子模型来计算 (这里不再考虑). 对于 $\mathrm{Ge_{0.1}Si_{0.9}}$/Si(001) (失配 −0.4%) 的材料参数, 不同的层厚度随着 $1/p$ 的变化关系如图 5.43(a) 所示. 这条曲线看起来与一级相变 ($1/p$ 作为序参数) 的曲线类似. 对于某个临界厚度 $h_{\rm c1}$, 没有任何位错的层的能量和有特定位错密度 p_1 的层的能量是完全相同的 $(E - E_\infty = 0)$, 而且 $\partial E/\partial p|_{p=p_1} = 0$. 然而, 在 $p\to\infty$ 和 $p = p_0$ 之间, 有一个能量势垒. 当

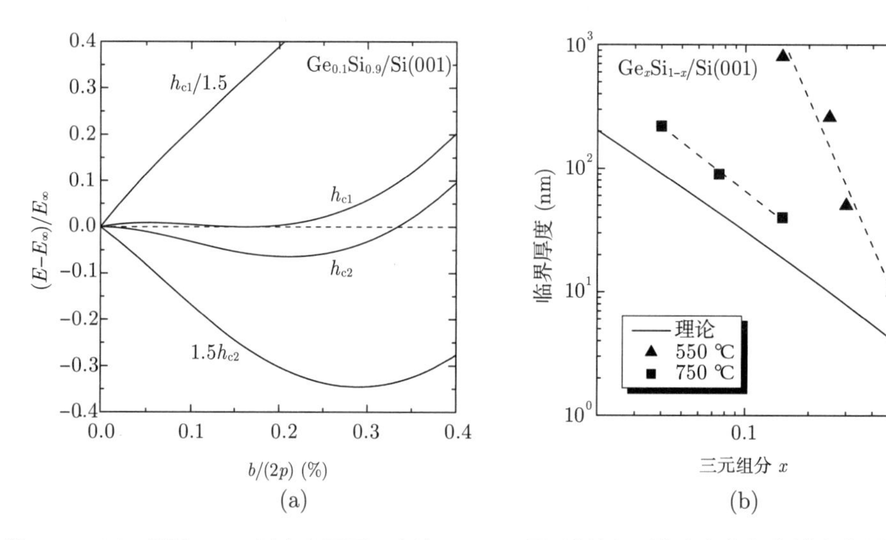

图5.43 (a) 对于Si (001)衬底上不同厚度的$\mathrm{Ge_{0.1}Si_{0.9}}$层, 计算得到的应变能与位错密度倒数的关系. 横坐标是$b/(2p)$, $b/2$是伯格矢量的边分量, p是位错的间距. 纵轴是应变能E, 用E_∞(式(5.97))归一化. (b) Si (001)衬底上$\mathrm{Ge}_x\mathrm{Si}_{1-x}$层的临界厚度. 实线是基于式(5.99)的理论结果($h_{\rm c2}$). 数据点取自文献[440](方块, 生长温度为750 ℃)和[430](三角, 生长温度为 550 ℃)

$$\partial E/\partial p|_{p\to\infty} = 0 \tag{5.98}$$

时, 就达到了临界厚度 $h_{\rm c2}$, 即随着位错密度的增大, 能量单调地减小, 直到在某个平衡的位错密度 p_2 达到全局最小值. 式 (5.98) 给出了确定 $h_{\rm c2}$ 的隐式方程:

$$h_{\rm c2} = \frac{b\left[-16 + 3b^2 + 8(-4+\nu)\ln\left(2h_{\rm c2}/q\right)\right]}{128 f\pi(1+\nu)} \tag{5.99}$$

其中, $b = a_0/\sqrt{2}$ 是伯格矢量的长度.

对于不同组分的 $\mathrm{Ge}_x\mathrm{Si}_{1-x}$/Si(001), $h_{\rm c2}$ 的理论依赖关系和实验数据如图 5.43(b) 所示. 对于相当高的生长温度, 临界厚度比更低温度下沉积的样品更接近于能量平衡.

表明这个系统有一个动理学限制, 以便达到力学平衡态. 临界厚度的实验确定也受到位错的大间隔的有限分辨率的影响, 通常高估了 h_c.

在闪锌矿结构的材料里, 有两种可能的位错类型: α 和 β , 分别具有 Ga 基和 As 基的核. 对于压应变的界面, 它们有 $[\bar{1}10]$ 和 [110] 的线方向. α 位错的滑移速度更大. 因此, 在闪锌矿结构的材料里, 应变弛豫相对于 $\langle 110\rangle$ 方向可以是各向异性的, 例如 InGaAs/GaAs[441,442].

图 4.18 显示了一个更复杂的弛豫情况. $Al_{0.13}Ga_{0.87}N$/GaN 异质结构在 $(30\bar{3}1)$ 衬底上. 在临界厚度以下, 只能看到由衬底引起的螺旋位错. 在临界厚度以上, 沿基础 (basal)c 平面 (00.1) 和两个棱柱 m 平面 {10.1} 滑移系统 (glide systems) 与 $(30\bar{3}1)$ 界面相交 [324,443] 的三个方向发育失配位错 (misfit dislocations). 我们要说的是, 阴极发光 (或 X 射线成像) 对塑性弛豫有相当高的灵敏度, 因为能在相对较大的区域检测到少量的位错 (TEM 可发现缺陷, 但只在小区域, X 射线衍射观测的是大区域, 但是应变的灵敏度低).

5.4.2 解理

金刚石结构的解理面是 {111} 面 (图 5.44(a)). 在 $\langle 111\rangle$ 方向, 最容易切断连接两层的键.

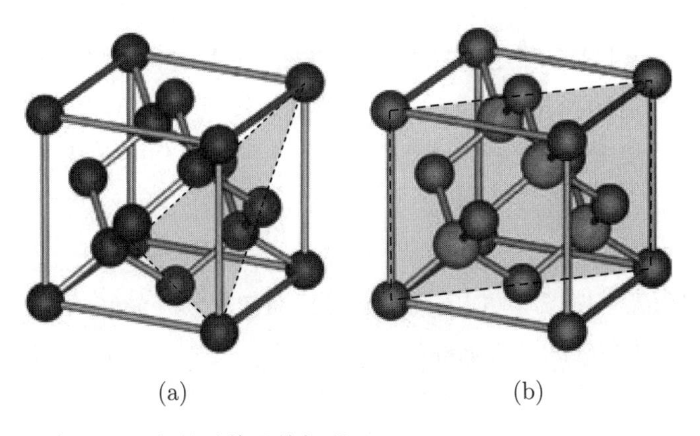

图5.44 (a) 金刚石格子和(b) 闪锌矿格子的解理面

闪锌矿结构的解理面是 {110} 面 (图 5.44(b)). 由于离子键的特性, 在 $\langle 111\rangle$ 方向切断连接两层的键, 会留下带电的表面, 在能量上是不利的. {100} 面只包含一种原子, 也会留下高度带电的表面. {110} 面包含等量的 A 原子和 B 原子, 因此是中性的. 在理想情况下, 解理面是原子级平整的 (图 5.45(a)), 或者表现为很大的单原子级平整的平台. 然而, 高浓度的某些杂质 (例如 GaAs:Te) 可以由晶格畸变导致粗糙的表面 [444].

闪锌矿结构 (GaN) 的自然解理面是 $\{1\bar{1}.0\}$ 面 (m 型)[445].

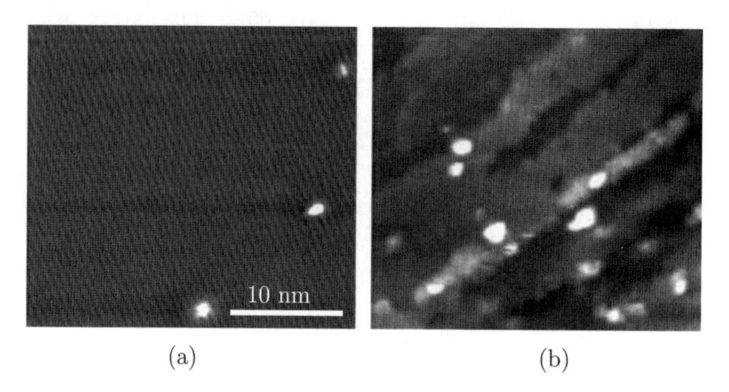

图5.45　解理的GaAs(110)表面的扫描隧道显微像：(a) 好的解理；(b) 坏的解理，有很多缺陷. 改编自文献[446]

5.4.3　晶片断裂

晶片的厚度和强度对于半导体生产 (比较 12.2.2 小节) 很重要. 为了节约宝贵的材料, 晶片必须尽可能薄, 但又要厚得足以避免处理过程中应力导致的损失, 特别是在工艺处理中靠后的步骤里, 因为随着工艺处理步骤的增加, 晶片的价值也在增大.

晶片断裂的原因有机械搬运 (拿、放、运输)[447]、处理导致的应力负载 (介电材料、金属、非对称的结构) 以及工艺过程中的应力, 例如退火时的热负载, 或者沉积和切片 (cutting/dicing). 在微电子产业里, 这个问题不是特别重要, 但是在光伏 (PV) 产业里, 处理的晶片面积很大, 这个问题特别严重; 另一方面, 在微电子产业里, 每个断裂的晶片带来的利润损失大得多. 其他的问题有光伏器件用的多晶硅晶片的晶粒结构 [448] 以及表面裂纹和晶片边角处的不规则性的影响. 晶片厚度从 270 μm 变为 250 μm, 在特定工艺步骤里, 晶片断裂的概率就可能加倍还不止 [449]. 带有表面裂纹的晶片的最小强度大约是 100 MPa, 而边缘处有裂纹的晶片的强度可以降低到大约 20 MPa. 为了避免断裂, 晶片边缘的形状处理也很重要 [450].

第 6 章

能带结构

硅是一种金属.

——威尔逊 (A. H. Wilson), 1931 年 [74]

摘要

处理一维势里的电子态, 引入带隙和有效质量的概念. 综述了各种半导体的能带结构. 讨论了带隙的分类、对称性考虑、合金里的带隙、非晶半导体以及应变和温度的影响. 处理了电子和空穴的色散关系, 得到了不同维度下的态密度.

6.1 简介

在晶体中移动的价电子感受到周期势, 对于正格子的所有矢量 $\boldsymbol{R}$,

$$U(\boldsymbol{r}) = U(\boldsymbol{r}+\boldsymbol{R}) \tag{6.1}$$

这个势[①] 来自离子实和所有其他电子的作用. 因此, 这是严肃的多体问题. 原则上, 根据原子的周期性排列和它们的原子序数, 能够计算得到能带结构. 注意, 对于一些问题, 例如太阳能电池的优化设计, 已经知道某种能带结构是理想的、周期性的原子排列, 需要寻找一种材料, 能够产生最优的能带结构. 这种问题称为能带结构的反问题.

6.2 周期势里的电子

6.2.1 布洛赫定理

关于周期势的解的结构, 我们先推导一些一般性的结论. 先考虑一个电子, 研究薛定谔方程

$$H\Psi(\boldsymbol{r}) = \left[-\frac{\hbar^2}{2m}\nabla^2 + U(\boldsymbol{r})\right]\Psi(\boldsymbol{r}) = E\Psi(\boldsymbol{r}) \tag{6.2}$$

的解. U 在格子里是周期性的, 满足式 (6.1).

布洛赫定理表明, 对于式 (6.2) 的单粒子哈密顿量, 本征解 Ψ 可以写为平面波和晶格周期函数的乘积, 即

$$\Psi_{n\boldsymbol{k}}(\boldsymbol{r}) = A\exp(\mathrm{i}\boldsymbol{k}\boldsymbol{r})u_{n\boldsymbol{k}}(\boldsymbol{r}) \tag{6.3}$$

归一化常数 A 经常省略. 如果 $u_{n\boldsymbol{k}}(\boldsymbol{r})$ 是归一化的, 那么 $A=1/\sqrt{V}$, 其中 V 是积分的体积. 波函数的指标是量子数 n 和波矢 $\boldsymbol{k}$. 关键在于, 函数 $u_{n\boldsymbol{k}}(\boldsymbol{r})$(所谓的布洛赫函数)

① 本书从来没有显式地给出周期势的形式.

在格子上是周期性的, 对于正格子的所有矢量 $\boldsymbol{R}$,

$$u_{n\boldsymbol{k}}(\boldsymbol{r}) = u_{n\boldsymbol{k}}(\boldsymbol{r}+\boldsymbol{R}) \tag{6.4}$$

对于一维的情况, 这个证明很简单, 三维情况更复杂, 可能有简并的波函数, 见文献 [451].

如果 $E_{n\boldsymbol{k}}$ 是能量本征值, 那么对于倒格子的所有矢量 $\boldsymbol{G}$, $E_{n\boldsymbol{k}+\boldsymbol{G}}$ 也是本征值, 即

$$E_n(\boldsymbol{k}) = E_n(\boldsymbol{k}+\boldsymbol{G}) \tag{6.5}$$

因此, 能量值在倒空间是周期性的. 证明很简单, 因为 $u_{n(\boldsymbol{k}+\boldsymbol{G})}(\boldsymbol{r}) = \exp(-\mathrm{i}\boldsymbol{G}\boldsymbol{r})u_{n\boldsymbol{k}}(\boldsymbol{r})$, 波函数 (对于 $\boldsymbol{k}+\boldsymbol{G}$)$\exp(\mathrm{i}(\boldsymbol{k}+\boldsymbol{G})\boldsymbol{r})u_{n(\boldsymbol{k}+\boldsymbol{G})}(\boldsymbol{r})$ 显然是 $\boldsymbol{k}$ 的本征函数.

沿着某个 $\boldsymbol{k}$ 方向的能带结构可以用不同形式的布里渊区画出来, 如图 6.1 所示. 最常用的是约化的布里渊区. 在三维的情况中, 能带结构通常沿着布里渊区的某个特定路线, 如图 6.2(c) 所示.

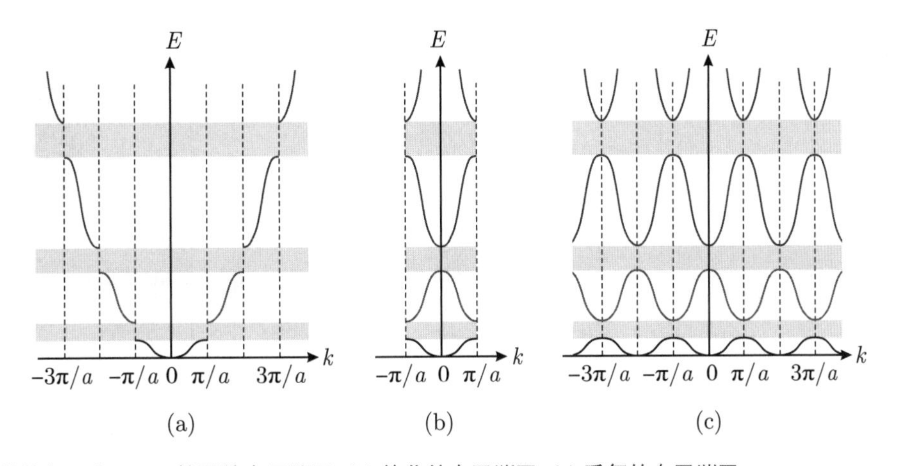

图6.1 能带的布里渊区: (a) 扩展的布里渊区; (b) 约化的布里渊区; (c) 重复的布里渊区

6.2.2 自由电子的色散关系

如果整个波函数 (式 (6.3)) 服从薛定谔方程 (6.2), 那么布洛赫函数 $u_{n\boldsymbol{k}}$ 满足方程

$$\left[\frac{1}{2m}(\boldsymbol{p}+\hbar\boldsymbol{k})^2+U(\boldsymbol{r})\right]u_{n\boldsymbol{k}}(\boldsymbol{r}) = E_{n\boldsymbol{k}}u_{n\boldsymbol{k}}(\boldsymbol{r}) \tag{6.6}$$

利用 $\boldsymbol{p} = -\mathrm{i}\hbar\nabla$, 很容易看出来.

首先讨论形式最简单的周期势: $U \equiv 0$. 这个计算也称为空格子计算. 式 (6.6) 的解就是常数: $u_{\boldsymbol{k}} = c$, $\Psi_{\boldsymbol{k}}(\boldsymbol{r}) = c\exp(\mathrm{i}\boldsymbol{kr})$. 自由电子的色散关系就是

$$E(\boldsymbol{k}) = \frac{\hbar^2}{2m}\boldsymbol{k}^2 \tag{6.7}$$

其中, $\boldsymbol{k}$ 是倒空间的任意波矢. $\boldsymbol{k}'$ 是布里渊区的一个矢量, 对于某个合适的倒格子矢量 $\boldsymbol{G}$, 满足 $\boldsymbol{k} = \boldsymbol{k}' + \boldsymbol{G}$. 因为式 (6.5), 色散关系也可以写为

$$E(\boldsymbol{k}) = \frac{\hbar^2}{2m}(\boldsymbol{k}' + \boldsymbol{G})^2 \tag{6.8}$$

其中, $\boldsymbol{k}'$ 是布里渊区的矢量. 因此, 在式 (6.8) 里采用不同的倒格子矢量, 就得到色散关系的许多分支.

由此得到自由电子的色散关系, 一维系统 ($\boldsymbol{k}'$ 和 $\boldsymbol{G}$ 是平行的) 如图 6.2(a) 所示, 简单立方格子 (在所谓的约化的布里渊区) 如图 6.2(b) 所示. 图 6.2(c) 给出了面心立方 (fcc) 格子的自由电子的色散关系.

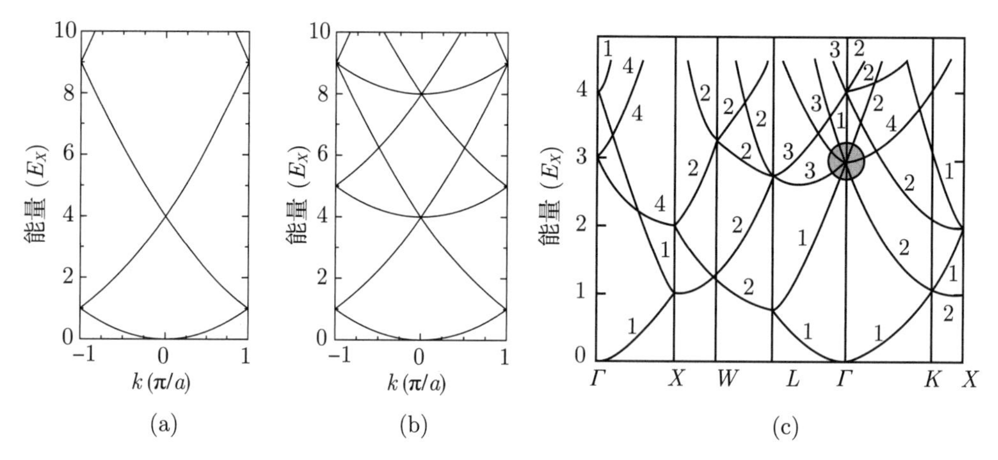

图6.2 自由电子的色散曲线(空格子计算, U=0, 显示了第一布里渊区): (a) 一维格子($\boldsymbol{G}=\boldsymbol{n}2\pi/a$); (b) 简单立方格子($\boldsymbol{G}=(h,k,l)2\pi/a$); (c) 面心立方格子. 能量的单位是$X$点的能量, $E_X=(\hbar^2/(2m))(2\pi/a)^2$. 图(c)里的阴影圆表示有限周期势$U\neq0$的带隙区域能量

6.2.3 不等于零的势

现在讨论不等于零的周期势对电子运动的影响. 一个简单的解析可解的模型是克罗尼格-彭尼模型 [71](在附录 F 里讨论), 它给出了周期势对电子色散关系的影响, 形成了有带隙的 (一维) 能带结构.

6.2.3.1 一般性的波动方程

本小节讨论电子在周期势里的一般性的波动方程的解. 特别是在布里渊区边界处的解. 在格子里, 势 U 是周期性的 (式 (6.1)). 它可以表示为带有倒格子矢量的傅里叶级数 (参见式 (3.18)):

$$U(\boldsymbol{r}) = \sum_{\boldsymbol{G}} U_{\boldsymbol{G}} \exp(\mathrm{i}\boldsymbol{G}\boldsymbol{r}) \tag{6.9}$$

因为 U 是实函数, 所以 $U_{-\boldsymbol{G}} = U_{\boldsymbol{G}}^*$. 这种方法成功的深层原因是: 对于典型的晶体势, 傅里叶系数随着 $\boldsymbol{G}$ 的增大而迅速减小, 例如, 对于没有屏蔽的库仑势, $U_{\boldsymbol{G}} \propto 1/G^2$. 波函数表示为在所有允许的布洛赫波矢 $\boldsymbol{K}$ 上的傅里叶级数 (或积分):

$$\Psi(\boldsymbol{r}) = \sum_{\boldsymbol{K}} C_{\boldsymbol{K}} \exp(\mathrm{i}\boldsymbol{K}\boldsymbol{r}) \tag{6.10}$$

薛定谔方程 (6.6) 里的动能项和势能项是

$$\nabla^2 \Psi = -\sum_{\boldsymbol{K}} \boldsymbol{K}^2 C_{\boldsymbol{K}} \exp(\mathrm{i}\boldsymbol{K}\boldsymbol{r}) \tag{6.11a}$$

$$U\Psi = \sum_{\boldsymbol{G}} \sum_{\boldsymbol{K}} U_{\boldsymbol{G}} C_{\boldsymbol{K}} \exp(\mathrm{i}(\boldsymbol{G}+\boldsymbol{K})\boldsymbol{r}) \tag{6.11b}$$

利用 $\boldsymbol{K}' = \boldsymbol{K}+\boldsymbol{G}$, 式 (6.11b) 可以重写为

$$U\Psi = \sum_{\boldsymbol{G}} \sum_{\boldsymbol{K}'} U_{\boldsymbol{G}} C_{\boldsymbol{K}'-\boldsymbol{G}} \exp(\mathrm{i}\boldsymbol{K}'\boldsymbol{r}) \tag{6.12}$$

现在, 薛定谔方程可以写为 (无限维的) 代数方程组:

$$(\lambda_{\boldsymbol{K}} - E) C_{\boldsymbol{K}} + \sum_{\boldsymbol{G}} U_{\boldsymbol{G}} C_{\boldsymbol{K}-\boldsymbol{G}} = 0 \tag{6.13}$$

其中, $\lambda_{\boldsymbol{K}} = \hbar^2 \boldsymbol{K}^2/(2m)$.

6.2.3.2 一个傅里叶系数的解

最简单的 (非平凡的) 势能只在最短的倒格子矢量 $\boldsymbol{G}$ 上有一个重要的傅里叶系数 $-U(U>0)$. 而且 $U_{-\boldsymbol{G}} = U_{\boldsymbol{G}}$. 因此, (一维) 势的形式是 $U(x) = -2U\cos(Gx)$. 方程组 (6.13) 就只有关于 $C_{\boldsymbol{K}}$ 和 $C_{\boldsymbol{K}-\boldsymbol{G}}$ 的两个方程, 导致了条件

$$\begin{vmatrix} \lambda_{\boldsymbol{K}} - E & -U \\ -U & \lambda_{\boldsymbol{K}-\boldsymbol{G}} - E \end{vmatrix} = 0 \tag{6.14}$$

我们得到两个解

$$E_{\pm} = \frac{\lambda_{\boldsymbol{K}} + \lambda_{\boldsymbol{K}-\boldsymbol{G}}}{2} \pm \sqrt{\left(\frac{\lambda_{\boldsymbol{K}} - \lambda_{\boldsymbol{K}-\boldsymbol{G}}}{2}\right)^2 + U^2} \tag{6.15}$$

6.2.3.3 布里渊区边界处的解

我们考虑布里渊区边界处 (即在 $\boldsymbol{K}=\boldsymbol{G}/2$ 附近) 的解. $\boldsymbol{K}=\pm\boldsymbol{G}/2$ 处的动能是相同的, 即 $\lambda_{\boldsymbol{K}}=\lambda_{\boldsymbol{K}-\boldsymbol{G}}=(\hbar^2/(2m))(G^2/4)$. 行列式 (6.14) 就是

$$(\lambda-E)^2-U^2=0 \tag{6.16}$$

所以布里渊区边界处的能量值就是

$$E_{\pm}=\lambda\pm U=\frac{h^2}{2m}\frac{G^2}{4}\pm U \tag{6.17}$$

在布里渊区边界, 出现了劈裂, 大小为 $E_+-E_-=2U$. 能隙的中心由自由电子的色散关系的能量 $\lambda_{\boldsymbol{K}}$ 给出. 系数的比值是 $C_{\boldsymbol{G}/2}/C_{-\boldsymbol{G}/2}=\mp1$. 式 (6.17) 的 "−" 解 (能量较低) 是余弦驻波 (Ψ_-), "+" 解是正弦驻波 (Ψ_+), 如图 6.3 所示. 对于能量较低的 (束缚) 态, 电子局域在势能的极小值, 即原子的位置; 对于能量较高的 (反束缚) 态, 电子局域在原子之间. 两个波函数具有相同的周期性, 因为它们属于相同的波矢 $\boldsymbol{K}=\boldsymbol{G}/2$. 注意, Ψ 的周期是 $2a$, 而 Ψ^2 的周期等于晶格常数 a.

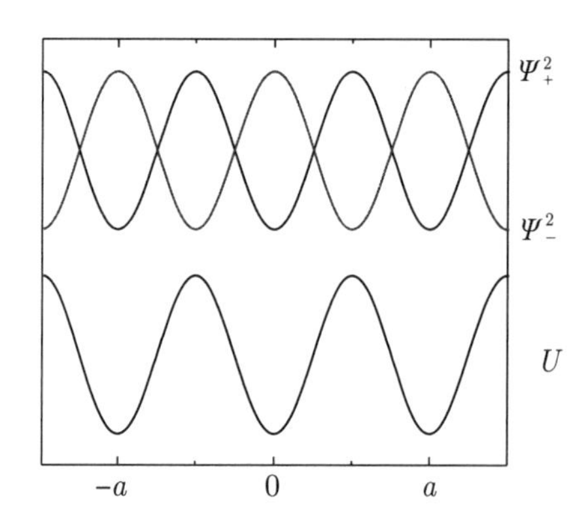

图6.3 周期势U(一维余弦, 黑色)与波矢位于布里渊区边界的波函数Ψ_-(红色)和Ψ_+(蓝色)的平方, $K=G/2=\pi/a$

6.2.3.4 带隙态

对于带隙里的能量, 存在具有复数波矢 $K=G/2+\mathrm{i}q$ 的解. 求解式 (6.16), 得到 (令 $q'^2=(\hbar^2/(2m))q^2$)

$$E_{\pm}=\lambda-q'^2\pm\sqrt{-4\lambda q'^2+U^2} \tag{6.18}$$

对于能量 $E=\lambda+\epsilon$, 其中 $-U\leqslant\epsilon\leqslant U$, 波矢的复数部分是

$$q'^2=-(\epsilon+2\lambda)+\sqrt{4\lambda(\epsilon+\lambda)+U^2} \tag{6.19}$$

q 的最大值位于带隙的中心 ($\epsilon=0$); 当 $|U|\ll 2\lambda$ 时, 有 $q'^2_{\max}\approx U^2/(4\lambda)$. 在带边 ($\epsilon=\pm U$), 有 $q=0$. q 是指数式衰减波函数的典型长度. 这种解出现在表面或界面. 带隙越大, 局域长度就越短 (q 更大)(图 6.4).

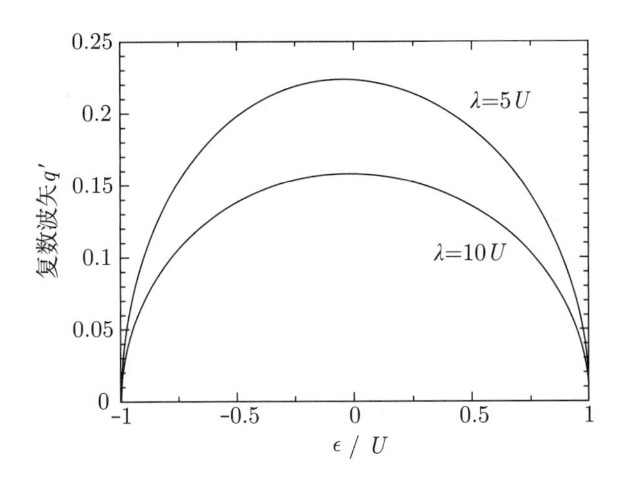

图6.4 对于两个不同的λ/U值, 根据式(6.19)得到的复的能带结构$q'(\epsilon)$

6.2.3.5 布里渊区边界附近的解

对于布里渊区边界附近的 $\boldsymbol{K}$, 解 (6.15) 可以展开. 因此, 我们使用到布里渊区边界的 (小的) 距离 $\widetilde{\boldsymbol{K}}=\boldsymbol{K}-\boldsymbol{G}/2$. 利用 $\lambda=(\hbar^2/(2m))(G^2/4)$, 我们把式 (6.15) 精确地重写为

$$E_{\pm}(\widetilde{\boldsymbol{K}})=\frac{\hbar^2}{2m}\left(\frac{1}{4}\boldsymbol{G}^2+\widetilde{\boldsymbol{K}}^2\right)\pm\left(4\lambda\frac{\hbar^2\widetilde{\boldsymbol{K}}^2}{2m}+U^2\right)^{1/2} \tag{6.20}$$

对于小的 $\widetilde{\boldsymbol{K}}$, 利用 $\hbar^2\boldsymbol{G}\widetilde{\boldsymbol{K}}/(2m)\ll|U|$, 能量就近似为

$$E_{\pm}(\widetilde{\boldsymbol{K}})\cong\lambda\pm U+\frac{\hbar^2\widetilde{\boldsymbol{K}}^2}{2m}\left(1\pm\frac{2\lambda}{U}\right) \tag{6.21}$$

因此, 在布里渊区边界的附近, 能量的色散关系是抛物线形的. 能量较低的态有负曲率, 而能量较高的态有正曲率. 曲率是

$$m^*=m\frac{1}{1\pm 2\lambda/U}\approx\pm m\frac{U}{2\lambda} \tag{6.22}$$

后面将把它与有效质量联系起来. 式 (6.22) 里的近似对于 $|U|\ll 2\lambda$ 成立. 注意, 在我们的简单模型里, m^* 随着带隙 $2U$ 的增加而线性地增大 (实验数据如图 6.34 所示).

6.2.4 克莱默简并

$E_\mathrm{n}(\boldsymbol{k})$ 是能带里的色散关系. 时间反演对称性 (克莱默简并) 意味着

$$E_{\mathrm{n}\uparrow}(\boldsymbol{k}) = E_{\mathrm{n}\downarrow}(-\boldsymbol{k}) \tag{6.23}$$

其中箭头表示电子自旋的方向. 如果晶体在反演下是对称的, 就额外地有

$$E_{\mathrm{n}\uparrow}(\boldsymbol{k}) = E_{\mathrm{n}\uparrow}(-\boldsymbol{k}) \tag{6.24}$$

同时具有时间反演和空间反演的对称性, 能带结构满足

$$E_{\mathrm{n}\uparrow}(\boldsymbol{k}) = E_{\mathrm{n}\downarrow}(\boldsymbol{k}) \tag{6.25}$$

反演对称性对自旋-轨道相互作用特别重要. 当没有反演对称性时, 例如, 在 (没有中心反演对称性的) 闪锌矿结构的晶体 (图 3.16(b)) 或异质结构 (图 12.35(b)) 里, 存在自旋劈裂, 即 $E_{\mathrm{n}\uparrow}(\boldsymbol{k}) \neq E_{\mathrm{n}\downarrow}(\boldsymbol{k})$. 可以认为它是由一个有效磁场引起的. 体反演不对称性 (BIA) 导致了德雷斯尔豪斯 (Dresselhaus) 自旋劈裂 [452,453], GaAs 的情况如图 6.5 所示 (与图 6.10(a) 比较). 结构反演不对称性 (SIA) 导致的自旋劈裂用比契科夫-拉什巴 (Bychkov-Rashba) 哈密顿量描述 [454,455]. 关于这些主题的综述, 参阅文献 [456].

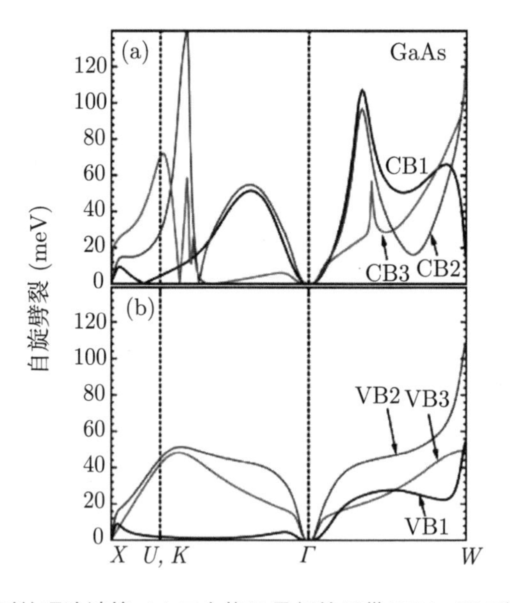

图6.5 GaAs自旋劈裂的理论计算: (a) 三个能量最低的导带(CB1, CB2和CB3); (b) 三个能量最高的价带(VB1, VB2和VB3). 改编自文献[453]

6.2.5 对称性考虑

通常, 格子的对称性是系统的哈密顿量的对称性, 因此就传递给半导体的电子 (和其他) 性质. 数学描述的方法是群论. 在倒格子的给定点, 波函数必须满足给定的空间对称性. 自旋和自旋-轨道相互作用导致的额外的对称性通过双群 (double-group) 的形式加进来. 这个问题已经对 32 个点群 (与表 B.2 比较) 处理过了 [457], 特别是针对 pc, fcc, bcc 和 hcp 格子 [458]. 已经仔细处理了闪锌矿结构 [459] 和纤锌矿结构 [460]. 文献 [461] 处理了最常用的哈密顿量.

在特定格点处的对称性用对称群的不可约表示来标记, 例如, 图 6.9、图 6.10 还有图 6.44 里的 Γ_i 符号. 作为例子, 四面体群的不可约表示如表 6.1 所示. 利用高对称性点的波函数的信息, 可以得到这种高对称性点附近的能带的一般性质.

表6.1 四面体群(闪锌矿结构)的表示：分子表示法、BSW表示法[462]和科斯特(Koster)表示法[457]，以及相应的基函数(c.p.：循环置换)

分子表示法	BSW表示法	科斯特表示法	基函数
A_1	Γ_1	Γ_1	$x\,y\,z, x^2+y^2+z^2$
A_2	Γ_2	Γ_2	$x^4\,(y^2-z^2)$ + c.p.
E	Γ_{12}	Γ_3	$2\,z^2-(x^2+y^2), (x^2-y^2)$
T_2	Γ_{15}	Γ_4	x, y, z, xy, xz, yz
T_1	Γ_{25}	Γ_5	$z\,(x^2-y^2)$ 和 c.p.

6.2.6 拓扑考虑

从量子霍尔效应的研究开始, 基于以前的数学定理, “绝缘体”的能带结构具有拓扑性质, 从而导致材料 (和许多效应 / 相) 简洁优雅的分类 [370,463,464]. 在这种情况下, 术语“绝缘体”是指在填充态和空态之间有带隙的材料, 即如果温度不是太高 (与带隙除以 k_B 有关), 半导体就完全是这样. 我们回顾了 5.2.3 小节中关于双原子线性链的讨论. 根据弹性常数的比值, 能带具有不同的拓扑性质.

拓扑学是数学的一个分支, 其中通过光滑变形, 相互关联的对象被归类为相同的对象. 例如, 球体和椭球体的拓扑结构是相同的. 而且, 甜甜圈和杯子都是一样的, 因为它们有一个洞. 一个独立于这种光滑变换的量称为“拓扑不变量”. 表面的“芽”(genus)g 就是这样的一个数, 它计算表面的洞的数目. 根据高斯- 博内特定理 (Gauss-Bonnet theorem), 封闭曲面 S 上的高斯曲率 K 的积分是

$$\int_S K\,\mathrm{d}A = 2\pi(2-2g) \tag{6.26}$$

三维空间里的 (可微) 曲面的高斯曲率 $K=\kappa_1\kappa_2$ 是主曲率 (包含曲面的法线的所有法面 (normal planes) 与平面相交得到的曲线的最大曲率和最小曲率)κ_1 和 κ_2 的乘积. 对于半径为 r 的球, 各处的高斯曲率都是 $1/r^2$, 式 (6.26) 中的积分是 4π, 使得 $g=0$. 一个拓扑上不同的例子是环面 (所有与半径为 R 的圆有固定距离 r 的点, $r<R$). 它的参数化表示是

$$\boldsymbol{r}=R\begin{pmatrix}\cos\phi\\ \sin\phi\\ 0\end{pmatrix}+r\begin{pmatrix}\cos\phi\cos\theta\\ \sin\phi\cos\theta\\ \sin\theta\end{pmatrix} \tag{6.27}$$

两个角度 ϕ 和 θ 都在 0 到 2π 之间. 沿 θ 方向的主曲率 κ_1 为 $1/r$(适用于所有 ϕ). 另一个主曲率 κ_2 是在方位角 (ϕ) 方向, 随着 θ 而改变符号 (外正内负), 也不依赖于 ϕ. 它在外部和内部的积分完全抵消, 故 $\kappa_1\kappa_2$ 在整个环面的积分为零, 因此 $g=1$.

接下来, 我们将二维布里渊区的周期性与三维空间里的环面上的变量联系起来, 如图 6.6 所示 (比较图 5.3 的一维情况). 这个概念可以推广到三维能带结构和四维里的环面.

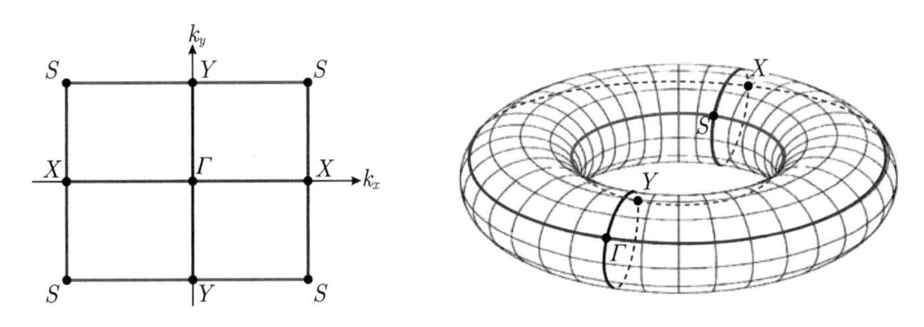

图6.6　一个二维矩形晶格的布里渊区, 并映射到一个环面

如果常数函数 $f=nab/(2\pi)$ 在布里渊区上积分 (X 为 $\pm\pi/a$, Y 是 $\pm\pi/b$), 则积分为

$$\frac{1}{2\pi}\int_{\mathrm{BZ}}f(\boldsymbol{k})\mathrm{d}^2\boldsymbol{k}=n \tag{6.28}$$

例如, 如果另一个函数 f 独立于 k_x, 在 k_y 方向上改变符号且 $\int f\mathrm{d}k_y=0$, 与环面的情况类似, 在布里渊区上积分, 结果就等于零. 如果把被积函数 (积分核, integrand) 解释为曲率, 就如图 6.7 所示.

文献 [465, 466] 已经把贝里相 [369] 推广到布洛赫态. 对于具有布洛赫能带和布洛赫函数 $u_m(\boldsymbol{k})$ (式 (6.3)) 的二维系统, 导致拓扑不变量的被积函数由贝里联络 (比较式 (5.29))$\mathcal{A}_m=\langle u_m(\boldsymbol{k})|l\nabla_k|u_m(\boldsymbol{k})\rangle$ 给出, 它的贝里曲率 (Berry curvature, 或者贝里通量 (Berry flux)) 在三维空间里的形式是 $\mathcal{F}_m=\nabla_k\times\mathcal{A}_m$. 一个能带 (带隙将它与其他能带

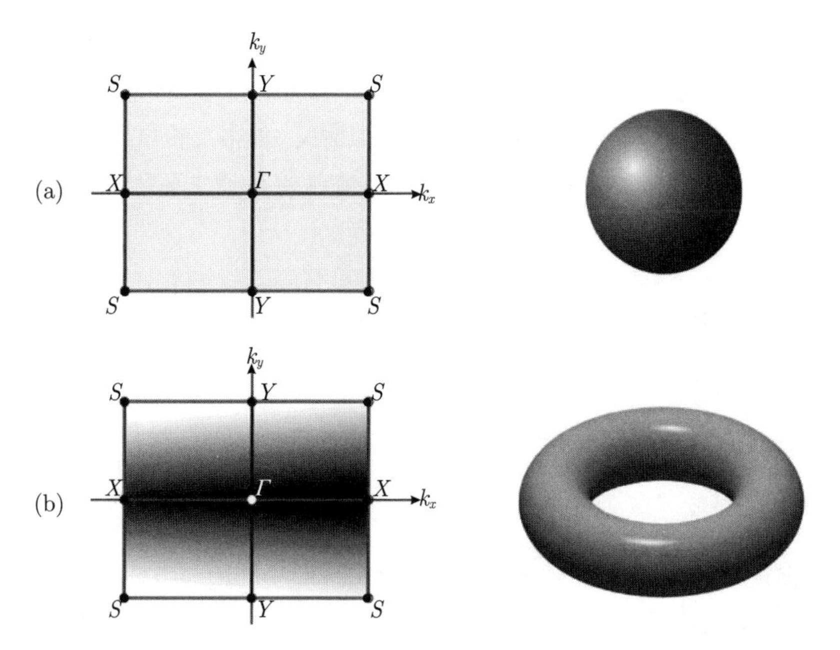

图6.7　矩形晶格的布里渊区：(a) 常数；(b) 改变符号的函数. 右边给出了相应情况的拓扑结构

分开) 的陈数 (Chern number)C_m 被定义为布里渊区上的积分:

$$C_m = \frac{1}{2\pi}\int_{\mathrm{BZ}} \mathcal{F}_m \mathrm{d}^2\boldsymbol{k} \tag{6.29}$$

只取整数值, 并且是一个拓扑不变量. 这意味着能带结构后面的哈密顿算符的微小变化不会改变它的值. 在简并的情况下, 只要空态被一个带隙隔开, 所有占据态的陈数的和 $n = \sum\limits_m n_m$ 仍然是一个拓扑不变量. 对于三维晶体和 $\boldsymbol{k}$ 空间, 存在几个拓扑不变量, 但是陈数可以分配给费米表面或表面态 (比较 11.6.3 小节).

一个示意的例子如图 6.8 所示, 具有拓扑平凡和非平凡的能带结构. 在平凡的能带结构中 (像大多数半导体一样), 波函数的相位特性在布里渊区变化很小, 价带大多为 p

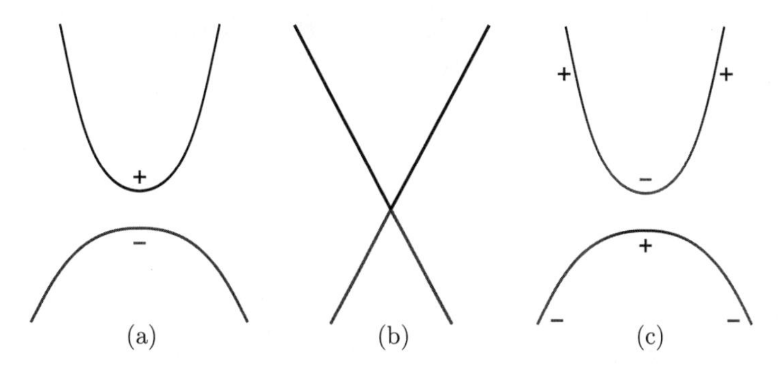

图6.8　能带结构示意图：(a) 拓扑平凡的波函数；(c) 拓扑非平凡的波函数，在一个能带里，特性从s型(蓝色，“+”表示正宇称)变为p型(红色，“−”表示负宇称). 交叉点的情况如图(b)所示

型 (奇宇称), 导带大多为 s 型 (偶宇称), 如图 6.8(a) 所示. 在拓扑非平凡的能带结构中, 发生了能带反转, 波函数的性质在能带内发生了变化, 如图 6.8(c) 所示. 这个示意图应该与图 5.8 进行比较, 那里讨论了晶格振动的类似情况. 能带反转半导体的一个例子是 HgTe, 而 CdTe 或 MnTe 具有平凡的拓扑结构. 在从平凡到非平凡的相变过程中 (图 6.8(b)), 合金产生了零带隙的半导体 (参见 6.11 节).

6.3 一些半导体的能带结构

下面讨论各种重要的原型半导体的能带结构. 能隙以下的能带称为价带; 能隙以上的能带称为导带. 带隙 ΔE_{cv}(通常记为 E_{g}) 是最高的价带态和最低的导带态的能量差. 对于大多数半导体, 价带的最大值位于 Γ 点.

6.3.1 硅

硅是一种元素半导体 (图 6.9(a)), 导带的极小值靠近于 X 点, 位于 $\langle 100\rangle$ 方向上的 $0.85\pi/a$. 因此, 它和价带的顶部不是 $\boldsymbol{k}$ 空间的同一个点. 这种能带结构称为间接能带. 因为有 6 个等价的 $\langle 100\rangle$ 方向, 所以导带有 6 个等价的极小值.

6.3.2 锗

锗是另一种元素半导体 (图 6.9(b)), 也具有间接的能带结构. 导带极小值位于 $\langle 111\rangle$ 方向的 L 点. 因为对称性, 导带有 8 个等价的极小值.

6.3.3 砷化镓 (GaAs)

GaAs (图 6.10(a)) 是直接带隙的化合物半导体, 价带顶和导带底位于 $\boldsymbol{k}$ 空间的同一个位置 (Γ 点). 导带里下一个最高的 (局域) 极小值靠近 L 点.

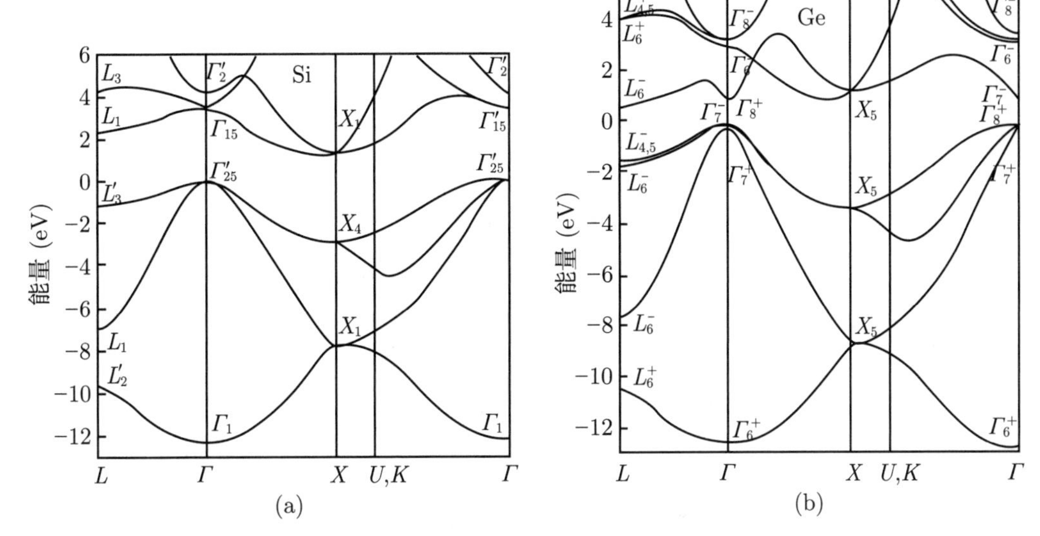

图6.9 (a) 硅(间接带隙)和(b) 锗(间接带隙)的能带结构. 硅的导带最小值位于〈100〉方向, 锗的导带最小值位于〈111〉方向. 改编自文献[164], 基于文献[467]

6.3.4 磷化镓 (GaP)

GaP (图 6.10(b)) 是间接带隙的化合物半导体. 导带的极小值沿着 〈100〉 方向.

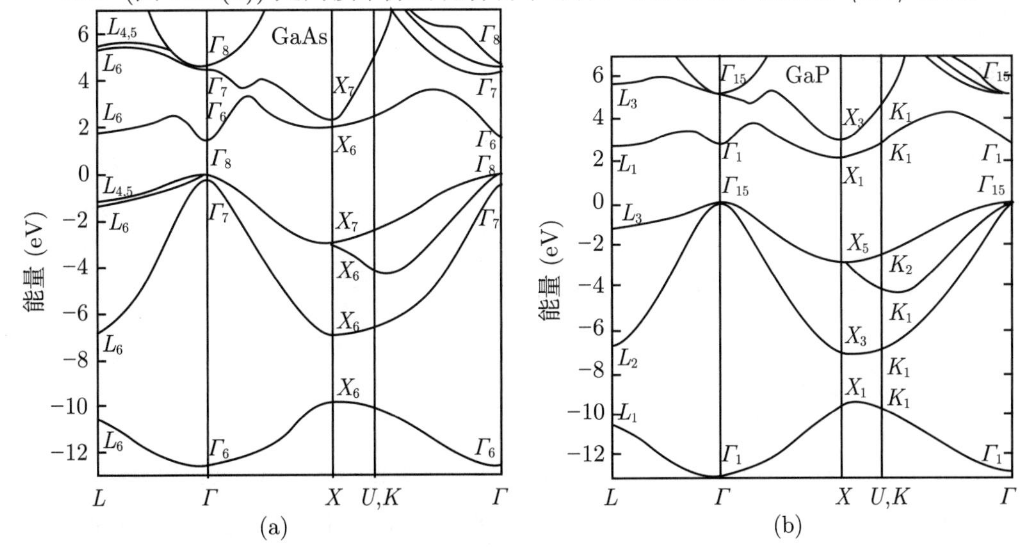

图6.10 (a) GaAs(直接带隙)和(b) GaP(间接带隙)的能带结构. GaAs的导带最小值位于Γ点, GaP的导带最小值位于〈100〉方向. 取自文献[164], 基于文献[467]

6.3.5 氮化镓 (GaN)

GaN (图 6.11) 是直接带隙的半导体, 具有纤锌矿结构, 但是也有亚稳定的立方 (闪锌矿) 的相.

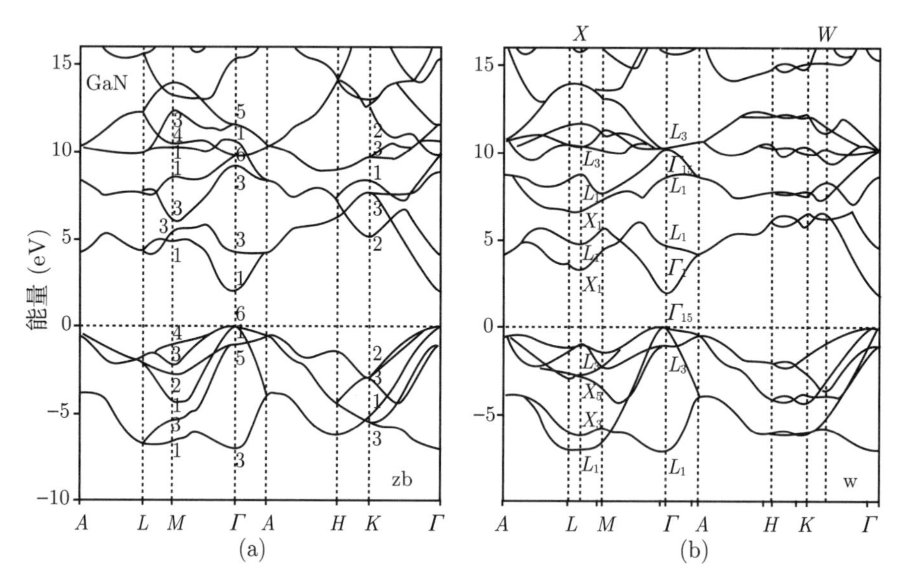

图6.11　闪锌矿结构(zb)的GaN(左, 直接能带)和纤锌矿结构(w)的GaN(右)的能带结构. 为了便于比较, 二者都画在纤锌矿结构的布里渊区里

6.3.6 铅盐矿

PbS (图 6.12), PbSe 和 PbTe 的带隙是直接带隙, 位于 L 点. 铅的硫族化合物体系具有奇异性, 随着原子质量的增加, 带隙不是单调下降的. 在 300 K, PbS, PbSe 和 PbTe 的带隙分别是 0.41 eV, 0.27 eV 和 0.31 eV.

6.3.7 MgO, ZnO, CdO

氧化镉 (CdO) 是岩盐结构的立方半导体. 出于对称性考虑, 氧的 2p 轨道和镉的 3d 轨道的耦合 (排斥) 不出现在岩盐结构的布里渊区的中心. 排斥出现的位置远离 Γ 点, 价带的最大值就不在布里渊区的中心 (图 6.13). 因此, CdO 是间接半导体. 由于锌的 3d 轨道, 类似的效应出现在岩盐结构的 rs-ZnO 里. 然而, ZnO 有纤锌矿结构, 允许 Γ 点的 p-d 耦合, 因此, ZnO 是直接半导体. 在 MgO 里, Mg 当然只有被占据的 s 轨道和

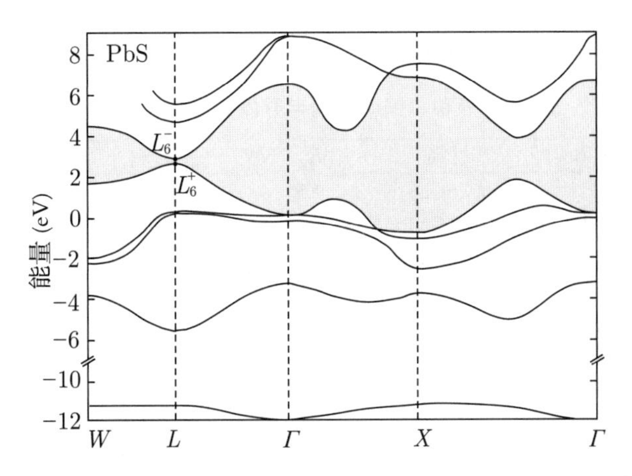

图6.12　计算得到的PbS的能带结构(直接能带). 能隙位于L点, 禁带用灰色显示. 改编自文献[468]

p 轨道, 不存在这种排斥. 因此, 即使岩盐结构的 MgO 也是直接半导体 [469].

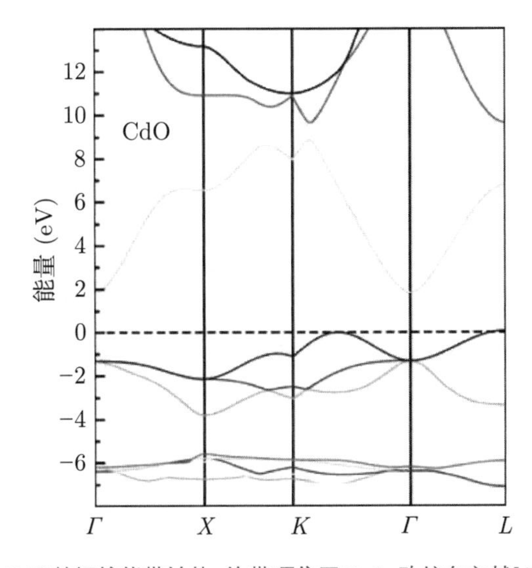

图6.13　计算得到的CdO的间接能带结构. 价带顶位于E=0. 改编自文献[470]

6.3.8　黄铜矿

许多黄铜矿结构半导体的带隙的实验数据如表 6.2 所示. 图 6.14 比较了 $CuAlS_2$, $CuAlSe_2$ 和 $CuGaSe_2$ 的能带结构.

图 6.15 比较了 GaN 及其最密切相关的黄铜矿材料 $ZnGeN_2$ 的理论的能带结构, 都显示在黄铜矿结构 (正交晶格的) 布里渊区. $ZnGeN_2$ 的带隙小于 GaN, 差别是 0.4 eV,

计算的结果 (0.5 eV) 与此符合得很好. ①

表6.2　各种黄铜矿结构半导体的带隙

材料	E_g (eV)	材料	E_g (eV)	材料	E_g (eV)
$CuAlS_2$	3.5	$CuGaS_2$	2.5	$CuInS_2$	1.53
$CuAlSe_2$	2.71	$CuGaSe_2$	1.7	$CuInSe_2$	1.0
$CuAlTe_2$	2.06	$CuGaTe_2$	1.23	$CuInTe_2$	1.0~1.15
$AgAlS_2$	3.13	$AgGaS_2$	2.55	$AgInS_2$	1.87
$AgAlSe_2$	2.55	$AgGaSe_2$	1.83	$AgInSe_2$	1.24
$AgAlTe_2$	2.2	$AgGaTe_2$	1.1~1.3	$AgInTe_2$	1.0
$ZnSiP_2$	2.96	$ZnGeP_2$	2.34	$ZnSnP_2$	1.66
$ZnSiAs_2$	2.12	$ZnGeAs_2$	1.15	$ZnSnAs_2$	0.73
$CdSiP_2$	2.45	$CdGeP_2$	1.72	$CdSnP_2$	1.17
$CdSiAs_2$	1.55	$CdGeAs_2$	0.57	$CdSnAs_2$	0.26

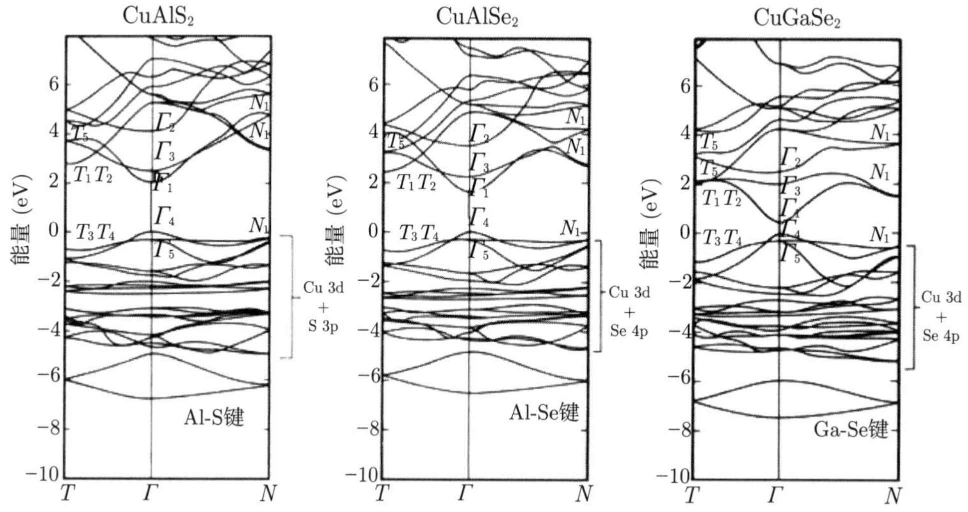

图6.14　计算得到的$CuAlS_2$, $CuAlSe_2$和$CuGaSe_2$能带结构. 带隙的绝对值是不正确的(因为LDA计算). 改编自文献[471]

6.3.9　尖晶矿

尖晶矿 (特别是 $CdIn_2S_4$) 的能带结构已经在文献 [473] 中讨论过. ZnM_2O_4 的能带已经被计算过, 对于 M = Co, Rh, Ir(图 6.16), 见文献 [470]; 对于 M = Al, Ga, In, 见文献 [474].

① 由于局域密度近似 (LDA), 带隙的绝对值太小了, 相差了大约 1 eV.

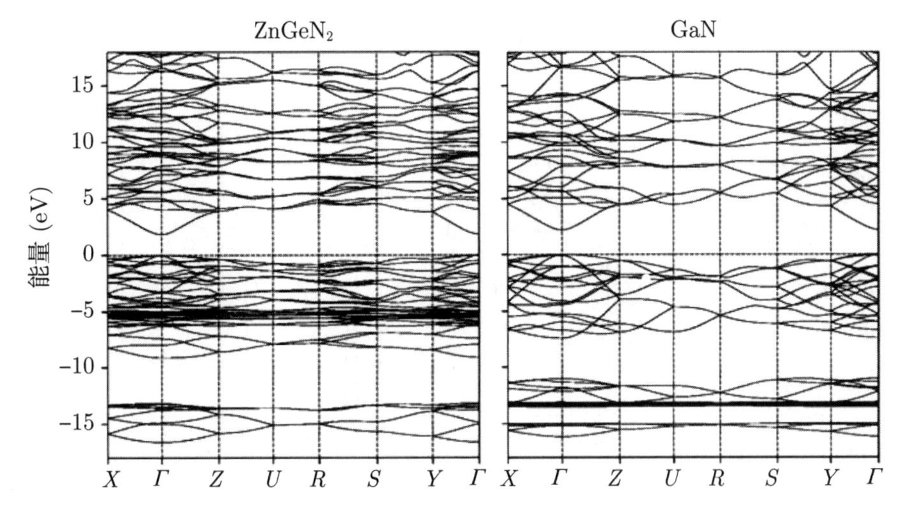

图6.15 (在LDA近似下)计算得到的$ZnGeN_2$及其相关的III-V化合物GaN能带结构. 为了便于比较, 都画在黄铜矿结构的(正交晶系的)布里渊区里. 改编自文献[472]

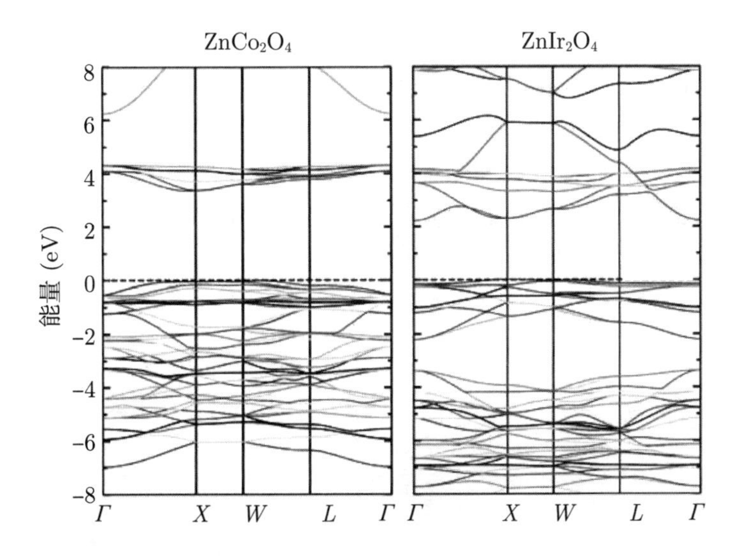

图6.16 计算得到的$ZnCo_2O_4$和$ZnIr_2O_4$能带结构. 改编自文献[470]

6.3.10 铜铁矿

铜铁矿 $CuAlO_2$, $CuGaO_2$ 和 $CuInO_2$ 的理论能带结构如图 6.17 所示. 价带的最大值不是位于 Γ 点, 而是靠近 F 点. Γ 点的直接带隙按照 $Al \to Ga \to In$ 的顺序减小, 类似于 AlAs, GaAs 和 InAs 的趋势. 然而, F 和 L 处的直接带隙 (导致光学吸收边) 却是

增大的 (实验值是 3.5 eV, 3.6 eV 和 3.9 eV).

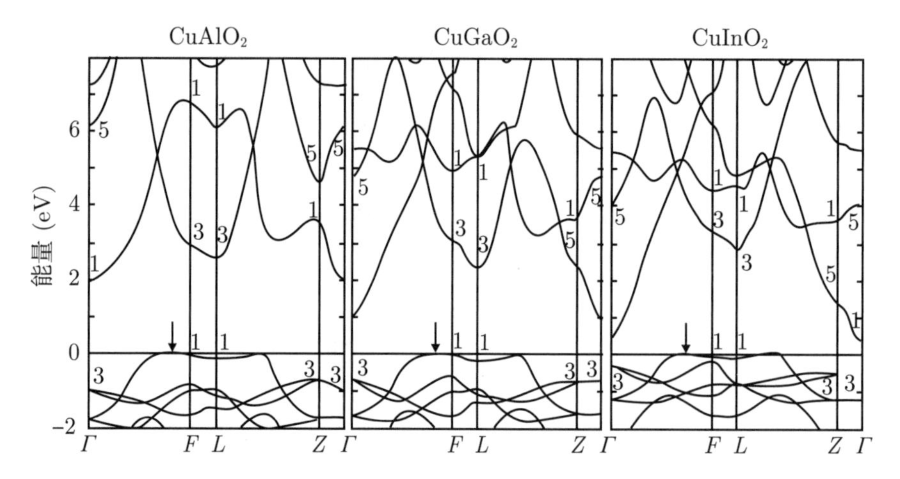

图6.17 在LDA近似下(低估了带隙的绝对值), 计算得到的$CuAlO_2$, $CuGaO_2$和$CuInO_2$能带结构. 箭头指出了价带的最大值(设定为每种材料的能量零点). 改编自文献[226]

6.3.11 钙钛矿

计算得到的四方相的 $BaTiO_3$ 的能带结构如图 6.18 所示. 导带的最小值位于 Γ 点. 价带的最大值不在 Γ 点, 而在 M 点. LDA(局域密度近似) 计算得到的带隙 (2.2 eV) 比实验值 ($\sim$ 3.2 eV) 小太多了.

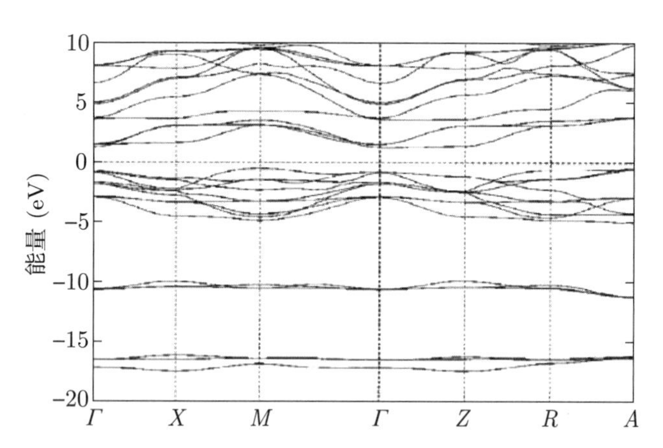

图6.18 沿着主要的对称方向计算得到的$BaTiO_3$能带结构. 费米能级(E_F)设定为能量零点. 改编自文献[475]

对于混合的有机- 无机化合物 (hybrid organic-inorganic compounds, 例如 $MAPbI_3$

和 $FAPbI_3$[476]) 和完全的无机化合物 (例如 $APbI_3$ (A = Li, Na, K, Rb, Cs)[477]), 已经计算了卤化物钙钛矿的能带结构. 文献 [478] 讨论了 $(MA, FA, Cs)(Pb, Sn)(Cl, Br, I)_3$ 化合物的态密度和能量位置. 研究趋势如图 6.19 所示. 卤化物钙钛矿的带隙可以在可见光范围内变化, 例如在 $CsPb(Cl, Br, I)_3$ 系统里 (图 6.20).

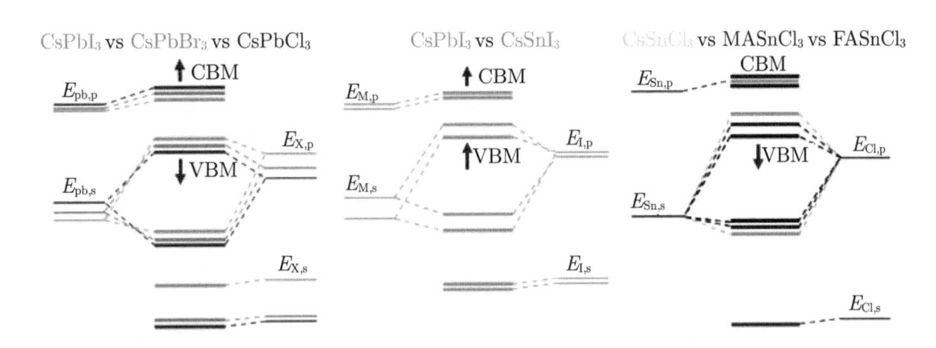

图6.19 ABX_3钙钛矿的能级示意图. 箭头表示原子或小有机分子被取代后的能级变化. 改编自文献[478]

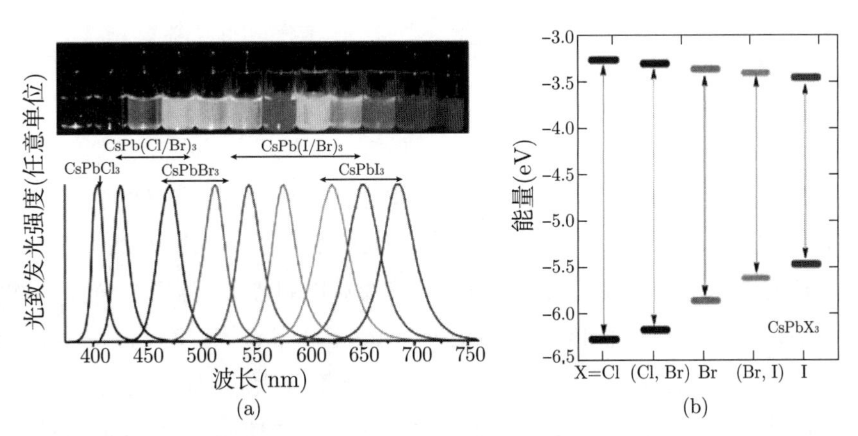

图6.20 (a) 各种阴离子卤化物钙钛矿$CsPbX_3$纳米晶体的光致发光(用紫外灯(λ=365 nm)照射甲苯里的胶体溶液). 改编自文献[479]. (b) 卤化物钙钛矿$CsPbX_3$的导带边和价带边的位置(相对于零能量的真空能级). 改编自文献[480]

6.4 半导体带隙的分类

带隙的大小随着元素半导体、Ⅲ-Ⅴ和Ⅱ-Ⅵ半导体的变化趋势可以用键长和离子性来理解. 许多重要半导体的带隙随晶格常数的变化情况如图 6.21 所示. 对于元素半导体, 带隙随着键长即晶格常数的缩短而减小 (C → Si → Ge). Ⅲ-Ⅴ和Ⅱ-Ⅵ半导体都有类似的趋势.

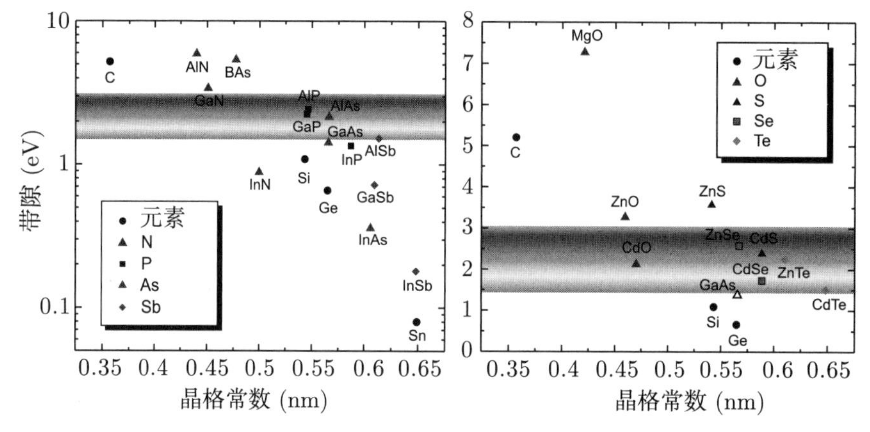

图6.21　各种元素、Ⅲ-Ⅴ和Ⅱ-Ⅵ半导体的带隙和晶格常数的关系. 纤锌矿半导体的晶格参数对立方元胞单元做了重新计算 ($a^3_{立方}=\sqrt{3}\,a^2\,c$)

对于相同的晶格常数, 带隙随着离子性的增强而增大: Ⅵ-Ⅵ → Ⅲ-Ⅴ → Ⅱ-Ⅵ. 典型的例子是 Ge → GaAs → ZnSe → CuBr, 这些材料有着几乎相同的晶格常数, 但带隙依次增大: 0.66 eV → 1.42 eV → 2.7 eV → 2.91 eV.

在修正的克罗尼格-彭尼模型的框架里, 可以理解这种行为 [481](附录 F). 选择双势阱 ($b/a=3$) 来模拟闪锌矿结构里沿着 ⟨111⟩ 方向的双原子平面 (图 6.22(a)). 文献 [482] 首次报道了这种双原子一维能带结构的研究. 选择对称的势阱 (深度为 P_0) 为共价键半导体建模, 选择非对称势阱 (深度为 $P_0\pm\Delta P$) 为离子性半导体建模. $P_0=-3$ 的结果如图 6.22(a) 所示. 随着不对称性 (离子性) 的增大, 带隙增大, 主要是因为价带向下移动. Ⅲ-Ⅴ (Ⅱ-Ⅵ) 半导体的情况在 $\Delta P\approx 2(4)$ 的时候达到. 文献 [481] 里对有效质量的计算不正确, 文献 [483] 做了修正, 有效质量随 ΔP 单调增大.

图 6.23 给出了 GaAs, GaP 和 GaN 的 2 英寸 (=5.08 cm) 晶片放在白纸上的视觉印象. GaAs(和 GaSb) 是不透明的, 因为带隙低于可见光谱范围. GaP 的带隙在绿光处, 看起来是红的. GaN 的带隙在深紫外, 看起来是透明的. 如表 6.3 所示, 阴离子序列 Sb, As, P 和 N 导致了更小的晶格常数和更强的离子性. 这个规则引人注意的一个例外是

InN, 它的带隙 (0.7 eV) 远小于 InP.

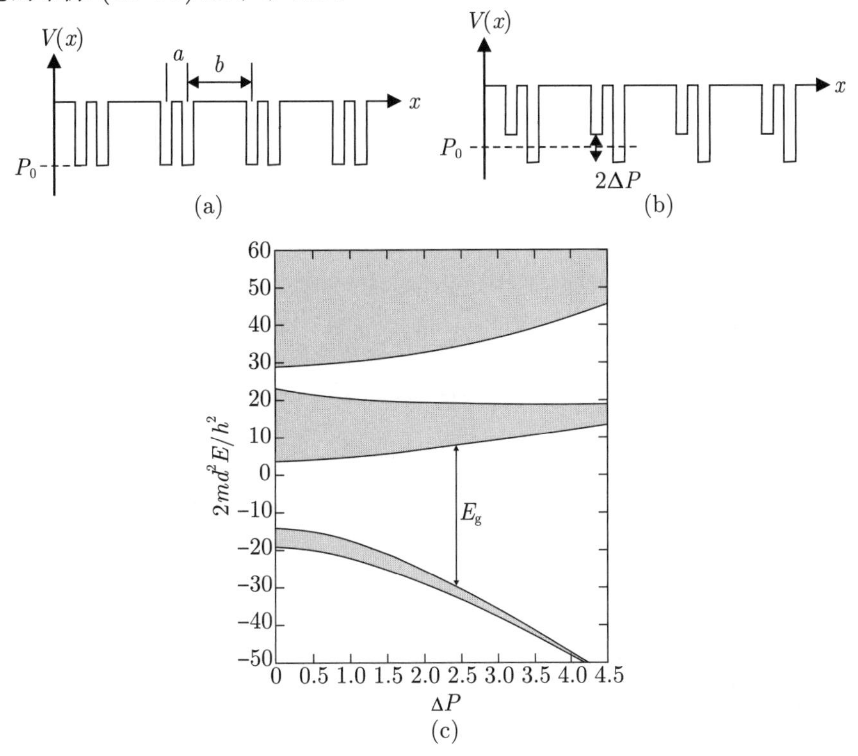

图6.22　克罗尼格-彭尼模型(沿着⟨111⟩方向, $b/a=3$): (a) Ⅳ-Ⅳ半导体; (b) Ⅲ-Ⅴ(或Ⅱ-Ⅵ)半导体; (c) 得到的能带结构(P_0=−3). d是晶格常数($d=b+a$). 改编自文献[481]

表6.3　对于各种阴离子，Ga-V族半导体的带隙、晶格常数和离子性. GaN的晶格常数对立方元胞做了重新计算

阴离子	E_g (eV)	a_0 (nm)	f_i
N	3.4	0.45	0.50
P	2.26	0.545	0.33
As	1.42	0.565	0.31
Sb	0.72	0.61	0.26

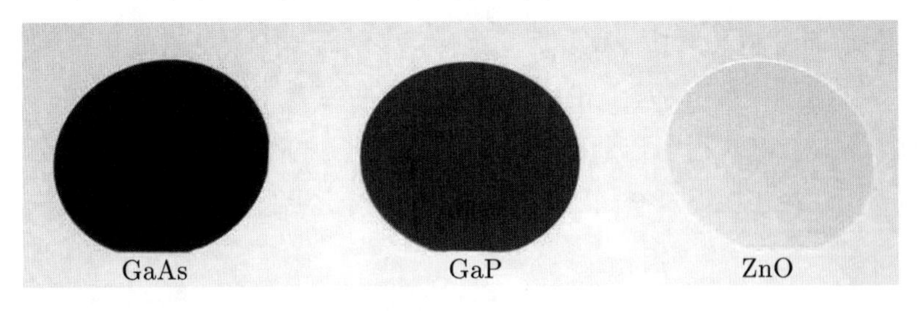

图6.23　GaAs(左), GaP(中), ZnO(右)的2英寸晶片的光学像. GaN晶片看起来像这个ZnO晶片

6.5 合金半导体

在合金半导体里 [166], 带隙的大小和特性依赖于组分. 带隙对三元组分的依赖关系通常是非线性的, 通常可以用弯曲参数 (bowing parameter)b 表示, 它通常是正的. 对于化合物 $A_xB_{1-x}C$, 带隙是

$$E_g\left(A_xB_{1-x}C\right) = E_g(BC) + x\left[E_g(AC) - E_g(BC)\right] - bx(1-x) \tag{6.30}$$

即使在虚晶近似 (VCA) 的水平 (3.7.3 小节) 下, 也预言了非零的弯曲参数 b. 然而, 更全面的分析表明, VCA 不能充分地处理弯曲, 因为有几种效应组合在一起：合金晶格常数导致的能带结构的体积形变、合金里相对于底端二元组分的电荷交换、合金里阳离子-阴离子键长的弛豫带来的贡献以及无序导致的小贡献 [485]. 6.11.3 小节的讨论与此有关.

所有浓度的 Si_xGe_{1-x} 合金都具有金刚石结构, 大约在 $x = 0.15$ 处, 导带的最小值在 $\boldsymbol{k}$ 空间的位置从 L 变为 X(图 6.24(a)). 然而, 所有浓度的能带结构都是间接的. 所有组分的 $In_xGa_{1-x}As$ 合金都是闪锌矿结构. 带隙是直接的, 并且以弯曲参数 $b = 0.6$ eV 减小 [486](图 6.24(b)). 这意味着, 对于 $x = 0.5$, 带隙比 GaAs 和 InAs 的线性插值的预期值小 0.15 eV, 就像多名作者报道的那样 [487].

如果一个底端二元化合物是直接能带结构, 而另一个是间接能带结构, 那么在某个组分处会发生直接到间接的转变. 一个例子是 $Al_xGa_{1-x}As$, 其中 GaAs 是直接能带, 而 AlAs 是间接能带. 对于所有的浓度, 晶体都是闪锌矿结构. 三元合金 $Al_xGa_{1-x}As$ 的导带极小值 Γ, L 和 X 如图 6.24(c) 所示. 直到铝的浓度为 $x = 0.4$, 都是直接能带结构. 在这个值以上, 是间接能带结构, 导带最小值位于 X 点. $Al_xGa_{1-x}As$ 的奇特之处在于晶格常数几乎不依赖于 x. 与 GaAs 或 InP 衬底晶格匹配的其他合金只有在特别的组分下才能做到, 如图 6.25 所示. 文献 [488] 讨论了Ⅲ族氮化物体系里的带隙弯曲.

如果两端的二元化合物有不同的晶格结构, 那么在某个组分 (范围) 会发生相变. 一个例子是 $Mg_xZn_{1-x}O$, 其中 ZnO 是纤锌矿结构, 而 MgO 是岩盐矿结构. 带隙如图 6.24(d) 所示. 在这种情况下, 每个相都有各自的弯曲参数.

图 6.24(b)~(d) 里的所有合金都有混合的阳离子. 随着阴离子替代, 带隙变化的方式如图 6.26 所示, 对于三元合金, 阳离子是 Zn, 硫族元素是 S, Se, Te 和 O.

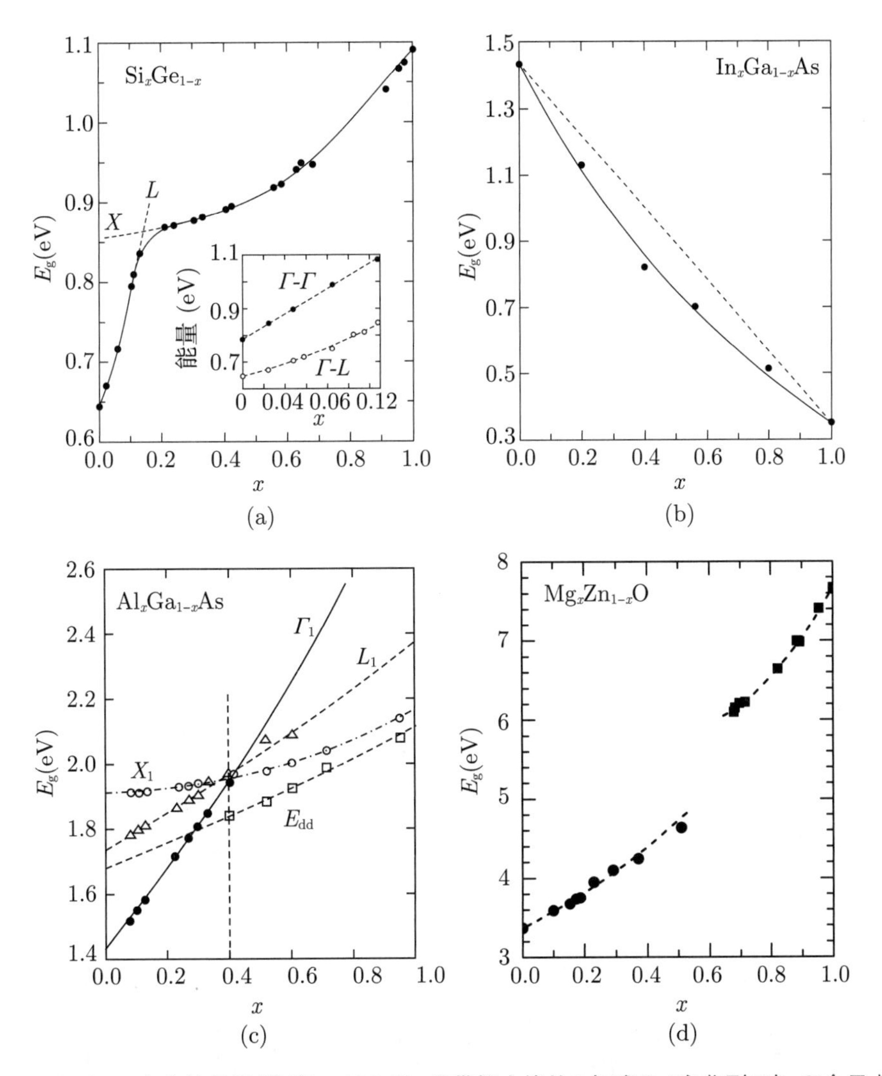

图6.24 (a) Si_xGe_{1-x}合金的带隙(温度T=296 K)，导带极小值从L点(富Ge)变化到X点. Si含量小的时候的间接(Γ-L)和直接(Γ-Γ)的吸收边跃迁能量如插图所示. 改编自文献[489]. (b) $In_xGa_{1-x}As$的带隙(在室温). 实线是带有弯曲(b=0.6 eV)的内插值，虚线是线性插值. 数据取自文献[486]. (c) 三元系统$Al_xGa_{1-x}As$ 的带隙(在室温). 当x<0.4时，合金是直接带隙半导体；当x>0.4时，合金是间接带隙半导体. E_{dd}标记了一个深能级杂质的位置(参见7.7.6小节). 改编自文献[490]. (d) 三元系统$Mg_xZn_{1-x}O$的带隙(在室温). 数据(取自椭偏光谱[491,492])是六方闪锌矿结构的相(圆点)和富镁的立方岩盐矿结构的相(方块). 虚线用不同的弯曲参数来拟合每个相的数据

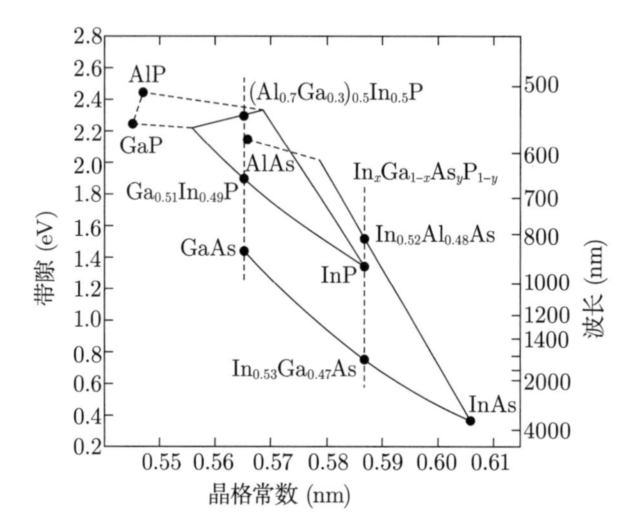

图6.25 $Ga_xIn_{1-x}P$和$Al_xIn_{1-x}P$(与GaAs晶格匹配)，$In_xAl_{1-x}As$和$In_xGa_{1-x}As$(与InP晶格匹配)等合金的带隙和晶格常数的关系

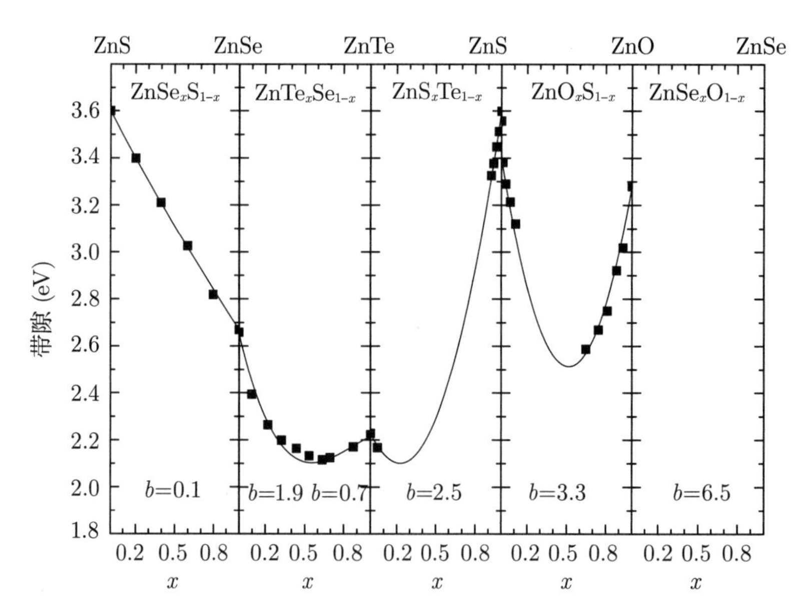

图6.26 几种Zn基合金的带隙. 实线是利用式(6.30)的拟合结果，标出了弯曲参数b. Zn(S,Se,Te)的数据取自文献[493]，Zn(O,Se/Te)的数据取自文献[494]

6.6 非晶半导体

因为非晶半导体里的晶格不是周期性的, 所以 $\boldsymbol{k}$ 空间的概念以及相关的概念 (例如能带结构 $E(\boldsymbol{k})$) 至少部分失效了. 然而, 态密度仍然是有意义也有用的量 (6.13.2 小节).

在完美的半导体晶体里, 能带里的态的本征能量是实数. 非晶半导体可以用复数能量的谱来建模 [495]. 在图 6.27 里, 晶体硅的能带结构和计算得到的非晶硅 ($\alpha = 0.05$) 的能带结构并排放在一起.

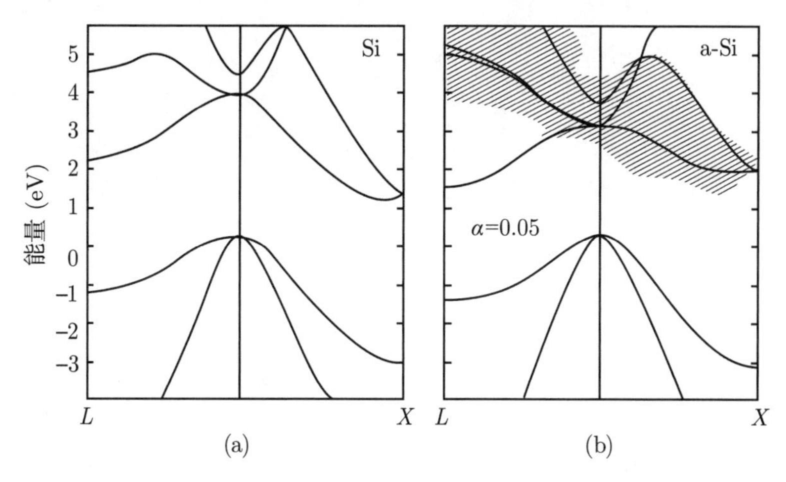

图6.27　(a) 计算得到的晶体硅的能带结构. (b) 计算得到的非晶硅的能带结构, α=0.05(参见式(3.7)). 实线标志着能量的实部, 阴影区的宽度是能量虚部的两倍, 其中心位于能量的实部. 改编自文献[496]

6.7 带隙的温度依赖关系

随着温度的升高, 带隙通常变小. 把同一个 LED 链放在室温下或者浸入液氮中, 可以获得直接的视觉印象 (图 6.28). 对于体材料 Si 和 ZnO, 带隙与温度的关系的实验数据如图 6.29 所示.

带隙随温度变化的原因在于电子-声子相互作用的变化和晶格的膨胀. 温度系数可以写为

$$\left(\frac{\partial E_{\mathrm{g}}}{\partial T}\right)_p = \left(\frac{\partial E_{\mathrm{g}}}{\partial T}\right)_V - \frac{\alpha}{\beta}\left(\frac{\partial E_{\mathrm{g}}}{\partial p}\right)_T \tag{6.31}$$

其中, α 是体积的热膨胀系数, β 是体积压缩率. 关于带隙作为质量作用律 (式 (7.12)) 里的化学势的热力学角色、熵的贡献及其温度依赖关系的讨论, 参阅文献 [497].

图6.28　几串LED发光, 左边为在室温下, 右边为在充满液氮的杜瓦里

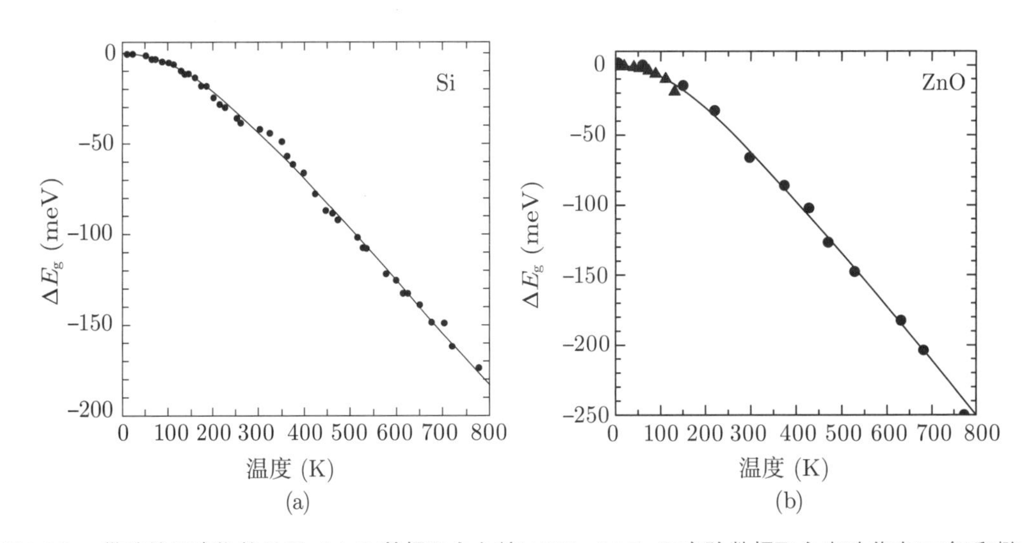

图6.29　带隙的温度依赖关系: (a) Si(数据取自文献[498]); (b) ZnO(实验数据取自光致荧光(三角)和椭偏光谱(圆点)). 实线是用式(6.34)得到的拟合结果, 参数由表6.4给出

铅盐 (PbS, PbSe 和 PbTe) 的行为反常, 它们的温度系数是正的 (图 6.30(a)). 理论计算表明 [499], 对于铅盐, 式 (6.31) 的两项都是正的. L_6^+ 和 L_6^- 能级 (见图 6.12) 随着温度的移动方式是这样的: 它们的距离增大了 (图 6.30(b)).

在铜和银的卤化物 [500,501](图 6.31(a)) 与黄铜矿 [502](图 6.31(b)) 里, 发现带隙随着温度的升高而增大, 有时候只是在一个特定的温度范围如此. 这个效应归因于价带和

Cu 的 3d 电子以及 Ag 的 4d 电子 (效应更强) 的 p-d 电子杂化.

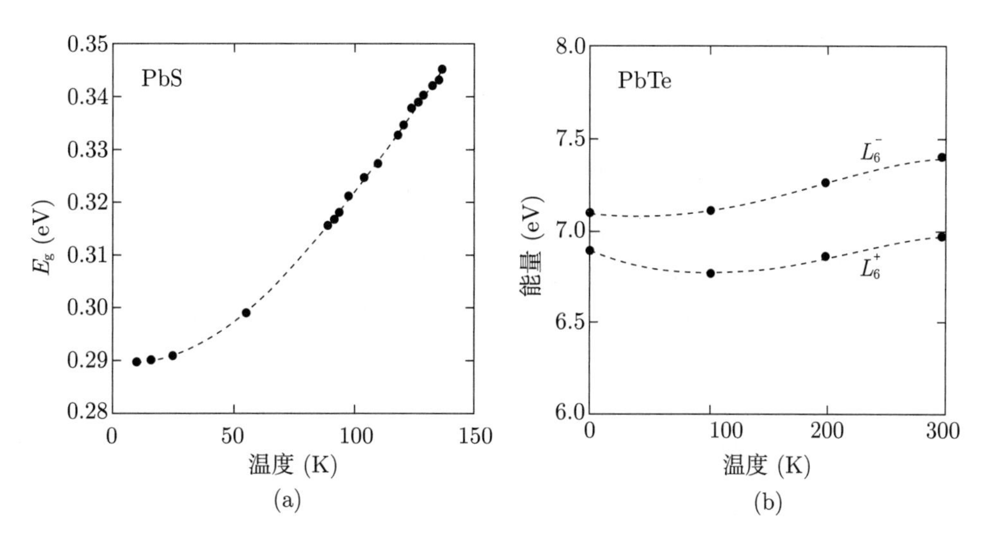

图6.30 (a) PbS带隙的温度依赖关系. (b) PbTe的L_6^+和L_6^-能级的理论位置和温度的关系. 改编自文献[468]

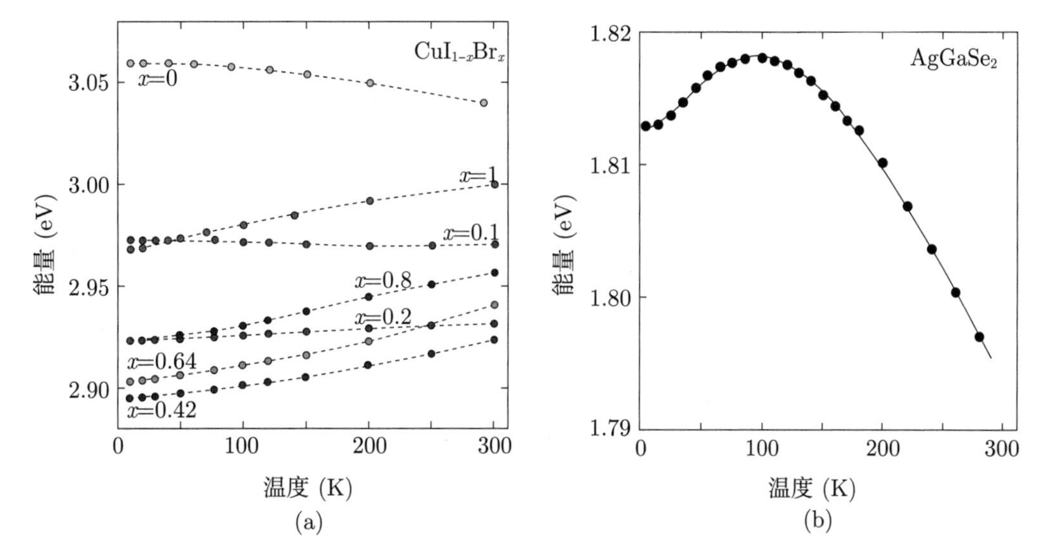

图6.31 (a) 闪锌矿结构的$GuI_{1-x}Br_x$带隙的温度依赖关系, 图中注明了不同的组分x(包括两端的CuI和CuBr). 虚线用于引导视线. 取自文献[500]. (b) 黄铜矿结构的$AgGaSe_2$带隙的温度依赖关系. 实线是双振子玻色-爱因斯坦模型的拟合. 取自文献[502]

对于许多半导体, 这种温度依赖关系可以用三个参数的瓦什尼 (Varshni) 实验公式描述 [503]:

$$E_g(T) = E_g(0) - \frac{\alpha T^2}{T + \beta} \tag{6.32}$$

其中, $E_g(0)$ 是零温度的带隙. 文献 [505] 给出了更精确的具有物理原因的公式 (基于玻色-爱因斯坦声子模型 [504]):

$$E_g(T) = E_g(0) - \frac{\alpha_B \Theta_B}{2}\left(\coth\frac{\Theta_B}{2T} - 1\right) = E_g(0) - \frac{\alpha_B \Theta_B}{\exp(\Theta_B/T) - 1} \tag{6.33}$$

其中, α_B 是耦合常数, $k\Theta_B$ 是典型的声子能量. 典型数值如表 6.4 所示. 这个模型更好地描述了在低温下相当平坦的依赖关系.

表6.4 几种半导体的带隙的温度依赖关系式(6.33)和式(6.34)的参数. 在式(6.33)里, Si, GaAs出自文献[505], GaN出自文献[507], ZnO出自文献[508]

	α (10^{-4} eV·K^{-1})	Θ (K)	Δ	α_B (10^{-4} eV·K^{-1})	Θ_B (K)
Si	3.23	446	0.51	2.56	296
Ge	4.13	253	0.49		
GaAs	4.77	252	0.43	5.16	310
GaN	6.14	586	0.40	4.05	370
InP	3.96	274	0.48		
InAs	2.82	147	0.68		
ZnSe	5.00	218	0.36		
ZnO	3.8	659	.0 54	5.9	616

更详尽的模型 [506] 考虑了可变化的声子色散关系, 包括光学声子, 并提出了有 4 个参数的公式:

$$\begin{aligned} E_g(T) &= E_g(0) - \alpha\Theta\left[\frac{1-3\Delta^2}{\exp(2/\gamma)-1} + \frac{3\Delta^2}{2}(\sqrt[6]{1+\beta}-1)\right] \\ \beta &= \frac{\pi^2}{3(1+\Delta^2)}\gamma^2 + \frac{3\Delta^2-1}{4}\gamma^3 + \frac{8}{3}\gamma^4 + \gamma^6 \\ \gamma &= 2T/\Theta \end{aligned} \tag{6.34}$$

其中, α 是斜率在高温的极限幅度 (量级为 10^{-4} eV/K), Θ 是有效的平均声子温度, Δ 与声子色散有关, 通常介于 0(玻色-爱因斯坦模型) 和 3/4 之间 [506].

6.8 带隙的同位素依赖关系

带边略微依赖于半导体的同位素组成, GaAs 的情况如图 6.32 所示. 文献 [509] 详细地讨论了这个效应.

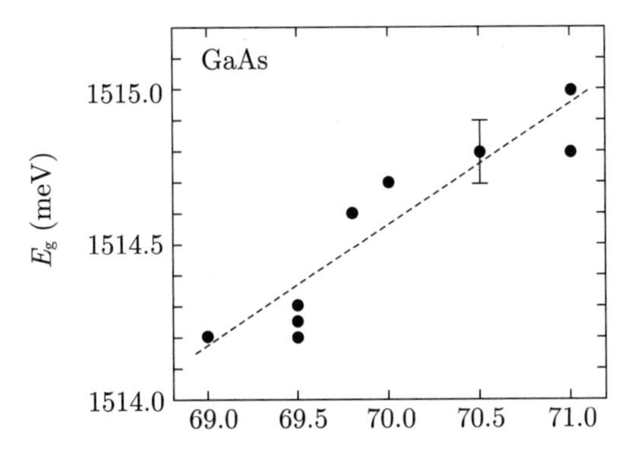

图6.32　GaAs的带隙(在T=10 K)随着Ga同位素含量的变化关系. 虚线是线性拟合的结果. 改编自文献[509]

6.9　电子的色散关系

6.9.1　电子的运动方程

电子在能带结构中的运动方程不再由真空中的牛顿定律 $\boldsymbol{F}=\mathrm{d}(m\boldsymbol{v})/\mathrm{d}t$ 给出, 而必须考虑量子力学的电子波包的传播. 它们的群速度 ($v_{\mathrm{g}}=\partial\omega/\partial k$) 由下式给出:

$$\boldsymbol{v}=\frac{1}{\hbar}\nabla_{\boldsymbol{k}}E(\boldsymbol{k}) \tag{6.35}$$

其中, $\nabla_{\boldsymbol{k}}$ 是相对于 $\boldsymbol{k}$ 的梯度. 通过这种色散关系, 晶体和周期势对运动的影响进入了方程.

电场 $\mathcal{E}$ 作用在电子上, 时间 δt 内做的功为 $\delta E=-e\mathcal{E}v_{\mathrm{g}}\delta t$. 能量的这个变化与 k 的变化的联系是 $\delta E=(\mathrm{d}E/\mathrm{d}k)\delta k=\hbar v_{\mathrm{g}}\delta k$. 因此得到 $\hbar\mathrm{d}k/\mathrm{d}t=-e\mathcal{E}$. 对于外力, 我们就有

$$\hbar\frac{\mathrm{d}\boldsymbol{k}}{\mathrm{d}t}=-e\boldsymbol{E}=\boldsymbol{F} \tag{6.36}$$

因此, 晶体动量 $\boldsymbol{p}=\hbar\boldsymbol{k}$ 扮演了动量的角色. 更严格的推导参阅文献 [451].

有磁场 $\boldsymbol{B}$ 存在的时候, 运动方程是

$$\hbar\frac{\mathrm{d}\boldsymbol{k}}{\mathrm{d}t}=-e\boldsymbol{v}\times\boldsymbol{B}=-\frac{e}{\hbar}(\nabla_{\boldsymbol{k}}E)\times\boldsymbol{B} \tag{6.37}$$

在磁场里的运动垂直于能量的梯度, 即电子的能量不会改变. 因此, 它在垂直于 $\boldsymbol{B}$ 的等能面上振荡.

6.9.2 电子的有效质量

根据自由电子的色散关系 $E=\hbar^2k^2/(2m)$, 粒子的质量反比于色散关系的曲率: $m=\hbar^2/(\mathrm{d}^2E/\mathrm{d}k^2)$. 现在把这个关系推广到任意的色散关系. 有效质量的张量定义为

$$\left(m^{*-1}\right)_{ij}=\frac{1}{\hbar^2}\frac{\partial^2 E}{\partial k_i \partial k_j} \tag{6.38}$$

必须把方程 $\boldsymbol{F}=m^*\dot{\boldsymbol{v}}$ 理解为张量方程, 即对于力的分量, 有 $F_i=m^*_{ij}a_j$. 力和加速度不一定是共线的. 为了由力得到加速度, 必须使用有效质量张量的逆: $\boldsymbol{a}=(m^*)^{-1}\boldsymbol{F}$.

在一个典型的半导体里, (最低的) 导带的能量色散关系如图 6.33 所示, 它还示意地给出了相关的电子速度和有效质量.

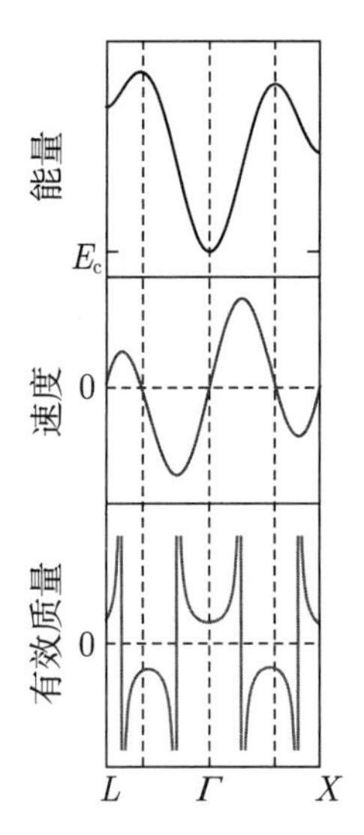

图6.33 典型半导体的电子色散$E(\boldsymbol{k})$(蓝色)、相应的载流子速度($\propto \partial E/\partial k$)(红色)和有效质量($\propto 1/(\partial^2E/\partial k^2)$)(绿色)

在式 (6.22) 中, 有效质量和自由电子质量的比值是 $m^*/m\approx U/\lambda$ 的量级, 即自由粒子能量和带隙的比值. 对于典型的半导体, (价带的) 宽度是 20 eV 的量级, 带隙是 0.2~2 eV. 因此预期有效质量为自由电子质量的 1/100~1/10. 此外, 关系式 $m^*\propto E_g$ 是近似满足的 (图 6.34).

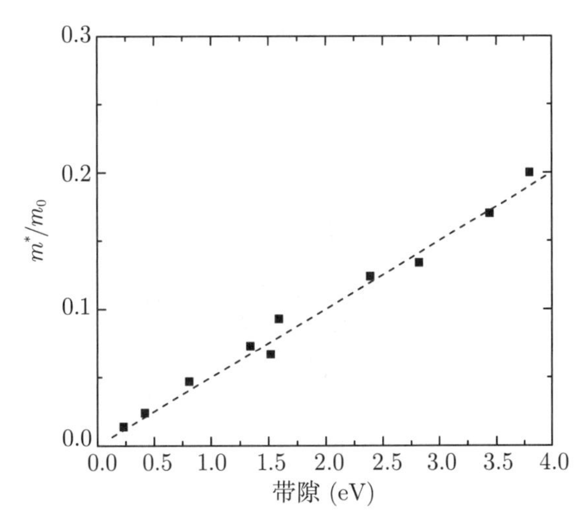

图6.34　几种半导体的有效电子质量(单位是自由电子质量m_0)与(低温)带隙的关系. 虚线满足$m^*/m_0 = E_g/20$ eV

根据所谓的 $\boldsymbol{k}\cdot\boldsymbol{p}$ 理论 [510](见附录 H), 预期有效电子质量与动量矩阵元 $\boldsymbol{p}_{\mathrm{cv}}$ 有关:

$$\boldsymbol{p}_{\mathrm{cv}} = \langle c|\boldsymbol{p}|v\rangle = \int_{\Omega_0} u^*_{\mathrm{c},\boldsymbol{k}}(\boldsymbol{r})\boldsymbol{p}u_{\mathrm{c},\boldsymbol{k}}(\boldsymbol{r})\mathrm{d}^3\boldsymbol{r} \tag{6.39}$$

其中 Ω_0 是单位元胞体积, $|c\rangle$ 和 $|v\rangle$ 分别是导带和价带的布洛赫函数:

$$|c\rangle = u_{\mathrm{c},\boldsymbol{k}_{\mathrm{c}}}(\boldsymbol{r})\exp(\mathrm{i}\boldsymbol{k}_{\mathrm{c}}\boldsymbol{r}) \tag{6.40a}$$

$$|v\rangle = u_{\mathrm{v},\boldsymbol{k}_{\mathrm{v}}}(\boldsymbol{r})\exp(\mathrm{i}\boldsymbol{k}_{\mathrm{v}}\boldsymbol{r}) \tag{6.40b}$$

通常, 矩阵元对 $\boldsymbol{k}$ 的依赖关系很小, 可以忽略. 动量矩阵元对导带和价带之间的光学跃迁也很重要 (9.6 节). 其他经常使用的有关物理量是能量参数 E_{P}:

$$E_{\mathrm{P}} = \frac{2|\boldsymbol{p}_{\mathrm{cv}}|^2}{m_0} \tag{6.41}$$

和体的动量矩阵元 M_{b}^2:

$$M_{\mathrm{b}}^2 = \frac{1}{3}|\boldsymbol{p}_{\mathrm{cv}}|^2 = \frac{m_0}{6}E_{\mathrm{P}} \tag{6.42}$$

电子的质量是①

$$\begin{aligned}\frac{m_0}{m_{\mathrm{e}}^*} &= 1 + \frac{E_{\mathrm{P}}}{3}\left(\frac{2}{E_{\mathrm{g}}} + \frac{1}{E_{\mathrm{g}} + \Delta_0}\right) \\ &= 1 + E_{\mathrm{P}}\frac{E_{\mathrm{g}} + 2\Delta_0/3}{E_{\mathrm{g}}(E_{\mathrm{g}} + \Delta_0)} \approx 1 + \frac{E_{\mathrm{P}}}{E_{\mathrm{g}} + \Delta_0/3} \approx \frac{E_{\mathrm{P}}}{E_{\mathrm{g}}}\end{aligned} \tag{6.43}$$

① Δ_0 是 6.10.2 小节讨论的自旋-轨道劈裂.

与图 6.34 的拟合做比较, 发现所有半导体的 E_P 都是类似的 [511], 是 20 eV 的量级 (InAs：22.2 eV; GaAs：25.7 eV; InP：20.4 eV; ZnSe：23 eV; CdS：21 eV).

硅有 6 个等价的导带极小值. 等能面的表面如图 6.35(c) 所示. 因为纵向质量 (沿着 Δ 路径) 大于两个垂直方向上的横向质量 (表 6.5), 所以椭球沿着 $\langle 100\rangle$ 方向伸长. 例如, 在一个极小值附近的色散关系就是 (k_x^0 表示靠近 X 点的导带极小值的位置)

表6.5 几种半导体的有效质量椭球的纵向方向以及纵向和横向的有效质量. m_l 和 m_t 的单位是自由电子质量 m_0. 关于 $m_{d,e}$ 的态密度，见式(6.72)

	纵向方向	m_l	m_t	m_l/m_t	$m_{d,e}$	文献
C	$\langle 100\rangle$	1.4	0.36	3.9	1.9	[514]
Si	$\langle 100\rangle$	0.98	0.19	5.16	1.08	[515]
Ge	$\langle 111\rangle$	1.59	0.082	19.4	0.88	[515]
ZnO	[00.1]	0.21	0.25	0.88		[516]
CdS	[00.1]	0.15	0.17	0.9		[517]

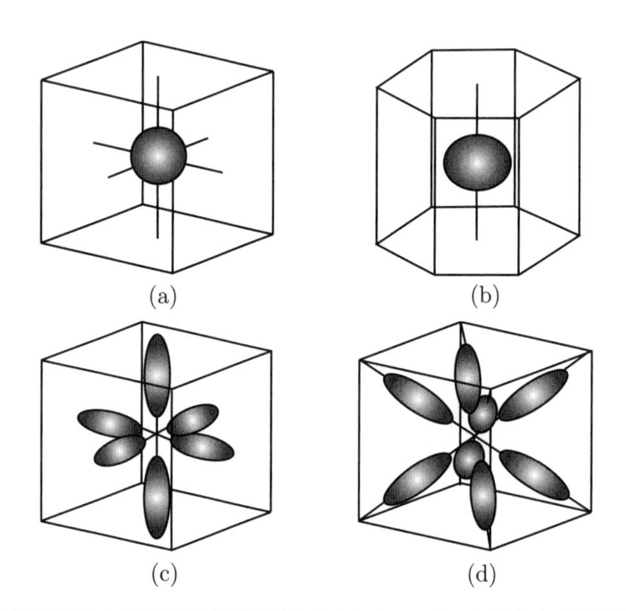

图6.35 在$\boldsymbol{k}$空间里的导带极小值附近的等能量椭球: (a) GaAs在Γ点具有各向同性的极小值; (b) ZnO在Γ点具有各向异性的极小值(各向异性夸大了); (c) 硅沿着 $\langle 100\rangle$ 方向有6个等价的各向异性的极小值; (d) 锗沿着 $\langle 111\rangle$ 方向有8个等价的各向异性的极小值. 立方体指出了立方结构材料的 $\langle 100\rangle$ 方向.对于纤锌矿结构的材料(图(b)), 垂直方向沿着[00.1]

$$E(\boldsymbol{k}) = \hbar^2 \left(\frac{(k_x - k_x^0)^2}{2m_l} + \frac{k_y^2 + k_z^2}{2m_t} \right) \tag{6.44}$$

锗在 $\langle 111\rangle$ 方向的 8 个极小值附近的等能面如图 6.35(d) 所示. 纵向质量和横向质量也是不同的. 在 Γ 点附近, GaAs 导带的色散关系是各向同性的, 因此等能面是简单的球

面 (图 6.35(a)). 在纤锌矿结构的半导体里, 导带的极小值通常位于 Γ 点. 沿着 c 轴的质量通常小于 (00.1) 平面内的质量 [512](对于 ZnO, $m_\mathrm{l}/m_\mathrm{t} \approx 0.8$ [513]), 见图 6.35(b). 文献 [512] 还预言了 (00.1) 平面内的各向异性.

质量的方向依赖关系可以通过改变磁场的方向、用回旋共振实验来测量. 在图 6.36 中, 磁场 $\boldsymbol{B}$ 位于 (110) 平面内不同的方位角方向. 当 (静) 磁场与等能面的长轴的夹角为 θ 时, 有效质量是 [518]

$$\frac{1}{m^*} = \sqrt{\frac{\cos^2\theta}{m_\mathrm{t}^2} + \frac{\sin^2\theta}{m_\mathrm{t}m_\mathrm{l}}} \tag{6.45}$$

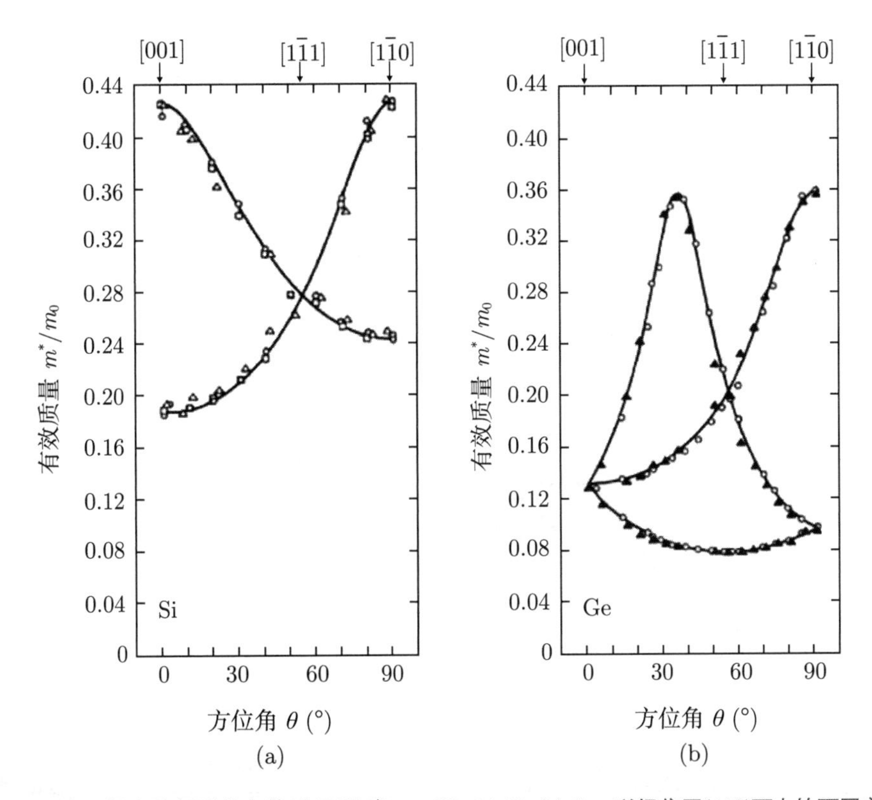

图6.36　回旋共振实验得到的有效质量(温度T=4 K): (a) Si; (b) Ge. 磁场位于(110)面内的不同方位角θ. 图中为实验数据和利用式(6.45)得到的拟合结果(实线): (a) m_l = 0.98, m_t = 0.19; (b) m_l = 1.58, m_t = 0.082. 数据取自文献[515]

6.9.3 电子质量的非抛物性

在导带的极小值附近, 色散关系只对小 $\boldsymbol{k}$ 才是抛物线形的. 波矢离极值点越远, 实际的色散关系越偏离于理想抛物线 (例如图 6.10). 这个效应称为非抛物线性. 能量随 k

的增加通常没有抛物线模型那么快. 这可以用"二能级模型"来描述, 其色散关系为

$$\frac{\hbar^2 k^2}{2m_0^*} = E\left(1+\frac{E}{E_0^*}\right) \tag{6.46}$$

其中, $E_0^* > 0$ 把非抛物线性的程度参数化了 (抛物线能带对应于 $E_0^* = \infty$). GaAs 的非抛物线性的色散关系如图 6.37(a) 所示. 对于比较大的 $\boldsymbol{k}$, 曲率变小了, 因此有效质量依赖于能量, 并随着能量的增加而增大. 式 (6.46) 给出了依赖于能量的有效质量:

$$m^*(E) = m_0^*\left(1+\frac{2E}{E_0^*}\right) \tag{6.47}$$

这里的 m_0^* 表示 $\boldsymbol{k}=\mathbf{0}$ 处的有效质量. GaAs 的有效电子质量的实验数据和理论结果如图 6.37(b) 所示.

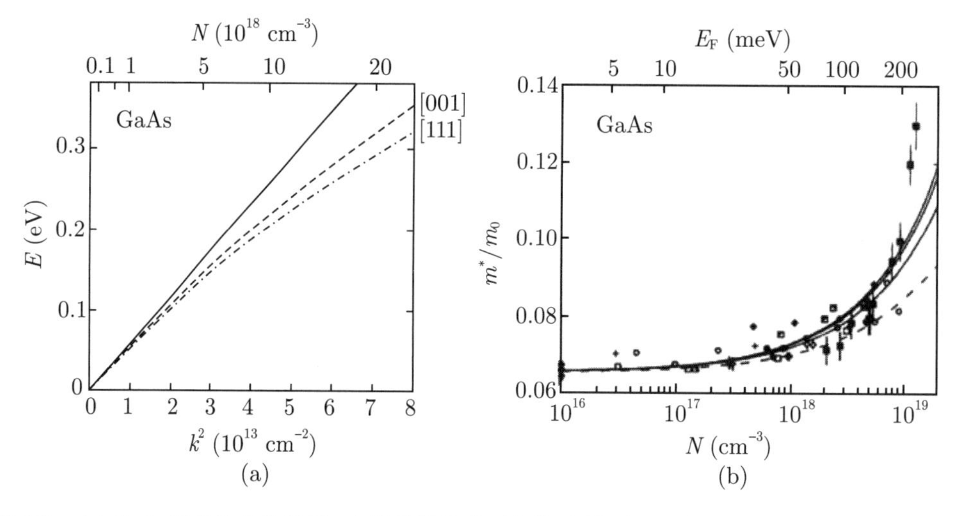

图6.37 (a) GaAs导带的色散关系。实线是抛物线型色散(有效质量不变). 虚线(点划线)是$\boldsymbol{k}$沿着[001]([111])的色散, 利用了5个能级的$\boldsymbol{k}\cdot\boldsymbol{p}$模型(5LM). (b) GaAs的电子回旋共振质量随费米能级(上方的横轴)和相应的电子浓度(下方的横轴)的变化关系. 虚线来自式(6.47) 的二能级$\boldsymbol{k}\cdot\boldsymbol{p}$模型(2LM), 其中$E_0^*$= 1.52 eV. 实线来自磁场的三个主轴方向的5LM. 各种符号表示不同来源的实验数据. 数据取自文献[519]

6.10 空穴

6.10.1 空穴的概念

本来填满的能带里缺失了电子, 就是空穴. 海森堡导出了空穴 (未占据电子态) 的薛定谔类型的波动方程 [70], 用来解释霍尔效应的数据. 空穴的概念对于描述价带顶的荷电载流子的性质很有用. 空穴是一种新的准粒子, 色散关系如图 6.38 所示, 同时给出了价带里电子的色散关系.

空穴 (图 6.38 中的实心圆点) 的波矢与缺失的电子 (图 6.38 中的空心圆点) 的波矢有关: $k_\mathrm{h}=-k_\mathrm{e}$. 假定 $E_\mathrm{V}=0$, 则能量是 $E_\mathrm{h}(k_\mathrm{h})=-E_\mathrm{e}(k_\mathrm{e})$; 否则的话, $E_\mathrm{h}(k_\mathrm{h})=-E_\mathrm{e}(k_\mathrm{e})+2E_\mathrm{V}$. 空穴离价带顶越远, 空穴的能量越大, 即缺失电子的能量态越低. 空穴的速度 $v_\mathrm{h}=\hbar^{-1}\mathrm{d}E_\mathrm{h}/\mathrm{d}k_\mathrm{h}$ 是相同的: $v_\mathrm{h}=v_\mathrm{e}$, 电荷是正的 $(+e)$. 在价带顶, 空穴的有效质量是正的: $m_\mathrm{h}^*=-m_\mathrm{e}^*$. 因此, 电子和空穴的漂移速度彼此相反. 然而, 由此导致的电流是相同的.

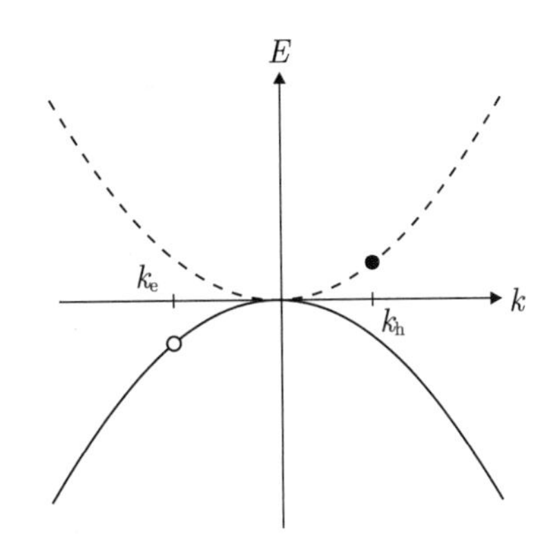

图6.38　空穴的色散曲线(虚线)与价带里的电子色散(实线)

6.10.2 空穴的色散关系

价带顶在 Γ 点是三重简并的. 价带来自原子 (成键的)p 态; 自旋 $s=1/2$ 的电子和 $l=1$ 的轨道角动量的耦合导致了总角动量 $j=1/2$ 和 $j=3/2$. 后者在纤锌矿结构的体材料的 Γ 点是简并的, 称为重空穴 (hh, $m_j=\pm3/2$) 和轻空穴 (lh, $m_j=\pm1/2$), 因为它们具有不同的色散关系 (图 6.39(a)). $j=1/2$ 的两个态 $(m_j=\pm1/2)$ 因为自旋-轨道相互作用与这些态劈裂开来, 能量相差了 Δ_0, 称为劈裂 (split-off, s-o) 空穴. 自旋-轨道相互作用随着阴离子的原子序数 Z 的增大而增大, 因为电子倾向于待在那里 (图 6.40). 文献 [520] 详细地讨论了纤锌矿结构半导体中的自旋-轨道劈裂.

所有这三种空穴都有不同的质量. 在 Γ 点的附近, 轻空穴和重空穴的色散关系可以描述为 $(+:\mathrm{hh};-:\mathrm{lh})$

$$E(\boldsymbol{k})=Ak^2\pm\sqrt{B^2k^4+C^2\left(k_x^2k_y^2+k_y^2k_z^2+k_x^2k_z^2\right)} \tag{6.48}$$

轻空穴和重空穴在 (001) 平面有色散 (即质量) 的依赖关系. 这个效应称为翘曲 (warping), 如图 6.39(b) 所示. GaAs 价带边的翘曲如图 6.41 所示. 式 (6.48) 也可以用角坐标的形式来表示 [522].

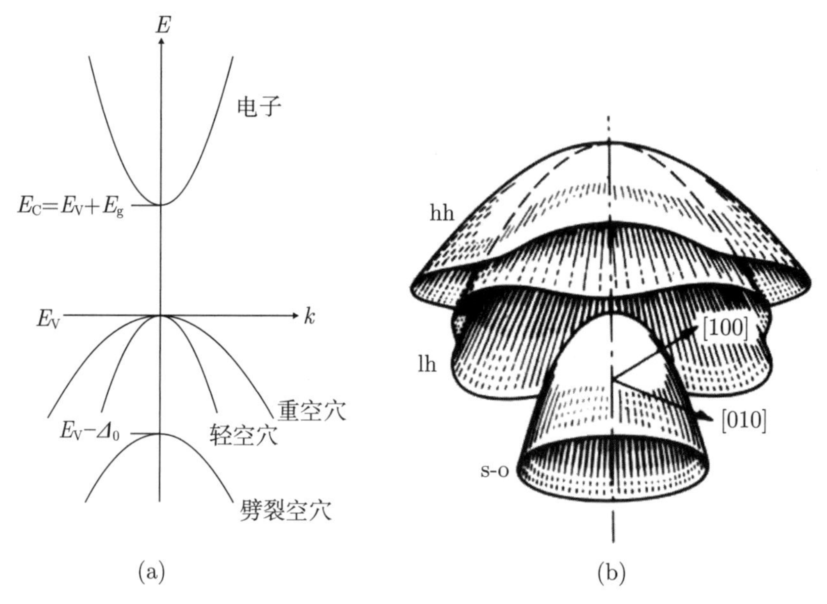

图6.39 (a) 简化的能带结构有导带和三个价带; (b) Ge的价带(包括翘曲)的三维视图(E与(k_x, k_y)). 图(b)取自文献[521]

劈裂 (s-o) 空穴的色散关系是

$$E(\boldsymbol{k})=-\Delta_0+Ak^2 \tag{6.49}$$

许多半导体的 A, B, C^2 和 Δ_0 的数值由表 6.6 给出. 通常用卢廷格参数 γ_1, γ_2 和 γ_3 描述价带的结构, 它们可以用 A, B 和 C 表示为

$$\frac{\hbar^2}{2m_0}\gamma_1=-A \tag{6.50a}$$

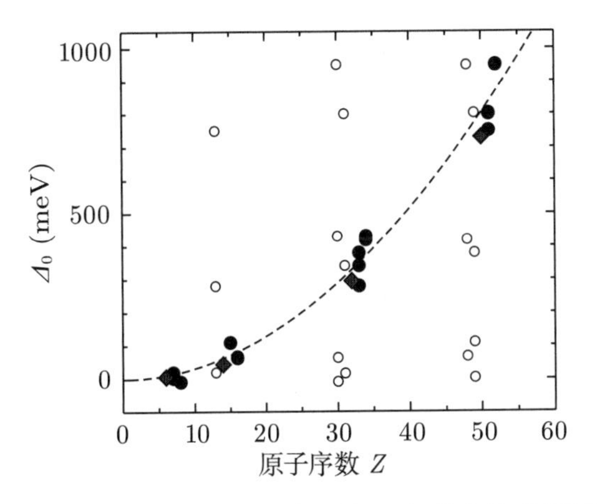

图6.40　元素半导体(菱形)与几种Ⅲ-Ⅴ和Ⅱ-Ⅵ半导体(圆点)的自旋-轨道劈裂Δ_0. 空心(实心)圆点的数据是阳离子(阴离子)序数的函数. 显然，Δ_0与阴离子的Z有关. 虚线正比于Z^2

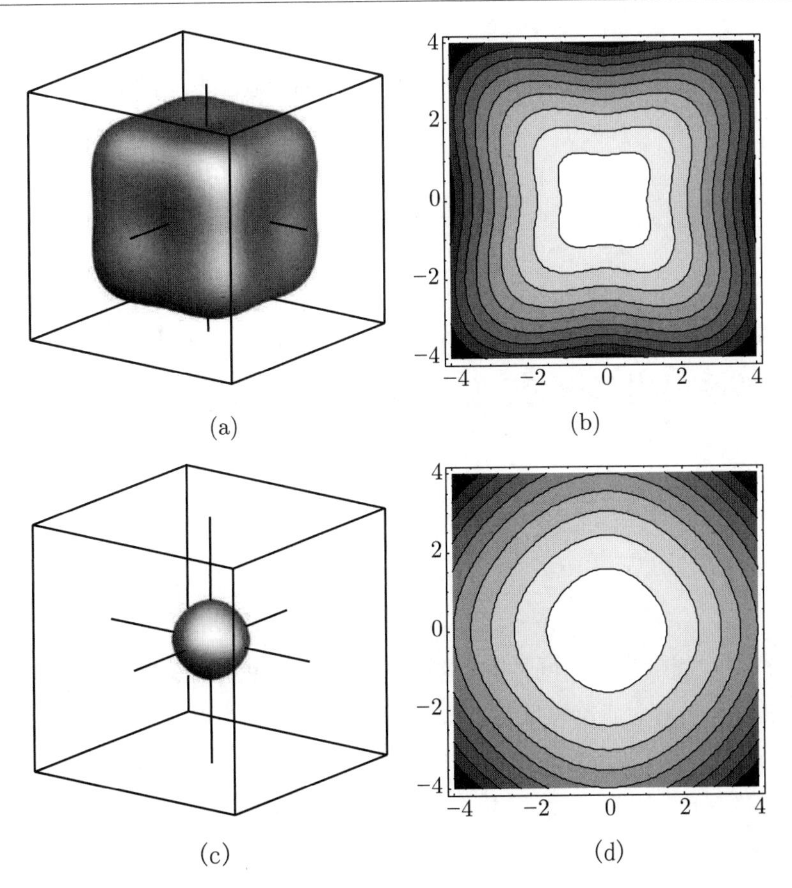

图6.41　GaAs价带边的色散：(a,b) 重空穴；(c,d) 轻空穴. (a,c) 等能面；(b,d) (k_x, k_y)平面的等高线((b)和(d)的能量标尺不一样)

表6.6 (用于式(6.48)的)价带参数A和B(单位是 $\hbar^2/(2m_0)$), C^2(单位是$[\hbar^2/(2m_0)]^2$)和Δ_0(单位是eV)

材料	A	B	C^2	Δ_0
C	−4.24	−1.64	9.5	0.006
Si	−4.28	−0.68	24	0.044
Ge	−13.38	−8.5	173	0.295
GaAs	−6.9	−4.4	43	0.341
InP	−5.15	−1.9	21	0.11
InAs	−20.4	−16.6	167	0.38
ZnSe	−2.75	−1.0	7.5	0.43

取自文献[164,523,524].

$$\frac{\hbar^2}{2m_0}\gamma_2 = -\frac{B}{2} \tag{6.50b}$$

$$\frac{\hbar^2}{2m_0}\gamma_3 = \frac{\sqrt{B^2+C^2/3}}{2} \tag{6.50c}$$

空穴在不同方向上的质量可以由式 (6.48) 得到. 沿着 [001] 方向的质量是 (在 $k_y=0$ 和 $k_z=0$ 处的 $\hbar^2/(\partial^2 E(\boldsymbol{k})/\partial \boldsymbol{k}_x^2)$)

$$\frac{1}{m_{\mathrm{hh}}^{100}} = \frac{2}{\hbar^2}(A+B) \tag{6.51a}$$

$$\frac{1}{m_{\mathrm{lh}}^{100}} = \frac{2}{\hbar^2}(A-B) \tag{6.51b}$$

已经用回旋共振实验研究了空穴质量的各向异性 (图 6.42). θ 是磁场和 [001] 方向的夹角, 在立方结构的半导体里, 重空穴 (上方的符号) 和轻空穴 (下方的符号) 的有效质量是 [515]

$$m^* = \frac{\hbar^2}{2}\frac{1}{A\pm\sqrt{B^2+C^2/4}} \times\left\{\frac{C^2\left(1-3\cos^2\theta\right)^2}{64\sqrt{B^2+C^2/4}[A\pm\sqrt{B^2+C^2/4}]}+\cdots\right\} \tag{6.52}$$

对于 $C^2=0$, 空穴能带是各向同性的, 这由式 (6.48) 显然可知. 在这种情况下, $\gamma_2=\gamma_3$, 即所谓的球形近似. 空穴质量在所有方向上的平均值是

$$\frac{1}{m_{\mathrm{hh}}^{\mathrm{av}}} = \frac{2}{\hbar^2}\left[A+B\left(1+\frac{2C^2}{15B^2}\right)\right] \tag{6.53a}$$

$$\frac{1}{m_{\mathrm{lh}}^{\mathrm{av}}} = \frac{2}{\hbar^2}\left[A-B\left(1+\frac{2C^2}{15B^2}\right)\right] \tag{6.53b}$$

类似于电子质量和带隙的关联 (图 6.34), 卢廷格参数和带隙的关联如图 6.43 所示. 参数 $1/\gamma_1$ 和 $1/\gamma_2$ 随着 E_{g} 大致线性地增加. 参数 $\gamma_3-\gamma_2$ 随着带隙的增大而减小, 它对价带的翘曲有影响.

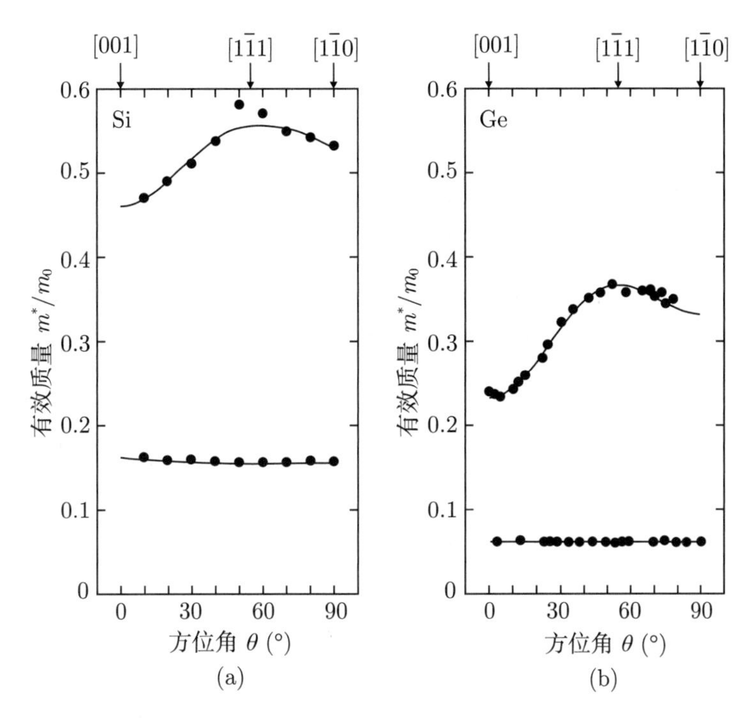

图6.42　回旋共振实验(T=4 K)得到的轻空穴和重空穴的有效质量：(a) Si；(b) Ge. 磁场位于(110) 面内的不同方位角θ. 图中为实验数据(圆点)和使用式(6.52)得到的拟合曲线(实线). 改编自文献[515]

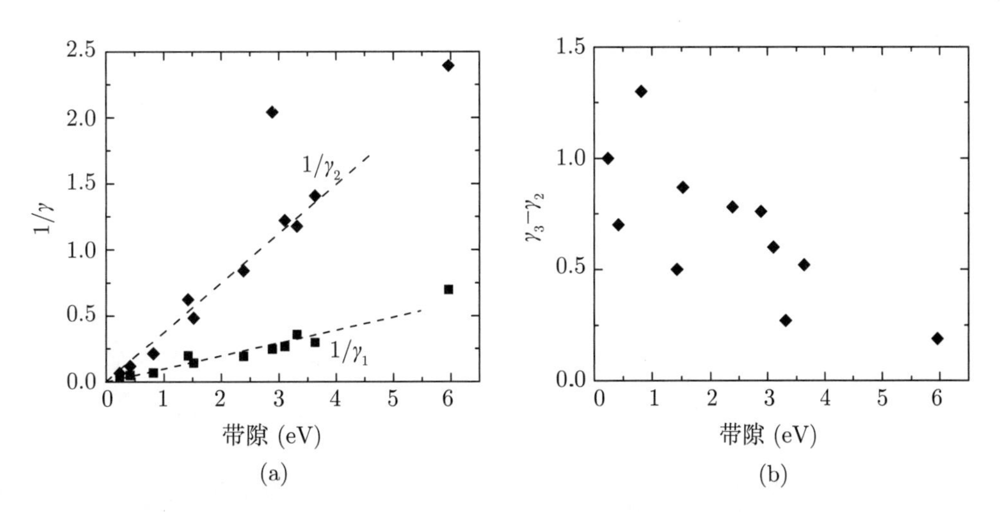

图6.43　几种Ⅲ-Ⅴ半导体的卢廷格参数和它们的带隙. (a) γ_1的倒数(方块)和γ_2的倒数(菱形). 虚线用于引导视线. (b) $\gamma_3-\gamma_2$和带隙的关系

6.10.3 价带的精细结构

闪锌矿结构半导体的带边结构如图 6.44 所示. 由于自旋-轨道相互作用 Δ_{so} 的缘故, 闪锌矿结构里的 s-o 空穴是劈裂的, Γ_8 能带是简并的 (重空穴和轻空穴). 在纤锌矿和黄铜矿结构中, a 轴和 c 轴的各向异性导致了额外的晶体场劈裂 Δ_{cf}, 解除了这种简并性. 例如, 对于 CdS, 在纤锌矿结构中, 最高的价带具有 Γ_9 对称性 (只允许 $\boldsymbol{E}\perp\boldsymbol{c}$ 的光学跃迁); 一个例外是 ZnO, 它的两个上能带应该是翻转的. 在黄铜矿结构中, 涉及 Γ_6 能带的光学跃迁只允许 $\boldsymbol{E}\perp\boldsymbol{c}$. 从价带顶往下, 这三种空穴能带通常记为 A, B 和 C.

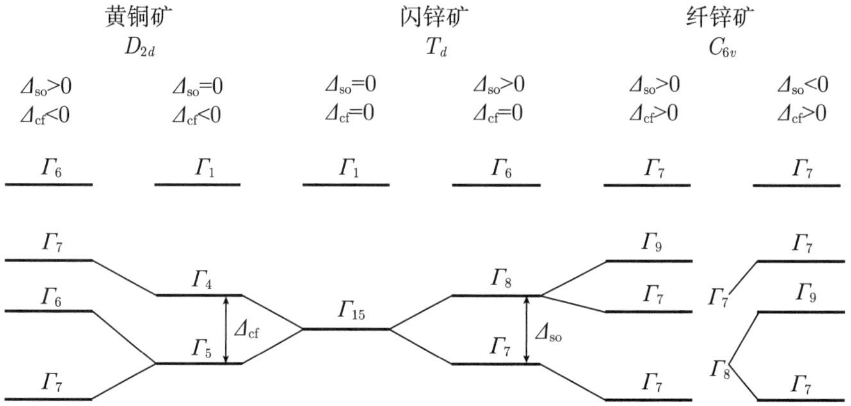

图6.44　纤锌矿结构的能带示意图, 以及黄铜矿结构和纤锌矿结构由于自旋-轨道相互作用Δ_{so}和晶体场劈裂Δ_{cf} 导致的价带劈裂(通常$\Delta_{\mathrm{cf}}<0$, 见图6.45). 对于纤锌矿结构, 示意图给出的是CdS(Δ_{so} = 67 meV, Δ_{cf} = 27 meV)(或者GaN)和ZnO(Δ_{so} =−8.7 meV, Δ_{cf} = 41 meV)

有自旋-轨道相互作用和晶场劈裂的时候, 在准立方的近似下, 这三个能带的能量位置 (相对于 Γ_{15} 能带的位置) 是 [525]

$$E_1 = \frac{\Delta_{\mathrm{so}} + \Delta_{\mathrm{cf}}}{2} \tag{6.54a}$$

$$E_{2,3} = \pm\sqrt{\left(\frac{\Delta_{\mathrm{so}} + \Delta_{\mathrm{cf}}}{2}\right)^2 - \frac{2}{3}\Delta_{\mathrm{so}}\Delta_{\mathrm{cf}}} \tag{6.54b}$$

在黄铜矿结构中, 晶场劈裂通常是负的 (图 6.45). 它与 $1-\eta$ 近似地线性相关 ($\eta = c/(2a)$ 的情况见 3.4.6 小节).

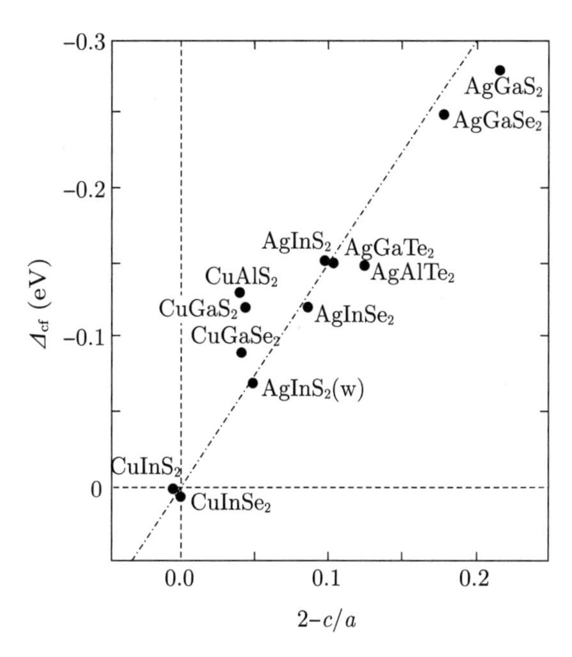

图6.45　几种黄铜矿结构化合物的晶体场劈裂Δ_{cf}和四方畸变$2-c/a=2(1-\eta)$. 点划线表示$\Delta_{\mathrm{cf}}=1.5b(2-c/a)$, 其中$b$=1 eV. 数据取自文献[526]

6.11　能带反转

在某些化合物中, 通常用半金属 (semimetal) 与半导体混合[527,528], 带隙可以缩减到零 (零带隙半导体), 甚至变成负的, s 轨道类型的 Γ_6 对称性 (导带) 反转到价带边以下. HgTe 是这种材料的典型例子, 如图 6.46 所示, 但是类似的效应也出现在其他半导体里, 例如各种黄铜矿结构半导体[529]. 这种能带结构是拓扑非平庸的 (见 6.2.6 小节).

对于零带隙的情况, 一些能带的色散关系是线性的 (见 13.1.2 小节); 这对应于非常强的非抛物线性. 文献 [530] 讨论了零带隙半导体的介电函数.

对于 $Cd_xHg_{1-x}Te$ 系统, 在零带隙浓度 $x\approx0.16$ 附近, 从正常能带结构到反转能带结构的变化也会随着温度而改变[531], 如图 6.47 所示. 在 50 年前, 文献 [532] 就已经在 (Pb, Sn)Te 的 L 点描述过这种效应 (参见 6.3.6 小节).

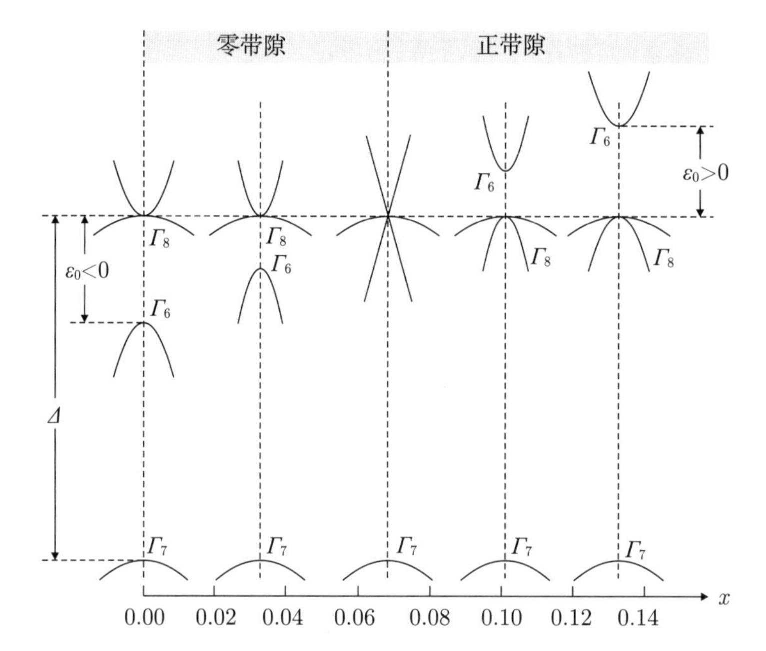

图6.46　三元化合物$Mn_xHg_{1-x}Te$的闪锌矿能带结构，带隙为零. 注意在$x\approx0.07$的零带隙情况中的线性色散

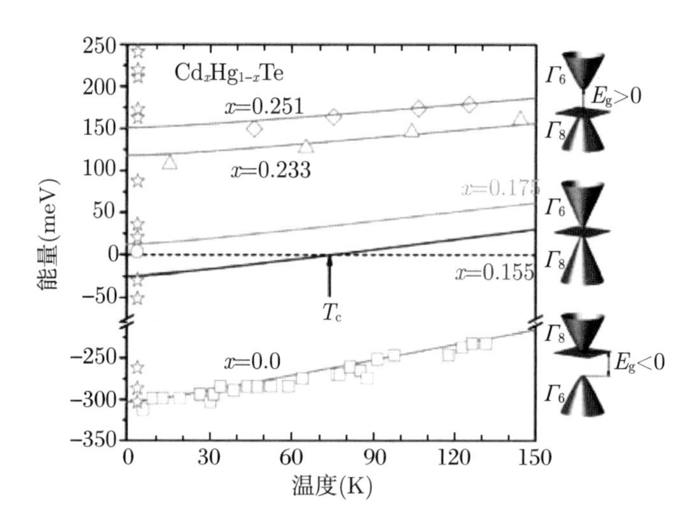

图6.47　$Cd_xHg_{1-x}Te$在不同合金成分和温度下的带隙. 右边为正的、负的和零带隙(Hg, Cd)Te的能带结构示意图. 改编自文献[531]，在知识共享协议(Creative Commons Attribution (CCBY4.0))许可下重印

6.12 应变对能带结构的影响

力学应变 (或者应力) 导致了键长的变化. 能带结构也相应地受到影响. 对这些效应已经有了详尽的研究 [533,534]. 对于小的应变 (通常 $\epsilon \lesssim 0.01$), 带边的移动与应变成正比; 对于大的应变, 就变成非线性的 [535]. 通常假设均匀的应变, 文献 [536] 讨论了非均匀的应变.

6.12.1 应变对带边的影响

在直接带隙的闪锌矿结构材料里, 只有应变的流体静压分量影响导带边的位置:

$$E_{\mathrm{C}} = E_{\mathrm{C}}^{0} + a_{\mathrm{c}}\left(\epsilon_{xx} + \epsilon_{yy} + \epsilon_{zz}\right) = E_{\mathrm{C}}^{0} + a_{\mathrm{c}}\,\mathrm{Tr}(\epsilon) \tag{6.55}$$

其中, $a_{\mathrm{c}} < 0$ 是导带边的流体静压形变势, E_{C}^{0} 是没有应变的材料的导带边. 类似地, 价带边是

$$E_{\mathrm{V}} = E_{\mathrm{V}}^{0} + a_{\mathrm{v}}\,\mathrm{Tr}(\epsilon) \tag{6.56}$$

其中, $a_{\mathrm{v}} > 0$ 是价带边的流体静压形变势. 因此, 带隙增大为

$$\Delta E_{\mathrm{g}} = a\,\mathrm{Tr}(\epsilon) = a\left(\epsilon_{xx} + \epsilon_{yy} + \epsilon_{zz}\right) \tag{6.57}$$

其中, $a = a_{\mathrm{c}} - a_{\mathrm{v}}$. 这种对流体静压的线性依赖行为已经在很多半导体中发现, $\mathrm{Ga_{0.92}In_{0.08}As}$ 的情况如图 6.48(a) 所示. 下面的 6.12.3 小节讨论 N 掺杂的奇异性. GaAs 的直接带隙和间接带隙的依赖关系如图 6.49 所示. 直接带隙对压强的依赖关系是非线性的, 对密度的依赖关系是线性的 [537].

双轴应变和剪切应变影响价带, 导致了 Γ 点的重空穴和轻空穴的移动和劈裂:

$$E_{\mathrm{v,hh/lh}} = E_{\mathrm{v}}^{0} \pm E_{\epsilon\epsilon} \tag{6.58a}$$

$$E_{\epsilon\epsilon}^{2} = (b^{2}/2)\left[\left(\epsilon_{xx} - \epsilon_{yy}\right)^{2} + \left(\epsilon_{yy} - \epsilon_{zz}\right)^{2} + \left(\epsilon_{xx} - \epsilon_{zz}\right)^{2}\right] + d^{2}\left(\epsilon_{xy}^{2} + \epsilon_{yz}^{2} + \epsilon_{xz}^{2}\right) \tag{6.58b}$$

其中, E_{v}^{0} 表示体材料的价带边. b 和 d 是光学形变势. 对于压应变, 重空穴带位于轻空穴带的上面. 对于张应变, 能带有很强的混合 (图 6.50). 一些Ⅲ-Ⅴ半导体的形变势如表 6.7 所示. 典型值在 eV 的范围.

在纤锌矿结构的晶体中, 需要 7 个 (或 8 个) 形变势, 记为 a(带隙随着流体静压应变的变化, 仍有 $a = a_{\mathrm{c}} - a_{\mathrm{v}}$) 和 D_1~D_6(对于价带结构)[539,540].

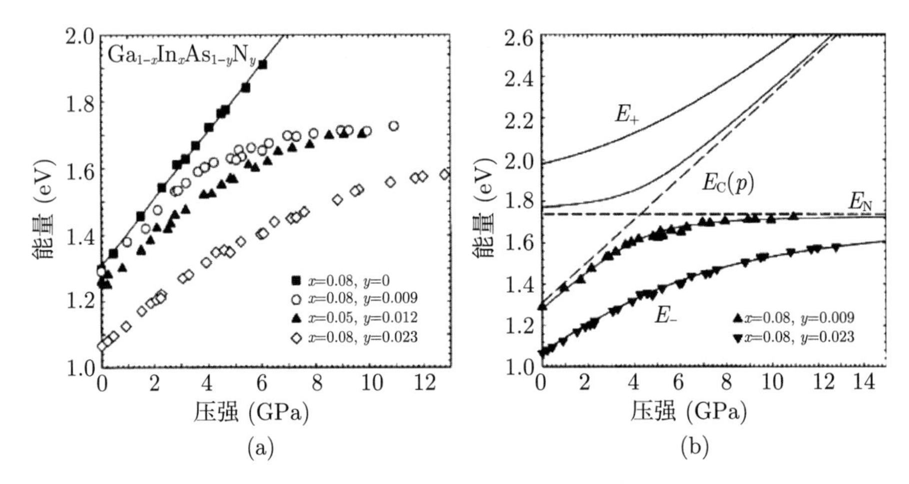

图6.48 (a) $Ga_{0.92}In_{0.08}As$合金(方块)和N掺杂的(Ga,In)As的带隙对(压应变的)流体静压的依赖关系，由T=295 K的光调制透射谱确定. (b) 两个(Ga,In)(As,N)样品的带隙的压强依赖关系，同时给出了模型计算(式(6.62))的结果. N含量为0.9%(2.3%)的耦合参数是V=0.12 eV(0.4 eV). 改编自文献[538]

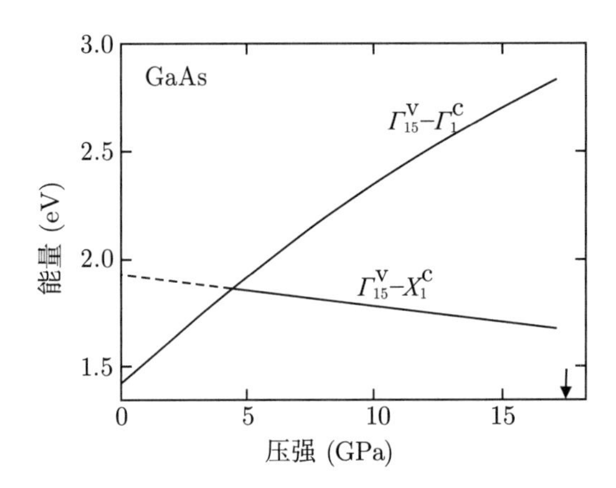

图6.49 GaAs的直接带隙Γ_{15}^{V}–Γ_{1}^{C} 和间接带隙Γ_{15}^{V}–X_{1}^{C}对压强的依赖关系(T=300 K). 实线是实验数据的内插值，虚线是外推到p=0 得到的值. 直接带隙和间接带隙的交叉出现在4.2 GPa处. 箭头指出了从闪锌矿结构到正交结构的相变所对应的压强，在17 GPa附近. 改编自文献[537]

在 Si 和 Ge 里, 价带需要 3 个形变势 (记为 a, b, d), 每个导带极小值需要 2 个形变势 (记为 Ξ_u 和 Ξ_d)[541]. 第 i 个导带边 (单位矢量 $\boldsymbol{u}_i$ 指向能谷) 的能量位置是

$$E_{\mathrm{C},i} = E_{\mathrm{C},i}^0 + \Xi_\mathrm{d}\,\mathrm{Tr}(\epsilon) + \Xi_\mathrm{u}\boldsymbol{a}_i\epsilon\boldsymbol{a}_i \tag{6.59}$$

其中, $E_{\mathrm{C},i}^0$ 表示没有应变的导带边能量. Si 和 Ge 的形变势如表 6.8 所示.

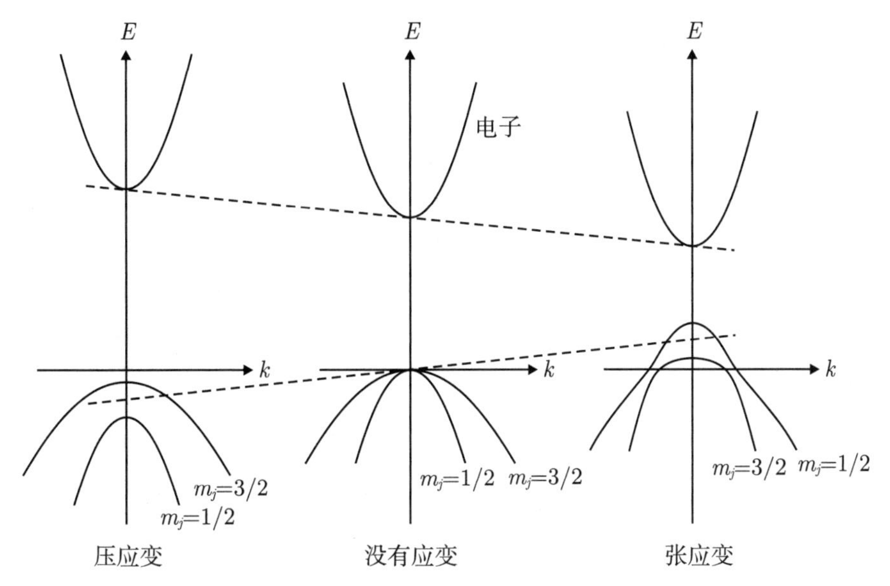

图6.50　GaAs在没有应变(中)、双轴的压应变(左)和张应变(右)下能带结构的示意图. 虚线给出了应变的静水压部分导致的带边移动

表6.7　一些Ⅲ-Ⅴ半导体的形变势

材料	a	b	d
GaAs	−9.8	−1.7	−4.6
InAs	−6.0	−1.8	−3.6

单位都是eV.

表6.8　硅和锗的形变势

材料	$\Xi_{\mathrm{d}}^{(\Delta)}$	$\Xi_{\mathrm{u}}^{(\Delta)}$	$\Xi_{\mathrm{d}}^{(L)}$	$\Xi_{\mathrm{u}}^{(L)}$	a	b	d
Si	1.1	10.5	−7.0	18.0	2.1	−2.33	−4.75
Ge	4.5	9.75	−4.43	16.8	2.0	−2.16	−6.06

单位都是eV. 取自文献[542].

6.12.2　应变对有效质量的影响

有应变的时候, 带边发生移动 (见 6.12.1 小节). 因为电子质量和带边有关, 所以可以预期, 质量也会受影响. 有流体静压应变 ϵ_{H} 的时候, 电子质量是 [543] (对于 $\epsilon_{\mathrm{H}} \to 0$ 的情况, 见式 (6.43))

$$\frac{m_0}{m_{\mathrm{e}}^*} = 1 + \frac{E_{\mathrm{P}}}{E_{\mathrm{g}} + \Delta_0/3}\left[1 - \epsilon_{\mathrm{H}}\left(2 + \frac{3a}{E_{\mathrm{g}} + \Delta_0/3}\right)\right] \tag{6.60}$$

其中, a 是流体静压形变势, $\epsilon_{\mathrm{H}} = \mathrm{Tr}(\epsilon)$. 文献 [543] 还给出了双轴应变和剪切应变以及空穴的质量对应的公式. 因为迁移率里包含着有效质量, 所以电导率依赖于半导体的应

力状态 (压电电阻率, 见 8.3.14 小节).

6.12.3 和局域能级的相互作用

带隙对流体静压强的正常依赖关系是线性的, 由式 (6.57) 给出. 含氮的 (Ga,In)As 与这种行为有着显著的偏移, 如图 6.48(a) 所示. 这是因为导带的连续态与等电子氮杂质的电子能级 E_N(位于导带内) 的相互作用 (7.7.9 小节) . 对于 GaAs, 它位于导带边 E_C 以上 0.2 eV. 这个现象在微观细节上有理论研究 [544]. 在简单的二能级模型里, 依赖于压强的导带边 E_N 和氮能级的耦合, 通过求解本征方程, 可以得到

$$\begin{vmatrix} E-E_C & V \\ V & E-E_N \end{vmatrix}=0 \tag{6.61}$$

V 是耦合常数. 行列式等于 0 的条件是

$$E_{\pm}=\frac{1}{2}\left(E_C+E_N\pm\sqrt{(E_C-E_N)^2+4V^2}\right) \tag{6.62}$$

为了简单起见, 这里忽略了 E_N 微弱的压强依赖关系. 这个模型可以很好地解释 (Ga,In)As:N 带隙的压强依赖关系 [538](图 6.48(b)). 耦合参数 V 是零点几个 eV 的量级. 在光调制反射谱中还观察到了 E_+ 能级 [545]. 这个反交叉模型也可以为 $GaAs_{1-x}N_x$ 带隙对氮浓度的依赖关系建模 [545](图 6.51).

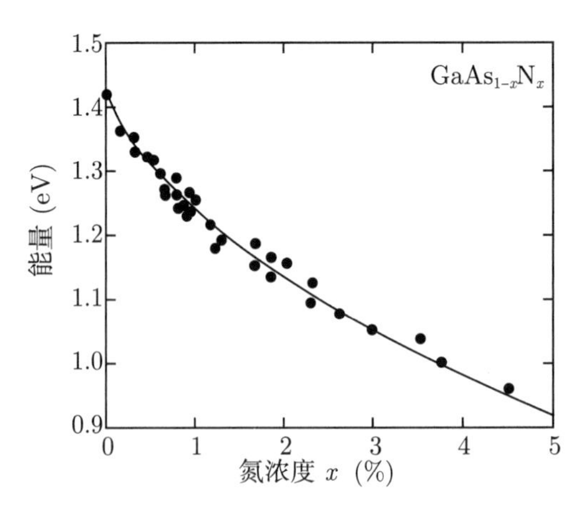

图6.51　$GaAs_{1-x}N_x$的带隙. 实验数据取自不同的来源(符号), 模型根据式(6.62)得到(曲线), $V=V_0\sqrt{x}$, $V_0=2.7$ eV. 改编自文献[545]

6.13 态密度

6.13.1 一般的能带结构

色散关系给出了 (准) 粒子的能量如何依赖于 $\boldsymbol{k}$ 矢量. 现在想知道在给定能量处有多少态. 这个数量称为态密度 (DOS), 记为 $D(E)$. 它是在无限小的意义上定义的, 在 E 和 $E+\delta E$ 之间的态的数目是 $D(E)\delta E$. 在能带结构的极值附近, 许多态位于相同的能量, 因此态密度很大.

能带的色散关系由 $E=E(\boldsymbol{k})$ 给出. 如果几个能带重叠了, 那么所有能带的态密度需要加起来. 对于给定的能带, 能量 $\widetilde{E}$ 处的态密度是

$$D(\widetilde{E})\mathrm{d}E=2\int\frac{\mathrm{d}^3\boldsymbol{k}}{(2\pi/L)^3}\delta(\widetilde{E}-E(\boldsymbol{k}))\tag{6.63}$$

根据式 (5.5), $(2\pi/L)^3$ 是一个态的 $\boldsymbol{k}$ 空间体积. 因子 2 是自旋简并. 对整个 $\boldsymbol{k}$ 空间求积分, 只选择那些位于 $\widetilde{E}$ 的态. 体积分可以转化为等能面 $S(\widetilde{E})$(其中 $E(\boldsymbol{k})=\widetilde{E}$) 上的面积分. 体积元 $\mathrm{d}^3\boldsymbol{k}$ 变为 $\mathrm{d}^2S\mathrm{d}\boldsymbol{k}_\perp$. 矢量 $\boldsymbol{k}_\perp$ 垂直于 $S(\widetilde{E})$, 正比于 $\nabla_{\boldsymbol{k}}E(\boldsymbol{k})$, 即 $\mathrm{d}E=|\nabla_{\boldsymbol{k}}E(\boldsymbol{k})|\mathrm{d}\boldsymbol{k}_\perp$.

$$D(\widetilde{E})=2\int_{S(\widetilde{E})}\frac{\mathrm{d}^2S}{(2\pi/L)^3}\frac{1}{|\nabla_{\boldsymbol{k}}E(\boldsymbol{k})|}\tag{6.64}$$

这里显式地包含了色散关系. 在能带的极值处, 梯度发散, 然而, 在三维情况下, 这个奇异性是可积的, 态密度是有限值. 对应的峰称为范霍夫奇异性 (van-Hove singularity). 对所有可能的色散关系, 例如电子、声子或光子, 态密度的概念都是有效的.

硅的能带结构 (见图 6.9(a)) 的态密度如图 6.52 所示.

6.13.2 非晶半导体

如果引入无序, 态密度就改变了, 非晶锗的情况如图 6.53 所示. 相比完美的晶格, 缺陷在带隙里引入了态, 通常抹掉了晶体态密度的尖锐的特征.

关于带隙里的缺陷能级的分布, 有几种模型. 第一个模型是莫特模型, 在价带边和导带边有带尾 [547]. 在科恩-弗里切-奥弗辛斯基 (Cohen-Fritzsche-Ovshinsky, CFO) 模型里 [548], 带尾更严重, 而且重叠; 费米能级位于态密度的最小值. 在戴维斯-莫特 (Davis-Mott) 模型里 [549], 带隙里添加了深态 (deep states), 最后在马歇尔-欧文 (Marshall-Owen) 模型里 [550], 给出了带尾以及类施主和类受主的深态. 这四个模型如

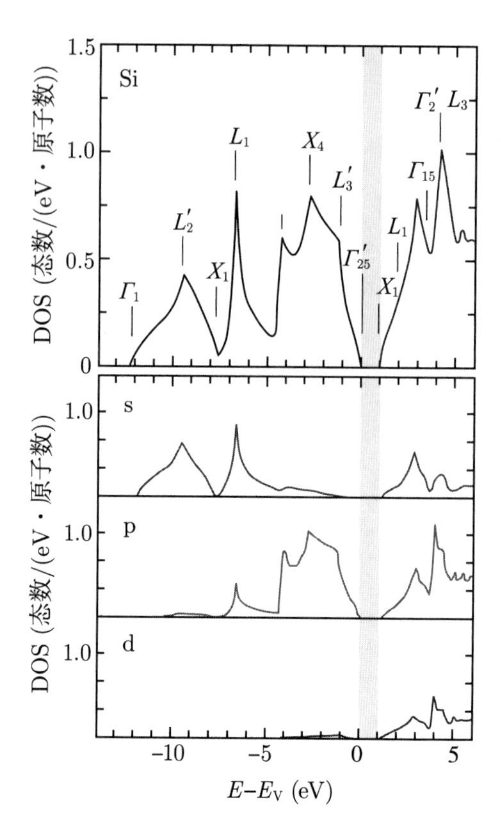

图6.52　利用经验赝势，理论计算得到的硅的价带(左边)和导带(右边)的态密度. 灰色区是带隙. 标出了重要的点(参见图6.9(a)). 下面的三张图把态密度分解为不同角动量态的贡献(s态，绿色；p态，橘黄色；d态，紫色). 上半部分改编自文献[546]，下半部分改编自文献[175]

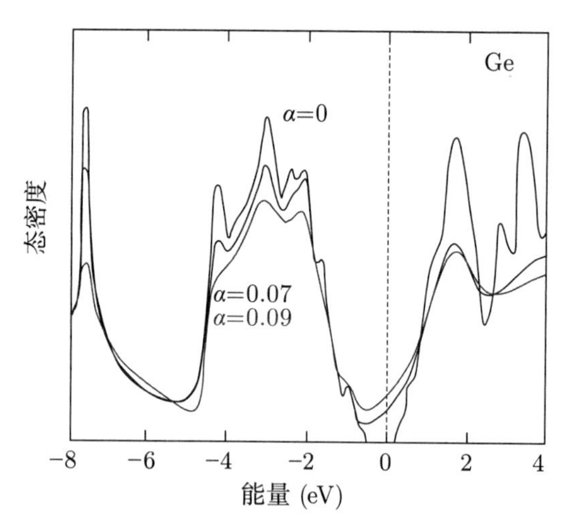

图6.53　不同无序度α(式(3.7))的非晶Ge模型的态密度的理论计算结果. α=0.09对应的平均短程有序距离大约是2.4个晶格常数(与图3.14(b)比较). 改编自文献[204]

图 6.54 所示. 考虑了局域化和非局域化的态 (见 8.9 节), 这些模型态密度也可以解释非晶半导体里的载流子输运.

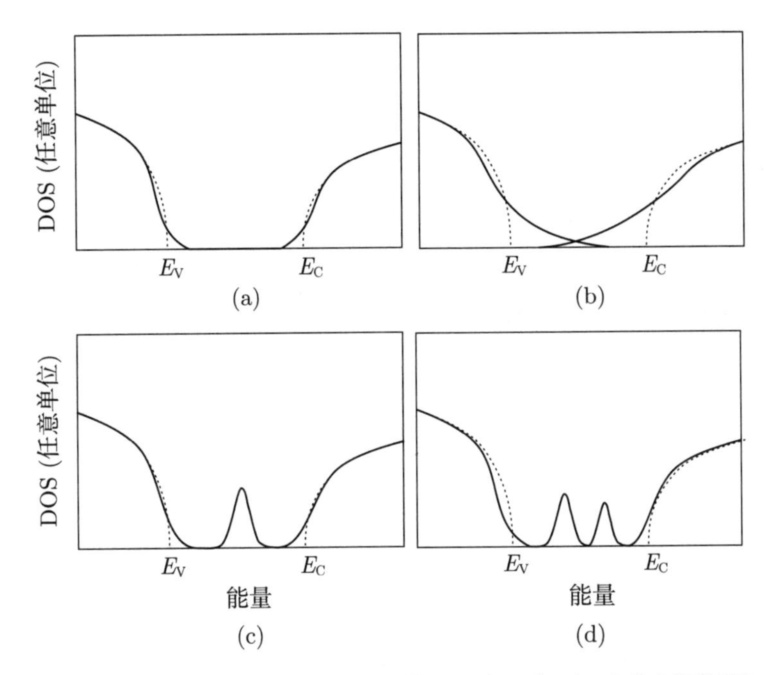

图6.54　非晶半导体里的模型态密度(实线): 莫特[547], 科恩-弗里切-奥弗辛斯基[548], 戴维斯-莫特[549], 马歇尔-欧文[550]. 虚线表示没有无序的同种材料的态密度

非晶半导体的态密度最好用原子模型 (atomistic models) 计算, 能够对许多构型取平均. 与类似的有序材料的清楚能隙相比, 典型的特征是无序导致的带尾 (比较 5.2.9 小节) 和特定原子构型 (不存在于有序体材料里) 在带隙里产生的深能级. 非晶硅是研究得最多的体系; 态密度的数值计算结果如图 6.55 所示, 同时选择了四个能量, 给出了相应态的电荷分布 [551]. 态在带尾里越深, 局域化的程度就越大. 图 6.55 里最右边的两个态是不导电的.

另一个例子 $ZnSnO_3$ 的仿真结果如图 6.56 所示. 在 0 和 0.5 eV 之间的带尾源于氧的 2p 轨道的无序 [552]. 在 0.9 eV 有一个能级, 来自低配位的 (配位没有被饱和的) 氧. 深能级来自金属-金属键. 化学无序的氧导致的带尾已经在非晶 GIZO 中实验观测到了 [553].

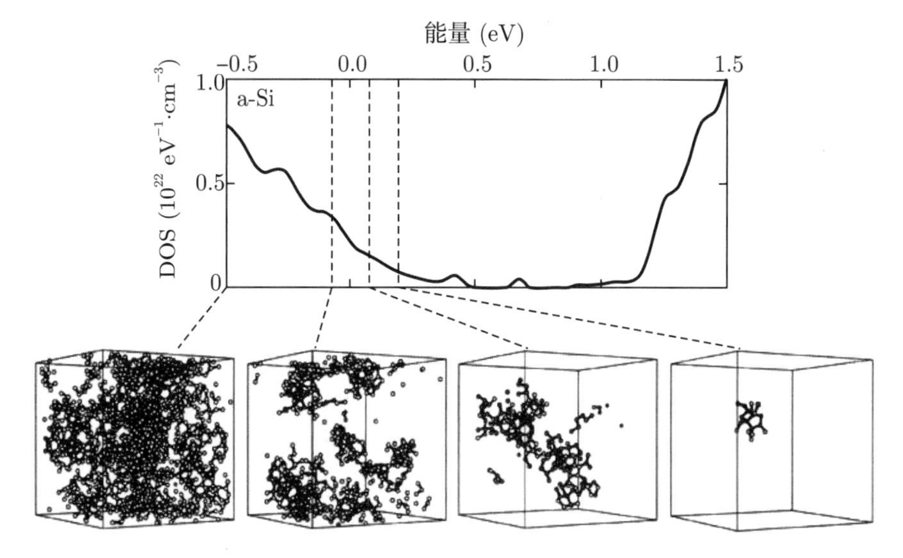

图6.55 非晶硅态密度的理论计算结果. 在指示的能量位置处, 给出了4种态的电荷分布, 从右到左, 局域化的程度减小. 改编自文献[551]

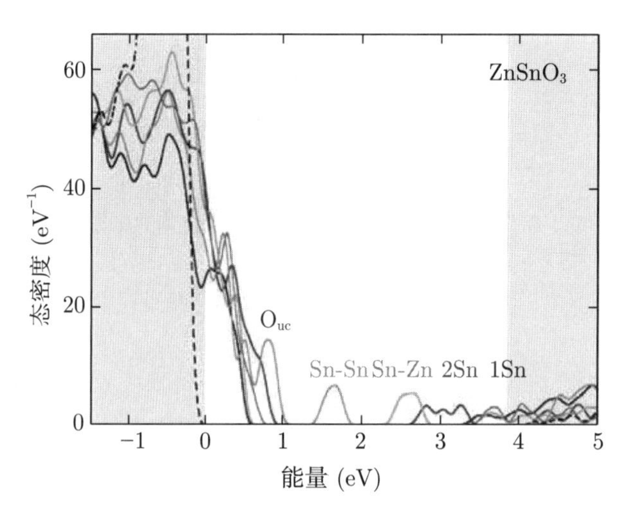

图6.56 晶体(虚线, 导带和价带由灰色区域指出)和不同构型的非晶(实线)ZnSnO$_3$态密度的理论计算结果. 低配位的氧(O$_{uc}$)和金属-金属键导致的态都做了标记. 改编自文献[552]

6.13.3 自由电子气

在 M 维里, 自由电子的能态由下式给出:

$$E(\boldsymbol{k}) = \frac{\hbar^2}{2m^*}\sum_{i=1}^{M} k_i^2 \tag{6.65}$$

k_i 可以取值 $\pm\pi n/L$(在第一布里渊区里), 其中 $n\leqslant N$, 而 N 是一维里的元胞数目. 这些值在 $\boldsymbol{k}$ 空间里是等间距的. 每个 M 维的 $\boldsymbol{k}$ 点的体积是 $(2\pi/L)^M$. 直到能量 $E_{\mathrm{F}}=\hbar^2k_{\mathrm{F}}^2/(2m)$(以后用作费米能量 E_{F} 和费米波矢 k_{F}), 态的数目 $N(E_{\mathrm{F}})$ 是

$$N\left(E_{\mathrm{F}}\right)=\frac{2}{(2\pi/L)^M}\int_{\boldsymbol{k}=\boldsymbol{0}}^{|\boldsymbol{k}|=k_{\mathrm{F}}}\mathrm{d}^M k \tag{6.66}$$

因子 2 是自旋简并, 对整个 M 维求积分. 态密度是导数

$$D(E)=\frac{\mathrm{d}N}{\mathrm{d}E} \tag{6.67}$$

下面推导 $M=3,2,1$ 和 0 维的态密度, 示意图见图 14.1.

6.13.3.1 $M=3$

这种情况与体材料有关, 电子在全部三个维度里自由地运动. 把式 (6.66) 对 $M=3$ 求积分, 得到

$$N^{3\mathrm{D}}=\frac{V}{3\pi^2}k_{\mathrm{F}}^3=\frac{V}{3\pi^2}\left(\frac{2mE_{\mathrm{F}}}{\hbar^2}\right)^{3/2} \tag{6.68}$$

因此, k_{F} 和 E_{F} 就是

$$k_{\mathrm{F}}=\left(\frac{3\pi^2N}{V}\right)^{1/3} \tag{6.69}$$

$$E_{\mathrm{F}}=\frac{\hbar^2}{2m^*}\left(\frac{3\pi^2N}{V}\right)^{2/3} \tag{6.70}$$

三维的态密度是

$$D^{3\mathrm{D}}(E)=\frac{V}{2\pi^2}\left(\frac{2m^*}{\hbar^2}\right)^{3/2}\sqrt{E} \tag{6.71}$$

态密度通常用作单位体积的态密度, 因此, 式 (6.71) 里的因子 V 就省略了.

如果导带的最小值是简并的, 态密度里就必须包括一个因子 g_{v}(能谷简并度), 硅的 $g_{\mathrm{v}}=6$, 锗的 $g_{\mathrm{v}}=8$(GaAs 的 $g_{\mathrm{v}}=1$). 这个因子通常被包括在式 (6.71) 使用的质量里, 因而变成了态密度质量 $m_{\mathrm{d,e}}$. 如果导带最小值在 $\boldsymbol{k}$ 空间有圆柱对称性, 例如硅和锗, 那么必须使用的质量就是

$$m_{\mathrm{d,e}}=g_{\mathrm{v}}^{2/3}\left(m_{\mathrm{t}}^2m_{\mathrm{l}}\right)^{1/3} \tag{6.72}$$

在价带简并的情况中, 几个带的态密度必须加起来. 在体材料里, 重空穴带和轻空穴带通常在 Γ 点是简并的. 如果因为温度不够高, 劈裂能带没有被占据, 那么价带边的态密度就用态密度空穴质量来表示:

$$m_{\mathrm{d,h}}=\left(m_{\mathrm{hh}}^{3/2}+m_{\mathrm{lh}}^{3/2}\right)^{2/3} \tag{6.73}$$

在导带边和价带边, (单位体积的) 态密度就是

$$D_{\mathrm{e}}^{3\mathrm{D}}(E)=\frac{1}{2\pi^2}\left(\frac{2m_{\mathrm{d,e}}}{\hbar^2}\right)^{3/2}\sqrt{E-E_{\mathrm{C}}}\quad (E>E_{\mathrm{C}}) \tag{6.74}$$

$$D_{\mathrm{h}}^{3\mathrm{D}}(E)=\frac{1}{2\pi^2}\left(\frac{2m_{\mathrm{d,h}}}{\hbar^2}\right)^{3/2}\sqrt{E_{\mathrm{V}}-E}\quad (E<E_{\mathrm{V}}) \tag{6.75}$$

6.13.3.2 M = 2

这种情况对薄层很重要, 那里的电子运动在一个方向上受限, 在平面里是自由的. 这种结构称为量子阱 (见 12.3.2 小节). 对于二维态密度 (对于每个子带, 包括自旋简并度, 这里没有把各个子带加起来), 我们有

$$N^{2\mathrm{D}}=\frac{A}{2\pi}k_{\mathrm{F}}^2=\frac{A}{\pi}\frac{m^*}{\hbar^2}E \tag{6.76}$$

其中 A 是这个层的面积. 因此, 态密度是常数, 即

$$D^{2\mathrm{D}}(E)=\frac{A}{\pi}\frac{m^*}{\hbar^2} \tag{6.77}$$

6.13.3.3 M = 1

$M=1$ 的情况描述了量子线, 电子运动在两个维度上受限, 只在一个维度上是自由的. 在这种情况下, 对于长度为 L 的量子线, 我们有

$$N^{1\mathrm{D}}=\frac{2L}{\pi}k_{\mathrm{F}}=\frac{2L}{\pi}\left(\frac{2m^*E}{\hbar^2}\right)^{1/2} \tag{6.78}$$

态密度在 $E=0$ 时是奇异的, 由下式给出 (对于一个子带):

$$D^{1\mathrm{D}}(E)=\frac{L}{\pi}\left(\frac{2m^*}{\hbar^2}\right)^{1/2}\frac{1}{\sqrt{E}} \tag{6.79}$$

6.13.3.4 M = 0

在这种情况下 (例如在量子点里, 见 14.4 节), 电子没有自由度, 每个态位于量子化的能级上, 有类 δ 的态密度.

第 7 章

电子的缺陷态

不要研究半导体,

它们就是一团糟.

存不存在半导体,

恐怕只有鬼知道.

——泡利 (W. Pauli), 1931 年 [554]

摘要

介绍了本征电导的载流子统计和掺杂的一般性原理, 详细处理了施主和受主、补偿和高掺杂效应. 介绍了准费米能级的概念. 最后对深能级及其热力学做了一般性的评论, 并给出几个例子.

7.1 简介

1 cm^3 半导体大约有 5×10^{22} 个原子. 实际上不可能实现完美的纯度. 典型的杂质低浓度在 $10^{12}\sim10^{13}/\text{cm}^3$ 的范围. 这种浓度对应了 10^{-10} 的纯度, 相当于全人类里有一个外星人. 在半导体研究的初期, 半导体太不纯了, 实际的半导电性质利用得很不充分. 今天, 由于高纯化学的大幅度改进, 最常见的半导体 (特别是硅) 可以做得非常纯, 以至于剩余杂质浓度对物理性质没有任何影响. 然而, 半导体最重要的技术步骤是掺杂, 可控地掺入杂质, 从而调节半导体的电导率. 掺杂中使用的典型的杂质浓度是 $10^{15}\sim10^{20}/\text{cm}^3$. 掺杂的理论和半导体技术的推广有一个里程碑, 就是肖克利在 1950 年出版的教科书 [555].

7.2 载流子浓度

一般来说, 导带里的电子密度是

$$n=\int_{E_{\text{C}}}^{\infty}D_{\text{e}}(E)f_{\text{e}}(E)\text{d}E \tag{7.1}$$

相应地, 价带里的空穴密度是

$$p=\int_{-\infty}^{E_{\text{V}}}D_{\text{h}}(E)f_{\text{h}}(E)\text{d}E \tag{7.2}$$

价带顶的能量用 E_{V} 标记, 导带底的能量是 E_{C}. 我们假设能带边为抛物线形的, 电子和空穴的有效质量分别是 m_{e} 和 m_{h}. 导带和价带里的态密度 (单位体积) 由式 (6.74) 和 (6.75) 给出.

在热力学平衡情况下, 电子的分布函数由费米-狄拉克分布 (费米函数)$f_{\text{e}}(E)$(式 (E.22)) 给出:

$$f_{\text{e}}(E)=\frac{1}{\exp\left(\dfrac{E-E_{\text{F}}}{kT}\right)+1} \tag{7.3}$$

空穴的分布函数是 $f_{\mathrm{h}}=1-f_{\mathrm{e}}$. 因此,

$$f_{\mathrm{h}}(E)=1-\frac{1}{\exp\left(\dfrac{E-E_{\mathrm{F}}}{kT}\right)+1}=\frac{1}{\exp\left(-\dfrac{E-E_{\mathrm{F}}}{kT}\right)+1} \tag{7.4}$$

如果有几个空穴带要考虑 (hh, lh 和 so), 在热平衡的时候, 同样的分布对所有的空穴带都成立.

如果玻尔兹曼分布式 (E.23) 是好的近似, 载流子分布就是非简并的. 如果需要用费米分布, 载流子系综就是简并的. 如果费米能级位于能带里, 系综就是高度简并的.

如果玻尔兹曼近似式 (E.23) 不适用, 即温度很高或者带隙很小, 则对 Df 的积分不能解析地计算. 在这种情况下, 需要费米积分, 它的定义是①

$$F_n(x)=\frac{2}{\sqrt{\pi}}\int_0^{\infty}\frac{y^n}{1+\exp(y-x)}\mathrm{d}y \tag{7.5}$$

对于现在考虑的体材料, $n=1/2$. 对于很大的负数, 即 $x<0$ 且 $|x|\gg 1$, 有 $F_{1/2}(x)\approx(\sqrt{\pi}/2)\exp(x)$, 这就是玻尔兹曼近似. $F_{1/2}(0)=0.765\cdots\approx 3/4$. 对于 $x\gg 1$, 有 $F_{1/2}(x)\approx(2/\sqrt{\pi})(2/3)x^{3/2}$. 这种相当简单的近似如图 7.1 所示, 与费米积分做了比较. 计算使用了解析的 [556-559] 或数值的 [560,561] 近似方法.

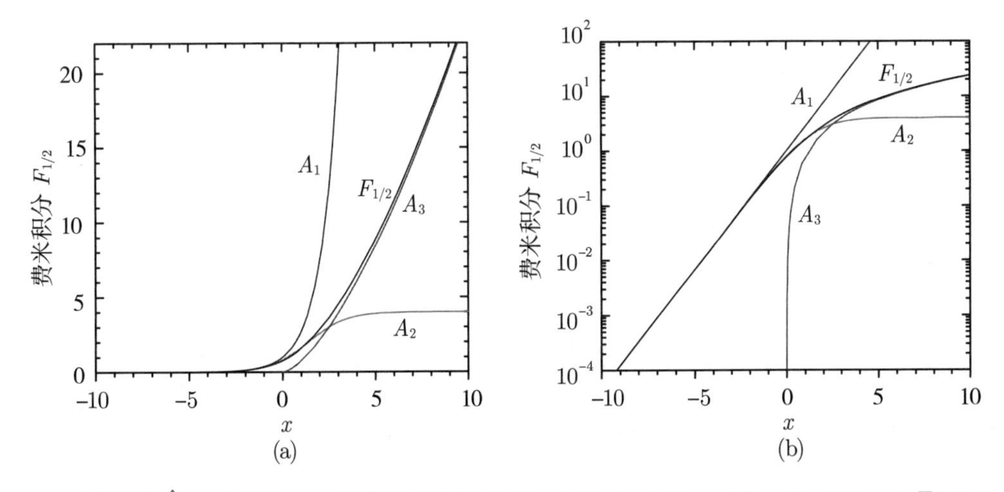

图7.1 费米积分 $\hat{F}_{1/2}=(\sqrt{\pi}/2)F_{1/2}$, 用了三个区域的近似: $A_1(x)=(\sqrt{\pi}/2)\exp(x)(x<2)$; $A_2(x)=(\sqrt{\pi}/2)[1/4+\exp(-x)]^{-1}(-2<x<2)$; $A_3(x)=(2/3)x^{3/2}(x>2)$. (a) 线性图, (b) 半对数图

费米积分的导数是 $F_n'(x)=nF_{n-1}(x)$, 其中 $n>0$. 二维系统对应于 $n=0$, 积分可以显式地得到: $F_0(x)=(2/\sqrt{\pi})\ln[1+\exp(x)]$.

① 式 (7.5) 被限制在 $n>-1$. 一种没有限制的形式是 $\mathcal{F}_n(x)=\frac{1}{\Gamma(n+1)}\int_0^{\infty}\frac{y^n}{1+\exp(y-x)}\mathrm{d}y$. 因子 $2/\sqrt{\pi}$ 通常省略, 但那样就必须显式地添加到式 (7.6) 里.

利用费米积分 $F_{1/2}$, 自由载流子密度式 (7.10) 和 (7.11) 可以写为

$$n = N_{\mathrm{C}} F_{1/2}\left(\frac{E_{\mathrm{F}} - E_{\mathrm{C}}}{kT}\right) \tag{7.6}$$

$$p = N_{\mathrm{V}} F_{1/2}\left(-\frac{E_{\mathrm{F}} - E_{\mathrm{V}}}{kT}\right) \tag{7.7}$$

其中,

$$N_{\mathrm{C}} = 2\left(\frac{m_{\mathrm{e}} kT}{2\pi\hbar^2}\right)^{3/2} \tag{7.8}$$

$$N_{\mathrm{V}} = 2\left(\frac{m_{\mathrm{h}} kT}{2\pi\hbar^2}\right)^{3/2} \tag{7.9}$$

其中, N_{C} (N_{V}) 称为导带 (价带) 边态密度. 式 (7.8) 和 (7.9) 里的质量是式 (6.72) 和 (6.73) 给出的态密度质量. Si, Ge 和 GaAs 的 $N_{\mathrm{C,V}}$ 值如表 7.1 所示.

表7.1 几种半导体的带隙、本征载流子浓度以及导带边和价带边的态密度, 温度 T=300 K

	E_{g} (eV)	n_{i} (cm^{-3})	N_{C} (cm^{-3})	N_{V} (cm^{-3})
InSb	0.18	1.6×10^{16}		
InAs	0.36	8.6×10^{14}		
Ge	0.67	2.4×10^{13}	1.04×10^{19}	6.0×10^{18}
Si	1.124	1.0×10^{10}	7.28×10^{19}	1.05×10^{19}
GaAs	1.43	1.8×10^{6}	4.35×10^{17}	5.33×10^{18}
GaP	2.26	2.7×10^{0}		
GaN	3.3	$\ll 1$		

现在我们假设, 可以使用玻尔兹曼近似 (式 (E.23)), 一个能带态被占据的概率 $\ll 1$. 积分 (7.1) 就可以解析地得到, 导带里的电子密度 n 就是

$$n = 2\left(\frac{m_{\mathrm{e}} kT}{2\pi\hbar^2}\right)^{3/2} \exp\left(\frac{E_{\mathrm{F}} - E_{\mathrm{C}}}{kT}\right) = N_{\mathrm{C}} \exp\left(\frac{E_{\mathrm{F}} - E_{\mathrm{C}}}{kT}\right) \tag{7.10}$$

对于玻尔兹曼近似和抛物线形的价带, 空穴的密度是

$$p = 2\left(\frac{m_{\mathrm{h}} kT}{2\pi\hbar^2}\right)^{3/2} \exp\left(-\frac{E_{\mathrm{F}} - E_{\mathrm{V}}}{kT}\right) = N_{\mathrm{V}} \exp\left(-\frac{E_{\mathrm{F}} - E_{\mathrm{V}}}{kT}\right) \tag{7.11}$$

在玻尔兹曼近似下, 电子和空穴密度的乘积是

$$\begin{aligned} np &= N_{\mathrm{V}} N_{\mathrm{C}} \exp\left(-\frac{E_{\mathrm{C}} - E_{\mathrm{V}}}{kT}\right) = N_{\mathrm{V}} N_{\mathrm{C}} \exp\left(-\frac{E_{\mathrm{g}}}{kT}\right) \\ &= 4\left(\frac{kT}{2\pi\hbar^2}\right)^3 (m_{\mathrm{d,e}} m_{\mathrm{d,h}})^{3/2} \exp\left(-\frac{E_{\mathrm{g}}}{kT}\right) \end{aligned} \tag{7.12}$$

只要满足玻尔兹曼近似, 这个积 np 就不依赖于费米能级的位置. 当费米能级位于带隙内且离能带边足够远时就是如此, 满足

$$E_{\mathrm{V}}+4kT<E_{\mathrm{F}}<E_{\mathrm{C}}-4kT \tag{7.13}$$

关系式 (7.12) 称为质量作用定律 (mass-action law).

在很宽范围的费米能量里, 硅的乘积 np 如图 7.2 所示. 如果 E_{F} 在带隙里, 则 np 实际上是不变的. 如果费米能级在价带或导带里, 则 np 指数式地减小.

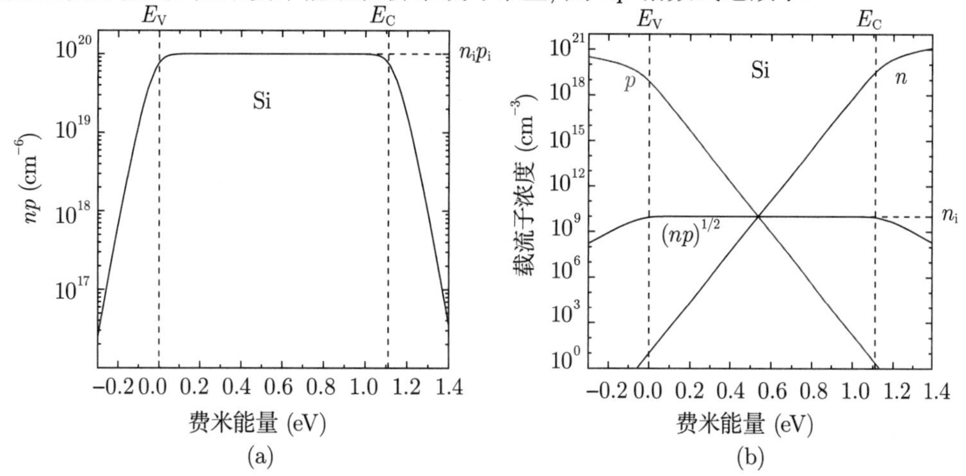

图7.2 (a) 温度T = 300 K, 硅的np随着费米能级位置的变化情况. 价带边E_{V}设定为E=0. 在式(7.13)给出的费米能量范围($4kT\approx0.1$ eV)中, np是常数. (b) n, p 和$\sqrt{np}$ 作为费米能级的函数

7.3 本征电导

首先, 我们考虑本征半导体 (完美的纯净半导体) 的电导率. 在 $T=0$ 时, 所有的电子都在价带里, 导带是空的, 因此, 电导率是 0(全满的能带不传导电流). 在有限的温度下, 电子有一定的概率位于导带态, 对电导率做贡献. 因为是中性的, 本征半导体里的电子和空穴浓度是相同的, 导带里的每个电子都来自价带,

$$-n+p=0 \tag{7.14}$$

也就是 $n_{\mathrm{i}}=p_{\mathrm{i}}$. 因此,

$$n_{\mathrm{i}}=p_{\mathrm{i}}=\sqrt{N_{\mathrm{V}}N_{\mathrm{C}}}\exp\left(-\frac{E_{\mathrm{g}}}{2kT}\right)=2\left(\frac{kT}{2\pi\hbar^{2}}\right)^{3/2}(m_{\mathrm{e}}m_{\mathrm{h}})^{3/4}\exp\left(-\frac{E_{\mathrm{g}}}{2kT}\right) \tag{7.15}$$

质量作用定律

$$np = n_i p_i = n_i^2 = p_i^2 \tag{7.16}$$

对于低浓度和适当掺杂的半导体也成立. 本征载流子的浓度指数式地依赖于带隙. 所以在热力学平衡时, 本征的宽带半导体的载流子浓度比本征的窄带半导体小得多 (表 7.1). 当温度在 77 K 和 400 K 之间时, Si 的本征载流子浓度是 [562,563](图 7.3)

$$n_i^{Si} = 1.640 \times 10^{15} T^{1.706} \exp\left(-\frac{E_g(T)}{2kT}\right) \tag{7.17}$$

单位是 $1/cm^3$, 精度在 1% 以内, T 的单位是 K.

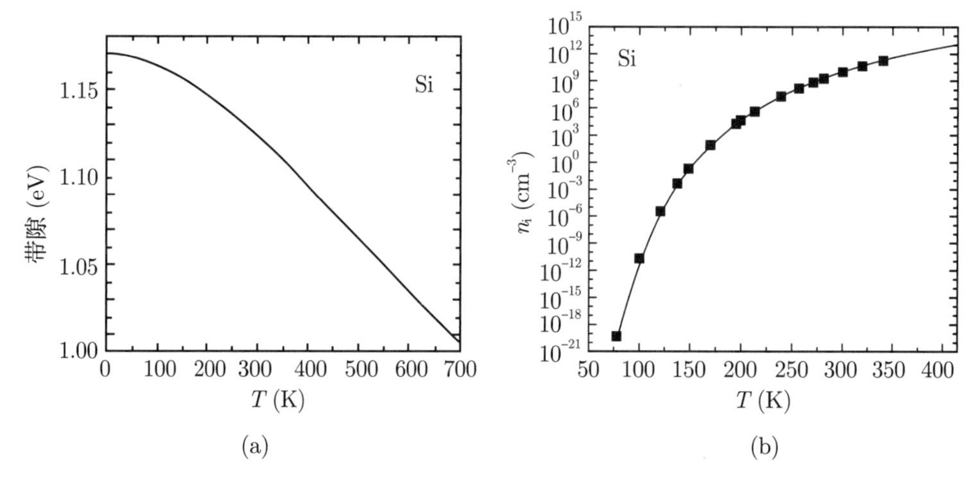

图7.3 (a) 硅的带隙和温度的关系. (b) 硅的本征载流子浓度和温度的关系. 实线是式(7.17), 其中E_g = 1.204 eV−(2.73×10^{-4} eV/K)T [564]; 符号是实验数据, 取自文献[565]

在第二部分将要看到, 许多半导体器件依赖于电导率低的区域 (耗尽层), 那里的载流子浓度很小. 因为载流子浓度不能小于本征浓度 ($n + p \geqslant 2n_i$), 所以温度的升高就增大了耗尽层里的欧姆电导, 从而降低了器件的性能甚至导致失效. 锗的带隙小, 双极性器件的性能在略高于室温的时候就会严重下降. 硅的本征电导通常把工作范围限制在大约 300 °C 以下. 在更高的温度下, 就像在恶劣条件下工作的器件要求的那样 (比如靠近发动机或者涡轮机), 需要使用能带更宽的其他半导体, 例如 GaN, SiC 甚至是金刚石.

根据本征半导体的中性条件式 (7.14) 以及式 (7.10) 和 (7.11), 可以得到本征半导体的费米能级是

$$E_F = E_i = \frac{E_V + E_C}{2} + \frac{kT}{2} \ln \frac{N_V}{N_C} = \frac{E_V + E_C}{2} + \frac{3}{4} kT \ln \frac{m_h}{m_e} \tag{7.18}$$

空穴质量可能比电子质量大 10 倍, 所以第二项是 kT 的量级. 因此, 对于典型的半导体 ($E_g \gg kT$), 本征的费米能级 (用 E_i 表示) 靠近带隙的中间, 即 $E_i \approx (E_C + E_V)/2$.

本征半导体的情况如图 7.4(b) 所示. 下面考虑掺杂, 它让费米能级离开 E_i. 在玻尔兹曼近似下 (仍然有 $n_\mathrm{i}=p_\mathrm{i}$),

$$n=n_\mathrm{i}\exp\left(\frac{E_\mathrm{F}-E_\mathrm{i}}{kT}\right) \tag{7.19}$$

$$p=p_\mathrm{i}\exp\left(-\frac{E_\mathrm{F}-E_\mathrm{i}}{kT}\right) \tag{7.20}$$

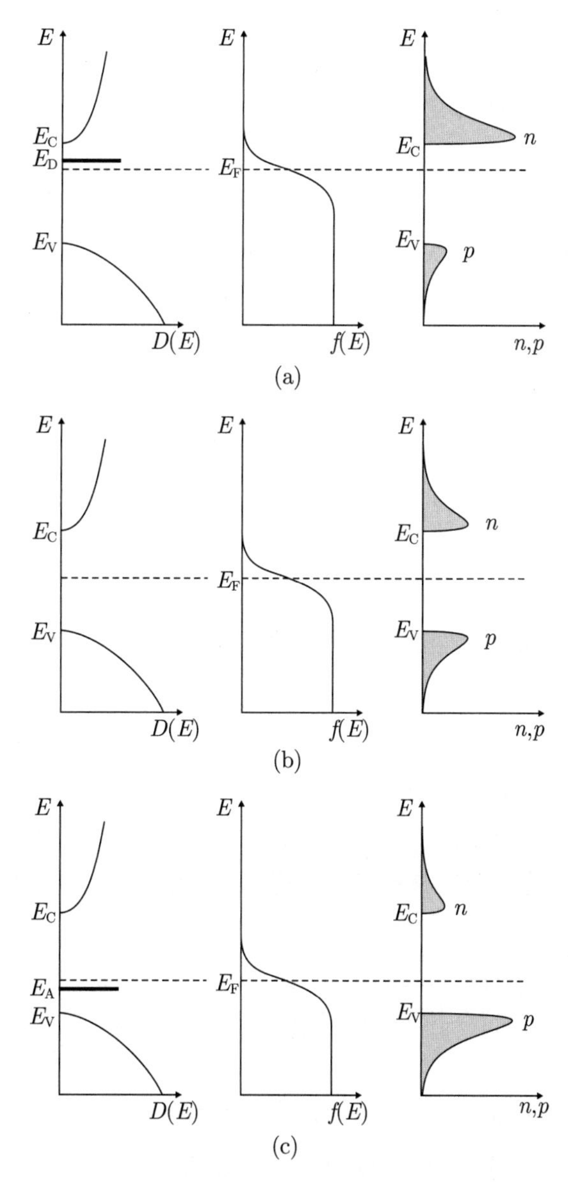

图7.4　热平衡情况的态密度(左)、费米分布(中)和载流子浓度(右): (a) n型半导体; (b) 本征半导体; (c) p型半导体

7.4 掺杂

7.4.1 概念

利用点缺陷改变半导体的电导率, 称为掺杂. 1930 年, 人们认为半导体的电导只是因为杂质 [566,567]. 然而, “化学纯”的物质在偏离化学配比以后, 变得导电了, 例如, 历史上在 CuI[38](p 型) 和 ZnO[80] (n 型) 里发现的阴离子浓度和导电率的变化. 把 CuI 浸入不同碘浓度的有机溶液里 [41](暴露在碘的不同分压下), 随后导致不同浓度的铜空位 [568] , 从而改变 CuI 的电导率, 可以认为这是第一次半导体掺杂 (1909 年).

缺陷或杂质的电子能级可以存在于体材料宿主的禁带 (带隙) 里. 这些能级可以靠近带边, 也可以位于带隙的中间. 一种简化的方法认为, 前者来自浅缺陷 (7.5 节), 后者来自深缺陷 (7.7 节).

7.4.2 掺杂的原理

文献 [569] 给出了各种不同的掺杂原理. 基本上, 补偿性缺陷的形成限制了电活性掺杂的杂质量. 在施主的情况下, 补偿性缺陷是电子杀手, 例如, n 型掺杂的 Si:As 受到了 V_{Si} 形成的限制 [570]. 在受主的情况下, 补偿性缺陷是空穴杀手. n 型钉扎能 $E_F^{n,pin}$ 是这些杀手缺陷 (killer defect, 例如阳离子空位) 形成时的费米能级. 当费米能级达到钉扎能时, n 型掺杂就不能更进一步了, 因为自发生成的电子杀手抵消了引入的 (杂质) 施主. 作为趋势, 导带能量低的材料可以实现 n 型掺杂, 它们的电子亲和势 (真空能级和导带的差别) 大. 类似地, 用受主做 p 型掺杂, 把费米能级向价带移动, 会在某个位置 $E_F^{p,pin}$(称为 p 型钉扎能) 遇到自发形成的空穴杀手 (例如阴离子空位或者阳离子间隙). 在这个位置, 不可能进一步做 p 型掺杂了. p 型掺杂使用价带最大值靠近真空能级的材料 [569].

图 7.5 比较了宽带隙的材料 ZnO, NiO 和 MgO. 钉扎能级的位置采用了相同的能量标尺. 根据 $E_F^{n,pin}$ 的位置可知, ZnO 可以高 n 型掺杂, 而 NiO 和 MgO 不能 [571]. 根据 $E_F^{p,pin}$, NiO 可以 p 型掺杂, 而 MgO 根本就不能掺杂.

对于可掺杂性来说, 还有一点很重要, 杂质不需要额外的电离能, 因而贡献了自由荷电载流子, 不会形成局域态 (例如由于极化子效应, 见 8.7 节).

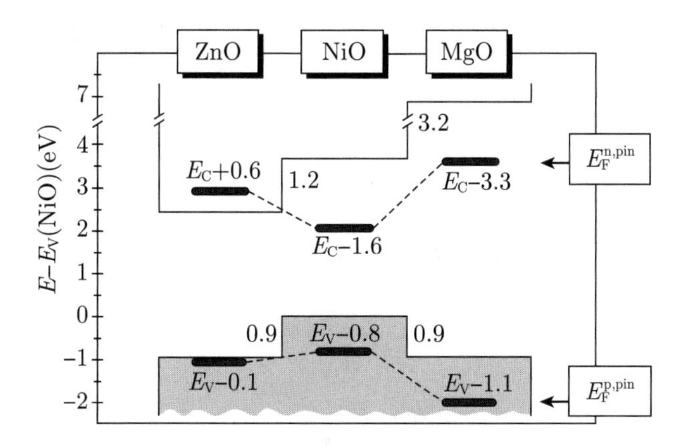

图7.5　用相同的能量标尺比较ZnO, NiO 和MgO的导带边和价带边、n型(红色)和p型(蓝色)钉扎能(分别在富金属的和富氧的条件下确定). 改编自文献[571]

7.5　浅缺陷

在 Ge, Si 和 GaAs 里, 各种杂质的能级位置如图 7.6 所示. 如果离子实的势的长程库仑作用决定了杂质的能级, 这种杂质就称为浅杂质. 波函数的扩展程度由玻尔半径给出. 这个情况与深能级形成对比, 后者的能级取决于势的短程部分. 波函数的扩展程度也就是晶格常数的量级. 关于浅杂质态的科学的历史, 参阅文献 [572, 573].

我们首先考虑一种Ⅳ族半导体——硅 (Si), (杂质) 掺杂来自化学元素周期表的Ⅲ族和Ⅴ族. 当这些杂质进入格点位置后 (具有四面体的键), 就缺了一个电子 (Ⅲ族, 例如 B) 或多了一个电子 (Ⅴ族, 例如 As). 前者称为受主, 后者就是施主. 文献 [575] 详述了Ⅲ-Ⅴ半导体的掺杂.

7.5.1　施主

用砷掺杂的硅记为 Si:As. 这种情况如图 7.7 所示. 砷原子满足了四面体的键, 还多出来一个电子. 这个电子通过库仑相互作用, 束缚在砷原子上, 因为离子实相对于硅的

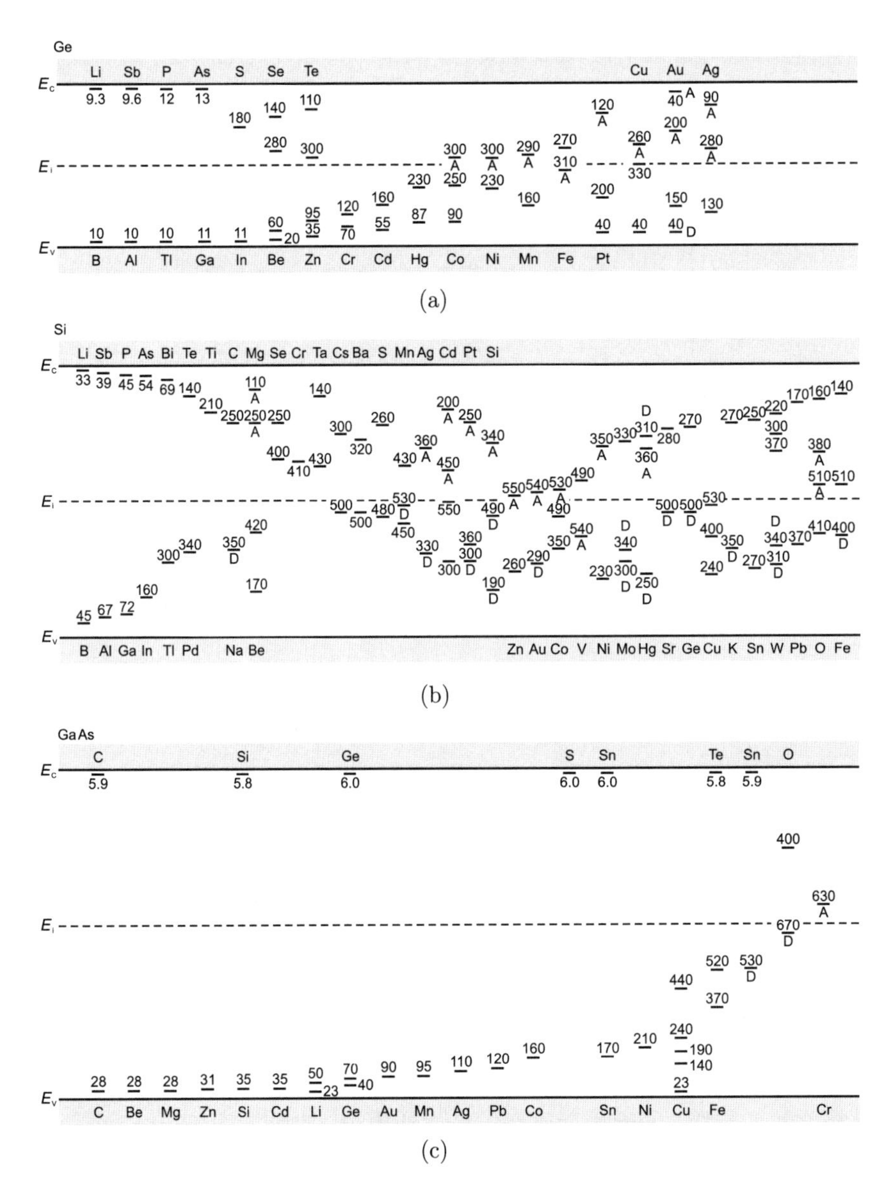

图7.6　各种杂质(A：受主；D：施主)在(a) Ge，(b) Si和(c) GaAs中的能态位置(电离能单位为meV). 基于文献[574]

原子实是带正电荷的. 如果这个电子被电离, 在 As 的位置上就留下一个固定不动的正电荷.

如果砷原子没有处在硅的环境里, 那么它的电离能是 9.81 eV. 然而, 在固体里, 材料的介电常数屏蔽了库仑相互作用, 典型半导体的 ϵ_r 通常是 10 的量级. 此外, 周期势重整化了质量, 有效质量远小于自由电子的质量. 在有效质量理论 (附录 I) 的框架里, 氢原子问题的玻尔理论被 (各向同性的) 有效质量 m_e^* 和介电常数 ϵ_r 重新标度 (rescale),

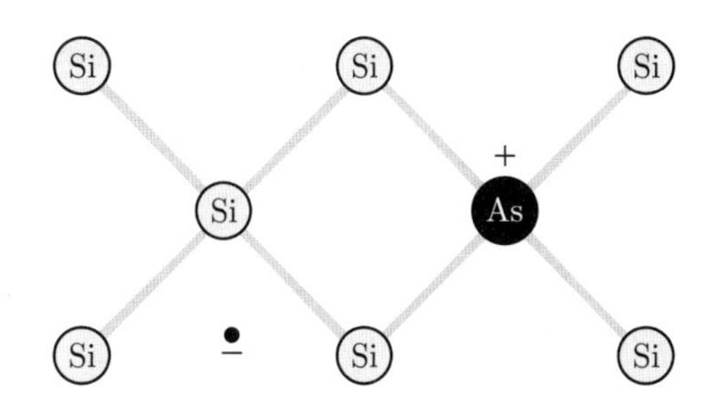

图7.7　硅里的砷杂质. 砷给出一个电子，留下固定不变的正电荷

电子在浅施主上的束缚能 (电离能)$E_{\mathrm{D}}^{\mathrm{b}}$ 是 (相对于导带边 E_{C} 给出的连续态)

$$E_{\mathrm{D}}^{\mathrm{b}}=\frac{m_{\mathrm{e}}^{*}}{m_0}\frac{1}{\epsilon_{\mathrm{r}}^{2}}\frac{m_0e^4}{2\left(4\pi\epsilon_0\hbar\right)^2} \tag{7.21}$$

文献 [576] 最早指出了 $1/\epsilon^2$ 的标度关系.

这个能级的绝对能量位置是 $E_{\mathrm{D}}=E_{\mathrm{C}}-E_{\mathrm{D}}^{\mathrm{b}}$. 式 (7.21) 右侧的第 1 个因子是有效质量和自由电子质量的比值, 通常是 1/10; 第 2 个因子通常是 1/100; 第 3 个因子是氢原子的电离能, 即里德伯能量 13.6 eV. 因此, 固体里的束缚能显著地缩小到大约 10^{-3}, 也就是 10 meV 的量级. 类氢原子谱的激发态也可以用实验研究 (9.8 节).

电子束缚在固定离子上, 它的波函数的扩展程度由玻尔半径给出:

$$a_{\mathrm{D}}=\frac{m_0}{m_{\mathrm{e}}^{*}}\epsilon_{\mathrm{r}}a_{\mathrm{B}} \tag{7.22}$$

其中, $a_{\mathrm{B}}=0.053$ nm 是氢原子的玻尔半径. 对于 GaAs, $a_{\mathrm{D}}=10.3$ nm. 对 InP 也确定了类似的值 [577]. 对于能带最小值非各向同性的半导体, 例如 Si, Ge 或 GaP, 文献 [578] 处理了具有质量 m_{l} 和 m_{t} 的“椭球形变的”氢原子问题.

满足式 (7.21) 的杂质称为有效质量杂质. 对于 GaAs, 有效质量的施主的束缚能是 5.715 meV, 有几种化学元素符合得很好 (表 7.3). 在 GaP 里, 实验数值显著地偏离了有效质量的施主 (59 meV). 对于硅, 考虑有效质量的各向异性张量, 有效质量施主的束缚能是 29 meV[578]. 一些实验观测值总结在表 7.2 里. 偏离有效质量理论是因为杂质原子附近的势改变了, 有效质量的形式失效了.

不同杂质的束缚能可以很类似. 可以用电子自旋共振 (ESR) 区分它们. 在低温下, 电子局域在杂质附近, 与原子核的超精细相互作用可以在 ESR 里分辨出来. 锗里的 As 和 P 的数据如图 7.8 所示. 多重态区分了原子核自旋 $I=3/2$(砷, ^{75}As) 和 $I=1/2$(磷, ^{31}P)[579].

施主通常是统计地 (随机地) 分布在固体里. 否则, 它们的分布就是“团簇化的”. 施主的浓度记为 N_{D}, 通常单位是 $1/\mathrm{cm}^3$.

表7.2　在元素半导体里，Li和V族施主的束缚能$E_{\mathrm{D}}^{\mathrm{b}}$

	Li	N	P	As	Sb
C		1700	≈500		
Si	33		45	49	39
Ge	9.3		12.0	12.7	9.6

碳的数据取自文献[580]. 单位都是meV.

表7.3　GaAs(数据取自文献[581])，GaP(数据取自文献[582])，GaN(低浓度极限，数据取自文献[583,584])的施主束缚能$E_{\mathrm{D}}^{\mathrm{b}}$

	V位		Ⅲ位	
GaAs	S	5.854	C	5.913
	Se	5.816	Si	5.801
	Te	5.786	Ge	5.937
GaP	O	897	Si	85
	S	107	Ge	204
	Se	105	Sn	72
	Te	93		
GaN	O	39	Si	22
			Ge	19

单位都是meV.

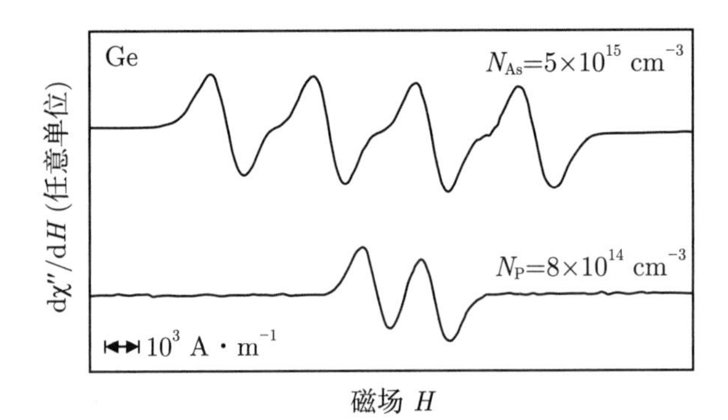

图7.8　锗里的As和P的电子自旋共振信号，磁场$\boldsymbol{H}$平行于[100]，温度$T\approx 1.3$ K. 改编自文献[579]

被一个电子占据的施主 (中性施主) 的浓度记为 N_{D}^{0}, 电离施主 (带正电荷) 的浓度是 N_{D}^{+}. 有些文献里的惯例是把浓度分别记为 N_1 和 N_0:

$$N_1 = N_{\mathrm{D}}^{0} = N_{\mathrm{D}} f_{\mathrm{e}}(E_{\mathrm{D}}) \tag{7.23a}$$

$$N_0 = N_{\mathrm{D}}^{+} = N_{\mathrm{D}} (1 - f_{\mathrm{e}}(E_{\mathrm{D}})) \tag{7.23b}$$

其中, $f_{\mathrm{e}}(E_{\mathrm{D}}) = [1 + \exp(E_{\mathrm{D}} - E_{\mathrm{F}})]^{-1}$. 这些量的和满足下述条件:

$$N_{\mathrm{D}} = N_{\mathrm{D}}^{+} + N_{\mathrm{D}}^{0} \tag{7.24}$$

这两种浓度的比值先由下式给出 (警告：这个公式以后会修改):

$$\frac{N_{\rm D}^0}{N_{\rm D}^+}=\frac{N_1}{N_0}=\frac{f}{1-f}=\exp\left(\frac{E_{\rm F}-E_{\rm D}}{kT}\right) \tag{7.25}$$

现在, 必须考虑态的简并度. 带有一个电子的施主具有二重简并度, $g_1=2$, 因为这个电子可以取自旋向上和向下的态. 电离的 (空的) 施主的简并度是 $g_0=1$. 此外, 这里假定施主不能带有第 2 个电子 (与 7.7.2 小节比较). 由于库仑相互作用, 可能的 $N_{\rm D}^-$ 态的能级位于导带里. 否则, 就会出现带多个电荷的中心. 我们也不考虑可能存在于带隙里的 $N_{\rm D}^0$ 激发态. 下面继续用 $\hat{g}_{\rm D}=g_1/g_0=2$, 就像文献 [585] 建议的那样. ① 注意, 施主 (以及受主, 见式 (7.38)) 简并度因子的定义与文献中的不一致, 如文献 [586] 总结的那样. 现在考虑简并度, 式 (7.25) 被修改为

$$\frac{N_{\rm D}^0}{N_{\rm D}^+}=\frac{N_1}{N_0}=\hat{g}_{\rm D}\exp\left(\frac{E_{\rm F}-E_{\rm D}}{kT}\right) \tag{7.26}$$

这可以用热力学来理解 (见 4.2.2 小节), 利用速率分析或者简单地取极限 $T\to\infty$.

施主被占据或者是空的概率分别是 f^1 和 f^0:

$$f^1=\frac{N_1}{N_{\rm D}}=\frac{1}{\hat{g}_{\rm D}^{-1}\exp\left(\frac{E_{\rm D}-E_{\rm F}}{kT}\right)+1} \tag{7.27a}$$

$$f^0=\frac{N_0}{N_{\rm D}}=\frac{1}{\hat{g}_{\rm D}\exp\left(-\frac{E_{\rm D}-E_{\rm F}}{kT}\right)+1} \tag{7.27b}$$

首先假定导带里没有来自价带的载流子 (没有本征电导). 在充分低的温度下, $N_{\rm D}\gg n_{\rm i}$, 就是这种情况. 导带里的电子数目就等于电离施主的数目:

$$n=f^0N_{\rm D}=N_0=\frac{N_{\rm D}}{1+\hat{g}_{\rm D}\exp\left(\frac{E_{\rm F}-E_{\rm D}}{kT}\right)}=\frac{1}{1+n/n_1}N_{\rm D}$$

其中, $n_1=(N_{\rm C}/\hat{g}_{\rm D})\exp(-E_{\rm D}^{\rm b}/(kT))$. 中性化条件是 (它的一般形式由式 (7.40) 给出)

$$-n+N_{\rm D}^+=-n+N_0=0 \tag{7.28}$$

因此, 需要求解方程 (n 由式 (7.10) 给出)

$$N_{\rm C}\exp\left(\frac{E_{\rm F}-E_{\rm C}}{kT}\right)-\frac{N_{\rm D}}{1+\hat{g}\exp\left(\frac{E_{\rm F}-E_{\rm D}}{kT}\right)}=0 \tag{7.29}$$

① 对于 Ge 和 Si 的施主简并度因子, 我们的处理与文献 [585] 对导带谷的简并度的处理不一致.

从而得到费米能级 (作为温度 T、掺杂能级 E_D 和掺杂浓度 N_D 的函数). ① 结果是

$$E_F = E_C - E_D^b + kT \ln \frac{\left[1 + 4\hat{g}_D \frac{N_D}{N_C} \exp\left(\frac{E_D^b}{kT}\right)\right]^{1/2} - 1}{2\hat{g}_D} \tag{7.30}$$

当 $T \to 0$ 时, 费米能级正如预期的那样, 位于被占据的态和未被占据的态的中间, 即 $E_F = E_C - E_D^b/2$ 处. 对于 Si 里的一个施主 (束缚能是 45 meV), 费米能级的位置如图 7.9(a) 所示. 对于更低的温度, 这个解可以近似为 (图 7.9(b) 里的虚线)

$$E_F \cong E_C - \frac{1}{2}E_D^b + \frac{1}{2}kT \ln \frac{N_D}{\hat{g}_D N_C} \tag{7.31}$$

文献 [587] 详细讨论了 n 型硅里载流子的冻结, 考虑了施主态的精细结构的影响. 注意, 硅里的施主束缚能相当大, 使得载流子在大约 40 K 时冻结, 因而限制了器件的低温性质. Ge 的施主电离能更小, 因此冻结温度更低, 为 20 K. 对于 n 型 GaAs, 电导率可以保持到更低的温度.

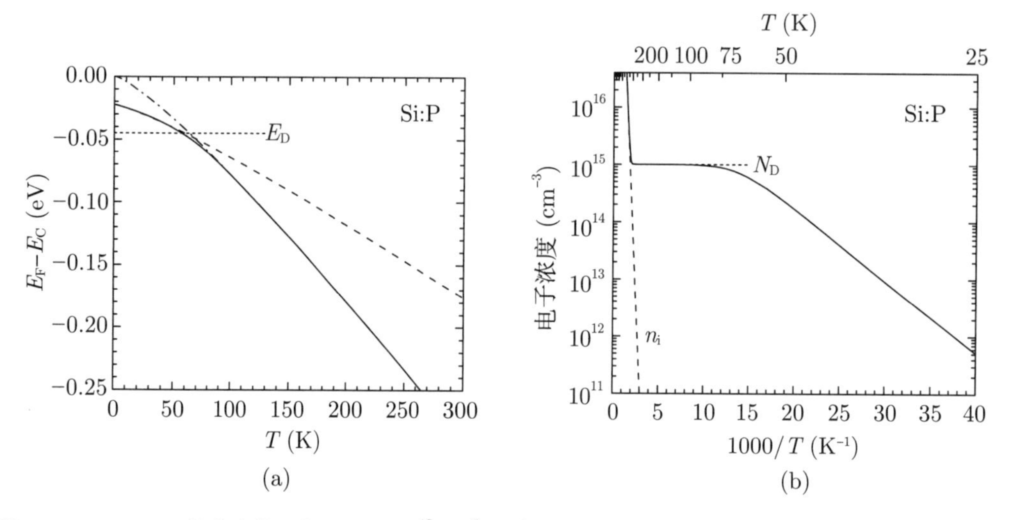

图7.9 (a) Si:P 里的费米能级位置(N_D=10^{15}/cm^3, E_D^b= 45 meV, 没有受主)随着温度的变化情况, 不考虑本征载流子. 能量零点是导带边E_C(依赖于温度, 表6.4)在低温(虚线, 式(7.31))和高温(点划线, 式(7.32))下的近似解. (b) 相应的导带电子浓度随着温度的变化情况

注意, 载流子的冻结涉及自由电子和电离施主的复合. 10.9 节考虑这个方面. 在微观上, 这个过程等价于发射一个 (远红外) 光子 [588,589]. 类似地, 施主释放一个电子是因为吸收了一个光子.

在更高的温度下, 当电子浓度饱和到 N_D 的时候, 近似解是 (图 7.9(a) 里的点划线)

$$E_F \cong E_C + kT \ln \frac{N_D}{N_C} \tag{7.32}$$

① 与往常一样, 费米能级由整体的电中性来确定, 参见 4.2.2 小节.

电子浓度 n 是 (仍然是玻尔兹曼近似)

$$n = N_{\mathrm{C}} \exp\left(-\frac{E_{\mathrm{D}}^{\mathrm{b}}}{kT}\right) \frac{\left[1+4\hat{g}_{\mathrm{D}} \frac{N_{\mathrm{D}}}{N_{\mathrm{C}}} \exp\left(\frac{E_{\mathrm{D}}^{\mathrm{b}}}{kT}\right)\right]^{1/2} - 1}{2\hat{g}_{\mathrm{D}}}$$

$$= \frac{2N_{\mathrm{D}}}{1+\left[1+4\hat{g}_{\mathrm{D}} \frac{N_{\mathrm{D}}}{N_{\mathrm{C}}} \exp\left(\frac{E_{\mathrm{D}}^{\mathrm{b}}}{kT}\right)\right]^{1/2}} \tag{7.33}$$

理论的电子浓度随着温度的变化情况如图 7.9(b) 所示. 它与砷掺杂锗的实验数据符合得很好 [594], 如图 7.10 所示 (阿伦纽斯曲线, $\ln n$ 和 $1/T$ 的关系).

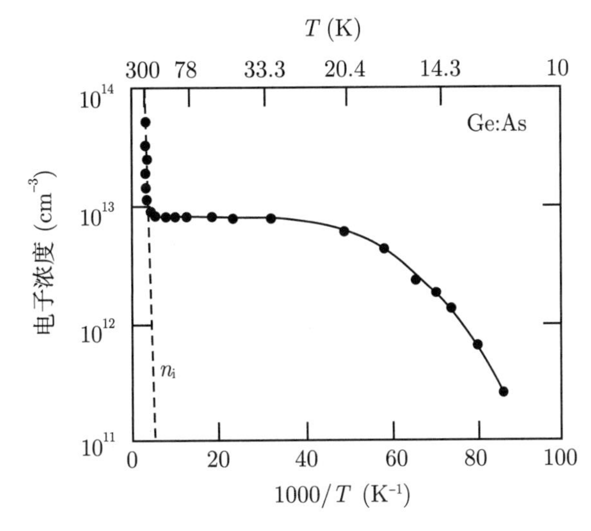

图7.10 对于Ge:As样品, 掺杂浓度$N_{\mathrm{D}}\approx10^{13}/\mathrm{cm}^3$, 电子浓度与温度的关系. 实线是用施主束缚能12.7 meV拟合数据得到的结果. 改编自文献[594]

对于更低的温度, 解 (7.33) 接近于

$$n \cong \sqrt{\frac{N_{\mathrm{D}} N_{\mathrm{C}}}{\hat{g}_{\mathrm{D}}}} \exp\left(-\frac{E_{\mathrm{D}}^{\mathrm{b}}}{2kT}\right) = \sqrt{n_1 N_{\mathrm{D}}} \tag{7.34}$$

在高温下, $n \cong N_{\mathrm{D}}$. 这个区域称为耗尽区或者饱和区, 因为所有可能的电子都从施主那里电离出来了. 注意, 即使在这种情况下, $np = n_{\mathrm{i}} p_{\mathrm{i}}$ 仍然成立, 但是 $n \gg p$.

电子从施主那里电离出来的典型能量是 $E_{\mathrm{D}}^{\mathrm{b}}$, 在足够高的温度下, 电子也可以从价带直接转移到导带. 因此, 为了让上述考虑对所有温度都成立, 还必须考虑本征电导. 中性条件是 (仍然没有任何受主)

$$-n + p + N_{\mathrm{D}}^{+} = 0 \tag{7.35}$$

利用式 (7.10) 和 $p=n_i^2/n$, 方程化为

$$N_C \exp\left(\frac{E_F-E_C}{kT}\right)-\frac{n_i^2}{N_C \exp\left(\frac{E_F-F_C}{kT}\right)}-\frac{N_D}{1+\hat{g}_D \exp\left(\frac{E_F-F_D}{kT}\right)}=0 \tag{7.36}$$

此方程有解析解, 但是很复杂① . 费米能级的温度依赖关系如图 7.11 所示.

有三个重要的区域：在高温的本征电导区, $n_i \gg N_D$; 在中间温度的耗尽区, $n_i \ll N_D$ 和 $kT > E_D$; 最后是低温下的冻结区, $kT \ll E_D$, 电子都束缚在施主上. 这三个区可以在图 7.10(施主, n-Ge) 和图 7.15(受主, p-Ge) 的实验数据里看到.

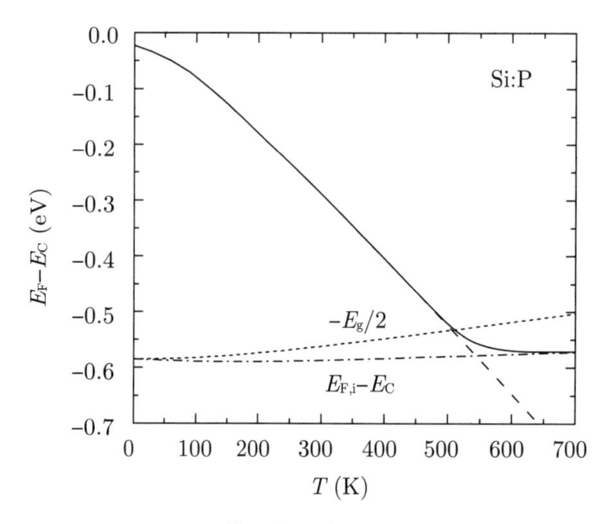

图7.11　Si:P 里的费米能级位置($N_D=10^{15}/cm^3$，E_D^b= 45 meV，没有施主)随着温度的变化情况.已经考虑了带隙的温度依赖关系(由表6.4给出). 对于所有温度，能量零点指的是导带边.虚点线给出了$E_g/2$. 虚线(点划线)给出了低温(高温)极限，分别由式(7.31)和(7.18)给出. 图7.9(b)给出了对应的电子浓度随温度的变化情况

图 7.12 里的曲线与图 7.11 类似. 随着温度的升高, 费米能级从带边附近移动到能带中间. 当掺杂更高的时候, 移动开始的温度也更高.

可以用扫描隧道显微镜 (STM) 直接看单个施主的电子态, Si:P 的情况如图 7.13 所示. 在小的负偏压下, 隧穿发生, 通过带电荷的杂质, 后者位于前三个原子单层里. 在大的负偏压下, 来自被填充的价带的贡献很大, 掩盖了施主的效应. 然而, 这张图表明, 掺杂杂质原子的对比度 (contrast) 不是来自表面的缺陷或者吸附的原子.

① 见本书第 3 版.

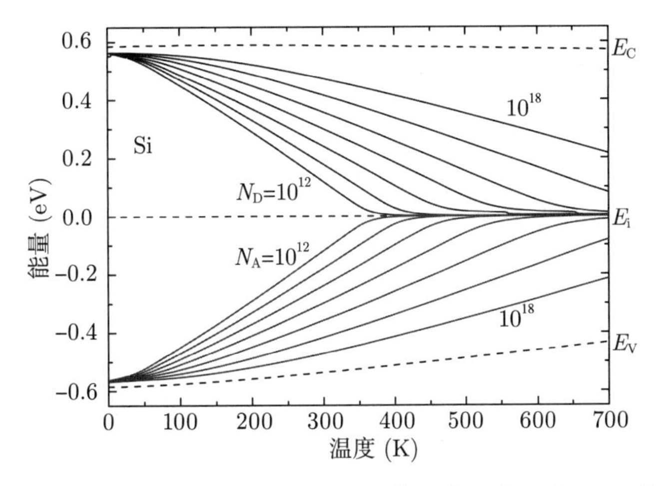

图7.12　对于不同的n型(上图)和p型(下图)掺杂浓度($10^{12}/cm^3$, $10^{13}/cm^3$, ⋯, $10^{18}/cm^3$), 硅里的费米能级随温度的变化情况, 选择本征费米能级为能量零点. (依赖于温度的)导带边和价带边用虚线显示

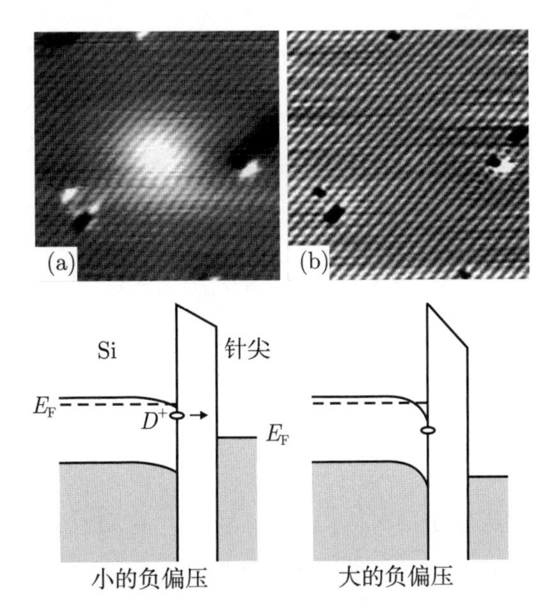

图7.13　Si (001)表面下的一个P原子的被占据态的像, 隧穿电流为110 pA. 掺杂浓度是$5\times10^{17}/cm^3$. Si:P和针尖之间的样品偏压是(a) −0.6 V, (b) −1.5 V. 图像尺寸为22×22 nm^2. 经允许转载自文献[595], ©2004 APS. 下方: 两种偏压情况的能带示意图

7.5.2　受主

Si 里的Ⅲ族原子缺一个电子给四面体的键. 它从电子气 (在价带里) “借” 一个电子, 因此在价带里留下了一个缺失的电子 (称为空穴)(图 7.14). 能级在带隙里, 靠近价

带边. 刚才的考虑用的是电子的图像. 在空穴的图像里, 受主离子有一个空穴, 这个空穴 (在足够高的温度下) 电离到价带里. 在电离以后, 受主带负电荷. 这个系统也有类似玻尔的情况, 但是因为价带的简并度和翘曲 (warping), 比施主的情况更复杂.

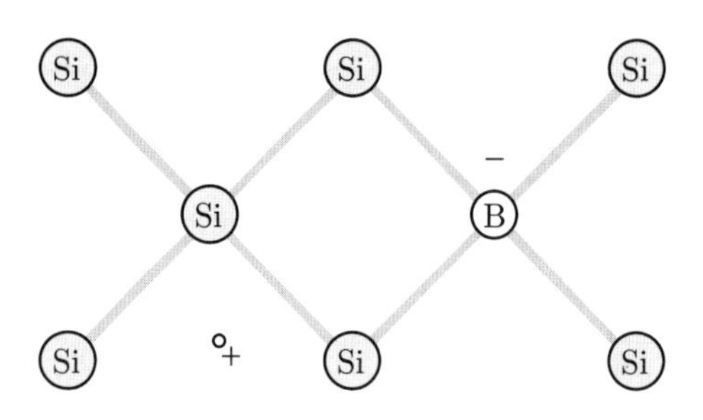

图7.14　硅里的硼杂质. 硼接受一个电子, 留下来固定的负电荷

表 7.4 给出了Ⅲ族原子在 C, Ge 和 Si 中作为受主的束缚能 E_A^b. 绝对的受主能量是 $E_A = E_V + E_A^b$. 表 7.5 给出了 GaAs, GaP 和 GaN 里的受主的束缚能. 虽然在 GaAs 里, 一些受主接近于有效质量的数值 27 meV, 但是在 GaP 里, 与有效质量值 (≈ 50 meV) 的偏离是很大的.

表7.4　在元素半导体里, Ⅲ族施主的束缚能E_A^b

	B	Al	Ga	In
C	369			
Si	45	57	65	16
Ge	10.4	10.2	10.8	11.2

金刚石的数据取自文献[596, 597]. 单位都是meV.

当电导率取决于空穴或电子的时候, 材料分别称为 p 型或 n 型. 注意, 一些金属也表现出空穴电导 (例如 Al). 但是, 金属的导电类型是固定的, 而相同的半导体经过适当的掺杂, 可以做成 n 型或 p 型.

受主的浓度记为 N_A. 中性受主的浓度是 N_A^0, 荷电受主的浓度是 N_A^-. 当然,

$$N_A = N_A^0 + N_A^- \tag{7.37}$$

(单个) 填充的和空的受主能级的简并度的比值是 $\hat{g}_A$. 在 Ge 里, $\hat{g}_A = 4$, 因为局域化的空穴波函数可以用 4 个布洛赫波函数 (重空穴和轻空穴) 在 EMA 里形成[600]. 在 Si 里, 劈裂能量很小 (表 6.6), $\hat{g}_A = 6$(根据文献 [601]). 对于双重电离的受主, 例如, Si 和 Ge 里的 Zn (见 7.7.3 小节), 在 Ge 里更浅的能级 ($Zn^- \to Zn^0$) 具有 $\hat{g}_A = 6/4 = 1.5$[601]. 关

表7.5　在GaAs，GaP和GaN里，受主的束缚能$E_{\mathrm{A}}^{\mathrm{b}}$(低浓度数值，数据取自文献[598,599])

	V位		Ⅲ位	
GaAs	C	27	Be	28
	Si	34.8	Mg	28.8
	Ge	40.4	Zn	30.7
	Sn	167	Cd	34.7
GaP	C	54	Be	57
	Si	210	Mg	60
	Ge	265	Zn	70
			Cd	102
GaN	C	230	Mg	220
	Si	224	Zn	340
			Cd	550

单位都是meV.

于多重荷电受主的简并度因子的更一般性的讨论, 参阅文献 [585, 602]. 类似于对电子和施主的考虑, 我们有

$$\frac{N_{\mathrm{A}}^{0}}{N_{\mathrm{A}}^{-}}=\hat{g}_{\mathrm{A}}\exp\left(-\frac{E_{\mathrm{F}}-E_{\mathrm{A}}}{kT}\right) \tag{7.38}$$

受主能级的占据情况是

$$N_{\mathrm{A}}^{-}=\frac{N_{\mathrm{A}}}{1+\hat{g}_{\mathrm{A}}\exp\left(-\frac{E_{\mathrm{F}}-E_{\mathrm{A}}}{kT}\right)} \tag{7.39}$$

费米能级的位置和空穴浓度的公式类似于电子和施主的情况, 这里就不显式地给出了. 与图 7.11(b) 的类比是关于 p 掺杂的 Ge 的数据 [603,604], 如图 7.15 所示. 受主的激发能是 11 meV, 可能是来自不同的杂质 (参见表 7.4). 不同的杂质 (B, Al, Ga) 可以用光热电离谱区分 [604](与 9.8 节比较).

图 7.12 给出了 p 型硅的费米能级的温度依赖关系. 随着温度的升高, 费米能级从价带边 (当 $T=0$ 时, $E_{\mathrm{F}}=E_{\mathrm{V}}+E_{\mathrm{A}}^{\mathrm{b}}/2$) 移动到带隙的中间 (本征的费米能级).

利用扫描隧道显微镜, 也可以看受主那里的波函数 [605]. 文献 [606] 报道了 GaAs 里荷电的和中性的 Mn 的图像 (图 7.16(b)). 隧穿的 I-V 特性如图 7.16(a) 所示. 在负偏压下, 受主被电离, 因 A^{-} 离子的库仑势对价带态的影响, 表现出球形对称性. 在中等大小的正偏压下, 隧穿穿过中性态. 因为 d 波函数的混合, A^{0} 的波函数看起来像领结 [607]. Mn 原子被认为处于表面以下第三层原子层. 在更大的正偏压下, 来自掺杂原子的对比度消失了, 因为主导图像的是从针尖到空的导带态的大的隧穿电流.

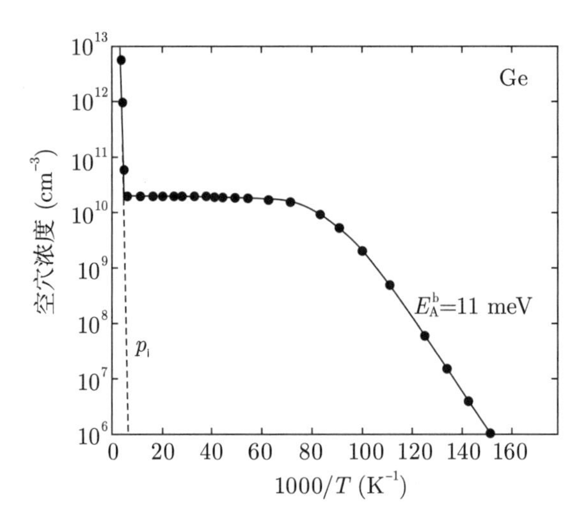

图7.15　p型锗的载流子浓度随着温度的变化情况. 浅能级的净浓度是$2\times10^{10}/cm^3$. 实线是对数据的拟合, 虚线指出了本征空穴浓度p_i. 改编自文献[604]

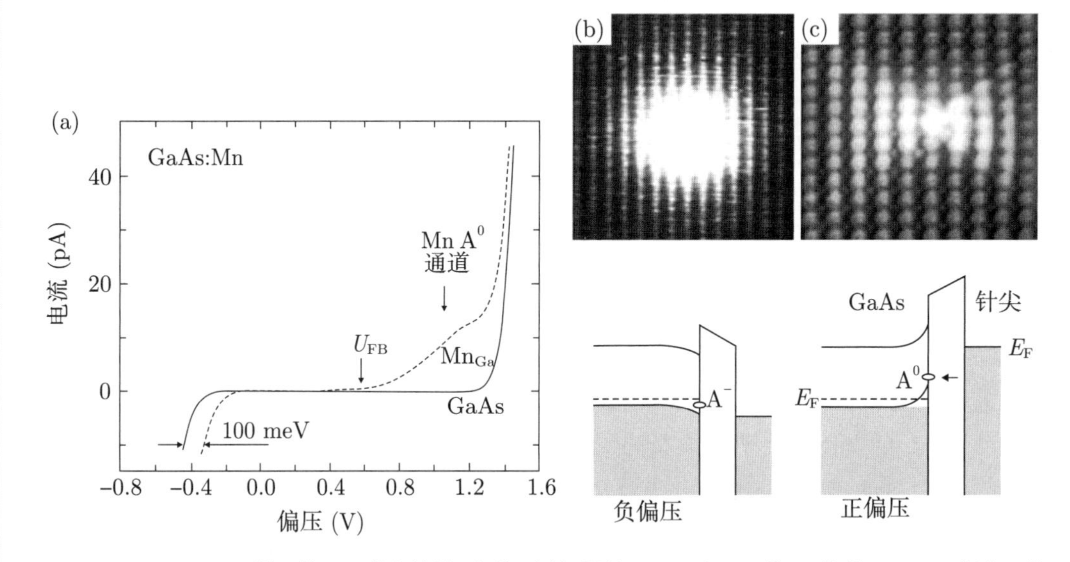

图7.16　(a) GaAs:Mn样品的I-V隧穿特性. 实线(虚线)是纯GaAs(表面下的Ga位的Mn). U_{FB}指出了模拟的平带电压. 改编自文献[606]. (b,c) GaAs(110)表面下的一个Mn原子的STM像. 掺杂浓度是$3\times10^{18}/cm^3$. (b) 样品偏压为−0.7 V, (c) 样品偏压为+0.6 V. 像的下面是GaAs:Mn 和针尖的能带结构示意图. 像的大小是(b) 8×8 nm^2, (c) 5.6×5 nm^2. 经允许转载自文献[607], ©2004APS

7.5.3　补偿

当施主和受主同时存在时, 一些杂质会彼此补偿. 来自施主的电子可以和受主上的空穴复合. 根据定量的情况, 半导体可以是 n 型的或 p 型的. 这种情况可能是因为用施主或受主的有意掺杂, 也可能是因为 p 掺杂 (n 掺杂) 材料中无意的施主 (受主) 背景. 对子的形成也已经有了描述, 表现为一种新的缺陷能级, 与单个的施主或受主都不一样, 例如, 硅里的 Se 和 B[308].

电荷中性的条件是 (终于是最一般的形式了)

$$-n+p-N_A^-+N_D^+=0 \tag{7.40}$$

现在讨论存在施主和受主的情况, 但是限制在足够低的温度 (或者是宽带隙), 可以忽略本征载流子浓度. 这里假设玻尔兹曼统计, 并且 $N_D>N_A$. 一个很好的近似就是使用 $N_A^-=N_A$, 因为有足够多的电子来自施主, 与所有的受主复合 (从而补偿). 在关于温度的给定假设下, $p=0$, 这个材料是 n 型的. 因此, 为了确定费米能级的位置, 电荷中性的条件

$$n+N_A-N_D^+=0 \tag{7.41}$$

必须求解 (与式 (7.29) 比较):

$$N_C\exp\left(\frac{E_F-E_C}{kT}\right)+N_A-\frac{N_D}{1+\hat{g}\exp\left(\dfrac{E_F-E_D}{kT}\right)}=0 \tag{7.42}$$

重写式 (7.41) 并利用式 (7.26), 我们发现, $N_D-N_A-n=N_D^0=N_D^+\hat{g}_D\exp\left(\dfrac{E_F-E_D}{kT}\right)$. 再利用式 (7.41) 以及式 (7.10), 把式 (7.42) 重写为

$$\frac{n\,(n+N_A)}{N_D-N_A-n}=\frac{N_C}{\hat{g}_D}\exp\left(-\frac{E_D^b}{kT}\right) \tag{7.43}$$

这是文献 [608] 给出的形式. 类似地, 对于补偿的 p 型材料, 有

$$\frac{p\,(p+N_D)}{N_A-N_D-p}=\frac{N_V}{\hat{g}_A}\exp\left(-\frac{E_A^b}{kT}\right) \tag{7.44}$$

式 (7.42) 的解是

$$E_F=E_C-E_D^b+kT\ln\frac{\left[\alpha^2+4\hat{g}_D\dfrac{N_D-N_A}{N_C}\exp\left(\dfrac{E_D^b}{kT}\right)\right]^{1/2}-\alpha}{2\hat{g}_D} \tag{7.45}$$

其中,

$$\alpha=1+\hat{g}_D\frac{N_A}{N_C}\exp\left(\frac{E_D^b}{kT}\right)=1+\frac{N_A}{\beta} \tag{7.46a}$$

$$\beta=\frac{N_C}{\hat{g}_D}\exp\left(-\frac{E_D^b}{kT}\right) \tag{7.46b}$$

载流子浓度可以由式 (7.43) 得到:

$$2n = \sqrt{(N_A - \beta)^2 + 4N_D\beta} - (N_A + \beta) \tag{7.47}$$

对于 $N_A = 0$, 我们有 $\alpha = 1$, 并再次得到了式 (7.30), 符合预期. 对于 $T = 0$, 费米能量位于 $E_F = E_D$, 因为施主能级被部分占据 ($N_D^0 = N_D - N_A$). 在低温下, 费米能级近似为

$$E_F \cong E_C - E_D^b + kT \ln \frac{N_D/N_A - 1}{\hat{g}_D} \tag{7.48}$$

在低温下, 对应的载流子浓度是

$$n = \frac{N_C}{\hat{g}_D} \exp\left(-\frac{E_D^b}{kT}\right)\left(\frac{N_D}{N_A} - 1\right) \tag{7.49}$$

在更高的温度下, 式 (7.34) 对于 $n > N_A$ 近似地成立; 斜率现在是 $E_D^b/2$, 就像没有补偿的情况 (图 7.17(b)). 对于温度足够高的耗尽区 (但仍然有 $n_i < n$), 电子浓度是

$$n \cong N_D - N_A \tag{7.50}$$

在更高的温度下, 电子的浓度将取决于本征载流子浓度, 只有在这种情况下, $p \neq 0$!

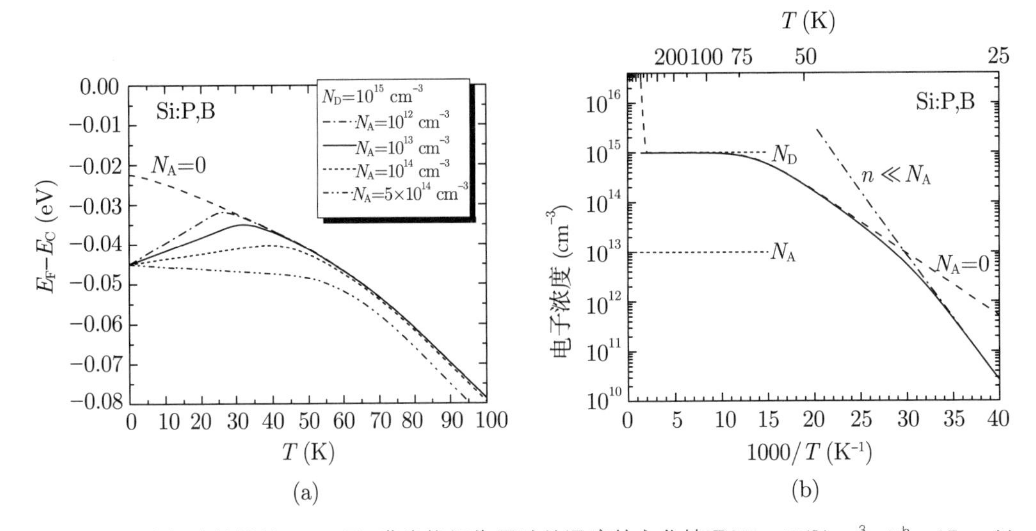

图7.17 (a) 在部分补偿的Si:P,B里, 费米能级位置随着温度的变化情况($N_D=10^{15}/cm^3$, E_D^b= 45 meV, E_A^b=45 meV, 实线: $N_A=10^{13}/cm^3$, 虚线: N_A=0, 点划线: $N_A=10^{12}/cm^3$, 短虚线: $N_A=10^{14}/cm^3$, 双点划线: $N_A=5\times10^{14}/cm^3$). (b) 对于$N_A=10^{13}/cm^3$, 对应的电子浓度随着温度的变化情况(忽略本征载流子), 虚线是N_A= 0(根据式(7.34)), 点划线是$n \ll N_A$的近似(式(7.49))

一个实验的例子如图 7.18 所示, 为部分补偿的 p 型 Si(其中 $N_D \ll N_A$). 在 $p \approx N_D$ 附近, 斜率的变化显而易见.

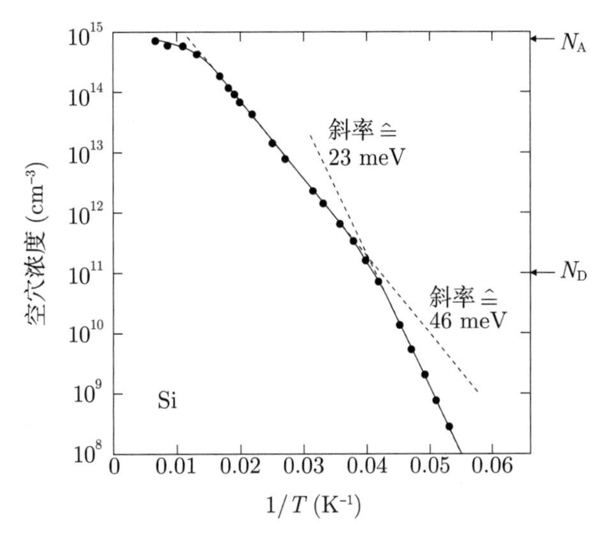

图7.18 p型硅里的空穴浓度(N_A=7.4×10^{14}/cm^3, E_A^b= 46 meV(很可能是硼), 用N_D=1.0×10^{11}/cm^{3}部分补偿了). 改编自文献[609]

如果向 p 型半导体里添加施主杂质, 半导体先是保持 p 型导电 (只要 $N_D \ll N_A$). 如果施主的浓度大于受主的浓度, 导电类型就从 p 型转变为 n 型. 如果杂质在室温下是耗尽的, 那么当 $N_D = N_A$ 时, 达到最低的载流子浓度. 对掺杂不同浓度 Si 的 p 型的 $In_xGa_{1-x}As_{1-y}N_y$, 图像如图 7.19 所示. 在高浓度 Si 时, 电荷载流子的数目因自补偿 (见 7.5.5 小节) 和 Si 析出物的形成而饱和. 因为施主和受主的电离能通常不一样, 所以对于 $N_D \approx N_A$ 的情况, 通常需要仔细地研究, 而且依赖于温度.

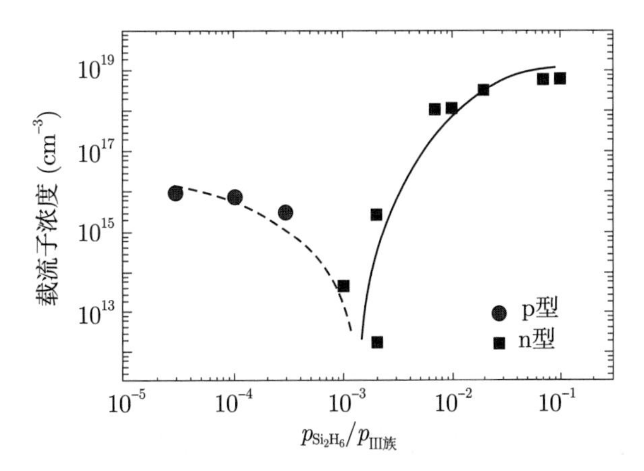

图7.19 半导体的载流子浓度和导电类型(红色圆点: p型, 蓝色方块: n型), 样品是在GaAs (001)衬底上MOVPE生长的$In_xGa_{1-x}As_{1-y}N_y$层(厚度≈1 μm, x≈5%, y≈1.6%), 掺杂了不同浓度的Si. 纵轴是进入MOVPE反应器里的气体中的乙硅烷和III族前驱物(TMIn和TMGa)的分压比值. 线条用于引导视线. 实验数据取自文献[610]

7.5.4 多杂质

如果有不止一种施主存在, 可以推广式 (7.42), 例如, 对于两种施主 D_1 和 D_2 且有补偿受主存在的情况, 有

$$n+N_{\mathrm{A}}-\frac{N_{\mathrm{D1}}}{1+\hat{g}_1\exp\left(\dfrac{E_{\mathrm{F}}-E_{\mathrm{D1}}}{kT}\right)}-\frac{N_{\mathrm{D2}}}{1+\hat{g}_2\exp\left(\dfrac{E_{\mathrm{F}}-F_{\mathrm{D2}}}{kT}\right)}=0 \tag{7.51}$$

文献 [611] 处理了这种情况. 可以得到简单的高温和低温近似, 激发能更大或更小的陷阱分别起主导作用. 对于多个受主 (和补偿施主) 的情况, 可以类似处理. 就像文献 [612] 详述的那样, 函数 $\mathrm{d}n/\mathrm{d}E_{\mathrm{F}}$ 在施主能级处有一个最大值; 由根据霍尔效应测量得到的 $n(T)$(图 7.20), 可以看到几个施主的贡献 (束缚能的差别足够大).

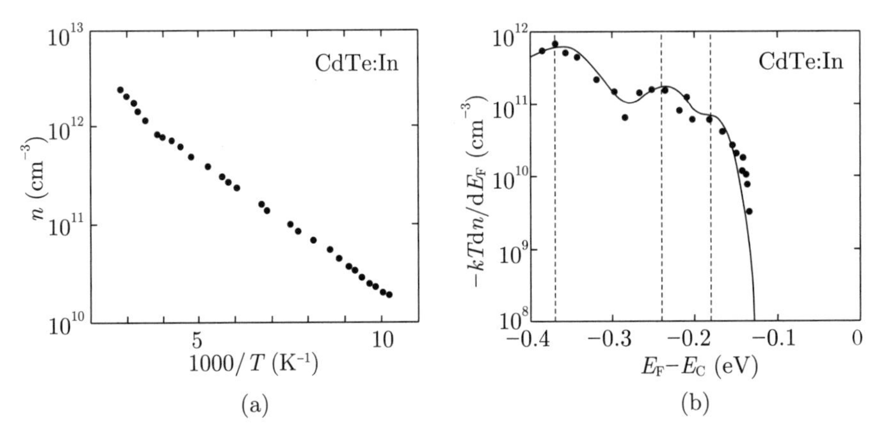

图7.20 (a) In掺杂的CdTe样品的电子浓度和温度的关系, 由霍尔效应确定. (b) $-kT\mathrm{d}n/\mathrm{d}E_{\mathrm{F}}$, 由霍尔实验数据(圆点)得到. 实线是三种施主的理论结果($E_{\mathrm{D1}}=E_{\mathrm{C}}-0.37$ eV, $N_{\mathrm{D1}}=2.5\times10^{12}/\mathrm{cm}^3$; $E_{\mathrm{D2}}=E_{\mathrm{C}}-0.24$ eV, $N_{\mathrm{D2}}=7.0\times10^{11}/\mathrm{cm}^3$; $E_{\mathrm{D3}}=E_{\mathrm{C}}-0.18$ eV, $N_{\mathrm{D3}}=2.5\times10^{11}/\mathrm{cm}^3$), 它们的能量位置由虚线标出. 改编自文献[612]

7.5.5 两性的杂质

如果杂质原子既可以作为施主, 也可以作为受主, 则它们就是“两性的” (amphoteric). 如果杂质在带隙里有几个能级 (例如, Au 在 Ge 或 Si 里), 就可以出现这种情况. 此时, 杂质的性质依赖于费米能级的位置. 另一种可能是进入不同的格点位置. 例如, 碳在 GaAs 里, 如果落在 Ga 位上, 就是施主; 如果落在 As 位上, 就是受主.

因此, 晶体生长动理学可以决定导电的类型. 利用 MOVPE 在不同的生长条件下生长的 GaAs, 碳背景导致的导电率如图 7.21 所示. 在高 (低) 的砷分压下, 碳位于 As 位

的可能性更小 (更大), 因此是 n 型 (p 型) 导电. 在不同表面的生长, 也可能导致不同的杂质落位, 例如, 在 (001) GaAs 上是 n 型, 在 (311)A GaAs 上是 p 型, 因为后者是 Ga 稳定的.

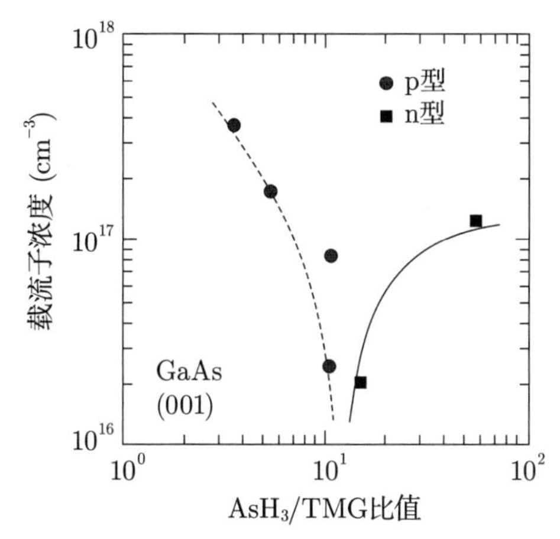

图7.21　AsH_3和三甲基镓(TMG)的不同分压比值的GaAs的背景掺杂. 导电类型(蓝色方块: n型, 红色圆点: p型)取决于CH_3自由基进入Ga位还是As位. 线条用于引导视线. 实验数据取自文献[613]

在杂质核心处的电荷密度可以通过穆斯堡尔谱的同位素位移来研究确定 [614,615]. 同位素 ^{119}Sn 在Ⅲ-Ⅴ化合物里的落位可以控制在阳离子上作为施主, 或者在阴离子上作为受主. 在Ⅲ族和Ⅴ族的位置上分别引入 ^{119}In 或 ^{119}Sb, 它们不用离开自己的格点位置, 就能衰变为 ^{119}Sn, 从而做到这一点. ^{119}Sn 在各种Ⅲ-Ⅴ化合物中的同位素位移如图 7.22 所示. 从这些数据得到的结论是 [615], 正电荷的锡离子形成了施主, 转移到它的

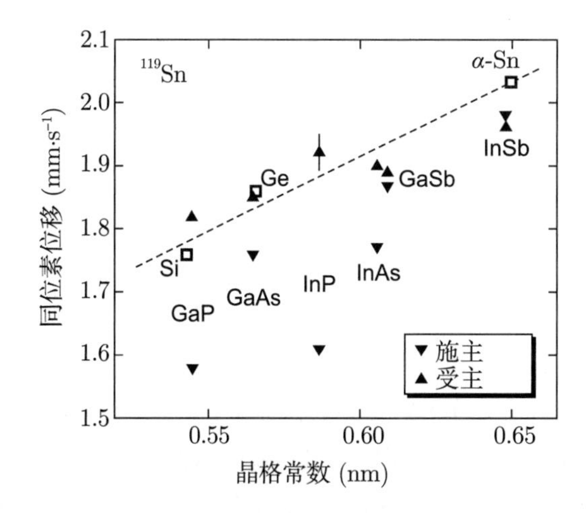

图7.22　在Ⅳ族半导体和Ⅲ-Ⅴ化合物半导体中, ^{119}Sn的原子核同位素位移(相对于$CaSnO_3$). 虚线是等电子替代的趋势. 实验数据取自文献[615]

近邻 (Ⅴ族) 原子的电子电荷是很小的. 当锡作为受主时, 对于现在的条件 (一个电离的(带负电荷的) 受主), 同位素位移紧跟着Ⅳ族半导体里的替代趋势. 因此, 4 个电子构成四面体的键, 额外的电子是局域的, 位于 (带正电荷的) Ⅲ族近邻上, 而不是在杂质里. 与点电荷库仑分布的差别称为中心单元修正 (central-cell correction).

与理想化学配比的偏差引入了有电学活性的点缺陷, 改变了导电类型和载流子浓度. 在 $CuInSe_2$ 的情况下, 多余的 Cu 可以进到间隙位, 或者增加 Se 空位, 两者都导致 n 型的行为. 这种材料对偏离理想化学配比特别敏感, 无论是 Cu/In 比 (图 7.23) 还是 Se 缺失 [616].

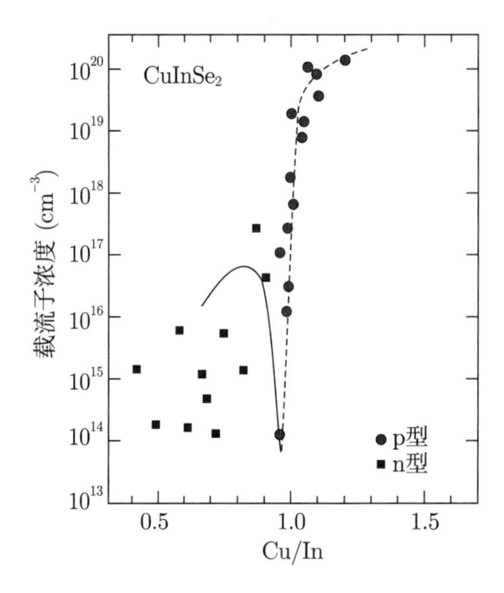

图7.23　在$CuInSe_2$薄膜里, 载流子浓度和导电类型(蓝色方块: n型, 红色圆点: p型)随着化学配比的变化情况. 线条用于引导视线. 实验数据取自文献[616]

7.5.6　自动掺杂

如果本征缺陷 (例如空位或间隙, 可能是非化学配比的结果) 或者反位缺陷导致了与电导有关的电子能级, 这就是自动掺杂 (autodoping). 一个例子是 A-B 反位在 AB_2O_4 尖晶石结构里 (3.4.7 小节) 的作用. 在完美的晶体里, A(B) 原子占据了四面体(八面体) 位置. 典型的电荷是 A^{2+} 和 B^{3+}. 因此 (没有电荷传输时) 位于八面体位的 A 原子 (A_{Oh}) 就像一个施主, 位于四面体位置的 B 原子 B_{Td} 就像一个受主. 这些缺陷已经做了分类 [617], 能够产生补偿的、半绝缘的、n 型或 p 型的材料, 取决于 A_B 和 B_A 缺陷的形成能和电子能级在带隙里的位置 (图 7.24). p 型尖晶石结构氧化物的一个例子

是 $ZnCo_2O_4$[618].

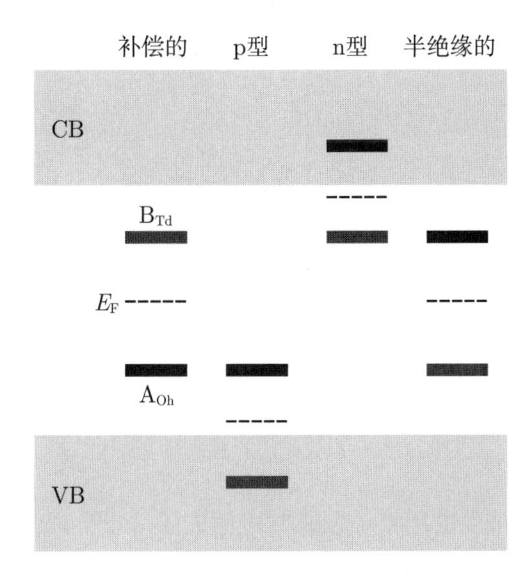

图7.24　在AB_2O_4尖晶石结构里，A_B(蓝色，0/−跃迁能级)和B_A(红色，+/0跃迁能级)缺陷的电子能级位置和由此导致的材料性质(补偿的、n型、p型或者半绝缘). 根据文献[617]

7.5.7　高掺杂

对于低掺杂浓度, 可以认为杂质原子是脱耦的. 在低温下, 从一个杂质到下一个杂质的跳跃只能是由于热发射或隧穿, 半导体变成了绝缘体.

随着浓度的增大, 杂质之间的距离减小, 它们的波函数可以重叠. 这样就形成了杂质带 (图 7.25). 杂质原子的周期性安置可以导致定义得很好的带边, 就像克罗尼格-彭尼模型那样. 因为杂质原子是随机分布的, 所以带边表现出带尾. 对于高掺杂的情况, 杂质带和导带重叠. 在补偿的情况下, 杂质带没有被完全填充, 包含了 (一种新型的) 空穴. 在这种情况下, 即使在低温下, 电导也可以在杂质带里发生, 使得半导体成为金属. 莫特讨论了这种金属-绝缘体相变 [619]. 高掺杂半导体的例子有透明导电氧化物 (第 20 章)、欧姆接触的接触层 (21.2.6 小节) 或隧穿二极管的工作层 (21.5.9 小节). 文献 [620] 详细处理了高掺杂半导体的物理、性质和制备.

杂质带的形成降低了杂质的电离能, 这可以从式 (7.21) 看出来. n 型 Ge 的结果如图 7.26(a) 所示 [594], p 型 ZnTe 的结果如图 7.26(b) 所示 [621]. 在临界掺杂浓度 $N_c = 1.5 \times 10^{17}/\mathrm{cm}^3$ 下, 载流子浓度的激发能为零. 在 Si[622] 和 GaAs[623] 里, 已经观测

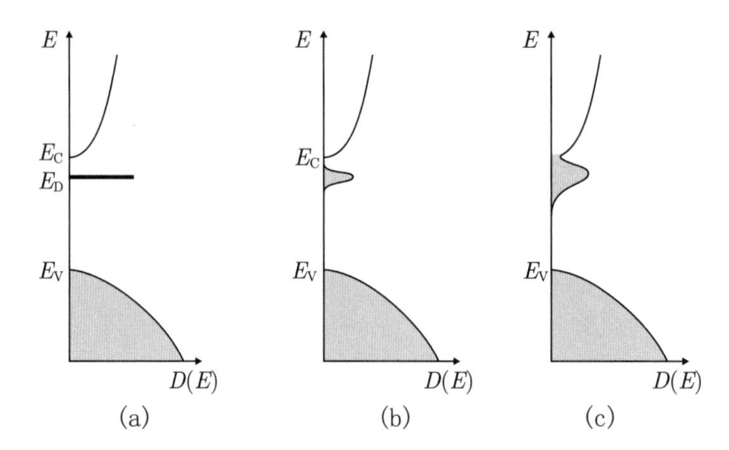

图7.25 (施主)杂质带形成的原理. (a) 掺杂浓度低，尖锐的杂质态处于E_D; (b) 增加掺杂，出现杂质带; (c) 杂质带进一步变宽，最终在高掺杂浓度下与导带重叠. 阴影区是温度为T=0 K时的占据态

到类似的效应. 载流子浓度的冻结 (见图 7.9) 消失了, 如图 7.27 所示. 表 7.6 列出了临界掺杂浓度. (施主或受主) 电离能 E^{b} 的减小服从下述依赖关系 [594,622]:

$$E^{\mathrm{b}} = E_0^{\mathrm{b}} - \alpha N_{\mathrm{i}}^{1/3} = E_0^{\mathrm{b}} \left[1 - \left(\frac{N_{\mathrm{i}}}{N_{\mathrm{c}}} \right)^{1/3} \right] \tag{7.52}$$

其中, N_{i} 是电离杂质的浓度. 更精细的理论 [624] 考虑了屏蔽效应、导带的移动和带尾以及最重要的施主能级的展宽.

表7.6 几种半导体的临界掺杂浓度(在室温下)

材料	类型	$N_{\mathrm{c}}\,(\mathrm{cm}^{-3})$	文献
C:B	p	2×10^{20}	[597]
Ge:As	n	1.5×10^{17}	[594]
Si:P	n	1.3×10^{18}	[622]
Si:B	p	6.2×10^{18}	[622]
GaAs	n	1.0×10^{16}	[623]
GaP:Si	n	6×10^{19}	[625]
GaP:Zn	p	2×10^{19}	[626]
GaN:Si	n	2×10^{18}	[627]
GaN:Mg	p	4×10^{20}	[598]
$Al_{0.23}Ga_{0.77}N$:Si	n	3.5×10^{18}	[628]
ZnTe:Li	p	4×10^{18}	[621]
ZnTe:P	p	6×10^{18}	[621]
ZnO:Al	n	8×10^{18}	[629]

当杂质的距离与它们的玻尔半径 (式 (7.20)) 相仿时, 临界浓度可以用莫特判据来估计:

$$2a_{\mathrm{D}} = \frac{3}{2\pi} N_{\mathrm{c}}^{1/3} \tag{7.53}$$

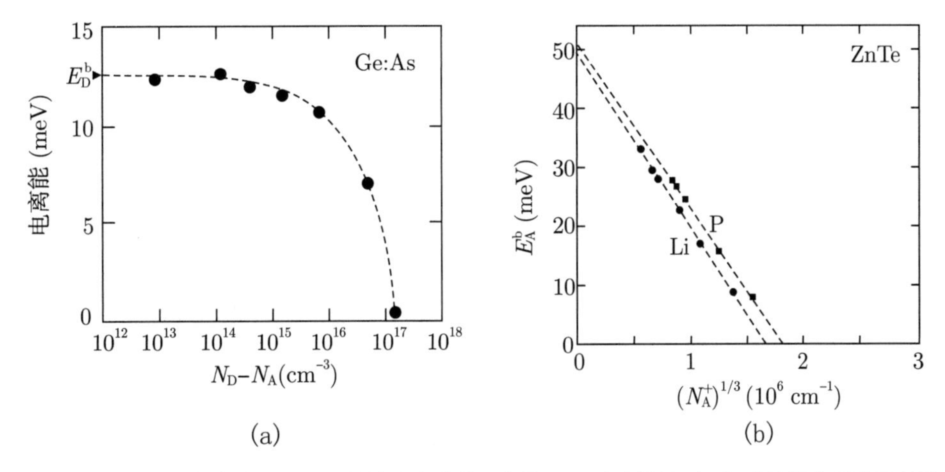

图7.26　(a) 不同掺杂浓度的n型Ge里的施主电离能. 虚线用于引导视线. 标有E_D^b的箭头指出了低浓度极限(参见表7.2). 实验数据取自文献[594]. (b) ZnTe:Li 和ZnTe:P 里的受主电离能作为电离受主浓度的三次方根的函数. 数据取自文献[621]

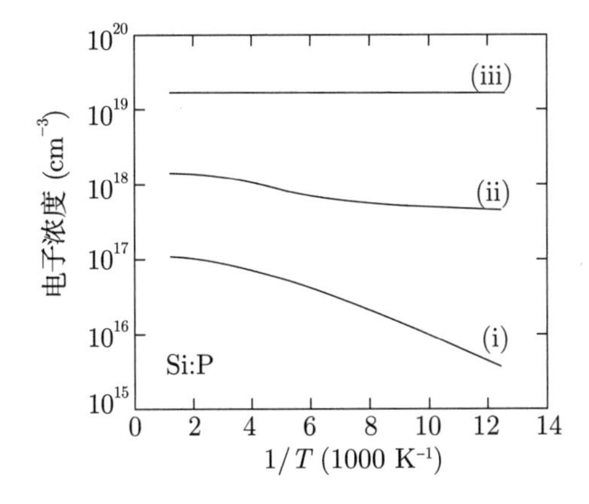

图7.27　三种不同掺杂浓度的Si:P的电子浓度和温度倒数的关系((i): 1.2×10^{17}/cm^3; (ii): 1.25×10^{18}/cm^3; (iii): 1.8×10^{19}/cm^3). 实验数据取自文献[622]

因子 $3/(2\pi)$ 来自杂质的随机分布, 周期性的安置没有这个因子. 莫特判据是 (重写了式(7.53))

$$a_D N_c^{1/3} \approx 0.24 \tag{7.54}$$

对于 GaAs , $a_D = 10.3$ nm, 这个判据给出 $N_c = 1.2 \times 10^{16}/\text{cm}^3$, 与实验符合.

有电活性的掺杂杂质能够实现的最大浓度受限于扩散系数的浓度依赖关系、库仑排斥、自补偿和溶解度极限 [575]. 表 7.7 列出了 GaAs 里各种掺杂的最大载流子浓度.

作为例子, 图 7.28 给出了蓝宝石衬底上外延的 ZnO 层的 Ga 掺杂的情况. 在轻微的富 Zn 的 (O 极化) 条件下, 生长模式是二维的, 载流子浓度随着 Ga 的浓度线性地增

表7.7　在GaAs里，有电学活性的最大掺杂浓度

材料	类型	$N_c\,(\mathrm{cm}^{-3})$	文献
GaAs:Te	n	2.6×10^{19}	[633]
GaAs:Si	n	1.8×10^{19}	[634]
GaAs:C	p	1.5×10^{21}	[635]
GaAs:Be	p	2×10^{20}	[636]

加, $n\approx c_{\mathrm{Ga}}$, 直到 $10^2/\mathrm{cm}^3$ 的高浓度范围 [630]. 对于富 O 的 (Zn 极化) 条件, 生长模式变成三维的, Ga 施主的激发比率变小了 [631]. 当 Ga 的浓度超过 2% 后, 八面体位置的 Ga 出现, 对于 [Ga] = 4%, 观察到一部分析出为寄生的 $\mathrm{ZnGa_2O_4}$ 尖晶石结构的相 [632].

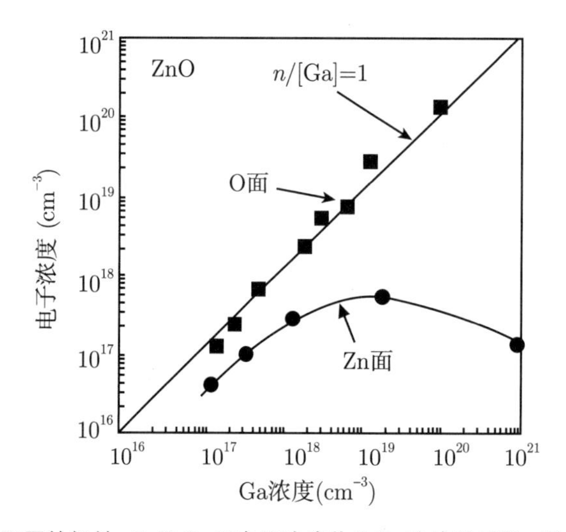

图7.28　对于两种不同的极性，ZnO:Ga里电子浓度作为Ga浓度的函数，样品是在蓝宝石衬底上MBE生长的ZnO:Ga. 改编自文献[630,631]

半导体的掺杂超过溶解度的极限 (solubility limit), 称为“超掺杂”(hyperdoping). 这需要非平衡制备方法 [637,638].

7.6　准费米能级

载流子浓度由式 (7.6) 和 (7.7) 给出. 到目前为止, 我们只考虑了热平衡的半导体, $np=n_i^2$. 在非平衡的情况下 (例如, 外部的激发或者二极管里载流子的注入), 电子和空

穴的浓度在原则上都可以是任意值. 特别是, np 不再等于 n_i^2, 在结构中没有保持不变的费米能级了. 在这种情况下, 电子和空穴的准费米能级 F_n 和 F_p 分别定义为

$$n(\boldsymbol{r}) = N_C F_{1/2}\left(\frac{F_n(\boldsymbol{r}) - E_C}{kT}\right) \tag{7.55a}$$

$$p(\boldsymbol{r}) = N_V F_{1/2}\left(-\frac{F_p(\boldsymbol{r}) - E_V}{kT}\right) \tag{7.55b}$$

准费米能级有时候称为米费 (imref)① , 也可以记为 E_{F_n} 或 E_{F_p}. 强调一下, 准费米能级只是一种用对数的方式来描述局域载流子密度的方法. 可以根据密度得到准费米能级:

$$F_n = E_C + kT \ln \frac{n}{N_C} \tag{7.56a}$$

$$F_p = E_V - kT \ln \frac{p}{N_V} \tag{7.56b}$$

准费米能级并不意味着载流子分布实际上是费米分布. 在非热力学平衡的情况下, 通常都不是这样的. 然而, 在 "表现良好" 的情况下, 利用局域的准费米能级和局域的温度, 非平衡态的载流子分布可以局域地近似为费米分布:

$$f_e(\boldsymbol{r}, E) \cong \frac{1}{\exp\left(\frac{E - F_n(\boldsymbol{r})}{kT(\boldsymbol{r})}\right) + 1} \tag{7.57}$$

利用准费米能级, np 是

$$n(\boldsymbol{r})p(\boldsymbol{r}) = n_i^2 \exp\left(\frac{F_n(\boldsymbol{r}) - F_p(\boldsymbol{r})}{kT}\right) \tag{7.58}$$

注意, 对于非均匀的半导体或者异质结构 (见第 12 章), n_i 也可以依赖于空间位置. 在热力学平衡的情况下, 费米能级的差别为 0, 即 $F_n - F_p = 0$ 和 $F_n = F_p = E_F$.

7.7 深能级

对于深能级, 势的短程部分决定了能级. 长程的库仑部分只是修正. "深能级" 意味着能级位于带隙里, 远离带边. 然而, 一些深能级 (在势取决于离子实的意义上) 靠近带边甚至位于能带里. 细节可以参见文献 [267, 639-642].

① 肖克利请求费米 (Fermi) 允许他把费米的名字颠倒过来使用. 费米不太乐意, 但是同意了.

波函数是强烈地局域化的. 因此, 它不像有效质量杂质的浅能级那样由布洛赫函数构成. 在 $\boldsymbol{r}$ 空间的局域化导致了在 $\boldsymbol{k}$ 空间的退局域化. 例子有 Si:S, Si:Cu 或 InP:Fe, GaP:N, ZnTe:O. 深能级也可以是因为本征缺陷, 例如空位或者反位缺陷.

因为到带边的距离更大, 所以深能级不能有效地提供自由电子或空穴. 相反, 它们更善于捕捉自由载流子, 从而降低电导率. 能够捕获电子和空穴的中心导致电子通过深能级进入价带的非辐射复合 (参见第 10 章). 这对于制作载流子浓度低的、时间响应快的半绝缘层是有用的, 例如, 开关和光探测器.

虽然深能级的电子特性很容易表征, 但是微观起源并不是立刻就清楚了. 与缺陷的理论建模和实验结果的关联相比, 顺磁性超精细相互作用已经证明对于确认不同缺陷的微观性质很重要 [643].

7.7.1 电荷态

根据电子占据的情况, 能级可以有不同的电荷态. 由于库仑相互作用, 能级在带隙里的位置随着电荷态而改变. 缺陷周围的晶格弛豫也依赖于电荷态, 并且改变了能级.

在缺陷处的局域电荷 q_d 是在缺陷附近充分大的体积 V_∞ 里对电荷密度相比于完美晶格的变化 $\Delta\rho$ 做积分:

$$q_\mathrm{d} = \int_{V_\infty} \Delta\rho(\boldsymbol{r})\mathrm{d}^3\boldsymbol{r} = \frac{ne}{\epsilon_\mathrm{r}} \tag{7.59}$$

在半导体里, 电荷 $q_\mathrm{d}\epsilon_\mathrm{r}$ 是基本电荷的整数倍. 这个缺陷处于第 n 个电荷态. 每个电荷态有某种稳定的原子构型 $\boldsymbol{R}_n$. 每个电荷态具有基态和激发态, 它们有不同的稳定的原子构型.

现在讨论各种电荷态的浓度如何依赖于费米能级的位置. 全局电荷中性的总体约束决定了电子的化学势, 即费米-狄拉克统计里的费米能级. 我们使用的近似是：缺陷的浓度很小, 以至于缺陷的相互作用可以忽略不计.

作为例子, 我们处理可能的反应: $V^0 \rightleftharpoons V^+ + \mathrm{e}^-$, 其中, V^0 表示中性的空位, V^+ 是带正电荷的空位, 通过将空位里的一个电子电离到导带来产生. 自由能 G 依赖于中性的和带正电荷的空位的数目 n_0 和 n_+. 最小化的条件是

$$\mathrm{d}G = \frac{\partial G}{\partial n_0}\mathrm{d}n_0 + \frac{\partial G}{\partial n_+}\mathrm{d}n_+ = 0 \tag{7.60}$$

中性限制条件是 $\mathrm{d}n_0 + \mathrm{d}n_+ = 0$, 因此, 最小化的条件就是

$$\frac{\partial G}{\partial n_0} = \frac{\partial G}{\partial n_+} \tag{7.61}$$

对于没有相互作用的缺陷, 利用式 (4.9), 得

$$\frac{\partial G}{\partial n_0}=G^{\mathrm{f}}\left(V^0\right)+kT\ln\frac{n_0}{N_0} \tag{7.62a}$$

$$\frac{\partial G}{\partial n_+}=\frac{\partial G\left(V^+\right)}{\partial n_+}+\frac{\partial G\left(\mathrm{e}^-\right)}{\partial n_+}=G^{\mathrm{f}}_{V^+}+kT\ln\frac{n_+}{N_+}+\mu_{\mathrm{e}^-} \tag{7.62b}$$

其中, $N_0=NZ_0$ 和 $N_+=NZ_+$ 是可用位置的数目, 由原子位置的数目 N 给出, 包括可能的内在简并度 Z_0 和 Z_+. 深能级的简并因子不是一个简单的课题 [601], 例如, 文献 [644-646] 讨论了 Au 在 Si 里的施主能级和受主能级的简并因子. G^{f} 标记了形成相应缺陷的自由焓, 就像在式 (4.3) 里那样. 我们已经把分开的对子 V^+ 和 e^- 的自由焓写为和的形式: $G(V^+)+G(\mathrm{e}^-)$. $\mu_{\mathrm{e}^-}=\partial G(\mathrm{e}^-)/\partial n^+$ 是 (根据定义的) 电子的化学势, 即费米-狄拉克统计里的费米能量 E_{F}. ① 根据式 (7.62), 得到缺陷浓度 $c_0=n_0/N$ 和 $c_+=n_+/N$ 的比值为

$$\frac{c_0}{c_+}=\frac{Z_+}{Z_0}\exp\left(-\frac{G^{\mathrm{f}}_{V^+}-G^{\mathrm{f}}_{V^0}+E_{\mathrm{F}}}{kT}\right)=\frac{Z_+}{Z_0}\exp\left(\frac{E_{\mathrm{t}}\left(V^0\right)-E_{\mathrm{F}}}{kT}\right) \tag{7.63}$$

其中, 陷阱能级的能量 (对于特定的电荷跃迁)$E_{\mathrm{t}}(V^0)=G^{\mathrm{f}}_{V^0}-G^{f}_{V^+}$ 是 V^0 电离的自由焓. 注意, c_0 可以由式 (4.9) 得到, E_{F} 由电荷中性条件决定.

作为例子, 给出了硅里的间隙铁 (在四面体的位置, 图 7.29(a), 与图 3.18 比较) 的电荷跃迁 $\mathrm{Fe}^0\rightleftharpoons\mathrm{Fe}^++\mathrm{e}^-$ 的实验数据. Fe^0 的浓度通过来自中性 $S=1$ 态的 EPR 信号得到②, g 因子是 $g=2.07$[647]. 对于 n 型样品, 铁处于中性态, 得到了最大的 EPR 信号. 对于很强的 p 型样品, 费米能级位于陷阱能级以下, 所有的铁处于 Fe^+ 态, 在给定的 g 因子处没有 EPR 信号. 根据对不同的硅样品 (具有不同的掺杂水平, 因而费米能级的位置不同) 的研究, 陷阱 (深能级施主) 的能量是 $E_{\mathrm{V}}+0.375$ eV, 如图 7.29(b) 所示.

7.7.2 双施主

双施主杂质与宿主材料成键后, 可以提供两个额外电子. 典型的例子是在硅 [651] 和锗 [652] 里替换的硫族原子 (S, Se 或 Te), 在硅里的间隙杂质, 例如 $\mathrm{Mg_i}$[653], 或者在Ⅲ-Ⅴ化合物里落在Ⅲ族位置上的Ⅴ族原子 (反位缺陷), 例如, GaP 里的 $\mathrm{P_{Ga}}$[654], 或者 GaAs 里的 $\mathrm{As_{Ga}}$[653].

---

① 在单分量的系统里, 化学势是 $\mu=\partial G/\partial n=G/n$. 在多分量的系统里, 对于第 i 个分量, 它是 $\mu_i=\partial G/\partial n_i\neq G/n_i$.

② 电子构型是 $3\mathrm{d}^8$, 有 2 个顺磁性电子. 在沿着 [100] 方向的单轴应力下, EPR 谱线分裂为双线 [647]. 更多的细节参见文献 [648].

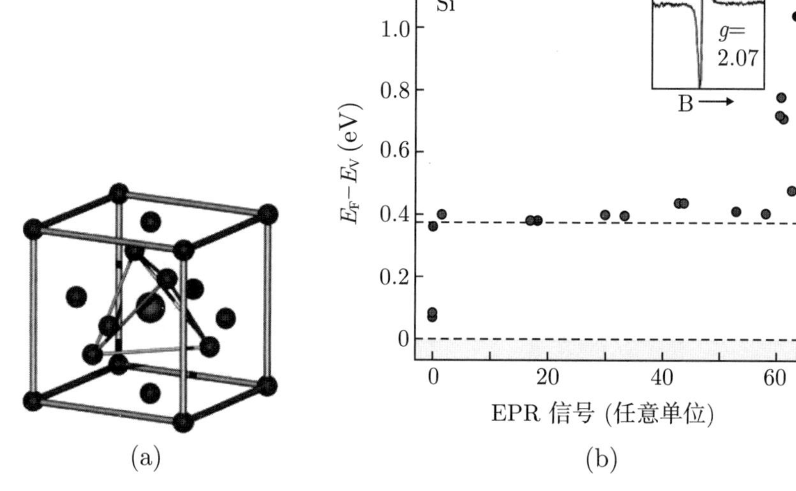

图7.29 (a) 硅的立方晶胞，在四面体位有一个间隙Fe原子(红色). (b) (温度T=95 K，来自中性态的间隙Fe：S = 1的Fe^0)EPR强度与费米能级位置的关系，样品为掺Fe的硅(由于不同浓度的浅杂质能级Al，B和P而具有变化的费米能级). E_t = E_V + 0.375 eV处的虚线指出了陷阱能级. 插图给出了Fe^{0}典型的EPR谱。改编自文献[649]，插图改编自文献[650]

双施主类似于 He 原子. 由于中性双施主里的两个电子的库仑排斥作用, D^0 的 (单) 电离能 E_1(通常记为 $E(0,1)$ 或 $E(0,+)$) 小于 D^+ 的电离能 E_2(通常记为 $E(1,2)$ 或 $E(+,++)$). 对于 He 和 He^+, 两个电离能的比值是 0.45; 对于硅和锗里的硫族原子, 已经发现具有类似的比值 (表 7.8).

表7.8 在Si和Ge里，双施主的硫族杂质（到导带）的束缚能

宿主材料	态	S	Se	Te
Si	D^0	318	307	199
	D^+	612	589	411
Ge	D^0	280	268	93
	D^+	590	512	330

能量的单位都是meV， 数据取自文献 [651, 652].

文献 [585,656] 已经讨论了双施主的载流子统计和简并因子. 通常, 双施主电离 $D^0 \to D^+$ 的简并因子是 $\hat{g}_D = g_2/g_1 = 1/2$, 而电离 $D^+ \to D^{++}$ 则是 $\hat{g}_D = g_1/g_0 = 2/1 = 2$.

为了得到中性的、单电离的和双电离的施主的发现概率, 我们沿用文献 [656] 中的方法:

$$d^0 = \frac{N_D^0}{N_D} = \frac{\exp\left(\frac{2E_F}{kT}\right)}{\exp\left(\frac{E_1+E_2}{kT}\right)+\exp\left(\frac{2E_F}{kT}\right)+2\exp\left(\frac{E_1+E_F}{kT}\right)} \tag{7.64a}$$

$$d^{+}=\frac{N_{\mathrm{D}}^{+}}{N_{\mathrm{D}}}=\frac{\exp\left(\dfrac{E_1+E_2}{kT}\right)}{\exp\left(\dfrac{E_1+E_2}{kT}\right)+\exp\left(\dfrac{2E_{\mathrm{F}}}{kT}\right)+2\exp\left(\dfrac{E_1+E_{\mathrm{F}}}{kT}\right)} \tag{7.64b}$$

$$d^{++}=\frac{N_{\mathrm{D}}^{++}}{N_{\mathrm{D}}}=\frac{2\exp\left(\dfrac{E_1+E_{\mathrm{F}}}{kT}\right)}{\exp\left(\dfrac{E_1+E_2}{kT}\right)+\exp\left(\dfrac{2E_{\mathrm{F}}}{kT}\right)+2\exp\left(\dfrac{E_1+E_{\mathrm{F}}}{kT}\right)} \tag{7.64c}$$

概率如图 7.30(a) 所示. d^{+} 的最大值位于能量 $(E_1+E_2)/2$ 处. 它的值是

$$d^{+}\left(\frac{E_1+E_2}{2}\right)=\frac{1}{1+\exp\left(-\dfrac{E_1-E_2}{2kT}\right)} \tag{7.65}$$

当 $(E_1-E_2)/kT \gg 1$ 时, 数值接近于 1. 每个施主的电子数 $\tilde{n}=\left(N_{\mathrm{D}}^{+}+2N_{\mathrm{D}}^{++}\right)/N_{\mathrm{D}}$ 作为费米能级的函数如图 7.30(b) 所示; 在 $(E_1+E_2)/2$ 处, 精确地有 $\tilde{n}=1$. 在 Si:Te 里, 电子浓度的温度依赖关系如图 7.31 所示. 直到 570 K, 单电离是可以看见的 (样品里的其他浅杂质的浓度更低 ($<10^{14}/\mathrm{cm}^3$), 没有任何作用). 根据拟合结果, 可以确定 $E_1=(200\pm2.7)$ meV[657]. 单施主模型失效. 第二个电离步骤因本征电导的开启而被部分掩盖了. 根据式 (7.15), n_{i} 的斜率是 $E_{\mathrm{g}}/2\approx 500$ meV, 接近于 $E_2\approx 440$ meV.

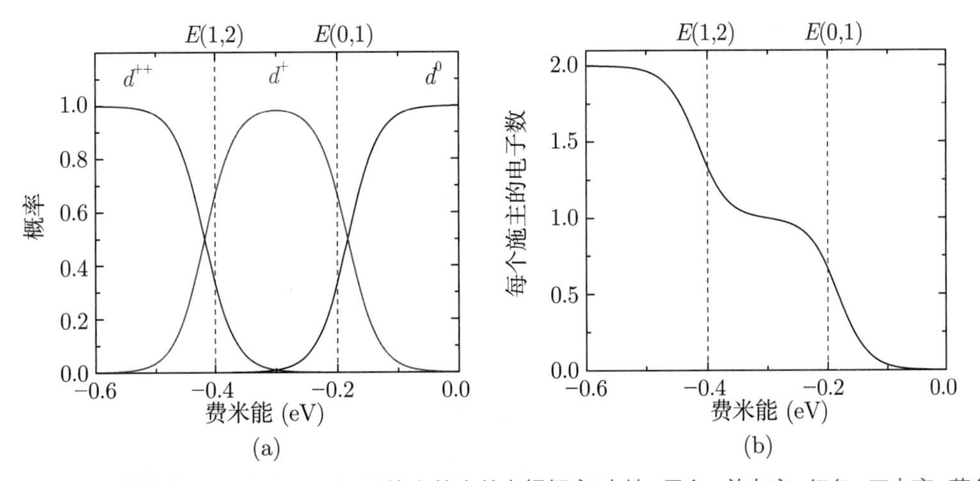

图7.30 (a)根据式(7.64a)~(7.64c), 双施主的态的占据概率(中性: 黑色; 单电离: 红色; 双电离: 蓝色)作为费米能级的函数. 电离能是E_1=−0.2 eV和E_2=−0.4 eV, 用虚线标出(kT=25 meV), 这些能量类似于Si:Te(与表7.8比较). 导带边被当作零能量. (b) 从施主电离出来的相应电子数$\tilde{n}$

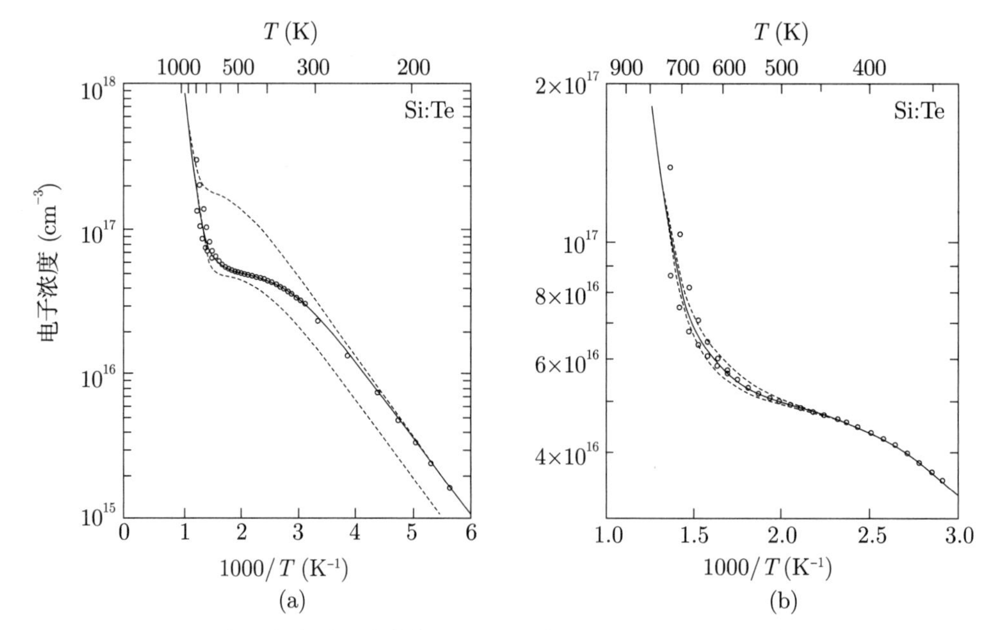

图7.31 在Si:Te里，电子浓度(由霍尔数据得到)的温度依赖关系. (a) 实验数据和双施主模型的拟合结果(实线)，使用N_{Te}=5×10^{16}/cm^3，E_1=200 meV 和E_2= 440 meV. 单施主模型失效(N_{Te}=5×10^{16}/cm^{3}和N_{Te}=2×10^{17}/cm^3，虚线). (b) 更详细的第二次电离步骤，使用不同的E_2值做拟合. 实线是E_2= 440 meV，其他虚线是E_2=420 meV和460 meV. 改编自文献[657]

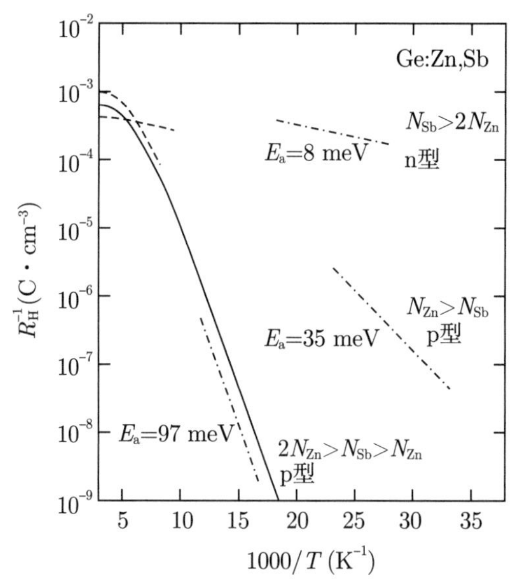

图7.32 三个Ge:Zn样品的霍尔系数(绝对值)的倒数R_H^{-1}(即电荷浓度，参见15.2.1小节)，样品中Sb施主具有不同的补偿度(已标出). 点划线指出了典型的斜率. 虚线示意地给出了$Zn^0 \to Zn^-$过程和$Zn^- \to Zn^{--}$过程. 改编自文献[659]

7.7.3 双受主

类似于双施主的缺陷, 双受主可以在价带里引入最多两个空穴. 典型的例子 [658] 是硅里的 Zn, 它的“正常”受主能级 (Zn^0/Zn^-) 在 $E_V + 0.31$ eV. 在适度 n 掺杂的硅里, 当 n 掺杂足够大, 以至于部分地补偿了 Zn, 并为每个 Zn 原子提供了一个而不是两个电子 ($2N_{Zn} > N_D > N_{Zn}$) 时, 观测到另一个能级 (Zn^-/Zn^{2-}) 在 $E_C - 0.55$ eV. 对于锗里的 Zn, 已经观察到类似的情况 [659], 能级位于 $E_V + 0.03$ eV 和 $E_V + 0.09$ eV. 图 7.32 比较了三个不同的 Ge:Zn 样品. 如果额外的 Sb 施主的浓度 ($N_D \approx 3.4 \times 10^{16}/cm^3$) 大于 $2N_{Zn}$ ($N_{Zn} \approx 1.2 \times 10^{16}/cm^3$), 样品是 n 型的 (上方的曲线). 斜率类似于 Ge:Sb 的施主束缚能 (表 7.2). 如果施主的补偿弱 ($N_{Zn} > N_D$, 中间的曲线), 则先是浅的施主能级 (激发能是 0.03 eV) 被激发, 然后是更深的能级 (激发能是 0.09 eV), 产生 p 型导电, 具有饱和的空穴浓度 $p \approx 2N_A - N_D > N_{Zn}$ (负的霍尔系数). 在图 7.32 中用虚线示意地画出了两个单独的激发过程. 如果 Sb 的浓度大于 N_{Zn} 但是小于 $2N_{Zn}$, 浅的受主能级被电子填满了, 留下了部分填满的、更深的受主能级用于电离 (下方的曲线). 在这种情况下, 样品仍然是 p 型的, 但是饱和的空穴浓度是 $p \approx 2N_A - N_D < N_{Zn}$. 文献 [601] 讨论了 Zn 在 Si 和 Ge 里的简并因子.

7.7.4 杨-泰勒效应

晶格弛豫可以降低缺陷的对称性. 许多缺陷, 例如空位、四面体的间隙或者杂质, 占据了闪锌矿结构里起初的四面体的位置. 晶格弛豫把对称性降低到例如四方 (tetragonal) 或三方 (trigonal), 使得起初简并的能级劈裂了. 这种劈裂称为静态的杨-泰勒效应 [639,660]. 用原子位移 Q 表示的能量变化可以记为 $-IQ(I>0)$(利用微扰理论处理最简单的非简并的情况). 包括力常数为 C 的弹性贡献在内, 构型 Q 的能量是

$$E = -IQ + \frac{1}{2}CQ^2 \tag{7.66}$$

稳定的构型 $Q_{\min}$ 有最小的能量 $E_{\min}$, 因此就是

$$Q_{\min} = \frac{I}{C} \tag{7.67a}$$

$$E_{\min} = -\frac{I^2}{2C} \tag{7.67b}$$

可以存在几种等价的晶格弛豫, 例如, 剩下的 C_{3v} 对称性有一个 3 重的最小值. 它们之间的势垒的高度有限. 因此, 例如, 在足够高的温度下, 缺陷可以在不同的构型间转变,

最终又变成各向同性的 (动态的杨-泰勒效应). 实验观测依赖于实验的特征时间和缺陷的重取向时间常数之间的关系.

7.7.5 负 U 中心

现在解释硅空位的“负 U 中心” [661] 的原理 [662](参见图 4.2). 安德森最早提议用它解释非晶硫族化物玻璃的行为 [663]. 半导体里的许多缺陷表现出负 U 行为, 例如硅里的硼间隙杂质 [662,664]. 库仑能量和杨-泰勒效应竞争不同电荷态的占据能级的位置. U 指的是用一个额外电荷给缺陷充电导致的额外能量. 电子的库仑排斥使得能量增大 (正 U), 对于硅空位 [665] 的所有电荷态, 计算结果是 0.25 eV. 占据能级 (occupancy level, 见 4.2.2 小节)$E_0(1,2)$(指标 0 表示只受到多电子库仑相互作用的影响) 分开了主导的 V^{++} 和 V^{+}, 它位于价带边以上 0.32 eV(图 7.33). 因此, 占据能级 $E_0(0,1)$ 预期位于 E_{V} 以上大约 0.57 eV.

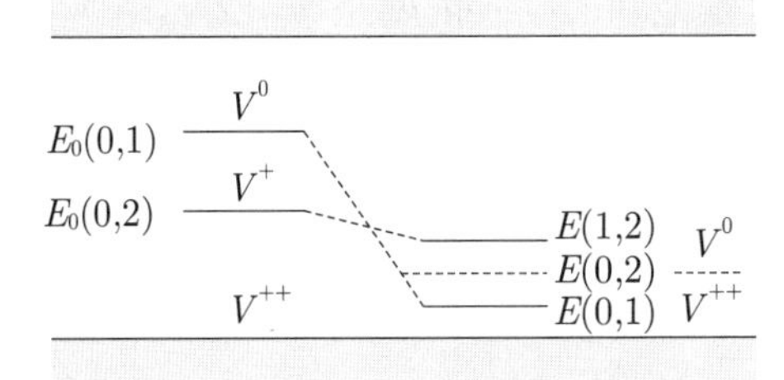

图7.33 硅里的空位的电荷态. 左: 没有晶格弛豫的能级示意图, 右: 包括了杨-泰勒效应的能级示意图. 当费米能级低于(高于)$E(0,2)$时, 电荷态V^{++}(V^0)是主导的

杨-泰勒效应可以让本来四重简并的空位态发生劈裂. 详细的实验研究利用了超精细相互作用, 参见文献 [666]. 图 7.34 给出了杨-泰勒劈裂的能级示意图. V^{++} 态 (A_1 总是被 2 个电子占据) 与价带共振. T_2 态位于带隙里. 当杨-泰勒效应 (现在位于 T_2 态) 包括进来时, 不同电荷态的能量依赖于构型坐标 (configuration coordinate). 在硅空位的情况中, 主要是四面体的扭曲.

$$E_{V^0} = E(0,Q) = E(0,Q=0) - 2IQ + \frac{1}{2}CQ^2 \tag{7.68a}$$

$$E_{V^+} = E(1,Q) = E(1,Q=0) - IQ + \frac{1}{2}CQ^2 \tag{7.68b}$$

$$E_{V^{++}} = E(2,Q) = E(2,Q=0) + \frac{1}{2}CQ^2 \tag{7.68c}$$

对于 $n=2$ 的态, T_2 带隙态是空的, 因此没有简并度和杨-泰勒项出现. 对于 $n=1$ 的

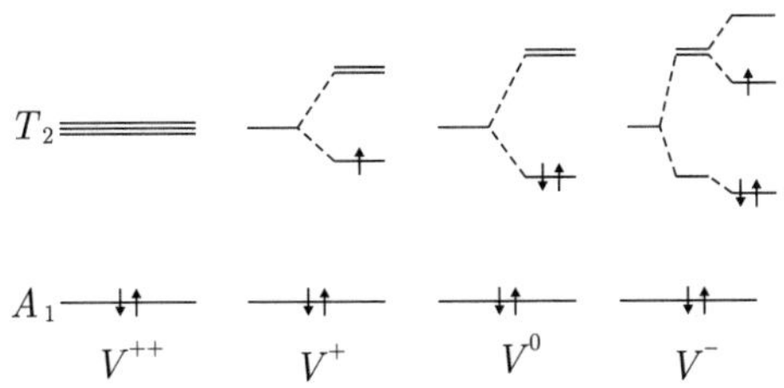

图7.34　不同的空位电荷态的杨-泰勒劈裂. A_1和T_2是T_d对称性点群的不可约表示. A_1是非简并的，因此不存在杨-泰勒效应. T_2是三重简并的. 箭头表示电子和它们的自旋取向

态, 有一个线性的杨-泰勒项. 对于 $n=0$ 的态, 2 个电子的占据 (V^0) 导致了约两倍大的杨-泰勒劈裂. 假定力常数不依赖于电荷态. 最小值构型的能量 $Q_{\min}^n$ 就是

$$E\left(0,Q_{\min}^0\right)=E(0,Q=0)-4\frac{I^2}{2C} \tag{7.69a}$$

$$E\left(1,Q_{\min}^1\right)=E(1,Q=0)-\frac{I^2}{2C} \tag{7.69b}$$

$$E\left(2,Q_{\min}^2\right)=E(2,Q=0) \tag{7.69c}$$

杨-泰勒能量 $E_{\mathrm{JT}}=I^2/(2C)$ 降低了只用库仑项计算的占据能级的位置 E_0. 因此, 包括杨-泰勒贡献的占据能级就是

$$E(1,2)=E_0(1,2)-E_{\mathrm{JT}} \tag{7.70a}$$

$$E(0,1)=E_0(0,1)-3E_{\mathrm{JT}} \tag{7.70b}$$

对于硅里的空位, 杨-泰勒能量 E_{JT} 大约是 0.19 eV. 所以 $E(1,2)$ 就从 0.32 eV 降低到 0.13 eV. 然而, 占据能级 $E(0,1)$ 从 0.57 eV 降低到 0.05 eV[662,667] (见图 7.33). 占据能级 $E(0,2)$ 位于 $E(0,1)$ 和 $E(1,2)$ 的中间 $(E(0,2)=(E(0,1)+E(1,2))/2)$, 如图 7.35(a) 所示. 在这个能量处, $c(V^0)=c(V^{++}), c(V^+)$ 很小 $\left(\approx\exp\left(\frac{E_1-E_2}{2kT}\right)\right)$, 因为 $E(0,1)<E(1,2)$(与式 (7.65) 比较).

三个电荷态的相对浓度由式 (7.63) 确定 (已经忽略了简并度和熵的项):

$$\frac{c\left(V^{++}\right)}{c\left(V^{+}\right)}=\exp\left(\frac{E(1,2)-E_{\mathrm{F}}}{kT}\right) \tag{7.71a}$$

$$\frac{c\left(V^{+}\right)}{c\left(V^{0}\right)}=\exp\left(\frac{E(0,1)-E_{\mathrm{F}}}{kT}\right) \tag{7.71b}$$

它们被画在图 7.35(a) 里, 为一套与图 7.30(a) 有关的曲线. 因此, 如果 $E_{\mathrm{F}}<E(0,1)$, 则 V^{++} 主导; 如果 $E_{\mathrm{F}}>E(1,2)$, 则 V^0 主导. 在中间区域, $E(0,1)<E_{\mathrm{F}}<E(1,2)$, 由式 (7.71a) 和 (7.71b) 可知, V^+ 被 V^0 和 V^{++} 主导. 然而, 现在还不知道 V^{++} 或 V^0 哪个

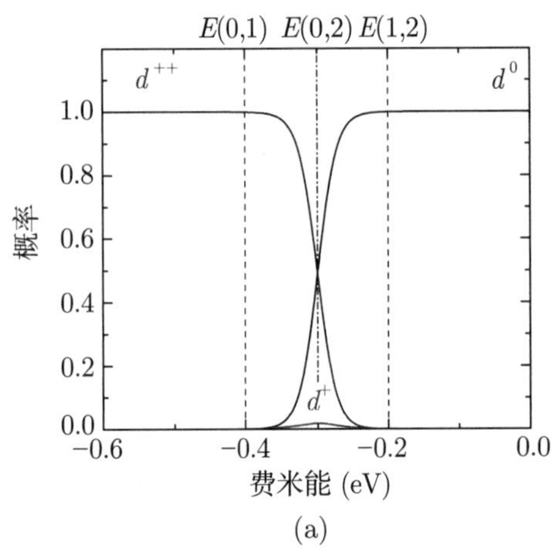

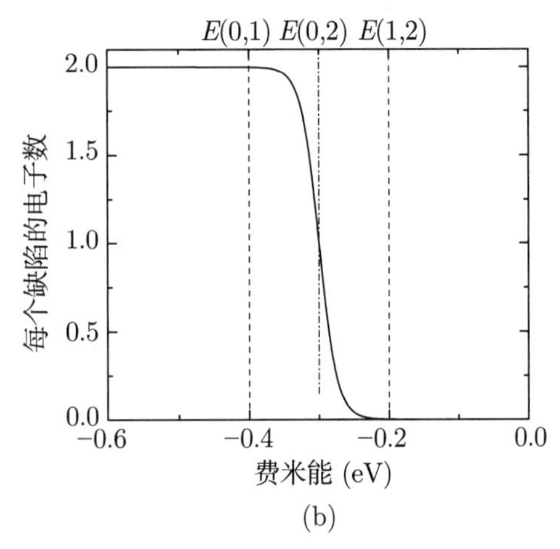

图7.35　(a) 根据式(7.64a)~(7.64c), 负U缺陷(中性: 黑色; 单电离: 红色; 双电离: 蓝色)的态的概率作为费米能级的函数. 电离能是E_1=−0.4 eV, E_2=−0.2 eV(与图7.30比较), 用虚线标出(kT=25 meV). 占据能级$E(0, 2)$用点划线标出. 导带边被当作零能量. (b) 从缺陷电离出来的相应电子数

主导. V^{++} 和 V^0 的浓度比是

$$\frac{c(V^{++})}{c(V^0)} = \exp\left(\frac{E(1,2)+E(0,1)-2E_{\mathrm{F}}}{kT}\right) = e^2 \exp\left(\frac{E(0,2)-E_{\mathrm{F}}}{kT}\right) \tag{7.72}$$

占据能级 $E(0,2)$ 就是

$$E(0,2) = \frac{E(0,1)+E(1,2)}{2} \tag{7.73}$$

如图 7.33 所示. 如果 $E_{\mathrm{F}} < E(0,2)$, 则 V^{++} 主导; 如果 $E_{\mathrm{F}} > E(0,2)$, 则 V^0 主导. 在没有费米能级的位置, V^+ 是硅空位的主导的电荷态. 注意, 对于 n 掺杂的 Si, V^- 和 V^{--} 也可以被占据. 带有一个额外电子的 V^0 态的占据引入了另一个杨-泰勒劈裂 (图 7.34), 它具有三方对称性.

一般来说, 杨-泰勒效应可以使得添加一个电子导致负的有效充电能; 在这种情况下, 这个中心称为负 U 中心. 注意, 锗里的单个空位不是负 U 中心, 因为杨-泰勒扭曲更小, 而且电子-晶格耦合也更小 [668].

7.7.6　DX 中心

DX 中心是一种深能级, 最早研究的是 n 掺杂的 (例如 Si 掺杂的)$Al_xGa_{1-x}As$. 当 $x > 0.22$ 时, 它主导了这种合金的输运性质. 对于更小的 Al 浓度和 GaAs, DX 能级位于导带里. 在其他合金和掺杂里也发现了 DX 型的深能级, 例如 GaAsP:S.

实验发现, 电子落入 DX 中心的捕获过程是热激发的. 捕获能量 E_c 依赖于 AlAs 的摩尔分数 (图 7.36). 电子捕获的 (平均) 势垒在 $x \approx 0.35$ 处有一个最小值 0.21 eV, 靠近直接带隙和间接带隙的交叉点 (参见图 6.24). 对于更低的 Al 浓度, 捕获势垒在 $x = 0.27$ 处增加到 0.4 eV ; 对于 $x > 0.35$, 当 x 大约是 0.7 时, 捕获势垒增加到大约 0.3 eV[669]. 已经确定, DX 中心热释放载流子的势垒大约是 0.43 eV, 不依赖于 Al 的摩尔分数 [669].

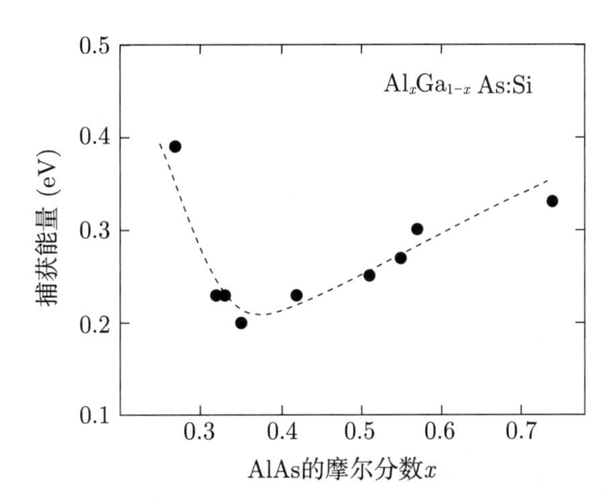

图7.36　在各种组分的$Al_xGa_{1-x}As$里，Si-DX中心的电子捕获势垒E_c. 实验数据取自文献[669]

通过吸收能量大于 1.2 eV 的光子, 载流子可以离开 DX 中心. 如果在低温下通过光学吸收移走载流子, (再) 捕获过程很慢 ($\sigma < 10^{-30}$ cm^2), 载流子就待在导带里, 导致持续的光电导 (PPC). 只有升高样品的温度, 才能减少持续的光电导. DX 中心的浓度大约等于净的掺杂浓度.

文献 [670,671] 综述了 DX 中心的性质. 到目前为止, DX 中心的微观模型还没有定论. 朗 (Lang)[672] 提议, DX 中心涉及一个施主和一个未知的缺陷 (很可能是空位). 它很可能涉及大的晶格弛豫, 就像图 7.37 给出的构型坐标模型, 其中标出了施主相对于导带极小值的束缚能 E_D^b、电子捕获势垒 E_c、电子发射势垒 E_e 和光电离能量 E_o. 施主束缚能用霍尔效应 (见 15.2.1 小节) 测量, 测量温度高得足以越过捕获势垒和发射势垒. 发射势垒用深能级瞬态谱 (DLTS) 测量. 捕获势垒用 PPC 实验测量. 注意, DX 中心与 L 导带有关. 对于小的 Al 摩尔分数, DX 能级与 Γ 有关的导带是简并的 (见图 7.37(b)).

理论模型和实验证据表明, Si-DX 中心是一个空位-间隙模型 [673]. 施主 (Si) 从 Ga 替代位沿着 $\langle 111 \rangle$ 方向偏离. 理论预期这个位移是 0.117 nm, 扭曲的构型可以看作一个 Ga 空位和一个 Si 间隙. 有人认为, (被填充的)DX 中心的电荷态是包含 2 个电子的负 U 态.

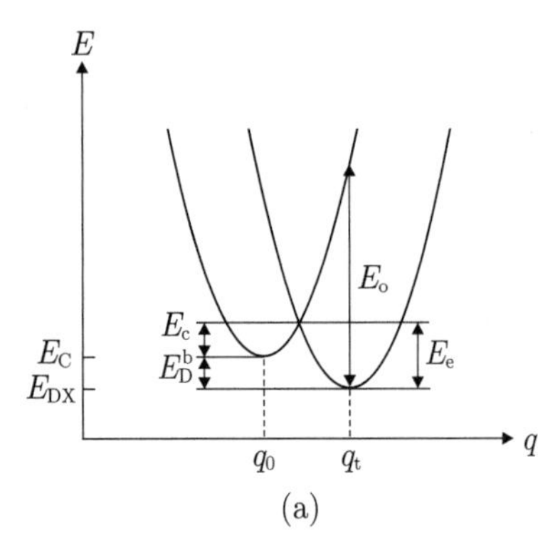

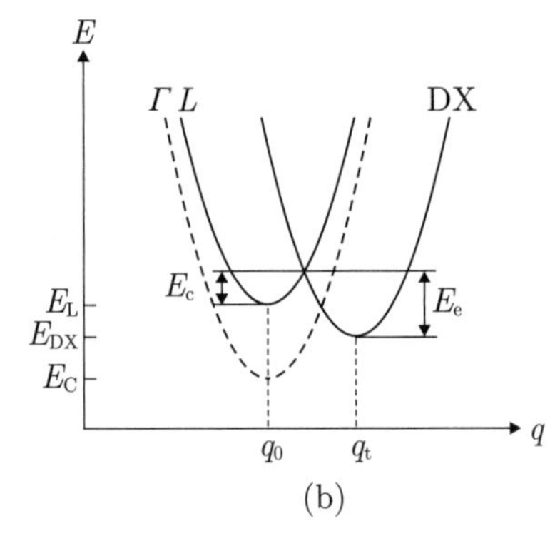

图7.37 (a) 带有很大弛豫的DX能级的构型示意图. q_0是空的缺陷的构型, q_t是被填充的缺陷的构型.图中标出了施主束缚能E_D^b、捕获电子势垒E_c、发射电子势垒E_e以及光电离能量E_o. E_C标出了导带边. 注意, 在(Al, Ga)As里, DX能级与L导带联系在一起(见图6.24). (b) 在$Al_{0.14}Ga_{0.86}As$里, DX中心的构型示意图, 这里的DX能级和(与Γ有关的)导带是简并的

7.7.7 EL2 缺陷

EL2 缺陷是 GaAs 里的深施主. 它与杂质无关, 出现在本征材料里, 特别是在富 As 条件下生长的本征材料. 它的物理性质类似于 DX 中心. EL2 引起了吸收的漂白, 即在低温下把电子从缺陷里光学地移走, 如图 7.38 所示. 微观模型 [674] 把 EL2 缺陷描述为砷的反位缺陷, 即位于 Ga 位上的 As 原子 As_{Ga}. 在荷电态里, 砷原子偏离了晶格位置, Ga 空位 (对称性 T_{3d}) 和 As 间隙 (对称性 C_{3v}) 形成了复合体 (V_{Ga}-As_i), 沿着 ⟨111⟩ 的位移是 0.14 nm. 这个电荷态被填充了 2 个电子.

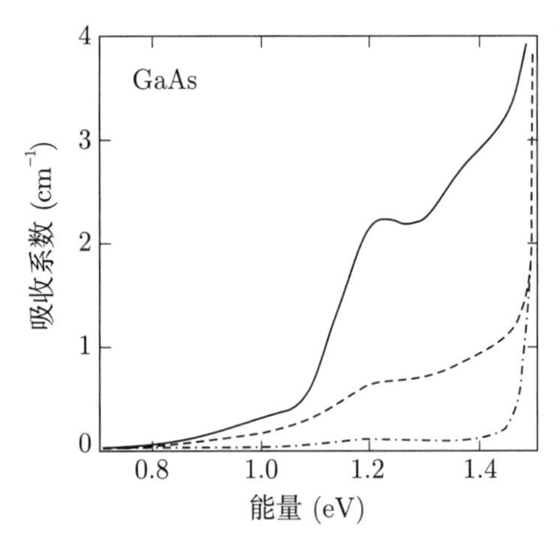

图7.38 在低温下(T=10 K), 在黑暗中冷却的GaAs的吸收谱(实线). 虚线(点划线)是用白光照射样品1 min (10 min)、淬灭了与EL2有关的吸收以后的吸收谱. 改编自文献[675]

7.7.8 半绝缘半导体

高电阻率的半导体 ($10^7 \sim 10^9\ \Omega\cdot\mathrm{cm}$) 被称为“半绝缘的”(s.i. 或 si). 半绝缘的衬底用于高速器件. 高电阻率应当是因为有限温度下的自由载流子浓度很小, 而不是糟糕的晶体质量导致了低的迁移率. 对于足够宽的带隙, 本征的载流子浓度很小, 这种纯的材料是半绝缘的, 例如, GaAs 具有 $n_\mathrm{i} = 1.47\times10^6/\mathrm{cm}^3$ 和 $5.05\times10^8\ \Omega\cdot\mathrm{cm}$[676]. 因为浅杂质很难避免, 技术上使用了另一种途径. 在半导体里引入形成深能级的杂质, 以便补偿自由载流子. 例如, 如果 $N_\mathrm{A} > N_\mathrm{D}$, 那么深的受主补偿所有的电子, 因为受主是深的 ($E_\mathrm{A}^\mathrm{b} \gg kT$), 在合理的温度下, 它不会释放空穴. 用于补偿电子的适当杂质的例子有 Si:Au[677], GaAs:Cr [678] 和 InP:Fe[679]. 需要深的施主补偿 p 型电导率, 例如 InP:Cr[680].

在 InP 里的 Fe 能级如图 7.39(a) 所示 [681,682]. 关于Ⅲ-Ⅴ半导体里的过渡金属的概述, 参阅文献 [683]. 中性铁原子的电子构型是 $3\mathrm{d}^6 4\mathrm{s}^2$(见表 17.2). 掺入的 Fe 位于 In 位, 因此具有 Fe^{3+} 态, 作为中性的受主 (A^0). Fe^{3+} 态的电子构型是 $3\mathrm{d}^5$. 图 7.39(a) 里的箭头表示从导带或者浅施主里捕获了一个电子. Fe 的电荷态变为 Fe^{2+}(荷电的受主, A^-), 电子构型是 $3\mathrm{d}^6$. 立方的晶场 (T_d 对称性) 把这个 $^5\mathrm{D}$ 的 Fe 态① 劈裂为两项 [684], 它们进一步表现出精细结构 [682]. 由霍尔效应测量得到了大的热激发能 0.64 eV, 在半绝缘的 InP:Fe[679] 中对应于 $^5\mathrm{E}$ 能级和导带的能量间隔.

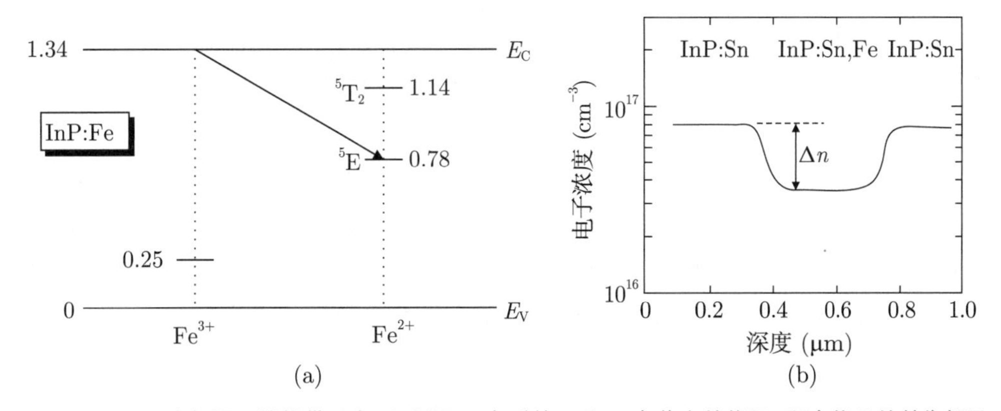

图7.39 (a) InP在低温下的能带示意图, 以及Fe杂质的3+和2+电荷态的能级. 所有能量的单位都是eV. 箭头表示一个电子(来自导带或者浅施主)被深受主捕获. 将这个图与图9.36和图10.25比较. (b) 在InP:Sn/InP:Sn, Fe/InP:Sn结构中, 电子浓度的深度分布. 电子浓度的变化$\Delta n \approx 4.5\times10^{16}/\mathrm{cm}^3$来自Fe的补偿, 对应于用SIMS确定的Fe的化学浓度, $[\mathrm{Fe}] = 4.9\times10^{19}/\mathrm{cm}^3$. 图(b)改编自文献[688]

用这种方式能够补偿的最大的电子浓度大约是 $1\times10^{17}/\mathrm{cm}^3$, 受限于铁在 InP 里

① 这个标记是 ^{2S+1}J(多重性), 其中 S 是总自旋, J 是总角动量.

的溶解度 [685]. 掺入更多的 Fe, 会形成 Fe(或 FeP) 析出物, 从而降低了晶体的质量. 只有一部分掺杂的 Fe 具有电活性, 并对补偿起作用. 有电活性的 Fe 的最大浓度是 $(5\sim6)\times10^{16}/\mathrm{cm}^3$[686]. 在 n-si-n 结构中, 从电子浓度的深度分布可以直接看到补偿 (图 7.39(b)). Fe 的热稳定性不好, 扩散系数很大, 因此有人建议用更稳定的杂质, 例如 InP:Ru[687].

7.7.9 等电子杂质

等电子杂质通常是具有短程势的深能级. 等电子陷阱引入了电子或空穴的束缚态. 一旦捕获一个载流子, 这个缺陷就带电了. 其他类型的载流子就容易被捕获, 形成束缚的激子 (10.3.2 小节). 关于等电子杂质的理论概述, 参阅文献 [689]. 关于 GaAs 和 GaP 中的 N 的详细理论处理, 参阅文献 [544].

在 GaP:N 里, 一个电子被束缚在 N 杂质上. 波函数的大部分位于 X 点. GaP 里 N 束缚的电子能级 (A_1 对称性) 靠近导带边, 位于带隙里. 晶格弛豫对能量位置很重要, 使得周围的 Ga 原子向内弛豫 (图 7.41). 因为波函数的空间局域化, 它在 k 空间是退局域化的 (图 7.40(a)), 在 Γ 点有可观的分量, 帮助了价带的零声子吸收. 只有考虑杂质周围的晶格弛豫的时候, 这个效应才存在. 没有晶格弛豫, Γ 分量是 0; 有弛豫的时候, 大约是 1%[544]. 因为等电子杂质附近的局域化, 波函数的 Γ 分量大于浅杂质 (例如硫) 的情况 [690]. 用这种方式, 光学跃迁出现了很大的振子强度 (9.7.9 小节, 10.3.2 小节). 在 GaP 里, 孤立 N 杂质和近邻的 N-N 对 (NN_1) 的波函数如图 7.40(b) 所示.

在 (没有应变的)GaAs 里, 孤立的 N 杂质只在导带里引入了态 (图 7.41). 这是因为 GaAs 的导带边比 GaP 的导带边离真空能级更远 (见图 12.21). 理论预期, 只有 NN_1 和 NN_4 对子的能级位于 GaAs 的带隙里. 下标表示第 i 个近邻位置. NN_1 能级已经实验观测到了 [691,692]. 在流体静压强下, 孤立的 N 杂质能级被迫进入 GaAs 的带隙 [692,693] (图 7.42). 带隙更深处的更多能级来自包含了不止 2 个氮原子的团簇.

7.7.10 表面态

(半导体) 表面态的研究是很大的领域, 有着复杂的方法, 利用扫描探针显微术和深度分辨的电子学研究, 可以实现具有原子分辨率的实空间成像. 表面首先是周期势的中断, 因此是晶体的一种缺陷. 没有被饱和的键部分重新安置, 例如, 形成双体 (dimers)、形成表面的重构或者保持为悬挂键. 表面有表面态密度. 表面态可以位于带隙里并捕获

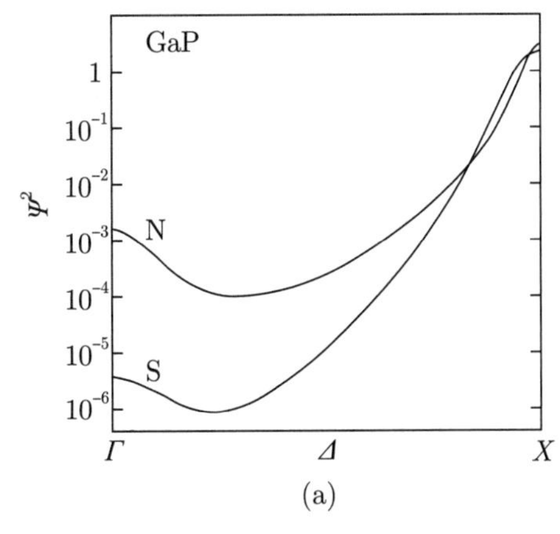

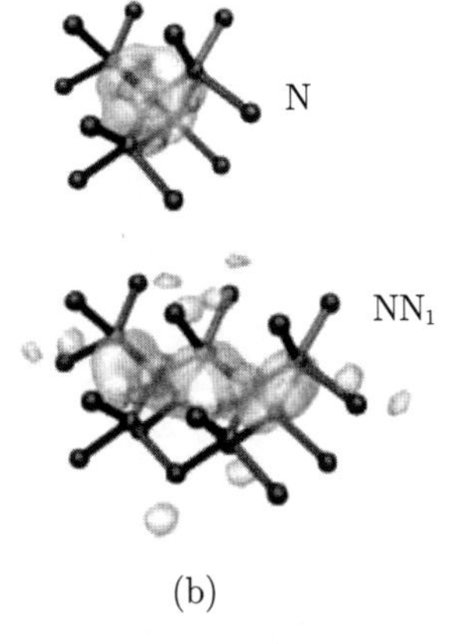

图7.40 (a) 模型计算得到的束缚概率密度的波矢依赖关系，以在GaP里，一个电子束缚在10 meV 深的等电子陷阱(N)或100 meV深的浅施主(S)为例. 改编自文献[690]. (b) GaP里的孤立氮(N)和相邻N-N对(NN_1)的波函数(等值面是最大值的20%). 改编自文献[544]

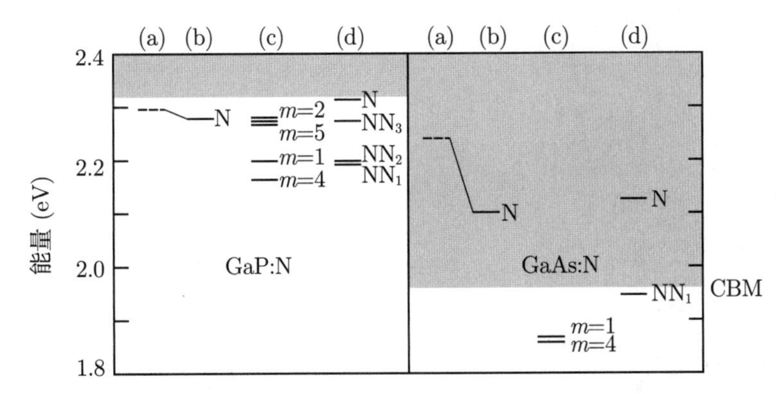

图7.41 GaP(左)和GaAs(右)里的N杂质态的能级. 能级尺度是相对于体材料GaP的价带最大值，导带最小值(CBM)是相对于真空能级. 导带显示为灰色. 对于这两种材料，(a) 计算得到的孤立N杂质的能级，没有晶格弛豫(虚线)；(b) 有晶格弛豫. (c) N-N对的能级位置，m标记了近邻. (d) 一些选择的实验数据. NN_1是直接近邻的NN对. 其他的NN_n遵循通常的命名方式[694]. 数据取自文献[544]

电子, 导致复合和一个耗尽层. 关于半导体表面物理学的简单介绍, 请看第 11 章; 更多的细节, 见文献 [695].

作为表面缺陷处形成电子态的一个例子, 图 7.43 比较了 GaP(110) 表面的一个表面台阶处的形貌和功函数 (测量采用开尔文探针力显微镜 [696]), 在超高真空 (UHV) 中, 利用在位解理的方法制备样品. 表面的耗尽型的能带弯曲大约是 0.4 eV. 在台阶边缘处, 真空能级的位置进一步增大, 表明带隙里存在陷阱态, 使得导带向上弯曲 (见 21.2.1 小节). 这个效应的建模表明, 表面的电荷密度是 $6\times10^{11}/\text{cm}^2$, 在台阶边缘的电荷密度是 $1.2\times10^6/\text{cm}$.

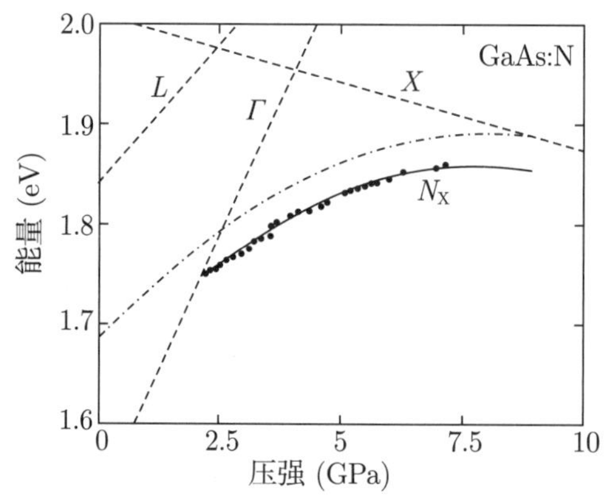

图7.42 GaAs里束缚在孤立N杂质上的激子的能量(圆点，从价带顶测量)对压强的依赖情况. 虚线是依赖于压强的GaAs体材料的带隙(与图6.49比较). 实线(点划线)是N束缚的激子(电子)能级的模型. 改编自文献[693]

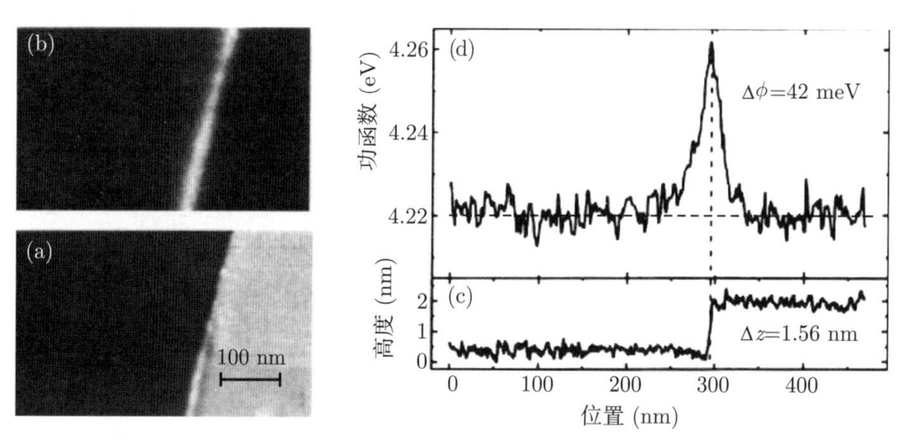

图7.43 在超高真空中解理的n-GaP(110)表面上，一个沿着[111]的表面台阶的(a)形貌图(Δz=2.8 nm)和(b)功函数($\Delta\phi$= 4.21~4.26 eV). 改编自文献[696]. (c)和(d)是相应的线扫描. 改编自文献[696]

7.8 电荷中性能级

半导体的电荷中性能级 (CNL) 定义为中性表面的表面占据态的最大能量. 在这种情况下, 它与费米能级是相同的 (它使表面没有净电荷). CNL 也称为费米能级稳定能量 [700] 或“分支点能量” (branch point energy)[697], 并标记了内在缺陷特征从主要是类施主 (CNL 以下) 转变为主要是类受主 (CNL 以上) 的能量. 如果费米能级和 CNL 偏离, 则出现表面电荷; 当费米能级高于 (低于) 电荷中性能级时, 表面带负 (正) 电荷. 这意味着是耗尽层还是积累层取决于半导体的电导率类型. 下面将更详细地讨论能带弯曲和空间电荷区域 (12.3.4 小节, 21.2.1 小节). CNL 的位置可以由导带到价带的能量差的布里渊区平均值计算出来 [698,699].

实验表明, 当引入大量的深缺陷时, 将在 CNL 处建立费米能级. 对于许多半导体 (Si, GaAs), CNL 靠近带隙的中间. 值得注意的例外有 InAs 或 In_2O_3, 导带内的 CNL 导致 n 型的表面电导.

7.9 半导体里的氢

氢在半导体中的作用首先是在对 ZnO 的研究中认识到的 [701]. 现在清楚的是, 氢在缺陷的钝化中扮演了重要角色. 氢是“小”原子, 很容易附着在悬挂键上, 形成电子对的键. 因此钝化了表面、晶界、位错、浅杂质能级 (施主和受主) 和深杂质能级. 关于氢在半导体中的物理和技术应用的很好的综述和许多细节, 参阅文献 [702, 703]. 经常把氢原子引入半导体里, 例如, 从表面附近的等离子体或者通过离子辐照引入.

关于硅, 需要注意, Si-H 键比 Si-Si 键更强. 因此, 暴露在原子氢下的硅表面表现出 Si-H 末端而不是 Si-Si 双体 [704] . 因为这个更强的键, 氢化 (hydrogenation) 增大了硅的带隙, 可以用于表面钝化 [705], 降低二极管的反向电流.

非晶硅 (a-Si) 里的氢浓度可以高达 50%[706]. 电子级的 a-Si 通常含氢的原子百分比为 10%~30%, 更像是一种硅氢合金 (silicon-hydrogen alloy).

晶体硅里的氢占据键中心的间隙位置 (见图 3.18(b)), 如图 7.44(a) 所示. 已经详细研究了氢和浅受主或浅施主构成的复合体. 现在普遍认为, 对于硅里的受主 (例如, 硼), 氢位于靠近 Si-B 对的键中心位置 (BM, 键的最小值), 如图 7.45(a) 所示. 硼原子和四面体的 3 个硅原子形成了共价键, 第 4 个硅原子与氢原子成键. 所以这个复合体不再是一个受主. 硅原子和受主弛豫了它们的位置. 氢原子在 Si:B 里的绝热势能面如图 7.44(b) 所示. 氢原子可以位于初始的 B-Si_4 四面体的 4 个沿着 $\langle 111 \rangle$ 方向的等价位置 (BM). 这就降低了 (例如 H-B 振动的) 对称性 [708]. 对于沿着图 7.44(b) 中的路径 BM-C-BM 的氢原子运动, 氢原子取向的能量势垒已经在理论上确定为 0.2 eV[707]. 应力 (沿着 [100] 和 [112]) 降低了对称性, 导致局域振动模的劈裂, 现在表现为轴对称性 [709]. 然而, 这个偏好的方向在激发能为 0.19 eV 的时候消失, 接近于理论值.

实验发现, 氢也可以钝化浅施主. 微观构型如图 7.45(b) 所示. 氢原子位于 Si-AB(反键) 位置, 和硅原子形成了共价键. 施主 (例如磷) 留下了一个双填充的 p 轨道, 其能级位于价带里, 因而不再对电导率有贡献. 分子氢可以钝化硅里的“A 中心”, 一

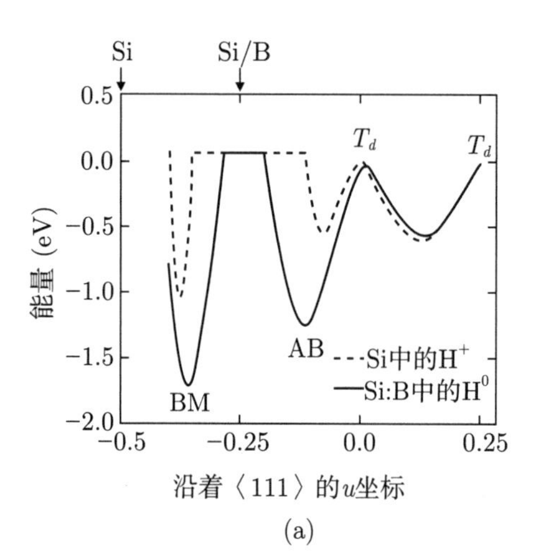

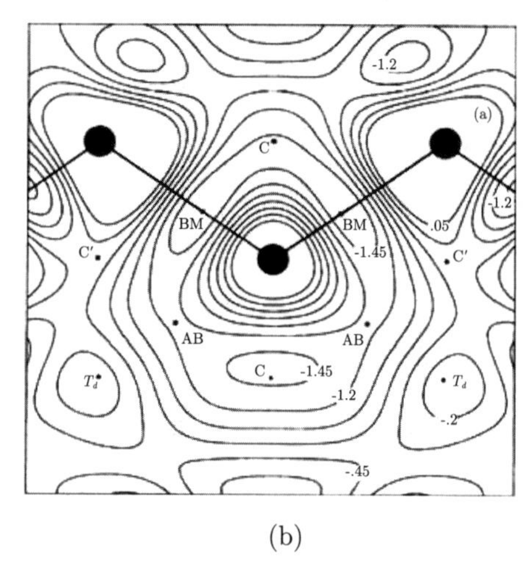

图7.44 (a) 对于纯硅里的H^+(Si原子位于u=−0.25)和中性氢原子(B原子位于u=−0.25)，沿着〈111〉方向的氢原子的位置u对应的能量. u的单位是$\sqrt{3}a_0$. 对于氢原子的所有位置，其他原子的位置已经在计算中做了弛豫. 数据取自文献[707]. (b) Si:B里氢原子在(110) 面上的绝热势能. BM指的是键最小值的位置(价电子密度大)，在纯硅里，C和C′ 是等价的. 经允许转载自文献[707]，©1989 APS

种氧-空位的复合体 [711]. V-O-H_2 复合体的原子构型如图 7.46 所示. 硅里的深的双施主S(它的能级位于导带边以下 0.3 eV)，也可以被两个氢原子钝化 [712].

图7.45 氢原子在硅里与(a)浅受主(B，空轨道)或(b)浅施主(P，双填充的轨道)形成复合体的模型示意图

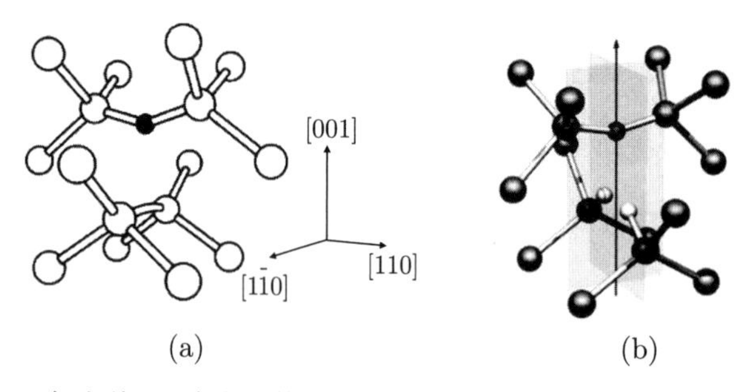

图7.46 (a) 硅里的V-O复合体("A中心")的结构. 黑球表示氧原子. 经允许转载自文献[710]，©2004 APS. (b) 对于硅里的V-O-H_2中心，计算得到的基态结构. 氧原子在C_2轴上，两个白球表示氢原子. 经允许转载自文献[711]，©2000 APS

第 8 章

输运

为了解释电阻率的温度依赖关系，严格周期性的偏差必然起了决定性的作用，也就是那些由晶体的热振动引起的偏差.

——布洛赫 (F. Bloch), 1928 年 [61]

摘要

半导体中的输运物理学最先讲述电荷输运. 介绍能带输运和散射、迁移率、低场效应和高场效应、极化子和跳跃输运. 简述离子输运，然后讨论热传导以及热输运和电荷输运的耦合 (包括热电势和佩尔捷效应).

8.1 简介

在合适的 (广义的) 力的作用下, 电荷和热能量可以通过半导体传输. 这种力可以是电场或者温度梯度. 这两种输运现象有耦合, 因为电子可以同时传输能量和电荷通过晶体. 首先处理电荷的输运, 它是费米能级的梯度的结果, 然后是在温度梯度的作用下的热输运, 最后是耦合的系统, 即佩尔捷效应和塞贝克效应. 载流子输运的详细处理见文献 [713, 714].

在实践中, 所有重要的半导体器件都基于电荷的输运, 例如, 二极管、晶体管、光探测器、太阳能电池和激光器.

载流子受到费米能量的梯度的驱动, 在半导体里运动. 我们区分:

- 漂移, 电场 $\boldsymbol{E}$ 导致的结果;
- 扩散, 浓度梯度 ∇n 或 ∇p 导致的结果.

在非均匀的半导体里, 能带边的位置是位置的函数, 于是出现另一种力. 这里不处理它, 因为后面 (见第 12 章) 将把它包括进来, 作为一种额外的、内在的电场.

在 8.2~8.5 节, 我们讨论能带导电性 (即载流子在扩展态下的输运)、有效质量表征的导带和价带. 电导率由载流子 (自由电子和空穴) 浓度和散射机制 (迁移率) 决定. 在非晶材料等无序半导体中, 接近费米能级的局域态间的跳跃引起的电荷输运主导着导电性, 这在 8.8 节讨论.

许多半导体性质依赖于温度, 例如载流子浓度和带隙. 因此, 器件的性质也依赖于温度. 在器件工作的时候, 通常会产生热, 例如, 由有限的电阻率导致的焦耳热. 这个热让器件温度升高, 从而会改变器件的性能, 通常是恶化. 最终, 器件会坏掉. 因此, 器件的冷却很重要, 特别是器件的功能区. 大多数时候, 器件加热的热管理限制了可以实现的性能 (和寿命). 高功率器件产生的能量密度很大, 例如, 大功率半导体激光器的端面必须承受的能量密度超过了 10 $\mathrm{MW/cm^2}$.

8.2 电导率

在电场的作用下, 电子加速运动 (参见式 (6.36)):

$$\boldsymbol{F}=m^*\frac{\mathrm{d}\boldsymbol{v}}{\mathrm{d}t}=\hbar\frac{\mathrm{d}\boldsymbol{k}}{\mathrm{d}t}=q\boldsymbol{E}=-e\boldsymbol{E} \tag{8.1}$$

在下文中, q 表示一般的电荷, 而 e 是 (正的) 基本电荷. 经过时间 δt, 所有导带电子 (以及费米球的中心) 的 $\boldsymbol{k}$ 矢量移动了 $\delta\boldsymbol{k}$:

$$\delta\boldsymbol{k}=-\frac{e\boldsymbol{E}}{\hbar}\delta t \tag{8.2}$$

在没有散射过程的时候, 这就会继续 (类似于真空中的电子). 这个区称为弹道输运. 在 (周期性的) 能带结构中, 电子的运动是一个封闭的环, 如图 8.1 所示. 这种运动称为布洛赫振荡. 然而, 在体材料晶体里, 对于 $E=10^4$ V/cm, 这种振荡 $eET/\hbar=2\pi/a_0$ 的周期 T 是 10^{-10} s 的量级, 远大于典型的散射时间 10^{-14} s. 因此, 在体材料里, 布洛赫电子到不了布里渊区的边界. 然而, 在人工超晶格里 (见第 12 章), 具有更大的周期性 (≈ 10 nm)、更强的电场 ($\approx 10^6$ V/cm) 和更大的质量 (碰撞时间缩短了), 这种运动是可能的. 注意, 在没有散射的时候, 电子可以在磁场中做周期性的振荡 (回旋运动).

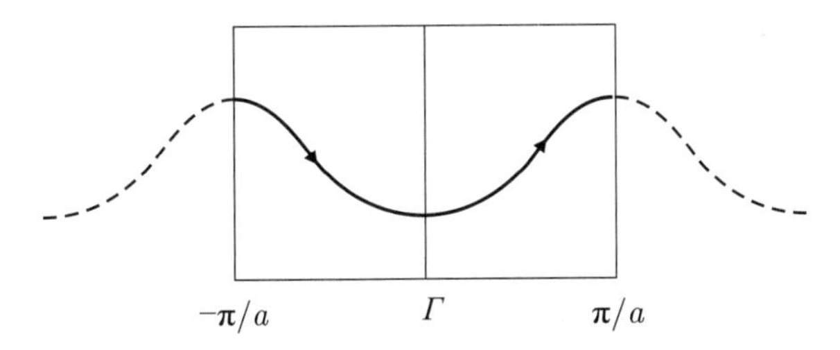

图8.1　布洛赫振荡的示意图

在真实的半导体里, 在有限的温度下, 杂质、声子和缺陷 (最后还有表面) 对散射有贡献. 在弛豫时间近似里, 假设散射事件的概率正比于平均的载流子速度, 类似于摩擦. 通过额外的一项 $\dot{\boldsymbol{v}}=-\boldsymbol{v}/\tau$ 引入平均弛豫时间 τ, 汇总了所有散射事件.① 因此, 在静电场的作用下能够达到的最大速度是 (稳态速度)

$$\boldsymbol{v}=-\frac{e\boldsymbol{E}\tau}{m^*} \tag{8.3}$$

① 超出弛豫时间近似的讨论, 见附录 J.

单位面积的电流密度就正比于电场, 即满足欧姆定律:

$$\boldsymbol{j} = nq\boldsymbol{v} = \frac{ne^2\boldsymbol{E}\tau}{m^*} = \sigma\boldsymbol{E} \tag{8.4}$$

在弛豫时间近似里, 电导率 σ 是

$$\sigma = \frac{1}{\rho} = \frac{ne^2\tau}{m^*} \tag{8.5}$$

在质量有圆柱形对称性的情况下, 例如硅或锗中的电子, 式 (8.5) 中的有效质量必须使用有效电导率质量:

$$\frac{1}{m_\sigma^*} = \frac{1}{3}\left(\frac{2}{m_\mathrm{t}} + \frac{1}{m_\mathrm{l}}\right) \tag{8.6}$$

电阻率 (specific resistivity) 是电导率的倒数. 金属的电导率高 (见表 8.1), 例如, 在室温下, Cu 的 $\sigma = 5.8 \times 10^5/(\Omega \cdot \mathrm{cm})$. 在低温下 (4 K), 电导率更是大了 10^5 倍. 平均自由程 $d = \tau v_\mathrm{F}$ 是

$$d = \frac{\sigma m^* v_\mathrm{F}}{ne^2} \tag{8.7}$$

v_F 是费米速度 ($E_\mathrm{F} = m^* v_\mathrm{F}^2/2$). 对于铜, 在低温下, $d = 3$ mm, 因此容易受到样品形状

表8.1　各种金属、半导体、绝缘体和液体在室温下的电导率

材料	$\sigma\ (\Omega^{-1}\cdot\mathrm{cm}^{-1})$
Ag	6.25×10^5
Al	3.6×10^5
Au	4.35×10^5
Cu	5.62×10^5
Fe	1.1×10^5
Pt	1.02×10^5
纯 Ge ($N_\mathrm{D} \sim 10^{13}\ \mathrm{cm}^{-3}$)	10^{-2}
Ge ($N_\mathrm{D} \sim 10^{15}\ \mathrm{cm}^{-3}$)	1
Ge ($N_\mathrm{D} \sim 10^{17}\ \mathrm{cm}^{-3}$)	2×10^1
Ge ($N_\mathrm{D} \sim 10^{18}\ \mathrm{cm}^{-3}$)	2×10^2
纯 Si	4.5×10^{-6}
Si:As ($N_\mathrm{D} \sim 3 \times 10^{19}\ \mathrm{cm}^{-3}$)	4×10^2
Si:B ($N_\mathrm{A} \sim 1.5 \times 10^{19}\ \mathrm{cm}^{-3}$)	1.2×10^2
纯 GaAs	1.4×10^{-7}
ZnO:Al (高掺杂)	$\approx 1 \times 10^4$
并五苯	$10^{-8} \sim 10^{-4}$
SiO_2	$\approx 10^{-15}$
Al_2O_3	$\approx 10^{-16}$
纯 H_2O	4×10^{-8}
己烷	$\approx 10^{-18}$

的影响, 但是在室温下, 平均自由程只有大约 40 nm. 然而, 当集成电路里的连线的宽度和高度达到这个尺度时, 就成了问题 [715](见 24.5.5 小节).

在半导体里, 载流子浓度强烈地依赖于温度, 在零温下, 电导率是 0. 散射过程以及持续时间常数也表现出温度依赖关系. 电导率覆盖了很大的范围, 从绝缘的到几乎金属性的电导 (见表 8.1).

8.3 低场输运

首先我们考虑只有小的电场. 等到 8.4 节“高场输运”, “小”的真实含义才变得清楚. 在低场区, 速度正比于电场.

8.3.1 迁移率

迁移率的定义是 (标量形式)

$$\mu = \frac{v}{E} \tag{8.8}$$

根据定义, 电子是负数, 空穴是正数. 然而, 对于两种载流子类型, 通常给出的数值都是正的. 在本征半导体里, 迁移率取决于声子的散射. 杂质、缺陷或者合金无序引入了更多的散射. 对于每种载流子类型, 电导率是式 (8.4):

$$\sigma = qn\mu \tag{8.9}$$

利用式 (8.5), 在弛豫时间近似里, 迁移率是

$$\mu = \frac{q\tau}{m^*} \tag{8.10}$$

如果电子和空穴同时存在,

$$\sigma = \sigma_{\mathrm{e}} + \sigma_{\mathrm{h}} = -en\mu_{\mathrm{n}} + ep\mu_{\mathrm{p}} \tag{8.11}$$

其中, μ_{n} 和 μ_{p} 分别是电子和空穴的迁移率. 在弛豫时间近似里, 它们是 $\mu_{\mathrm{n}} = -e\tau_{\mathrm{n}}/m_{\mathrm{e}}^*$ 和 $\mu_{\mathrm{p}} = e\tau_{\mathrm{p}}/m_{\mathrm{p}}^*$.

单位通常采用 $\mathrm{cm}^2/(\mathrm{V\cdot s})$. 铜在室温下的迁移率是 35 $\mathrm{cm}^2/(\mathrm{V\cdot s})$, 半导体的数值更高. 在二维电子气里 (见第 12 章), 迁移率在低温下可以达到几个 10^7 $\mathrm{cm}^2/(\mathrm{V\cdot s})$(图

12.37). 在小带隙的体材料半导体里, 小的有效质量导致了高的电子迁移率. 一些典型的数值如表 8.2 所示.

表8.2　各种半导体的电子和空穴在室温下的迁移率

材料	$-\mu_n(\mathrm{cm^2 \cdot V^{-1} \cdot s^{-1}})$	$\mu_p(\mathrm{cm^2 \cdot V^{-1} \cdot s^{-1}})$
Si	1300	500
Ge	4500	3500
GaAs	8800	400
GaN	300	180
InSb	77000	750
InAs	33000	460
InP	4600	150
ZnO	230	8

8.3.2　微观散射过程

弛豫时间常数汇总了所有的散射机制. 如果不同过程的弛豫时间 τ_i 是独立无关的, 就可以用马蒂森 (Matthiesen) 定则得到迁移率 ($\mu_i = q\tau_i/m^*$):

$$\frac{1}{\mu} = \sum_i \frac{1}{\mu_i} \tag{8.12}$$

在玻尔兹曼输运理论的框架里 (附录 J), 提供了更详细的分类.

不同的散射机制具有相当不同的温度依赖关系, 所以迁移率是温度的非常复杂的函数. 文献 [716] 综述了决定 (立方的) 半导体的低场和高场输运性质的各种机制. 下文讨论的载流子微观散射机制的总体情况如图 8.2 所示.

8.3.3　电离杂质的散射

理论上, 这个问题的处理类似于卢瑟福散射. 假设散射势为屏蔽的库仑势:

$$V(r) = -\frac{Ze}{4\pi\epsilon_0\epsilon_r}\frac{1}{r}\exp\left(-\frac{r}{l_D}\right) \tag{8.13}$$

其中, l_D 是屏蔽长度. 康维尔 (Conwell) 和韦斯科夫 (Weisskopf)[717] 用经典理论处理了这个问题, 布鲁克斯 (Brooks) [718] 和赫林 (Herring) 用量子力学做了处理. 文献 [719] 推导出迁移率的一个表达式, 包容了康维尔-韦斯科夫和布鲁克斯-赫林的结果. 更多的

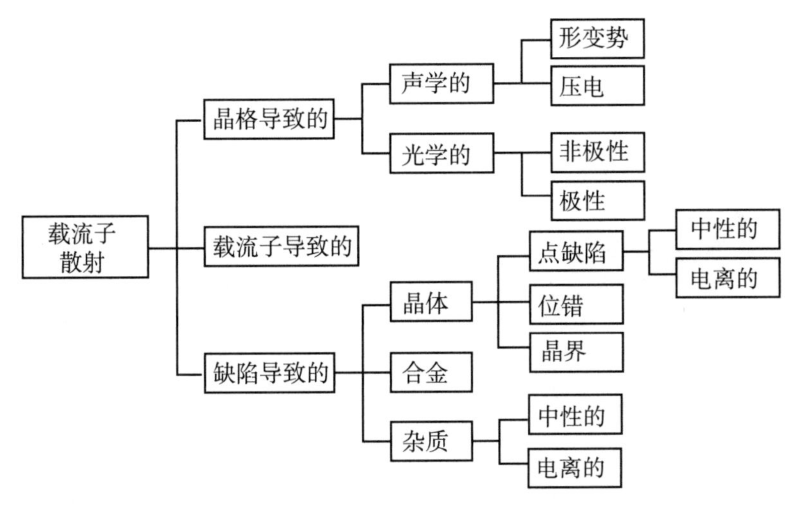

图8.2 载流子的微观散射机制

细节参看文献 [720, 721]. 对于迁移率, 有

$$\mu_{\text{ion.imp.}} = \frac{2^{7/2}\left(4\pi\epsilon_0\epsilon_{\text{r}}\right)^2}{\pi^{3/2}Z^2e^3\sqrt{m^*}}\frac{(kT)^{3/2}}{N_{\text{ion}}}\frac{1}{\ln(1+b)-1/(1+1/b)} \tag{8.14}$$

其中, $b = 4k^2/l_{\text{D}}^2 = 8m^*E(l_{\text{D}}/\hbar)^2$. 在托马斯-费米屏蔽模型中,

$$l_{\text{D}}^2 = 4\pi\frac{e^2}{\epsilon_0\epsilon_{\text{r}}}N(N_{\text{F}}) = \left(\frac{3}{\pi}\right)^{1/3}\frac{4m^*e^2}{\epsilon_0\epsilon_{\text{r}}\hbar^2}n^{1/3} \tag{8.15}$$

式 (8.14) 仅在 $b \gg 1$ (小载流子密度) 时成立. 文献 [720] 给出了类似的公式:

$$\mu_{\text{ion.imp.}} = \frac{128\sqrt{2\pi}\left(\epsilon_0\epsilon_{\text{r}}\right)^2(kT)^{3/2}}{m^{*1/2}Z^2N_{\text{ion}}\,e^3}\left[\ln\frac{24m^*\epsilon_0\epsilon_{\text{r}}(kT)^2}{ne^2\hbar^2}\right]^{-1} \tag{8.16}$$

对于大的电离杂质 (和载流子) 密度 ($b \ll 1$), 迁移率为 [555]

$$\mu_{\text{ion.imp.}} = \frac{4e}{3^{1/3}\pi^{2/3}h}n^{-2/3} \tag{8.17}$$

前面系数的值约为 $3\times10^{14}/(\text{V}\cdot\text{s})$.

散射时间以 $\tau \propto (E/(kT))^s$ 的形式取决于动能. 对于中等散射和弱散射, $s = 3/2$; 对于强散射, $s = -1/2$[714].

对于经典的替代性杂质, 散射中心的电荷为 $|Z| = 1$; 在氧化物中, 氧空位可达 $Z = 2$. 在高杂质密度下, 可形成杂质团, $|Z| > 1$. 由于与 Z^2 成正比, 它会强烈影响散射率. $N_{\text{D}} > 10^{20}/\text{cm}^3$ 时的迁移率下降 (图 8.3(a)) 归因于这种效应, 这种效应可用有效杂质团电荷 Z_{D} 描述 (图 8.3(b))[722,723].

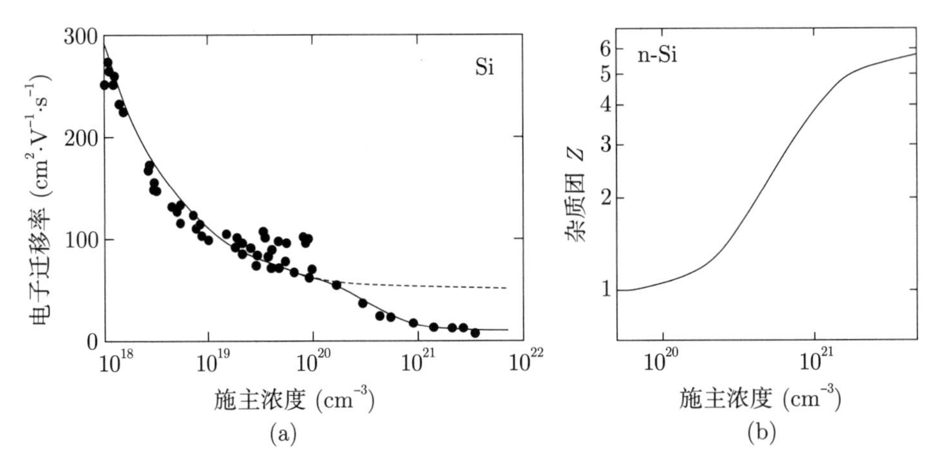

图8.3　(a) 高掺杂硅中的电子迁移率. 符号为各种来源的实验数据, 实线为考虑了杂质团的电离杂质散射模型, 虚线为不考虑杂质团的电离杂质散射的模型. (b) 有效杂质团电荷Z_D. 改编自文献[722]

8.3.4　形变势的散射

小波矢 (波长远大于元胞) 的声学声子可以有 TA 或 LA 的特性. TA 声子表示剪切波 (散度为零), LA 声子表示压缩波 (旋度为零). LA 是平面波, 位移 $\delta\boldsymbol{R}$ 平行于 k 波矢 $\boldsymbol{q}$:

$$\delta\boldsymbol{R}=\boldsymbol{A}\sin(\boldsymbol{q}\cdot\boldsymbol{R}-\omega t) \tag{8.18}$$

应变张量是

$$\epsilon_{ij}=\frac{1}{2}(\boldsymbol{q}_i\boldsymbol{A}_j+\boldsymbol{q}_j\boldsymbol{A}_i)\cos(\boldsymbol{q}\boldsymbol{R}-\omega t) \tag{8.19}$$

对于 $\boldsymbol{q}$ 和 $\omega\to 0$, 它具有对角的形式: $\epsilon_{ij}=\boldsymbol{q}_i\boldsymbol{A}_j$. 因此, LA 声子产生了一种振荡的体积扩张 (和压缩), 振幅为 $\boldsymbol{q}\cdot\boldsymbol{A}$. 这种体积调制影响了带边的位置. 对于导带边, 能量的变化与流体静压形变势 $E_{\text{ac.def.}}=V\partial E_{\text{C}}/\partial V$ 导致的体积变化有关. 因为这种调制远小于电荷载流子的能量, 它主要是一种弹性散射过程. LA 散射的哈密顿算符是

$$\hat{H}=E_{\text{ac.def.}}\,(\boldsymbol{q}\cdot\boldsymbol{A}) \tag{8.20}$$

LA 振幅的大小由模式里的声子数给出, 后者取决于玻色-爱因斯坦分布: $N_{\text{ph}}(\hbar\omega)=\left[\exp\left(\frac{\hbar\omega}{kT}\right)\right]^{-1}$. 声学形变势散射导致的迁移率是

$$\mu_{\text{ac.def.}}=\frac{2\sqrt{2\pi}e\hbar^4c_l}{3m^{*5/2}E_{\text{ac.def.}}^2}(kT)^{-3/2} \tag{8.21}$$

其中, $c_{\mathrm{l}}=\rho c_{\mathrm{s}}^{\mathrm{LA}}$, ρ 是密度, c_{s} 是声速. 因此声学形变势散射在高温下很重要. 在非极性半导体里 (Ge, Si), 它在高温下 (通常在室温及以上) 占主导地位.

8.3.5 压电势的散射

在压电晶体里 (见 16.4 节), 晶体在应变下表现出电极化, 某些声学声子导致了压电场. 在 GaAs 里, $\langle 111\rangle$ 是压电方向, 剪切波出现在这种情况中. 在强的离子晶体里, 例如Ⅱ-Ⅵ半导体, 压电散射可以强于形变势散射. 压电势散射导致的迁移率是

$$\mu_{\mathrm{pz.el.}}=\frac{16\sqrt{2\pi}}{3}\frac{\hbar\epsilon_0\epsilon_{\mathrm{r}}}{m^{*3/2}eK^2}(kT)^{-1/2} \tag{8.22}$$

其中, $K=\dfrac{e_{\mathrm{p}}^2/c_{\mathrm{l}}}{\epsilon_0\epsilon_{\mathrm{r}}+e_{\mathrm{p}}^2/c_{\mathrm{l}}}$, e_{p} 是压电系数.

8.3.6 极化光学声子散射

LO 声子联系着与位移 (式 (9.29)) 反平行的电场. 在这种散射机制里, 吸收或发射的声子能量 $\hbar\omega_0$ 与载流子的热能量相仿. 因此, 散射是非弹性的, 弛豫时间近似不成立. 一般性的输运理论很复杂. 如果温度远小于德拜温度 ($T\ll\Theta_{\mathrm{D}}$),

$$\mu_{\mathrm{pol.opt.}}=\frac{e}{2m^*\alpha\omega_0}\exp\left(\frac{\Theta_{\mathrm{D}}}{T}\right) \tag{8.23}$$

其中, $\alpha=\dfrac{1}{137}\sqrt{\dfrac{m^*c^2}{2k\Theta_{\mathrm{D}}}}\left(\dfrac{1}{\epsilon(\infty)}-\dfrac{1}{\epsilon(0)}\right)$ 是无量纲的极化常数.

8.3.7 位错散射

位错可以包含电荷中心, 从而成为散射中心. 这在有形变的 n-Ge 晶体中首先得到证实 [725,726]. 形变引入了受主型的缺陷, 降低了迁移率, 特别是在低温下 (类似于电离杂质的散射). 在 n 型半导体里, 位错散射导致的迁移率是 [727,728]

$$\mu_{\mathrm{disl.}}=\frac{30\sqrt{2\pi}\epsilon^2d^2(kT)^{3/2}}{N_{\mathrm{disl}}e^3f^2L_{\mathrm{D}}\sqrt{m^*}}\propto\frac{\sqrt{n}}{N_{\mathrm{disl}}}T \tag{8.24}$$

d 是受主中心沿着位错线的平均距离, f 是它们的占据速率 (occupation rate), N_{disl} 是位错的面密度, $L_{\mathrm{D}}=(\epsilon kT/(e^2n))^{1/2}$ 是德拜屏蔽长度. 关系式 $\mu\propto\sqrt{n}/N_{\mathrm{disl}}$ 已经在不同

的 n 型 GaN 样品中得到证实 [729].

8.3.8 晶界散射

在多晶材料里, 例如太阳能电池或者薄膜晶体管的多晶硅 [730-733], 穿越晶界的输运导致了迁移率下降, 这是一个重要的效应. 晶界包含着电子陷阱, 其填充依赖于晶粒体材料的掺杂. 电荷会束缚在晶界里, 也会产生耗尽层. ① 在低掺杂的情况中, 晶粒是完全耗尽的, 所有自由载流子束缚在晶界里. 这意味着低电导率, 然而, 不存在输运的电子势垒. 在中等掺杂的情况, 陷阱是部分填充的, 晶粒是部分耗尽的, 产生了电子势垒 ΔE_{b}(图 8.4(a)), 阻碍了输运, 因为必须通过热电子发射 (thermionic emission) 越过这个势垒. 在高掺杂的情况中, 陷阱被完全填充, 势垒又消失了. 相应地, 迁移率作为掺杂浓度的函数经过一个极小值 (图 8.4(b))[730]. 在文献 [734] 中, 这些数据被建模, 采用 20 nm 的晶粒大小, 这个数值是从 TEM 分析得到的 [730].

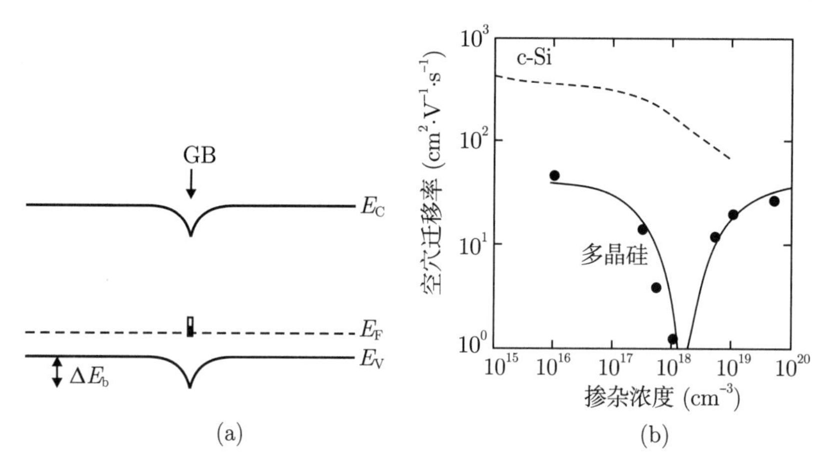

图8.4 (a) (空穴)输运在晶界(GB)处的电子势垒(ΔE_{b}). (b) 多晶硅里空穴平均迁移率的实验数据(符号)和理论模型(实线). 为了比较，用虚线给出了单晶硅里的依赖关系. 改编自文献[730]

晶粒处的散射对迁移率的限制是 [733,735]

$$\mu_{\mathrm{GB}} = \frac{eL_{\mathrm{G}}}{\sqrt{8m^*\pi k}} T^{-1/2} \exp\left(-\frac{\Delta E_{\mathrm{b}}}{kT}\right) \tag{8.25}$$

其中, L_{G} 是晶粒的大小.

① 只有理解了耗尽层和能带弯曲的概念 (见 21.2.1 小节), 才能理解下面的论证.

8.3.9 合金散射

格点的随机占据是完美周期格子的无序. 合金 A_xB_{1-x} 因为这个势的散射, 电荷载流子的迁移率与合金散射势 ΔU 成正比 [590],

$$\mu_{合金} = \frac{2e\hbar}{3\pi m^* \Omega x(1-x)(\Delta U)^2}\frac{kT}{n}\left[1+\exp\left(\frac{E_F}{kT}\right)\right] \tag{8.26}$$

其中 $\Omega(x)$ 是合金散射势有效的元胞的体积. 这种效果存在于任何合金中, 如 $In_xGa_{1-x}As$[591] 和 $Al_xGa_{1-x}N$[592]. 关于后一种材料, 请看下一节.

8.3.10 偶极散射

在极性半导体 (具有电极化的低对称 (非立方) 半导体, 第 16 章) 的合金里, 由极化的随机变化引起的额外势引入了一种额外的散射机制, 即 "偶极子散射"[592]. 偶极子散射最初在高补偿半导体因电离施主-受主对 [593] 而产生的散射的背景下进行研究.

8.3.11 温度依赖关系

所有散射过程的总效果使得迁移率具有相当复杂的温度依赖关系 $\mu(T)$. 在共价半导体 (Si, Ge) 里, 低温下最重要的过程是电离杂质的散射 ($\mu \propto T^{3/2}$), 高温下是形变势的散射 ($\mu \propto T^{-3/2}$)(图 8.5(a)). 在极性晶体 (例如 GaAs) 里, 在高温下, 极化光学声子散射占主导地位 (图 8.5(b)).

图 8.6 比较了 ZnO 体材料和薄膜的电子迁移率. ZnO 是极性的, 室温的迁移率受限于极化光学声子散射. 在薄膜里, 额外出现的晶界散射 (8.3.8 小节) 限制了迁移率.

图 8.7 描述了极性半导体合金 $Al_{0.25}Ga_{0.75}N$ 的迁移率随温度的变化. 合金散射和偶极散射的贡献决定了迁移率 [592].

因为载流子浓度随着温度的升高而增大, 迁移率下降了, 电导率通常在 70 K 附近有个最大值 (见图 8.8). 在很高的温度下, 当本征电导开始时, σ 由于 n 的增大而增加很多.

在低温下, 掺杂 (杂质原子位置随机) 引起的无序导致温度驱动的金属-绝缘体转变, 如图 8.21 所示.

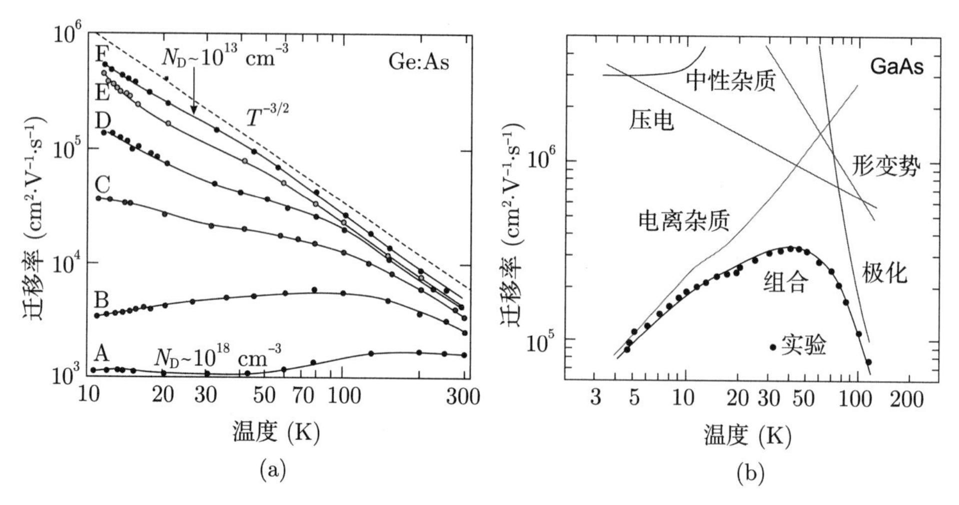

图8.5 (a) n型Ge里电子迁移率的温度依赖关系(掺杂水平不同，从样品A的$N_D \approx 10^{18}/cm^3$到样品F的$N_D \approx 10^{13}/cm^3$，每个变化10倍). 虚线是形变势散射的$T^{-3/2}$依赖关系，实线用于引导视线. 改编自文献[594]. (b) n型GaAs的$\mu_n(T)$($N_D \approx 5\times10^{13}/cm^3$, $N_A \approx 2\times10^{13}/cm^3$). 实线是不同散射机制的理论迁移率以及根据式(8.12)得到的组合迁移率. 改编自文献[736]

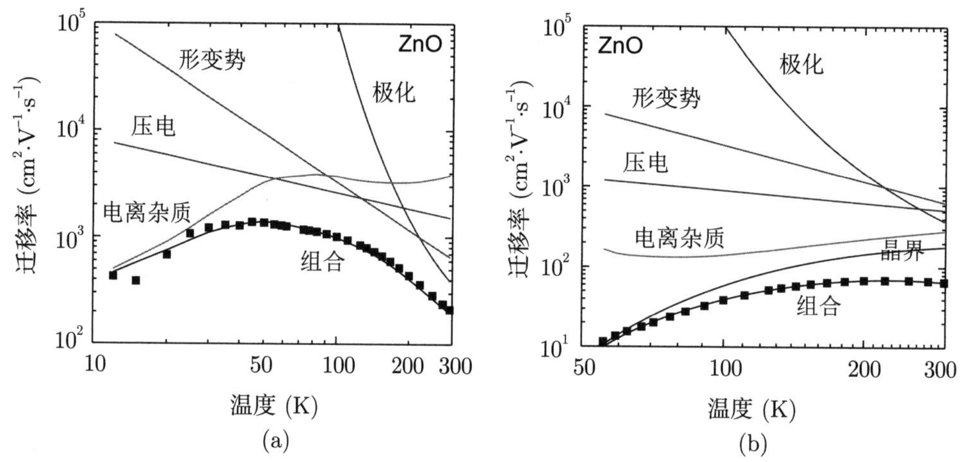

图8.6 n型ZnO里电子迁移率的温度依赖关系：(a) ZnO体材料；(b) 蓝宝石衬底上PLD生长的ZnO薄膜. 后者的晶界散射限制了迁移率. 方块是实验数据，实线是不同散射机制的理论迁移率以及根据式(8.12)得到的组合迁移率. 实验数据取自文献[737]

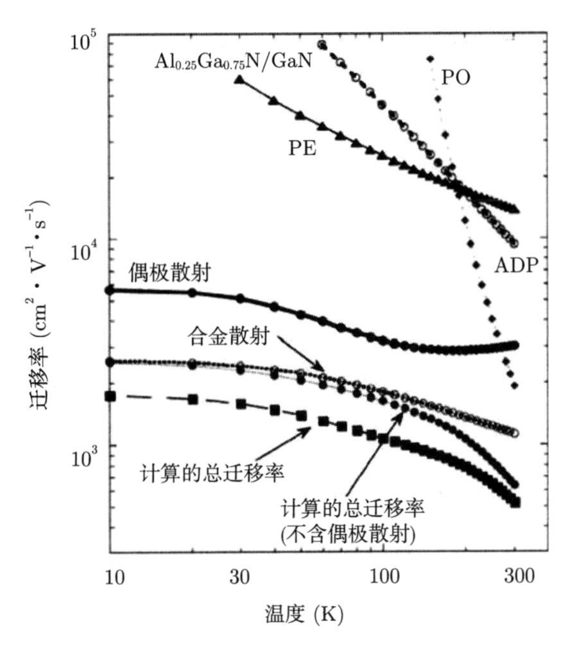

图8.7 计算得到的n型$Al_{0.25}Ga_{0.75}N$的电子迁移率的温度依赖关系($N_D=5\times10^{17}/cm^3$). PO：极化光学散射，PE：压电散射，ADP：声学形变势散射. 改编自文献[592]

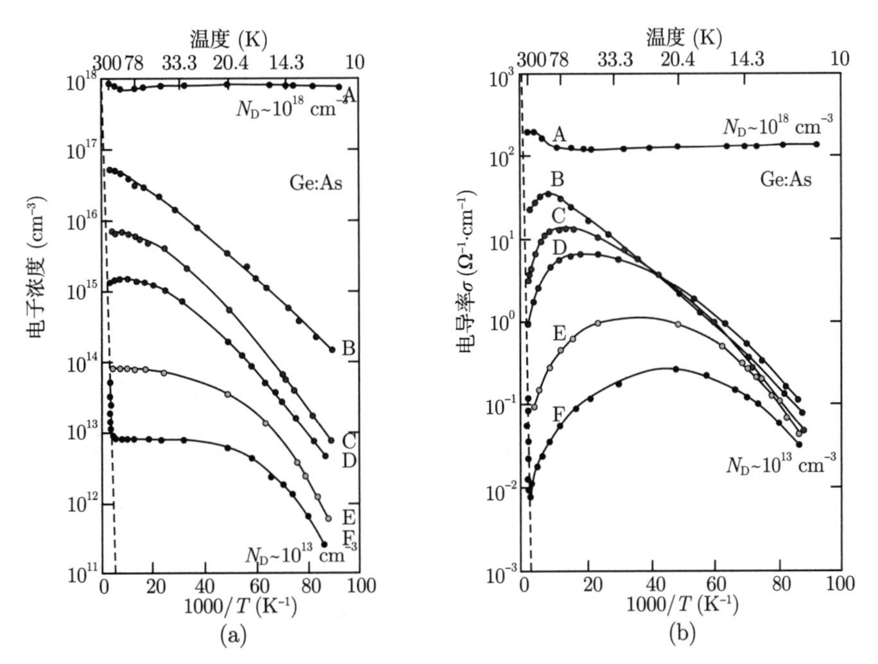

图8.8 n型Ge的(a)载流子密度和(b)电导率的温度依赖关系. 掺杂水平$N_D\approx10^{13}\sim10^{18}/cm^3$(与图8.5(a)中的样品A～F一样，那里给出了相同样品的迁移率). 虚线是本征Ge. 实线用于引导视线. 改编自文献[594]

8.3.12 掺杂依赖关系

迁移率随着掺杂浓度的增加而降低, 如图 8.3 和图 8.5(a) 所示. 在图 8.9(a) 里, 低掺杂极限是由于形变势的散射; 它随着掺杂的增加而减小, 这是由于电离杂质散射. 在高掺杂水平下, 它在室温下比 (声学或光学) 声子散射更重要 [738]. 在载流子浓度非常高的 n 型和 p 型硅里, 载流子的迁移率如图 8.9(b) 所示.

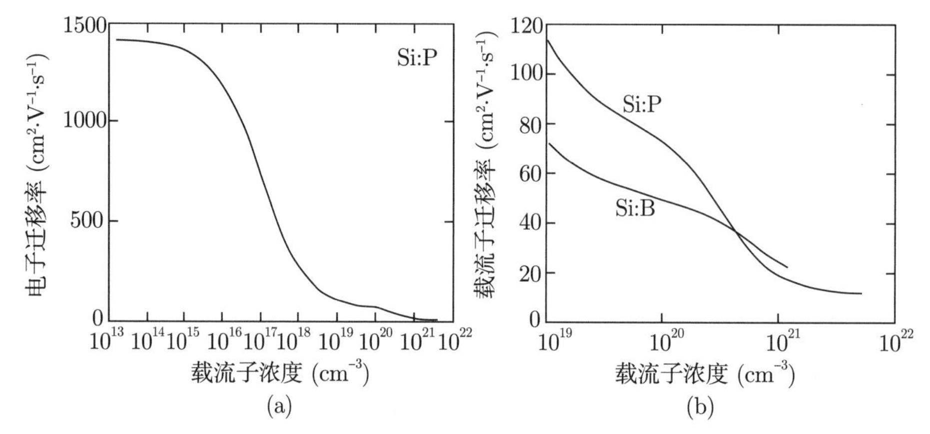

图8.9 (a) 在很宽的载流子浓度范围里, Si:P在室温下的电子迁移率. (b) 在几种高载流子浓度下, Si:P里的电子迁移率和Si:B里的空穴迁移率. 改编自文献[739]

因此, 对于体材料, 载流子的高浓度和高迁移率是矛盾的目标. 调制掺杂的概念提供了一种解决方法, 在异质结构里, 掺杂的杂质和 (二维) 载流子气是空间分离的 (见 12.3.4 小节).

在高掺杂时, 杂质的替代性可能会消失, 从而产生其他相. 例如, 在高掺杂的 ZnO:Ga 中观察到, 当 [Ga]=4% 时, 出现了寄生的 $ZnGa_2O_4$ 尖晶石相, 表现出 Ga 的八面体配位 [632]. 这种分离现象的出现伴随着迁移率和电导率的下降.

8.3.13 超导电性

研究发现, 高掺杂半导体的行为不仅类似于金属 (载流子浓度在很大程度上与温度无关), 而且还可以表现出超导性. 理论和早期的实验研究表明, 即使电子浓度远小于每个原子有一个电子, 也有可能发生这种行为 [740-743]. 在实验中, 最近在许多半导体里发现了强烈的超导电性 (robust superconductivity)[744,745], 例如, 掺硼的金刚石 (C:B)[746](图 8.10), Si:B[747] 和 Ge:Ga[748]. 制备临界温度高于 1 K 的超导半导体通常涉及超掺杂, 原子杂质的浓度超过百分之几. 这些材料的详细物理原理, 如超导体类型(Ⅱ类超导体的行为) 或电子耦合机制 (通常假设是声子辅助配对), 仍存在争议.

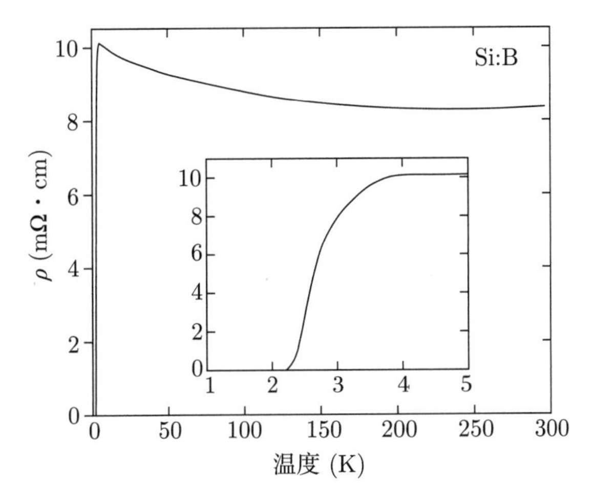

图8.10 掺杂B的金刚石的电导率与温度的函数关系. 改编自文献[746]

另一种超导半导体结构是特定扭曲角和载流子浓度的范德瓦耳斯异质结构中的扭曲单层 (参见 13.3 节).

8.3.14 压电电阻率

电阻率对应力或应变的依赖就是压电阻效应 (piezoresistive effect), 文献 [749] 首次描述. 它是应力改变了能带结构和有效质量的结果 (6.12.2 小节). 在立方材料里, 在唯象描述里, 笛卡儿方向 i 的输运的电阻率 ρ_i 相对于没有应变时的变化是

$$\frac{\Delta\rho_i}{\rho_i} = \pi_{ij}\sigma_j \tag{8.27}$$

其中, $\boldsymbol{\pi}$ 是压电电阻率张量式 (8.28), σ_j 是 6 分量的应变张量式 (5.55),

$$\boldsymbol{\pi} = \begin{pmatrix} \pi_{11} & \pi_{12} & \pi_{12} & 0 & 0 & 0 \\ \pi_{12} & \pi_{11} & \pi_{12} & 0 & 0 & 0 \\ \pi_{12} & \pi_{12} & \pi_{11} & 0 & 0 & 0 \\ 0 & 0 & 0 & \pi_{44} & 0 & 0 \\ 0 & 0 & 0 & 0 & \pi_{44} & 0 \\ 0 & 0 & 0 & 0 & 0 & \pi_{44} \end{pmatrix} \tag{8.28}$$

表 8.3 给出了 Si, Ge 和 GaAs 的压电系数的数值.

压电效应已经有详细的讨论 [750], 并且对 p 型 Si 建模 [751]. 我们只给一个简单的例子, 与先进的 CMOS 设计 (24.5.5 小节) 特别相关. 对于 (001) 平面内的单轴应力, 硅的

表8.3 Si, Ge和GaAs在室温下的压电电阻率系数(单位是10^{-11}/Pa)

材料	ρ (Ω·cm)	π_{11}	π_{12}	π_{44}	文献
p型Si	7.8	6.6	−1.1	138.1	[749]
n型Si	11.7	−102.2	53.4	−13.6	[749]
p型Ge (Ge:Ga)	15.0	−10.6	5.0	98.6	[749]
n型Ge (Ge:As)	9.9	−4.7	−5.0	−137.9	[749]
p型GaAs	$\sim10^{-3}$	−12.0	−0.6	46	[753]
n型GaAs	$\sim10^{-3}$	−3.2	−5.4	−2.5	[753, 754]

压电系数的方向依赖关系如图 8.11 所示. 单轴张应力增大了 ⟨110⟩ 应力方向的空穴电阻率, 而压应力增大了空穴电导率.

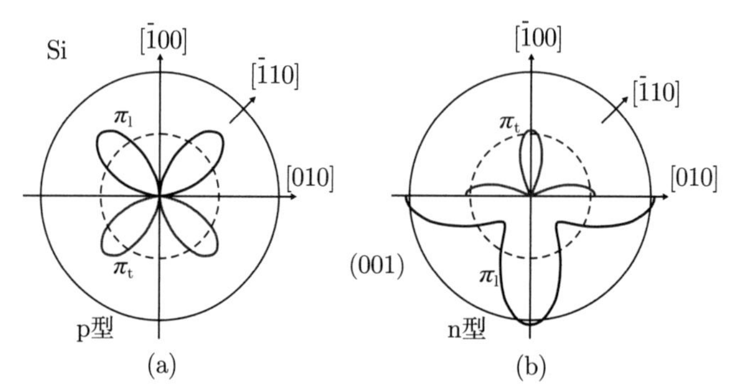

图8.11 受到单轴应力的Si (001)在室温下的压电电阻率系数, 电流平行(垂直)于应变的是蓝线π_l(红线π_t): (a) p型Si; (b) n型Si. 图的上半部分(下半部分)给出了压电电阻率系数的正值(负值), 即电阻随着张应力增大(减小). 实线圆圈给出的数值是$|\pi| = 10^{-9}$/Pa, 虚线圆圈是该数值的一半. 改编自文献[752]

8.4 高场输运

在小电场的情况下, 散射事件是弹性的. 漂移速度线性地正比于电场. 平均热能接近于其热值 $3kT/2$, 载流子接近其带边 (图 8.12(a)). 然而, 散射效率在中等强度的场中就已经降低了. 电子温度 [755] 就变得大于晶格温度. 假设是非玻尔兹曼 (和非费米) 统计分布 [756], 随着电场的增强, 载流子可以获得越来越多的能量, 并平均分布在更高的态上. 图 8.12(b)(c) 描述了三种不同电场下硅在 $\boldsymbol{k}$ 空间中的电子分布. 热载流子发生其他散射过程, 即光学声子发射、谷间散射和碰撞电离.

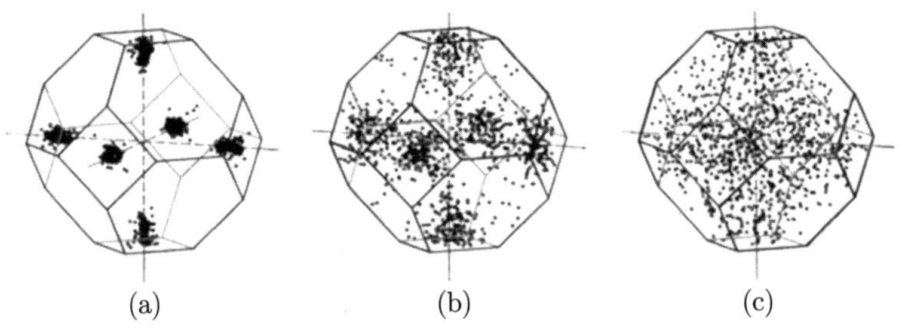

图8.12 硅里的电子在动量空间中的分布(与图6.35(c)比较), 电场分别为: (a) 10 kV/cm; (b) 10^2 kV/cm; (c) 10^3 kV/cm. 改编自文献[756]

8.4.1 漂移饱和速度

如果载流子能量足够大, 就可以通过发射一个光学声子, 把能量传递给晶格. 这个机制非常有效, 限制了最大漂移速度. 这种行为是非欧姆的. 漂移速度的极限值称为饱和漂移速度, 由下式给出 [757]:

$$v_{\mathrm{s}} = \sqrt{\frac{8}{3\pi}}\sqrt{\frac{\hbar\omega_{\mathrm{LO}}}{m^*}} \tag{8.29}$$

从能量平衡角度考虑可以得到这个关系. 在电场里单位时间的能量增益等于发射一个光学声子的能量损耗.

$$q\boldsymbol{v}\cdot\boldsymbol{E} = \frac{\hbar\omega_{\mathrm{LO}}}{\tau} \tag{8.30}$$

其中, τ 是 LO 声子发射的典型的弛豫时间常数. 与式 (8.3) 一起, 我们得到式 (8.30), 除了相差一个接近于 1 的因子. 精确的因子来自更精确的量子力学处理. Ge 在室温下的饱和漂移速度是 6×10^6 cm/s, Si 是 1×10^7 cm/s(图 8.13(a)). 载流子速度也依赖于晶向 [758].

8.4.2 负微分电阻率

在 GaAs 里, 最大漂移速度大约是 2×10^7 cm/s, 这个速度随着电场的增强而下降 (10 kV/cm 时为 1.2×10^7 cm/s, 200 kV/cm 时为 0.6×10^7 cm/s), 如图 8.13(a) 所示. 这个区域称为负微分电阻 (NDR), 在 GaAs 里的阈值是 $E_{\mathrm{thr}} = 3.2$ kV/cm, 由文献 [764] 预言. 这种现象可以用于微波振荡器, 例如, 耿氏元件 (21.5.11 小节).

这个效应发生在多龙骨的能带结构里 (见图 8.14, 数值参见表 8.4), 例如, 在 GaAs 或 InP 里, 当载流子的能量高得足以从 Γ 最小值 (质量小, 迁移率高) 散射到 L 谷 (质

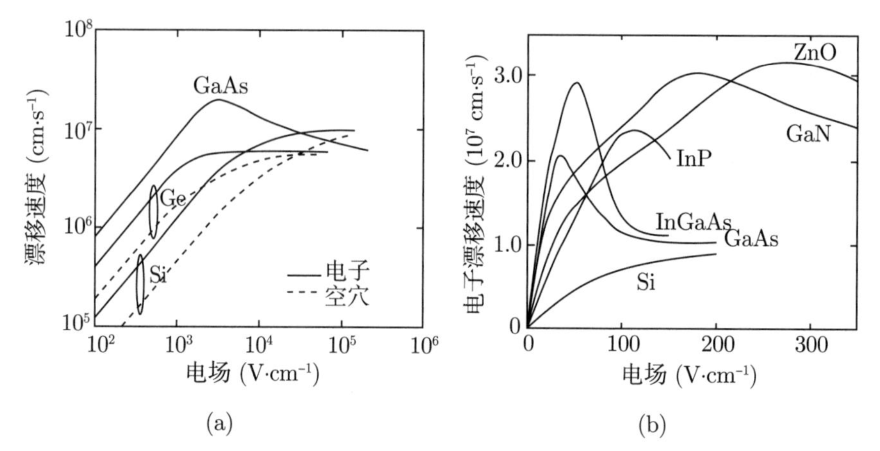

图8.13　作为外加电场函数的室温下的漂移速度. (a) 高纯Si, Ge和GaAs, 双对数坐标; (b) Si[759], Ge[760], GaAs[676], InP[761], (In,Ga)As[762], GaN和ZnO[763], 线性坐标

量大, 迁移率低)(图 8.14(c)(d)) 时 [765].

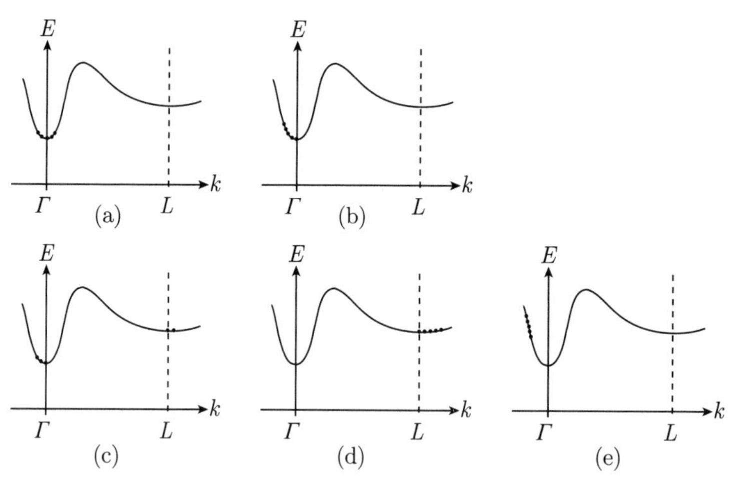

图8.14　多谷的能带结构(例如GaAs, InP)里的电荷载流子分布, 电场强度为: (a) 零; (b) 小($E<E_a$); (c) 一般; (d) 大($E>E_b$). 图 (e) 的情况是在速度过冲期间暂时达到的(参见图8.16)

饱和速度的温度依赖关系如图 8.15 所示. 随着温度的升高, 饱和速度下降, 因为和晶格的耦合变得更强了.

表8.4 GaAs和InP的多谷能带结构的材料参数. ΔE表示导带的两个最低能谷的能量差, E_{thr}是负微分电阻(NDR)的阈值电场, v_P是峰值速度(在E_{thr}处)

材料	E_g (eV)	ΔE (eV)	E_{thr} ($kV \cdot cm^{-1}$)	v_P (10^7 $cm \cdot s^{-1}$)	下谷 (Γ)		上谷 (L)	
					m^* (m_0)	μ_n ($cm^2 \cdot V^{-1} \cdot s^{-1}$)	m^* (m_0)	μ_n ($cm^2 \cdot V^{-1} \cdot s^{-1}$)
GaAs	1.42	0.36	3.2	2.2	0.068	≈8000	1.2	≈180
InP	1 35	0 53	10 5	2 5	0.08	≈5000	0.9	≈100

绝大部分数值取自文献[766].

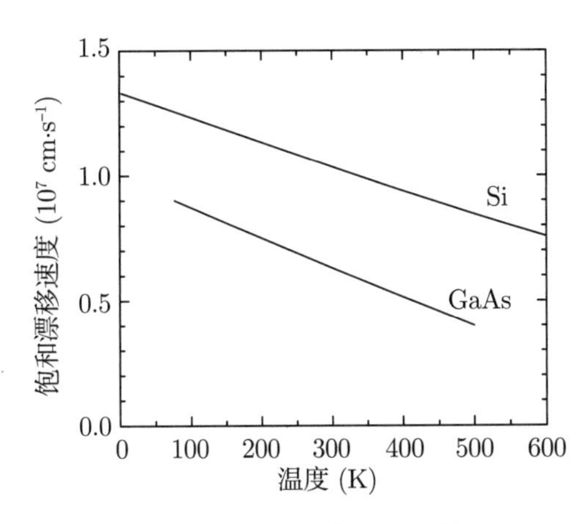

图8.15 饱和速度的温度依赖关系, 其中GaAs的数据取自文献[676, 767, 768], Si服从$v_s=v_{s0}(1+0.8 \cdot \exp(T/600\ K))^{-1}$($v_{s0}=2.4\times10^7$ cm/s, 根据文献[759])

8.4.3 速度过冲

当电场开启的时候, 载流子起初在 Γ 最小值 (图 8.14(a)). 只有经过几次散射过程以后, 它们才被散射到 L 极小值. 这意味着在初始时刻, 输运以最低的极小值处的较高迁移率发生 (图 8.14(e)). 速度就大于在直流电场下的 (稳态) 饱和速度. 这种现象被称为速度过冲, 完全是一种动力学效应 (图 8.16). 文献 [769] 讨论了 GaN 里的速度过冲. 在小晶体管里, 这是一个重要的效应.

8.4.4 碰撞电离

如果电场里的能量增益足够大, 可以产生一个电子-空穴对, 就会发生碰撞电离的现象. 这个能量正比于 v^2. 动量守恒和能量守恒成立. 因此, 在小的能量处 (靠近碰撞电离的阈值), 矢量是短的、共线的, 从而满足动量守恒. 在更高的能量处, 碰撞体的速度矢

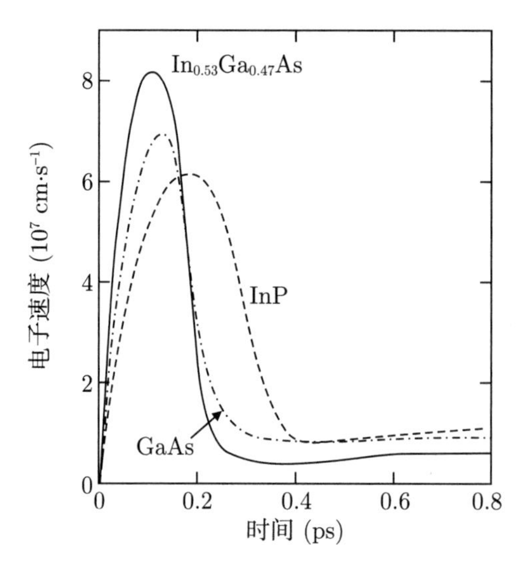

图8.16　在阶梯式电场(40 kV/cm)下，室温下的电子速度的时间依赖关系

量之间的夹角可以更大. 如果一个电子引发了这个过程 (图 8.17(a)), 阈值能量是 [770]

$$E_{\mathrm{e}}^{\mathrm{thr}} = \left(1 + \frac{m_{\mathrm{e}}}{m_{\mathrm{e}} + m_{\mathrm{hh}}}\right) E_{\mathrm{g}} \tag{8.31}$$

如果这个过程始于一个重空穴, 那么阈值 [770]

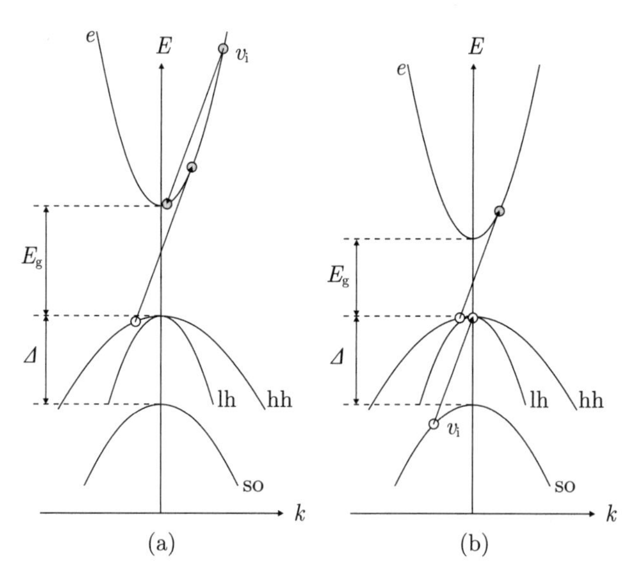

图8.17　在靠近阈值能量附近，碰撞电离的电子跃迁和空穴跃迁. 引发电离的是一个速度为v_i的(a)电子或(b)so空穴

$$E_{\mathrm{hh}}^{\mathrm{thr}}=\left(1+\frac{m_{\mathrm{hh}}}{m_{\mathrm{e}}+m_{\mathrm{hh}}}\right)E_{\mathrm{g}} \tag{8.32}$$

因空穴质量更大而变得更大.

so 空穴触发的碰撞电离 (如图 8.17(b) 所示) 的阈值是 [771]

$$E_{\mathrm{h}}^{\mathrm{thr}}=\left[1+\frac{m_{\mathrm{so}}\left(1-\Delta_0/E_{\mathrm{g}}\right)}{2m_{\mathrm{hh}}+m_{\mathrm{e}}-m_{\mathrm{so}}}\right]E_{\mathrm{g}} \tag{8.33}$$

因此, so 空穴的阈值通常更小. ① 在发生碰撞电离的能量处, 非抛物线性通常很重要, 因此式 (8.31)~(8.33) 只是定性的. 考虑到详细的能带结构, 计算得到的阈值行为和散射率对 Si 中主要载流子能量的函数依赖关系如图 8.18 所示.

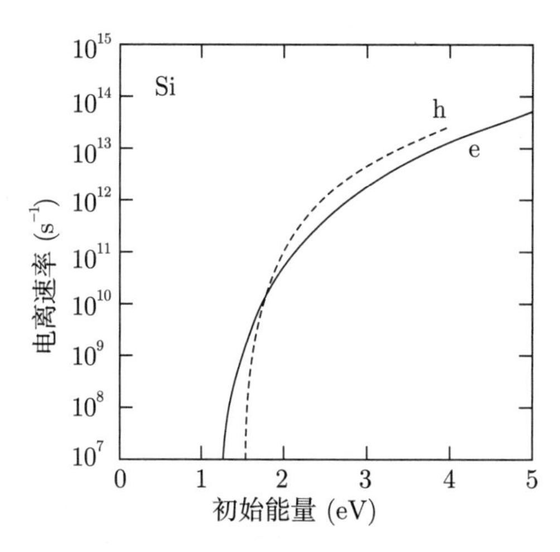

图8.18　室温下Si里的电子(实线)和空穴(虚线)的碰撞电离速率与初始载流子能量的函数关系. 曲线是对蒙特卡罗模拟结果的拟合. 改编自文献[772,773]

在碰撞电离中, 电子-空穴对的生成速率是

$$G=\alpha_{\mathrm{n}}nv_{\mathrm{n}}+\alpha_{\mathrm{p}}pv_{\mathrm{p}} \tag{8.34}$$

其中, α_{n} 是电子的电离效率. 它描述了单位长度内每个入射电子产生的电子-空穴对. α_{p} 是空穴的电离效率. 电离效率强烈地依赖于外加电场, 如图 8.19 所示. 它们也依赖于晶向.

在考虑了全带结构后, 利用蒙特卡罗技术, 文献 [772, 773] 分别计算了硅中电子和空穴引发的碰撞电离. 在这两种情况下, 当剩余能量小于 3 eV 时, 碰撞电离速率是各向异性的; 当剩余能量大于 3 eV 时, 碰撞电离速率是各向同性的. 二次生成载流子在生成时刻的平均能量与初始电子或空穴能量呈线性关系.

① 假设 $m_{\mathrm{so}}=m_{\mathrm{e}}, m_{\mathrm{e}}\ll m_{\mathrm{hh}}, \Delta_0\ll E_{\mathrm{g}}$, 则 $E_{\mathrm{so}}^{\mathrm{thr}}/E_{\mathrm{e}}^{\mathrm{thr}}\approx 1-(m_{\mathrm{e}}/m_{\mathrm{hh}})(1+\Delta_0/E_{\mathrm{g}})/2<1$.

对于 GaAs, GaN 和 ZnS, 在考虑了能带结构的细节和各向异性后, 电子触发的碰撞电离速率的能量依赖关系已经被计算 [774]. 在布里渊区平均后的速率如图 8.20 所示. 因为 GaN 的能隙大, 只有更高的导带里的电子才能产生碰撞电离. GaN 的电离速率在 5.75 eV 附近快速增大, 这与空穴态在布里渊区边界处很大的价带态密度有关.

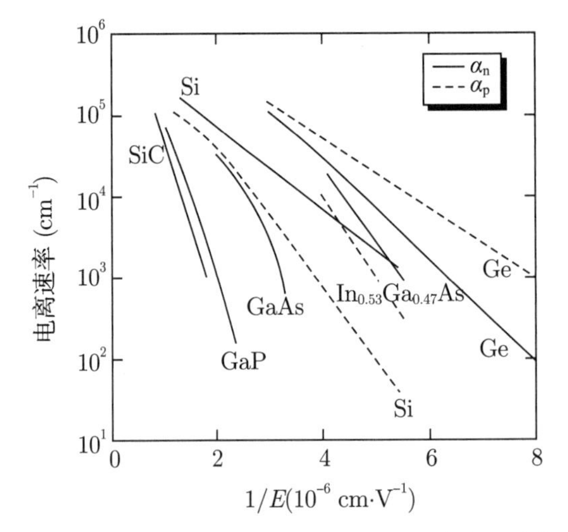

图8.19 300 K下Si, Ge和其他化合物半导体中电子和空穴的碰撞电离速率与电场倒数的函数关系. 改编自文献[574]

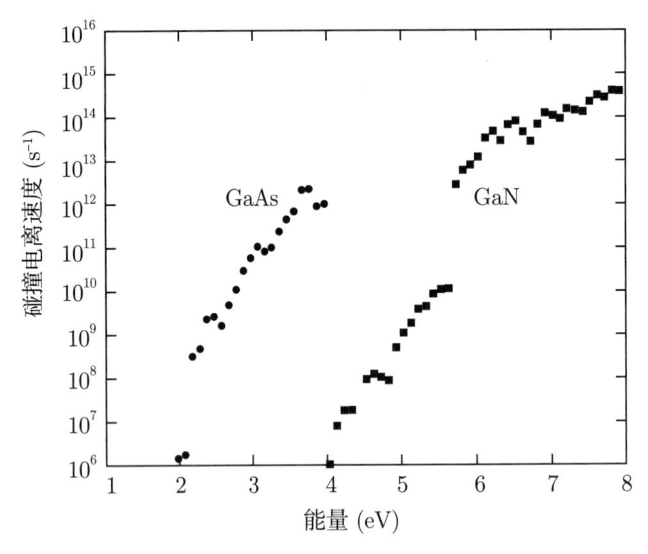

图8.20 GaAs(圆点)和GaN(方块)里电子引发的碰撞电离平均速率. 改编自文献[774]

8.5 高频输运

上面考虑的是直流 (或者缓慢变化的) 电场. 现在考虑交流电场. 它让载流子加速, 但是同时, 在弛豫时间近似里, 有耗散力存在, 即 (对于电子)

$$m^*\dot{\boldsymbol{v}} = -e\boldsymbol{E} - m^*\frac{\boldsymbol{v}}{\tau} \tag{8.35}$$

对于简谐的电场: $E \propto \exp(-\mathrm{i}\omega t)$, 复电导率 ($\boldsymbol{j} = \sigma\boldsymbol{E} = nq\boldsymbol{v}$) 是

$$\sigma = \frac{ne^2\tau}{m^*}\frac{1}{1-\mathrm{i}\omega\tau} = \frac{ne^2}{m^*}\frac{\mathrm{i}}{\omega+\mathrm{i}\gamma} \tag{8.36}$$

其中, $\gamma = 1/\tau$ 是阻尼常数. 分解为实部和虚部, 得到

$$\sigma = \frac{ne^2\tau}{m^*}\left(\frac{1}{1+\omega^2\tau^2} + \mathrm{i}\frac{\omega\tau}{1+\omega^2\tau^2}\right) \tag{8.37}$$

对于小的频率 ($\omega \to 0$), 重新得到了式 (8.5) 的直流电导率, 即 $\sigma = ne^2\tau/m^*$. 在高频率 ($\omega\tau \gg 1$) 下,

$$\sigma = \frac{ne^2\tau}{m^*}\left(\frac{1}{\omega^2\tau^2} + \mathrm{i}\frac{1}{\omega\tau}\right) \tag{8.38}$$

8.6 杂质带输运

7.5.7 小节讨论了在高掺杂和杂质波函数重叠存在下杂质带的形成. 载流子从杂质到杂质的跳跃 (隧穿) 输运导致了一个额外的传输通道, 称为 "杂质带传导"[775-777]. 这种现象已经在许多掺杂半导体中发现, 其中最近的有 GaAs:Mn[778] 或 $\mathrm{Ga_2O_3:Sn}$[779], 在低温下, 恒定的载流子浓度归因于杂质带导电效应.

掺杂原子的随机分布在本质上让掺杂的半导体成为一个无序的系统. 文献 [780] 综述了无序系统中电子态的物理性质. 在特定的掺杂值 ($N_\mathrm{P} = 3.8\times10^{18}/\mathrm{cm}^3$) 下, 观察到

金属-绝缘体转变, Si:P 的情况 [781] 如图 8.21 所示. 对于特定的无序值, 所有状态都被局部化 (安德森局域化 [782,783], 比较 8.9 节).

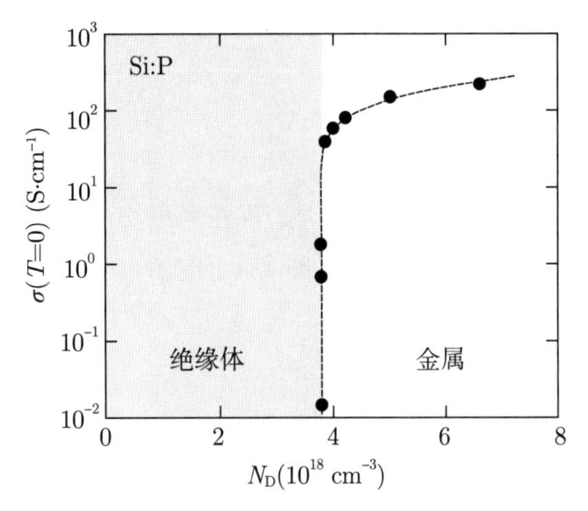

图8.21 对于不同的(施主)掺杂浓度, Si:P的零温电导率. 圆点是实验数据, 虚线用来引导视线. 改编自文献[781]

8.7 极化子

在离子晶格里, 电子极化了离子, 改变了它们的平衡位置. 根据这种效应的强烈程度, 晶格极化改变能带输运里的载流子 (电子或空穴) 的质量 (8.7.1 小节), 或者晶格形变太强了, 使得载流子在晶格常数的长度尺度上局域化. 这种自陷的载流子称为小极化子, 将在 8.7.2 小节中讨论. 综述见文献 [784,785].

8.7.1 大极化子

电子在离子晶格里移动, 必然导致 "离子位移" 跟随它. 有效电子质量变为 "极化子质量" m_p①:

$$m_p = m^* \left(1 + \frac{\alpha}{6} + 0.025\alpha^2 + \cdots\right) \tag{8.39}$$

① 这个计算需要用到多粒子理论和技术; 最好的解仍然来自费曼路径积分的计算 [786-788].

其中 $\alpha \leqslant 1$, 而 m^* 是 6.9.2 小节定义的能带质量, α 是弗洛里希 (Fröhlich) 耦合常数①:

$$\alpha = \frac{1}{2}\frac{e^2}{\hbar}\sqrt{\frac{2m^*}{\hbar\omega_{\mathrm{LO}}}}\left(\frac{1}{\epsilon_\infty} - \frac{1}{\epsilon_0}\right) \tag{8.40}$$

这个过程称为极化子效应, 需要额外的能量 [786,789]. 通常, 极化子的质量是 $m_{\mathrm{p}} = m^*/(1-\alpha/6)$, 这是微扰理论 [789] 和式 (8.39) 在小 α 取近似得到的结果.

对于大的耦合参数 ($\alpha \gg 1$), 极化子的质量是 [787]

$$m_{\mathrm{p}} = m^* \frac{16}{81\pi^4}\alpha^4 \tag{8.41}$$

因为和晶格的相互作用, 电子的能量被降低了. 相对于没有耦合的情况, $k=0$ 处的能量 E_0 是

$$E_0 = -\left(\alpha + 0.0098\alpha^2 + \cdots\right)\hbar\omega_0 \quad (\alpha \leqslant 1) \tag{8.42a}$$

$$E_0 = -\left(2.83 + 0.106\alpha^2\right)\hbar\omega_0 \quad (\alpha \gg 1) \tag{8.42b}$$

文献 [790] 报道了数值计算的结果.

半导体中的极化子通常是“大的”或者弗洛里希型的极化子, 耦合常数很小 (表 8.5). 声子的修饰 (dressing with phonons)(这是离子位移在量子力学图像中的称呼) 就只是一个微扰效应, 每个电子的声子的数目 ($\approx \alpha/2$) 很小. 如果 α 变大了 ($\alpha > 1$, $\alpha \sim 6$), 就像强离子性的晶体的情况, 例如碱金属卤化物, 这个极化子就被电子-声子相互作用局域化了, ② 偶尔从一个格点跳跃到另一个格点.

表8.5 几种半导体的弗洛里希耦合常数

GaSb	GaAs	GaP	GaN	InSb	InAs	InP	InN
0.025	0.068	0.201	0.48	0.022	0.045	0.15	0.24
3C-SiC	ZnO	ZnS	ZnSe	ZnTe	CdS	CdSe	CdTe
0.26	1.19	0.63	0.43	0.33	0.51	0.46	0.35

数据取自文献[165].

8.7.2 小极化子

在极化子里, 载流子 (电子或空穴) 位于它产生的离子位移所引起的势阱中. 在某些材料里, 这个势阱的形状和强度使电荷限制在大约一个元胞的体积内 (甚至更小). 这种情况的极化子称为小极化子. 例如, TiO_2 : Nb 里的空穴极化子如图 8.22 所示. 在氧化

① 这个常数是电子-声子相互作用的哈密顿量的矩阵元的一部分, 与 LO 声子产生的电场有关, 由式 (9.29) 给出.

② 可以这样考虑: 电子强烈地极化了晶格, 给自己挖了个坑, 以致它跳不出来、动弹不得.

物中, 来自受主的空穴通常与氧结合, 例如在 $BaTiO_3:Na$ 中, 见综述 [791]. 在图 8.23 中, 利用像差校正的透射电子显微像直接显示了由 β-Ga_2O_3 单斜元胞中的氧结合引起的晶格弛豫. 空穴与氧原子的键合打破它与镓原子的键合, 该原子从其平衡位置移动了 0.1 nm[792].

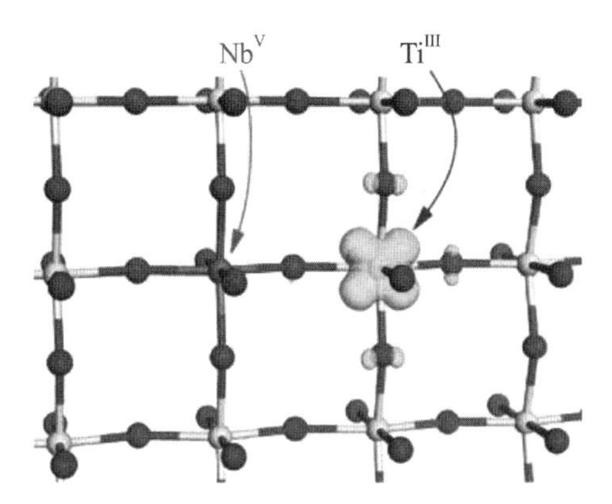

图8.22　空穴(来自Nb受主)局域在TiO_2的Ti位(小极化子). 改编自文献[793]

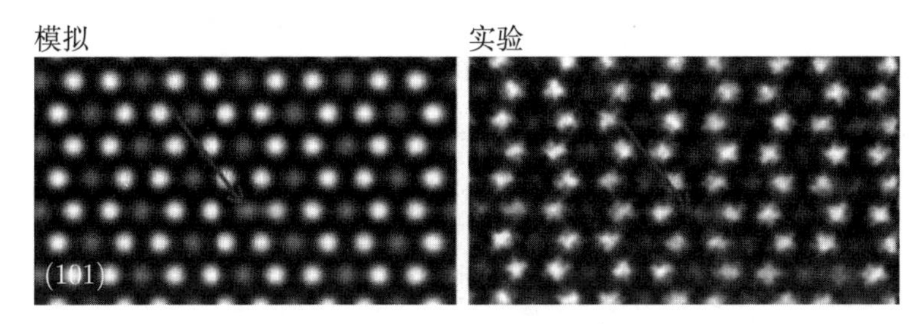

图8.23　(101)投影上β-Ga_2O_3的模拟和实验的TEM像. 箭头表示极化子的位置. 改编自文献[792]

小极化子的适当理论分析需要用从头计算技术解释每个原子在离电子最近的几个元胞中的运动. ①

小极化子的输运通常是通过热激活的跳跃而发生的 (8.8 节). 在某些条件下, 漂移和霍尔效应的迁移率为 [784]

$$\mu_\mathrm{d} \propto T^{-1}\exp(-W/(2kT)) \tag{8.43}$$

$$\mu_\mathrm{H} \propto T^{-1/2}\exp(-W/(6kT)) \tag{8.44}$$

其中 W 是极化子的结合能. 一般来说, 带有小极化子输运的材料具有高载流子密度 (往往是由于结构缺陷) 和低迁移率.

① 本段摘自伯恩斯 (S. J. F. Byrnes) 的简明教程 [794].

8.8 跳跃输运

无序固体 (例如非晶态半导体、含有量子点的薄膜或具有许多缺陷的材料) 的特征是具有高密度的局域态, 可以在带尾或带隙内形成较大的态密度. 跳跃电导是局域态之间的隧穿, 已经用多种模型处理过 [795-797].

一个常见的现象是变程跳跃 (variable range hopping), 其电导率为

$$\sigma = \sigma_0 \exp\left(-\left(T_0/T\right)^s\right) \tag{8.45}$$

其中, $s = 1/4$. 非晶硅就满足这个定律 (图 8.24). 莫特用以下论证做推导 [799] 并得到指数 $s = 1/4$: 从一个局域化的位置跳到另一个局域化位置的概率 p 满足

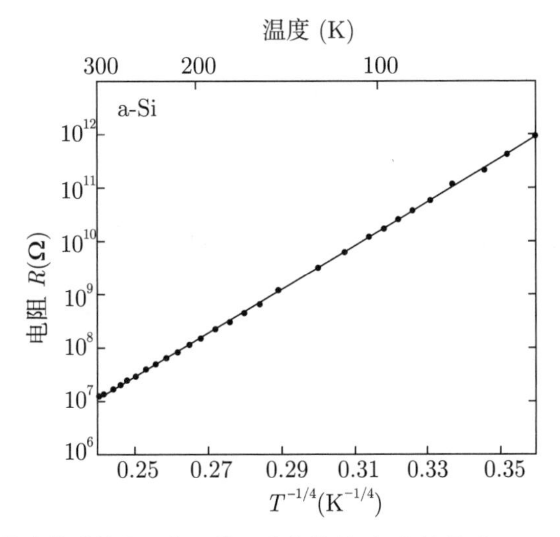

图8.24 室温下沉积的硅薄膜的平面电阻的温度依赖关系. 实线是式(8.45)(s=1/4)用T_0=8×10^7 K做线性拟合. 改编自文献[798]

$$p \propto \exp(-2\alpha R - W/(kT)) \tag{8.46}$$

第一项源于在其初始位置周围半径 R 以内找到电子的概率, α 是其波函数 $\Psi(r) \propto \exp(-\alpha r)$ 的衰变常数. 第二项是玻尔兹曼因子, 用声子辅助过程连接局域态间的能量差 W, 假设了低温极限 ($kT \ll W$). 跳跃到能量上更近但在空间上更远的能级 (平均来说, 在低温下更容易发生), 还是跳跃到 W 更大但在空间上更近的能级 (在高温下更容易发生), 这两者需要权衡. 因此, 跳跃范围随温度而变化, 这种机制因此而得名.

$D(E_F)$ 应为费米能级附近的局域态 (恒定) 密度. 在半径 R 内, 平均来说, 在 0 和 $W(R)$ 之间有一个能态 (对于三维体材料), 其中

$$W(R)=\frac{1}{D(E_F)(4\pi/3)R^3} \tag{8.47}$$

把式 (8.47) 代入式 (8.45), 并搜索可以产生最概然的跳跃距离的最大值:

$$R\approx(\alpha kTD(E_F))^{-1/4} \tag{8.48}$$

再次显示了随温度而变化的不同跳跃范围. 这样就得到式 (8.45) 中的 T_0:

$$T_0\approx\frac{\alpha^3}{kD(E_F)} \tag{8.49}$$

另一种跳跃机制是埃弗罗斯-什克洛夫斯基 (Efros-Shklovskii) 变程跳跃 ($s=1/2$), 由于跳跃位置之间的库仑相互作用而产生依赖于能量的态密度 $D(E)\propto(E-E_F)^2$[800]. 还有一种是最近邻跳跃 ($s=1$).

对于 $\xi=(n\sigma(T))/d$, 可以把式 (8.45) 重写为

$$\ln\xi=\ln s+s\ln T_0-s\ln T \tag{8.50}$$

因此, 根据 $\ln\xi$ 和 $\ln T$ 的变化关系, 可以用斜率确定指数 s. 如图 8.25 所示, 对于氢化非晶硅薄膜的电导率, 从埃弗罗斯-什克洛夫斯基跳跃机制 ($s\approx1/2$) 到最近邻跳跃 ($s=1$) 的转变发生在 $T=220$ K 附近, 文献 [801] 有详细讨论.

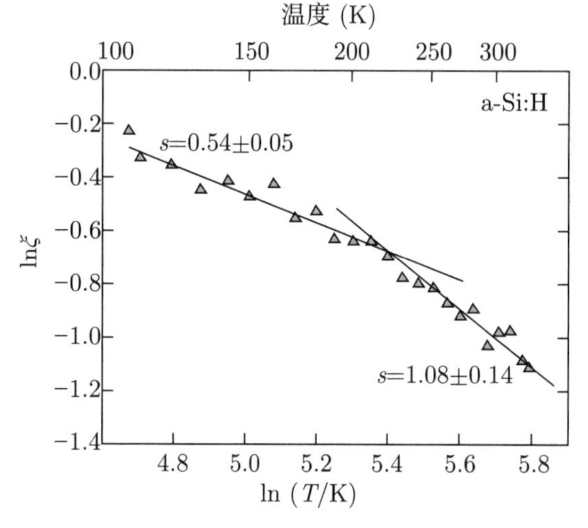

图8.25 氢化非晶硅薄膜的电导率的温度依赖关系, 坐标为$\ln\xi$和$\ln T$. 实线是式(8.50)的线性拟合, 常数s已标注. 改编自文献[801]

8.9 非晶半导体里的输运

关于非晶半导体里的载流子输运, 已经提出了许多种模型 [203]. 最重要的概念是迁移率边, 它是把局域态与非局域态 (离域态) 分开的能量 [547,548,802], 如图 8.26 所示. 局域态之间的载流子输运是通过隧穿 (跳跃) 的方式实现的, 如 8.8 节所述. 安德森 [782] 处理了载流子在随机晶格中的局域化, 综述见文献 [780]. 如果无序程度超过某个定值, 扩散就被抑制 (在 $T=0$ 时), 电导率完全消失 (安德森金属-绝缘体相变).

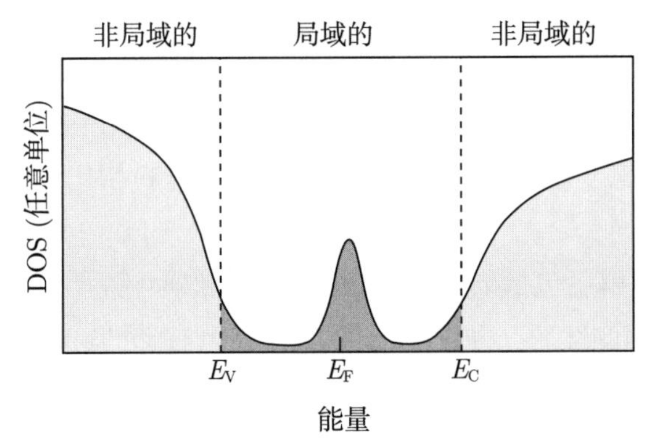

图8.26　具有带尾和深能级的非晶态半导体的态密度示意图. 局域态(非局域态)显示为深灰色(浅灰色). 虚线给出了电子和空穴的迁移率边

非局域态的输运类似于能带输运. 电子的电导率为

$$\sigma = -e\int_{E_C}^{\infty} D_e(E)\mu_e(E)f_e(E)\mathrm{d}E \tag{8.51}$$

如果费米能量靠近带隙的中间, 被钉扎在深能级, 费米-狄拉克分布就可以用玻尔兹曼因子取代. 假设非局域态的态密度和迁移率保持不变,

$$\sigma = -eD_e(E_C)\mu_e(E_C)kT\exp\left(\frac{E_C-E_F}{kT}\right) \tag{8.52}$$

来自带尾局域态的载流子可以热激发成非局域态, 并增大电导率 (热激活跳跃). 迁移率就包含了指数式的热激活项 [203].

8.10 离子输运

离子输运是离子在施加电压时的运动. 这里只讨论固体电解质. 输运可以包括晶格的一个或几个组成成分的运动和其他离子 (例如, 氢离子 (即质子)、氧离子) 在晶体中的输运. 与此相关的是杂质或缺陷在晶体中的离子扩散运动 (比较 4.2.3 小节). 晶格成分在直流电压下的离子传导最终会破坏晶体.

在典型的半导体 (例如硅或砷化镓) 里, 电导率完全取决于电子传导. 典型的固体电解质是掺杂的氧化锆 (ZrO_2), 即“钇稳定的氧化锆”(YSZ), 具有立方萤石结构的晶格 (见 3.4.8 小节). 它可以通过氧空位的迁移而在固体氧化物燃料电池 (SOFC) 里传送氧离子 [803]. 在温度约为 1000 K 时, 电导率约为 0.01 S/cm, 几乎完全来自离子输运. 掺杂氧化钙后, 可以用作汽车里氧传感器的氧导体. 与体材料相比, 沿界面的离子电导率可以显著提高 [804,805].

其他典型的固体电解质包括碘化亚铜 (CuI)[568] 和碘化银 (AgI). 在高温立方相 (α 相) 中, 碘离子形成相当刚性的立方框架, 金属离子是可移动的; 关于铜扩散途径的讨论, 见文献 [806,807]. 碘化亚铜的电导率的温度依赖关系如图 8.27 所示.

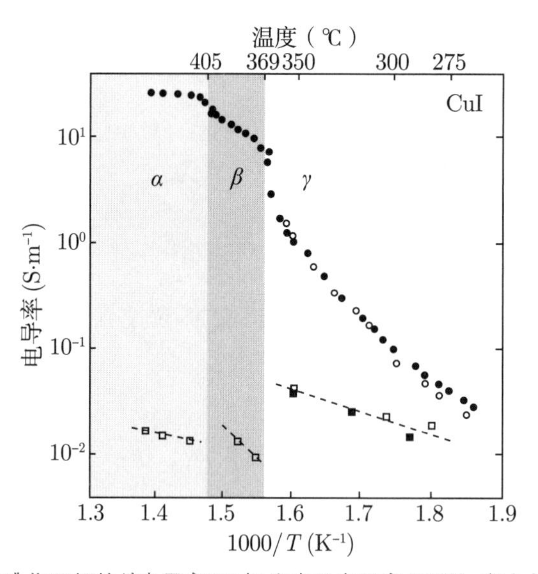

图8.27　与铜共存的碘化亚铜的总电导率(圆点)和电子电导率(圆圈). 实心的(空心的)符号是多晶(单晶)样品. 不同的结构相(α(立方), β(纤锌矿), γ(闪锌矿))用带标记的阴影区域表示. 虚线用于引导视线. 改编自文献[808]

8.11 扩散

粒子浓度 n 的梯度使得粒子流正比于 $-\nabla n$. 这个扩散定律 (菲克 (Fick) 定律) 对应于微观上的随机行走. 半导体载流子浓度的梯度 ∇n 或 ∇p 分别导致了电子流和空穴流:

$$\boldsymbol{j}_{\mathrm{n}} = eD_{\mathrm{n}}\nabla n \tag{8.53a}$$

$$\boldsymbol{j}_{\mathrm{p}} = -eD_{\mathrm{p}}\nabla p \tag{8.53b}$$

系数 D_{n} 和 D_{p} 分别是电子和空穴的扩散系数. 因此, 在电场 $\boldsymbol{E}$ 和扩散存在的情况下, 总的电子流和空穴流是

$$\boldsymbol{j}_{\mathrm{n}} = -e\mu_{\mathrm{n}}n\boldsymbol{E} + eD_{\mathrm{n}}\nabla n \tag{8.54a}$$

$$\boldsymbol{j}_{\mathrm{p}} = e\mu_{\mathrm{p}}p\boldsymbol{E} - eD_{\mathrm{p}}\nabla p \tag{8.54b}$$

这个关系也可以更一般地从费米能级的梯度里推导出来:

$$\boldsymbol{j}_{\mathrm{n}} = -e\mu_{\mathrm{n}}n\boldsymbol{E} - n\mu_{\mathrm{n}}\nabla E_{\mathrm{F}} \tag{8.55a}$$

$$\boldsymbol{j}_{\mathrm{p}} = e\mu_{\mathrm{p}}p\boldsymbol{E} - p\mu_{\mathrm{p}}\nabla E_{\mathrm{F}} \tag{8.55b}$$

利用浓度的公式 (7.6) 和 (7.7)(简并情况下也成立), 并利用 $\mathrm{d}F_j(x)/\mathrm{d}x = F_{j-1}(x)$, 我们得到

$$\boldsymbol{j}_{\mathrm{n}} = -e\mu_{\mathrm{n}}n\boldsymbol{E} - kT\mu_{\mathrm{n}}\frac{F_{1/2}(\eta)}{F_{-1/2}(\eta)}\nabla n \tag{8.56a}$$

$$\boldsymbol{j}_{\mathrm{p}} = e\mu_{\mathrm{p}}p\boldsymbol{E} - kT\mu_{\mathrm{p}}\frac{F_{1/2}(\zeta)}{F_{-1/2}(\zeta)}\nabla p \tag{8.56b}$$

其中, $\eta = (E_{\mathrm{F}} - E_{\mathrm{C}})/(kT)$ 和 $\zeta = -(E_{\mathrm{F}} - E_{\mathrm{V}})/(kT)$. 如果把浓度梯度前面的因子当作扩散系数, 就得到广义的 “爱因斯坦关系” ($\beta = e/(kT)$)[608,809]:

$$D_{\mathrm{n}} = -\beta^{-1}\mu_{\mathrm{n}}\frac{F_{1/2}(\eta)}{F_{-1/2}(\eta)} \tag{8.57a}$$

$$D_{\mathrm{p}} = \beta^{-1}\mu_{\mathrm{p}}\frac{F_{1/2}(\zeta)}{F_{-1/2}(\zeta)} \tag{8.57b}$$

非抛物性的影响已包括在文献 [810] 中.

文献 [811] 讨论了有用的解析近似. 注意, 例如, 式 (8.57a) 也可以写为 [812,813]

$$D_{\mathrm{n}} = -\beta^{-1}\mu_{\mathrm{n}} n \frac{\partial \eta}{\partial n} \tag{8.58}$$

在非简并的情况中 (即费米能级位于带隙里, 而且与带边的距离不小于 $4kT$), 这个方程简化为 $D = (kT/q)\mu$, 即 "通常的" 爱因斯坦关系:

$$D_{\mathrm{n}} = -\beta^{-1}\mu_{\mathrm{n}} \tag{8.59a}$$

$$D_{\mathrm{p}} = \beta^{-1}\mu_{\mathrm{p}} \tag{8.59b}$$

在这种情况下, 式 (8.54a) 和 (8.54b) 就是

$$\boldsymbol{j}_{\mathrm{n}} = -e\mu_{\mathrm{n}} n \boldsymbol{E} - kT\mu_{\mathrm{n}} \nabla n \tag{8.60a}$$

$$\boldsymbol{j}_{\mathrm{p}} = e\mu_{\mathrm{p}} p \boldsymbol{E} - kT\mu_{\mathrm{p}} \nabla p \tag{8.60b}$$

回忆一下, 两种扩散系数都是正数, 因为 μ_{n} 是负的. 一般来说, 扩散系数依赖于浓度. 费米积分的泰勒级数给出

$$D_{\mathrm{n}} = -\beta^{-1}\mu_{\mathrm{n}} \left[1 + 0.35355 \frac{n}{N_{\mathrm{C}}} - 9.9 \times 10^{-3} \left(\frac{n}{N_{\mathrm{C}}} \right)^2 + \cdots \right] \tag{8.61}$$

8.12 连续性方程

电荷的平衡方程称为连续性方程. 电荷在体积元里的时域变化由电流的散度和任意的源 (生成速率 G, 例如, 外部的激发) 或者漏 (复合速率 U) 给出. 第 10 章讨论了复合机制的细节. 因此, 我们有

$$\frac{\partial n}{\partial t} = G_{\mathrm{n}} - U_{\mathrm{n}} - \frac{1}{q} \nabla \cdot \boldsymbol{j}_{\mathrm{n}} = G_{\mathrm{n}} - U_{\mathrm{n}} + \frac{1}{e} \nabla \cdot \boldsymbol{j}_{\mathrm{n}} \tag{8.62a}$$

$$\frac{\partial p}{\partial t} = G_{\mathrm{p}} - U_{\mathrm{p}} - \frac{1}{e} \nabla \cdot \boldsymbol{j}_{\mathrm{p}} \tag{8.62b}$$

在非简并的情况中, 利用式 (8.54a) 和 (8.54b) 得到

$$\frac{\partial n}{\partial t} = G_{\mathrm{n}} - U_{\mathrm{n}} - \mu_{\mathrm{n}} n \nabla \cdot \boldsymbol{E} - \mu_{\mathrm{n}} \boldsymbol{E} \nabla n + D_{\mathrm{n}} \Delta n \tag{8.63a}$$

$$\frac{\partial p}{\partial t} = G_\mathrm{p} - U_\mathrm{p} - \mu_\mathrm{p} p \nabla \cdot \boldsymbol{E} - \mu_\mathrm{p} \boldsymbol{E} \nabla p + D_\mathrm{p} \Delta p \tag{8.63b}$$

在零电场的情况中, 这些式子就是

$$\frac{\partial n}{\partial t} = G_\mathrm{n} - U_\mathrm{n} + D_\mathrm{n} \Delta n \tag{8.64a}$$

$$\frac{\partial p}{\partial t} = G_\mathrm{p} - U_\mathrm{p} + D_\mathrm{p} \Delta p \tag{8.64b}$$

如果是稳态情况, 则有

$$D_\mathrm{n} \Delta n = -G_\mathrm{n} + U_\mathrm{n} \tag{8.65a}$$

$$D_\mathrm{p} \Delta p = -G_\mathrm{p} + U_\mathrm{p} \tag{8.65b}$$

8.13 热传导

现在考虑温度梯度引起的热传输 [814]. 热流 $\boldsymbol{q}$ (即单位时间、单位面积在方向 $\hat{\boldsymbol{q}}$ 上的能量) 正比于温度的局域梯度. 比例常数 κ 称为热导率,

$$\boldsymbol{q} = -\kappa \nabla T \tag{8.66}$$

在晶体里, 热导率可以依赖于方向, 因此 κ 通常是 2 阶张量. 在下文中, κ 作为标量考虑. 普遍有效的威德曼-弗兰茨 (Wiedemann-Franz) 定律把热导率和电导率联系起来:

$$\kappa = \frac{\pi^2}{3} \left(\frac{k}{e}\right)^2 T\sigma \tag{8.67}$$

热能量 Q 的平衡 (连续) 方程是

$$\nabla \cdot \boldsymbol{q} = -\frac{\partial Q}{\partial t} = -\rho C \frac{\partial T}{\partial t} + A \tag{8.68}$$

其中, ρ 是固体的密度, C 是热容. A 表示热的源或者漏, 例如, 外部的激发. 把式 (8.66) 和 (8.68) 结合起来, 就得到热导率的方程:

$$\Delta T = \frac{\rho C}{\kappa} \frac{\partial T}{\partial t} - \frac{A}{\kappa} \tag{8.69}$$

对于没有源的稳态, $\Delta T = 0$.

自然元素里各种原子的随机混合物是完美周期晶格的一种微扰. 因为原子核的质量改变了, 特别是晶格振动被扰动了. 因此我们预期热导率的一个效应. 图 8.28 对比了天然 Ge 和富集了 ^{74}Ge 的晶体的热导率 [815], 后者的热导率更大, 即散射更少, 符合预期. 低温下热导率的 T^3 的依赖性被归因于样品边界上声子的散射 [816]. 测量发现同位素纯的 ^{28}Si 的薄膜的热导率在室温下比自然硅的热导率高 60%, 在 100 °C(典型的芯片工作温度) 下至少高 40%[817,818].

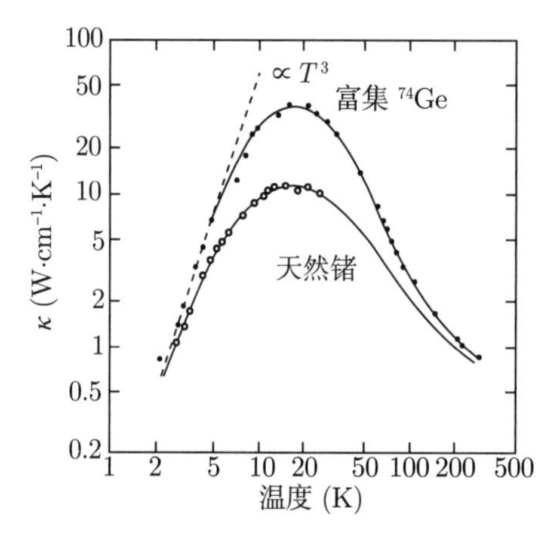

图8.28 锗的导热率与温度的关系。富集锗包含 96% ^{74}Ge, 天然同位素混合物为20% ^{70}Ge, 27% ^{70}Ge, 8% ^{73}Ge, 27% ^{74}Ge 和 8% ^{76}Ge. 虚线显示了低温下的$\kappa \propto T^3$依赖关系(德拜定律). 改编自文献[815]

8.14 热和电荷的耦合输运

电荷和热的耦合输运的典型效应是电流的焦耳热加热了导体. 然而, 更巧妙地使用热电效应, 也可以用来冷却器件的某些地方. 更多的细节参看文献 [819,820].

为了分析电荷和热的耦合输运, 先把电场和浓度梯度加起来, 得到新的场 $\hat{\boldsymbol{E}} = \boldsymbol{E} + \nabla E_{\mathrm{F}}/e$. 这样, 热流和电荷流就是

$$\boldsymbol{j} = \sigma \hat{\boldsymbol{E}} + L \nabla T \tag{8.70}$$

$$\boldsymbol{q} = M \hat{\boldsymbol{E}} + N \nabla T \tag{8.71}$$

其中, $\hat{\boldsymbol{E}}$ 和 ∇T 是流的产生原因. 从实验的观点来看, 把方程用 $\boldsymbol{j}$ 和 ∇T 表示很有趣,

因为这些量是可以测量的. 利用新的系数, 它们变为

$$\hat{\boldsymbol{E}} = \rho \boldsymbol{j} + S\nabla T \tag{8.72}$$

$$\boldsymbol{q} = \Pi \boldsymbol{j} - \kappa \nabla T \tag{8.73}$$

其中, ρ, S 和 Π 分别是电阻率、热电势和佩尔捷系数 (单位电荷输运的能量). 系数 σ, L, M 和 N 的关系是

$$\rho = \frac{1}{\sigma} \tag{8.74a}$$

$$S = -\frac{L}{\sigma} \tag{8.74b}$$

$$\Pi = \frac{M}{\sigma} \tag{8.74c}$$

$$\kappa = \frac{ML}{\sigma} - N \tag{8.74d}$$

8.14.1 热电系数和塞贝克效应

让半导体的两端处于不同温度 T_2 和 T_1, 具有温度梯度, 保持开路 (即 $\boldsymbol{j} = \boldsymbol{0}$). 这样就会有电场 $\hat{\boldsymbol{E}} = S\nabla T$ 和电压 $U = S/(T_2 - T_1)$. 这个效应称为热电效应或者塞贝克效应. S 称为塞贝克系数或热电系数, 在文献中也用 Q 表示. 如果已知一端的温度, 就可以测量电压并确定另一端的温度, 这是一个温度计. 如果电场与温度梯度的方向相同, 塞贝克系数就是正的.

不可逆热力学有一个著名关系式把它和佩尔捷系数联系起来:

$$S = \frac{\Pi}{T} \tag{8.75}$$

塞贝克系数与载流子导致的能量输运有关. 热 (能量) 显然从热端流到冷端 (假设 $T_2 > T_1$), 载流子的流动也是如此. 简单地说, 如果能量由 (热) 空穴携带, 则电流 (根据定义为正载流子的方向) 从热端流到冷端 $(2 \to 1)$; 如果能量流由电子携带, 则电流从冷端流到热端 $(1 \to 2)$. 因此, 电子和空穴的能量输运使得热电系数具有不同的符号 (图 8.29). 如果冷的 (未加热的) 衬底接地, 用热的烙铁尖压在半导体表面上, 那里的负 (正) 电压就意味着导电的类型为 n 型 (p 型).

然而, 不能把半导体加热得太厉害, 以免产生本征电导. 否则, 电导率和热电势就取决于迁移率较高的载流子类型; 通常, 对于如图 8.29 所示的硅, 这些都是电子, 因此在本征区产生了负的塞贝克系数.

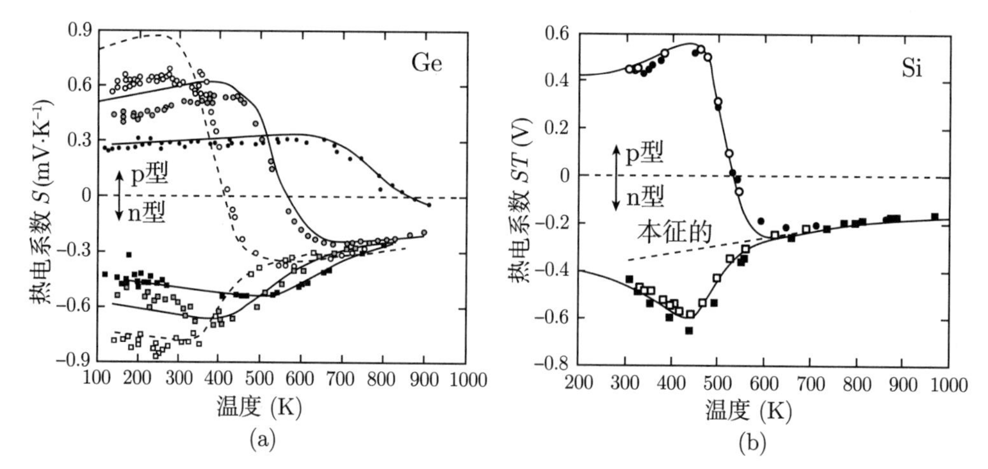

图8.29 (a) n型锗和p型锗的塞贝克系数S的实验数据(符号)和理论结果(曲线). N_A-N_D是$5.7\times10^{15}/cm^3$(白色圆圈), $1.7\times10^{17}/cm^3$(灰色)和$7.2\times10^{18}/cm^3$(黑色); N_D-N_A是$3.3\times10^{15}/cm^3$(白色方块), $1.1\times10^{17}/cm^3$ (灰色)和$6.2\times10^{17}/cm^3$(黑色). 改编自文献[821]. (b) 低掺杂的n型硅和p型硅的热电系数Π随温度的变化关系. 实线是简单的模型计算结果, 符号是硅样品的数据, 掺杂近似为: 圆圈, $1\times10^{15}/cm^3$ B, $2\times10^{14}/cm^3$ 施主; 方块, $4\times10^{14}/cm^3$ P, $9\times10^{13}/cm^3$ 受主. 改编自文献[822]

对于能带传导, 文献 [823] 给出了电子 (S_n) 和空穴 (S_p) 的热电势 (式 (J.29), 推导见 J.4 节):

$$S_n = -\frac{k}{e}\left(\frac{E_C - E_F}{kT} + A_C\right) \tag{8.76a}$$

$$S_p = \frac{k}{e}\left(\frac{E_F - E_V}{kT} + A_V\right) \tag{8.76b}$$

其中, A_i 是常数式 (J.31a), 依赖于态密度和迁移率的能量依赖关系. 热电势的符号说明了传导发生在费米能级以上 (负号) 还是费米能级以下 (正号).

如果费米能级固定, 而且电子和空穴都有贡献 (双带传导), 那么热电势是 (计算 (J.32), $b=\sigma_n/\sigma_p$, 间隙中心能量 $E_M=(E_C-E_V)/2$)

$$S = \frac{k}{e}\left(\frac{1-b}{1+b}\frac{E_s}{2kT} + \frac{E_F - E_M}{kT} + \frac{A_V - bA_C}{1+b}\right) \tag{8.77}$$

在本征电导的情况中, 由式 (7.18), 有 $E_F - E_M = (kT/2)\ln(N_V/N_C)$.

一些高掺杂的 n 型硅样品的热电系数如图 8.30(a) 所示. 在低温下, 低电导率来自施主杂质带内的传导 (7.5.7 小节). 在大约 90% 的高补偿条件下 (图 8.30(a) 中的灰色数据点), 这个能带只有 10% 的填充, 当自由载流子密度小时, 在足够低的温度下, 充当具有正热电势的价带. 没有补偿的时候, 热电势保持为负, 因为几乎完全充满的杂质带表现得类似于导带. 文献 [824] 已经模拟了热电势与掺杂的依赖关系 (图 8.30); 随着掺杂量的增加, 热电势减小, 这主要是因为电离杂质散射降低了迁移率. 在低温下, 热电势的增加是因为声子拖曳效应 (phonon-drag effect), 关于文献 [822] 里的一些样品的讨论, 见文献 [825].

描述热电系数的指标 (figure of merit) 可以用 ZT 值, $ZT=\sigma S^2T/\kappa$.

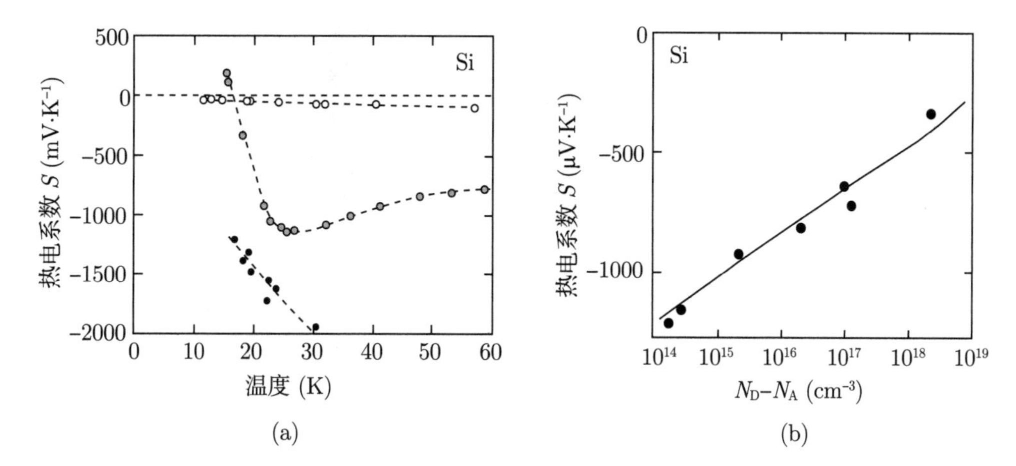

图8.30 (a) 高掺杂n型硅的热电系数S随温度的变化情况. 圆圈是实验数据, 虚线用于引导视线. 样品的掺杂近似为白色: $2.7\times10^{19}/\mathrm{cm}^3$ As; 灰色: $2.2\times10^{18}/\mathrm{cm}^3$ As; 黑色: $1.1\times10^{18}/\mathrm{cm}^3$ As 和$1.0\times10^{18}/\mathrm{cm}^3$ B(N_D-N_A=$1.25\times10^{17}/\mathrm{cm}^3$), 在室温下. 改编自文献[822]. (b) 在室温下, n型硅的热电系数随着掺杂浓度的变化情况. 实验数据(符号)来自文献[822], 理论结果(实线)来自文献[824]

8.14.2 佩尔捷效应

在具有温度梯度的半导体中, 现在允许有电流 (短路的情况). 电流通过电荷的传输也导致了热的传输. 这个效应称为佩尔捷效应. 电子 (空穴) 的佩尔捷系数是负的 (正的). 传输的总能量包括生成项和输运导致的损耗:

$$P=\boldsymbol{j}\cdot\hat{\boldsymbol{E}}-\nabla\cdot\boldsymbol{q} \tag{8.78}$$

利用式 (8.72) 和 (8.73), 我们得到

$$P=\frac{\boldsymbol{j}\cdot\boldsymbol{j}}{\sigma}+S\boldsymbol{j}\cdot\nabla T-\Pi\nabla\cdot\boldsymbol{q}+\kappa\Delta T \tag{8.79}$$

第一项是焦耳加热, 第二项汤姆孙加热. 只有当载流子产生或复合时, 才有第三项. 第四项是热传导. 在汤姆孙项 $S\boldsymbol{j}\cdot\nabla T$ 里, 在 n 型半导体里, 如果 $\boldsymbol{j}$ 和 ∇T 的方向相同, 就产生热. 这意味着从更热的部分移动到更冷的部分的电子把能量转移给晶格. 这个效应

可以用来制作热电型的制冷器, 如图 8.31 所示, 因电流而产生温度差. 为了实现最佳的性能, σ 应当大, 防止额外的焦耳加热; 而 κ 应当小, 以便产生的温度差不会很快就消失.

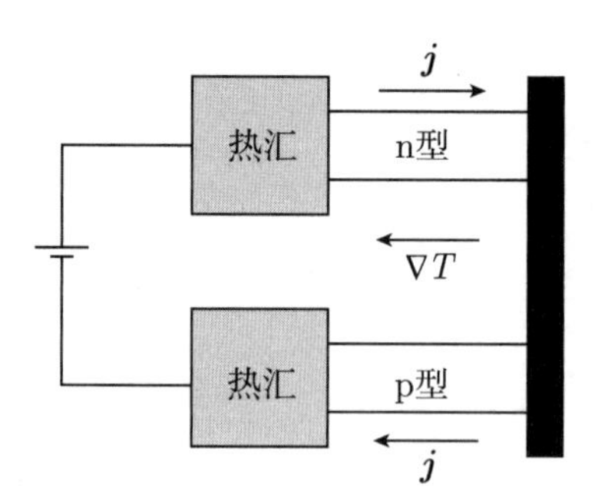

图8.31　佩尔捷制冷器的示意图. 热汇(灰色)和右边的冷结(黑色)是与半导体有欧姆接触的金属. 电流的方向是电子从n型半导体从右到左流入p型的热汇

第 9 章

光学性质

物体和光没有相互作用吗?

——牛顿, 1704 年 [826]

摘要

介绍了复折射率, 简要地讨论了反射和折射. 重点放在吸收的机制, 讨论了几种跃迁类型 (直接的和间接的带-带跃迁、与杂质有关的跃迁、晶格吸收), 包括激子、极化激元和高浓度载流子的影响. 还给出了一些与自由载流子有关的效应.

9.1 光谱区和概述

半导体和光的相互作用对于光子器件和光电子器件以及半导体体性质的表征是非常重要的. 先考虑光照在半导体上的反射、透射和吸收, 就像任何介电材料一样. 半导体的响应很依赖光子的能量 (或波长), 许多过程对介电函数有贡献.

表 9.1 概述了可见光区的电磁波谱. 光子的能量和波长的关系是① $E = h\nu = hc/\lambda$, 即

$$E[\mathrm{eV}] = \frac{1240}{\lambda[\mathrm{nm}]} \tag{9.1}$$

在红外波段, 常用的能量单位是波数 (1/cm), 转换关系是 1 meV = 8.056/cm.

表9.1　与半导体光学性质有关的光谱范围

范围	缩写	波长	能量
深紫外区	DUV	<250 nm	>5 eV
紫外区	UV	250~400 nm	3~5 eV
可见光区	VIS	400~800 nm	1.6~3 eV
近红外区	NIR	800 nm~2 μm	0.6~1.6 eV
中红外区	MIR	2~20 μm	60 meV~0.6 eV
远红外区	FIR	20~80 μm	1.6~60 meV
太赫兹区	THz	>80 μm	<1.6 meV

9.2 复介电函数

介电函数 (DF)ϵ 满足下面的关系:

$$\boldsymbol{D} = \epsilon_0 \boldsymbol{E} + \boldsymbol{P} = \epsilon_0 \epsilon \boldsymbol{E} \tag{9.2}$$

① 式 (9.1) 里的精确数值是 1239.84.

其中, $\boldsymbol{D}$ 是电位移场, $\boldsymbol{P}$ 是电极化场, $\boldsymbol{E}$ 是电场. ϵ 通常是一个 2 阶张量, 因为 $\boldsymbol{D}$ 和 $\boldsymbol{E}$ 不一定是共线的. 对于立方材料, DF 是各向同性的, 可以用 (复) 标量 ϵ 描述. 不那么对称的晶体是光学各向异性的, DF 必须以张量形式使用. 此外, 外场可以诱导其他各向异性材料的光学各向异性, 如 15.2.2 小节关于磁场的描述, 另外也已经观察到力学应变场导致的结果. 对于各种晶体的对称性, 介电张量的一般形式汇集在表 9.2 里.

表9.2　各种晶体的介电张量的一般形式

晶系	光学对称性	ϵ	例子
立方	各向同性	$\begin{pmatrix} a & 0 & 0 \\ 0 & a & 0 \\ 0 & 0 & a \end{pmatrix}$	Si, GaAs, MgO, ZnSe, CuI
四方 六方 三方	单轴	$\begin{pmatrix} a & 0 & 0 \\ 0 & a & 0 \\ 0 & 0 & c \end{pmatrix}$	$CuGaSe_2$, GaN, ZnO, Bi_2Se_3
正交	双轴	$\begin{pmatrix} a & 0 & 0 \\ 0 & b & 0 \\ 0 & 0 & c \end{pmatrix}$	κ-Ga_2O_3, Sb_2Se_3
单斜	双轴	$\begin{pmatrix} a & 0 & d \\ 0 & b & 0 \\ d & 0 & c \end{pmatrix}$	β-Ga_2O_3, 蒽
三斜	双轴	$\begin{pmatrix} a & d & e \\ d & b & f \\ e & f & c \end{pmatrix}$	$K_2Cr_2O_7$, 并四苯

在以下大多数情况下, ϵ 作为标量使用 (各向同性情况). 由于各种振子发挥作用, 介电函数依赖于频率 ($\epsilon(\omega)$), 并且 (非单调地) 从其静态值 ($\omega=0$) 下降到 $\omega\to\infty$ 时的 1. 对 DF 的主要影响源于 (光学) 晶格振动 (9.5 节) 以及电子能带结构内的跃迁 (9.6 节). 在某些情况下, 它的 $\boldsymbol{k}$ 依赖关系也很重要, 称为"空间色散"(spatial dispersion)(比较 9.7.8 小节).

在透明区, 光轴 (ϵ 的所有张量元是实数) 是光速或折射率与偏振无关的方向. 单轴 (双轴) 材料有一个 (两个) 这样的轴. 考虑光在双折射半导体中的传播时, 例如拉曼光谱 [827], 必须考虑折射率的各向异性及其偏振依赖性, 除非传播沿着光轴.

介电函数通常是复数, 写为

$$\epsilon=\epsilon'+\mathrm{i}\epsilon''=\epsilon_1+\mathrm{i}\epsilon_2 \tag{9.3}$$

介电函数的实部 (ϵ' 或 ϵ_1) 和虚部 (ϵ'' 或 ϵ_2) 通过克拉默斯-克罗尼格关系 (附录 C) 联系起来.

复折射率 n^* 是

$$n^*=n_\mathrm{r}+\mathrm{i}\kappa=\sqrt{\epsilon} \tag{9.4}$$

由 $n^{*2}=\epsilon$ 得到

$$\epsilon' = n_{\mathrm{r}}^2 - \kappa^2 \tag{9.5}$$

$$\epsilon'' = 2n_{\mathrm{r}}\kappa \tag{9.6}$$

根据 $\epsilon\bar{\epsilon}=(n_{\mathrm{r}}^2+\kappa^2)^2$ 和式 (9.5), 得到

$$n_{\mathrm{r}}^2 = \frac{\epsilon' + \sqrt{\epsilon'^2+\epsilon''^2}}{2} \tag{9.7}$$

$$\kappa = \frac{\epsilon''}{2n_{\mathrm{r}}} \tag{9.8}$$

复折射率的实部 n_{r} 与色散有关, 虚部 κ 称为消光系数, 与平面波的吸收系数 (强度的衰减 $\propto \boldsymbol{E}^2$) 有关:

$$\alpha = 2\frac{\omega}{c}\kappa = \frac{4\pi}{\lambda}\kappa = 2k\kappa \tag{9.9}$$

其中, k 和 λ 表示真空里的相应数值. 通过克拉默斯-克罗尼格关系 (附录 C), 双折射 (即折射率的方向依赖性) 自动与二色性 (即吸收系数的方向依赖性) 相关.

GaAs 在带边附近及以上的介电函数如图 9.1 所示. 由于 GaAs 是立方的, 每个光子能量处的介电函数可以用一个复数表示. 介电函数的张量特性如图 9.2(a) 所示, 其中给出了 (单斜)β-Ga_2O_3 的四个独立张量元 [828]. 从这些数据中可以分析各种偶极振子 (强度和方向) 对介电函数的贡献 [829].

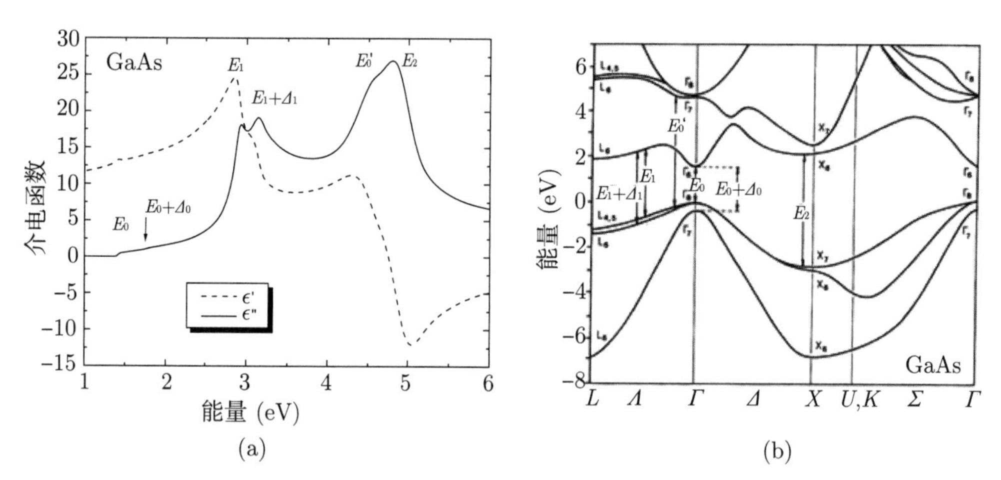

图9.1　(a) 在室温下GaAs的复介电函数，虚线(实线)是介电常数的实(虚)部. 与跃迁有关的峰的标识见图(b). (b) GaAs的能带结构，指出了带隙跃迁(E_0)和更高跃迁($E_0+\Delta_0$，E_1，$E_1+\Delta_1$，E_0' 和E_2)

在吸收区, 对于双轴晶体, 两个光轴分裂成四个奇异的光学轴 (singular optic

axes)[830], 如图 9.2(b) 里的 β-Ga_2O_3 所示 [831]. 注意, 以下内容没有考虑旋光性 (optical activity)[832].

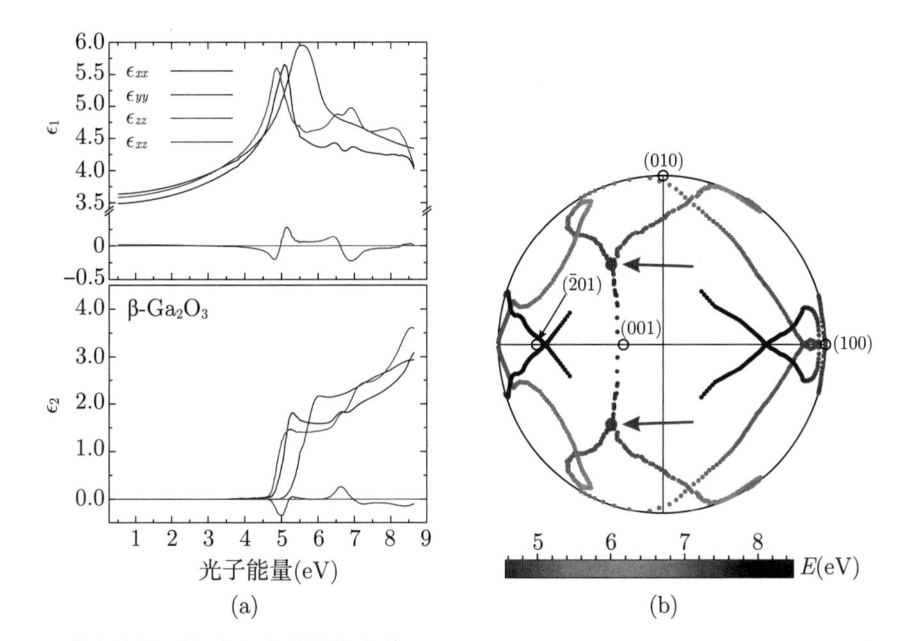

图9.2 (a) 由实验得到的(广义光谱椭偏光谱, generalized spectroscopic ellipsometry)β-Ga_2O_3在室温下的复介电函数张量元. 改编自文献[828]. (b) β-Ga_2O_3的光轴和奇异光轴的取向的立体投影. 指出了一些晶体方向. 颜色是指光子的能量. 在吸收开始时(用两个红色箭头标出), 两个光轴分裂成四个奇异光轴. 改编自文献[831]

9.3 反射和折射

在折射率不同的两种介质的平面界面处, 根据麦克斯韦方程组和电场与磁场分量的边界条件, 可以推导出反射定律和折射定律. 今后把折射率记为 n 或者 n_{r}. 折射率为 n_1 和 n_2 的两种介质之间的界面如图 9.3 所示. 下面先假设没有吸收.

折射的斯涅耳定律是 [833]

$$n_1 \sin\phi = n_2 \sin\psi \tag{9.10}$$

当光进入光密介质时, 它朝着法向方向折射. 如果光传播到光疏介质时 (与图 9.3 所示

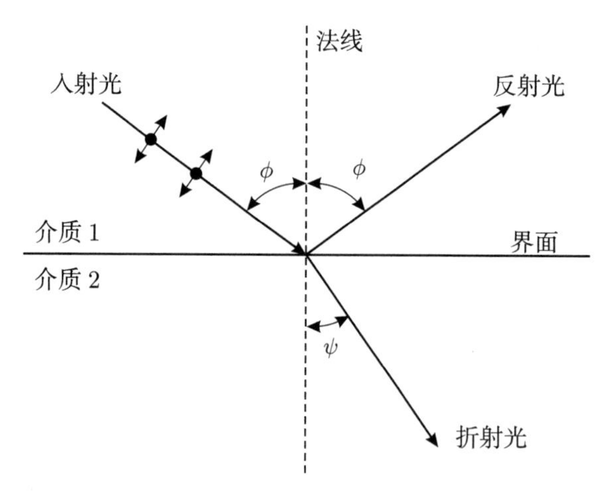

图9.3 在介质1和2的界面处($n_2>n_1$)，电磁波的反射和折射. 偏振面由表面的法线方向和光的波矢$\boldsymbol{k}$决定(入射平面). 平行偏振光(p)用↔表示(TM光，电场矢量在平面内振荡)，垂直偏振光(s)用•表示(TE光，电场矢量垂直于平面)

的情况相反), 只有当入射角小于临界角时, 才会发生折射:

$$\sin\phi_{\mathrm{TR}} = \frac{n_2}{n_1} \tag{9.11}$$

对于更大的入射角, 发生全内反射, 光仍然留在光密介质里. 因此, 式 (9.11) 里的角称为全内反射的临界角. 对于 GaAs 和空气, 临界角相当小: $\phi_{\mathrm{TR}} = 17.4°$.

反射率依赖于偏振 (菲涅尔公式 [834]). 下标 p(s) 表示平行偏振/TM (垂直偏振/TE) 的光.

$$R_{\mathrm{p}} = \left(\frac{\tan(\phi-\psi)}{\tan(\phi+\psi)}\right)^2 \tag{9.12}$$

$$R_{\mathrm{s}} = \left(\frac{\sin(\phi-\psi)}{\sin(\phi+\psi)}\right)^2 \tag{9.13}$$

对于 GaAs 和空气, 光进入 GaAs 和光从 GaAs 出来, 两种偏振方向的光和非偏振光的情况如图 9.4 所示.

当反射光和折射光彼此垂直时, p 偏振光的反射率是 0. 这就是布鲁斯特角 ϕ_{B},

$$\tan\phi_{\mathrm{B}} = \frac{n_2}{n_1} \tag{9.14}$$

如果光从真空垂直照射在折射率为 n_{r} 的介质上, 反射率是 (两种偏振的情况相同)

$$R = \left(\frac{n_{\mathrm{r}}-1}{n_{\mathrm{r}}+1}\right)^2 \tag{9.15}$$

对于 GaAs, 垂直入射的反射率是 29.2% .

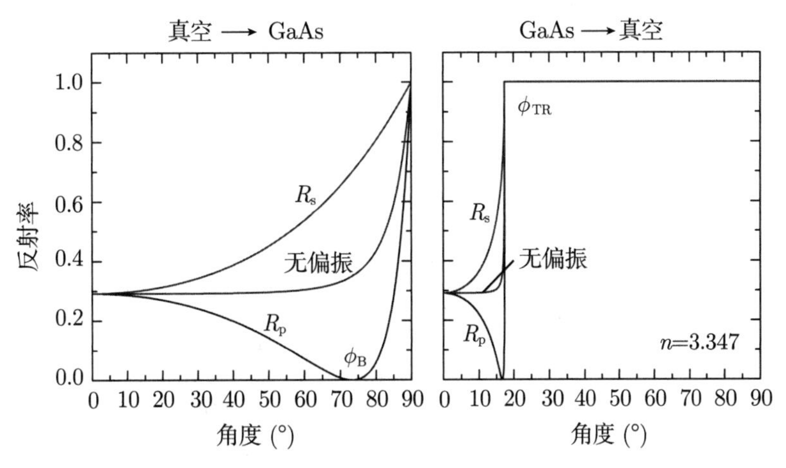

图9.4 GaAs/真空界面的反射率(靠近带隙，n_r=3.347)作为入射角和偏振的函数，光分别来自真空/空气(左图)和GaAs(右图)

9.4 吸收

在吸收过程里, 能量从电磁场传递给半导体. 在线性吸收的情况中, 光的吸收概率正比于入射强度, 光强在吸收介质中的减小是指数式的 (兰伯特-比尔定律 [835,836]):①

$$I(x) = I(0)\exp(-\alpha x) \tag{9.16}$$

其中, α 是吸收系数, 它的倒数是吸收长度.

谱依赖关系 $\alpha(E)$(吸收谱) 包含的信息有：可能的吸收过程, 它们的能量、动量和角动量选择定则, 以及它们的强度 (振子强度).

图 9.5 给出了半导体的吸收谱示意图. 电子从价带到导带的跃迁开始于带隙的能量. Si, Ge, GaAs, InP, InAs 和 InSb 的带隙在红外区 (IR), AlAs, GaP, AlP, InN 的带隙在可见光区 (VIS), GaN 和 ZnO 在紫外区 (UV), MgO 和 AlN 在深紫外区. 电子和空穴因库仑关联而形成激子, 导致了带隙以下的吸收. 典型的激子束缚能在 1~100 meV 的范围 (见图 9.19). 价带里的电子到施主的跃迁和受主上的电子到导带的光学跃迁导致了能带-杂质的吸收. 在 10~100 meV 的区域, 如果声子是红外活性的, 与晶格振动 (声子) 的相互作用导致了吸收. 进一步在远红外区 (FIR), 是从杂质到最近的带边的跃迁 (从施主到导带, 从受主到价带). 连续的背景来自自由载流子吸收.

① 在文献 [836] 中, 吸收系数 μ 由 $I(d)/I(0) = \mu^d$ 来定义, 即 $\mu = \exp(-\alpha)$.

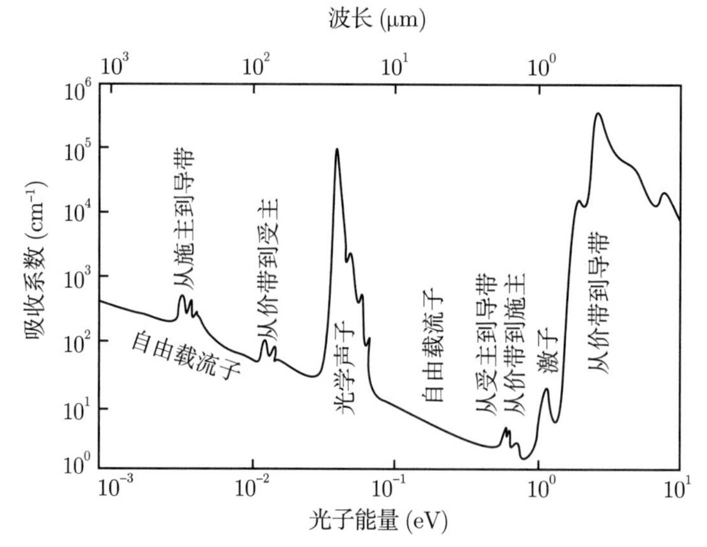

图9.5　一种典型半导体的吸收谱示意图. 取自文献[837]

如果考虑吸收, 反射率 (式 (9.15)) 需要做修正. 利用复折射率 $n^*=n_{\mathrm{r}}+\mathrm{i}\kappa$, 就是

$$R=\left|\frac{n^*-1}{n^*+1}\right|^2=\frac{(n_{\mathrm{r}}-1)^2+\kappa^2}{(n_{\mathrm{r}}+1)^2+\kappa^2} \tag{9.17}$$

9.5　由光学声子导致的介电函数

本节研究光学声子共振能量附近的介电函数. 相邻的原子以和光学声子相反的相位振荡. 如果该键具有 (部分的) 离子特性, 这就会导致一个随时间变化的极化, 随后产生一个宏观电场. 这个额外的电场将影响从纯力学方法获得的声子频率. 下面我们考虑 $\boldsymbol{k}\approx\mathbf{0}$ 的情况. TO 振动和 LO 振动的声子频率是

$$\omega_0=\sqrt{\frac{2C}{M_{\mathrm{r}}}} \tag{9.18}$$

其中 M_{r} 是两个不同原子的约化质量 (5.2.2 小节). $\boldsymbol{u}$ 是双原子基元中两个原子的相对位移 $\boldsymbol{u}_1-\boldsymbol{u}_2$. 当考虑与电场 $\boldsymbol{E}$ 的相互作用时 (下面将进行自洽计算), 长波长极限的哈

密顿量是 [838]

$$\hat{H}(\boldsymbol{p},\boldsymbol{u})=\frac{1}{2}\left(\frac{1}{M_{\mathrm{r}}}\boldsymbol{p}^2+b_{11}\boldsymbol{u}^2+2b_{12}\boldsymbol{u}\cdot\boldsymbol{E}+b_{22}\boldsymbol{E}^2\right) \tag{9.19}$$

第一项为动能 ($\boldsymbol{p}$ 表示基元中原子 1 和原子 2 相对运动的动量, $\boldsymbol{p}=M_{\mathrm{r}}\dot{\boldsymbol{u}}$), 第二项为势能, 第三项为偶极子相互作用, 第四项为电场能. 由平面波 $\boldsymbol{u}=\boldsymbol{u}_0\exp[-\mathrm{i}(\omega t-\boldsymbol{k}\cdot\boldsymbol{r})]$ 的运动方程 ($\ddot{\boldsymbol{u}}=-\omega^2\boldsymbol{u}$) 得到

$$M_{\mathrm{r}}\omega^2\boldsymbol{u}=b_{11}\boldsymbol{u}+b_{12}\boldsymbol{E} \tag{9.20}$$

因此, 电场是

$$\boldsymbol{E}=\left(\omega^2-\omega_{\mathrm{TO}}^2\right)\frac{M_{\mathrm{r}}}{b_{12}}\boldsymbol{u} \tag{9.21}$$

这里引入了代换 $\omega_{\mathrm{TO}}^2=b_{11}/M_{\mathrm{r}}$, 它与式 (9.18) 和 $b_{11}=2C$ 一致. ω_{TO} 表示不受任何电磁效应干扰的原子的机械振荡频率. 现在, 重要的一点已经清晰可见. 如果 ω 接近 ω_{TO}, 系统加电场随没有电场时的频率振荡. 因此, 电场必须为零. 由于极化 $\boldsymbol{P}=(\epsilon-1)\epsilon_0\boldsymbol{E}$ 是有限的, 因此介电常数 ϵ 就发散了.

极化是

$$\boldsymbol{P}=-\nabla_{\boldsymbol{E}}\hat{H}=-\left(b_{12}\boldsymbol{u}+b_{22}\boldsymbol{E}\right) \tag{9.22}$$

位移电场是

$$\boldsymbol{D}=\epsilon_0\boldsymbol{E}+\boldsymbol{P}=\epsilon_0\boldsymbol{E}-\left(b_{22}-\frac{b_{12}^2/M_{\mathrm{r}}}{\omega_{\mathrm{TO}}^2-\omega^2}\right)\boldsymbol{E}=\epsilon_0\epsilon(\omega)\boldsymbol{E} \tag{9.23}$$

因此, 介电函数是

$$\epsilon(\omega)=\epsilon(\infty)+\frac{\epsilon(0)-\epsilon(\infty)}{1-\left(\omega/\omega_{\mathrm{TO}}\right)^2} \tag{9.24}$$

这里, $\epsilon(\infty)=1-b_{22}/\epsilon_0$ 是高频介电常数, $\epsilon(0)=\epsilon(\infty)+b_{12}^2/\left(b_{11}\epsilon_0\right)$ 是静态介质常数. 关系式 (9.24) 如图 9.6 所示.

从零自由电荷的麦克斯韦方程 $\nabla\cdot\boldsymbol{D}=0$ 中, 我们得到了关系

$$\epsilon_0\epsilon(\omega)\nabla\cdot\boldsymbol{E}=0 \tag{9.25}$$

因此, $\epsilon(\omega)=0$ 或 $\nabla\cdot\boldsymbol{E}=0$, 即 $\boldsymbol{u}$ 垂直于 $\boldsymbol{k}$. 在后一种情况下, 我们有一个 TO 声子, 忽略延迟效应, 使用 $\nabla\times\boldsymbol{E}=\boldsymbol{0}$, 我们得到 $\boldsymbol{E}=\boldsymbol{0}$, 因此有 $\omega=\omega_{\mathrm{TO}}$, 证明了我们选择的记号是正确的. 在 $\epsilon(\omega)=0$ 的情况, 我们称相关频率为 ω_{LO}, 并找到所谓的 LST(Lyddane-Sachs-Teller) 关系 [839]

$$\frac{\omega_{\mathrm{LO}}^2}{\omega_{\mathrm{TO}}^2}=\frac{\epsilon(0)}{\epsilon(\infty)} \tag{9.26}$$

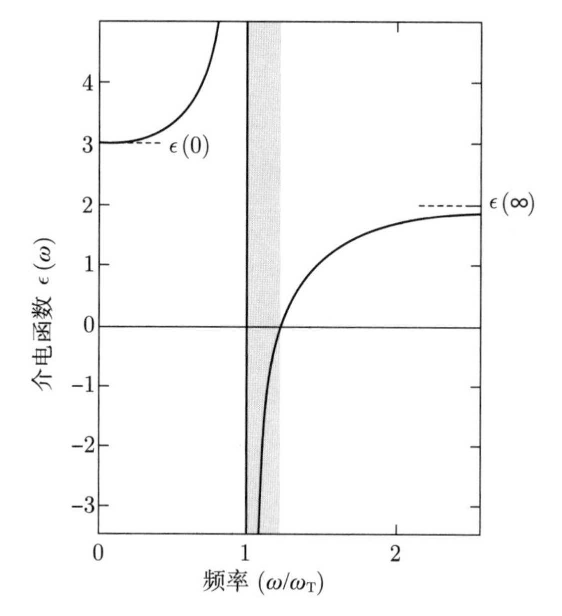

图9.6　采用 $\epsilon(0)=3$和$\epsilon(\infty)=2$，由式(9.24)得到的介电函数. 灰色区表示负的 ϵ 区

这种关系适用于基元有两个原子的光学各向同性的异极性 (heteropolar) 材料, 如 NaI 和 GaAs. 由于在高频 ($\omega \gg \omega_{\mathrm{TO}}$), 只有单个原子可以极化, 而在低频, 原子可以彼此相反地极化, 因此有 $\omega_{\mathrm{LO}} > \omega_{\mathrm{TO}}$. 对于 GaAs, 两个声子能量的比值为 1.07. 利用 LST 关系 (式 (9.26)), 可以为介电函数写出

$$\epsilon(\omega) = \epsilon(\infty)\left(\frac{\omega_{\mathrm{LO}}^2 - \omega^2}{\omega_{\mathrm{TO}}^2 - \omega^2}\right) \tag{9.27}$$

(长波长)TO 声子不会产生一个长程的电场. 使用 $\nabla \cdot \boldsymbol{D} = 0$ 和式 (9.23) 并考察纵向场, 我们有

$$\epsilon_0 \boldsymbol{E} = b_{12}\boldsymbol{u} + b_{22}\boldsymbol{E} \tag{9.28}$$

此式可以重写为

$$\boldsymbol{E} = -\omega_{\mathrm{LO}}\sqrt{\frac{M_{\mathrm{r}}}{\epsilon_0}}\sqrt{\frac{1}{\epsilon(\infty)} - \frac{1}{\epsilon(0)}}\boldsymbol{u} \propto -\boldsymbol{u} \tag{9.29}$$

因此, (长波长)LO 声子产生了一个对抗离子位移的长程电场, 并代表了一个额外的恢复力, 这符合 $\omega_{\mathrm{LO}} > \omega_{\mathrm{TO}}$ 的事实.

9.6 电子-光子相互作用

量子力学利用电子和光子的耦合, 描述能带结构里的吸收过程. 这个过程用含时微扰理论来描述. 如果 $\boldsymbol{H}_{\mathrm{em}}$ 是微扰算符 (电磁场), 电子在单位时间内从 (没有受到微扰的)i 态 (初态) 到 f 态 (终态) 的跃迁概率 w_{fi} 由费米黄金定则给出 (采用了一些近似):

$$w_{\mathrm{fi}}(\hbar\omega)=\frac{2\pi}{\hbar}\left|H_{\mathrm{fi}}'\right|^2\delta\left(E_{\mathrm{f}}-E_{\mathrm{i}}-\hbar\omega\right) \tag{9.30}$$

其中, $\hbar\omega$ 是光子能量, $E_{\mathrm{i}}(E_{\mathrm{f}})$ 是初态 (终态) 的能量. H_{fi}' 是矩阵元:

$$H_{\mathrm{fi}}'=\langle\Psi_{\mathrm{f}}|\boldsymbol{H}'|\Psi_{\mathrm{i}}\rangle \tag{9.31}$$

其中, $\Psi_{\mathrm{i}}(\Psi_{\mathrm{f}})$ 是没有受到微扰的初态 (终态).

$\boldsymbol{A}$ 是电磁场的矢势, 即 $\boldsymbol{E}=-\dot{\boldsymbol{A}}$, $\mu\boldsymbol{H}=\nabla\times\boldsymbol{A}$, $\nabla\cdot\boldsymbol{A}=0$(库仑规范). 电子在电磁场中的哈密顿量是

$$\boldsymbol{H}=\frac{1}{2m}(\hbar\boldsymbol{k}-q\boldsymbol{A})^2 \tag{9.32}$$

当忽略 $\boldsymbol{A}^2$ 项 (双光子的过程) 时, 微扰的哈密顿量就是

$$\boldsymbol{H}_{\mathrm{em}}=-\frac{q}{m}\boldsymbol{A}\boldsymbol{p}=\frac{\mathrm{i}\hbar q}{m}\boldsymbol{A}\cdot\nabla\approx q\boldsymbol{r}\cdot\boldsymbol{E} \tag{9.33}$$

后面这个近似对于电磁波的小波矢成立, 称为电偶极近似.

为了从能带结构计算半导体的介电函数, 我们假设 $\boldsymbol{A}$ 很小, 可以应用式 (9.30). 描述光子能量 $\hbar\omega$ 处的光子吸收速率的跃迁概率 R 就是①

$$R(\hbar\omega)=\frac{2\pi}{\hbar}\int_{\boldsymbol{k}_{\mathrm{c}}}\int_{\boldsymbol{k}_{\mathrm{v}}}\left|\langle c|\boldsymbol{H}_{\mathrm{em}}|v\rangle\right|^2\delta\left(E_{\mathrm{c}}\left(\boldsymbol{k}_{\mathrm{c}}\right)-E_{\mathrm{v}}\left(\boldsymbol{k}_{\mathrm{v}}\right)-\hbar\omega\right)\mathrm{d}^3\boldsymbol{k}_{\mathrm{c}}\mathrm{d}^3\boldsymbol{k}_{\mathrm{v}} \tag{9.34}$$

其中, $|c\rangle$ 和 $|v\rangle$ 分别是导带和价带的布洛赫函数, 如式 (6.40b) 给出的那样.

矢势写为 $\boldsymbol{A}=A\hat{\boldsymbol{e}}$, 单位矢量 $\hat{\boldsymbol{e}}$ 平行于 $\boldsymbol{A}$. 这个振幅与电场振幅 E 的关系是

$$A=-\frac{E}{2\omega}[\exp(\mathrm{i}(\boldsymbol{q}\boldsymbol{r}-\omega t))+\exp(-\mathrm{i}(\boldsymbol{q}\boldsymbol{r}-\omega t))] \tag{9.35}$$

在电偶极近似里, 动量守恒 $\boldsymbol{q}+\boldsymbol{k}_{\mathrm{v}}=\boldsymbol{k}_{\mathrm{c}}$(其中 $\boldsymbol{q}$ 是光的动量) 近似为 $\boldsymbol{k}_{\mathrm{v}}=\boldsymbol{k}_{\mathrm{c}}$. 矩阵元就是

$$\left|\langle c|\boldsymbol{H}_{\mathrm{em}}|v\rangle\right|^2=\frac{e^2|A|^2}{m^2}\left|\langle c|\hat{\boldsymbol{e}}\cdot\boldsymbol{p}|v\rangle\right|^2 \tag{9.36}$$

---

① 这里假定价带态填满而导带态是空的. 如果导带态填满而价带态是空的, 就是受激辐射的速率.

其中,

$$|\langle c|\hat{\boldsymbol{e}}\cdot\boldsymbol{p}|v\rangle|^2=\frac{1}{3}|\boldsymbol{p}_{\text{cv}}|^2=M_{\text{b}}^2 \tag{9.37}$$

动量矩阵元 $\boldsymbol{p}_{\text{cv}}$ 由式 (6.39) 给出. 通常用不依赖于 $\boldsymbol{k}$ 的矩阵元 $|\boldsymbol{p}_{\text{cv}}|^2$ 作为近似. 在 GaN 里, 价带到导带的矩阵元对 $\boldsymbol{k}$ 的依赖关系如图 9.7 所示.

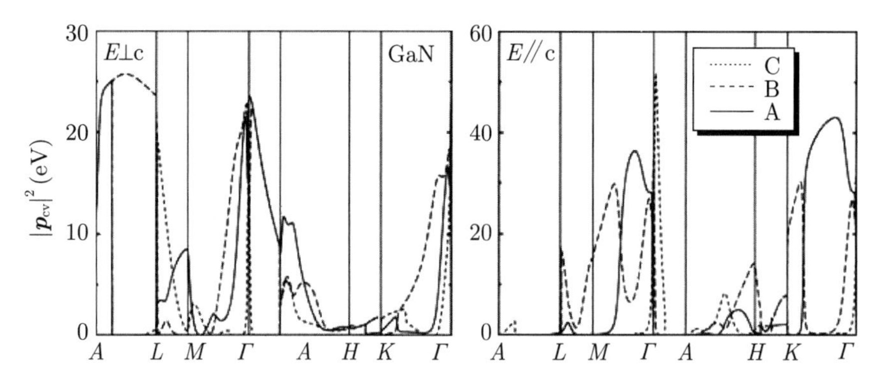

图9.7 在布里渊区的高对称性方向(见图3.38(d)), GaN的价带和导带间跃迁的动量矩阵元$|\boldsymbol{p}_{\text{cv}}|^2$的理论值, 光的偏振分别与c轴垂直(左图)和平行(右图). 跃迁是A: $\Gamma_9(\text{A})\to\Gamma_{7\text{c}}$; B: $\Gamma_7(\text{B})\to\Gamma_{7\text{c}}$; C: $\Gamma_7(\text{C})\to\Gamma_{7\text{c}}$(参见图6.44). 改编自文献[840]

用电场幅度 $E(\omega)$ 来描述, 跃迁概率是

$$R(\hbar\omega)=\frac{2\pi}{\hbar}\left(\frac{e}{m\omega}\right)^2\left|\frac{E(\omega)}{2}\right|^2|\boldsymbol{p}_{\text{cv}}|^2\int_{\boldsymbol{k}}\delta\left(E_{\text{c}}(\boldsymbol{k})-E_{\text{v}}(\boldsymbol{k})-\hbar\omega\right)\text{d}^3\boldsymbol{k} \tag{9.38}$$

如果对 $\boldsymbol{k}$ 的积分限制在单位体积内允许的值, 单位体积里损失的功率就是 $R\hbar\omega$, 留下 $1/E$ 的因子. 介电函数 $\epsilon=\epsilon_{\text{r}}+\text{i}\epsilon_{\text{i}}$ 就是

$$\epsilon_{\text{i}}=\frac{1}{4\pi\epsilon_0}\left(\frac{2\pi e}{m\omega}\right)^2|\boldsymbol{p}_{\text{cv}}|^2\int_{\boldsymbol{k}}\delta\left(E_{\text{c}}(\boldsymbol{k})-E_{\text{v}}(\boldsymbol{k})-\hbar\omega\right)\text{d}^3\boldsymbol{k} \tag{9.39a}$$

$$\epsilon_{\text{r}}=1+\int_{\boldsymbol{k}}\frac{e^2}{\epsilon_0 m\omega_{\text{cv}}^2}\frac{2|\boldsymbol{p}_{\text{cv}}|^2}{m\hbar\omega_{\text{cv}}}\frac{1}{1-\omega^2/\omega_{\text{cv}}^2}\text{d}^3\boldsymbol{k} \tag{9.39b}$$

其中, $\hbar\omega_{\text{cv}}=E_{\text{c}}(\boldsymbol{k})-E_{\text{v}}(\boldsymbol{k})$. 式 (9.39b) 已经利用了克拉默斯-克罗尼格关系 (见附录 C)① 得到.

与式 (D.7) 比较, 就得到带-带跃迁的振子强度:

$$f=\frac{e^2}{\epsilon_0 m\omega_{\text{cv}}^2}\frac{2|\boldsymbol{p}_{\text{cv}}|^2}{m\hbar\omega_{\text{cv}}}=\frac{e^2}{\epsilon_0 m\omega_{\text{cv}}^2}N_{\text{cv}} \tag{9.40}$$

其中,

$$N_{\text{cv}}=\frac{2|\boldsymbol{p}_{\text{cv}}|^2}{m\hbar\omega_{\text{cv}}} \tag{9.41}$$

是频率为 ω_{cv} 的振子的经典"数目".

① 介电函数的实部和虚部通常由克拉默斯-克罗尼格关系联系起来.

9.7 带-带跃迁

9.7.1 联合态密度

在价带和导带之间, 允许的光学跃迁的强度正比于联合态密度 (JDOS)$D_{\mathrm{j}}(E_{\mathrm{cv}})$ (参见式 (6.63)、(6.64) 和 (9.39a))

$$D_{\mathrm{j}}(E_{\mathrm{cv}}) = 2\int_{S(\tilde{E})} \frac{\mathrm{d}^2 S}{(2\pi/L)^3} \frac{1}{|\nabla_{\boldsymbol{k}} E_{\mathrm{cv}}|} \tag{9.42}$$

其中, E_{cv} 是 $E_{\mathrm{c}}(\boldsymbol{k}) - E_{\mathrm{v}}(\boldsymbol{k})$ 的缩写, $\mathrm{d}^2 S$ 是等能面 $\tilde{E} = E_{\mathrm{cv}}$ 的面积元. 假定自旋生成双重简并的能带, 因此有 2 这个因子. JDOS 的奇异性 (范霍夫奇异性或临界点) 出现在 $\nabla_{\boldsymbol{k}} E_{\mathrm{cv}}$ 等于零的地方. 这种情况出现在两个能带的梯度都是 0, 或者它们平行的时候. 后者产生特别大的 JDOS, 因为 $\boldsymbol{k}$ 空间里的很多点满足条件.

一般来说, 在三维临界点附近 (这里出现在 $\boldsymbol{k} = \boldsymbol{0}$), (三维的) 能量色散关系 $E(\boldsymbol{k})$ 可以写为

$$E(\boldsymbol{k}) = E(\boldsymbol{0}) + \frac{\hbar^2 k_x^2}{2m_x} + \frac{\hbar^2 k_y^2}{2m_y} + \frac{\hbar^2 k_z^2}{2m_z} \tag{9.43}$$

奇异性可以分类为 M_0, M_1, M_2 和 M_3, 下标是式 (9.43) 里 m_i 为负数的数目. $M_0(M_3)$ 描述能带间隔的最小值 (最大值). M_1 和 M_2 是鞍点. 对于二维 $\boldsymbol{k}$ 空间, 存在 M_0, M_1 和 M_2 点 (分别是最小值、鞍点和最大值). 对于一维 $\boldsymbol{k}$ 空间, 存在 M_0 和 M_1 点 (分别是最小值和最大值). JDOS 在临界点处的函数依赖关系总结在表 9.3 里. 介电函数的形状如图 9.8 所示.

9.7.2 直接跃迁

在带边的 Γ 点处的态之间, 可能发生跃迁 (图 9.9). $\boldsymbol{k}$ 守恒要求在 $E(\boldsymbol{k})$ 图里 (几乎) 垂直的跃迁, 因为光的 $\boldsymbol{k}$ 波矢的长度 ($k = 2\pi/\lambda$) 远小于布里渊区的尺寸: $|k| \leqslant \pi/a_0$. $\boldsymbol{k}$ 波矢长度的比值是 $2a_0/\lambda$ 的量级, 对于近红外 (NIR) 的波长, 通常是 10^{-3}.

表9.3　在3维、2维和1维的临界点处的联合态密度的函数依赖关系

维数	符号	类型	$E<E_0$时的D_j	$E>E_0$时的D_j
3D	M_0	最小值	0	$\sqrt{E-E_0}$
	M_1	鞍点	$C-\sqrt{E_0-E}$	C
	M_2	鞍点	C	$C-\sqrt{E-E_0}$
	M_3	最大值	$\sqrt{E_0-E}$	0
2D	M_0	最小值	0	C
	M_1	鞍点	$-\ln(E_0-E)$	$-\ln(E-E_0)$
	M_2	最大值	C	0
1D	M_0	最小值	0	$\sqrt{E-E_0}$
	M_1	最大值	$\sqrt{E_0-E}$	0

E_0表示临界点处的能量（能带差），C是一个常数值.

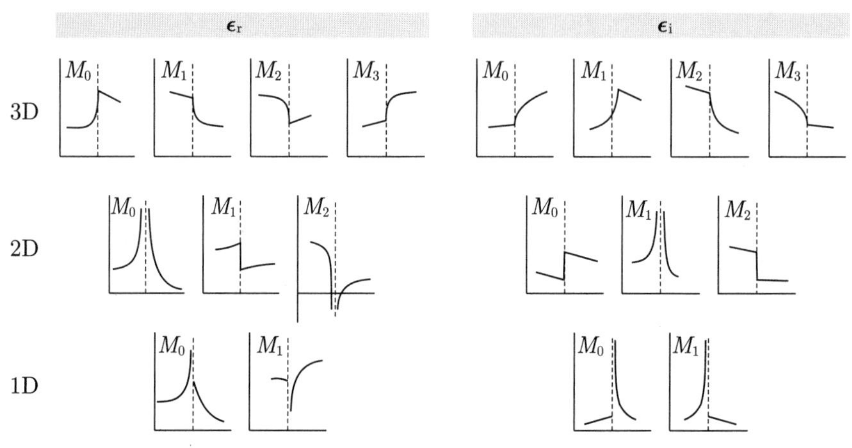

图9.8　在3维、2维和1维的临界点附近，介电常数的实部(左图)和虚部(右图)的形状(符号参见表9.3). 每张图里的虚线指出了临界点E_0的能量位置. 改编自文献[841]

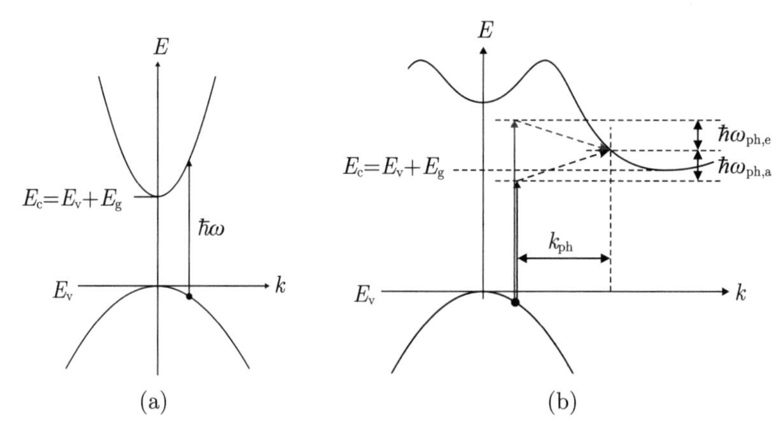

图9.9　价带和导带之间的(a) 直接光学跃迁和(b) 间接光学跃迁. 间接跃迁涉及一个声子，其能量为$\hbar\omega_{ph}$ (下标a：声子吸收；下标e：声子发射)，波矢为k_{ph}

对于各向同性的抛物线形的能带, 带-带跃迁的能量和波矢的关系是

$$E_{\mathrm{cv}}(k)=E_{\mathrm{g}}+\frac{\hbar^2}{2}\left(\frac{1}{m_{\mathrm{e}}^*}+\frac{1}{m_{\mathrm{h}}^*}\right)k^2 \tag{9.44}$$

当矩阵元的能量依赖关系可以忽略时, 吸收系数取决于对应的联合态密度的平方根 (M_0 是临界点):

$$\alpha(E)\propto\frac{\sqrt{E-E_{\mathrm{g}}}}{E}\approx\propto\alpha\sqrt{E-E_{\mathrm{g}}} \tag{9.45}$$

如果考虑的能量间隔小 (例如在带边附近), 这个近似成立.

$(\mathrm{In}_x\mathrm{Ga}_{1-x})_2\mathrm{O}_3$ 合金薄膜在室温下的吸收谱如图 9.10(a) 所示. α^2 和光子能量的关系曲线表明了线性的依赖关系, 由于无序效应, 在带边有展宽和额外的态. 把线性的部分外推, 可以得到吸收边 (图 9.10(b)).

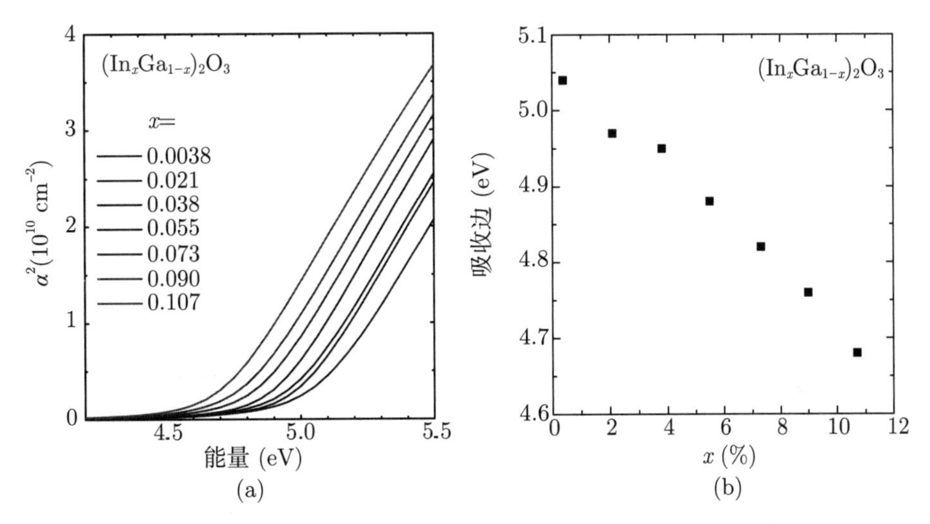

图9.10　(a) $\mathrm{Al_2O_3}$上的$(\mathrm{In}_x\mathrm{Ga}_{1-x})_2\mathrm{O}_3$合金薄膜的吸收谱, 这里是$\alpha^2$和光子能量的关系曲线. (b) 把线性部分外推而确定的带边

对接近带隙的光子能量, GaAs 在不同温度下的吸收谱如图 9.11(a) 所示. 快速的增长显而易见, 这是直接半导体的典型性质. 然而, 在低温下, 靠近带隙的吸收线形由激子的特性主导, 在 9.7.6 小节里讨论.

由于态密度增加了, 随着光子能量的增大, 吸收也增大 (图 9.11(c)). 在 1.85 eV 处, GaAs 的吸收谱有一个台阶, 这是因为 so 空穴能带和导带之间的跃迁开始做贡献 (见图 9.1(b) 里的 $E_0+\Delta_0$ 跃迁). 当 $E(\boldsymbol{k})$ 图里的能带平行时 (具有相同的间隔), 吸收过程在相同的跃迁能量上做贡献. 用这种方式, 吸收谱里出现更高的峰 (由于 E_1 或 E_0' 跃迁), 如图 9.1 里的能带结构所示.

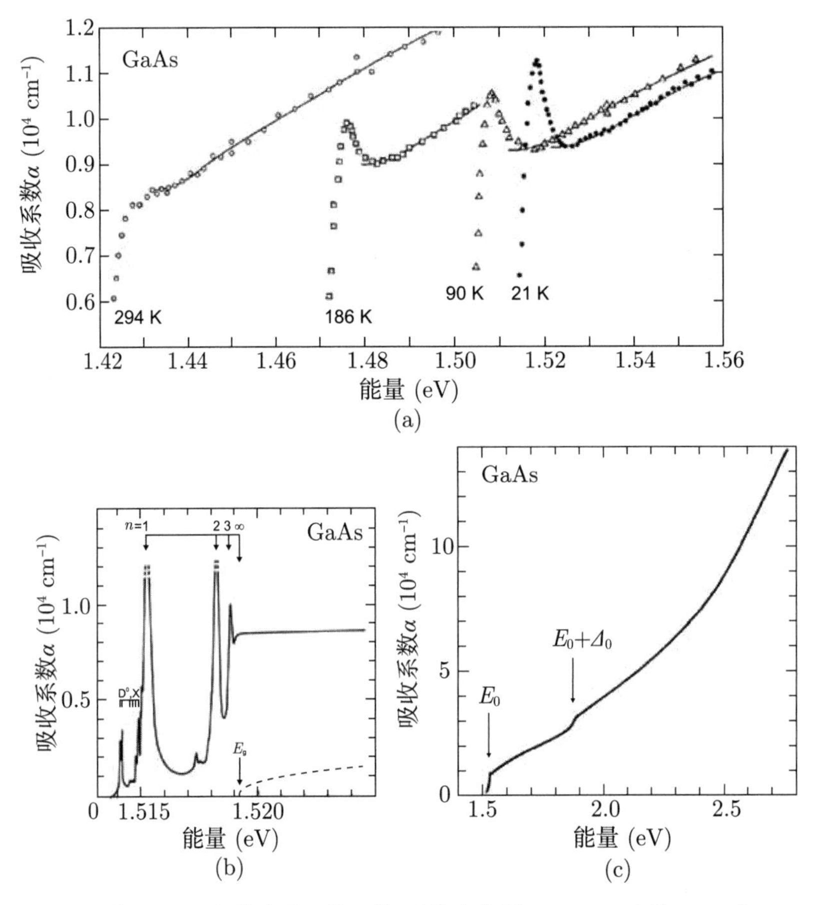

图9.11 (a) 不同温度下GaAs在带隙附近的吸收. 改编自文献[842]. (b) 高纯GaAs在T=1.2 K时激子区域的高分辨率吸收光谱. 虚线是没有激子修正的理论. 改编自文献[843]. (c) T=21 K时GaAs在带隙附近的吸收谱. 改编自文献[842]

从价带到导带的跃迁的选择定则必须考虑波函数的角动量和自旋态. 圆偏振的光学跃迁满足 $\Delta m_j = \pm 1$, 如图 9.12(a) 所示. 磁场 (与图 15.12 比较) 或者空间限制 (与图 12.30 比较) 可以解除这些态的能量简并. 双光子吸收 (9.7.14 小节) 的选择定则是 $\Delta m_j = \pm 2$, 如图 9.12(b) 所示 [844].

注意, 在一些材料里, 某些能带之间的直接跃迁是禁戒的. 一个例子是 SnO_2, 从最高的价带到最低的导带 (在 Γ 点) 的直接跃迁是禁戒的 (与图 9.48 比较). 如果矩阵元随着 $E - E_g$ 线性地增大, 吸收系数的变化就是

$$\alpha(E) \propto (E - E_g)^{3/2} \tag{9.46}$$

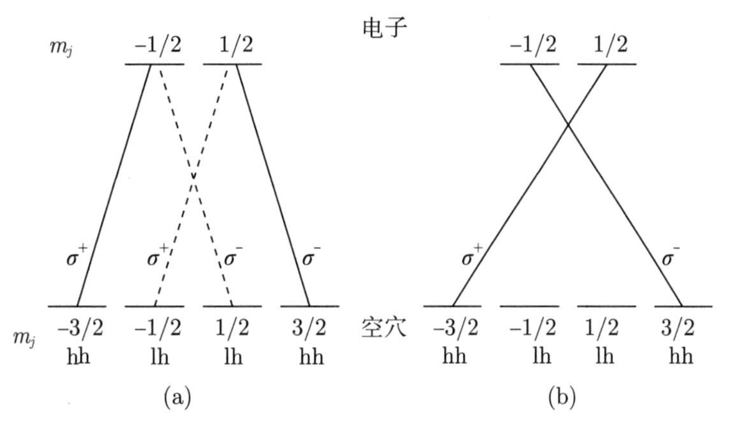

图9.12　体材料里带-带跃迁的光学选择定则: (a) 单光子跃迁; (b) 双光子跃迁(光子能量等于跃迁能量的一半)

9.7.3　间接跃迁

在间接能带结构里, 价带态和导带态之间缺失的 $\boldsymbol{k}$ 差别 (在布里渊区) 需要由另一个量子提供. 声子可以提供动量, 并额外贡献一小部分能量 $\hbar\omega_{\mathrm{ph}}$. 吸收谱里有几个台阶, 因为涉及不同的声子 (或者它们的组合). 在低温下 ($T = 1.6$ K, 图 9.13), 只能产生声子, 吸收开始的能量高于带隙. 在更高的温度下 (通常超过 40 K[845], 图 9.13), 声学声子辅助的光学跃迁也可以从晶体里吸收声学声子; 在这种情况下, 因为能量守恒, 在低于带隙的能量 $E_{\mathrm{g}} - \hbar\omega_{\mathrm{ph}}$ 处, 吸收已经开始. 在更高的温度下 ($>$ 200 K, 图 9.13), 还可以吸收光学声子.

微扰计算给出的吸收系数以平方的形式依赖于能量 (式 (9.47a))[846] . 本质上, 对于特定的 (空的) 导带态 (具有平方根形式的态密度) 的吸收, 可以有各种不同的初始的 (填充的) 价带态 (同样具有平方根形式的态密度), 使得吸收概率依赖于态密度的乘积, 因而线性地依赖于能量. 对所有间距为 $E \pm \hbar\omega_{\mathrm{ph}}$ 的能态做积分, 得到 E^2 的依赖关系. ① 考虑声子态密度依赖于温度的占据情况 (玻色统计, 式 (E.3)), 发射声子 (α_{e}) 和吸收声子 (α_{a}) 的吸收系数是

$$\alpha_{\mathrm{e}}(E) \propto \frac{\left(E - (E_{\mathrm{g}} + \hbar\omega_{\mathrm{ph}})\right)^2}{1 - \exp\left(-\hbar\omega_{\mathrm{ph}}/(kT)\right)} \tag{9.47a}$$

$$\alpha_{\mathrm{a}}(E) \propto \frac{\left(E - (E_{\mathrm{g}} - \hbar\omega_{\mathrm{ph}})\right)^2}{\exp\left(\hbar\omega_{\mathrm{ph}}/(kT)\right) - 1} \tag{9.47b}$$

① 假设光学声子色散关系是平的.

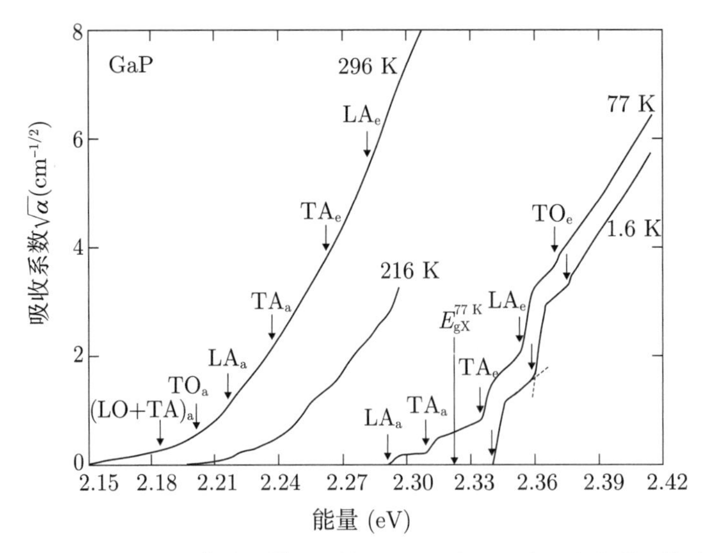

图9.13 在不同温度下的GaP吸收边($\sqrt{\alpha}$ 和E的关系). 下标e(a)表示在光学吸收过程中发射(吸收)声子. 标出了T=77 K时的激子带隙(E_{gX})的理论值. 改编自文献[845]

与只涉及一个光子的直接吸收相比, 两个粒子的过程的可能性更小. 靠近带隙的间接跃迁的吸收强度大约是直接跃迁的 10^{-3}.

基于类似式 (9.47a) 的项, 11 个参数的公式可以描述硅在室温下在可见光区的吸收谱, 精度为百分之几 [847].

对于 GaP(图 9.13) 和 Si(图 9.14(a)), 靠近吸收边的吸收谱如图所示. 根据式 (9.47a), 在声子效应的谱区以外, $\sqrt{\alpha}$ 和能量的图线 (麦克法兰-罗伯茨 (Macfarlane-Roberts) 图线 [848]) 是一条直线. 靠近 (间接) 带隙能量的复杂形式是因为不同声子的贡献. 对硅的吸收边做贡献的声子能量 [849] 与 X 点处的 TA 和 TO 能量一致 [850] (图 9.14(b)). 多声子也可以做贡献 (图 9.13). 通过杂质散射或者电子-电子散射, 也可以实现动量守恒 [851].

还要注意, 间接半导体在 Γ 价带态和导带态之间也有光学跃迁. 然而, 发生这种跃迁的能量比基本带隙更大, 例如, 对于 Si($E_{\mathrm{g}}=1.12$ eV), 在 3.4 eV 处 (见图 6.9(a)). 图 9.15 给出了直接和间接吸收过程的吸收模式 (起初的电子位于价带顶), 同时给出了 Ge 的实验吸收谱, 其直接跃迁 ($\Gamma_8 \to \Gamma_7$) 在 0.89 eV 处, 在基本带隙以上 0.136 eV.

$BaTiO_3$ 的吸收边如图 9.16 所示. 有一个间接跃迁, (弱的) 吸收的增加 $\propto E^2$, 间接带隙 $E_{\mathrm{i}}=2.66$ eV; 还有一个直接跃迁, (强的) 吸收的增加 $\propto E^{1/2}$, 直接带隙 $E_{\mathrm{d}}=3.05$ eV. 这些跃迁可能分别来自 M 点 (间接带隙) 和 Γ 点 (直接带隙) 的空穴 (见 6.3.11 小节).

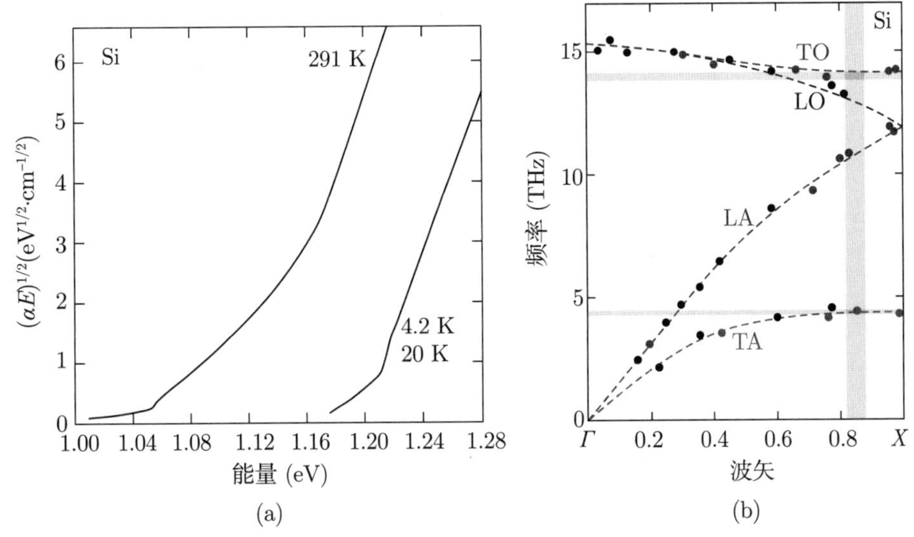

图9.14 (a) 在两个不同温度下, Si的吸收边. 改编自文献[849]. (b) 根据中子散射得到的硅沿着[001]方向的声子能量(黑色: 没有确定的; 绿色: TA; 紫色: LA; 蓝色: LO; 红色: TO). 灰色的竖条指出了导带极小值的位置, 灰色的横条指出了在间接吸收边观察到的声子的能量. 深灰色的重叠区指出了TO 和TA 声子的贡献. 改编自文献[850]

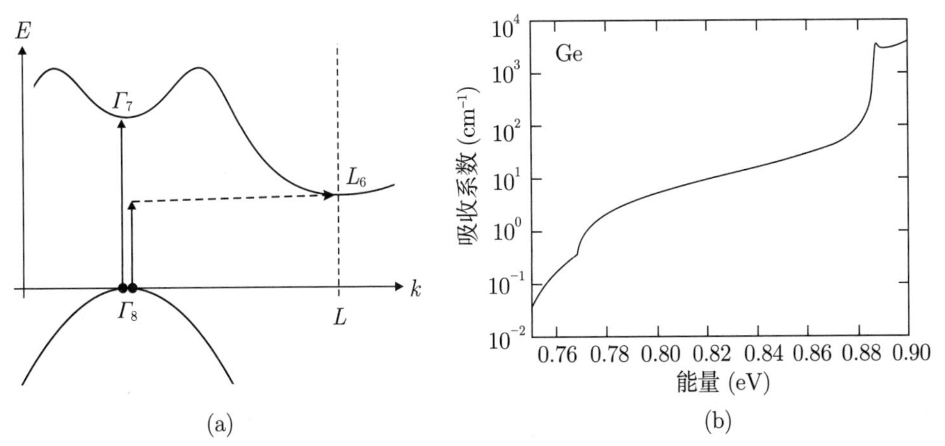

图9.15 (a) 从Ge的价带顶开始的间接和直接光学跃迁的示意图. 垂直的实线表示涉及的光子, 水平的虚线表示涉及的声子. (b) Ge的实验吸收谱(T=20 K). 改编自文献[849]

9.7.4 乌巴赫尾

通常观测到的不是直接带隙吸收的理想的 $(E-E_{\mathrm{g}})^{1/2}$ 依赖关系, 而是指数式的尾巴 (见图 9.17). 这种尾巴称为乌巴赫 (Urbach) 尾 [853], 其函数依赖关系如下 (对于

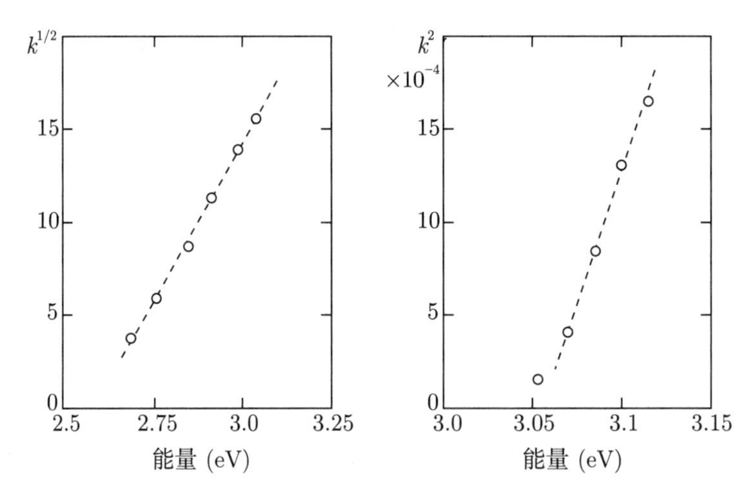

图9.16 $BaTiO_3$在室温下的吸收谱. 实验数据(圆圈)取自文献[852], 拟合曲线(虚线)分别$\propto E^2$和$\propto E^{1/2}$

$E < E_g$):

$$\alpha(E) \propto \exp\left(\frac{E - E_g}{E_0}\right) \tag{9.48}$$

其中 E_0 是吸收边的特征宽度, 即 "乌巴赫参数".

乌巴赫尾形成是由于能带以下的带尾之间的跃迁. 这种尾巴可以来自完美晶体的无序 (例如, 缺陷或掺杂), 或者晶格振动导致的电子能带的起伏. 因此, 乌巴赫参数 E_0 的温度依赖关系与带隙的温度依赖关系有关, 参阅文献 [854,855].

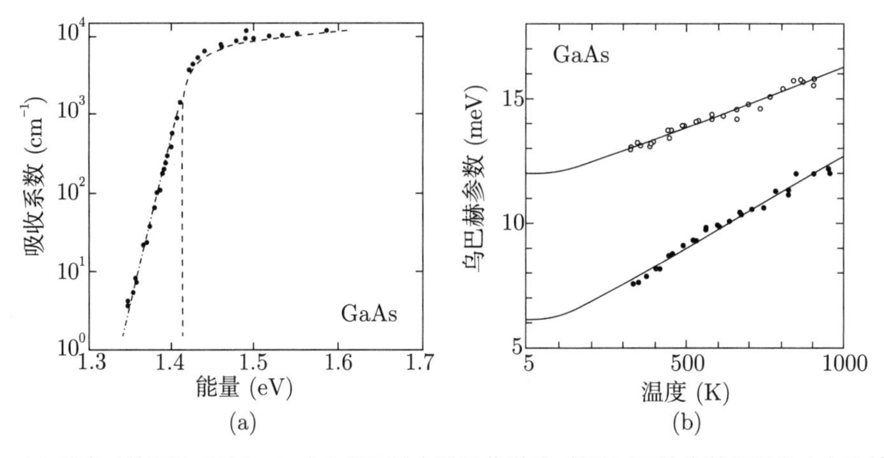

图9.17 (a) 用半对数图给出的GaAs在室温下的实验吸收谱线. 带隙以下的指数尾巴称为乌巴赫尾(点划线对应于式(9.48)的E_0=10.3 meV). 虚线根据式(9.45)的理论依赖关系. 改编自文献[856]. (b) 两个GaAs样品的乌巴赫参数E_0的温度依赖关系. 实验数据是非掺杂的GaAs(实心圆点)和Si掺杂的GaAs($n=2\times10^{18}/cm^3$, 空心圆点), 实线是单声子模型的理论拟合. 改编自文献[854]

9.7.5 非晶半导体

因为晶体半导体的能带结构里的临界点, 介电函数具有一些尖锐的特性 (sharp features), 在非晶材料里, 这些都被抹掉了. 作为例子, 晶体硒 (三方晶系) 和非晶硒的介电函数的虚部如图 9.18 所示.

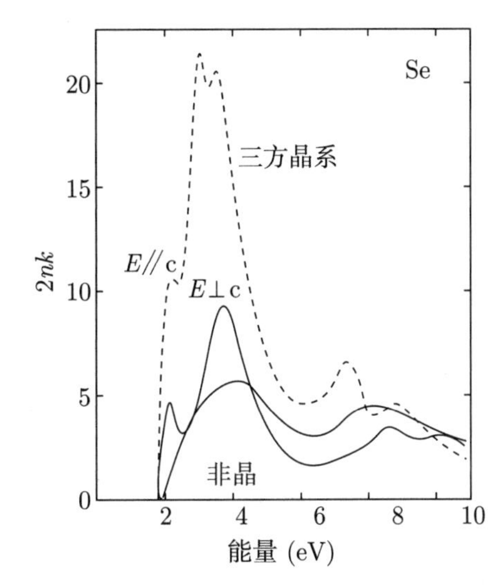

图9.18 非晶硒(实线)和晶体硒(三方晶系)的介电函数的虚部，点划线对应于两种不同的偏振方向. 取自文献[857]

9.7.6 激子

导带里的一个电子和价带里的一个空穴由于库仑相互作用形成一个类氢原子的态. 这种态称为激子. 质心的运动是分离的, 具有色散关系 $E=\hbar^2\boldsymbol{K}^2/(2M)$, 其中, $M=m_\mathrm{e}+m_\mathrm{h}$ 是总质量, $\hbar\boldsymbol{K}$ 是质心的动量,

$$\boldsymbol{K}=\boldsymbol{k}_\mathrm{e}+\boldsymbol{k}_\mathrm{h} \tag{9.49}$$

相对运动给出了类氢原子的量子态 $E_n\propto n^{-2}$ $(n\geqslant1)$:

$$E_\mathrm{X}^n=-\frac{m_\mathrm{r}^*}{m_0}\frac{1}{\epsilon_\mathrm{r}^2}\frac{m_0e^4}{2\left(4\pi\epsilon_0\hbar\right)^2}\frac{1}{n^2} \tag{9.50}$$

其中, m_r^* 表示约化的有效质量, $m_\mathrm{r}^{*-1}=m_\mathrm{e}^{*-1}+m_\mathrm{h}^{*-1}$. 第三个因子是原子的里德伯能量 (13.6 eV). 激子束缚能 $E_\mathrm{X}^\mathrm{b}=-E_\mathrm{X}^1$ 的因子改变了, $\left(m^*/m_0\right)1/\epsilon_\mathrm{r}^2\approx10^{-3}$. 比这个简单的

氢原子模型详细得多的理论考虑了价带的能带结构, 参阅文献 [858](直接的立方半导体) 和 [859](间接的立方半导体) 以及 [860](纤锌矿结构的半导体). 各种半导体的激子束缚能列在表 9.4 里, 与能隙的关系如图 9.19(a) 所示.

表9.4 几种体材料半导体中的激子束缚能(E_X^b)和双激子束缚能(E_{XX}^b, 参见9.7.10小节)

材料	E_X^b (meV)	E_{XX}^b (meV)	E_{XX}^b/E_X^b
GaAs	4.2		
GaAs QW	9.2	2.0	0.22
ZnSe	17	3.5	0.21
GaN	25	5.6	0.22
CdS	27	5.4	0.20
ZnS	37	8.0	0.22
ZnO	59	15	0.25

10 nm GaAs/15 nm $Al_{0.3}Ga_{0.7}As$量子阱（QW）的数值取自文献[861].

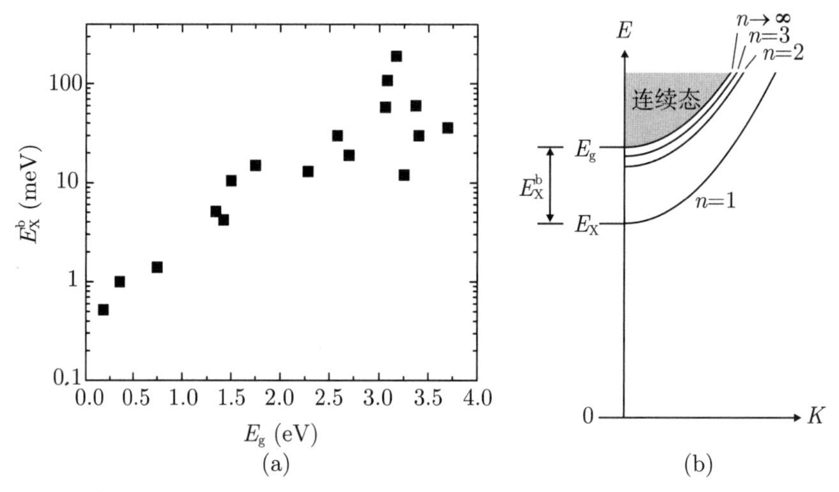

图9.19 (a) 几种半导体的激子束缚能和带隙的关系. (b) 激子能级的色散关系示意图. K矢量指的是质心运动

激子的半径是

$$r_X^n = n^2 \frac{m_0}{m_r^*} \epsilon_r a_B \tag{9.51}$$

其中, $a_B = 0.053$ nm 是氢原子的玻尔半径.① 激子的玻尔半径是 $a_X = r_X^1$(GaAs 是 14.6 nm, ZnO 是约 2 nm). 激子以质心的 $\boldsymbol{K}$ 矢量在晶体里移动. 完整的色散关系是 (见图 9.19(b))

$$E = E_g + E_X^n + \frac{\hbar^2}{2M}\boldsymbol{K}^2 \tag{9.52}$$

① 参见式 (7.22); 电子束缚在施主上, 可以认为是空穴质量无穷大的激子.

激子态的振子强度的衰减 $\propto n^{-3}$. 对于低温下的 GaAs, 激子的吸收可见, 如图 9.11(a) 所示. 如果存在不均匀性, 通常只能看到 $n=1$ 的跃迁. 然而, 在特殊的条件下, 可以看见激子的里德伯序列的更高的跃迁 (例如, 在图 9.11(b) 里, $n=2$ 和 3).

激子的概念最早是为了解释 Cu_2O 里的吸收而引入的 [862]. $J=1/2$ 的吸收谱 ("黄色系列") 如图 9.20 所示. 在这个特定材料里, 价带和导带都有 s 特性, 因此, 激子的 1s 跃迁是禁戒的, np 跃迁可以在正常的 (单光子的) 吸收里观察到. 利用双光子吸收, 还可以激发 s(和 d) 跃迁. 在一片自然的 Cu_2O 上, 里德伯序列已经测量到了 $n=25$[863](图 9.21(a)). 峰的能量和振子强度分别服从 n^{-2} 定律 ($E_X^b=92$ meV, $E_g=2.17208$ eV) 和 n^{-3} 定律, 如氢原子模型预期 (图 9.21 (b)). 对于大的 n, 因为半径大的激子在有限激子密度下的相互作用, 振子强度偏离于 n^{-3} 依赖关系.

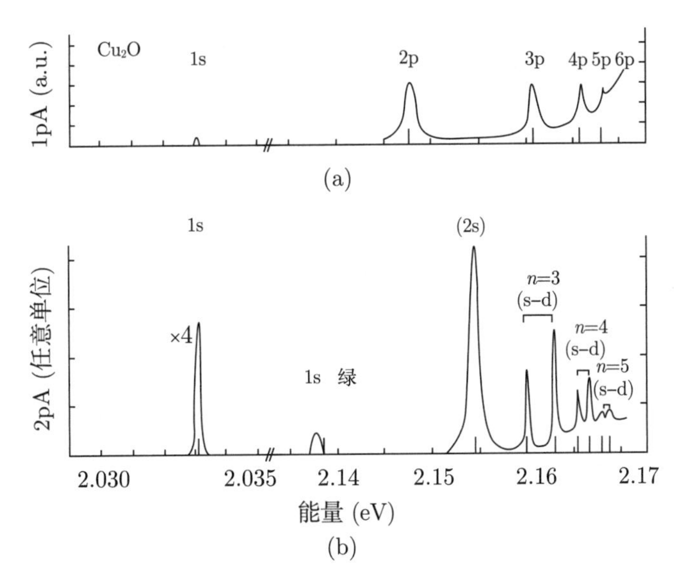

图9.20 T=4.2 K时Cu_2O的单光子吸收谱(上图)和双光子吸收谱(下图). 箭头标出了理论的峰值位置. 改编自文献[864]

对于 $E>E_g$, 激子的散射态 (非束缚的态)[865] 为带隙以上的吸收做贡献. 吸收谱变化的因子称为索末菲因子. 对于体材料, 它是

$$S(\eta)=\eta\frac{\exp(\eta)}{\sinh(\eta)} \tag{9.53}$$

其中, $\eta=\pi(E_X^b/(E-E_g))^{1/2}$. 库仑关联改变了吸收谱, 如图 9.22 所示. 在束缚态和非束缚态之间有连续的吸收. 在带隙处, 有着有限的吸收 ($S(E\to E_g)\to\infty$). 能够分辨的激子峰的细节依赖于谱的展宽.

在 GaN 里, A, B 和 C 激子的能量间隔如图 9.23 所示 [540]. 因此, 价带的顺序依赖于半导体的应变状态.

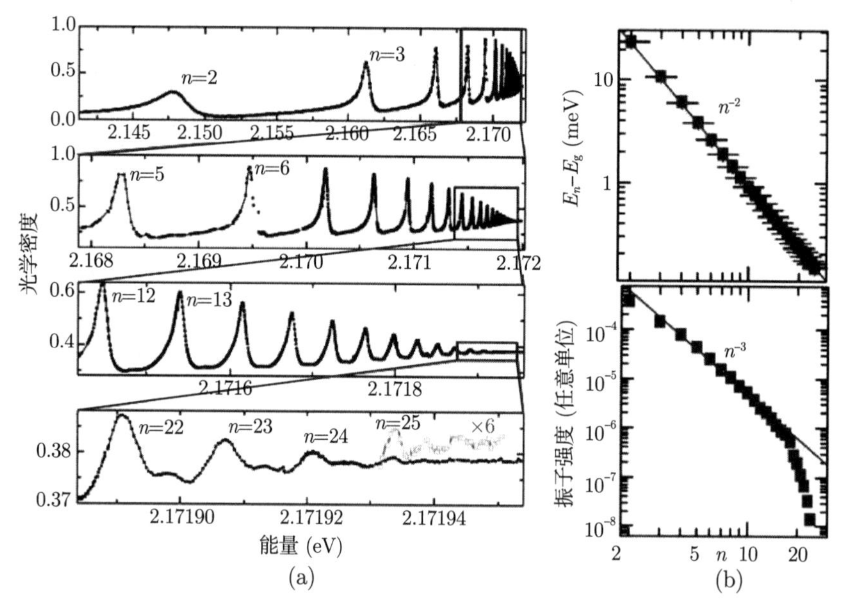

图9.21　T=4.2 K时Cu_2O(厚度为34 μm)的单光子吸收谱，标记了n=2，…，25的跃迁. 改编自文献[863]

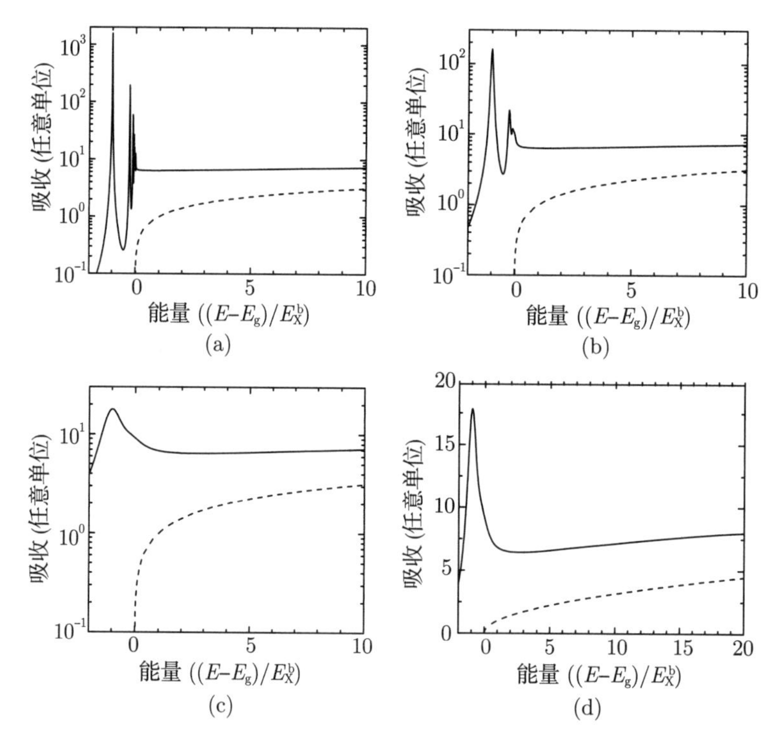

图9.22　对于不同的谱(洛伦兹)展宽($\propto (E^2+\Gamma^2/4)^{-1}$)，激子效应改变了直接跃迁的吸收边：(a) $\Gamma=0.01E_X^b$; (b) $\Gamma=0.1E_X^b$; (c) $\Gamma=E_X^b$. 图(d)是线性标度的图(c). 虚线是根据式(9.45)得到的电子-空穴等离子体的吸收

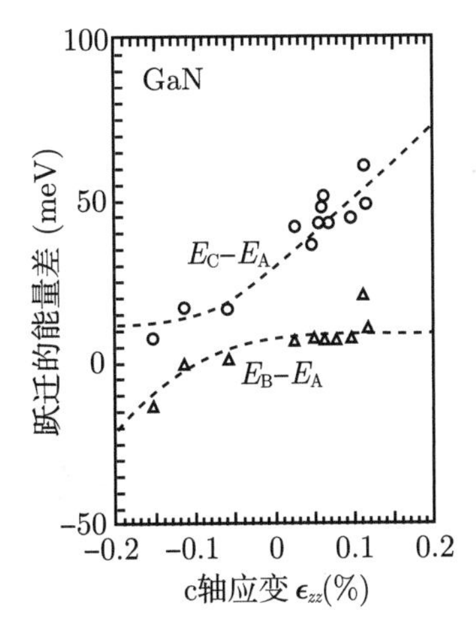

图9.23 在GaN里，C线和A线激子跃迁的能量差与B线和A线激子跃迁的能量差对c轴应变的理论依赖关系. 符号是实验数据，取自文献[866]. 改编自文献[540]

9.7.7 声子展宽

与声子的散射以及相关的退相位导致了吸收线 (和复合线) 的均匀展宽 Γ_{hom}. 声学声子和光学声子对展宽的贡献是 [867]

$$\Gamma_{\text{hom}}(T) = \Gamma_0 + \gamma_{\text{AC}} T + \gamma_{\text{LO}} \frac{1}{\exp(\hbar\omega_{\text{LO}}/(kT)) - 1} \tag{9.54}$$

其中，$\hbar\omega_{\text{LO}}$ 是光学声子的能量，最后一个因子是玻色函数式 (E.24). Γ_0 是不依赖于温度的贡献，$\Gamma_0 = \Gamma(T=0)$. 随着温度的升高，展宽显然变大了，如吸收谱 (图 9.24(a)) 所示. 图 9.24(b) 总结了 GaAs, ZnSe 和 GaN 的实验数据. 这些数据用式 (9.54) 拟合；得到的声子展宽参数列在表 9.5 里. ① 在极性半导体里，光学跃迁与光学声子的耦合更强. 文献 [870] 讨论并比较了对 GaN 的不同测量所得到的声子耦合参数.

表9.5 几种半导体体材料的声子展宽参数 (半高宽)

材料	$\hbar\omega_{\text{LO}}$ (meV)	Γ_0 (meV)	γ_{AC} (μeV/K)	γ_{LO} (meV)
GaAs	36.8	0	4 ± 2	16.8 ± 2
ZnSe	30.5	1.9	0 ± 7	84 ± 8
GaN	92	10	15 ± 4	408 ± 30
ZnO	33	1.2	32 ± 26	96 ± 24

用式(9.54)对实验数据进行拟合得到的GaAs [871]，ZnSe [869]，GaN [868]，ZnO [872]（拟合了声子能量）数值，如图9.24(b)所示.

① 这种参数可以直接由谱的展宽确定 [868]，或者由相干偏振的衰减的时间分辨测量 (四波混频) 确定 [869]. 在后者中，对于均匀展宽，退相干的衰减常数 T_2 和四波混频信号的衰减常数 τ 的关系是 $T_2 = 2\tau$. $\exp[-t/(2\tau)]$ 的傅里叶变换是洛伦兹型 $\propto ((E-E_0)^2 + \Gamma^2/4)^{-1}$，其中，$\Gamma = 1/\tau$ 是半高宽.

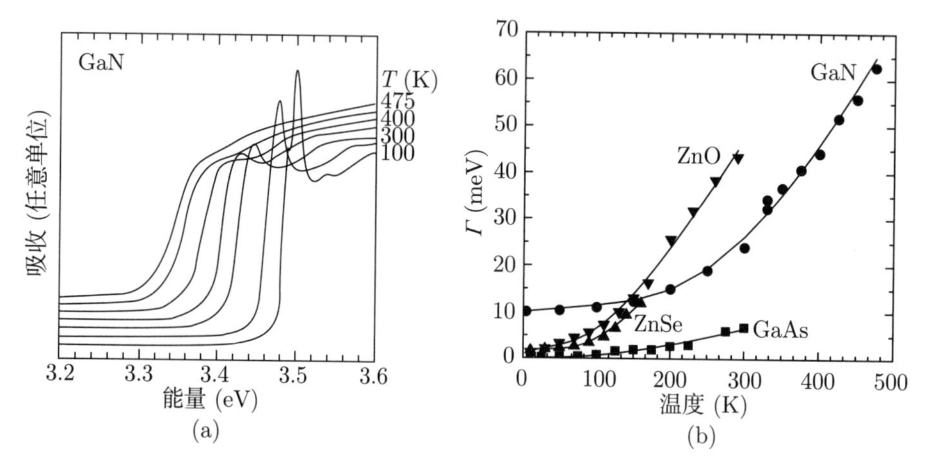

图9.24 (a) GaN体材料(蓝宝石衬底上0.38 μm厚的外延层)的吸收谱，对应不同的温度T=100 K，200 K，300 K，350 K，400 K，450 K，475 K. 改编自文献[868]. (b) 均匀展宽作为温度的函数，符号是实验数据，实线是拟合结果，参见表9.5

9.7.8 激子极化激元

电子和空穴是自旋 1/2 的粒子. 因此, 激子可以形成总自旋 $S=0$ 的态 (正激子 (para-exciton), 单重态) 和 $S=1$ 的态 (仲激子 (ortho-exciton), 三重态). 交换相互作用导致了这些态的劈裂, 单重态的能量更高. 单重态劈裂为纵向激子和横向激子, 对应布洛赫函数的极化方向和激子质心运动的 $\boldsymbol{K}$ 方向. 偶极跃迁只对单重态激子 (亮激子) 是可能的. 三重态激子和电磁场的耦合很弱, 因此称为暗激子.

这些态和电磁场的耦合创造了新的准粒子: 激子极化激元 [873,874]. 激子 (背景介电常数为 ϵ_b) 的介电函数是

$$\epsilon(\omega)=\epsilon_b\left[1+\frac{\beta}{1-(\omega^2/\omega_X)^2}\right]\cong\epsilon_b\left[1+\frac{\beta}{1-(\omega^2/\omega_T)^2+\hbar K^2/(M\omega_T)}\right] \tag{9.55}$$

其中, β 是振子强度, 能量是 $\hbar\omega_X=\hbar\omega_T+\hbar^2K^2/(2M)$. $\hbar\omega_T$ 是 $K=0$ 的横向激子的能量. 必须满足波的色散关系

$$c^2k^2=\omega^2\epsilon(\omega) \tag{9.56}$$

其中, k 是光的 k 波矢, 因为动量守恒, 所以必须有 $k=K$. 介电函数对 k 的依赖关系称为空间色散 [875]. 一般来说, 直到 k^2 项, 可以写为

$$\epsilon(\omega)=\epsilon_b\left[1+\frac{\beta}{1-(\omega^2/\omega_0)^2+Dk^2}\right] \tag{9.57}$$

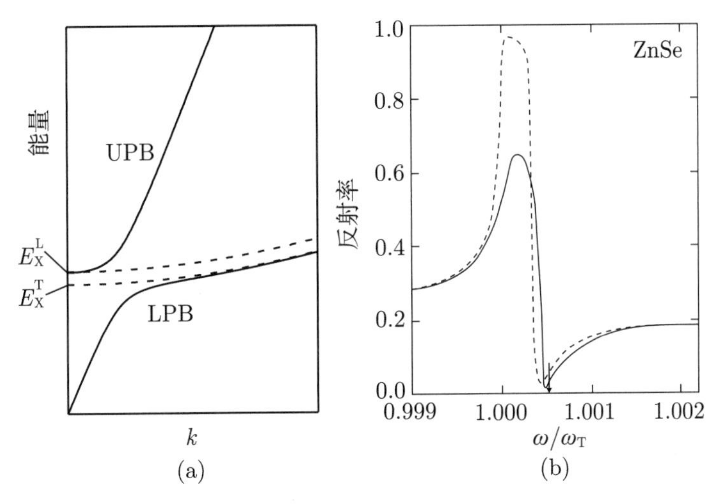

图9.25 (a) 激子极化激元的色散关系示意图. 下方的极化激元分支(LPB)在小波数k是类光子的，在大波数k是类激子的. 上方的分支(UPB)在小波数k是类激子的，在大波数k是类光子的. UPB在$k\to 0$的极限是纵向激子的能量. 虚线表示纯的激子色散关系. (b) 当垂直入射时，在基本的激子共振处，空间色散对反射率的理论影响，ZnSe材料的参数是$\hbar\omega_T$=2.8 eV，β=1.0×10^{-3}，背景介电常数为ϵ_b=8.1，阻尼设定为$\Gamma=10^{-5}\omega_T$. 箭头标出了ω_L. 实线(虚线)是有(没有)空间色散，其中$\hat{D}$=0.6×10^{-5}($\hat{D}$=0). 数据取自文献[875]

带有曲率 D(对于激子极化激元, $D=\hbar/(M\omega_T)$) 的 k^2 项很重要, 特别是当 $\omega_T^2-\omega^2=0$ 时. 对于 $k=0$, 即使立方材料也是各向异性的. 无量纲的曲率 $\hat{D}=Dk'^2$ 应当满足 $\hat{D}=\hbar/(Mc)\ll 1$, 以便让 k^4 项变得不重要. 对于激子极化激元, ① 通常 $\hat{D}=\hbar\omega_T/(mc^2)\approx 2\times 10^{-5}$ (对于 $\hbar\omega_T=1$ eV 和 $m^*=0.1$).

根据式 (9.56) 和 (9.57), 得到两个解:

$$2\omega^2 = c^2k^2+\left(1+\beta+Dk^2\right)\omega_0^2 \pm\left[-4c^2k^2\left(1+Dk^2\right)\omega_0^2+\left(c^2k^2+\left(1+\beta+Dk^2\right)\omega_0^2\right)^2\right]^{1/2} \tag{9.58}$$

这两个分支如图 9.25(a) 所示. 根据 k 值的不同, 它们有光子的特性 (线性色散) 或激子的特性 (二次色散). 在 $k'\approx\omega_T/c$ 处 (对于 $\hbar\omega_T=1$ eV, $k'\approx 0.5\times 10^{-5}$/cm) 的反交叉行为在下面的极化激元分支产生了一个瓶颈区. 这个名字的由来是在那里发射声学声子 (即冷却) 的概率很小, 这个现象由文献 [876] 预言, 在 (例如)CdS 里实验发现 [877]. 当极化激元碰到表面时, 它们衰变为光子. 对于两个激子共振的情况, 色散关系的振子强度的效应如图 9.26 所示. 在几个激子的情况下, 式 (9.57) 变为

① 光学声子能量对 k 的依赖关系通常太小了, 所以空间色散关系不重要. 根据式 (5.19), 对于典型的材料参数 (晶格常数 $a_0=0.5$ nm, TO 声子频率 $\omega_{TO}=15$ THz), 有 $\hat{D}=-(a_0\omega_{TO}/(4c))^2\approx 4\times 10^{-11}$.

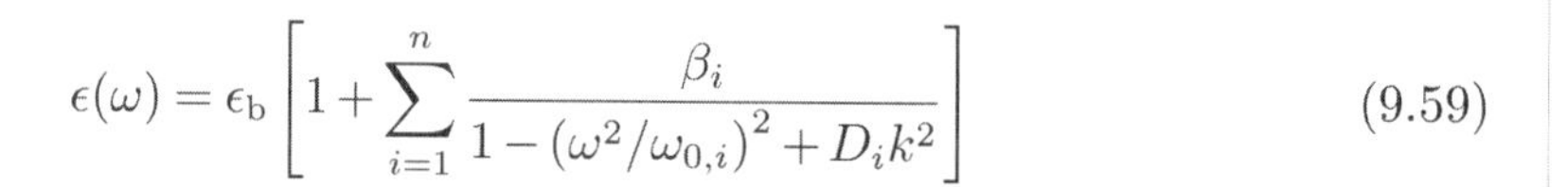

$$\epsilon(\omega)=\epsilon_{\mathrm{b}}\left[1+\sum_{i=1}^{n}\frac{\beta_i}{1-(\omega^2/\omega_{0,i})^2+D_ik^2}\right] \tag{9.59}$$

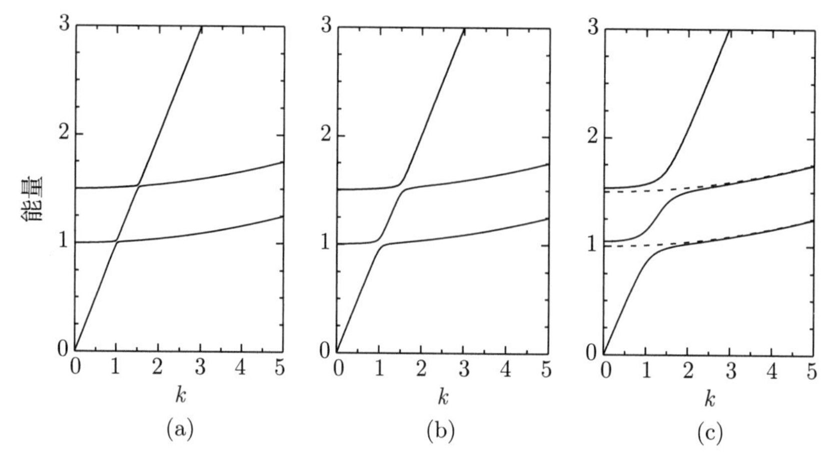

图9.26　在$\omega_{\mathrm{T},1}=1$和$\omega_{\mathrm{T},2}=1.5$处，对于两个激子共振的情况，极化激元的色散关系示意图(激子色散关系的曲率被大大地夸张了，$\hat{D}=10^{-2}$)，三种不同的振子强度为：(a) $f=10^{-3}$；(b) $f=10^{-2}$；(c) $f=10^{-1}$. 图(c)里的虚线表示纯的激子色散关系

对于 $k=0$, 要么 $\omega=0$(下面的极化激元分支), 要么 $\epsilon(\omega_{\mathrm{L}})=0$. 对于后者, 我们由式(9.57) 得到

$$\omega_{\mathrm{L}}=\sqrt{1+\beta}\,\omega_{\mathrm{T}} \tag{9.60}$$

因此, 纵向激子和横向激子的能量差 ΔE_{LT}(通常记为 $\varDelta_{\mathrm{LT}}$) 就是

$$\Delta E_{\mathrm{LT}}=\hbar(\omega_{\mathrm{L}}-\omega_{\mathrm{T}})=(\sqrt{1+\beta}-1)\hbar\omega_{\mathrm{T}}\approx\frac{1}{2}\beta\hbar\omega_{\mathrm{T}} \tag{9.61}$$

正比于激子的振子强度 (实验值见表 9.6). 注意, 如果用式 (D.9) 作为介电函数, 式(9.61) 里的 β 就要用 $\beta/\epsilon_{\mathrm{b}}$ 替换.

表9.6　几种半导体的激子能量(低温)、LT劈裂和激子极化激元的振子强度

	CdS A	CdS B	ZnO A	ZnO B	ZnSe	GaN A	GaN B	GaAs
$\hbar\omega_{\mathrm{T}}$(eV)	2.5528	2.5681	3.3776	3.3856	2.8019	3.4771	3.4816	1.5153
$\varDelta_{\mathrm{LT}}$(meV)	2.2	1.4	1.45	5	1.45	1.06	0.94	0.08
$\beta(10^{-3})$	1.7	1.1	0.9	3.0	1.0	0.6	0.5	0.11

ZnO的数值取自文献[878]，GaAs的数值取自文献[879]，所有其他的数值取自文献[880].

在基本的激子共振处, 空间色散对反射率的影响如图 9.25(b) 所示. 对于非垂直入射的 p 偏振光, 观察到了纵向波的额外特性 [875]. 为了详细讨论纤锌矿结构晶体的各向异性引起的附加效应, 需要考虑半导体表面附近没有激子的薄层、额外的边界条件和阻尼 [881,882]. ZnO 和 GaN 的极化激元的色散关系如图 9.27 所示.

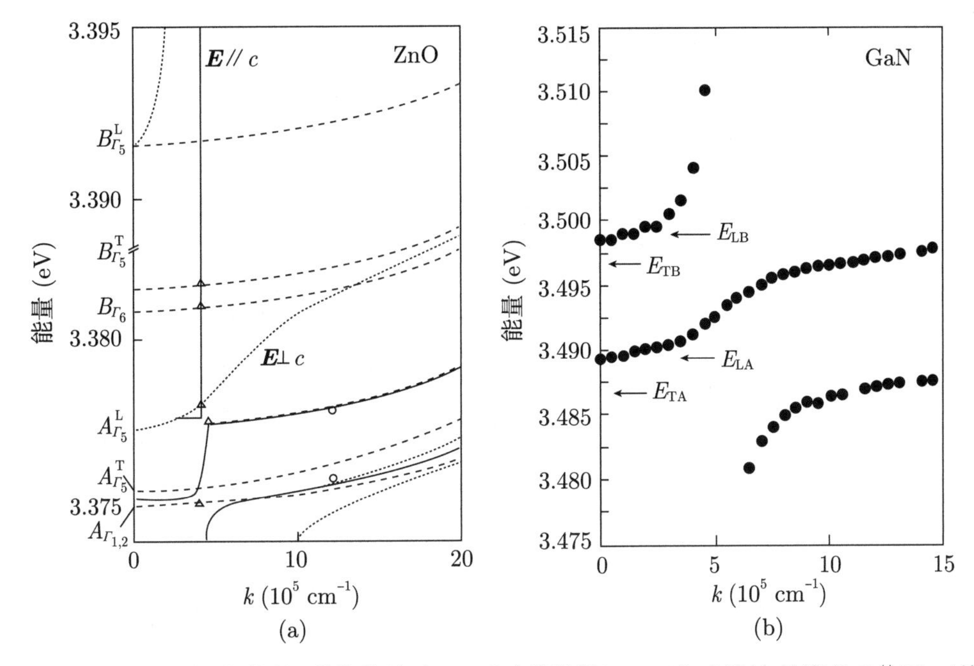

图9.27 (a) ZnO的激子极化激元的色散关系($\boldsymbol{k} \perp c$)和实验数据(T=1.8 K). 实线(点状线)是$\boldsymbol{E} // c$($\boldsymbol{E} \perp c$)的极化激元. 虚线是激子. 改编自文献[883]. (b) 在(蓝宝石衬底上的)GaN 里, $\boldsymbol{E} \perp c$的激子极化激元的色散关系(T=2 K). 改编自文献[884]

9.7.9 束缚激子的吸收

激子可以局域化在缺陷或者不均匀的地方. 这种激子称为束缚激子. 现在讨论这种复合体产生的吸收. 10.3.2 小节讨论复合. 在 GaP:N 里, 激子束缚在等电子杂质 N(替代 P) 上, 导致了位于 2.3171 eV 的 A 线 (在 $T = 4.2$ K). ① 在图 9.28(b) 的谱里, A 激子产生的吸收可以很好地分辨出来. 在氮掺杂足够高的情况, 存在氮的对子, 即氮杂质和附近另一个氮杂质所构成的复合体. 这个对子标记为 NN_n. 以前认为, 第二个氮原子位于第一个氮原子周围的第 n 个壳层. 然而, 现代理论认为, 适当的能级安置很可能并非如此 [544]. 也可能存在不止有两个氮原子的团簇. NN_1 是一个显著的能级, 与 N-Ga-N 复合体有关, 对于在次近邻的阴离子点位上的第二个氮原子, 有 12 个等价位

① A 线是由 $J = 1$ 的激子引起的, 由电子自旋 1/2 和空穴角动量 3/2 耦合而成. B 线是由 $J = 2$ 的 "暗" 激子引起的偶极禁戒的谱线.

置. 束缚在 NN_n 上的激子导致的跃迁 (如图 9.28(a) 所示) 给出了一系列的谱线 (见表 9.7), 满足 $\lim_{n\to\infty} NN_n = A$. 虽然 GaP 是间接能带结构, 但与 N 有关的跃迁的吸收系数很大, 对于 N 掺杂浓度 $10^{19}/cm^3$, 大约是 $10^5/cm$. ① 原因在于这个事实：空间局域化在氮的等电子陷阱 (7.7.9 小节) 上的电子的波函数具有可观的 $k=0$ 分量 (图 7.40), 使得 Γ 点的空穴有很大的跃迁概率, 振子强度为 0.09[885].

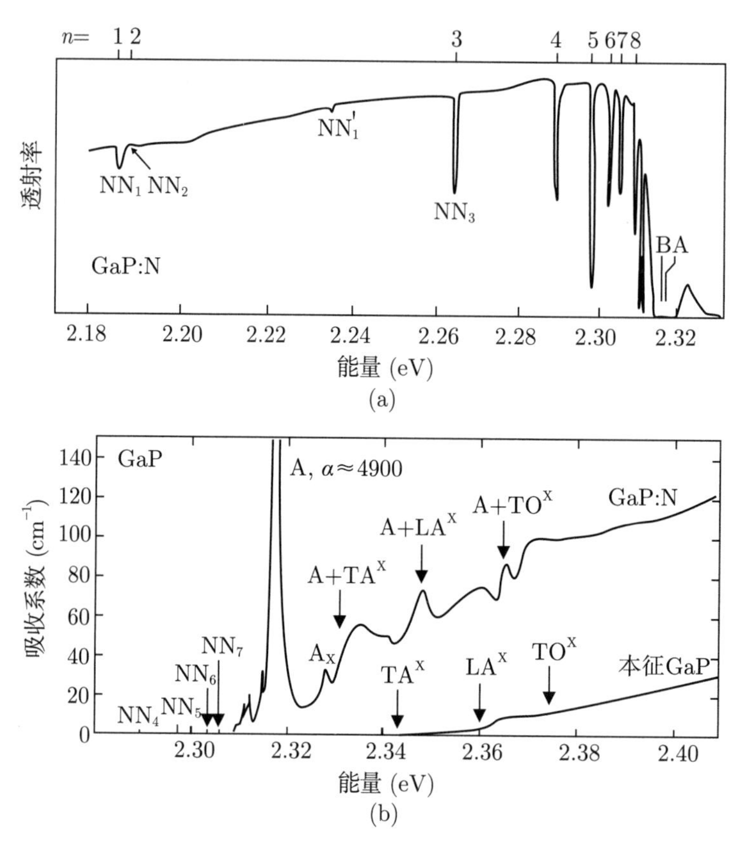

图9.28 (a) GaP:N 的透射谱, N的浓度大约是$10^{19}/cm^3$, 温度为1.6 K(厚度是1.1 mm). n标出了最初的8个跃迁(来自NN对子束缚的激子). NN_n' 标出了声子伴线. A线标出了单个N原子束缚的激子的跃迁位置(在低N掺杂的样品中观测到的). B线是禁戒的, 来自J=2激子. 改编自文献[694]. (b) N掺杂的GaP的吸收谱($N_N=7\times10^{18}/cm^3$)和本征GaP的吸收谱(T= 2 K). 改编自文献[690]

表9.7 对于n =1, ⋯, 10和A线, N对子的指标和自由激子到束缚激子跃迁的能量差ΔE

n	1	2	3	4	5	6	7	8	9	10	∞ (A)
ΔE (meV)	143	138	64	39	31	25	22	20	18	17	11

① 复合 (10.3.2 小节) 的效率也很高, 可以制作绿光 (GaP:N) 和黄光 (GaAsP:N) 的发光二极管.

9.7.10 双激子

类似于两个氢原子构成一个氢分子, 两个激子也可以形成一个束缚的复合体, 双激子涉及两个电子和两个空穴. 双激子束缚能的定义是

$$E_{\mathrm{XX}}^{\mathrm{b}} = 2E_{\mathrm{X}} - E_{\mathrm{XX}} \tag{9.62}$$

双激子在体材料中结合. 相应地, 双激子的复合或吸收出现在比激子更低的能量. 不同半导体的双激子束缚能的数值列在表 9.4 中. 双激子的束缚能和激子束缚能的比值相当稳定, 大约是 0.2. 在激子束缚能小的半导体里, 例如 GaAs, 双激子很难在体材料中观测到, 但可以出现在异质结构中, 后者为载流子提供了额外的限制 (参见 14.4.4 小节). 虽然激子的浓度随着外界激发而线性地增加, 但双激子的浓度以平方的形式增长.

9.7.11 荷电激子

"eeh" 和 "ehh" 的复合体称为荷电激子 (trion). X^- 和 X^+ 的记号也很常见. X^- 在体材料里通常是稳定的, 但是很难观察到. 在量子阱或量子点里, 更容易观察到荷电激子. 在量子点里, 还观察到了带有更多电荷的激子, 例如 X^{2-}(见图 14.45).

9.7.12 带隙重整化

此前讨论的能带结构理论针对小的载流子浓度. 如果载流子浓度很大, 必须考虑自由载流子的相互作用. 第一步是形成激子. 然而, 在高温下 (电离) 和高浓度下 (屏蔽), 激子不稳定. 交换作用能和关联能使得光学吸收边下降, 称为带隙重整化 (BGR).

当浓度是激子体积的量级, 即 $n \approx a_{\mathrm{B}}^{-3}$ 时, 可以预期, 大的载流子浓度会产生影响. 对于 $a_{\mathrm{B}} \approx 15$ nm(GaAs), 意味着 $n \approx 3 \times 10^{17}/\mathrm{cm}^3$. 无量纲的半径 r_{s} 由下式定义:

$$\frac{4\pi}{3} r_{\mathrm{s}}^3 = \frac{1}{n a_{\mathrm{B}}^3} \tag{9.63}$$

交换作用能和关联能 E_{xc} 的和基本上不依赖于材料参数 [886](图 9.29(a)), 其形式如下:

$$E_{\mathrm{xc}} = \frac{a + b r_{\mathrm{s}}}{c + d r_{\mathrm{s}} + r_{\mathrm{s}}^2} \tag{9.64}$$

其中, $a = -4.8316$, $b = -5.0879$, $c = 0.0152$, $d = 3.0426$. 在小的载流子浓度, 带隙的浓度依赖关系是 $\propto n^{1/3}$. 很多Ⅱ-Ⅵ半导体的实验数据大致服从这种依赖关系 (图 9.29(b)).

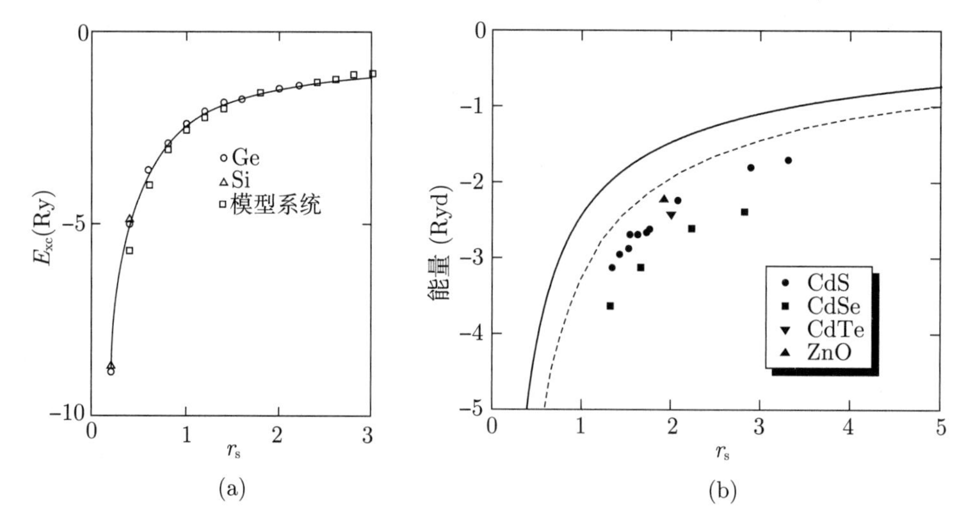

图9.29　(a) 对于Ge, Si和一个模型系统(具有各向同性的导带和价带各一个), 交换能和关联能的理论值随着无量纲变量r_s的变化情况, 单位是激子的里德伯能量. 实线是根据式(9.64)的拟合结果. 改编自文献[886]. (b) 几种II-VI半导体的带隙重整化, 单位是激子的里德伯能量. 实线是根据式(9.64)的拟合结果, 虚线是文献[887]对T=30 K预言的依赖关系. 数据汇编在文献[888]里

对于不同载流子浓度 (n=p) 的体材料 GaAs, 理论计算的吸收谱如图 9.30 所示 [889]. 随着浓度的增加, 激子共振变宽并消失. 线形趋近于电子-空穴等离子体的线

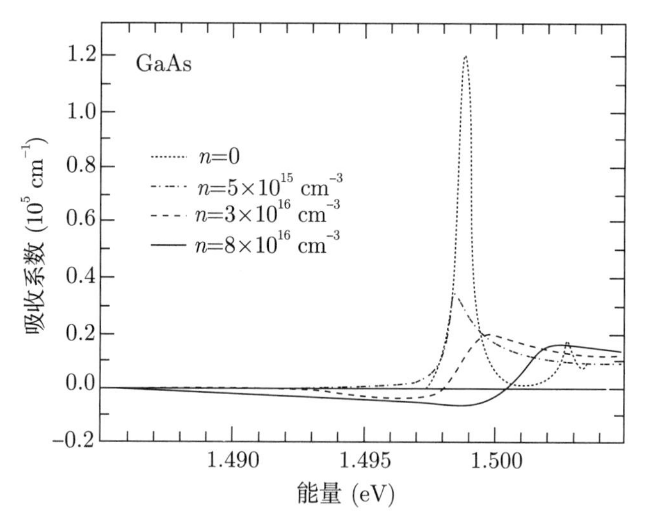

图9.30　GaAs的吸收(低温, T=10 K)和电子-空穴密度n的关系(理论). 改编自文献[889]

形. 吸收边向更小的能量移动. 在大的载流子浓度, 在进入吸收谱区以前, 吸收变成负的. 在这里, 材料表现出增益, 入射光被放大 (与 10.2.6 小节比较).

9.7.13 电子-空穴的液滴

在低温和高浓度下, Ge 和 Si 里的电子-空穴对可以发生相变, 变为一种液态. 这种电子-空穴液体 (EHL) 由文献 [890] 提出, 是一种费米液体, 表现出金属的很高的电导率, 具有液体的表面和密度. 凝聚是因为交换和关联相互作用. 形成的原因是 Ge 的能带结构 [891] 和载流子在间接能带结构里的长寿命. 在没有应变的 Ge 里, 通常存在直径为 μm 范围的电子-空穴液滴. 相图如图 9.31(a) 所示. 在具有合适应变的 Ge 里, 直径为几百 μm 的电子-空穴液滴在非均匀的应变晶体里剪切应变最大的位置附近形成, 如图 9.31(b) 所示. 在这种液体里, 电子-空穴对的密度是 $10^{17}/\mathrm{cm}^3$ 的量级.

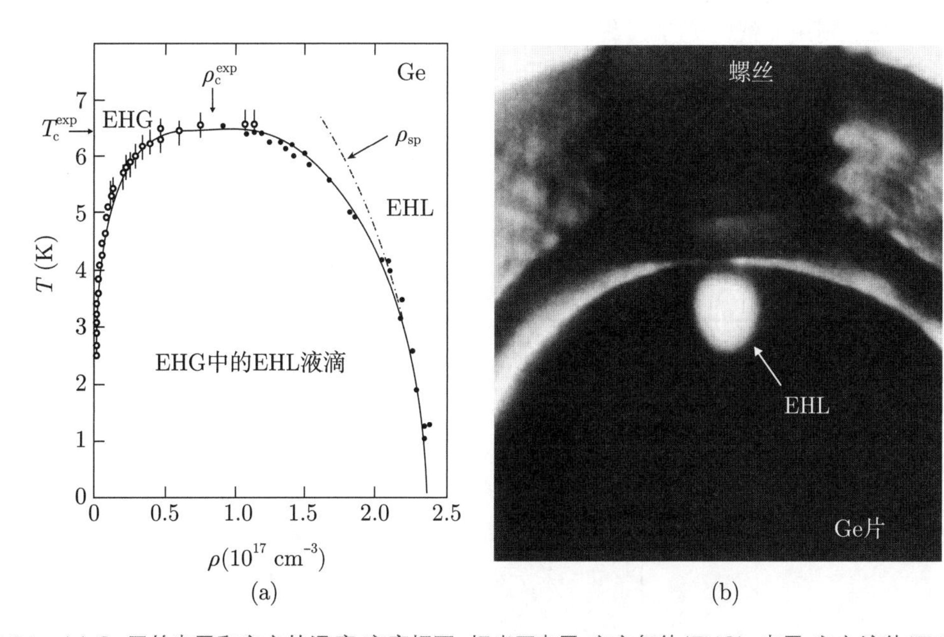

图9.31 (a) Ge里的电子和空穴的温度-密度相图. 标出了电子-空穴气体(EHG)、电子-空穴液体(EHL)和电子-空穴液滴的区域. 实线是理论计算, 符号是实验数据(取自文献[892]). ρ_{sp}标记的点划线是实验得到的单粒子激发的液体密度的温度依赖关系. ρ_c^{exp}和T_c^{exp}分别标记了实验得到的临界密度和温度. 改编自文献[893]. (b) 辐射复合的图像(在1.75 μm波长), 来自有应变的(001)Ge片里(直径为4 mm, 厚度为1.8 mm)直径为300 μm的电子-空穴液体(EHL)的液滴, 温度为T=2 K. 应力是用尼龙螺丝沿着〈110〉方向从上面施加的. 改编自文献[894], 经允许后转载, ©1977 APS

注意, 金属性的 EHL 态妨碍了 (服从玻色统计的) 激子形成玻色-爱因斯坦凝聚 (BEC). 激子的质量轻, 因此凝聚温度高, 处于 1 K 的范围 (原子是 mK 的范围). 在最近的实验中, 在耦合量子阱里, 空间间接激子导致了 BEC[895,896]. 足够长的寿命保证了激子冷却到接近于晶格的温度. 另一种潜在的 BEC 候选者是 Cu_2O 里的长寿命的激子(在 ms 的范围)[897]. 在微腔里, 极化激元 (见 9.7.8 小节) 凝聚到 $\boldsymbol{k}$ 空间里定义得很好的区域, 这已经由文献 [898] 讨论了, 并且和体材料中的玻色子凝聚做了比较.

9.7.14 双光子吸收

到目前为止, 只考虑了一个光子的吸收过程. (频率为 ω_0 的) 光束的光强 I 沿着 z 方向的衰减可以写为

$$\frac{\mathrm{d}I}{\mathrm{d}z} = -\alpha I - \beta I^2 \tag{9.65}$$

其中, α 是线性的吸收系数 (以及可能的散射), β 是双光子吸收系数. 双光子过程可以由两步发生, 例如, 通过带隙中间的一个能级, 此处不考虑这种情况. 这里考虑的双光子吸收 (TPA) 利用非线性光学过程, 占据了比初态高 $2\hbar\omega_0$ 的态. TPA 系数与非线性的三阶电偶极响应率张量 [899]χ_{ijkl} 有关. 在两带近似下, 理论预期 [900]

$$\beta \propto (2\hbar\omega_0 - E_{\mathrm{g}})^{3/2} \tag{9.66}$$

实验确实发现了指数 3/2, GaAs 的情况如图 9.32 所示. 吸收的强度依赖于光的偏振相对于主晶向的取向, 例如, 偏振沿着 $\langle 110 \rangle$ 方向的 TPA 要比 $\langle 100 \rangle$ 方向大了大约 20%.

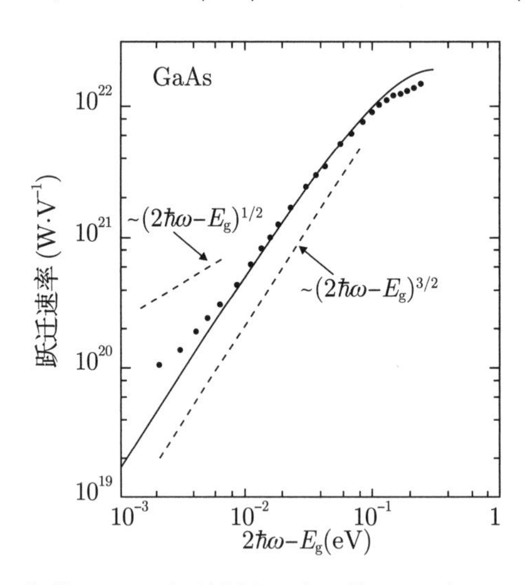

图9.32 实验的双光子吸收谱(T=4 K)(点)绘制为双光子能量$2\hbar\omega$与GaAs带边E_{g}之差的函数. 实线为理论计算, 虚线的斜率分别为1/2和3/2. 改编自文献[901]

9.8 杂质吸收

9.8.1 浅能级

对于束缚在浅杂质上的电荷载流子, 长程库仑力最重要, 它们具有类氢原子的能级结构 (term scheme):

$$E_n = \frac{m^*}{m_0}\frac{1}{\epsilon_r^2}\frac{1}{n^2} \times 13.6\ \mathrm{eV} \tag{9.67}$$

其中, 电离极限 E_∞ 分别是施主 (受主) 的导带边 (价带边). 它们可以被光激发到最近的带边. 这种吸收通常位于远红外 (FIR) 区, 可以用作这个波长范围里的光探测器. 杂质吸收的光学吸收截面可以和载流子捕获截面联系起来 [588,589].

实际的跃迁能量可以偏离式 (9.67), 因为靠近杂质的势与纯的库仑势有偏离. 这种效应称为化学位移或者中心元胞修正 (见 7.5.5 小节), 是这个特定杂质的特性. 在 GaAs 里, 这种位移很小 (约 100 μeV)[902].

P 在 Si 里的能级结构如图 9.33(a) 所示. 基态 (1s) 是劈裂的, 因为能谷间的耦合降低了四面体的对称性. 在 Si 里, X 谷的各向异性质量使得 p 态 (以及具有更高轨道角动量的态) 劈裂为 p_0 和 $p_\pm$ 态. 在导带极小值各向同性的直接带隙半导体里 (例如 GaAs), 这种效应不存在 (图 9.34). 在吸收里, 可以直接观测到 1s 和各种 p 态之间的光学跃迁, 例如在 Si:P 里 [634]. 在光电导里也可以观测到这些跃迁, 因为电离到连续态缺失的能量可以由声子在有限温度下提供 (光热电离) (图 9.33(b))[903]. 图 9.34(a) 里的 2p 跃迁的劈裂来自 GaAs 里不同施主的化学位移 (Si, Sn 和 Pb). 峰的展宽主要来自近邻带电杂质导致的斯塔克展宽. 磁场诱导了类塞曼的劈裂, 让峰变得更尖锐. 用能量大于带隙的光照射样品, 可以让峰变得更宽. 额外的电荷载流子中和了荷电杂质, 提高了分辨率 (图 9.34(b)).

高掺杂的 n 型 GaAs 的吸收谱如图 9.35 所示. 当掺杂浓度大于临界浓度 (约 $1\times10^{16}/\mathrm{cm}^3$, 参见表 7.6) 时, 观察到显著的展宽, 因为形成了杂质带.

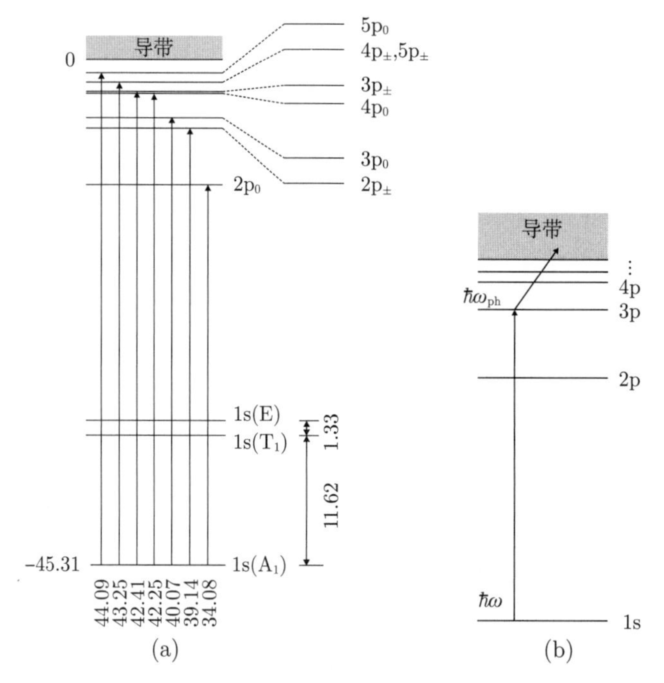

图9.33 (a) 硅里的P施主杂质的能级结构，所有能量的单位都是meV. 根据文献[903]. (b) 光热电离序列的示意图，先吸收一个光子($\hbar\omega=E_{3p}-E_{1s}$)，接着吸收一个声子(能量为$\hbar\omega_{ph}\geqslant E_{\infty}-E_{3p}$)

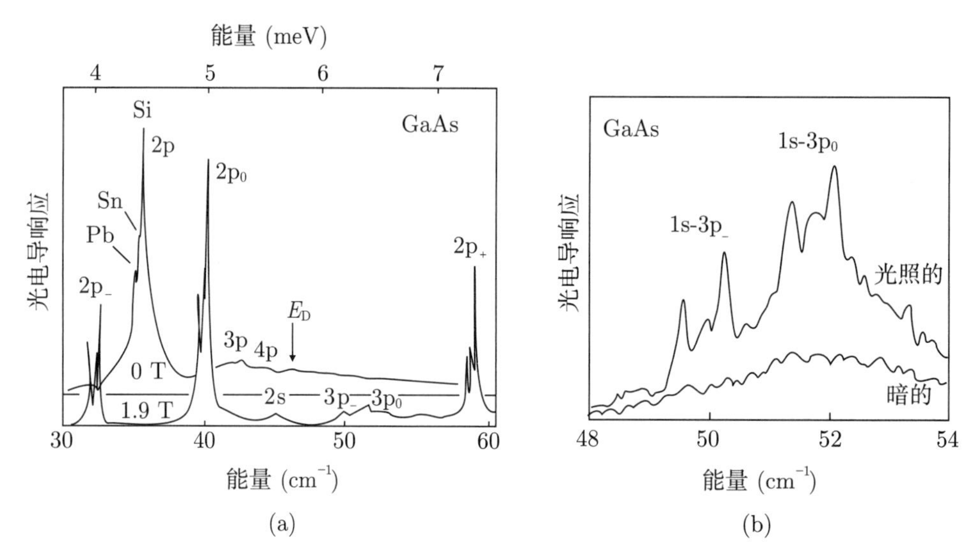

图9.34 (a) 非故意掺杂的GaAs的远红外光电导响应(莱曼型s→p系列)，有残留的施主杂质Pb，Sn和Si，$N_A=2.6\times10^{13}/cm^3$，$N_D-N_A=8\times10^{12}/cm^3$. 上方(下方)曲线的磁场是0 T(1.9 T). 测量温度是4.2 K. (b) 另一个GaAs样品的光电导响应，有相同的杂质($N_D=1\times10^{13}/cm^3$)，用高于带隙的光照射样品(上方曲线)，下方曲线没有用光照(B=1.9 T, T=4.2 K). 改编自文献[905]

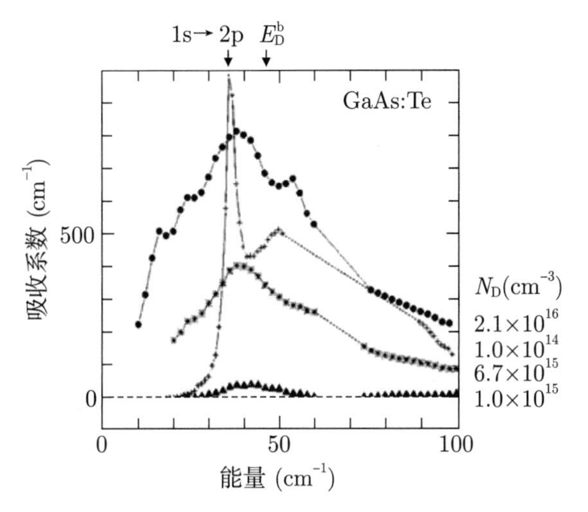

图9.35 在低温(T=1.35 K)下，高掺杂的n型GaAs:Te的吸收谱，标出了掺杂浓度(圆点：N_D=2.1×10^{16}/cm^3，方块：6.7×10^{15}/cm^3，三角：1.0×10^{15}/cm^3)．低掺杂的GaAs:Te 的尖锐的电导谱(任意单位，加号：N_D=1.0×10^{14}/cm^3)用于比较(参见图9.34(a))．指出了1s→2p 跃迁的能量和施主束缚能(连续带吸收的起始点)．改编自文献[906]

9.8.2 深能级

深能级的吸收通常在红外区．图 9.36(a) 给出了在 InP 里涉及 Fe 能级的光学吸收 (参见 7.7.8 小节)，它发生在电荷转移 $Fe^{3+} \to Fe^{2+}$ 里．在热吸收谱 (CAS) 实验里 [682]，已经观察到了这些跃迁和它们的精细结构 (图 9.36(b))．

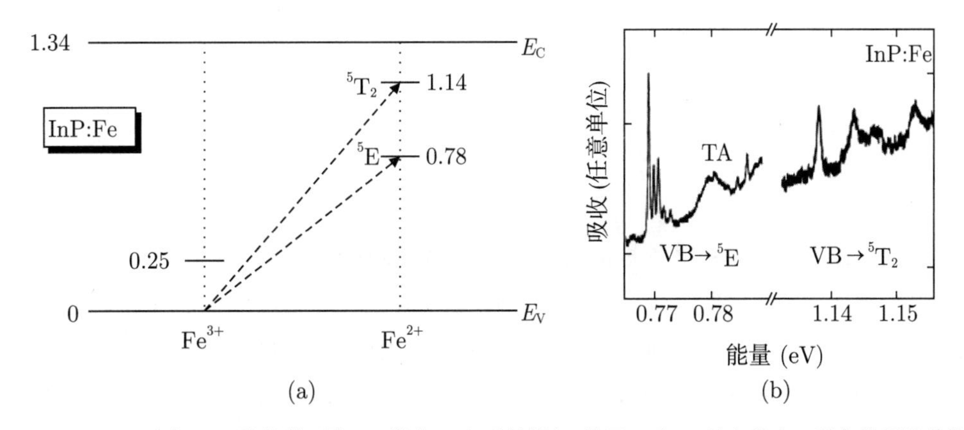

图9.36 (a) InP在低温下的能带示意图，带有Fe杂质的能级(处于3+和2+的电荷态)．所有能量的单位都是eV．箭头给出了价带电子到Fe中心的光学跃迁，$Fe^{3+}+\hbar\omega \to Fe^{2+}$+ h．(b) InP:Fe的热吸收谱(温度为$T$=1.3 K)，[Fe] = 5×10^{16}/cm^3．图(b)改编自文献[682]

Si:Mg 的光电导谱如图 9.37 所示．尖峰来自间隙的单电离的 Mg, Mg_i^+ [907]．Mg 在

Si 里是双施主 [653](见 7.7.2 小节). 在电离极限以上大约 256 meV, 这些峰再次出现, 移动了 LO 声子的能量 59.1 meV. 然而, 它们现在表现为坑. 对于和连续态有相互作用的分立态, 这些行为是典型的法诺共振 (Fano resonance) 行为 [908,909], 在连续态能级以下, 具有典型的法诺线形.

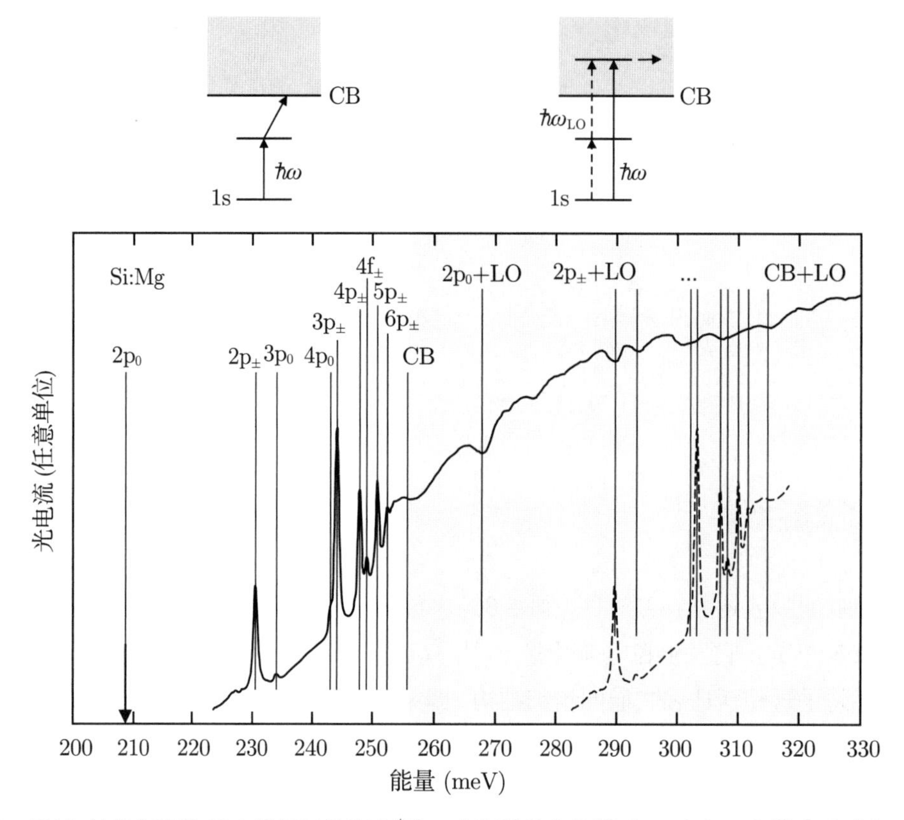

图9.37　Si:Mg的光电流谱. 垂直线标记的是Mg_i^+从1s 态到激发态的跃迁. CB标记了导带边(电离极限). 在导带边以上(阴影区), 出现了声子辅助的吸收(法诺共振). 为了比较, 把导带以下的吸收谱移动了一个声子能量(虚线). 在图的上方是跃迁机制示意图(光热电离和法诺共振). 改编自文献[907]

图 9.38 比较了 GaAs 里各种深受主的吸收谱. 能带里的态密度随着 k 而增大 (正比于 $\sqrt{E-E_c}$). 杂质上的载流子是强局域化的, 用位于 Γ 附近的波包来描述, 它的 k 分量随着 k 的增大而减小. 因此, 最大的吸收出现在中等大小的 k 值, 与之相关的能量大于电离能 E_i(从 $k=0$ 到连续态的最低能量的跃迁). 用 δ 势的模型 (零范围的模型, 忽略了长程库仑项) 可拟合图 9.38 里的线形 [910], 吸收的最大值靠近 $2E_i$,

$$\alpha(E) \propto \frac{E_i^{1/2}(E-E_i)^{3/2}}{E^3} \tag{9.68}$$

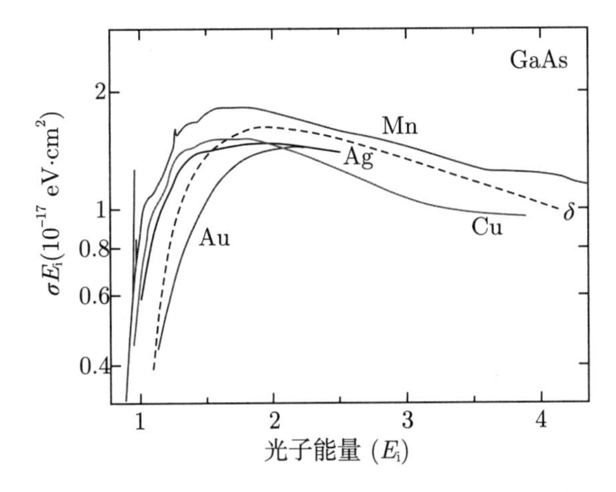

图9.38　GaAs里各种深能级的吸收谱($\sigma=\alpha/p$). 虚线是理论的线形，假设一个空穴束缚在δ势. 能量轴的单位是电离能. Mn的曲线在$3.5E_i\approx450$ meV处的弯曲是由于劈裂价带的吸收开始了. 改编自文献[314]

9.9　有自由电荷载流子存在时的吸收

有自由电荷载流子存在时, 可以发生不同的吸收过程. 首先, 载流子的耗散运动导致红外吸收, 称为自由载流子吸收 (9.9.1 小节). 用载流子填充能带, 移动了带-带的吸收边 (伯恩斯坦-莫斯位移, 9.9.2 小节). 除了自由载流子吸收以外, 半导体里的自由载流子可以导致更多的吸收过程, 其跃迁能量低于带隙. 这些过程是由于能带结构里的跃迁, 可以是:

- 空穴在价带之间的跃迁 (9.9.3 小节);
- 声子辅助的电子在能谷间的跃迁 (9.9.4 小节);
- 声子辅助的电子在能带内的跃迁 (9.9.5 小节).

9.9.1　吸收系数和等离子体频率

自由载流子在红外波段 (远离声子共振) 的吸收可以用德鲁德模型描述 [911].

随时间变化的电场加速电荷载流子. 多余的能量通过与声子的散射传递给晶格. 关

于自由载流子对光学性质的影响, 见综述文章 [912]. 在弛豫时间近似里, 能量弛豫的时间常数为 τ. 因而从电磁波里吸收能量并耗散掉. 这个过程等效为能带内的激发.

复电导率式 (8.37) 由下式给出:

$$\sigma^* = \sigma_r + i\sigma_i = \frac{ne^2\tau}{m^*}\left(\frac{1}{1+\omega^2\tau^2} + i\frac{\omega\tau}{1+\omega^2\tau^2}\right) \tag{9.69}$$

注意, 静磁场引入了双折射, 15.2.2 小节有更详细的讨论. 电场的波动方程是

$$\nabla^2 \boldsymbol{E} = \epsilon_r\epsilon_0\mu_0\ddot{\boldsymbol{E}} + \sigma^*\mu_0\dot{\boldsymbol{E}} \tag{9.70}$$

对于 $\propto \exp[i(\boldsymbol{kr} - \omega t)]$ 的平面波, 波矢遵循

$$k = \frac{\omega}{c}\sqrt{\epsilon_r + i\frac{\sigma^*}{\epsilon_0\omega}} \tag{9.71}$$

其中, $c = (\epsilon_0\mu_0)^{-1/2}$ 是真空里的光速, ϵ_r 是背景的介电常数 (对于大的 ω).

介电张量里由自由载流子导致的部分 ϵ_{FC} 是

$$\epsilon_{FC} = \frac{i}{\epsilon_0\omega}\sigma^* \tag{9.72}$$

复折射率是

$$n^* = n_r + i\kappa = \sqrt{\epsilon_r + i\frac{\sigma^*}{\epsilon_0\omega}} \tag{9.73}$$

对这个式子取平方, 得到

$$n_r^2 - \kappa^2 = \epsilon_r + i\frac{\sigma_i}{\epsilon_0\omega} = \epsilon_r - \frac{ne^2}{\epsilon_0 m^*}\frac{\tau^2}{1+\omega^2\tau^2} \tag{9.74a}$$

$$2n_r\kappa = \frac{\sigma_r}{\epsilon_0\omega} = \frac{ne^2}{\epsilon_0\omega m^*}\frac{\tau}{1+\omega^2\tau^2} \tag{9.74b}$$

吸收系数与 κ 的关系是式 (9.9). 对于更高的频率 ($\omega\tau \gg 1$), 吸收是

$$\alpha = \frac{ne^2}{\epsilon_0 c n_r m^* \tau}\frac{1}{\omega^2} \propto \lambda^2 \tag{9.75}$$

吸收随着频率的增加而减小 ($\propto \omega^{-r}$). 这里用经典德鲁德方法得到的指数是 $r = 2$. 这是中性杂质散射的情况, 也是低频率 $\hbar\omega \ll E_F$ 的情况. 关于载流子吸收的能量依赖关系, 更详细的讨论可以参阅文献 [913]. 已经得到了其他散射的指数: $r = 2$(声学声子散射)、$r = 5/2$(LO 声子散射)、 $r = 7/2$(电离杂质散射). 当存在杂质和声子时, 自由载流子吸收的更详细的量子力学处理参阅文献 [914-916].

对半导体, 自由载流子吸收在中红外区和远红外区特别重要, 因掺杂或热激发而存在载流子. 不同掺杂浓度的 n 型 Ge 的吸收谱如图 9.39(a) 所示. 透明区的吸收系数正

比于 λ^2, 就像式 (9.75) 预言的那样. 在图 9.39(a) 里可以看到, 因为能带结构里的吸收, 当光子能量超过 0.7 eV 时, 吸收变大. 电子穿过基本带隙, 从价带激发到导带 (与 9.7.3 小节比较), 在 Ge 里是间接跃迁.

在固定波长处, 自由载流子吸收导致的吸收系数随着掺杂浓度的变化关系如图 9.39(b) 所示. ① 斜率略微有些超线性 (overlinear), 表明有弱的依赖关系 $\tau(n)$. 对于 p 型重掺杂的 GaAs[917], 发现了亚线性 (sub-linear) 的关系.

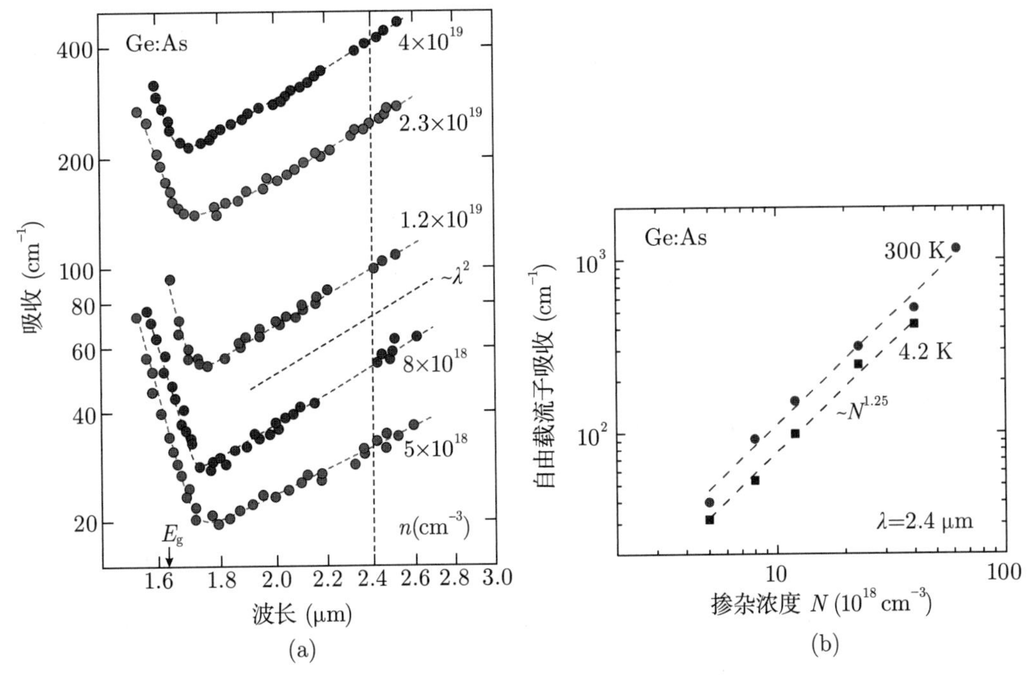

图9.39 (a) n型Ge的光吸收谱(温度为T=4.2 K), 标出了不同的As杂质浓度. 箭头标出了无掺杂Ge的带边, 垂直虚线是图(b)测量的自由载流子吸收的能量. 倾斜虚线的斜率$\propto\lambda^2$. 弯曲的虚线用于引导视线. 改编自文献[851]. (b) 在λ=2.4 μm处, 由图(a)确定(蓝色方块)的自由载流子吸收随着As杂质浓度的变化关系. 还给出了同一个样品在300 K的数据(红色圆点)[851]. 虚线的斜率$\propto N_D^{1.25}$

折射率是 (同样是 $\omega\tau \gg 1$)

$$
\begin{aligned}
n_r^2 = \epsilon_r - \frac{ne^2}{\epsilon_0 m^* \omega^2} + \kappa^2 &= \epsilon_r \left[1 - \left(\frac{\omega_p}{\omega}\right)^2\right] + \frac{\epsilon_r^2}{4n_r^2}\left(\frac{\omega_p}{\omega}\right)^4 \frac{1}{\omega^2\tau^2} \\
&\approx \epsilon_r \left[1 - \left(\frac{\omega_p}{\omega}\right)^2\right]
\end{aligned}
\tag{9.76}
$$

其中,

① 即使在低温下, $n \approx N_D$, 因为 $N_D \gg N_c$(参见文献 [594] 和 7.5.7 小节).

$$\omega_{\mathrm{p}}=\sqrt{\frac{ne^2}{\epsilon_{\mathrm{r}}\epsilon_0 m^*}} \tag{9.77}$$

是等离子体频率. 对于小的吸收, 当 $(\Omega\tau)^{-2}$ 可以忽略时, 这个近似成立. 示意图见图 9.40(a). 与电磁波的耦合 (仍然是 $\omega\tau\gg 1$) 必须满足

$$\epsilon(\omega)=\epsilon_{\mathrm{r}}\left[1-\left(\frac{\omega_{\mathrm{p}}}{\omega}\right)^2\right]=\frac{c^2k^2}{\omega^2} \tag{9.78}$$

由此可知, 当自由载流子存在时, 色散关系是 (图 9.40(b))

$$\omega^2=\omega_{\mathrm{p}}^2+\frac{c^2k^2}{\epsilon_{\mathrm{r}}} \tag{9.79}$$

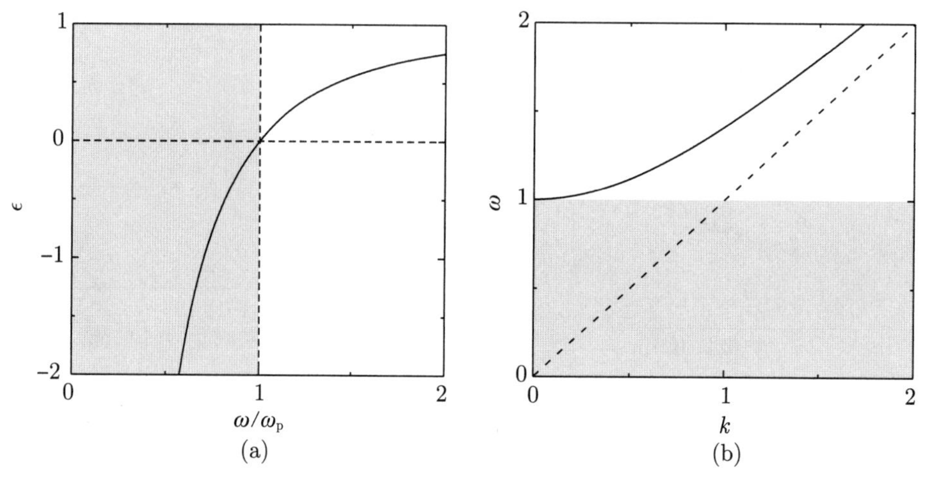

图9.40 (a) 等离激元振荡的介电常数. 阴影区表示衰减区(负的 ϵ). (b) 存在自由载流子时的色散关系(k的单位为ω_{p}/c, ω的单位为ω_{p}), 式(9.79)取ϵ_r=1. 阴影区表示传播解的禁戒频率的范围. 虚线是光子的色散关系$\omega=ck$

对于 $\omega>\omega_{\mathrm{p}}$, $\epsilon>0$, 波可以传播. 然而, 对于 $\omega<\omega_{\mathrm{p}}$, 介电常数是负的 ($\epsilon<0$). 对于这种频率, 波是指数式衰减的, 不能传播或者穿透一个薄膜. 这个效应可以用在等离激元波导里. 等离激元波长对载流子浓度的依赖关系是 $\lambda_{\mathrm{p}}=2\pi c/\omega_{\mathrm{p}}\propto n^{-1/2}$, GaAs 的情况如图 9.41 所示. 对于半导体, 等离激元的频率位于中红外区或者远红外区. ①

① 金属里的自由载流子浓度要高得多, 把等离子体频率移动到紫外区, 这解释了金属在可见光区的反射率, 以及它们在紫外区的透明性.

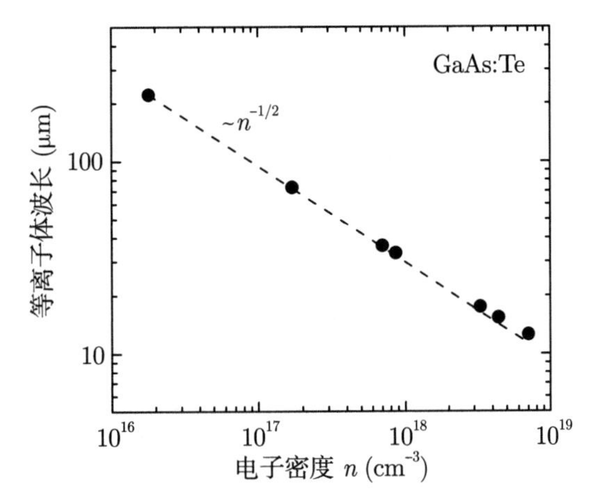

图9.41　不同电子浓度的n型掺杂GaAs里的等离子体波长λ_p. 实心圆点：实验值；虚线：$n^{-1/2}$依赖关系. 偏离是因为电子质量的非抛物线性(参见图9.53(b)). 数据取自文献[918]

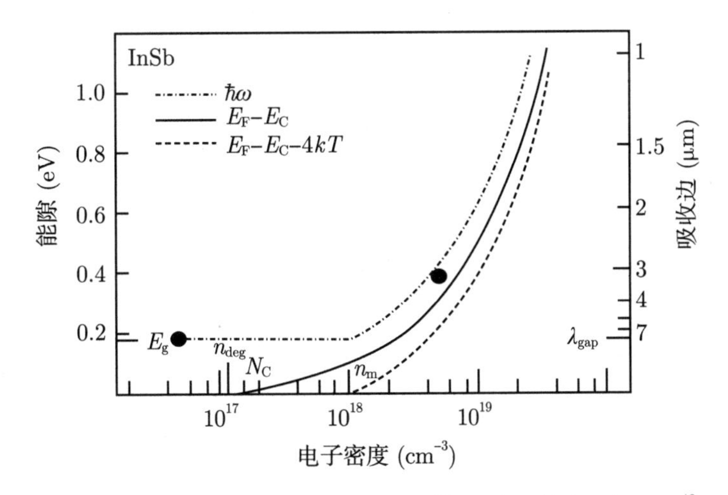

图9.42　在室温下，InSb(E_g=0.18 eV)里的伯恩斯坦-莫斯效应. 本征的和n型($5\times10^{18}/cm^3$)的InSb的实验数据和理论依赖关系。数据取自文献[919]

9.9.2　伯恩斯坦-莫斯位移

此前的讨论假定了导带里所有的目标态都是空的. 载流子的存在改变了吸收, 因为:

- 分布函数的变化;
- 多体效应 (带隙重整化).

下一小节讨论多体效应. 对于简并的电子分布, 所有靠近导带边的态都占据了. 因此, 来自价带的跃迁不能进入这些态. 吸收边向更高的能量移动, 这就是伯恩斯坦-莫斯位移 (Burstein-Moss shift)[919,920]. 起初, 为了解释载流子浓度不同的 InSb 的吸收 (图 9.42), 提出了伯恩斯坦-莫斯位移.

在抛物线型的空穴能带和电子能带之间, $\boldsymbol{k}$ 守恒的光学跃迁具有下述依赖关系:

$$E = E_{\mathrm{g}} + \frac{\hbar^2 k^2}{2m_{\mathrm{e}}^*} + \frac{\hbar^2 k^2}{2m_{\mathrm{h}}^*} = E_{\mathrm{g}} + \frac{\hbar^2 k^2}{2m_{\mathrm{r}}} \tag{9.80}$$

其中, m_{r} 是电子和空穴的约化质量. 在费米能级以下大约为 $4kT$, 所有的导带能级都占据了 (图 9.43). 因此, 吸收开始的 k 值就是

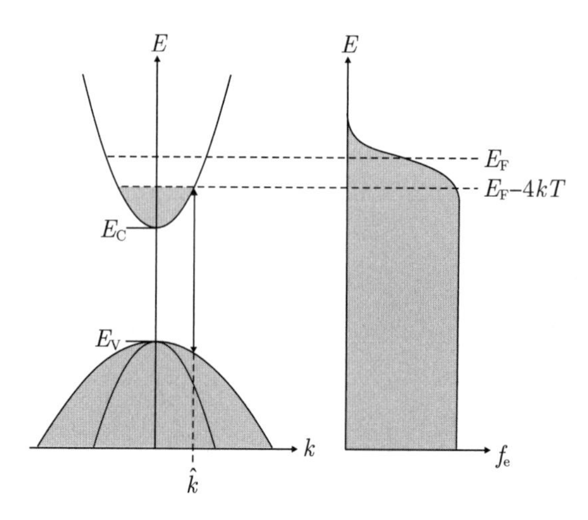

图9.43　伯恩斯坦-莫斯位移的原理. 左图：能带结构示意图，完全填充的电子态用灰色表示. 光子能量最低的光学吸收过程的k矢量记为$\hat{k}$. 右图：简并电子气的电子分布函数，其费米能级位于导带里

$$\hat{k} = \sqrt{\frac{2m_{\mathrm{r}}}{\hbar^2}\left(E_{\mathrm{F}} - E_{\mathrm{C}} - 4kT\right)} \tag{9.81}$$

除了导带里的能量位移以外, 必须考虑价带里相应的能量位移 $\hbar\hat{k}^2/(2m_{\mathrm{h}})$. 因此, 吸收边的伯恩斯坦-莫斯位移就是

$$\Delta E = \hbar\omega - E_{\mathrm{g}} = \left(E_{\mathrm{F}} - 4kT - E_{\mathrm{C}}\right)\left(1 + \frac{m_{\mathrm{e}}}{m_{\mathrm{h}}}\right) \tag{9.82}$$

费米能级和 n 的关系由式 (7.6) 给出. 如果 $E_{\mathrm{F}} - E_{\mathrm{C}} \gg kT$, 费米积分可以近似为 $\frac{2}{\sqrt{\pi}}\frac{2}{3}\left(\frac{E_{\mathrm{F}} - E_{\mathrm{C}}}{kT}\right)^{3/2}$. 利用式 (7.8) 的 N_{C}, 在这种情况下, 伯恩斯坦-莫斯位移可以写为

$$\Delta E = n^{2/3}\frac{h^2}{8m_{\mathrm{e}}}\left(\frac{3}{\pi}\right)^{2/3}\left(1 + \frac{m_{\mathrm{e}}}{m_{\mathrm{h}}}\right) \approx 0.97\frac{h^2}{8m_{\mathrm{r}}}n^{2/3} \tag{9.83}$$

能量移动的 $n^{2/3}$ 依赖关系对于不同载流子浓度 (非故意掺杂, 来自不同的沉积温度) 的 CdO① 成立 [921], 如图 9.44(a) 所示. 在不同溅射条件下沉积的 ITO(铟锡氧化物) 薄膜也有类似的行为, 从而导致不同的载流子浓度 (式 (9.44b)).

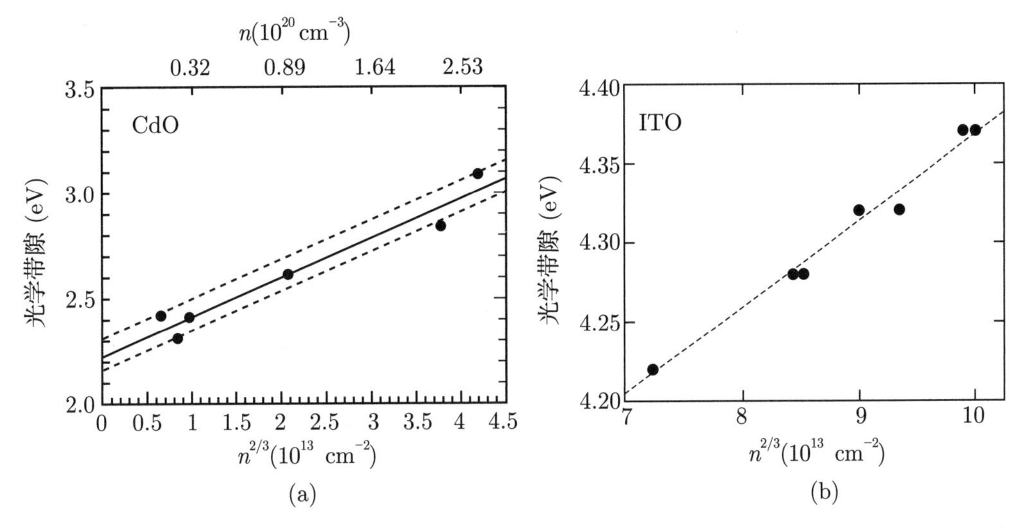

图9.44 (a) CdO的伯恩斯坦-莫斯效应. 线性拟合的参数是E_g=2.22(8) eV和m_r=0.113(11)m_e. 虚线给出了±0.08 eV的置信区间. 改编自文献[921]. (b) 在ITO(铟锡氧化物)中的伯恩斯坦-莫斯效应和由等离子体边的位置确定的“光学”载流子密度. 虚线用于引导视线. 数据取自文献[922]

9.9.3 价带间的跃迁

价带内的跃迁可以发生在三个能带之间: lh → hh, so → hh 和 so → lh, 如图 9.45 所示. 已经有理论处理 [923,924]. 对于 GaAs, 当光子能量接近于 Δ_0 时, p 型 GaAs:Zn 的价带内的吸收如图 9.46(a) 所示 [925]. 对于 p 型 GaSb, 直接带隙下的吸收系数几乎完全来自价带间的跃迁, 空穴浓度 $p=3.2\times10^{16}/\mathrm{cm}^3$ 的情况如图 9.46(b) 所示 [926].

9.9.4 能谷间的跃迁

位于导带最小值的电子可以发生光学跃迁, 到达相同能带在布里渊区里的不同位置. 这种能谷间的跃迁 (如图 9.47(a) 所示) 需要声子的辅助以保持动量守恒, 两个能谷之间的能量差大约是 ΔE(与表 8.4 比较).

对于电子浓度为 $n=1.65\times10^{18}/\mathrm{cm}^3$ 的 InP, 在基本的带边 1.4 eV 以下, 除了自由

① CdO 是间接半导体, 光学带隙是 Γ 点的直接跃迁, 通常由 α^2 与能量的关系图外推得到. 间接跃迁涉及布里渊区其他位置的空穴 (与图 6.13 比较).

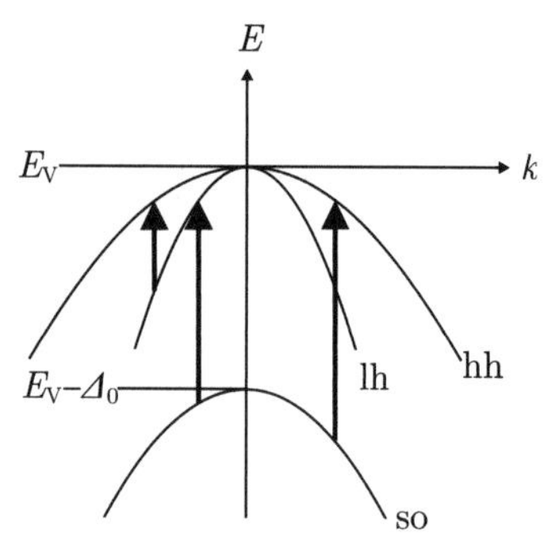

图9.45　价带内的光学跃迁的示意图

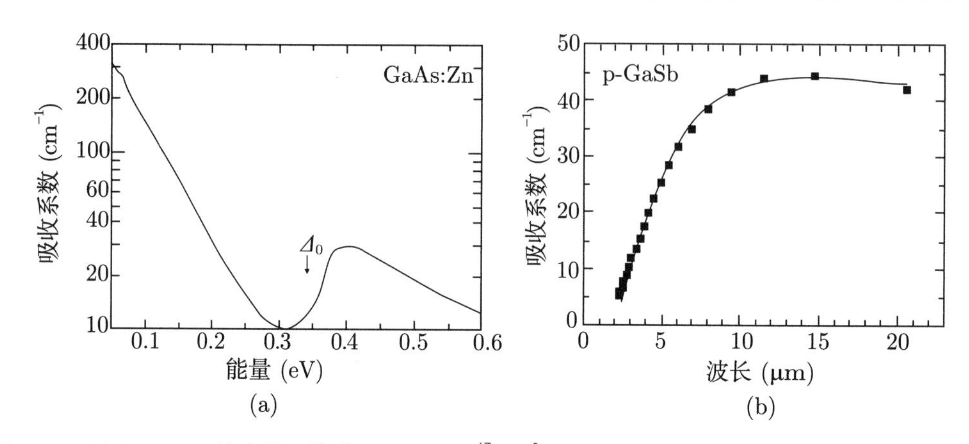

图9.46　(a) GaAs:Zn的光学吸收谱，p=2.7×10^{17}/cm^3，温度为T=84 K. 在劈裂能量Δ_0以上的吸收来自hh/lh → so过程. 改编自文献[925]. (b) GaSb 的光学吸收系数，p=3.2×10^{16}/cm^3. 实线为实验数据，方块为价带间贡献的计算结果. 在考虑的光谱区里，自由载流子的贡献小于5/cm.改编自文献[926]

载流子吸收以外, 在 0.8~0.9 eV 附近开始有额外的贡献 (图 9.47(b))[927]. 把导带底的填充考虑进来, 对于不同的掺杂浓度, 两个能谷的能量差是 $\Delta E = (0.90 \pm 0.02)$ eV. 这个能量对应于 InP 里导带极小值 Γ 点和 X 点的能量差. 可以为这个吸收过程建模, 与测量得到的吸收和外推得到的自由载流子吸收谱的能量差符合得很好. 到更低的极小值 L 点的跃迁 ($\Delta E = 0.6$ eV) 没有观测到, 可能是被自由载流子的吸收掩盖了.

9.9.5　带内的跃迁

在最低的价带里, 当光子能量小于基本的吸收边时, 声子辅助的跃迁 (不是到不同的能谷) 可以导致吸收 [928], SnO_2 能带结构的情况如图 9.48(a) 所示. 实际上, 在 SnO_2 里, 穿过基本带隙的光学跃迁是偶极允许的, 但是很弱, 在 100/cm 以下的吸收系数很

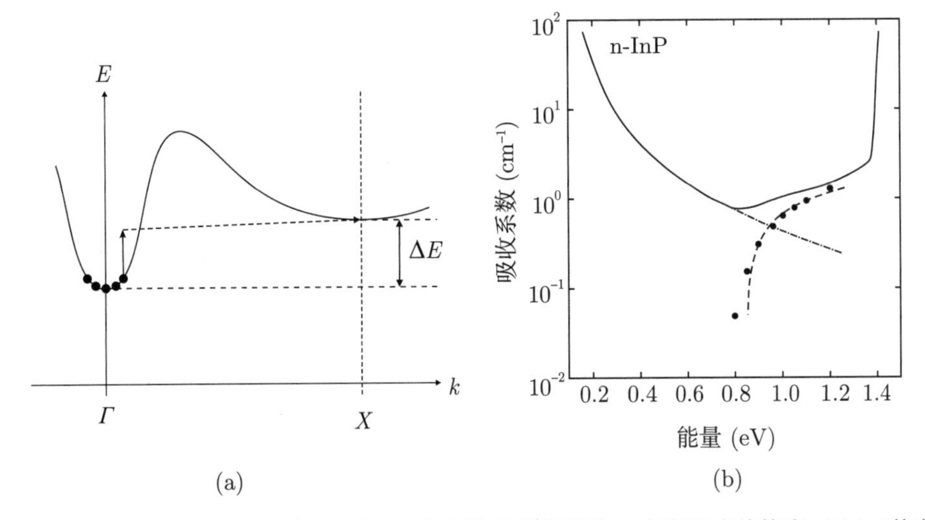

图9.47 (a) 导带能谷间的跃迁示意图，涉及一个光子(实线箭头)和一个声子(虚线箭头). (b) InP的光学吸收系数，n=1.65×10^{18}/cm^{3}. 实验数据(实线)和计算得到的能谷间的贡献(虚线). 外推的自由载流子贡献用点划线表示，实验测量的吸收和外推的自由载流子贡献的差别用圆点表示.改编自文献[927]

小, 直到大约 3.6 eV 的基本带隙以上. 强的偶极允许的跃迁开始于大约 4.3 eV, 吸收系数大约是 10^5/cm, 来自能量更低的价带里的电子 [929]. 计算发现, 最低导带里的跃迁导致的自由载流子吸收开始于 2.8 eV (图 9.48 (b)), 因此也会影响可见光谱区的透明性. 计算得到的斜率接近于 $\alpha \propto \lambda^3$(比较式 (9.75)), 正如从远离 Γ 点的导带的线性色散预期的 [928]. 对于 Ga_2O_3, 计算了由带间和带内跃迁贡献的导致带隙内透明区吸收的类似效应, 不同掺杂水平 [930] 的结果如图 9.49 所示.

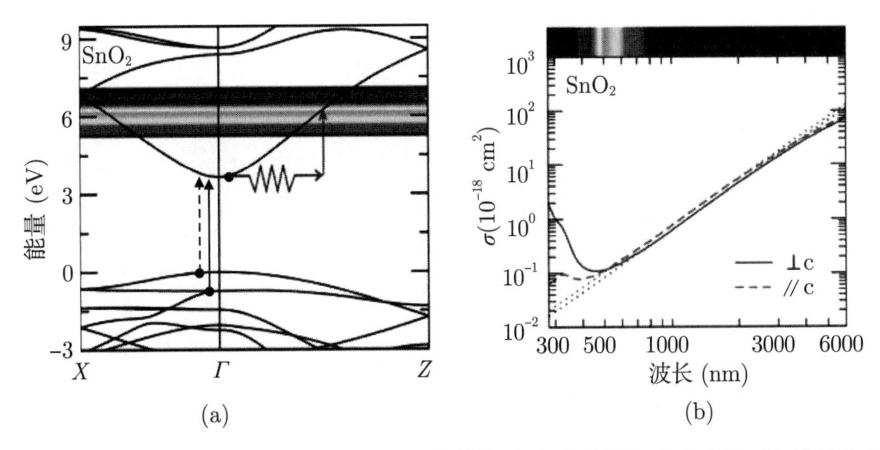

图9.48 (a) SnO_2的能带结构和吸收过程. 从最高价带的跃迁(虚线箭头)是禁戒的. (b) 计算得到的SnO_2的自由载流子吸收($\sigma=\alpha/n$). 实线和虚线是两种偏振的结果(包括声子辅助的跃迁). 点状线是用德鲁德模型对红外区的拟合结果. 改编自文献[928]

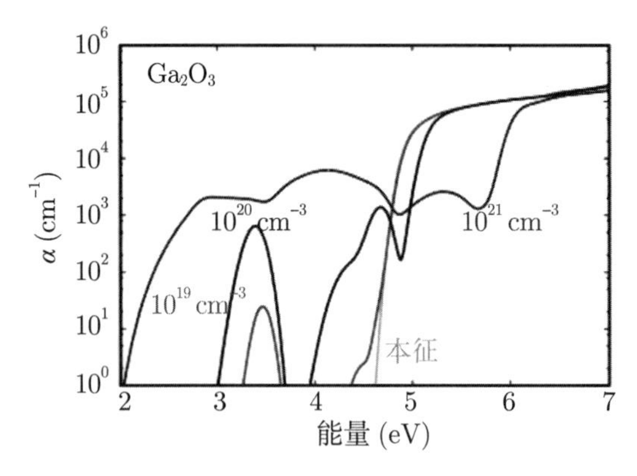

图9.49 对于未掺杂/本征(undoped/intrinsic)材料和三种不同的电子浓度, 对于沿z方向偏振的光, 计算得到的Ga_2O_3室温吸收系数(作为能量的函数). 改编自文献[930]

9.10 晶格吸收

由于晶体结构的对称性, 在 Si 和 Ge 的金刚石结构里, 光学声子没有偶极矩, 光学声子和红外光没有一阶的相互作用 [931]. 然而, 高阶过程对这些材料里的晶格吸收有贡献 [932,933], 例如, 双光子带是由原子核位移中的二阶偶极矩引起的. 在化合物半导体里, 这些效应很强. 综述文章见文献 [934].

9.10.1 介电常数

在光学声子能量的附近, (带有阻尼参数 Γ 的) 相对介电常数是 (参见式 (9.27))

$$\epsilon(\omega)=\epsilon(\infty)\frac{\omega_{\mathrm{LO}}^2-\omega^2-\mathrm{i}\omega\Gamma}{\omega_{\mathrm{TO}}^2-\omega^2-\mathrm{i}\omega\Gamma} \tag{9.84}$$

(没有阻尼的) 色散关系可以写为

$$\epsilon(\omega)=\epsilon(\infty)+\frac{\epsilon(0)-\epsilon(\infty)}{1-(\omega/\omega_{\mathrm{LO}})^2}=\epsilon(\infty)\left[1+\frac{f}{1-(\omega/\omega_{\mathrm{LO}})^2}\right] \tag{9.85}$$

因此, 振子强度 (与式 (D.10) 比较) 是 $f=\epsilon(0)/\epsilon(\infty)-1$. 利用 LST 关系式 (9.26), 振子强度是

$$f=\frac{\omega_{\mathrm{LO}}^2-\omega_{\mathrm{TO}}^2}{\omega_{\mathrm{TO}}^2}\approx 2\frac{\omega_{\mathrm{LO}}-\omega_{\mathrm{TO}}}{\omega_{\mathrm{TO}}} \tag{9.86}$$

正比于纵向光学声子和横向光学声子的频率差 $\varDelta_{\mathrm{LT}}=\omega_{\mathrm{LO}}-\omega_{\mathrm{TO}}$. 对于 $\varDelta_{\mathrm{LT}}\ll\omega_{\mathrm{TO}}$, 式 (9.86) 里的近似成立.

振子强度随着离子性 (基元原子的电负性的差) 的增大而增加 (图 9.50). 振子强度还依赖于约化质量和高频的极化. 这可以在含 Zn 的系列化合物中看出来, 它们具有相似的离子性. 对于氮化物的系列, 质量的影响很小, 因为约化质量决定于轻的 N 原子的质量. 关于 (Al, Ga)N 合金里声子的振动强度的变化, 见图 5.23.

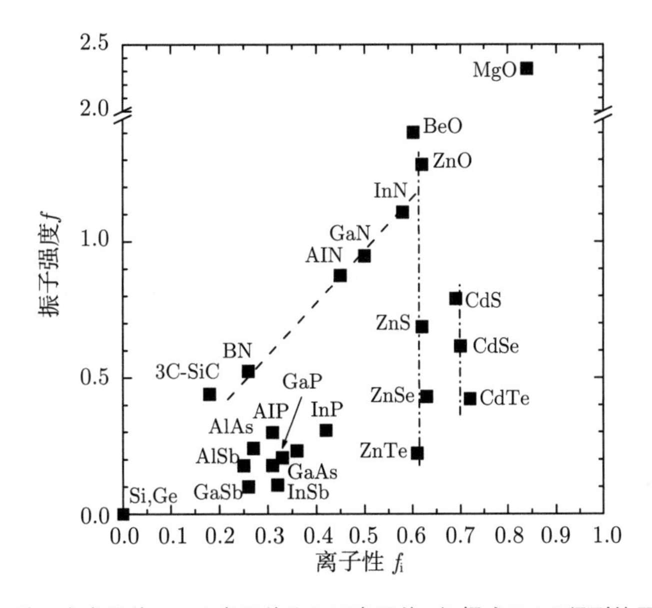

图9.50　对于几种元素半导体、III-V 半导体和II-VI半导体, 根据式(9.86)得到的晶格吸收的振子强度f随着离子性f_i(参见表2.1)的变化情况. 虚线是在(约化)质量类似时对离子性的线性依赖关系. 对于离子性类似而质量不同的情况, 用点划线引导视线

9.10.2　剩余反射带

光学声子对电磁波的吸收取决于由式 (9.84) 得到的介电函数. 对于小的阻尼 ($\varGamma\ll\varDelta_{\mathrm{LT}}$), 在 ω_{TO} 和 ω_{LO} 之间, 介电常数是负的. 根据 $\epsilon_{\mathrm{r}}=n_{\mathrm{r}}^2-\kappa^2$, 可以得到 κ^2 远远大于 n_{r}^2. 因此, 反射率式 (9.17) 就接近于 1. 这个能量范围就是 "剩余反射带" (reststrahlenbande). 这一项来自在这个波长范围里的多重反射, 压制了附近的光谱区,

因此在远红外谱区实现了某种单色性. 在半导体里, 剩余反射带里的吸收很大 (图 9.51).

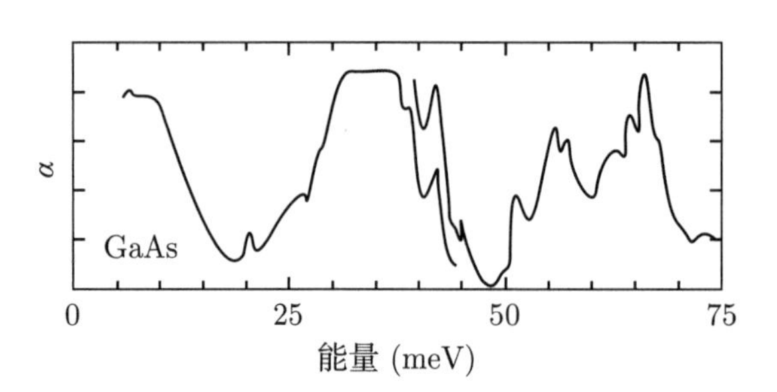

图9.51　GaAs的远红外吸收谱. 在35 meV附近的区间是剩余反射带, 由于光学声子而具有很大的吸收率. 位于45 meV的小尖峰是局域振动模(LVM), 很可能来自Al_{Ga}. 改编自文献[935]

9.10.3　极化激元

声子和电磁波的耦合传播与 (没有声子阻尼的) 介电函数 (式 (9.27)) 有关:

$$\epsilon(\omega)=\epsilon(\infty)\frac{\omega_{\mathrm{LO}}^2-\omega^2}{\omega_{\mathrm{TO}}^2-\omega^2}=\frac{c^2k^2}{\omega^2} \tag{9.87}$$

传播的波 (k 是实数) 有两个分支:

$$\omega^2=\frac{1}{2}\left(\omega_{\mathrm{LO}}^2+\frac{c^2k^2}{\epsilon(\infty)}\right)\pm\sqrt{\frac{1}{4}\left(\omega_{\mathrm{LO}}^2+\frac{c^2k^2}{\epsilon(\infty)}\right)^2-\left(\frac{c^2k^2\omega_{\mathrm{TO}}^2}{\epsilon(\infty)}\right)^2} \tag{9.88}$$

对于 $k=0$, 得到的解是 $\omega=\omega_{\mathrm{LO}}$ 和 $\omega=kc/\sqrt{\epsilon(0)}$. 对于大的 k, 我们得到 $\omega=\omega_{\mathrm{TO}}$ 和 $\omega=kc/\sqrt{\epsilon(\infty)}$. 这些解如图 9.52 所示. 两个分支都有类声子的部分和类光子的部分. 声子和光子的耦合态称为 (声子) 极化激元.

在区间 $[\omega_{\mathrm{TO}},\Omega_{\mathrm{LO}}]$ 里, 波矢是纯的虚数: $k=\mathrm{i}\tilde{k}$(其中 $\tilde{k}$ 是实数). 这种情况只有一个解, 如图 9.52 所示,

$$\omega^2=\frac{1}{2}\left(\omega_{\mathrm{LO}}^2+\frac{c^2\tilde{k}^2}{\epsilon(\infty)}\right)+\sqrt{\frac{1}{4}\left(\omega_{\mathrm{LO}}^2+\frac{c^2\tilde{k}^2}{\epsilon(\infty)}\right)^2+\left(\frac{c^2\tilde{k}^2\omega_{\mathrm{TO}}^2}{\epsilon(\infty)}\right)^2} \tag{9.89}$$

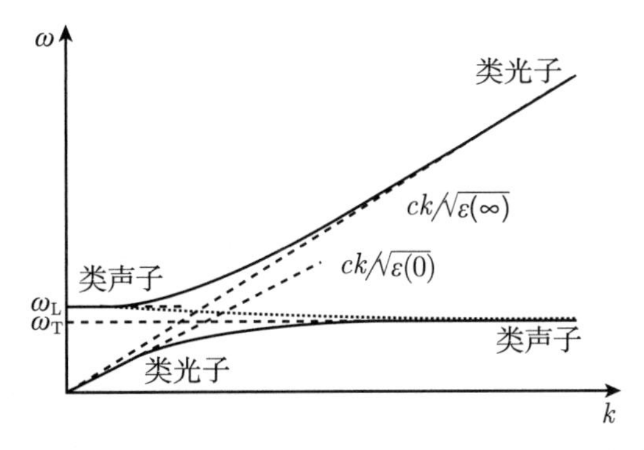

图9.52　极化激元的色散关系. 点状线给出了绝对值为k的纯虚数波矢的色散关系

9.10.4　声子-等离激元耦合

声子和等离激元 (plasmon) 在剩余反射带谱区的耦合产生了两个新的分支: 纵向声子等离激元模式 (LPP+ 和 LPP−), 它们的色散相同. 介电函数是

$$\epsilon(\omega) = \epsilon(\infty)\left(1 + \frac{\omega_{\mathrm{LO}}^2 - \omega^2}{\omega_{\mathrm{TO}}^2 - \omega^2} - \frac{\omega_{\mathrm{p}}^2}{\omega^2}\right) \tag{9.90}$$

对于 $\epsilon(\omega) = 0$, $k = 0$(与光子耦合), 这两个解 $\omega_{\mathrm{LPP+}}$ 和 $\omega_{\mathrm{LPP-}}$ 作为 ω_{p} 的函数没有交叉 (图 9.53):

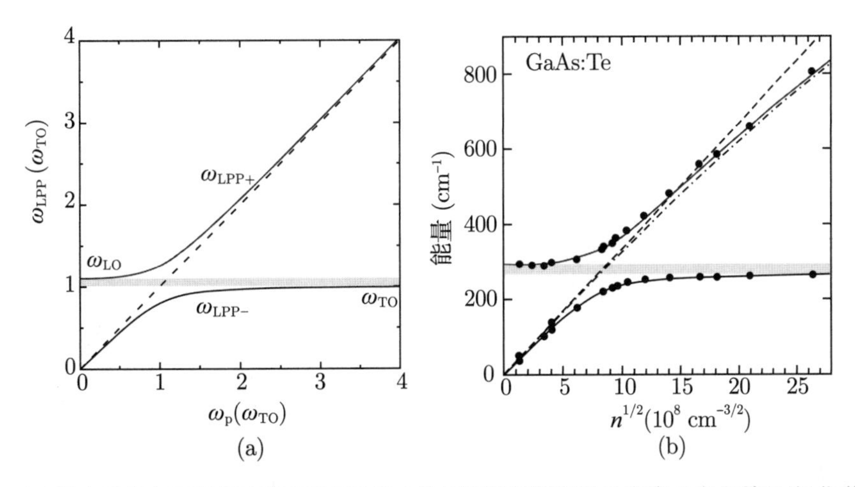

图9.53　(a) 耦合的纵向声子等离激元(LPP)模式的频率随着等离子体频率的变化情况(极化激元的下支(上支)是蓝色(红色)). 虚线是没有耦合的等离激元频率(ω=ω_{p}), 灰色区是TO模式和LO模式之间的区域. (b) 在载流子浓度不同的n型GaAs里, 极化激元能量的实验数据, $\omega_{\mathrm{p}} \propto \sqrt{nm^*}$ (式(9.77)). 虚线(点划线)是导带没有(具有)非抛物线性(参见图6.37(b))的等离激元频率ω_{p}. 数据取自文献[918, 936]

$$\omega_{\mathrm{LPP}\pm} = \frac{1}{2}\left[\omega_{\mathrm{LO}}^2 + \omega_{\mathrm{p}}^2 \pm \sqrt{\left(\omega_{\mathrm{LO}}^2 + \omega_{\mathrm{p}}^2\right)^2 - 4\omega_{\mathrm{TO}}^2\omega_{\mathrm{p}}^2}\right] \tag{9.91}$$

对于小的等离子体频率, $\omega_{\mathrm{LPP}+} = \omega_{\mathrm{LO}}$, 光学声子没有变化地耦合到电磁场. 还有 $\omega_{\mathrm{LPP}-} = \omega_{\mathrm{p}}$. 对于大的载流子浓度 $(\omega_{\mathrm{p}} \gg \omega_{\mathrm{LO}})$, 我们得到 $\omega_{\mathrm{LPP}-} = \omega_{\mathrm{TO}}$ 和 $\omega_{\mathrm{LPP}+} = \omega_{\mathrm{p}}$. 因此, 载流子有效地屏蔽了声子的电场, 把 TO 声子的频率增大到 LO 频率.

第 10 章

复合

人们在争论，自然在行动.

——伏尔泰

摘要

解释了半导体里载流子复合的各种机制和统计性质，包括带-带复合、激子复合、带-杂质复合 (肖克利-里德-霍尔 (SRH) 动理学过程)、俄歇复合. 还处理了在扩展缺陷和表面处的复合. 利用扩散-复合理论，推导了一维的载流子分布，这是实验和器件的典型情况.

10.1 简介

在热力学非平衡态中, 半导体里可以有过剩的电荷. 利用电极、电子束或者吸收波长小于带隙的光, 可以把载流子注射进来产生过剩的电荷. 关掉外部的激发以后, 半导体会返回平衡态. 载流子弛豫到能量更低的态 (并释放能量) 称为复合. 这个术语来自电子与吸收一个光子产生的空穴发生合并. 然而, 还有其他的复合机制. 一本专门的教科书是文献 [937].

在最简单的图像里, 激发产生载流子的速率是 G(单位体积和单位时间里的载流子). 在稳态 (经过了所有的启动效应), 存在不变的过剩电荷 n 载流子浓度. 生成过程正好抵消了复合过程. 细致平衡的原理甚至认为, 每个微观过程都被其逆过程平衡了. 如果后者的时间常数是 τ, 则 $n = G\tau$. 这来自

$$\frac{\mathrm{d}n}{\mathrm{d}t} = G - \frac{n}{\tau} \tag{10.1}$$

的稳态解 $\dot{n} = 0$. 在文献里讨论了两种极限情况: 弛豫 (relaxation) 半导体和寿命 (lifetime) 半导体, 这依赖于两个时间常数的关系. 一个时间常数 τ_0 是复合的弛豫时间常数. τ_0 越小, 被激发的电子和空穴复合并“消失”得越快. 短的寿命通常存在于直接半导体 (相比于间接半导体)、高缺陷浓度的半导体以及非晶半导体. 另一个时间常数是介电弛豫时间 $\tau_\mathrm{D} = L/\sigma$, 它描述运动和扩散所导致的载流子输运. 大的介电弛豫时间存在于迁移率高 (缺陷浓度低, 载流子质量小) 的半导体, 小的 τ_D 通常是跳跃电导. 弛豫的情况是 $\tau_0 \ll \tau_\mathrm{D}$, 载流子复合得很快, 很难积累非平衡的载流子并用外加电场把它们分开. 在复合的情况 ($\tau_\mathrm{D} \ll \tau_0$) 下, 非平衡载流子可以具有非均匀的分布, 外加电场分开了电子和空穴的准费米能级. ① (与 7.6 节比较.)

① 在弛豫的情况下, 准费米能级的间隔远小于 kT.

10.2 带-带复合

带-带复合是导带里的电子弛豫到价带 (那里的空态是空穴). 在直接半导体里, 电子可以发生从导带底到价带顶的光学跃迁. 在间接半导体里, 这个过程必须得到声子的辅助, 因而可能性就要小得多.

10.2.1 自发辐射

考虑能量为 E_{e} 的电子和能量为 E_{h} 的空穴的自发复合 (图 10.1(a)). $C(E_{\mathrm{e}},E_{\mathrm{h}})$ 是一个常数, 正比于光学跃迁的矩阵元 (见 9.6 节). 在光子能量 $E \geqslant E_{\mathrm{C}}-E_{\mathrm{V}}=E_{\mathrm{g}}$ 处 (假定能量守恒 $(E=E_{\mathrm{e}}-E_{\mathrm{h}})$, 但是在高密度的等离子体里, 不需要 k 守恒 [938]), 自发复合速率 r_{sp} 是

$$
\begin{aligned}
r_{\mathrm{sp}}(E) &= \int_{E_{\mathrm{C}}}^{\infty} \mathrm{d}E_{\mathrm{e}} \int_{-\infty}^{E_{\mathrm{V}}} \mathrm{d}E_{\mathrm{h}} C\left(E_{\mathrm{e}}, E_{\mathrm{h}}\right) \\
&\quad \times D_{\mathrm{e}}\left(E_{\mathrm{e}}\right) f_{\mathrm{e}}\left(E_{\mathrm{e}}\right) D_{\mathrm{h}}\left(E_{\mathrm{h}}\right) f_{\mathrm{h}}\left(E_{\mathrm{h}}\right) \delta\left(E-E_{\mathrm{e}}+E_{\mathrm{h}}\right) \\
&= \int_{E_{\mathrm{C}}}^{E+E_{\mathrm{V}}} \mathrm{d}E_{\mathrm{e}} C\left(E_{\mathrm{e}}, E_{\mathrm{e}}-E\right) \\
&\quad \times D_{\mathrm{e}}\left(E_{\mathrm{e}}\right) f_{\mathrm{e}}\left(E_{\mathrm{e}}\right) D_{\mathrm{h}}\left(E_{\mathrm{e}}-E\right) f_{\mathrm{h}}\left(E_{\mathrm{e}}-E\right)
\end{aligned} \tag{10.2}
$$

其中, f_{h} 表示空穴的占据概率, $f_{\mathrm{h}}=1-f_{\mathrm{e}}$.

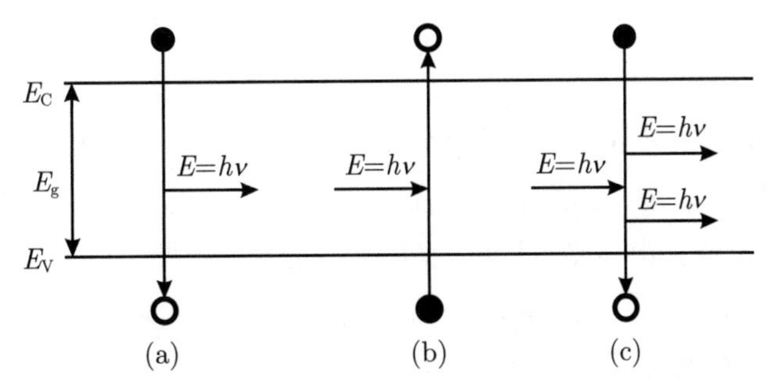

图10.1 带-带复合的过程: (a) 自发辐射; (b) 吸收; (c) 受激辐射. 实心(空心)圆点表示占据的(空的)电子态

k 守恒的带-带复合的线形① 正比于联合态密度式 (9.42) 和费米分布函数. 在小激发和低掺杂的情况下, 可以用玻尔兹曼分布函数来近似, 线形是

$$I(E) \propto \sqrt{E - E_{\mathrm{g}}} \exp\left(-\frac{E}{kT}\right) \tag{10.3}$$

一条实验谱线如图 10.2 所示, 同时给出了根据式 (10.3) 的拟合. 这个峰预期的半高宽是 $1.7954kT$, 在 $T = 300$ K 时, 大约是 46 meV. 在低的样品温度, 载流子气体的温度通常高于晶格温度, 这依赖于冷却机制 (载流子-载流子散射、光学声子发射、声学声子发射、复合……) 和激发速率. 在 GaAs 里, 载流子的温度由自发辐射 (光致发光, PL) 的玻尔兹曼尾巴确定, 随着激发密度的变化情况如图 10.3 所示, 载流子的温度显然随着激发的增大而升高.

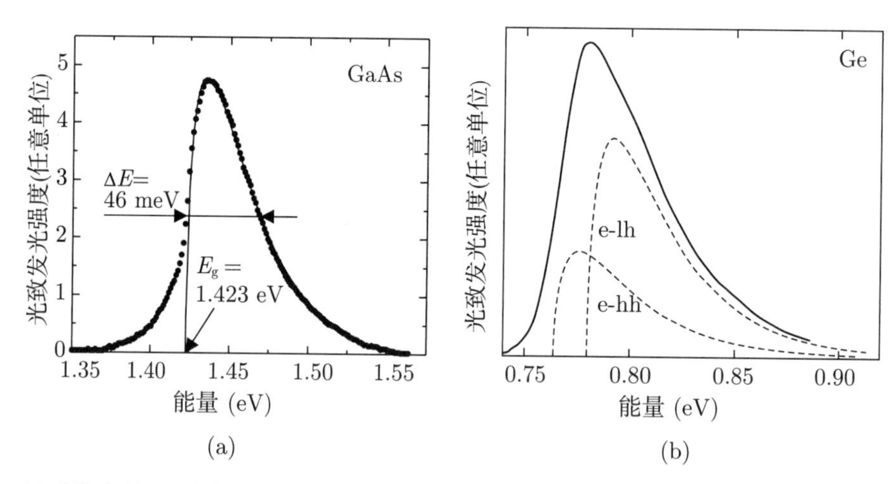

图10.2 (a) 非掺杂的LPE生长的GaAs外延层在室温下的光致发光谱, 连续光激发(λ=647 nm), 激发功率密度低(10 W/cm^2). 实线是用式(10.3)拟合的线形, E_{g}=1.423 eV, T=293 K. (b) 在室温下的直接复合(e_Γ-h_Γ), 材料为重n型掺杂(10^{19}/cm^3)锗(Si (001)衬底上1 μm厚的Ge薄膜), 具有双轴(热的)张应变. 应变劈裂的价带边(图6.50)使得e-hh和e-lh跃迁发生在不同的能量位置(各自的贡献用虚线表示, 线形根据式(10.3)). 改编自文献[939]

间接半导体里的复合速率小, 因为跃迁是声子辅助的. 硅的内量子效率在 10^{-6} 的范围内 [941]. 对于锗, 直接跃迁的能量很靠近基本的间接的 L-Γ 带边跃迁 (图 9.15). 能量差的体材料数值是 136 meV, 可以用张应变来减小. 此外, 通过重 n 型掺杂和填充 L 导带最小值的态, 可以更偏好直接跃迁 (见 9.9.2 小节). 在这种情况下, 可以观察到来自 Γ 导带最小值的直接跃迁 [939], 有效的能量差降低到大约 100 meV.

① 这里忽略了激子效应, 例如, 当温度 $kT \gg E_{\mathrm{X}}^{\mathrm{b}}$ 时. 10.3 节考虑了这些效应.

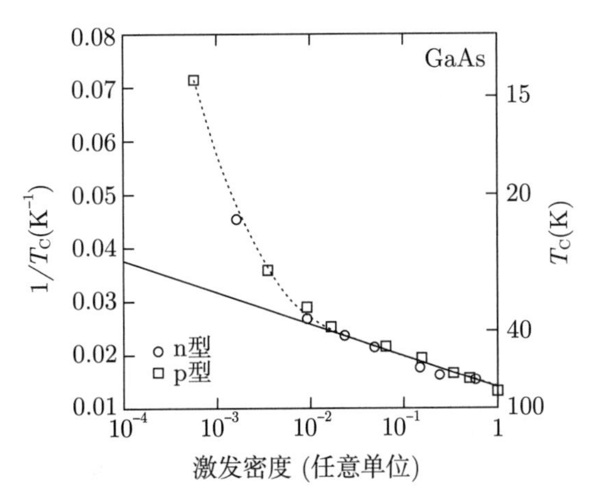

图10.3 GaAs里的载流子温度T_C随着激发密度的变化情况，晶格温度为1.6 K. 虚线用于引导视线，实线对应于激发能33 meV，与GaAs的光学声子类似. 改编自文献[940]

10.2.2 吸收

对吸收过程也做类似的考虑 (图 10.1(b)). 通过光吸收, 电子从价带态 (占据的) 转移到导带态 (必须是空的). 系数是 B_1. 这个过程也正比于光强度, 用占据的光子态密度 $N_{\rm ph}(E)$ 表示:

$$r_{\rm abs}(E)=\int_{E_{\rm C}}^{E+E_{\rm V}}{\rm d}E_{\rm e}B_1(E_{\rm e},E_{\rm e}-E)\\ \times D_{\rm e}(E_{\rm e})(1-f_{\rm e}(E_{\rm e}))D_{\rm h}(E_{\rm e}-E)(1-f_{\rm h}(E_{\rm e}-E))N_{\rm ph}(E) \tag{10.4}$$

10.2.3 受激辐射

在这种情况下, 一个入射光子 “触发” 了导带里的电子跃迁到价带. 发射的光子与初始的光子相位相同 (图 10.1(c)). 这个速率是 (带有系数 B_2)

$$r_{\rm st}(E)=\int_{E_{\rm C}}^{E+E_{\rm V}}{\rm d}E_{\rm e}B_2(E_{\rm e},E_{\rm e}-E)\\ \times D_{\rm e}(E_{\rm e})f_{\rm n}(E_{\rm e})D_{\rm h}(E_{\rm e}-E)f_{\rm h}(E_{\rm e}-E)N_{\rm ph}(E) \tag{10.5}$$

在给定的能量处, 光子密度 $N_{\rm ph}$ 由普朗克定律和玻色-爱因斯坦分布 (附录 E) 给出:

$$N_{\rm ph}(E)=N_0\frac{1}{\exp(E/(kT))-1} \tag{10.6}$$

因子是电磁场的态密度① $N_0(E)=8\pi E^2(n_r/(hc))^3$.

10.2.4 净复合速率

在热力学平衡时, 这些速率满足

$$r_{sp}(E)+r_{st}(E)=r_{abs}(E) \tag{10.7}$$

对吸收和受激辐射起作用的是相同的量子力学矩阵元, 所以 $B_1=B_2$. 如果占据函数是具有准费米能级 F_n 和 F_p 的费米函数 (见 7.6 节), 则细致平衡 (式 (10.7)) 给出

$$C(E_1,E_2)=B_1(E_1,E_2)N_{ph}\left[\exp\left(\frac{E-(F_n-F_p)}{kT}\right)-1\right] \tag{10.8}$$

在热力学平衡时 ($F_n=F_p$), 有

$$C(E_1,E_2)=N_0B_1(E_1,E_2)=B \tag{10.9}$$

如果常数 B(双分子复合系数) 不依赖于能量 E, 对净复合速率 r_B 的积分就可以解析地得到:

$$\begin{aligned} r_B&=\int_{E_g}^{\infty}[r_{sp}(E)+r_{st}(E)-r_{abs}(E)]\,dE \\ &=Bnp\left[1-\exp\left(-\frac{F_n-F_p}{kT}\right)\right] \end{aligned} \tag{10.10}$$

在热力学平衡时, 当然有 $r_B=0$. 复合速率 Bnp 就等于热生成速率 G_{th}:

$$G_{th}=Bn_0p_0 \tag{10.11}$$

在肖克利-里德-霍尔 (SRH) 动理学里 [942,943], 通常使用的双分子复合速率是

$$r_B=B(np-n_0p_0) \tag{10.12}$$

系数 B 的数值由表 10.1 给出. 在载流子注入的情况中, np 大于热力学平衡的情况 ($np>n_0p_0$), 复合速率是正的, 因此是发射光. 如果载流子浓度小于热力学平衡的情况

① 在真空里, 在频率 0 和 ν 之间的光子态的总数是 $N(\nu)=8\pi\nu^3/(3c^3)$. 根据 $\nu=E/h$ 和 $N_0=dN(E)/dE$, 并考虑到 $c\to c/n_r$, 就得到了 N_0 的数值.

(例如, 在耗尽区), 吸收就大于发射. 这个效应也称为“负的光致发光” [944], 在更高的温度下和红外光谱区里特别重要.

表10.1　一些半导体在室温下的双分子复合系数

材料	B (cm³·s⁻¹)
GaN	1.1×10^{-8}
GaAs	1.0×10^{-10}
AlAs	7.5×10^{-11}
InP	6.0×10^{-11}
InAs	2.1×10^{-11}
4H-SiC	1.5×10^{-12}
Si	1.1×10^{-14}
GaP	3.0×10^{-15}

GaN的数据取自文献[945]，Si取自文献[946]，SiC取自文献[947]，其他数值取自文献[948].

10.2.5　复合动力学

载流子浓度 n 和 p 可以分解为热力学平衡下的浓度 n_0 和 p_0 以及过剩载流子的浓度 δn 和 δp:

$$n=n_0+\delta n \tag{10.13a}$$

$$p=p_0+\delta p \tag{10.13b}$$

这里只考虑中性的激发: $\delta n=\delta p$. 显然, 对时间的导数满足 $\dfrac{\partial n}{\partial t}=\dfrac{\partial \delta n}{\partial t}$, 空穴浓度也是如此. 动力学方程

$$\dot{n}=\dot{p}=-Bnp+G_{\text{th}}=-B\left(np-n_0p_0\right)=-B\left(np-n_{\text{i}}^2\right) \tag{10.14}$$

可以写为

$$\frac{\partial \delta p}{\partial t}=-B\left(n_0\delta p+p_0\delta n+\delta n\delta p\right) \tag{10.15}$$

方程 (10.15) 的通解是

$$\delta p(t)=\frac{\left(n_0+p_0\right)\delta p(0)}{\left[n_0+p_0+\delta p(0)\right]\exp\left[Bt\left(n_0+p_0\right)\right]-\delta p(0)} \tag{10.16}$$

下面讨论式 (10.15) 的一些近似解. 首先处理小的 (中性的) 激发的情况: $\delta n=\delta p\ll n_0,p_0$. 这种情况的动力学方程是

$$\frac{\partial \delta p}{\partial t}=-B\left(n_0+p_0\right)\delta p \tag{10.17}$$

过剩载流子浓度的衰减就是指数式的, 时间常数 (寿命)τ 是

$$\tau=\frac{1}{B\left(n_0+p_0\right)} \tag{10.18}$$

在 n 型半导体里, $n_0 \gg p_0$, 因此少数载流子的寿命 τ_{p} 是

$$\tau_{\mathrm{p}}=\frac{1}{Bn_0} \tag{10.19}$$

如果非平衡载流子浓度很大 $(n \approx p \gg n_0, p_0)$, 例如, 在强注入的情况下, 动理学满足

$$\frac{\partial \delta p}{\partial t}=-B(\delta p)^2 \tag{10.20}$$

瞬态的形式是

$$\delta p(t)=\frac{\delta p(0)}{1+Bt\delta p(0)} \tag{10.21}$$

其中, $\delta p(0)$ 是 $t=0$ 时刻的过剩空穴浓度. 这种衰减称为双曲线型的, 这种复合称为双分子复合. 指数衰减时间的形式是 $\tau^{-1}=B\delta p(t)$, 依赖于时间和浓度. 对少数载流子寿命的详细讨论由文献 [949] 给出.

10.2.6 激射

受激辐射和吸收的净速率是

$$\begin{aligned} r_{\mathrm{st}}(E)-r_{\mathrm{abs}}(E)= & {\left[1-\exp \left(\frac{E-\left(F_{\mathrm{n}}-F_{\mathrm{p}}\right)}{kT}\right)\right] } \\ & \times \int_{E_{\mathrm{C}}}^{E+E_{\mathrm{V}}} \mathrm{d} E_{\mathrm{e}} B D_{\mathrm{e}}\left(E_{\mathrm{e}}\right) f_{\mathrm{e}}\left(E_{\mathrm{e}}\right) D_{\mathrm{h}}\left(E_{\mathrm{e}}-E\right) f_{\mathrm{h}}\left(E_{\mathrm{e}}-E\right) N_{\mathrm{ph}}(E) \end{aligned} \tag{10.22}$$

在光子能量 $E=\hbar\omega$ 处的净速率大于零的条件是 (受激辐射占主导)

$$F_{\mathrm{n}}-F_{\mathrm{p}}>E \geqslant E_{\mathrm{g}} \tag{10.23}$$

当准费米能级的差别大于带隙时, 载流子的占据数反转了：在带边附近, 导带态的占据数比价带态更多, 如图 10.4 所示. 能量为 E 的入射光因为受激辐射而得到净放大. 式 (10.23) 也称为激光的热力学条件. 注意, 激射要求更多的条件, 如 23.4 节所述.

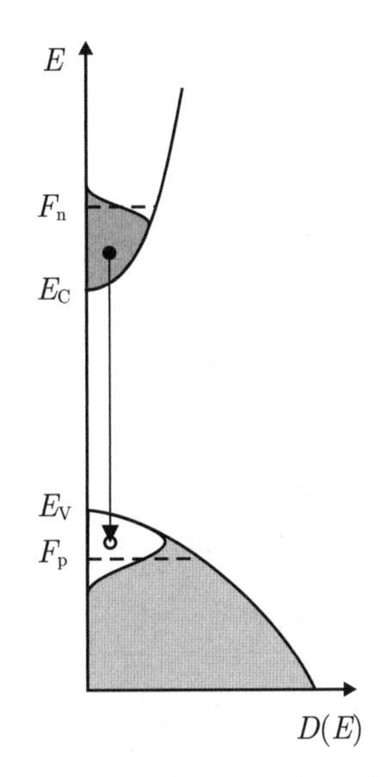

图10.4　当激射需要的粒子数反转时电荷载流子的分布. 阴影区被电子占据. 箭头指出了电子和空穴之间的受激辐射

10.3　激子复合

10.3.1　自由激子

对于激子束缚能小的半导体 (例如 GaAs), 只能在低温下观察自由激子. 然而, 对于大的激子束缚能, 即使在室温下也能看到自由激子的复合, ZnO 的情况如图 10.5 所示.

硅的低温复合谱如图 10.6 所示. 在纯硅里观察到声子辅助的激子复合 (与 10.4 节比较) 涉及声学声子 (I^{TA}) 和光学声子 (I^{TO}). 这里看到了微弱的零声子线 (I^0), 在完美的 Si 里是禁戒的.

10.3.2　束缚激子

激子可以局域化在杂质、缺陷或其他的势能起伏处, 然后复合 [951,952]. 激子可以束缚在中性的或者电离的施主和受主杂质上 [953]. 它们还可以束缚在等电子杂质上, 最突出的例子是 GaP 里的 N[954](与 9.7.9 小节比较) 或等电子团簇 [955]. 以后再讨论局域化在量子阱 (12.4 节) 和量子点 (14.4.4 小节) 里的激子的复合.

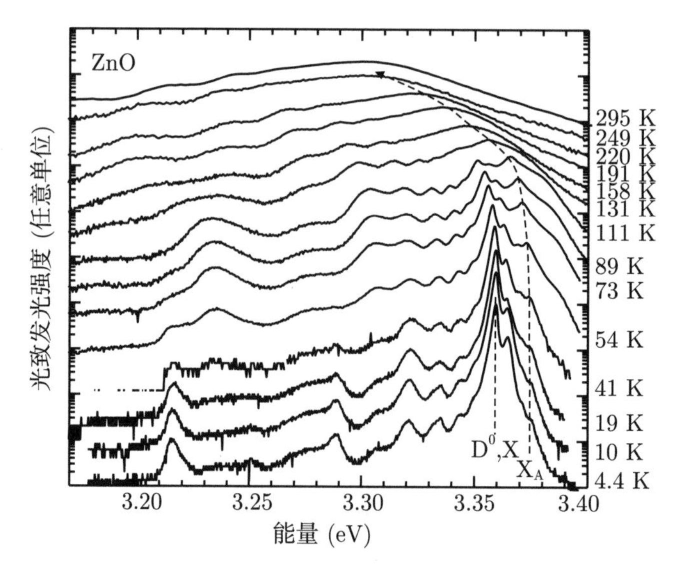

图10.5　ZnO薄膜(在蓝宝石衬底上)的光致发光谱依赖于温度. 在低温下，光谱主要是施主杂质束缚的激子跃迁(Al^0, X). 垂直的虚线指出了施主杂质束缚的激子跃迁(D^0, X)的低温位置. 弯曲的虚线指出了自由激子跃迁(X_A，在室温下起主导作用)的能量位置

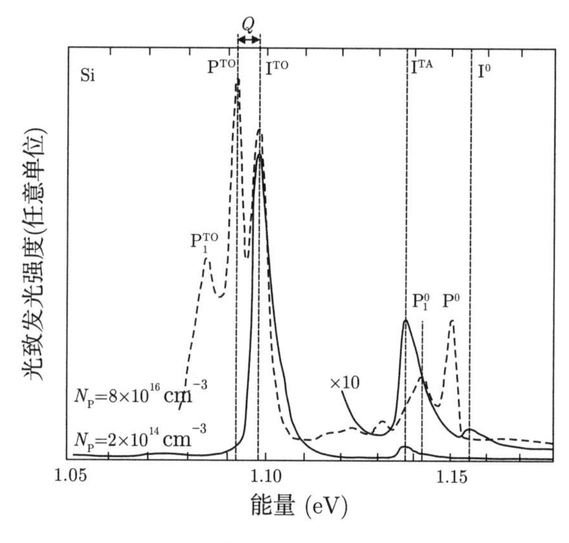

图10.6　硅的低温复合光谱，实线(虚线)的P杂质浓度低(高). $N_P=2\times10^{14}/cm^3$($N_P=8\times10^{16}/cm^3$)的光谱的测量温度是26 K(15 K). 纯Si里的跃迁用I标记，涉及P施主杂质的跃迁用P标记. Q指出了束缚激子的离合能. 改编自文献[950]

束缚在中性杂质上的激子的跃迁能量 $\hbar\omega$ 是

$$\hbar\omega = E_g - E_X^b - Q \tag{10.24}$$

其中, Q 是激子在杂质上的束缚能 (或者局域化能量). 激子在电离杂质上的束缚能用

Q^* 表示. 与束缚在中性施主上的激子有关的跃迁记为 (D^0,X); 相应地, 有 (D^+,X)(也记为 (h,D^0)) 和 (A^0,X). 各种半导体里的施主束缚的激子的数值列在表 10.2 中. 根据文献 [956], 对于 $0<\sigma=m_e^*/m_h^*<0.43$, (D^0,X) 复合体是稳定的. (D^+,X) 峰可以出现在 (D^0,X) 复合的低能侧或者高能侧. $Q^*<Q$ 还是 $Q^*>Q$ 取决于 σ 小于还是大于 0.2[956], 许多半导体服从这个规则, 例如, GaAs, GaN, CdS 和 ZnSe.

表10.2 在半导体里, 一些杂质(电离杂质, 分别是D^+或A^-)上的激子的局域化能量$Q(Q^*)$

受主	施主	Q (meV)	Q^* (meV)	Q^*/Q	σ	文献
GaAs	EMD	0.88	1.8	2.0	0.28	[957]
	Zn	8.1	31.1	3.8		
GaN	EMD	6.8	11.2	1.6	0.36	[959]
	Mg	20				
AlN	Si	16				[960]
	Mg	40				
CdS	EMD	6.6	3.8	0.6	0.17	[961]
ZnSe	Al	4.9	5.4	1.1	0.27	[962, 963]
	Ga	5.1	6.6	1.3		
	In	5.4	7.5	1.4		
ZnO	Al	15.5	3.4	0.21	0.3	[964]
	Ga	16.1	4.1	0.25		
	In	19.2	8.5	0.44		

σ是有效电子质量和有效空穴(极化子)质量的比值. EMD指有效质量施主.

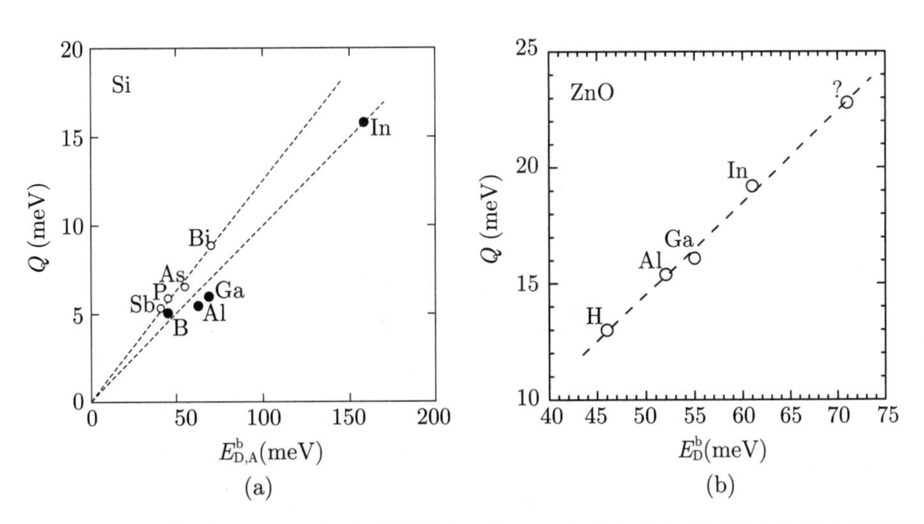

图10.7 把激子从中性杂质处移走所需要的能量Q(式(10.24))作为相应杂质的电离能E^b_D(空心圆圈)或E^b_A(实心圆点)的函数: (a) 硅(实验数据取自文献[965]); (b) ZnO(实验数据取自文献[966])

在硅里, 与磷施主杂质有关的激子的复合如图 10.6 所示. Si:P 里的 (D^0,X) 跃

迁记为 P^0 ($Q = 6$ meV). 其他与 P 相关的跃迁在文献 [950] 里讨论. 在 Si 里, 到杂质的束缚能大约是杂质的束缚能的 1/10(海恩斯 (Haynes) 规则 [951,965]), 即 $Q/E_{\mathrm{D}}^{\mathrm{b}}$ 和 $Q/E_{\mathrm{A}}^{\mathrm{b}} \approx 0.1$ (图 10.7(a)). 在 GaP 里, 已经发现了 [954] 近似的关系 $Q = 0.26E_{\mathrm{D}}^{\mathrm{b}} - 7$ meV 和 $Q = 0.056E_{\mathrm{A}}^{\mathrm{b}} + 3$ meV. 对于 ZnO 里的施主, 关系 $Q = 0.365E_{\mathrm{D}}^{\mathrm{b}} - 3.8$ meV 成立 (图 10.7(b))[966]. 图 10.8 给出了 GaAs:C 的复合谱, 显示了束缚在受主 (碳) 和浅施主上的激子的复合. 激子在电离施主 (D^+) 上的束缚比中性施主的束缚更强.

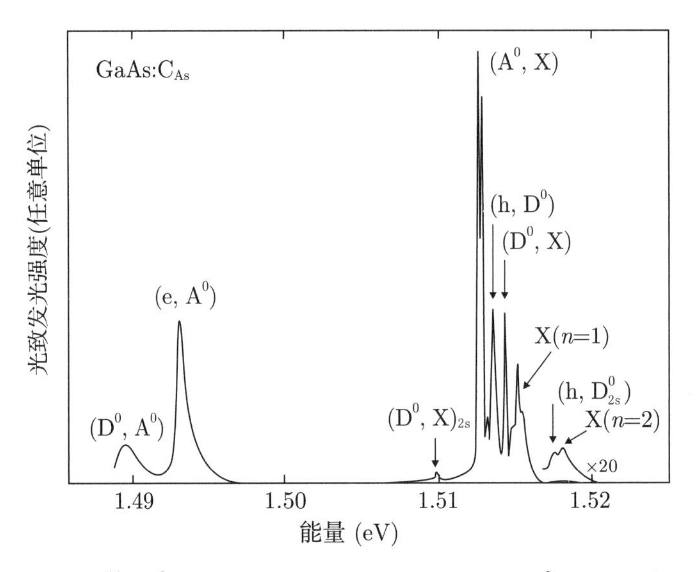

图10.8　GaAs : C_{As}(N_A=10^{14}/cm^3)的光致发光谱(T=2 K，D=10 mW/cm^2)，与施主有关和与受主有关的束缚激子复合是在1.512 eV附近，还有(e, A^0)对、(h, D^0)对和(D^0, A^0)对以及自由激子复合. 改编自文献[957]

改变某个特定杂质的浓度, 观察 (D^0,X) 跃迁强度的相应变化, 能够确认这个束缚激子的杂质的化学种类. 通过比较不同的样品, 或者精巧地引入放射性同位素, 可以实现这个目标. 对于 ZnO 里的 In, 如图 10.9 所示; ($^{111}In^0$,X) 跃迁消失的特征时间常数接近于 ^{111}In 原子核衰变为稳定的 ^{111}Cd 的特征时间 (97 h). 然而, 在这种实验里需要考虑衰变产物以及伴随的高能辐射可能分别导致新的电子缺陷或结构缺陷.

图 10.8 里标有 $(D^0,X)_{2s}$ 的峰称为两电子卫星峰 (TES)[968]. GaAs 里的高分辨率的 TES 谱 [581,969] 如图 10.10(a) 所示. TES 复合是一种 (D^0,X) 复合, 使得施主处于激发态, 如图 10.10(b) 所示. 因此可以观察到一个类氢原子的系列 ($n = 2, 3, \cdots$), 其能量为

$$E_{\mathrm{TES}}^{n} = E_{(\mathrm{D}^0,\mathrm{X})} - E_{\mathrm{D}}^{\mathrm{b}}\left(1 - \frac{1}{n^2}\right) \tag{10.25}$$

已经有关于同位素无序对杂质态的尖锐程度和劈裂的影响的研究 [970,971]. 在天然的硅

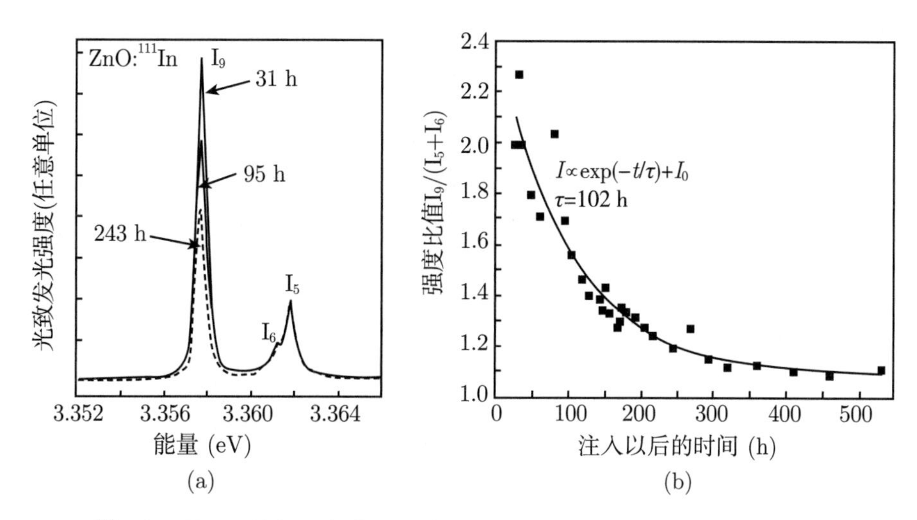

图10.9　(a) 用111In注入的ZnO的低温光致发光光谱，表现出"I_9线". 光谱是在注入后不同时间测量的，对时间做了标记. (b) I_9线的强度随着时间的变化情况. 改编自文献[967]

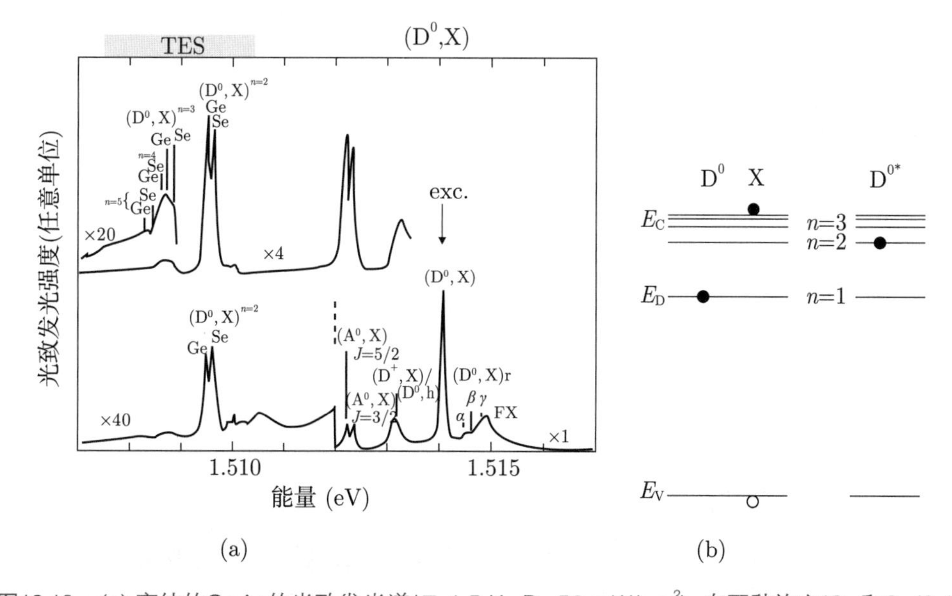

图10.10　(a) 高纯的GaAs的光致发光光谱(T=1.5 K，D=50 mW/cm^2)，有两种施主(Ge和Se/Sn). 下方的谱线是在带隙以上6 meV激发的，上方的谱线是共振激发的，激光波长设定在(D^0, X)跃迁，表现出n=2, 3, 4, 5的TES跃迁. α，β和γ表示(D^0, X)复合体的激发态(空穴转动态). 改编自文献[969]. (b) n = 2的TES过程的示意图. 左：初态；右：终态

里 (92.23% ^{28}Si, 4.67% ^{29}Si, 3.10% ^{30}Si), 因为能带极小值处的电子的谷-轨道劈裂, 束缚在 Al, Ga 和 In 上的激子劈裂为三条线 [972](图 10.11). 对于 Si:Al, 这些 (A^0,X) 谱线的每一个都劈裂了 0.01/cm, 因为 4 重简并的 A^0 基态的对称性降低了, 就像有外加的轴向应变或者电场时观察到的一样. 与同位素 ^{28}Si 富集的谱作比较, 发现没有外场

时观测到的劈裂来自同位素无序，它们导致了随机的应变，把 A^0 基态劈裂为两个双重态 [971](图 10.11). 类似地，(没有劈裂的) 磷在富集硅里诱导的 (D^0,X) 跃迁 (<40 μeV) 比天然硅 (330 μeV) 更加尖锐 [970]. 在更高的精度，在同位素纯 (99.991%) 的 ^{28}Si ($I=0$) 里，观察到来自 (P^0,X) 复合的 485 neV 的超精细劈裂，它来自 ^{31}P 的原子核自旋 $I=1/2(2\times10^{12}/\mathrm{cm}^3)$[973]. 在磁场里，塞曼劈裂谱线的半高宽大约是 150 neV.

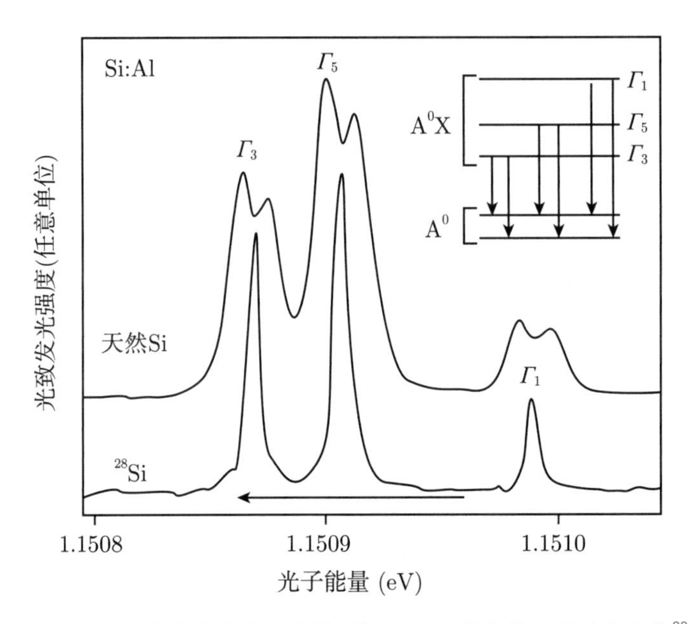

图10.11　高分辨率的(A^0, X)复合的光致发光谱，样品是用Al掺杂的天然硅和富集^{28}Si的硅(T=1.8 K).为了补偿带隙的移动，把^{28}Si的光致发光谱向上移动0.114 meV，如箭头所示. 插图给出了天然硅里的这个复合过程的能级示意图. 改编自文献[971]，经允许后转载，©2002APS

在低掺杂的 GaP 中，束缚在等电子杂质 N 上的激子的复合如图 10.12 所示. N 束缚的电子与空穴在 Γ 点的复合效率很高，因为局域电子在 $k=0$ 处的波函数分量 [690] (图 7.40). A 激子的衰减时间大约是 40 ns[974]，大于直接半导体里的激子的典型寿命 (ns 范围). 禁戒的 B 激子寿命 4 μs 更是长得多 [974].

对于 In 在 GaAs 里的情况，已经发现，直到 $N_{\mathrm{In}}<10^{19}/\mathrm{cm}^3$ 的区域，铟不是作为替代性的等电子杂质，而完全是一个赝的双系统 (6.5 节) 的一种组分. 没有发现束缚在单个 In 原子或者 In-In 对的激子的复合. 在稀极限下，束缚在施主或者受主上的激子的能量位移 (图 10.13) 符合根据大的 In 浓度得到的带隙依赖关系. 人们认为，没有出现局域化效应的原因是 InAs 里的电子有效质量小 [544].

束缚激子的谱线的光致发光强度 $I(T)$ 随着温度的升高而淬灭，因为激子从杂质上

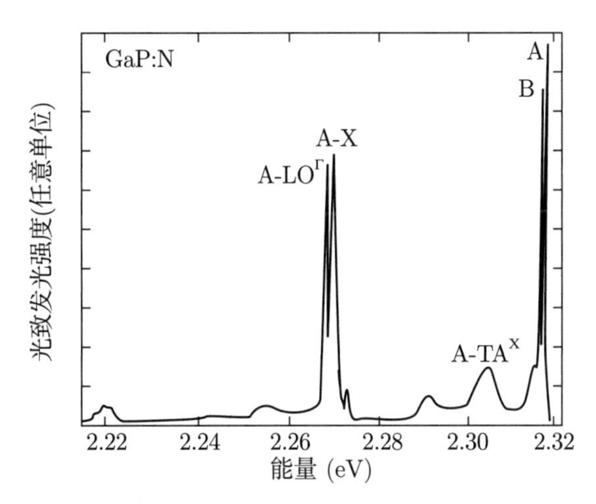

图10.12　GaP:N的光致发光谱, $N_{\mathrm{N}}\approx5\times10^{16}/\mathrm{cm}^3$, T= 4.2 K. A激子束缚在一个孤立的N杂质上, 与图9.28比较. 改编自文献[690]

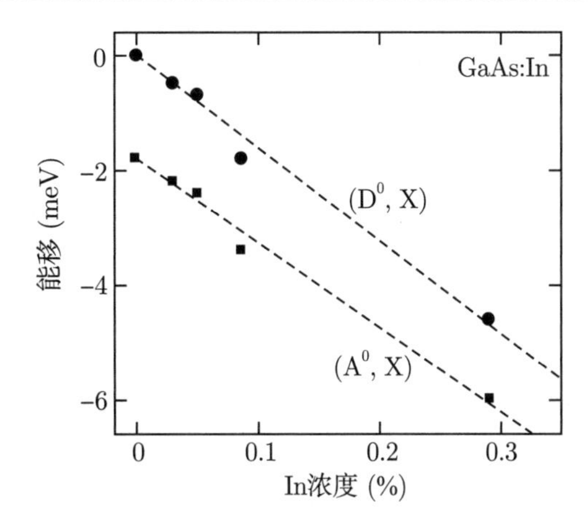

图10.13　在掺杂了不同数量In的GaAs里, 中性的施主和受主束缚的激子相对于纯GaAs中施主束缚的激子(1.5146 eV)的光致发光跃迁的谱位置(T= 2 K). 改编自文献[975]

电离了. 温度依赖关系可以利用下述关系来建模 [976]:

$$\frac{I(T)}{I(T=0)}=\frac{1}{1+C\exp\left(-E_{\mathrm{A}}/(kT)\right)} \tag{10.26}$$

E_{A} 是热激发能, C 是因子. 通常发现, 激发能等于局域化能量: $E_{\mathrm{A}}=Q$ (图 10.14, 与表 10.2 比较). 如果有几个过程做贡献, 可以添加额外的指数项 (具有更大的激发能). 对于 GaAs 里的受主束缚的激子, 有两个过程做贡献: 杂质束缚的激子电离为自由激子 ($E_{\mathrm{A}}^1\approx Q$), 或者电离为电子-空穴对 ($E_{\mathrm{A}}^2\approx Q+E_{\mathrm{X}}^{\mathrm{b}}$)[976] . 文献 [977] 考虑了参数 C 的温度依赖关系 (因为杂质本身的电离), 改进了这个模型.

到目前为止, 讨论的是束缚在中心上的单个激子. 在足够大的激发浓度下, 已经观测到了束缚激子的复合体 [979], 最多包含 6 个激子, 例如, 在硅里替代性的硼 [980] 或磷 [981] 以及间隙性的锂 [982]. 在多能谷的半导体里, 几个电子可以形成束缚激子, 近似地服从壳层模型, 表现出更多的精细结构.

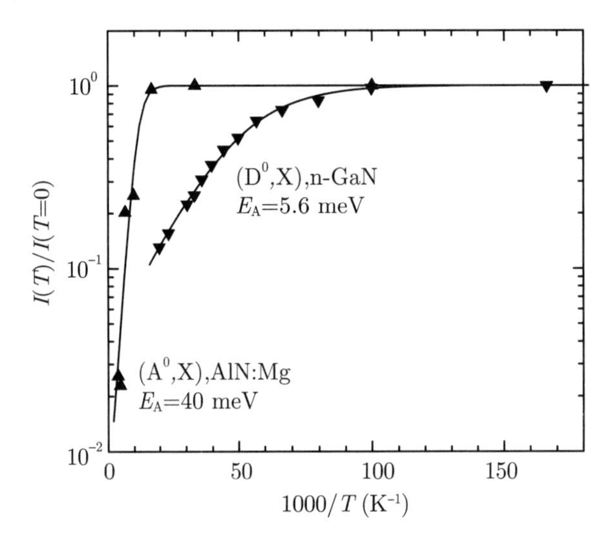

图10.14　GaN里的(D^0, X) 和AlN:Mg里的(A^0, X)复合的光致发光强度随温度的变化情况. 实线是用式(10.26)拟合的结果. 数据取自文献[960, 978]

10.3.3　合金展宽

在二元化合物的光谱里, 束缚激子的复合峰相当尖锐 (10.3.2 小节), 即使存在同位素无序 (图 10.11) 也是如此. 在合金里 (见 3.7 节), 原子 (具有不同的原子序数 Z) 的随机分布使得发光 (和吸收) 谱线显著变宽, 这就是“合金展宽” [983,984]. 作为例子, 我们考虑 $Al_xGa_{1-x}As$. 激子在晶格的不同位置对不同的 Ga 和 Al 原子构型取样. 如果实验对这些构型做平均, 就观测到一条非均匀展宽的谱线.

阳离子浓度 c_c 在闪锌矿晶格里是 $c_c = 4/a_0^3$, 在纤锌矿晶格里是 $c_c = 4/(\sqrt{3}a^2c)$. 例如, 在整个组分范围 $0 \leqslant x \leqslant 1$ 里, $Al_xGa_{1-x}As$ 的 $c_c = 2.2 \times 10^{22}/cm^3$, 因为晶格常数的变化不大, 对于纤锌矿结构的 $Mg_xZn_{1-x}O$, $c_c = 4.2 \times 10^{22}/cm^3$ [985]. 在随机合金里, 在给定体积 V 里 (总共有 c_cV 个阳离子), 正好发现 N 个 Ga 原子的概率 $p(N)$ 由二项式分布给出:

$$p(N) = \begin{pmatrix} c_cV \\ N \end{pmatrix} x^N (1-x)^{c_cV-N} \tag{10.27}$$

荧光事件的取样体积是激子的体积 (参见式 (9.51)), 自由激子 (处于氢原子 1s 态) 的体

积由下式给出[983,986]:

$$V_{\rm ex} = 10\pi a_{\rm X}^3 = 10\pi\left(\frac{m_0}{m_{\rm r}^*}\epsilon_{\rm s}a_{\rm B}\right)^3 \tag{10.28}$$

注意, 由于涉及的材料参数的变化, $V_{\rm ex}$ 本身依赖于 x. 在 GaAs 里, 激子体积里大约有 1.2×10^6 个阳离子. 在 $Al_xGa_{1-x}As$ 里, 激子体积里平均有 $xc_{\rm c}V_{\rm ex}$ 个 Al 原子. 二项式分布的标准偏差给出了起伏[986]:

$$\sigma_x^2 = \frac{x(1-x)}{c_{\rm c}V_{\rm ex}} \tag{10.29}$$

谱线相应的能量展宽 (半高宽, FWHM) 就由 $\varDelta_{\rm E} = 2.36\sigma$ 给出, 其中

$$\sigma = \frac{\partial E_{\rm g}}{\partial x}\sigma_x = \frac{\partial E_{\rm g}}{\partial x}\sqrt{\frac{x(1-x)}{c_{\rm c}V_{\rm ex}}} \tag{10.30}$$

注意, 通常使用的不是量子力学的修正因子 10π[983,986], 而是因子 $4\pi/3$[984], 导致了更大的理论展宽值.

图 10.15(a) 里的 CdS_xSe_{1-x} 的实验数据与式 (10.30) 一致. 图 10.15(b) 还给出了 $Al_xGa_{1-x}As$ 的理论依赖关系式 (10.30) 和实验数据, 发现它们不一致[987]. 因为激子体积 (见 9.7.6 小节) 远小于 $Al_xGa_{1-x}As$, 对于给定的 x, $Mg_xZn_{1-x}O$ 里的合金展宽要大得多.

合金无序导致的谱展宽掩盖了二元化合物里靠近带边的复合谱线的精细结构. 通常, 对于所有的温度, 合金只表现出单个的复合谱线. 三种不同的 $Mg_xZn_{1-x}O$ 合金的谱如图 10.16(a) 所示. 逐渐增大的非均匀展宽是显然的, 当 $x>0.03$ 时, 只有一个单峰. 对于同一个样品, 峰位的温度依赖关系如图 10.17 所示. 当 $x=0.005$ 时, 束缚激子 (Al 施主)(D^0,X) 和自由激子 (X_A) 的复合谱线仍然可以分辨, 尽管非均匀展宽是 $\sigma=2.6$ meV. 在低温下, (D^0,X) 复合主导了荧光的强度; 在室温下, 自由激子 (X_A) 主导. 两个峰在低温下都存在, 随着温度的增加而红移, 因为带隙减小了 (图 10.17(a)). 在大约 180 K, (D^0,X) 峰消失, 因为激子从施主上电离了 ($Q\approx15$ meV, 与纯 ZnO 类似).

对于更大的 Mg 含量 ($x=0.03$), 两个峰仍然可以分开 ($\sigma=6.0$ meV). (D^0,X) 的能量位置表现出一个小坑 (大约 2 meV), 因为激子在合金无序势里的局域化 (图 10.17(b) 里的箭头). 在低温下, 激子冻结在局域势能极小值, 有一个非热的 (非玻尔兹曼的) 占据. 随着温度的升高, 它们可以越过能量势垒并热化, 导致复合峰向更低的能量移动. 进一步升高温度, 更高的能级被占据, 使得复合峰向更高的能量移动. 叠加的还有带隙收缩引起的红移. $E(T)$ 的这种 S 形效应将在 12.4 节详细讨论, 针对量子阱无序势里的激子局域化.

在 $x=0.06$ 的合金里, 只观察到单个光致发光峰 ($\sigma=8.5$ meV). 对于 $Mg_xZn_{1-x}O$ 合金, (D^0,X) 峰在低温下占主导, 即使存在大的合金展宽 (图 10.16(b)) 也是如此. 峰

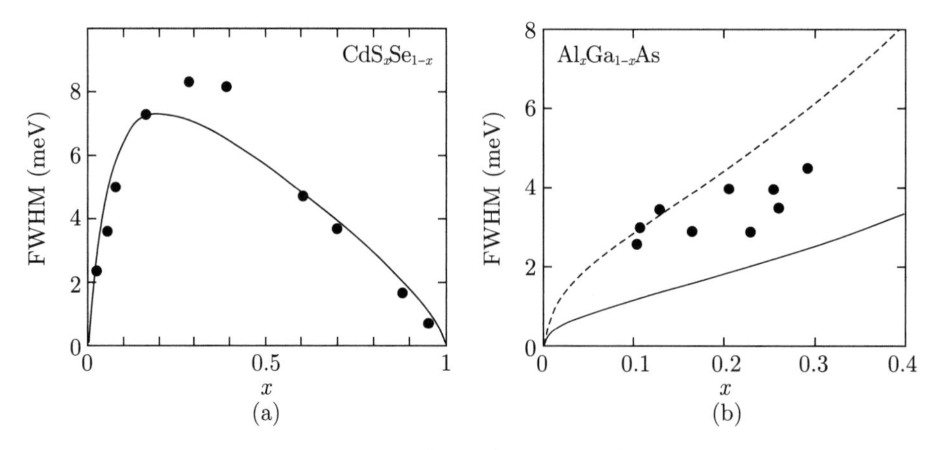

图10.15　(a) CdS_xSe_{1-x}合金的光致发光谱的谱线宽度. 实线是根据式(10.30)的理论得到的结果. 改编自文献[983]. (b) 在直接带隙的区域，不同Al含量的$Al_xGa_{1-x}As$里的束缚激子复合的谱线宽度. 实线是式(10.30)和(10.28)的结果，虚线所用的因子是4π/3而不是10π. 改编自文献[987]

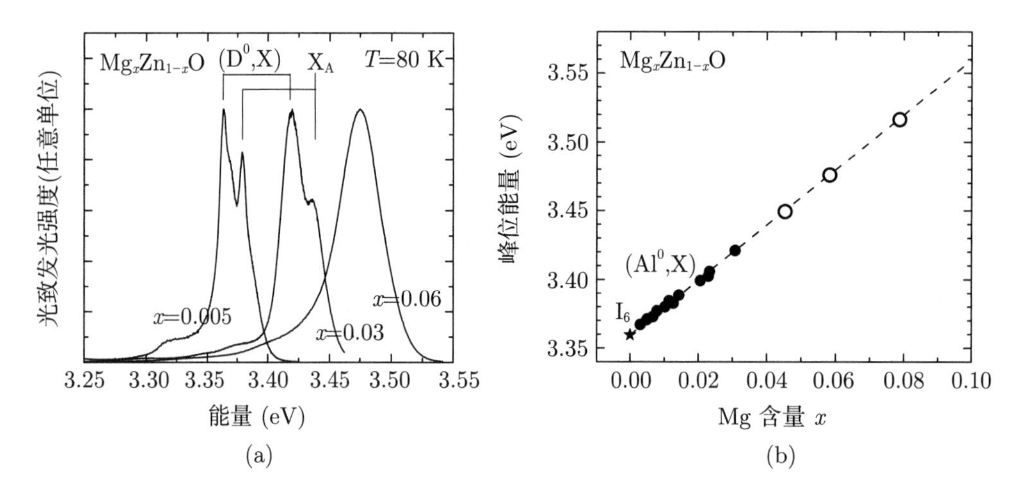

图10.16　(a) 蓝宝石衬底上的$Mg_xZn_{1-x}O$合金薄膜的光致发光谱(T= 80 K，做了归一化)，有三种不同的Mg含量：x=0.005，x=0.03，x=0.06，如标记所示. 标出了(D^0, X)和X_A的峰位能量. 改编自文献[977]. (b) ZnO(I_6线，星号)和几种$Mg_xZn_{1-x}O$ 合金(圆点)的光致发光谱的峰位能量(T= 2 K). 对于$x\leqslant0.03$(实心圆点)，(D^0, X)复合峰(Al施主)在光谱上可以与自由激子(X_A)复合峰区分开. 对于Mg含量更高的相同样品(空心圆点)，在所有温度下，只有单个的复合发光峰. 虚线是用线性最小二乘法对$0\leqslant x\leqslant0.03$的合金拟合的结果，表明对$x\leqslant0.03$，低温复合峰也来自施主束缚的激子. 改编自文献[988]

的性质从低温下的 (D^0,X) 变为室温下的 X_A. 在中间温度, 先是观测到激子在无序势里的热化 (红移), 然后是激子从施主上的电离 (蓝移, 图 10.17(c) 里的箭头)[977]. 在 (Al,Ga)N:Si 里, 已经观测到了杂质上的这种激子电离 [628,989].

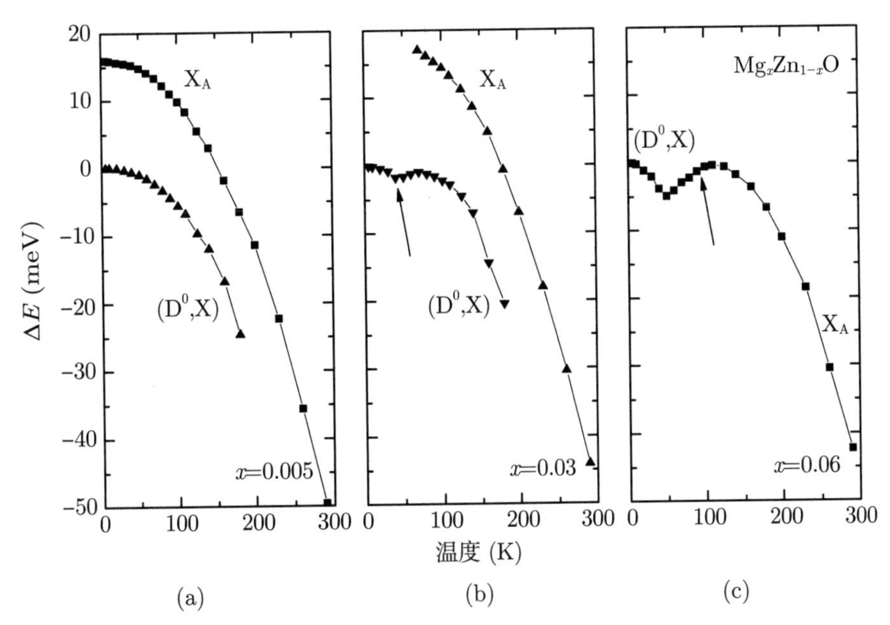

图10.17 (D^0, X)和X_A光致发光谱的峰位能量随温度的变化情况，样品是$Mg_xZn_{1-x}O$合金，有三种不同的Mg含量：(a) x=0.005；(b) x=0.03；(c) x=0.06. 峰位能量是相对于相应的(D^0, X)在低温下的能量位置. 改编自文献[977]

10.4 声子伴线

自由激子的动量选择定则只允许 $\boldsymbol{K}\approx\mathbf{0}$ 的激子 (关于 $\boldsymbol{K}$, 参见式 (9.49)) 复合. 这个复合的精细结构与极化激元效应有关系 (见 9.7.8 小节). 具有大的 $\boldsymbol{K}$ 的激子可以复合, 如果涉及一个声子或几个声子 [990], 可以提供必要的动量 $\boldsymbol{q}=\boldsymbol{K}_1-\boldsymbol{K}_2$, 其中 $\boldsymbol{K}_1(\boldsymbol{K}_2)$ 是初始 (中间) 激子态的波矢 (图 10.18). 在能量 E_0 处的 "零声子谱线" (在低温下) 就伴随着 E_0 以下 (LO) 声子能量 $\hbar\omega_{\rm ph}$ 整数倍的声子伴线 (phonon replica):

$$E_n=E_0-n\hbar\omega_{\rm ph} \tag{10.31}$$

在许多极化半导体里, 已经观察到了声子伴线, 例如 CdS[991] 和 ZnSe[992]. 在 GaN 里观测到这种声子伴线的序列 [993], 如图 10.19(a) 所示.

第 n 个声子伴线的线形正比于给定额外能量处的激子占据数, 后者正比于态密度

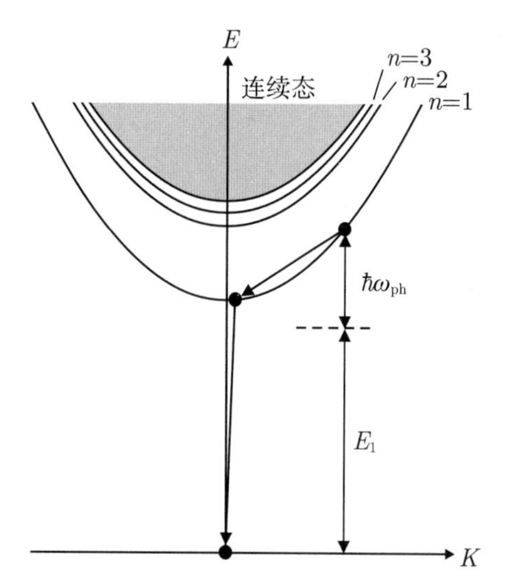

图10.18 1 LO 激子散射的示意图，一个$\boldsymbol{K}\neq\boldsymbol{0}$的激子散射到$\boldsymbol{K}\approx\boldsymbol{0}$的中间态，然后辐射衰变. $\hbar\omega$表示声子能量，E_1是发射的光子能量

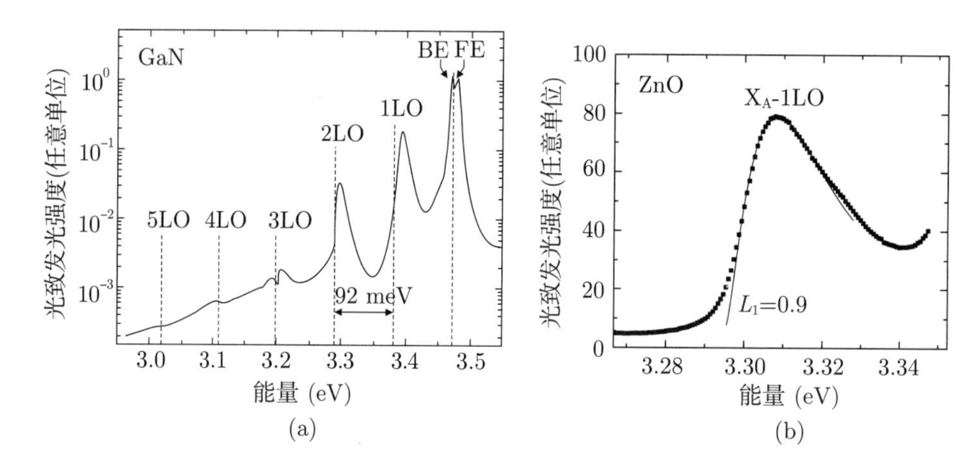

图10.19 (a) GaN(生长在SiC衬底上)的光致发光谱，T=50 K. 除了自由激子(FE)和束缚激子(BE)以外，还观测到几个声子伴线(标为1LO~5LO). 垂直的虚线给出了在FE峰以下的多声子能量($\hbar\omega_{\mathrm{LO}}$=92 meV)的能量位置. 改编自文献[993]. (b) 1 LO声子辅助复合峰的光致发光谱，T=103 K(取自图10.5的数据). 数据点(圆点)和根据式(10.32) 拟合的线形(实线)，参数是L_1=0.9和E_1=3.2955 eV(以及背景)

和玻尔兹曼分布函数 [994]：

$$I_n(E_{\mathrm{ex}}) \propto \sqrt{E_{\mathrm{ex}}}\exp\left(-\frac{E_{\mathrm{ex}}}{kT}\right)w_n(E_{\mathrm{ex}}) \tag{10.32}$$

其中，E_{ex} 表示激子的动能. 因子 $w_n(E_{\mathrm{ex}})$ 表示矩阵元的 $\boldsymbol{q}$ 依赖关系，通常表示为

$$w_n(E_{\mathrm{ex}}) \propto E_{\mathrm{ex}}^{L_n} \tag{10.33}$$

相应地, 声子伴线的峰位能量的最大值与 E_0 的能量间隔 ΔE_n 是

$$\Delta E_n = E_n - E_0 = -n\hbar\omega_{\mathrm{ph}} + \left(L_n + \frac{1}{2}\right)kT \tag{10.34}$$

在理论上发现, $L_1 = 1$ 和 $L_2 = 0$[994]. GaN 近似地满足这些关系 [995]. 对于 ZnO 里的 1 LO 声子辅助跃迁, 拟合的线形如图 10.19(b) 所示.

ZnO 的"绿光带"发射如图 10.20(a) 所示 [996]. 这个带主要归因于 Cu 杂质. 最近, 同位素衰变和退火研究带来的证据表明, 它与 Zn 空位有关 [997](图 10.20(b)). 零声子谱线后面跟随着很多伴线, 最大值位于 6 LO 声子. 第 N 个伴线的强度 I_N 是 [998,999]

$$I_N \propto \exp(-S)\frac{S^N}{N!} \tag{10.35}$$

其中, S 是"黄-里斯参数". 文献 [997] 确定的耦合参数是 $S = 6.9$.

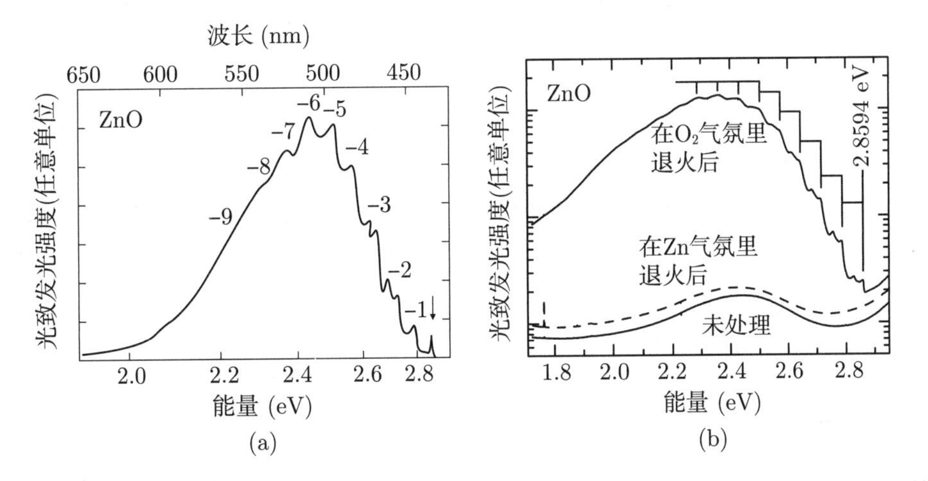

图10.20 (a) ZnO在可见光波段的光致发光谱. 箭头指出了2.8590 eV处的零声子线. 标出了声子伴线的数目. 改编自文献[996]. (b) 在T=1073 K的O_2气氛中退火前("未处理")和退火后的光致发光谱(实线). 在同一温度下在Zn气氛中退火后, 绿光带又消失了(虚线). 取自文献[997]

考虑能级构型图里的跃迁 [998,1000](图 10.21), 利用玻恩-奥本海默近似, 得到式 (10.35). 这里的电子波函数与振动波函数分离, 导致了弗兰克-康登 (Franck-Condon) 原理, 即光学跃迁发生的时候, 原子核的位置不变, 所以在构型图 10.21 里是垂直的. 假定在低温时, 只有最低的能态被 (部分地) 占据. 黄-里斯参数 (这个跃迁里涉及的声子平均数) 与两个构型的位移 $\delta q = q_1 - q_0$ 的关系是

$$S = \frac{C(\delta q)^2}{2\hbar\omega_{\mathrm{ph}}} \tag{10.36}$$

其中, C 是抛物线的"弹性常数", $C = \mathrm{d}^2E/\mathrm{d}q^2$.

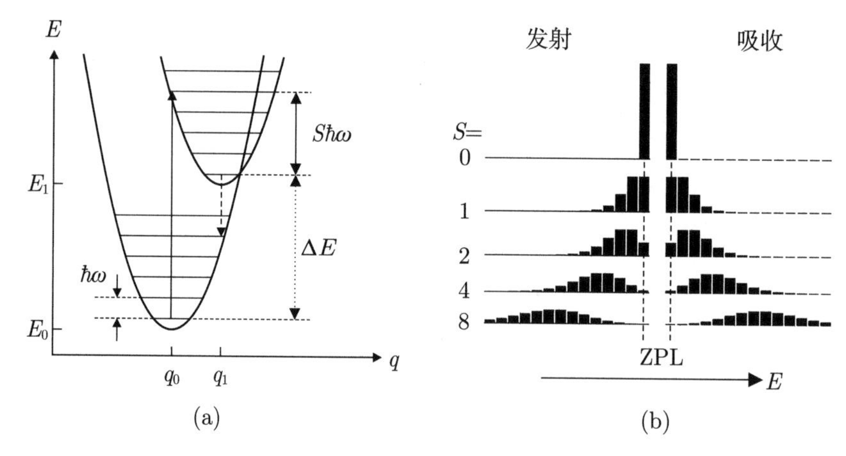

图10.21　(a) 两个态的构型图，它们的构型坐标相差$\delta q=q_1-q_0$. 二者都和能量为$\hbar\omega$的声子有耦合. 吸收最大值(垂直的实线)和发射最大值(垂直的虚线)相对于零声子线(垂直的点状线)移动了能量E_1-E_0. 黄-里斯参数约是4. (b) 对于发射过程和吸收过程，零声子线(ZPL)和声子伴线的强度(式(10.35))，标出了黄-里斯参数S

当 $S \ll 1$ 时, 处于弱耦合区, 零声子谱线最强. 在强耦合区, $S > 1$, 最大值离开了零声子线 (红移). 注意, 在吸收里, 声子伴线出现在零声子吸收的高能侧. 对于大的 S, 峰的强度接近于高斯型. 对于 ZnTe 里的等电子氧 (O) 陷阱上的激子, 可以清楚地看到发射和吸收的对应 [1001]. 氧位于替代性的 Te 位. 在图 10.22 中, 在零声子线 (A 线) 附近, 可以看到多达 7 个声子伴线, 间隔大约是 26 meV, 这是 ZnTe 里的光学声子能量. 黄-里斯参数大约是 3~4. 其他峰是因为声学声子.

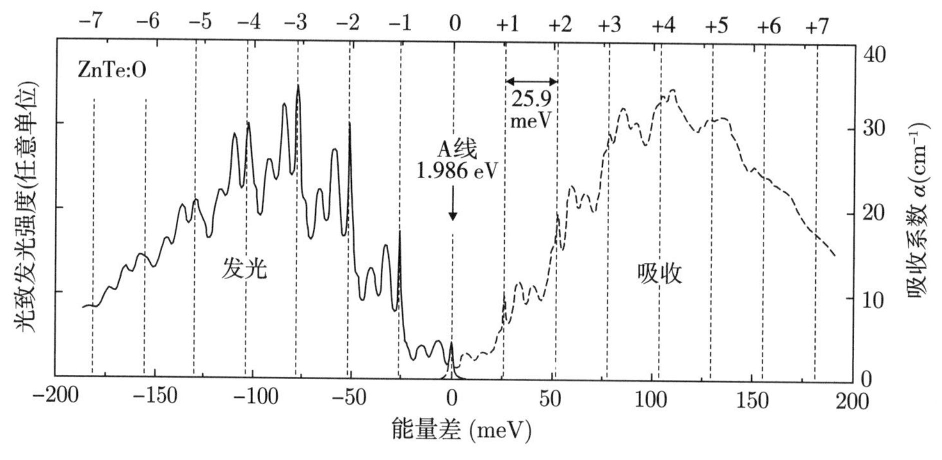

图10.22　在ZnTe里，替换氧原子处的束缚激子的光致发光谱(实线)和吸收谱(虚线)，T=20 K. 能量位置是相对于1.9860 eV的A线. 垂直虚线的间隔是25.9 meV. 改编自文献[1001]

10.5 自吸收

半导体内部发射的光在到达表面并离开晶体以前可以被 (再) 吸收. 这个效应称为自吸收. 对于吸收系数 $\alpha(\hbar\omega)$ 很大的辐射能量 (高于直接半导体的带隙), 这个效应特别强. 类似于光进入晶体的穿透深度 $1/\alpha$, 发射也近似地只发生在这样厚度的薄层里. 对于 α 的典型值 10^5 cm, 半导体发射能量高于带隙的光的 "皮肤" 是 100 nm. 对于带隙低能侧的光 (能量小于带隙, 深能级), 发射深度要大得多.

在自吸收以后, 能量有另一个机会可以非辐射地弛豫, 从而降低了量子效率. 它还能够以相同的能量或者更低的能量再发射. 在光子最终离开半导体之前, 可能有几次再吸收过程 ("光子循环"). 在 LED 结构里, 必须优化光子的提取 (23.3.4 小节), 这种过程很重要. 声子伴线的发射 (10.4 节) 从强吸收的能量范围红移了, 因此没有 (或只有很少的) 自吸收. (利用红宝石激光器的双光子吸收) 均匀地激发厚的 ZnO 晶体, 从光谱里可以看到这一点 (图 10.23). 零声子线 (在 E_X 处) 来自样品的皮肤 (厚度 ≈ 100 nm), 在薄膜里是最强的 (图 10.5), 现在实际上没有了, 从整个体积里收集的声子伴线的发光主导了光谱.

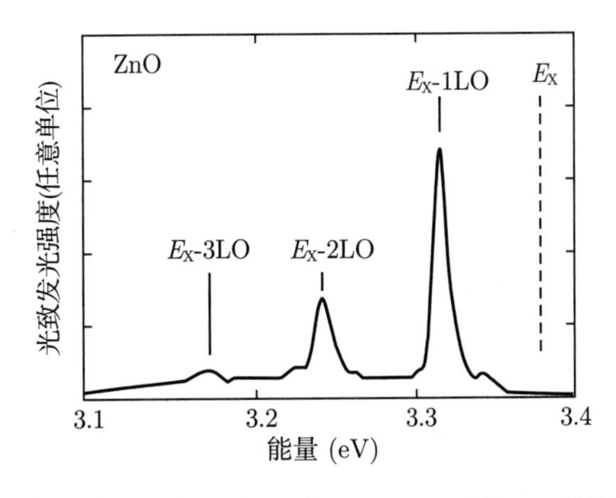

图10.23 均匀激发的ZnO体材料的光致发光谱(温度为T=55 K), 利用Q开关的红宝石激光(脉冲宽度为40 ns)的双光子激发. 改编自文献[1002]

10.6 施主-受主对的跃迁

在中性的施主和受主之间, 可以发生光学跃迁. (空间非直接的) 施主-受主对 (DAP) 复合存在于 (部分) 补偿的半导体里, 遵循模式 $D^0A^0 \to D^+A^-eh \to D^+A^- + \gamma$, 其中, γ 是能量为 $\hbar\omega$ 的光子. 发射出来的光子能量是

$$\hbar\omega = E_g - E_D^b - E_A^b + \frac{1}{4\pi\epsilon_0}\frac{e^2}{\epsilon_r R} \tag{10.37}$$

其中, R 是某个特定对子里的施主和受主的距离. 因为 R 是分立的, DAP 复合光谱包含几条分立的谱线. 如果施主和受主占据相同的子晶格, 例如, O 和 C 都替代了 GaP 里的 P 位, 施主和受主的距离就是 $R(n) = a_0\sqrt{n/2}$, 其中 a_0 是晶格常数, n 是整数. 然而, 对于某些"幻"数 $n = 14, 30, 46, \cdots$, 没有晶格点位存在, 因此也就没有相应的谱线 (在图 10.24 中标记为 G). 在 DA 谱里, 没有这样的间隙, 因为施主和受主占据不同的子晶格, 例如 GaP:O,Zn(参见图 10.24). 在这种情况下, 空间距离是 $R(n) = a_0\sqrt{n/2 - 5/16}$. 如果存在显著的展宽, 谱线就被抹掉了, 形成了施主-受主对的能带.

10.7 内杂质复合

在一种杂质的不同态 (能级) 之间的跃迁可以是非辐射的或辐射的. 作为例子, 在 InP 里的 Fe^{2+} 态里, 文献 [1005] 首次在 0.35 eV 附近观察到电子的辐射跃迁 $^5T_2 \to ^5E$ (图 10.25) 及其精细结构.

已经研究了某些缺陷 (也称为"色心") 作为有效的单光子源的能力. 如果一个缺陷被光学激发, 它可以发射一个光子. 然而, 它不能被进一步激发. 此外, 在被再次激发之前, 它不能发射另一个光子. 这可以通过发射时间差为零的发射光子的相关函数趋于零来测量. 这种中心的一个时髦例子是金刚石中的 NV 中心 (空位和氮杂质的复合物)[1006,1007]. 发射速率约为 2×10^5 个光子 /s(用显微镜物镜收集). 光谱对磁场的灵敏度使 NV 中心成为一种纳米磁场传感器 [1008]. 此外, 中心上的自旋是相当孤立的, 可以

相干地操纵.

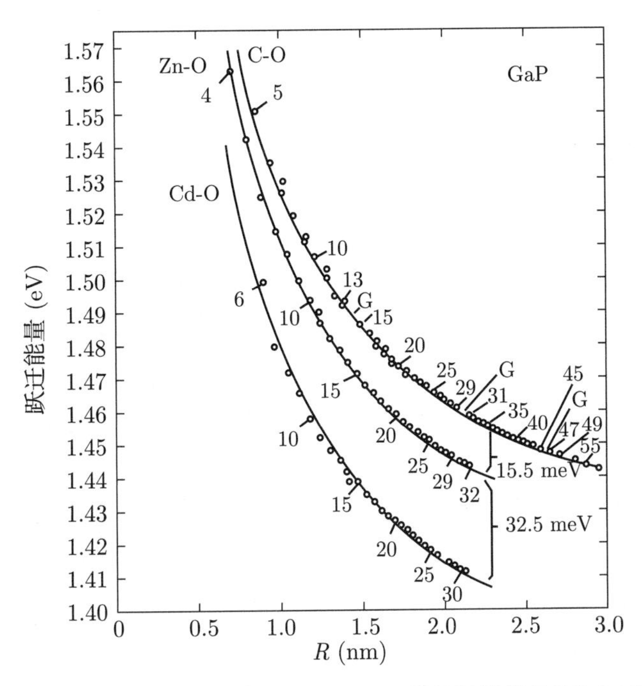

图10.24　GaP里的施主-受主复合的跃迁能量(T=1.6 K)，涉及深能级的O施主以及C，Zn和Cd受主. 谱线遵循式(10.37)，E_g^{GaP} =2.339 eV，ϵ_r=11.1，$(E_D^b)_O$ = 893 meV，$(E_A^b)_C$ = 48.5 meV，$(E_A^b)_{Zn}$ =64 meV，$(E_A^b)_{Cd}$ =96.5 meV. 预期的缺失模式GaP:C,O用G标记. 改编自文献[1003]

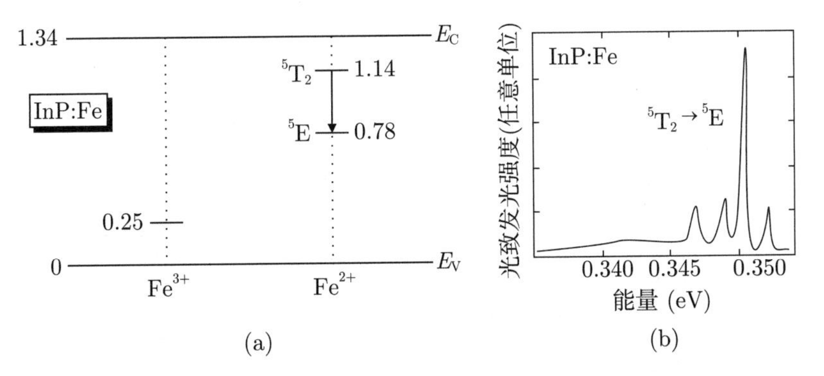

图10.25　(a) InP 在低温下的能带结构示意图，带有处于3+和2+电荷态的Fe杂质的能级. 所有能量的单位都是eV. 箭头表示Fe^{2+}激发态到Fe^{2+}基态的光学跃迁. (b) InP:Fe样品的光致发光谱(温度为T=4.2 K)，[Fe] = $5\times10^{16}/cm^3$. 图(b)改编自文献[1004]

10.8 俄歇复合

与双分子辐射复合竞争的是俄歇复合 (图 10.26). 在俄歇过程里, 一个电子和一个空穴复合时释放的能量不是以光子的形式发射, 而是转移给第三个粒子. 这个粒子可以是电子 (eeh, 图 10.26(a)) 或者空穴 (hhe, 图 10.26(b)). 这个能量最终非辐射地转移, 从热的第三个载流子通过发射声子传递给晶格. 如果涉及两个电子, 这种过程的概率 $\propto n^2p$; 如果涉及两个空穴, 则 $\propto np^2$. 俄歇过程是三个粒子的过程, 在大的载流子浓度下更容易发生, 可以通过掺杂、有很多过剩载流子或者在窄带隙的半导体里实现. 俄歇复合是碰撞电离 (见 8.4.4 小节) 的逆过程. 声子辅助的俄歇复合放松了涉及的载流子的动量守恒定则, 代价是在散射过程中牵扯了一个额外的粒子. 已经有人指出, 这种过程在体材料 [1010,1011] 和量子阱 [1012] 里占主导.

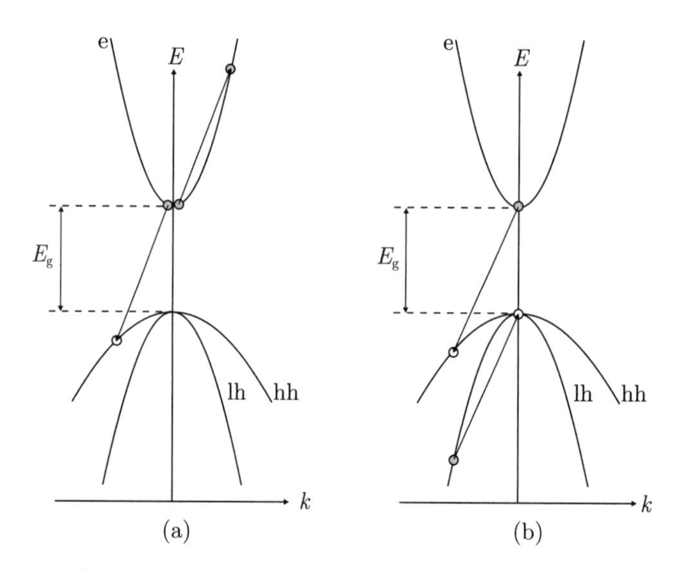

图10.26 俄歇复合的示意图. 一个电子和一个空穴复合, 把能量传递给: (a) 导带里的另一个电子; (b) 价带里的另一个电子

在热力学平衡时, 俄歇复合的速率必然等于热的俄歇生成的速率, 因此

$$G_{\text{th}} = C_{\text{n}} n_0^2 p_0 + C_{\text{p}} n_0 p_0^2 \tag{10.38}$$

其中, C_{n} 和 C_{p} 表示俄歇复合系数. 有过剩载流子的时候 (或者只有俄歇复合的时候), 动力学方程是

$$\frac{\partial \delta n}{\partial t}=G_{\mathrm{th}}-R=-C_{\mathrm{n}}\left(n^{2}p-n_{0}^{2}p_{0}\right)-C_{\mathrm{p}}\left(np^{2}-n_{0}p_{0}^{2}\right) \tag{10.39}$$

通常, SRH 动理学采用的俄歇复合速率是

$$r_{俄歇}=\left(C_{\mathrm{n}}n+C_{\mathrm{p}}p\right)\left(np-n_{0}p_{0}\right) \tag{10.40}$$

表 10.3 给出了俄歇复合系数的典型值.

表10.3　一些半导体的俄歇复合系数

材料	C_{n} ($\mathrm{cm}^6\cdot\mathrm{s}^{-1}$)	C_{p} ($\mathrm{cm}^6\cdot\mathrm{s}^{-1}$)
4H-SiC	5×10^{-31}	2×10^{-31}
Si, Ge	2.8×10^{-31}	9.9×10^{-32}
GaAs, InP	5.0×10^{-30}	3.0×10^{-30}
InSb	1.2×10^{-26}	

InSb的数据取自文献[1013], SiC取自文献[947], 其他数据取自文献[948].

在重掺杂的 p 型 (In,Ga)As 里 (与 InP 晶格匹配), 电子的寿命如图 10.27(a) 所示 [1014]. 它服从 $\tau_{\mathrm{n}}^{-1}=C_{\mathrm{p}}N_{\mathrm{A}}^{2}$, 符合式 (10.39) 对 p 型材料的预期. 文献 [1015] 详细讨论了硅里的俄歇过程. 图 10.27(b) 总结了 n 型硅和 p 型硅的实验数据. 俄歇理论可以预言 n 型材料里的寿命. 在 p 型材料里, 预言的寿命太短了, 因此提出了一个声子辅助的过程 [1015].

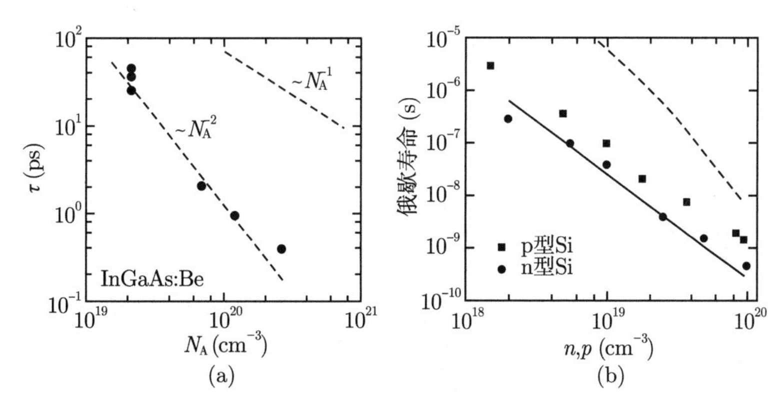

图10.27　(a) InP衬底上生长的重p型掺杂的(In, Ga)As在室温下的电子寿命的实验值. 虚线给出了俄歇复合($\propto N_{\mathrm{A}}^{-2}$, $C_{\mathrm{p}}=8.1\times10^{-29}/(\mathrm{cm}^6\cdot\mathrm{s})$)和带-带复合($\propto N_{\mathrm{A}}^{-1}$, $B=1.43\times10^{-10}/(\mathrm{cm}^3\cdot\mathrm{s})$)的依赖关系. 改编自文献[1014]. (b) 在300 K, p型硅(方块)和n型硅(圆点)的俄歇寿命的实验值. 虚线(实线)是p型(n型)材料的理论值. 改编自文献[1015]

10.9 能带-杂质复合

一种非常重要的复合过程是杂质捕获载流子. 这个过程与所有其他的复合过程竞争, 例如, 辐射复合与俄歇机制. 能带-杂质复合是杂质释放载流子的逆过程, 与载流子的统计学密切相关 (第 7 章). 在低载流子浓度、高掺杂浓度和在间接半导体里, 双分子复合过程慢, 能带-杂质复合特别重要. 通常认为, 这个过程是非辐射的, 因为它不发射靠近带边的光子. ①

10.9.1 肖克利-里德-霍尔动理学

涉及杂质的捕获和复合的理论称为肖克利-里德-霍尔动理学 (SRH kinetics)[942]. 能带-杂质的辐射复合 (图 10.28(a) 所示的类型) 的一个例子是 GaAs 里的碳受主的 (e, A^0) 复合, 如图 10.8 所示.

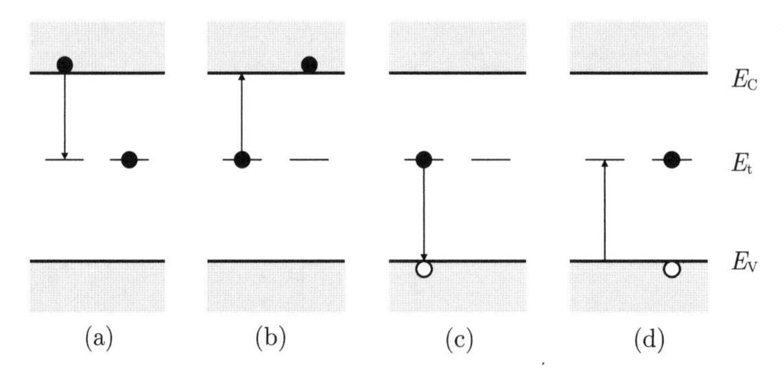

图10.28　单能级杂质里的能带-杂质过程(每张图的左边：初始态，右边：终态)：(a) (从导带)俘获电子；(b) 发射电子(进入导带)；(c) (从价带)俘获空穴；(d) 发射空穴(进入价带). 箭头指出了电子的跃迁

我们考虑浓度为 N_t 的电子陷阱 [1016](见图 10.28), 能级为 E_t. 在热力学平衡时, 它

① 根据陷阱的能量深度, 可以发射中红外或者远红外的光子.

们的电子占据数是

$$f_{\rm t}^0 = \frac{1}{\exp\left(\dfrac{E_{\rm t}-E_{\rm F}}{kT}\right)+1} \tag{10.41}$$

其中，$f_{\rm t}$ 是陷阱的非平衡占据数．捕获速率 $r_{\rm c}$ 正比于未占据的陷阱和电子浓度：$r_{\rm c} \propto nN_{\rm t}(1-f_{\rm t})$．比例因子是 $v_{\rm th}\sigma_{\rm n}$，其中 $v_{\rm th}$ 是热速度，$v_{\rm th}=\sqrt{3kT/m^*}\approx 10^7$ cm/s，捕获截面 $\sigma_{\rm n}$ 是原子的尺度，通常 $\sim 10^{-15}$ cm^2．捕获截面可以与光学吸收截面联系起来 [588,589]．

为了让计算更容易理解，下面把有效质量比 $\sqrt{m^0/m^*}$ 放到 σ 里，因此，电子和空穴具有相同的热速度 $v_{\rm th}=\sqrt{3kT/m_0}$．电子的捕获速率是

$$r_{\rm c} = v_{\rm th}\sigma_{\rm n}nN_{\rm t}(1-f_{\rm t}) \tag{10.42}$$

被占据的陷阱的发射速率是

$$g_{\rm c} = e_{\rm n}N_{\rm t}f_{\rm t} \tag{10.43}$$

其中，$e_{\rm n}$ 表示发射概率．类似地，可以写出空穴的发射速率和捕获速率：

$$r_{\rm v} = v_{\rm th}\sigma_{\rm p}pN_{\rm t}f_{\rm t} \tag{10.44}$$

$$g_{\rm v} = e_{\rm p}N_{\rm t}(1-f_{\rm t}) \tag{10.45}$$

在热力学平衡时，捕获速率等于生成速率：$r_{\rm c}=g_{\rm c}$，$r_{\rm v}=g_{\rm v}$．因此，发射概率是

$$e_{\rm n} = v_{\rm th}\sigma_{\rm n}n_0\frac{1-f_{\rm t}^0}{f_{\rm t}^0} \tag{10.46}$$

利用 $\dfrac{1-f_{\rm t}^0}{f_{\rm t}^0}=\exp\left(\dfrac{E_{\rm t}-E_{\rm F}}{kT}\right)$，式 (7.10) 和 (7.11)，发射概率可以写为

$$e_{\rm n} = v_{\rm th}\sigma_{\rm n}n_{\rm t} \tag{10.47}$$

$$e_{\rm p} = v_{\rm th}\sigma_{\rm p}p_{\rm t} \tag{10.48}$$

其中，

$$n_{\rm t} = N_{\rm C}\exp\left(\frac{E_{\rm t}-E_{\rm C}}{kT}\right) \tag{10.49}$$

$$p_{\rm t} = N_{\rm V}\exp\left(-\frac{E_{\rm t}-E_{\rm V}}{kT}\right) \tag{10.50}$$

注意，$n_{\rm t}p_{\rm t}=n_0p_0$ (参见式 (7.15))．

热速度的温度依赖关系是 $\propto T^{1/2}$，带边态密度的温度依赖关系是 $\propto T^{3/2}$(式 (7.8) 和 (7.9))．因此，如果 σ 不依赖于温度，发射速率的温度依赖关系是 $\propto T^2$(除了指数项以

外). 在非平衡的情况下, 电荷守恒要求 $r_{\mathrm{c}}-r_{\mathrm{v}}=g_{\mathrm{c}}-g_{\mathrm{v}}$(平衡情况当然如此). 由此得到陷阱在非平衡时的占据函数:

$$f_{\mathrm{t}}=\frac{\sigma_{\mathrm{n}}n+\sigma_{\mathrm{p}}p_{\mathrm{t}}}{\sigma_{\mathrm{n}}(n+n_{\mathrm{t}})+\sigma_{\mathrm{p}}(p+p_{\mathrm{t}})} \tag{10.51}$$

能带-杂质复合的复合速率 $r_{\text{b-i}}$ 就是

$$\begin{aligned} r_{\text{b-i}} &= -\frac{\partial \delta n}{\partial t}=r_{\mathrm{c}}-g_{\mathrm{c}} \\ &= \frac{\sigma_{\mathrm{n}}\sigma_{\mathrm{p}}v_{\mathrm{th}}N_{\mathrm{t}}}{\sigma_{\mathrm{n}}(n+n_{\mathrm{t}})+\sigma_{\mathrm{p}}(p+p_{\mathrm{t}})}(np-n_0p_0) \end{aligned} \tag{10.52}$$

利用“寿命”

$$\tau_{n_0}=(\sigma_{\mathrm{n}}v_{\mathrm{th}}N_{\mathrm{t}})^{-1} \tag{10.53}$$

$$\tau_{p_0}=(\sigma_{\mathrm{p}}v_{\mathrm{th}}N_{\mathrm{t}})^{-1} \tag{10.54}$$

通常把 $r_{\text{b-i}}$ 写为

$$r_{\text{b-i}}=\frac{1}{\tau_{p_0}(n+n_{\mathrm{t}})+\tau_{n_0}(p+p_{\mathrm{t}})}(np-n_0p_0) \tag{10.55}$$

对于 n 型半导体, 费米能级位于 E_{t} 上方, 陷阱大部分是满的. 因此, 空穴捕获是主导过程. 动力学方程就简化为

$$\frac{\partial \delta p}{\partial t}=-\frac{p-p_0}{\tau_{p_0}} \tag{10.56}$$

因此, 发生少数载流子的寿命为 τ_{p_0}(对于 p 型材料, 就是 τ_{n_0}) 的指数式衰减.

当复合中心靠近带隙中间时 (带隙中间的能级) 最有效. 条件 $\partial r_{\text{b-i}}/\partial E_{\mathrm{t}}=0$ 使得复合速率最大的陷阱能量 $E_{\mathrm{t}}^{\max}$ 位于

$$E_{\mathrm{t}}^{\max}=\frac{E_{\mathrm{C}}+E_{\mathrm{V}}}{2}-kT\ln\frac{\sigma_{\mathrm{n}}N_{\mathrm{C}}}{\sigma_{\mathrm{p}}N_{\mathrm{V}}} \tag{10.57}$$

在 $E_{\mathrm{t}}^{\max}$ 处的曲率 $\partial^2 r_{\text{b-i}}/\partial E_{\mathrm{t}}^2$ 正比于 $-(np-n_0p_0)$, 因此, 当存在过剩载流子时, 这个值确实是负的. 然而, 最大值可以相当宽.

这里给出的 SRH 动理学对于低浓度的复合中心是有效的. 更详细的讨论和更一般的模型, 参阅文献 [1018].

复合中心的典型例子是硅里的金 (Au). 随着 Au 的浓度从 $10^{14}/\mathrm{cm}^3$ 增大到 $10^{17}/\mathrm{cm}^3$, 少数载流子的寿命从 2×10^{-7} s 减少到 2×10^{-10} s. 对于高频器件的设计, 添加复合中心是重要的措施 [1019]. 因为在硅技术里的重要性, 已经研究了许多金属在硅里的复合性质, 特别是 Fe 掺杂和 FeB 复合体的角色 [1020-1022].

通过高能粒子的辐照, 产生能级位于能带中间的点缺陷, 也可以降低少数载流子的寿命.

图 10.29 比较了硅里的少数载流子寿命的各种数据. 在一些掺杂范围内, 寿命的依赖关系是 $\propto N^{-1}$, 就像式 (10.54) 一样. 当掺杂超过 $10^{19}/\mathrm{cm}^3$ 的范围后, 俄歇复合 (10.8 节) 占主导, $\tau \propto N^{-2}$. 更详细的讨论参阅文献 [1023, 1024]. 一般来说, 寿命依赖于温度 [1025], 就像式 (10.52) 预期的那样.

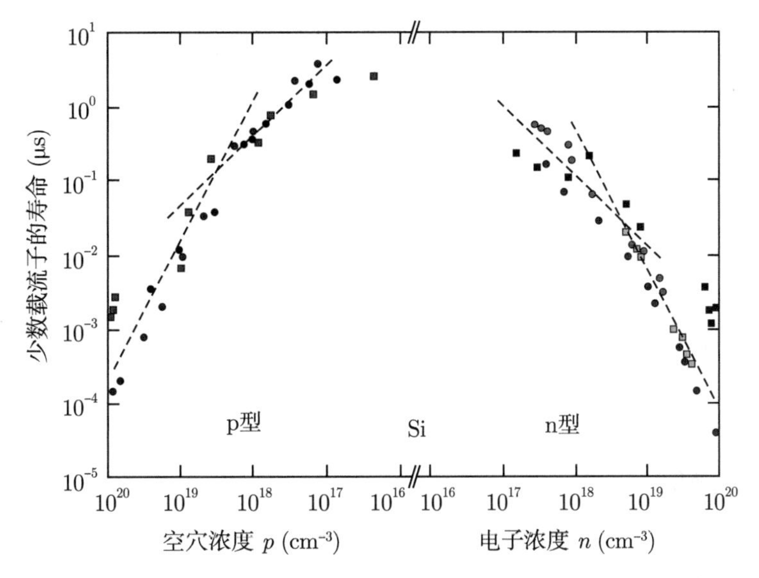

图10.29 在n型硅和p型硅里, 室温下的少数载流子的寿命随着多数载流子的浓度的变化情况. 虚线的斜率是 N^{-1} 和 N^{-2}. 数据取自文献[1024]

10.9.2 多能级陷阱

与单能级陷阱相比, 在带隙里有多个能级的陷阱具有相似但是更复杂的动力学. 寿命是对这个陷阱的带负电荷的态和带正电荷的态做平均的结果.

10.10 ABC 模型

总结能带 - 杂质复合 (10.9 节)、双分子复合 (10.2 节) 和俄歇复合 (10.8 节) 的结果, 总的复合速率 R 可以简写为

$$R = An + Bn^2 + Cn^3 \tag{10.58}$$

其中, A 是能带-杂质复合的系数, B 是双分子复合的系数, C 是俄歇复合的系数, n 表示载流子的浓度. 这就是 ABC 模型. 可以对它做些改进, 把电子和空穴的效应分开, 把更高阶的项包括进来. 通常, 这个模型用来研究器件里的复合随着注入的变化情况, 参阅文献 [1026, 1027].

辐射的内量子效率 η_{int} 是辐射复合速率和总复合速率的比值:

$$\eta_{\text{int}} = \frac{Bn^2}{An + Bn^2 + Cn^3} = \frac{Bn}{A + Bn + Cn^2} \tag{10.59}$$

10.11 场效应

陷阱的电子发射是热激活的, 电离能是 $E_{\text{i}} = E_{\text{C}} - E_{\text{t}}$. 如果这个陷阱位于强电场 E 中, 发射概率可以改变. 一个类受主的陷阱在去除电子以后是中性的, 具有短程势. 施主在电离后具有长程的库仑势. 在电场里, 这些势有了修正, 如图 10.30 所示. 现在可以发生各种额外的过程.

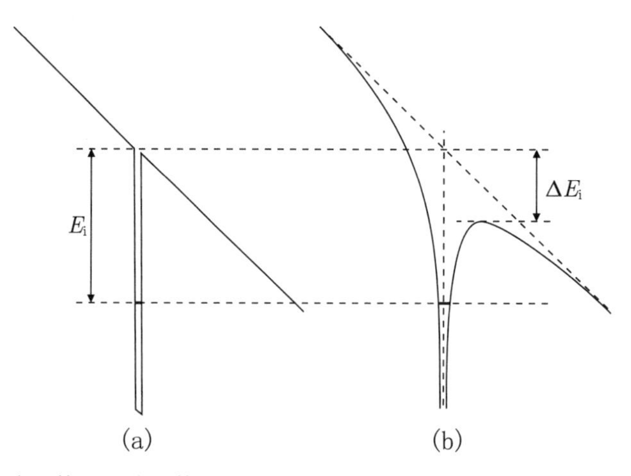

图10.30 场效应: (a) 类 δ 势; (b) 库仑势

10.11.1 热激发的发射

对于类 δ 势, 电离能保持不变. 因为库仑势, 电场方向的势垒降低了

$$\Delta E_{\mathrm{i}}=e\sqrt{\frac{e}{\pi\epsilon_0\epsilon_{\mathrm{r}}}}\sqrt{E} \tag{10.60}$$

在电场中, 发射率增大了 $\exp(\Delta E_{\mathrm{i}}/(kT))$. 这个效应称为蒲尔 - 弗伦凯尔 (Poole-Frenkel) 效应 [1028], 可以相当重要. 对于硅, $E=2\times10^5$ V/cm 和 $\Delta E_{\mathrm{i}}=100$ meV, 预期在室温下发射率增大 50 倍. 作为例子, 对于硅里的 (中性的) 间隙硼的电子发射 ($\mathrm{B_i^0}\rightarrow\mathrm{B_i^+}+\mathrm{e^-}$), 蒲尔-弗伦凯尔效应如图 10.31 所示, 服从增强规律 $e_{\mathrm{n}}\propto\exp(\sqrt{E})$. 外推到 $E=0$, 符合 EPR 的结果 [275,1029]. ①

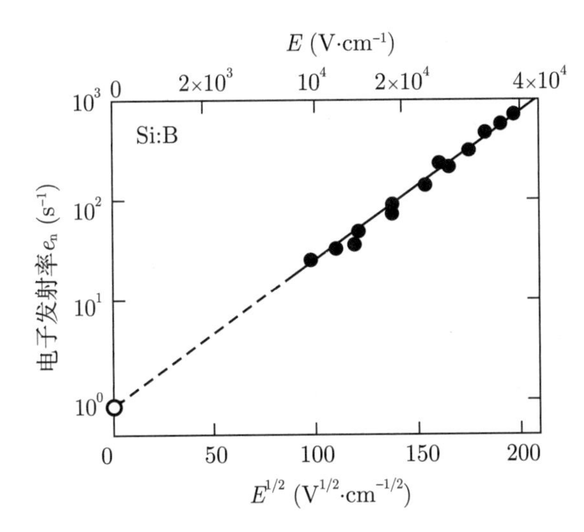

图10.31　对于硅里的间隙硼, 电子发射的场效应(T=65 K). 实心圆点是DLTS的实验数据, 空心圆点是EPR的结果(零场). 直线是线性拟合与外推. 改编自文献[1029]

10.11.2 直接隧穿

陷阱能级里的载流子可以沿着电场方向隧穿出势垒, 进入导带. 这个过程依赖于温度. 势垒的透射因子 (采用 WKB 近似) 正比于 $\exp[-(2/\hbar)\int\sqrt{2m(V(x)-E)}\mathrm{d}E]$. 三角势垒的发射概率就是

$$e_{\mathrm{n}}=\frac{eE}{4\sqrt{2m^*E_{\mathrm{i}}}}\exp\left(-\frac{4\sqrt{2m^*}E_{\mathrm{i}}^{3/2}}{3e\hbar E}\right) \tag{10.61}$$

① 图 10.31 的直线斜率略小于式 (10.60) 预期的数值.

在类库仑势的情况下, 式 (10.61) 中的指数需要乘因子 $1-(\Delta E_\mathrm{i}/E_\mathrm{i})^{5/3}$, 其中 ΔE_i 来自式 (10.60).

10.11.3 辅助隧穿

在热辅助隧穿过程里, 陷阱能级里的电子先吸收声子, 激发到虚能级 $E_\mathrm{t}+E_\mathrm{ph}$, 然后再隧穿出陷阱 (声子辅助的隧穿). 能级的能量越高, 隧穿概率越大. 概率正比于 $\exp(E_\mathrm{ph}/(kT))$. 额外的能量也可以由光子提供 (光子辅助隧穿).

10.12 扩展缺陷处的复合

10.12.1 表面

表面 (见第 11 章) 通常是复合的源, 例如, 通过能带中间的能级 (由对称性的中断产生). 表面的复合概率被建模为一个复合流:

$$j_\mathrm{s}=-eS\,(n_\mathrm{s}-n_0) \tag{10.62}$$

其中, n_s 是表面的载流子浓度, S 是“表面复合速度”.

GaAs 的表面复合速度如图 10.32 所示. 对于 InP, 如果表面的费米能级被钉扎在靠近带隙中间, 表面复合速度由掺杂浓度 $n\approx 3\times 10^{15}/\mathrm{cm}^3$ 时的约 5×10^{-3} cm/s 增加到掺杂浓度 $n\approx 3\times 10^{18}/\mathrm{cm}^3$ 时的约 10^6 cm/s[1030]. Si 的表面复合速度依赖于对表面的处理, 处于 $10\sim 10^4$ cm/s 的范围 [1031,1032]. Si-$\mathrm{SiO_2}$ 界面可以表现出 $S\leqslant 0.5$ cm/s. 文献 [1033] 报道了对 Si 的时间分辨测量和详细建模.

10.12.2 晶界

晶界可以是非辐射复合的源. 对于多晶硅制作的太阳能电池 (见 22.4.6 小节), 晶界在技术上很重要. 可以把晶界理解为晶体内部的表面. 晶界处复合的建模可以利用界面复合速度 [1036,1037], 或考虑深的陷阱 [1038]. 少数载流子寿命随着晶界面积 A 的减少而

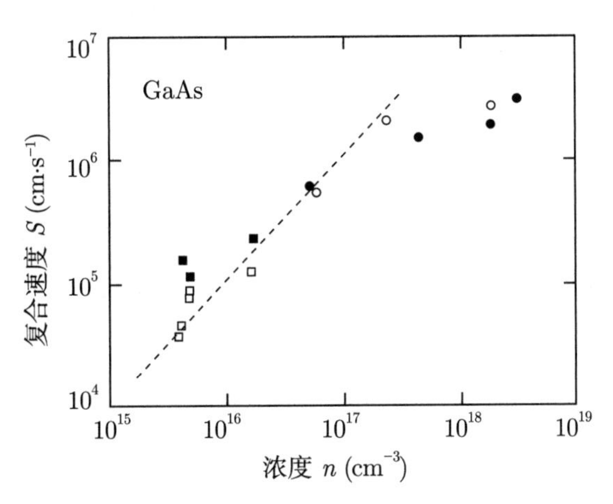

图10.32　GaAs的表面复合速度随着n型掺杂浓度的变化情况. 不同的实验点对应于不同的表面处理方法. 虚线用于引导视线. 实验数据取自文献[1034]

减少 (图 10.33(a)). 通过电子束诱导电流 (EBIC) 的收集效率, 可以把载流子在晶界的损耗直接成像, 如图 10.33(b) 所示. 只有当到晶界的平均距离远大于少数载流子扩散长度 ($\sqrt{A} \gg L_{\mathrm{D}}$) 时, 少数载流子寿命才不受影响, 否则整个晶粒体积都受到非辐射复合的影响.

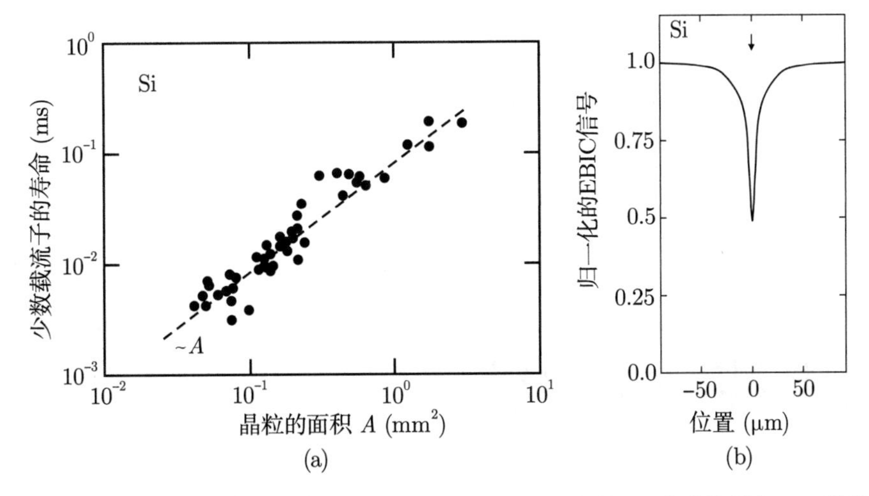

图10.33　(a) p型硅里的少数载流子的寿命随着晶界尺寸的变化情况. 虚线的斜率∝A. 数据取自文献[1039]. (b) 垂直于硅里的单个晶界扫描, 测量电子束诱导的电流(EBIC). 箭头标记了晶界的位置. 编辑自文献[1040]

利用适当的钝化方案, 可以降低晶界处的复合速度, 类似于表面的情况. 一个有名的应用方案是薄膜太阳能电池中多晶 CdTe 的氯处理 (chlorine treatment)[1041].

10.12.3 位错

位错通常也是复合中心，有时候称为载流子的漏. 如图 10.34 所示，少数载流子的寿命依赖于位错密度 n_d，遵循 $\tau^{-1} \propto n_\mathrm{d}$ 的规律，好像每个位错都是复合中心一样 [1042]. 非辐射复合使得位错在荧光成像时表现为“暗线缺陷” [1043]. 文献 [1044] 还给出了位错附近的载流子寿命的下降. 位错对辐射复合效率的影响依赖于扩散长度 [1044].

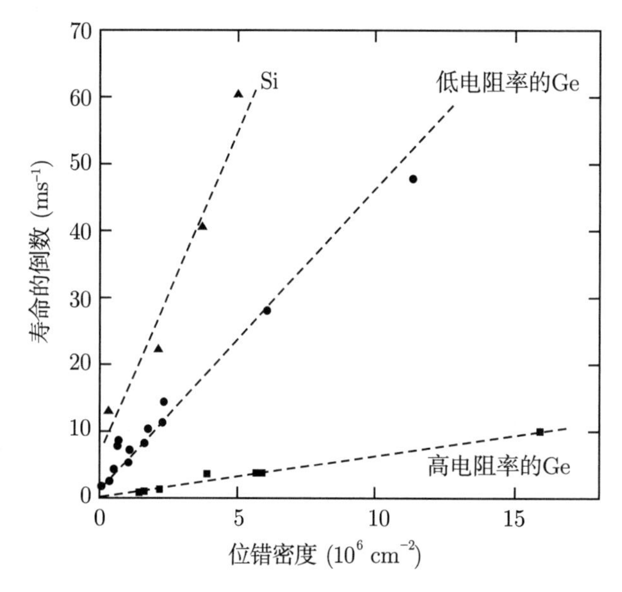

图10.34　n型硅(40 Ω·cm)、低电阻率的Ge(35 Ω·cm)和高电阻率的Ge(3040 Ω·cm)少数载流子的寿命的倒数. 数据取自文献[1042]

10.13 过剩载流子的分布

本节讨论一些典型的过剩载流子分布 (在一维构型里)，它们来自某些特定的激发条件. 过剩载流子浓度 Δp(这里是 n 型半导体里的空穴，即 $\Delta p = p_\mathrm{n} - p_{\mathrm{n}_0}$) 由扩散方程决定 (参见式 (8.65a))：

$$D_\mathrm{p}\frac{\partial^2 \Delta p}{\partial x^2} = -G(x) + \frac{\Delta p}{\tau_\mathrm{p}} \tag{10.63}$$

10.13.1 在表面产生

首先, 在半无限的半导体上, 过剩载流子只能在 $x=0$ 的表面处产生. 其他地方的生成为零, 激发是通过边界条件 $\Delta p(x=0)=\Delta p_0$ 引入的. 式 (10.63) 的齐次方程 (即 $G=0$) 的通解是

$$\Delta p(x)=C_1\exp\left(-\frac{x}{L_\mathrm{p}}\right)+C_2\exp\left(\frac{x}{L_\mathrm{p}}\right) \tag{10.64}$$

其中, 扩散长度 $L_\mathrm{p}=\sqrt{D_\mathrm{p}\tau_\mathrm{p}}$. 代入边界条件 $\Delta p(x\to\infty)=0$, 解是

$$\Delta p(x)=\Delta p_0\exp\left(-\frac{x}{L_\mathrm{p}}\right) \tag{10.65}$$

为了把 Δp_0 与单位面积上的总生成率 G_tot 联系起来, 我们计算

$$G_\mathrm{tot}=\int_0^\infty\frac{\Delta p(x)}{\tau_\mathrm{p}}\mathrm{d}x=\frac{\Delta p_0L_\mathrm{p}}{\tau_\mathrm{p}}=\Delta p_0\sqrt{\frac{D_\mathrm{p}}{\tau_\mathrm{p}}} \tag{10.66}$$

如果考虑有限厚度为 d 的板, 背面的边界条件将发挥作用. 假设电极吸收了所有多余的载流子, $\Delta p(d)=0$. 结合式 (10.64), 我们得到

$$\Delta p(x)=\frac{\Delta p_0}{2}\left[\left(1+\coth\frac{d}{L_\mathrm{p}}\right)\exp\left(-\frac{x}{L_\mathrm{p}}\right)+\left(1-\coth\frac{d}{L_\mathrm{p}}\right)\exp\left(\frac{x}{L_\mathrm{p}}\right)\right] \tag{10.67}$$

其中,

$$G_\mathrm{tot}=\int_0^d\frac{\Delta p(x)}{\tau_\mathrm{p}}\mathrm{d}x=\Delta p_0\frac{L_\mathrm{p}}{\tau_\mathrm{p}}\tanh\frac{d}{2L_\mathrm{p}} \tag{10.68}$$

一般来说, 被激发的电子和空穴的扩散长度 (或迁移率) 不同, 以不同的速度扩散到体材料中. 因此, 电子和空穴的密度发生空间分离, 形成电场 (丹伯尔电场, Dember field)[1045-1047]. 与暗的 (没有光照的) 情况相比, 被照亮的表面是正的, 因为 $D_\mathrm{n}>D_\mathrm{p}$. 文献 [1048] 给出了对非中性扩散情况的处理方法. 如图 10.35 所示, 不相等的电子和空穴的密度在局部产生非零的电荷密度 $\delta\rho$ 和相关的电势 $\delta\phi$. 对于硅材料参数 ($n_\mathrm{i}=10^{10}/\mathrm{cm}^3$), 生成速率 $G=2\times10^{10}/(\mathrm{cm}^2\cdot\mathrm{s})$ 时, 计算得到的丹伯尔电压是 $V_\mathrm{Dem}=\delta\phi(0)=1.84$ meV. 理论的扩展考虑了陷阱 [1049] 与有限样品厚度和表面重组的影响 [1050](在某些条件下, 场的符号可以反转).

10.13.2 在体内产生

现在, 考虑遵循式 (9.16) 的生成速率 (光二极管和太阳能电池确实如此):

$$G(x)=G_0\exp(-\alpha x) \tag{10.69}$$

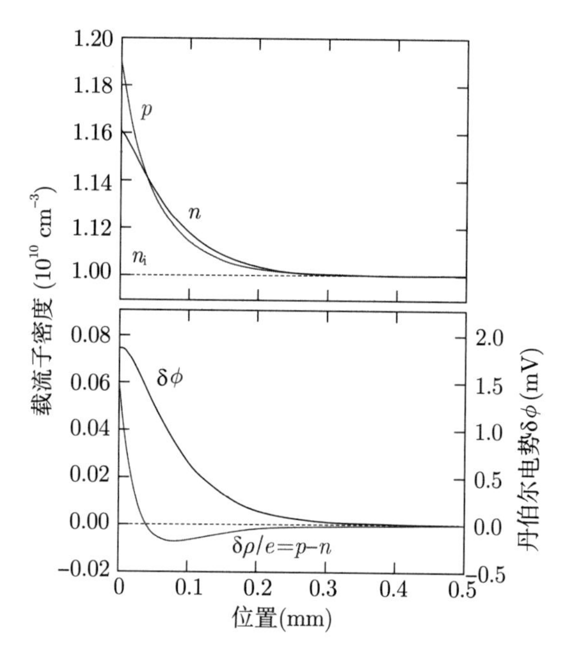

图10.35　电子和空穴的载流子密度分布(在半无限板中)及它们的差$p-n=\delta\rho/e$和相关的丹伯尔电势$\delta\phi$. 在这个模型计算中(使用硅材料参数), 电子迁移率和空穴迁移率的比值是5. 改编自文献[1048]

来自光吸收, 具有 (依赖于波长的) 吸收系数 α. 总的生成速率是

$$G_{\text{tot}} = \int_0^\infty G(x)\mathrm{d}x = \frac{G_0}{\alpha} \tag{10.70}$$

总的生成速率等于每秒进入半导体的光子数 Φ_0.

式 (10.63) 的解是齐次方程的通解 (式 (10.64)) 和一个特解的和, 特解是

$$\Delta p(x) = C\exp(-\alpha x) \tag{10.71}$$

常数 C 被确定为

$$C = \frac{G_0\tau_{\mathrm{p}}}{1-\alpha^2 L_{\mathrm{p}}^2} \tag{10.72}$$

因此, 解是

$$\Delta p(x) = C_1\exp\left(-\frac{x}{L_{\mathrm{p}}}\right) + C_2\exp\left(\frac{x}{L_{\mathrm{p}}}\right) + \frac{G_0\tau_{\mathrm{p}}}{1-\alpha^2 L_{\mathrm{p}}^2}\exp(-\alpha x) \tag{10.73}$$

再次利用 $\Delta p(x\to\infty)=0$(导致 $C_2=0$) 和前表面的复合速度 S, 即

$$-eS\Delta p_0 = -eD_{\mathrm{p}}\left.\frac{\partial\Delta p}{\partial x}\right|_{x=0} \tag{10.74}$$

这个解就是

$$\Delta p(x)=\frac{G_0\tau_{\mathrm{p}}}{1-\alpha^2L_{\mathrm{p}}^2}\left[\exp(-\alpha x)-\frac{S+\alpha D_{\mathrm{p}}}{S+D_{\mathrm{p}}/L_{\mathrm{p}}}\exp\left(-\frac{x}{L_{\mathrm{p}}}\right)\right] \tag{10.75}$$

如果没有表面复合, $S=0$, 解就是 (图 10.36)

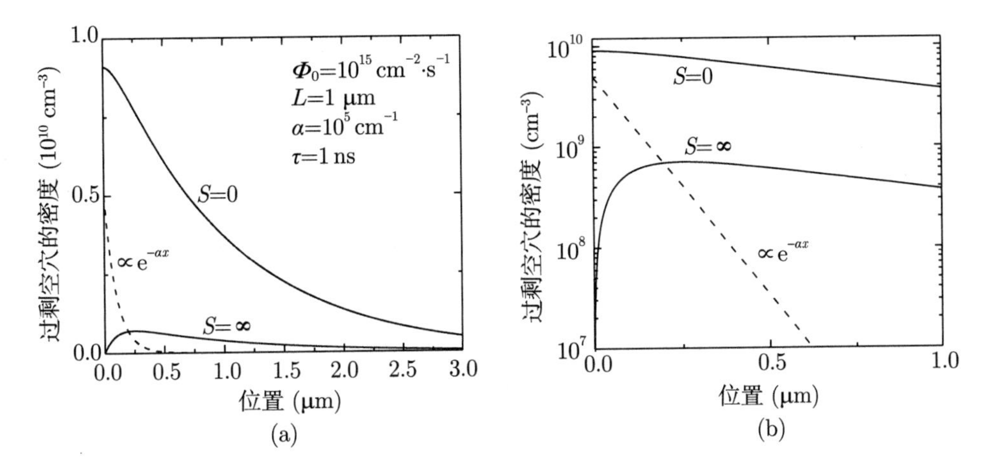

图10.36　对于$S=0$和$S=\infty$, 过剩载流子的密度分布(式(10.75)). (a) 线性坐标图; (b) 半对数坐标图. 其他参数在图(a)中给出

$$\Delta p(x)=\frac{G_0\tau_{\mathrm{p}}}{1-\alpha^2L_{\mathrm{p}}^2}\left[\exp(-\alpha x)-\alpha L_{\mathrm{p}}\exp\left(-\frac{x}{L_{\mathrm{p}}}\right)\right] \tag{10.76}$$

对于 $\alpha L_{\mathrm{p}}\gg 1$, 重新得到了式 (10.65). 如果吸收很强 (这是短波的倾向), 这个依赖关系就是过剩载流子的分布. 表面处的流 $j(x=0)\propto\nabla\Delta p$ 等于零.

在表面复合非常强的情况中, $S\to\infty$, 式 (10.75) 变为

$$\Delta p(x)=\frac{G_0\tau_{\mathrm{p}}}{1-\alpha^2L_{\mathrm{p}}^2}\left[\exp(-\alpha x)-\exp\left(-\frac{x}{L_{\mathrm{p}}}\right)\right] \tag{10.77}$$

其中, $\Delta p(0)=0$(图 10.36). 表面处的流是 $(D\tau_{\mathrm{p}}=L_{\mathrm{p}}^2)$

$$j(x=0)=-eD\left.\frac{\partial\Delta p}{\partial x}\right|_{x=0}=-e\frac{G_0L_{\mathrm{p}}}{1+\alpha L_{\mathrm{p}}}=-e\Phi_0\frac{\alpha L_{\mathrm{p}}}{1+\alpha L_{\mathrm{p}}} \tag{10.78}$$

第 2 部分　专　　题

第 11 章

表面

上帝创造了体材料,

魔鬼折腾出了表面.

——据说出自泡利

摘要

总结了半导体表面的特性: 它们的对称性、平衡态的晶体形状、重构、台阶和小面, 这些特性对于外延很重要. 讨论了表面的物理性质, 例如振动态和电子态.

11.1 简介

显然, 每个晶体都有表面, 它把晶体和外界联系起来. 这是对体材料周期性的粗暴扰动, 结果是表面出现了物理学的全新世界. 对于半导体技术来说, 表面的性质在以下几个方面非常重要:

- 半导体的晶体生长总是发生在表面. 第 12 章讨论这个主题.
- 表面受到周围气氛的化学相互作用的影响. 这对于催化非常重要, 例如 CO 在贵金属上氧化, 或者光催化水分解 (例如利用 TiO_2) 为氧和氢 [1051,1052]. 22.1 节简要地讨论了光催化. 与周围气氛的相互作用和反应可以改变半导体, 例如电导率的变化, 就像在 SnO_2 中, 它可以用来制作气体探测器 [1053-1055].
- 表面钝化和势垒. 例如, 通常在实际器件里必须利用光刻胶、氧化硅或者氮化硅, 从而避免表面复合 (10.12.1 小节), 或者与周围的氧气或水蒸气发生相互作用.

但是表面物理本身就很有趣, 它研究复杂的二维系统的性质. 为了研究 "纯粹的" 表面, 使用在超高真空里解理的晶体, 或者精心制备的原子级清洁的表面. 一种特殊的情况是二维材料, 也称为原子层状材料, 例如石墨烯. 13.1 节将讨论这些.

在表面, 原子相比于它们的体材料位置, 在垂直方向和横向重新安置, 也形成新的键 (表面重构). 力学性质 (表面声子) 和电学性质 (表面态) 与体模式不一样. 关于表面物理学的详细处理及其实验方法, 请看文献 [695,1056-1058].

11.2 表面晶体学

表面的对称性 (即组分原子的二维空间周期性) 用 10 个二维点群描述 (表 B.1). 点群的对称性是 1, 2, 3, 4 和 6 重的旋转对称性 (图 3.9), 具有或者不具有镜像反射面. 表 11.1 汇集了常见衬底取向的二维点群对称性, 注意第一层和半空间的不同对称性. 5 个

二维布拉伐格子 (与 3.3.1 小节比较) 和 10 个二维点群导致了 17 个二维空间群 (墙纸群 (wallpaper groups))[1059].

为了在倒易空间里处理表面, 把三维 $\boldsymbol{k}$ 矢量分解为二维分量 $\boldsymbol{k}_{//}$ 和一维分量 $\boldsymbol{k}_{\perp}$, 分别与表面平行和垂直:

$$\boldsymbol{k}=\boldsymbol{k}_{//}+\boldsymbol{k}_{\perp} \tag{11.1}$$

二维 $\boldsymbol{k}$ 空间里最重要的三个布里渊区如图 11.1 所示. 二维布里渊区的特殊点通常用带有上横杠的字母来表示.

表11.1 具有理想的低指数表面的常用衬底的二维点群对称性

晶体	表面	第一层	第一层和第二层	半空间
岩盐矿	(001)	4mm	4mm	4mm
	(110)	2mm	2mm	2mm
	(111)	6mm	3m	3m
金刚石	(001)	4mm	2mm	2mm
	(110)	2mm	2mm	2mm
	(111)	6mm	3m	3m
闪锌矿	(001)	4mm	2mm	2mm
	(110)	1m	1m	1m
	(111)	6mm	3m	3m
纤锌矿	(00.1)	6mm	3m	3m
	(10.1)	2mm	2mm	1m
	(11.0)	2mm	2mm	1m

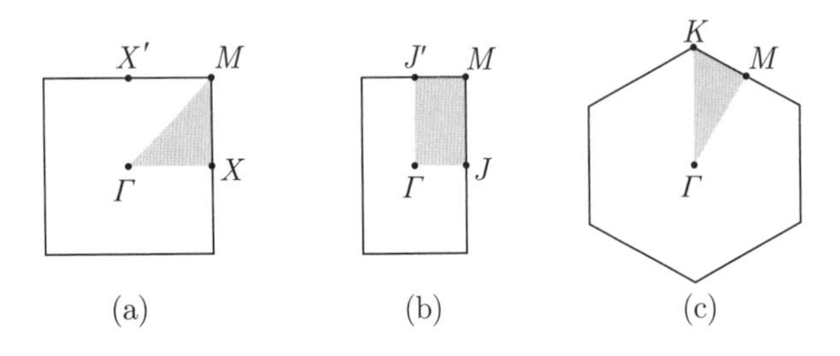

图11.1 (a) 正方、(b) 长方和(c) 六方表面对称性的二维布里渊区. 对特殊点做了标记，灰色区指出了最小的不可约化面(smallest irreducible area)

11.3 表面能

表面能 γ (更准确地说, 是单位面积的表面能) 与把晶体剖分为两部分所需要做的功有关. 这种过程会留下断裂的键 ("悬挂"键). 这个能量依赖于晶体取向, 由此可知: 存在容易解理的表面 (5.4.2 小节). 表面能也依赖于表面的重构 (见 11.4 节), 即表面的键和原子的重新安置. 一般来说, 减少表面悬挂键的数目会降低它的能量, 而键的扭曲会增加它的能量.

对于给定的取向 hkl, 在给定的温度下 (低于熔点), 表面能的各向异性 $\gamma(hkl)$ 决定了平衡态晶体形状 (ECS). 这个晶体至少具有介观的尺寸, 使得边和顶点带来的能量效应相比于表面能的项可以忽略. 作为例子, 表 11.2 列出了理论计算得到的共价半导体的表面能的数值. 对于微米大小的晶体, 硅的平衡态形状如图 11.2(a) 所示, 温度为 $T = 1323$ K; 硅的表面能的各向异性的实验结果如图 11.2(b) 所示.

表11.2　各种C, Si和Ge 表面的表面能 (单位是J/m^2)

材料	{111}	{110}	{100}	{311}
C	8.12	7.48	9.72	8.34
Si	1.82	2.04	2.39	2.12
Ge	1.32	1.51	1.71	1.61

数据来自文献[1060].

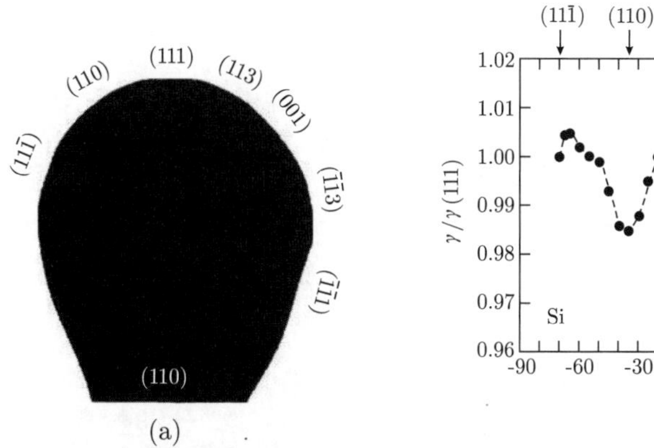

图11.2　(a) 直径为1.06 μm的Si晶体的平衡态晶体形状(在 ⟨110⟩ 方位角的截面), 温度为T=1323 K, 小面(facet)的取向如标记所示. (b) Si的表面能的各向异性(相对于γ (111)), 虚线用来引导视线.改编自文献[1061]

11.4 表面的重构

在一个思想实验里, 把一块晶体一分为二, 形成确定取向的表面, 许多键被切断了. 这些悬挂键可以用其他原子 (例如氢) 来饱和. 特别是在真空条件下, 悬挂键会重新安置, 形成新的键 (例如沿着表面的二聚体 (dimers)), 降低总能量. 这种表面重构表现了表面单元的二维周期性.

因为劈开半空间的力消失了, 这个表面会在垂直方向上重新安置, ① 靠近表面的层会表现出与体材料略微不同的间距. 文献 [1062] 综述了许多半导体的表面重构. 作为例子, GaAs(110) 表面的原子重构如图 11.3(a) 所示. 对于各种Ⅲ-Ⅴ半导体 [1063], 阴离子向上移动, 阳离子向下移动, 保持键长不变, 把键转动了大约 $\gamma = 30°$ (图 11.3(b)). 顶部的阴离子和阳离子的高度差 Δ_1 与体材料晶格常数有比例关系 (图 11.3(c)). 细节与材料和取向有关.

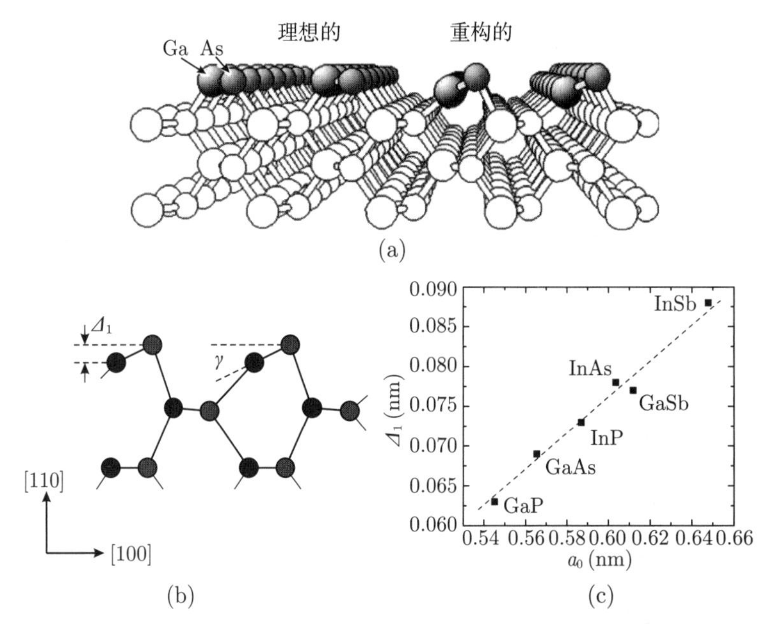

图11.3 (a) 切断了键(“理想的”)、发生了实际的原子重构以后, GaAs(110)表面的示意图, 在重构态里有着非对称的二聚体. 改编自文献[1064]. (b) III-V (110)表面弛豫的示意图(红色圆点: 阴离子, 蓝色圆点: 阳离子), 键转动了γ, 原子位移为Δ_1. (c) 对于不同的半导体, 图(b)所示的弛豫Δ_1的实验值与其晶格常数a_0的关系; 虚线是直线, 用于引导视线. 数据取自文献[1063]

① 通常第 1 层和第 2 层的距离减小, 第 2 层和第 3 层的距离略微增大.

不同的重构发生在不同的热力学条件下, 其中一些是亚稳态, 如图 11.4 所示的 GaAs(100) 的情况. 在同一个表面的不同区域, 也可能同时存在几种不同的表面重构.

Si(111) 表面的稳定重构是有些复杂的 7×7 重构, 如图 11.5(a) 所示, 由文献 [1066] 提出 (二聚体吸附原子堆错模型 (DAS)). 这个表面的 STM 像首次在文献 [1067] 里报导, 如图 11.5(b) 所示. 这个表面的细节也是最近人们很感兴趣的一个主题 [1068].

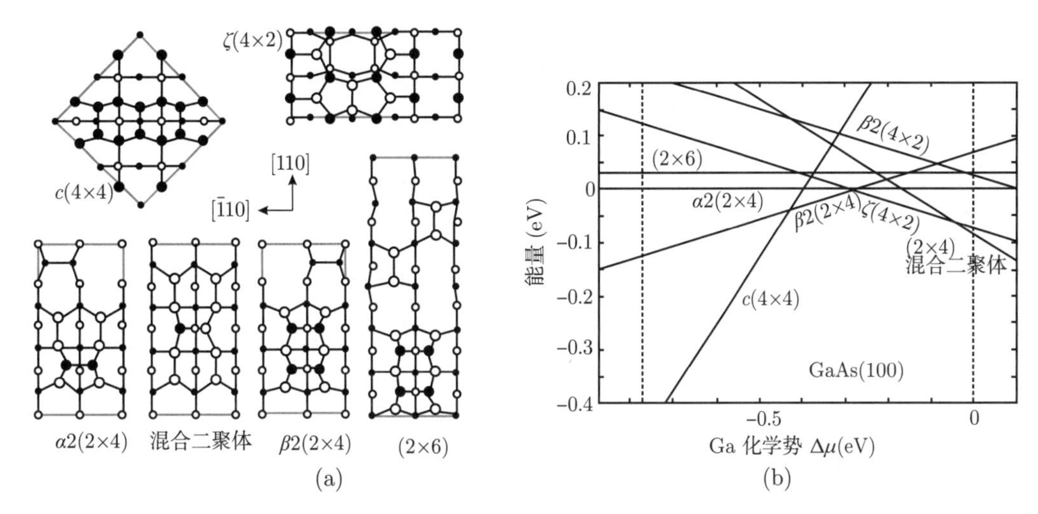

图11.4 (a) GaAs(100)表面的各种重构. 实心(空心)圆点表示As(Ga)原子. 顶上两个原子层的原子位置用更大的符号表示出来. (b) 不同重构的每个(1×1)单元的相对形成能作为Ga化学势的函数.垂直的虚线标出了热力学允许的$\Delta\mu$的范围, 分别是富阴离子的极限和富阳离子的极限. 改编自文献[1065]

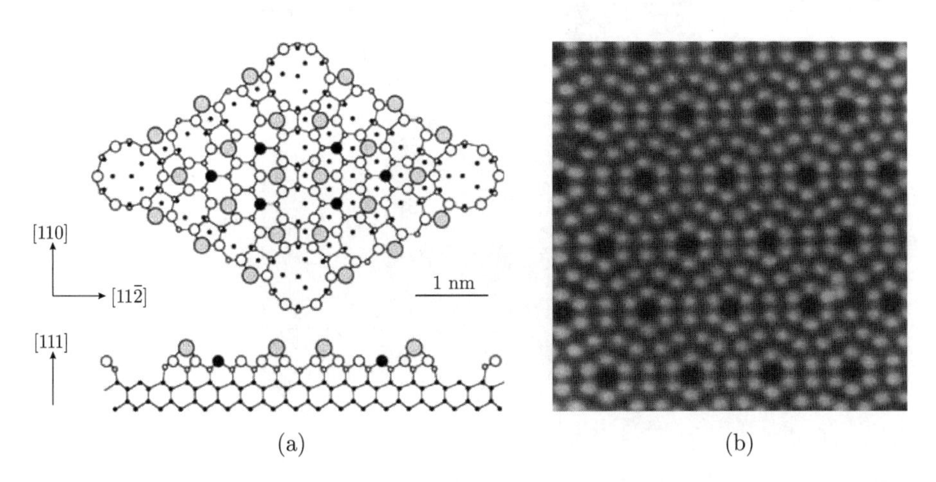

图11.5 (a) Si(111)表面的7×7重构的示意图. 大的灰色圆点表示吸附的原子, 小的黑色圆点表示其他原子. 改编自文献[1066]. (b) 这种表面的(空态的)STM 像. 改编自文献[1067]

11.5 表面的形貌

表面重构与表面原子的局部重新安置有关. 在更大的尺度上, 表面通常表现出粗糙起伏和各种特殊的形貌, 包括台阶 (steps)、台阶串子 (step bunches)、小面 (facets)、小丘 (hillocks) 和小坑 (pits). 当原子级平坦的台阶被等高的台阶分开时, 这个表面就称为 "邻近的" (vicinal). 台阶的高度可以是一个原子单层或者更多. 台阶的边缘可以是直的、光滑弯曲的或者蜿蜒曲折的, 这取决于扭折 (kinks) 的形成能. 如果衬底表面是倾斜的, 相对于低指数平面有一个小的偏离角 θ, 那么对于台阶高度 h, 台阶面的宽度 L 是

$$L=\frac{h}{\tan\theta}\approx\frac{h}{\theta} \tag{11.2}$$

Si(001) 表面 (在特定条件下) 表现出在 A 型 1×2 和 B 型 2×1 台阶面之间的单原子层的台阶 [1069]; A-B 和 B-A 的台阶边缘也显然不一样, 一个比另一个粗糙得多 (图 11.6). 因此, 这个表面就是双畴表面, A 型和 B 型台阶面的对称性都是 2mm, 相对旋转了 90°.

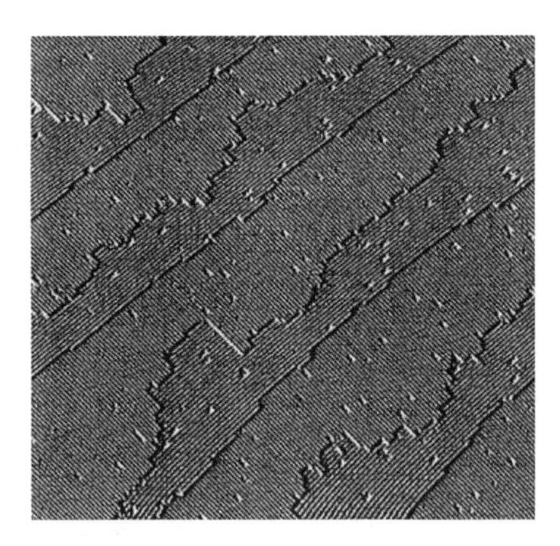

图11.6　Si(001)表面的STM像, 偏离角是θ=0.5°. 改编自文献[1069]

一个类似的例子是 Zn(00.1) 表面. 单原子层台阶的高度是 0.27 nm, 对应于 $c/2$[1070]. 台阶的宽度大约是 12 nm (图 11.7(a)), 由此得到偏离角 (式 (11.2)) 大约是 1.3°. 表面图案有着三角形的特点, 沿着两个方向, 旋转了 60°. 虽然第一个单原子层有

6m 点群对称性 (表 11.1), 但表面的 3m 对称性出现在两个畴里, 相对旋转了 60°. 每个单独的台阶的 LEED 图案预期具有 3 重对称性; 表面的混合特性给出了 6 重对称性的图案 (图 11.7(b)).

台阶可以聚集, 形成台阶串子, 其高度远大于单原子层 (图 11.8). 当形成交错的低能量低指数平面在能量上有利时, 就有更高指数的小面出现, 例如, Si(223) 表现出周期性的脊, 由 (111) 小面和 (113) 小面形成 [1071]. 靠近 (113) 的表面形成小面, 表现出光滑的 (113) 面和粗糙的 (114) 面, 如图 11.9 所示.

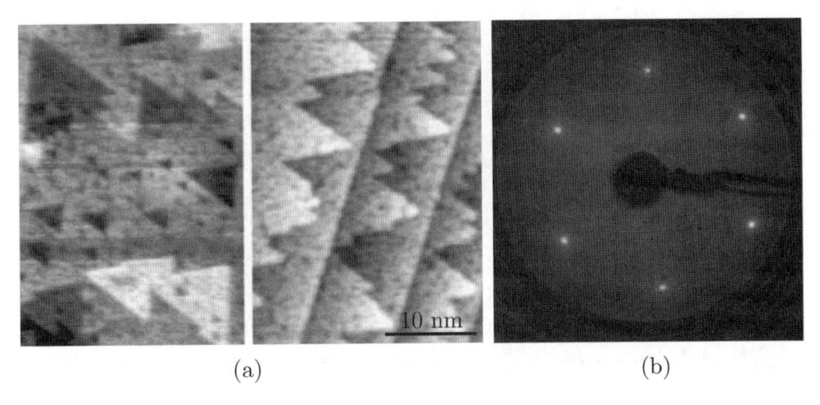

图11.7 (a) ZnO(00.1)的O终结面的STM像, 左边(右边)的偏离角是零(大约1.3°), 单原子层台阶的高度为0.27 nm. (b) 这种表面的LEED图案(在70 eV下记录). 改编自文献[1070]

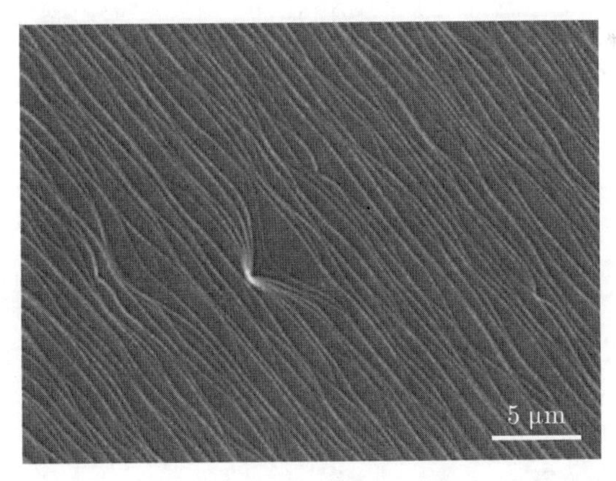

图11.8 在[00.1]取向的衬底上(具有8° 的偏离角, 朝着[11.0]), 4H-SiC层的SEM像. 改编自文献[1072]

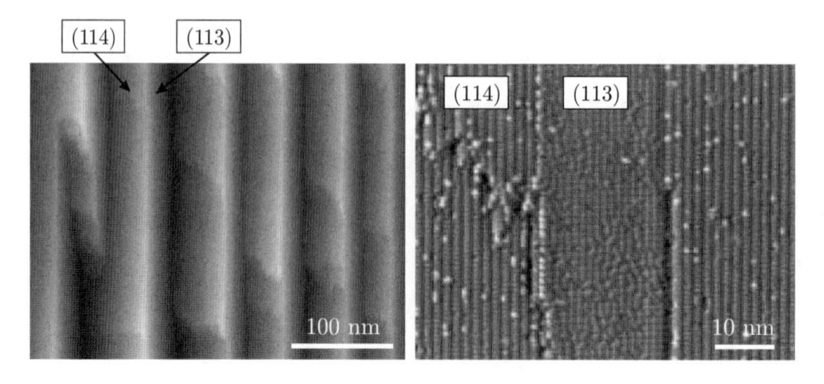

图11.9 靠近(113)的硅表面的STM像，从(001)面朝着(111) 面偏离了21.5°，即(113)-3.7°. 改编自文献[1073]

11.6 表面的物理性质

11.6.1 表面声子

作为表面振动态的一个模型, 5.2.2 小节里讨论的一维双原子链模型可以进行修改, 具有不同的表面弹性常数 C_s, 而不是 C_1 或 C_2. 对于有限的链长, 这种模型可以数值求解. 对于一定范围的 C_s 值, 体的色散关系是位于带隙里或者最大频率以上的额外模式, 如图 11.10 所示. 当表面原子的弹性常数小于两个弹性常数 C_1 和 C_2 里较大的那个值 (在我们的模型计算里, $C_2 > C_1$) 时, 在带隙里形成一个态; 当表面弹性常数大于 C_2 时, 表面振动先是位于体材料的光学声子的能带里, 然后形成一个态, 高于光学频率的最大值 ω_{m}(由式 (5.18) 给出). ①

为了同时显示表面态的色散关系和体材料的能带结构, 把后者投影到表面 $\boldsymbol{k}_{/\!/}$ 矢量: $E_n(\boldsymbol{k})$ 被认为是 $E_{n,\boldsymbol{k}_\perp}(\boldsymbol{k}_{/\!/}) = E_\nu(\boldsymbol{k}_{/\!/})$, 其中, $\nu = n, \boldsymbol{k}_\perp$ 是一个新的、连续的指标. 在 E_n^{surf} 和 $\boldsymbol{k}_{/\!/}$ 的关系曲线里, 对于每个 $\boldsymbol{k}_{/\!/}$ 值, 能量范围反映了体材料的能带结构, GaAs 的情况如图 11.11 所示. 这个概念也适用于声子色散关系以及电子态.

11.6.2 表面等离激元

9.9.1 小节已经讨论了体材料里的自由载流子振荡. 表面等离激元 (plasmon) 是表面束缚的等离激元振荡的量子. 这种效应在文献 [1074] 中讨论过, 文献 [1075,1076] 做

① 在带隙和 ω_{m} 以上出现态, 类似于替代质量的局域振动模 (5.2.7 小节).

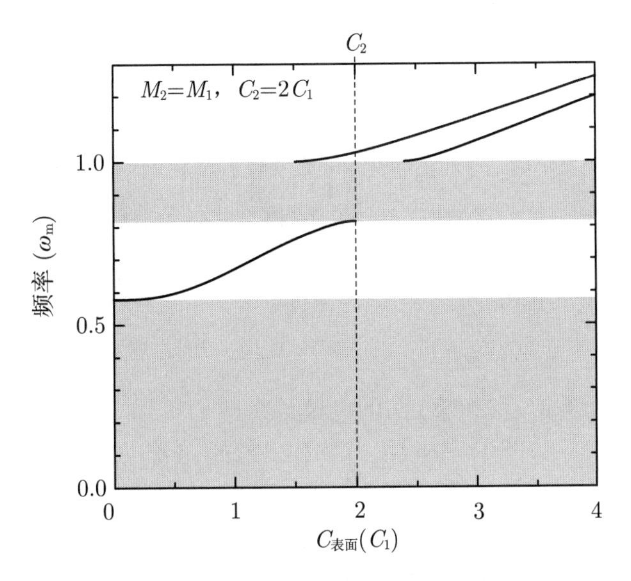

图11.10　一维模型计算的表面振动态频率(单位是体材料光学声子频率的最大值ω_m)作为表面原子的弹性常数$C_{表面}$的函数，替代了C_1(蓝色曲线)或C_2(黑色曲线). 作为模型的参数，我们使用相等的质量，$C_2=2C_1$ (由式(5.17)得到$\gamma=0.943$). 灰色区域表示体材料的声学声子和光学声子的能带

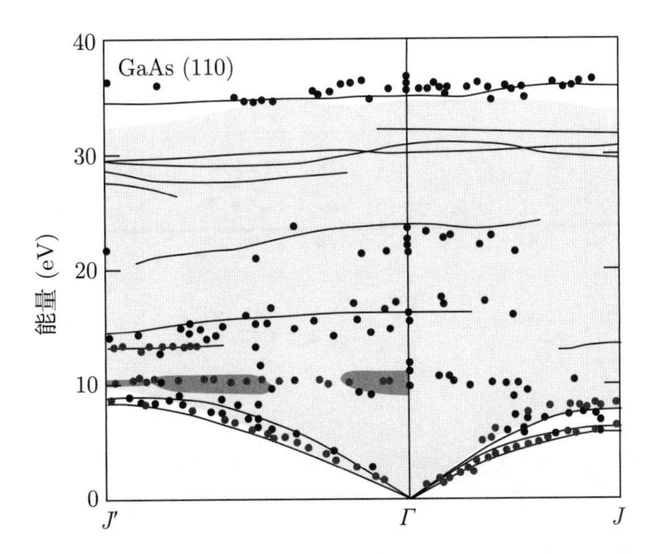

图11.11　GaAs(110)面的表面声子的色散关系(实线)，具有表面能带结构的投影(浅灰色区域). 符号是实验数据，取自两种不同的方法. 在大约10 meV处的暗灰色区域表明计算得到的散射截面有A_1峰存在. 改编自文献[1063]

了综述. 假设金属 (或者导电的半导体) 具有式 (9.77) 的介电常数 $\epsilon_1=\epsilon_m=\epsilon_r(\omega_p/\omega)^2$, 介电材料 (或真空) 的介电常数为 $\epsilon_2=\epsilon_d$ (图 11.12).

表面等离激元 (极化激元)(SPP) 是局域化在表面的波, 它的倏逝波部分进入金属和

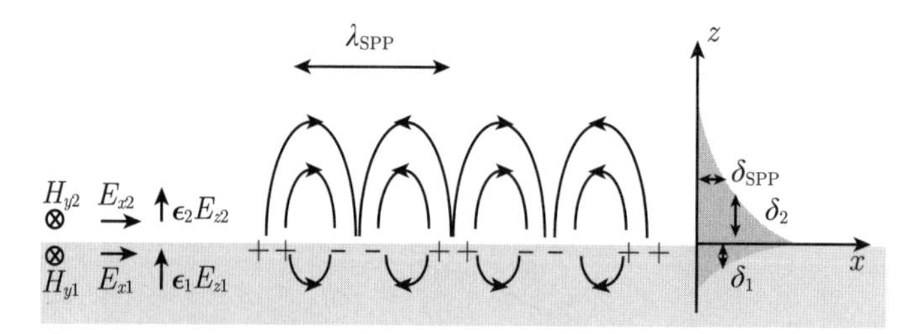

图11.12　表面等离激元的场发射的示意图. 改编自文献[1077]

介电材料里. 表面等离激元 (极化激元) 的色散关系是

$$k_{\mathrm{SPP}} = \frac{\omega}{c}\sqrt{\frac{\epsilon_1\epsilon_2}{\epsilon_1+\epsilon_2}} \tag{11.3}$$

对于大的 k, 极限频率是 SPP 频率 (来自 $\epsilon_1 = \epsilon_2$):

$$\omega_{\mathrm{SPP}} = \frac{\omega_{\mathrm{p}}}{\sqrt{1+\epsilon_{\mathrm{d}}/\epsilon_{\mathrm{r}}}} < \omega_{\mathrm{p}} \tag{11.4}$$

它小于等离子体频率. 对于金属和真空的情况, $\omega_{\mathrm{SPP}} = \omega_{\mathrm{p}}/\sqrt{2}$. 对于三种不同的掺杂浓度, ZnO:Ga/空气界面的 SPP 色散关系如图 11.13 所示.

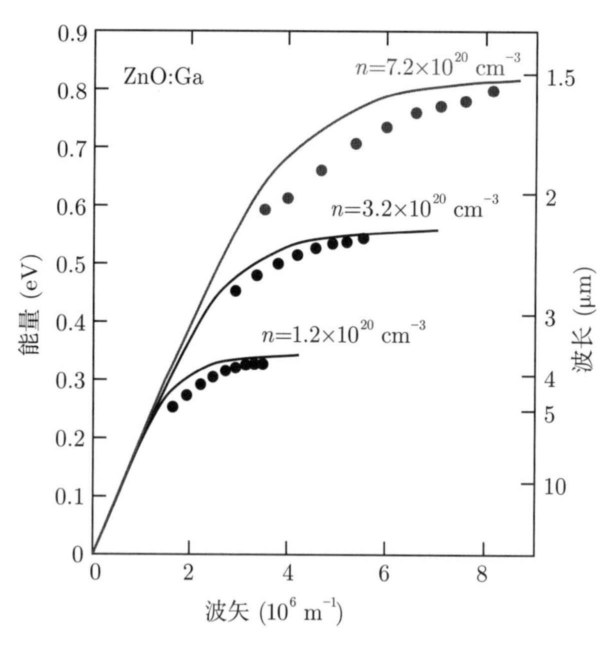

图11.13　对于三种不同的掺杂浓度(如标记所示), ZnO:Ga/空气界面的表面等离激元(SPP)色散关系的实验数据(符号)和理论结果(曲线). 改编自文献[1078]

11.6.3 电子的表面态

体材料的能带结构由能量本征值 $E_n(\boldsymbol{k})$ 给出. 表面添加了它自己的态 $E_n^{\rm surf}(\boldsymbol{k}_{/\!/})$, 其中有许多位于带隙里. 6.2.3 小节简要地讨论了带隙态的计算. 体态的性质是在体材料里振荡, 在外面指数式衰减 (图 11.14(a)); 表面态的性质是局域化在表面, 在体材料和外面都是衰减的 (图 11.14(b)). 第三种类型的态是表面共振态, 它在体材料里是振荡的, 在表面有着增强的概率, 在外面当然也是衰减的 (图 11.14(c)). 这种态与表面有关, 但是在能量上与体材料的能带结构是简并的.

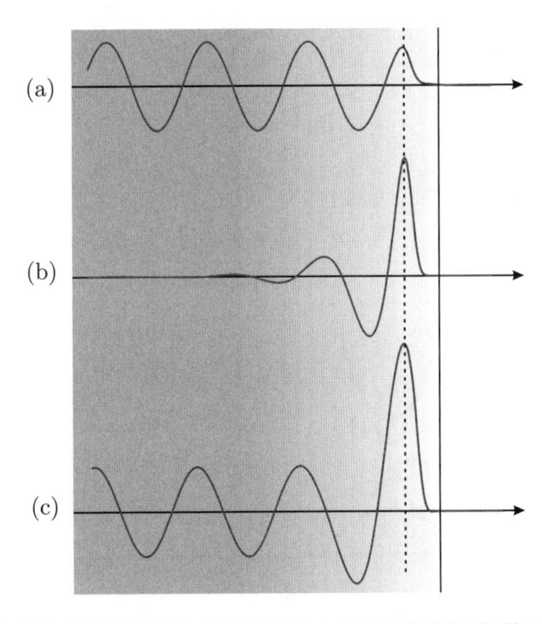

图11.14 波函数和空间坐标的关系示意图: (a) 表面(其位置由垂直的虚线标出)附近的体态; (b) 表面态; (c) 表面共振态

Si(100) 表面态的 2×1 重构如图 11.15 所示. 表面能带来自 (占据的和空的)π 轨道和 π^* 轨道, 来自三重坐标的表面原子的悬挂键 [1079]. 关于理想的 (没有重构的)Si, Ge 和 GaAs 的 (100), (110) 和 (111) 表面的计算, 请看文献 [1080]. 文献 [1081] 汇集了关于硅的表面态 (清洁的和带有吸附原子的) 的更多工作.

对于传统的绝缘材料 (有带隙), 导带态和价带态具有确定的 s 型对称性和 p 型对称性 (与图 2.5 比较), 表面态可以被自旋向上和向下的电子占据, 如图 11.16(a) 所示. 这种 "正常的" 表面态就不是自旋极化的. 众所周知的 Si(111)-(7×7) 表面态 [1082] 已经证明了这一点 [1083].

在 "拓扑绝缘体" 里 [464], 存在能带的反转 (见 6.2.6 小节). 在 HgTe 类的材料里, s 型和 p 型的能带在 $\varGamma$ 点反转了 (与 6.11 节比较). 在分层的 (正交的)Bi_2Se_3 类的三硫

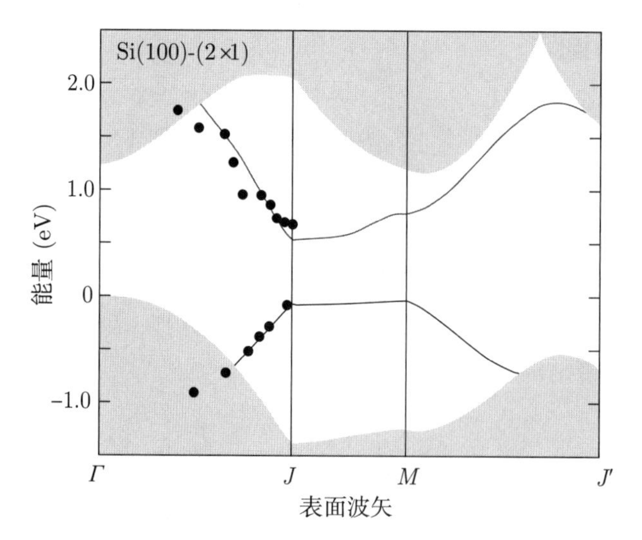

图11.15 Si(100)-(2×1)的表面能带结构，曲线表示理论的准粒子计算，符号表示实验数据. 灰色区域指出了投影后的体材料能带结构. 改编自文献[1079]

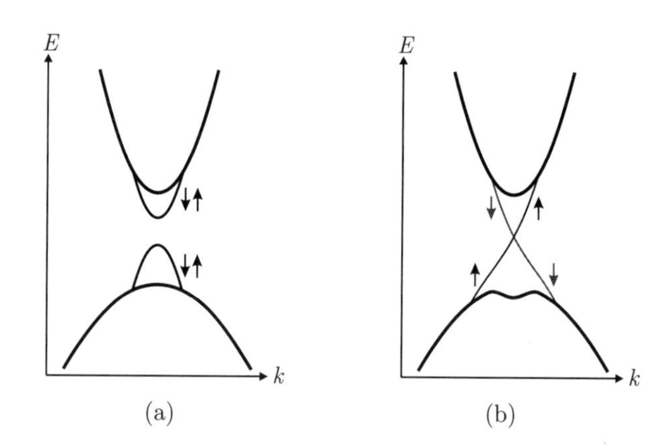

图11.16 (a) 具有表面态的“正常的”能带结构，价带态是反对称的(−)，来自p态，导带态是对称的(+)，来自s态. 箭头给出了态的电子自旋取向. (b) 具有表面态的“拓扑的”能带结构，表面态穿过带隙，两个表面态的电子具有独特的自旋取向

族化合物 (tri-chalcogenide) 材料里, 宇称相反的两个 p_z 轨道在 Γ 点反转了. 这种能带反转的原因是自旋-轨道相互作用和标度的相对论效应以及晶格扭曲 [1084]. 自旋-轨道相互作用负责打开能隙; 与此有关的表面态穿过带隙 (图 11.16(b)), 而且是自旋极化的 (图 11.16(c))[1085,1086]. 文献 [463] 给出了各种系统的综述. 这种自旋极化的表面态里的电荷输运不会被散射 (因此这些态称为“拓扑保护的”), 除非有一个散射中心打破了时间反演对称性 (磁杂质). 这些态的线性色散关系形成了“狄拉克锥”(与 13.1.2 小节比较, 石墨烯的能带结构有 6 个狄拉克锥), 如图 11.17 所示.

拓扑表面态已经在不同的系统中观察到了 [463]. 作为例子, 我们给出 Bi_2Se_3 体材料

的数据 [1087], 它的表面态穿过了带隙 (图 11.18(a)), 自旋极化的测量 (图 11.18(b)) 表明, 两个分支具有很强的自旋极化 (大约是 50%). 拓扑边缘态的另一种情况出现在拓扑能带不同的两种半导体之间的界面, 例如 HgTe 和 CdTe(见 6.11 节).

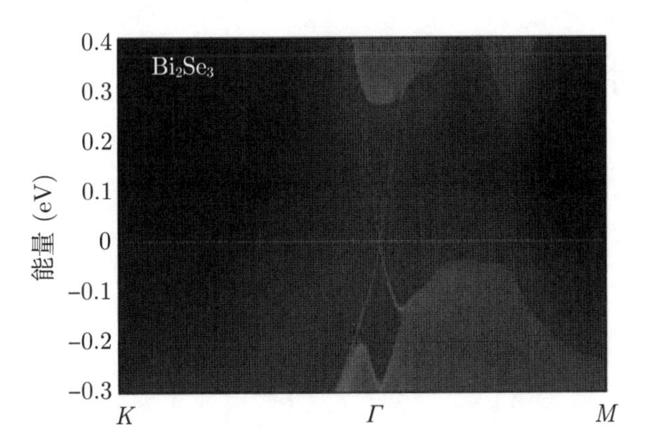

图11.17　Bi_2Se_3(111)表面的态密度. 改编自文献[1086]

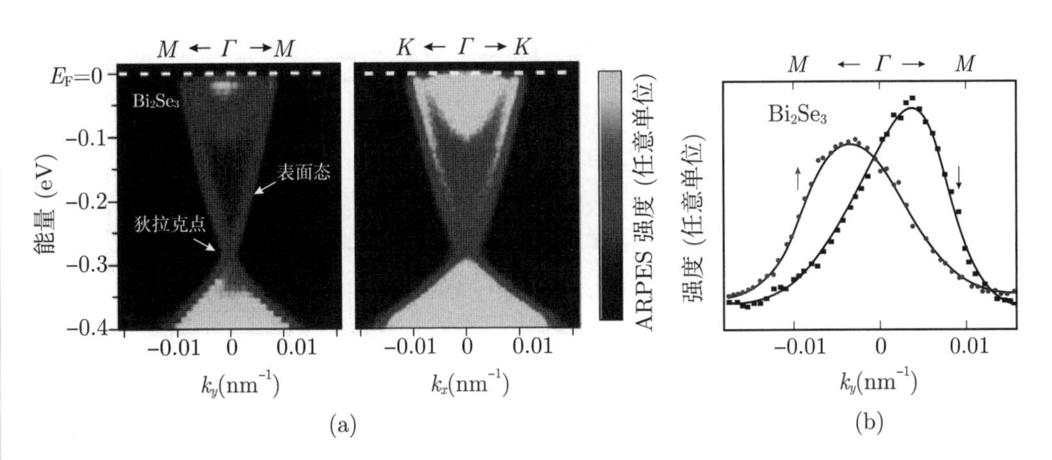

图11.18　(a) 沿着两个不同的$\boldsymbol{k}$空间方向的Bi_2Se_3(111)表面的角分辨光电子发射谱. 费米能级在零能量处. 蓝色的虚线指出了图(b)里的角度扫描. (b) 在束缚能量−140 meV 处的自旋极化的动量分布曲线, 沿着k_y方向测量. 改编自文献[1088]

12

第 12 章

异质结构

界面就是器件.

——克罗默[133]

摘要

异质结构是现代器件最重要的基础, 本章介绍了它的各种性质, 包括平面和图形衬底上的异质外延、表面活性剂、异质结构的能带排列以及平面受限系统 (量子阱和二维电子气) 里的能级和复合.

12.1 简介

异质结构由 (至少两种) 不同的材料组成. 两种材料之间的界面的构型可以非常复杂. 最简单的情况是平面界面, 即层状系统. 金属-半导体结通常是异质结构. 然而, 我们主要将把异质结构这个术语用于不同半导体的结构. 这里讨论的大多数异质结构是外延生长的, 即在衬底上相继地外延生长不同的层. 另一种制作不同 (或者不相似) 材料的异质结构的方法是晶片键合 (wafer bonding), 在 12.6 节简单讨论.

许多现代的半导体器件依赖于异质结构, 例如, 异质结双极性晶体管 (HBT)、高电子迁移率晶体管 (HEMT)、激光器以及现在的发光二极管. 肖克利在他 1951 年的专利里考虑了把异质结构用于 pn 结. 因为研发和实现异质结构, 克罗默和阿尔弗罗夫获得了 2000 年的诺贝尔物理学奖. 作为异质结构的一部分, 层里的载流子性质可以与体材料里非常不一样, 例如, 非常高的迁移率、高辐射复合效率或者新的物质状态, 就像量子霍尔效应揭示的那样.

12.2 异质外延

12.2.1 生长方法

在异质结构的功能区, 层的厚度必须控制到单原子层的精度, 层的厚度可以薄到单原子层的范围, 已经发展了特别的生长方法 [1089-1091]. 其中, 分子束外延 (MBE [1092])、化学气相沉积 (CVD[1093,1094]) 和金属有机物气相外延 (MOVPE[1095]) 对于 Si, Ge, Ⅲ-Ⅴ和Ⅱ-Ⅵ半导体是最常见的. 许多材料的薄膜也可以用原子沉积法 (ALD) 制备 [1096,1097]. 特别地, 氧化物半导体也能用脉冲激光沉积法 (PLD[1098]) 来制备. 液相外延 (LPE [1099]) 以前对于制备 LED 非常重要, 但是现在已经输给了 MOVPE.

MBE 在超高真空 (UHV) 腔里进行, 利用吸附泵和冷屏实现超高真空. 源材料从

源炉 (喷出盒, effusion cell) 里蒸发出来, 奔向加热的衬底. 如果源材料用气体流来提供, 这种方法就称为气源 MBE (GSMBE). 如果以金属有机化合物作为前体, 就称为 MOMBE. 原子以热能量冲击衬底, 先是被物理吸附. 在表面上扩散以后, 它们要么脱附, 要么被化学吸附, 进入晶体里. 为了让材料性质 (例如, 组分、厚度和掺杂) 具有很高的空间均匀性, 衬底在生长过程中保持转动.

在 CVD 和 MOVPE 里, 加热的衬底处于气体环境中. 传输气体通常是 H_2, N_2 或 O_2. 前体材料是氢化物, 例如, 硅烷 (SiH_4)、锗烷 (GeH_4)、砷烷 (AsH_3) 或者磷烷 (PH_3) 和 (对于 MOVPE) 金属有机化合物, 例如三甲基镓 (trimethylgallium, TMG). 若要避免氢化物的毒性, 可以使用其他的 (毒性小一些、挥发性差一些的) 化合物, 例如 TBA($(CH_3)_3CAsH_2$). 这些化合物靠近或停留在衬底表面上的时候, 发生热解和催化, 然后开始晶体的生长. 所有剩余的 C 和 H 原子 (以及其他所有没有进入晶体的原子) 离开反应器, 并在尾气处理设备里进行处理.

为了在生长过程中获得生长相关信息, 在位 (in-situ) 监测很重要. 利用反馈环的信息, 能够在位地控制这个过程, 例如, 精确地确定生长速率或层的厚度. 相关技术包括反射高能电子衍射 (RHEED)[1100](只用于超高真空系统) 和反射各向异性谱 (RAS)[1101,1102].

12.2.2 衬底

薄膜外延主要在晶片 (衬底材料的薄的圆片) 上进行. 最常用的衬底材料是 Si(现在直径可以达到 400 mm [1103,1104]), Ge(达到 300 mm[1105]), GaAs(达到 6 英寸 (152 mm)), InP (达到 4 英寸 (102 mm)) 和蓝宝石 (达到 6 英寸 (152 mm)). 典型的晶片厚度是 300~500 μm. 已经开发了非常薄的柔性的 Si 晶片 (8~10 μm)[1106]. 晶片是从大的单晶圆柱体上切下来的, 后者用合适的生长技术制作, 例如丘克拉斯基 (CZ) 生长法 [1107,1108], 后来由蒂尔 (Teal) 和利特尔 (Little)[1109-1111] 改进. 在 CZ 生长里, 晶体是用籽晶从 (此前的) 多晶 (纯的或者掺杂的材料) 的熔化物里拉出来的. 所有的位错停留在籽晶和圆柱主体之间的细颈部. 晶体的直径由拉的速率和加热功率控制. 对于Ⅲ-Ⅴ化合物半导体的生长, 开发了封装液体 CZ(LEC) 生长法, 以应对生长的Ⅴ族成分的高挥发性. 在 LEC 生长过程中, 熔化物完全被熔融的氧化硼 (B_2O_3) 覆盖. 优化晶体生长过程的关键在于数值建模和计算机控制. 图 12.1(a)(c) 给出了一个大的 CZ 硅晶体和一个较小的 LEC GaAs 晶体 (晶锭). 随着时间的流逝, 晶片的大小和晶锭的重量显著地增大 (图 12.1(b)). 关于体材料晶体的其他重要生长方法, 包括浮区法 (FZ[291,1112]) 和垂直梯

度冻结法 (VGF), 请看文献 [1113]. 切割、打磨和抛光用于外延的晶片, 需要特殊的专业技能.

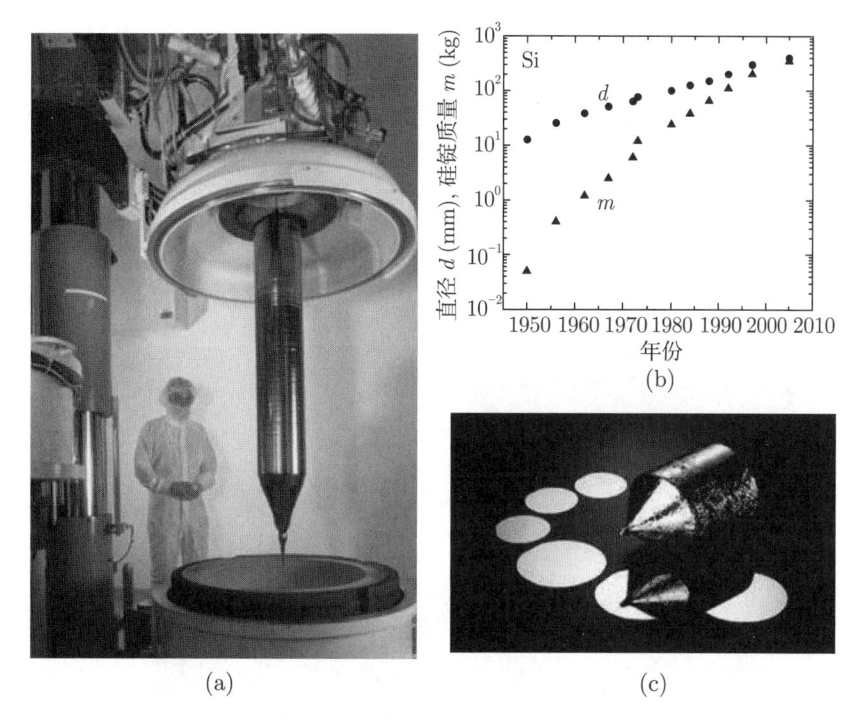

图12.1 (a) 打开坩埚以后的硅单晶, 用于制作直径为300 mm的晶片. 经允许取自文献[1114]. (b) 硅晶片直径和硅锭质量的历史发展(更大生产的第一年). 数据取自文献[1104]. (c) 用于4英寸(102 mm)晶片的GaAs单晶(晶锭), 以及一些切割和抛光后的晶片

对于半导体, 晶片用平边 (flats) 标记来指出晶向和掺杂. (100) 和 (111) 晶向材料的标准平边如图 12.2 所示. 主平边 (方向平边 (OF, orientation flat)) 定义了晶向①, 比次平边 (身份平边 (IF, identification flat)) 更长, 后者定义了导电类型. 对于 4 英寸 (100 mm) 直径的晶片, 主平边的长度是 32 mm, 次平边是 12 mm . 用于进行外延的前表面通常经过精心的清洗和抛光工艺. 硅工艺 [1115,1116] 基于 RCA 清洗过程 [1117] 和相关的白木 (Shiraki) 腐蚀 [1118], 可以实现清洁的、原子级平整的表面 [1119]. Ⅲ-Ⅴ半导体通常用抛光腐蚀来做准备 [1120,1121], 溶液里通常包含溴. 有可能让化合物半导体表面在各自的表面台阶之间表现出大的、实际上是单原子层平坦的平台. 在进行外延之前, 也可以用热处理 (图 12.3) 或者离子束处理去除抛光损伤或者其他表面损伤.

为了制作带有薄层的高质量的异质结构, 需要平坦的表面. 即使抛光后的衬底也不是完美的, 平坦的界面可以通过生长合适的超晶格缓冲层来实现 (图 12.4). 起伏不平可

① 在美国 (US) 的平边定义里, 主平边是 $(01\bar{1})$ 表面; 在欧洲 (EJ) 的平边定义里, 主平边是 $(0\bar{1}\bar{1})$ 表面.

以出现在所有的尺度上，通常用原子力显微镜扫描来研究.

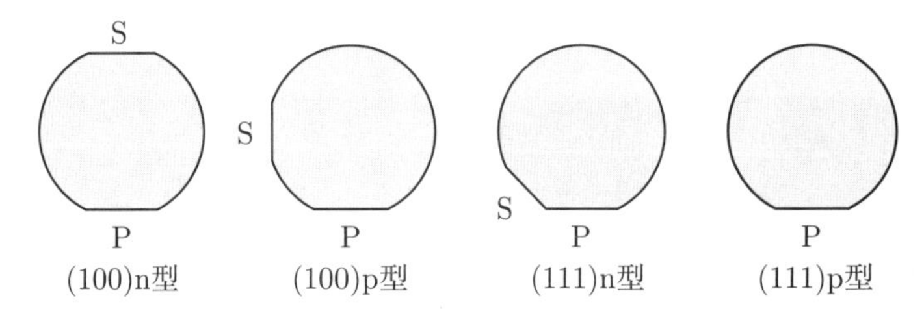

图12.2　半导体晶片几何形状的示意图，不同的取向和掺杂分别用主平边(primary, P)和次平边(secondary, S)表示

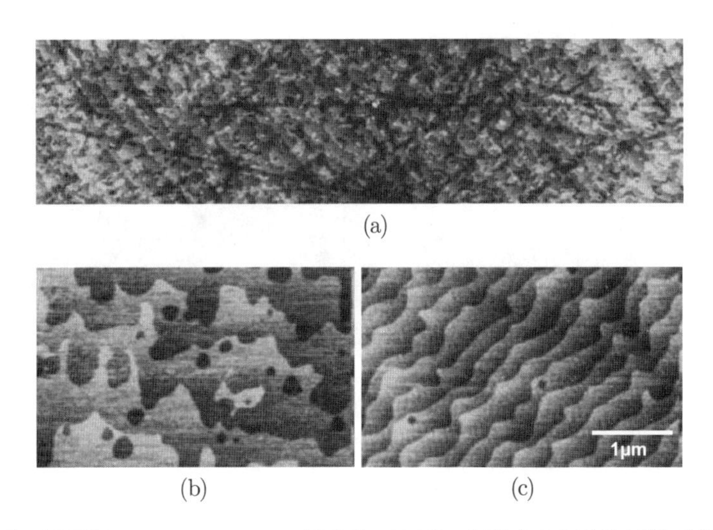

图12.3　(a) 一片刚拿到的(as-received)ZnO晶片的AFM像，表现出小台阶和因抛光带来的nm深的划痕. (b, c) 两个ZnO $(000\bar{1})$ 晶片，经过热处理(在O_2中1000 ℃处理2 h)，具有邻位的表面，表现出原子级平整的平台，具有$c/2$个单原子台阶高度. 显示了两个不同的衬底，具有不同的偏离角(错位方向和角度). 改编自文献[1122]

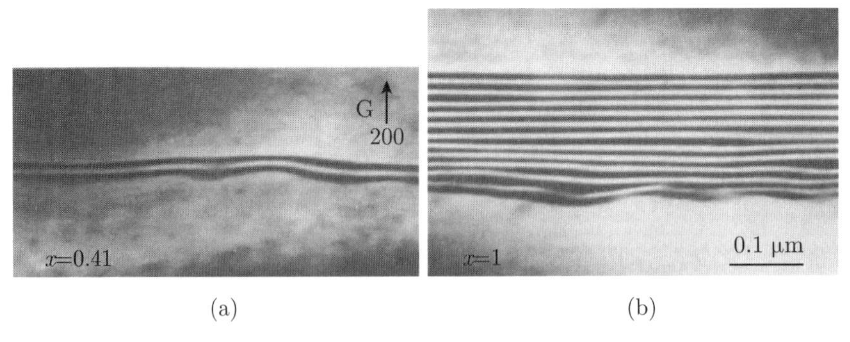

图12.4　MBE生长的$Al_xGa_{1-x}As$/GaAs异质结的TEM截面像：(a) x=0.41, (b) x=1.0. 利用AlAs/GaAs超晶格，衬底实现了非常好的平整度. 取自文献[1123]

高通量 (high throughput) 的需求和多晶片反应器的发展让预清洗 (prior cleaning) 和腐蚀工艺变得很麻烦. 因此, 发展成熟的材料系统提供“外延即用” (epiready) 的晶片. 外延即用的晶片通常覆盖着非常薄的保护膜, 在典型的生长温度或者更低的温度下, 可以在即将进行外延生长之前, 用热处理的方式去除. 保护性的薄膜把抛光后的半导体晶片与外界隔离开. 例如, 在 GaAs 上有几个原子单层的 As, 或者在 SiC 上有两个原子单层的 GaN. 然而, 买来的衬底是否合适还取决于储存的时间和条件.

一种特殊的情况是使用弯曲衬底, 能够用连续的方式研究不同晶体取向上的生长. 利用圆柱形衬底 [1124] 和半球形晶体, 已经做了这种实验. 已经报道了 Si[1125,1126], SiC[1127] 和 GaAs[1128] 在半球形晶体上的同质外延生长. 也研究了异质外延生长, 例如 Ge 衬底上的 GaP 和 GaAs[1129](与图 12.12 比较). 利用这种弯曲的衬底, 生长速率可以确定为晶体取向的函数, GaAs(在 GaAs 衬底上) 的情况如图 12.5 所示, 发现 (111)A 和 (111)B 表面有很大的差别. 硅的生长随着角度的变化要小得多, 在 10% 的范围 [1124].

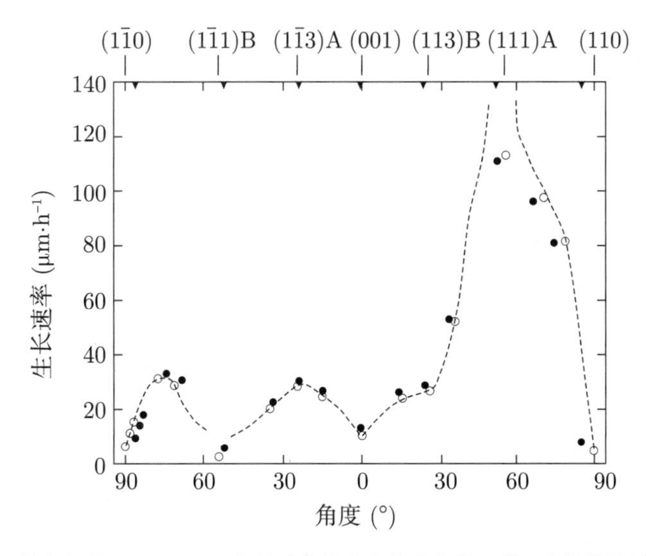

图12.5　在725 ℃的气相输运里, GaAs生长速率作为晶体取向的函数. 虚线用于引导视线. 改编自文献 [1128]

12.2.3　生长模式

在材料 B 上生长材料 A, 有三种基本的生长模式 (图 12.6): 层状生长模式 (Frank-van der Merwe, FvdM)[435]、岛状生长模式 (Volmer-Weber, VW)[1130] 和 SK 生长模式 (Stranski-Krastanow, SK)[1131,1132]. 文献 [1132] 提出, 在晶格匹配的具有不同电荷的离

子晶体的生长中, 有可能在起初平坦的异质外延表面上形成岛. SK 生长这个术语现在通常用于晶格不匹配的异质外延, 指在起初的二维层 (浸润层) 上形成岛 (以及相关的应变能的弛豫, 与图 14.37 比较). ① 在应变的异质外延里, 错位位错弛豫的岛生长也称为 SK 生长 [1133].

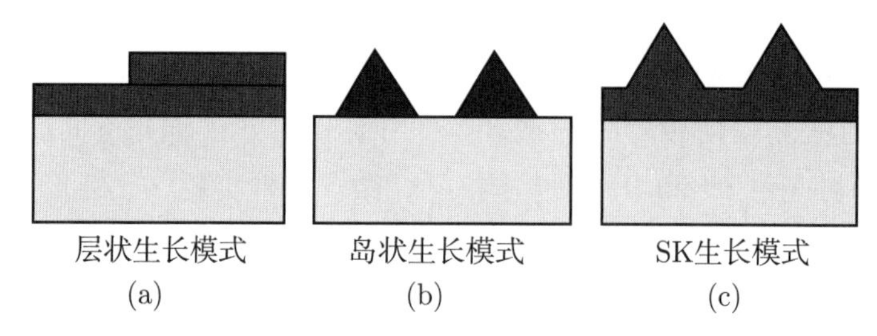

图12.6 三种基本外延生长模式的示意图

生长模式取决于 (单位面积的) 表面自由能 σ_s、界面自由能 σ_i 和薄膜自由能 σ_f 的关系. 衬底的浸润和完整薄膜的生长 (FvdM 生长) 发生的条件是

$$\sigma_s > \sigma_i + \sigma_f \tag{12.1}$$

如果这个不等式有相反的符号, 就出现岛状或 SK 生长模式. 此外, 必须考虑薄膜的应变能. SK 生长通常发生在衬底有浸润、但是层的应变不利的情况, 因而形成岛.

层状生长通常涉及二维岛的成核, 在下一个单原子层开始以前, 剩余的单原子层发生 "填充". 另一种导致光滑外延层的生长模式是阶梯流 (step-flow) 生长, 吸附的原子主要并入台阶边缘. 更详细的讨论, 请看文献 [1134]. 关于晶体生长的更多细节, 请看文献 [1135].

成核与薄膜的初期生长很重要, 决定了薄膜的质量. 为了克服常见的问题, 发展了几种技术. 一种典型的策略是生长低温成核层.

12.2.4 异质衬底

如果没有同质衬底 (homosubstrate) 或者同质衬底太贵了, 就在不相似的衬底上生长半导体, 例如, 在蓝宝石 (Al_2O_3) 或 SiC 衬底上生长 GaN 和 ZnO. ② 在 6H-SiC 衬底上生长的六方密堆结构 AlN 的界面区如图 12.7 所示 (与图 3.31(b) 比较), 晶相的变化是显而易见的; 完美的原子安置说明了 "外延" (epitaxy) 这个术语的正当性, 它在字面

① 这是 14.4.3 小节讨论的自组织外延量子点的生长模式.
② 对于 ZnO, 最近已经生产了直径为 3 英寸 (76 mm) 的同质衬底 [1136].

意义上是指“在上方的有序”(order on top).

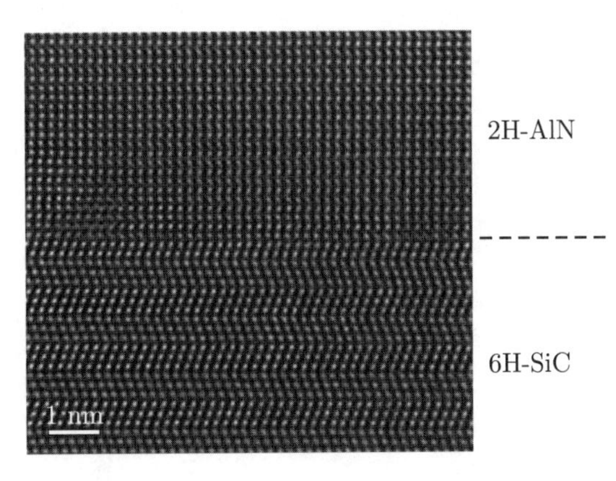

图12.7 高分辨透射电镜(HRTEM)截面像：用MOVPE方法在6H-SiC衬底上生长的六方密堆结构AlN的界面区. 改编自文献[1136]

在很多情况下, 希望把应用于光电子的Ⅲ-Ⅴ基或Ⅱ-Ⅵ基的半导体集成在用于电子器件的硅上, 例如, GaAs/Si, InP/Si, GaN/Si 或 ZnO/Si. 对于这种组合, 必须考虑外延的关系：两种材料具有不同的空间群, 它们的晶向需要对准. 表 12.1 给出了一些例子. 外延关系取决于形成在能量上有利的界面以及生长的早期阶段.

表12.1 不同的薄膜/衬底组合的外延关系，ZnO(或GaN)生长在c-蓝宝石、a-蓝宝石和r-蓝宝石衬底以及Si(111)衬底上

ZnO	Al_2O_3 [00.1]	ZnO	Al_2O_3 [11.0]	ZnO	Al_2O_3 [$\bar{1}$0.2]	ZnO/GaN	Si [111]
[00.1] [11.0]	[00.1] [01.0]	[00.1] [11.0]	[11.0] [00.1]	[11.0] [00.1]	[$\bar{1}$0.2] [0$\bar{1}$.1]	[00.1] –/ [2$\bar{1}$.0]	[111] [$\bar{1}$10]

c 晶向蓝宝石衬底上的 ZnO 薄膜的 X 射线衍射数据如图 12.8 所示. 六方密堆的 ZnO 晶格相对于三方的蓝宝石晶格转动了 30°. ZnO 在 Si(111) 衬底上生长时, 在界面处形成了一个非晶的 SiO_2 层, 衬底的晶体学信息就消失了. ZnO 晶粒表现出随机的面内取向 (图 12.9).

如果衬底和外延层有不同的空间对称群, 就可能形成畴 [1139]. 不同衬底的二维对称性列在表 11.1 里. 群论得到的畴的数目理论最小值 N_{RD} 取决于衬底和外延的二维对称性 (分别具有旋转对称性 C_n 和 C_m), 由下式给出 [1140]:

$$N_{\mathrm{RD}} = \frac{\mathrm{lcm}(n, m)}{m} \tag{12.2}$$

其中, lcm 表示最小公倍数. 数值列在表 12.2 里, 如图 12.10 所示.

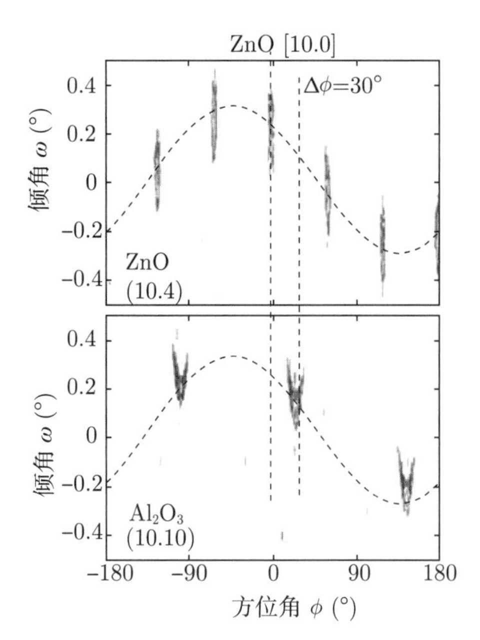

图12.8 非对称ZnO (10.4)(上图)和蓝宝石(10.10)(下图)反射的X射线衍射强度随着样品取向方位角(绕着[00.1]轴的转动角ϕ)的变化情况. 峰值出现在不同的倾角ω，因为安装好的样品的整体倾斜(正弦形的虚线). ZnO [00.1]轴相对于蓝宝石[00.1]方向没有倾斜

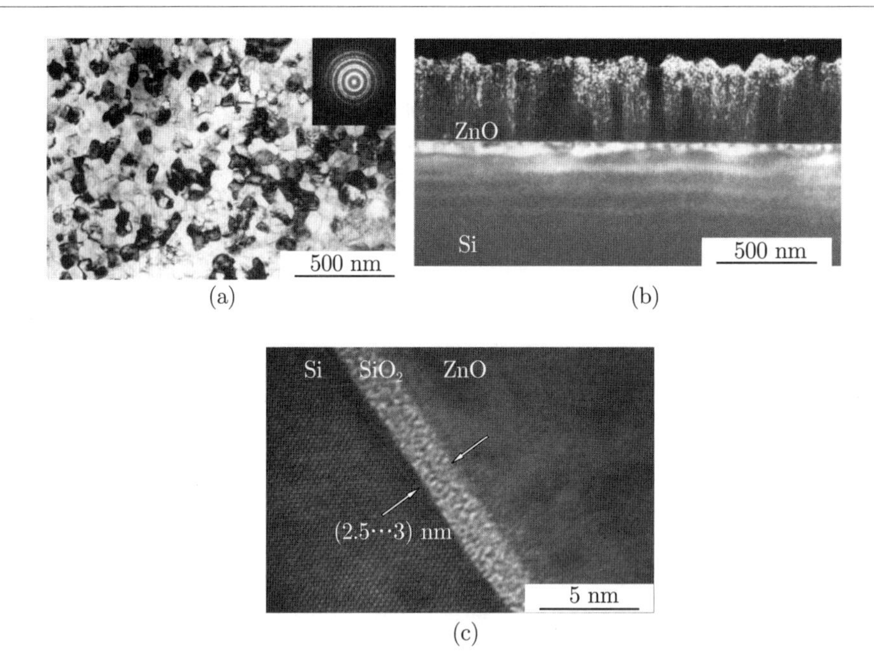

图12.9 (a) Si(111)衬底上的ZnO的平面TEM像(插图是对几个晶粒进行平均后的电子衍射图). (b) 同一个样品的截面TEM像. (c) ZnO/SiO_2/Si界面区域的高分辨率截面像. 改编自文献[1138]

表12.2　对于衬底（G_S，行）和外延（G_E，列）的二维点群，旋转（镜像）畴的数目N_{RD}。对于给定的两个数字($x|y$)，第一个（第二个）数字表示当衬底和外延的镜像对称面对准（没有对准）时畴的数目

$G_S \backslash G_E$	1	m	2	2mm	3	3m	4	4mm	6	6mm
1	1	1	1	1	1	1	1	1	1	1
m	2	1|2	2	1|2	2	1|2	2	1|2	2	1|2
2	2	2	1	1	2	2	1	1	1	1
2mm	4	2|4	2	1|2	4	2|4	2	1|2	2	1|2
3	3	3	3	3	1	1	3	3	1	1
3m	6	3|6	6	3|6	2	1|2	6	3|6	2	1|2
4	4	4	2	2	4	4	1	1	2	2
4mm	8	4|8	4	2|4	8	4|8	2	1|2	4	2|4
6	6	6	3	3	2	2	3	3	1	1
6mm	12	6|12	6	3|6	4	2|4	6	3|6	2	1|2

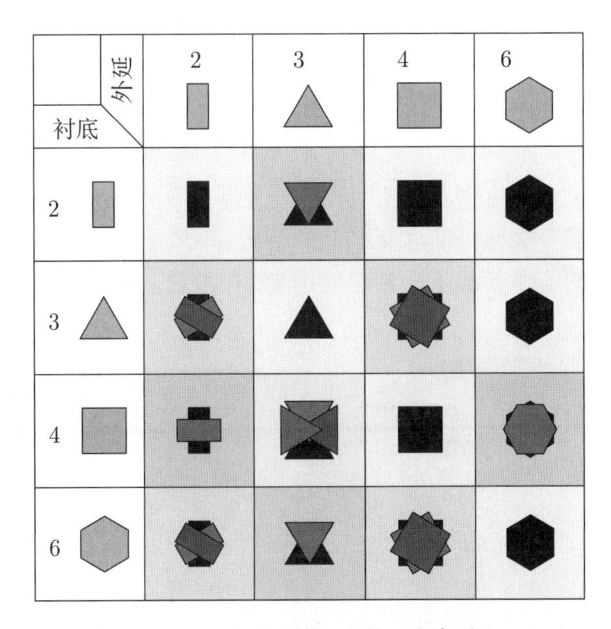

图12.10　对于不同的衬底和外延对称性，旋转畴的最小数目(根据表12.2)

如果衬底和外延的主对称轴没有对准，就会出现镜像畴．一个例子是在 Ge(111) 衬底上生长 GaN(00.1)，根据报道，它们的主对称方向没有精确地对准．相对于通常的 [11.0]//[1$\bar{1}$0] 面内关系 (关于 GaN/Si(111) 的精确对准情况，见表 12.1)，晶格在面内转动了 4°[1141]．因为衬底的 3m 镜像对称性，对于顺时针转动和逆时针转动，这个错位 (misaligment) 是等价的．因此，出现了夹角为 8° 的两个畴 (图 12.11)．

在异质外延里，另一个著名的畴效应是反相畴，在具有单原子台阶的 Si(001) 衬底上生长闪锌矿结构半导体 (例如，GaAs, GaP, InP, ⋯) 时出现．这种表面实际上有两种平

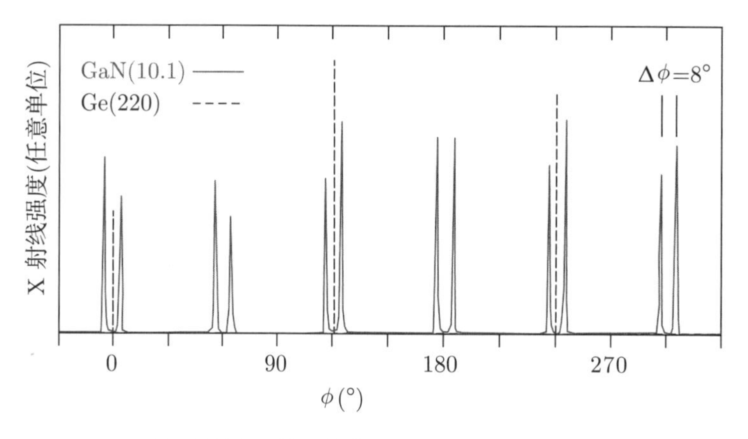

图12.11　GaN(00.1)/Ge(111)的X射线衍射的 ϕ 扫描. 改编自文献[1141]

台 (1×2 重构和 2×1 重构), 本身就不是均匀各向同性的. 使用相对于 (001) 面略有偏离的表面, 增加双原子层台阶, 可以避免形成反相畴 [1142]. 在具有 [111] 极 ([111]-pole) 的 Ge 半球上生长 GaP, 如 12.12(a) 所示, 可以看到 ⟨100⟩ 极汇聚的球面三角. 在一个类似的实验里, GaAs 生长在 Ge(001) 的球形凹坑里 (图 12.12(b)), 可以更清晰地看到 [001] 极. 在它的附近, 大致是一个正方形的面积里, 形成了反相畴 (与 4.4.4 小节比较). 沿着不同的 ⟨100⟩ 极的连线形成了反相畴的边界, 在微观上破裂为畴 [1129].

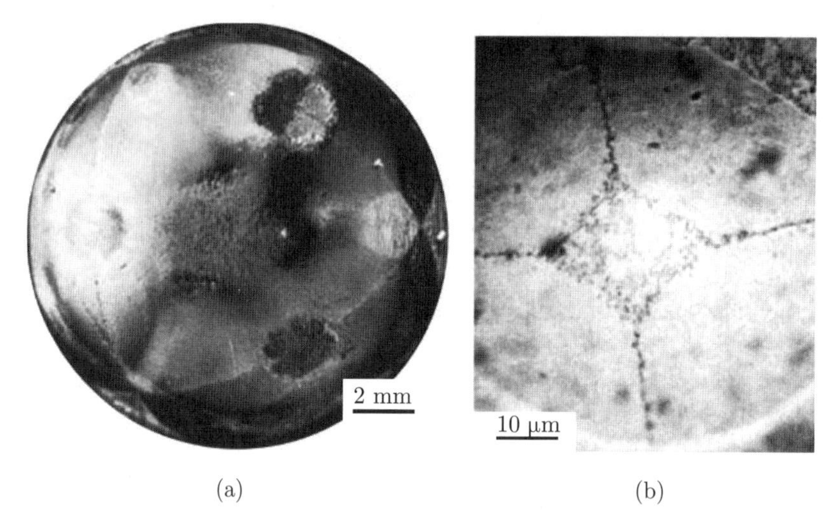

图12.12　形貌图: (a) GaP生长在具有[111]极的Ge半球上; (b) GaAs生长在Ge(001)的球形凹坑里. 改编自文献[1129]

初始生长步骤的细节可以决定极性材料里的取向. 在 c-Al_2O_3 上直接生长的 GaN 以 N 面的取向生长 (见图 3.19). Ga 的表面迁移率高, 可以让 N 原子在第一个原子层里选取它偏好的位置. 即使在富 Ga 的条件下, N 原子也可以把 Ga 原子从它喜欢的表面位置上踢走. 如果使用 AlN 缓冲层, Al 和 O 的强键使得界面处存在 Al 原子层, 接下来 GaN 就以 Ga 面生长 [1144].

12.2.5 图形衬底

通过在衬底上做图形结构, 可以引起某些特定的生长模式和生长沿 (growth front) 的晶向.

回到对纤锌矿结构的 [00.1] 或 [00.$\bar{1}$] 生长的讨论, 在带有平面 AlN 结构的蓝宝石衬底上, 可以生长平面内取向调制的 (laterally orientation-modulated)GaN(图 12.13). 在不同相的会合处, 形成了反转畴边界 [1145].

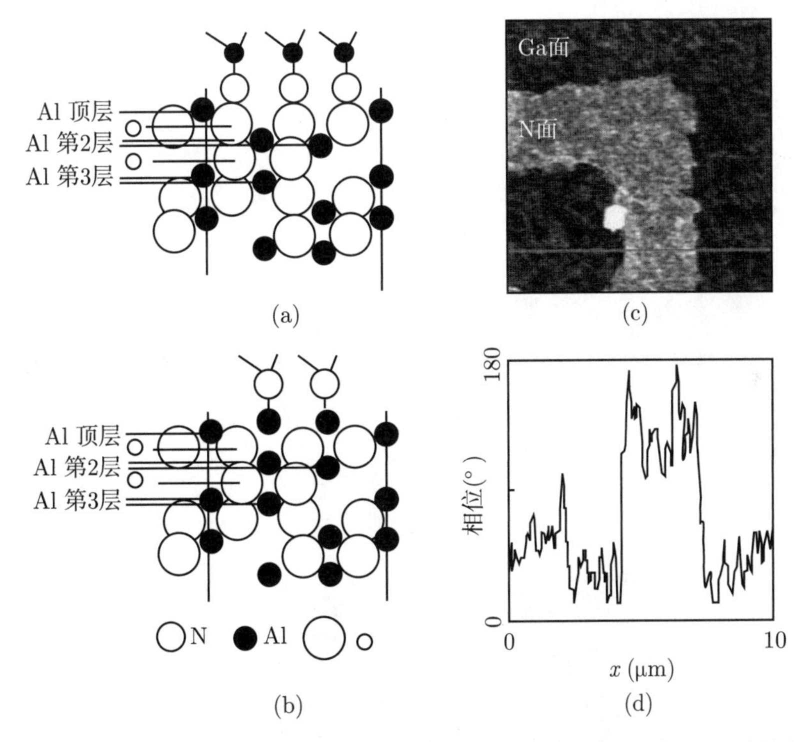

图12.13 AlN和c取向蓝宝石衬底之间的异质界面的侧视图, 第一层是N(a)或者Al(b). 改编自文献[1143]. (c) 边缘极化的GaN异质结的压电响应力显微镜(PFM)的相图. (d) 沿着图(c)中白线扫描得到的相信号. 改编自文献[1146], 图(c)经允许转载, ©2002 AIP

利用外延侧向生长 (epitaxial lateral overgrowth, ELO), 可以在结构的一些部分里降低缺陷密度 [1148]. 缺陷只穿过薄膜的有限的接触区, 而衬底和远离掩膜的一部分薄膜

(“翼”(wing)) 没有缺陷 (图 12.14).

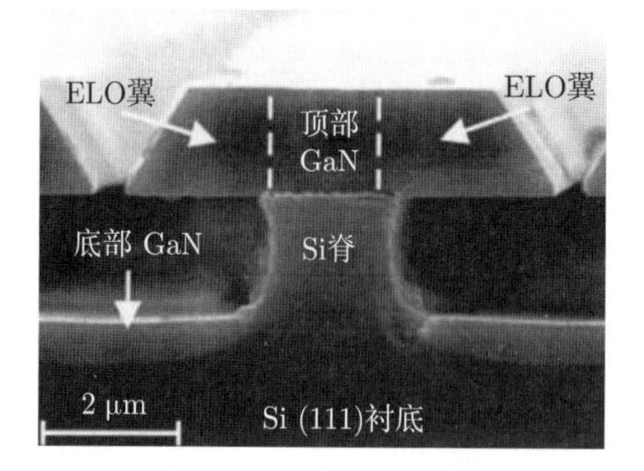

图12.14 在结构化的Si(111)衬底上生长的GaN的SEM横截面图像. 横向生长的翼在凹槽上延伸约2.5 μm. 凹槽底部的GaN层厚度为0.5 μm, 而它在脊顶部的厚度为1.4 μm. 经允许转载自文献[1148], ©2001AIP

生成掩膜图形很麻烦, 还需要打断生长过程, 然而, 具有小孔的在位沉积随机 SiN 掩膜有利于 GaN 的外延生长 [1149]. GaN 岛在掩膜的开孔处选择性地成核 (图 12.15(a)). 成核以及随后的岛的合并 (图 12.15(b)) 导致了缺陷的消灭并最终形成了平坦的薄膜 (图 12.15(c)). 缺陷密度的降低很明显 (图 12.15(d)), 因而改善了光学性质 [1150].

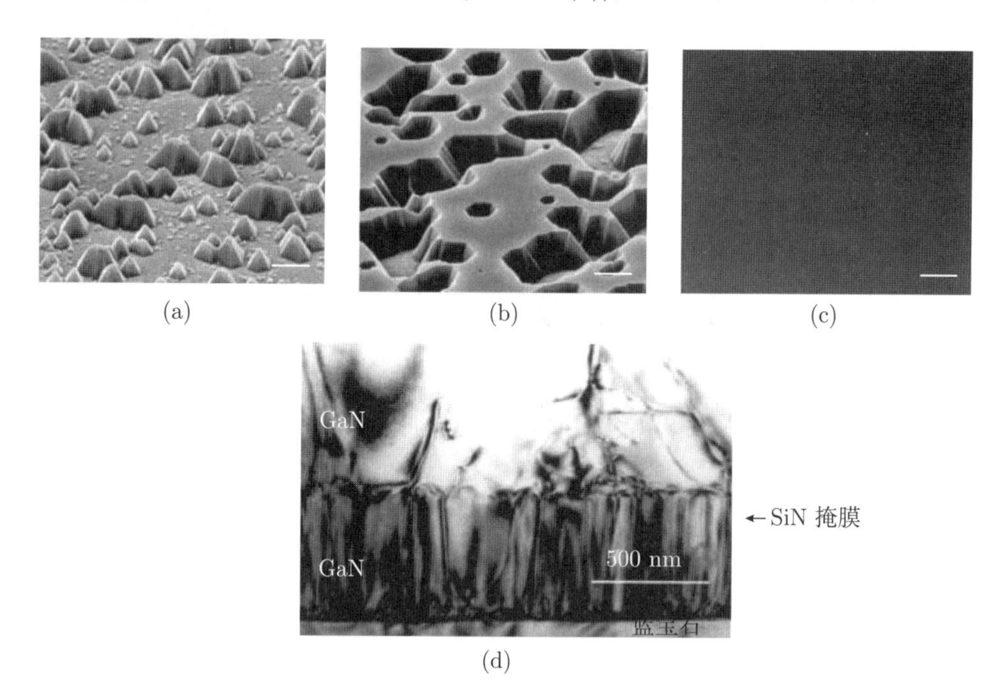

图12.15 GaN的SEM像: (a) 在随机SiN掩膜的开孔处生长; (b) 侧向生长与合并; (c) 最终形成了平坦的薄膜. 条的宽度是2 μm, 1 μm和10 μm. (d) 截面的TEM像. 改编自文献[1149]

利用具有条形台面的图形衬底，增强在台面侧壁的生长，可以把 GaN 生长沿的方向调整到半极化的方向 (与 16.4.3 小节比较). 在 r 面的蓝宝石衬底上，腐蚀出沿着 [11.0] 方向的条形台面，暴露出 [00.1] 方向的侧壁小面，让 GaN 沿着这个小面的 c 轴生长; 蓝宝石的 r 面和 c 面的夹角 57.6° 非常接近于 GaN 半极化的 (11.2) 面和 (00.1) 面的夹角 58.4° (式 (3.22c)). 平坦的生长沿是 (11.2) 小面 [1151](图 12.16)，来自不同台面的颗粒合并以后，出现了平坦的 (11.2) 表面，可以降低各种缺陷，包括基底的层错 [1152,1153].

图12.16　在r-蓝宝石衬底上做图形，暴露出(11.2)生长沿，用MOVPE方法生长的GaN的SEM截面图. 基于F. Tendille提供的SEM图像

12.2.6　赝晶结构

一般来说，异质结构可以由任何序列的材料构成. 然而，晶格常数不匹配 (或者不同的晶体结构) 导致了应变和应力，1% 的应变大约是 10^3 atm 的量级 ($\sigma \sim C\epsilon$, $C \approx 5 \times 10^{10}$ Pa)，就像 5.3.3 小节讨论的那样. 总的应变能 $\propto C\epsilon^2$. 在某个临界厚度 $h_c \propto \epsilon^{-1}$ 以上 (见 5.4.1 小节)，缺陷就会产生 (12.2.7 小节)，例如，错位位错 (用它们的边缘让应变弛豫). 有许多半导体组合是晶格匹配的，因此可以生长任意的厚度. 对于所有的 Al 浓度，$Al_xGa_{1-x}As$ 与 GaAs 的晶格都很匹配. 图 6.21 给出晶格匹配的对子，例如 $In_{0.53}Ga_{0.47}As/InP$. 通常使用晶格不匹配的材料的薄层，其厚度小于临界厚度.

对于许多器件应用，希望能够生长厚度超过临界层厚的赝晶薄膜. 文献 [1154] 提议，使用柔性衬底来满足这个要求. 关于柔性衬底技术的最近的综述文章，请看文献 [445]. 容纳衬底的部分不匹配应变的方案包括使用带有悬臂的薄膜、绝缘层上的硅、扭曲键合、玻璃键合或者带有沟槽的衬底. 在这个意义上，纳米晶须 (14.2.3 小节) 也是一种柔性衬底, 能够生长完整的 (平面内受限的) 薄膜, 厚度超过二维薄膜的临界厚度 (与图 14.8 比较).

12.2.7 塑性弛豫

超过临界厚度, 薄膜就会通过形成缺陷 (通常是错位位错) 来塑性地弛豫. 错位位错导致了表面上的交叉 (cross-hatch) 图案, 如图 12.17 所示 (另见 4.3.1.4 小节).

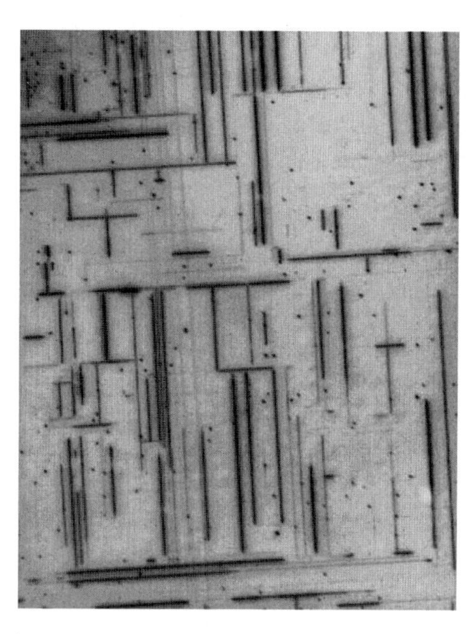

图12.17 GaAs衬底上的超临界的、塑性弛豫的$In_xGa_{1-x}As$薄膜的表面. 像的宽度大约是1 mm. 交叉缺陷来自沿着[110]和[1$\bar{1}$0]的错位位错. 在这些给定的条件下, 赝晶层不会表现出反差(contrast)

通过测量异质结构的晶片曲率, 可以在实验中确定不匹配的异质外延里的应变弛豫 (5.3.5 小节). GaAs 衬底上的 $In_{0.15}Ga_{0.85}As$(失配 $\approx 1\%$) 的弛豫 $\epsilon(d)$ 取决于厚度, 其数据如图 12.18 所示. 生长间断使得更大的弛豫发生在更小的厚度. 因此, 早期或小的厚度 (超过 h_c) 的弛豫在动理学上受到阻碍, 能够得到的位错密度和滑移速度不足以解除应变. 在大的厚度, 应变不会变为零 (饱和区), 薄膜保持在一种亚稳定的、不完全弛豫的状态, 文献 [1155] 有更详细的讨论.

塑性弛豫的一种极端例子是裂纹 (4.4.1 小节), 因厚膜在冷却过程中, 衬底和外延的热膨胀系数不匹配而产生 (图 12.19). 通过引入适当的应变弛豫层或者在预定义的台面上生长, 可以避免产生裂纹 [1156,1157].

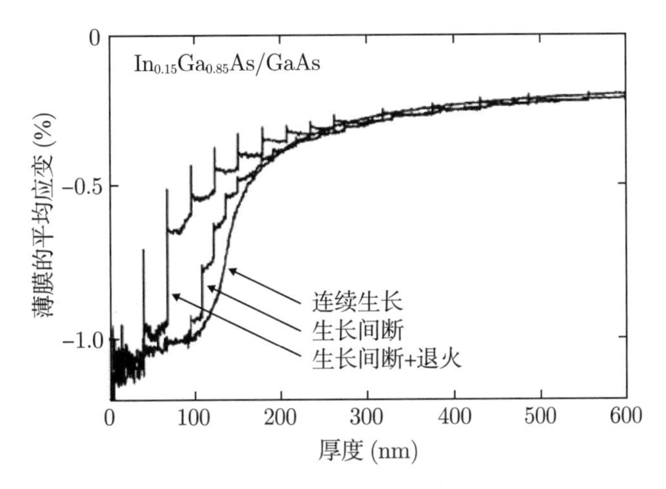

图12.18　450 ℃生长的$In_{0.15}Ga_{0.85}As/GaAs$的平均薄膜应变(利用衬底曲率而在位测量得到的)随着薄膜厚度的变化关系(由生长时间×沉积率来确定). 有三种不同生长模式的弛豫(见标记): 连续生长, 采用了几次生长间断(GRI), 带有退火步骤(到550 ℃)的生长间断. 改编自文献[1155]

图12.19　1×1 mm^2的顶视图, 利用差分干涉对比显微镜得到, 样品是生长在Si(111)衬底上的1.3 μm 厚的GaN 薄膜. 经允许转载自文献[1156], ©2000 IPAP

12.2.8　表面活化剂

条件 (12.1) 允许逐层地生长 (见 12.2.3 小节), 衬底的表面能大于界面和薄膜表面自由能的总和. 这使得浸润在能量上更有利. 对于两种元素 A 和 B, 必然有一个的表面自由能更低. 如果 A 可以用 FvdM (或 SK) 生长模式生长在 B 上, 那么式 (12.1) 对于 A 上的 B 就不成立, 就只能用 VW 模式生长, 即带有岛. 对于生长 A-B-A 型的嵌套层, 这是一个严重的问题. 如果夹层生长得好, 盖层就长不好, 反之亦然.

对于在 Si 上生长 Ge 的情况, Ge 的表面自由能小于 Si. Ge 以 SK 模式生长在 Si 上 [1158](图 12.20(a)). Si 以 VW 模式生长在 Ge(001) 和 Ge/Si(001) 上 [1159], 在制作 Si/Ge/Si 量子阱或者超晶格时就会有严重的问题. 利用第三种元素 C 作为盖层, 让表面键饱和, 可以很大地改变生长的模式. 它降低了两种材料 A 和 B 的表面自由能, 因此有利于衬底的浸润. 这种元素 C 就称为表面活性剂 (表面活性的物质)[1160,1161]. 典型的例子是 Si 和 Ge 上的 As[1160] 或 Sb[327](图 12.20(b)). 表面活性剂也影响成核, 能够生长没有缺陷的外延 Ge/Si 层 (图 12.20(c)). 表面活性剂已经用于生长化合物半导体, 例如, In[1162] 或 Sb[1163,1164] 用于 GaAs 的生长.

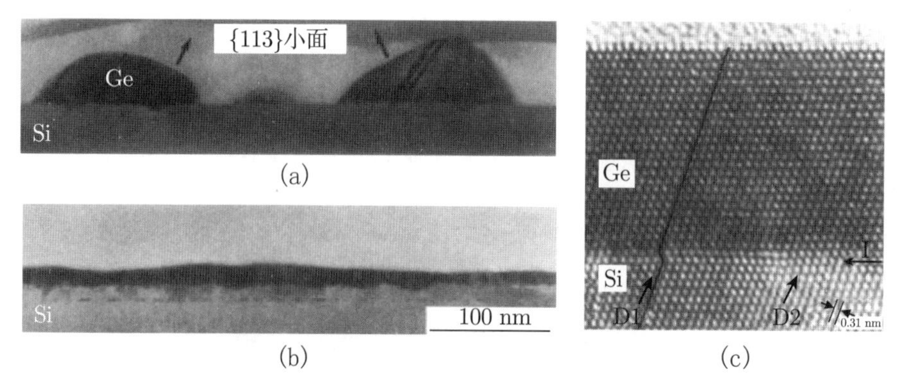

图12.20 (a, b) 在室温下用MBE生长在Si (100)衬底上的10 nm 厚的Ge层, 到770 ℃退火. (a) 没有Sb表面活性剂; (b) 有Sb表面活性剂. 改编自文献[1165]. (c) Si (111)衬底上70层的Ge的截面TEM像, 利用MBE 生长, 有Sb 表面活性剂. 标有 "I" 的水平箭头给出了界面的位置. 标有 "D1" 和 "D2" 的箭头给出了部分位错的位置(与图4.20比较). 改编自文献[327]

12.3 异质结构里的能级

12.3.1 异质结构里的能带排列

在异质结构里, 具有不同带隙的半导体组合起来. 导带和价带的相对位置 (能带对准 (band alignment)) 由电子亲和能 χ 确定, 如图 12.21 所示. 对于一个半导体, 电子亲和能是真空能级和导带边的 (正的) 能量差. 它可以导致不同类型的异质结构. 关于半导体异质结构的早期看法, 参阅文献 [1166]. 能带对准可以从两个组分的分支点能量 (7.8 节) 的位置来估计 [699].

图 12.22 给出了 I 型、II 型和 III 型异质结构的能带对准情况. 在 I 型结构里 (张开式的能带排列), 更低的导带边和更高的价带边都处于带隙较小的材料里. 因此, 电子和空穴可以局域化在那里. 在 II 型结构里是错列式的能带排列, 电子和空穴局域化在不同的材料里. 在 III 型结构里 (也称为 “断裂带隙” (broken gap) 材料), 一种材料的导带位于另一种材料的价带以下. 在技术上最重要的是 I 型结构. 设计异质结构以实现特定的器件功能或具有特定的物理性质, 称为 “带隙工程” (“能带工程”).

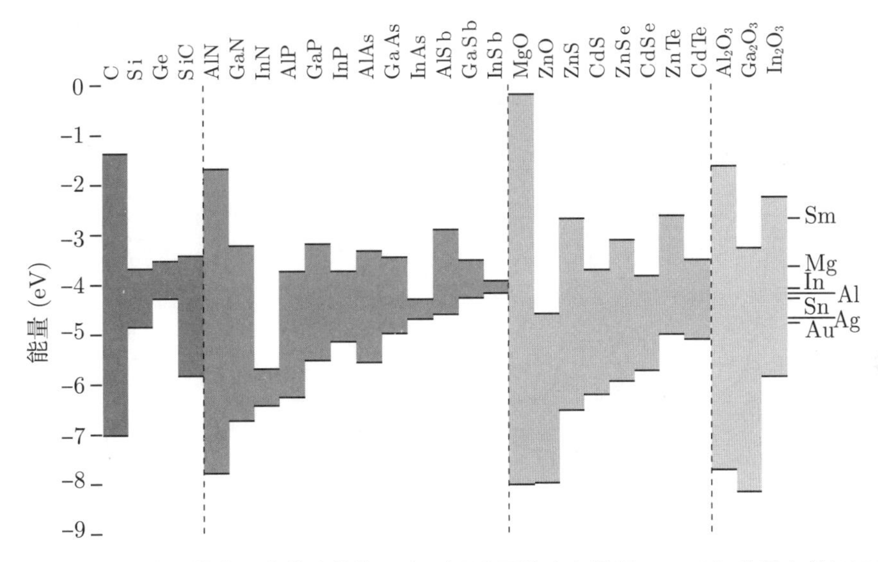

图12.21 几种半导体的导带边和价带边的位置(相对于共同的真空能级E=0 eV). 基于文献[1167]里的数值, Al_2O_3(在InP上)取自文献[1168], InN(在金刚石上)取自文献[1169], InN(在MgO上)取自文献[1170], Ga_2O_3(在GaN上)取自文献[1171], In_2O_3 (在Si上)取自文献[1172,1173]. 右侧是几种金属的功函数, 用来做比较

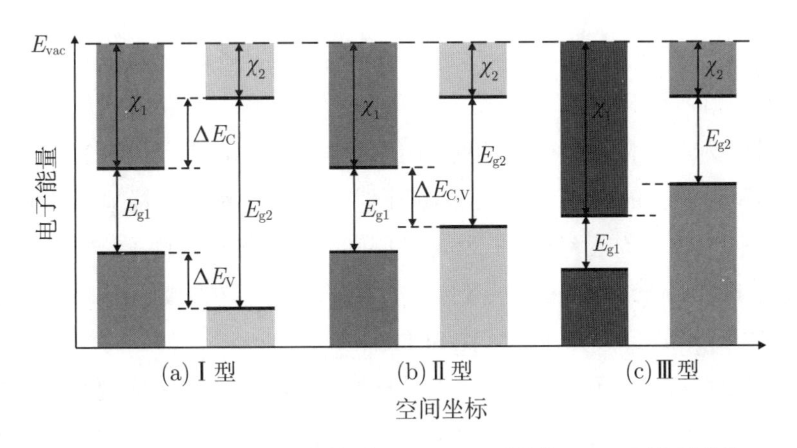

图12.22 带边的位置(能带对准): (a) I型异质结构; (b) II型异质结构; (c) III型异质结构

在Ⅰ型异质结构里，导带和价带的不连续性分别是

$$\Delta E_{\mathrm{C}} = \chi_1 - \chi_2 \tag{12.3a}$$

$$\Delta E_{\mathrm{V}} = (\chi_1 + E_{\mathrm{g}_1}) - (\chi_2 + E_{\mathrm{g}_2}) \tag{12.3b}$$

实验中，利用 X 射线光电子能谱 (XPS) 探测填充态，可以确定价带偏移 (offset)，结合带隙得到导带偏移. 作为例子，铟和镓的原子实能级 (core level) 的结合能如图 12.23(a) 所示，同时给出了 InN 和 GaN 的价带边 (分别设置为零). 然后在 GaN 异质结构上的 5 nm InN 研究原子实能级 (InN 层足够薄，允许光电子从下面的 GaN 逃逸). 位移之和是价带偏移 (根据原子实能级的分析得到 $\Delta E_{\mathrm{V}} = 0.58(8)$ eV[1174]). 与带隙一起，导带偏移导致 $\Delta E_{\mathrm{V}} = 2.22$ eV，如图 12.23(b) 所示.

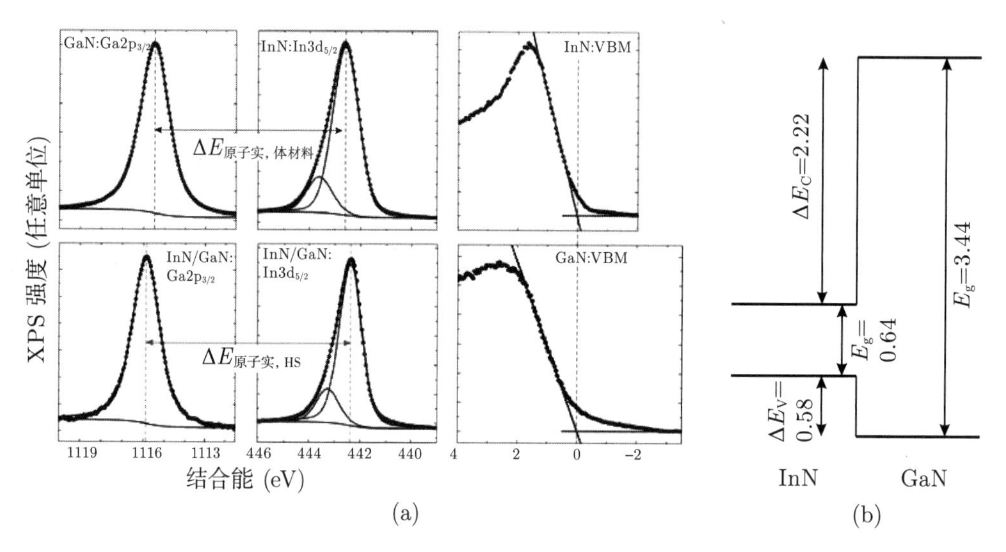

图12.23 (a) InN/GaN异质结构里的InN和GaN的XPS测量. 垂直虚线表示体材料(黑色)和异质结构(红色)里的原子实能级的位置. 价带偏移量是$\Delta E_{\mathrm{V}}=\Delta E_{原子实,\mathrm{HS}}-\Delta E_{原子实,体材料}$(两种体材料的$\Delta E_{\mathrm{V}}$都设置为零). (b) Ⅰ型InN/GaN异质结的能带排列示意图(所有的能量单位都是eV). 改编自文献[1174]

根据大带隙和小带隙材料的层序列，不同的构型 (如图 12.24 所示) 已经有特别的名字，例如单异质界面、量子阱 (QW)、多量子阱 (MQW) 和超晶格 (SL). 在极端的情况下，层只有一个单原子层的厚度 (图 12.25)，层和界面的概念模糊了. 对很多材料体系现在已经掌握了这种原子级精准的层序列，例如，(Al, Ga)As/GaAs/InAs, InP/(In,Ga)As, Si/SiGe,ZnO/(Mg,Zn)O 以及 $\mathrm{BaTiO_3/SrTiO_3}$.

界面的突变取决于外延设备，通过入射材料流的开关精度来实现，在根本上受限于分凝现象，可以用分凝系数来建模 [1175](与 4.2.4 小节比较). 如图 12.25(c) 所示，In 倾向于进入接下来的 GaAs 层. 利用像差修正的扫描电子显微镜可以进行定量研究 [1176].

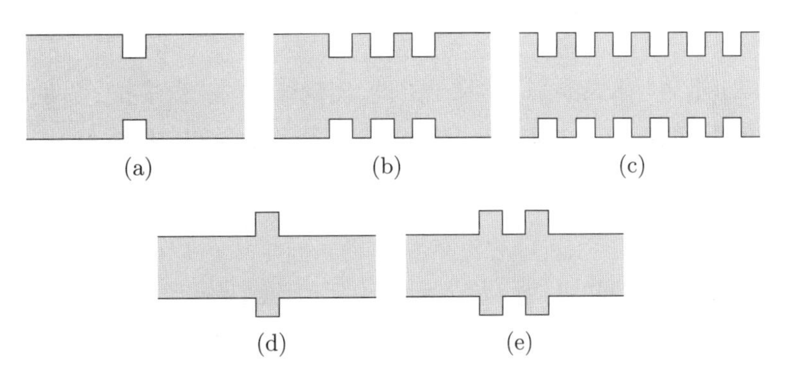

图12.24　具有不同层序列的异质结(能带工程). (a) 量子阱(QW); (b) 多量子阱(MQW); (c) 超晶格(SL); (d) 单势垒隧穿结构; (e) 双势垒隧穿结构

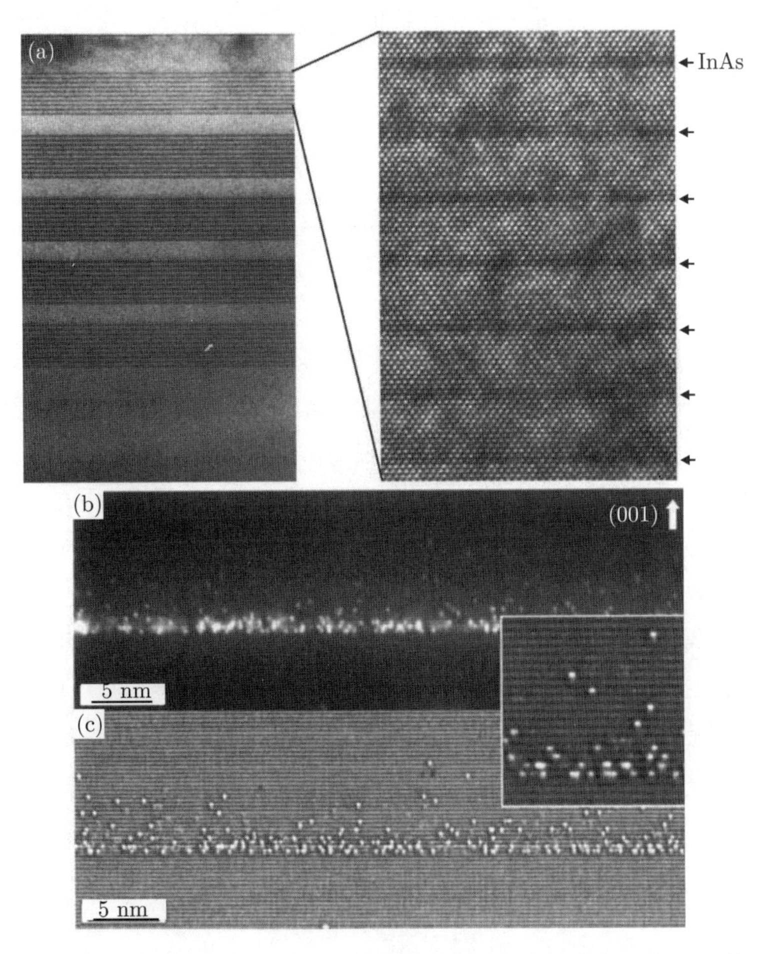

图12.25　超薄的异质结构: (a) 在$GaAs_{1-x}N_x$里MOVPE生长的InAs层短周期超晶格(SPS)的TEM截面图. 在高分辨率的像里(右图), 可以看到每一排的原子. 取自文献[1177]. (b, c) GaAs 衬底上的2 ML InAs的STM截面图, 可以看到, In 一个原子一个原子地分凝到顶层. 改编自文献[1178]

12.3.2 量子阱

在厚度为 L_z(沿着生长方向 z) 的量子阱里, 能量可以用 “盒中粒子” 的量子力学模型计算. 在包络波函数近似下 (附录 I), 波函数是布洛赫函数和包络函数 $\chi(z)$ 的乘积:

$$\Psi^{\mathrm{A,B}}(\boldsymbol{r}) = \exp\left(\mathrm{i}\boldsymbol{k}_{\perp}\boldsymbol{r}\right) u_{n\boldsymbol{k}}(\boldsymbol{r}) \chi_n(z) \tag{12.4}$$

其中, A 和 B 表示两种不同的材料. 包络函数 χ 近似地满足一维薛定谔方程:

$$\left[-\frac{\hbar^2}{2m^*}\frac{\partial^2}{\partial z^2} + V_{\mathrm{c}}(z)\right]\chi_n(z) = E_n \chi_n(z) \tag{12.5}$$

其中, m^* 表示有效质量. V_{c} 是限制势, 由能带不连续性决定. 通常, 在阱里, $V_{\mathrm{c}} = 0$; 在外面的势垒里, $V_0 > 0$. E_n 是量子化能级的能量值. 在无限高势垒的情况 ($V_0 \to \infty$, 图 12.26(a)) 下, 边界条件 $\chi(0) = \chi(L_z) = 0$ 给出

$$E_n = \frac{\hbar^2}{2m^*}\left(\frac{n\pi}{L_z}\right)^2 \tag{12.6}$$

$$\chi_n(z) = A_n \sin\left(\frac{n\pi}{L_z} z\right) \tag{12.7}$$

其中, E_n 称为限制能.

对于有限的势垒高度 (图 12.26(b)), 计算导致一个超越方程. 波函数隧穿到势垒里. 对于无限高的势垒, 最低能级对 $L_z \to 0$ 是发散的, 但是对有限的势垒高度, $E_1 \to V_0$. 当势阱和势垒里的有效质量不一样时, 情况有些复杂. 考虑到这一点, 需要强制 χ 和 χ'/m^* 在跨越界面时保持连续① (本丹尼尔-杜克 (BenDaniel-Duke) 边界条件 [1180]). 文献 [1181] 讨论了薛定谔方程和特殊势分布的 (半) 解析的解, 以及任意势分布的数值方法. 文献 [1182] 讨论了 $\boldsymbol{k}\cdot\boldsymbol{p}$ 理论 (附录 H) 在异质结构中的应用.

平面里的载流子仍然是自由的, 具有二维的色散关系, 因此, 在每个子带边 E_n, 每个量子化的能级为态密度贡献了 $m^*/(\pi\hbar^2)$.

空穴的情况比电子更复杂一些 (图 12.27). 首先, 重空穴和轻空穴的简并解除了, 因为它们的质量影响了限制能. 沿着 z 方向的空穴有效质量 (进入式 (12.5) 的量) 是

$$\frac{1}{m_{\mathrm{hh}}^z} = \gamma_1 - 2\gamma_2 \tag{12.8a}$$

$$\frac{1}{m_{\mathrm{lh}}^z} = \gamma_1 + 2\gamma_2 \tag{12.8b}$$

---

① 当质量在结构里有变化时 [1179], 式 (12.5) 里的动能项写为 $\frac{\hbar^2}{2}\frac{\partial}{\partial z}\frac{1}{m^*(z)}\frac{\partial\chi}{\partial z}$.

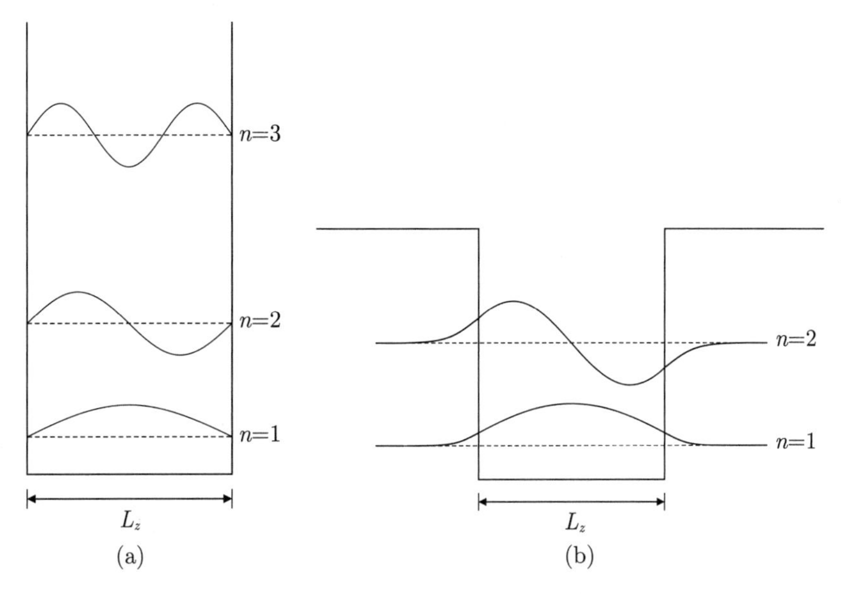

图12.26 能级和波函数的示意图：(a) 势垒无限高的势阱；(b) 势垒有限高的势阱

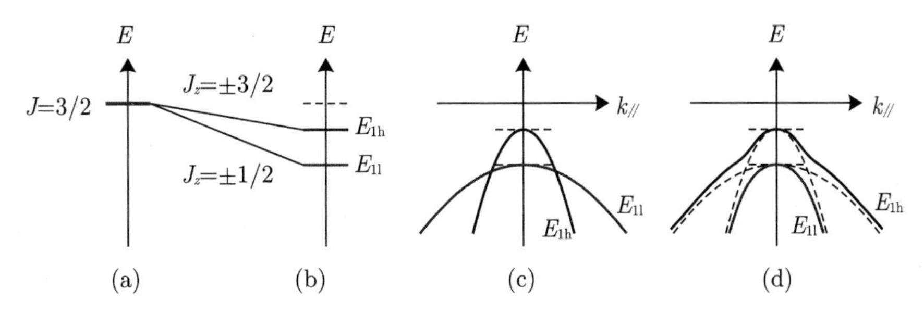

图12.27 在量子阱里形成空穴能级的示意图：(a) 在Γ处简并的体材料能级；(b) 在子带边劈裂(因为k_z的不同的量子化的值)；(c) 面内色散(质量翻转)；(d) 反交叉行为. 基于文献[1123]

轻空穴的量子化能量更大. 角动量沿着 z 方向量子化. 在界面的色散关系里, 横向质量是

$$\frac{1}{m_{\mathrm{hh}}^{xy}} = \gamma_1 + \gamma_2 \tag{12.9a}$$

$$\frac{1}{m_{\mathrm{lh}}^{xy}} = \gamma_1 - \gamma_2 \tag{12.9b}$$

现在, 重空穴 (即 $J_z = \pm 3/2$ 的态) 的质量比较小, 而轻空穴 ($J_z = \pm 1/2$) 的质量更大 (图 12.27(c)). 然而, 这个考虑只是一种近似, 因为解除简并必须和色散在相同的水平上处理. 微扰计算的更高阶的项导致了能带混合, 消除了能带交叉 (看起来好像是来自 Γ

点). 实际上, 能带表现出反交叉行为, 有很强的变形. 在超晶格里, 空穴的色散关系和反交叉行为如图 12.28 所示.

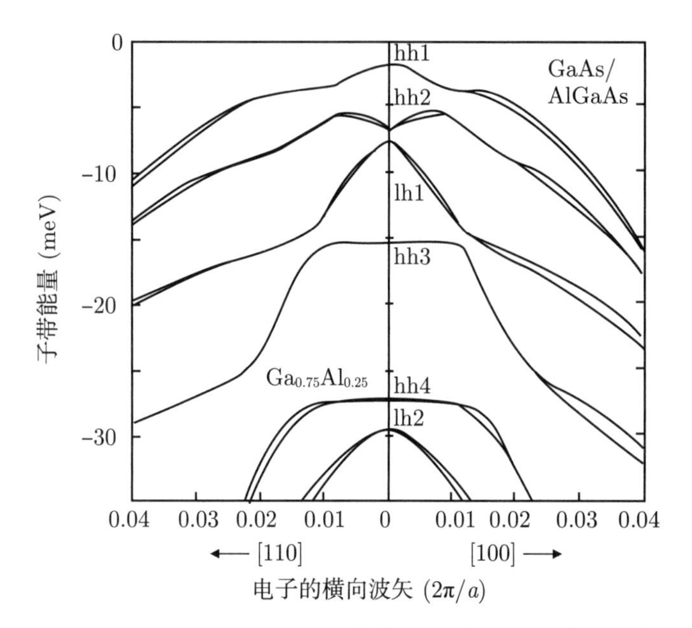

图12.28　68 ML GaAs/71 ML $Al_{0.25}Ga_{0.75}As$超晶格的空穴色散关系(数值计算结果). 成对的曲线是因为$\boldsymbol{k}\neq\mathbf{0}$处的时间反演对称性解除了. 经允许转载自文献[1183], ©1985 APS

在不同厚度的量子阱里, 实验观察到的跃迁能量如图 12.29 所示, 与理论计算符合得很好. 注意, 对于无限高的势垒, 光学跃迁只发生在具有相同量子数 n 的受限电子态和空穴态之间. 对于有限高的势垒, 这个选择定则放松了, 其他跃迁也可以部分地被允许, 例如 e_1-hh_3. 来自波函数的布洛赫部分的光学矩阵元在 (立方) 体材料中是各向同性的 (式 (9.37)), 对于量子阱是各向异性的. TE (TM) 偏振定义为电磁场位于 (垂直于) 量子阱平面 (图 12.30(a)). 在子带边, 平面波波矢 $k_{//}=0$, 各种偏振和传播方向的矩阵元如表 12.3 所示. 对于 TE 偏振, 从电子到重空穴 (轻空穴) 的跃迁在面内所有方向平均后的矩阵元是 $(3/2)M_{\mathrm{b}}^2((1/2)M_{\mathrm{b}}^2)$. 对于 TM 偏振, 这些值分别是 0 和 $2M_{\mathrm{b}}^2$[1185]. 光学选择定则如图 12.30 所示 (体材料的情况见图 9.12). 对于沿着量子阱平面的传播, TE 偏振的 e-hh 和 e-lh 跃迁的强度比值是 3∶1.

限制势把束缚在杂质上的载流子压缩得更靠近这个离子. 因此, 束缚势增大, 如图 12.31 所示. 这种行为能够以很高的精度在理论上建模. 杂质位于量子阱的中心还是界面处是有差别的.

限制势也可以把激子里的电子和空穴压缩得更靠近彼此, 从而增大了它们的库仑相互作用. 量子阱激子的束缚能就大于体材料, 而且依赖于阱的宽度 (图 12.32). 在简单

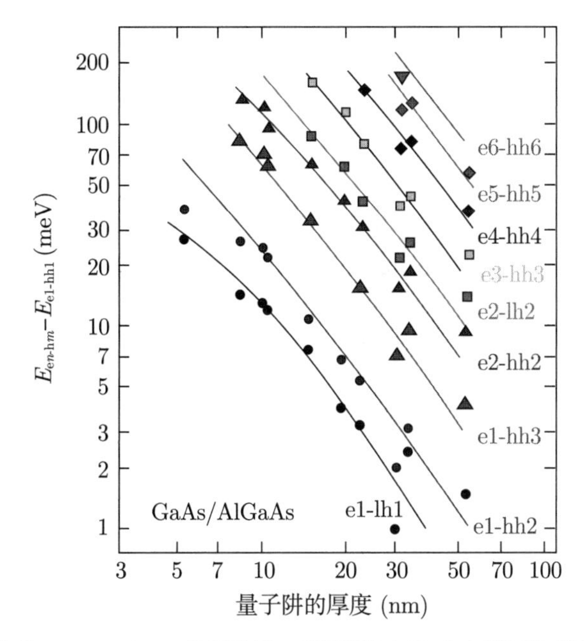

图12.29　在不同厚度的GaAs/AlGaAs量子阱里，观测到的电子-空穴跃迁(与激发谱的第一个e-h跃迁的能量差). 符号是实验数据，实线是理论模型. 数据取自文献[1184]

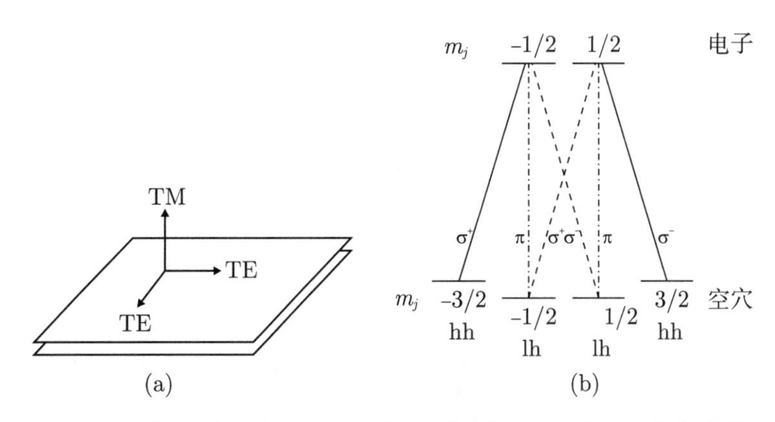

图12.30　(a) TE和TM偏振的电场矢量相对于量子阱平面的方向. (b) 量子阱里的带-带跃迁的光学选择定则. 如果e-hh跃迁(实线)的面内平均的相对强度是1，TE偏振的e-lh跃迁(虚线)的相对强度就是1/3，TM偏振的e-lh跃迁(点划线)是4/3

的、具有无限高势垒的类氢原子模型里, 在极限 $L_z \to 0$, 激子束缚能是体材料束缚能的 4 倍. 在真实的计算里, 需要考虑阱和垒的不同介电常数带来的影响 (镜像电荷效应).

表12.3 在量子阱里，对于不同的传播方向，动量矩阵元的平方值 $|\langle c|\hat{\boldsymbol{e}}\cdot\boldsymbol{p}|v\rangle|^2$，单位是 M_b^2. 量子阱的法线沿着 z 方向

	传播方向	$\hat{\boldsymbol{e}}_x$ (TE)	$\hat{\boldsymbol{e}}_y$ (TE)	$\hat{\boldsymbol{e}}_z$ (TM)
	$\boldsymbol{x}$	–	1/2	0
e-hh	$\boldsymbol{y}$	1/2	–	0
	$\boldsymbol{z}$	1/2	1/2	–
	$\boldsymbol{x}$	–	1/6	2/3
e-lh	$\boldsymbol{y}$	1/6	–	2/3
	$\boldsymbol{z}$	1/6	1/6	–
	$\boldsymbol{x}$	–	1/3	1/3
e-so	$\boldsymbol{y}$	1/3	–	1/3
	$\boldsymbol{z}$	1/3	1/3	–

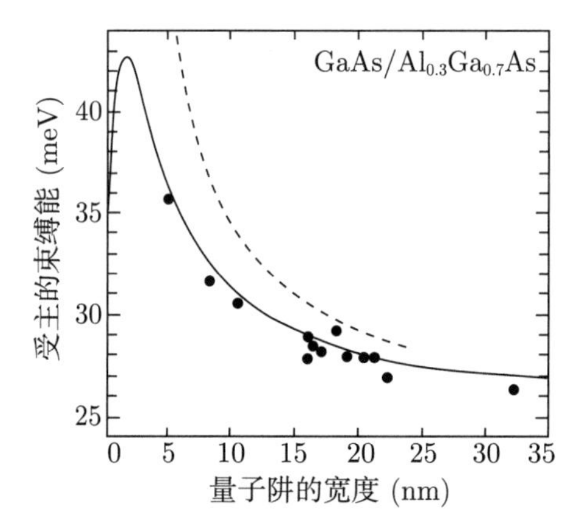

图12.31 $GaAs/Al_{0.3}Ga_{0.7}As$量子阱里的受主束缚能的实验值(实心圆点，取自文献[1186])作为量子阱宽度的函数. 实线是量子阱中心处的受主的理论结果(变分计算)，包括顶部的四个价带和有限高的势垒，虚线是无穷高势垒的类氢原子模型. 改编自文献[1187]

12.3.3 超晶格

在超晶格里，势垒的厚度很小，载流子可以隧穿到相邻的阱里，也就是说，相邻的阱有显著的波函数重叠. 这样导致的能带结构 (图 12.32) 类似于克罗尼格-彭尼模型 (附录 F). 对于超晶格，这些能带称为微带，带隙称为微带隙. 态密度不是在子带边有个台阶，而是反正弦函数. 对于 1 个、2 个、3 个和 10 个耦合的量子阱，在吸收谱里可以看到态密度的变化，如图 12.34 所示.

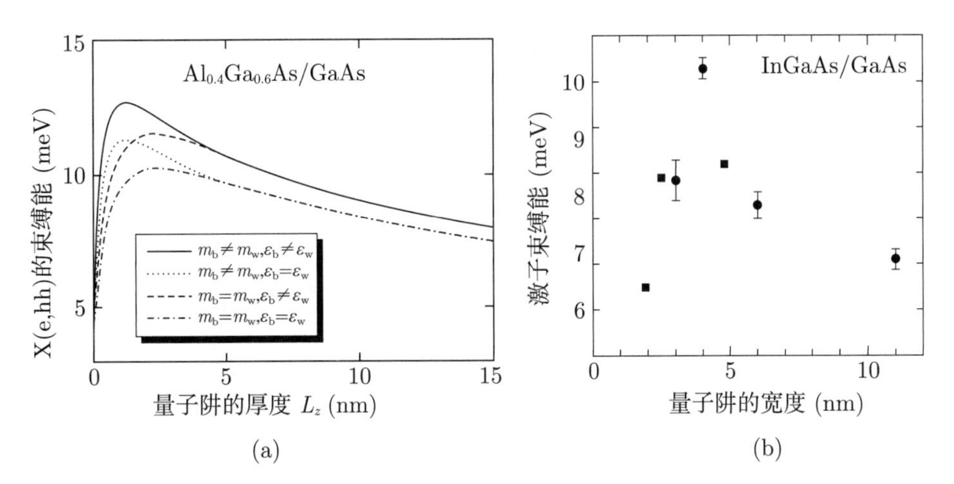

图12.32　(a) 在$GaAs/Al_{0.4}Ga_{0.6}As$量子阱里，重空穴激子束缚能的理论(变分)计算值(实线)与量子阱厚度的关系(其他曲线还用了其他近似). 改编自文献[1188]. (b) 在不同厚度的$In_xGa_{1-x}As/GaAs$量子阱里，激子束缚能的实验值. 圆点：数据和误差棒来自文献[1189]，x不确定；方块：数据取自文献[1190]，x=0.18

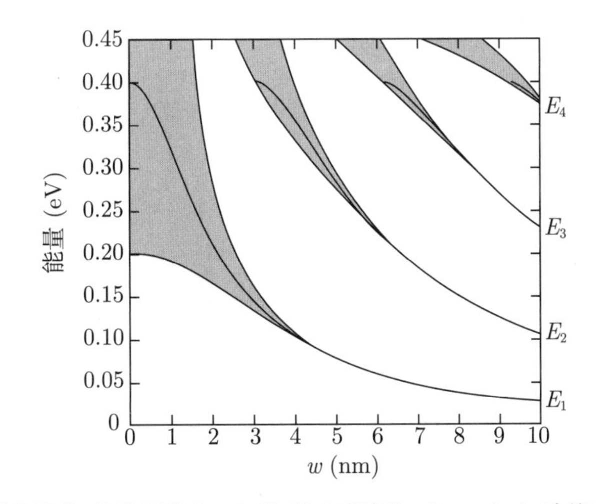

图12.33　超晶格的能带结构，势阱深度为0.4 eV，势垒宽度为$w(L_{QW}=L_{barr})$. 改编自文献[1191]

12.3.4　掺杂材料之间的异质界面

考虑 n 型掺杂材料之间的单个异质界面. 以 n-(Al,Ga)As/n-GaAs 为例 (图 12.35). 首先考虑这两个材料没有接触，形成了 I 型结构. 在热力学平衡时，系统必须有不变的费米能级. 在靠近界面的区域，电子就必须从 (Al,Ga)As 转移到 GaAs. 这样就在 GaAs 靠近界面的区域里形成了三角形的势阱. 二维电子气 (2DEG) 形成在这个势阱里 (图 12.36). 在热力学平衡下的电荷转移用自洽的方式调节了能带弯曲和电荷密度 (阱里

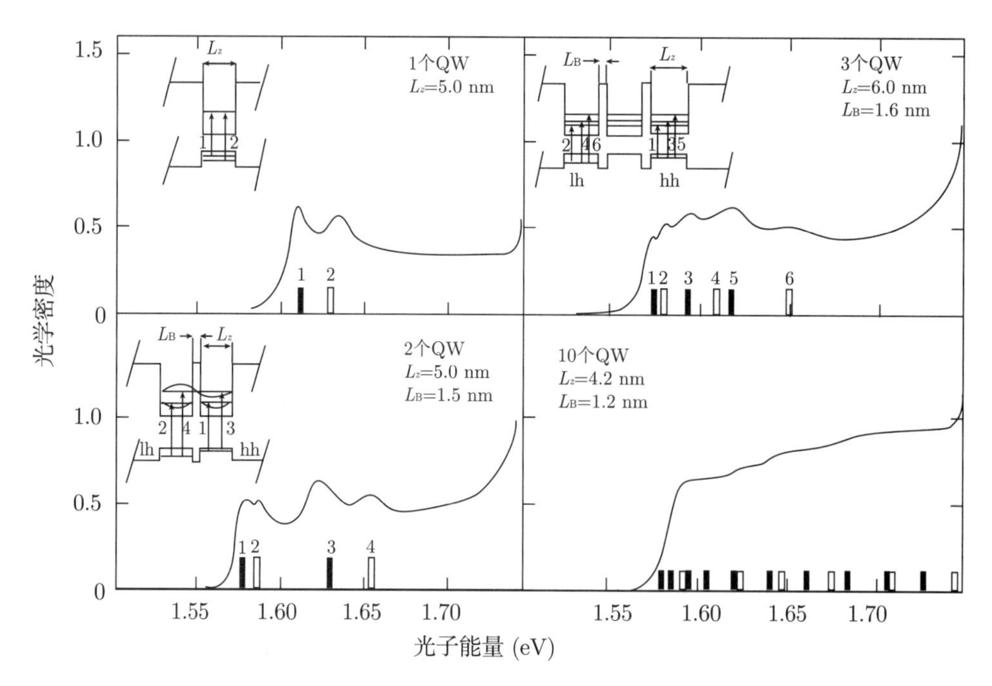

图12.34　1个、2个、3个和10个耦合量子阱的吸收谱. 理论预言的重空穴(轻空穴)跃迁用实心棒(空心棒)标记在相应的跃迁能量处. 改编自文献[1192]

的量子化能级). 同时满足泊松方程和薛定谔方程. 这两个方程可以用数值方法迭代地求解, 改变解, 直到它自洽, 同时满足这两个方程.

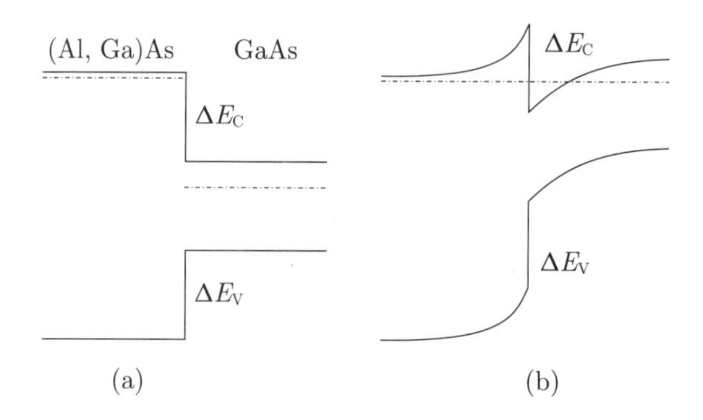

图12.35　在n型(Al, Ga)As/n型GaAs 异质结里形成三角形势阱的示意图: 费米能级达到平衡(a) 之前; (b) 之后

如果 2DEG 的区域不是掺杂的, 电子气所在的地方就没有任何杂质原子, 也不存在电离杂质的散射. 这个概念称为调制掺杂. 已经实现的迁移率高达 $3.1\times10^7\ \mathrm{cm^2/(V\cdot s)}$ (图 12.37). 在调制掺杂的 (Al,Ga)As/GaAs 异质结构里, 2DEG 的迁移率的理论极限在

文献 [1194] 里有详细的讨论.

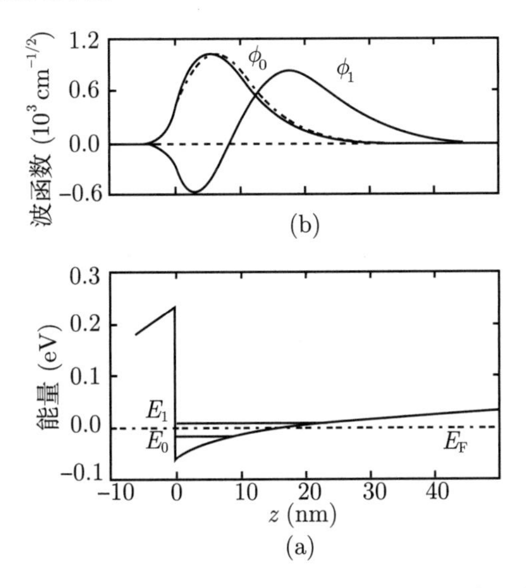

图12.36　(a) 在$GaAs/Al_{0.3}Ga_{0.7}As$异质界面处的导带边(T= 0 K)，水平实线在E_0和E_1处标出了两个束缚态. 在GaAs沟道里，有$5\times10^{11}/cm^2$的电子. 势垒高度是300 meV，$N_D^{GaAs} = 3\times10^{14}/cm^3$. 费米能级$E_F$的位置在$E$=0处，由点划线标出. (b) 两个束缚态的包络波函数ϕ_0和ϕ_1. 点划线为计算结果，没有考虑E_0处的态的交换和关联. 改编自文献[1193]

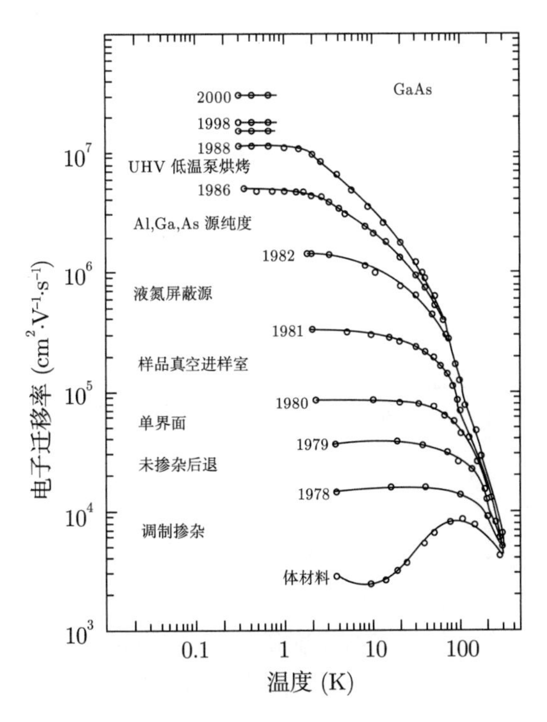

图12.37　GaAs里电子迁移率的进展，标出了导致进步的相应技术创新. 改编自文献[1195]，经允许转载，©2003 Elsevier B.V

12.4 量子阱里的复合

12.4.1 厚度依赖关系

在量子阱里, 因为电子和空穴的量子限制能, 激子的复合能量相对于体材料是蓝移的 (图 12.38). 量子阱里的电子-空穴复合线形由联合态密度和玻尔兹曼函数的乘积给出 (当玻尔兹曼统计适用时). 联合态密度 (JDOS) 是阶梯函数 (亥维赛德函数 $H(E)$):

$$I(E) \propto H(E - E_{11}) \exp\left(-\frac{E}{kT}\right) \tag{12.10}$$

其中, $E_{11} = E_{\mathrm{g}} + E_{\mathrm{e1}} + E_{\mathrm{h1}}$ 表示 E1-H1 子带边的能量, 如图 12.38 所示. 实验谱线表明 (图 12.40(a)), 即使在室温下, 激子效应也影响了复合的线形 [1199].

随着阱宽的减小, 激子的复合衰减常数变小, 部分原因是激子束缚能增大了, 参阅文献 [1200].

12.4.2 展宽效应

多体效应

在高载流子浓度下, 当电子的 (准) 费米能级高于电子的子带边时, 谱就展宽了, 反映了费米-狄拉克分布 (图 12.40(b)). 在低温下, 一种多体效应 (与费米带边的电子发生多重的电子-空穴散射) 导致了一个额外的峰, 称为费米带边奇异性, 这在文献 [1201] 里讨论.

均匀展宽

已经研究了量子阱发光的均匀展宽的温度依赖关系 [1202]. 它服从由体材料得到的展宽的温度依赖关系 (9.7.7 小节), 具有与 LO 展宽参数类似的数值. 在不同温度下, 17 nm 的 $\mathrm{GaAs/Al_{0.3}Ga_{0.7}As}$ 量子阱的反射谱如图 12.39(a) 所示. 不同量子阱宽度的光学声子展宽参数如图 12.39(b) 所示, 与体材料数值一致.

均匀展宽使得面内质心波矢 $\boldsymbol{K} \neq \mathbf{0}$ 的激子也能发生辐射复合. 这导致了激子寿命的线性增大, 在 GaAs 量子阱里得到证实 (直到 50 K)[1200]. 文献 [1203] 考虑了光锥里

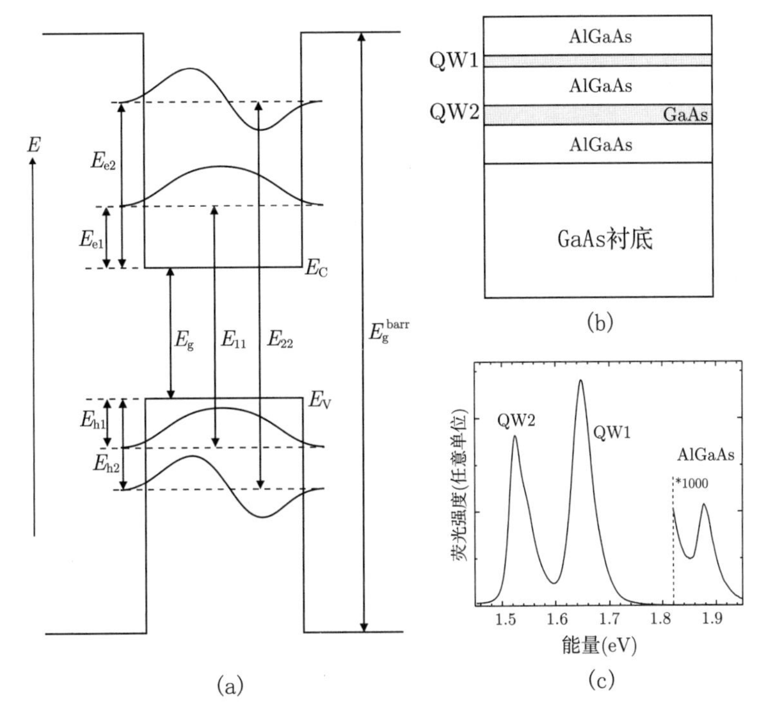

图12.38 (a) 量子阱的能级示意图，包含了受限的电子态(e1,e2)和空穴态(h1,h2)以及它们之间的复合(能量分别为E_{11}和E_{22}). (b) 样品结构示意图，有两个GaAs/Al_xGa_{1-x}As量子阱，厚度分别为3 nm和6 nm. (c) 图(b)结构的光致发光谱(T= 300 K). 一小部分势垒发光出现在1.88 eV，符合x= 0.37(参见图6.24(c))

的所有激子波矢, 解释了 (非极性的)ZnO 量子阱里激子寿命的线性增大 (直到室温).

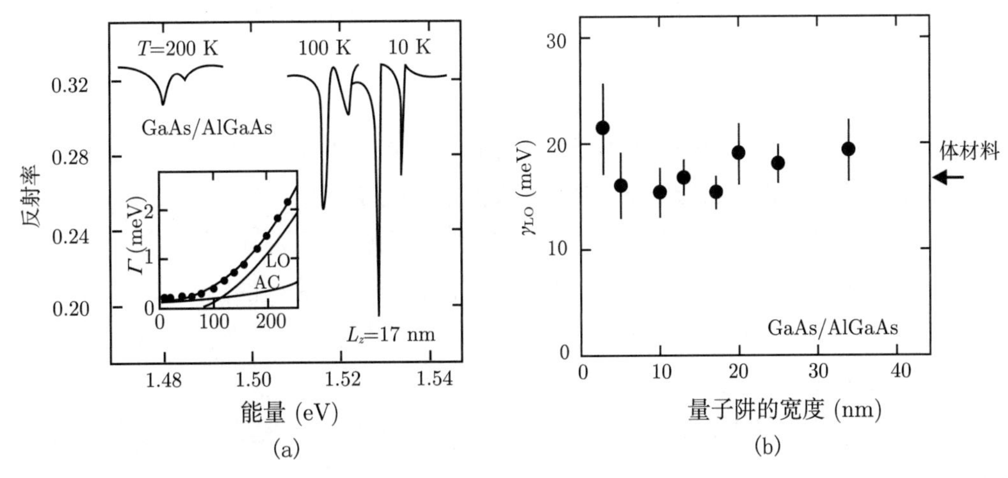

图12.39 (a) 17 nm 厚的GaAs/$Al_{0.3}Ga_{0.7}$As量子阱在不同温度下的反射谱. 插图给出了均匀线宽的温度依赖关系. (b) 不同量子阱宽度的LO声子展宽参数(FWHM). 改编自文献[1202]

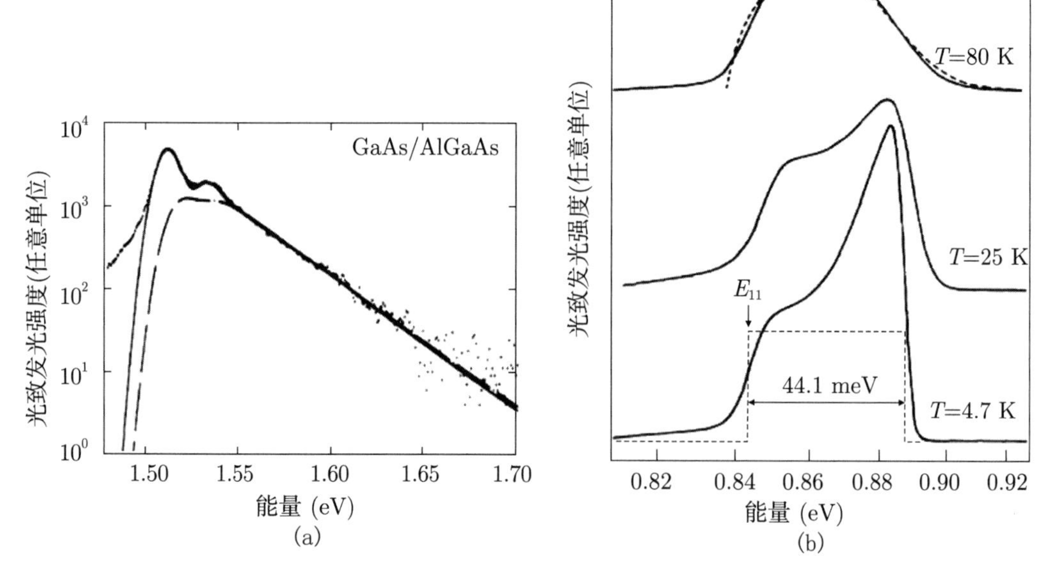

图12.40 (a) 5 nm宽的GaAs/(Al, Ga)As量子阱的光致发光谱，T=300 K. 实线(虚线)是考虑(没考虑)激子效应的拟合结果. 两个峰分别来自重空穴和轻空穴的跃迁. 改编自文献[1199]. (b) 10 nm调制掺杂(In, Ga)As/InP量子阱在三个不同温度的光致发光谱，电子的面密度是n_s=9.1×10^{11}/cm^2. 电子的准费米能级与子带边的距离是$F_n-(E_C+E_{e1})$=44.1 meV. 在T=80 K的谱里，虚线是来自JDOS和费米-狄拉克分布(没有费米带边增强)的线形. 改编自文献[1201]

非均匀展宽

非均匀展宽影响复合的线形. 因为量子阱的界面不是理想平整的, 需要对激子体积内不同的量子阱厚度做平均. 还有, 量子阱里的波函数隧穿进入势垒, 例如, 对于 GaAs/(Al,Ga)As 系统, 其程度依赖于量子阱的宽度, 在那里“看到”合金展宽 (见 10.3.3 小节). 在随机起伏的势里的激子动力学问题已经有了详细的处理 [1204,1205].

下面是简化的图像：在低温下, 激子喜欢占据势能极小值. 在量子阱的带边 E_0 处, 量子阱的吸收或者联合态密度的简单线形① 是阶梯函数 (参见表 9.3). 非均匀展宽是高斯分布 $p(\delta E)\propto\exp[-(\delta E)^2/(2\sigma^2)]$, 其中 δE 是相对于 QW 带边的偏离: $\delta E=E-E_0$. 由此导致的线形是高斯分布和没有扰动的吸收谱的卷积, 给出了类似于误差函数的谱②, 如图 12.41(a) 所示.

对于完全热化的情况, 能级的占据由玻尔兹曼函数给出. 复合谱由吸收谱 (或者

① 忽略激子的增强.

② 误差函数的定义是 $\mathrm{erf}(x)=(2/\sqrt{\pi})\int_0^x\exp(-t^2)\mathrm{d}t$.

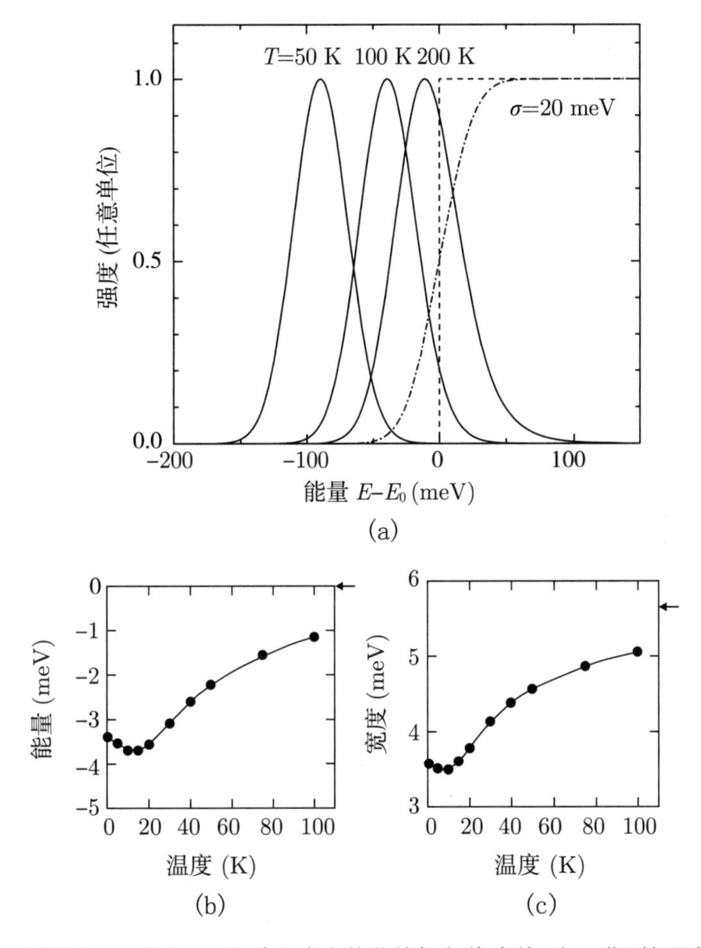

图12.41 (a) 一个模型量子阱在不同温度和完全热化的复合谱(实线，归一化到相同的高度)，虚线(点划线)是量子阱吸收边的没有扰动的(非均匀展宽的，σ=20 meV)线形. 能量尺度是相对于没有扰动的量子阱吸收边的能量位置E_0. (b, c) 一个模型无序量子阱的激子复合的理论能量位置(b)和线宽(c). 箭头标出了高温极限. 图(b, c)改编自文献[1204]

JDOS) 和玻尔兹曼函数的乘积给出. 它相对于 E_0 红移了大约[①]

$$\Delta E(T) = -\frac{\sigma^2}{kT} = \gamma(T)kT \tag{12.11}$$

发射和吸收之间的相对位移也称为斯托克斯位移.

在激子的寿命里 (至少受到辐射复合的限制), 激子通常不能到达玻尔兹曼函数要求的能量位置, 只能到达一个局部的极小值. 因此, 由于不充分的横向扩散, 它们的热化是不完全的. 这个效应在低温下特别重要, 进入相邻的更深的势阱极小值的热发射被压制了. 在这种情况下, 红移小于式 (12.11) 的预期. 数值模拟 [1204] 给出了复合谱线的能量位置的这种行为, 如图 12.41(b) 所示. 同时, 复合谱的宽度也表现出一个极小值

① 对于高斯函数和玻尔兹曼函数的乘积, 公式 (12.11) 是精确的.

(图 12.41(c)). 这些发现与实验结果一致 [1206,1207]. 当存在无序时, 依赖于温度的激子局域化的解析模型由文献 [1208] 给出, 得到了式 (12.11) 里的数值 $0\leqslant\gamma\leqslant\gamma_0=(\sigma/(kT))^2$.

在低温下, 势的起伏可以使得激子发生横向局域化 [1199], 表现得像一个量子点 (见 14.4 节). 有一个边界把局域化和非局域化的激子分开, 称为迁移率边 [1209]. 这两个区域之间的转变就是莫特相变 [1210].

单原子层生长的岛

在特定的生长条件下, 生长的量子阱具有分段的、非常平整的界面. 这种区域 (横向的延伸尺寸是 μm 的范围) 之间的厚度差是整数个单原子层. 相应地, 复合谱给出几个分离的谱线 (通常是两个或三个), 如图 12.42 所示.

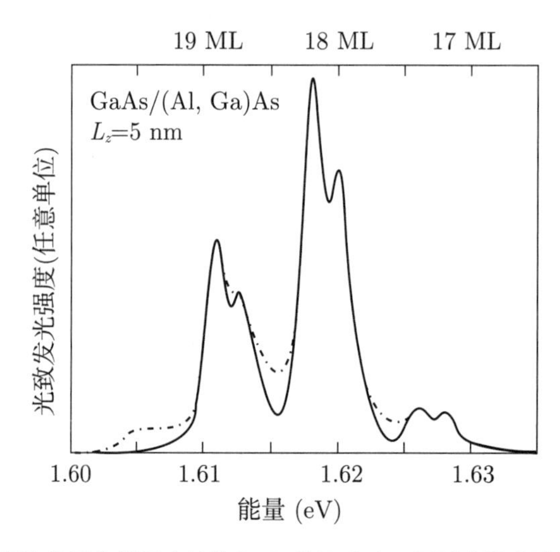

图12.42 用120 s生长停顿的分子束外延生长的GaAs/(Al, Ga)As量子阱的光致发光谱(T=2 K)(点状线). 复合来自高度为19, 18和17单层(a_0/2)高的岛里的激子. 实线是线形拟合的结果, 包括了寿命展宽(γ=1.34 meV)和来自(Al, Ga)As势垒合金组分涨落的残余非均匀展宽(σ= 0.04 meV). 注意, 峰的能量间距远大于kT. 这个双峰结构在文献[1199] 中讨论. 改编自文献[1199]

12.4.3 量子受限的斯塔克效应

在量子阱里, 当沿着量子阱宽度方向施加电场时, 量子受限的斯塔克效应 (QCSE, 15.1.2 小节) 移动了能级. 在热电和压电材料组合里, 例如, c 轴取向的 (In,Ga)N/(Al,Ga)N [1211,1212] 或 (Cd,Zn)O/(Mg,Zn)O[1213,1214], 因为内建电场 (见 16.2 节) 而存在很强的效应. 量子阱越厚, QCSE 诱导的红移就越大, 超过了量子阱材料的体材料带隙 (图 12.43(b)). 随着阱宽的增大, 波函数的重叠变小, 导致了辐射复合寿命的增大, 如图 12.43 所示. 生长在非极化方向 (例如 [11.0]) 上的量子阱没有热电场和相关

的寿命修正 (图 12.43(a)).

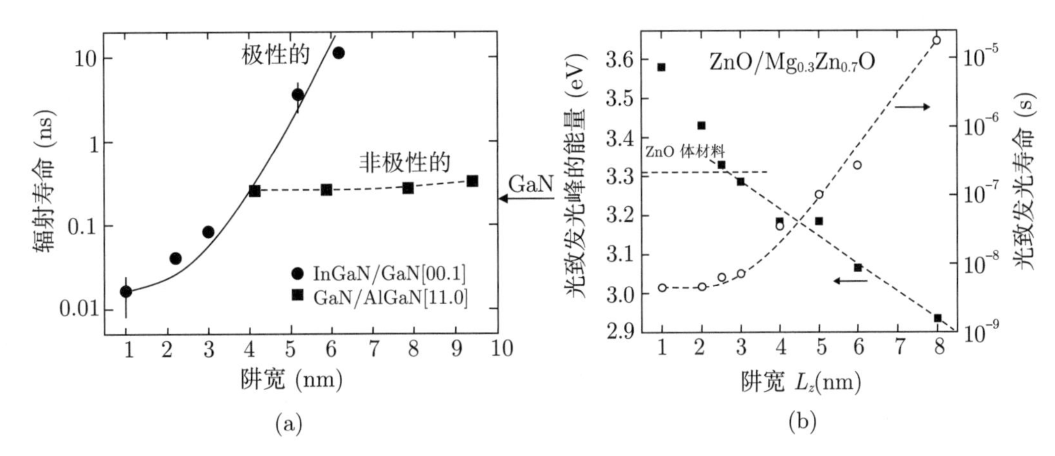

图12.43 (a) 不同厚度的极性[00.1]取向的$In_{0.2}Ga_{0.8}N$/GaN(圆点)和非极性[11.0]取向的GaN/$Al_{0.2}Ga_{0.8}N$(方块)量子阱中的电子-空穴对的辐射寿命. 实验数据用符号表示. 实线是(归一化后的)InGaN/GaN 量子阱的电子-空穴重叠程度的理论依赖关系. 虚线用于引导视线. 箭头标出了GaN体材料中的复合时间常数. 改编自文献[1215, 1216]. (b) 对于不同阱宽度L_z(势垒宽度L_B=5 nm), ZnO/$Mg_{0.3}Zn_{0.7}O$量子阱的低温光致发光峰的复合能量(实心方块). 虚线给出了对0.9 MV/cm电场的依赖关系, 水平的虚线给出了ZnO 体材料里的复合能量. 由光致发光得到载流子寿命(圆点), 虚线用于引导视线. 改编自文献[1214]

12.5 同位素超晶格

一种特殊类型的异质结构是同位素含量的调制. 这样制作的第一种异质结构是 $^{70}Ge_n/^{74}Ge_n$ 对称超晶格 [1217]. 对于不同的层数 n, 由拉曼光谱得到的声子能量如图 12.44 所示. 这些模式被分类为 $^{70}LO_m$ 和 $^{74}LO_m$, 标出了其中振幅最大的材料, m 是该介质中最大值的数目. ① 对于 $^{69}GaP_{16}/^{71}GaP_{16}$ 超晶格, 这些模式如图 12.45(a) 所示. 理论得到的模式能量随着超晶格周期的变化关系如图 12.45(b) 所示.

① 只有奇数 m 的模式才有拉曼活性.

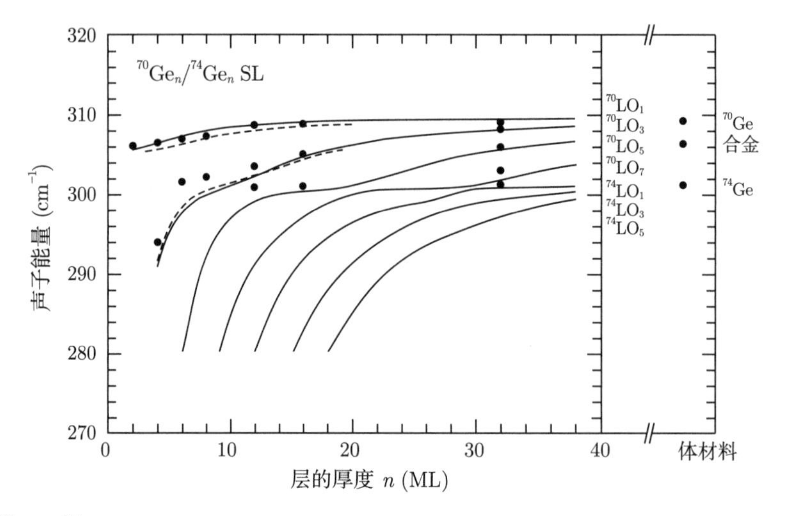

图12.44 在^{70}Ge$_n$/^{74}Ge$_n$超晶格里，受限LO声子能量的测量值(实心圆点)和理论值(实线)与层的厚度(单原子层的数目)n的关系. 虚线表示的计算考虑了界面的混合.在右边给出了同位素纯的^{70}Ge和^{74}Ge的体材料模式的能量以及^{70}Ge$_{0.5}$ ^{74}Ge$_{0.5}$合金的体材料模式的能量. 改编自文献[1217]

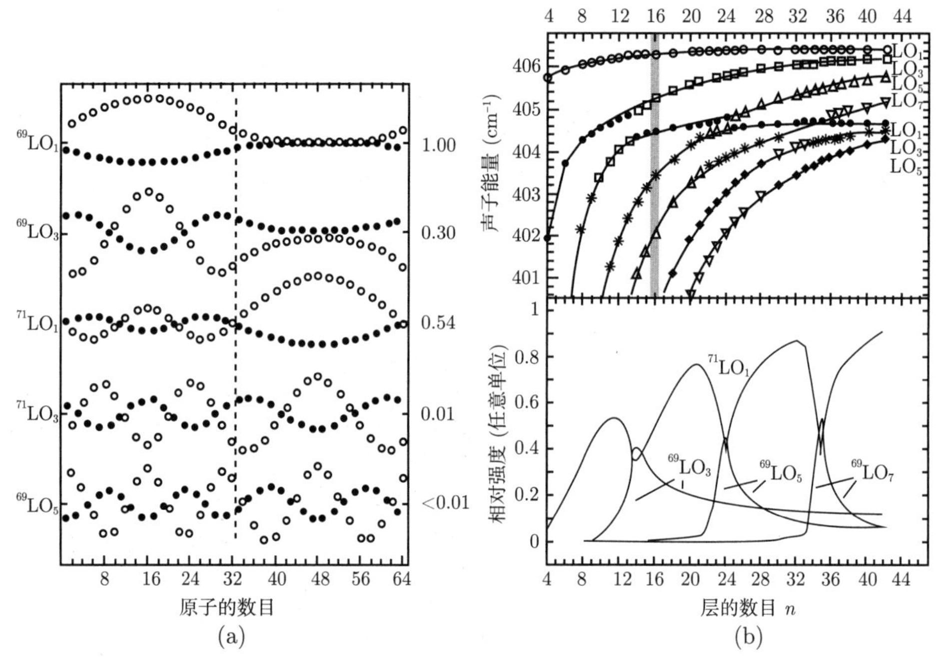

图12.45 (a) 在一个^{69}Ga$_{16}$P/^{71}Ga$_{16}$P超晶格单元里，奇数指标的LO模式的原子位移(Ga(实心圆点)和P(空心圆点)). 这些模式相对于中间层平面(在本例中，位于原子数目16和48处)具有偶宇称. 左边的标记给出了模式的主要特征，右边的标记给出了相对的拉曼强度(相对于^{69}LO$_1$模式的拉曼强度). 垂直轴上的标记给出了相应模式的零位移. (b) 上图：在GaP同位素超晶格中，奇数指标的LO声子模式的能量和特征，在平面键电荷模型里针对理想界面做计算. ^{69}LO$_m$模式用空心符号表示；^{71}LO$_m$模式用实心符号表示. 阴影区标记了n=16，那里的模式的原子位移如图(a)所示. 下图：计算得到的模式强度(相对于^{69}LO$_1$声子模式). 改编自文献[379]，经允许转载，©1999 APS

12.6 晶片键合

把两种不同材料的晶片面对面地放在一起, 充分地融合 (fused). 这个想法不只是用黏稠的 (和柔性的) 有机材料把晶片“粘”在一起, 而是在完美的界面之间形成强的分子键合. 在一些情况下, 界面必须能够让载流子传输通过. 对于光子传输, 要求的条件没有这么严格.

在晶片键合的过程中, 必须避免力学缺陷, 例如表面粗糙度、灰尘颗粒等, 因为它们会产生空洞. 已经研发了几种方法, 用于键合不同的材料 [1220-1222]. 对于大的衬底尺寸, 这些工艺是成功的. 经过适当的处理, 可以产生理想的界面, 如图 12.46 所示. 如果在 p 掺杂的半导体和 n 掺杂的半导体之间制作这些结构, 就表现出二极管特性.

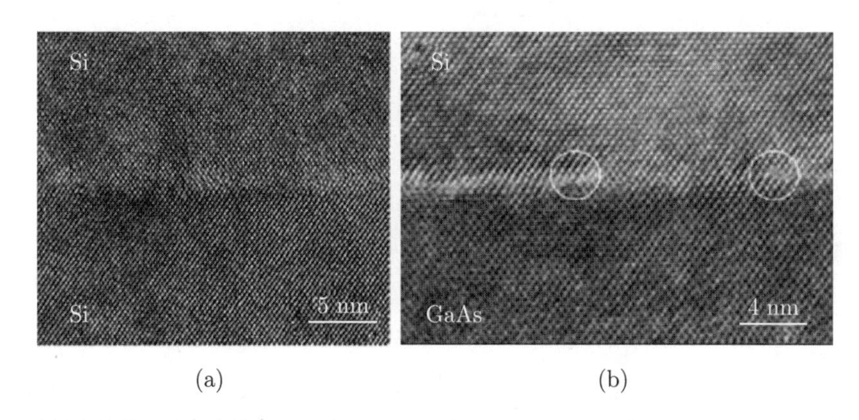

(a) (b)

图12.46 晶片键合的界面的高分辨率TEM像: (a) Si-Si界面; (b) GaAs-Si界面. 白色圆圈指出了错位位错的位置. 图(a)转载自文献[1218], ©2003, 得到Elsevier允许. 图(b)经允许转载自文献[1219], © 1998 AIP

13

第13章

二维半导体

引入新的实验系统通常比在拥挤的区域内寻找新现象更有价值. 当然, 人们最初希望的奇妙结果不太可能实现, 但是, 在研究任何新系统的过程中, 原创性的东西 (something original) 不可避免地出现了.

——盖姆 (A. K. Geim), 2010 年 [1223]

摘要

二维材料或原子片是没有体积的材料. 它们提供了独特的物理和性质, 但在制备和稳定性方面也存在挑战. 将这些二维材料堆积在范德华异质结构中, 扩展了这种可能性.

二维材料是半导体最终的厚度极限. 虽然量子阱的厚度可以控制在亚原子的平均厚度上, 但它们仍然受到衬底的粗糙度或起伏的影响. 二维材料更像是自由的二维分子, 具有巨大的横向延伸和由原子键定义的垂直结构. 这个主题有论文集和教科书 [1224-1226].

13.1 石墨烯和相关材料

石墨烯 (文献 [1227] 给出了这个名字) 是最终的薄材料, 一片蜂窝状的碳原子; 这不是六角晶格 (参见图 3.3(b)), 而是具有双原子基的三角晶格 (图 13.1). 石墨烯具有独特的物理性质, 例如在费米能量附近的线性色散, 使其类似于超相对论性的物理学 (ultra-relativistic physics)[1228]. 石墨烯的理想形式并没有带隙. 文献 [1229] 介绍了石墨烯从 1840 年开始的研究历史.

已经设想了石墨烯和石墨烯基的复合材料的许多电子学应用, 例如超级导体或晶体管材料 [1230,1231], 以及在能源、生物医学、膜和传感器中的应用 [1232,1233], 但目前的工业应用仍然相当有限. 这里介绍“扁平”(flat) 石墨烯, 14.3 节介绍基于石墨烯的准一维纳米管.

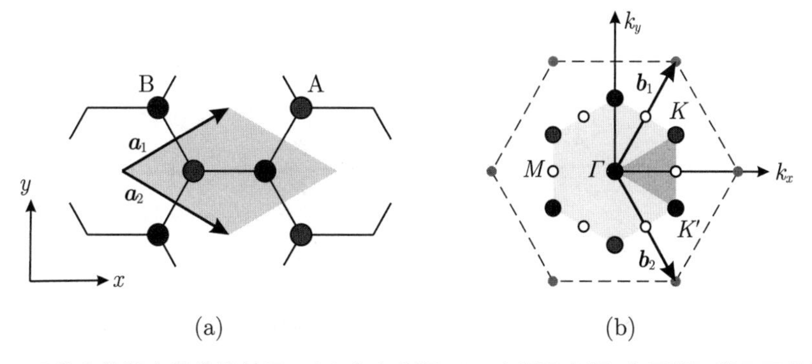

图13.1　A–B化合物蜂窝晶格的基元：(a) 在实空间; (b) 在倒易空间, 布里渊区的不可约部分显示为深灰色阴影

13.1.1 结构性质

石墨烯中的碳键长度为 $d_{\text{C-C}} = 0.142$ nm(比较表 13.1). 由于不稳定性 [1234,1235], 自由悬挂的石墨烯层并非完全平坦, 而是表现出波纹 [1236]. 石墨烯可以通过微机械剥离

(micromechanical cleavage) 来制备, 即高度取向热解石墨的小台面的机械剥离 (反复地剥离)[1237,1238]. 在碳化硅上的外延生长 [1239] 和铜在大薄片上的生长 [1232] 已有报道.

石墨是这种石墨烯薄片的堆叠排列方式. 由范德华力结合在一起 (比较 13.3 节), 如图 13.2(b) 所示. 碳原子通过 sp^2 杂化键合. 有机分子 (例如蒽 (anthracene) 或晕苯 (coronene), 图 18.1) 可以理解为这种二维石墨烯片的分子大小的碎片, 外部的断裂的键有氢饱和. 必须区分单层石墨烯片 (SLG) 和少层石墨烯片 (FLG), 因为后者的精确堆叠排列和垂直耦合效应起着作用. 理想情况下, 这种二维晶体是无限扩展的, 例如在能带结构计算的时候. 当然, 真实的晶体总是有 (准) 一维边界, 它在拓扑上是一条线或非常薄的侧壁. 已经研究了石墨烯中的各种缺陷. 空位在文献 [1241] 中讨论, 显示出 $2\mu_B$ 的磁矩.

实空间和倒易空间中的基元如图 13.1 所示. 晶格向量为 $\boldsymbol{a}_{1,2} = a/2(3, \pm\sqrt{3})$(图 13.1(a)). 倒易晶格向量为 $\boldsymbol{b}_{1,2} = 2\pi/(3a)(1, \pm\sqrt{3})$, 其中 $a = d_{\mathrm{C-C}}$. 布里渊区 (图 13.1(b)) 有两个 K 点的三元组, 分别标记为 K 和 K'(或 $K+$ and $K-$), 位于 $\boldsymbol{K}, \boldsymbol{K}' = 2\pi/(3a)(1, \pm1/\sqrt{3})$. 当 A 位和 B 位全同的时候 (例如石墨烯), K 点和 K' 点的差异通常是微妙的, Γ-M-K 布里渊区就足够了.

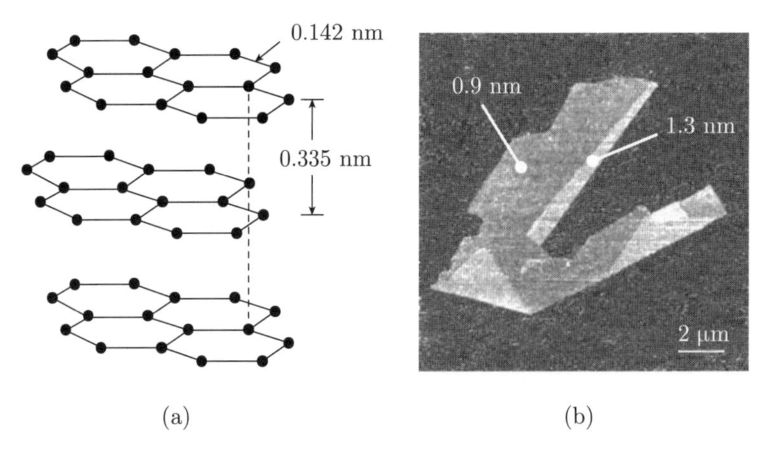

图13.2 (a) 石墨的层结构示意图，标出了键长和层距. (b) 氧化硅上石墨烯的AFM图像. 标出了两个区域相对于背景的高度. 改编自文献[1240]

石墨烯的力学性能详见文献 [1242, 1243]; 它具有优异的强度 (杨氏模量在 1 TPa 的范围). 断裂应力是钢的 200 倍, 二维的拉伸应力为 42 N/m, 对应的应变是 25%. 石墨烯的声子色散如图 13.3(a) 所示. 对于 ZA 和 ZO 模式, 位移垂直于石墨烯平面 (平面外模式). 图 13.3(b) 比较了石墨和石墨烯的拉曼光谱. 出现在大约 1580/cm 的峰 (称为 "G") 是由于布里渊区中心模式. 大约 2680/cm 的峰 (称为 "2D") 是由于在 K 点附近的最高光学分支中动量相反的两个声子 (双共振). 由于双层石墨烯的电子能带结构的改变, 它分裂成 4 个峰 [1245].

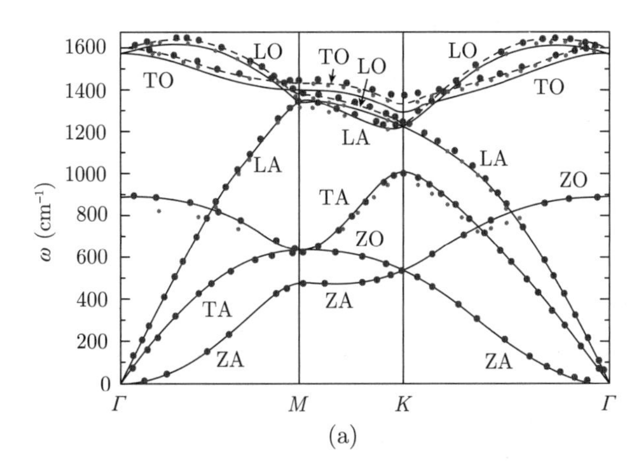

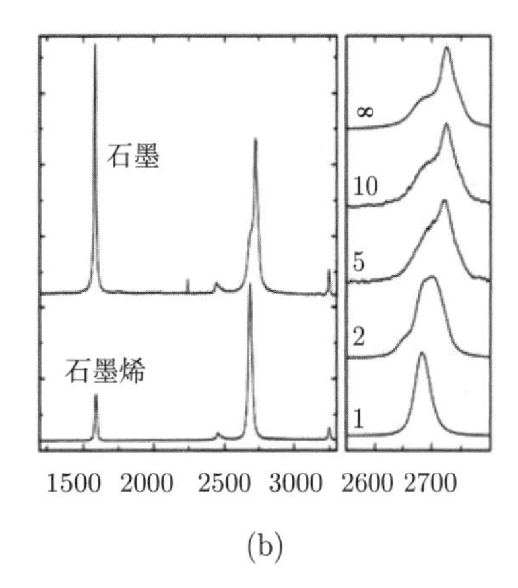

图13.3 (a) 石墨烯的声子色散关系(比较图13.1(b)). 符号是取自不同方法得到的实验数据. 虚线是 DFT-LDA 理论，实线是GGA理论. 改编自文献[1244], 获允转载,© 2004 Elsevier. (b) 石墨和石墨烯的拉曼光谱(在514 nm处激发). 右图标记了FLG中的单分子层的数目(1：石墨烯, ∞：石墨). 改编自文献[1245], 获允转载, © 2006 APS

13.1.2 能带结构

石墨烯从第一性原理计算得到的能带结构 [1246] 如图 13.4(a) 所示. 单层石墨烯是零能隙的半导体 (参见图 6.46), 在 K 点的费米能量附近 (图 13.4(b)), 具有线性的类光子的谱,

$$E = \hbar k v_{\mathrm{F}} \tag{13.1}$$

这个点也称为狄拉克点.

靠近费米能级的重要能带来自 (平面外的)π 轨道, 而 (平面内的) 化学键为 sp^2 型 (2.2.3 小节). K 点附近的线性色散类似于无静止质量的相对论性粒子的色散关系. 石墨烯里的电子当然不是真的没有质量, 它们的速度 (式 (6.35)) 是 $v_{\mathrm{F}} \approx 10^6$ m/s, 大约是光速的 1/300[1248,1249].

在最简单的紧束缚近似中 (参见附录 G), 考虑到碳 (平面外)p_z 轨道与三个最近邻的耦合, 文献 [1250, 1251] 给出了能带结构 (参见式 (G.23))

$$E(\boldsymbol{k}) = \pm t\sqrt{1+4\cos\left(3\frac{ak_x}{2}\right)\cos\left(\frac{\sqrt{3}ak_y}{2}\right)+4\cos^2\left(\frac{\sqrt{3}ak_y}{2}\right)} \tag{13.2}$$

其中, a 是晶格常数, $t \approx 2.8$ eV 是近邻跳跃能量 (参见图 G.1). 现在已经报道了更精细的紧束缚模式 [1252,1365], 次近邻能量 t' 大约为原来的 1/10~1/100; 对回旋共振实验的紧束缚模型拟合得到 $t' = 0.1$ eV[1253]. 二维能带结构如图 13.4(b) 所示. 这种能带结构已经被实验直接证实 [1254], 如图 13.6(a)~(e) 所示. 随着电子浓度的增加, 能带结构偏离了圆锥型能带 (图 13.6(e)~(h)), 这是因为强的电子-电子、电子-声子、电子-等离激元 (plasmon) 耦合效应 [1254].

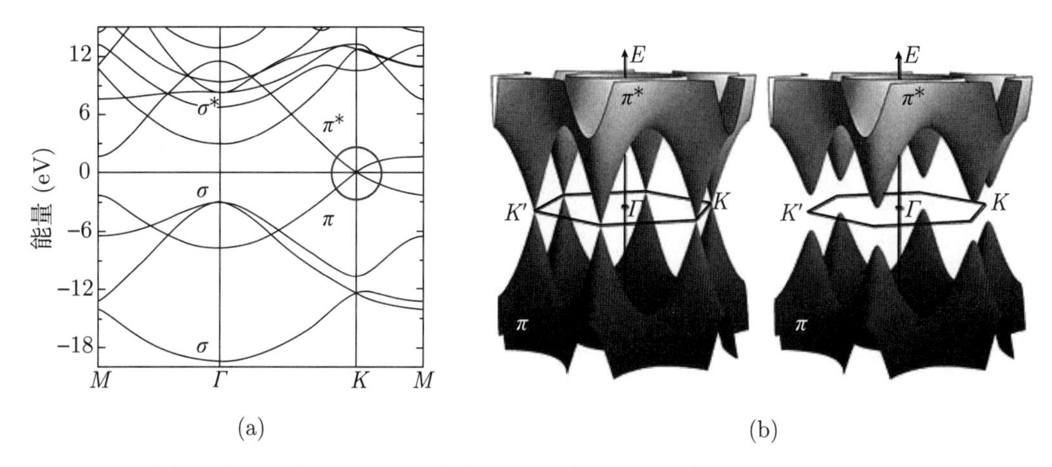

图13.4 (a) 从第一性原理计算得到石墨烯能带结构(零能量指本征费米能级). 圆圈标出了费米能级处的线性能带交叉. 改编自文献[1247], 经允转载, ©2004 WILEYVCH. (b) 石墨烯(左)和有带隙的类石墨烯材料(右)的π带的三维表示$E(k_x, k_y)$

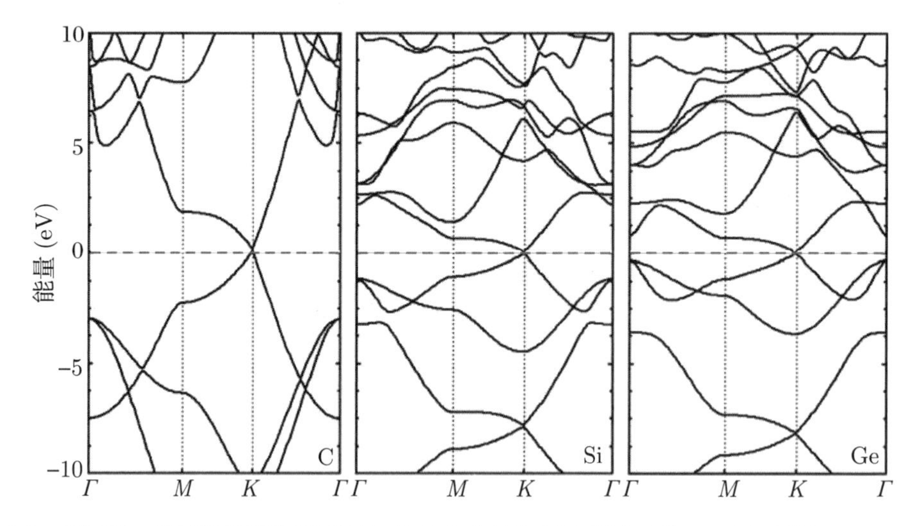

图13.5 石墨烯、硅烯和锗烯的能带结构. 改编自文献[1255], 获允转载, ©2014 RSC

图 13.5 比较了 C, Si 和 Ge 原子片的能带结构. 这三种材料在 K 点处都发生了交叉, 而布里渊区中心的带隙随着阶数 (order number) 的增加而减小. A 位和 B 位之间的任何不对称, 例如在某些波纹衬底上, 都会在狄拉克点引入带隙 (图 13.4(b)).

少层石墨烯 (FLG) 的能带结构已经有理论分析 [1256,1257]. 双层的能带结构的实验数据可以见文献 [1258]. 不同堆叠顺序的石墨烯层有着微妙的差别 (见下文, 13.3 节). 体材料石墨表现出半金属性的行为, 能带的重叠大约是 41 meV. 对于超过 10 层的石墨烯层, 与体材料石墨的能带重叠的差别小于 10% .

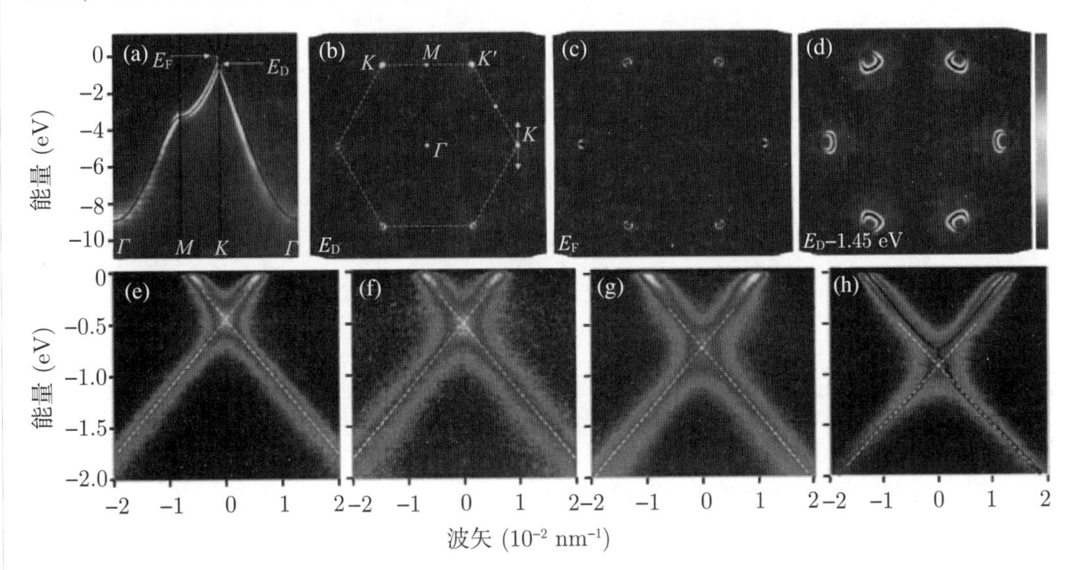

图13.6　用ARPES实验测量得到的石墨烯(在(0001)6H-SiC上)的能带结构. (a) 在布里渊区的主要方向，态的能量分布随动量的变化情况. 实线表示T=2.82 eV的单轨道紧束缚模型(式(13.2)).由于掺杂，费米能级移动了0.435 eV. (b) 与狄拉克能量E_D对应的束缚能状态的常能量图；叠加的虚线是布里渊区的边界. K点处的箭头给出了获取图(e)~(h)数据的方向. 图(c)，(d) 分别是费米能量 ($E_F = E_D$ + 0.45 eV)和E_D−1.5 eV的常能量图. 图(e)~(h) 沿着图(b)标出的直线(经过K点，平行于Γ-M方向)，实验得到的能带. 虚线表示狄拉克交叉能量以下的低能带的外推，观察发现它没有穿过上能带(在E_D以上)，表明了E_D附近的能带的扭曲形状. 对于图(e)~(h)，层电子密度分别是n_S =1.1 × 10^{13}/cm^2, 1.5 × 10^{13}/cm^2, 3.7 × 10^{13}/cm^2, 5.6 × 10^{13}/cm^2，由于钾的吸附而增大了掺杂浓度. 改编自文献[1254]，获允转载，© 2006，Springer Nature

13.1.3　电学性质

石墨烯层的舒布尼科夫 - 德哈斯 (SdH) 振荡表现出下述行为 [1249]:

$$\frac{1}{\Delta B} = \frac{4e}{h}\frac{1}{n_S} \tag{13.3}$$

对应于二维电子系统的式 (15.39), 自旋简并度和谷简并度① 都是 2. 回旋质量已经由 SdH 振荡的温度依赖特性确定, 正比于② $\sqrt{n}$ (图 13.7). 回旋质量通常 [1259] 与费米能量的轨道在 k 空间的面积 $S(E)=\pi k^2$ 联系起来:

$$m_{\mathrm{c}}=\frac{\hbar^2}{2\pi}\frac{\partial S(E)}{\partial E} \tag{13.4}$$

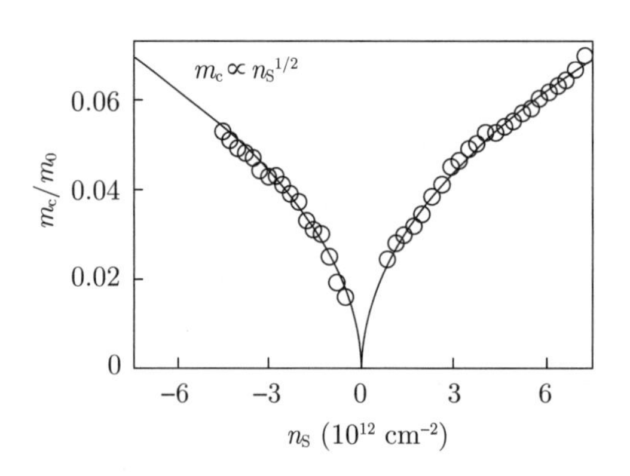

图13.7 石墨烯的回旋质量作为层电子密度n_S的函数(负值是空穴的密度, $E_F < E_D$). 改编自文献[1249]

利用线性色散关系式 (13.1), 可以把式 (13.4) 写为

$$m_{\mathrm{c}}=\frac{\hbar^2}{2\pi}\frac{2\pi E}{\hbar^2 c_*^2}=\frac{E}{c_*^2} \tag{13.5}$$

对于线性的能量色散关系式 (13.1), 直到费米能量 E_{F} 处的态的数目为 (简并度为 4),

$$N(E_{\mathrm{F}})=4\frac{\pi k_{\mathrm{F}}^2}{(2\pi/L)^2}=A\frac{4\pi E_{\mathrm{F}}^2}{h^2 c_*^2} \tag{13.6}$$

其中, A 是系统的面积. 因此, 利用式 (13.5), 我们有 (在低温下)

$$n_{\mathrm{S}}=\frac{4\pi}{h^2}\frac{E_{\mathrm{F}}^2}{c_*^2}\propto m_{\mathrm{c}}^2 \tag{13.7}$$

就像实验确定的那样. 因此, SdH 振荡的行为证实了线性的色散关系. 速度的实验数据是 $v_{\mathrm{F}}\approx 10^6$ m/s. 根据式 (13.7), 在狄拉克点附近, 态密度 (单位面积和能量) 随着能量线性地增长,

$$D(E)=\frac{8\pi}{h^2 v_{\mathrm{F}}^2}E \tag{13.8}$$

① 在 K 点有 6 个谷, 每个谷由 3 个布里渊区共享.

② 在式 (15.38) 那样的抛物线型色散关系里, 回旋质量不依赖于 n.

石墨烯层的载流子密度可以利用场效应来控制. 把石墨烯放置在一个绝缘体 / 半导体结构上, 通常是 SiO_2/Si(见 21.3 节). 载流子密度就与外加的 (栅级) 电压 V_g 有关 (式 (21.93) 和 (21.95)),

$$n_S = \frac{\epsilon_i V_g}{ed} \tag{13.9}$$

其中, d 是绝缘层的厚度, ϵ_i 是它的介电常数. 通过施加正的 (负的) 偏压, 可以在层里诱导出电子 (空穴). 电子和空穴的密度依赖于费米能量①:

$$n_S = \frac{8\pi}{h^2 v_F^2}\int_{E_D}^{\infty}\frac{E-E_D}{1+\exp[(E-E_F)/kT]}dE \tag{13.10a}$$

$$p_S = \frac{8\pi}{h^2 v_F^2}\int_{-\infty}^{E_D}\frac{-(E-E_D)}{1+\exp[-(E-E_F)/kT]}dE \tag{13.10b}$$

如图 13.8 所示. 这些关系不能反着用来解析地得到 $E_F(n,p)$. 总的电荷密度是 $\rho_S = e(p_S - n_S)$.

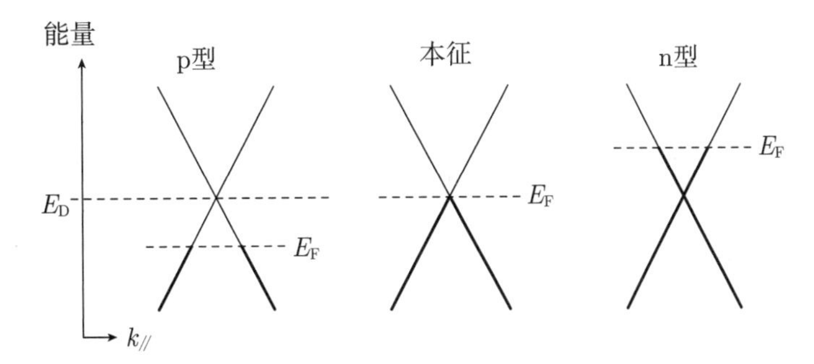

图13.8 石墨烯的能带结构: 费米能E_F与狄拉克能量E_D有几种不同的相对位置. 电子占据的态用粗线表示

霍尔效应 (图 13.9) 具有预期的双极性依赖关系 (式 (15.16)), 当电子和空穴迁移率相等时②, 其形式为

$$R_H = \frac{1}{e}\frac{p_S - n_S}{(n_S + p_S)^2} \tag{13.11}$$

根据霍尔效应的测量, 迁移率大约是 10^4 $cm^2/(V\cdot s)$, 在 10 K 到 100 K 之间, 不依赖于温度, 而且对于电子和空穴都一样. 然而, 这个值远小于高度取向热解石墨 (HOPG) 的高质量样品的平面内迁移率, 在 4.2 K 温度下大约是 10^6 $cm^2/(V\cdot s)$[1260]. 在悬空的石墨烯里, 迁移率已经达到了 2.3×10^5 $cm^2/(V\cdot s)$, 受限于样品的有限

① 这里假定所有热占据的态都是线性的色散关系.

② 包括符号, 就是 $\mu_h = -\mu_e$. 对于 $T=0$ 和 $E_F = E_D$, $n_S = p_S = 0$, 因此, $1/R_H$ 应当等于 0. 对于有限的温度, 总是有 $n_S > 0$ 和 $p_S > 0$, 即使 $E_F = E_D$. 因此, $1/R_H \propto 1/(p_S - n_S)$ 在 $\rho_S = e(p_S - n_S) = 0$ 处发散, 并改变符号.

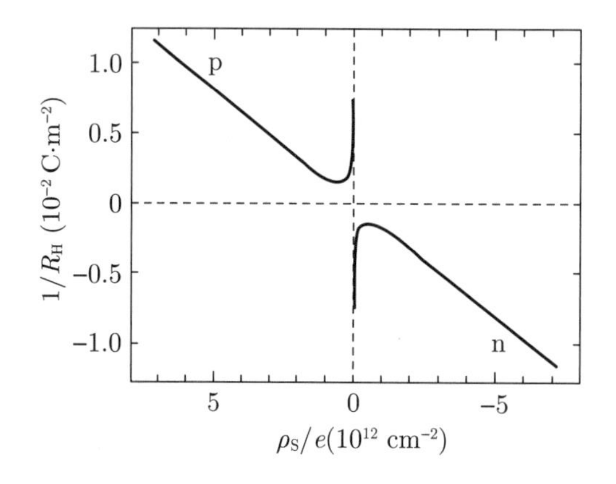

图13.9 石墨烯的霍尔系数(T=10 K)作为自由载流子面密度的函数$\rho_{\mathrm{S}}/e=p_{\mathrm{S}}-n_{\mathrm{S}}$(正值表示p型). 实线显示的数据来自文献[1249]

尺寸[1261]. 在固体表面的石墨烯层里, 非本征效应限制了载流子的迁移率, 例如, 电荷陷阱、界面声子、起伏 (ripples) 或制作时的残留物.

在石墨烯中观测到了量子霍尔效应[1249], 甚至在室温下[1262]. 平台 $(4e^2/h)(n+1/2)$ 对应于非同寻常的半整数填充, 第 1 个平台出现在 $2e^2/h$, 正如理论预言的那样, 与 "赝自旋" 有关. 石墨烯里的费米子的狄拉克行为的另一个后果是, 电阻率有一个最大值, $\rho_{\max}=h/(4e^2)=6.45\ \mathrm{k\Omega}$, 即使在最低温度下, 而且 $E_{\mathrm{F}}=E_{\mathrm{D}}$. 原因是这个事实: 导致绝缘行为的局域效应被强烈抑制了. 因此, 每个载流子的平均自由程保持在费米波长的量级.

克莱因佯谬 (狄拉克粒子有效地隧穿通过高而厚的势垒)[1263,1264] 看来可以在石墨烯的输运实验中实现[1265].

13.1.4 光学性质

石墨烯的透射率已经在孔洞上[1266] 和 SiO_2 衬底上[1267] 进行了研究. 带-带吸收过程如图 13.10(a) 所示. 对这个过程的理论分析表明, 吸光度约为 $\pi\alpha\approx0.023$, 其中 $\alpha=e^2/(\hbar c)$ 为精细结构常数[1266,1268]. 从理论上讲, 次近邻造成的影响不存在. 在可见光谱范围内的实验光谱中发现了这个普适的数, 如图 13.10(b) 所示. 为了显示这个值, 光子能量的一半可能不会太大, 因为三角形扭曲和非线性使得能带结构偏离线性依赖关系 (参见附录 G.3.2, 记住 $t\approx2.8$ eV). 在红外区, 偏差来自有限的温度, 相对于狄拉克点的非零费米能级造成的态阻塞, 以及带内跃迁[1267]. 对于 FLG, 透射率逐步减少; 由于层间效应, 台阶序列偏离了 $\pi\alpha$[1270].

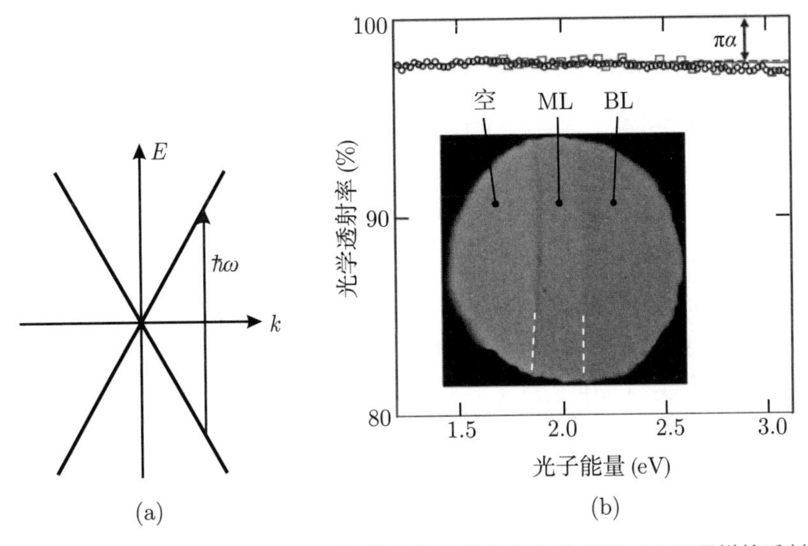

图13.10　(a) 在一个狄拉克点附近的石墨烯能带结构的带间吸收示意图. (b) 石墨烯的透射光谱, 使用标准光谱测量完全覆盖30　μm孔径(蓝色圆圈)的均匀膜, 使用光学显微镜(方块)测量. 插图显示了一个50　μm的孔径, 部分覆盖了单层(ML)和双层(BL)石墨烯(白色虚线标出了边界). 改编自文献[1266]

13.2　二维化合物半导体

二维化合物半导体材料已经报道的 BN, MoS_2, $NbSe_2$, $Bi_2Sr_2CaCu_2O_x$[1238] 或者 ZnO[1271], 特别是类型为 MX_2 的过渡金属二卤代物 (transition metal dichalcogenides, TMDC), 其中 M 表示过渡金属原子, X 表示卤族原子, 形成了 $(W,Mo)(S,Se,Te)_2$ 系统 [1272,1273]. 许多其他材料也形成了原子状的薄片 [1225,1255,1274]. 与石墨烯的主要区别在于, 它们形成了一个带隙. 表 13.1 中列出了一些物理性质.

表13.1　各种二维(单层)半导体的性质: 平面内最近邻距离为d_{A-B},MX_2型 TMDC材料里阴离子的垂直距离为d_{X-X}, 带隙为E_g, 激子结合能为E_X(在二氧化硅上剥离), 导带和价带里的自旋劈裂为Δ_{SOC}

材料	C	BN	MoS_2	$MoSe_2$	WS_2	WSe_2
d_{A-B}(nm)	0.142	0.144	0.184	0.192	0.184	0.192
d_{X-X}(nm)			0.317	0.334	0.314	0.334
E_g(eV)	0	7.3	2.15	2.18	2.41	2.2
E_X^b(eV)		2.2	0.31	0.5	0.32	0.5
$\Delta_{SOC,CB}$(meV)	0		−3	−21	29	36
$\Delta_{SOC,VB}$(meV)	0		148	184	430	466

13.2.1 结构性质

已知有很多种二维构型, 其中最突出的两种结构分别是 BN(1H, 六角格子) 和 TMDC(2H, 三角棱柱形 (trigonal prismatic), ABA 堆叠), 如图 13.11 所示. MoS_2 的 2H 结构的 TEM 平面视图如图 13.12 所示 [1275]. TMDC 的其他构型 (例如类 ABC 的堆叠, 1T, 扭曲的八面体) 也是可能的 [1276]. 一种变异是 MXY 型的 Janus TMDC, 其中底层和顶层由不同的阴离子组成 [1277]. 二维合金可以通过混合阳离子或阴离子 (或两者都有) 来形成. 例如, 图 13.12(b) 给出了一个 $Mo_{0.47}W_{0.53}S_2$ 单层的 STEM 图像, 显示 W 原子和 Mo 原子的分布.

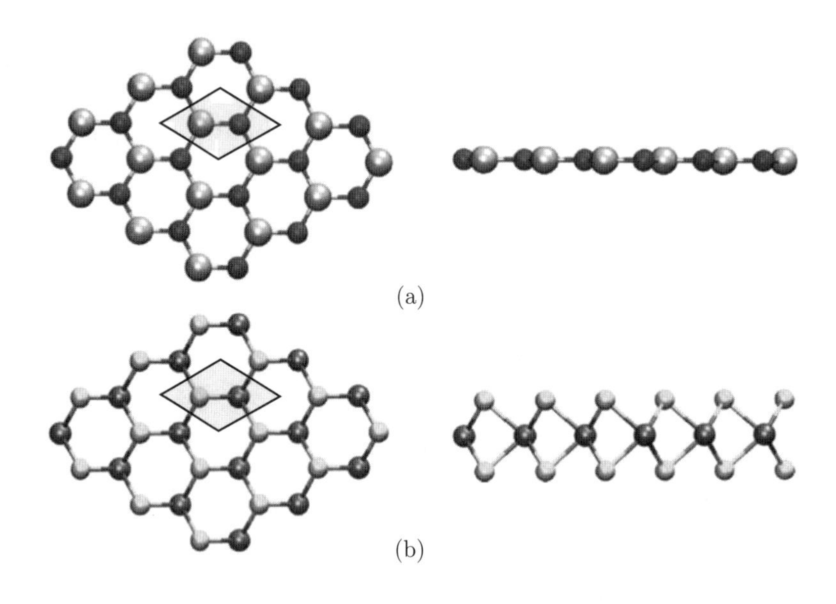

图13.11 两种六角形BN型和bMX_2过渡金属二卤代物型的二维材料的晶体结构. 标出了基元. 左：平面俯视图；右：侧视图. 灰色区域表示一个基元. 改编自文献[1255], 获允转载, ©2014 RSC

已经研究了二维化合物半导体的各种缺陷. 关于 BN 中的空位, 请看文献 [1284]. 文献 [1278] 研究了 MoS_2 中的单硫空位. 文献 [1280] 确认了 MoS_2 中的各种反位缺陷 (图 13.13). 此外还观察到了位错 [1275]、晶界 [1281] 或旋转堆错 [1282] 等扩展缺陷.

图 13.14 比较了石墨烯、BN 片和 BC_2N 片的声子谱. BC_2N 的声子谱类似于 C 和 BN 的谱的叠加 [1285]. MoS_2 的拉曼峰显示了厚度为 1 到 5 或 6 个单层的分立峰的能量, 然后融入 (merge closely to) 体材料的值 [1286,1287]. 二维 MoS_2 的色散关系 (图 13.15)[1288] 与体材料非常相似 [1287,1289]. 当然, 由于 Mo 和 S 的质量差异, 声学声子和光学声子之间存在明显的间隙 (石墨烯就没有, 比较图 13.3(a)).

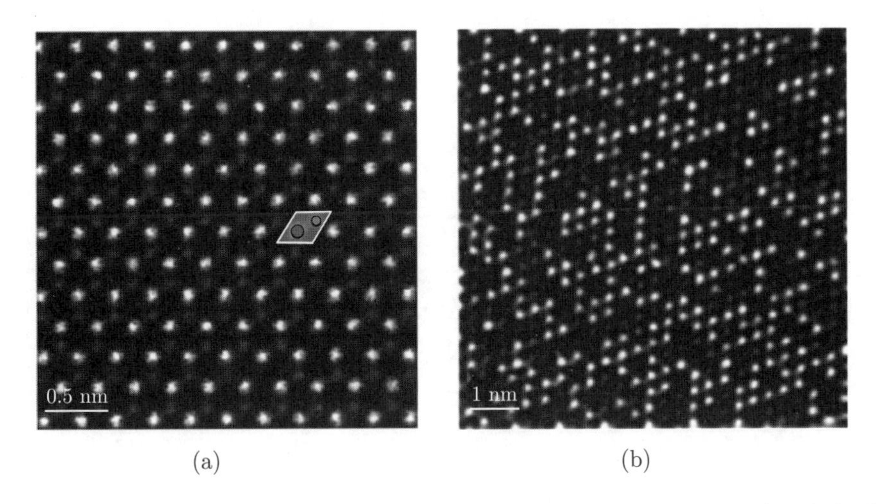

图13.12 (a) 单层MoS_2的STEM-ADF像; 上面叠加了一个基元, Mo原子(S原子)用蓝色(橙色)表示(参见图13.1(a)). 获允转载(改编)自文献[1275]. ©2013 American Chemical Society. (b) $Mo_{0.47}W_{0.53}S_2$单层的STEM图像(经过傅里叶滤波). 亮点(暗点)与W原子(Mo原子)有关. 获允转载(改编)自文献[1279], ©2013 ACS

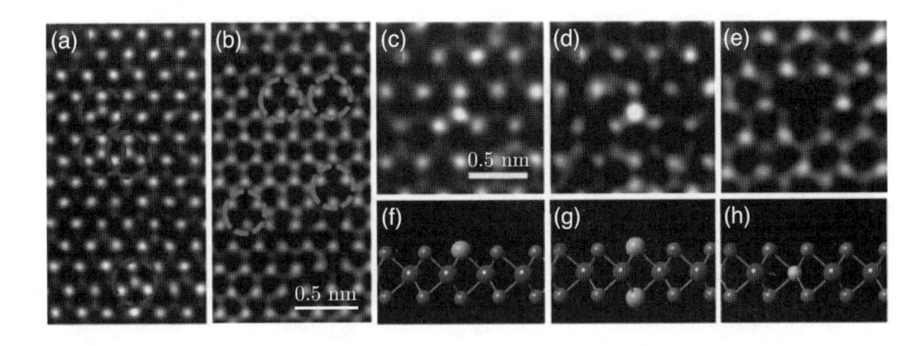

图13.13 MoS_2单层里的各种点缺陷(空位和反位): (a)~(e) TEM像; (f)~(h) 原子模型. (a) S 空位(V_S); (b) S双空缺(V_{S2}); (c) Mo原子在S位(Mo_S); (d) 2Mo在2S位($Mo2_{S2}$); (e) S在Mo位(S_{Mo}). 改编自文献[1280], 在知识共享协议(Creative Commons Attribute (CC BY 4.0) license)许可下转载

13.2.2 能带结构

计算得到 h-BN 单分子层的能带结构是间接带隙的 [1290]. 图 13.16 给出了一种典型的 TMDC 单层、双层和整体材料的能带结构. 后者具有间接能带结构, 价带最大值在 Γ 点, 导带最小值在 K 点大约一半的位置. 从多层直到 2 层, 都是间接的能带结构. 然而, 对于单层, 在 K 点是直接带隙. 可能的光学跃迁如图 13.16 中的箭头所示. 对于单层, 直接跃迁的能量低于间接跃迁; 在双分子层中, 则相反. 一般来说, 带隙随着层数

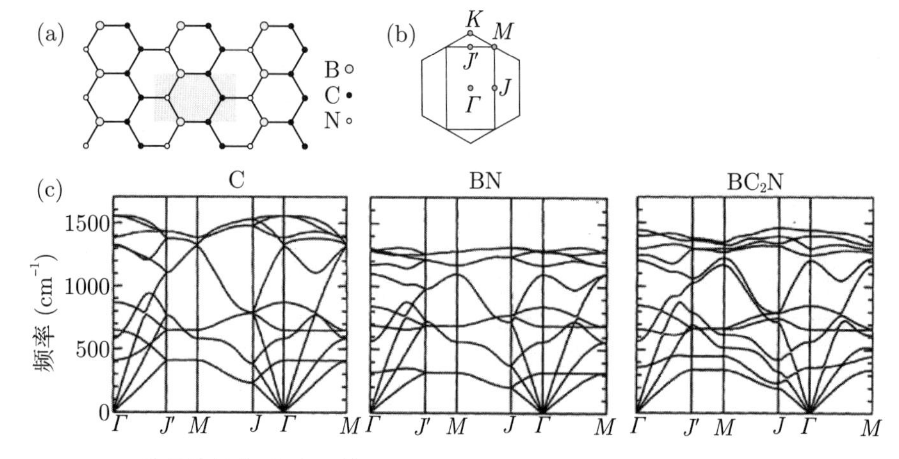

图13.14　(a) BC_2N的晶体结构, 标出了基元. (b) BC_2N的布里渊区是长方形, C和BN的布里渊区是六边形(比较图13.1(b)). (c) 石墨烯(C)、BN薄片和BC_2N 薄片的声子色散关系. 改编自文献[1285]

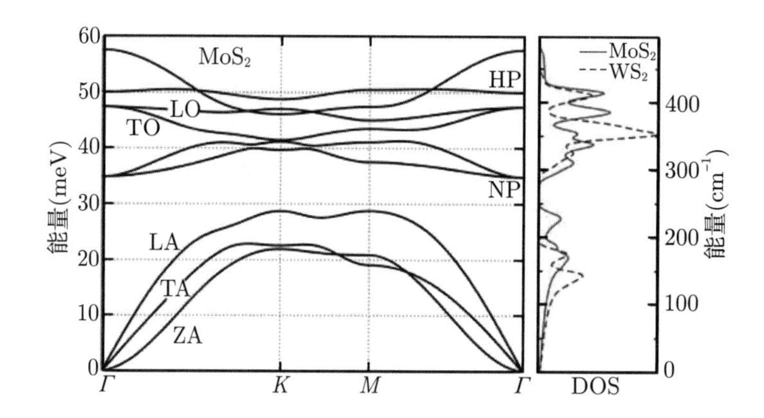

图13.15　单层MoS_2的声子色散关系. ZA：平面外声学模式；NP：非极性的光学模式；HP：同极性的模式. 右图为Mo_2 (实线)和WS_2 (虚线)的声子态密度(DOS). 色散改编自文献[1288], DOS改编自文献[1287]

的减少而增加; 把薄片看作被真空"势垒"包围的量子阱, 就可以理解这一点.

没有反转对称性, 使得自旋轨道相互作用导致电子能带分裂. 这种效应在价带中特别强烈. 完全相对论性的计算预测了各种 2H-MX_2 系统的劈裂能 Δ_{SOC}[1292,1293,1296], 范围在 150 meV(MoS_2) 到 500 meV(WTe_2) 之间. 对于 WSe_2, 已发现的实验值大约是 500 meV[1297](图 13.18). 对于相同的材料, 导带的自旋劈裂① 要小一个数量级,

① 化合物 MoX_2(WX_2) 的劈裂为负 (正), 即 K 点的导带最小值是自旋向上 (向下)[1292,1294]; K 点的价带最大值对所有情况都是自旋向上.

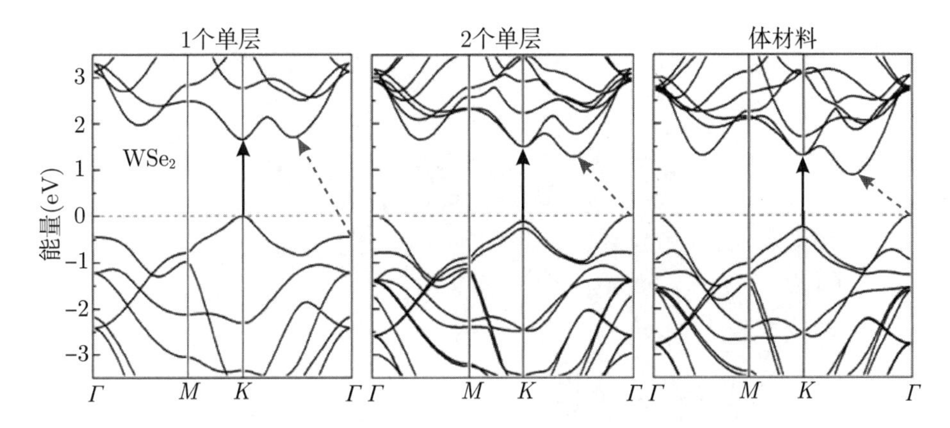

图13.16　单层、双层和体材料WSe_2的能带结构. 蓝色(绿色)箭头表示直接(间接)带-带跃迁. 基于文献[1272]

$3 \sim 50$ meV 的范围[1292,1293]. 由于时间反演对称性, 能带在 K 和 K' 的自旋劈裂(参见 6.2.4 小节) 有相反的符号, 如图 13.17(a) 所示; 这个特性称为"自旋能谷耦合"(spin-valley coupling).

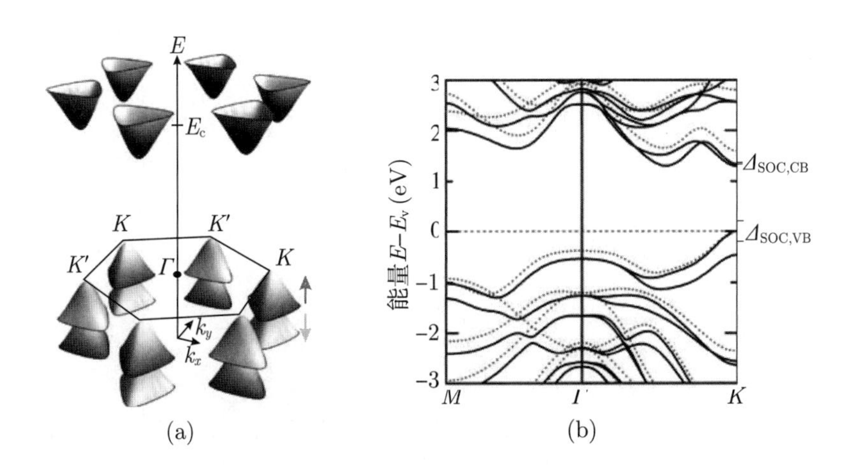

图13.17　(a) 能带结构的三维示意图：(没有劈裂的)导带最小值(灰色)和自旋劈裂的自旋方向相反(红色：向上；蓝色：向下)的价带最大值. (b) 2H-WSe_2的相对论性的能带结构 (红点表示不考虑自旋轨道劈裂的能带结构), 指出了导带和价带的自旋劈裂. 改编自文献[1296], 获允转载, © 2011 APS

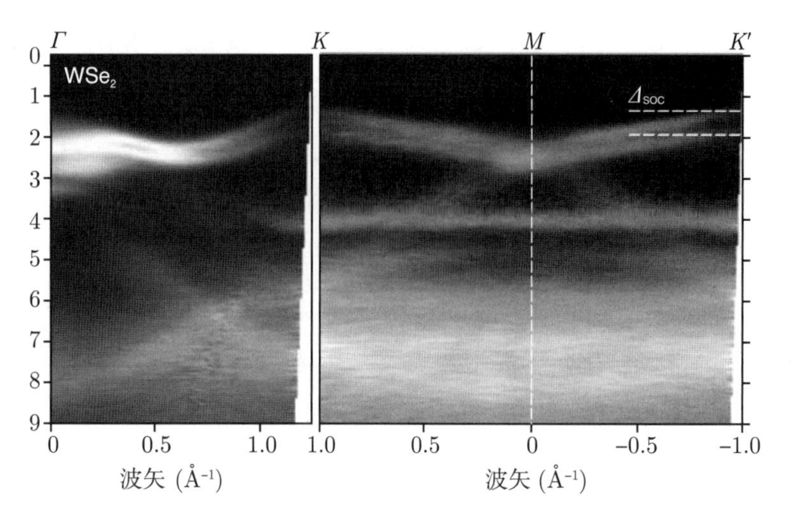

图13.18 ARPES测量的单层WSe_2的能带结构. 水平的白色虚线指出了价带顶的自旋轨道劈裂Δ_{SOC}=513(10) meV. 改编自文献[1297], 获允转载, ©2015 IOP Publishing

13.2.3 光学特性和谷偏振化

文献 [1298] 报道的单层 WSe_2 的吸收谱如图 13.19 所示; 标出了下面要讨论的各种激子跃迁. A 激子 (B 激子) 由自旋分裂价带的自旋向上 (向下) 态形成.

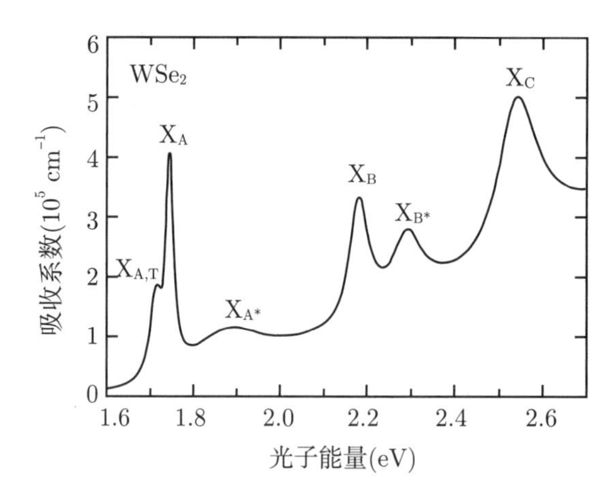

图13.19 单层WSe_2的吸收谱(从反射谱得到). $X_{A,B}$(X_{A^*,B^*})分别表示A激子和B激子的基态(激发态). 低能侧的$X_{A,T}$表示荷电激子(trion). X_C表示进一步的跃迁, 在文献[1299]中讨论. 基于文献[1298]的数据

从光致发光过程中, 可以直接观察到单层 TMDC 和多层 TMDC 的能带结构的直

接到间接的转变. 对于 MoS_2, 单层的发光强度比任何多层样品都要大 2~3 个数量级 (图 13.20(a)), 因为光学的带-带跃迁不需要声子. 直接跃迁在大约 1.9 eV; 间接带隙从双层的大约 1.6 eV 单调而分立地减小, 经过 3, 4, 5 或 6 层 (图 13.20(b)) 直到体材料的带隙 ($E_g \approx 1.3$ eV)[1291].

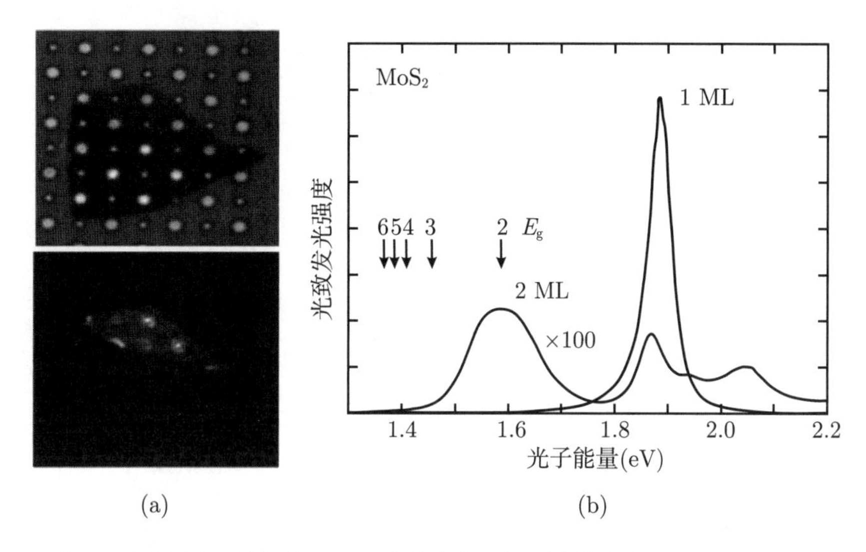

图13.20 (a) 上图：在硅衬底上拍摄的MoS_2晶体的光学图像, 并带有直径为1.0 μm和1.5 μm的孔. 下图：同一样品的光致发光强度图像. 单层的自由悬挂部分的强度最高. (b) 单层和双层的光致发光光谱(在532 nm处激发). 箭头表示2~6层的(间接)跃迁的位置. 改编自文献[1291]

K 点和 K' 点的赝自旋 (pseudo-spin) 以及自旋-轨道相互作用导致自旋极化的能带, 如图 13.22(a) 所示. 如果用偏振光激发, 光吸收发生在自旋方向相同的能带之间. 在没有任何谷间散射的情况下, 光学跃迁预计具有高度的圆偏振 [1301], 从而导致较大的二色性效应 (没有磁性离子). 然而, 在圆偏振光激发下, MoS_2 的最大圆偏振度 [1302] 约为 50%(图 13.22(b)). 降低极化效应的谷间动力学取决于散射和复合的时间尺度, 两者都可以在几 ps 的范围内 [1303]. 图 13.22(b) 中的两个极化相反的峰具有相同的峰值能量, 符合时间反演对称性的预期; 垂直于薄层的磁场将消除这种简并度并引入 K-K' 劈裂 (谷的塞曼效应, 图 13.21)[1304,1305].

13.2.4 激子

二维材料里的激子的性质很特殊. 纯的二维氢原子问题 [1306,1307] 导致了一系列束缚态 $E=-R/(n-1/2)^2$, 其中 R 表示里德伯能量, $n=1,2,\cdots$. 然而, 对于二维材

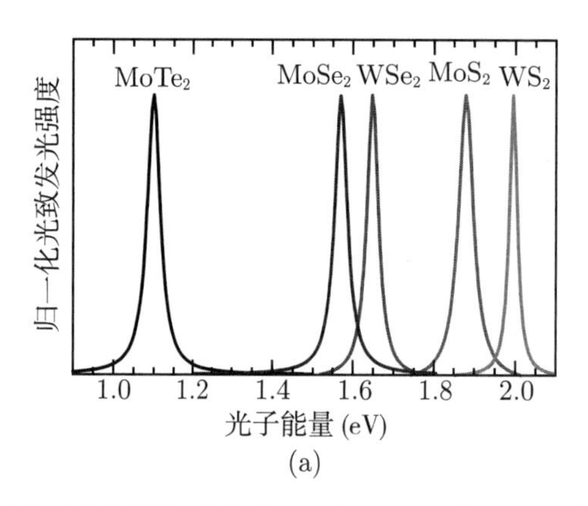

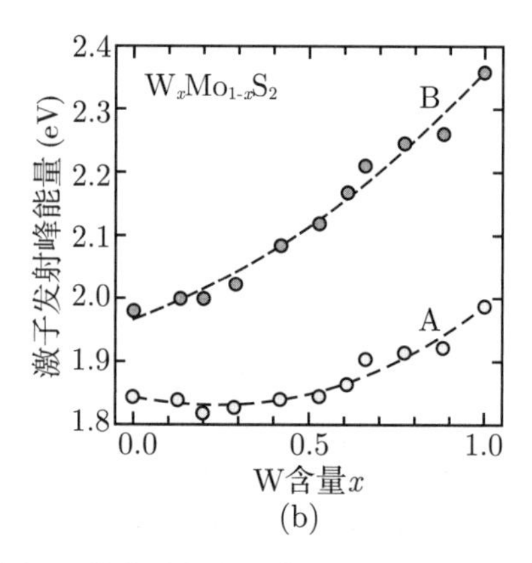

图13.21　(a) 单层MoS_2, WS_2, $MoSe_2$, WSe_2和 $MoTe_2$在室温下的光致发光光谱. 经许可取自文献[1300]. (b) 单层合金$W_xMo_{1-x}S_2$里的A激子和B激子的跃迁能量作为组分的函数(对于x=0~0.61, 光谱在514.5 nm, 对于x=0.66~1, 光谱在457.9 nm激发). 虚线是用弯曲参数b_A=0.25(4) eV和b_B=0.19(6) eV做的拟合. 基于文献[1279]的数据

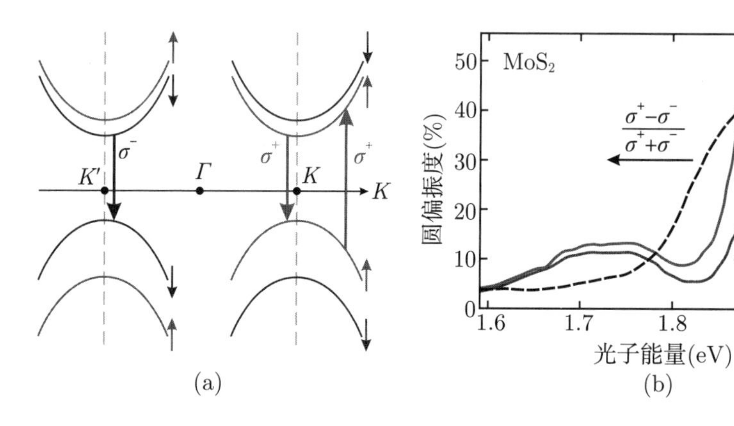

图13.22　(a) 单层 MoS_2在有自旋劈裂的K点和K' 点附近的能带结构示意图(能带顺序(band order)基于文献[1294]). 给出了圆偏振吸收谱和复合过程. (b) 单层MoS_2的圆偏振检测的光致发光(T=83 K), 用1.96 eV (在能量尺标的右端)的σ^+偏振光激发. 红色：σ^+; 蓝色：σ^-. 采用左边标尺的黑色曲线是圆偏振度$(\sigma^+-\sigma^-)/(\sigma^++\sigma^-)$. 改编自文献[1302]的数据

料中的激子, 阶梯形变化的介电常数 ϵ 会导致镜像电荷效应, 就像量子阱异质结构一样 [1188](比较 12.3.2 小节), 必须加以考虑. 薄片被真空包围, ϵ 形成了巨大的反差. 即使像实验中经常做的那样, 填充在 h-BN($\epsilon \approx 4.5$) 或衬底之间, 介电常数的对比度也非常大.①

这个问题的理论处理首先出现在文献 [1308, 1309], 最近文献 [1310] 有严格的处理. 激子的结合能常常通过这种效应增加到几百 meV. 此外, 强各向异性的介电周围 (dielectric surrounding) 对不同量子态的影响不同, 导致激子谱中的非氢原子的

① 在 QW 异质结构中, ϵ 的差异通常在 1 左右或略小一些.

项 [1311](图 13.23). 1s 态和 2s 态的场线示意图如图 13.24(c) 所示. 激发各向异性介电环境对这些状态的作用不同. 量子数 n 越高, 二维激子看到的平均介电常数就越小. 在 WS_2 里的激子的例子中, 有效介电常数从 1s 状态的大约 5 变化到 2s 状态的 2.5, 再到更高态的接近 1 的值 [1311].

文献 [1312] 讨论了激子能级可以用公式 $E_n = E_g - R^*/(n-\delta)^2$ 很好地描述, δ 是一个拟合参数. 这种参数 δ 在碱金属原子光谱的描述中称为“量子数亏损”(缺陷)[1314]. 对于 WS_2(嵌入 h-BN 层之间)[1312], 发现 $E_g = 1.873$ eV, $R^* = 140.5$ meV, $\delta = 0.083$. 文献 [1313] 的 WS_2(也夹在剥离的六角形 h-BN 层之间) 的数据可以用下述参数拟合: $E_g = 2.239$ eV, $R^* = 140.4$ meV , $\delta = 0.118$(图 13.23(b)).

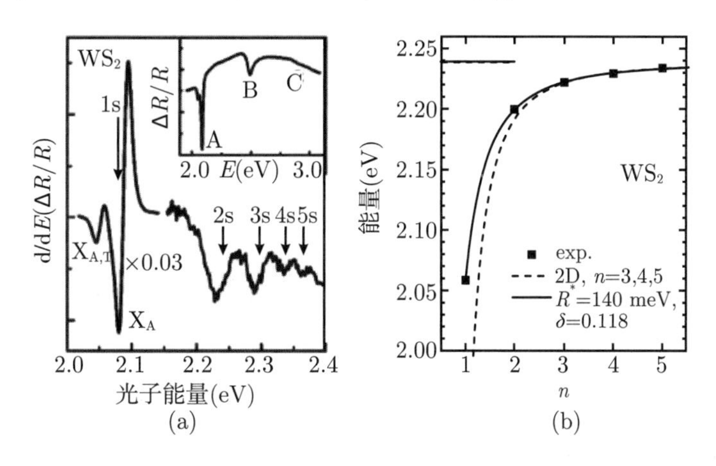

图13.23 (a) 单层WS_2的差分反射对比度谱(插图：反射对比度). X_A表示A激子, $X_{A,T}$在荷电激子的低能量侧. 基于文献[1311]的数据. (b) 文献[1313]的磁光数据给出了WS_2跃迁能量的实验值(方块)(参见图15.13), 采用改进的氢原子模型$\propto 1/(n+\delta)^2$(实线)和其带有常数介电函数的氢原子模型拟合n=3, 4, 5的能级(两种理论均显示为连续的n). 两个模型的(非常相似的)带隙E_g=2.239 eV, 如图左侧的线所示

计算得到的单层 MoS_2 里的激子基态 (A 激子) 的电子波函数的平面视图如图 13.24(a) 所示; 对激子波包主体部分的贡献如图 13.24(b) 所示 [1299]. 报道了二维激子的磁光谱和塞曼分裂和抗磁性位移, 在 WS_2 和 $Mo(S, Se, Te)_2$ 单层里 [1313], 以及在 Si/SiO_2 衬底上 [1315]; 激子的 g 因子 (参见 15.2 节) 非常接近 $4\mu_B$(参见图 15.13(d)), 理论上正在考虑这个事实. 文献 [1317, 1318] 讨论了带电的激子. 从理论 [1319] 和实验 [1320] 上研究了 TMDC 的各种周围介质对介质屏蔽的影响.

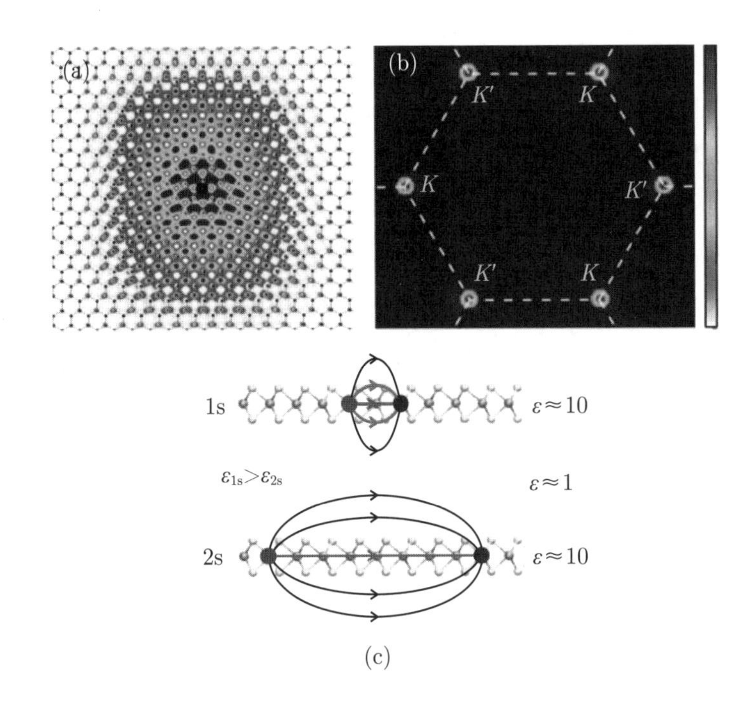

图13.24 计算得到的单层MoS_2中激子基态(A激子)的电子波函数的平面视图：(a) 实空间, (b) k空间. 改编自文献[1299], 获允重印, ©2013 APS. (c) 1s和2s 激子的波函数示意图, 感受到不同的低ϵ环境

13.3 范德华异质结构

回忆一下, 石墨是石墨烯层的堆叠排列. 它被称为贝尔纳 (Bernal) 相或贝尔纳堆叠, 与 hcp 晶体中的 AB 和 2H 堆叠有关 (图 13.25(a)). 其他的亚稳定排列是 AA′ 堆叠 (扭角的双层石墨烯), 其中两层的晶体轴在 0° 到 30° 之间有任意角度 ϑ , 如图 13.25(b) 所示; $\vartheta = 0$ 的堆叠也称为 AA. 电子性质取决于扭转的角度. 文献 [1322, 1323] 报道了一种考虑层间跳跃势的超周期 (莫尔模式 (moiré pattern)) 的改进理论. 可以区分不同的堆叠, 例如, 在红外光谱成像中 [1324].

作为这一概念的拓展, 范德华异质结构被构思出来 [1326,1327], 它由各种二维材料垂直堆叠的原子片组成——一种分子的乐高积木 (图 13.26(a)). 实际上, 任何组合都可以用于各种电子学、自旋电子学和光子学的应用 [1329,1330]. 其优点是器件里目前的精确层厚度可以有控制得很好的隧道效应.

夹在 BN 片之间的石墨烯的场效应如图 13.27 所示. 测量的迁移率 (在室温下) 在 $10^5\ \mathrm{cm^2/(V\cdot s)}$ 的范围, 二维的载流子密度低于 $1\times10^{12}/\mathrm{cm}^2$, 因此大于 InSb 或 InAs 的值 [1331]. 文献 [1332] 综述了氮化硼和石墨烯的范德华异质结构.

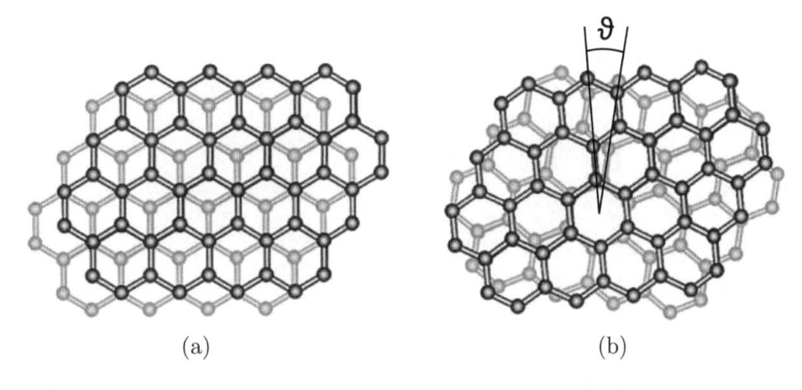

图13.25 石墨烯的垂直堆积：(a) AB型, 贝尔纳堆积; (b) AA′ 型, 非贝尔纳堆积. 给出了旋转角 ϑ. 改编自文献[1325]

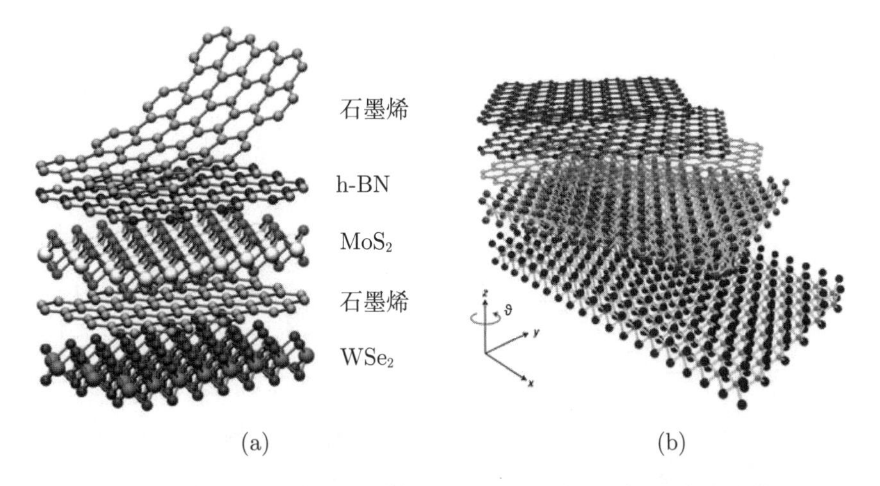

图13.26 (a) 文献[1326]提出的各种二维材料的范德华异质结构的例子. 获允转载, ©2013, Springer Nature. (b) 具有转角层的范德华异质结构. 改编自文献[1328], 获允转载,©2018, Springer Nature

前面提到过周围的介质材料通过修饰的介质屏蔽对激子的影响 [1319,1320]. 用 h-BN 单层封装可以增强发光, 降低 TMDC 单层的复合时间常数, 例如, 三个单层的 h-BN/WS_2/h-BN 异质结构 [1334].

一般来说, 在范德华异质结构中, 弱的层间键允许一个新的自由度, 如图 13.26(b) 所示的二维晶体之间的扭转角 ϑ(参见图 13.25 的双层石墨烯层). 这种情况类似于两个晶体颗粒之间的扭曲边界 (见 4.4.3 小节). 这种旋转导致了莫尔图案的形成, 在 STM 像里可以直接观察到, 如图 13.28 所示. 异质结构的物理性质在很大程度上取决于扭转

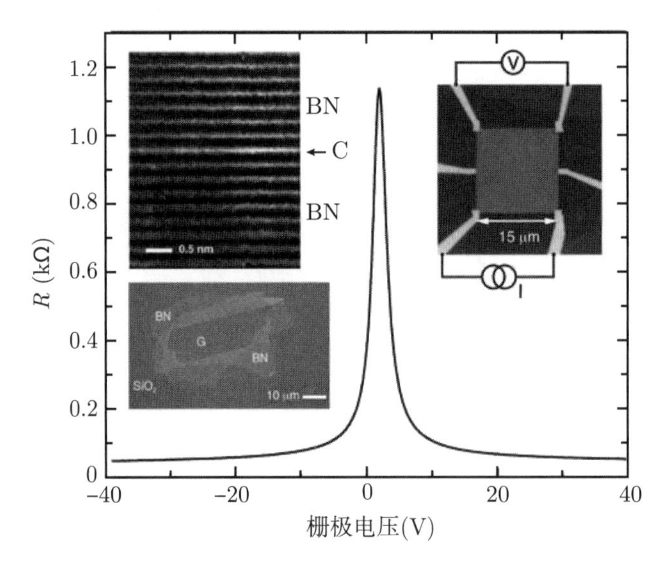

图13.27　BN-石墨烯-BN范德华异质结构的电阻(插图显示光学图像和横截面TEM像以及器件及其测量方案示意图). 改编自文献[1331]

的角度 [1335]. 一个突出的结果是激子的能量景观 (energy landscape) 的周期性修饰, 导致光谱的局域化和改变 [1336]. 一个特别有趣的效应是出现了双层石墨烯 ("魔幻"的扭角为 $\vartheta \approx 1.1°$) 的超导电性, 临界温度达到 1.7 K , 特定的 (栅控) 载流子密度为 (1~2) $\times 10^{12}/\mathrm{cm}^2$ 的范围 [1337].

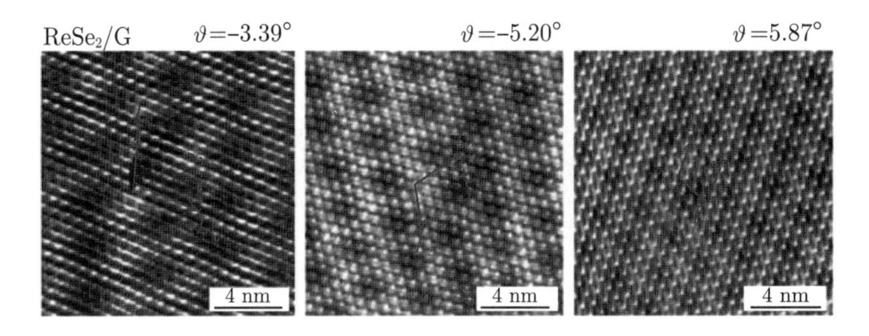

图13.28　在石墨烯上的单层$ReSe_2$的STM图像. 指出了扭转角 ϑ (比较图13.26(b)), 通过与理论计算做比较而得到. 红色箭头表示莫尔图案的周期性. 改编自文献[1333], 遵守知识共享协议(Creative Commons Attribute (CC BY-NC 4.0) license)转载

第 14 章

纳米结构

在我看来, 物理学的原理并不否定逐个原子地操纵事物的可能性.

——费曼, 1959 年 [1338]

摘要

讨论了一维纳米结构 (量子线) 和零维纳米结构 (量子点), 它们的各种制作方法和可调节的物理性质. 介绍的主要效应包括改变的态密度、受限的能级、(包络) 波函数的对称性以及相应的新的电学和光学性质.

14.1 简介

当功能元件的结构尺寸达到德布罗意物质波长的范围时, 量子力学效应主导了电学和光学性质. 最激烈的影响可以从态密度看到 (图 14.1). 势场里的量子化由薛定谔方程和适当的边界条件确定. 如果假设无限高的势, 这些就最简单. 对于有限高的势, 波函数泄漏到势垒里. 除了让计算变得更加复杂 (也更加现实) 以外, 还允许纳米结构的电子耦合. 通过库仑相互作用, 即使没有波函数重叠, 也可以有耦合. 下面讨论量子线 (QWR) 和量子点 (QD) 的一些制造技术和性质. 特别是量子点, 有好几本教科书可以参考 [1339,1340].

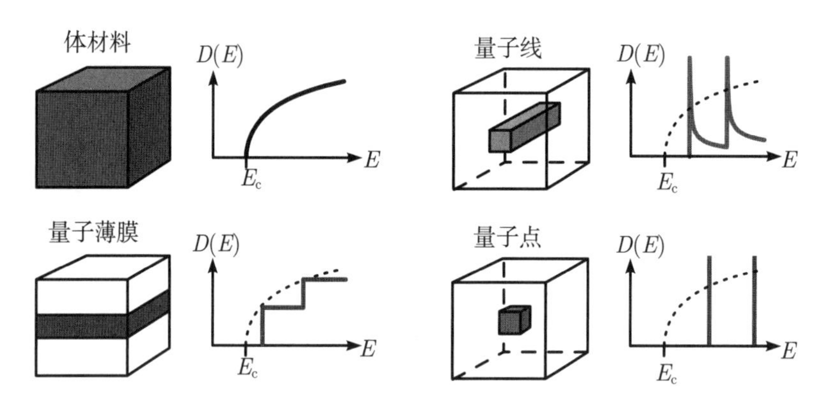

图14.1　三维、二维、一维和零维电子体系的结构和态密度的示意图

14.2 量子线

14.2.1 V 形沟槽量子线

光学质量高 (复合效率高, 谱线清晰) 的量子线, 可以外延生长在有波纹起伏的衬底上. 这个技术如图 14.2 所示. 利用各向异性的湿法化学腐蚀, 在 GaAs 衬底上腐蚀出 V

形沟槽. 这个沟槽的方向沿着 $[1\bar{1}0]$. 即便腐蚀出的图案在底部不是非常尖锐的, 接下来生长的 AlGaAs 也让顶端尖锐了, 达到自限制的半径 ρ_l, 是 10 nm 的量级. 沟槽的侧面是{111}A. 接下来沉积 GaAs, 使得异质结构的上方半径更大, $\rho_u > \rho_l$. 在沟槽底部形成了新月形的 GaAs 量子线, 如图 14.3(a) 所示. 在侧面 (量子阱的侧壁) 和顶部隆起处也形成了薄的 GaAs 层. 接下来生长的 AlGaAs 使得 V 形沟槽重新尖锐, 达到初始的自限制的数值 ρ_l. 经过足够厚的 AlGaAs 层, 达到完全的重新尖锐, 使得新月形的量子线垂直地堆垛, 尺寸和形状几乎完全相同, 如图 14.3(b) 所示. 在这个意义上, 曲率半径的自限制的减小及其在生长势垒层时的恢复, 导致了量子线阵列的自有序, 其结构参数只取决于生长参数. 这种量子线的横向尺寸 (lateral pitch) 可以小到 240 nm.

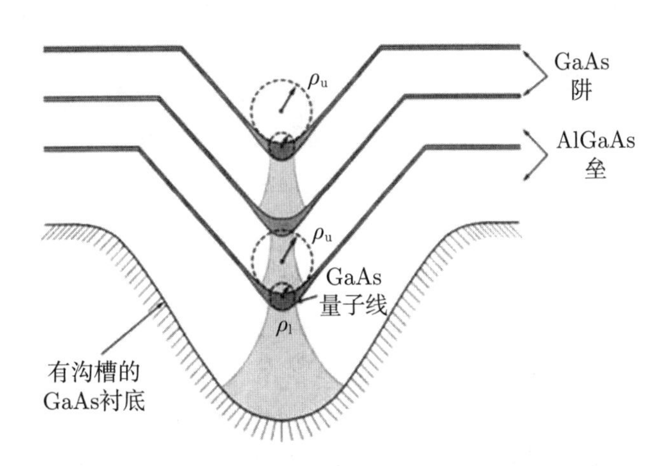

图14.2　在有沟槽的衬底上生长GaAs/AlGaAs异质结的截面示意图，表明了自有序制备量子线的概念. 改编自文献[1341], 获允转载，©1992，Elsevier Ltd

为了直接看到带隙的横向调制, 垂直穿过量子线的横向的阴极荧光 (CL) 线扫描谱如图 14.4 所示. 图 14.4(a) 是来自图 14.3(a) 的样品的二次电子 (SE) 像的平面视图. 在图的上部分和下部分, 可以看见上面的山脊 (top ridge), 而在中间部分, 侧壁和位于中心的量子线显而易见. 图 14.4(b) 给出了垂直于量子线 (在图 14.4(a) 里用白线指出) 的线扫描的 CL 谱. x 轴是发射波长, y 轴是沿着线扫描方向上的位置. CL 强度以对数标度给出, 以便显示全部的动态范围. 顶部的量子阱几乎没有表现出带隙能量的变化 ($\lambda = 725$ nm); 只是在直接靠近侧壁的边缘处, 出现了另一个能量更低的峰 ($\lambda = 745$ nm), 说明那里是更厚的区域. 在顶部量子阱的边缘, 侧壁量子阱表现的 700 nm 复合波长逐渐增大到 V 形沟槽中央的大约 730 nm. 这样就直接看到了, 侧壁量子阱的宽度发生了线性渐变, 从边缘的大约 2.1 nm 到中心的 3 nm. 量子线荧光本身出现在大约 800 nm.

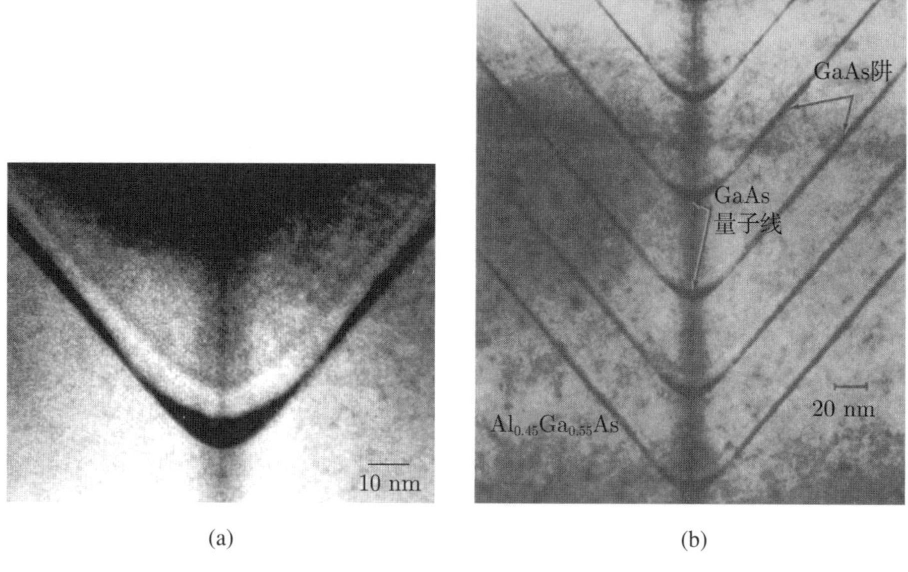

图14.3 (a) 单个的GaAs/AlGaAs新月形量子线的TEM截面像. 取自文献[1342]，获允转载，© 1992，Elsevier Ltd; (b) 垂直多层的全同的GaAs/AlGaAs新月形量子线的TEM截面像. 取自文献[1341]，获允转载，©1994，IOP

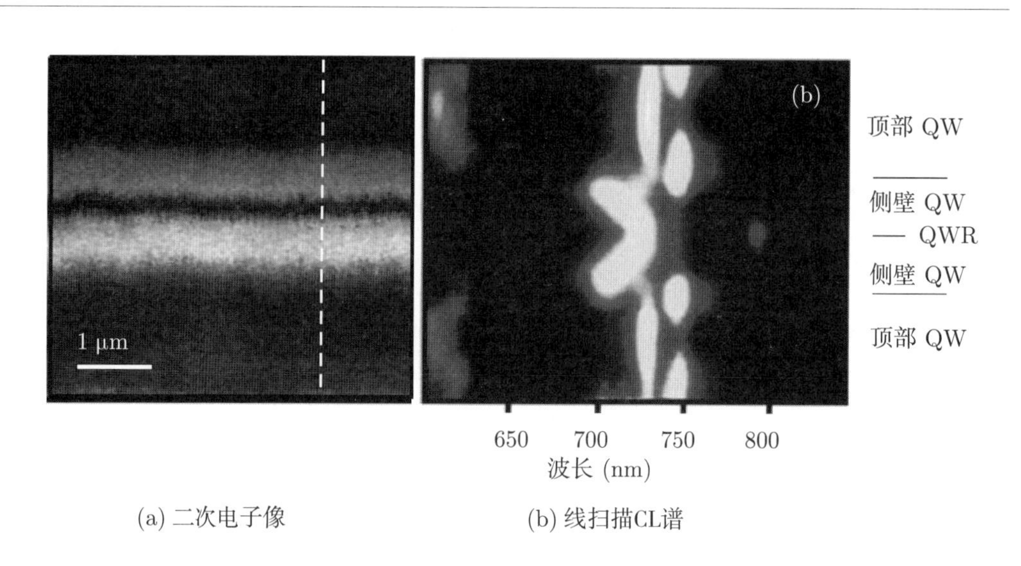

图14.4 (a) 单根纳米线(样品A)的平面二次电子像，显示了顶部和侧壁，而纳米线位于中央. 白线给出了 $T = 5$ K进行的线扫描CL谱(b)的扫描位置. CL强度是用对数假彩色给出的，以便给出作为波长和位置的函数全部的动态范围. 取自文献[1342]，获允转载，©1994 IOP

势垒里的过剩载流子被快速地捕获到量子阱里, 接着进入量子线 (活动范围变得小得多, 对应于更小的体积), 过剩载流子通过相邻的侧壁量子阱和垂直量子阱, 扩散进入量子线. 逐渐收缩的侧壁量子阱诱导出额外的漂移流.

14.2.2 解理边再生长的量子线

制备结构完美性高的量子线的另一种方法是解理边再生长 (CEO)[1343], 如图 14.5 所示. 首先生长层状的结构 (单量子阱、多量子阱或者超晶格). 接着 (在真空里) 解理, 得到一个{110} 面, 在这个解理面上继续外延. 在{110} 层和起初的量子阱的交汇处形成了量子线. 根据它们的截面形状, 称为 T 形量子线. 再次解理和生长, 可以制备 CEO 量子点 [1344,1345](图 14.5(c)).

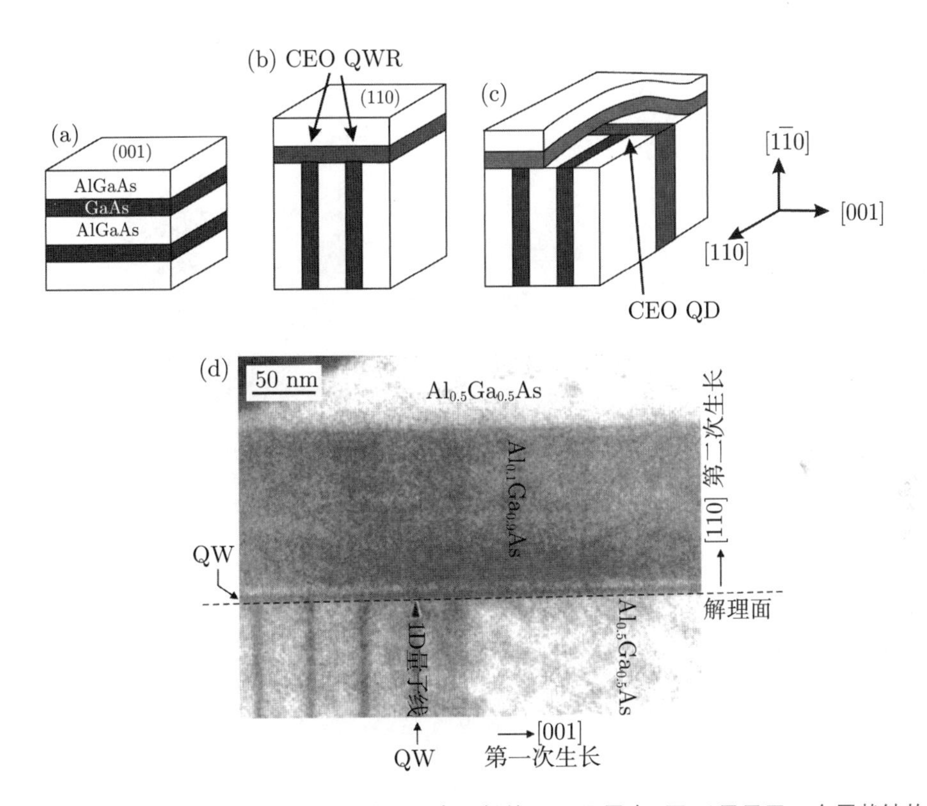

图14.5 解理边再生长(CEO)量子线的原理和二次生长的CEO量子点. 图(a)显示了一个层状结构(量子阱或者超晶格，蓝色)，图(b)描述了在解理面上的生长，用来制作量子线. 图(c)里，在平面上再一次解理和生长，就可以制作量子点. 取自文献[1344]. (d) CEO生长的GaAs/AlGaAs量子线的截面TEM像. 标出了两个量子阱(QW)和它们交界处的量子线(QWR). 第一次外延是从左往右. 第二次外延步骤是在解理面(虚线)的上面，在向上的方向. 改编自文献[1345]，获允转载，©1997 APS

14.2.3 纳米晶须

通常所知的晶须 (whiskers) 是金属细丝, 已经有详细的研究 [1346]. 可以认为, 半导体晶须是 (相当短的) 量子线. 已经报道了许多材料, 例如 Si, GaAs, InP 和 ZnO[1347]. ZnO 晶须的阵列如图 14.6 所示. 如果异质结构沿着晶须的轴生长 [1348], 可以制备量子点或者隧穿势垒 (图 14.7(a)). 生长模式通常依赖于 VLS(蒸气-液体-固体) 机制，其中，线材料 (wire materials) 首先与尖端处的液体催化剂 (通常是金) 液滴结合，然后用于建立纳米晶体。文献 [1349] 通过透射电镜原位观察到利用这种机制的砷化镓纳米线的逐层生长 (图 14.7(b))，也有令人印象深刻的视频可以观看。另一种纳米线生长机制是 VSS(蒸气-固体-固体) 机制，不需要线的尖端上的液滴。

这种纳米晶体也可以作为纳米激光器 [1350,1351]. 基于压电效应 (16.4 节), 已经在 ZnO 纳米晶须里演示了把机械能转化为电能 [1352].

图14.6　(a) 在蓝宝石衬底上的ZnO 纳米晶须阵列，用热蒸发的方法制作. 改编自文献[1353]. (b) 用PLD方法制作的单根的自立的ZnO纳米线. 改编自文献[1354]

纳米线异质结构的临界厚度 h_{c} 与二维情况 (5.4.1 小节) 很不一样. 基于圆柱形纳米线里的错位的厚片的应变分布 [1355], 得到了临界厚度对纳米晶须的半径 r 的依赖关系 [1356,1357]. 对于给定的错位 ϵ, 有一个临界半径 r_{c}, 当 $r < r_{\mathrm{c}}$ 时, h_{c} 是无穷大的 (图 14.8).

14.2.4 纳米带

已经报道了许多带状的纳米结构 [1347]. 它们是线状的, 在一个维度上很长. 截面是长方形的, 长宽比很大. ZnO 纳米带如图 14.9(a) 所示. 线的方向是 $[2\bar{1}.0]$. 大的表面是 (00.1), 带的厚度沿着 [01.0] 方向. 高分辨率的 TEM 照片 (图 14.9(b)) 显示, 这些结

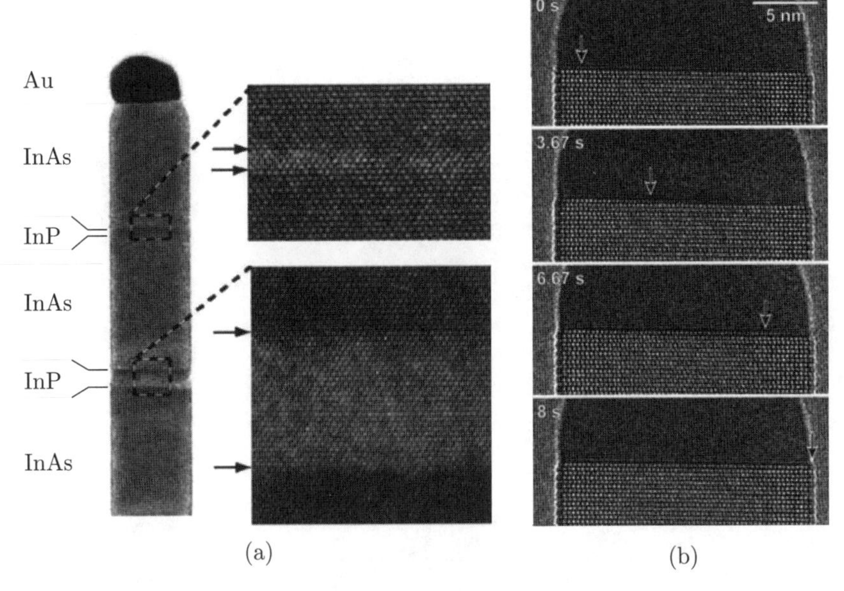

图14.7　(a) InAs晶须(直径为40 nm，带有InP势垒)的一部分TEM像. 放大像显示了清晰的界面. 在晶须的顶部是一个小的金液滴，来自“蒸气-液体-固体生长机制”. 晶须的轴向是[001]，视线的方向是[110]. 改编自文献[1348]，获允转载，©2002 AIP. (b) 带有金帽的 GaAs纳米线尖端的后续生长阶段；标记了(原位)TEM像的时间. 箭头表示生长前沿(growth front)的位置. 改编自文献[1349]，获允转载，©2018 APS

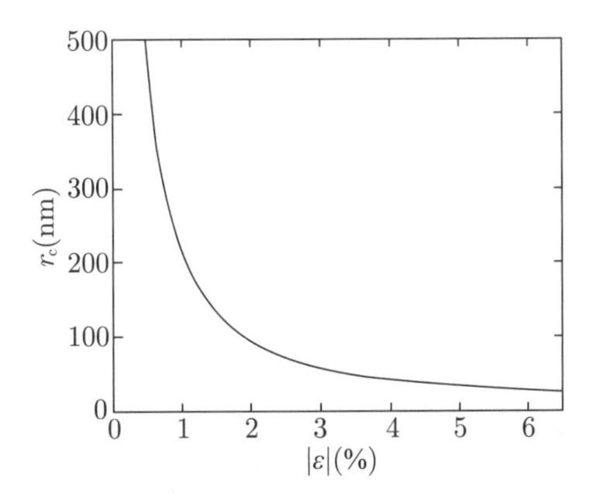

图14.8　超过临界半径r_c以后，带有错位的无限厚的层一致地生长在圆柱形纳米线上(通过60°缺陷来弛豫，b = 0.4 nm, ν = 1/3). 改编自文献[1357]

构是没有缺陷的. 因为 ZnO (0001) 表面的压电电荷 (16.2 节) 形成了开放的螺旋 (图 14.10(c)). 如果短的维度沿着 [00.1], 交替改变的电荷彼此补偿, 就形成了封闭的螺旋 (图 14.10(a)), 类似于“机灵狗”的形状 (‘slinky’ -like ring)(图 14.10(b)).

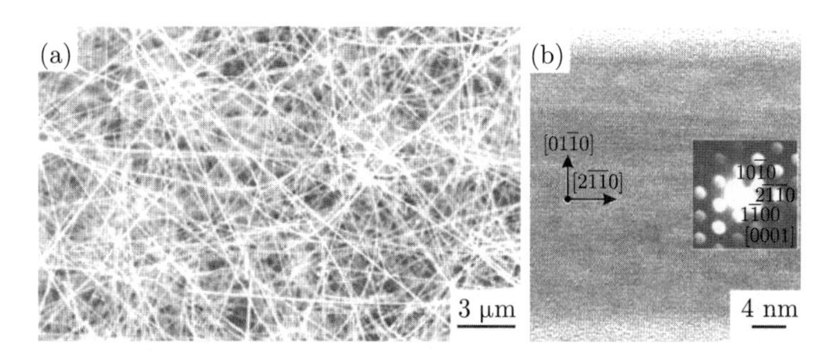

图14.9 (a) 许多ZnO 纳米带的SEM像. (b) 单根ZnO 纳米带的高分辨率的TEM像，视线的方向是[00.1]. 插图给出了衍射图案. 改编自文献[1358]，获允转载，©2004 AIP

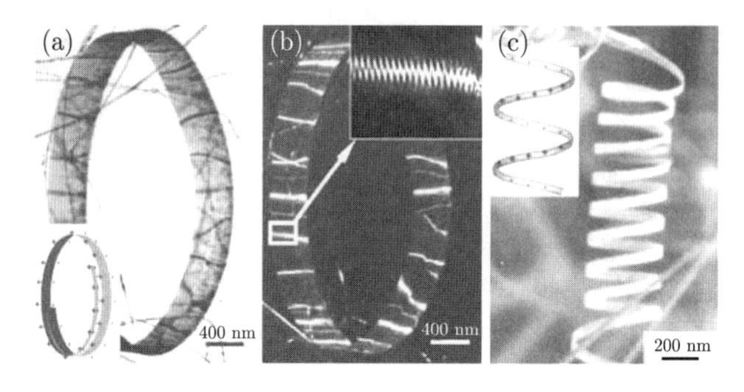

图14.10 纳米环的TEM像：(a) 明场，(b) 暗场，通过纳米带的“机灵狗”生长模式形成. (c) 一个开口的ZnO 纳米螺旋的SEM像. 图(a, c)里的插图示意地给出了表面电荷的分布. 改编自文献[1359]，©2006 IOP

14.2.5 二维势阱里的量子化

载流子沿着量子线的运动是自由的. 在截面的平面里, 波函数在两个维度上受限. 最简单的情况是, 截面沿着线保持不变. 然而, 一般来说, 沿着线的截面是可以改变的, 因此, 沿着线的势也有变化. 这种势的变化影响了载流子沿着纵向的运动. 量子线也可以沿着它的轴发生扭曲.

在 V 形沟槽 GaAs/AlGaAs 量子线里, 电子的波函数如图 14.11 所示. V 形沟槽的更多性质已经有了综述 [1360]. 在 (应变的)T 形量子线里, 激子的电子波函数和空穴波函数如图 14.12 所示.

一根非常细的 ZnO 纳米晶须的原子结构如图 14.13(a) 所示, 它的截面由 7 个正六边形元胞构成. 理论得到的一维能带结构 [1362] 如图 14.13(b) 所示, 同时给出了最低的导带态 (LUMO) 和最高的价带态 (HOMO) 的电荷密度. 因为使用的 LDA 方法, 带隙

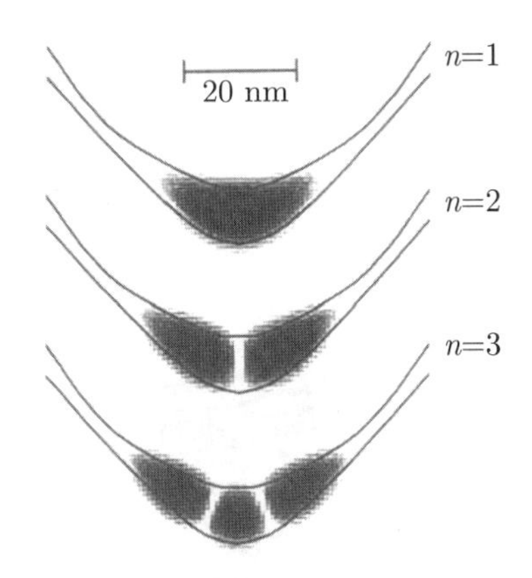

图14.11　图14.3(a)中的纳米线的前三个束缚能级的电子波函数(用对数灰阶表示的$|\Psi|^2$). 取自文献[1342]

通常都太小了①. 文献 [1362] 还比较了不同直径的纳米线的性质. Γ 点处的 HOMO 位于体材料 ZnO 的价带顶以上只有 80 meV, 它的位置几乎不随着线的直径改变. 它主要由表面的氧原子类 2p 的悬挂键构成 (图 14.13(d)). LUMO (图 14.13(c)) 在整个纳米线里是非局域的, 说明它是体材料的态. 非局域的分布也使得 LUMO 从 Γ 到 A 的色散很大. 随着半径的减小, LUMO 的能量由于径向限制而显著增大.

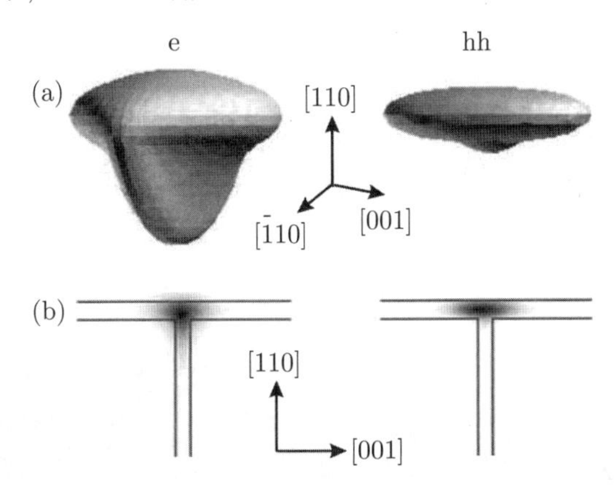

图14.12　(a) 在一个4 nm × 5 nm的T形$In_{0.2}Ga_{0.8}As$/GaAs量子线里，激子波函数的电子部分和(重)空穴部分的三维像. 轨道对应于内部70%的概率. (b) 电子轨道和空穴轨道的截面图，其中心沿着量子线的方向. 获允转载自文献[1361]，©1998 APS

① 文献 [1362] 里的 LDA 给出体材料 ZnO 的带隙是 $E_g = 0.63$ eV; 它的实验值是 3.4 eV.

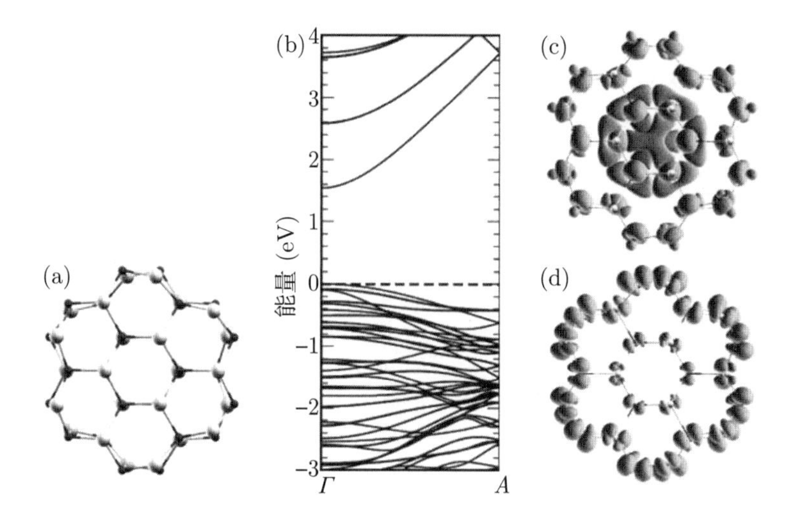

图14.13 (a) 1 nm 宽的ZnO 纳米线的原子构型. 理论得到的(b) 能带结构，和(c) 最低的导带态的电荷密度，(d) 最高的价带态的电荷密度. 改编自文献[1362]，获允转载，© 2006 AIP

14.3 碳纳米管

14.3.1 结构

石墨烯层的一部分 (参见 13.1 节) 卷起来形成了一个圆柱, 就是碳纳米管 (CNT). 1991 年, 饭岛澄男 (Iijima) 首先把它们 [1363] 描述为多壁的纳米管 (图 14.14(b)), 单壁的形式 (图 14.14(a)) 出现在 1993 年 [1364]. 综述请看文献 [1247,1365].

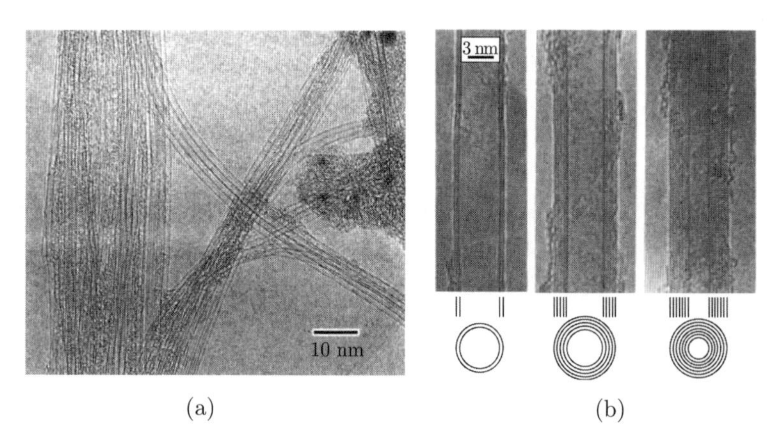

图14.14 (a) 单壁碳纳米管(SWNT)的TEM像. (b) 多壁碳纳米管(MWNT)的TEM像. 改编自文献[1363]，获允转载，©1911，Springer Nature

纳米管的手性和直径可以用手性矢量唯一地描述:

$$\boldsymbol{c}_{\mathrm{h}} = n_1\boldsymbol{a}_1 + n_2\boldsymbol{a}_2 \equiv (n_1, n_2) \tag{14.1}$$

其中, $\boldsymbol{a}_1$ 和 $\boldsymbol{a}_2$ 是石墨烯层的单元矢量. 手性矢量标记了两个晶体学等价的位置, 沿着纳米管的周围 (circumference) 把它们放到了一起. 对于 $-30°\leqslant\theta\leqslant 0°$ 的情况, 可能的矢量如图 14.15 所示. 这个纤维的直径是

$$d = \frac{|\boldsymbol{c}_{\mathrm{h}}|}{\pi} = \frac{a}{\pi}\left(n_1^2 + n_1 n_2 + n_2^2\right) \tag{14.2}$$

其中, 石墨烯晶格常数 $a = \sqrt{3}d_{\mathrm{C-C}} = 0.246$ nm. 从头计算表明, 在 0.8 nm 以下, 直径变为手性角的函数; 对于直径 $d > 0.5$ nm 的纳米管, 与式 (14.2) 的偏差小于 2% [1366]. $(n,0)$ 纳米管 $(\theta = 0°)$ 称为锯齿型 (zig-zag), 一个例子如图 14.16(b) 所示. $\theta = \pm 30°$ 的纳米管, (n,n)(和 $(2n,-n)$) 类型称为扶手椅型 (armchair), 其他的称为手性型 (chiral).

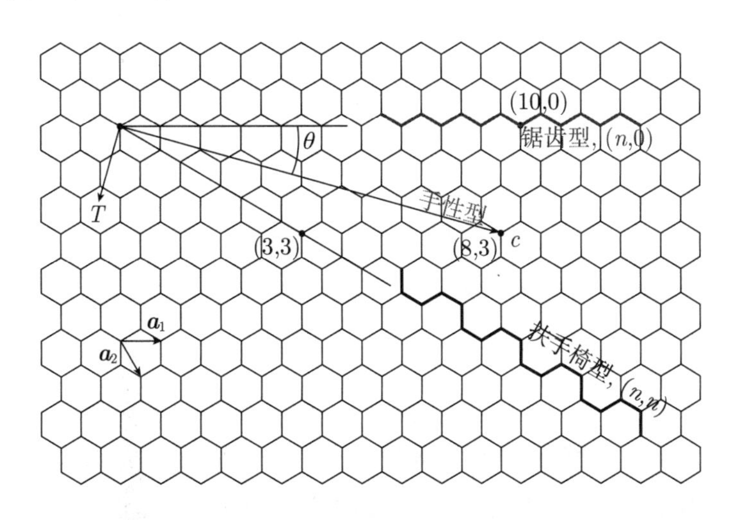

图14.15 石墨烯的原子排列示意图; C—C键长度为$d_{\mathrm{C\text{-}C}}$ = 0.142 nm. 标出了几种制备碳纳米管的矢量(参见14.3节)

沿着纳米线轴的方向的延展远大于沿着直径的方向. 纳米管的管端是巴基敏斯特-富勒烯型分子的一部分 (图 14.17). 在卷曲单层石墨烯形成纳米管的时候, 就形成了单壁纳米管 (SWNT). 少层石墨烯层形成了多壁纳米管 (MWNT). 对于数目较少的层, 分别称为双壁的纳米管、三壁的纳米管, 等等.

碳纳米管的机械强度很大, 实验测量得到的单壁纳米管的杨氏模量已经达到 10^3 GPa[1368], 符合理论的预言 [1369].

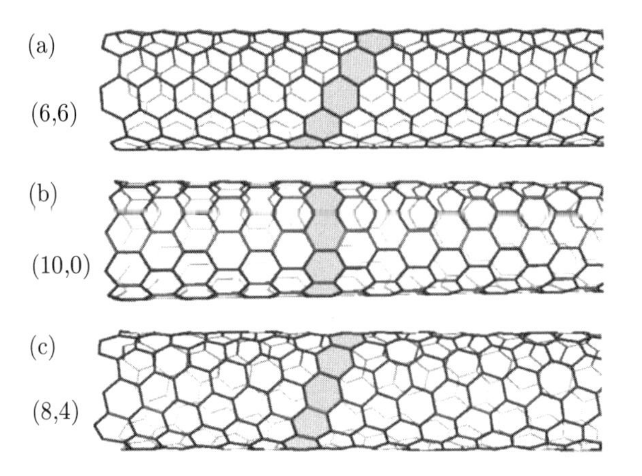

图14.16　不同类型碳纳米管的结构，直径都近似为0.8 nm：(a) 扶手椅型(6,6), (b) 锯齿型(8,0) 和 (c) 手性型. 改编自文献[1247]

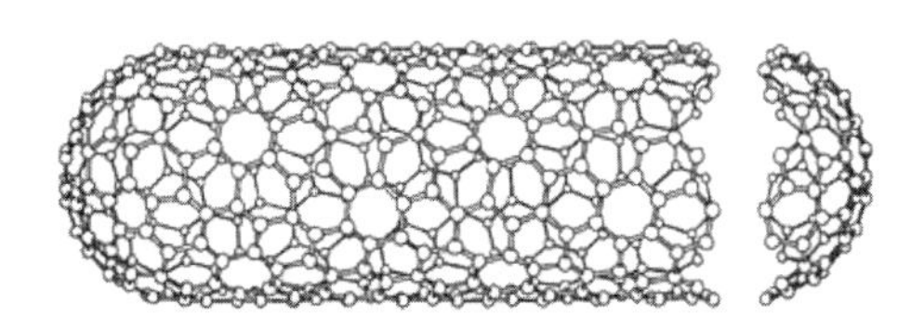

图14.17　一种手性纳米管(手性矢量为(10,5)，$\theta = -19.11°$)，两端为半球形帽，基于二十面体C_{140}富勒烯. 纳米管的直径为1.036 nm. 改编自文献[1367]

14.3.2　能带结构

在碳纳米管里, π 轨道 ($2p_z$) 和 σ 轨道 (2s 和 $2p_z$) 因径向的弯曲而有一些混合. 但是这些弯曲很小, 在费米能级附近可以忽略 [1370]. 纳米管的能带结构主要取决于石墨烯能带结构的布里渊区的折叠. 沿着 (无限延展的) 线的矢量 k_z 是连续的. 在纳米管附近, 矢量 $k_\perp$ 是分立的, 具有周期性的边界条件,

$$\boldsymbol{c}_h \cdot \boldsymbol{g}_\perp = 2\pi m \tag{14.3}$$

其中, m 是整数. 允许的 $k_\perp$ 值的距离是 (式 (5.5))

$$\Delta k_\perp = \frac{2\pi}{\pi d} = \frac{2}{d} \tag{14.4}$$

纳米管能带结构的特性依赖于允许的 k 值相对于石墨烯布里渊区的安放位置及其能带结构, 如图 14.18 所示. 扶手椅型纳米管 (n,n) 的情况如图 14.18(a) 所示. 石墨烯能带结构的 K 点总是位于一个允许的 K 点上. 因此, 这个纳米管是金属性的, 即零带

隙, 如图 14.18(b) 中的能带结构所示. 狄拉克点位于 Γ 和 X 之间. 对于锯齿型的纳米管, (6,0) 纳米管的 k 空间如图 14.18(c) 所示. (6,0) 纳米管相应的能带结构也是金属的 (图 14.18(d)), 狄拉克点位于 Γ.

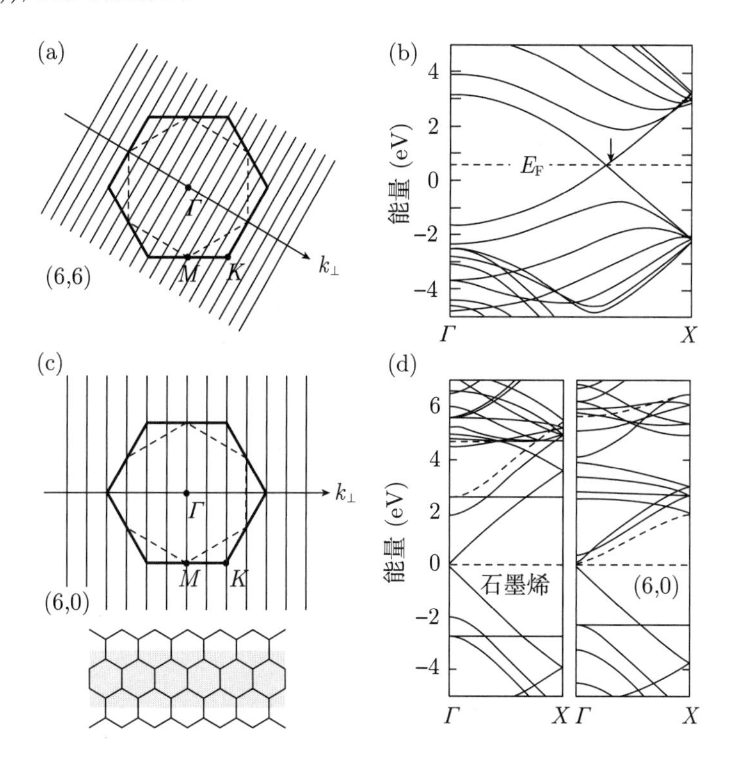

图14.18　(a) 石墨烯晶格的布里渊区(粗线)，以及(6,6)扶手椅型纳米管所允许的k 值. (b) (6,6)碳纳米管的能带结构. 改编自文献[1371]. (c) 石墨烯晶格的布里渊区(粗线)，以及(6,0)锯齿型纳米管允许的k 值. 在下半部分，给出了实空间的结构. (d) 石墨烯(左)和(6,6)纳米管(右)的能带结构. 改编自文献[1372]

另一种金属性的 (12,0) 锯齿型纳米管的能带结构如图 14.19(c) 所示. 然而, 只有在 $(3m,0)$ 的情况中, K 点位于允许的态, 因而是金属性的纳米管. 其他的情况就不是这样了, 例如, 图 14.19(b) 所示的 (8,0) 的 k 空间. 相应的能带结构 (图 14.19(c) 是 (13,0) 的情况) 有一个带隙, 所以这个纳米管是半导体. 一般来说, 金属性纳米管的条件是, 对于整数 m:

$$n_1 - n_2 = 3m \tag{14.5}$$

有两个半导体性的“分支”, $\nu = (n_1 - n_2) \bmod 3 = \pm 1$. $\nu = +1$ 的纳米管的带隙小, 而 $\nu = -1$ 的带隙更大.

态密度是一系列的一维态密度 DOS, 正比于 $\sqrt{E}$(式 (6.79)). 图 14.20 比较了金属性的和半导体性的纳米管. 在费米能量的 1 eV 以内, 态密度可以表示为普适的形式[1373].

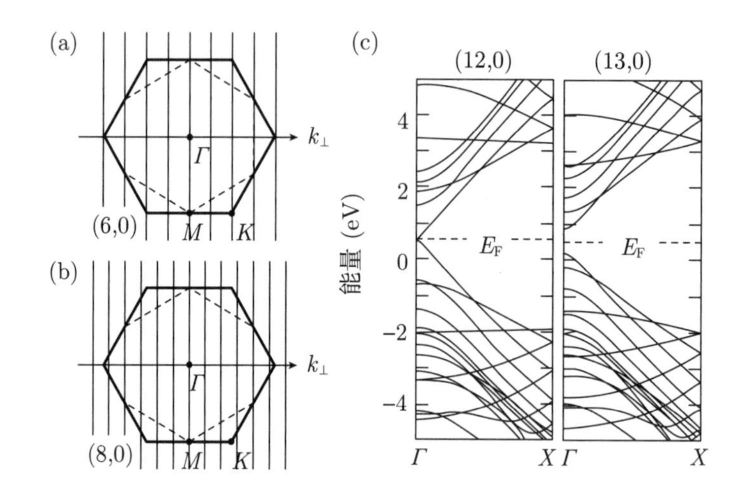

图14.19 (a, b) 石墨烯晶格的布里渊区(粗线)，以及(a) (6,0) 和(b) (8,0)锯齿型纳米管允许的k 值. (c) (12,0) 金属性的和(13,0)半导体性的扶手椅型碳纳米管的能带结构. 改编自文献[1371]

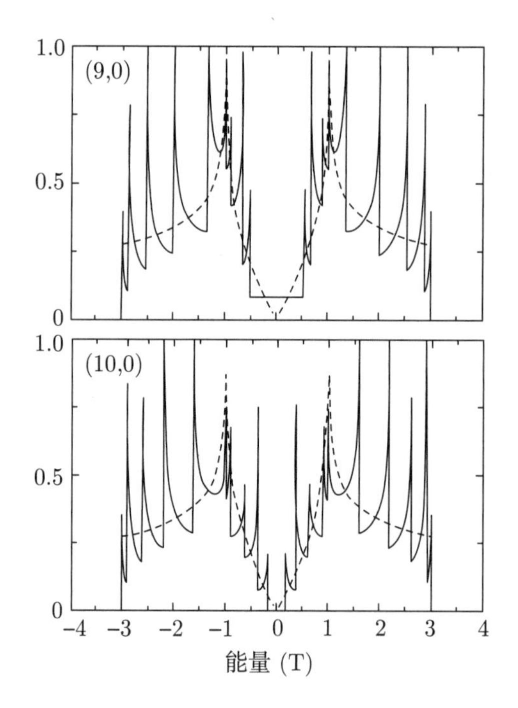

图14.20 在紧束缚近似(式(13.2))下，(9,0) 金属性的和(12,0)半导体性的扶手椅型碳纳米管的态密度. 能量的单位是紧束缚参数$T \approx 3$ eV. 虚线是石墨烯的态密度. 改编自文献[1367]

14.3.3 光学性质

在态密度的范霍夫奇点, 光学跃迁以很大的概率发生. (10,0) 纳米管的理论吸收谱如图 14.21 所示.

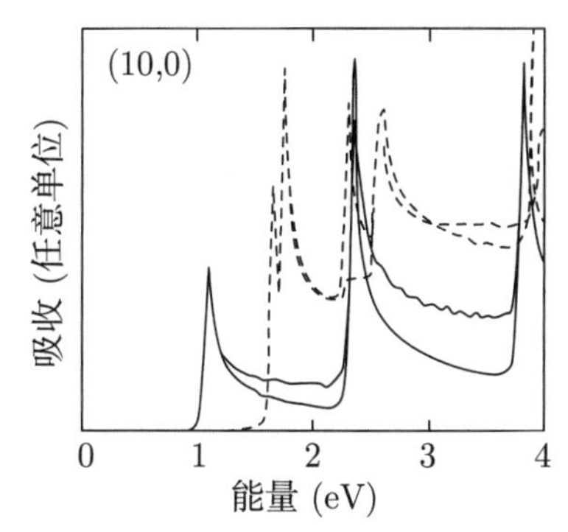

图14.21　对于(半导体性的)(10,0)碳纳米管，计算得到的平行偏振(实线)和垂直偏振(虚线)的吸收谱. 粗线(细线)在计算时用了(没有用)矩阵元. 改编自文献[1374]

在纳米管的系综里, 各种类型和尺寸都有. 所有可能的纳米管的跃迁能量, 按照直径来排序, 放在片浦 (Kataura) 曲线里 (图 14.22(a)). 实验数据如图 14.22(b) 所示. 半导体纳米管的两个分支 $\nu = \pm 1$ 给出不同的跃迁能量. 跃迁能量的总体依赖关系服从 $1/d$ 定律.

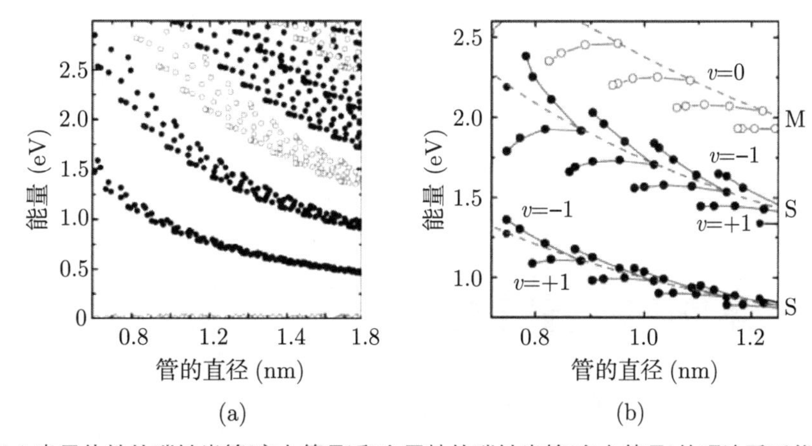

图14.22　(a) 半导体性的碳纳米管(实心符号)和金属性的碳纳米管(空心符号)的理论跃迁能作为纳米管直径的函数(片浦曲线). 能量是在三阶紧束缚近似下，针对联合态密度的范霍夫奇点计算的[1252]. (b) 实验得到的片浦曲线，对于起初两个半导体性的跃迁(S，实心符号)和第一个金属性的跃迁(M，空心符号). 虚线连接了(接近于)扶手椅型纳米管；实线连接了分支里的纳米管，$\nu = (n_1 - n_2) \bmod 3$. 数据取自荧光谱[1375]和共振拉曼散射[1376]. 改编自文献[1377]

14.3.4 其他的无机纳米管

已经报道了类似于碳纳米管结构的氮化硼 (BN)[1378,1379]. 氮化硼纳米管是氮化硼层卷成的圆柱. BN 纳米管总是半导体性的 (图 14.23), 其带隙大于 5 eV, 类似于六方氮化硼, 几乎不依赖于手性和直径 [1380]. 因此, 碳纳米管看起来是黑色的, 因为它们在 0~4 eV 吸收, 而氮化硼纳米管是透明的 (或者是白色的, 如果有散射). 当能量大于 10 eV 时, 碳纳米管和氮化硼纳米管很相像, 因为它们是等电子的 (isoelectronic), 而且相比于费米能量附近及以下的态, 高能量的空态对于核电荷的差别不那么敏感 [1381].

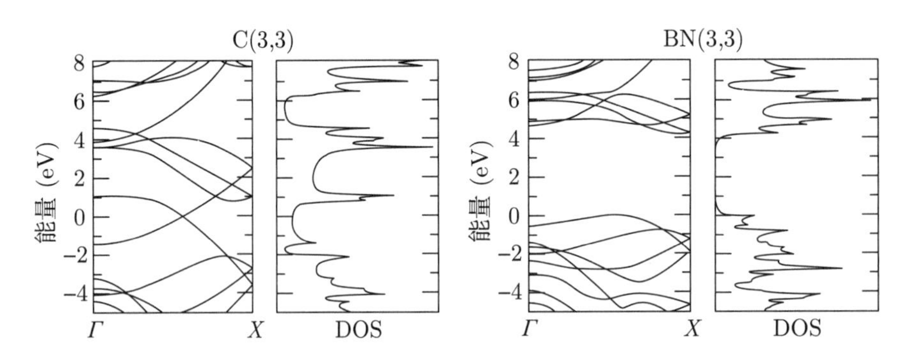

图14.23 C(3,3)纳米管和BN(3,3)纳米管的能带结构和态密度(DOS)，用DFT-LDA理论计算得到. 改编自文献[1381]

14.4 量子点

14.4.1 三维势阱里的量子化

d 维 ($d=1,2,3$) 谐振子的解, 即哈密顿量

$$\hat{H}=\frac{\boldsymbol{p}^2}{2m}+\sum_{i=1}^{d}\frac{1}{2}m\omega_0^2x_i^2 \tag{14.6}$$

的本征值是

$$E_n=\left(n+\frac{d}{2}\right)\hbar\omega_0 \tag{14.7}$$

其中, $n=0,1,2,\cdots$. 更详细的处理, 请看量子力学教科书.

接下来考虑中心对称势阱里的粒子, 粒子在量子点里的质量 m_1 和势垒里的质量 m_2 不一样. 哈密顿量和势场由下式给出:

$$\hat{H} = \nabla \frac{\hbar^2}{2m} \nabla + V(r) \tag{14.8}$$

$$V(r) = \begin{cases} -V_0, & r \leqslant R_0 \\ 0, & r > R_0 \end{cases} \tag{14.9}$$

波函数可以分解为径向部分和角向部分, $\Psi(r) = R_{nlm}(r) Y_{lm}(\theta, \phi)$, 其中, Y_{lm} 是球谐函数. 对于基态 $(n = 1)$, 角动量 l 是零, 波函数的解是 (在 $r = 0$ 处是正常的)

$$R(r) = \begin{cases} \dfrac{\sin(kr)}{kr}, & r \leqslant R_0 \\ \dfrac{\sin(kR_0)}{kR_0} \exp\left(-\kappa\left(r - R_0\right)\right), & r > R_0 \end{cases} \tag{14.10a}$$

$$k^2 = \frac{2m_1 \left(V_0 + E\right)}{\hbar^2} \tag{14.10b}$$

$$\kappa^2 = -\frac{2m_2 E}{\hbar^2} \tag{14.10c}$$

根据边界条件, $R(r)$ 和 $\dfrac{1}{m}\dfrac{\partial R(r)}{\partial r}$ 在 $r = R_0$ 的界面两侧是连续的, 可以得到超越方程

$$kR_0 \cot\left(kR_0\right) = 1 - \frac{m_1}{m_2}\left(1 + \kappa R_0\right) \tag{14.11}$$

根据这个公式, 可以确定球形量子点里单粒子基态的能量. 对于给定的半径, 势需要大于特定的强度 $V_{0,\min}$ 才能有至少一个束缚态; 对于 $m_1 = m_2 = m^*$ 这个条件可以写为

$$V_{0,\min} = \frac{\pi^2 \hbar^2}{8m^* R_0^2} \tag{14.12}$$

对于一般性的角动量 l, 波函数在量子点里是球贝塞尔函数 j_l, 在势垒里是球汉克尔函数 h_l. 此外, 第一激发能级的能量的超越方程是

$$kR_0 \cot\left(kR_0\right) = 1 + \frac{k^2 R_0^2}{\dfrac{m_1}{m_2} \dfrac{2 + 2\kappa R_0 + \kappa^2 R_0^2}{1 + \kappa R_0} - 2} \tag{14.13}$$

在无限高势垒的情况下 $(V_0 \to \infty)$, 波函数在量子点外是 0, (归一化后的) 波函数是

$$R_{nml}(r) = \sqrt{\frac{2}{R_0^3}} \frac{j_l\left(k_{nl} r\right)}{j_{l+1}\left(k_{nl} R_0\right)} \tag{14.14}$$

其中, k_{nl} 是贝塞尔函数 j_l 的第 n 个零点, $k_{n0}=n\pi$. 保留两位精度的最低能级的能量是

k_{nl}	$l=0$	$l=1$	$l=2$	$l=3$	$l=4$	$l=5$
$n=0$	3.14	4.49	5.76	6.99	8.18	9.36
$n=1$	6.28	7.73	9.10	10.42		
$n=2$	9.42					

$(2l+1)$ 重简并的能级 E_{nl} 是 $(V_0=\infty, m=m_1)$

$$E_{nl}=\frac{\hbar^2}{2m}\frac{k_{nl}^2}{R_0^2} \tag{14.15}$$

1s 态、1p 态和 1d 态的本征值小于 2s 态.

对于边长为 a_0 的势垒无限高的立方量子点, 有特别简单的解. 能级 $E_{n_xn_yn_z}$ 是

$$E_{n_xn_yn_z}=\frac{\hbar^2}{2m}\pi^2\frac{n_x^2+n_y^2+n_z^2}{a_0^2} \tag{14.16}$$

其中, $n_x,n_y,n_z=1,2,\cdots$. 对于一个球, 基态和第一激发态的能量差是 $E_1-E_0\approx E_0$, 对于一个立方体和二维的简谐振子, 这个能量差精确地等于 E_0. 对于三维的简谐振子, 这个量是 $E_1-E_0=2E_0/3$.

对于真实的量子点, 必须进行应变、压电场和量子力学限制的三维模拟 [1382,1383]. 在金字塔形的 InAs/GaAs 量子点里, 电子和空穴的能量最低的 4 个波函数如图 14.24 所示 (应变分布, 见图 5.34; 压电场分布, 见图 16.16). 这个图表明, 最低的空穴态主要是重空穴特性, 包含了其他空穴能带的混合物. 这种量子点里的波函数可以用扫描隧道显微镜来成像 [1384].

14.4.2 电学和输运性质

一个量子点的电容为 C_G, 与偏置电压为 V_G 的栅极有电容耦合 (图 14.25), 它的经典静电能是

$$E=\frac{Q^2}{2C_G}-Q\alpha V_G \tag{14.17}$$

其中 α 是无量纲的因子, 把栅极电压和岛 (量子点) 的势联系起来, Q 是量子点的电荷.

在数学上, 最小的能量在电荷为 $Q_{\min}=\alpha C_G V_G$ 处达到. 然而, 电荷必须是 e 的整数倍, $Q=Ne$. 如果 V_g 的数值使得 $Q_{\min}/e=N_{\min}$ 是整数, 只要温度足够低,

$$kT\ll\frac{e^2}{2C_G} \tag{14.18}$$

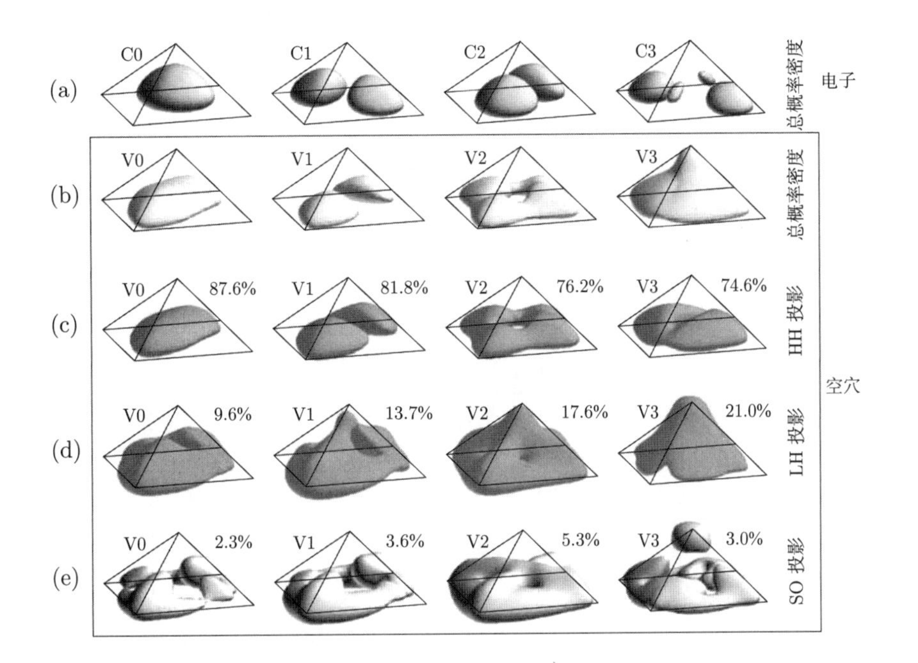

图14.24 在金字塔形InAs/GaAs量子点的模型里(基座长度为b = 11.3 nm)，对于束缚电子态(a)和空穴态(b~e)，总概率密度的等值面的图(最大值的25%)(a,b)和价带投影(c~e). 百分比值分别是投影到体材料重空穴带、轻空穴带和劈裂空穴带的积分，等值面给出了对应的投影形状. 对于每个价带态，与100%的差别是s型(导带)布洛赫函数投影(没有显示)的积分$\int_{-\infty}^{\infty}(|\Psi_{s\uparrow}|^2+|\Psi_{s\downarrow}|^2)\mathrm{d}^3r$. 获允转载自文献[1385]，©2002，Springer

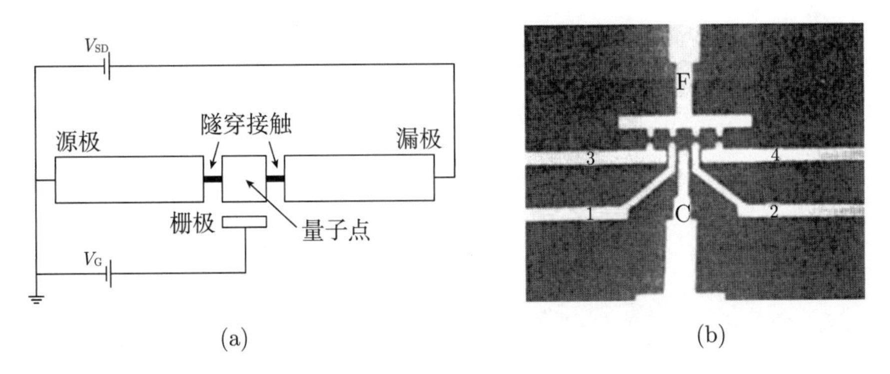

图14.25 (a) 量子点的示意图，带有隧穿接触和栅电极. (b) 带有平面栅结构的实现. “F”和“C”(栅电极)的距离是1 μm. 电子输运发生在从3/F到4/F的二维电子气里，穿过量子点接触1/3 和2/4. 图(b)获允转载自文献[1386]，©1991，Springer Nature

电荷就不能够起伏变化. 库仑势垒 $e^2/2C_{\mathrm{G}}$ 压制了隧穿进出量子点的过程, 所以电导非常小. 类似地, 微分电容也小. 这个效应称为库仑阻塞. 当栅极电压使得 N 个和 $N+1$ 个电子的能量是简并的, $N_{\min}=N+\dfrac{1}{2}$, 隧穿电流 (图 14.26(b))、电导率 (图 14.26(a))

和电容就出现了峰. 预期的能级间距是

$$e\alpha\Delta V_{\mathrm{G}} = \frac{e^2}{C_{\mathrm{G}}} + \Delta\epsilon_N \tag{14.19}$$

其中, $\Delta\epsilon_N$ 标记了添加的电子的横向 (运动学) 量子化能量的变化, 下文把 e^2/C_{G} 称为充电能.

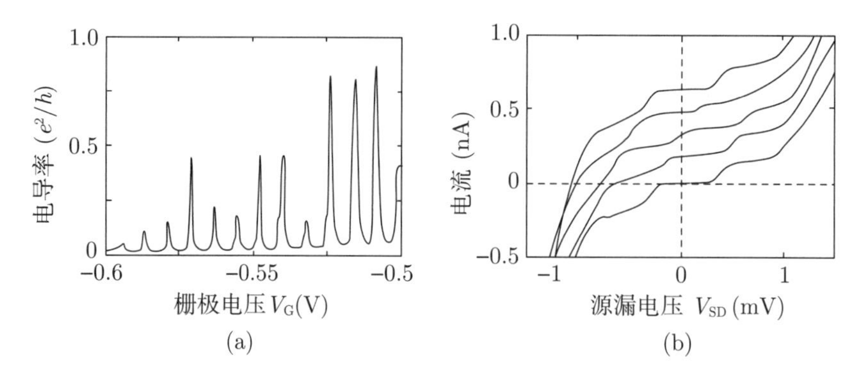

图14.26　带有一个量子点的隧穿结(如图14.25所示)，在不同的栅极电压下的(a) 电导率(库仑振荡)和(b) 电流-电压曲线(库仑台阶，为了看得更清楚，做了垂直移动). 改编自文献[1386]，获允转载，©1991，Springer Nature

改变源-漏电压 (对于给定的栅极电压) 导致了“库仑台阶”, 因为越来越多的导电通道为电流通过器件做贡献 (图 14.27). 图 14.28 给出了隧穿电流作为在 $\mathrm{WSe_2}$ 薄片上形成的点的电势的变化关系 [1388], 以及源漏电压. 等电流线形成了的“库仑阻塞钻石结构”(Coulomb blockade diamonds).

量子点上的电荷 Q 决定于栅极、源极和漏极上的电荷 $Q = Q_{\mathrm{G}} - Q_{\mathrm{S}} + Q_{\mathrm{D}}$. 与 $Q_{\mathrm{S}} = C_{\mathrm{S}}V_{\mathrm{S}}$, $Q_{\mathrm{D}} = C_{\mathrm{D}}V_{\mathrm{D}}$, $V_{\mathrm{SD}} = V_{\mathrm{S}} + V_{\mathrm{D}}$ 和 $Q_{\mathrm{G}} = C_{\mathrm{G}}(V_{\mathrm{G}} - V_{\mathrm{S}})$ 一起, 我们得到 ($C_\Sigma = C_{\mathrm{G}} + C_{\mathrm{S}} + C_{\mathrm{D}}$)

$$V_{\mathrm{S}} = \frac{1}{C_\Sigma}(Q + C_{\mathrm{G}}V_{\mathrm{G}} + C_{\mathrm{D}}V_{\mathrm{SD}}) \tag{14.20}$$

$$V_{\mathrm{D}} = \frac{1}{C_\Sigma}[-Q - C_{\mathrm{G}}V_{\mathrm{G}} + (C_\Sigma - C_{\mathrm{D}})V_{\mathrm{SD}}] \tag{14.21}$$

现在, 如果图 14.28(b) 中图案里给定的一对电压 (V_{G} 和 V_{SD}) 电流很小, 这是库仑阻塞, 然后对于所有电压对点上的同一个电荷是同样的 V_{S} 或 V_{D}. 式 (14.20) 和 (14.21) 的导数分别给出了斜率 $\partial V_{\mathrm{SD}}/\partial V_{\mathrm{G}} = \gamma_1 = -C_{\mathrm{G}}/C_{\mathrm{D}}$ 和 $\gamma_2 = +C_{\mathrm{G}}/(C_{\mathrm{G}} + C_{\mathrm{S}})$, 定义了稳定性示意图中钻石的边界, 如图 14.29 所示. 注意, 当 $|V_{\mathrm{S}}|, |V_{\mathrm{D}}| \ll e/(2C_\Sigma)$, 量子点电路可以视为一个电容系统时, 可以这样分析 (图 14.25(a) 里的插图). 将 Q 更改为 $Q - e$, 需要 V_{G} 增加 e/C_{G} 才能得到相同的 V_{SD}, 从而产生稳定性图的周期性.

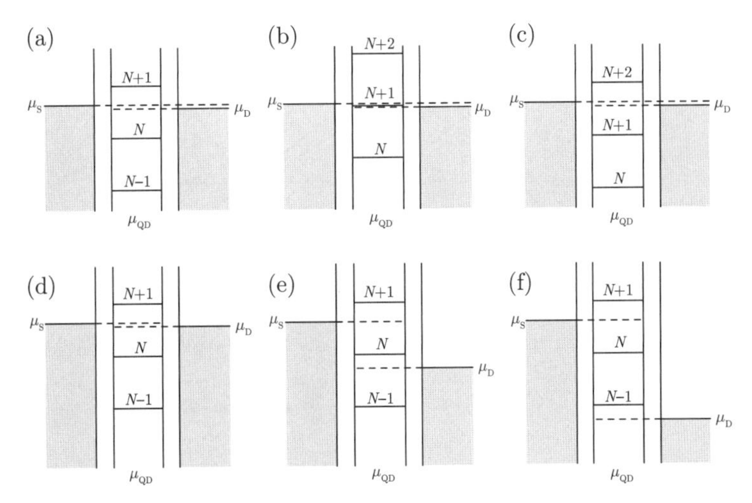

图14.27　源和漏以及介于其中间的量子点的化学势. 图(a)，(b)和(c)给出了不同栅电极的序列，说明了库仑振荡的来源(见图14.26(a)). 图(d)，(e)和(f)给出了不同的源-漏电压和库仑台阶的来源(见图14.26(b))

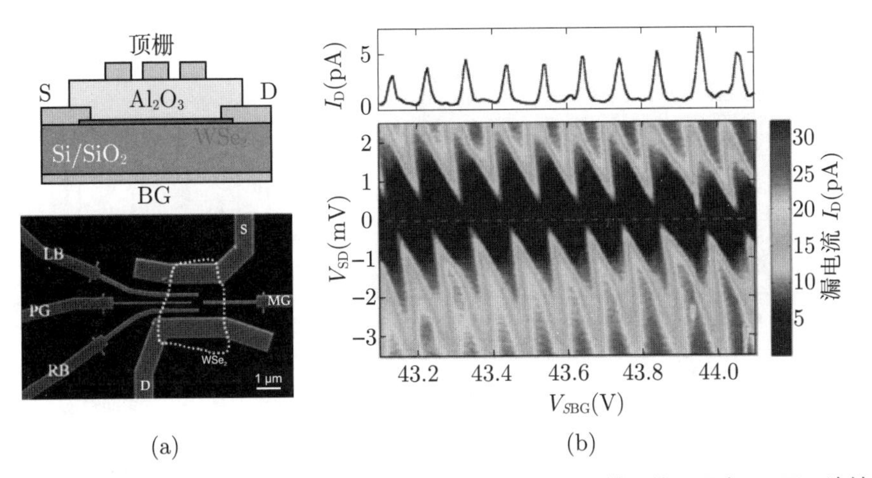

图14.28　(a) 上图：带有栅极结构的WSe_2薄片的示意图, 定义了一个横向的量子点. 下图：该结构的SEM像. 虚线给出了WSe_2薄片(厚度为4.5 nm)的轮廓. BG：背栅, PG：柱栅(plunger gate). (b) 电流(伪彩色)作为背栅电压V_{BG}和源-漏极电压V_{SD}的函数(T=240 mK). 上方是电流轨迹作为V_G函数(对于V_{SD}=0, 沿着图中的红色虚线). 图(a)(b)中的SEM像改编自文献[1388], 获允转载自RSC

为了给计量学提供新的电流标准 [1387], 人们研究单电子隧穿 (SET) 电路 [1389].

到目前为止, 有很多研究都是关于光刻方法制备的系统, 其中横向的量子化能量很小, 小于库仑充电能. 在这种情况下, 观察到周期性的振荡, 特别是对于大的 N. 对于小的 N, 观察到了对周期性振荡的偏离和特征性的壳层结构 (在 $N=2,6,12$), 符合简谐振子的模型 ($\hbar\omega_0 \approx 3$ meV), 对于直径约为 500 nm 的台面, 已经有报道 (图 14.30(b)(c)).

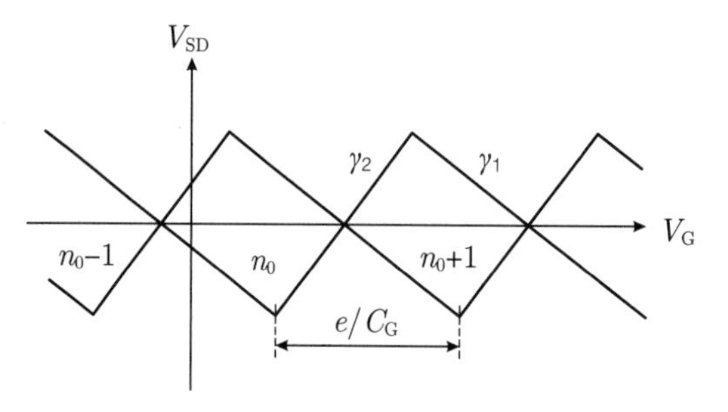

图14.29　库仑稳定性钻石结构的示意图. 正文讨论了斜率γ_1和γ_2. 栅极电压的周期性由e/C_G给出. 量子点上的电荷为$Q=(-e)n$

在这个结构里, 刻蚀出小的台面并制作电极 (顶电极、衬底的背电极和侧面的栅极). 这个量子点由 12 nm 的 $In_{0.05}Ga_{0.95}As$ 量子阱构成, 在横向上由 500 nm 的台面限制, 在垂直方向由 9 nm 和 7.5 nm 厚的 $Al_{0.22}Ga_{0.68}As$ 势垒限制 (图 14.30(a)). 通过调节栅极电压, 电子的数目可以在 0 到 40 之间变化. 通常在 50 mK 的样品温度下进行测量.

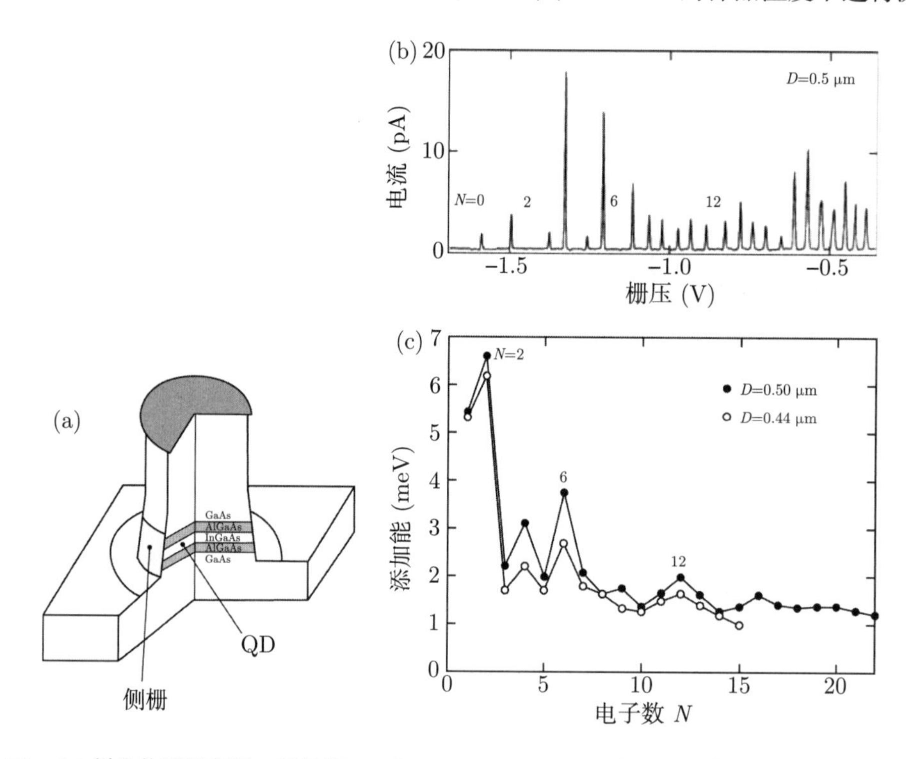

图14.30　(a) 样品构型示意图：侧栅的$In_{0.05}Ga_{0.95}As/Al_{0.22}Ga_{0.68}As$盘形量子点. (b) 对于$D$= 0.5 μm的盘形量子点，电流和栅压关系的库仑振荡，B=0 T. (c) 添加能和电子数的关系，对于两个不同的量子点，D 分别为0.50 μm和0.44 μm. 改编自文献[1391]

在图 14.31 所示的样品里, 自组织的量子点放在劈裂栅结构下面的通道里, 在合适的结构里, 可以分辨出通过单个量子点的隧穿.

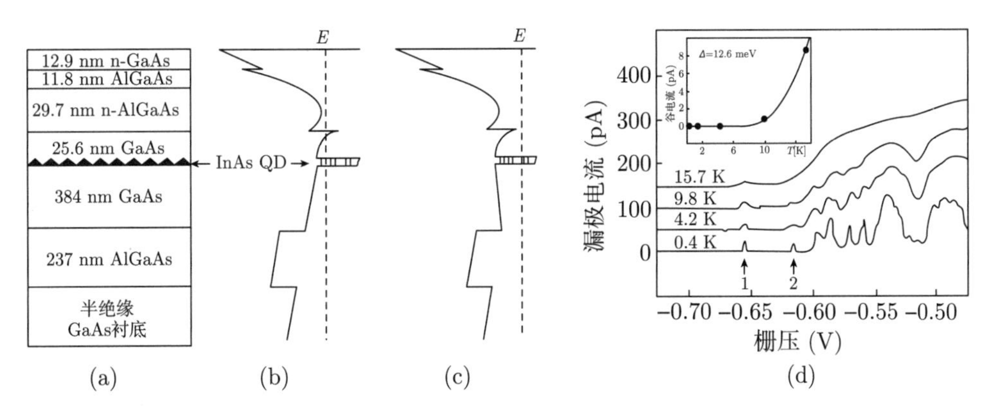

图14.31 (a) 外延结构的层序列示意图，包括n-AlGaAs/GaAs异质结界面，具有二维电子气和一层As/GaAs量子点. (b)和(c)的能带图分别对应于零栅压的情况和栅压低于临界值的情况. (d) 在一个劈裂栅结构中，实验得到的漏电流对栅压的依赖关系，漏-源电压是10 μV. 插图：谷电流对温度的依赖关系(方块)以及理论拟合. 获允转载自文献[1392]，©1997 AIP

在小的自组织量子点里, 单粒子能级的间隔可以大于或者接近于库仑充电能. 经典地说, 半径为 R_0 的金属球的电容是

$$C_0 = 4\pi\epsilon_0\epsilon_{\mathrm{r}}R_0 \tag{14.22}$$

对于 GaAs 里的 $R_0 = 4$ nm, 有 $C_0 \approx 6$ aF, 所以, 充电能是 26 meV. 从量子力学来说, 充电能由一阶微扰理论给出:

$$E_{21} = \langle 00|W_{\mathrm{ee}}|00\rangle = \iint \Psi_0^2\left(\boldsymbol{r}_{\mathrm{e}}^1\right)W_{\mathrm{ee}}\left(\boldsymbol{r}_{\mathrm{e}}^1,\boldsymbol{r}_{\mathrm{e}}^2\right)\Psi_0^2\left(\boldsymbol{r}_{\mathrm{e}}^2\right)\mathrm{d}^3\boldsymbol{r}_{\mathrm{e}}^1\mathrm{d}^3\boldsymbol{r}_{\mathrm{e}}^2 \tag{14.23}$$

其中, W_{ee} 标记两个电子的库仑相互作用, Ψ_0 是 (单粒子) 电子波函数的基态. 矩阵元给出了充电能的上限, 因为波函数会重新安置, 所以减少重叠和排斥性的库仑相互作用. 对于豆子形状的半径为 25 nm 的 InAs/GaAs 量子点, 预期的充电能大约是 30 meV.

14.4.3 自组织的制备

量子点的制备方法分为从上到下 (top-down, 光刻和腐蚀) 和从下到上 (bottom-up, 自组织) 的方法. 后者通常实现更小的尺寸, 要求更少的努力 (至少用的设备少).

人工图形

利用人工图形 (artificial patterning), 基于光刻和腐蚀 (图 14.32), 可以制作任何形状的量子点 (图 14.33). 因为反应离子刻蚀过程中高能量离子引入的缺陷, 当这种结构很小的时候,它们的量子效率很低.利用化学湿法腐蚀技术,可以显著地降低损害,但是不能完全避免.因为量子点必须和能够做到结构完美的其他结构竞争,这是不可接受的.

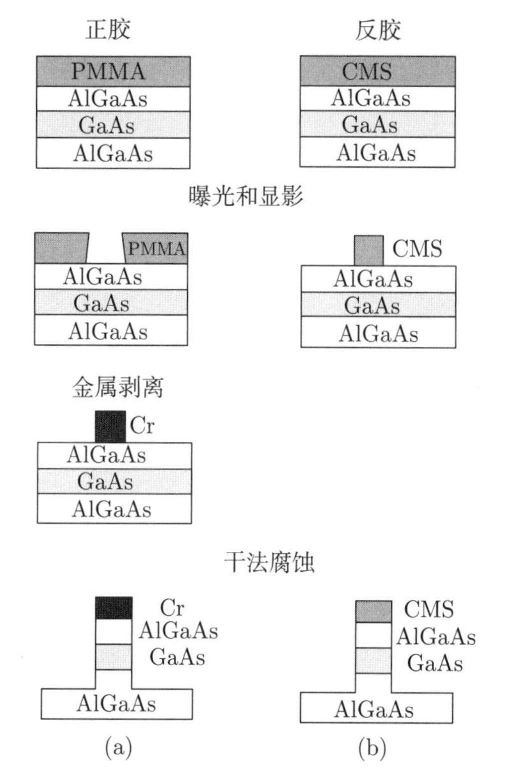

图14.32　制备半导体结构的光刻和腐蚀技术

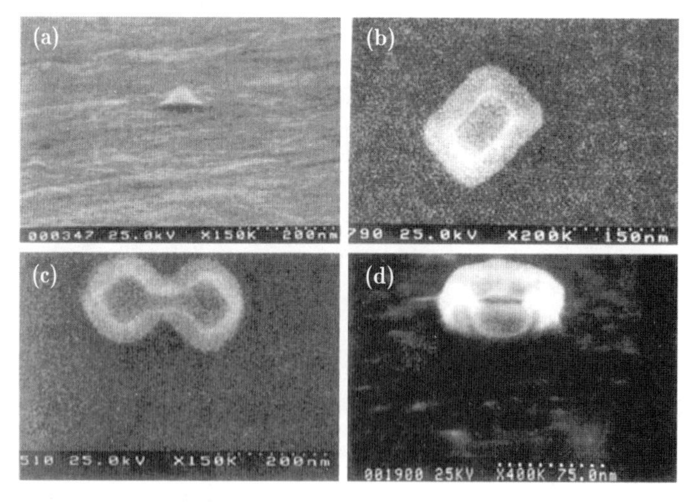

图14.33　用光刻和腐蚀技术制备的各种形状的量子点. 取自文献[1393]

模板生长

模板生长 (template growth) 是形成纳米结构的另一种技术. 这里用传统的方法制作介观结构. 利用缩小尺寸的机制 (例如, 形成小面, 图 14.34) 来制作纳米结构. 这种方法可能的缺点有模板密度低、模板的不规则性和制作的可重复性等问题.

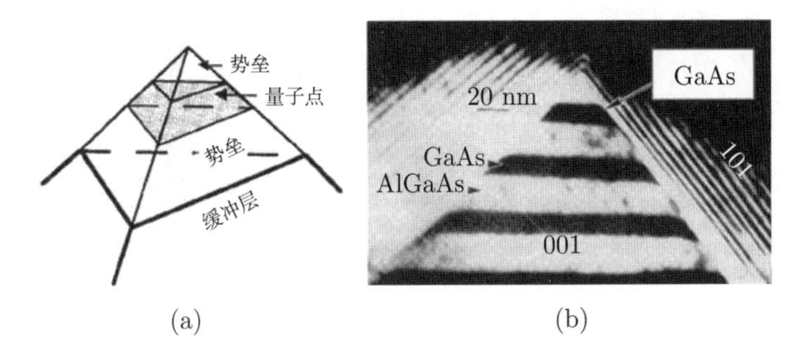

图14.34 (a) 在预定义模板上进行生长的示意图, (b) 在顶点处形成的量子点的截面TEM像. 获允转载自文献[1394], ©1992 MRS

胶体

纳米晶体的另一条成功途径是玻璃的掺杂并随后退火 (颜色滤光片). 用溶胶法 (sol-gel process) 制备纳米晶体的时候, 纳米颗粒作为胶体存在于溶液里. 利用合适的稳定剂, 可以防止它们彼此粘在一起, 既可以处理系综, 也可以单独处理. 已经合成了这种纳米晶体, 特别是对Ⅱ-Ⅵ族纳米晶体 (图 14.35(a)) 和卤化物钙钛矿 (图 14.35(b)) 半导体进行了研究.

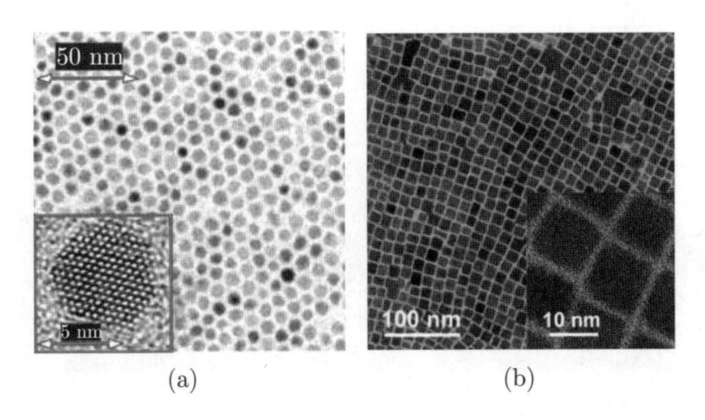

图14.35 (a) CdSe 胶体纳米颗粒. 取自文献[1395]. (b) $CsPbBr_3$钙钛矿(立方)胶体纳米晶体. 改编自文献[1396], 遵守知识共享协议(Creative Commons Attribution (CC BY 4.0) license)

失配的外延生长

自组织 (或者自聚集) 依赖于应变的异质结构, 通过在浸润层上岛式生长来实现能

量的极小化 (Stranski-Krastanow 生长模式, 见 12.2.3 小节和文献 [1339]). 额外的有序机制 [1397,1398] 形成了尺寸① [1399] 和形状 [1400] 均匀的系综 (图 14.36).

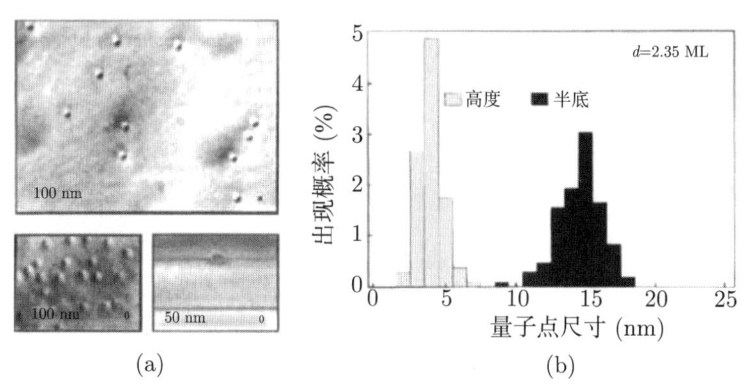

图14.36 在外延生长时，InGaAs/GaAs量子点的自组织生长. (a) TEM平面像和TEM截面像. (b) 量子点的垂直高度和水平尺寸的统计直方图. 获允转载自文献[1170]，©1993 AIP

一薄层半导体生长在晶格常数不同的平坦衬底上, 薄膜经受了四方的 (tetragonal) 扭曲 (5.3.3 小节). 应变只能沿着生长方向弛豫 (图 14.37). 如果应变能太大了 (高度应变的薄膜, 或者厚度很大), 就发生塑性弛豫, 形成了位错. 如果有岛的构型, 应变可以在所有的三个方向上弛豫, 可以弛豫的应变能可以再多 50% 以上, 因此这种类型的弛豫在能量上更有利. 当这个岛位于宿主材料中, 应变能类似于二维的情况, 宿主材料发生应变 (这是亚稳定的状态).

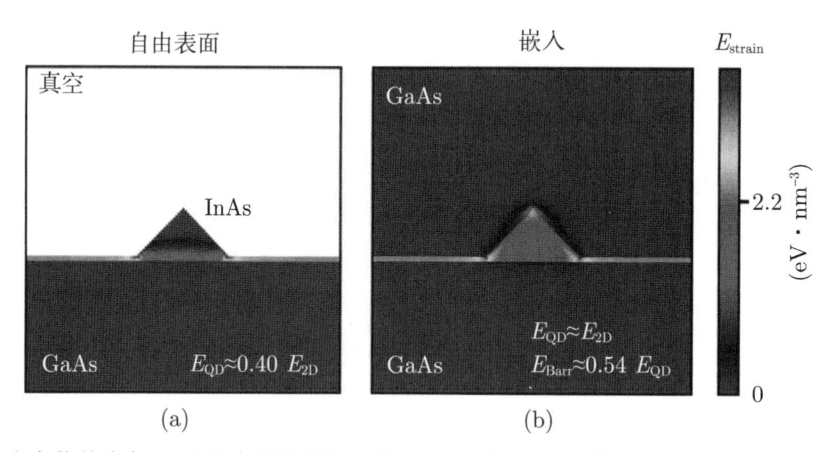

图14.37 应变能的分布：(a) 没有覆盖层的量子点，(b) 位于宿主材料里的量子点. 数值针对的是InAs/GaAs的数值

① 尺寸的有序是惊人的. 通常奥斯特瓦尔德熟化 (Ostwald ripening, 因为吉布斯-汤姆孙效应 (液滴越小, 蒸气压越大), 较小的液滴就消失了, 更大的液滴才能生长) 发生在液滴或核的系综里. 在应变量子点的情况, 表面能的项稳定了量子点的特定尺寸.

当这种量子点层垂直堆积的时候, 如果间隔不是太大 (图 14.40), 单个的量子点生长在此前一层里的量子点的上方 (图 14.38). 这是由于下方量子点的影响. 在 InAs/GaAs(压应变) 的情况, 被埋住的量子点拉伸了其上方的表面 (表面是张应变). 生长下一个量子点层的时候, 在被埋住的量子点的正上方, 原子就发现那里的应变较小. 在穿过这个堆垛的 STM 截面像 (XSTM, 图 14.39) 里, 可以看见单个的铟原子, 这个形状可以详细地分析 [1402].

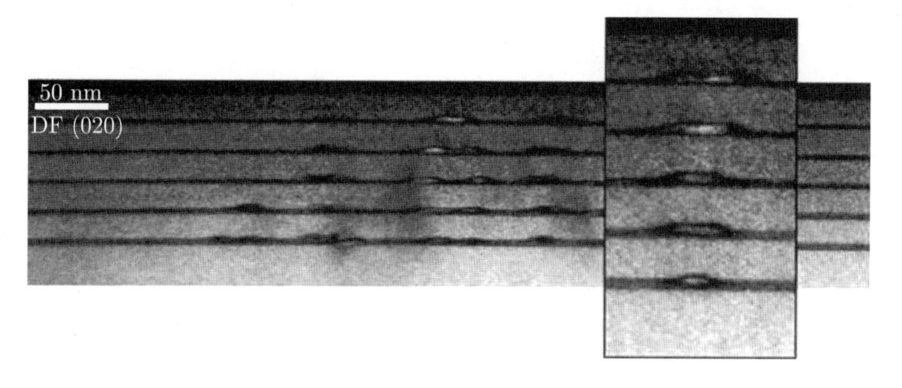

图14.38　一叠五层量子点的TEM截面像. 因为应变效应，实现了垂直对齐

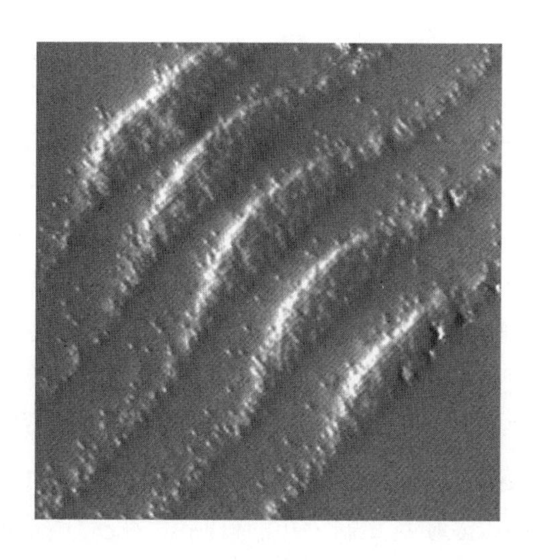

图14.39　在GaAs宿主材料中，一叠5个InAs量子点的STM截面像. 可以看到，单个的In原子位于浸润层和量子点之间. 每个量子点层是通过生长2.4单层(ML)的InAs形成的. 量子点层的设计距离是10 nm. 图像的尺寸是55 × 55 nm². 获允转载自文献[1402]，©2003 AIP

垂直安置可以导致进一步的有序, 因为发生了横向位置的均匀化. 如果第一层里的两个量子点靠得很近, 它们的应变场就重叠了, 第二层只能 “看到” 一个量子点.

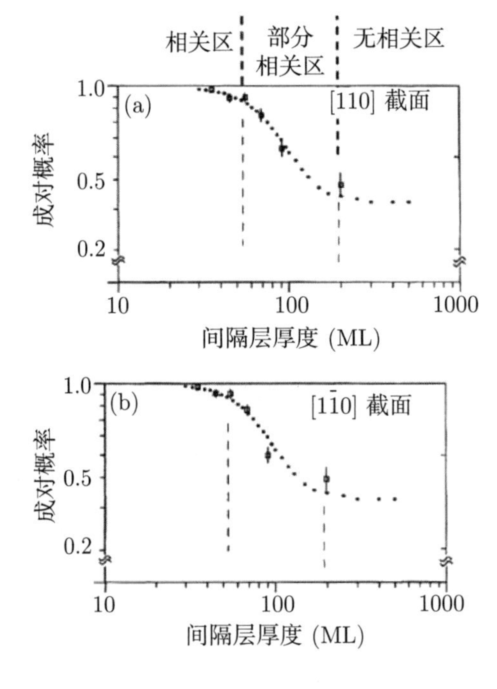

图14.40 在MBE生长的InAs/GaAs量子点叠层里，实验观测到的成对概率(pairing probability)作为间隔层(spacer)厚度的函数. 数据取自(a) (110) 和(b) (1$\bar{1}$0) 的TEM 截面像. 实心圆点是对数据的拟合，根据应变场下关联量子点形成的理论. 获允转载自文献[1403]，©1995 APS

量子点彼此间的横向有序表现为正方形或正六边形的图案, 以衬底的应变相互作用作为媒介. 相互作用能很小, 只能导致平面内的短程有序 [1397], 如图 14.41 所示. 平面内的有序可以改进到这样的程度：形成了规则的一维或二维阵列, 或者利用定向的自组织把单个量子点安放在设计好的位置 [1339]. 布置量子点位置的方法包括在纳米结构的生长表面下埋着位错结构, 表面图形和修正, 等等.

离子束刻蚀

用低能离子束溅射来刻蚀表面的时候, 出现了有序的量子点图案 [1404-1407]. 已经观察到了各向同性的 [1408] 和六边形的 [1404,1406] 近距离有序 (图 14.42). 图形的形成机制是依赖于形态的溅射结果以及质量重新分布的机制 [1409]. 直线形的图案也有报导 [1410].

14.4.4 光学性质

量子点的光学性质与它们的电子态密度有关. 特别是, 因为零维的态密度, 光学跃迁只允许发生在分立的能量上.

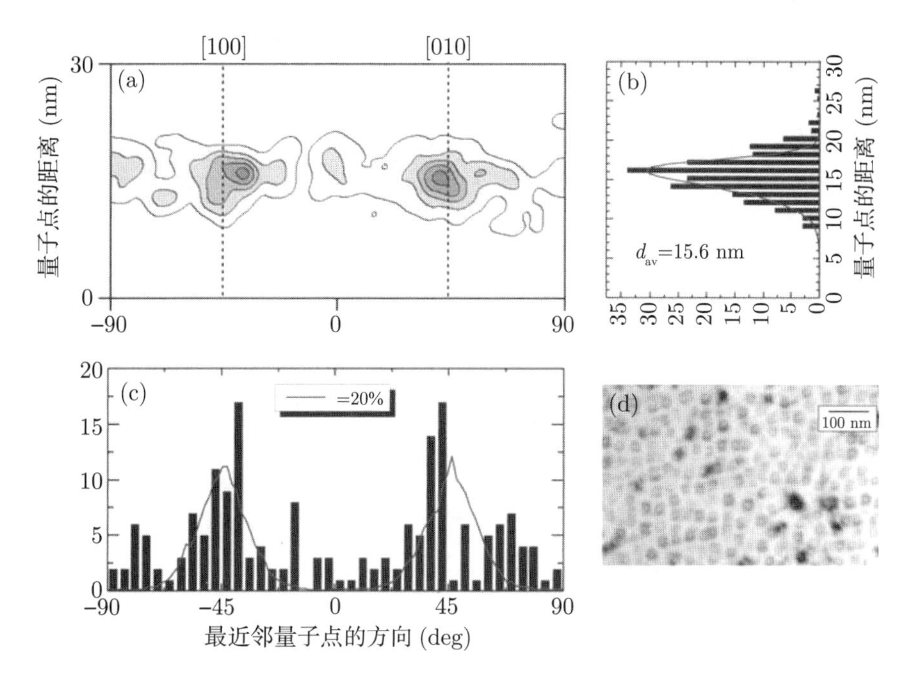

图14.41　QD阵列的横向有序. (d) 用于统计评价的QD阵列的TEM平面像. (a) QD的二维统计直方图，作为最近邻距离和方向的函数，(b,c) 图(a)的投影. 图(b)和(c)里的实线是正方形阵列的理论，与理想位置的偏离是σ = 20%. 改编自文献[1339]和[1397]

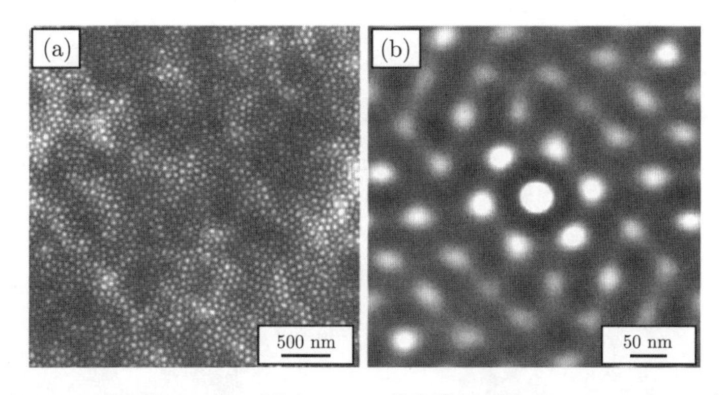

图14.42　(a) Si (001) 衬底的AFM像，经过960 min的离子溅射处理 (1.2 keV Ar^+，垂直入射). (b) 图(a)里400×400 nm^2面积里的二维自相关函数. 经允许改编自文献[1406]，©2001 AIP

单个量子点的光致发光如图 14.43 所示. 类 δ 的尖锐跃迁只在载流子数目小的极限情况下严格成立 (平均每个量子点有一个激子), 否则的话, 多体效应就会起作用, 包括来自荷电激子或多激子的复合. 在非常低的激发密度下, 复合谱只包括单激子 (X) 谱线. 随着激发密度的增大, X 谱线的两侧出现小的卫星峰, 它们被认为是荷电激子 (trion)X^+ 和 X^-. 在低能的一侧, 出现了双激子 (XX). 最终, 激发态被占据, 许多态做贡献, 给出了丰富的精细结构. 在体材料里, 双激子 (9.7.10 小节) 通常是束缚态, 它的复合能量 E_{XX} 小于激子的 E_{X}. 类似的情况出现在图 14.43 里. 文献 [1412] 指出, 在量子点里, 双激子的复合能量也可以大于激子的复合能量. 文献 [1413] 报导, 退火改变了 InAs/GaAs 量子点的限制势. 经过退火, 激子束缚能 $(E_{\mathrm{X}}-E_{\mathrm{XX}})$ 从正值 (“正常的”) 变为负值 (图 14.44).

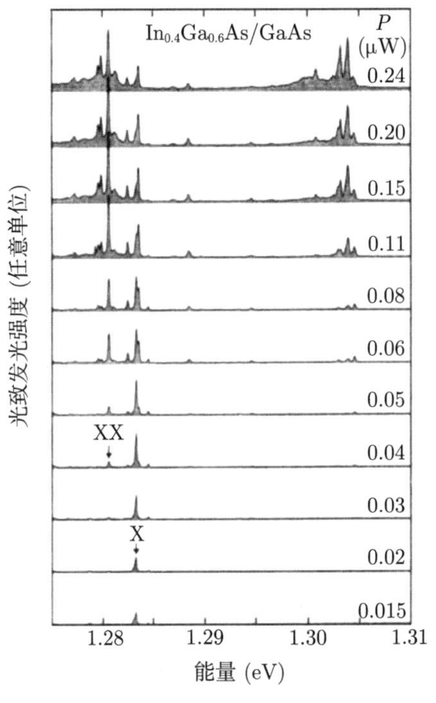

图14.43 在不同的激光激发强度P下，单个InGaAs/GaAs量子点的光发射谱 (T= 2.3 K). 单激子(X)和双激子(XX) 的谱线都标出来了. 改编自文献[1411]

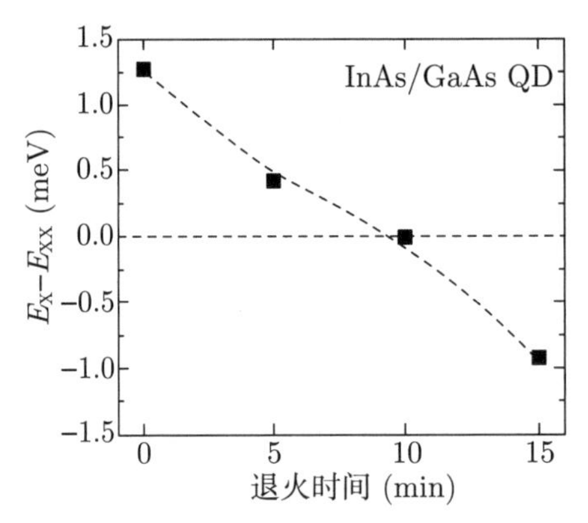

图14.44 经过不同退火时间，InAs/GaAs单量子点的双激子束缚能. 数据取自文献[1413]

在一个场效应结构里, 可以控制激子的充电态. 额外的载流子使得库仑相互作用和交换相互作用改变了复合能量. 在可调节电荷的量子点 [1414] 和量子环 [1415] 里, 观察到激子的发射依赖于额外电子的数目. 在一个类似于肖特基二极管的结构里, 利用偏置电压调控费米能级, 可以控制电子的占据情况. 在高的负偏压下, 所有的电荷载流子隧穿到环的外面, 看不到任何的激子发射. 各种不同的偏压使得平均的电子占据数为 $N=1,2,3,\cdots$. 激光激发产生的额外激子的复合 (因为库仑相互作用) 依赖于环内电子的数目 (图 14.45). 带有单个负电荷的激子 X^- 也称为荷电激子.

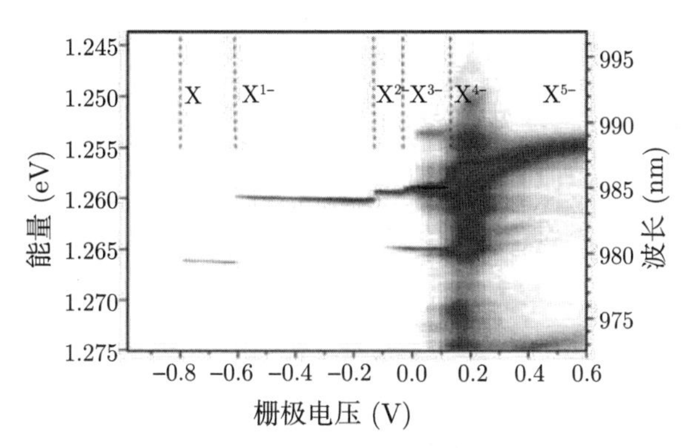

图14.45　单个量子环的荷电激子的光致光随着偏置电压的变化，偏压将量子点里的电子数目从0改变到$N>3$，温度为$T=4.2$ K. 改编自文献[1415]，获允转载，©2000，Springer Nature

在 CdTe 量子点里, 已经观察到了自旋和激子的相互作用 [1416]. 如果 CdTe 量子点是纯的, 出现单根的谱线. 如果量子点包含了单个锰 Mn 原子, 激子和 Mn 的 $S=5/2$ 自旋的相互作用导致了激子线的六重劈裂 (图 14.46). 在外磁场中, 因为 Mn 原子的自旋的塞曼效应, 劈裂总计为 12 条谱线.

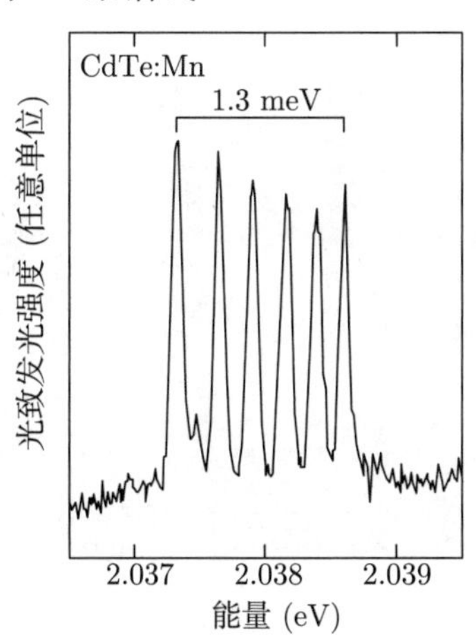

图14.46　包含单个Mn原子的CdTe/ZnSe单量子点的光致发光谱(T= 5 K), 改编自文献[1416], 获允转载，© 2004 APS

在量子点的系综里，由于量子点尺寸的涨落，以及限制能的尺寸依赖效应，光学跃迁是非均匀展宽的 (图 14.47). 带间跃迁涉及电子和空穴，受电子和空穴能量变化的影响：

$$\sigma_E \propto \left(\left| \frac{\partial E_\mathrm{e}}{\partial L} \right| + \left| \frac{\partial E_\mathrm{h}}{\partial L} \right| \right) \delta L \tag{14.24}$$

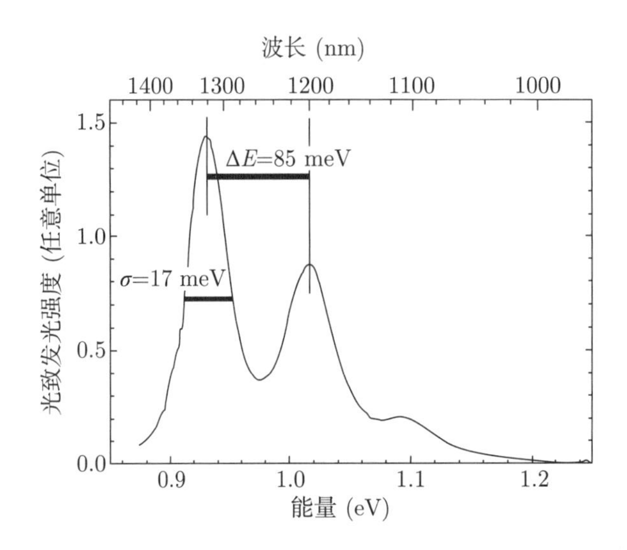

图14.47 InAs/GaAs量子点系综的光致发光谱(T=293 K，激发光强度是500 W/cm^2)

非均匀性 σ_L/L 的典型大小是 7%, 导致了几十 meV 的展宽. 除了不同尺寸导致的展宽以外，量子点形状的起伏也有影响. 限制效应使得复合能量随着量子点尺寸的减小而增大. 不同尺寸的胶体量子点很好地演示了这个效应，如图 14.48 所示.

图14.48 装有CdTe胶体量子点的试样瓶的光致发光(用紫外光UV激发)，从左到右，量子点的尺寸逐个增大. 取自文献[1395]

第 15 章

外场

摘要

讨论外加的电场和磁场对体材料和量子阱的电学性质和光学性质的影响, 包括斯塔克效应和量子受限斯塔克效应、霍尔效应和量子霍尔效应. 固体的能级及其光学和电学性质依赖于外加的电场和磁场. 在强磁场和低温下, 量子霍尔效应给出了多体系统里新物态的证据.

15.1 电场

15.1.1 体材料

激子的质心运动不受电场的影响. 电子-空穴对的约化质量为 μ, 电场 E 沿着 z 方向, 相对运动的哈密顿算符是

$$\hat{H} = -\frac{\hbar^2}{2\mu}\Delta - eEz \tag{15.1}$$

这里忽略了库仑相互作用, 它导致了束缚激子态的形成. 在与电场 (这里是 z 方向) 垂直的平面里, 相对运动的解就是平面波.

在电场里, 能带是倾斜的 (图 15.1), 不再有整体的带隙. 相应地, 波函数也有修正, 在带隙里有指数式的尾巴.

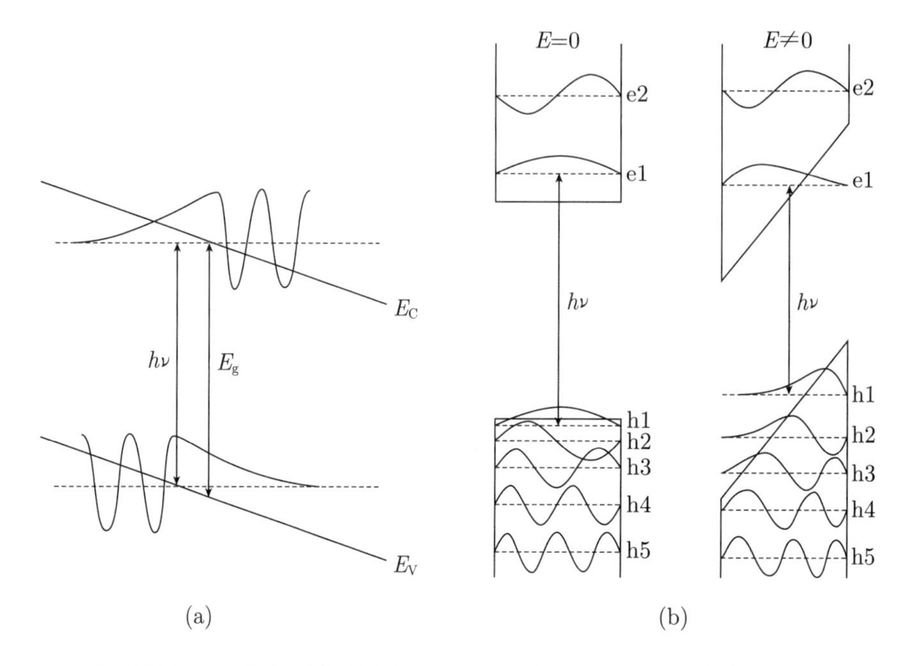

图15.1　电场的影响：(a) 体材料(能带倾斜)；(b) 量子阱(量子受限斯塔克效应(QCSE))

把 (x,y) 平面里的运动分离出去以后, z 方向的运动的薛定谔方程是

$$\left(-\frac{\hbar^2}{2\mu}\frac{\mathrm{d}^2}{\mathrm{d}z^2} - eEz - E_z\right)\phi(z) = 0 \tag{15.2}$$

它属于如下类型:

$$\frac{\mathrm{d}^2 f(\xi)}{\mathrm{d}\xi^2} - \xi f(\xi) = 0 \tag{15.3}$$

其中, $\xi = E_z/\Theta - z\left(2\mu eE/\hbar^2\right)^{1/3}$, 光电子能量 $\Theta = (e^2E^2\hbar^2/(2\mu))^{1/3}$. 式 (15.3) 的解是艾里函数 Ai(参见图 13.2):

$$\phi_{E_z}(\xi) = \frac{\sqrt{eE}}{\Theta}\mathrm{Ai}(\xi) \tag{15.4}$$

因子保证了正交性 (相对于 E_z). 吸收谱就是

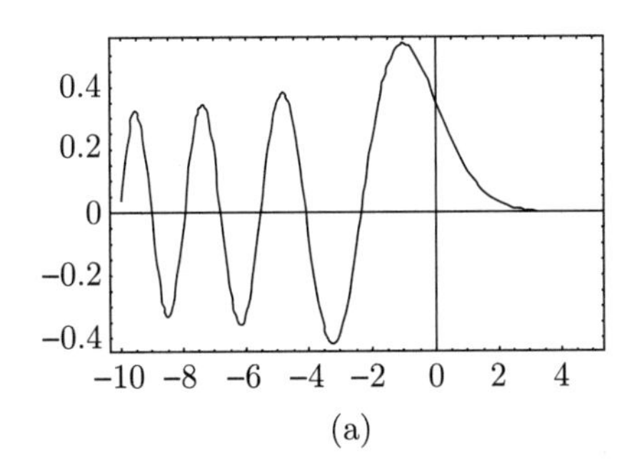

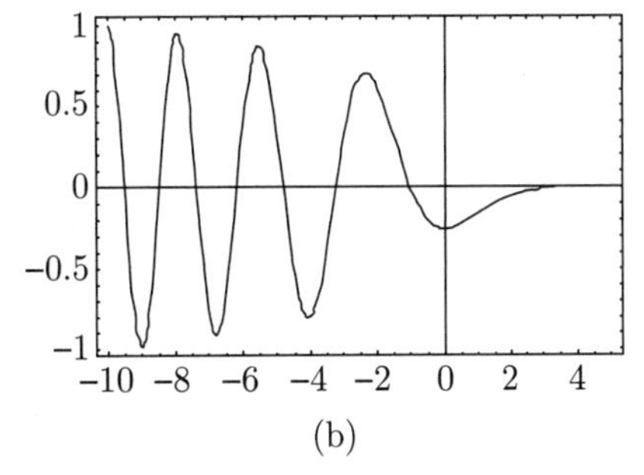

图15.2 (a) 艾里函数Ai(x); (b) Ai$'(x)$

$$\alpha(\omega,E)\propto\frac{1}{\omega}\sqrt{\Theta}\pi\left[\mathrm{Ai}'^2(\eta)-\eta\mathrm{Ai}^2(\eta)\right] \tag{15.5}$$

其中, $\eta=(E_{\mathrm{g}}-E)/\theta$, $\mathrm{Ai}'(x)=\mathrm{dAi}(x)/\mathrm{d}x$.

带隙以下的光学跃迁变得可能了, 它们是光子辅助的跃迁过程. 带隙以下的跃迁具有指数式的尾巴. 此外, 在带隙以上出现了振荡, 即弗朗兹-凯尔迪什 (Franz-Keldysh) 振荡 (FKO)[1417,1418] (图 15.3(a)).

吸收谱的标度是光电子能量 Θ. FKO 峰的能量位置 E_n 有周期性 ($\nu\approx0.5$):

$$(E_n-E_{\mathrm{g}})^{3/2}\propto(n-\nu)E\sqrt{\mu} \tag{15.6}$$

非周期性 (nonperiodicity) 说明了质量的非抛物线性. 重空穴和轻空穴的贡献也合并了. 对于给定的质量, 可以确定电场强度. 只有在均匀电场里, 才能看到很好的振荡.

实验谱线还显示了在低场强度下由激子关联导致的峰 (图 15.3(b)). 在更高的电场中, FKO 演化, 激子峰的振幅减小, 因为激子在电场里电离了.

15.1.2 量子阱

在量子阱里, 沿着受限方向 (z 方向) 的电场使得电子和空穴的平均位置朝着相反的界面移动 (图 15.1(b)). 然而, 激子没有因电场而电离. 随着电场的增大 (对于两个电场方向), 吸收边的能量位置和复合能量都减小了. 这是量子受限斯塔克效应 (QCSE). 对应的实验数据如图 15.4 中 i~v 所示. 位移以平方的形式依赖于电场, 因为激子没有永久的电偶极矩 (量子阱的镜面对称性). 因此只有二阶斯塔克效应存在 (就像氢原子一样), 电场先是诱导一个偶极矩 $\boldsymbol{p}=\alpha\boldsymbol{E}$. 这个偶极矩和电场相互作用具有能量 $E=-\boldsymbol{p}\cdot\boldsymbol{E}=-\alpha\boldsymbol{E}^2$. 载流子朝着量子阱的两侧分离 (图 15.4(b)), 减少了电子和空穴波函数的重叠, 从而增大了复合寿命 (见图 12.43).

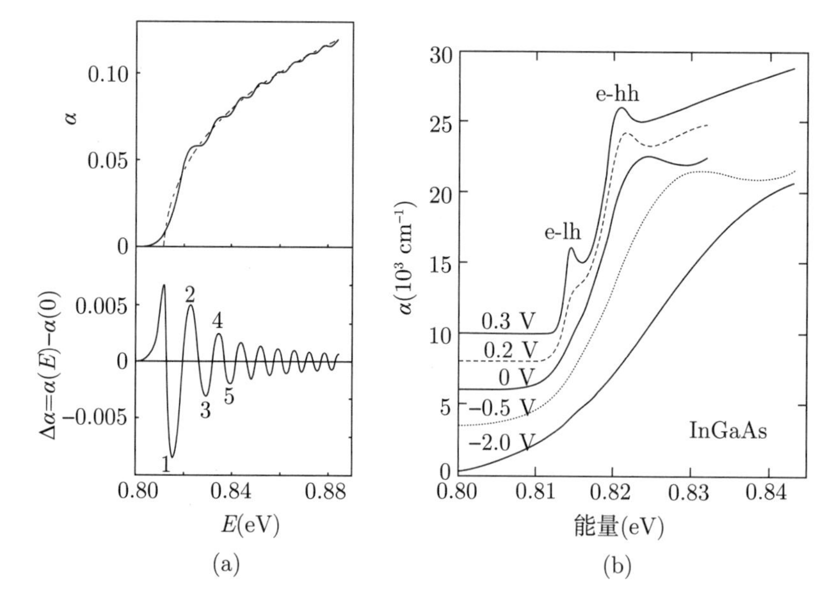

图15.3 (a) 对于体材料半导体(没有库仑相互作用)，有电场（实线）和没有电场(点划线)时的吸收的理论值(上图)以及吸收变化的理论值(下图). (b) 对于不同的外加电压，InP衬底上的(In, Ga)As的实验吸收谱，T=15 K. 改编自文献[1142]

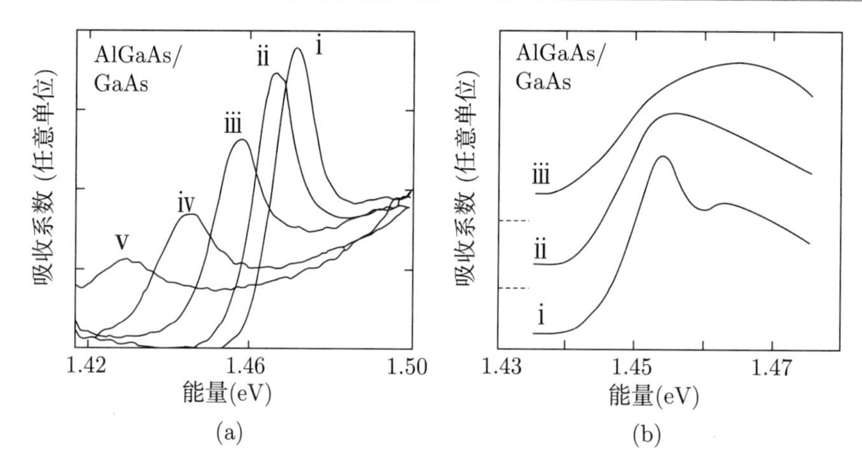

图15.4 电场对$n\times$(9.5 nm GaAs/9.8 nm $Al_{0.32}Ga_{0.68}As$)多量子阱结构的吸收谱的影响. (a) 电场沿着[001]生长方向(n=50)，i~v: E=0 V/cm, 0.6×10^5 V/cm, 1.1×10^5 V/cm, 1.5×10^5 V/cm, 2×10^5 V/cm. (b) 电场在界面的平面内(n=60)，i,ii,iii: E=0 V/cm, 1.1×10^5 V/cm, 2×10^5 V/cm. 改编自文献[1422]

如果电场在量子阱界面的平面里, 就会使得激子发生电离而没有能量位置的移动. 激子峰在光谱里的消失如图 15.4(a)~(c) 所示.

15.2 磁场

在磁场里, 电子 (或空穴) 进行频率为 $\omega_c = eB/m^*$ 的回旋运动, 即垂直于磁场, 在 $\boldsymbol{k}$ 空间的一个等能线上运动. 这是垂直于磁场的平面与相应的 $\boldsymbol{k}$ 空间的等能面的交线. 对于具有各向异性质量的半导体, 例如 Si 和 Ge, 已经给出了回旋共振的量子理论 [1423]. 半导体在磁场中的物理, 在文献 [1424] 里有详细的介绍.

弹道的回旋运动只能发生在两次散射事件之间. 因此, 沿着回旋轨道 (经典地说) 的显著长的路径以及相关的磁输运性质是可能的, 条件是:

- $\omega_c \tau \gg 1$, 即平均散射时间 τ 足够大. 这要求高迁移率.
- 磁场足够强和温度足够低, 即 $\hbar\omega_c \gg kT$, 热激发不能让电子在不同的朗道能级之间发生散射.
- 回旋路径上没有几何障碍.

外部的磁场也造成了自旋态的劈裂. 对于电子, 能量劈裂 ΔE 是

$$\Delta E = g_e^* \mu_B B \tag{15.7}$$

其中, B 是磁场的振幅, g_e^* 是 (有效的) 电子 g 因子. 这个值与自由电子在真空中的数值 $g_e = 2.0023$ 不一样, 因为存在自旋-轨道相互作用 (见 15.2.3 小节). 在低的载流子浓度和低温下, g_e^* 的数值: Si 是 2, InP 和 ZnSe 是 1.2, CdTe 是 −1.65, GaAs 是 −0.44, InAs 是 −15, InSb 是 −50. 在文献 [1425] 里, 还测量并讨论了 GaAs, InP 和 CdTe 里的 g_e^* 的温度依赖关系. 在薄的 GaAs/(Al,Ga)As 量子阱里, g 因子变大了 [1426].

15.2.1 经典霍尔效应

电流沿着 x 方向 (纵向), 而垂直磁场 $\boldsymbol{B} = (0, 0, B)$ 沿着 z 方向, 诱导了横向 (y 方向) 的电场 E_y(图 15.5). 电荷堆积来自洛伦兹力. 相关的横向电压称为霍尔电压, 电阻率 $\rho_{xy} = E_y/j_x$ 是霍尔电阻率 [28,31,32]. 文献 [1428] 讨论了霍尔效应的很多性质. 薄膜

样品通常使用霍尔条[1428](图 15.6 和图 15.19, 为了合理地测量霍尔电压, 霍尔条的长宽比至少应当是 3) 或者范德坡 (van-der-Pauw) 构型 (图 15.7) 和方法[1429-1431].

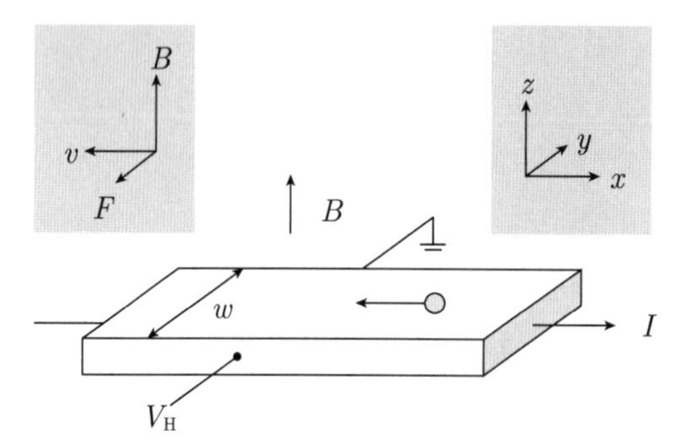

图15.5　霍尔效应的测量构型. 示意地给出了纵向电流 I 里的电子的运动. 给出了坐标系(x,y,z)和磁场$\boldsymbol{B}$的方向、电子的漂移速率 $\boldsymbol{v}$ 以及相应的洛伦兹力$\boldsymbol{F}$. 横向电场 E_y 由 V_H/w 给出

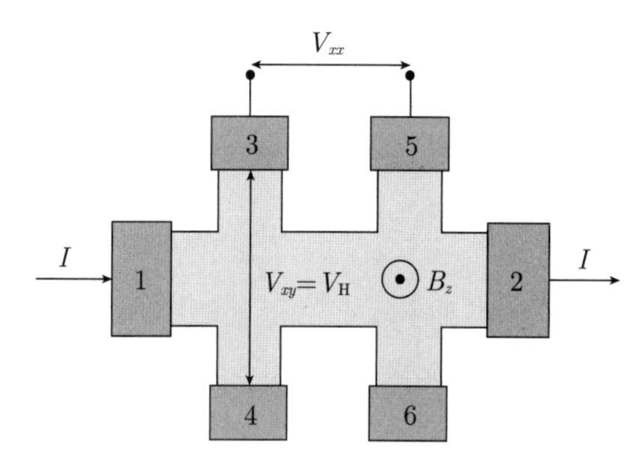

图15.6　霍尔条的测量构型. 电源提供的电流 I 从电极1流向电极2. 霍尔电压在电极3和4之间测量，纵向电压在电极3和5之间测量

对于弛豫时间近似下的能带输运 (8.2 节), 稳态的运动方程是

$$m^* \frac{\boldsymbol{v}}{\tau} = q(\boldsymbol{E} + \boldsymbol{v} \times \boldsymbol{B}) \tag{15.8}$$

注意, 这个运动方程对于空穴 (正电荷) 也成立, 只要使用 6.10.1 小节的规则. 利用回旋共振频率 $\omega_c = qB/m^*$, 电导率张量就是 $(\boldsymbol{j} = qn\boldsymbol{v} = \sigma \boldsymbol{E})$

$$\boldsymbol{\sigma} = \begin{pmatrix} \sigma_{xx} & \sigma_{xy} & 0 \\ \sigma_{yx} & \sigma_{yy} & 0 \\ 0 & 0 & \sigma_{zz} \end{pmatrix} \tag{15.9a}$$

$$\sigma_{xx} = \sigma_{yy} = \sigma_0 \frac{1}{1+\omega_c^2\tau^2} = \sigma_0 \frac{1}{1+\mu^2 B^2} \tag{15.9b}$$

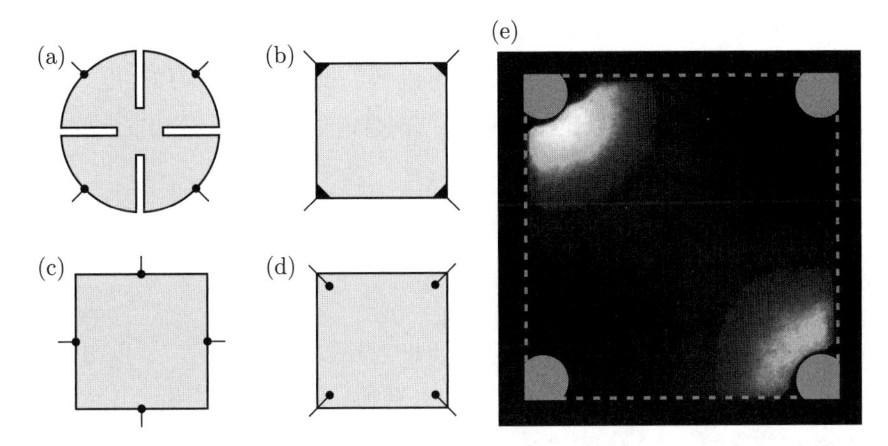

图15.7 (a~d) 范德坡方法测量霍尔效应的构型. (a) 最佳构型(苜蓿叶构型), (b) 可以接受的正方形构型, 在四个角落有小的电极, (c,d) 不推荐的构型, 电极位于边的中心或者位于正方形以内. (e) 用锁相的热成像仪看到的电流分布[1432], 样品是蓝宝石衬底上的ZnO外延薄膜, 采用图(b)的霍尔测量构型. 灰色的虚线给出了10 × 10 mm² 衬底的轮廓, 灰色区域是金的欧姆接触

$$\sigma_{xy} = -\sigma_{yx} = \sigma_0 \frac{\omega_c \tau}{1+\omega_c^2 \tau^2} = \sigma_0 \frac{\mu B}{1+\mu^2 B^2} \tag{15.9c}$$

$$\sigma_{zz} = \sigma_0 = \frac{q^2 n \tau}{m^*} = qn\mu \tag{15.9d}$$

垂直于磁场, 电导率 (σ_{zz}) 由式 (8.5) 给出. 如果只考虑一种类型的载流子 (电荷为 q, 浓度为 n), 由条件 $j_y = 0$ 得到 $E_y = \mu B E_x$ 和 $j_x = \sigma_0 E_x$. 霍尔系数定义为 $R_\mathrm{H} = E_y/(j_x B)$, 或者更准确的

$$R_\mathrm{H} = \frac{\rho_{xy}}{B} \tag{15.10}$$

其中, 电阻率张量 $\boldsymbol{\rho}$ 是电导率张量 $\boldsymbol{\sigma}$ 的逆,

$$\boldsymbol{\rho} = \boldsymbol{\sigma}^{-1} = \begin{pmatrix} \rho_{xx} & \rho_{xy} & 0 \\ \rho_{yx} & \rho_{yy} & 0 \\ 0 & 0 & \rho_z \end{pmatrix} \tag{15.11a}$$

$$\rho_{xx} = \rho_{yy} = \frac{\sigma_{xx}}{\sigma_{xx}^2 + \sigma_{xy}^2} \tag{15.11b}$$

$$\rho_{xy} = -\rho_{yx} = \frac{\sigma_{xy}}{\sigma_{xx}^2 + \sigma_{xy}^2} \tag{15.11c}$$

$$\rho_{zz} = \frac{1}{\sigma_{zz}} = \frac{1}{\sigma_0} \tag{15.11d}$$

对于单个类型的载流子, 霍尔系数就是

$$R_\mathrm{H} = \frac{\mu}{\sigma_0} = \frac{1}{qn} \tag{15.12}$$

电子 (空穴) 导电的霍尔系数是负的 (正的). 注意, 电子和空穴被磁场偏转到相同的 y 方向, 并由相同的电极收集. 因此, 霍尔效应可以确定载流子的类型和浓度. ①

如果两种类型的载流子同时存在, 电导率 (两带电导) 就是电子和空穴的电导率 (式 (8.11)) 之和:

$$\boldsymbol{\sigma} = \boldsymbol{\sigma}_{\mathrm{e}} + \boldsymbol{\sigma}_{\mathrm{h}} \tag{15.13}$$

霍尔系数 (式 (15.10)) 就是

$$R_{\mathrm{H}} = \frac{1}{e} \frac{-n\mu_{\mathrm{e}}^2(1+\mu_{\mathrm{h}}^2 B^2) + p\mu_{\mathrm{h}}^2(1+\mu_{\mathrm{e}}^2 B^2)}{n^2\mu_{\mathrm{e}}^2(1+\mu_{\mathrm{h}}^2 B^2) - 2np\mu_{\mathrm{e}}\mu_{\mathrm{h}}(1+\mu_{\mathrm{e}}\mu_{\mathrm{h}} B^2) + p^2\mu_{\mathrm{h}}^2(1+\mu_{\mathrm{e}}^2 B^2)} \tag{15.14}$$

在小磁场的假设下②, $\mu B \ll 1$, 霍尔系数是

$$R_{\mathrm{H}} = \frac{1}{e}\left[\frac{-n\mu_{\mathrm{e}}^2 + p\mu_{\mathrm{h}}^2}{(-n\mu_{\mathrm{e}} + p\mu_{\mathrm{h}})^2} + \frac{np(-n+p)\mu_{\mathrm{e}}^2\mu_{\mathrm{h}}^2(\mu_{\mathrm{e}} - \mu_{\mathrm{h}})^2}{(-n\mu_{\mathrm{e}} + p\mu_{\mathrm{h}})^4} B^2 + \cdots\right] \tag{15.15}$$

对于小磁场, 此式可以写为

$$R_{\mathrm{H}} = \frac{1}{e} \frac{p - n\beta^2}{(p - n\beta)^2} \tag{15.16}$$

其中, $\beta = \mu_{\mathrm{e}}/\mu_{\mathrm{h}} < 0$. 对于大磁场, $\mu B \gg 1$, 霍尔系数是

$$R_{\mathrm{H}} = \frac{1}{e} \frac{1}{p - n} \tag{15.17}$$

对于不同掺杂浓度的 InSb 样品, 霍尔系数的绝对值如图 15.8 所示. 当温度上升时, 本征电子对电导率做贡献, p 掺杂的样品表现出相反的符号. R_{H} 的零点出现在 $n = p\mu_{\mathrm{h}}^2/\mu_{\mathrm{e}}^2 = n_{\mathrm{i}}/|\beta|$. 在高温下, n 掺杂和 p 掺杂的样品的霍尔系数由迁移率更高的电子主导 (表 8.2).

能带和杂质带同时导电的时候 (比较 8.6 节), 利用适当的模型, 假设空穴有两个导电通道, 可以区分开 [1434](图 15.9).

式 (15.8) 考虑的是各向同性的质量. 对于具有多谷和各向异性极值的半导体, 特别是 Si 和 Ge 的导带 (参见 6.9.2 小节), 文献 [1435, 1436] 推导了霍尔系数. 以 $K = m_{\mathrm{l}}/m_{\mathrm{t}}$ 为质量各向异性 (见表 6.5), 霍尔系数 (式 (15.12)) 变化为

$$R_{\mathrm{H}} = \frac{1}{qn} \frac{3K(K+2)}{(2K+1)^2} \tag{15.18}$$

在推导 (单极性) 霍尔系数的时候, 我们假设输运涉及的所有载流子具有相同的性质, 特别是它们具有相同的散射时间. 这个假设通常并不成立 (比较附录 J), 我们需要对物理

① 利用霍尔效应确定净的自由载流子浓度. 注意, 半导体里固定电荷的浓度可以用耗尽层谱学来研究 (21.2.4 小节).
② 注意, 对于迁移率 $10^4\ \mathrm{cm^2/(V \cdot s)}$, μ^{-1} 是 $B = 1\ \mathrm{T}$ 的磁场.

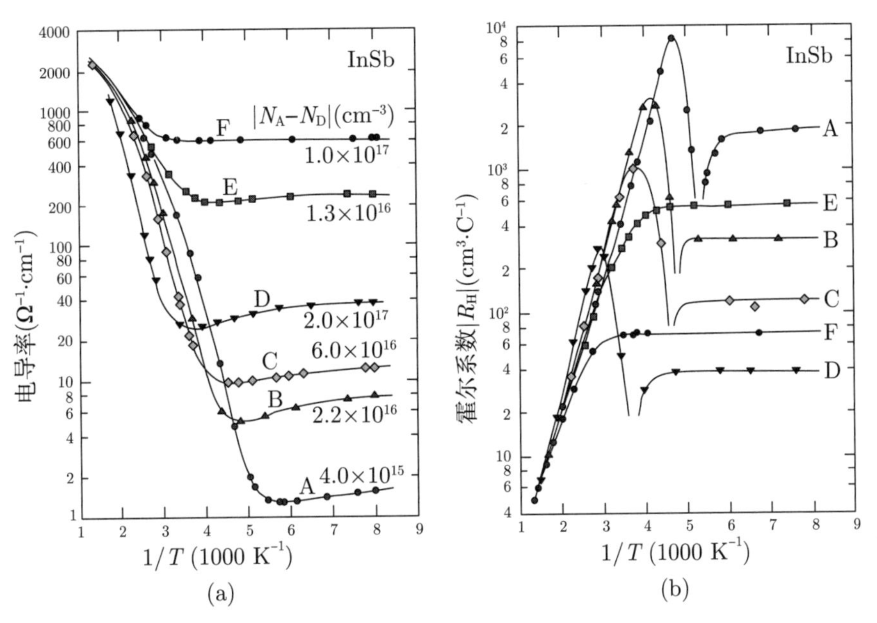

图15.8 (a) 四个p型(A~D)和两个n型(E，F)InSb的电导率和(b) 霍尔系数的绝对值与温度倒数的关系. 图(a)中给出了掺杂浓度. 改编自文献[1433]

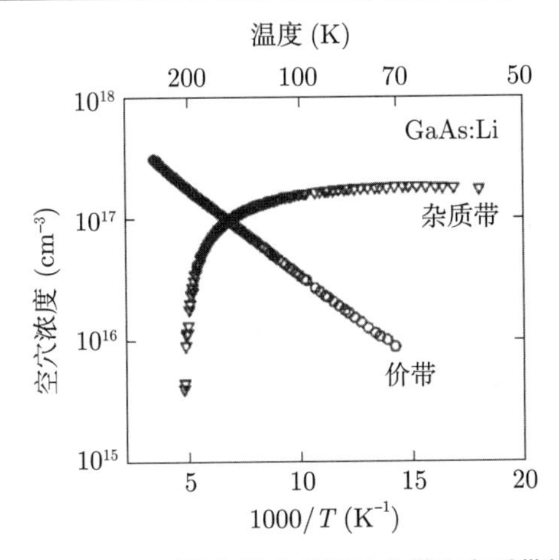

图15.9 考虑两个导电通道，通过霍尔效应得到的价带和杂质带的载流子浓度，样品是锂掺杂(并退火)的GaAs. 改编自文献[1434]

量做系综平均. 依赖于能量的物理量的系综平均 $\zeta(E)$ 对 (电子) 分布函数 $f(E)$ 做平均, 记为 $\langle\zeta\rangle$, 结果是①

$$\langle\zeta\rangle = \frac{\int \zeta(e) f(E) \mathrm{d}E}{\int f(E) \mathrm{d}E} \tag{15.19}$$

① 这种做法假定能量依赖关系是决定性的因素. 一般来说, 平均也要在其他自由度上进行, 例如, 自旋或者轨道方向 (在各向异性能带的情况中).

特别是, $\langle\tau\rangle^2$ 现在和 $\langle\tau^2\rangle$ 不一样. 考虑系综平均的电流密度的方程 $\langle \boldsymbol{j}\rangle = \langle\boldsymbol{\sigma}\rangle\boldsymbol{E}$, 我们得到 (对于一种类型的载流子, 参见式 (15.12))

$$R_{\mathrm{H}} = \frac{1}{qn} r_{\mathrm{H}} \tag{15.20}$$

"霍尔因子" r_{H} 是

$$r_{\mathrm{H}} = \frac{\gamma}{\alpha^2 + \omega_{\mathrm{c}}^2\gamma^2} \tag{15.21a}$$

$$\alpha = \left\langle \frac{\tau}{1+\omega_{\mathrm{c}}^2\tau^2} \right\rangle \tag{15.21b}$$

$$\gamma = \left\langle \frac{\tau^2}{1+\omega_{\mathrm{c}}^2\tau^2} \right\rangle \tag{15.21c}$$

霍尔因子依赖于散射机制, 是 1 的量级. 对于大磁场, 霍尔因子趋近于 1. 对于小磁场, 我们有

$$R_{\mathrm{H}} = \frac{1}{qn} \frac{\langle\tau^2\rangle}{\langle\tau\rangle^2} \tag{15.22}$$

由 $\sigma_0 R_{\mathrm{H}}$ 计算得到的迁移率 (参见式 (15.9d)) 称为霍尔迁移率 μ_{H}, 它和迁移率的关系是

$$\mu_{\mathrm{H}} = r_{\mathrm{H}}\mu \tag{15.23}$$

此前假设的是, 在电流输运的区域里, 自由载流子浓度和迁移率是均匀的. 多层模型也可以拟合实验的霍尔数据, 在样品的不同层里, 有着不同的导电通道 [1437]. 例如, 在两层模型里, 来自体材料的贡献和表面电导的贡献是分开的 [1438-1440].

σ 的磁场依赖关系可以不用假设地区分不同浓度和迁移率 (包括它的符号) 的载流子, 得到迁移率的谱 $s(\mu)$(MSA, 迁移率谱分析),

$$\sigma_{xx} = \int_{-\infty}^{\infty} s(\mu) \frac{1}{1+\mu^2 B^2} \mathrm{d}\mu \tag{15.24a}$$

$$\sigma_{xy} = \int_{-\infty}^{\infty} s(\mu) \frac{\mu B}{1+\mu^2 B^2} \mathrm{d}\mu \tag{15.24b}$$

这是式 (15.13), (15.9b) 和 (15.9c) 的推广 [1441-1443]. 例如, 在 GaAs/(Al,Ga)As/InAs 双量子阱结构里, 区分 (GaAs)Γ 极小值和 (InAs)X 极小值的导电率 [1441] (图 15.10(a)); 在 (Al,Ga)N/GaN 异质结构里, 区分衬底和 2DEG 的电子导电率 [1444]; 在 InAs/GaSb 量子阱里, 区分电子和空穴的导电率 [1442](图 15.10(b)).

在跳跃电导的情况下 (8.8 节), 霍尔效应的理论要复杂得多 [1445,1446]. 如果载流子通过跳跃来传输, 一般来说, 它们对外加磁场和洛伦兹力的响应就不能像式 (15.8) 预期的那样自由地运动. 霍尔效应只能出现在三个 (或更多) 跳跃位置交汇的地方 [1445]. 实

验确定的霍尔系数的符号经常与根据式 (15.12) 预期的载流子类型相反, 例如, 在 a-Si 里的研究 [1447,1448]. 异常的符号依赖于一些微妙的细节, 例如, 局域化位置的构型, 各种成键轨道和反键轨道的干涉, 文献 [1449] 做了总结.

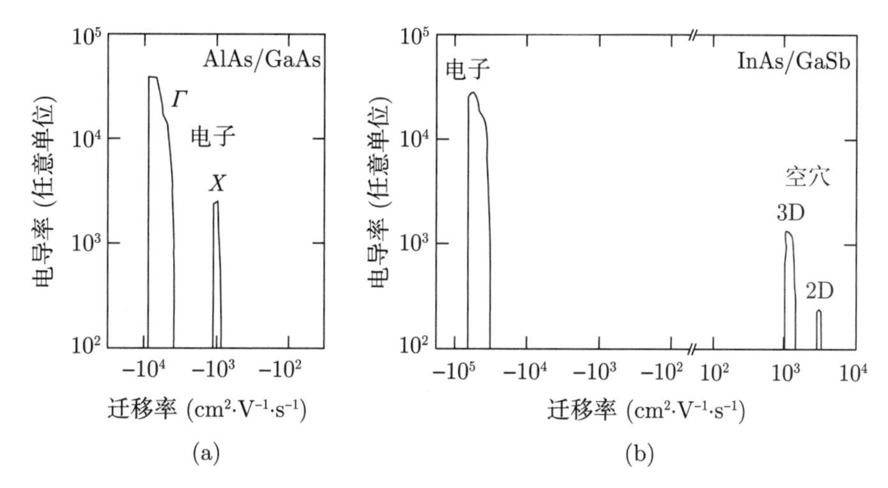

图15.10 (a) GaAs/(Al, Ga)As/InAs双量子阱结构的迁移率谱. 改编自文献[1441]. (b) InAs/GaSb量子阱结构的迁移率谱. 改编自文献[1442]

15.2.2 自由载流子吸收

9.9.1 小节处理了没有静态磁场时的自由载流子的吸收. 对于静态磁场 $\boldsymbol{B}=\mu_0\boldsymbol{H}$ (其中 $\boldsymbol{H}=H(h_x,h_y,h_z)$) 和简谐电场 $E\propto\exp(-\mathrm{i}\omega t)$, 求解式 (15.8), 给出了介电张量 (参见式 (9.72))

$$\boldsymbol{\epsilon}=\frac{\mathrm{i}}{\epsilon_0\omega}\boldsymbol{\sigma} \tag{15.25}$$

比较 $\boldsymbol{j}=\boldsymbol{\sigma}\boldsymbol{E}=qN\boldsymbol{v}$, 得到

$$\boldsymbol{\epsilon}(\omega)=-\omega_{\mathrm{p}}^{*2}\left[\left(\omega^2+\mathrm{i}\omega\gamma\right)\mathbf{1}-\mathrm{i}\omega_{\mathrm{c}}\begin{pmatrix}0 & -h_z & h_y\\ h_z & 0 & -h_x\\ -h_y & h_x & 0\end{pmatrix}\right]^{-1} \tag{15.26}$$

其中, $\mathbf{1}$ 表示 3×3 单位矩阵, $\gamma=1/\tau=q/(m^*\mu)$ 是阻尼参数, μ 是光学的载流子迁移率 (在非各向同性的情况下, 使用张量 $\boldsymbol{\gamma}$). (没有屏蔽的) 等离子体频率是 (比较式 (9.77))

$$\omega_{\mathrm{p}}^*=\sqrt{n\frac{e^2}{\epsilon_0 m^*}} \tag{15.27}$$

自由载流子的回旋频率是

$$\omega_{\mathrm{c}} = e\frac{\mu_0 H}{m^*} \tag{15.28}$$

如果把有效质量当作张量来处理, $1/m^*$ 用式 (15.27) 和 (15.28) 里的 m^{*-1} 来替换. 对于零磁场, 重新得到了一种载流子类型的经典的特鲁德理论 (参见式 (9.74a))

$$\epsilon(\omega) = -\frac{\omega_{\mathrm{p}}^{*2}}{\omega(\omega+\mathrm{i}\gamma)} \tag{15.29}$$

当磁场垂直于样品表面时, $\boldsymbol{B}=\mu_0(0,0,H)$, 磁光介电张量就简化为 (参见式 (15.9d))

$$\boldsymbol{\epsilon}(\omega) = -\frac{\omega_{\mathrm{p}}^{*2}}{\omega^2}\begin{pmatrix} \tilde{\epsilon}_{xx} & \mathrm{i}\tilde{\epsilon}_{xy} & 0 \\ -\mathrm{i}\tilde{\epsilon}_{xy} & \tilde{\epsilon}_{xx} & 0 \\ 0 & 0 & \tilde{\epsilon}_{zz} \end{pmatrix} \tag{15.30a}$$

$$\tilde{\epsilon}_{xx} = \frac{1+\mathrm{i}\gamma/\omega}{(1+\mathrm{i}\gamma/\omega)^2-(\omega_{\mathrm{c}}/\omega)^2} \tag{15.30b}$$

$$\tilde{\epsilon}_{zz} = \frac{1}{(1+\mathrm{i}\gamma/\omega)^2} \tag{15.30c}$$

$$\tilde{\epsilon}_{xy} = \frac{\omega_{\mathrm{c}}/\omega}{(1+\mathrm{i}\gamma/\omega)^2-(\omega_{\mathrm{c}}/\omega)^2} \tag{15.30d}$$

面内分量 ϵ_{xx} 提供了 ω_{p}^* 和 γ 的信息, 三个参数 n, μ 和 m^* 中的两个就知道了. 此外, 张量的非对称分量 ϵ_{xy} 与回旋频率是线性关系, 提供了 q/m^*. 这个微弱但是有限大小的双折射依赖于磁场的强度 (和方向), 可以用红外光区的磁椭偏测量来实验地确定 [1450,1451]. 这种“光学霍尔效应”(optical Hall effect) 实验能够用光学方法确定载流子密度 n、迁移率 μ、载流子质量① m^* 和载流子电荷的符号 $\mathrm{sgn}(q)$. 电学霍尔效应 (15.2.1 小节) 可以给出 n, μ 和 $\mathrm{sgn}(q)$, 但是不能得到载流子的质量.

15.2.3 晶体里的能级

在三维电子气里 (磁场沿着 z 方向, $\boldsymbol{B}=B(0,0,1)$), (x,y) 平面内的运动由朗道能级描述. 它们在量子力学上对应于简谐振子的能级. 磁场不影响电子沿着 z 方向的运动, 在这个方向上是自由的色散关系 $\propto k_z^2$. 能级是

$$E_{nk_z} = \left(n+\frac{1}{2}\right)\hbar\omega_{\mathrm{c}} + \frac{\hbar^2}{2m}k_z^2 \tag{15.31}$$

① 注意, 用这种方式定义和测量的迁移率和有效质量可以称为“光学的”迁移率和有效质量. 其他定义和方法可能给出不同的结果.

因此, 这些态位于 k 空间的同轴的圆柱体上 (图 15.11(a)). 三维电子气的占据态 (在 0 K 温度下) 位于长度为 k_F 的费米波矢以内. 对于三维系统, 费米能量处的态密度是费米能量的平方根函数 (式 (6.71)). 有磁场存在的时候, 每当新的圆柱体 (具有一维态密度, 式 (6.79)) 碰到 E_F 处的费米面, 态密度就发散. 在真实的系统里, 这种发散变得光滑, 但通常保留着一个显著的峰, 这就是态密度的周期性.

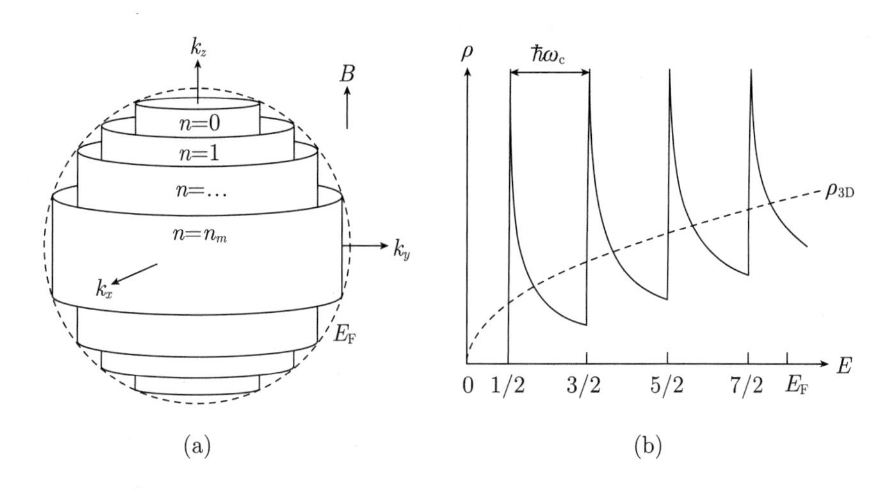

图15.11 在外磁场中的三维电子气. (a) 对于沿着 z 方向的磁场, $\boldsymbol{k}$ 空间里允许的态. (b) 态密度 ρ 和能量的关系(单位是 $\hbar\omega_\mathrm{c}$). 虚线是没有磁场时的三维态密度. 基于文献[1123]

这个周期由费米面以内的回旋轨道 (朗道能级) 的数目 n_m 给出,

$$\left(n_m+\frac{1}{2}\right)\hbar\omega_\mathrm{c}=E_\mathrm{F} \tag{15.32}$$

如果载流子的数目不变, 费米能级处的态密度随着磁场变化, 按照 $1/B$ 周期性地改变. 根据条件 $(n_m+1/2)\hbar eB_1/m=E_\mathrm{F}$ 和 $(n_m+1+1/2)\hbar eB_2/m=E_\mathrm{F}$, 以及 $1/B_2=1/B_1+1/\Delta B$, 我们得到

$$\frac{1}{\Delta B}=\frac{e\hbar}{m^* E_\mathrm{F}} \tag{15.33}$$

利用 (磁阻的) 舒布尼科夫-德哈斯振荡或者德哈斯-范阿尔芬效应 (磁响应率的振荡), 这个周期性可以用于实验确定金属中的费米面的性质.

需要拓展式 (15.31), 以便说明电子自旋导致的朗道能级的劈裂 (式 (15.7))). 根据文献 [1452], 电子的朗道能级的能量可以写为

$$E_n=\left(n+\frac{1}{2}\right)\frac{\hbar eB}{m^*(E)}\pm g_\mathrm{e}^*(E)\mu_\mathrm{B}B \tag{15.34}$$

具有依赖于能量的有效质量和 g 因子:

$$\frac{1}{m^*(E)}=\frac{1}{m^*(0)}\frac{E_\mathrm{g}\left(E_\mathrm{g}+\varDelta_0\right)}{3E_\mathrm{g}+2\varDelta_0}\left(\frac{2}{E+E_\mathrm{g}}+\frac{1}{E+E_\mathrm{g}+\varDelta_0}\right) \tag{15.35a}$$

$$g_{\mathrm{e}}^{*}(E)=g_{\mathrm{e}}^{*}(0)\frac{E_{\mathrm{g}}\left(E_{\mathrm{g}}+\Delta_{0}\right)}{\Delta_{0}}\left(\frac{1}{E+E_{\mathrm{g}}}-\frac{1}{E+E_{\mathrm{g}}+\Delta_{0}}\right) \tag{15.35b}$$

有效质量的带边值 $m^{*}(0)$ 由式 (6.43) 给出, 而 g 因子的值是

$$g_{\mathrm{e}}^{*}(0)=2\left[1-\frac{2\Delta_{0}}{3E_{\mathrm{g}}\left(E_{\mathrm{g}}+\Delta_{0}\right)}E_{\mathrm{P}}\right] \tag{15.36}$$

对于大的自旋-轨道劈裂, g 因子的数值显著地偏离 2, 变成负的.

15.2.4 磁场对杂质的影响

塞曼效应是光谱线的磁场依赖关系 (以及简并的消除). 对于半导体物理学来说, 这是研究与缺陷有关的态的性质的工具, 具有足够清晰的光谱特征. 作为例子, 请看对 Si:P 施主系统的研究 (比较图 9.33), 以及它的线性的和二次的塞曼效应 [1453], 如图 15.12 所示. 谱线 4 和谱线 1 的跃迁能量的差与磁场呈线性关系, 等于电子自旋劈裂. 二次塞曼效应也称为"抗磁位移" (diamagnetic shift), 可以用来确定波函数的大小. 在这个研究中, 硅里的中性磷施主的电子玻尔半径为 $a_{\mathrm{D}}=1.33(5)$ nm(比较式 (7.22))[1453].

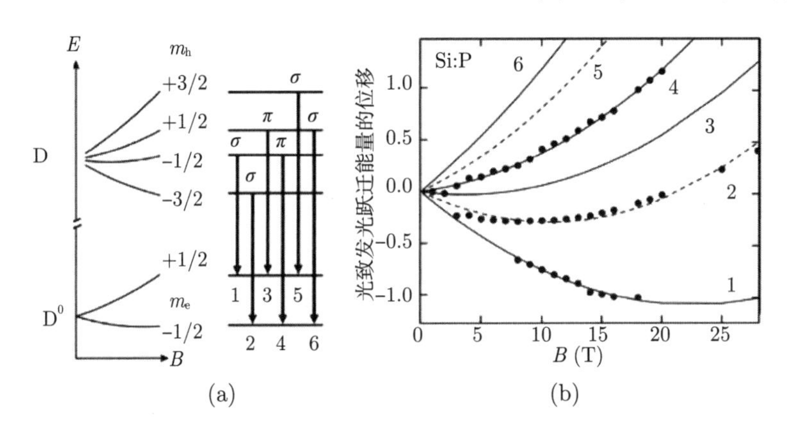

图15.12　(a) Si:P里施主束缚的激子的跃迁(及其偏振)的能级示意图. (b) 实验得到的光致发光跃迁能量的依赖于磁场的位移(符号, 相对于B=0 T时大约为E=1.150 eV), 以及对重空穴(虚线)和轻空穴(实线)跃迁的拟合. 改编自文献[1453]

15.2.5 磁场对激子的影响

磁场对激子的影响与它对杂质处的激子波函数的影响相似, 只是电子和空穴同时受到影响. 这种效应是双重的: 对自旋态的类塞曼效应导致激子线的分裂, 并变成圆偏振

的; 对于"弱"场, 分裂与场呈线性关系. 此外, 磁场减小了激子的尺寸, 导致谱线中心二次位移到更大的能量处, 即"抗磁位移". 文献 [1454] 给出了各种约束几何形状的计算方法. 激子大小的变化也改变了无序量子阱中的局域化效应 [1455]. 例如, 单层 WS_2 里的准二维激子的磁场依赖性如图 15.13 所示 (参见 13.2.4 小节).

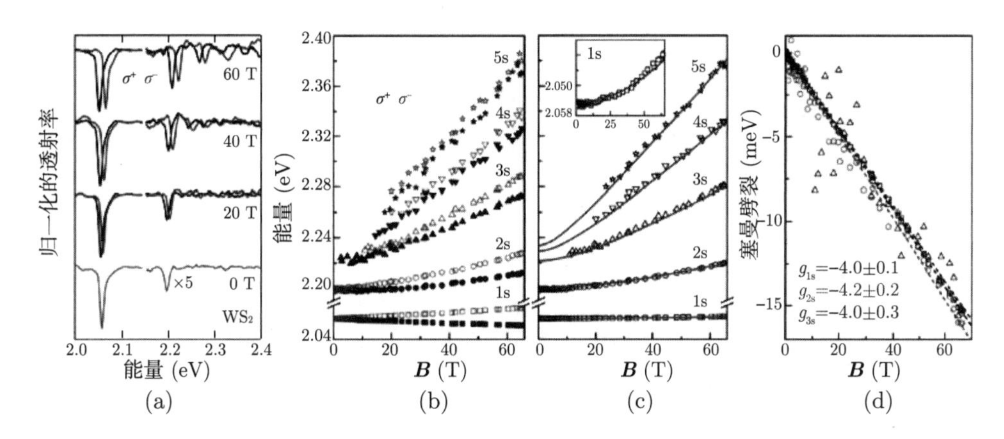

图15.13　磁场对WS_2单层中激子的影响. (a) 归一化的透射光谱. (b) 1~5 s激子的(圆偏振)谱线的能量位置E_{σ^+}和E_{σ^-}. (c) 计算得到的能量$(E_{\sigma^+}+E_{\sigma^-})/2$, 显示了抗磁位移. 实线是用约化的激子质量$m_r^*$=0.175 (和进一步的参数)做的模型计算. (d) 1~3 s态的塞曼劈裂$E_{\sigma^+}-E_{\sigma^-}$以及线性拟合(虚线), g 因子大约是4. 改编自文献[1313], 遵守知识共享协议(Creative Commons Attribute (CCBY 4.0))

15.2.6　二维电子气里的能级

在二维电子气里, 例如, 在量子阱里, 或者调制掺杂的异质界面的势阱里, 不可能有 z 方向的自由运动, k_z 是量子化的. (对于每个二维子带,) 能级只由回旋能量给出 (图 15.14(a)). 态密度是一系列的类 δ 的峰 (图 15.14(b)). 每个峰贡献的态 (单位面积, 没有自旋简并, 也没有能带极值的简并) 的总数 (朗道能级的简并度为 $\hat{g}$) 是

$$\hat{g}=\frac{eB}{h} \tag{15.37}$$

实际上, 无序效应导致了这些峰的非均匀展宽. 峰的尾巴上的态对应了局域化在实空间里的态.

在二维系统里, 还有几种物理性质作为费米能级的函数 (随着电子数目的变化) 和在固定的费米能量处 (电子的数目保持不变) 作为磁场的函数表现出振荡的行为 (图 15.15).

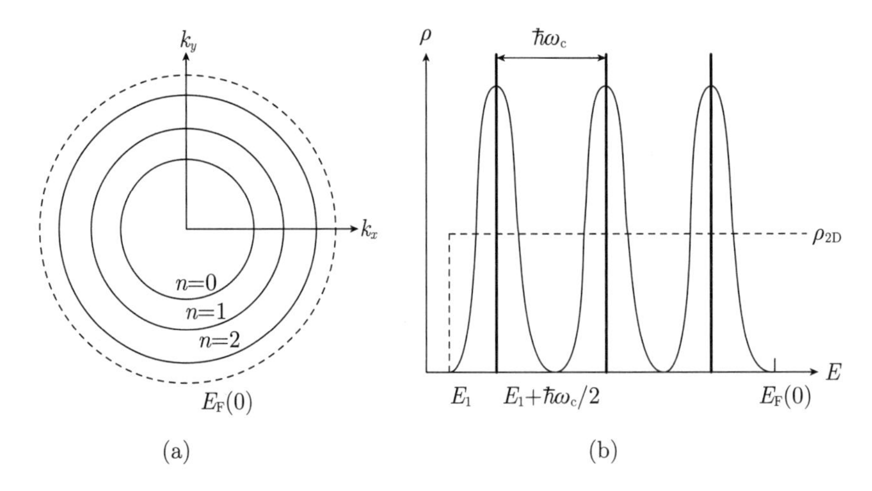

图15.14 在外磁场中的二维电子气. (a) $\boldsymbol{k}$ 空间里允许的态. (b) 态密度 ρ 和能量的关系. 虚线是没有磁场时的二维态密度. 垂直的粗线：没有展宽的类 δ 的态密度，曲线：展宽的态密度. 基于文献[1123]

15.2.7 舒布尼科夫-德哈斯振荡

根据二维态密度 (单位面积, 包括自旋的简并度)$D^{2D}(E) = m^*/(\pi\hbar^2)$, 可以把电子的面密度 n_s 表示为费米能级的函数 (在 $T = 0$ K 下, 没有自旋简并度)

$$n_s = \frac{m^*}{2\pi\hbar^2} E_F \tag{15.38}$$

利用式 (15.33) , 我们发现 (没有自旋简并度, 没有能谷的简并度)$1/B$ 的周期 $\propto n_s$:

$$\frac{1}{\Delta B} = \frac{e}{h} \frac{1}{n_s} \tag{15.39}$$

因此, 二维电子气的载流子密度就可以由磁阻的振荡确定, 正比于费米能级处的态密度 (舒布尼科夫-德哈斯效应). 改变磁场、保持电子密度不变的相应测量如图 15.16 所示. $1/B$ 的周期性是显然的. 只有与层垂直的磁场分量影响载流子的 (x, y) 运动, 当磁场平行于层时, 观察不到任何效应.

在另一个实验里, 磁场不变, 改变载流子的密度 (图 15.17). 在 p 型硅的反型层里, 电子密度随着 MOS 结构 (金属-氧化物-半导体, 图 15.17 里的插图, MOS 二极管参见 24.5 节) 上的栅级电压 (线性地) 变化. 在这个实验里, 费米能级移动通过朗道能级. 等间距的峰表明, 每个朗道能级确实贡献了相同数目的态.

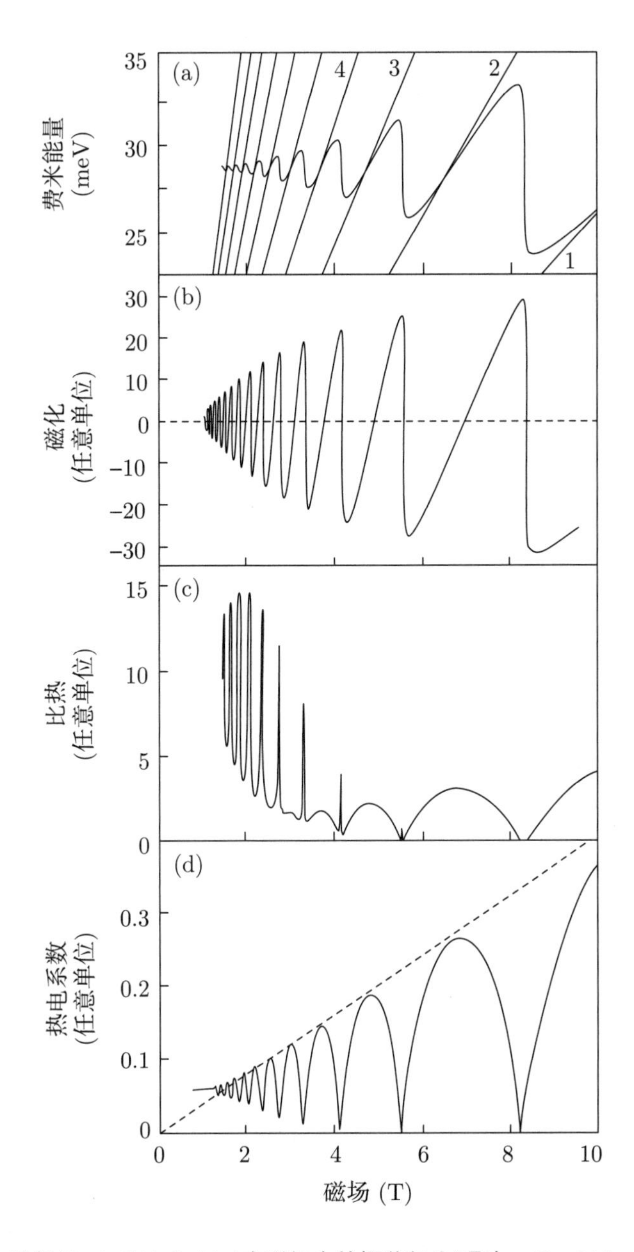

图15.15 二维电子气(GaAs/(Al, Ga)As)在磁场中的振荡行为(理论，$T = 6$ K)：(a) 费米能级，(b) 磁化，(c) 比热，(d) 热电系数. 假设高斯展宽为0.5 meV. 改编自文献[1123, 1456]

15.2.8 量子霍尔效应

在强磁场下, 在低温下, 高迁移率的二维电子气的表现偏离了经典行为. 回忆一下, 经典的霍尔效应 (考虑洛伦兹力, 经典的特鲁德模型) 产生电场 E_y 垂直于电流 j_x(见

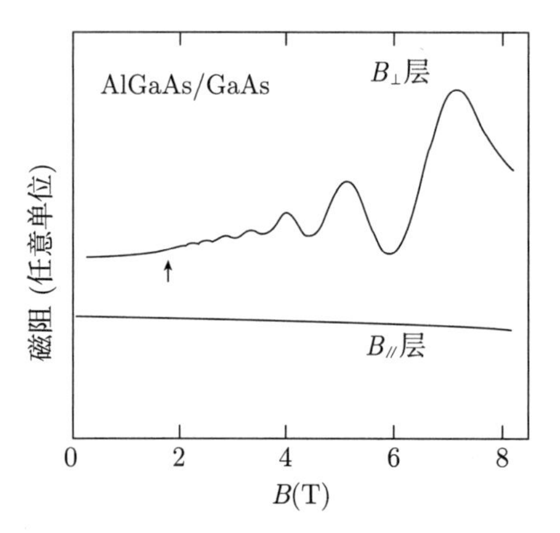

图15.16　调制掺杂的(Al, Ga)As/GaAs异质结构的舒布尼科夫-德哈斯振荡，带有二维电子气，n =1.7 × 10^{17}/cm^2，μ = 11400 cm^2/(V · s). 数据取自文献[1457]

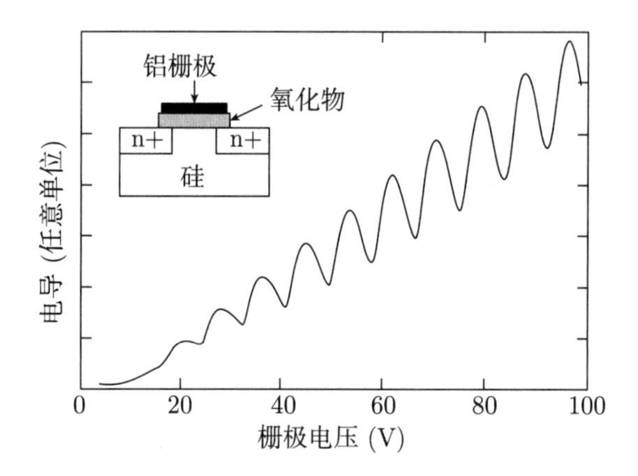

图15.17　在33 kOe的磁场里，p型硅(100 Ω · cm)的(100) 表面的二维电子气的舒布尼科夫-德哈斯振荡，T=1.34 K. 插图给出了电极结构的示意图. 数据取自文献[1458]

15.2.1 小节), 用电导张量 $\boldsymbol{\sigma}$ 来描述 (这里只考虑 (x,y) 平面)

$$\boldsymbol{\sigma} = \frac{\sigma_0}{1+\omega_c^2\tau^2}\begin{pmatrix} 1 & \omega_c\tau \\ -\omega_c\tau & 1 \end{pmatrix} \tag{15.40a}$$

$$\sigma_{xx} = \sigma_0 \frac{1}{1+\omega_c^2\tau^2} \to 0 \tag{15.40b}$$

$$\sigma_{xy} = \sigma_0 \frac{\omega_c\tau}{1+\omega_c^2\tau^2} \to \frac{ne}{B} \tag{15.40c}$$

其中, σ_0 是零场的电导率, $\sigma_0 = ne^2\tau/m^*$(式 (8.5)). 箭头表示 $\omega_c\tau \to \infty$, 即高场极限. 电阻率张量 $\boldsymbol{\rho} = \boldsymbol{\sigma}^{-1}$ 是

$$\boldsymbol{\rho} = \begin{pmatrix} \rho_{xx} & \rho_{xy} \\ -\rho_{xy} & \rho_{xx} \end{pmatrix} \tag{15.41a}$$

$$\rho_{xx} = \frac{\sigma_{xx}}{\sigma_{xx}^2 + \sigma_{xy}^2} \to 0 \tag{15.41b}$$

$$\rho_{xy} = \frac{-\sigma_{xy}}{\sigma_{xx}^2 + \sigma_{xy}^2} \to -\frac{B}{ne} \tag{15.41c}$$

15.2.8.1 整数量子霍尔效应

在低温下, 具有高的载流子迁移率 ($\omega_c\tau \gg 1$) 的样品随着磁场的增大, 实验结果严重地偏离横向电阻率的线性行为, $\rho_{xy} \propto B$ (图 15.18). 图 15.19(a)(b) 给出了二维电子气的霍尔条, 分别是 Si-MOSFET 的电子反型层和 GaAs/(Al,Ga)As 异质结构.

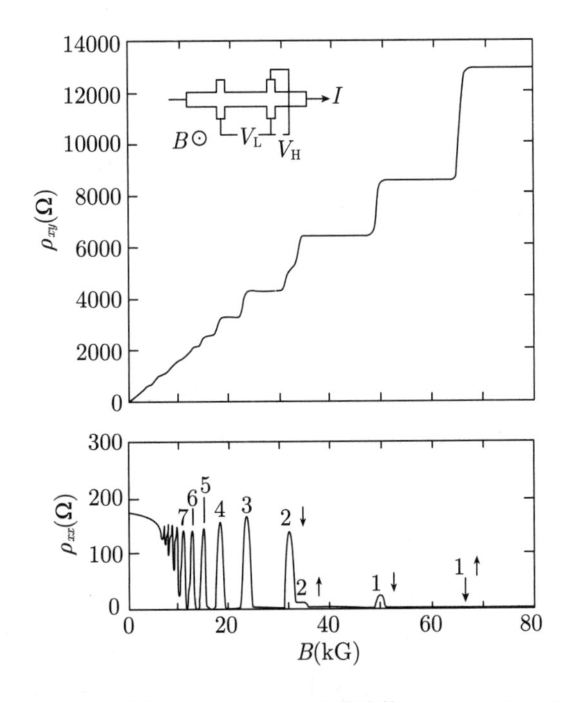

图15.18　对于一个调制掺杂的GaAs/(Al, Ga)As异质结构(n=4×10¹¹/cm², μ=8.6×10⁴ cm²/(V·s)), 霍尔电阻率ρ_{xy}和纵向电阻率ρ_{xx}随磁场的变化情况(10 kG=1 T), 温度为50 mK. 数字指的是所涉及的朗道能级的量子数和自旋极化率. 插图给出了霍尔条的构型示意图, V_L(V_H) 表示纵向(霍尔)电压降. 经允许转载自文献[1459], ©1982 APS

霍尔电阻率表现出延展的霍尔平台, 电阻率的数值是

$$\frac{1}{\rho_{xy}} = \nu \frac{e^2}{h} \tag{15.42}$$

其中, $\nu \in \mathbb{N}$, 即量子化电阻 $\rho_0 = h/e^2 = 25813.807\cdots\ \Omega$(也称为克利青常量) 的整数分之一. 在图 15.18 中, 可以看到 $n=1$ 朗道能级的自旋劈裂 ($n=2$ 也有小的劈裂). 注意, 最高的霍尔平台是因为 $n=0$ 朗道能级被完全填满了; 电阻是 $\rho_0/2$, 因为自旋的简并度是 2.

整数量子霍尔效应 (首次报道于文献 [1461,1462]) 和 ρ_0 的值在很多种的样品和条件中都成立, 包括样品温度、二维电子气的电子密度和迁移率以及异质结的材料. 除了硅基结构和迁移率创纪录的 (Al, Ga)As/GaAs 异质结构中的霍尔效应 (见图 12.37), (Mg, Zn)O/ZnO 异质结构也以同样的方式表现出这个效应 [1463,1464].

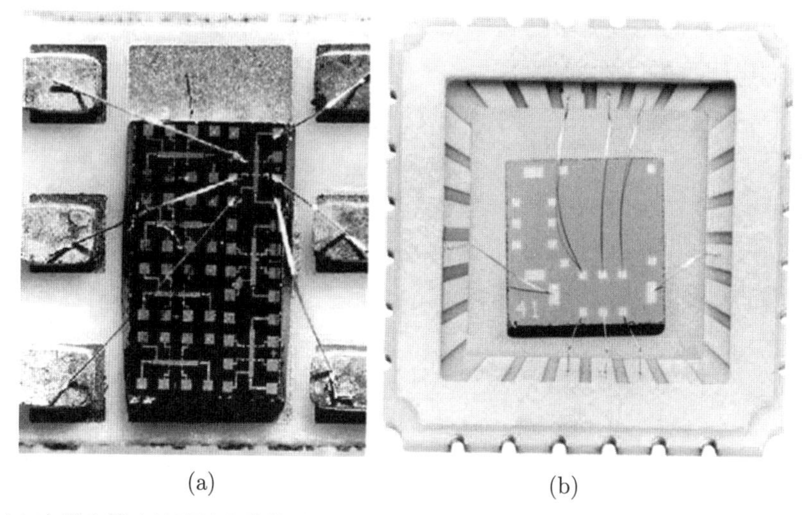

(a) (b)

图15.19 (a) 克利青等人的原始实验的硅MOS(金属-氧化物-半导体)结构. (b) 用于QHE测量的GaAs/(Al, Ga)As异质结样品(由分子束外延生长)、样品台和连线. 获允转载自[1460]

平台上的电阻率定义得很好, 精度在 10^{-7} 量级, 甚至达到 4×10^{-9}. 精密的测量给出了单位欧姆的新规范 [1389,1465], 比国际单位制 (SI) 的实现精度提高了两个数量级, 为精细结构常数 $\alpha = (e^2/h)/(2c\epsilon_0)$ 提供了独立的数值. 同时, 纵向电阻率从小磁场下的经典数值开始, 然后表现出振荡, 并最终在 ρ_{xy} 的平台处变为零. ρ_{xx} 的数值已经测量到了 $10^{-10}\ \Omega/\square$, 对应于体材料的 $10^{-16}\ \Omega/\mathrm{cm}$, 比任何非超导体的数值小了 3 个数量级.

量子霍尔效应的解释在文献 [1466] 里做了讨论, 还有其他许多专题著作. 最简单的解释是: 当一个朗道能级被完全填满而下一个朗道能级完全空时 (费米能级位于两者之间), 电导率为零. 温度很低 ($kT \ll \hbar\omega_c$), 朗道能级之间不能发生散射. 因此没有电

流可以流动，类似于完全填充的价带. 通过计数 i 个被填满的朗道能级 (简并度根据式 (15.37))，可以得到载流子的面密度

$$n_{\mathrm{s}} = i\frac{eB}{h} \tag{15.43}$$

在横向发生能量耗散，霍尔电阻率 $\rho_{xy} = B/(n_{\mathrm{s}}e)$ 取式 (15.42) 里的 (没有散射的) 数值.

然而，这种论证太简单了，不能解释平台的延展. 一旦系统多了或者少了一个电子，费米能量就会 (对于具有类 δ 态密度的系统) 落在上面的或者下面的朗道能级上. 纵向电导率就不再是零，霍尔电阻率也偏离 ρ_0 的整数分之一. 一般来说，单粒子图像不足以为 IQHE 建模.

公认的 QHE 解释模型是边缘态模型，其中提出了边缘通道的一维电导率，即沿样品边界有导电通道 [1475].

关于 IQHE 起源的最基本的论证来自规范不变性，以及电子的宏观量子态和磁通量子的存在 [1468]. 只要在不均匀展宽的态密度 (朗道能级) 中存在任何扩展状态 (图 15.14)，这个模型就成立. 这些边缘态来自这个事实：相比于周围的 (拓扑平凡的) 环境，量子霍尔态具有另一种拓扑结构 [463,1469,1470]. 每个平台对应于一个独特的拓扑相，其特征是一个陈数 (比较式 (6.29))，与“霍夫施塔特蝴蝶”有关 [1471,1472](见 G.3.1 小节).

值得注意的是，经典的霍尔效应是基于均匀传导来进行适当的评价 (proper evaluation, 见图 15.7(e)) 的，而量子霍尔效应只涉及沿着边缘的电输运. 对边缘通道的详细的微观图像也很有兴趣. 由于样品边界的损耗，二维电子气的密度在样品边缘变化，形成“不可压缩的”条纹，$\partial\mu/\partial n_{\mathrm{s}} \to \infty$. 当填充因子远离整数时，可以发现霍尔电压在整个导电通道上呈线性变化，因此电流在样品上是均匀的 (图 15.20). 在霍尔平台中，霍尔电压在通道中心平坦，边缘下降，表明电流沿样品边界流动 (边缘电流)[1473]，符合文献 [1476] 的预测. 虽然电流模式随磁场的变化而变化，但霍尔电阻率仍保持在量子化的数值.

在石墨烯中，IQHE 平台的电阻值为 [1249,1477]

$$\frac{1}{\rho_{xy}} = \pm 4\left(n+\frac{1}{2}\right)\frac{e^2}{h} \tag{15.44}$$

其中，$n \in \mathbb{N}_0$. 这个新的“半整数”量化条件能以通常的式 (15.42) 的 QHE 形式转换为量化填充因子 $v = \pm 4(n+1/2)$. 条件 (15.44) 形成是由于线性色散 (狄拉克能谱) 的朗道能级的不同性质. $+/-$ 符号分别表示电子和空穴的 QHE. 因子 $g=4$ 源于朗道能级的简并度，包括自旋简并度 (当朗道能级分离比塞曼自旋分裂大得多时) 和子晶格简并度. 在室温下观察到两个 $n=0$ 的霍尔平台 ($B=45$ T)[1479].

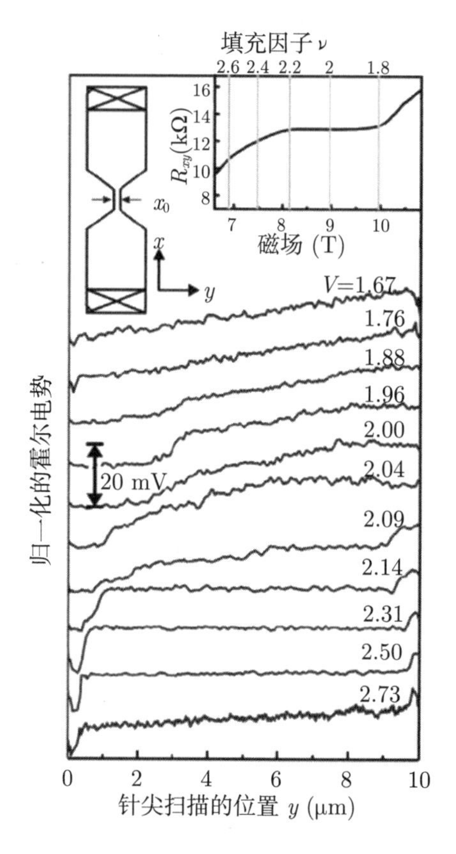

图15.20 对应不同磁场的归一化的霍尔电势分布，在填充因子 ν = 2附近. 总的电压降对应于20 mV. 插图给出了样品结构和输运数据. 二维电子气来自GaAs/$Al_{0.33}Ga_{0.67}As$调制掺杂结构，n_s = $4.3\times10^{11}/cm^2$，$\mu = 5\times10^5\ cm^2/(V\cdot s)$，$T$=1.4 K. 改编自文献[1473]

15.2.8.2 分数量子霍尔效应

在非常低的温度下, 在极端的量子极限下, 当电子的动能小于它们的库仑相互作用能时, 可以观察到新奇的效应. 在不同的分数填充因子 $\nu = p/q$ 处, 观察到新的量子霍尔平台. 注意, 图 15.21 里的分数量子霍尔效应 (FQHE) 主要来自磁场超过了 $n = 1$ 的 IQHE 平台. 现在把填充因子 $\nu = n/(eB/h)$ 解释为每个磁通 $\phi_0 = h/e$ 对应的电子数.

FQHE 效应不能用单电子物理学来解释. 当费米能量位于高度简并的朗道 (或自旋) 能级里时, 在分数填充 ν 处出现了平台, 意味着存在多粒子相互作用导致的能隙, 导致了二维电子在磁场中的关联运动.

磁通量子扮演了决定性的角色. 磁场的存在要求多电子波函数在单位面积上取尽可能多的零点, 因为有磁通穿过它. 波函数的衰减长度具有磁长度 $l_0 = \sqrt{\hbar/(eB)}$ 的尺度. 因为磁场意味着绕零点的 2π 相移, 这种对象也称为涡旋 (vortex), 体现了电子系统里的磁通量子. 这个涡旋表示一个电荷缺失 (相比于均匀的电荷分布), 因此, 电子和涡旋彼

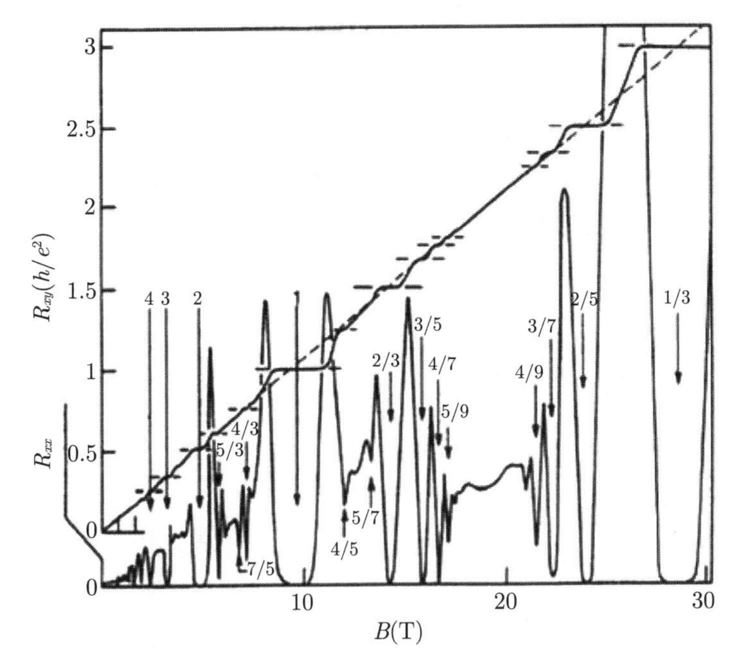

图15.21 二维电子系统(GaAs/(Al, Ga)As异质结构)的霍尔电阻R_{xy}、磁电阻R_{xx}和磁场B的变化关系，密度$n = 2.33 \times 10^{11}/\mathrm{cm}^2$，温度为85 mK. 数字给出了填充因子$\nu$，它给出了被电子填充的朗道能级序列的程度. 平台来自整数量子霍尔效应(IQHE，$\nu = i$)和分数量子霍尔效应(FQHE，$\nu = p/q$). 改编自文献[1480]，获允转载，©1990 AAAS

此吸引. 如果涡旋和电子一个摞一个地放在一起, 可以显著地降低库仑能. 在 $\nu = 1/3$ 处, 涡旋的数量是电子的 3 倍, 每个涡旋表示 $e/3$ 的电荷缺失. 这种系统用多体波函数描述, 例如, 关于 $\nu = 1/q$ 的劳克林理论 [1468], 关于其他分数填充的新型准粒子“组合费米子” [1481,1482]. 更多的信息请看文献 [1483] 和它的参考文献.

15.2.8.3 外斯振荡

利用干法腐蚀, 在霍尔条上制作出反点 (antidot, 那里没有任何电导) 的阵列, 测量结果如图 15.22 所示. 反点的大小是 50 nm(加上耗尽层), 周期是 300 nm. 回旋运动的这些障碍物改变了磁输运的性质.

在腐蚀出反点阵列以前, 二维电子气在 4 K 温度下的平均自由程是 5 ~ 10 μm, 迁移率约为 $10^6\ \mathrm{cm}^2/(\mathrm{V}\cdot\mathrm{s})$. 在小磁场下, 霍尔电阻率强烈地偏离了直线, 变成 QHE 能级收敛的曲线. 类似地, ρ_{xx} 也表现出很强的效应.

这些效应与反点阵列和回旋共振路径的公度性效应 (commensurability effect) 有关. 当回旋轨道等于阵列的周期时, 电子可以绕着一个反点完成圆周运动 (钉扎的轨道, 图 15.22(b)), 使得电导率下降. 在强磁场下, 回旋轨道远小于阵列的周期, 出现了漂移轨道. 在小磁场下, 散射轨道也做贡献, 回旋半径很大, 电子不时地碰到反点. 已经发现了霍尔电阻率上的共振, 它来自围绕 1 个、2 个、4 个、9 个或 21 个反点的钉扎轨道.

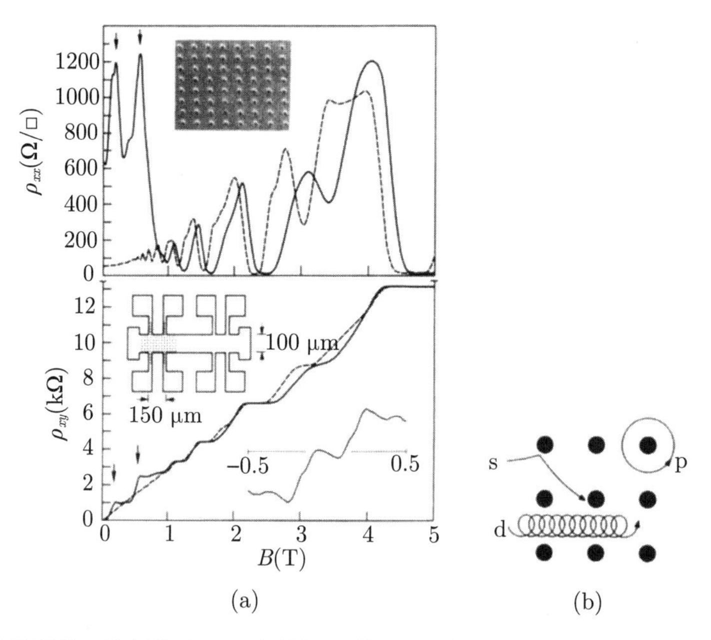

图15.22 外斯振荡：反点阵列(图(a)中的插图)的(a) 磁电阻和(b) 霍尔电阻(有图案(实线)和没有图案(虚线))，T = 1.5 K. (b) 不同轨道的示意图(p：钉扎的，d：漂移的，s：散射的). 获允转载自文献[1484]，©1991 APS

中国科学技术大学出版社
部分引进版图书

夸克胶子等离子体:从大爆炸到小爆炸/王群　马余刚　庄鹏飞
物理学中的理论概念/向守平　等
物理学中的量子概念/高先龙
量子物理学.上册/丁亦兵　等
量子物理学.下册/丁亦兵　等
量子光学/乔从丰　李军利　杜琨
量子力学讲义/张礼　张璟
磁学与磁性材料/韩秀峰　等
无机固体光谱学导论/郭海　郭海中　林机

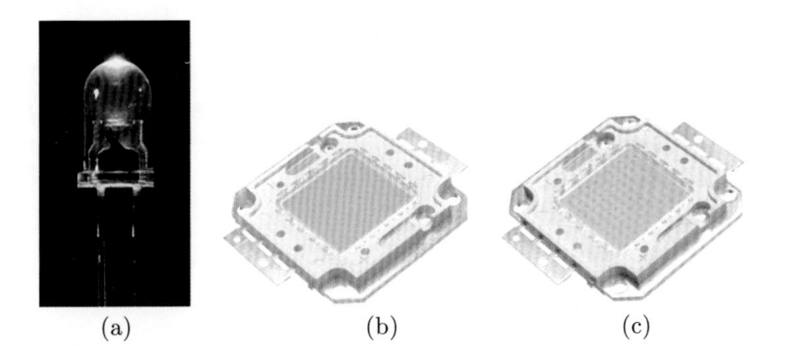

图1.14

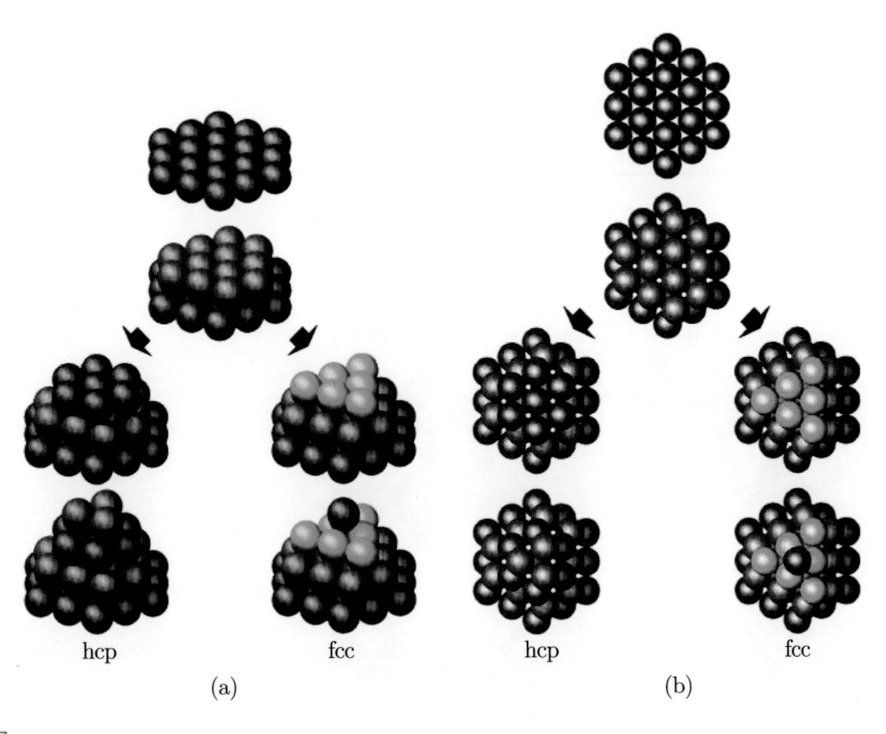

图3.7

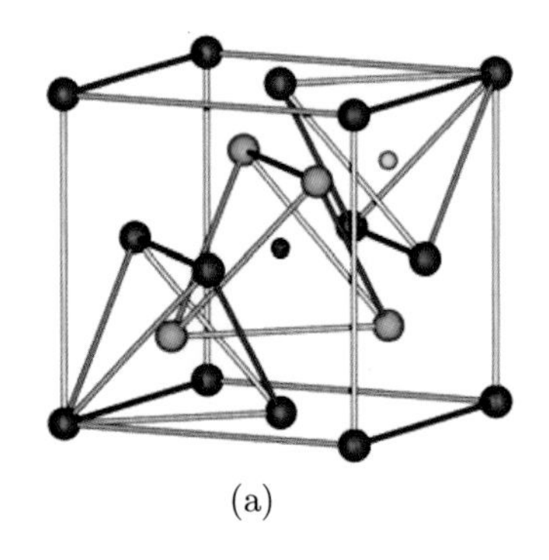

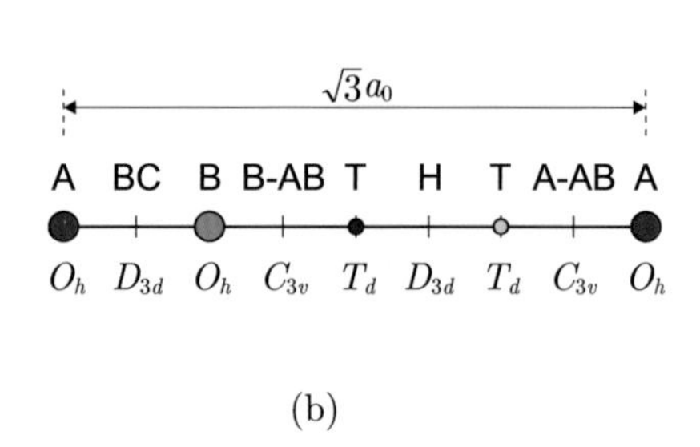

(a) (b)

图3.18

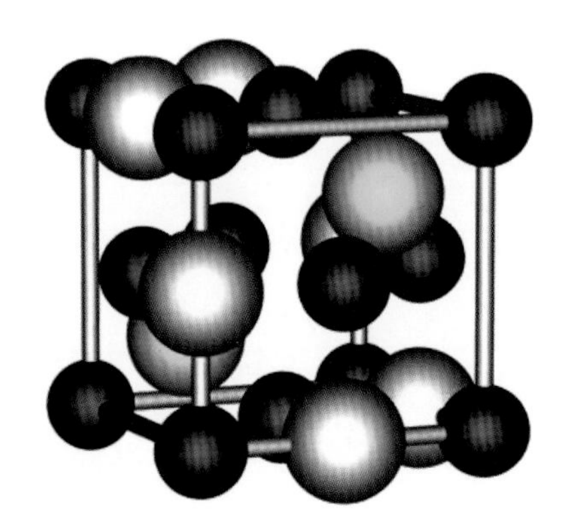

图3.24

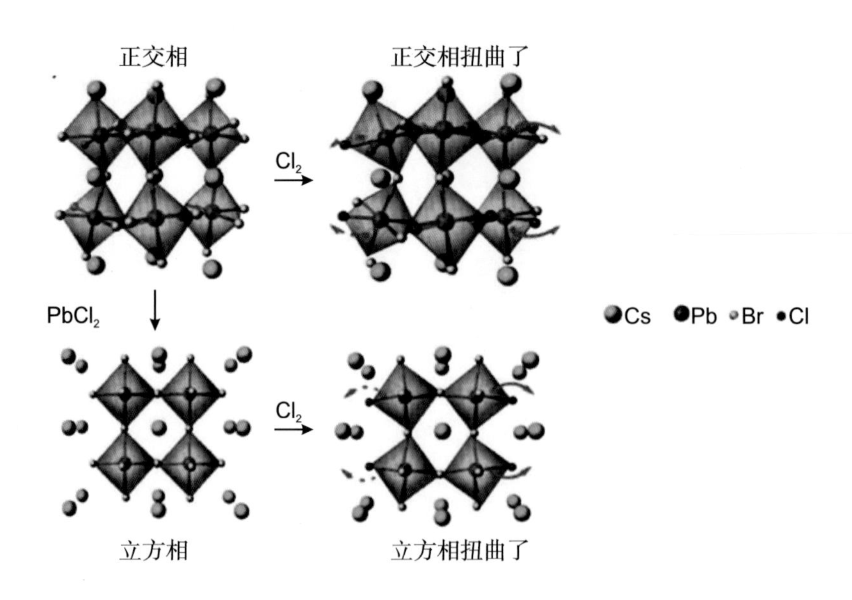

图3.28

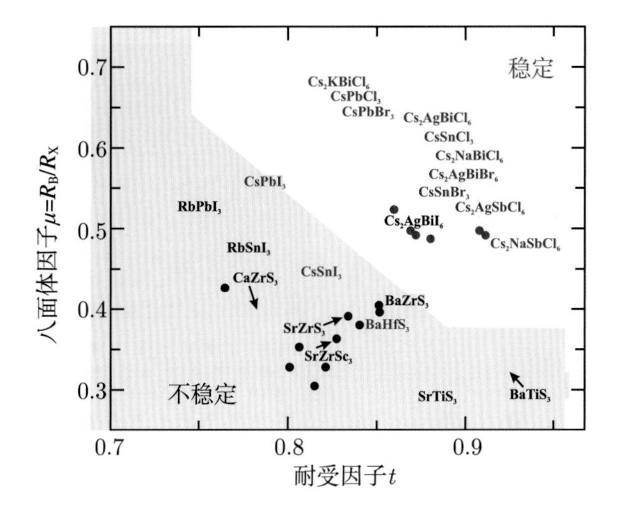
稳定
不稳定
Cs₂KBiCl₆
CsPbCl₃
CsPbBr₃
Cs₂AgBiCl₆
CsSnCl₃
Cs₂NaBiCl₆
Cs₂AgBiBr₆
CsSnBr₃
Cs₂AgSbCl₆
Cs₂AgBiI₆
Cs₂NaSbCl₆
CsPbI₃
RbPbI₃
RbSnI₃
CaZrS₃
CsSnI₃
BaZrS₃
SrZrS₃
BaHfS₃
SrZrSe₃
SrTiS₃
BaTiS₃
八面体因子μ=R_B/R_X
耐受因子t

图3.29

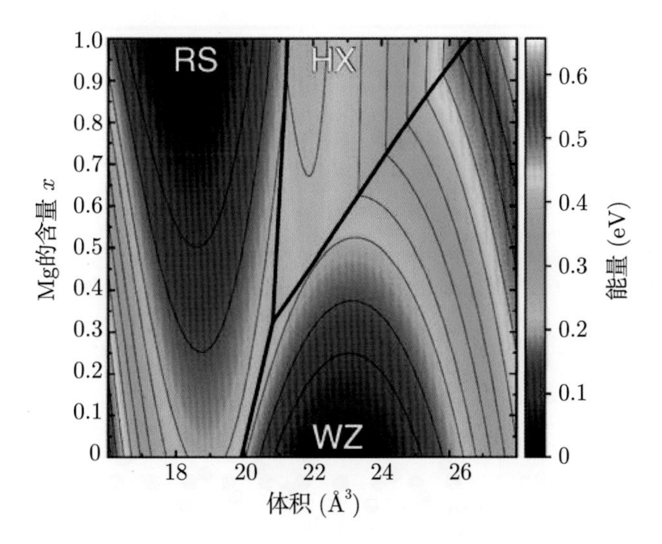
RS
HX
WZ
Mg的含量 x
体积 (Å³)
能量 (eV)

图3.43

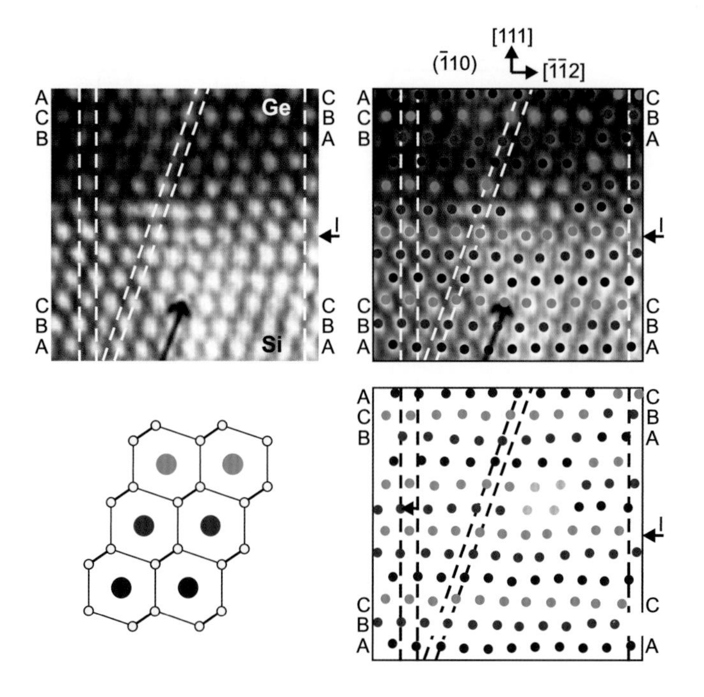
[111]
($\bar{1}$10)
[$\bar{1}\bar{1}$2]
Ge
Si
A
C
B
C
B
A
I

图4.20

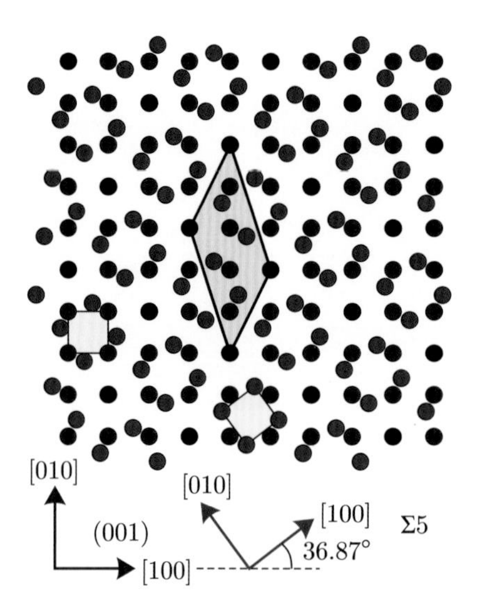
[010]
(001)
[100]
[010]
[100]
36.87°
Σ5

图4.34

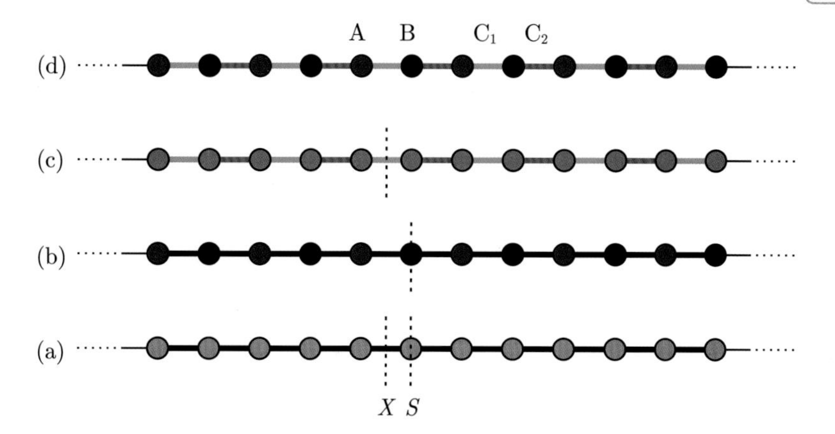
A
B
C_1
C_2
(d)
(c)
(b)
(a)
X S

图5.1

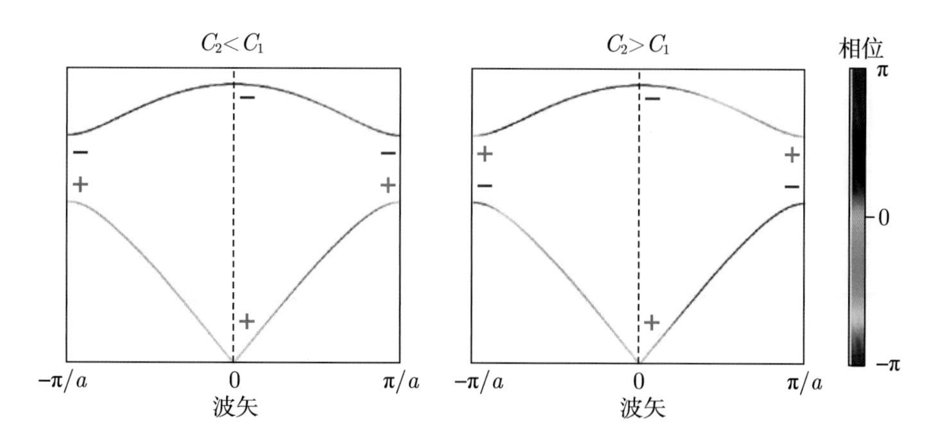
$C_2 < C_1$
$C_2 > C_1$
相位
π
0
−π
$-\pi/a$
0
π/a
波矢

图5.8

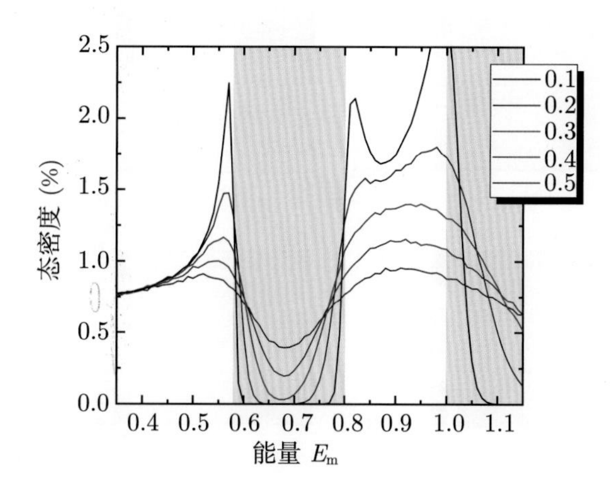
态密度 (%)
能量 E_m
0.1
0.2
0.3
0.4
0.5

图5.24

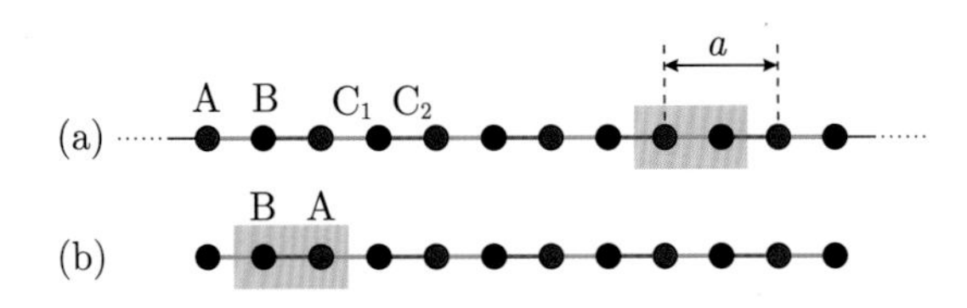

图5.25

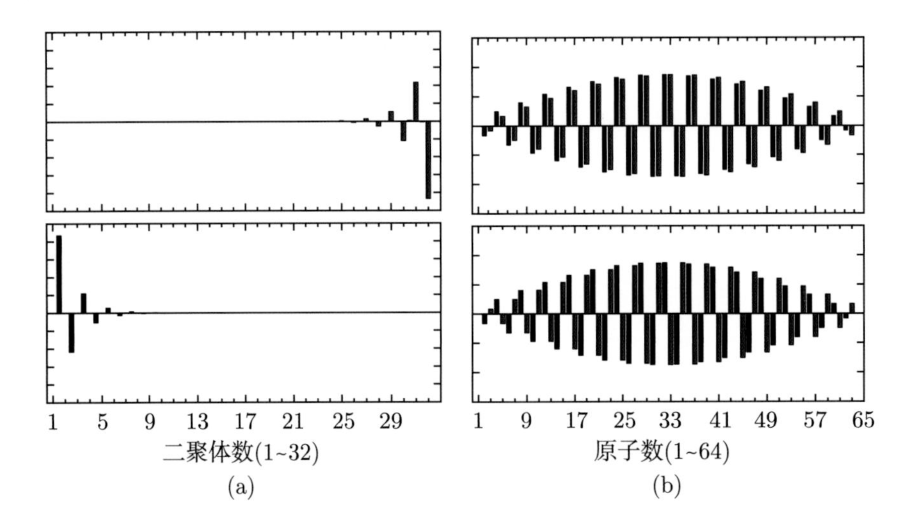

图5.27

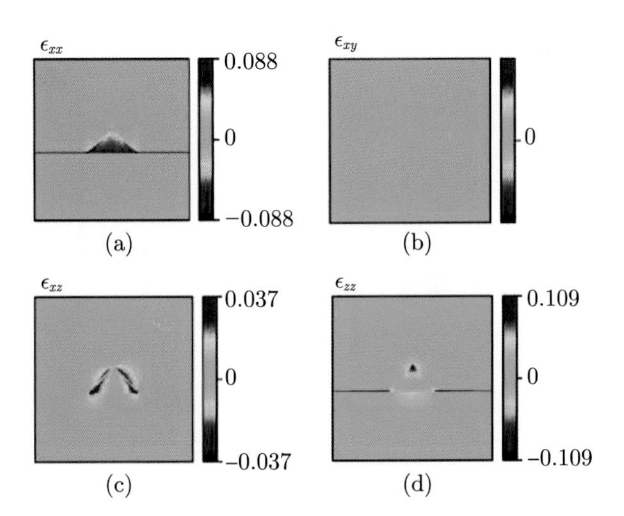

图5.34

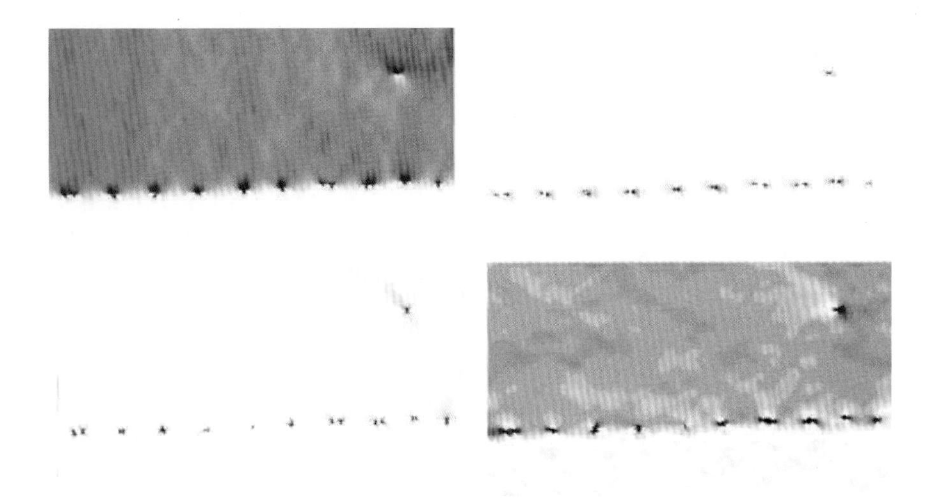

图5.41

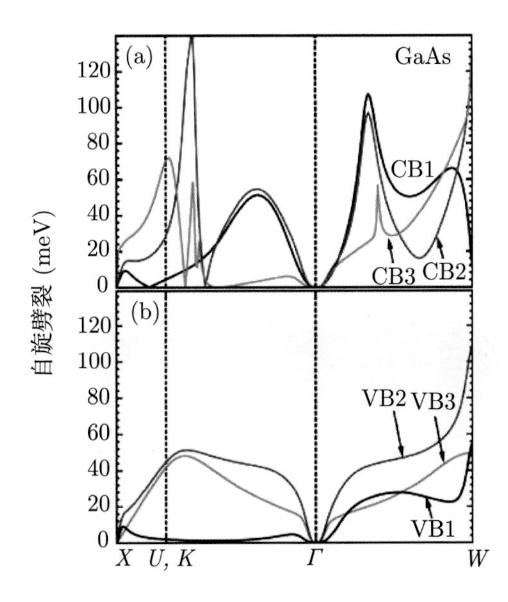
(a)
GaAs
CB1
CB3
CB2
(b)
VB2
VB3
VB1
自旋劈裂 (meV)
0
20
40
60
80
100
120
X
U, K
Γ
W

图6.5

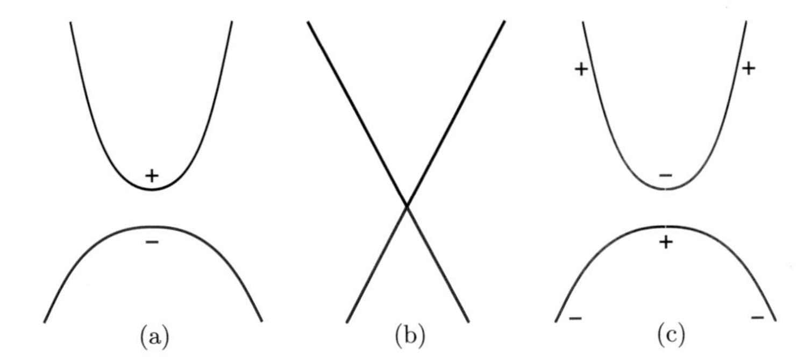

图6.8

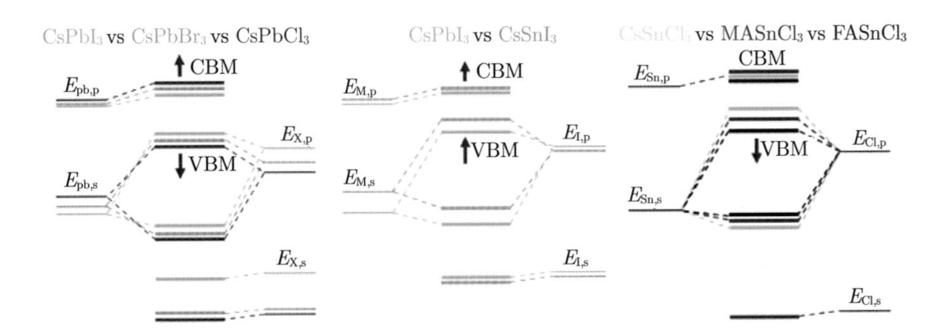

图6.19

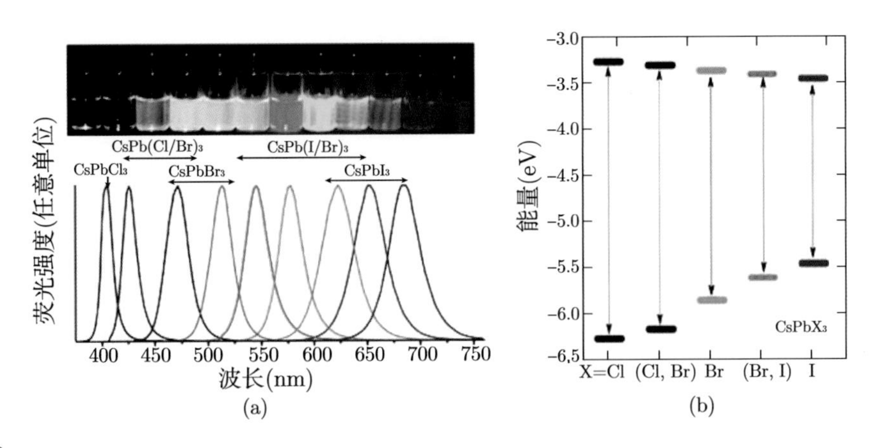

图6.20

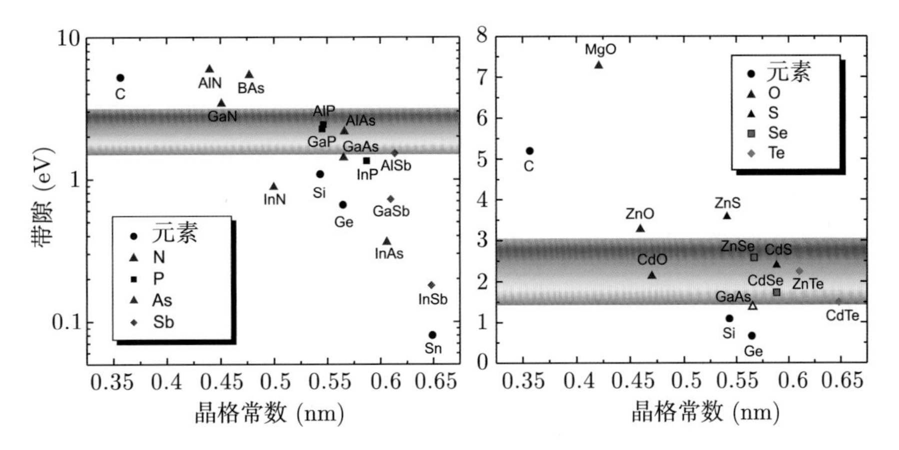

图6.21

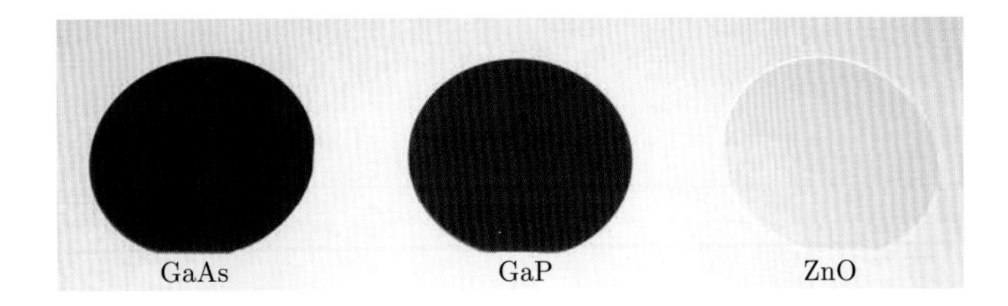

图6.23

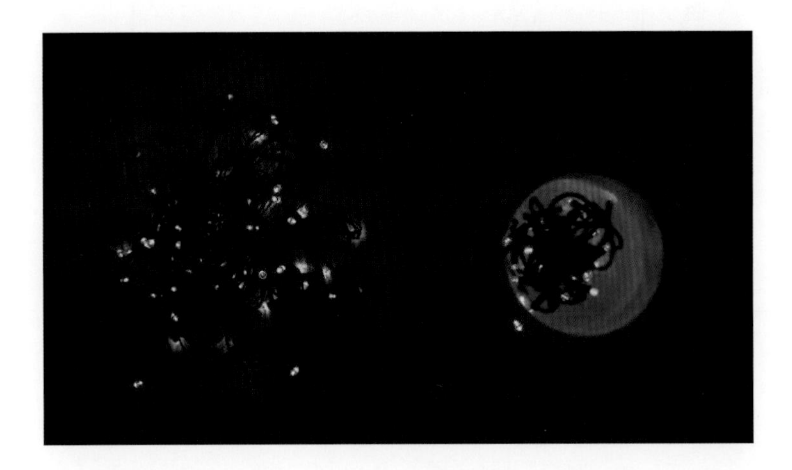

图6.28

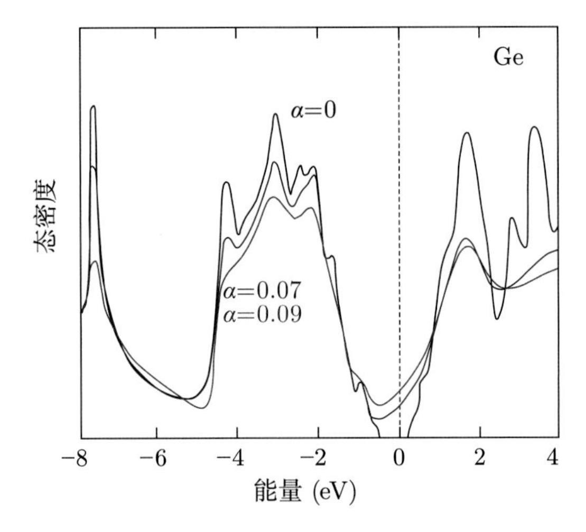
Ge
α=0
α=0.07
α=0.09
态密度
−8
−6
−4
−2
0
2
4
能量 (eV)

图6.53

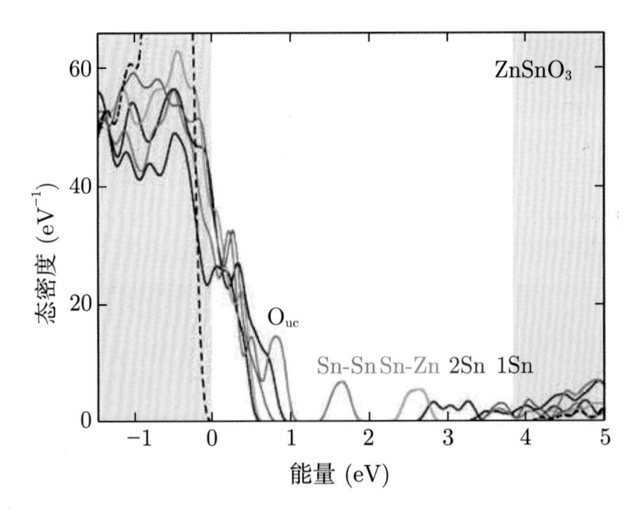
ZnSnO3
60
40
20
0
态密度 (eV−1)
Ouc
Sn-Sn
Sn-Zn
2Sn
1Sn
−1
0
1
2
3
4
5
能量 (eV)

图6.56

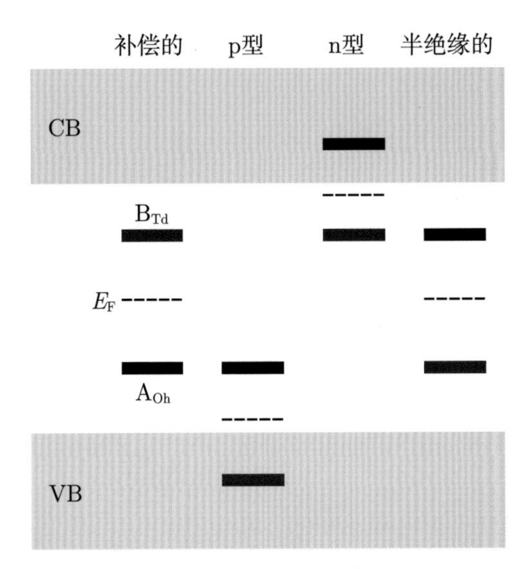

图7.24

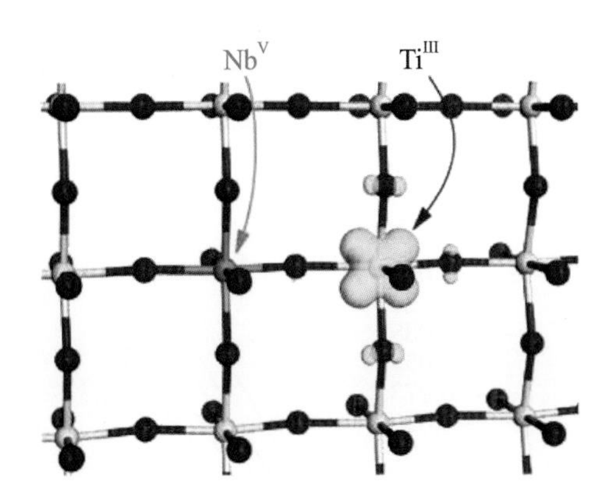

图8.22

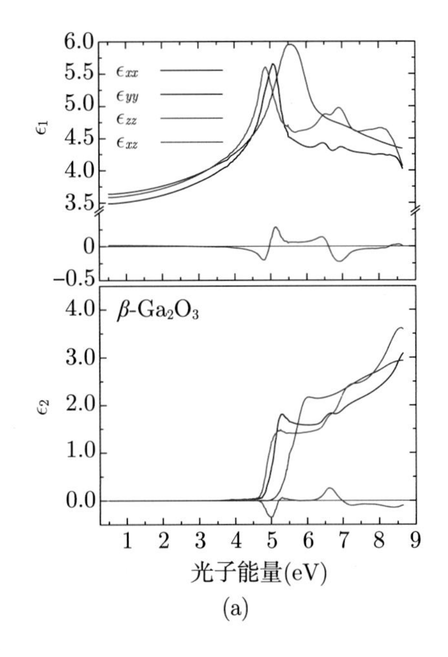

ϵ_{xx}
ϵ_{yy}
ϵ_{zz}
ϵ_{xz}
ϵ_1
β-Ga_2O_3
ϵ_2
光子能量(eV)
(a)

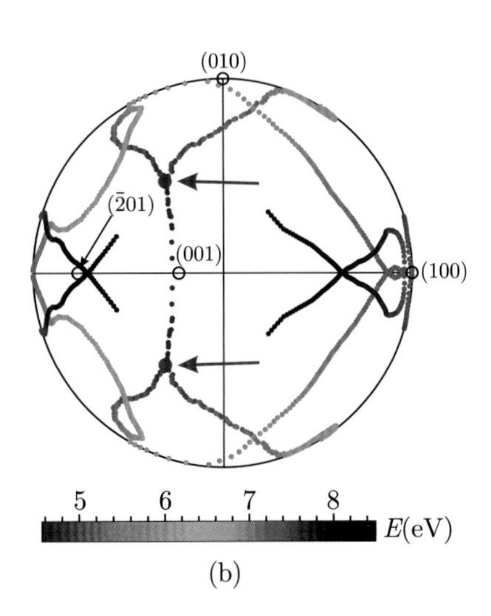

(010)
($\bar{2}$01)
(001)
(100)
5
6
7
8
E(eV)
(b)

图9.2

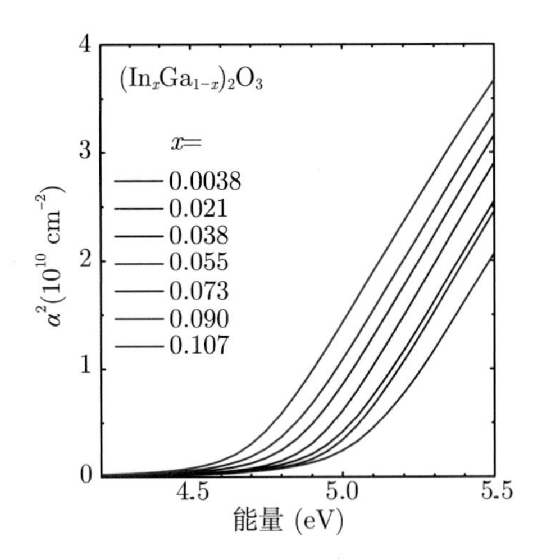

$(In_xGa_{1-x})_2O_3$
x=
0.0038
0.021
0.038
0.055
0.073
0.090
0.107
$\alpha^2(10^{10}\ cm^{-2})$
能量 (eV)

图9.10

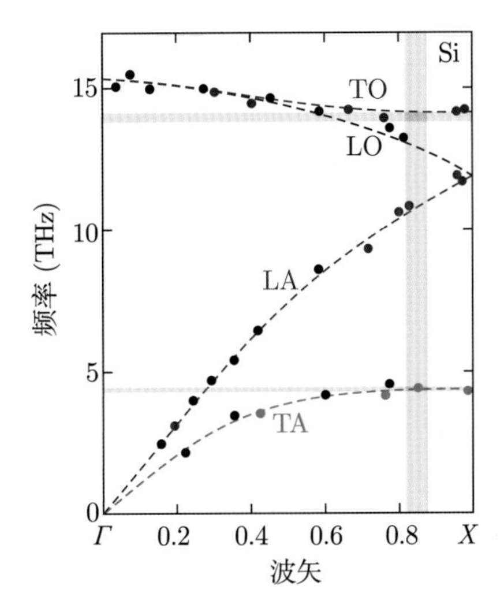
Si
TO
LO
LA
TA
频率 (THz)
波矢
15
10
5
0
Γ
0.2
0.4
0.6
0.8
X

图9.14

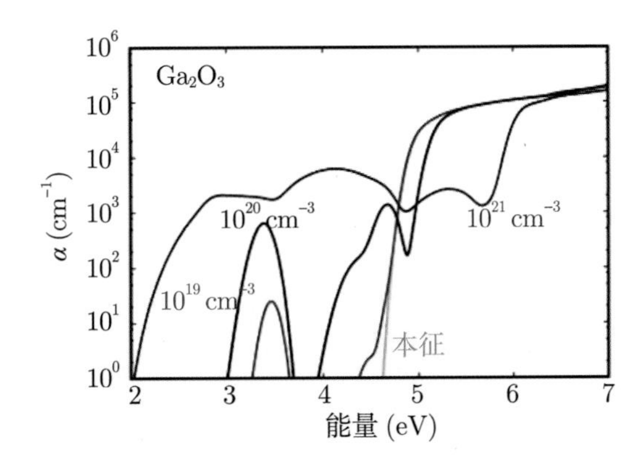
Ga_2O_3
10^{20} cm^{-3}
10^{21} cm^{-3}
10^{19} cm^{-3}
本征
α (cm^{-1})
能量 (eV)
10^6
10^5
10^4
10^3
10^2
10^1
10^0
2
3
4
5
6
7

图9.49

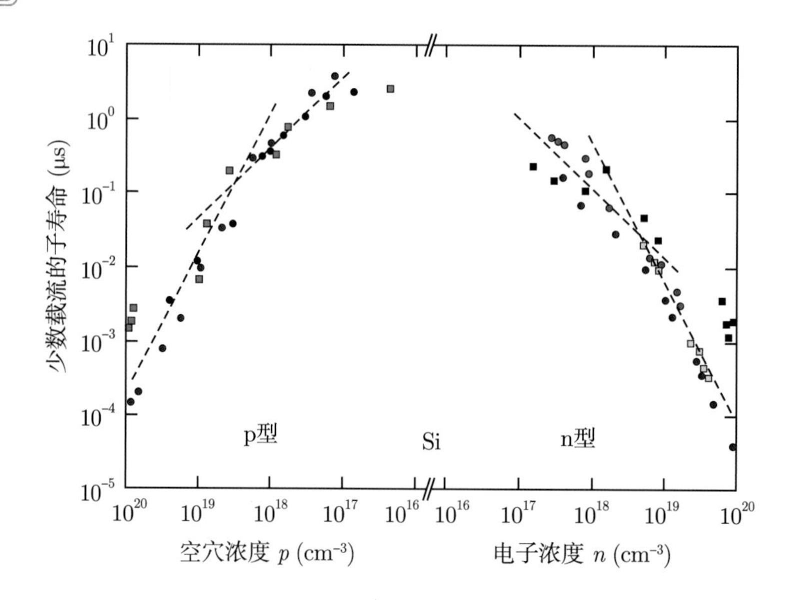

少数载流的子寿命 (μs)
p型
Si
n型
空穴浓度 p (cm⁻³)
电子浓度 n (cm⁻³)

图10.29

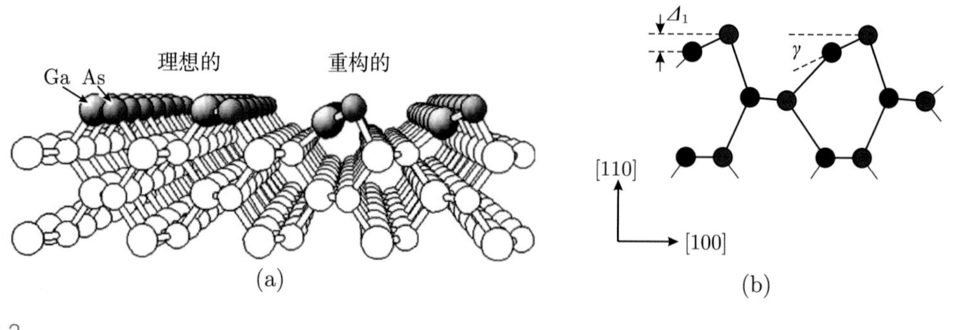

Ga
As
理想的
重构的
(a)
[110]
[100]
(b)

图11.3

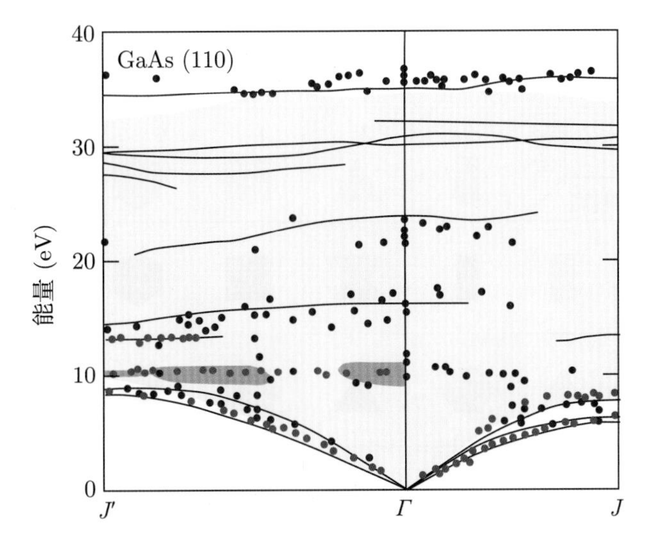

图11.11

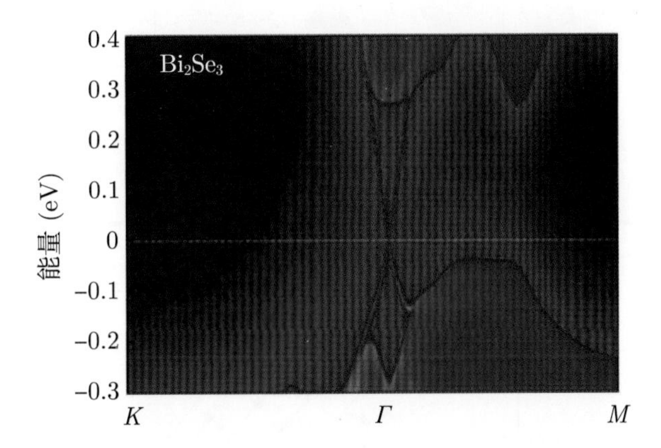

图11.17

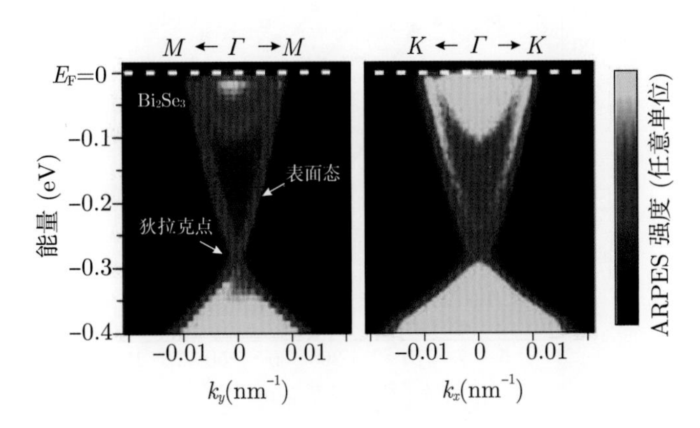

图11.18

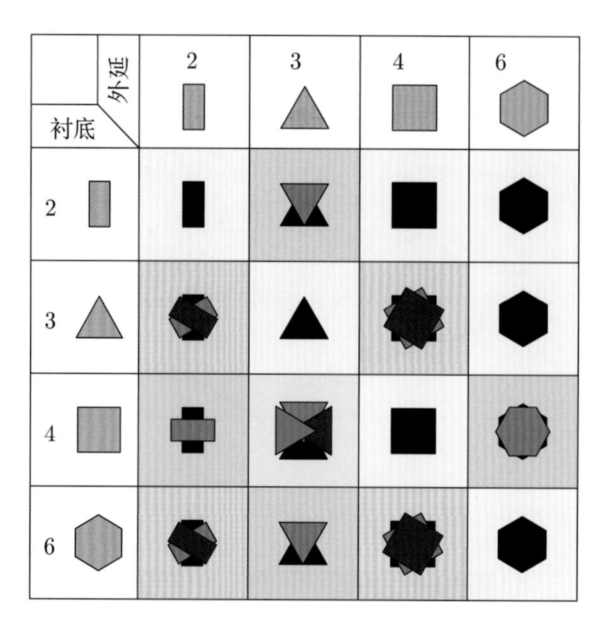
外延
衬底
2
3
4
6
2
3
4
6

图12.10

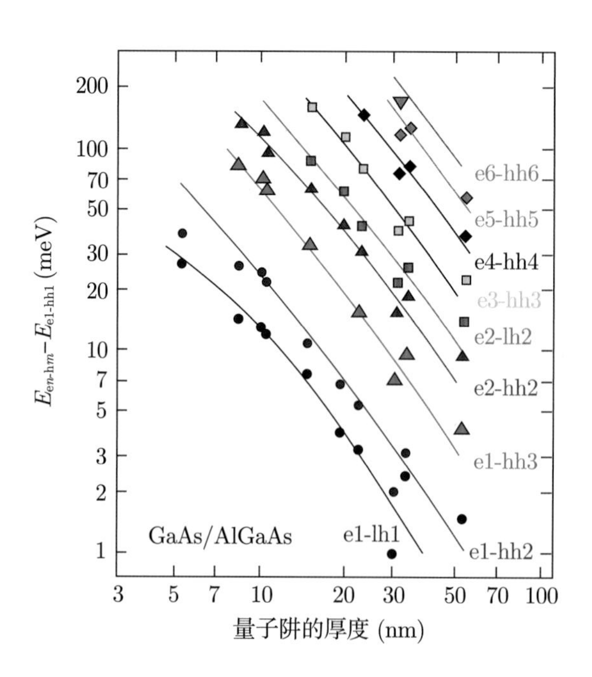
$E_{en\text{-}hm}-E_{e1\text{-}hh1}$ (meV)
量子阱的厚度 (nm)
GaAs/AlGaAs
e1-lh1
e1-hh2
e1-hh3
e2-hh2
e2-lh2
e3-hh3
e4-hh4
e5-hh5
e6-hh6
200
100
70
50
30
20
10
7
5
3
2
1
3
5
7
10
20
30
50
70
100

图12.29

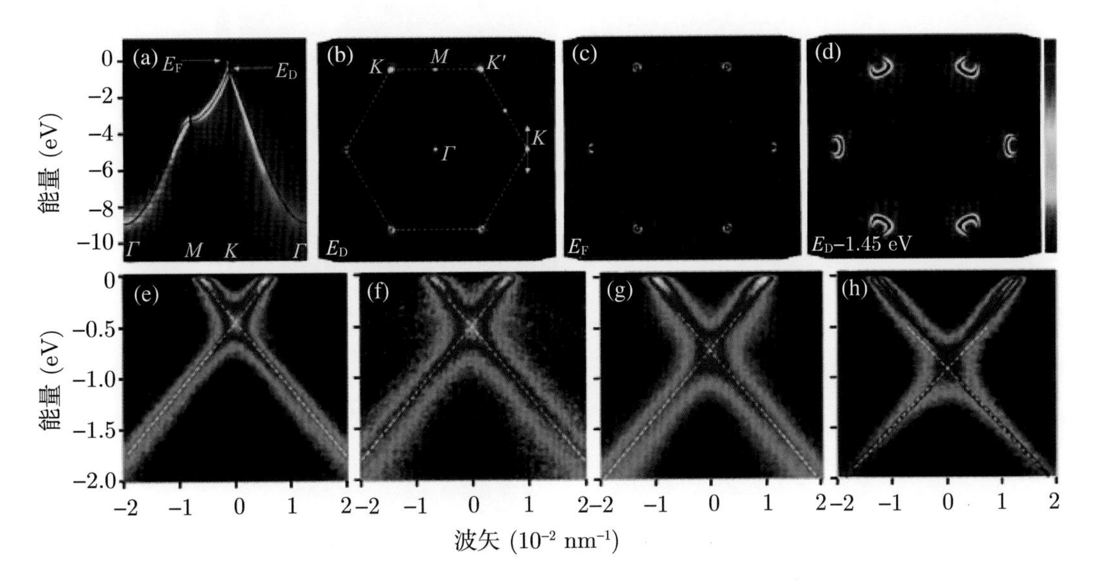

图13.6

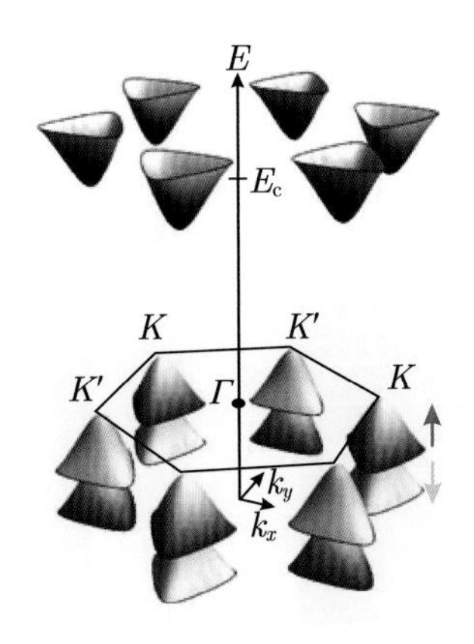

图13.17

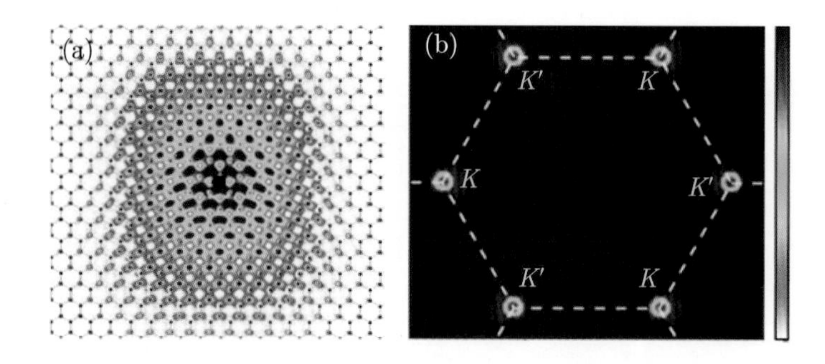

图13.24

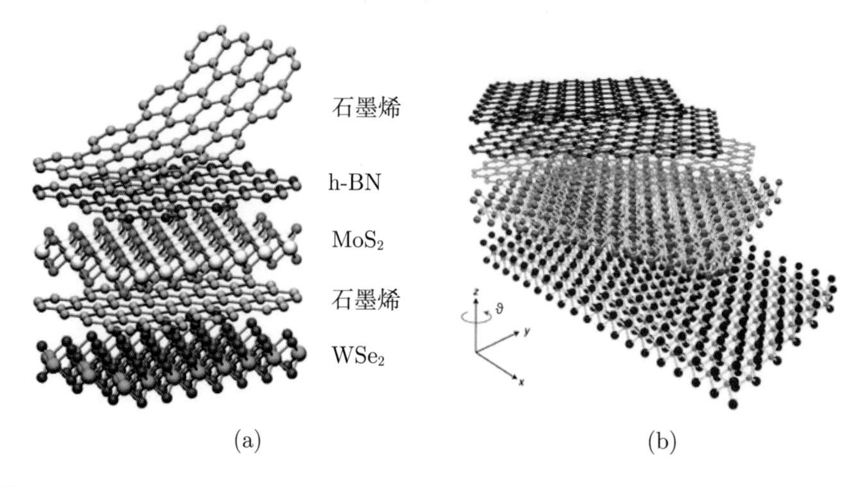

图13.26

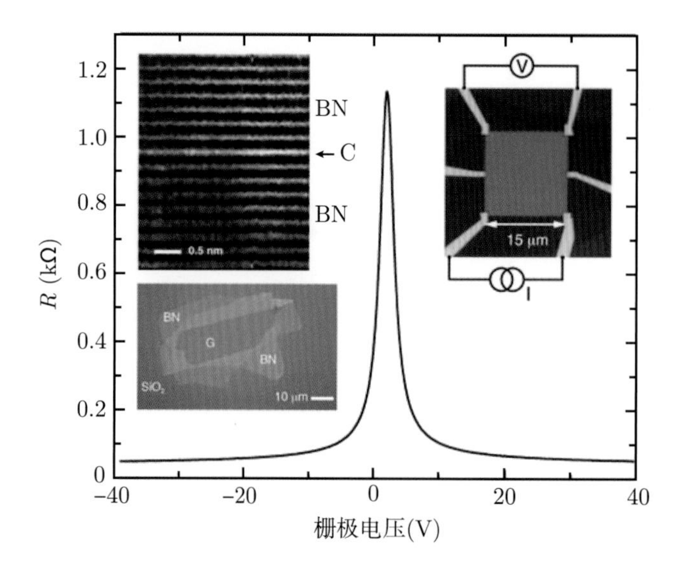

图13.27

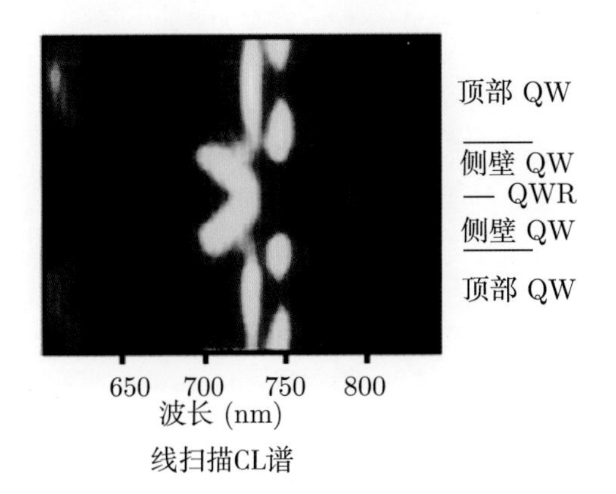

图14.4

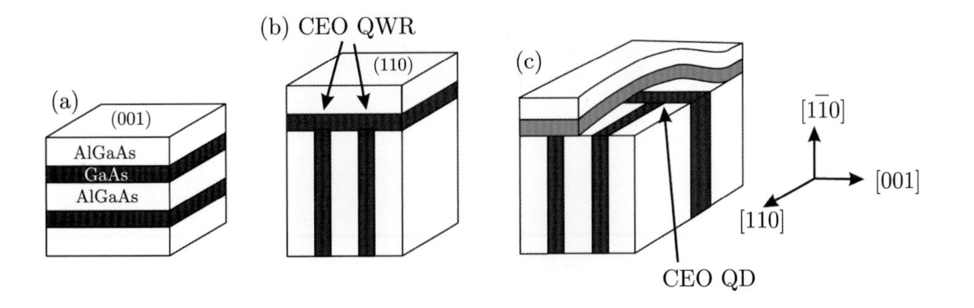

图14.5

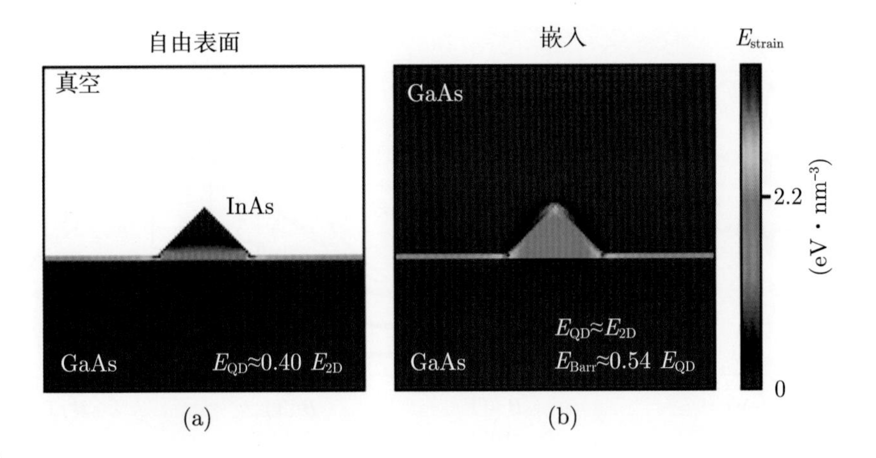

图14.37

图14.48

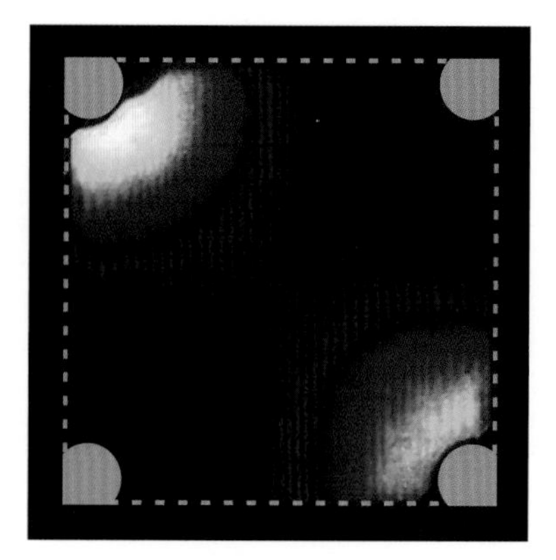

图15.7

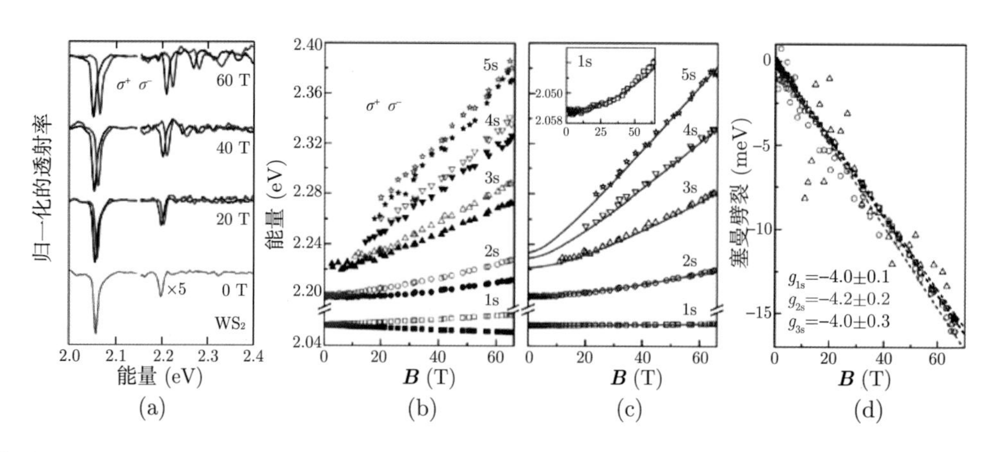

图15.13